ELEKTRONENGERÄTE

PRINZIPIEN UND SYSTEMATIK

VON

DR.-ING. HABIL. E. BRÜCHE
DIREKTOR AM AEG-FORSCHUNGSINSTITUT
UND LEITER DES PHYSIKALISCHEN LABORATORIUMS

UNTER MITARBEIT VON

DR. PHIL. A. RECKNAGEL
WISSENSCHAFTLICHER MITARBEITER AM AEG-FORSCHUNGSINSTITUT

MIT 597 ABBILDUNGEN UND 10 GROSSBILDERN

Springer-Verlag Berlin Heidelberg GmbH

1941

ISBN 978-3-642-89423-7   ISBN 978-3-642-91279-5 (eBook)
DOI 10.1007/978-3-642-91279-5

DEM ENTDECKER DES ERSTEN EXPERIMENTELLEN
HINWEISES AUF DIE WELLENNATUR DES ELEKTRONS

PROFESSOR Dr. C. RAMSAUER

MEINEM LEHRER WÄHREND EINER ZWANZIGJÄHRIGEN
GEMEINSAMEN HOCHSCHUL- UND INDUSTRIETÄTIGKEIT

ZUM

60. GEBURTSTAG

6. FEBRUAR 1939   ERNST BRÜCHE

Aus dem Vorwort
zur „Geometrischen Elektronenoptik".

Die Optik ist in zwei weitgehend voneinander unabhängige Gebiete unterteilt: In die *Wellenoptik*, die sich mit der Wellennatur der Lichtstrahlung und
den hiermit in unmittelbarem Zusammenhang stehenden Erscheinungen wie
Interferenz und Beugung befaßt, und in die *geometrische Optik*, die die Strahlengänge in brechenden Medien durch Anwendung geometrischer Gesetzmäßigkeiten
übersichtlich zu beschreiben sucht, um hieraus praktische Konsequenzen für
den Bau optischer Apparate zu ziehen.

Während bei der Lichtstrahlung Wellenoptik und geometrische Optik schon
seit Jahrhunderten bestehen, ist mit dem Aufbau der entsprechenden Disziplinen bei der Elektronenstrahlung erst vor kaum 10 Jahren begonnen worden.
Die Entdeckung, daß auch bei Elektronen Beugungserscheinungen auftreten,
gab die Anregung zum Ausbau der *Wellenoptik des Elektrons*. Die Erkenntnis
von BUSCH, daß eine Magnetspule sich in ihrer Wirkung wie eine Linse verhält,
regte die Entwicklung der *geometrischen Elektronenoptik* an.

Es ist eigentlich verwunderlich, daß die geometrische Elektronenoptik, die
keines neuen experimentellen Befundes zu ihrer Entwicklung bedurfte, nicht
schon Jahrzehnte früher ihre Ausbildung erfahren hat, war doch bereits in
den Arbeiten HAMILTONs eine unmittelbare theoretische Vorarbeit für eine
quasi-optische Behandlung von Korpuskelstrahlengängen in Feldern geleistet
und wiesen doch die verschiedenen praktischen Anwendungen der Strahlengänge mit Korpuskeln den Forscher immer wieder auf die bestehende Analogie
hin, wie es in der Entlehnung optischer Bezeichnungen seinen Ausdruck findet. —
Selbst die grundlegende Arbeit von BUSCH, die den mathematischen Existenz-
beweis der magnetischen Linse brachte, führte noch nicht unmittelbar zum
Ausbau der geometrischen Elektronenoptik, wenn sie zweifellos auch Fundament
und Antrieb der neueren Entwicklung darstellt.

Den nächsten Schritt vorwärts bedeutet die Erkenntnis, daß man brauchbare
Elektronenlinsen ebenfalls mit elektrischen Feldern herzustellen vermag. War
die magnetische Linse nur hinsichtlich der Gesamtwirkung ein Analogon zur
Glaslinse gewesen, während der Strahlengang sich im einzelnen wesentlich
von dem der Glaslinse unterschied, so erwies sich die elektrische Linse als ein
Analogon auch hinsichtlich des Strahlenverlaufes im einzelnen. So trat der
magnetischen.Elektronenoptik mit ihren Eigentümlichkeiten hinsichtlich Konstanz
der Elektronengeschwindigkeit, Bahnverschraubung und Bildverdrehung die
elektrische Elektronenoptik als eigentliches Analogon zur geometrischen Lichtoptik an die Seite.

Doch auch diese engere Analogie hätte kaum zum weiteren Ausbau der
geometrischen Elektronenoptik veranlassen können, wenn nicht erstens experimentell gezeigt worden wäre, daß — was kaum zu erwarten war — die
Erzielung einwandfreier Abbildungen mit Elektronen nicht an sekundären
Effekten scheitert, und wenn nicht zweitens die ferne Hoffnung auf die Überschreitung der Auflösungsgrenze des Mikroskops bestanden hätte.

Heute ist der Beweis einwandfreier Abbildungen mit der elektrischen und magnetischen Elektronenlinse erbracht. Hierdurch sowie durch die Nützlichkeit der geometrischen Elektronenoptik für verschiedene Gebiete der Physik und Technik hat sie ihre Daseinsberechtigung erwiesen. Es gilt nun, diese Lehre auszubauen sowie das Material auf Gebieten, die man ebenfalls zur geometrischen Elektronenoptik rechnen wird (BRAUNSche Röhre, Massenspektrograph usw.), zu ordnen, um neue praktisch wertvolle Folgerungen ziehen zu können.

Wir stehen zur Zeit auf jener Stufe, wo die erste stürmische Entwicklung in die ruhigen Bahnen systematischer Feinarbeit übergehen muß. Die Verfasser glauben, daß eine organische Darstellung, die eine Übersicht über das bereits Erreichte, über die großen Zusammenhänge dieses Gebietes und die nächsten Aufgaben ermöglicht, einen merklichen Impuls für die Weiterentwicklung geben kann. Die Verfasser hoffen daher auch, daß die zu dieser Übersicht erforderliche Arbeit, die wegen der zahlreichen vorgefundenen Lücken wesentlich größer war, als es zunächst schien, ebenso nutzbringend angewandt ist, wie wenn drängende Spezialfragen ausführlich studiert worden wären.

Das Buch zerfällt in die beiden Teile: Grundlagen und Anwendungen. Wenn daher auch der erste Teil vorwiegend theoretisch, der zweite vorwiegend experimentell sein mußte, so haben wir uns doch bemüht, experimentelles und theoretisches Material möglichst organisch zu verarbeiten. Wir waren ferner bestrebt, die Betrachtungen möglichst anschaulich zu bringen und die Mathematik nur dort in stärkerem Maße heranzuziehen, wo es unbedingt erforderlich war. —

Das vorliegende Buch ist in weiten Teilen eine Gemeinschaftsarbeit. Dank der verständnisvollen Förderung durch unseren Institutsleiter, Professor RAMSAUER, war es in den letzten Jahren möglich, in unserem Physikalischen Laboratorium verschiedene elektronenoptische Arbeiten durchzuführen, so außer denen der Verfasser die Untersuchungen von DOBKE, HENNEBERG, JOHANNSON, KNECHT, POHL, RICHTER und v. WALTER. Das Buch gibt daher gleichzeitig einen Überblick über einen Teil der neueren Arbeiten unseres Institutes. —

So möge denn diese Monographie der Weiterentwicklung der Mikroskopie, der Metallurgie, der Massenspektrographie, dem Fernsehen und anderen Disziplinen, die von der Entwicklung der geometrischen Elektronenoptik berührt werden, von Nutzen sein! Möge sie neue physikalische Arbeiten und technische Entwicklungen anregen helfen und so auch einen bescheidenen Anteil an der Lösung größerer Fragen haben!

Berlin, im März 1934
AEG-Forschungs-Institut.

E. BRÜCHE.   O. SCHERZER.

Vorwort.

In den 6 Jahren, die seit Erscheinen der „Geometrischen Elektronenoptik"
vergangen sind, hat sich die Hoffnung zu erfüllen begonnen, daß die quasioptische
Auffassung der Elektronenbewegung neue praktisch wertvolle Folgerungen
ermöglichen würde: Während man im Jahre 1934 bei der Braunschen Röhre
im allgemeinen noch die Gaskonzentration anwendete, hat sich heute die
Hochvakuumröhre durchgesetzt, die als handliche abgeschmolzene Röhre mit
Schreibleistungen von 50000 km/s den Kaltkathoden-Oszillographen erreicht
hat und der der Aufschwung der Fernsehentwicklung mit zu verdanken ist.
Während ferner damals das Elektronen-Übermikroskop und der Bildwandler
mit kurzer Linse Ziele der Entwicklung waren, liegen heute diese Geräte sowohl
in der magnetischen als auch in der elektrischen Form vor. Insbesondere hat
das Übermikroskop mit einer Auflösung um 5 mμ das Lichtmikroskop um weit
mehr als eine Zehnerpotenz beim Eindringen in das Gebiet der kleinsten Dimensionen überflügelt. Aber auch auf dem mehr wissenschaftlichen Gebiet des
Materiespektrographen und der Elektronenbeugung sind wesentliche Fortschritte
erzielt. Waren doch damals die Arbeiten von Mattauch und Herzog, die die
Massenspektrographie zu einer Genauigkeit in der Massenbestimmung von
1:100000 gebracht und so zum Ausbau der Kernphysik wertvolles Material geliefert haben, ebensowenig bekannt wie die Elektronenbeugungs-Untersuchungen
von Kossel und Boersch.

Bei diesem schnellen Fortschritt ist der zweite, den Anwendungen gewidmete
Teil des ursprünglichen Werkes heute weitgehend veraltet. Seine Neubearbeitung,
die damit wünschenswert geworden war, wird nun als besonderer Band vorgelegt. Um diesem Band seine Selbständigkeit zu geben, sind die wichtigsten
Gesetzmäßigkeiten in einleitenden Kapiteln zusammengestellt.

Bei der Neubearbeitung genügte es nun nicht mehr, wie bei der „Elektronenoptik" an den drei Beispielen Braunsche Röhre, Elektronenmikroskop und
Materiespektrograph die elektronenoptische Auffassung zu erläutern. Vielmehr
mußte jetzt die Mannigfaltigkeit aller Elektronengeräte, d. h. der Geräte, für die
die Bewegung von freien Elektronen charakteristisch ist, unter elektronenoptischen Gesichtspunkten behandelt werden. Dabei wurde der Elektronenoptik das
Schicksal zuteil, das allen anregenden Ideen beschieden ist: Sie treten in einem
gewissen Entwicklungsstadium gegenüber dem, was sie geleistet haben, zurück.
So entstand praktisch ein neues Buch: „Die Elektronengeräte". Nur in einzelnen
Abschnitten, so z. B. dem über die Braunsche Röhre mit seiner starken ent-
wicklungsgeschichtlichen Note, wird der Leser noch unmittelbar an die Erstbearbeitung erinnert, in der das junge Gebiet der Elektronenoptik um Anerkennung rang. Der Leser mag es entschuldigen, wenn hier die Verdienste der
Elektronenoptik stärker im Vordergrund stehen, ja den Bearbeitern größer
erscheinen als sie es in Wirklichkeit vielleicht sind.

Man wird mit Recht fragen, ob eine solche Neubearbeitung, bei der einerseits
der Stoff auf das Gesamtgebiet ausgedehnt, andererseits die Elektronenoptik
nicht mehr das Hauptthema darstellt, überhaupt eine Berechtigung hat. Sind
doch über Elektronenröhren, Photozellen, Röntgenröhren, Braunsche Röhren,

Bildwandler und Elektronenmikroskopie bereits zusammenfassende Aufsätze oder Bücher vorhanden[1]. Wir glauben, daß man diese Frage bejahen muß, denn für die vorhandenen Darstellungen war letzten Endes immer eine einzelne technische Aufgabe bestimmend, und ihre Autoren sahen ihr Ziel vorwiegend darin, das zur Lösung dieser Aufgabe geeignete spezielle Gerät in einer den Bedürfnissen des Praktikers meist stark angepaßten Form zu behandeln. Demgegenüber ist der reizvolle Versuch, die verschiedenen verwandten Geräte als Ganzes zu sehen und die Einzelformen in ihren Eigenarten und in ihrer Mannigfaltigkeit vom allgemeineren Standpunkt zu verstehen, bisher nicht unternommen worden. Nur die „Geometrische Elektronenoptik" stellt einen Schritt in dieser Richtung insofern dar, als dort eine gleichartige Behandlung von BRAUNscher Röhre, Elektronenmikroskop und Materiespektrograph angestrebt ist. Das vorliegende Buch will auf dem damals eingeschlagenen Wege weitergehen. Die Bearbeiter waren dabei bestrebt, das Gemeinsame und Unterschiedliche bei diesem wichtigen physikalisch-technischen Gebiet zu zeigen, das in der Bewegungslehre von Ladungsträgern in Feldern seine einheitliche physikalische Grundlage hat und dessen technische Bedeutung in der allgemeinen Aufgabestellung besteht, die Ladungsträger nach unseren Wünschen zur Erzielung bestimmter Effekte zu lenken. Es sind die an fertigen Geräten erläuterten Prinzipien der Elektronengeräte, die vom elektronenoptischen Standpunkte in der vorliegenden Systematik[2] behandelt werden.

Diese besondere Einstellung bei der Betrachtung der Elektronengeräte bedingt eine manchmal ungewohnte, ja dem Fachmann vielleicht sogar primitiv erscheinende Darstellung: Es steht nicht die mit einem Gerät zu lösende Aufgabe an erster Stelle, sondern die apparative Möglichkeit, durch die sich verschiedene Aufgaben lösen lassen. Entsprechend dieser Einstellung sind z. B. die Laufzeitgeräte nicht nach ihrem Verwendungszweck den verschiedenen Kapiteln zugeordnet, sondern als einheitliche Gruppe behandelt, um das Gleichartige der Methodik hervortreten zu lassen. —

Wenn man das Blickfeld weiten will und dazu von den Dingen einen Schritt zurücktreten muß, so werden im gleichen Maße die Einzelheiten verschwinden. Daher wird der reine Praktiker, der Einzeltatsachen sucht, bei diesem Buch kaum auf seine Kosten kommen. Das Buch mag aber dem Fachmann eines mehr oder minder engen Teiles des behandelten Gebietes helfen, die gleichartigen physikalischen Grundlagen und technischen Gedankengänge auch anderen Ortes wiederzufinden. Man gewöhnt sich, wofür die Geschichte der Physik viele Beispiele gibt, allzu leicht daran, die physikalischen Erscheinungen stets von demselben Blickpunkt aus zu betrachten. Dadurch, daß in diesem Buch vielfach versucht wurde, neue Perspektiven zu gewinnen, hilft es vielleicht Dinge zu sehen, die bisher verborgen waren. Die Entwicklung der geometrischen Elektronenoptik ist der Beweis dafür, daß ein Betrachtungswechsel fruchtbar sein kann. —

Das Buch ist, wie sein Vorgänger, als Niederschlag gemeinschaftlicher vieljähriger Forschungs- und Entwicklungsarbeit eines physikalisch-technischen

---

[1] MALOFF, I. G. u. D. W. EPSTEIN: Electron Optics in Television. New York 1938 (300 Seiten). — ARDENNE, M. v.: Elektronen-Übermikroskopie. Berlin 1940 (393 Seiten). — Weitere Bücher über geometrische Elektronenoptik erschienen inzwischen von MYERS (London), KLEMPERER (Cambridge) und PICHT (Berlin). Außerdem ist die Zusammenstellung der Vorträge von der Physikertagung 1936 durch BUSCH und BRÜCHE (Leizpig) zu erwähnen. (Näheres vgl. das Buchverzeichnis.)

[2] Einen Abriß dieser Systematik findet der Leser in dem von RAMSAUER herausgegebenen Buch: „Das freie Elektron in Physik und Technik", Berlin: Julius Springer 1940, wo ein Vortrag von BRÜCHE aus dem Winter 1938/39 abgedruckt ist, sowie in den Berichten [131] und [126].

Laboratoriums entstanden. Große Buchteile sind daher durch unsere eigenen Arbeiten merklich beeinflußt, wobei manches mitgeteilt ist, was an anderer Stelle noch nicht veröffentlicht wurde. Wenn wir natürlich die Untersuchungen unseres Instituts auch liebevoll berücksichtigt haben, so haben wir doch die Arbeit anderer Stellen über gleiche Themen zu ihrem Recht kommen lassen. Polemische Ausführungen haben wir weitgehend unterdrückt, da uns ein zusammenfassender Bericht nicht der geeignete Ort dafür zu sein scheint[1].

Auch dieses Buch ist von einem Experimentator und einem Theoretiker bearbeitet. Professor SCHERZER, der inzwischen einem Ruf an die Technische Hochschule Darmstadt gefolgt ist, hat wegen starker anderweitiger Belastung die Mitarbeit an dem zweiten Teil des ursprünglichen Werkes seinem Nachfolger in der theoretischen Abteilung des AEG-Forschungs-Institutes übertragen.

Zu danken haben wir besonders wieder Dr. HENNEBERG, dessen eingehende Kritik beim Lesen der Korrektur uns auf mancherlei Mängel aufmerksam machte. Zu danken haben wir ferner einer Anzahl von Fachgenossen, die an den betreffenden Kapitelanfängen des Buches genannt sind. Auch denjenigen Fachgenossen und Stellen sei gedankt, die uns Bildmaterial für das Buch zur Verfügung stellten und damit zur Ausstattung des Buches beitrugen, die der Verlag Julius Springer in der gewohnt guten Weise durchführte. Der AEG-Pressestelle verdankt das Buch die ganzseitigen Bilder und manche andere Hilfe.

Nachdem wir uns bei Kriegsausbruch entschlossen hatten, die Arbeit zu beendigen, können wir nun das Buch mit einigem Zögern der Öffentlichkeit übergeben. Wenn wir auch viel Mühe und Arbeit auf die Fertigstellung verwandt haben, so wird doch nicht nur der Fachmann von Einzelgebieten, die uns nicht alle gleich nahe lagen, manche Mängel entdecken. Trotzdem haben wir — wie bei der Erstbearbeitung — die Hoffnung, daß das Buch der Weiterentwicklung der Elektronik in physikalischer und technischer Beziehung von Nutzen sein und einen bescheidenen Anteil an der Lösung der großen technischen Aufgabe unserer Zeit haben wird.

Berlin-Reinickendorf, im Oktober 1940.

E. BRÜCHE.   A. RECKNAGEL.

---

[1] Anm. bei der Rev.: Diese Ansicht wird leider nicht allgemein geteilt. Das zeigt der Beitrag „Mikroskopie hoher Auflösung mit schnellen Elektronen", den die Herren v. BORRIES und RUSKA zu dem soeben erschienenen Band 19 der „Ergebnisse der exakten Naturwissenschaften" lieferten. In diesem Beitrag ist manche Seite der Polemik gegen das AEG-Forschungsinstitut und dessen Mitglieder RAMSAUER, MAHL, HENNEBERG und BRÜCHE gewidmet. Ich halte trotzdem an unserer Einstellung fest und habe daher auch davon Abstand genommen, auf die verschiedenartigen kleineren und größeren Angriffe in dem Text dieses Buches zu antworten.

Anders liegt es bei den Unterschieden, welche dieses Buch und der Bericht der Herren v. BORRIES und RUSKA infolge sehr verschiedener Berücksichtigung der Literatur aufweisen. Wenn zwei zusammenfassende Darstellungen desselben Gebietes, die beide als objektiv gelten wollen, so stark voneinander abweichen wie im vorliegenden Falle, wird der Leser erwarten, daß in dem später erscheinenden Bericht größere Unterschiede deutlich aufgezeigt und daß die Gründe für die abweichende Darstellung angegeben werden. Aus diesem Grunde habe ich am Schluß dieses Buches einige Unterschiede zusammengestellt, die teils unsere eigenen, teils die Arbeiten anderer Autoren betreffen. Der Leser wird sich leicht an Hand der Zusammenstellung des Anhanges ein eigenes Urteil bilden können.

E. BRÜCHE.

Inhaltsverzeichnis.

Erster Teil.

Die Elektronenbewegung unter technischen Gesichtspunkten.

Zweiter Teil.

Aufbau der Geräte.

Inhaltsverzeichnis. XIII

B. Laufzeit- und Spektralgeräte.

XIV   Inhaltsverzeichnis.

Kennzeichnung der Hinweise.

[EO V, 2]   Vgl. das Buch BRÜCHE-SCHERZER: Geometrische Elektronenoptik, Kapitel V, Abschnitt 2.

[V, 2]   Vgl. dieses Buch, Kapitel V, Abschnitt 2.

[2]   Vgl. Buchverzeichnis am Schluß dieses Buches: Buch 2.

[2]   Vgl. Schrifttumsverzeichnis am Schluß dieses Buches, Arbeit 2.

Schreibweise der Formeln.

In diesem Buch ist, wie in [EO], das konventionelle elektromagnetische Maßsystem benutzt, d. h. die Potentialgleichung [I, 2] lautet $\Delta \varphi = -4\pi c^2 \varrho$, das COULOMBsche Gesetz $\Re_e = c^2 \dfrac{e_1 e_2}{r^2}$, die Vektorpotentialgleichung $\Delta \mathfrak{A} = -4\pi \mathfrak{i}$ und die Kraft auf das Elektron $\Re_m = -e\,[\mathfrak{v}\,\mathfrak{H}]$. (Im elektrostatischen System fällt bei den ersten beiden Formeln auf der rechten Seite das c^2 fort, bei den letzten beiden taucht ein c im Nenner auf.)

Bei der Festlegung auf das konventionelle elektromagnetische Maßsystem sind in die Bewegungsgesetze einzusetzen:

$e/m = 1{,}759 \cdot 10^7$ el.magn. CGS, die magnetische Feldstärke in Oersted, die Potentialwerte in der elektromagnetischen Potentialeinheit, welche 10^{-8} V beträgt (z. B. bei 5 V ist also $5 \cdot 10^8$ el.magn. CGS einzusetzen.)

Wie in [EO] sind die Formeln für Elektronen geschrieben, also so, daß das e/m als positive Größe einzusetzen ist. Bei Übergang zu positiven Ladungen ist e/m durch $-e/m$ zu ersetzen.

Bedeutung der Buchstaben.

z	Koordinate in Richtung der optischen Achse
$r=\sqrt{x^2+y^2}$	Koordinate in radialer Richtung
a, b, f	Gegenstands-, Bild- und Brennweite
V	Abbildungsmaßstab (gelegentlich auch Batteriespannung)
ϱ_e, ϱ_m	Krümmungsradius im elektrischen und magnetischen Feld
Θ_e, Θ_m	Ablenkung im elektrischen und magnetischen Feld
v	Geschwindigkeit des Ladungsträgers
$\tau=l/v$	Laufzeit
ω, ν	Frequenzen
$\varphi(z, r)$	Raumpotential am Punkte z, r
$\Phi=\Phi(z)=\varphi(z, 0)$	Potential auf der optischen Achse am Punkte z, 0
U, u	Potentialdifferenzen zwischen Elektroden
U_A, U_G	Anoden- und Gitterspannung
$e\varepsilon$	Austrittsenergie des Ladungsträgers
ew	Austrittsarbeit
ϱ	Raumladung
$\mathfrak{E}, E$	Elektrische Feldstärke
$\mathfrak{H}, H$	Magnetische Feldstärke
$\mathfrak{A}$	Vektorpotential
$\mathcal{G}$	Energie
i, i	Strom
j, j	Spez. Strom = Stromdichte
R	Widerstand (gelegentlich auch Radius)
R_a, R_i	Äußerer und innerer Widerstand
e, m	Ladung und Masse des Ladungsträgers
λ	Wellenlänge

Daten des Elektrons [I, 1].

m	$= 9{,}108 \cdot 10^{-28}$ g
e	$= 1{,}602 \cdot 10^{-20}$ el.magn. CGS
e/m	$= 1{,}759 \cdot 10^{7}$ el.magn. CGS
1 eVolt	$= 1{,}60 \cdot 10^{-12}$ Erg

Erster Teil

Die Elektronenbewegung unter technischen Gesichtspunkten.

Einführung: Die Elektronenstrahlung in ihrer technischen Bedeutung.

Bei den Strahlungen, die wir in der Natur kennen, haben wir drei große Gruppen zu unterscheiden: Erstens elektromagnetische Strahlung, zweitens Strahlen ungeladener Teilchen und drittens Strahlen geladener Teilchen.

Zu der ersten Gruppe, die allein durch die Wellenlänge charakterisiert wird, gehören die langwellige Strahlung des Rundfunks ($\lambda \sim 100$ m), das sichtbare Licht ($\lambda \sim 5 \cdot 10^{-5}$ cm), die Röntgenstrahlung ($\lambda \sim 10^{-8}$ cm) und die γ-Strahlung ($\lambda \sim 10^{-11}$ cm). Man kann auch diese Strahlungen als Strahlungen ungeladener Teilchen, der Lichtquanten, deuten. Die Lichtquanten sind in ihrer Existenz daran geknüpft, daß sie „mit Lichtgeschwindigkeit" durch den Raum fliegen. Sie übertragen — ohne Ruhmasse zu besitzen — einen gewissen Energiebetrag und eine diesem Energiebetrag proportionale Masse vom Ort ihres Entstehens zum Ort ihres Verschwindens.

Tabelle 1. Urteilchen und Kernaufbau.
(Massen in Einheiten des Wasserstoffatoms.)

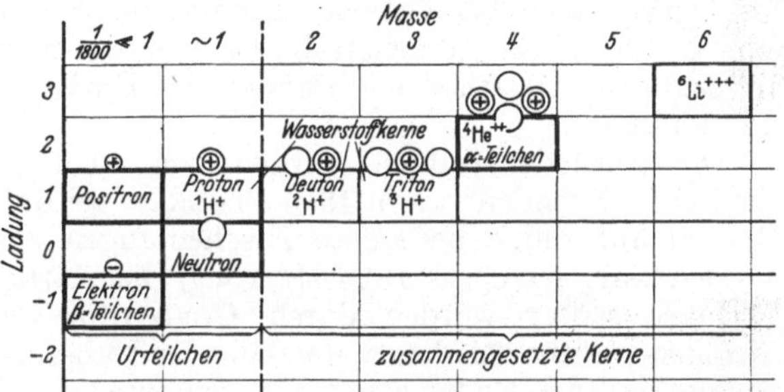

Die zweite Gruppe, die Gruppe der ungeladenen Teilchen, enthält solche sehr verschiedenen Charakters. Wir können hier drei Untergruppen unterscheiden: Erstens die Urteilchen (Elementarteilchen), zweitens die Atome des periodischen Systems, die sich aus einem Kern und der Elektronenhülle zusammensetzen und drittens die Molekeln, die aus mehreren Kernen und der Elektronenhülle bestehen. Die beiden letztgenannten Gruppen enthalten im Gegensatz zur ersten die zusammengesetzten Teilchen. — Von den Urteilchen ist das Neutron neutral, das nach obiger Tabelle 1 ungefähr[1] die Masse des Protons trägt. Die Atome (von der Masse 1 des Wasserstoffs bis zu der Masse des Urans) und die Molekeln können als Strahlung, und zwar als Dampfstrahlen (Atom- und Molekularstrahlen) und als neutralisierte Kanalstrahlen auftreten. Die ersteren haben gaskinetische Geschwindigkeit ($v \sim 10^5$ cm/s), die letzteren können dagegen hohe Geschwindigkeit erhalten. Außer dem neutralen Urteilchen schwerer Masse soll es auch noch ein neutrales Teilchen sehr kleiner Masse, das Neutrino, geben. Sein Vorhandensein ist bisher experimentell nicht

---

[1] Bezogen auf Sauerstoff 16,000 sind die genauen Massen: Elektron 0,00055, Proton 1,0081, Neutron 1,0090, α-Teilchen 4,0039.

sicher gestellt; man schließt auf seine Existenz lediglich aus den experimentell festgestellten Gesetzmäßigkeiten des β-Zerfalls der Atomkerne.

Die Strahlen der dritten Gruppe, die geladenen Teilchen, lassen sich, ebenso wie die neutralen Teilchen, nach ihrem Aufbau in drei Untergruppen einteilen. Sie sind ferner je nach Vorzeichen und Größe der Ladung zu unterscheiden (Tabelle 1). Zu der Gruppe der Urteilchen gehören Elektron[1], Positron und Proton, wobei die ersten beiden eine 1835mal kleinere Masse als das letztere haben. Bei den Kernen ist das Deuton (auch Deuteron genannt) der einfachste zusammengesetzte Kern. Das Deuton $^2H^+$ ist der Kern des schweren Wasserstoffs. Es besteht aus einem Proton und einem Neutron. Der $^4He^{++}$-Kern tritt als Bruchstück bei dem radioaktiven Zerfall auf und wird hier α-Strahl genannt. Er ist aus zwei Neutronen und zwei Protonen aufgebaut. Die Geschwindigkeit der Teilchen der dritten Gruppe kann von Null bis fast zur Lichtgeschwindigkeit veränderlich sein. Als Ladungsträger lassen sie sich in elektrischen Feldern verzögern und beschleunigen. Für ihr Verhalten in Feldern ist das Verhältnis von Ladung e zur Masse m maßgebend. Außer den genannten geladenen Teilchen gibt es noch geladene Teilchen, deren Masse zwischen der des Elektrons und der des Protons liegt. Sie sind erst kürzlich in der Höhenstrahlung gefunden worden. Sie sind instabil und zerfallen in etwa 10^{-6} s.

Von all diesen verschiedenen Korpuskularstrahlungen, um deren Untersuchung und Anwendung zum Studium atomistischer Fragen der Physiker bis heutigentags bemüht ist, nimmt eine Strahlung eine besondere Stellung ein. Es ist die Elektronenstrahlung oder wie man auch nach ihrer Erzeugungsart sagt: Die „Kathodenstrahlung" der Entladungsröhre bzw. die β-Strahlung des Radiums.

Die Kathodenstrahlen wurden von allen Korpuskularstrahlungen zuerst entdeckt. Nachdem schon 1859 PLÜCKER bei der Untersuchung GEISSLERscher Röhren auf einige besondere Erscheinungen der Entladung aufmerksam geworden war, gelang es 1869 HITTORF, die Kathodenstrahlen rein darzustellen. 17 Jahre später wurden durch GOLDSTEIN dann auch die Kanalstrahlen, Strahlen positiv geladener Moleküle, und abermals 10 Jahre später wurde von BECQUEREL die Radioaktivität durch ihre Strahlungen gefunden.

In jener ersten Zeit nach der Entdeckung der Kathodenstrahlen lag das Schwergewicht der Untersuchungen in dem Studium ihrer Eigenschaften, der Aufklärung ihrer Natur und in den Versuchen über die Wechselwirkung mit der Materie. Die vielen wertvollen experimentellen Arbeiten der damaligen Zeit — es seien die Namen: GOLDSTEIN, CROOKES, HERTZ, LENARD, J. J. THOMSON hervorgehoben — führten zur Aufklärung der Natur der Kathodenstrahlen und legten den Grundstein zu unseren heutigen Vorstellungen vom Atombau[2].

Um die Jahrhundertwende begann dann teils infolge neuer Entdeckungen (1895 Röntgenstrahlen), teils aber auch infolge der allmählich wachsenden Erkenntnis über die Anwendungsmöglichkeiten der Kathodenstrahlung (1896 BRAUNsche Röhre), sich auch die Technik dieses neuen Gebietes zu bemächtigen. Es entstand so im Laufe der 4 Jahrzehnte, die seither vergangen sind, eine Fülle von Elektronengeräten, deren wichtigste Röntgenröhre, BRAUNsche Röhre und Elektronenröhre sind und zu denen ferner Photozelle, Elektronenmikroskop, Bildwandler, Vervielfacher u. a. m. gehören.

---

[1] Die Bezeichnung „Elektron" hat sich nach einem Vorschlag von STONEY seit 1891 eingebürgert (vgl. [14] S. 1).

[2] Es kann dem Leser, der sich für entwicklungsgeschichtliche Fragen interessiert, nur empfohlen werden, die packende Darstellung zu lesen, die LENARD [10] vor mehr als einem Vierteljahrhundert über das Ringen nach Klarheit auf diesem Gebiet niedergeschrieben hat. (Über die Bedeutung der eckigen Klammern vgl. S. XV).

Wenn man sich die gewaltige, technische Entwicklung vor Augen führt, die durch die Pionierarbeit der Physiker ermöglicht wurde und deren Ergebnisse wir uns heute nicht mehr aus der Welt fortzudenken vermögen, so drängen sich unwillkürlich zwei Fragen auf: Welche Gründe hat eigentlich die Entwicklung dieses relativ jungen technischen Gebietes und wie kommt es, daß gerade die Elektronen und nicht andere geladene Korpuskeln zum Träger des Gebietes wurden?

Die Entwicklung beruht natürlich auf den besonderen Eigenschaften der Strahlung geladener Teilchen, die der Technik neue Möglichkeiten erschlossen haben. Die Grundeigenschaften der Teilchen sind Ladungs- und Massentransport. Der Ladungstransport ist bereits an sich wichtig. Er ermöglicht ferner die Beschleunigung der Teilchen und ihre Ablenkbarkeit durch Felder. Die Masse — und zwar in der durch das e/m der Teilchen gegebenen Kombination mit der Ladung — bestimmt, ob die Korpuskeln z. B. bei der Beschleunigung solche Geschwindigkeiten erhalten, daß die sekundären Effekte wie Raumladung usw. in tragbaren Grenzen bleiben. Durch die Beschleunigungsmöglichkeit kann der Strahlung von außen Energie zugeführt werden, wodurch sie zu besonderen Leistungen, wie Anregung von Phosphoren (Leuchtschirmen) oder Auslösung von Sekundärelektronen und Röntgenstrahlen befähigt wird. Die Beeinflußbarkeit der Strahlenrichtung durch Felder dagegen ermöglicht z. B. die BRAUNsche Röhre mit ihren vielerlei Anwendungen oder die Elektronenröhre. Sie ist ferner die Grundlage für die geometrische Elektronenoptik[1], die das Elektronenmikroskop und den Bildwandler ermöglicht hat. Fassen wir zusammen, so werden wir als die technisch wichtigen Eigenschaften, die die Strahlung von Ladungsträgern zu vielen Anwendungen prädestiniert erscheinen lassen, ansehen: *Transport von Ladung, Speicherfähigkeit von Energie, trägheitsfreie Beeinflußbarkeit* sowie *quasioptisches Verhalten.*

Fragen wir nun danach, warum gerade Elektronen Träger der technischen Entwicklung wurden. Man könnte vielleicht denken, daß der erwähnte Entdeckungsvorsprung, den die Elektronenstrahlung besaß, ihre bevorzugte Anwendung in der Technik bedingt hat. Haben denn nicht auch die anderen geladenen Strahlen die gleichen Eigenschaften und wären sie nicht damit im Prinzip für technische Anwendung ebenso geeignet? Sehen wir von den Positronen ab, die tatsächlich ähnliche Eignung erwarten lassen, so sind die Teilchen höherer Masse doch etwas merklich Verschiedenes. Ihre große Masse bedingt zunächst eine langsamere Bewegung bei gleicher durchlaufener Beschleunigungsspannung, was immer dann Unterschiede zur Folge haben wird, wenn es auf die Geschwindigkeit ankommt. Als Beispiele seien die Laufzeiteffekte im Hochfrequenzfeld und die Unterschiede im Verhalten gegenüber magnetischen Feldern erwähnt[2]. Aber auch die allgemeinen physikalischen Eigenschaften sind unterschiedlich. Sicherlich in den meisten Fällen unerwünscht wären bei Strahlen hoher Masse aber im allgemeinen die Nebenwirkungen; wird doch z. B. einem Leuchtschirm von solchen Massestrahlen (negative Ionen bei der Kathodenaktivierung) allmählich die Fähigkeit des Leuchtens genommen. Sehen wir aber auch davon ganz ab, so ist doch allein der Massentransport, der wieder rückgängig gemacht werden muß, recht unerfreulich. Denken wir uns z. B. eine Senderöhre von 1 A Strom mit einer Kaliumanode statt mit

---

[1] Die historische, spezielle Bezeichnung „Geometrische Elektronenoptik" heute durch die allgemeinere „Geometrische Korpuskeloptik" auszutauschen, scheint weder erforderlich noch durchführbar zu sein. Wir werden jedoch im Auge behalten, daß unsere Betrachtungen auch für andere geladene Teilchen gelten und daß wir gelegentlich, wie bei der Massenspektrographie, gerade von ihnen sprechen.

[2] Diese Unterschiede gegenüber Elektronen sind nicht unbedingt Nachteile, sie können gar von Vorteil sein.

einer Glühkathode betrieben, so bedeutet das bei 100 Betriebsstunden einen Massentransport von 150 g!

Es ist also zweifellos so, daß für die meisten Zwecke die Elektronenstrahlen unter allen Strahlen geladener Korpuskeln die geeignetsten sind. Aber auch das wäre für ihre Anwendung in so ausgedehntem Maße nicht ausreichend, wäre doch auch Platin für sehr viele Zwecke des täglichen Gebrauchs geeigneter als andere Metalle, und trotzdem wird es nicht verwendet. Es muß noch eine Bedingung erfüllt sein: Die praktisch zu verwendende Strahlung muß leicht herstellbar sein. Nun, diese Bedingung ist bei der Elektronstrahlung so freigiebig von der Natur erfüllt worden wie bei keiner anderen Korpuskularstrahlung und wie insbesondere nicht bei den Positronen oder Protonen. Glühelektrischer und lichtelektrischer Effekt sind die bekanntesten der einfachen Auslösungsmöglichkeiten für Elektronen. So haben wir denn hier einen Fall, wo glücklicherweise technisch vorzügliche Eigenschaften mit natürlichem Vorkommen bzw. leichter Herstellbarkeit gepaart sind.

Die technische Elektronik, mit der wir uns im folgenden beschäftigen wollen, ist eigentlich kein eindeutig umrissenes Gebiet. Sollen z. B. die Sperrschichteffekte, der innere Photoeffekt, hinzugerechnet werden oder nicht? Wir wollen diese Definitionsfrage hier nicht entscheiden. Im ganzen Zusammenhange dieses Buches ist es klar, was hier unter „technischer Elektronik“ zu verstehen ist. Technische Elektronik ist für uns die Technik des *freien* Elektrons. Aber auch diese Abgrenzung muß noch eingeschränkt werden, indem wir das Gebiet der Gasentladungserscheinungen im allgemeinen beiseite lassen, bei dem der Stoßprozeß zwischen Elektron und Molekel der wichtige Grundvorgang ist. *Wir wollen uns mit den freien Elektronen beschäftigen, die ohne unkontrollierbare Unstetigkeiten in der Bahn, wie sie Zusammenstöße mit Gasmolekeln bedingen, im allgemeinen allein beeinflußt und geleitet durch willkürlich erzeugte und von uns weitgehend bestimmte elektrisch-magnetische Felder, vom Ort ihrer Befreiung zum Orte ihrer Bestimmung gelangen.* Was uns dabei interessiert, ist meist, was die Elektronen uns an ihrem Bestimmungsorte als Intensität, Energie, als Leuchtflecklage oder in ihrer bildmäßigen Verteilung vermitteln. Sei es, daß sie in ihrer Intensität die Schwankungen kleiner Steuerspannungen vergrößert anzeigen, als geleitete Energie Röntgenstrahlen auslösen, durch Leuchtflecklage und -bewegung Aufschlüsse über Spannungsschwankungen geben, oder sei es, daß sie als Bilderzeuger von der Emission der Kathode oder einem durchstrahlten Gegenstand berichten. Wenn wir nach diesem Gesichtspunkt das zu behandelnde Material aus der Gesamtheit der technischen Elektronik auswählen, bleiben die Elektronengeräte im engeren Sinne übrig: Photozelle, Vervielfacher, Elektronenröhre, Lenardröhre, Röntgenröhre, BRAUNsche Röhre, Elektronenmikroskop, Bildwandler. Zu diesen Elektronengeräten mit statischen bzw. quasistatischen Feldern kommen noch die Elektronengeräte, die die sogenannten Laufzeiterscheinungen ausnutzen, wie Pendelvervielfacher, Schwingungserreger und Vielfachbeschleuniger. Schließlich ist die Gruppe der Spektralgeräte wie der magnetische Geschwindigkeitsspektrograph und der Massenspektrograph zu nennen.

Diese letzten beiden Gruppen nehmen eine besondere Stellung ein. Während die übrigen Geräte nur als *Elektronengeräte* bekannt sind, finden die Geräte der beiden letzten Gruppen zum Teil auch bei positiven Teilchen Anwendung. Wir wollen jedoch auch diese Geräte wegen der Allgemeingültigkeit der zugrunde liegenden Gesetzmäßigkeiten stillschweigend unter dem Begriff Elektronengeräte mitbehandeln.

A. Das Elektron im Feld.

Zwischen dem Austritt der Elektronen aus der Kathode und ihrem Wieder-
verschwinden in der Anode des Stromkreises, in den das Elektronengerät eingeschaltet ist, d. h. zwischen Quelle und Senke, liegt der Lebensweg des freien
Elektrons. In der sehr kurzen Zeitspanne der Freiheit von der Größenordnung
10^{-8} s spielt sich alles ab, von dem wir in diesem Buche sprechen. Hier sind
die Elektronen unserem Eingriffe zugänglich und lösen uns durch die von uns
vorgenommene, geeignete Beeinflussung und Lenkung die vielerlei Aufgaben,
die den Elektronengeräten ihre große Wichtigkeit gegeben haben.

Wollen wir die Beeinflussung der Elektronen vornehmen, so müssen wir
zuerst ihre Bewegungsgesetze im elektrischen und im magnetischen Feld, mittels
deren wir auf die Elektronenbahnen einwirken, studieren. Diese Bewegungslehre, die natürlich nicht nur auf Elektronen beschränkt ist, sondern ebenso
auch für andere Ladungsträger Gültigkeit hat, ist das Fundament aller Betrachtungen über die uns interessierenden Fragen. Der Bewegungslehre sind
daher auch die einleitenden beiden Kapitel gewidmet.

I. Die Elektronenbewegung im statischen Feld[1].

Bei der Bewegung von Elektronen in Feldern interessiert im allgemeinen
nicht das einzelne Elektron, sondern die Folge hintereinander und nebeneinander fliegender Elektronen, d. h. der Elektronenstrom bzw. der Elektronenstrahl. Dieser Strom bzw. Strahl unterliegt oft Beeinflussungen durch zeitlich
wechselnde Felder, so bei der Intensitätssteuerung (Elektronenröhre) oder der
Richtungssteuerung (BRAUNsche Röhre). In allen diesen Fällen erfolgen die
Änderungen der Felder meist relativ langsam. Die Geschwindigkeit, mit der
das einzelne Elektron seine Bahn durcheilt, ist demgegenüber so groß, daß es
von diesen Änderungen überhaupt nichts bemerkt. Die Felder sind also quasistatisch, und für die Bewegung gelten unmittelbar alle Ableitungen, die wir
in diesem Kapitel für konstante Felder durchführen werden. Anders ist es,
wenn die Feldänderungen durch Ultrahochfrequenzspannungen bedingt sind.
Dann gelten andere Gesetze, von denen wir jedoch erst in [II][2] sprechen
werden.

a) Die Bewegung eines Elektrons.

In dem ersten Kapitelteil seien die allgemeinen Daten über das Elektron
und seine Bewegung in Feldern zusammengestellt. Wenn wir dabei auch schon
manches berühren müssen, was — wie die Bewegung im rotationssymmetrischen
Feld, die Ähnlichkeitsgesetze und die Modelle — besonders für die Betrachtung
eines Bündels und seine Fokussierungserscheinungen von Wichtigkeit ist, so
soll doch hier ganz das Schwergewicht der Darstellung auf die Verfolgung des
einzelnen Elektrons und seiner Bahn gelegt werden.

1. Das Elektron. Von den verschiedenen uns bekannten Urteilchen der
Materie ist das Elektron das häufigste. Diese große Häufigkeit und die gleichzeitige leichte Herstellbarkeit eines Strahls freier Elektronen [Einführung][2]
lassen das Elektron für technische Zwecke besonders geeignet erscheinen, Tatsachen, die es auch bedingt haben, daß das Elektron als erstes der Urteilchen
entdeckt und isoliert wurde. Als weitere wichtige Eigenschaft ist für technische
Anwendungen das sehr große Verhältnis von Ladung $-e$ zur Masse m, das es

---

[1] Über weitere Einzelheiten, die in diesem Abriß nicht mehr gegeben werden können,
vgl. BRÜCHE-SCHERZER, Geometrische Elektronenoptik. Berlin: Julius Springer 1934.
[2] Eckige Klammern bedeuten Verweise verschiedener Art, worüber man S. XV vergleiche.

nur mit dem seltenen und kurzlebigen Positron gemeinsam hat, zu nennen, während das Proton bereits eine 1835mal größere Masse und damit ein 1835mal kleineres e/m hat.

Fragen wir nun nach den *Daten des Elektrons*. Zuerst wird man sein e/m, dann aber auch im einzelnen seine Ladung $-e$ und seine Masse m kennen wollen, wobei man zu beachten hat, daß sich m und damit auch e/m bei Annäherung der Elektronengeschwindigkeit an die Lichtgeschwindigkeit ändern. Es gilt nämlich allgemein nach der relativistischen Theorie, wenn m_0 die „Ruhmasse", v die Elektronengeschwindigkeit und c die Lichtgeschwindigkeit bedeuten:

$$m = \frac{m_0}{\sqrt{1 - \left(\frac{v}{c}\right)^2}}, \qquad (1) \qquad\qquad \frac{e}{m} = \frac{e}{m_0}\sqrt{1 - \left(\frac{v}{c}\right)^2}. \qquad (1\,a)$$

Gelegentlich spielt diese Geschwindigkeitsabhängigkeit der Masse eine Rolle. Bei Elektronen, die z. B. als Trümmer radioaktiver Stoffe (β-Strahlen) sehr hohe Geschwindigkeiten haben, kommen wir gelegentlich in dieses Gebiet. So finden wir, um ein Beispiel zu nennen, daß ein Elektron, das mit 10^6 V beschleunigt wurde, eine um den Faktor 3 größere Masse hat als ein langsames Elektron. — Fragen wir nun nach den Methoden zur Bestimmung der Konstanten e/m, e und m.

Die *spezifische Ladung* e/m ist sehr einfach zu bestimmen. Es geschieht das durch Beobachtung der Bahnen in Feldern, d. h. nach den Methoden der Bewegungslehre, von denen wir in [XI] (Massenspektrographie) noch ausführlich zu sprechen haben werden. Der Strahl der Elektronen wird in einem ersten Versuch einer Beeinflussung durch ein elektrisches Querfeld und in einem zweiten Versuch der Beeinflussung durch ein magnetisches Querfeld unterworfen. Da der Ablenkwinkel im ersten Falle dem Produkt $\frac{m}{e}\,v^2$, im zweiten Falle dem Produkt $\frac{m}{e}\,v$ umgekehrt proportional ist [I, 3], läßt sich aus den beiden Gleichungen v oder e/m eliminieren. Wir erhalten unter der Voraussetzung, daß die Elektronen keine höhere „Voltenergie"[1] als etwa 10^4 eV haben, d. h., daß wir es mit der Ruhmasse m_0 zu tun haben:

$$\frac{e}{m_0} = (1,7590 \pm 0,0015) \cdot 10^7 \text{ el. magn. CGS}\,[2].$$

Aus einer solchen Messung folgt auch sogleich v und wir können damit die erwähnte Abhängigkeit der Masse von der Geschwindigkeit festlegen. Es ist sehr wertvoll, daß wir in der „Zahnradmethode" [XI, 1], die FIZEAUs Methode der Lichtgeschwindigkeitsmessung entspricht, noch eine Methode zur direkten v-Bestimmung besitzen, die die aus Ablenkmessungen errechneten v-Werte bestätigt.

Die beiden Größen e und m_0 nach den Methoden, die die Bewegungslehre der Elektronen darbietet, gesondert zu bestimmen, ist unmöglich. Ob wir ein Teilchen von der Ladung e und der Masse m durch ein elektrischmagnetisches Feld ablenken lassen, oder ein Teilchen der Ladung $2e$ und der Masse $2m$, ist nicht zu unterscheiden. Zu solcher Unterscheidung müssen andere physikalische Methoden dienen.

Für die Bestimmung der *Elementarladung* e bietet sich außer dem in diesem Zusammenhange weniger interessierenden Wege über die Elektrolyse die von MILLIKAN ausgearbeitete Methode dar, elektrische und Gravitations-

---

[1] Vgl. S. 8.

[2] Der angegebene Wert ist der wahrscheinlichste Wert aus den besten Werten verschiedener Methoden. Er wurde von KIRCHNER [359b] ermittelt. Man vgl. auch die Zusammenstellung von R. T. BIRGE [66].

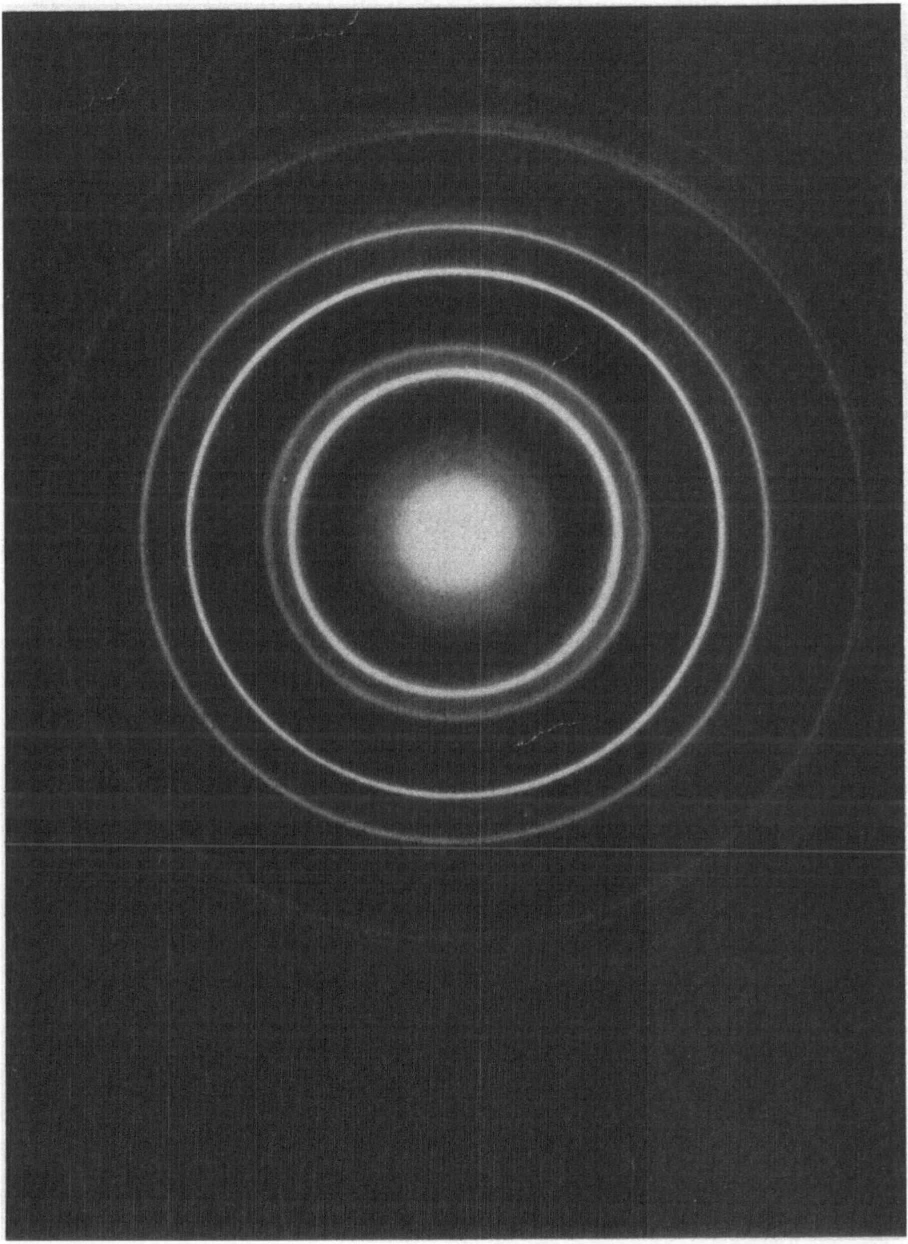

Bild I. Beugungsringe, sog. DEBEYE-SCHERRER-Ringe, erhalten von KIRCHNER an einer Silberfolie.

Es wurde ein feines Elektronenbündel ausgeblendet und auf die dünne Silberschicht (10^{-6} cm Dicke) gerichtet. Von den verschieden orientierten Kriställchen reflektieren nur diejenigen die Elektronen, für welche gerade die Punkte des Kristallgitters die zur Interferenzverstärkung erforderliche Lage haben (BRAGGsche Beziehung). Durch Zusammensetzung der Leuchtpunkte vieler getroffener Kriställchen entsteht der Interferenzring, der als Beweis der Wellennatur des Elektrons anzusehen ist.

kraft auf ein Teilchen wirken zu lassen, um so die Wirkungen dieser beiden Kräfte zu vergleichen, ähnlich wie wir es oben mit elektrischer und magnetischer Feldkraft getan hatten [XI, 1]. Aus den Versuchen folgt für die kleinste Ladung, die Elementarladung:

$$e = 1{,}602 \cdot 10^{-20} \text{ el. magn. CGS}$$
$$= 1{,}602 \cdot 10^{-19} \text{ Coulomb.}$$

Die *Masse* m des Elektrons, von deren Natur wir allerdings kaum etwas wissen, ist nun aus e/m und e sofort errechenbar. Wir erhalten nach KIRCHNER [359b]:

$$m_0 = 9{,}108 \cdot 10^{-28} \text{ g}.$$

Der *Energiesatz* [I, 4] gibt den Zusammenhang der Geschwindigkeit v des Elektrons mit der Beschleunigungsspannung. Ein Elektron starte ohne Geschwindigkeit von der einen Platte eines Kondensators, der Kathode K (Abb. 1). Es durchfällt nun die Potentialdifferenz U, bis es die Gegenplatte, die Anode A, etwa durch ein Loch wieder verläßt. Dann gilt:

$$\frac{m\,v^2}{2} = e\,U. \tag{2}$$

Man sagt: Das Elektron hat die Voltenergie U Elektronenvolt (abgekürzt: U eV), wenn U in Volt angegeben wird. Setzen wir unsere Zahlwerte ein,

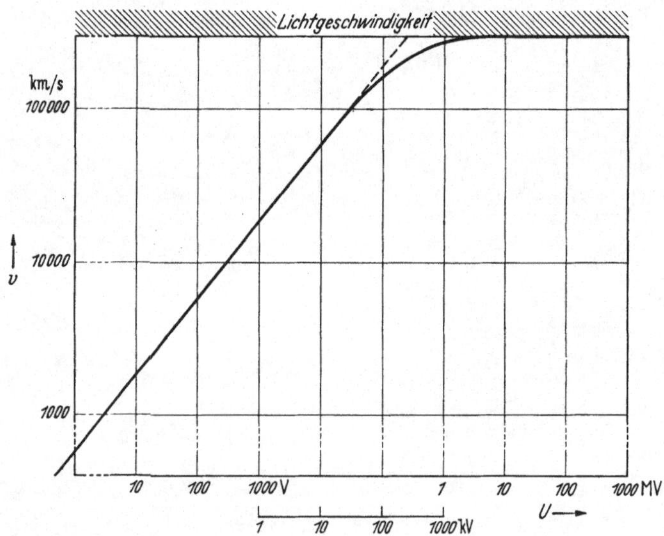

Abb. 2. Beschleunigungsspannung und Elektronengeschwindigkeit.

wobei wir annehmen, daß $U < 10^4$ V, d. h., daß die Ruhmasse für m einzusetzen ist, so folgt:

$$v = 0{,}595 \cdot 10^8 \sqrt{U}, \tag{3}$$

wenn v in cm/s und U in V gemessen ist. Beispielsweise legt also ein Elektron von 1 eV rd. 600 km/s zurück.

Bei Übergang zu höheren Beschleunigungsspannungen steigt die Geschwindigkeit immer langsamer und nähert sich asymptotisch der Lichtgeschwindigkeit an (Abb. 2). Zahlentabellen über diese Zusammenhänge findet man z. B. bei LENARD [9] und KLEMPERER [7].

Wenn man von den physikalischen Eigenschaften des Elektrons spricht, so muß auch erwähnt werden, daß das Elektron — ähnlich wie auch alle anderen Teilchen — eine Doppelnatur hat. Es benimmt sich je nach den Umständen wie ein fliegendes Teilchen oder wie eine fortschreitende Welle. Dem Teilchen der Geschwindigkeit v ist nach der DE BROGLIE-Formel eine Wellenlänge λ zuzuordnen:

$$\lambda = \frac{h}{m\,v}, \tag{4}$$

wobei h das PLANCKsche Wirkungsquantum bedeutet. Setzen wir Zahlenwerte ein, so erhalten wir:

$$\lambda = \frac{1,23}{\sqrt{U}}, \quad [m\,\mu] \tag{5}$$

wobei λ in mμ und U wieder in V gemessen ist. Die Wellennatur des Elektrons kommt z. B. zum Vorschein, wenn man Elektronen durch eine kristalline Folie gehen läßt oder an Kristallen reflektiert. Dann treten Beugungserscheinungen auf, die denen bei Röntgenstrahlen gleicher Wellenlänge entsprechen (Bild I u. IX).

In der technischen Elektronik handelt es sich fast ausschließlich um Fragen, bei denen sich das Elektron wie eine Korpuskel benimmt. Wir werden uns daher im folgenden auch vorwiegend mit den geometrischen Fragen des Strahlenganges beschäftigen und nur gelegentlich, wie bei der Auflösung des Elektronenmikroskops, an die Grenze kommen, wo die Auffassung des Elektrons als Korpuskel nicht mehr genügt [IX, 4]. Aber auch dann brauchen wir nichts weiter als die Kenntnis der Elektronenwellenlänge.

2. Allgemeines über elektrische und magnetische Felder. Die elektrischen und magnetischen Felder, die wir beide zur Führung der Elektronen anwenden werden, unterscheiden sich grundsätzlich voneinander. Das elektrostatische Feld besitzt Quellen und Senken für Kraftlinien, d. h. einzelne negative und positive Ladungen; dagegen ist es wirbelfrei, d. h. es gibt keine in sich geschlossenen Kraftlinien. Das magnetische Feld dagegen besitzt Wirbel, ist dafür aber quellenfrei. Zerbricht man einen Magnetstab, so entsteht immer wieder ein Gebilde mit einem Nord- und einem Südpol.

Das *elektrische Feld* (Dielektrizitätskonstante $\varepsilon = 1$) weist von der positiven zur negativen Ladung, d. h. von der Elektrode positiven zu der negativen Potentials. Seine obenerwähnten Eigenschaften werden durch die MAXWELLschen Gleichungen beschrieben:

$$\operatorname{rot} \mathfrak{E} = 0, \qquad \operatorname{div} \mathfrak{E} = 4\,\pi\,c^2\,\varrho, \tag{1}$$

wobei $\mathfrak{E}$ die elektrische Feldstärke, c die Lichtgeschwindigkeit und ϱ die Raumladung bedeutet. (Vgl. auch S. XV.)

Mit

$$\mathfrak{E} = -\operatorname{grad}\varphi, \tag{2}$$

wobei φ das Raumpotential sei, erhalten wir die POISSON-Gleichung:

$$\operatorname{div}\operatorname{grad}\varphi = \Delta\varphi = -4\,\pi\,c^2\,\varrho, \tag{3}$$

oder wenn keine Raumladung vorhanden ist, die LAPLACE-Gleichung:

$$\Delta\varphi = 0. \tag{4}$$

Schreiben wir die LAPLACE-Gleichung statt vektoriell in rechtwinkligen Koordinaten, so wird:

$$\Delta\varphi = \frac{\partial^2\varphi}{\partial x^2} + \frac{\partial^2\varphi}{\partial y^2} + \frac{\partial^2\varphi}{\partial z^2} = 0, \tag{4a}$$

oder bei Zugrundelegen von Zylinderkoordinaten (Abb. 3):

$$\Delta\varphi = \frac{\partial^2\varphi}{\partial r^2} + \frac{1}{r}\frac{\partial\varphi}{\partial r} + \frac{\partial^2\varphi}{\partial z^2} + \frac{1}{r^2}\frac{\partial^2\varphi}{\partial\psi^2} = 0. \tag{4b}$$

Ist das Feld außerdem rotationssymmetrisch zur z-Achse, wie es bei den Elektronenlinsen der Fall ist — also $\dfrac{\partial \mathfrak{E}}{\partial \psi}=0$ —, und werden Differentiationen nach z durch Striche bezeichnet, so gilt in der Nähe der Achse die Reihenentwicklung

$$\varphi\,(z,\,r) = \Phi\,(z) - \frac{\Phi''(z)}{4}\,r^2 + - \cdots, \qquad (5)$$

die den Zusammenhang zwischen dem Raumpotential φ und dem Potential Φ auf der Achse gibt. Speziell auf der Achse gilt die Beziehung:

$$\frac{\partial^2\varphi}{\partial r^2} = -\frac{1}{2}\,\frac{d^2\Phi}{dz^2}. \qquad (6)$$

Diese wichtige Gleichung der Potentialtheorie legt einen Zusammenhang der Krümmung der Potentialflächen längs und senkrecht zur z-Achse fest.

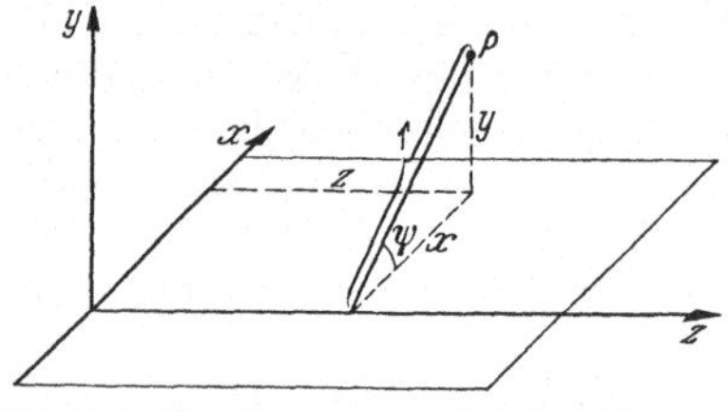

Abb. 3. Zur Einführung von Zylinderkoordinaten.

Sie ist der mathematische Ausdruck der für die Elektronenoptik [I, 8] betrüblichen Tatsache, daß im raumladungsfreien Feld Brechungsindex und Krümmung der brechenden Flächen nicht unabhängig voneinander gewählt werden können und daß daher der optische Weg zum Bau von Achromaten versperrt ist.

Das *magnetische Feld* (Permeabilität $\mu = 1$) weist vom Nordpol zum Südpol. Die Eigenschaften des magnetischen Feldes werden durch die MAXWELLschen Gleichungen:

$$\operatorname{rot}\mathfrak{H} = 4\pi\mathfrak{j}, \qquad \operatorname{div}\mathfrak{H} = 0 \qquad (7)$$

beschrieben, wobei $\mathfrak{H}$ die magnetische Feldstärke und $\mathfrak{j}$ den spezifischen Strom bedeutet.

Definieren wir durch die Gleichung $\mathfrak{H} = \operatorname{rot}\mathfrak{A}$ das Vektorpotential $\mathfrak{A}$, so können wir eine entsprechende Gleichung wie für das elektrische Potential anschreiben, nämlich:

$$\varDelta\mathfrak{A} = -4\pi\mathfrak{j}. \qquad (8)$$

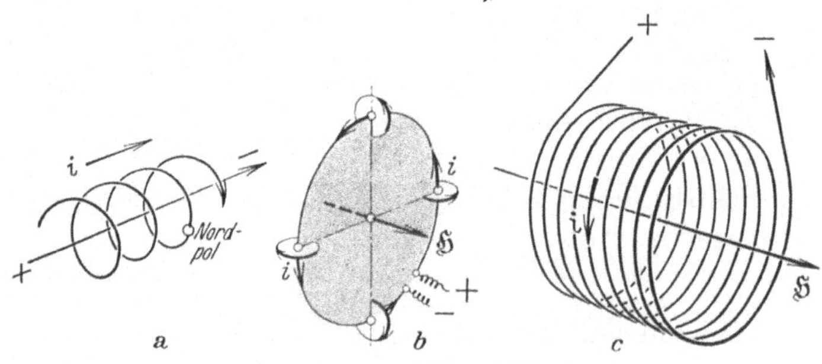

Abb. 4. Strom und Magnetfeldkräfte.

Ist das Feld rotationssymmetrisch zur z-Achse, also $\dfrac{\partial \mathfrak{H}}{\partial \psi}=0$, und sind in Achsennähe keine Ströme vorhanden, so lautet das Vektorpotential

$$\mathfrak{A}_\psi = |\mathfrak{A}| = H\,(z)\,\frac{r}{2} + \cdots. \qquad (9)\,^{[1]}$$

Dabei ist H das Magnetfeld auf der Achse.

Für die Zusammenhänge zwischen dem felderzeugenden Strom, dem Feld und der Bewegung eines Magnetpoles gelten die beiden Regeln:

---

[1] Die Komponenten eines Vektors bezeichnen wir wie üblich durch einen Index.

Korkzieherregel. Ein freier Nordpol wird um einen Stromleiter im Sinne eines Uhrzeigers oder der Bewegung eines Korkziehers herumgewirbelt (Abb. 4a). Daraus folgt:

Rechte-Hand-Regel. Legt man die rechte Hand so an die Spule (Abb. 4c) an, daß die Finger in die Stromrichtung weisen, so gibt der Daumen die Feldrichtung im Innern der Spule. (Dieselbe Aussage macht die AMPÈREsche Schwimmregel.)

3. Allgemeine Bewegungsgesetze und Bewegung im homogenen Feld. Auch bei der Elektronenbewegung im elektrischen und im magnetischen Feld sind grundsätzliche Unterschiede vorhanden.

Die *Feldkräfte im elektrischen Feld* wirken auf die Elektronen[1], die sie in Richtung der Kraftlinien zu beschleunigen suchen. In Formeln:

$$\Re_e = - e\,\mathfrak{E} = e\,\mathrm{grad}\,\varphi\,. \tag{1}$$

Die Bewegungsgleichung lautet daher, wenn $\mathfrak{r}$ den Ortsvektor und Punkte Differentiationen nach der Zeit bedeuten:

$$m\ddot{\mathfrak{r}} = - e\,\mathfrak{E} = e\,\mathrm{grad}\,\varphi\,. \tag{2}$$

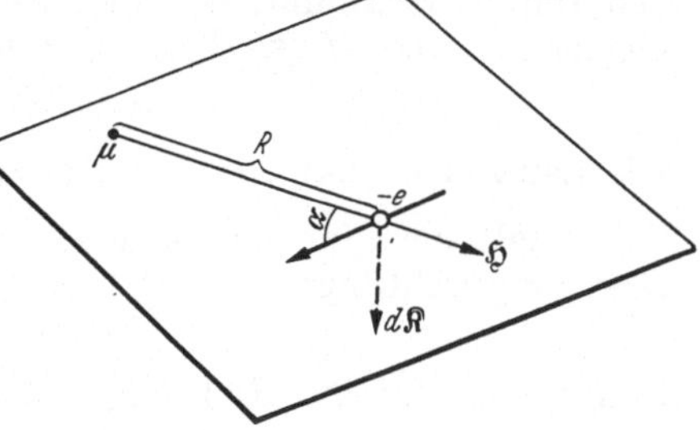

Abb. 5. Kraftwirkung auf ein bewegtes Elektron.

Die *Feldkräfte im magnetischen Felde* wirken außer auf magnetische Pole nur auf Ströme, d. h. auf *bewegte* Ladungen. Die Kraftwirkung zwischen einem Magnetpol μ und einem Element $i\,dl$ eines Elektronenstromes, der mit der Verbindungslinie zum Pol den Winkel α bildet, erfolgt nach dem Gesetz (Abb. 5):

$$\left| d\Re \right| = \frac{\mu}{R^2}\,i\,dl\sin\alpha = \left| \mathfrak{H} \right| \cdot i\,dl\sin\alpha\,. \tag{3}$$

Die Beeinflussung erfolgt dabei senkrecht zur Feld- und Stromrichtung, und zwar gilt für bewegte Elektronen folgende Dreifingerregel: Zeigt der Daumen

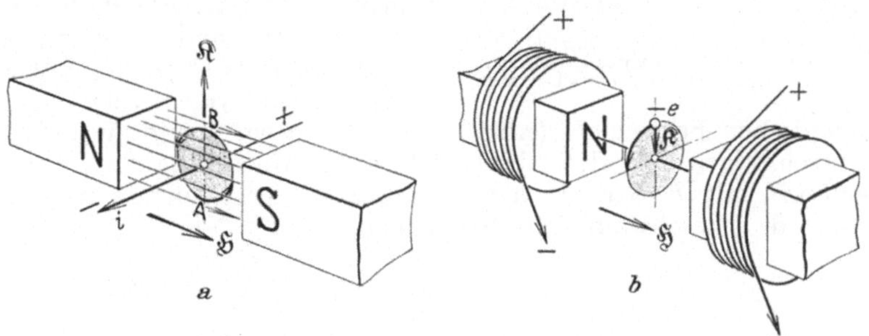

Abb. 6. Ablenkung eines Elektronenstromes im Magnetfeld.

der linken Hand in die Richtung der fliegenden Elektronen (entgegengesetzt der Stromrichtung), der Zeigefinger in die Richtung des magnetischen Feldes, so zeigt der Mittelfinger in die Richtung der auf die Elektronen ausgeübten Kraft (Abb. 5 und 6).

Für die Größe der Kraft folgt mit $i = - e\,\mathfrak{v}$

$$\Re_m = - e\,[\mathfrak{v}\,\mathfrak{H}]\,. \tag{4}$$

Die Bewegungsgleichung für das rein magnetische Feld wird damit

$$m\ddot{\mathfrak{r}} = - e\,[\mathfrak{v}\,\mathfrak{H}]\,. \tag{5}$$

---

[1] Unsere Formeln sind für Elektronen geschrieben. Bei Übergang zu positiven Ladungen ist stets e durch $-e$ zu ersetzen.

Differentiale Beeinflussung. Um den Inhalt der Bewegungsgleichung (2) zu verdeutlichen, werde die Änderung der Bahn beim Durchlaufen eines kleinen Feldgebietes genauer betrachtet. Wir lernen dabei den Fall jeder Bewegung, betrachtet auf einem differentiellen Wegstück, kennen, denn der Einfluß eines allgemeinen, elektrischen Feldes auf ein fliegendes Elektron läßt sich stets als die Wirkung eines Beschleunigungsfeldes in Bahnrichtung und eines Querfeldes senkrecht zur Bahn darstellen.

Die Ablenkung, die das zunächst in der z-Richtung fliegende Elektron unter der Wirkung eines in der x-Richtung wirkenden Querfeldes erfährt, ist durch den Impuls bestimmt, den ihm das Querfeld erteilt. Beim Durchfliegen der kleinen Strecke dl ist dieser Querimpuls nach den Bewegungsgleichungen (2)

$$m\, d\mathfrak{v}_x = \mathfrak{K}_x\, dt = -\, e\, \mathfrak{E}_x\, dt\,.$$

Die Laufzeit dt hat den Wert $dt = \dfrac{dl}{\mathfrak{v}_z}\,.$

Es gilt also für die neue Geschwindigkeit, senkrecht zur ursprünglichen Bewegungsrichtung:

$$d\mathfrak{v}_x = -\,\frac{e}{m}\,\mathfrak{E}_x\,\frac{dl}{\mathfrak{v}_z}\,.$$

Damit folgt für die Richtungsänderung der Bahn

$$d\operatorname{tg}\Theta_e = \frac{d\mathfrak{v}_x}{\mathfrak{v}_z} = -\,\frac{e}{m}\,\frac{1}{\mathfrak{v}_z^2}\,\mathfrak{E}_x\, dl\,. \tag{6}$$

Für ein allgemeines *magnetisches* Feld gilt, daß die Wirkung stets durch die Querkomponente des Feldes bedingt ist, während die Längskomponente wirkungslos bleibt. Die Ablenkung wird damit:

$$d\operatorname{tg}\Theta_m = \frac{e}{m}\,\frac{1}{\mathfrak{v}_z}\,\mathfrak{H}_y\, dl\,. \tag{7}$$

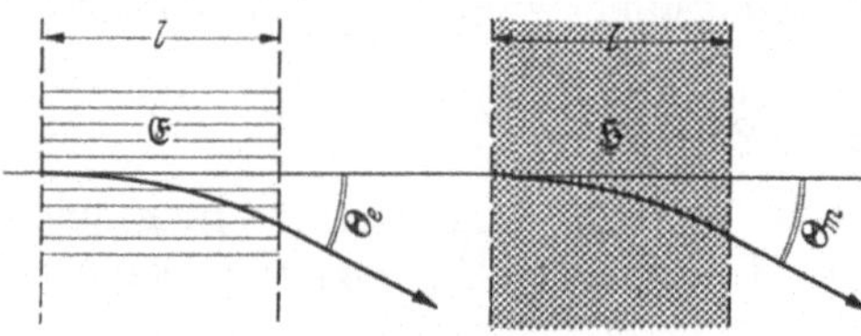

Abb. 7. Ablenkung durch ein Querfeld.
(Das elektrische Feld zeigt von unten nach oben, das Magnetfeld steht senkrecht auf der Zeichenebene.)

Ablenkung im homogenen Feld. Von diesen differentiellen Formeln kann man bei Querfeldern endlicher Länge, die homogen sind, sofort zu den Integralformeln übergehen. Wir erhalten die Ablenkformeln der elektrischen und magnetischen Feldschicht (Abb. 7), mit denen wir uns in [V, 12] nochmals genauer beschäftigen. Für den Absolutbetrag der Ablenkung um kleine Winkel gilt, wenn wir mit E bzw. H den Absolutwert der Feldstärken, mit v den Absolutwert der Geschwindigkeit bezeichnen,

$$\operatorname{tg}\Theta_e = \frac{e}{m}\,\frac{l}{v^2}\,E\,. \tag{8}$$

$$\operatorname{tg}\Theta_m = \frac{e}{m}\,\frac{l}{v}\,H\,. \tag{9}$$

Sehr einfach gestaltet sich auch die Integration der Bewegungsgleichungen bei großen Ablenkungen in homogenen Feldern. Bei der Bewegung senkrecht zu den Kraftlinien des homogenen, magnetischen Feldes muß das Elektron offensichtlich einen Kreis beschreiben. Aus Gleichheit von Flieh- und Feldkraft

$$\frac{m\,v^2}{\varrho_m} = e\,v\,H \tag{10}$$

folgt der Radius ϱ_m der Kreisbahn

$$\varrho_m = \frac{m}{e}\,\frac{v}{H} = 3{,}37\,\frac{\sqrt{U_{\text{Volt}}}}{H_{\text{Oerstedt}}}\,. \tag{11}$$

Dabei gibt die zweite Form der Gleichung den Wert von ϱ_m in Zentimetern. Beispiel: $U = 100$ V, $H = 0{,}47$ Oerstedt (Erdfeld!), $\varrho_m = 72$ cm.

Im homogenen elektrischen Feld, d. h. unter der Einwirkung einer konstanten Kraft, wird das Elektron die Bewegung des freien Falls durchmachen. Die Bahn wird also eine Parabel sein, deren Scheitel wir betrachten wollen. Aus Gleichheit von Flieh- und Feldkraft

$$\frac{m\,v^2}{\varrho_e} = e\,E \tag{12}$$

folgt der Radius des ϱ_e Krümmungskreises

$$\varrho_e = \frac{m}{e}\,\frac{v^2}{E} = 2\,\frac{U}{E}\,, \tag{13}$$

wenn wir unter U das Beschleunigungspotential verstehen.

Beispiel: $U = 100$ V, $E = 10$ V/cm, $\varrho_e = 20$ cm.

4. Bewegung im rotationssymmetrischen Feld. Zur Behandlung der Bewegung im nichthomogenen Feld müssen wir auf die allgemeinen Bewegungsgleichungen zurückgreifen, die für den allgemeinen Fall eines überlagerten, elektrischen und magnetischen Feldes [I, 3] lauten:

$$\left.\begin{aligned}
m\,\ddot{\mathfrak{r}} &= \mathfrak{K}_e + \mathfrak{K}_m \\
m\,\ddot{\mathfrak{r}} &= e\,\operatorname{grad}\varphi - e\,[\mathfrak{v}\,\mathfrak{H}]
\end{aligned}\right\} \tag{1}$$

oder in kartesischen Koordinaten:

$$\left.\begin{aligned}
m\,\ddot{x} &= -\,e\,\mathfrak{E}_x + e\,(\mathfrak{H}_y\,\dot{z} - \mathfrak{H}_z\,\dot{y}) \\
m\,\ddot{y} &= -\,e\,\mathfrak{E}_y + e\,(\mathfrak{H}_z\,\dot{x} - \mathfrak{H}_x\,\dot{z}) \\
m\,\ddot{z} &= -\,e\,\mathfrak{E}_z + e\,(\mathfrak{H}_x\,\dot{y} - \mathfrak{H}_y\,\dot{x})
\end{aligned}\right\} \tag{2}$$

Ein Integral dieser Bewegungsgleichungen kann sofort angegeben werden: der Energiesatz. Er lautet, wenn wir das Potential von der Kathode aus rechnen und wenn die Teilchen dort die Geschwindigkeit Null haben:

$$\frac{m}{2}\,(\dot{x}^2 + \dot{y}^2 + \dot{z}^2) = +\,e\,\varphi\,. \tag{3}$$

Das Magnetfeld steht nicht mehr in dieser Gleichung, d. h. im rein magnetischen Feld erfolgt die Bewegung mit konstanter Geschwindigkeit. Bei der gewählten Festsetzung des Potentialnullpunktes hat die Gesamtenergie des Elektrons, die Summe aus kinetischer und potentieller Energie, den Wert Null. Wenn wir im folgenden einfach von Energie des Elektrons sprechen, meinen wir nicht diesen Wert, sondern die aus der Beschleunigungsspannung U zu ermittelnde Größe $e\,U$, die der kinetischen Energie des Elektrons gleich ist.

Wenn auch eine zweite Integration der allgemeinen Gleichungen nicht möglich ist, so ergibt sich doch noch eine einfachere Darstellung durch Elimination der Zeit, die normalerweise nicht interessiert. Führt man als neue abhängige Veränderliche z. B. z ein und beschränkt sich auf rein elektrische Felder, so erhält man folgende Gleichungen für die allein interessierende Bahn:

$$\left.\begin{aligned}
x'' &= \frac{1}{2}\,\frac{\varphi_x - x'\,\varphi_z}{\varphi}\,(1 + x'^{\,2} + y'^{\,2}) \\
y'' &= \frac{1}{2}\,\frac{\varphi_y - y'\,\varphi_z}{\varphi}\,(1 + x'^{\,2} + y'^{\,2})
\end{aligned}\right\} \tag{4}$$

Betrachten wir nun einen sehr wichtigen Spezialfall, den des rotationssymmetrischen Feldes, bei dem die Integration wegen der Symmetrie noch einen Schritt weitergeführt werden kann.

Bei Einführung von Zylinderkoordinaten [I, 2] lauten die allgemeinen Bewegungsgleichungen:

$$m\ddot{z} = -e\,\mathfrak{E}_z + e\,r\,\dot{\psi}\,\mathfrak{H}_r \qquad = e\frac{\partial \varphi}{\partial z} - e\,r\,\dot{\psi}\,\frac{\partial A}{\partial z}$$

$$m\ddot{r} = -e\,\mathfrak{E}_r - e\,r\,\dot{\psi}\,\mathfrak{H}_z + m\,r\,\dot{\psi}^2 = e\frac{\partial \varphi}{\partial r} - e\,\dot{\psi}\,\frac{\partial r A}{\partial r} + m\,r\,\dot{\psi}^2$$

$$\frac{d}{dt}(m\,r^2\,\dot{\psi}) = r(-e\,\dot{z}\,\mathfrak{H}_r + e\,\dot{r}\,\mathfrak{H}_z) \qquad = e\frac{d}{dt}r A \,.$$

Die letzte Formel, der Flächensatz, erlaubt eine Integration, so daß die Bewegungsgleichungen folgende Form annehmen:

$$\left. \begin{aligned} m\ddot{z} &= e\,\frac{\partial Q}{\partial z} \\[4pt] m\ddot{r} &= e\,\frac{\partial Q}{\partial r} \\[4pt] m\dot{\psi} &= e\left(\frac{C}{r^2} + \frac{A}{r}\right) \end{aligned} \right\} \tag{5}$$

mit den Abkürzungen:

$$C = \frac{m}{e}\,r_a^2\,\dot{\psi}_a - r_a A_a \tag{5'}$$

$$Q = \varphi - \frac{e}{2m}\left(A + \frac{C}{r}\right)^2 = \frac{m}{2e}(\dot{r}^2 + \dot{z}^2)\,. \tag{5''}$$

Dabei bezeichnet der Index a die Werte am Startpunkt z_a der Elektronen. Setzt man in die in [I, 2] gegebene Reihenentwicklung für die Potentiale ein, so ergibt sich für $C = 0$[1] in erster Näherung die lineare Differentialgleichung für die Bahnen im rein elektrischen Feld:

$$\sqrt{\Phi}\,\frac{d}{dz}\left(\sqrt{\Phi}\,\frac{dr}{dz}\right) = -\frac{1}{4}\cdot\frac{d^2\Phi}{dz^2}\,r \tag{6}$$

bzw. im rein magnetischen Feld:

$$\frac{d^2 r}{dz^2} = -\frac{e}{8\,m\,\Phi}\,H^2 r\,, \qquad \frac{d\psi}{dz} = \sqrt{\frac{e}{8\,m}}\,\frac{H}{\sqrt{\Phi}}\,. \tag{7}$$

Da diese Gleichungen linear in r sind, lassen sich die Lösungen darstellen in der Form:

$$r = r_a u_1 + r_a' u_2\,,$$

wobei u_1 und u_2 spezielle Lösungen sind[2]. Verschwindet u_2 bei z_a und z_b, so sind in der Ebene z_b die Bahnen nicht abhängig von r_a', der Neigung in der Ebene z_a. Das heißt: alle durch einen Punkt der Ebene z_a gehende Bahnen werden in einem und demselben Punkt der Ebene z_b „fokussiert". In dieser Ebene ist außerdem die Entfernung r_b zwischen dem Elektronenauftreffpunkt und der Achse proportional dem Abstand r_a zwischen Elektronenstartpunkt und der Achse in der Ebene z_a. Beide Ebenen werden also durch die Elektronenstrahlen geometrisch ähnlich aufeinander bezogen. Auf die Bedeutung dieses Resultates für die geometrische Elektronenoptik werden wir in [I, b] und in [V, b] zurückkommen.

5. Ähnlichkeitsgesetze. Wir wollen nun die Bewegung in einem *rein elektrischen Feld* betrachten unter der Voraussetzung, daß die Teilchen ohne Geschwindigkeit von der Kathode ausgehen und daß die Kathode das Potential Null hat. Wir stellen als erste Frage die, welche Konsequenzen es hat, wenn die Teilchen durch andere Ladungsträger ersetzt werden, bei denen e/m um den

---

[1] Über den Fall $C \neq 0$ vgl. man [EO III, 15].
[2] Es gilt $u_1(z_a) = 1$, $u_1'(z_a) = 0$; $u_2(z_a) = 0$, $u_2'(z_a) = 1$.

Faktor n geändert wird [EO III, 2]. Für diese Teilchen lautet die Bewegungsgleichung

$$\ddot{\mathfrak{r}} = \left(n \frac{e}{m}\right) \operatorname{grad} \varphi. \tag{1}$$

Sie kann in die ursprüngliche Gleichung übergeführt werden, wenn an Stelle des bisherigen t die Größe $\frac{1}{\sqrt{n}} t$ eingeführt wird. Das heißt aber: Die Bahnen bleiben gleich, die Bewegung ist aber um den Faktor $\sqrt{n}$ beschleunigt.

Als zweite Frage untersuchen wir, was es bedeutet, wenn wir alle Potentiale auf das p-fache, d. h. die Spannungen an allen Elektroden auf den p-fachen Betrag erhöhen.

Damit die Bewegungsgleichung sich nicht ändert, müssen wir entsprechend wie bei der ersten Frage die Zeiten im Verhältnis $1 : \sqrt{p}$ verringern. Ergebnis: Die Bahnen bleiben gleich, die Bewegung ist aber im Verhältnis $\sqrt{p}$ beschleunigt.

Schließlich fragen wir noch: Was bedeutet es, wenn wir alle Längen im Potentialfeld, d. h. also die Elektroden in ihren Abmessungen, Entfernungen usw. im Verhältnis q vergrößern?

Da wir das φ-Feld damit ausgedehnt haben, ist jetzt aus der Feldstärke $\mathfrak{E}$ die verringerte Feldstärke $\mathfrak{E}/q$ geworden. Die Bahnen bleiben

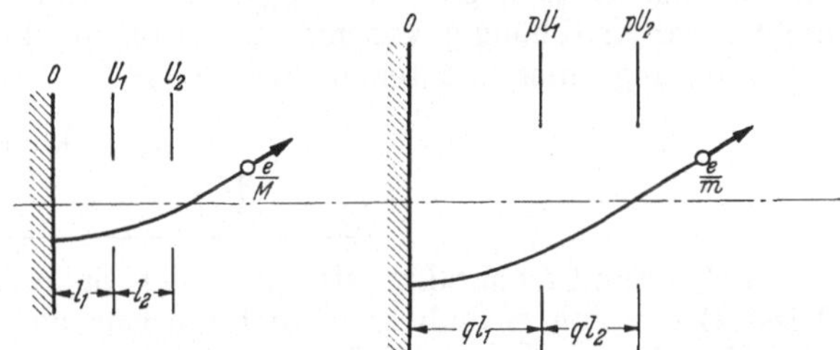

Abb. 8. Ähnliche Bahnen in ähnlichen Systemen.

jedoch erhalten — aber im neuen vergrößerten Maßstab gemessen! — wenn t durch qt ersetzt wird. Ergebnis: Die Bewegung ist im Verhältnis $1/q$ verlangsamt.

Fassen wir die Antworten auf unsere drei Fragen zusammen, soweit sie sich auf die geometrischen Fragen der Bewegung beziehen (Abb. 8): Bei einem rein elektrischen statischen bzw. quasistatischen System, in dem ein bestimmter Strahlengang zwischen Kathode und Auffänger besteht, beschreiben erstens die Teilchen von verschiedenem e/m gleiche Bahnen, werden zweitens die Bahnen nicht geändert, wenn wir die Spannungen an allen Elektroden im gleichen Verhältnis [1] ändern und werden drittens bei einer Verkleinerung oder Vergrößerung des ganzen Systems die Bahnen im gleichen Verhältnis mitgeändert. Dabei können die Änderungen der Dimensionen und der Spannungen unabhängig oder gleichzeitig erfolgen, stets bleiben die Bahnen erhalten.

Ebenso wie aus den Bewegungsgleichungen lassen sich die Ähnlichkeitsgesetze auch aus den Bahngleichungen [I, 4 (4)] ablesen. Die Größe e/m steht nicht mehr in den Bahngleichungen. Die Längen oder die Potentiale kommen nur im Verhältnis zueinander vor; deshalb können die Bahnen durch eine verhältnisgleiche Änderung dieser Größen nicht beeinflußt werden.

Betrachten wir einige Konsequenzen:

Zu Fall 1. Bei einer BRAUNschen Röhre, bei der die Kathode Elektronen und eventuell unter Mitwirkung von Gas in der Röhre auch negative Ionen abgibt, wird der Leuchtfleck nicht nur von Elektronen gebildet, sondern es gelangen auch die negativen Ionen an die gleiche Schirmstelle. Damit hängt zusammen, daß bei der Kathodenaktivierung im Gasraum der Strahl, der lange Zeit auf dieselbe Schirmstelle gerichtet ist, den Schirm unempfindlich macht.

Zu Fall 2. Da ein Strahlengang durch ähnliche Änderung aller Spannungen nicht geändert wird, ist es also möglich, eine rein elektrostatische Abbildungs-

---

[1] Kein Vorzeichenwechsel bei e/m oder dem Spannungsverhältnis allein.

anordnung auch mit Wechselspannung zu betreiben [338]. Von dieser Möglichkeit macht z. B. das Elektronenstroboskop Gebrauch [IX, 22].

Zu Fall 3. Daß bei Größenänderung eines elektronenoptischen Systems der Strahlengang im gleichen Verhältnis mitgeändert wird, hat Bedeutung, wenn es sich darum handelt, Elektronenlinsen für bestimmte Vergrößerungen zu bauen. Ein Objektiv, sei es für Licht oder Elektronen, arbeitet stets nur in einem gewissen Bereich optimal, weswegen z. B. jedes gute Mikroskop mit einem Satz von Objektiven verschiedener Brennweite ausgerüstet ist. Besitzen wir ein gutes Elektronenobjektiv und wollen wir ein Objektiv mit halber Brennweite erhalten, so brauchen wir nur das Objektiv in allen Maßen auf die Hälfte zu verkleinern.

Versucht man nun die gleiche Überlegung durchzuführen, wenn *außer dem elektrischen Feld noch ein Magnetfeld* vorhanden ist, so zeigt sich, daß die proportionale Änderung aller Felder bzw. aller Längen allein noch nicht genügt, um die gleichen Bahnen zu erzeugen. Die einzelnen Änderungen dürfen nämlich nicht mehr unabhängig voneinander erfolgen, die Änderung einer Größe zieht die Änderung einer anderen nach sich [140]. Es muß die Beziehung bestehen

$$\left(\frac{e}{m}H\right)\frac{l}{\sqrt{\frac{e}{m}U}} = \text{konst.}, \tag{2}$$

wenn H, U und l charakteristische Felder, Spannungen bzw. Längen bezeichnen. Diese Bedingung enthält zwei wichtige Einzelgesetze: Bei gleicher Länge und Beschleunigungsspannung gilt

$$\frac{e}{m}H = \text{konst.}$$

Teilchen von verschiedenem e/m, die durch das gleiche Beschleunigungsfeld gelaufen sind, werden im Magnetfeld getrennt (Massenspektrograph).

Für dasselbe System ($l=$ konst.) und gleiche Teilchen ($e/m=$ konst.) gilt

$$\frac{H^2}{U} = \text{konst.}$$

Erhöht man alle Potentiale, so muß man alle Magnetfelder *quadratisch* mithöhen. Diese Gesetzmäßigkeit unterscheidet das Magnetfeld grundsätzlich vom elektrischen. Es ist das ein praktisch sehr wichtiger Unterschied, denn während sich bei rein elektrischen Anordnungen, z. B. Elektronenmikroskopen [IX, 13], gleichartige Änderungen gleichsam selbst wieder in ihrer Wirkung und Gegenwirkung eliminieren, tritt das bei Vorhandensein eines magnetischen Feldes nicht ein. — Wir werden in [II, 5] bei der Behandlung der hochfrequenten elektrischen Wechselfelder ähnliche Zusammenhänge antreffen.

6. Feld- und Bewegungsmodelle. Das durch eine Zeichnung seiner Äquipotentialflächen gegebene Potentialfeld veranschaulicht man sich am besten durch ein Potentialgebirge, indem man sich die Linien der Zeichnung als die Höhenschichtlinien eines Gebirges deutet. Interessiert man sich für die Bewegung von Elektronen in diesem Potentialfeld, so braucht man sich nur auf der so erhaltenen Gebirgsfläche einen Massenpunkt gleiten zu denken, um ein anschauliches Bild der Bewegung des Elektrons (als Projektion) zu erhalten [EO, Anhang]. Als Beispiel für diese Veranschaulichung diene das Modell der Schlitzblende (Abb. 9). Denken wir uns die Elektronen als Kugeln von links achsenparallel heranrollen, so ist ohne weiteres klar, daß sie beim Durchfallen der Mulde eine Kraft zur Achse erfahren werden. Solche Modelle sind zum Studium komplizierter Felder benutzt worden, so z. B. für das Feld eines negativ geladenen Gitters [365] und eines Vervielfachers [753].

Bei unserer Betrachtung hatten wir stillschweigend angenommen, daß das Potentialfeld nur in zwei Richtungen (Zeichenebene) variabel ist, so daß wir die dritte Raumkoordinate zur Auftragung des Potentialwertes (Gebirgshöhe) benutzen konnten. Die Elektronenbewegung war demzufolge auch nur zweidimensional. Ist das Potentialfeld dreidimensional, dabei aber rotationssymmetrisch, so werden wir uns auch jetzt das Feld und die Bewegung in gleicher Weise veranschaulichen können, allerdings nur für diejenigen Bahnen, die eben sind, d. h. die durch die Achse gehen.

Sind die Elektronenbewegungen *drei*dimensional, sei es, daß es sich um windschiefe Bahnen zur Achse einer elektrischen Linse oder um die stets räumlichen Bahnen in magnetischen Linsen handelt, so lassen sich die Gebirgsmodelle in der bisherigen Weise nicht mehr verwenden. Bei

Abb. 9. Modell einer sammelnden Schlitzbleden.

dreidimensionalen Bahnen müßten wir eigentlich zu vierdimensionalen Modellen übergehen, die uns die Angelegenheit allerdings nicht gerade klarer machen. Statt dessen kann man versuchen, die drehende Bewegung um die optische Achse des Systems zu beseitigen und auf diese Weise wieder zu ebenen Bahnen zu gelangen [138].

Bei diesem Verfahren, das schon von STÖRMER [666a] und anderen bei der rechnerischen Bestimmung von Bahnen angewandt wurde, schreiben wir uns die Bewegungsgleichungen so, daß wir die räumliche Bewegung durch eine ebene Bewegung in der z-r-Ebene und eine Rotation dieser Ebene um die z-Achse darstellen. Es lassen sich nämlich die Kräfte in der z-r-Ebene als Ableitungen eines Potentials V darstellen [I, 4], und zwar:

$$\left. \begin{aligned} m\,\ddot{z} &= e\,\frac{\partial V}{\partial z} \\ m\,\ddot{r} &= e\,\frac{\partial V}{\partial r} \end{aligned} \right\} \qquad (1)$$

wobei gilt:

$$V = \varphi - \frac{m}{2\,e}\left(r_a^2\,\dot{\psi}_a\right)^2 \cdot \frac{1}{r^2}. \qquad (2)$$

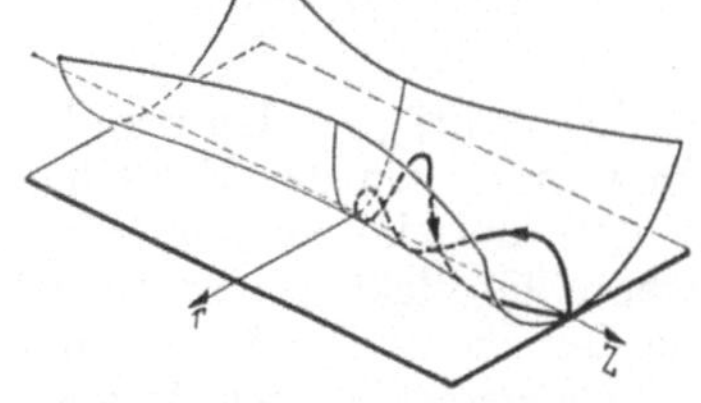

Abb. 10. Modell einer magnetischen Linse mit Elektronenbahn.

Legen wir also durch die Achse des rotationssymmetrischen elektrischen Feldes derart eine Ebene, das auch das Elektron in dieser Ebene liegt, d. h. lassen wir das Elektron diese Ebene mitführen, so zeichnet das Elektron auf dieser sich mitdrehenden Ebene eine Kurve auf, die sich als orthogonale Projektion der Bahn einer Kugel in dem Gebirge der V-Funktion deuten läßt.

Bei dem rotationssymmetrischen *magnetischen* Feld liegen die Verhältnisse ganz ähnlich, denn auch hier läßt sich die Bewegung in der mitgedrehten Ebene durch ein Potential beschreiben. Dieses Potential lautet [I, 4]:

$$Q = \varphi - \frac{e}{2\,m}\left(A + \frac{C}{r}\right)^2. \qquad (3)$$

Wir wollen auf die Darstellbarkeit räumlicher Elektronenbewegungen nicht genauer eingehen, da der Wert dieser Potentialgebirge, die ja doch nur unter der Voraussetzung Sinn haben, daß wir uns auf die mitgedrehte Ebene versetzt denken, etwas problematisch bleibt. Es genüge, ein sehr einfaches Beispiel hier anzuführen: Die Bewegung eines Elektrons durch ein rotationssymmetrisches magnetisches Feld, d. h. durch die kurze magnetische Linse.

Das Modell ist eine nach außen breiter werdende Rinne (Abb. 10), wenn wir
annehmen, daß es sich um ein von einem Achsenpunkt ausgehendes Teilchen
handelt. Schießen wir das Elektron in Richtung der Achse ab, so bleibt das
Elektron unbeeinflußt. Schießen wir es schräg dazu ab, so steigt es an der
Wand hoch und wird dadurch zurückgelenkt. Es kann auch — und zwar
um so eher, je enger der Engpaß in der Linsenmitte wird — die für die Elektronenbewegung im inhomogenen magnetischen Feld charakteristische Umkehr
der Elektronen eintreten, die die Intensitätssteuerung durch das magnetische
„Längsfeld" ermöglicht.

7. Bahntendenz im elektrischen und magnetischen Feld. Die Potentialgebirge, die wir im letzten Abschnitt betrachteten, ergeben nicht nur eine
Veranschaulichung der Bewegung, sondern erlauben in gewissem Maße auch vor
Kenntnis der Bewegungsvorgänge Aussagen über die Bahnen der Elektronen
zu machen, indem sie die ungewohnte Betrachtung der Elektronenbewegung
in Feldern auf die gewohnte Bewegung von Kugeln in Mulden usw. zurückführen. Aber auch direkt aus den Bewe-
gungsgesetzen bzw. Bewegungsgleichungen
können wir einige Aussagen über die zu er-
wartende „Bahntendenz" ableiten.

Die *Bahntendenz im elektrischen Feld* ist
ohne weiteres klar. Die Elektronen werden
stets in die Richtung der Kraftlinien gezogen werden. Wie weit sie diesem Bestreben nachkommen, hängt von ihrer Masse
und der senkrecht zur Kraft gerichteten
Geschwindigkeit ab. Im Spezialfall des
homogenen elektrischen Feldes werden die
ohne Geschwindigkeit startenden Elektronen
natürlich stets in der geraden Kraftlinie
laufen. Starten sie mit einer Anfangsgeschwin-

Abb. 11. Elektronenbahn im Innenfeld einer
Spule [110].

digkeit schräg zu den geraden Kraftlinien, so werden sie sich mit gleichförmiger
Bewegung von der Kraftlinie entfernen. Dabei kommen sie jedoch durch den
Geschwindigkeitszuwachs immer mehr in die Richtung der Kraftlinien. Auch
wenn die elektrischen Kraftlinien gekrümmt sind, wird an sich die Tendenz
der Teilchen vorhanden sein, dieser Krümmung in der Bahn zu folgen. Ladungsträger verschiedener Masse, die vom gleichen Raumpunkt mit gleicher Geschwindigkeit ausgehen, werden dabei den gekrümmten Kraftlinien um so
besser folgen, je kleiner ihre Masse ist. Starten sie dabei ohne Geschwindigkeit,
so beschreiben alle die gleichen Bahnen. Sie verlaufen zunächst alle in Richtung
der Kraftlinie und weichen mit wachsender Energie in gleichem Maße von
der Kraftlinie ab.

Die *Bewegungstendenz im magnetischen Feld* ist weniger leichtverständlich.
Im homogenen Magnetfeld beschreiben die Elektronen einen Kreis, wenn sie
senkrecht zu den Kraftlinien in das Feld eintreten. Ist das Feld schwach
inhomogen, wobei aber die Kraftlinien wie bisher stets senkrecht zur Bahn-
ebene stehen sollen, so beschreiben die Elektronen näherungsweise Kreisbahnen, die in Gebieten größerer Feldstärke stärker gekrümmt sind, so daß
eine mittlere Bewegung in Richtung der Linien gleicher Feldstärke resultiert.
Bei dem schwach inhomogenen Innenfeld einer Spule entsteht auf diese Weise
die in Abb. 11 wiedergegebene Figur [113], die man sich durch Kreisbewegung
der Elektronen und Verschiebung des Kreismittelpunktes entstanden denken kann.

Denken wir uns nun Elektronen in das homogene Magnetfeld, aber schräg
zur Richtung der Kraftlinien eingeschossen, dann werden sie Schraubenlinien

um eine magnetische Kraftlinie beschreiben. Das Bestreben des Elektrons, sich längs der Kraftlinien fortzuschrauben, bleibt auch dann bestehen, wenn das Feld nicht homogen, also z. B. ein Teil eines Dipolfeldes ist. Die Elektronen schrauben sich jetzt, wie es STÖRMER [666] errechnet hat, wie es sich aber auch experimentell [110] zeigen läßt, in Richtung der gekrümmten Kraftlinien[1] vorwärts (Abb. 12).

Bei der *Überlagerung eines elektrischen und eines magnetischen Feldes* treten schon in einfachen Fällen Bewegungstendenzen auf, die man nicht erwartet. Wird z. B. ein Elektron in senk-recht gekreuzte homogene elek-trische und magnetische Felder senkrecht zum Magnetfeld ein-geschossen, so beschreibt es eine Zykloidenbahn, auf der es sich senkrecht zu den beiden Feldern fortbewegt. Abb. 13 zeigt einen solchen Fall, bei dem die Elektronen von der Kathode K senkrecht zu den Kraftlinien des magnetischen und elektrischen Feldes aus-

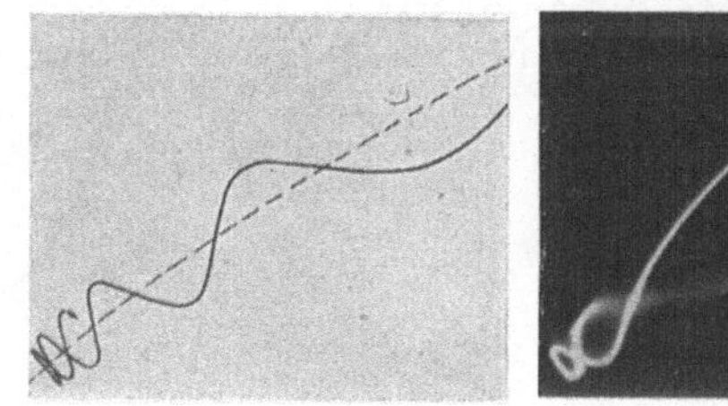

a   b

Abb. 12. Vorwärtsschrauben der Elektronen längs der Kraftlinien im magnetischen Dipolfeld; a theoretisch [666]; b experimentell [110].

gehen mögen. Die elektrische Feldstärke $|\mathfrak{E}| = E$ habe die Richtung der nega-tiven x-Achse, die magnetische Feldstärke $|\mathfrak{H}| = H$ die Richtung der z-Achse, senkrecht zur Zeichenebene. Für die Komponenten der Kraft $\mathfrak{K}$ gilt nunmehr:

$$\left.\begin{array}{l} m\,\ddot{x} = e\,E - e\,\dot{y}\,H \\ m\,\ddot{y} = e\,\dot{x}\,H \end{array}\right\} \tag{1}$$

Die Lösungen sind

$$\left.\begin{array}{l} x = \dfrac{m}{e}\,\dfrac{E}{H^2}\left[1 - \cos\dfrac{e}{m}\,H\cdot t\right] \\[2mm] y = \dfrac{E}{H}\,t - \dfrac{m}{e}\,\dfrac{E}{H^2}\,\sin\dfrac{e}{m}\,H\cdot t \end{array}\right\} \tag{2}$$

Die Bahnkurve ist eine Zykloide. Das Elektron beschreibt also dieselbe Bahn wie der Punkt auf dem Umfang eines Kreises, der auf einer Geraden abrollt. Die Umlauffrequenz des Kreises ist $\omega = \dfrac{e}{m}\,H$ und die mittlere Fortschrei-tungsgeschwindigkeit ist $v = \dfrac{E}{H}\cdot$ Als wichtigstes entnehmen wir der Rech-nung, daß der Ladungsträger sich in Richtung der Potentiallinien fortbe-wegt. Wenn das Elektron nicht von der Kathode startet, sondern parallel zu den elektrischen Potentiallinien mit

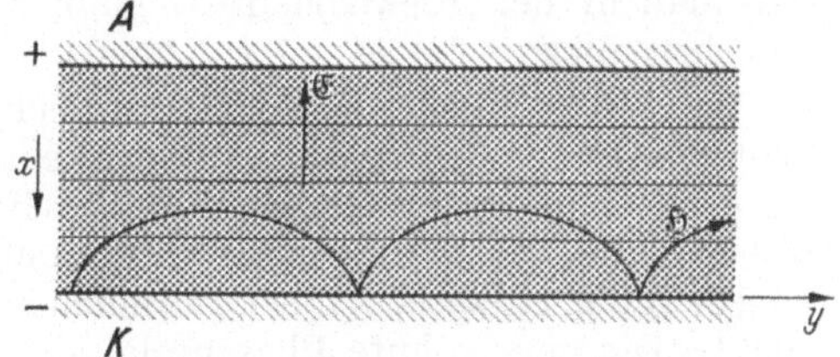

Abb. 13. Zykloidenbewegung der Elektronen im gekreuzten elektrischen und magnetischen Feld.

der Geschwindigkeit $v = \dfrac{E}{H}$ in das Feld eintritt, so beschreibt es eine Gerade, weil sich in diesem Fall die elektrische Kraft eE und die magnetische Kraft $e\,vH$ gerade kompensieren (WIENS „kompensierte Strahlen").

Sind die Potentialflächen nicht mehr eben, so bleibt die Bewegungstendenz trotzdem erhalten. So zeigt z. B. Abb. 14 die Bewegung in einem geschlitzten Magnetron nach KILGORE [356], wobei die Elektronen Kreise beschreiben, die

---

[1] Genau genommen findet die Fortschraubung nicht um die Kraftlinie, sondern um die-jenige Elektronenbahn statt, die zum Dipol führt.

sich längs der Potentialflächen fortschieben. GUNDLACH [281] hat durch Diskussion der Bewegungsgleichungen nachgewiesen, daß die Bahn in solchem

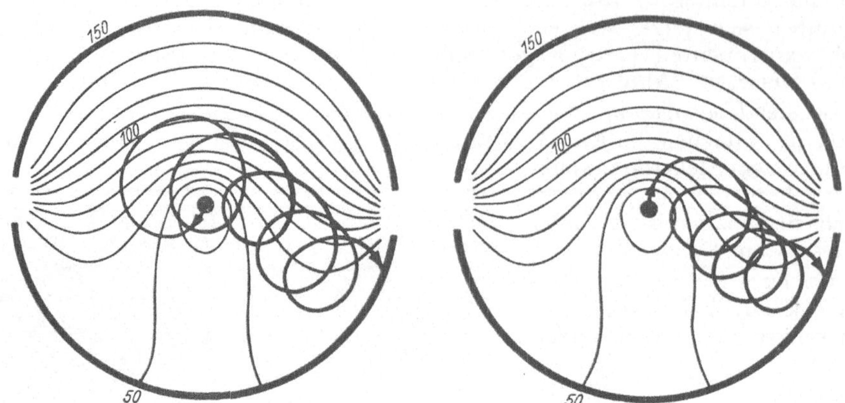

Abb. 14. Fortbewegung der Elektronen längs der Potentialflächen im Magnetron [356].

Falle näherungsweise als Fortschreiten eines mit der Frequenz $\frac{e}{m} H$ durchlaufenen Kreises längs einer Potentiallinie gedeutet werden kann. Die Fortschreitungsgeschwindigkeit ist dabei E/H.

b) Das Elektronenbündel unter optischen Gesichtspunkten [1].

In vielen Fällen fragt man nicht danach, welchen Weg ein einzelner Lichtstrahl bzw. welche Bahn ein einzelnes Elektron beschreibt, sondern man interessiert sich für das Lichtbündel bzw. das Elektronenbündel, von dem man wissen möchte, ob und wie sich die von einem Punkte auseinanderlaufenden Einzelstrahlen an einer anderen Raumstelle wieder vereinigen, wo dieser Punkt liegt usw. Für die Beantwortung dieser Fragen hat sich die optische Betrachtungsweise als wertvoll erwiesen, die für Licht- und Elektronenbewegung in gleicher Weise durchführbar ist. Die weitgehende Analogie hat dazu geführt, daß man in der Elektronenbewegung von geometrischer Elektronenoptik zu sprechen pflegt.

Wir haben in [I, 4] bereits räumliche Fokussierungen, wie sie in rotationssymmetrischen Feldern auftreten, kennengelernt, wobei wir von den Bewegungsgleichungen ausgingen und die Fokussierung aus den Gleichungen ablasen. Nun sei der optische Standpunkt bei der der bekannten optischen Erscheinung entsprechenden räumlichen Fokussierung in den Vordergrund gerückt. Die ungewohnte Phasenfokussierung, auf die erst in [II, 4] eingegangen werden wird, sei wenigstens erwähnt.

8. Das Brechungsgesetz der Elektronenoptik.
In [I, 4] war aus den allgemeinen Bewegungsgesetzen abgeleitet worden, daß ein rotationssymmetrisches elektrisches oder magnetisches Feld wie die Linse in der Optik imstande ist, die von einem Punkt ausgehende Strahlung zu fokussieren. Bei genauerer Betrachtung erkennt man, daß die Fokussierungseigenschaft des Feldes die Möglichkeit der Bilderzeugung in sich schließt. Diese Analogie zwischen Licht und Elektronenstrahlen ist jedoch allgemeiner, als man auf Grund dieser speziell auf rotationssymmetrische Felder zugeschnittenen Überlegung annehmen sollte. Um den allgemeinen Zusammenhang zu erkennen, betrachten wir einerseits

---

[1] Man vergleiche über diese Fragen BRÜCHE-SCHERZER: Geometrische Elektronenoptik.

den Durchgang eines Lichtstrahls durch die Trennungsfläche zweier Medien mit verschiedenem Brechungsindex, andererseits den Durchgang eines Elektronenstrahls durch eine Schicht, in der sich das elektrostatische Potential und damit die Elektronengeschwindigkeit sprunghaft ändert. Im Fall des Lichtstrahls wird der Knick, den der Strahl erfährt, durch das SNELLIUSsche Brechungsgesetz

$$\frac{\sin i_1}{\sin i_2} = \frac{n_2}{n_1} \tag{1}$$

bestimmt.

Für den Fall des Elektrons denken wir uns die Anfangsgeschwindigkeit zerlegt in die rechtwinkligen Komponenten v_y (senkrecht zur Schicht) und v_x (parallel zur Schicht) (Abb. 15 b). Da die Geschwindigkeit v_x beim Durchgang durch die Schicht keine Änderung erfährt, gilt: $v_{1x} = v_{2x}$. Damit wird

$$\sin i_1 = \frac{v_{1x}}{v_1}, \quad \sin i_2 = \frac{v_{2x}}{v_2} = \frac{v_{1x}}{v_2}$$

und es entsteht das elektronenoptische Brechungsgesetz

$$\frac{\sin i_1}{\sin i_2} = \frac{v_2}{v_1} = \sqrt{\frac{\Phi_2}{\Phi_1}}, \tag{2}$$

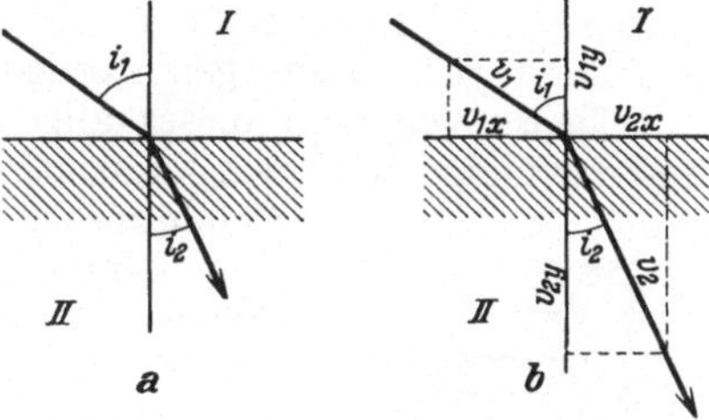

Abb. 15. Strahlbrechung an einer Grenzfläche.

wenn Φ_1 und Φ_2 die konstanten Potentiale zu beiden Seiten der Grenzfläche sind. Wir haben also den gleichen Zusammenhang zwischen Einfalls- und Austrittswinkel wie im optischen Fall, wobei Brechungsindex und Elektronengeschwindigkeit einander entsprechen. Man hat die Größe

$$n = \frac{v}{c} \tag{3}$$

als elektronenoptischen Brechungsindex bezeichnet, wobei die Einführung der Lichtgeschwindigkeit c nur den Zweck hat, den Brechungsindex dimensionslos zu machen.

Wir haben soeben einen Potentialsprung betrachtet. Da man ein beliebiges, stetig verlaufendes Potentialfeld durch Grenzübergang aus einer Folge von Potentialsprüngen gewinnen kann, bleibt dabei das Brechungsgesetz erhalten. Das Brechungsgesetz gilt auch für relativistische Elektronengeschwindigkeiten und für überlagerte elektrische und magnetische Felder. Bezeichnet man mit $\mathfrak{A}$ das Vektorpotential des magnetischen Feldes, mit $\mathfrak{s}$ den Einheitsvektor in der Richtung des Elektronenstrahls, so lautet die allgemeine Form des elektronenoptischen Brechungsindex

$$n = \frac{\dfrac{v}{c}}{\sqrt{1 - \left(\dfrac{v}{c}\right)^2}} - \frac{e}{mc}(\mathfrak{A}\,\mathfrak{s}) . \tag{4}$$

Die Analogie zwischen Optik und Elektronenbewegung erlaubt es, Begriffe und Gesetze, die in der Optik bekannt und geläufig sind, einfach auf die Bewegung der Elektronen zu übertragen. Als Beispiel sei der aus der Optik bekannte Satz erwähnt, daß ein rotationssymmetrisches Brechungsfeld, d. h. eine Folge von Kugelflächen, die auf einer Achse angeordnet sind, eine Objektebene auf eine Bildebene abbilden kann. Die Übertragung auf die Elektronenbewegung gibt sofort: *Mit jedem rotationssymmetrischen elektrischen oder magnetischen Feld vermag man Abbildungen herzustellen*[1]. *Man bezeichnet ein solches Feld als Elektronenlinse oder als System von Elektronenlinsen.* Man kann wie in der

---

[1] Außer den grundlegenden Arbeiten von BUSCH [154, 155] vergleiche man GLASER [264—267], PICHT [525, 526] und SCHERZER [338, 611].

Optik von Brennweite, Gegenstandsweite und Bildweite sprechen, und es gelten die aus der Optik bekannten Linsenformeln. Es bezeichne a die Bildweite, b die Gegenstandsweite[1], f bzw. f' die gegenstandsseitige bzw. bildseitige Brennweite und Φ_a bzw. Φ_b die entsprechenden konstanten Potentiale auf beiden Seiten der Elektronenlinse. Dann ist

$$-\frac{\sqrt{\Phi_a}}{a} + \frac{\sqrt{\Phi_b}}{b} = D \quad \text{mit} \quad D = -\frac{\sqrt{\Phi_a}}{f} = \frac{\sqrt{\Phi_b}}{f'}.$$

Für die Vergrößerung V gilt

$$V = \sqrt{\frac{\Phi_a}{\Phi_b}} \, \frac{b}{a}.$$

Entsprechend können die Formeln für die Zusammensetzung mehrerer Linsen aus der Optik übertragen werden usw.

Ebenso wie man dieses allgemeine Abbildungsprinzip durch Übertragung aus der Optik gewinnen kann, ist es möglich, für spezielle optische Geräte und Abbildungselemente elektronenoptische Analoga zu bauen. Man kann also elektronenoptische Linsen, Spiegel und Prismen [V, b] herstellen und hat dabei von vornherein die Möglichkeit, aus der Definition des Brechungsindex die notwendigen Eigenschaften des Potentialfeldes abzuleiten.

9. Die Natur der Richtungsfokussierung. Elektronen, die unter kleinen Winkeln zueinander senkrecht zu den Kraftlinien eines homogenen Magnetfeldes abgeschossen werden, treffen sich nach Durchlaufen eines Halbkreises wieder. Daß das so ist, sieht man auch ohne Rechnung unmittelbar, wenn man das System der Kreise aufzeichnet (Abb. 16). Man sieht aber auch, daß die Fokussierung nur in erster Näherung erfolgt.

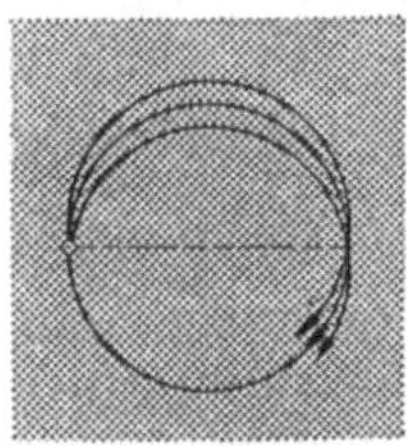

Abb. 16. Fokussierung im homogenen magnetischen Querfeld.

Bei rotationssymmetrischen magnetischen und elektrischen Feldern ist das Verständnis der Fokussierung schwieriger. Doch kann man auch hier das Prinzip der Fokussierung und die Bedingungen, die für ihr Eintreten erfüllt sein müssen, leicht dem Verständnis näher bringen.

Wir denken uns drei Elektronen von demselben Punkte P in kleinen Winkeln zueinander abgeschossen (Abb. 17). Das

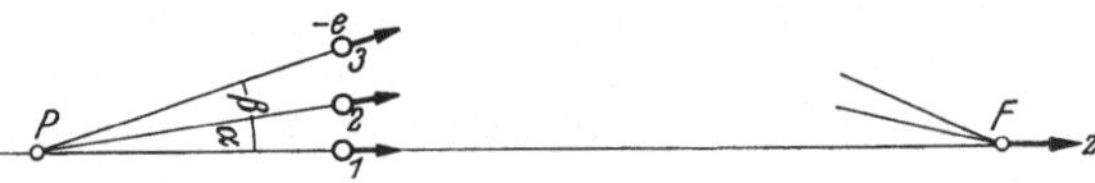

Abb. 17. Fokussierung im rotationssymmetrischen Feld.

erste laufe in Richtung der „optischen Achse", d. h. so, daß es in einer Geraden bleibt. Das zweite und dritte Elektron habe dagegen die kleinen Anfangsneigungswinkel α und β gegen die Achse. Haben alle drei Elektronen die gleiche Geschwindigkeit v, so gilt für ihre beiden Komponenten:

$$
\begin{array}{lll}
\text{Elektron I} & v_z = v & v_r = 0 \\
\text{II} & v_z = v \cdot \cos\alpha \sim v & v_r = v\sin\alpha \sim v \cdot \alpha \\
\text{III} & v_z = v \cdot \cos\beta \sim v & v_r = v\sin\beta \sim v \cdot \beta.
\end{array}
$$

Da wir uns auf kleine Anfangsneigungswinkel beschränkt haben, werden die drei Elektronen mit praktisch gleicher Geschwindigkeit in der z-Richtung fortschreiten. Sie werden sich also zu allen Zeitpunkten in derselben zur z-Achse senkrechten Ebene befinden und daher — im Falle der Fokussierung — auch zu derselben Zeit am Fokussierungspunkte F sein. Sollen sie das aber, so müssen sie auch ihre auf- und absteigende Bewegung in gleicher Zeit durchführen. Wollen wir also unter den angenommenen Vereinfachungen prüfen, ob eine

---

[1] a ist negativ für reelle Gegenstandspunkte, positiv für virtuelle; b ist positiv für reelle Bildpunkte, negativ für virtuelle. a und b werden von den „Hauptebenen" gerechnet.

Fokussierung stattfindet, so brauchen wir nur danach zu fragen, ob die „Schwingungsdauer" der Elektronen in der zur Fortschreitungsrichtung senkrechten Ebene konstant ist.

Prüfen wir die Frage für die beiden einfachsten Fälle, das homogene magnetische Längsfeld und den gaskonzentrierten Elektronenstrahl, nach. Im ersten Falle beschreiben die Elektronen in der betrachteten Projektionsebene (Abb. 18a) verschieden große Kreise entsprechend ihren Geschwindigkeitskomponenten v_r, und zwar ist der Kreisradius:

$$r = \frac{m}{e} \frac{v_r}{H}.$$

Die Zeit, die sie zu einem Umlauf gebrauchen („Kreisschwingungsdauer"), ist dann:

$$T = \frac{2r\pi}{v_r} = 2 \cdot \frac{m}{e} \frac{\pi}{H} = 3{,}57 \cdot 10^{-7} \cdot \frac{1}{H_{\text{Oerstedt}}} \sec.$$

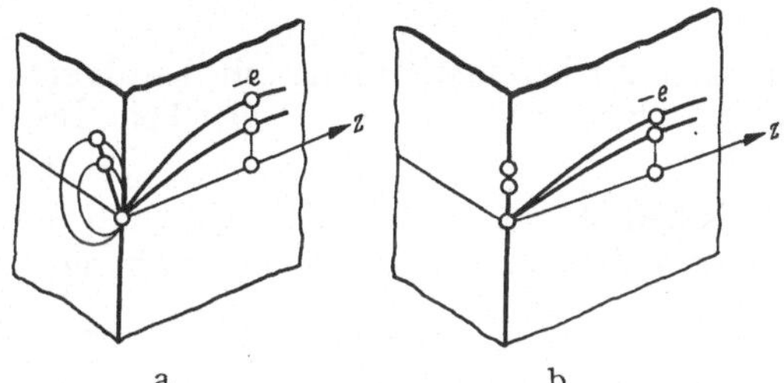

Sie ist nicht vom Bahnradius abhängig, weil stets Bahnradius und Durchlaufungsgeschwindigkeit einander proportional sind. Die Elektronen werden daher nach der Zeit T fokussiert.

Die Gesetzmäßigkeit, daß die Durchlaufungszeit der Kreisbahn im homogenen Magnetfeld unabhängig von der Geschwindigkeit des Ladungsträgers ist, ist von

a   b

Abb. 18. Zur Fokussierung im rotationssymmetrischen Feld.

sehr großer Wichtigkeit. Wir werden ihr noch mehrfach, so z. B. beim Zyklotron [X, 9], als Voraussetzung für die Funktion von Geräten begegnen.

Bei dem gaskonzentrierten Strahl liegen die Verhältnisse ähnlich, nur daß hier die Elektronen in der Projektion keine Kreis-, sondern lineare Schwingungen ausführen (Abb. 18b). Da die Kraftwirkung auf die Elektronen in der Raumladung proportional dem Abstand von der Achse ist, sind es in der Projektion Sinusschwingungen,

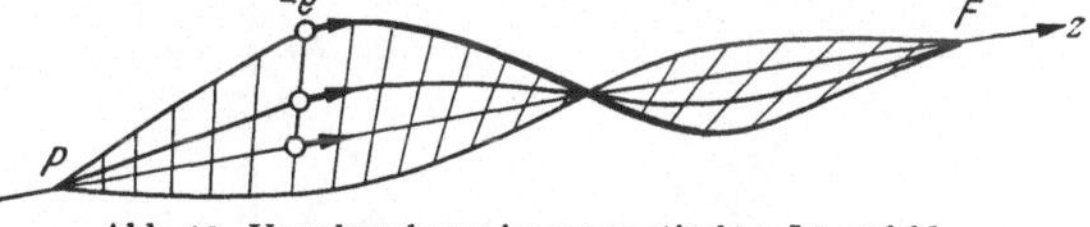

Abb. 19. Verschraubung im magnetischen Längsfeld.

von denen wir ja wissen, daß die Schwingungsdauer unabhängig von der Ablenkung ist (Uhrpendel!).

Auch bei den komplizierteren magnetischen und elektrischen Linsen liegen die Verhältnisse natürlich im Prinzip ebenso, wenn auch die Einzelheiten deswegen weniger leicht zu übersehen sind, weil jetzt die Radialkomponente des Feldes von z abhängig ist. Die Bewegung unserer drei Probeelektronen erfolgt jetzt im Felde der kurzen magnetischen Linse so, wie es Abb. 19 andeutet.

10. Der Satz von HELMHOLTZ. Betrachten wir nun einen allgemeinen Satz, der für die Abbildungsverhältnisse wichtig ist und der in der Optik als Satz von HELMHOLTZ bekannt ist. Dieser Satz gibt den Zusammenhang zwischen Öffnung eines Elementarbündels und Brechungsindex am Gegenstands- und Bildort sowie dem Vergrößerungsmaßstab. Er ist aus dem zweiten Hauptsatz ableitbar [EO, I, 15] und gilt für jeden und damit auch den elektronenoptischen Strahlengang. Bei diesem taucht er infolge der meist zwischen Gegenstands- und Bildort verschiedenen Elektronengeschwindigkeit normalerweise in der allgemeinen Form (am Bildort anderer Brechungsindex als am Gegenstandsort) auf.

Es bezeichne F_1 die Gegenstandsfläche, n_1 den Brechungsindex am Ausgangsort der Strahlung und ω_1 den Raumwinkel, unter dem ein herausgegriffenes

Strahlungsbündel von der emittierenden Fläche ausgeht. Trifft diese Strahlung dann am Bildort über den Raumwinkel ω_2 verteilt auf den Schirm auf und herrscht dort der Brechungsindex n_2, so gilt für die Bildfläche F_2:

$$\frac{F_2}{F_1} = \frac{\omega_1}{\omega_2}\left(\frac{n_1}{n_2}\right)^2 \tag{1}$$

oder, wenn wir die Beziehung auf die linear gemessene Gegenstandsgröße A und Bildgröße B, auf den Öffnungswinkel γ des Bündels umschreiben (Abb. 20):

$$A\,\gamma_1\,n_1 = B\,\gamma_2\,n_2. \tag{2}$$

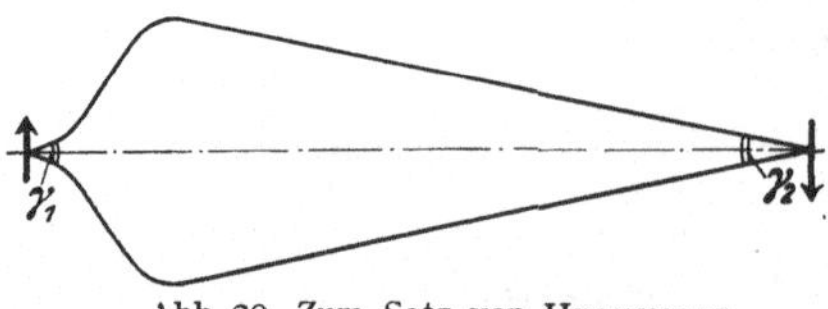

Abb. 20. Zum Satz von HELMHOLTZ.

Veranschaulichen wir uns den HELMHOLTZschen Satz zunächst durch das einfachste Beispiel der Abbildung durch eine Linse. Aus Abb. 21a liest man direkt ab:

$$V = \frac{B}{A} = \frac{b}{a} = \frac{\gamma_1}{\gamma_2}, \tag{3}$$

was sich in Übereinstimmung mit dem HELMHOLTZschen Satz für diesen Spezialfall von beiderseits der Linse gleichem Brechungsindex schreiben läßt:

$$A\,\gamma_1 = B\,\gamma_2. \tag{3a}$$

Es befinde sich jetzt, wie es Abb. 21b zeigt, der linke Teil des Strahlenganges in einem Medium mit kleinerem Brechungsindex. Ein bei der Linse befindlicher

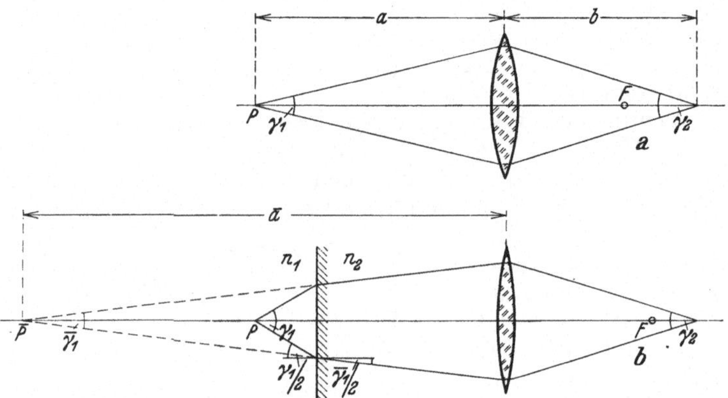

Abb. 21. Abbildungsverhältnisse unter dem Gesichtspunkt des Satzes von HELMHOLTZ.

Beobachter wird nicht wissen, daß eine Änderung des Brechungsindex stattgefunden hat, sondern vermuten, daß die Strahlen ungebrochen von $\overline{P}$ kommen. Für diesen Fall würde gelten $A\overline{\gamma_1} = B\gamma_2$. Für $\overline{\gamma_1}$ und den wirklichen Winkel γ_1 sagt das Brechungsgesetz aus, daß

$$\frac{n_2}{n_1} = \frac{\sin\dfrac{\gamma_1}{2}}{\sin\dfrac{\overline{\gamma_1}}{2}} \approx \frac{\gamma_1}{\overline{\gamma_1}}.$$

Damit erhalten wir

$$A\,\gamma_1 n_1 = B\,\gamma_2 n_2. \tag{2}$$

Ersetzen wir schließlich noch, um den HELMHOLTZschen Satz in der für die Elektronenoptik brauchbaren Form zu erhalten, den Brechungsindex durch den elektronenoptischen Brechungsindex, die Wurzel aus der Beschleunigungsspannung der Elektronen [I, 8], so folgt:

$$A\,\gamma_1\sqrt{U_1} = B\,\gamma_2\sqrt{U_2}. \tag{2a}$$

Bei dem sehr häufigen Spezialfall der Abbildung einer emittierenden Kathode tritt die Strahlung mit der Energie $eU_1 = e\varepsilon$ aus der Kathode aus und erhält die Energie $eU_2 = eU$, mit der sie zum Schirm gelangt. Ein Strahlenbündel, das vom Kathodenmittelpunkt unter dem kleinen, aber sonst beliebigen Öffnungswinkel γ_1 ausgeht, trifft dann unter γ_2 am Bildpunkte ein. Auch für diesen Spezialfall läßt sich γ_2 aus (2a) berechnen.

11. Die verschiedenen Fokussierungen. Wenn wir bisher von Fokussierung sprachen, so betrachteten wir stets ein Bündel von Elektronen, das von einem Punkte ausging und bei dem wir uns dafür interessierten, ob und wo sich die Elektronen wieder sammeln. Es war die *Richtungsfokussierung*, die eigentliche und wichtigste Form der Fokussierung, die den Hauptgegenstand der geometrischen Elektronenoptik bildet.

Es gibt noch weitere, höhere Formen der Fokussierung, die normalerweise zusätzlich zur Richtungsfokussierung auftreten. Die Fokussierung ist doppelt, wenn die von einem Punkte nach verschiedenen Richtungen ausgehenden Strahlen sich an einem anderen Punkte wieder treffen, auch wenn bei ihnen eine Eigenschaft wie Geschwindigkeit oder Masse verschieden ist. In der Elektronenoptik interessiert besonders die kombinierte Richtungs- und Geschwindigkeitsfokussierung. Hat eine Linse diese Fähigkeit, so spricht man vom Elektronenachromaten. Für die kombinierte Richtungs- und Massenfokussierung bzw. kombinierte Geschwindigkeits- und Massenfokussierung gibt es keine besondere Bezeichnung.

Geht man noch einen Schritt weiter, so kommt man zu Fokussierungen, für die die Optik kein Analogon mehr kennt: zu der dreifachen Fokussierung nach Richtung, Geschwindigkeit und Masse [III, 8].

Alle erwähnten Fokussierungsarten beziehen sich auf den Ablauf von Vorgängen im Raum. Die Frage, ob die Teilchen auch zu gleicher Zeit den Fokussierungspunkt erreichen, ist bei unseren Betrachtungen bisher nur mittelbar gestellt worden und meist uninteressant. Haben wir es jedoch mit hochfrequenten Wechselfeldern zu tun, so wird auch der zeitliche Ablauf der Vorgänge wichtig. Wir werden dann analog wie von einer räumlichen Fokussierung auch von einer zeitlichen Fokussierung sprechen können, die hier nur der Vollständigkeit halber erwähnt sei. Denken wir uns Elektronen von einer Startebene zur gleichen Zeit ausgehen, so werden diese Elektronen im allgemeinen nacheinander in einer Zielebene einlaufen. Erreichen sie die Zielebene zur gleichen Zeit, so ist zeitliche Fokussierung eingetreten, die wir *Phasenfokussierung* nennen wollen [II, 4].

Die zeitliche Fokussierung wird meist mit der räumlichen Fokussierung gekoppelt. Die Richtungs-Zeit-Fokussierung bedeutet z. B., daß die von einem Punkte nach verschiedenen Richtungen zur gleichen Zeit ausgehenden Elektronen sich in einem späteren Zeitmoment an dem Bildpunkt wiederfinden sollen. Diese Bedingung wird, wie wir in [I, 5] sahen, z. B. von den Elektronen, die von einem Punkte einer Glühkathode ausgehen und die sich am Bildpunkt wieder sammeln, erfüllt. Dagegen würden gleichzeitig ausgehende negative Ionen zwar auch zum Bildpunkt gelangen, jedoch nicht zur gleichen Zeit mit den Elektronen. Diese zeitliche Dispersion der Teilchen nach der Masse gibt uns grundsätzlich die Möglichkeit, eine Massenanalyse vorzunehmen, wobei uns hochfrequente Wechselfelder behilflich sein müßten.

Man könnte den Gedankengang leicht fortführen, indem man nun nach den abermals höheren Fokussierungsformen unter Berücksichtigung der zeitlichen Fokussierung fragt. Da diese Fokussierungsformen jedoch noch keine praktische Bedeutung erlangt haben, wollen wir diesem Drang nach Vollständigkeit nicht nachgeben.

c) Besonderheiten des elektronenoptischen Strahlenganges.

So weitgehend die Verwandtschaft zwischen den Strahlengängen von Licht und Elektronen auch ist, so sind doch auch erhebliche Unterschiede vorhanden. Einen grundsätzlichen Unterschied, der im Mechanismus der magnetischen Fokussierung zum Ausdruck kommt und der auch die Bilddrehung bewirkt, lernten wir bereits kennen. Es gibt aber noch mancherlei andere Unterschiede, die teils grundsätzlicher, teils mehr äußerlicher Natur sind. Einige wichtigere Besonderheiten dieser Art seien anschließend zusammengestellt.

12. Grundsätzliche Unterschiede zwischen licht- und elektronenoptischen Medien. In der Optik ist die zur Strahlbrechung erforderliche Änderung des Brechungsindex nur durch Benutzung *materieller* Körper möglich. In der Elektronenoptik dagegen erfolgt die Strahlenbrechung durch die Kraftwirkungen elektromagnetischer Felder auf die bewegten Elektronen, während materielle Körper nicht erforderlich sind und im allgemeinen auch vermieden werden müssen.

Durch diesen Unterschied ist die Elektronenoptik in gewisser Hinsicht bevorzugt, in anderer aber auch wieder benachteiligt. Die lichtoptischen Brechungselemente, Linsen, Prismen und Spiegel, sind im allgemeinen von der Herstellung an ein für allemal festgelegt. Ganz anders in der Elektronenoptik, wo der Brechungsindex im rein elektrischen Feld einfach durch die Elektronengeschwindigkeit, d. h. durch das Potential gegeben ist. Es genügt bei gegebener Form der Elektroden i. a. eine einfache Potentialänderung, um die elektronenoptischen Eigenschaften zu ändern. Diese Änderung erfolgt außerdem in weiten Grenzen trägheitslos, wodurch viele für die Elektronenoptik typische Anwendungen möglich sind (BRAUNsche Röhren, Radioröhren).

Diesen Vorteilen, die Felder als brechende Medien haben, steht der Nachteil gegenüber, daß eine Kopplung zwischen Brechungsindex und Krümmung der brechenden Flächen besteht. Im Falle, daß keine Raumladungen den Strahlengang stören, muß nämlich die LAPLACEsche Gleichung erfüllt sein, aus der, wie wir es in [I, 2] bereits kennenlernten, bei rotationssymmetrischen Systemen (Elektronenlinsen) in der Nähe von $z = z_0$, $r = 0$ durch Entwickeln nach r und $\zeta = z - z_0$ folgt:

$$\varphi(z, r) = \varphi(z_0, 0) + \Phi' \zeta - \frac{1}{4} \Phi'' r^2 + \cdots.$$

Die Gleichung der Potentialfläche $\varphi(z, r) = \varphi(z_0, 0)$ lautet also

$$\frac{1}{4} \Phi'' r^2 = \Phi' \zeta,$$

woraus sich der Krümmungsradius ϱ zu

$$\varrho = 2 \frac{\Phi'}{\Phi''} \tag{1}$$

ergibt. Dieser Zusammenhang, der bei optischen Systemen unbekannt ist, hat zur Folge, daß die betrachteten rotationssymmetrischen elektrischen und magnetischen Felder nicht als Zerstreuungslinsen wirken können. Die Kopplung zwischen Brechungsindex und Krümmung der brechenden Flächen kann man nur aufheben, wenn man von dem normalen stetigen Potentialverlauf abgeht und durch Einführung geladener und geeignet gekrümmter Netze oder Doppelnetze Sprünge der Feldstärke bzw. des Potentials zuläßt. Doch lassen die Versuche wegen des Felddurchgriffes an den Netzmaschen nur in Spezialfällen einen gewissen Erfolg erwarten.

Schließlich sei noch auf folgende Besonderheit hingewiesen, die sich aus der verschiedenartigen physikalischen Natur der brechenden Medien in Optik und Elektronenoptik ergibt: Für jeden materiellen Körper gilt ein anderer

Zusammenhang zwischen Brechungsindex und Wellenlänge, denn dieser Zusammenhang wird durch die von der Art des Stoffes abhängige Lage der Resonanzfrequenzen der Moleküle bedingt. In der Elektronenoptik dagegen verschwindet diese Vielheit der Dispersionskurven, es gibt nur eine einzige Kurve, die für rein elektrische Felder durch

$$n = \frac{\lambda_0}{\lambda} \tag{2}$$

gegeben ist, wobei $\lambda_0 = \frac{h}{mc}$ eine universelle Länge der Größe $0{,}0242 \cdot 10^{-8}$ cm ist.

Kompliziertere Erscheinungen treten auf, wenn ein magnetisches Feld vorhanden ist. In diesem Falle hängt der Brechungsindex nicht nur vom Ort ab, sondern auch von der Richtung des Strahls. Ein magnetisches Brechungsfeld ist also anisotrop so wie ein doppeltbrechender Kristall. Demzufolge zeigen magnetische Linsen gegenüber den optischen (und rein elektrischen) Besonderheiten (Bilddrehung, zusätzliche Bildfehler, Nichtumkehrbarkeit des Strahlenganges), die im einzelnen noch zu besprechen sind.

13. Einfluß der Elektronenladung auf den Strahlengang. Sind die gleichartigen Teilchen, insbesondere Elektronen, in großer Menge beisammen, so entstehen merkliche Raumladung und Raumladungswirkungen. Fliegen Elektronen im Strahl nebeneinander her, so erhält man eine Aufspreizung des Bündels. Raumladungserscheinungen können natürlich aber auch auftreten, wenn die Elektronen eines Strahls durch positive Raumladungsfelder fliegen. Wird die positive Raumladung von den Elektronen durch Ionisation selbst erzeugt, so spricht man von Gaskonzentration. Wir wollen hier nur ein Beispiel

Abb. 22. Verbreiterung eines Elektronenbündels infolge Abstoßung der Elektronen.

für die Raumladungswirkung betrachten: Die Bündelverbreiterung, die für die Bewegung von Elektronen im interplanetaren Raum (Elektronenaussendung der Sonne) und in den Elektronengeräten von Bedeutung ist (Abb. 22).

Im ersten Fall ergibt die Rechnung zunächst, daß bei parallel fliegenden Elektronen die Abstoßung wesentlich kräftiger ist als die Anziehung der durch die fliegenden Elektronen dargestellten Ströme. Die von WATSON [707] durchgeführte quantitative Durchrechnung der Verbreiterung eines Strahls, bei dem U die Beschleunigungsspannung und j_0 die Stromdichte bei $z=0$ ist (Abb. 22), führt auf die Beziehung:

$$z = \sqrt{\frac{m_0 c}{4\pi e} \left[\frac{2}{c^2} \frac{e}{m_0} U + \left(\frac{1}{c^2} \frac{e}{m_0} U \right)^2 \right]^{3/4} \frac{1}{\sqrt{j_0}} \int\limits_{1}^{r/r_0} \frac{d\left(\frac{r}{r_0}\right)}{\sqrt{\ln \frac{r}{r_0}}}} . \tag{1}$$

Begnügt man sich mit der im allgemeinen ausreichenden Näherung, daß $\frac{r}{r_0} - 1 \ll 1$ sein soll, so wird [EO, II, 6]:

$$-1 + \frac{r}{r_0} = \frac{\pi e c^2}{m_0} \frac{\sqrt{(1 - \beta^2)^3}}{v^3} z^2 j_0 \tag{2}$$

oder beim Einsetzen der Zahlenwerte bei kleinen Geschwindigkeiten:

$$-1 + \frac{r}{r_0} = 2{,}4 \cdot 10^4 \frac{z^2 j_0}{\sqrt{U^3}} ,$$

wobei z in cm, j in A/cm^2 und U in V zu messen ist[1].

---

[1] Zahlenwerte und Tabellen vgl. KNOLL-OLLENDORF-ROMPE: Gasentladungstabellen. Berlin: Julius Springer 1935.

Normalerweise werden uns Strahlverbreiterungen, die über das Doppelte hinausgehen, kaum interessieren. Für kleine Verbreiterungen ist aber unsere Formel noch eine recht gute Näherung. Setzen wir, um zu anschaulichen Verhältnissen zu kommen, $(r/r_0) = 1,1$, so wird die Weglänge in cm, längs der sich ein Strahl der spezifischen Anfangsstromstärke j_0 A/cm² bei U eV-Elektronen um 10% verbreitert:

$$z = 2,0 \cdot 10^{-3} \frac{U^{3/4}}{\sqrt{j_0}}.$$

Beispiel: $j_0 = 10^{-3}$ A/cm² $= 10^{-2}$ mA/mm²

$$
\begin{aligned}
U &= \ \ 1 \text{ V} & z &\sim 0,063 \text{ cm} \\
&= 100 \text{ V} & z &\sim 2 \ \ \ \ \text{ cm} \\
&= \ \ 10 \text{ kV} & z &\sim 63 \ \ \text{ cm.}
\end{aligned}
$$

Die Strahllängen, bei denen bereits 10% Verbreiterung auftritt, scheinen danach erschreckend klein zu sein. Doch ist zu bedenken, daß so hohe spezifische Strahlströme jedenfalls in elektronenoptischen Abbildungsgeräten selten und dann nur auf kurzen Strecken auftreten.

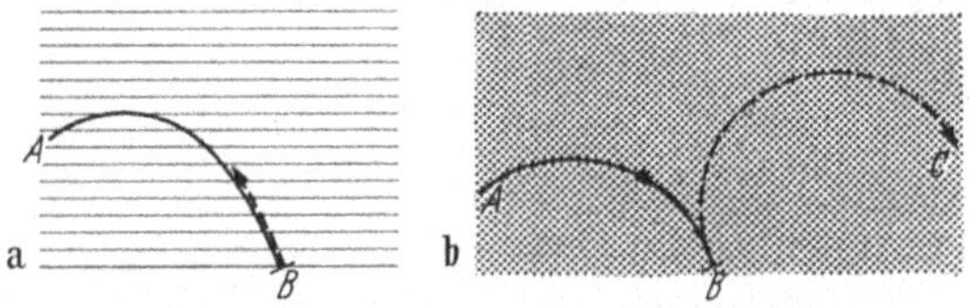

14. Abhängigkeit der Feldwirkung von der Durchlaufungsrichtung. In einem optischen Strahlengang, der durch Gegenstandsort, Linse und Bildort bestimmt ist, wird man,

Abb. 23. Zur Umkehrung des Strahlenganges.

wenn man den Gegenstand an den Bildort bringt, am früheren Gegenstandsort das Bild erhalten. Gegenstands- und Bildort sind also vertauschbar, oder mit anderen Worten: Der Verlauf eines Strahles durch ein optisches System ist von der Durchlaufungsrichtung unabhängig.

Diese Vertauschbarkeit der Reihenfolge widerspricht nicht der Tatsache, daß sich unter geschickter Anwendung von Blenden Objektive bauen lassen, die nur einseitig durchlässig scheinen. Bei diesen Objektiven wird z. B. der Entfernungsbereich, von dem die Strahlung durchgelassen wird, eingeschränkt. Dadurch entsteht bei visueller Beobachtung der Eindruck, daß das Objektiv nur einseitig durchlässig sei.

In der elektrischen Elektronenoptik gilt das Vertauschungsprinzip natürlich ebenso wie in der Lichtoptik. Anders ist es in der magnetischen Elektronenoptik. Die vom Bildpunkt ausgehenden, zurücklaufenden Elektronen kommen hier im allgemeinen nicht zum Gegenstandspunkt zurück, wodurch sich besondere Möglichkeiten für die Anwendung ergeben.

Denken wir zunächst an das homogene magnetische Querfeld (Abb. 23 b). Die von A kommenden Elektronen werden durch das Feld nach B gelenkt, die Elektronen von B aber nun nicht nach A zurück, wie es im elektrischen Feld für Strahlen sein würde, die in der Auftreffrichtung den Punkt B wieder verlassen (Abb. 23 a), sondern nach dem Punkt C. Diese Eigenart des magnetischen Ablenkfeldes findet bei einfachen Formen des Vervielfachers [VI, 5], dem Vertikalilluminator für das Elektronenmikroskop [IX, 9] und anderen ähnlichen Anordnungen Anwendung.

Bei dem homogenen magnetischen Längsfeld liegen die Verhältnisse ähnlich wie bei der Ablenkung. Hier ist zwar die Vertauschung von Gegenstand und Bild möglich, aber ein vom Bildpunkt B in der Eingangsrichtung wieder ausgesandter Strahl kehrt auf einem anderen Wege zum ursprünglichen Gegenstandspunkt A zurück (Abb. 24). Es ergibt sich so die Möglichkeit, durch Einschieben

einer Blende den Rückweg des betrachteten Strahles zu versperren. Man denke sich dazu auf den hinteren Zylinder der Abb. 24 einen undurchlässigen Ring geschoben. Betrachten wir die von einem Punkte nach allen Richtungen aus-
gehende Strahlung, so ist die Versperrung des Rückweges allerdings nicht mehr in die- ser einfachen Weise möglich. Doch auch jetzt gelingt sie, indem man auf der Ver- bindungslinie von A und B eine Siebplatte mit schiefen Bohrungen anordnet (Abb. 25). Diese Siebplatte wird auch für Licht, das vom Punkte A und B ausgeht, undurchläs- sig sein, d. h. eine optische Rückkopplung [VI, 12] unmöglich machen.

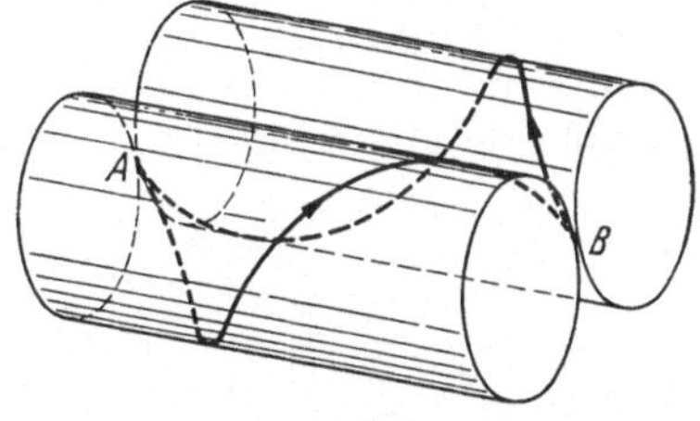

Abb. 24. Verschiedene Bahnen bei Vertauschung von Gegenstand und Bild.

Ähnlich wie bei dem magnetischen homo- genen Felde liegt es bei der kurzen magne- tischen Linse. Auch jetzt findet eine Bahnverschraubung in solchem Sinne statt, daß die Sperrung des Strahlenganges in einfachen Fällen in einer Rich- tung möglich erscheint. Deutlich tritt bei der kurzen magnetischen Linse die Eigenart des magnetischen Feldes bei der Bilddrehung hervor. Jetzt gelangt bei der Rückprojektion das Bild zwar auf dieselbe Ebene, aber gegen- über dem Gegenstand um einen Winkel 2ψ ge- dreht. Dieser Winkel ergibt sich bei Annahme von Elektronen der Energie U eV zu [V, 5]:

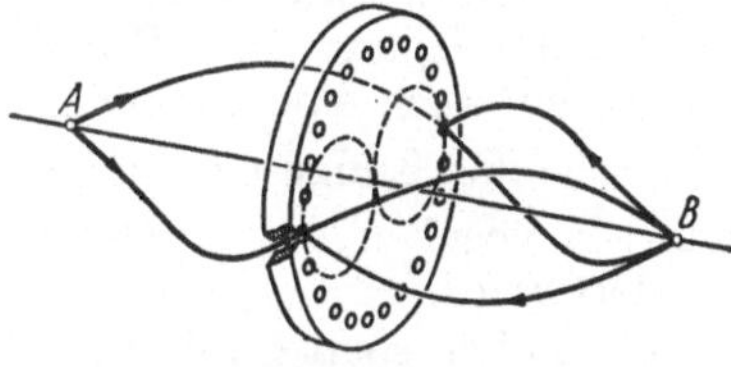

Abb. 25. Versperrung des Rückweges im Magnetfeld.

$$\psi = \frac{0{,}30}{\sqrt{U_{\text{Volt}}}} \int H_{\text{Oerstedt}}\, dz,$$

ein Wert, der nur Null wird, wenn $\int H\, dz$ selbst Null ist, was natürlich nicht besagt, daß dann kein Feld und keine Abbildung mehr vorhanden ist.

15. Beschleunigung und Rückver- legung. Elektronen und sonstige Ladungs- träger erhält man im allgemeinen mit relativ so geringen Geschwindigkeiten, daß wir sie zum Gebrauch erst beschleu- nigen müssen. Der einfachste Fall ist da- bei der einer Beschleunigungsschicht vor einer ebenen Kathode (Abb. 26a). Die von einem Kathodenpunkte P nach allen Richtungen mit der Anfangsenergie $e\varepsilon$ ausgehenden Elektronen beschreiben Para- beln und treten aus der Beschleunigungs- schicht als Kegelbündel aus. Der Kegel- winkel ist dabei unabhängig von der Tiefe D des Beschleunigungsfeldes. Seine Größe erhalten wir aus der Bahnneigung eines tangential aus der Kathode austretenden

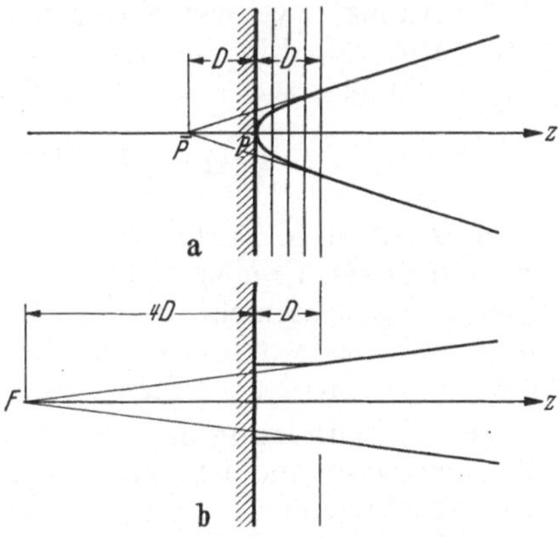

Abb. 26. Wirkung eines Beschleunigungsfeldes.

Elektrons an der Stelle des Austritts aus der Beschleunigungsschicht. Diese Nei- gung folgt aus den beiden zueinander senkrechten Geschwindigkeitskomponenten $\sqrt{\varepsilon}$ und $\sqrt{U}$ zu $\operatorname{tg} \alpha = \sqrt{\varepsilon/U}$.

Für den halben Öffnungswinkel des Elektronenkegels, dessen am weitesten außen fliegende Elektronen wir betrachtet haben, gilt demnach:

$$\alpha = \operatorname{arc\,tg} \sqrt{\frac{\varepsilon}{U}} \approx \sqrt{\frac{\varepsilon}{U}} \quad \text{für} \quad \varepsilon \ll U.$$

Durch die „Richtwirkung" des Feldes scheint das Elektronenbündel nicht von dem Kathodenpunkt P zu kommen, sondern nach Sätzen über die Parabel von einem Punkt $\bar{P}$, der soweit hinter der Kathode liegt, wie die Beschleunigungsschicht tief ist. Dieser Punkt darf nicht mit dem Brennpunkt F verwechselt werden, der beim Abschluß des Beschleunigungsfeldes durch eine Lochblendenlinse entsteht und der in der vierfachen Tiefe des jetzt durch eine Lochblende abgeschlossenen Beschleunigungsfeldes liegt (Abb. 26b). In beiden Fällen sind diese virtuellen Ausgangspunkte der Strahlung nur in erster Näherung mathematische Punkte; denn Austrittsenergie und -richtung spielt noch eine besondere Rolle. Was wir für den Fall des Beschleunigungsfeldes berechnet haben, ist die maximale Rückverlegung des wirklichen Austrittspunktes. Tritt das Elektron infolge der Geschwindigkeitsverteilung der Elektronen mit einer etwas kleineren oder größeren Geschwindigkeit tangential aus, so spielt das wohl für die Bündelöffnung, nicht aber für die Rückverlegung eine Rolle. Tritt es dagegen schief aus, d. h. hat es von vornherein auch eine Geschwindigkeitskomponente senkrecht zum Feld, so ist dadurch die Endgeschwindigkeit in dieser Richtung statt durch $\sqrt{U}$ durch $\sqrt{U + \varepsilon_z}$ gegeben, wodurch die Rückverlegung um einen kleinen Betrag vermindert wird.

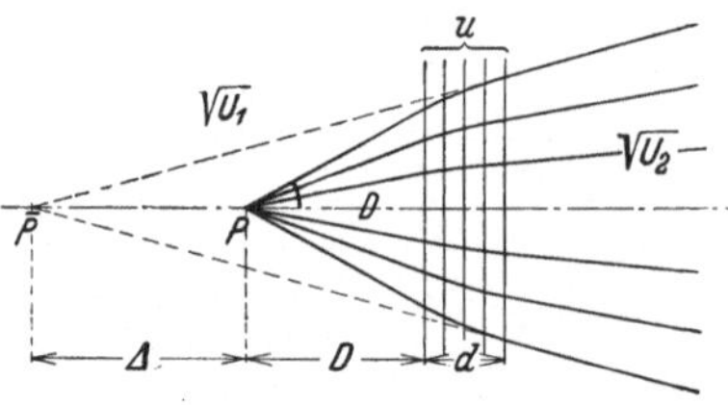

Abb. 27. Wirkung einer Beschleunigungsschicht.

Wir haben soeben mit Elektronen gerechnet, die sogleich nach dem Austritt aus der Kathode der Beschleunigungswirkung des homogenen Feldes unterlagen. Das ist der Spezialfall des Durchtritts eines von einem Punkte P ausgehenden Elektronenbündels durch eine Beschleunigungsschicht, die einen gewissen Abstand D von dem Emissionspunkt hat. Auch jetzt, wo der Ausgangspunkt der Elektronen außerhalb der Beschleunigungsschicht liegt, findet erstens eine Richtwirkung, zweitens eine scheinbare Rückverlegung des Ausgangspunktes statt (Abb. 27). Für die Größe der Rückverlegung finden wir unter Benutzung des Brechungsgesetzes und von Parabelgesetzen [120]:

$$\Delta = \left(\sqrt{\frac{U_2}{U_1}} - 1 \right) \left(D + \frac{d}{\sqrt{U_2/U_1} + 1} \right).$$

Wird $D = 0$, d. h. reicht die Schicht bis zur Kathode, so erhalten wir wieder unser früheres Ergebnis $\Delta = d$, falls U_1 klein gegen U_2 ist. Schrumpft die Beschleunigungsschicht zu einer brechenden Fläche, wie sie die Optik kennt, zusammen, so vereinfacht sich unsere Formel durch Fortfall des zweiten Summanden in der zweiten Klammer.

16. Einschnürung des Strahlenganges. In der Lichtoptik rechnet man im allgemeinen so und ist auch so zu rechnen berechtigt, daß von dem Punkte eines abzubildenden Gegenstandes Strahlung nach allen Raumrichtungen ausgeht. In diesem Falle wird das Strahlenbündel auf der Bildseite durch die Verbindungslinien von Blendenrand zu Bildrand gegeben. Es kann jedoch auch ein grundsätzlich anderer Strahlenverlauf vorkommen, bei dem sich das Strahlenbündel zwischen Linse und Bild einschnürt (Abb. 28b). Dieser Fall tritt ein, wenn die Punkte des Gegenstandes Strahlung nur in kleinen Raumwinkeln abgeben, wie es z. B. bei der Durchstrahlung eines Diapositivs geschieht.

Im vorhergehenden Abschnitt lernten wir die starke Richtwirkung des Beschleunigungsfeldes kennen. Aus den Elektronen der Anfangsenergie $e\varepsilon$, die nach allen Richtungen der Halbkugel aus der ebenen Kathode austreten, wird durch das Beschleunigungsfeld, das durch das Potential U gebildet wird, ein Elektronenkegel vom Öffnungswinkel $\alpha = \sqrt{\varepsilon/U}$ gebildet.

Hier ist der erwähnte zweite Fall mit der Einschnürungsstelle des Strahlenganges das Gewöhnliche, während der optische, normale Strahlenverlauf selten vorkommt.

Die Eigentümlichkeit des Elektronenstrahlenganges, aus engen Bündeln zu bestehen, hat mancherlei Eigenarten zur Folge, wobei die große Tiefenschärfe, die Schwierigkeit des Einbaues von Intensitätsblenden und die bereits erwähnte Einschnürung der Strahlengänge genannt seien. Sie hat jedoch auch große praktische Bedeutung, so z. B. für die BRAUNsche Röhre [VIII, a] oder den Bildwandler [IX, d].

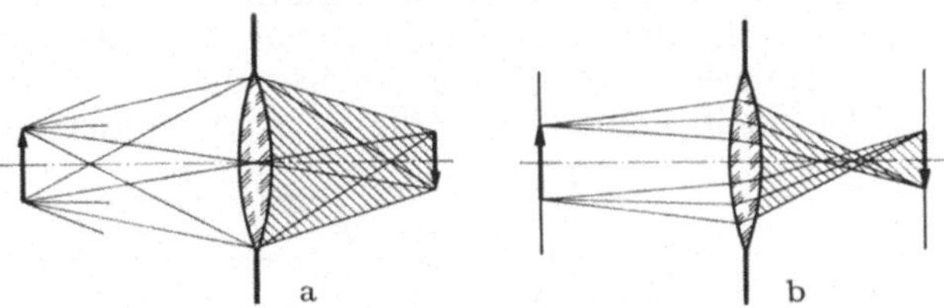

Abb. 28. Zur Einschnürung des Elektronenstrahles. a lichtoptisch; b elektronenoptisch.

Hinsichtlich der Einschnürung interessieren uns hier zwei Fragen: Erstens: Wo findet die Einschnürung statt? und zweitens: Wie breit ist das Bündel an dieser Stelle?

Es sei $\overline{K}$ die zurückverlegt gedachte Kathode, von der die gerichteten Elektronenbündel auszugehen scheinen (Abb. 29). Das von Punkt 1 der Kathode ausgehende Bündel wird durch die Linse im Bildpunkt I wieder vereinigt. Dabei schneiden die das Bündel begrenzenden Strahlen die Brennebene in den Punkten M und N. Jetzt werde ein anderes vom Punkt 2 der Kathode ausgehendes Bündel betrachtet, dessen Konvergenzpunkt in der Bildebene der Punkt II sei. Der obere Grenzstrahl o dieses Bündels ist parallel zu dem des ersten Bündels, d. h. die beiden Strahlen o und die beiden Strahlen u treffen sich in der Brennebene in den schon bekannten Punkten M und N. Die gleiche Überlegung gilt für alle von der Kathode ausgehenden Bündel. Der Strahlengang schnürt sich demnach in der Brennebene zum Durchmesser MN zusammen, und zwar *unabhängig von der Größe der Kathodenfläche*. Die Intensität der diesen Querschnitt durchsetzenden Strahlung wird von dem Durchmesser der Gesichtsfeldblende abhängen.

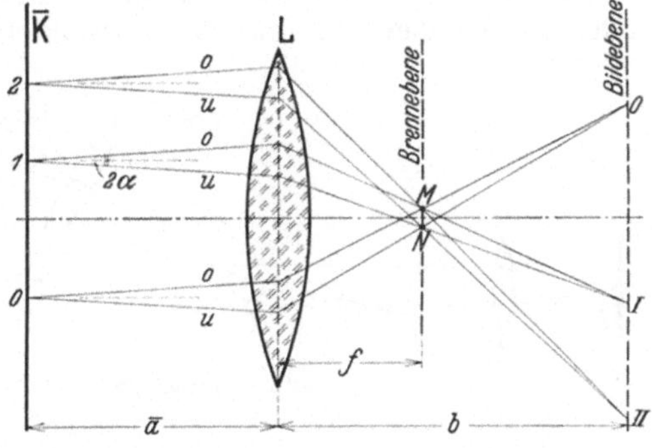

Abb. 29. Strahlengang mit Einschnürungsstelle.

Stellen wir nun die Frage nach der zahlenmäßigen Größe des Durchmessers MN und nach der praktischen Verwendbarkeit unserer Überlegung. Aus dem Strahlengang für einen Punkt, dessen oberer Grenzstrahl o gerade ein ungebrochener (durch die Linsenmitte gehender) Strahl sein möge, ergibt sich:

$$MN = 2\,\alpha\,f = 2f\,\sqrt{\frac{\varepsilon}{U}} \quad \text{für } \varepsilon \ll U.$$

Wir erhalten demnach, daß der Einschnürungsdurchmesser dem Öffnungswinkel der Elektronenbündel proportional ist. Wird die Bündelöffnung Null, d. h. verwenden wir parallele Strahlen, so wird auch der Einschnürungsdurchmesser Null entsprechend dem Satz: Parallele Strahlen sammeln sich im Brennpunkt der Linse.

17. Sammelwirkung des Verzögerungsfeldes. Jede Einzel- und Immersionslinse [V, 5] hat verschiedene Gebiete, in denen teils Sammel-, teils Zerstreuungswirkungen auftreten. Sammelwirkung tritt bei positivem Φ'' (Kraft zur Achse hin gerichtet) auf, Zerstreuungswirkung bei negativem Φ'' (Abb. 30). Für die radialen Kräfte auf die Elektronen, die für die resultierende Wirkung des Feldes maßgebend sind, gilt $\int \Re_r \, dz = - e \cdot \dfrac{r}{2} \int \Phi'' \, dz = 0$ längs einer Parallelen zur Achse; es sind ebensoviel Kraftlinien zur Achse wie von der Achse fort wirksam. In allen Linsenfeldern (Abb. 30) haben nun die Elektronen gerade in den Sammelgebieten kleine Geschwindigkeit, so daß diese Felder stärker zur Wirksamkeit kommen als die Zerstreuungsgebiete. Das bedeutet also, daß

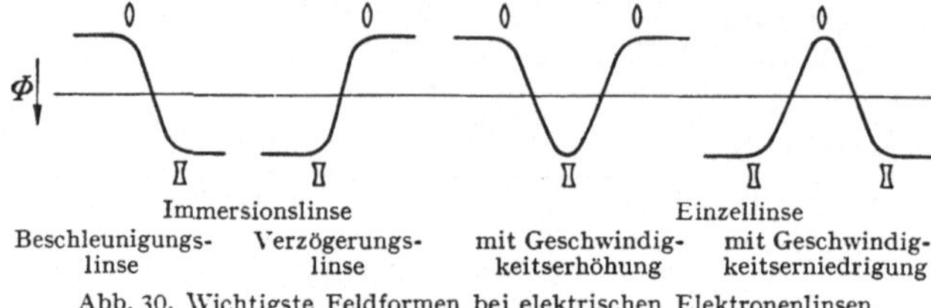

Abb. 30. Wichtigste Feldformen bei elektrischen Elektronenlinsen.

alle Linsensysteme, die man durch Lochblenden, Zylinder usw. baut, Sammelsysteme sind und daß es keine dünnen Zerstreuungslinsen gibt, es sei denn, daß sich mindestens einseitig ein Feld anschließt. Über den exakten Beweis dieses Satzes vergleiche man die Untersuchungen von SCHERZER [613].

Wenn es nun einmal so ist, so wird man versuchen, aus der Not eine Tugend zu machen, d. h. für die Erzeugung von Sammelwirkungen die Beschleunigungs- oder die Verzögerungslinse zu verwenden, je nachdem, welche der beiden aus anderen Gründen zweckmäßiger ist.

Eine sehr interessante Ausnutzung dieser Eigenart haben ROGOWSKI und MALSCH bei dem Kaltkathoden-Oszillographen durchgeführt [VIII, 10]. Sie erzeugten schnelle Elektronen durch eine Gasentladung und verzögerten diese Elektronen dann am Ende des Strömungskanals durch eine Verzögerungslinse.

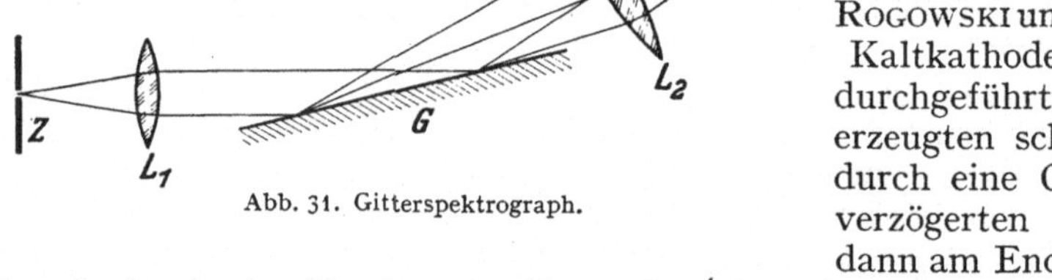

Abb. 31. Gitterspektrograph.

So gelang es ihnen, zwei Vorteile, nämlich große Elektronenintensität infolge des großen Spannungsgefälles (hohe Ionengeschwindigkeit) und gute Konzentration, zu verbinden.

Man kann den Gedankengang, der zu dieser Konstruktion führte, fortsetzen. Die Elektronen werden durch die Verzögerungslinse verlangsamt, um kräftige Beeinflussung zu erhalten. Sie werden nun wieder durch eine Beschleunigungslinse beschleunigt, um kräftige und kleinere Elektronenbilder auf dem Leuchtschirm zu erhalten.

Es sei die Aufgabe gestellt, die Elektronenbeugung an einem optischen Strichgitter zu untersuchen. Das ist schwierig, denn die Elektronen von z. B. 150 eV haben nur eine Wellenlänge von 1 Å, für die das optische Gitter aber viel zu grob ist. Abb. 31 zeigt die Anordnung, mit der sich die Versuche mit einiger Aussicht auf Erfolg durchführen ließen. Auf einen Schlitz Z werden Elektronen einer Glühkathode durch ein genügend hohes Beschleunigungsfeld von etwa 100 V konzentriert. Das von der Blende ausgehende Bündel wird nun durch die Verzögerungslinse L_1 parallelisiert und dabei zu Strahlen relativ großer Wellenlänge gemacht. Nach der mit diesen Strahlen leichter zu erhaltenen

Beugung am Gitter G werden die Elektronen durch eine Beschleunigungslinse L_2 wieder beschleunigt und zeichnen nun auf dem in der Brennweite der Linse aufgestellten Schirm S das Bild des Schlitzes Z mit den Beugungsbildern lichtstark auf.

II. Die Elektronenbewegung im Hochfrequenzfeld.

Neben den statischen und quasistatischen Feldern, in denen die Bewegung der Ladungsträger einfach und übersichtlich verläuft, finden bei einer großen Zahl von Geräten wie dem Zyklotron, dem Magnetron, der BARKHAUSEN-KURZ-Röhre usw. auch hochfrequente Felder Anwendung. Hier ändern sich die Felder erheblich, während die Ladungsträger hindurchlaufen, und eine Anzahl von Erscheinungen, die bei den statischen und quasistatischen Feldern unbekannt sind, sind die Folge. Diesen Erscheinungen, geordnet nach den Fragen der Bewegung und den für die Anwendung wichtigen energetischen Fragen, ist das zweite Kapitel gewidmet, das in [X] seine praktische Ergänzung findet.

a) Fragen der Bewegung.

Lassen wir Ladungsträger durch ein sich zeitlich langsam änderndes Feld laufen, so werden die Verhältnisse die gleichen sein wie bei konstanten Feldern. Erst wenn während der Laufzeit $\tau \sim \dfrac{l}{v}$ durch das Feldgebiet von der Länge l merkliche Änderungen der Feldstärken erfolgen, treten neue Erscheinungen auf, die man sinngemäß Laufzeiterscheinungen nennt.

Die Bedingungen, wann wir mitten im Laufzeitgebiet sind, lassen sich leicht mathematisch formulieren. Betrachten wir erst den allgemeinen Fall eines beliebig sich zeitlich ändernden Feldes, so werden Laufzeiterscheinungen eine Rolle spielen, falls die Feldstärkenänderung während der Laufzeit von der Größenordnung des Feldes ist, d. h. also, wenn $\mathfrak{E}(t+\tau) - \mathfrak{E}(t) \sim \mathfrak{E}(t)$ ist. Eine im wesentlichen gleichwertige Bedingung ist

$$\frac{1}{\mathfrak{E}} \frac{\partial \mathfrak{E}}{\partial t} \tau \sim 1 \quad \text{bzw.} \quad \frac{1}{\mathfrak{H}} \frac{\partial \mathfrak{H}}{\partial t} \tau \sim 1.$$

Handelt es sich so wie meist um eine Sinusspannung, die das Feld erzeugt, so wird man, da es ja nur auf Größenordnungen ankommt, einfach sagen, daß man mitten im Laufzeitgebiet ist, wenn $\dfrac{\tau}{T} \sim 1$ ist, wobei T die Schwingungsdauer der Wechselspannung bedeutet. Die Grenze, bei der die Laufzeiterscheinungen zuerst auftreten, wird man etwa ein bis zwei Zehnerpotenzen tiefer, d. h. bei $\dfrac{\tau}{T} \sim \dfrac{1}{10}$ bis $\dfrac{1}{100}$ erwarten. Die Laufzeit τ ist von der Teilchengeschwindigkeit und damit bei gleicher Beschleunigungsspannung von der Masse, sowie von der Feldlänge abhängig. Für Elektronen wird bei $l = 1$ cm $T \sim 100\,\tau = \dfrac{1{,}7}{\sqrt{U}} \cdot 10^{-7}$ s. Das ergibt bei 100 eV-Elektronen $T \sim 10^{-8}$ s bzw. $\nu = 10^8$ Hz. Für Ionen sind die Frequenzen, bei denen Laufzeiterscheinungen auftreten, wegen der kleineren Geschwindigkeit bei gleicher Energie um die Wurzel aus dem Massenverhältnis kleiner.

1. Die schnell veränderlichen Felder. Die Dimensionen der Laufzeitgeräte sind normalerweise derart, daß die Wellenlänge der benutzten Schwingungen groß ist gegen die Ausdehnung der elektrischen Felder. Die Felder können daher als quasistatisch betrachtet werden, d. h. sie gehorchen in jedem Augenblick der LAPLACEschen Differentialgleichung. Nur unter extremen Bedingungen würde diese nicht mehr gelten. Solche Fälle werden in den folgenden Betrachtungen unberücksichtigt bleiben. Auf Grund dieser Tatsache, daß die

Felder aus der LAPLACEschen Gleichung berechnet werden können, kann man auch bei Laufzeiterscheinungen die aus der Elektronenoptik statischer Felder bekannten Begriffe übernehmen. Man kann auch hier wieder Längs- und Querfelder unterscheiden, je nachdem ob das Elektron in der Hauptsache längs oder quer zu den Kraftlinien läuft. Man wird auch hier wieder von Ablenk- und Fokussierungsfeldern sprechen usw.

Die Hauptrolle bei den späteren Betrachtungen spielen zeitlich periodische Felder, und zwar besonders eine Gruppe, die hier als „stehende Felder" bezeichnet werden soll. Diese Bezeichnung soll an die stehenden Wellen erinnern, weil die Änderung des Potentialfeldes ähnlich erfolgt wie die Änderung des Schwingungszustandes bei einer stehenden Welle. Bei den „stehenden Feldern" stehen nämlich die Wechselspannungen an den einzelnen Elektroden stets im gleichen Verhältnis zueinander. Das Potentialbild bleibt also räumlich ungeändert, es wechselt nur die Absoluthöhe des Potentials (Abb. 32b).

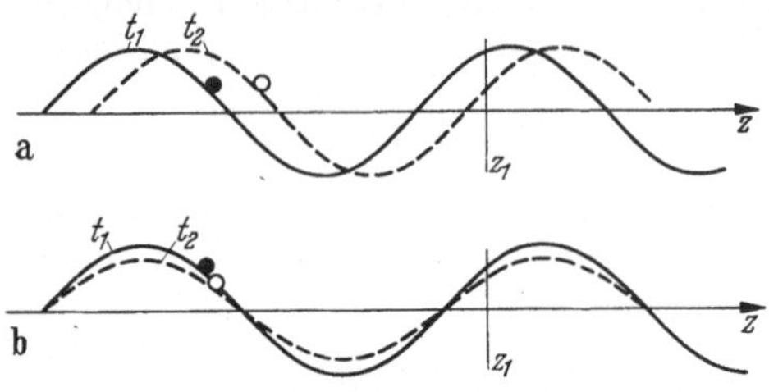

Abb. 32. Zwei Formen zeitlich schwankender Felder.
a „wanderndes Feld", b „stehendes Feld".

Neben den „stehenden Feldern" treten die allgemeineren Formen der zeitlich periodischen Felder an praktischer Bedeutung zurück. Hier seien zunächst die „wandernden Felder" erwähnt, die den wandernden Wellen analog sind. Bei ihnen bewegt sich das Potentialfeld in unveränderlicher Form durch den Raum (Abb. 32a). Größere praktische Bedeutung haben die Anordnungen, bei denen die periodische Wechselspannung mit bestimmten Phasendifferenzen an die einzelnen Elektroden angelegt werden (Drehfelder). Solche Felder findet man z. B. beim Dreiphasen-Magnetron [*29*].

2. Die Bahnen im Hochfrequenzfeld. Tritt ein Ladungsträger in ein Feld mit bestimmter Richtung und Geschwindigkeit ein, so ist damit seine Bahn bestimmt. Im statischen Feld ist es dabei gleichgültig, wann der Eintritt erfolgt, und für alle Teilchen läßt sich von vornherein angeben, welches Feld (Potential) sie in den einzelnen Raumpunkten vorfinden werden. Im hochfrequenten Feld hängt es dagegen noch von der Eintrittszeit (Eintrittsphase) und von der Zeit ab, die das Teilchen zum Durchlaufen der Bahn bis zu einem bestimmten Punkt braucht, welches Feld es dort vorfindet.

Diese Eigenschaften der Bewegung finden in den Schwierigkeiten, die Bahnen aus den Differentialgleichungen abzuleiten, ihren Ausdruck. Formal lauten die Bewegungsgleichungen genau so wie im statischen Feld. Bei einer zweidimensionalen Bewegung z. B. im rotationssymmetrischen rein elektrischen Feld gilt nach [I, 4 Gl. (5)]:

$$m\,\ddot{z} = e\,\frac{\partial \varphi\,(z,\,r,\,t)}{\partial z} \qquad\qquad m\,\ddot{r} = e\,\frac{\partial \varphi\,(z,\,r,\,t)}{\partial r}\,. \tag{1}$$

Da aber das Potential zeitabhängig ist, ist es nicht mehr möglich, ähnlich wie in statischen Fällen ein Energieintegral anzugeben [II, 6]. Daher kann man auch nicht eine ähnlich einfache Bahngleichung wie in statischen Feldern aufstellen.

Einfacher wird das Problem, wenn man bereits die Bahn und damit also das jeweilige Raumpotential eines „mittleren Bezugsteilchens" kennt und nun die Bahnen „benachbarter" Teilchen, d. h. anderer Teilchen desselben Bündels kennen lernen will. Dieses Problem entspricht dem der Teilchenbewegung in statischen Elektronenlinsen nahe der Achse, wie es an Hand von (1) ausgeführt sei.

Die Integration der ersten obigen Bewegungsgleichung habe die Bahn des Achsenelektrons ergeben, d. h. es sei die Zeit t bekannt, zu der das Elektron eine Koordinate z erreicht, und die Geschwindigkeit v, die es an diesem Ort besitzt:

$$t = t\,(z, t_0)\,; \quad v = v\,(z, t_0)\,.$$

Die beiden Größen t und v hängen noch von einer Phase t_0 ab, die etwa die Eintrittsphase sein kann und, wie wir es hier zum ersten Mal sehen, für alle Bewegungsvorgänge in Hochfrequenzfeldern eine sehr wichtige Rolle spielt. Auch für Teilchen, die nicht direkt in der Achse, aber doch in ihrer unmittelbaren Nähe verlaufen, gelten in erster Näherung dieselben Gleichungen. Wir können daher in der zweiten Bewegungsgleichung (genau wie in statischen Feldern) die Substitution

$$\frac{d}{dt} = v\,(z, t_0)\,\frac{d}{dz}$$

durchführen. Entwickeln wir noch das Potential in Achsennähe mit Hilfe der LAPLACEschen Gleichung nach Potenzen von r, so ergibt sich aus der zweiten Bewegungsgleichung:

$$v\,(z, t_0)\,\frac{d}{dz}\,v\,(z, t_0)\,\frac{dr}{dz} = -\,\frac{e}{2m}\cdot r\,\frac{\partial^2}{\partial z^2}\,\Phi\,\{z, t\,(z, t_0)\}\,[1]\,. \tag{2}$$

Wenn z. B. das Achsenpotential Φ die Form hat

$$\Phi\,(z, t) = Z\,(z)\cdot T\,(t)\,,$$

so lautet die Gleichung

$$v\,(z, t_0)\,\frac{d}{dz}\,v\,(z, t_0)\,\frac{dr}{dz} = -\,\frac{e}{2m}\,Z''\cdot T\,\{t\,(z, t_0)\}\,. \tag{3}$$

Man hat also für Teilchenbahnen, die in Achsennähe verlaufen, genau wie in statischen Feldern eine gewöhnliche Differentialgleichung zweiter Ordnung. Anders an dieser Gleichung ist aber, daß die Koeffizienten von der Eintrittsphase t_0 abhängen. Später oder früher eintretende Teilchen werden also ganz andere Bahnen beschreiben, so daß also der Strahl zeitlich nacheinander eintretender Teilchen nach der Phase aufgespaltet wird.

Meist interessieren nicht alle Einzelheiten der Elektronenbahn. Es sind vielmehr bestimmte Fragen, auf die man sein Augenmerk konzentrieren wird:

Erstens: Wo treffen sich Teilchen etwas verschiedener Ausgangsrichtung, aber gleicher Ausgangszeit? (Richtungsfokussierung.)

Zweitens: Wo treffen sich Teilchen etwas verschiedener Ausgangszeit (Phase), aber gleicher Ausgangsrichtung? (Phasenfokussierung.)

Drittens: Welche Energieumsetzungen besonderer Art finden bei einem Bewegungsvorgang statt?

Die ersten beiden Fragen sollen in den anschließenden beiden Abschnitten besondere Behandlung finden; der dritten Frage, die von sehr großer technischer Bedeutung ist, ist der daran anschließende zweite Kapitelteil gewidmet.

3. Richtungsfokussierung. Wenden wir uns der ersten der beiden im letzten Abschnitt gestellten Fragen zu, wo nach der Fokussierung von Elektronen etwas verschiedener Ausgangsrichtung gefragt war. Zunächst ist festzustellen, daß im rotationssymmetrischen Hochfrequenzfeld, ebenso wie im statischen Feld Fokussierung auftreten wird, denn hier wie dort sind die Potentialflächen Kugelflächen, die sich wie Linsenflächen verhalten. Anders wird nur sein, daß die Brennweiten usw. noch von der Eintrittsphase der Elektronen abhängen, daß also der Fokussierungspunkt eines kontinuierlich in das Feld eintretenden Elektronenbündels periodisch hin und her rutscht.

---

[1] Die partielle Differentiation ist nur nach dem an erster Stelle stehenden z auszuführen.

Die Durchrechnung des Problems, die RECKNAGEL [547] durchgeführt hat, muß in zwei Schritten erfolgen. Der erste vorbereitende Schritt besteht in der Bestimmung der Feldstärken, die das Elektron an jeder Stelle des Feldes vorfindet, und in der Bestimmung seiner Geschwindigkeit. Der zweite Schritt ist derjenige, der bei statischen Feldern allein durchgeführt wird. Er besteht in der Bestimmung der Ablenkung, die das Elektron, das parallel zur Achse eingeschossen wird, erfährt.

Um den ersten Schritt durchzuführen, denkt man sich ein Probeelektron längs der Achse mit zunächst konstanter Geschwindigkeit durch das Feld geführt und erhält so in der ersten Näherung die maßgebenden Feldstärken. Auf Grund dieser Kenntnis kann man nun Korrektionen an der zunächst als konstant vorausgesetzten Geschwindigkeit vornehmen. Nehmen wir an, daß Geschwindigkeit und Potentialwerte auf diese Weise ausreichend approximiert sind, so kann ·man nun an die Ablenkungsbestimmung eines nicht in der Achse verlaufenden Elektrons herangehen. Man führt dazu das Elektron in konstantem Abstand von der Achse durch das Feld hindurch, nimmt wie bei statischen Feldern an, daß das Achsenpotential auch für dieses Elektron maßgebend ist, und ermittelt aus den bestimmten Daten von Potential und Geschwindigkeit die Querablenkungen, über die man nun summiert. Damit ist die Ablenkung in erster Näherung bestimmt, aus der sich nun die Lage des Schnittpunktes zwischen Bahn und Achse usw. errechnen läßt. Als Resultat der Rechnung erhält man für die Brechkraft schwacher Linsen:

a) im Hochfrequenzfeld

$$\frac{1}{f'} = \frac{e}{2m}\,\frac{1}{v_a}\int\limits_{-\infty}^{+\infty}\frac{\partial^2\Phi(z,t)}{\partial z^2}\,dt$$

$$+\,\frac{2}{v_a}\left(\frac{e}{2m}\right)^2\int\limits_{-\infty}^{+\infty}\frac{\partial^3\Phi(z,t)}{\partial z^3}\,dt\int\limits_{-\infty}^{t}dt_1\int\limits_{-\infty}^{t_1}\frac{\partial\Phi(z,t_2)}{\partial z}\,dt_2$$

$$-\,\frac{1}{v_a}\left(\frac{e}{2m}\right)^2\int\limits_{-\infty}^{+\infty}dt\left(\int\limits_{-\infty}^{t}\frac{\partial^2\Phi(z,t_1)}{\partial z^2}\,dt_1\right)\left(\int\limits_{t}^{\infty}\frac{\partial^2\Phi(z,t_1)}{\partial z^2}\,dt_1\right)$$

b) im statischen Feld

$$\frac{1}{f'} = \qquad 0$$

$$+\,\frac{2}{v_a}\left(\frac{e}{2m}\right)^2\frac{1}{v_a^3}\int\Phi'^2\,dz$$

$$+\,\frac{1}{v_a}\left(\frac{e}{2m}\right)^2\frac{1}{v_a^3}\int\Phi'^2\,dz$$

wobei v_a die Elektronengeschwindigkeit vor dem Felde bedeutet. In der Formel für das Hochfrequenzfeld ist nach Ausführung der Differentiation stets z durch $v_a(t-t_0)$ zu ersetzen und dann zu integrieren, oder es ist umgekehrt t durch $\frac{z}{v_a}+t_0$ zu ersetzen und die Integration über t in eine Integration über z zu verwandeln. Damit hat man die Bestimmung der Brechkraft — ebenso wie in der Elektronenoptik statischer Felder — auf einfache Integrationen zurückgeführt.

Die Formel für die Brechkraft enthält drei Summanden, von denen jedem eine bestimmte Bedeutung zukommt. Der zweite und dritte Summand sind auch im statischen Feld vorhanden, wo sie natürlich eine einfachere Form haben. Der zweite Summand berücksichtigt die Änderung der Geschwindigkeit beim Durchgang des Elektrons durch das Feld, der dritte die räumliche Ausdehnung des Feldes. Der erste Summand trägt der Umstellung der Linse während des Durchgangs der Elektronen Rechnung. Im statischen Feld ist dieser Beitrag nicht vorhanden, da sich die sammelnden und zerstreuenden Kräfte bei der Durchführung des Elektrons parallel zur Achse gerade kompensieren.

4. Phasenfokussierung. Die Richtungsfokussierung im Hochfrequenzfeld ist mit ihren Rechnungen eine sinngemäße Erweiterung der Richtungsfokussierung im statischen Feld. Die Phasenfokussierung dagegen ist eine nur in Wechselfeldern auftretende Erscheinung [I, 11]. Jetzt sollen Elektronen verschiedener Startphasen, die längs einer Geraden fliegen, durch geeignete Änderung ihrer *Geschwindigkeit* in einem Raum-Zeit-Punkt zusammengeführt werden. Dieses Zusammenführen, das BRÜCHE und RECKNAGEL [143] als Phasenfokussierung bezeichnet haben, ist in ähnlicher Weise eine universelle Eigenschaft eines zeitlich veränderten Feldes wie die Richtungsfokussierung bei statischen und hochfrequenten Feldern.

In Abb. 33b ist der Grundvorgang bei der Phasenfokussierung in Wechselfeldern, der der Sammlung eines Bündels paralleler Strahlen in der Optik entspricht, gezeichnet. Eine in ihrer Länge definierte Reihe „äquisequenter" Elektronen, wobei äquisequent analog zu äquidistant eine Aufeinanderfolge von Elektronen in gleichen Zeitabständen bezeichnen soll, gelangt durch eine Doppelschicht S, an der ein ansteigendes Potential liegt. Durch dieses Feld sollen die Elektronen so in ihrer Geschwindigkeit beeinflußt werden, daß sie trotz verschiedener Eintrittsphase gleichzeitig zu einem Punkt, dem „Treffpunkt", gelangen. Deutlicher sieht man den Mechanismus der Phasenfokussierung, wenn man den „graphischen Fahrplan" (Abb. 33a) betrachtet. Durch das Wechselfeld bei S erhalten die Elektronen zusätzliche Verzögerungen und Beschleunigungen. Das „Mittelelektron" geht unbeeinflußt hindurch, früher

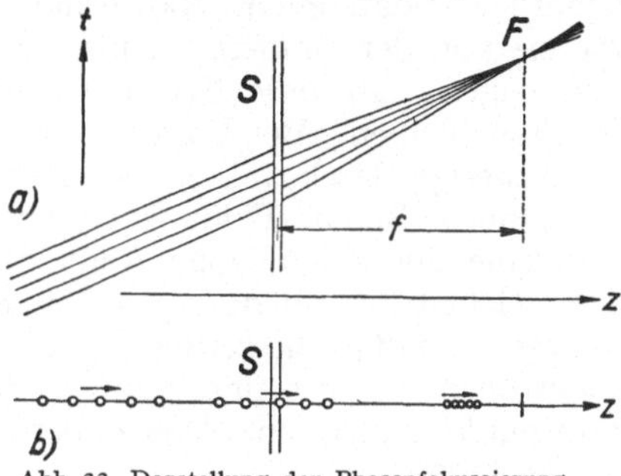

Abb. 33. Darstellung der Phasenfokussierung.

eintreffende Elektronen finden ein verzögerndes Feld vor, das um so größer ist, je früher die Elektronen ankommen. Später eintreffende Elektronen werden in entsprechender Weise beschleunigt. Die Geschwindigkeitsänderungen müssen dabei offensichtlich proportional der (kleinen) Voreilung bzw. Verspätung sein, sollen sich die Elektronen später am gleichen Orte treffen. Diese Bedingung wird von einer an der Schicht zeitlich linear ansteigenden Spannung erfüllt, wie sie praktisch durch jede Wechselspannung in einem kleinen Zeitintervall gegeben wird.

Betrachten wir nun Elektronen, die in der Entfernung a von der Doppelschicht zu einem bestimmten Zeitpunkt starten, die aber verschiedene Geschwindigkeiten besitzen. Diese Elektronen treffen wegen der Geschwindigkeitsunterschiede in verschiedenen Phasen in der Linse ein. Auch diese Elektronen können an einem Raum-Zeit-Punkt zusammengeführt werden, wobei wieder das Bezugselektron keine Geschwindigkeitsänderung erfahren möge. Ist b die Entfernung dieses Zielpunktes von der Doppelschicht, so gilt ebenso wie in der Optik die Linsenformel

$$-\frac{1}{a}+\frac{1}{b}=\frac{1}{f'}\,,\tag{1}$$

die sich natürlich auch für Zeiten umschreiben läßt. Die Treffweite f selbst bzw. die zugehörige Zeit erhält den Wert:

$$\frac{1}{f'}=\frac{e}{mv^3}\frac{du}{dt}\,;\qquad \frac{1}{t_f}=\frac{e}{mv^2}\frac{du}{dt}\,,\tag{2}$$

wobei u das an der Schicht liegende Potential und v die Geschwindigkeit des Bezugselektrons bedeuten. Die Treffweite f' gibt die Entfernung des Zielpunktes für Elektronen der einheitlichen Geschwindigkeit v, die zu verschiedenen Zeitpunkten gestartet sind. Die Treffweite f' und die zugehörige Treffzeit t_f sind von der Geschwindigkeit des Bezugselektrons abhängig. Man erhält die Beziehung:

$$f^2 = \frac{e}{m} \cdot \frac{du}{dt} \cdot t_f^3 \qquad (3)$$

zwischen ihnen, die für die Konstruktion von „Zielpunkten" bei vorgegebenem „Startpunkt" wichtig ist. Man kann zwar einfache graphische Konstruktionen, wie in der Optik, zur Konstruktion des Bildpunktes angeben, muß aber für jede Elektronengeschwindigkeit (Bahnneigung im graphischen Fahrplan) eine neue Konstruktion vornehmen. Auch für Elektronenreihen, deren Bezugselektron bereits eine Geschwindigkeitsänderung erfährt, läßt sich der Einfluß des Wechselfeldes leicht darstellen. Man erhält Treffweite und Linsenformel in einer Form, wie sie von der Immersionslinse der Elektronenoptik bekannt ist. Ferner läßt sich zeigen, daß diese Betrachtungen auch bei räumlich ausgedehnten Feldern erhalten bleiben. Bei Wahl eines geeigneten, zeitlichen Feldverlaufs fällt auch die bisherige Beschränkung der Betrachtungen auf kleine Phasenaperturen fort. So kann z. B. ein Feldanstieg an der Doppelschicht angegeben werden, bei dem eine unendlich lange Reihe von Elektronen gleicher Geschwindigkeit zu der gleichen Zeit in dem gleichen Raumpunkte gesammelt wird. Das Feld ist so geartet, daß es die zeitlich ersten Elektronen praktisch auf Null, die folgenden Elektronen weniger und weniger verlangsamt, so daß sie alle gleichzeitig am Treffpunkt eintreffen. Den experimentellen Nachweis der Phasenfokussierung bringt [392].

Die gleichzeitige Ankunft von Elektronen eines größeren Phasenbereiches in einem kleinen Zeitintervall und umgekehrt bedeutet, daß der ursprünglich konstante Elektronenstrom nunmehr in seiner Stärke periodisch schwankt. Ursprünglich war nur die Geschwindigkeit der Elektronen moduliert. Die Geschwindigkeitsmodulation setzt sich während des Laufes der Elektronen in eine Stromdichtemodulation um. Diese Erscheinung ist in letzter Zeit von besonderer Wichtigkeit geworden für die Entwicklung von Sende- und Verstärkerröhren für ultrakurze Wellen [X, 23].

5. Ähnlichkeitsgesetze. Wenn es auch schwierig ist, über die Bahnen in Wechselfeldern Aussagen zu machen, so lassen sich doch entsprechende Ähnlichkeitsgesetze, wie sie in [I, 5] für statische Felder behandelt wurden, ohne weiteres angeben. Sie erlauben, wenn es sich um Änderungen der Dimensionen, Spannungen oder Frequenzen handelt, auch ohne Kenntnis der Bahnen Aussagen und sind daher für manche Fälle recht nützlich.

Während im statischen elektrischen Feld Teilchen gleicher geometrischer Anfangsbedingungen bei gleicher Energie dieselben Bahnen beschreiben, gilt das schon nicht mehr im statischen magnetischen Feld und kann auch im elektrischen Hochfrequenzfeld natürlich nicht mehr gelten, denn hier beschreiben die Teilchen verschiedener Geschwindigkeit verschiedene Bahnen. Sollen die Bahnen gleich — bzw. bei Änderung der räumlichen Dimensionen ähnlich — sein, so muß offensichtlich bei Änderungen das Verhältnis von Laufzeit zur Schwingungsdauer gleich geblieben sein. Aus dieser Erkenntnis folgt alles weitere [140, 141].

Es habe das elektrische Wechselfeld die Frequenz ω, ein ebenfalls vorhandenes, magnetisches Feld die Frequenz v, es bezeichne l den Abstand entsprechender Punkte der in ihrer Größe zu ändernden Felder, U das Potential entsprechender Punkte zu entsprechenden Zeiten gegen Kathode, von wo aus die Teilchen ihre Bahnen ohne Geschwindigkeit beginnen. Dann gelten drei Bestimmungsgleichungen, und zwar

$$\omega\left(\frac{l}{\sqrt{\frac{e}{m}U}}\right)=\text{konst.} \qquad \left(\frac{e}{m}H\right)\frac{l}{\sqrt{\frac{e}{m}U}}=\text{konst.} \qquad \left(\frac{e}{m}H\right)\frac{1}{\nu}=\text{konst.}$$

die man in gleicher Weise ableiten kann wie die Ähnlichkeitsgesetze in statischen Feldern. Die Gleichungen bedeuten: Bei Änderungen der Felder bleiben die Bahnen erhalten, wenn die drei angegebenen dimensionslosen Produkte konstant bleiben.

Ist ein elektrisches Hochfrequenzfeld, überlagert von einem statischen magnetischen Feld, gegeben, so brauchen wir nur die beiden ersten Gleichungen zu berücksichtigen. Ändern wir etwa ω auf das Doppelte, so können wir diese Änderung ($l=$ konst., $e/m=$ konst.) durch Vervierfachung der Beschleunigungsspannung ausgleichen; die Änderung von U verlangt aber Verdopplung von H. Ebenso können wir die Verdopplung von ω auch durch Halbierung von l und Verdopplung von H ($U=$ konst., $e/m=$ konst.) ausgleichen. Das bedeutet in beiden Fällen, daß die Bewegung der Teilchen auf doppelte Geschwindigkeit beschleunigt ist. Ähnlich liegen die Verhältnisse, wenn wir bei dem zum statischen elektrischen Feld zugeschalteten Magnetfeld ein Wechselfrequenz ν zulassen. Jetzt sind die Gl. (2) und (3) zu erfüllen.

Als Beispiel für den allgemeinen Fall wollen wir uns auf ein System bestimmter Dimensionen (eine fertige Apparatur) und auf Elektronen beschränken und die Frage stellen, was zu tun ist, um eine notwendige Verdopplung der elektrischen Feldfrequenz zu erhalten, ohne daß sich der Strahlengang ändert. Aus (1) folgt, daß Verdopplung von ω durch Vervierfachung von U ausgeglichen wird. Die Vervierfachung von U hat aber nach (2) Verdopplung von H zur Folge. Verdopplung von H verlangt schließlich nach (3) Verdopplung der Frequenz ν. Die Verdopplung der Wechselfrequenzen und die Erhöhung aller Potentialwerte auf das Vierfache bedeutet aber wieder nichts anderes, als daß das gesamte Geschehen in unserem System (Wechselfrequenzen und die Elektronengeschwindigkeiten) auf die doppelte Geschwindigkeit beschleunigt ist. Daß wir dabei nicht auf periodische Felder beschränkt sind, sondern daß unsere Überlegungen auch bei ganz beliebigen zeitlichen Änderungen der elektrischen und magnetischen Felder gültig bleiben, braucht nur erwähnt zu werden.

b) Energetische Fragen.

Im vorhergehenden Kapitelteil standen die allgemeinen Fragen über die Hochfrequenzfelder und die Bewegung im Vordergrund, während die Fragen nach der energetischen Wechselwirkung kaum berührt wurden. Dabei sind es aber gerade diese Fragen, die physikalisch besonders interessant und technisch besonders wichtig sind. Bei der Bewegung im Hochfrequenzfeld kann das Energieintegral nicht gebildet werden. Diese Besonderheit führt zu den technischen Anwendungen bei der Energieaufnahme (Vielfachbeschleuniger, Vervielfacher) und bei der Energieabgabe (Schwingungsanregung). Dabei spielt die Phase, deren Bedeutung wir bereits im ersten Kapitelteil kennenlernten, eine bestimmende Rolle. Bei der Ausnutzung der energetischen Erscheinungen sind günstige und ungünstige Startphasen zu unterscheiden. Welche Gruppe dabei die größere ist bzw. wie man die günstige Gruppe durch Unterdrückung der ungünstigen unterstützt, ist die technisch wichtige Frage der in [X] behandelten Anwendungen, deren Besprechung wir im folgenden Kapitelteil vorbereiten wollen.

6. Energiebeziehungen. Im Felde, das sich während des Laufs der Ladungsträger ändert, gilt das Energieintegral

$$\frac{m v^2}{2} = e \varphi$$

nicht mehr, wenn man unter φ die Potentialdifferenz zwischen zwei Punkten versteht, deren ersten der Ladungsträger ohne Geschwindigkeit passiert. Man kann das allgemeiner auch so ausdrücken:

Wenn in einem statischen Feld ein Ladungsträger eine geschlossene Bahn durchläuft, so hat er am Anfang und am Ende des Umlaufs die gleiche Geschwindigkeit, d. h. die vom Feld geleistete Arbeit

$$A = - e \oint \mathfrak{E}\, d\mathfrak{s}$$

hat den Wert Null. Im Wechselfeld dagegen ist das Arbeitsintegral im allgemeinen nicht mehr Null und sein Wert ist überdies noch abhängig von der Startzeit, bei der der Ladungsträger den Umlauf an einem bestimmten Punkt begonnen hat. Dieser grundsätzliche Unterschied zwischen den Energieverhältnissen im statischen und hochfrequenten Feld ist nicht nur auf die geschlossene Bahn beschränkt, sondern zeigt sich ganz allgemein. Ein Ladungsträger im Wechselfeld hat an Orten gleichen Potentials normalerweise nicht die gleiche Geschwindigkeit.

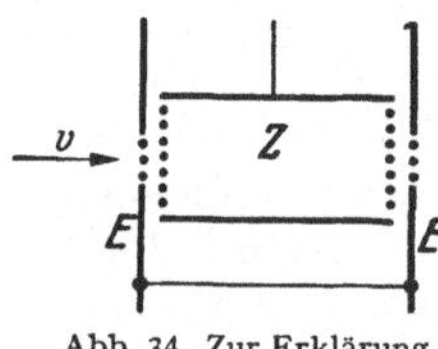

Abb. 34. Zur Erklärung der Energieaufnahme im Hochfrequenzfeld.

Wir wollen uns diese Tatsache an einem einfachen Beispiel veranschaulichen, dem HEILschen Generator [15]. Dazu betrachten wir einen Ladungsträger, der durch einen FARADAY-Käfig hindurchläuft (Abb. 34). Beim Eintritt in den Käfig Z, der gegen die beiden Blenden E positiv aufgeladen sei, wird der Ladungsträger beschleunigt. Während er sich — geschützt gegen jeden Feldeinfluß — im Käfig befindet, wird der Käfig mit der Elektrode E kurzgeschlossen. Beim Austritt findet der Ladungsträger nun kein Feld mehr vor. Er hat also seine ursprüngliche Geschwindigkeit v_0 erhöht, obwohl er sich jetzt wieder in dem Gebiet des ursprünglichen Potentials befindet. Entsprechend könnte man die Geschwindigkeit auch erniedrigen.

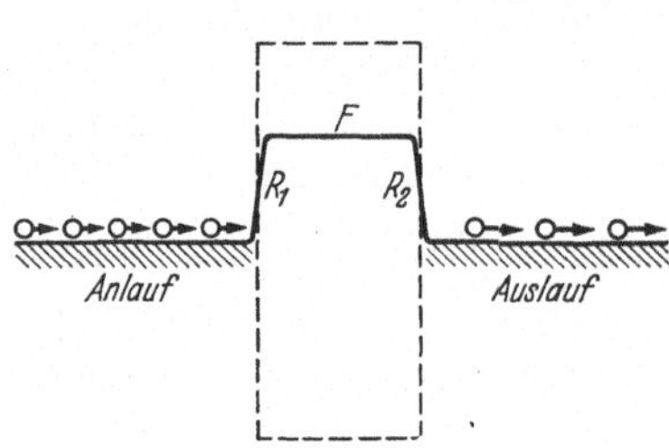

Abb. 35. Fahrstuhl-Modell zur Erläuterung der Energieaufnahme im Hochfrequenzfeld.

Um die Eigenart der Energiebeziehungen, die bei der Wechselwirkung eines Ladungsträgers im Hochfrequenzfeld vorhanden sind, recht anschaulich zu sehen, wollen wir wie im statischen Feld den Ladungsträger im Potentialgebirge betrachten. Dieses Gebirge ist nun nicht mehr in Ruhe, sondern bewegt sich während des Laufs des Ladungsträgers. Wir fassen wieder den soeben erwähnten einfachen Fall ins Auge, daß ein Elektron durch einen FARADAY-Käfig hindurchläuft.

Als Gravitationsmodell [I, 6] für unsere einfache Versuchsanordnung können wir einen Fahrstuhl auffassen. In den tief stehenden Fahrstuhl sei unser Ladungsträger als Kugel auf einer schiefen Bahn hineingerollt und hat dabei eine größere Geschwindigkeit bekommen. Dann hat der Fahrstuhl seine Höhenlage geändert und dabei die Kugel wieder auf das Ausgangsniveau gehoben. Wenn die Kugel nun aus dem Fahrstuhl hinausrollt (Abb. 35), so hat sie also dasselbe Potential wie vorher, aber eine andere, größere Geschwindigkeit.

Gegenüber dem soeben durchgeführten Gedankenversuch wird es sich bei der Elektronenbewegung in Wechselfeldern meist um den komplizierteren Fall handeln, daß das Elektron fortwährend seine Geschwindigkeit ändert. Man muß jetzt also den betrachteten „Fahrstuhleffekt" sich infinitesimal wirksam denken. Die Elektronenbewegung durch das sich verschiebende Potentialgebirge ist modellmäßig als Bewegung in einer Reihe sich gegeneinander verschiebender infinitesimaler Fahrstühle zu ersetzen.

Bei den Modelldarstellungen der Elektronenbewegung im Wechselfeld muß man noch mehr wie in statischen Feldern darauf achten, daß die zweidimensionale Elektronenbewegung sich nur näherungsweise durch die dreidimensionale Kugelbewegung im Gravitationsfeld darstellen läßt. Andernfalls kommt man leicht zu falschen Parallelen, wie es das folgende Bild zeigt. Das Kurzschließen des FARADAY-Käfigs erfordert stets gleichviel Arbeit der äußeren Stromquelle, gleichgültig ob das Elektron im Käfig ist oder nicht. Dagegen erfordert das Heben des Fahrstuhls mehr Arbeit, wenn die Kugel darin ist. An der Kugel wird während des ganzen Hochhebens Arbeit geleistet, am Elektron nur beim Eintritt in den Käfig. Dieser Unterschied rührt von der zusätzlichen Bewegung der Kugel in der dritten Koordinatenrichtung her, die beim Elektron nicht vorhanden ist.

Um den Unterschied zwischen Wechselfeld und statischem Feld bei der Energieaufnahme allgemein zu zeigen, gehen wir von den Bewegungsgleichungen [I, 4] aus:

$$m\ddot{\mathfrak{r}} = e\,\mathrm{grad}\,\varphi .$$

Durch skalare Multiplikation mit $\dot{\mathfrak{r}}$ folgt für die kinetische Energie $\mathscr{E}_{\mathrm{kin}}$

$$\frac{d}{dt}\,\mathscr{E}_{\mathrm{kin}} = m\,\dot{\mathfrak{r}}\,\ddot{\mathfrak{r}} = e\,\dot{\mathfrak{r}}\,\mathrm{grad}\,\varphi$$

$$= e\left(\dot{x}\,\frac{\partial\varphi}{\partial x} + \dot{y}\,\frac{\partial\varphi}{\partial y} + \dot{z}\,\frac{\partial\varphi}{\partial z} + \frac{\partial\varphi}{\partial t}\right) - e\,\frac{\partial\varphi}{\partial t}.$$

Dabei ist rechts das Glied $e\,\dfrac{\partial\varphi}{\partial t}$ addiert und wieder subtrahiert worden. Diese Gleichung kann auch geschrieben werden

$$\frac{d\,\mathscr{E}_{\mathrm{kin}}}{dt} = e\,\frac{d\varphi}{dt} - e\,\frac{\partial\varphi}{\partial t} \quad\text{oder}\quad \frac{d}{dt}\,(\mathscr{E}_{\mathrm{kin}} + \mathscr{E}_{\mathrm{pot}}) = -\,e\,\frac{\partial\varphi}{\partial t},$$

d. h. die Summe aus kinetischer und potentieller Energie ist nicht konstant, sondern ihre Änderung ist durch die zeitliche Änderung der Potentialfunktion gegeben. Diese Größe läßt die Aufstellung eines Energieintegrals nicht zu.

7. Einzelprozeß und Mittel. Wir haben bisher einen bzw. wenige Ladungsträger betrachtet, die je nach Eintrittsphase, Geschwindigkeit und Feldlänge von ihrer Geschwindigkeitsenergie abgeben oder sie erhöhen können. In der Praxis wird demgegenüber interessieren, was die Elektronen insgesamt tun, die in einer längeren Folge, z. B. während einer Periode, in das Feld gelangen.

Als Beispiel betrachten wir wieder den Käfig zwischen zwei Elektroden (Abb. 34). Während die Elektroden E konstantes Potential haben, liege am Käfig Z eine hochfrequente Wechselspannung. Das Modell unserer Anordnung ist ein auf- und abpendelnder Fahrstuhl, in den bzw. aus dem die Ladungsträger über die Rinnen R gelangen (Abb. 35). Gelangt der Ladungsträger in den FARADAY-Käfig, wenn dessen Potential niedriger ist als das der bisherigen Bahn, so wird der Ladungsträger verlangsamt, andernfalls beschleunigt. Die Laufzeiten im Fahrstuhl sind demzufolge lang oder kurz. Beim Austritt des Ladungsträgers aus dem Käfig findet eine entsprechende Energieänderung statt. Der gesamte Energieaustausch zwischen einem Teilchen und dem Feld berechnet sich als Differenz des Austausches beim Eintritt und Austritt.

An dem FARADAY-Käfig liege eine rein sinusförmige Wechselspannung. Wir betrachten nun zwei Elektronen mit solchen Eintrittsphasen, daß sie beim

Eintritt um den gleichen Betrag verzögert werden. Beim Austritt werden diese Elektronen um unterschiedliche Beträge beschleunigt. In Abb. 36 sind diese Elektronen mit *1* und *2* bezeichnet, die senkrechten Pfeile geben den Energieumsatz als Differenz der Energieänderung beim Ein- und Austritt, und zwar die nach unten gerichteten Pfeile eine Energieabgabe des Elektrons. Bei den Elektronen *1* und *2* zusammen überwiegt die Energieabgabe. Die Elektronen *3* und *4* sind beim Eintritt um den gleichen Energiebetrag beschleunigt, beim Austritt unterschiedlich verzögert, bei ihnen überwiegt insgesamt die Energieaufnahme. Ist die Laufzeit nur ein Bruchteil einer Periode, so wachsen die Energiedifferenzen mit wachsender Laufzeit, und da die übrigen Bedingungen bei den 4 Elektronen gleich sind, ist die Energieabgabe der Elektronen *1* und *2* wegen ihrer größeren Laufzeit größer als die Energieaufnahme der Elektronen *3* und *4*.

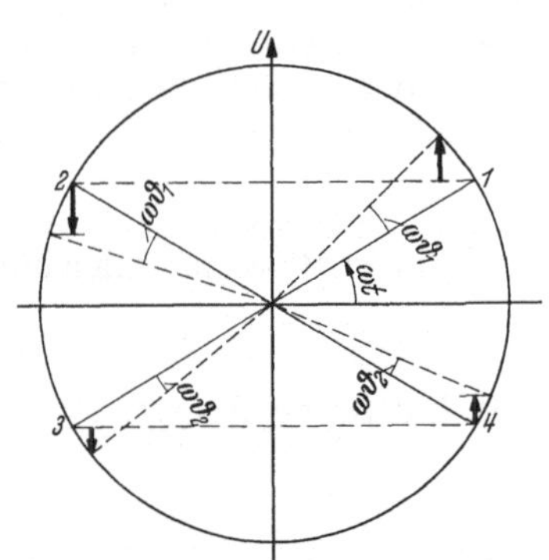

Abb. 36. Zylinderspannung $U = U_0 \cdot \sin \omega t$ des HEILschen Generators als Funktion der Eintrittsphase ωt und der Austrittsphase $\omega (t + \vartheta)$.

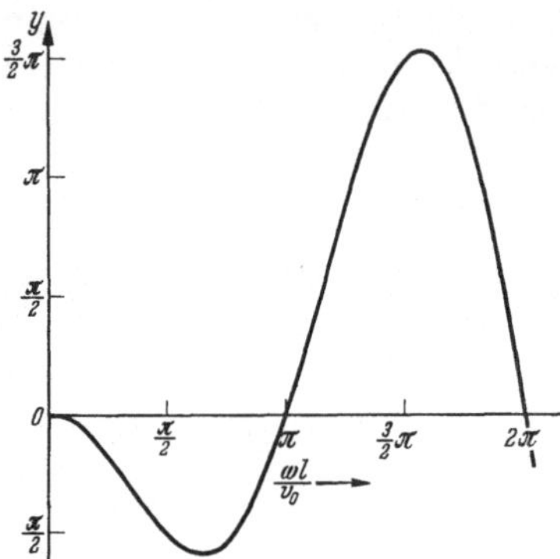

Abb. 37. Energieaufnahme der Elektronen im HEILschen Generator.

Die mathematische Behandlung dieser Überlegung sieht folgendermaßen aus, wenn wir unter v_0 die Anfangsgeschwindigkeit der Ladungsträger, unter l die Länge des FARADAY-Käfigs verstehen und $U_0 \sin \omega t$ die Spannung am Käfig ist [15, 578a, 252]:

Beim Eintritt in den Kondensator erfahren die Elektronen einen Energiezuwachs $e\,U_0 \sin \omega t_1$, so daß die Geschwindigkeit im FARADAY-Käfig gegeben ist durch

$$\frac{m}{2}\,v^2 = \frac{m}{2}\,v_0^2 + e\,U_0 \sin \omega t_1 .$$

Beim Austritt verlieren die Elektronen die Energie

$$e\,U_0 \sin \omega t_2 = e\,U_0 \sin \omega \left(t_1 + \frac{l}{v} \right).$$

Also tritt insgesamt eine Energieänderung ein, die gegeben ist durch

$$\Delta \frac{m}{2}\,v^2 = e\,U_0 \left(\sin \omega t_1 - \sin \omega t_2 \right)$$

$$= e\,U_0 \left\{ \sin \omega t_1 - \sin \omega \left(t_1 + \frac{l}{v_0 \sqrt{1 + \dfrac{e\,U_0}{\dfrac{m}{2} v_0^2} \sin \omega t_1}} \right) \right\}.$$

Um zu erfahren, wie groß die *mittlere* Energieänderung ist, betrachten wir $\dfrac{e\,U_0}{\dfrac{m}{2} v_0^2}$ als kleine Größe, entwickeln die geschweifte Klammer nach Potenzen dieses Ausdrucks und berücksichtigen nur die erste Potenz. Dann erhält man für den Zeitmittelwert den Ausdruck

$$\overline{\varDelta \frac{m}{2} v^2} = -\frac{1}{4} \frac{e\,U_0}{\frac{m}{2} v_0^2} \cdot e\,U_0 \cdot \frac{\omega l}{v_0} \sin \omega \frac{l}{v_0}.$$

Er ist in Abb. 37 in Abhängigkeit von der in solchen Fällen maßgebenden Größe $\frac{\omega l}{v_0}$ dargestellt, wobei als Ordinate

$$y = \overline{\varDelta \frac{m}{2} v^2} \cdot 4 \frac{m}{2} v_0^2 \, (e\,U_0)^{-2}$$

gewählt ist.

Der Zeitmittelwert der übertragenen Energie ist also *von Null verschieden, und zwar kann er positiv oder negativ sein,* je nach dem Vorzeichen von $\sin \frac{\omega l}{v_0}$. Ist $\omega \frac{l}{v_0} < \pi$, wie wir es auch bei der anschaulichen Betrachtung oben voraussetzten, so ist also der Ausdruck negativ, d. h. der Ladungsträger gibt Energie an das Wechselfeld ab. Das bedeutet z. B., wenn die Frage der Schwingungsanfachung interessiert, daß hier durch die Laufzeiterscheinungen Schwingungsanfachung möglich ist.

B. Grundlagen technischer Anwendung.

Die Bewegungsgesetze und die Eigenarten des Elektronenstrahlenganges, die sich daraus ergeben, wurden in den vorigen Kapiteln ohne direkte Bezugnahme auf etwaige Anwendung besprochen. Jetzt gehen wir einen Schritt weiter, indem wir aus den physikalischen Gesetzen die „Prinzipien" für die technische Anwendung ableiten. Ferner muß uns vor dem Eingehen auf die technischen Geräte selbst die Frage nach der Erzeugung (und dem Nachweis) der Ladungsträger beschäftigen.

Die drei folgenden Kapitel sind diesen Fragen gewidmet. Im ersten Kapitel ist das Grundsätzliche (Prinzipien) in den Vordergrund gestellt, während im letzten die ganz konkreten Einzelmaßnahmen (Aufbauelemente) zusammengefaßt sind. Zwischen diesen beiden, leicht faßbaren Stoffgruppen sind in einem besonderen Kapitel Maßnahmen zusammengestellt, die man vielleicht am besten als Kunstgriffe der Strahlenführung überschreiben wird.

III. Prinzipielle Fragen.

In diesem Kapitel wollen wir die Ladungsträger auf ihrem kurzen Lebensweg von ihrem Austritt aus einem Leiter bis zu ihrem Wiedereintritt begleiten. Zunächst seien die wichtigsten Möglichkeiten besprochen, Ladungsträger, insbesondere Elektronen, aus dem Metall zu befreien. Dann wenden wir uns der Hauptaufgabe zu, die Teilchen auf bestimmten Bahnen zu gewählten Endpunkten mit gewählter Energie zu führen. Dabei seien jedoch nur die allgemeinen Maßnahmen, die *Prinzipien* betrachtet, deren man sich dabei zu bedienen pflegt. Den Abschluß des Kapitels bilden Fragen beim Wiedereintritt der Ladungsträger in den Leiter.

a) Befreiung von Elektronen aus dem Metall[1].

Im Metall fliegen Elektronen in hoher Konzentration ähnlich wie Moleküle in einem Gas fast frei umher. Ihrem Bestreben, aus dem Metall herauszutreten, wirken starke Kräfte, die am Rande des Metalls wirksam werden, entgegen. Das Metall mit seinem Potentialwall gleicht einer Mulde oder einem Topfe, in dem sich die Elektronen befinden.

Bei der Elektronenbefreiung handelt es sich darum, die Elektronen im Metall bei ihrem Bestreben zu unterstützen, den Potentialtopf zu verlassen. Diese Unterstützung kann einerseits dadurch erfolgen, daß man den Potentialwall an der Metalloberfläche teilweise einreißt (hohe Felder, Dipolschichten), andererseits dadurch, daß man den Elektronen Energie zuführt (Wärme, Licht- oder Elektronenbestrahlung). Wir wollen in diesem Kapitelteil das Bild des Metalls kennenlernen und die Möglichkeiten zur Befreiung der Elektronen betrachten. In [V, a] werden die Betrachtungen ihre technische Ergänzung finden.

1. Das Bild des Metalls. Die auffallendste elektrische Eigenschaft eines Metalls ist die im Vergleich zu anderen Stoffen außerordentlich große elektrische Leitfähigkeit, die ohne merkbaren Massentransport vor sich geht. Aus dieser Erscheinung ist geschlossen worden, daß das Metall in seinem Inneren mit Elektronen angefüllt ist, die sich fast ohne Energieabgabe frei bewegen können. Diese Elektronen werden „Leitungselektronen" genannt, um sie von den nicht am

Abb. 38. Potentialmodell des Metalls.

Stromtransport beteiligten „gebundenen" Elektronen zu unterscheiden. Man wird sich am einfachsten vorstellen, daß das Metallinnere ein Raum vorwiegend konstanten Potentials ist, in dem sich die Leitungselektronen hin und her bewegen. Das Potential im Metallinneren muß dabei positiv gegen den Außenraum sein, sollen die Elektronen nicht von selbst aus dem Metall austreten (Abb. 38a). Das Metall mit den Elektronen ist etwa einem Napf mit einer Flüssigkeit vergleichbar. Führen wir den Elektronen von außen Energie zu, so werden sie den Potentialsprung unter Umständen zu überschreiten vermögen und damit als freie Elektronen in den Raum austreten.

Die Vorstellung, daß das Metall einem Topf mit einer Flüssigkeit entspricht, ist nur als grobe Veranschaulichung brauchbar. Genauer hat man sich das Verhalten der Elektronen wie das der Moleküle eines Gases vorzustellen. Dieses Elektronengas steht mit dem Metallgitter im Temperaturgleichgewicht, die Verteilung der Elektronen über die verschiedenen Geschwindigkeiten ist statistisch durch die Temperatur festgelegt. Die Geschwindigkeitsverteilung der Elektronen im Metall wird nicht durch die klassische, sondern durch die FERMI-DIRAC-Statistik geregelt. In dieser Statistik ist berücksichtigt, daß die Zahl der Elektronen mit einer bestimmten Energie beschränkt ist, woraus folgt, daß die Elektronen den Potentialnapf gerade bis zu einer bestimmten Höhe anfüllen, wenn sich das Elektronengas beim Nullpunkt der absoluten Temperatur befindet. Bei endlichen Temperaturen schließt sich an diesen sehr dicht besetzten Bereich eine Verteilung der Elektronen an, die mit abnehmender Häufigkeit bis zu unendlichen Energien reicht.

Daß sich ein Potentialfeld ausbildet, entsprechend einem Gebiet positiven Potentials im Metallinneren, läßt sich bis zu einem gewissen Grade verstehen. Denken wir uns einzelne Metallatome mit ihrem positiven Kern (Abb. 39a)

---

[1] Vgl. z. B. A. SOMMERFELD u. H. BETHE [656a], W. SCHOTTKY u. H. ROTHE [628a] sowie die im Buchverzeichnis angeführten Darstellungen.

und ihrer die Kernladung nach außen mehr und mehr abschirmenden Elektronenhülle einander stark genähert, so werden sich schließlich ihre Potentialfelder
so stark überlagern, daß zwischen den Atomen nicht mehr das Potential Null
erreicht wird, sondern ein positives Potential übrig bleibt (Abb. 39b). So wird
es auch beim Zusammenfügen vieler Atome zu einem Metallgitter sein (Abb. 39c).

Unsere Überlegung zeigt auch, daß das Modell mit konstantem Potential
im Inneren nur eine erste Näherung sein kann. Zunächst wird man annehmen,
daß der Übergang vom Potential des Metallinneren auf den Außenraum nicht
sprunghaft, sondern stetig erfolgt (Abb. 38b). Ferner ist zu erwarten, daß für
die Erklärung mancher Effekte die Potentialunterschiede im Metall von Bedeutung sein werden. Eine wichtige Verbesserung an dem einfachen Metall-
modell ist daher, daß man die periodischen Potentialschwankungen im Metall
wenigstens ihrer Existenz nach berücksichtigt, wie es z. B. in Abb. 39c angedeutet
ist. Diese Verbesserung ist nicht nur erforderlich, wenn man die Abhängigkeit

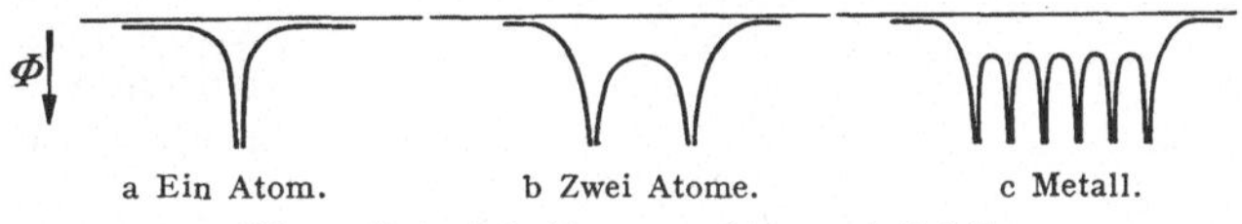

Abb. 39. Potentialgebirge von Atom und Metall.

der Emissionsvorgänge von der kristallographischen Orientierung der emittierenden Fläche untersuchen will. Einzelne Emissionsvorgänge, so z. B. die Sekundäremission, können überhaupt nur unter Zuhilfenahme der Potentialschwankungen
erklärt werden.

Dieses einfache Bild des Metalls gibt uns einen anschaulichen und recht
weitgehenden Einblick in die Eigenschaften des Metalls und erlaubt uns auch,
den Emissionsvorgang in seinen Grundtatsachen zu verstehen. Es darf jedoch
nicht übersehen werden, daß das Bild nicht vollständig ist. So bleibt un-
verständlich, wie die in Abb. 39b und c dargestellten Atomanordnungen, die
sich abstoßen, ein festes Metall ermöglichen. Will man die Kompensation der
Abstoßungskräfte zwischen den Atomen verstehen, so erweist es sich als erforderlich, die potentialtheoretische Betrachtung noch durch wellenmechanische
Überlegungen zu ergänzen.

2. Möglichkeiten der Elektronenbefreiung. Das Problem der Erzeugung
freier Elektronen besteht darin, die im Metall eingeschlossenen Elektronen über
die Potentialwand am Metallrand hinauszubringen. Da sich die Elektronen
nach einer durch die Temperatur charakterisierten Funktion über die Energien
verteilen und in dieser Verteilungsfunktion auch beliebig große Energien vorkommen, werden auch schon im Normalzustand einige Elektronen ins Vakuum
austreten können. Legt man ein Beschleunigungsfeld an das Metall, das für
den Abtransport der Elektronen sorgt, so erhält man nach später [III, 3] zu besprechenden Formeln z. B. für Barium-Oxyd-Kathoden bei 20° C einen Strom
von 10^{-15} A/cm², entsprechend 5000 Elektronen in der Sekunde.

Für praktische Zwecke muß der Austritt der Elektronen durch äußere Hilfs-
mittel erleichtert werden. Die äußeren Eingriffe dazu können verschiedener Art
sein. Am nächsten liegt es, die kinetische Energie der Elektronen zu erhöhen, damit sie den Potentialsprung am Rande des Potentialnapfs überschreiten können.
Das kann in verschiedener Weise geschehen. Einmal kann durch Temperaturerhöhung die Energie aller Elektronen erhöht werden. Das Metall besitzt dann
eine relativ viel größere Zahl an Elektronen in höheren Energieniveaus als bei
Zimmertemperatur, und es treten demzufolge auch mehr Elektronen aus. Man
spricht in diesem Fall von Glühemission [III, 3]. Die Elektronenbefreiung

kann aber auch im Einzelakt erfolgen, indem entweder der Stoß eines Lichtquants die nötige Energie liefert oder der Stoß eines Ladungsträgers. Im ersten Fall spricht man von lichtelektrischer Auslösung bzw. Photoemission, im zweiten von Sekundäremission, wenn es sich um Auslösung durch Elektronen handelt, oder von Emission durch Stoß positiver Teilchen.

Die Wirkung der Energiezufuhr an die Elektronen kann dadurch unterstützt werden, daß zuvor die Potentialschwelle am Rande des Metalls durch Anlagerung geeigneter Fremdatome an der Metalloberfläche erniedrigt wird [V, 1]. So wird z. B. durch Aufbringen einer Thoriumschicht auf Wolfram, die größenordnungsmäßig eine Atomlage stark ist, eine bedeutende Verkleinerung des Potentialsprunges erreicht. Wenn sich ein Thoriumatom auf dem Metall anlagert, so wird seine Elektronenhülle deformiert werden. Dabei bildet sich ein Dipol, mit dem positiven Pol an der Außenseite. Je nach der Stärke des Dipols, der entsteht, und nach der Entfernung von der äußersten Metallatomschicht, in der er angelagert wird, bewirkt er eine mehr oder weniger große Deformation des Potentialfeldes am Metallrand (Abb. 40). Während ohne Dipolschicht ein Potentialverlauf nach Abb. 40a vorhanden ist, entsteht durch die Anlagerung der Dipolschicht das Potential

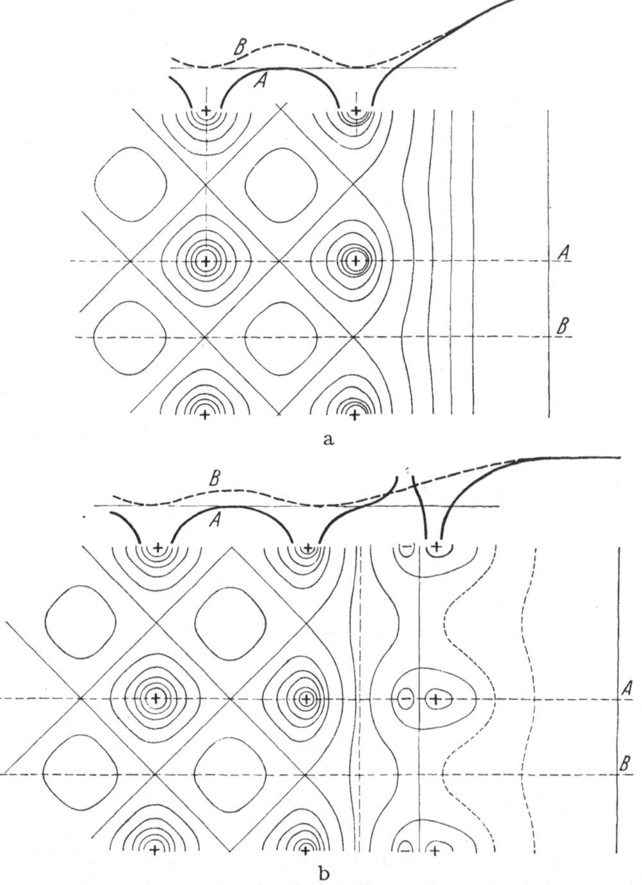

Abb. 40. Potentialfeld des Metallgitters (schematisch).
a Ohne Dipolschicht; b mit Dipolschicht.

Abb. 40b. Für die Schnitte A und B wurde das Potential noch besonders herausgezeichnet. Man sieht, wie zwischen den Atomreihen ein verschiedener Potentialverlauf zustande kommt, der eine Herabsetzung der Austrittsarbeit in Abb. 40b bedeutet. Meist wird statt dieser potentialtheoretischen, ins einzelne gehenden Veranschaulichung einfach gesagt, daß durch die angelegte Dipolschicht ein Potentialsprung proportional dem Dipolmoment erfolge und daß daher der Potentialwall am Metallrand entsprechend erniedrigt sei. Bei dieser Beschreibung verschmiert man jede Einzelstruktur und erhält das Ergebnis, daß zwar der Potentialunterschied zwischen Innen- und Außenraum geringer geworden ist, daß aber ein Grat von der alten Potentialhöhe stehen geblieben ist (Abb. 41). Statt der in unserer potentialtheoretischen

Veranschaulichung wirksamen Durchgriffserscheinungen wird der Durchtritt der Elektronen durch den stehengebliebenen Grat in diesem Bild mit Hilfe des wellenmechanischen Tunneleffektes (s. u.) erklärt, der im übrigen auch als Ergänzung der potentialtheoretischen Betrachtungen heranzuziehen ist.

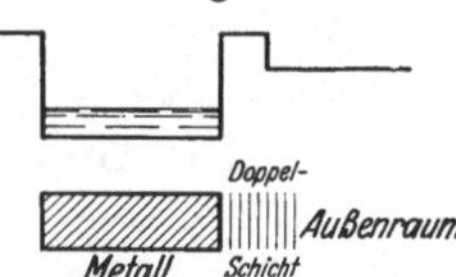

Abb. 41. Potentialverlauf an der Metallgrenze bei Vorhandensein einer Doppelschicht.

Als Herabsetzung der Potentialschwelle wirkt sich auch der Einfluß eines starken Absaugfeldes aus. Durch das Feld ist die Potentialschwelle erniedrigt (Abb. 42). Eine solche Erniedrigung der Potentialschwelle wirkt sich bei relativ kleinen Absaugfeldern (ungefähr 10^4 V/cm) zunächst als Erleichterung der Glühemission aus, ein Effekt, der experimentell nachweisbar ist. Bei größeren Feldstärken (10^7 V/cm) wird der Potentialgrat so weit herabgebogen, daß auch bei Zimmertemperatur größere Elektronenströme austreten. Hierfür ist neben der Herabsetzung der Potentialschwelle der schon erwähnte Tunneleffekt maßgebend. Diese nur mit Hilfe der Wellenmechanik verständliche Erscheinung bewirkt, daß die Elektronen aus dem Metall auch dann austreten, wenn ihre kinetische Energie zur Überschreitung des Potentialgrates an sich noch nicht ausreicht, falls nur der Grat genügend dünn ist. Man bezeichnet den Emissionsvorgang unter dem Einfluß starker Felder als Feldemission. Ein technisch interessanter Sonderfall, bei dem die Feldemission durch Sekundäremission ausgelöst wird, ist der MALTER-Effekt [454, 442].

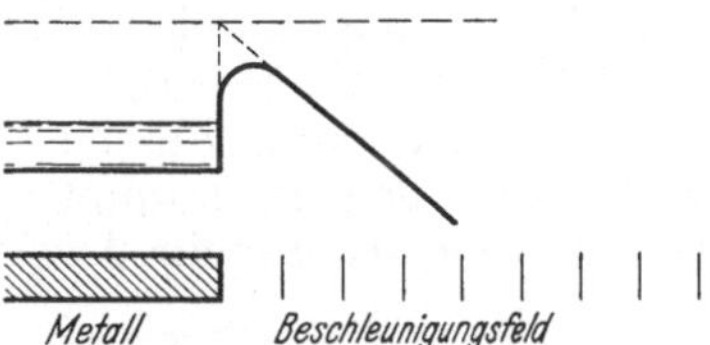

Abb. 42. Potentialverlauf an der Metallgrenze bei Anlegen eines starken Feldes.

3. Glühemission. Erhöhen wir die Temperatur eines Metalls, so wächst wegen der mit dieser Temperaturerhöhung verbundenen Erhöhung der mittleren Elektronenenergie die Zahl der Elektronen, die den Potentialsprung am Rande des Metalls überschreiten und durch eine positive Anode abgesaugt werden können. Vor der Kathode bildet sich eine Raumladungswolke, aus der das Beschleunigungsfeld, je nach seiner Höhe, einen mehr oder minder großen Teil der Elektronen abzusaugen vermag. Der Anstieg des spezifischen Stromes j erfolgt dabei gemäß dem LANGMUIR-SCHOTTKYschen Gesetz $j = a U^{3/2}$, wenn U die Beschleunigungsspannung bedeutet, worauf wir in [VI, 13] genauer eingehen werden. Wir wollen uns hier denken, daß an die Glühkathode, die aus einem reinen Metall bestehen möge, ein so hohes Beschleunigungsfeld gelegt sei, daß alle die Kathode verlassenden Elektronen auch sogleich zur Anode abwandern. Die Kathode arbeite also im Sättigungsgebiet ohne Raumladungsschicht vor ihrer Oberfläche.

Der Anstieg des spezifischen Emissionsstroms j mit der absoluten Temperatur T zeigt für Metalle eine Form wie in Abb. 43. Er läßt sich gut durch die Beziehung

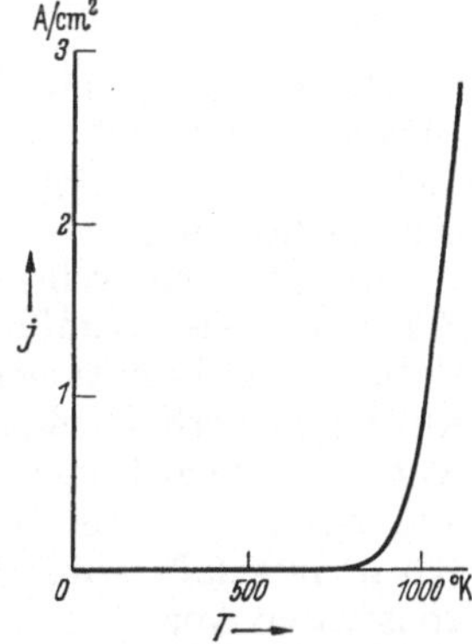

Abb. 43. Anstieg der spezifischen Emission mit der Temperatur.

$$j = A \cdot T^2 e^{-\frac{b}{T}} \qquad (1)$$

darstellen. Dabei sind die Größen A und b Konstanten, die für das Metall typisch sind. Diese Beziehung, die RICHARDSON-Gleichung, läßt sich nach SOMMERFELD mit Hilfe des in [III, 1] gegebenen Bildes eines Metalls oder nach SCHOTTKY und VON LAUE aus rein thermodynamischen Betrachtungen über die Verteilung der Elektronen innerhalb und außerhalb des Metalls ableiten [656a, 628a].

Die Konstante A, die als Mengenkonstante bezeichnet wird, soll nach der Theorie den universellen Wert

$$A = 2 \cdot \frac{2\pi\,me\,k^2}{h^3} = 120 \text{ A/cm}^2 \text{ Grad}^2 \qquad (2)$$

haben, wobei h das Wirkungsquantum und k die BOLTZMANN-Konstante bedeutet. Die Größe b ist der Austrittsarbeit ew proportional,

$$b = \frac{ew}{k} = 1{,}16 \cdot 10^4\, w_{\text{Volt}}. \qquad (3)$$

Die Austrittsarbeit ew gibt die kleinste Energie an, die beim absoluten Nullpunkt der Temperatur aufgewandt werden muß, um ein Elektron aus dem Metall zu entfernen (Abb. 38).

Zur Prüfung der Gleichung (1) pflegt man den Zehnerlogarithmus

$$\log_{10} \frac{j}{T^2} = \log_{10} A - 0{,}4343 \cdot \frac{b}{T} \qquad (4)$$

zu bilden und $\log j/T^2$ über $1/T$ aufzutragen. In dieser Auftragung wird die Gleichung durch eine Gerade dargestellt, wobei der Ordinatenabschnitt durch A und die Neigung durch b bestimmt sind.

Stellt man die experimentell bestimmten Emissionsströme in dieser Weise dar, so findet man, daß die allgemeine Form der RICHARDSON-Gleichung gut bestätigt ist, dagegen stimmt der Zahlenwert für A nicht mit dem theoretischen überein, wie die Tabelle 2 zeigt:

Tabelle 2. Glühemissionskonstanten.

Metall	A	$\dfrac{w}{\text{in Volt}}$		A	$\dfrac{w}{\text{in Volt}}$
Cs	162	1,81	W—Th ⎱ voll-	3	2,63
Ba	60	2,11	Mo—Th ⎰ aktiviert	1,5	2,58
Th	70	3,38	(Wo—Ba	2	1,6)
Mo	55	4,15	(W—O—Ba	0,18	1,3)
W	60—100	4,54	(Ba-Oxydkathode	$1 \cdot 10^{-1}$	1,1)
Ni	1380	5,03			
Pt	(17 000)	6,27			

Da die Theorie immerhin weitgehende Vereinfachungen enthält, ist das nicht allzu verwunderlich. So ist z. B. die kristalline Struktur der Metalle nicht berücksichtigt. Die Austrittsarbeit· und die Mengenkonstante hängen aber von der Orientierung der emittierenden Fläche zu den kristallographischen Achsen ab, wie es auch wellenmechanische Überlegungen von MROWKA [494] zeigen. Bei einem vielkristallinen Metallstück ist der Strom durch Summation der RICHARDSON-Funktionen für die einzelnen Kristallite gegeben. In der üblichen Auftragung erhält man so an Stelle einer Geraden eine etwas geschwungene Kurve, die jedoch meist, da die Meßpunkte in einem relativ engen Temperaturintervall liegen, als Gerade mit geänderter Mengenkonstante und Austrittsarbeit aufgefaßt wird, wodurch dann die starken Abweichungen der Mengenkonstanten von dem universellen Wert erklärlich werden.

Metalle mit Oberflächenschichten zeigen ein wesentlich komplizierteres Verhalten. In einfachster Weise kann man den Einfluß einer monoatomaren Oberflächenschicht, z. B. von Thorium auf Wolfram, so beschreiben, daß sich die Kathode wie ein reines Metall, aber mit herabgesetzter Austrittsarbeit verhält. Diese einfache Darstellung genügt aber nicht zur Charakterisierung aller Eigenschaften, da mit den Temperaturänderungen entsprechende Änderungen der Verdampfungsgeschwindigkeit, Wanderung der aktiven Substanz und ähnliche Erscheinungen auftreten. So gibt Abb. 44 die Emission einer Wolframkathode

Bild II. Elektronenmikroskopisches Übersichtsbild einer Nickelkathode, mit einem Emissions-Elektronenmikroskop aufgenommen von KNECHT [EO, Titelbild].

Auf die polierte Nickelfläche wurde etwas Bariumoxyd gebracht und die Kathode dann geglüht. Das reduzierte Barium verdampfte größtenteils, wobei sich eine aktive Schicht auf der Nickeloberfläche bildete. Es ist teils die kristalline Struktur des Nickels, teils die Emissionssubstanz erkennbar [IX, 10]. Das Bild ist aus 13 einzelnen Aufnahmen kleinen Gesichtsfeldes zusammengesetzt. Der Bildausschnitt beträgt 2×3 mm, die Wiedergabevergrößerung ist 60fach.

in Caesiumdampf [42a]. Diese Kurve ist folgendermaßen zu verstehen: Wird die Kathode geheizt, so beginnt sie mit steigender Temperatur Elektronen zu emittieren, wie es der RICHARDSON-Gleichung entspricht. Mit wachsender Temperatur dampft das Caesium ab, wobei schließlich durch das Wegdampfen die Emission in stärkerem Maße abnimmt, als sie durch die Temperatursteigerung an sich wachsen würde. Es bildet sich ein Maximum aus. Ein weiteres Anwachsen der Emission findet erst statt, wenn die Fremdatome fast vollständig abgedampft sind, so daß die Emission nun der des Wolframs gleich wird.

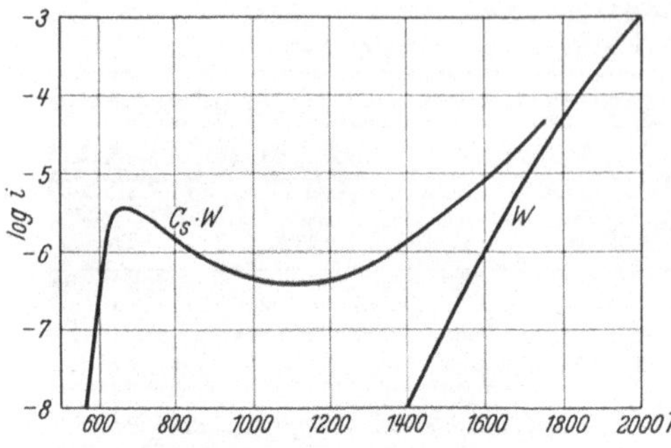

Abb. 44. Emission einer in Caesiumdampf glühenden und einer reinen Wolframkathode [609].

Noch komplizierter sind die Vorgänge bei den technisch meist verwendeten Oxydkathoden, bei denen an der Oberfläche eine dicke, ungefähr 50 μ starke Schicht aus Barium- oder Strontiumoxyd sitzt [483]. Bei der Formierung der Kathode bildet sich metallisches Barium (in Abb. 45 als aktive Schicht auf der Oxydoberfläche gezeichnet), das in nicht restlos geklärter Weise die hohe Emission verursacht. Bei der Stromentnahme findet — wie man annimmt — in der Oxydschicht eine elektrolytische Zersetzung des Bariumoxyds statt, so daß sich an der Metalloberfläche ein Bariumlager ausbildet, das nun seinerseits Atome durch Diffusion in das Oxyd sendet und die dort sitzende Bariumschicht immer wieder regeneriert. Das Emissionsgesetz dieser Kathoden ist also durch Geschwindigkeit der Verdampfung und Nachlieferung der Metallzentren, durch die Zersetzungsvorgänge in der Schicht und die Verteilung der aktiven Zentren in der Oberfläche unter anderem mitbestimmt.

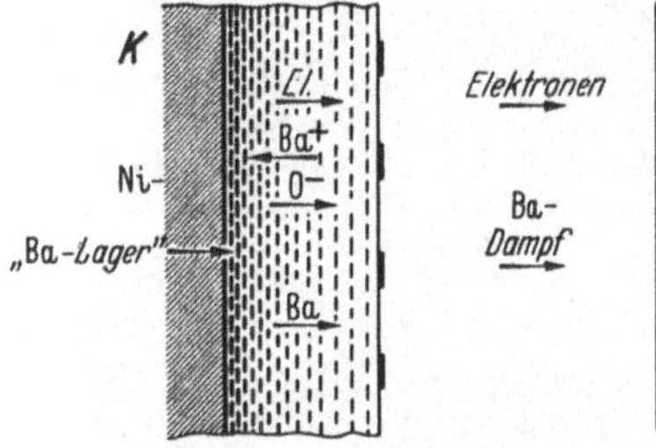

Abb. 45. Schema der Vorgänge in der Oxydkathode. (Nach MIE [483].)

Insgesamt treten also sehr verwickelte Erscheinungen auf, so daß die bei der Darstellung der Emission in Form einer RICHARDSON-Geraden sich ergebenden Unterschiede in den Werten der Emissionskonstanten verständlich werden.

Über Einzelheiten hinsichtlich Aufbau der Kathoden vgl. man [V, 1].

4. Lichtelektrische Emission. Die Befreiung von Elektronen unter der Einwirkung von Licht unterliegt einigen einfachen Grundgesetzen. Erstens: Die Photoemission erfolgt trägheitsfrei. Zweitens: Die Emission beginnt bei einer bestimmten, für das Metall charakteristischen Grenzfrequenz des einfallenden Lichtes. Die maximal vertretene Geschwindigkeit wächst linear mit der Frequenz, wobei die Intensität des Lichtes keine Rolle spielt. Drittens: Die Zahl der emittierten Elektronen ist der Intensität des Lichtes proportional.

Man kann sich diese Gesetzmäßigkeiten auf Grund der Lichtquantenhypothese verständlich machen. Die Wirkung des einfallenden Lichtes der Frequenz ν entspricht dem Stoß eines Lichtquants der Energie $h\nu$ auf das Elektron. Wenn die dabei übertragene Energie zur Überschreitung des Potentialsprunges am Metallrand ausreicht, kann eine Emission des Elektrons erfolgen. Die Frequenz muß also der Bedingung

$$h\nu \geq h\nu_0 = e\,w \tag{1}$$

genügen, wenn wieder ew die Austrittsarbeit bedeutet. Die Größe v_0 definiert die Grenzwellenlänge (rote oder langwellige Grenze der Photoemission). Die Gleichheit zwischen der durch die photoelektrische Grenzwellenlänge bestimmten und der glühelektrisch gemessenen Austrittsarbeit ist experimentell sehr gut bestätigt.

Die Energie, mit der ein Elektron maximal das Metall verlassen kann, ist durch die Differenz zwischen der Energie des Lichtquants und der Austrittsarbeit gegeben:

$$\frac{1}{2}\, m v^2_{\max} = h v - h v_0 . \tag{2}$$

Die Kurve für die Geschwindigkeitsverteilung ist also bei einem bestimmten Metall um so breiter, je größer die Frequenz des einfallenden Lichtes ist. So zeigt Abb. 46 Geschwindigkeitsverteilungskurven an Platin bei verschiedenen Wellenlängen [550]. Es können leicht Austrittsenergien von 1 bis 2 eV vorkommen, während die Energieverteilung bei der Glühemission eine Breite von 0,2 bis 0,4 eV hat.

Diese einfachen Überlegungen über die lichtelektrische Elektronenauslösung gelten zunächst nur für den absoluten Nullpunkt der Temperatur. Bei endlicher Temperatur sind kleine Modifikationen zu berücksichtigen. So ist z. B. die rote Grenze nicht scharf festgelegt, sondern zeigt eine Verschmierung infolge der Energie, die die Elektronen wegen der endlichen Temperatur schon an sich haben. Die Elektronen werden schon bei kleinerer Frequenz des einfallenden Lichtes emittiert.

Die Ausnutzung der Energie ist beim Photoeffekt sehr schlecht, die meiste absorbierte Energie wird in Wärme umgesetzt und nur ein geringfügiger Bruchteil löst wirklich Photoelektronen aus. Nur die in den Oberflächenschichten ausgelösten Elektronen können das Metall verlassen. Die in tieferen Schichten ausgelösten werden auf ihrem Weg zur Oberfläche absorbiert. Man drückt den Nutzeffekt durch das Quantenäquivalent aus, d. h. durch denjenigen Prozentsatz Lichtquanten, der Elektronen auslöst. Diese Zahl liegt bei besten Schichten in der Größenordnung von 1 bis 2%. Zahlenmäßig ergab z. B. eine Kaliumkathode bei $\lambda = 436$ mμ eine Ausbeute von $3{,}5 \cdot 10^{-2}$ Coul./cal [43].

Wenn die Ausbeute mit abnehmender Wellenlänge monoton wächst, spricht man von „normaler" Empfindlichkeit (Abb. 47). Zeigt die Empfindlichkeitskurve dagegen ein Maximum bei einer bestimmten Wellenlänge, so spricht man von „selektiver" Empfindlichkeit (Abb. 48), über deren Deutung man [278a, 368a] vergleiche. Durch die Fremdatome an der Metalloberfläche werden die

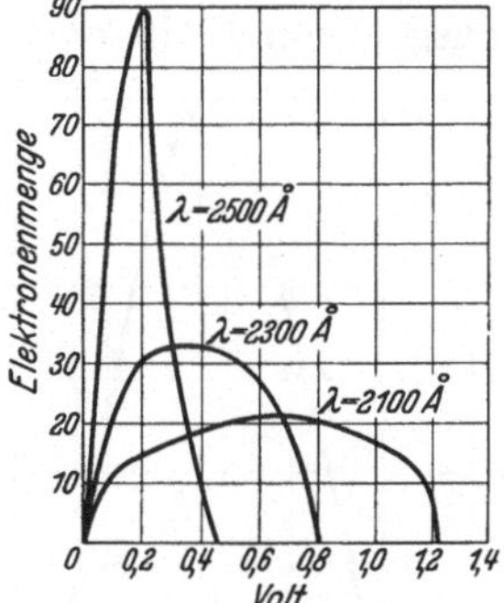

Abb. 46. Energieverteilung von Photoelektronen [550].

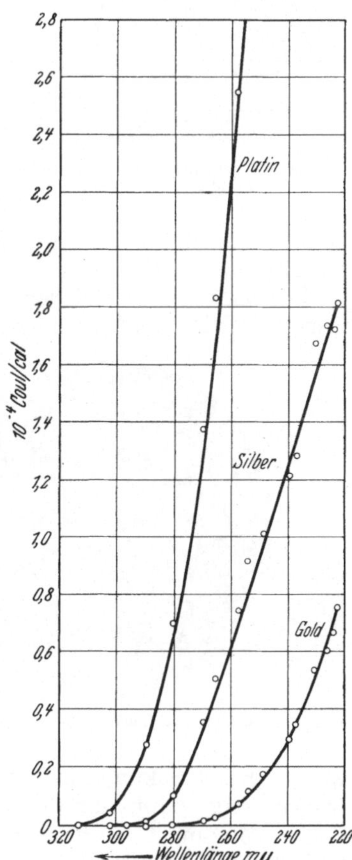

Abb. 47. „Normale" lichtelektrische Empfindlichkeit [43].

Emissionseigenschaften außerordentlich beeinflußt, ähnlich wie wir es bereits bei der Glühemission gesehen haben. Es ist dies an dem Strukturbild einer Photokathode zu erkennen, das durch elektronenoptische Abbildung mit lichtelektrisch ausgelösten Elektronen gewonnen wurde (Abb. 49). Die Kathode bestand aus Nickelblech, das mit Barium bedampft worden war. Die beiden Bilder sind zu verschiedenen Zeiten aufgenommen worden. Dabei hat eine Änderung in der Bedeckung stattgefunden, so daß zum Teil eine Emissionsumkehr eingetreten ist, d. h. hellemittierende Kristalle emittieren nach einiger Zeit weniger als ihre Umgebung und umgekehrt. Weitere Einzelheiten s. [V, 2].

5. Sekundäremission. Die Auslösung von sekundären Elektronen durch den Stoß von primären Elektronen an einer „Prallplatte" unterscheidet sich in ihren Eigenschaften wesentlich von Photo- und Glühemission. Vor allen Dingen spielt die Austrittsarbeit keine beherrschende Rolle mehr, und ein wesentlicher Einfluß der Temperatur ist ebenfalls nicht festzustellen. Das ist nicht weiter verwunderlich, da bei den Stoßprozessen viel größere Energien durch das schnelle Primärelektron übertragen werden

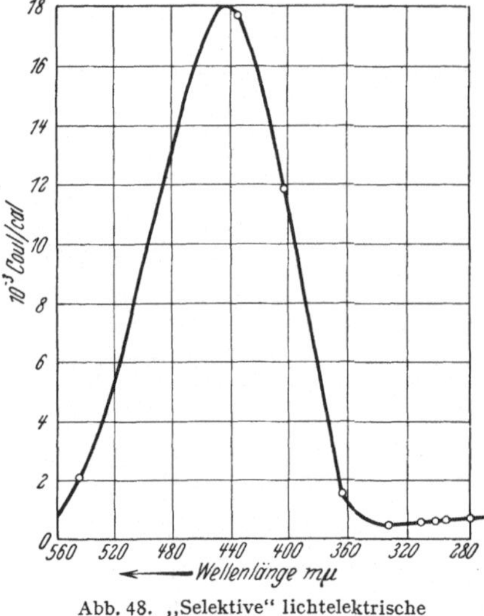

Abb. 48. „Selektive" lichtelektrische Empfindlichkeit [43].

können, als sie bei der Glüh- und der Photoemission verfügbar sind. Die Potentialschwelle am Rande des Metalls muß also in ihrer Bedeutung zurücktreten.

Für die Diskussion der Sekundäremission ist die Abhängigkeit von der Energie der Primärelektronen wichtig. Unterhalb von etwa 10 eV Primärenergie

Abb. 49. Lichtelektrische Emissionsbilder einer mit Barium bedampften Nickeloberfläche zu verschiedenen Zeiten [277].

werden keine Sekundärelektronen ausgelöst. Die Anzahl der emittierten Elektronen steigt dann mit der Primärgeschwindigkeit sehr rasch an, erreicht ein flaches Maximum bei einigen 100 eV und sinkt dann ganz langsam wieder ab. Man stellt die „Ausbeute" durch das Verhältnis S/P der Anzahl S der Sekundärelektronen zur Anzahl P der Primärelektronen dar[1]. In Abb. 50 ist dieses

---

[1] HEROLD [305] empfiehlt zwischen Sekundäremissionsfaktor und Ausbeutefaktor zu unterscheiden. Ersterer soll das Verhältnis S/P, letzterer das Verhältnis $(S+R)/P$ bedeuten, wobei R die reflektierten Elektronen sind. Der Ausbeutefaktor soll den Wirkungsgrad kennzeichnen.

Verhältnis für Aluminium dargestellt. Das erste niedrige Maximum ist elastisch reflektierten Elektronen zuzuschreiben, die im weiteren Verlauf der Kurve keine Rolle mehr spielen. Das Maximum der Sekundäremission liegt bei ungefähr 200 eV; S/P hat dort ungefähr den Wert 2, bei großen Spannungen fällt S/P wieder unter 1.

Entsprechend den großen Geschwindigkeiten, die die Elektronen beim Stoßprozeß aufnehmen können, verlassen sie das Metall mit viel größeren Energien als Glüh- und Photoelektronen. Beispielsweise zeigt Abb. 51 die Energieverteilung für Elektronen, die durch 155 eV-Elektronen aus Gold ausgelöst wurden [580]. Das Maximum der Sekundärgeschwindigkeit liegt hier bei ungefähr 10 V, die Breite der Verteilungskurve ist ungefähr 20 V. Das schmale Maximum bei der Primärgeschwindigkeit entspricht elastisch reflektierten Elektronen. Die Energieverteilung ist sowohl ihrer Form wie auch der Lage des Maximums nach in weiten Grenzen (20 bis 1000 V) unabhängig von der Primärenergie.

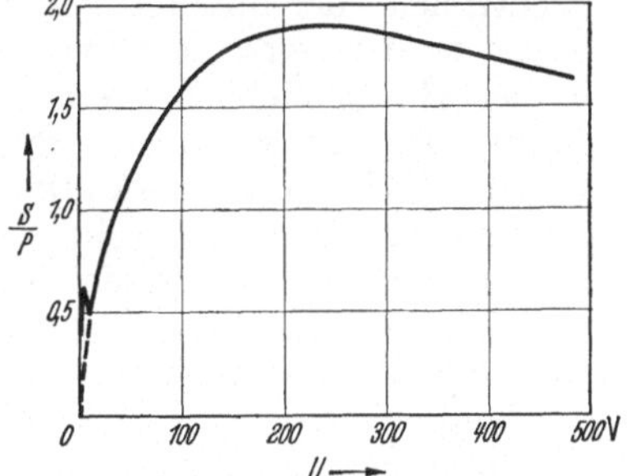

Abb. 50. Ausbeute an Sekundärelektronen bei Aluminium [259].

Von Interesse ist die Abhängigkeit der Sekundäremission vom Auftreffwinkel des Primärstrahls. Die Ausbeute ist am niedrigsten bei senkrechtem Einfall und steigt mit wachsendem Einfallswinkel. Der Anstieg ist relativ um so stärker, je kleiner die Dichte des Sekundärstrahlers ist [499].

Auch bei der Sekundäremission tritt wieder die außerordentlich starke Abhängigkeit der Ausbeute von der Oberflächenbeschaffenheit auf. Schon die den Oberflächen normalerweise anhaftenden Gasschichten haben starken Einfluß auf die Sekundäremission, und zwar bewirken sie meist eine Ausbeuteerhöhung. Zusammengesetzte Schichten mit Alkali- und Erdalkalimetallen an der Oberfläche, die eine große Photoemission haben, liefern auch viel Sekundärelektronen. So ist die Maximalausbeute bei einer Cs-Schicht auf oxydierter Silberunterlage 8 Sekundärelektronen pro Primärelektron bei einer Primärenergie von 400 bis 600 eV [396].

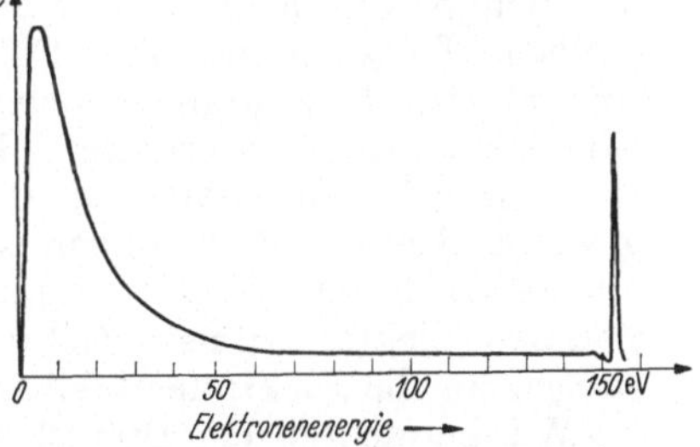

Abb. 51. Energieverteilung von Sekundärelektronen, an Gold ausgelöst durch Primärelektronen von 155 eV [580].

Es sei in diesem Zusammenhang noch auf das von MALTER [454] entdeckte eigenartige Verhalten von Schichten des Typs Al—Aluminiumoxyd—Cs hingewiesen. Bei Beschießung einer solchen Schicht erhält man sehr viel „Sekundärelektronen", und zwar bis zu 1000 pro Primärelektron. Es handelt sich aber dabei nicht um eine Sekundäremission in der üblichen Weise, es tritt z. B. dabei eine gewisse Trägheit auf, die sonst nicht vorhanden ist. MALTER deutet die Erscheinung als Feldemission, die folgendermaßen zustande kommt: Aus der Caesiumschicht werden zunächst Sekundärelektronen herausgeschlagen. Infolgedessen ladet sich diese Schicht positiv gegen das Aluminium auf, wobei das zwischenliegende Aluminiumoxyd als Isolator wirkt. Da die Aluminiumoxydschicht sehr dünn ist, bilden sich hohe Feldstärken aus, die die Elektronen aus dem Aluminium herausziehen und so stark beschleunigen, daß sie durch diese Schicht ins Freie schießen. Diese Erscheinung wird also durch die Sekundäremission nur in Gang gebracht. MAHL [442] bestätigte diese Anschauung und zeigte, daß es einzelne Zentren sind, von denen die Emission ausgeht. Durch direktes Anlegen von Spannung an die MALTER-Schicht, also ohne Beschießung mit Elektronen, konnte der Effekt ebenfalls erzeugt werden und so seine Deutung als Feldemission sichergestellt werden [444].

b) Elektronenoptische Führungsprinzipien.

Die für uns wichtigste Frage ist bei jeder technischen Anwendung freier Elektronen oder anderer Ladungsträger die der Führung dieser Teilchen. Wir haben in den verschiedenen elektrischen und magnetischen Feldern die Mittel in der Hand, nicht nur ein einzelnes Teilchen auf bestimmter Bahn mit gewählter Energie an einen vorgegebenen Raumpunkt gelangen zu lassen, sondern bei gleichzeitiger Einwirkung auf Gruppen von Teilchen besondere Wirkungen zu erzielen. Die gewünschten Wirkungen können dabei sehr verschieden sein, sei es, daß die von einem Punkt nach verschiedenen Richtungen oder mit verschiedenen Geschwindigkeiten ausgehenden Teilchen wieder an einem anderen Raumpunkt gesammelt werden sollen, oder sei es, daß ein einheitlich erscheinendes Bündel nach der Geschwindigkeit der Teilchen bzw. ihrem e/m zu zerlegen ist.

Im ersten Fall haben wir es mit der Fokussierung, im zweiten mit der Dispersion zu tun. Diese beiden elektronenoptischen Prinzipien geben uns die Möglichkeit, mit Ladungsträgern Bilder zu erzeugen und ein Strahlungsgemisch zu analysieren. Sie sind die Grundlage für die Abbildungsgeräte [IX] und die Spektralgeräte [XI].

6. Richtungsfokussierung und Abbildung. Eine für den Gerätebau sehr wichtige Feldeigenschaft ist die Fokussierung, von der wir wegen der grundsätzlichen Natur bereits bei den Grundlagen [I, 4] sprachen. Auf ihr beruht die Möglichkeit, mit Elektronen Abbildungen im optischen Sinne zu erzielen. Diese Möglichkeit, die zuerst theoretisch von BUSCH [155] erkannt worden ist, hat sich praktisch als weit besser erfüllt gezeigt, als man es hätte erwarten können. Trotz der störenden Einflüsse, die bei Elektronenstrahlengängen größer sind als bei Lichtstrahlengängen, sind Elektronenbilder von lichtoptisch gewohnter Qualität zu erhalten. Die Möglichkeit, Elektronenbilder herzustellen, ist damit die Grundlage der jüngsten Gerätegruppe, der Abbildungsgeräte, geworden, zu der Elektronenmikroskop und Bildwandler gehören. Aber auch andere Geräte wie Spektrograph, BRAUNsche Röhre und Vervielfacher machen von den Elektronenlinsen Gebrauch, wenn hier auch keine so hohen Anforderungen an die Elektronenbilder wie bei den Abbildungsgeräten gestellt werden.

Wir betrachten ein Bündel gleich schneller Elektronen, dessen Elektronen in einem homogenen Magnetfeld unter kleinen Winkeln gegen die Kraftlinien von einem Punkte ausgehen. Die Elektronen beschreiben enge Schraubenlinien in Richtung der Kraftlinien und treffen in einer gewissen Entfernung wieder auf der Ausgangskraftlinie zusammen [I, 3]. Legen wir nun Ebenen senkrecht zu den Kraftlinien des Feldes durch den soeben betrachteten Ausgangspunkt und den Fokussierungspunkt der Elektronen. Dann gilt unsere Betrachtung für ein von jedem beliebigen Punkt der Ausgangsebene ausgehendes Bündel. Der Fokussierungspunkt liegt also stets gegenüber auf der anderen Ebene. Infolge dieser punktweisen Zuordnung entsteht also ein „Bild" der Gegenstandsebene in der Fokussierungsebene. Dieses Bild ist aufrecht und entsteht in natürlicher Größe.

Bei dem allgemeinen rotationssymmetrischen Magnetfeld wissen wir bereits, daß gemäß [I, 4] die von den Punkten einer Gegenstandsebene ausgehenden Strahlen in den Punkten einer Bildebene vereinigt werden, wobei jetzt die Verhältnisse insofern anders liegen als im homogenen Feld, als ein gedrehtes

Bild entsteht, dessen Größe nach optischen Gesetzen sich als Verhältnis von Gegenstands- zu Bildweite ergibt.

Experimentell ist, wie es bereits eingangs erwähnt wurde, der Linsencharakter des rotationssymmetrischen elektrischen oder magnetischen Feldes durch viele Elektronenbilder von Selbstleuchtern und durchstrahlten Objekten bewiesen. So zeigt z. B. Bild VIII die Aufnahme einer sehr gleichmäßigen Photokathode, auf die ein Glasbild von GUERICKE projiziert worden war. Der Raster des Originals und die Halbtöne sind im Elektronenbild, das mit einer elektrischen Linse erzielt worden war, gut wiedergegeben. Aber auch bei Durchstrahlung eines Objektes (Bild VII) und bei Glühkathoden (Bild II) ist die Wiedergabe der Einzelheiten sehr gut und mit dem Lichtbild in den geometrischen Einzelheiten übereinstimmend [IX, 2].

7. Dispersion und Analysierung. Im elektromagnetischen Feld ist eine Materiestrahlung durch die beiden Parameter e/m und die Geschwindigkeit v der Teilchen charakterisiert [Einführung; I, 1]. Dem allgemeinen Problem, ein Gemisch von Strahlen zu entmischen und zu analysieren, liegt die einfachere Aufgabe zugrunde, bei einem Strahl einheitlicher Teilchen konstanter Geschwindigkeit die spezifische Ladung und die Geschwindigkeit zu bestimmen. Die Lösung dieser Aufgabe durch Feldwirkungen ist die Grundlage der Spektralgeräte [XI], deren wichtigste Vertreter der magnetische Geschwindigkeitsspektrograph und der Massenspektrograph sind.

In [I, 3] hatten wir die Gleichungen für die Ablenkung eines Teilchens aus seiner bisherigen Bahn durch das an der betrachteten Stelle herrschende elektrische bzw. magnetische Feld aufgestellt. Diese Differentialbeziehungen, die für jede Stelle der Bahn gelten, müssen offensichtlich die Besonderheiten der elektrischen bzw. magnetischen Beeinflussung bereits erkennen lassen, die auch die Endformeln bei speziellen Feldern zeigen. Das wird verdeutlicht durch Tabelle 3, in der neben den Differentialformeln auch die Ablenkung im homogenen Feld, die Krümmungsradien der Bahn und die Brennweitenformeln der kurzen schwachen Linsen [II, 8; V, 4, 5] nochmals einander gegenübergestellt sind.

Tabelle 3. Formelvergleich entsprechender elektrischer und magnetischer Beeinflussungen.

	Elektrisch	Magnetisch
Differentielle Ablenkung	$d\Theta_e = \dfrac{e}{mv^2}\,E\,dl$	$d\Theta_m = \dfrac{e}{mv}\,H\,dl$
Ablenkung im homogenen Querfeld	$\mathrm{tg}\,\Theta_e = \dfrac{e}{mv^2}\,E\,l$	$\mathrm{tg}\,\Theta_m = \dfrac{e}{mv}\,H\,l$
Krümmungskreis im homogenen Feld (im elektr. Feld für den Parabelscheitel)	$\dfrac{1}{\varrho_e} = \dfrac{e}{mv^2}\,E$	$\dfrac{1}{\varrho_m} = \dfrac{e}{mv}\,H$
Brennweite der Einzellinse	$\dfrac{1}{f'} = \dfrac{3}{4}\left(\dfrac{e}{mv^2}\right)^2 \displaystyle\int_{-\infty}^{+\infty} E(z)^2\,dz$	$\dfrac{1}{f'} = \dfrac{1}{4}\left(\dfrac{e}{mv}\right)^2 \displaystyle\int_{-\infty}^{+\infty} H(z)^2\,dz$

Diesen Formeln ist zu entnehmen:

1. Ladung e und Masse m tauchen stets in der Kombination e/m auf. Eine Trennung ist demnach durch Feldbeeinflussung unmöglich.

2. Spezifische Ladung e/m und Geschwindigkeit v sind in den Gleichungen elektrischer und magnetischer Beeinflussung in verschiedener Kombination vorhanden. Und zwar ist für die elektrische Beeinflussung $\dfrac{mv^2}{e}$, für die

magnetische $\dfrac{mv}{e}$ maßgebend, ein Unterschied, der sich bereits in den Bewegungsgleichungen [I, 3] bemerkbar macht. Es ist demnach möglich, durch kombinierte Anwendung elektrischer und magnetischer Felder e/m und v einzeln zu bestimmen oder auch eine Trennung nach e/m und v vorzunehmen.

Diese Trennung bzw. Analyse kann durch Nacheinanderwirken zweier Felder oder durch gleichzeitige Wirkung eines elektrischen und eines magnetischen Feldes erzielt werden.

Als Beispiel für den ersten Fall sei die gebräuchlichste Methode zur e/m-Bestimmung von Elektronen genannt [I, 1], die darin besteht, daß man die Elektronen nacheinander durch ein magnetisches und durch ein elektrisches Feld ablenkt. Es gilt dann bei Beschränkung auf sehr kleine Ablenkwinkel [I, 3]:

$$\Theta_e = \frac{e}{mv^2}\, l_e E\,, \qquad \Theta_m = \frac{e}{mv}\, l_m H\cdot$$

Woraus folgt:

$$\frac{e}{m} = \frac{\Theta_m^2}{\Theta_e}\,\frac{l_e}{l_m^2}\,\frac{E}{H^2}\,, \qquad v = \frac{\Theta_m}{\Theta_e}\,\frac{l_e}{l_m}\,\frac{E}{H}\cdot$$

Diese Methode ist ebenso für Teilchen von verschiedenem e/m und verschiedenem v anwendbar. Das elektrische Feld würde nach $\dfrac{e}{mv^2}$ aufspalten. Ein herausgegriffener Strahl (bestimmtes Θ_e) würde dann im magnetischen Feld nach $\dfrac{e}{mv}$ zerlegt werden.

Als Beispiel für eine kombinierte Feldanwendung sei WIENs Methode der kompensierten Strahlen erwähnt, die es erlaubt, bei Kenntnis der spezifischen Masse einer einheitlichen Teilchenart (Elektronen) nach der Geschwindigkeit aufzuspalten und zu analysieren. Zu diesem Zweck überlagert man einem homogenen elektrischen Feld ein homogenes Magnetfeld derart, daß die Felder aufeinander senkrecht stehen und schießt die Ladungsträger senkrecht zu beiden Feldern so ein, daß die Felder einander entgegenwirken. Wird ein Teilchen z. B. jetzt nicht aus der Geraden abgelenkt, sind die Kräfte also gerade im Gleichgewicht, so gilt für die Kombination des statischen elektrischen und des statischen magnetisches Feldes $v = E/H$ (vgl. [I, 7]).

Erwähnt sei noch, daß die „Gleichgewichtsmethode" in anderer Form auch zur Bestimmung der spezifischen Masse benutzt werden kann. So würde ein im elektrischen und im entgegenwirkenden Gravitationsfelde schwebendes oder horizontal (senkrecht zu den Kraftlinien) fliegendes Teilchen $e/m = g/E$ ergeben, wobei g die Erdbeschleunigung bedeute. Dieser Gedankengang wird bekanntlich ähnlich bei der MILLIKANschen Schwebemethode benutzt, wo auf diese Weise die spezifische Ladung für ein Öltröpfchen bestimmt wird, dessen Masse dann ein Fallversuch ergibt, so daß damit die Elementarladung e errechenbar wird.

8. Dispersion und Fokussierung. Wir hatten einerseits in [III, 7] die Dispersion eines vorgegebenen Strahls, andererseits in [III, 6] die Richtungsfokussierung eines Strahlenbündels gleichartiger Teilchen behandelt. Bei den praktischen Aufgaben treten diese beiden elektronenoptischen Führungsprinzipien oft nicht einzeln, sondern kombiniert auf. So wird man bei den Spektralgeräten mit der Hauptaufgabe einer Aufspaltung des Strahls verschiedenartiger Teilchen aus Intensitätsgründen nicht auf die Richtungsfokussierung verzichten können. Bei einer Elektronenlinse soll, wenn es sich um Strahlung verschiedener Geschwindigkeit handelt, die Dispersion im allgemeinen nicht zur Wirkung kommen, ähnlich wie man in der Optik achromatische Eigenschaften der Linsen verlangt.

Um einen Überblick über die Aufgaben dieser Art zu erhalten, ist zunächst zu bedenken, daß bei einem allgemeinen Strahlenbündel drei Parameter vorhanden sind: Ein allgemeines Strahlenbündel setzt sich aus Strahlen verschiedener Richtung α, verschiedener Geschwindigkeit v und von verschiedenem e/m zusammen. Die Probleme liegen demzufolge komplizierter als in der Optik. So stellt in der Optik z. B. ein Spektrograph mit Linsen bereits in grundsätzlicher Beziehung die ideale Lösung dar. Ein Massenspektrograph mit Richtungsfokussierung ist zwar ein entsprechender Fortschritt wie der Linsenspektrograph gegenüber dem einfachen Dispersionsprisma, aber hier ist die ideale Lösung erst erreicht, wenn auch eine Geschwindigkeitsfokussierung stattfindet. Entsprechend der höheren Zahl von Parametern werden hier also auch Fokussierungen höherer Ordnung, nämlich Doppelfokussierungen, verlangt [I, 11].

Entsprechend den drei Strahlungsparametern haben wir drei Aufgaben für die Führung der Teilchen zur Erzielung einer Dispersion und der zugehörigen Fokussierungen zu erwarten:

a) Zerlegung hinsichtlich e/m. Fokussierung hinsichtlich Richtung *und* Geschwindigkeit. Man erhält den Massenspektrographen mit Doppelfokussierung, den wir bereits erwähnten. Erst in den letzten Jahren ist auf der Grundlage der Elektronenoptik die Lösung dieser Aufgabe gelungen [XI, e]. Bei den älteren Anordnungen war nur einfache Fokussierung, so bei Aston Geschwindigkeitsfokussierung.

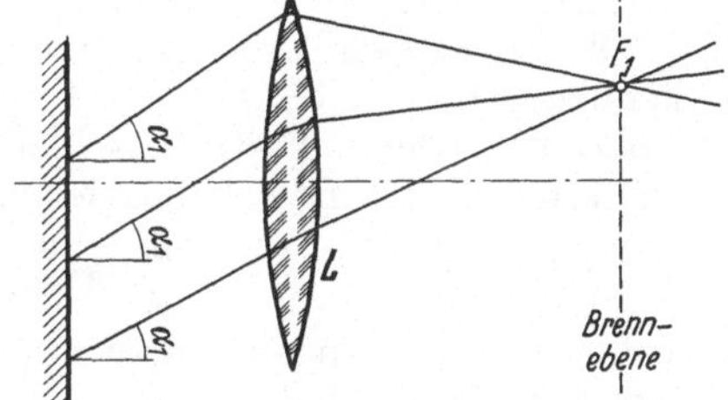

Abb. 52. Richtungs-Spektrograph.

b) Zerlegung hinsichtlich Geschwindigkeit. Fokussierung hinsichtlich Richtung *und e/m.* Man erhält den Geschwindigkeitsspektrographen mit Doppelfokussierung. Diese Anordnung hat keine praktische Bedeutung, denn es interessiert nur die Geschwindigkeitsanalyse eines Bündels gleichartiger Teilchen, insbesondere Elektronen.

c) Zerlegung hinsichtlich Richtung. Fokussierung hinsichtlich Geschwindigkeit *und e/m.* Man erhält den Richtungsspektrographen. Auch diese Anordnung hat wenig praktische Bedeutung. Sie könnte z. B. für die Richtungsanalyse der Emissionsverteilung einer Kathode oder die Analyse der Richtungsverteilung der an einem Kristall reflektierten Elektronen dienen, wobei aber Fokussierung hinsichtlich e/m nicht vorhanden zu sein brauchte. Diese Anordnung ist in Abb. 52 dargestellt. Es stellt L eine Elektronenlinse dar, die als achromatisch vorausgesetzt wird. In der Brennebene der Linse entsteht dann das Richtungsspektrum, d. h. alle Strahlen der Ausgangsneigung α, vereinigen sich in dem Punkte F_1, alle Strahlen der Ausgangsneigung α_2 in dem Punkte F_2 usw. [1].

Schließlich kann auch die Aufgabe gestellt sein, eine Fokussierung nach α, v *und e/m* vorzunehmen. Jetzt erhalten wir eine Art „Überachromat", der über den üblichen Achromaten in entsprechender Weise hinausgeht, wie der Achromat über die gewöhnliche Linse.

Für den Versuch, diese Aufgaben zu lösen, stehen wieder elektrische und magnetische Felder in geeigneter Kombination zur Verfügung. Wir wollen auf diese Fragen, soweit sie praktisch interessieren, in [XI] nochmals genauer eingehen, wo wir dann auch einzelne Lösungen kennenlernen werden.

---

[1] Da in der Elektronenoptik ein Achromat nicht vorhanden ist, gibt eine Anordnung wie in Abb. 52 in Wirklichkeit keine Geschwindigkeitsfokussierung.

c) Wahl der Energiegröße.

Der Führung der Ladungsträger steht als zweite grundsätzliche Eingriffsmöglichkeit die Wahl der Energiegröße zur Seite. Wir wollen die Ladungsträger also an den Ort ihrer Bestimmung führen, aber außerdem die Größe der Energie, die sie an diesen Ort transportieren, wählen. Durch Stromstärke und Teilchengeschwindigkeit ist diese Energiegröße wählbar, wobei die Möglichkeit, Energie in den Teilchen *aufzuspeichern*, für viele Zwecke von großer Bedeutung ist. Für die Führung der Teilchen und die Wahl der Energiegröße ist die Ladung der Angriffspunkt, auf die wir mittels des Feldes Einfluß gewinnen. Wenn auch die Energiegröße im allgemeinen durch die Wahl der Bahn mitbestimmt wird, so sind Bahn und Energie doch nicht zwangsmäßig miteinander gekoppelt. Man denke an das magnetische Feld, durch dessen Wirkung wohl eine Ablenkung, aber keine Energieänderung erfolgen kann. Besondere Möglichkeiten für die Anwendung bieten die energetischen Verhältnisse für die Elektronenbewegung in Hochfrequenzfeldern, auf die ebenfalls in diesem Kapitelteil eingegangen sei.

9. Energiewahl im statischen Feld. Den Energiesatz lernten wir in [I, 1] kennen, wo ein Elektron der Geschwindigkeit Null in einem Kondensator von einer zur anderen Platte beschleunigt wurde. Er tauchte allgemeiner in [I, 4] als Integral der Bewegungsgleichungen in der Form

$$\frac{m}{2}\,(\dot{x}^2 + \dot{y}^2 + \dot{z}^2) = \frac{m}{2}\,v^2 = e\varphi$$

auf, wobei also angenommen ist, daß das Elektron beim Potential $\varphi = 0$ keine Geschwindigkeit hat.

Eine bestimmte Energie durch den Teilchenstrahl zum Endpunkt der Bahn zu führen, ist für viele Geräte die Hauptaufgabe. Das gilt für die Lenardröhre, die Röntgenröhre, das Zyklotron. Ferner gehören hierher die Geräte, die mit Leuchtschirm arbeiten, so die BRAUNsche Röhre, die Bildschreibröhre und der Bildwandler. Letzterer ist in diesem Zusammenhange besonders interessant, als mit seiner Hilfe dem STOKESschen Satz ein Schnippchen geschlagen wird [IX, 20]. Die beim Bildwandler mögliche Umsetzung einer langwelligen in energiereichere, kurzwellige Strahlung gelingt nur, weil man den Elektronen auf ihrem Wege Energie zuführen kann.

Die richtige Wahl der Energie ist aber auch indirekt von großer Wichtigkeit. Sie bestimmt die Wellenlänge der Elektronenstrahlung, die der Geschwindigkeit umgekehrt proportional ist [I, 1]. Von der Wellenlänge ist aber wieder die Auflösung des Elektronenmikroskops abhängig. Ferner wird mit der Erhöhung der Energie der chromatische Fehler verringert, den die Energieverteilung der Elektronen [III, a] bedingt.

Die Höhe der Energie ist demnach für die Elektronengeräte von großer Bedeutung. Man wird daher fragen, ob sich die Energie noch wählen läßt, wenn man über die Bahnen bereits verfügt hat. Zunächst ist dazu festzustellen, daß im allgemeinen Bewegungsenergie und Bahn miteinander gekoppelt sind. Wenn wir etwa die Anodenspannung an einem Gerät erhöhen, so werden wir im allgemeinen neben der Energie auch die Bahnen ändern; eine vorher vorhandene scharfe Abbildung wird unscharf werden usw. Es liegt das daran, daß die Änderung der Bewegungsrichtung von der Energie abhängig ist, die das Teilchen an der betreffenden Stelle hat. Diese Feststellung enthält bereits die Lösung: Wir müssen eben dafür sorgen, daß das Teilchen dort, wo an einer bestimmten Raumstelle ein verändertes Feld wirkt, auch eine entsprechend veränderte Energie hat. In [I, 5] ist diese Frage bereits eingehend behandelt worden. Wir sahen dort, daß bei Erhöhung *aller* Spannungen an einem rein elektrostatischen Gerät um den gleichen Faktor die Bahnen trotz Erhöhung der Endenergie nicht geändert werden. Auch bei Vorhandensein von magnetischen Feldern bleiben die Bahnen bei Erhöhung aller Potentiale um den Faktor $\varkappa$ erhalten, wenn man die magnetischen Felder um das $\sqrt{\varkappa}$-fache miterhöht. Wir entnehmen den Dimensionsgesetzen also, daß es möglich ist, Bahn und Energie der Ladungsträger unabhängig voneinander zu wählen, um so die beiden, an einen Strahlengang zu stellenden Forderungen zu erfüllen: Führung der Teilchen auf bestimmten Bahnen und Wahl der Energie.

10. Energieumsatz im Hochfrequenzfeld. In [II, 6] sahen wir, daß die von statischen Feldern her gewohnten Energiebeziehungen bei Hochfrequenzfeldern nicht mehr zu gelten brauchen. Während im statischen Feld ein Ladungsträger, der bei seiner Bewegung an den Ausgangsort zurückkehrt, stets wieder die Anfangsgeschwindigkeit hat, ist das im Hochfrequenzfeld im allgemeinen nicht

der Fall, d. h. das Hochfrequenzfeld hat an dem Ladungsträger Arbeit geleistet oder umgekehrt ihm Energie entzogen. Das Modell eines homogenen elektrischen Feldes, eine „Wippe", veranschaulicht diese Eigenart. Das Elektron beginne bei verschwindendem Feld, d. h. bei horizontaler Stellung der Wippe seine Bewegung. Zunächst sei Gefälle nach rechts vorhanden, so daß das Elektron nach rechts beschleunigt wird. Nun kehrt sich die Feldrichtung um, d. h. die Wippe wird rechts stark gehoben.

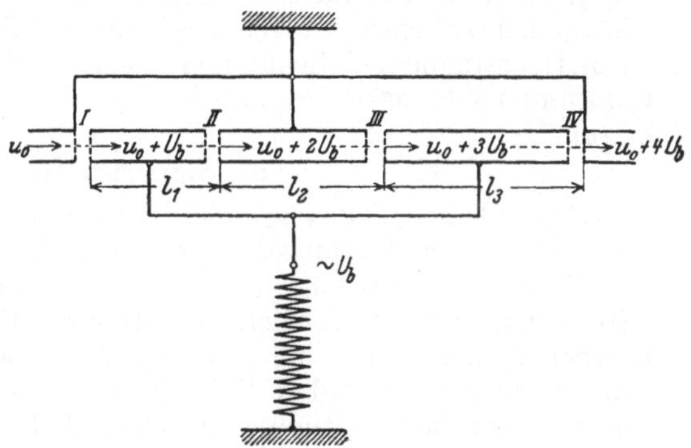

Abb. 53. Prinzip des linearen Vielfachbeschleunigers [726].

Das Elektron rollt zurück und möge bei abermals verschwindendem Feld, d. h. horizontaler Stellung der Wippe an den Ausgangspunkt gelangen, wo es aber nun im allgemeinen eine andere Geschwindigkeit besitzen wird als beim Start.

Diese energetische Besonderheit der Elektronenbewegung im Hochfrequenzfeld hat Konsequenzen von großer praktischer Wichtigkeit. Während es nämlich mit einer statischen Spannung u nur möglich ist, einen Ladungsträger von der Energie eU auf die Energie $e(U + u)$ oder $e(U - u)$ zu bringen, gelingt es unter Verwendung von Hochfrequenzspannungen der Amplitude u, die Energie eines Ladungsträgers um das Vielfache von eu zu ändern. Die beiden wichtigen Fälle sind dabei der der Beschleunigung eines Ladungsträgers von der Geschwindigkeit Null bis auf sehr hohe Energien (Vielfachbeschleunigung) und der Verzögerung eines im statischen Feld beschleunigten Elektrons (Vielfachverzögerung).

Die in Abb. 53 dargestellte Anordnung möge diese Vorgänge noch besonders veranschaulichen. Sie besteht aus einer Reihe hintereinander angeordneter und durch Netze abgeschlossener Käfige, die wechselweise an die beiden Elektroden der Hochspannungsquelle gelegt sind. Der Ladungsträger der Energie eu_0 möge das erste Beschleunigungsfeld gerade in dem Augenblick durcheilen, in dem die maximale Spannung U_b einer hochfrequenten Sinusschwingung angelegt ist. Mit der erhöhten Energie $e(u_0 + U_b)$ durchläuft er nun den feldfreien Raum zwischen I und II. In dieser Laufzeit soll sich gerade die Spannung so geändert haben, daß nun die maximale Beschleunigungsspannung bei II liegt. Das auf die Energie $e(u_0 + 2U_b)$ beschleunigte Teilchen wird bei III wiederum ein Beschleunigungsfeld vorfinden usw. Es ist klar, daß diese dauernde Fortbeschleunigung im „Vielfachbeschleuniger" eine in den Längen richtig gebaute Beschleunigungsanordnung verlangt und daß sie auch dann zunächst nur für Teilchen bestimmter Anfangsgeschwindigkeit und Phase in der beschriebenen Weise wirksam sein wird.

Ebenso wie man durch ein Hochfrequenzfeld eine vielfache Beschleunigung vornehmen kann, ist es auch möglich, eine vielfache Verzögerung zu erhalten. Dazu kann offensichtlich die gleiche Anordnung, wie sie soeben besprochen wurde, dienen, die demnach als Prototyp aller derartiger Anordnungen anzusehen ist. Wir denken uns jetzt ein schnelles Elektron unter geeigneten Bedingungen *rechts* eintreten und dann nach links laufen. Dabei wird es in jeder Feldschicht einen Teil seiner Energie verlieren, die in rhythmischen Impulsen dem angeschlossenen Schwingungskreis zugeführt wird. Damit ist bereits angedeutet, wozu der „Vielfachverzögerer" benutzt werden kann und auch benutzt wird. Die rhythmischen Impulse werden den Schwingungskreis entdämpfen und unter Umständen zu einer Aufschaukelung der Schwingung dienen. Wir erhalten einen Hochfrequenz-Schwingungserzeuger. Technische Ausführungsformen, die BARKHAUSEN-KURZ-Röhre und die Magnetfeldröhre werden in [X] noch genauer besprochen.

d) Steuerungsprinzipien.

Während die „Führung" sich darauf bezieht, einzelne Ladungsträger bzw. einen Strom von Ladungsträgern an bestimmte Raumpunkte zu führen, wozu im allgemeinen statische Felder zur Anwendung kommen, bezieht sich die „Steuerung" auf die zeitliche Umstellung der Bewegung von Ladungsträgern. Hierbei werden wechselnde Felder verwendet, die im allgemeinen als quasistatisch aufzufassen sind, d. h. bei denen die sehr schnelle Bewegung der Ladungsträger im langsam zeitlich gesteuerten Feld nach den statischen Gesetzen behandelt werden kann. Bei der Steuerung, die im allgemeinen Naturgeschehen häufig verwirklicht ist (z. B. Hormone) und die uns auch im täglichen Leben dauernd begegnet, ist die Tatsache grundlegend wichtig, daß die Lenkung von Energieströmen ohne wesentlichen Energieaufwand möglich ist. Man denke z. B. an die Ablenkung eines kontinuierlichen Elektronenstromes durch das Querfeld eines Ablenkkondensators. Wenn das Ablenkfeld einmal aufgebaut ist, ist keine weitere Energiezufuhr erforderlich.

Bei Elektronenströmen wird stets primär die Richtung gesteuert. Die Richtungssteuerung kann Selbstzweck sein, aber auch das Mittel darstellen, um eine Intensitätssteuerung vorzunehmen.

11. Richtungssteuerung. Richtungssteuerung liegt vor, wenn wir die Strahlen eines Strahlenganges in bestimmter, zeitlich veränderlicher Weise aus ihrer Ruhelage auslenken, wobei die neuen Richtungen in ihrer zeitlichen Abhängigkeit von uns gewählt werden. Dabei ist es jedoch ganz gleichgültig, welchem Zwecke diese Richtungsänderungen dienen, ob etwa der Verschiebung eines Leuchtflecks auf einem Leuchtschirm oder der Änderung der Stromintensität.

Der einfachste Fall einer solchen Richtungssteuerung, deren Trägheitslosigkeit von großer praktischer Bedeutung ist, ist die Ablenkung eines Strahlenganges als Ganzes. In diesem Falle erfolgt die Richtungsänderung aller Strahlen nach der gleichen Richtung und um denselben Winkel (Abb. 54a). Diese Richtungssteuerung durch Querfelder findet besonders bei den Strahlgeräten [VIII] Anwendung, so bei der BRAUNschen Röhre, dem Ikonoskop, dem Rastermikroskop usw. Während bei diesen Geräten ein einzelnes Elektronenbündel richtungsgesteuert wird, wird bei der Fernsehaufnahme mit Bildwandler [IX, 20] eine Vielzahl von Bündeln, die Träger eines Elektronenbildes sind, gesteuert.

Die zweite Form der Richtungssteuerung, die Steuerung durch Längsfelder, ist die, bei der die Neigung der einzelnen Strahlen proportional ihrem Achsenabstand zum Mittelstrahl (optische Achse) bzw ihrer Neigung selbst geändert wird. Der Mittelstrahl bleibt dabei erhalten (Abb. 54b).

Das Organ der Steuerung durch Querfelder ist das Ablenkprisma; das Organ der Steuerung durch Längsfelder ist im allgemeinen die Elektronenlinse. Eine solche Richtungssteuerung findet bei besonderen Formen der Intensitätssteuerung Anwendung, wovon noch im folgenden Abschnitt und in [V, 14] gesprochen werden wird. Wir betrachten hier die erste, häufigere Form, die Querfeldsteuerung, weiter.

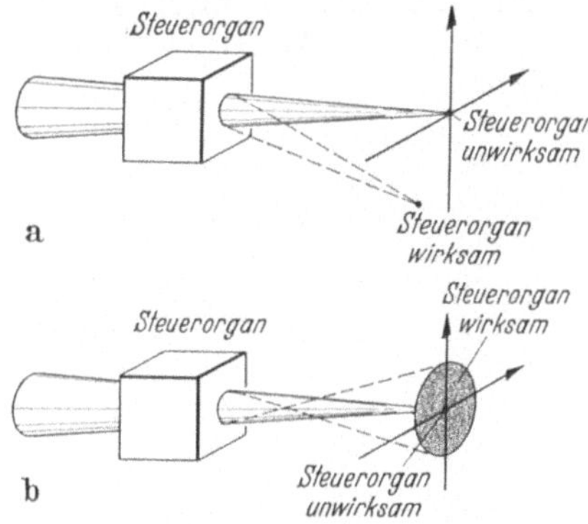

Abb. 54. Formen der Richtungssteuerung.

Bei der Querfeldsteuerung soll die Auslenkung des Bündels aus der ursprünglichen optischen Achse nach allen Richtungen innerhalb eines vorgegebenen Kegels möglich sein. Im einfachsten Falle verwendet man zwei Querfelder, die das Bündel nach zwei zueinander senkrechten Richtungen ablenken, und so in jede beliebige Richtung zu bringen gestatten. Die beiden Felder, die dazu verwendet werden, können elektrische oder magnetische Querfelder sein. Die magnetischen Querfelder haben den Vorteil, an *gleicher* Raumstelle zur Wirkung gelangen zu können, während die elektrischen Felder in Gestalt zweier Ablenkplattenpaare räumlich hintereinander angeordnet werden, um eine unerwünschte gegenseitige Beeinflussung der beiden Ablenkfelder zu vermeiden. Aber auch bei der Anordnung der elektrischen Felder hintereinander ist darauf zu achten, daß nicht doch noch unerwünschte Ladungsverschiebungen und damit Feldverzerrungen auftreten.

Die Beschreibung der Richtungssteuerung erfolgt ähnlich, wie wir es im folgenden Abschnitt für die Intensitätssteuerung besprechen werden, durch eine „Kennlinie" oder „Charakteristik". In unserem Fall wird die Kennlinie durch die beiden Funktionen $x = f_1(u_x/U)$ und $y = f_2(u_y/U)$ beschrieben. In diesen Gleichungen sind x und y die Koordinaten des Punktes, in dem das Bündel des Strahlgeräts bzw. der mittlere Strahl

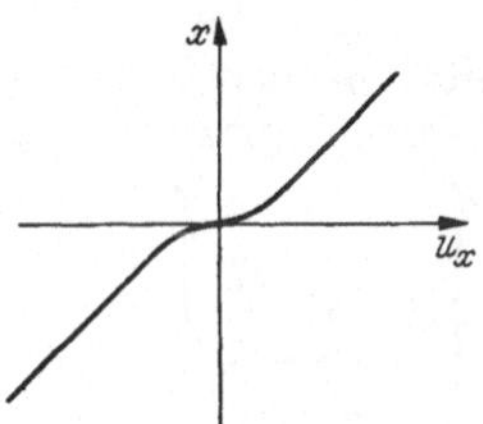
Abb. 55. Nullpunktsanomalie.

(optische Achse) des Abbildungsstrahlenganges den Schirm trifft. Es bedeuten u_x und u_y die Spannungsdifferenzen an den Ablenkplattenpaaren bzw. Ablenkspulenpaaren. Die beiden Funktionen sollen möglichst linear sein, d. h. die Verschiebung des Schnittpunktes auf dem Schirm soll proportional der angelegten Spannung erfolgen. Bei Beschränkung auf kleine Auslenkwinkel, bei denen der Tangens mit dem Winkel vertauscht werden kann, ist das nach [I, 3] für Ablenkplattenpaare und Ablenkspulenpaare der Fall.

Arbeitet man mit Gaskonzentration [VIII, c], so tritt bei Ablenkung durch Plattenpaare eine Störung der gewünschten, linearen Funktionen nahe dem Nullpunkt, die Nullpunktsanomalie, auf (Abb. 55), die auf dem Wechsel der Ionenwanderungsrichtung bei Vorzeichenwechsel der an die Platten gelegten Ablenkspannung beruht [VIII, 15].

Eine andere Störung, die ebenfalls nur bei elektrischen Querfeldern auftritt, ist der Trapezfehler [527], der durch das Ineinandergreifen der Felder benachbarter Ablenkplattenpaare und das Eingreifen der Anode verursacht wird.

Er tritt dann auf, wenn das Ablenkfeld beiderseits der Mittelebene des letzten Plattenpaares durch unsymmetrische Verteilung der Ablenkspannung verschiedene Werte annimmt [V, 12].

12. Intensitätssteuerung[1]. Von Intensitätssteuerung sprechen wir, wenn die Intensität eines Elektronenstromes, der auf eine bestimmte Auffangfläche fällt, in bestimmter zeitlich veränderlicher Weise geändert wird, wobei die neue Intensität in ihrer zeitlichen Abhängigkeit von uns gewählt wird. Über die Art, wie die Intensitätssteuerung erfolgt, ist nichts ausgesagt. Es fällt

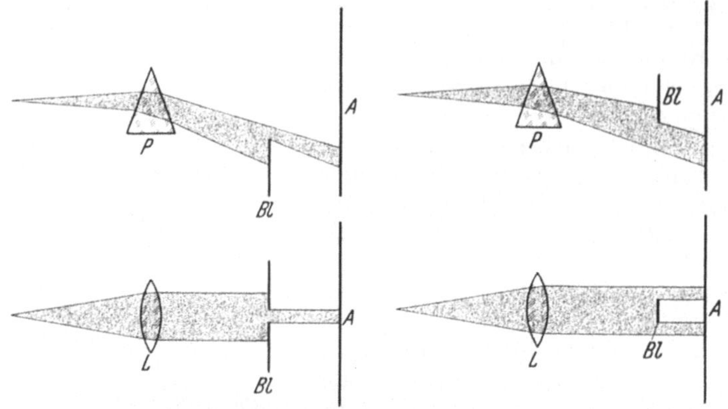

Abb. 56. Intensitätssteuerung durch Prismen und Linsen.

also auch die Stromschwankung einer Photozelle bei entsprechender Schwankung des auf die Kathode fallenden Lichtstromes unter den Begriff der Intensitätssteuerung.

Gegenüber der Steuerung der Zahl der zu emittierenden Elektronen, die sich natürlich auch bei Sekundärelektronen, nicht dagegen — wegen der Wärmekapazität der Kathode — durch Temperaturänderungen trägheitslos durchführen läßt, sind die Vorgänge der eigentlichen Steuerung hier von größerem Interesse, bei denen die Steuerung durch Umstellung von Feldern, also durch elektrische oder magnetische Mittel vorgenommen wird. In diesem Falle ist der gesamte von der Kathode ausgehende Strom konstant und durch Änderung eines Parameters (der Steuerspannung) wird durch Richtungssteuerung die Verteilung des zwischen Anode und anderen Elektroden fließenden Stromes geändert.

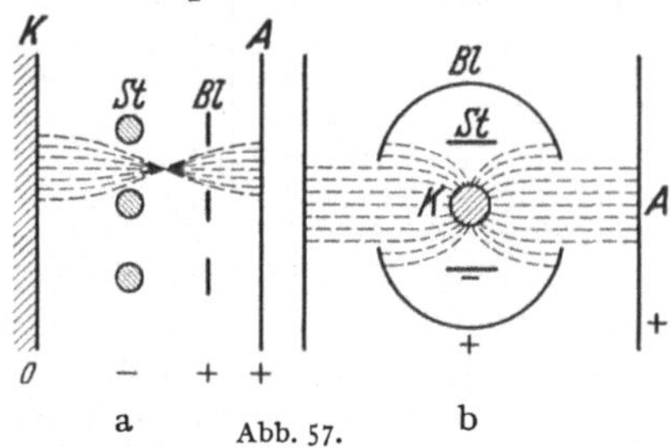

a   Abb. 57.   b
Intensitätssteuerung durch Brennweitenänderung elektrischer Linsen bei Verstärkerröhren [576].

Man kann zwei Hauptgruppen von Anordnungen zur Intensitätssteuerung unterscheiden. Entweder wird durch ein Elektronenprisma bzw. eine Elektronenlinse eine relativ geringe Richtungsänderung vorgenommen, so daß nun ein geänderter Anteil des Elektronenstromes auf die bisherige Auftrefffläche gelangt. Oder es wird von spiegelnden Potentialfeldern Gebrauch gemacht, die einen Teil der Elektronen reflektieren, d. h. eine große Richtungsänderung bedingen.

Den ersten Fall, der die Richtungssteuerung um kleine Ablenkwinkel ausnutzt, zeigt Abb. 56 für das Prisma P (Ablenkkondensator) und die Linse L. Je nach der Brechkraft des angewandten Elements trifft ein mehr oder minder

---

[1] An Stelle von Intensitätssteuerung spricht man häufig von Steuerung schlechthin.

großer Teil der Strahlung auf die in den Strahlengang gestellte Blende *Bl*
bzw. geht an ihr vorbei auf die Anode *A*. Diese Steuerformen, die man wohl
auch als Ablenksteuerung und Ausblendsteuerung bezeichnet, finden z. B. bei
Fernsehröhren Verwendung. Zur Erzielung der Ausblendsteuerung wird das
Loch einer hinter einer Elektronenlinse (WEHNELT-Zylinder) aufgestellten
Blende als Gegenstand der Abbildung des Leuchtpunkts [504, 570] benutzt.
Je nach der Brechkraft der vorgeschalteten Linse wird die Bestrahlungsdichte
des Loches und damit die Helligkeit des Leuchtflecks verschieden sein [V, 14].
Neuerdings sind auch Bestrebungen vorhanden [576], sie bei Elektronenröhren
anzuwenden (Abb. 57). Das Gitter bzw. die Platten *St* sind hier die Steuer-
elemente. Die Anordnung Abb. 57b ist der obenerwähnten Fernsehanord-
nung sehr ähnlich, indem die negativen Steuerplatten wie ein WEHNELT-
Zylinder wirken.

Einen gewissen Übergang zu der zweiten Hauptform der Intensitätssteuerung bilden die in Abb. 58 dargestellten schematischen Anordnungen. Hinter
einer Elektronenlinse *L* ist
bei Abb. 58a ein *Gegenfeld F*
angeordnet. Treten die Elektronen senkrecht in das Feld
ein, so mögen sie die Anode
erreichen. Von einer gewissen
Neigung ab wird indessen
ihre Längsgeschwindigkeit
nicht mehr groß genug sein,
um das Gegenfeld zu über-
winden. Je nach der Ein-
stellung der Linse wird also
ein mehr oder minder großer
Teil des Elektronenstroms
zur Anode gelangen, während
der Rest reflektiert wird. In

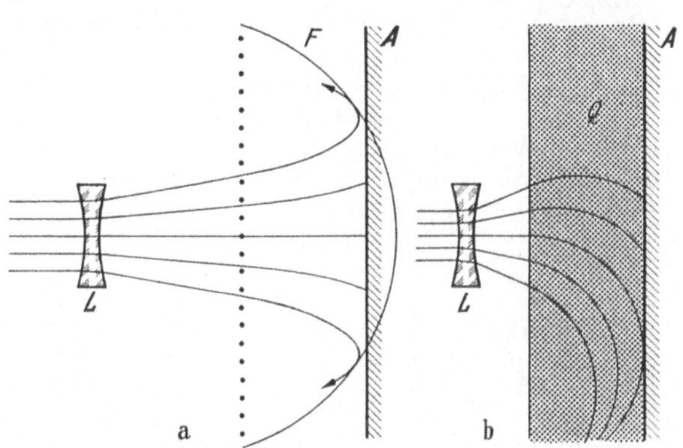

Abb. 58. Intensitätssteuerung durch Linse und Spiegel.

Abb. 58b werden die Elektronen vor der Anode durch ein *magnetisches Querfeld Q* umgebogen. Auch hier erreichen nur Elektronen eines bestimmten
Neigungsbereiches die Anode. Die Steuerung kann durch Änderung der Linsenbrennweite, aber auch durch Änderung des Magnetfeldes vorgenommen werden.

Während bei allen bisher beschriebenen Anordnungen das eigentliche Steuerorgan ein Ablenkelement ist, wirkt bei der zweiten wichtigen Gruppe der Spiegel,
der in seinen Eigenschaften geändert wird, als Steuerorgan. Hierher gehört
zunächst die soeben beschriebene Anordnung Abb. 58, wenn wir die Steuerung
nicht durch Richtungsänderungen mittels der Elektronenlinse, sondern bei fest-
eingestellter Elektronenlinse durch Spannungsänderung an der Anode vornehmen. An Stelle der Anodenplatte verwendet man im allgemeinen, da man
einen weiterlaufenden Elektronenstrom vorzieht und auch nicht an die Anode
eine veränderliche Spannung anlegen will, ein Netz. Jede Masche dieses Netzes
bildet bei ihrer Aufladung eine Elektronenlinse, die nach den Rändern zu in
einen Elektronenspiegel übergeht [V, 15]. Der Teil der Netzebene, der durchlässig ist, d. h. der Elektronenstrom hinter dem Netz, wird durch die Höhe
des negativen Netzpotentials bestimmt.

Einen praktisch besonders wichtigen Sonderfall der Steuerungen mit Elektronenspiegeln bilden die Steueranordnungen, die nicht wie die bisher beschriebenen einen fertigen Elektronenstrom voraussetzen, sondern unmittelbar
an der Kathode auf die Elektronen wirken. Der wichtigste Vertreter dieser
Steuerungsform ist die „Raumladungssteuerung" (Abb. 59a), die meist bei

Verstärkerröhren vorliegt. Bei diesen Glühkathodenröhren bildet sich vor der Kathode eine Raumladungswolke R, die einen sperrenden Potentialwall auf-baut und nur den schnellsten Elektronen den Durchtritt gestattet. Ein parallel zur Kathode ausgespanntes Steuergitter St erlaubt es, die Saugwirkung der Anode auf die Raumladung zu regeln und damit den Elektronen den Weg von der Kathode durch die Raumladung hindurch freizumachen oder zu sperren[1].

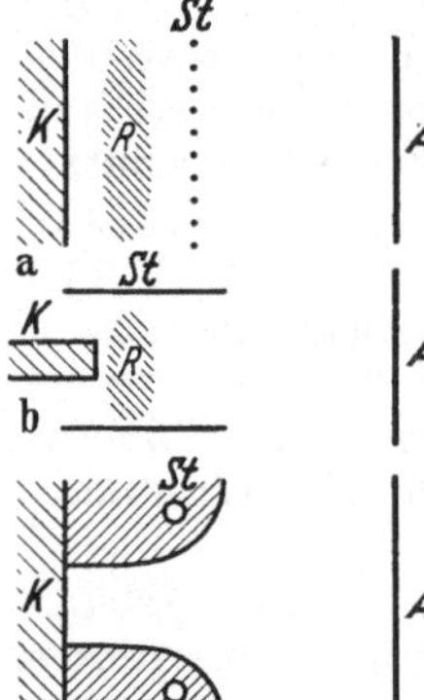

Abb. 59. Formen der Intensitätssteuerung mit Elektronenspiegel.

Ganz ähnlich liegen die Verhältnisse, wenn das Absaug-netz durch eine zylindrische Elektrode St um die Kathode ersetzt wird (Abb. 59b). Auch diese Elektrode, der WEHNELT-Zylinder [722] hat ebenso wie das übliche Steuergitter eine gänzlich andere Funktion als das Gitter bei der oben beschriebenen Steuerung, bei der die Umstellung der Linsen in den Spiegel der Hauptvorgang ist, oder wie der WEHNELT-Zylinder bei der Ausblendsteuerung.

Schließlich sei noch erwähnt, daß eine Steuerung durch Spiegelwirkung unmittelbar an der Kathode möglich ist, ohne daß Raumladung vorhanden zu sein braucht. So vermag sich bei negativer Aufladung einer Elektrode vor der Kathode (Abb. 59c) ein sperren-des Potentialgebirge unmittelbar vor Teilen der Kathodenfläche aufzubauen.

Weiteres zur Frage der Steuerung werden wir in [V, 14] besprechen.

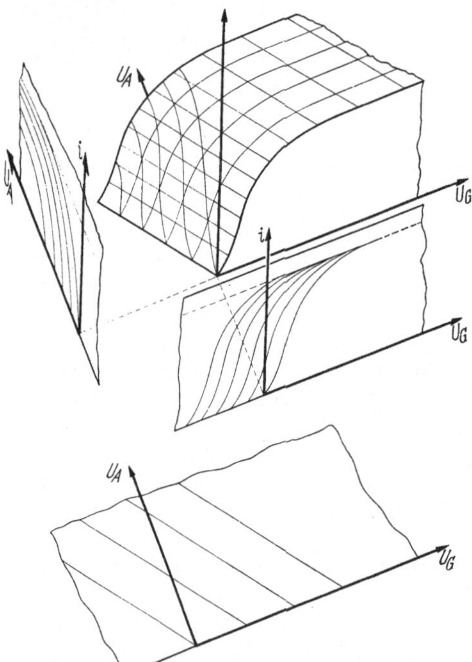

Abb. 60. Kennlinienfläche eines Intensitätsgerätes. (Projektionen auf die Koordinatenebenen gesondert herausgezeichnet.)

13. Formale Darstellung der Steuervorgänge.

Zur formalen Be-schreibung der Steuervorgänge dient die Steuerkennlinie oder Charakte-ristik. Sie stellt die Abhängigkeit der zu steuernden Größe von den Steuer-parametern dar, also bei der Rich-tungssteuerung den Zusammenhang $\alpha = f_1(u, U)$, bei der Intensitätssteue-rung den Zusammenhang $i = f_2(p, U)$. Dabei bedeutet: α die Richtung bzw. den Ablenkwinkel, u die Ablenkspan-nung, U die Anodenspannung, i die Stromintensität. Der Steuerpara-meter p ist bei der Photozelle der Lichtstrom, bei der Elektronenröhre die Spannung am Steuergitter. Die Funktionen für α und i sind durch Flächen darstellbar, die Kennlinien-fläche (Abb. 60).

Bei der Richtungssteuerung ist die Kennlinie sehr einfach. Da es sich hier um eine rein geometrisch-elektronenoptische Frage handelt, kann nach den Ähnlichkeitsgesetzen nur u/U bzw. bei Anwendung magne-tischer Felder H^2/U auftreten. Die Kennlinienfläche vereinfacht sich damit zu einer Kurve. Diese Kurve ist außer-dem, wie es bereits in [III, 11] besprochen wurde, weitgehend eine Gerade.

---

[1] Die Raumladungssteuerung wird oft als besondere Steuerungsform im Gegensatz zur eigentlichen „Stromverteilungssteuerung" aufgefaßt.

Bei der Intensitätssteuerung liegen die Verhältnisse durchaus anders. Infolge des Mitwirkens der Emissionsgesetze [III, 3] sind einfache Zusammenhänge wie bei der Richtungssteuerung nicht vorhanden, so daß es auch nicht möglich ist, die Fläche zu einer Kurve zu reduzieren. Da aber eine zweidimensionale Darstellung einfacher zu zeichnen und leichter zu übersehen ist, und da oft bevorzugt der Zusammenhang von i und p *oder* i und U interessiert, pflegt man statt der Fläche in einem kartesischen Diagramm die Größe i in Abhängigkeit von p bei konstantem U *oder* i in Abhängigkeit von U bei konstantem p anzugeben. Diese Kurven sind Schnitte unserer Fläche mit einer Ebene senkrecht zur U-Achse bzw. p-Achse. In Abb. 60 sind die Kennlinienfläche und die Schnitte mit den einzelnen Ebenen dargestellt für den Fall der Intensitätssteuerung in einer Dreielektrodenröhre [VI, 15]. An Stelle der bisherigen Bezeichnung U für die Anodenspannung steht U_A. Die Größe U_G entspricht dem Parameter p und bedeutet die Gitterspannung.

Die Neigung der Kurve nennt man im ersten Falle die Steilheit

$$S = \left(\frac{\partial i}{\partial p}\right)_U .$$

Physikalisch mißt die Steilheit S den reinen Steuereinfluß des Parameters p (Lichtstrom bei der Photozelle bzw. Gitterspannung bei der Triode).

Entsprechend erhält man beim Schnitt der Fläche mit einer Ebene senkrecht zur p-Achse folgende Größe:

$$\frac{1}{R_i} = \left(\frac{\partial i}{\partial U}\right)_p .$$

Diese Größe R_i nennt man inneren Widerstand. Sie mißt den Einfluß der Anodenspannung U auf den Anodenstrom i. Die Bezeichnung „innerer Widerstand", die auch in der Dimensionsgleichheit mit einem Widerstand ihre Berechtigung findet, darf nicht dazu verleiten, mit Hilfe dieser Größe nach dem OHMschen Gesetz etwa die Anodenspannung als $U = R_i\, i$ berechnen zu wollen. Der Spannungsabfall ergibt sich vielmehr als $U = \int R_i\, di$. Ähnliches gilt für die Berechnung der Leistung.

Schließlich ergibt sich beim Schnitt der Fläche mit einer Ebene senkrecht zur i-Achse eine Größe D, die man als Durchgriff bezeichnet:

$$D = -\left(\frac{\partial p}{\partial U}\right)_i .$$

Er gibt an, um welchen Bruchteil der Anodenspannung der Parameter p abgeändert werden muß, damit sich beide Einflüsse auf den Anodenstrom gerade kompensieren.

Die drei Neigungen beschreiben die Lage der Kennlinienfläche an jedem bestimmten, betrachteten Punkt. Es besteht zwischen ihnen die Beziehung:

$$D \cdot S \cdot R_i = 1,$$

die bei physikalischer Deutung der Fläche als Kennlinie einer Triode als zweite BARKHAUSENsche Röhrenformel bekannt ist.

Wegen der Einfachheit der Beziehungen bei der Richtungssteuerung werden die entsprechenden Formeln im allgemeinen nicht aufgestellt. Sie seien hier als Ergänzung niedergeschrieben, wobei wir uns der Einfachheit halber auf elektrische Ablenkung und kleine Winkel beschränken. Mit

$$\alpha = \frac{l}{d}\,\frac{u}{U}$$

[V, 12] gilt:

$$S = \left(\frac{\partial \alpha}{\partial u}\right)_U = \frac{l}{d}\,\frac{1}{U} .$$

Die Größe S bedeutet die Ablenkempfindlichkeit.

$$\frac{1}{R_i} = \left(\frac{\partial \alpha}{\partial U}\right)_u = -\frac{l}{d}\frac{u}{U^2}$$

$$D = -\left(\frac{\partial u}{\partial U}\right)_\alpha = -\frac{u}{U}\,.$$

Durch Multiplikation der drei ausgerechneten Größen läßt sich die der BARKHAUSEN-Relation entsprechende Beziehung unmittelbar nachprüfen.

e) Wiedereintritt der Elektronen ins Metall.

Wir haben den Strom der Elektronen, sei es als Ganzes, sei es aufgelöst in Einzelströme, bis zu einem mehr oder minder gut leitenden „Schirm" geführt, wo die Elektronen nun aufgefangen werden, damit die Ladung in das Metall, dem sie entnommen wurde, zurückgeführt werden kann. Dabei werden die beiden Grundeigenschaften des Elektrons, einerseits Massen- und damit Energieträger, andererseits Ladungsträger zu sein, ausgenutzt. Wie die beiden Grundeigenschaften im Elektron eine Einheit bilden, so sind sie auch bei ihrer Ausnutzung nicht zu trennen. Kommt es auf die Ausnutzung der Energie z. B. zur Erzeugung eines Leuchtschirmbildes an, so spielt die Ladung insofern eine Rolle, als die Anregung des Leuchtschirmes durch die elektrischen Kräfte der Elektronen vermittelt wird. Kommt es auf die Ausnutzung der Ladung, z. B. in einer Verstärkerröhre an, so ist die Bewegungsenergie der Elektronen insofern nicht gleichgültig, als die von den abfließenden Ladungen mitgeführte kinetische Energie auf der Anode in Wärme umgesetzt wird, deren Ableitung gelegentlich Schwierigkeiten bereitet. Es mag daher im folgenden der zusammenhängenden Behandlung gegenüber der naheliegenden Trennung des Stoffes in Ausnutzung von Ladung und Ausnutzung von Energie der Vorzug gegeben werden.

14. Eintritt von Ladungen ins Metall. In [III, 1] betrachteten wir das Innere des Metalls. Wir sprachen davon, daß sich an der Grenzfläche eine Potentialwand ausbildet, die das Metall als Potentialnapf für die Elektronen erscheinen läßt. Jetzt interessiert diese Potentialwand in ihrem Verhalten gegenüber Elektronen, die von *außen* auf die Oberfläche des Metalls auftreffen.

Hinsichtlich der Struktur der das Metall abgrenzenden Potentialwand erkannten wir in [III, 2], daß der Potentialabfall ins Innere des Metalls nicht etwa unstetig in der Oberfläche des Metalls beginnt, sondern daß bereits vor der Metallfläche Kräfte vorhanden sind, die die Elektronen ins Metall zu ziehen suchen: Denken wir uns mit SCHOTTKY [628a] ein Elektron langsam an das Metall, das makroskopisch aufgefaßt sei, herangeführt. Dann wird das Metall durch das Elektron polarisiert, d. h. es wird sich gegenüber dem Elektron auf dem Metall gleichviel positive Ladung anhäufen. Dieses Spiegelbild, das das Elektron auf das Metall zuzieht (Bildkraft), wirkt um so stärker, je mehr sich das Elektron dem Metall nähert. Das Elektron gelangt so allmählich in den Potentialtopf, wobei es eine der Austrittsarbeit entsprechende kinetische Energie gewinnt, die sich z. B. in Wärme umsetzt.

In diesem Bild fehlt noch die Berücksichtigung der Gitterstruktur. Der gleichmäßige Potentialverlauf am Rande des Potentialnapfes ist nur ein Mittelwert, während in Wirklichkeit das Potential Schwankungen je nach der Lage des eintretenden Elektrons zu den Gitteratomen aufweisen wird. Wegen der Gitterstruktur werden besondere energetische Wechselwirkungen mit dem Metall zu erwarten sein. So kann z. B. ein Elektron, auch wenn es mit einer gewissen Eigengeschwindigkeit zum Metall gelangt ist, reflektiert werden bzw. „rückdiffundieren", d. h. nach Eintritt ins Metall durch starke Ablenkungen wieder herausgeschleudert werden.

Die Reflexion bedingt den Verlust eines Teiles des aufzufangenden Elektronenstromes. Ebenso verhält es sich mit der in [III, 5] besprochenen Sekundäremission. Auch hier werden gleichsam Elektronen reflektiert, wenn auch der Prozeß im einzelnen ein anderer ist. Um wirklich den vollen Ladungsstrom ins Metall zurückzuführen, sind verschiedene Wege beschreitbar. Da die Reflexion bei etwa 5 eV Energie der eintreffenden Elektronen ihr Maximum hat, nach höheren Geschwindigkeiten aber geringer wird, scheint es empfehlenswert, die Elektronen mit hoher Geschwindigkeit auftreffen zu lassen. Da die Sekundäremission aber bei einigen Hundert eV maximal wird und hier bedeutend stärker als die Reflexion ist, ist die Wahl einer kleinen Geschwindigkeit vorteilhaft.

Eine andere Möglichkeit, die unerwünschte Sekundäremission und Elektronenreflexion unschädlich zu machen, besteht darin, die Elektronen — entsprechend wie man es mit Lichtstrahlen tut — in einen „schwarzen Körper" gelangen zu lassen. Im einfachsten Fall ist das ein FARADAY-Käfig mit kleiner Öffnung, in dem sich die primären oder sekundären Elektronen „totlaufen". Gelegentlich wird auch die Elektrode berußt, wobei die Wirkung des Rußes vorzugsweise wohl in der Bildung kleinster Hohlräume besteht.

Da die Sekundärelektronen gegenüber den Primärelektronen meist geringe Geschwindigkeit haben, besteht eine dritte Möglichkeit darin, einen Potentialwall um die Anode aufzubauen. Dieser Potentialwall wird die schnellen Primärelektronen kaum beeinflussen, während er die Sekundärelektronen auf ihre Ausgangselektrode zurücktreiben wird [IV, 10]. Der letzte Kunstgriff wird z.B. bei Penthoden angewandt; die Schutzelektrode, die den Potentialwall aufbaut, heißt hier Bremsgitter [VI, 17].

15. Energieumsetzungen beim Eintritt. Im vorigen Abschnitt über den Eintritt von Elektronen ins Metall interessierten uns die Elektronen in der Hauptsache als Ladungsträger. Wir fragten dagegen nicht danach, was aus der Energie wird, die sie mitbringen. Die ankommenden Elektronen treten beim Aufprall auf den Auffangschirm in komplizierte energetische Wechselwirkung mit dem Schirmmaterial.

Bei diesen Umsetzungen übernimmt der Kristall Bewegungsenergie des Elektrons entweder als Schwingungsenergie der Atomkerne oder er verbraucht sie zu Umstellungen in der Elektronenkonfiguration. Die Energie des Elektrons wird entweder unmittelbar in Wärme übergeführt oder sie dient zur Anregung, Emission geladener Partikel oder Dissoziation in elektroneutrale Bestandteile. Diese Prozesse haben technisches Interesse, denn die Elektronenbefreiung aus Kristallen ist die in [III, 5] bereits behandelte Sekundäremission, und die Dissoziation bedingt die chemischen Prozesse bei der Schwärzung der photographischen Platte [V, 20].

Kehrt der Kristall aus einem angeregten Zwischenzustand wieder in den Ausgangszustand zurück, so wird die zunächst aufgespeicherte Energie vorzugsweise als Strahlung frei. Diese Strahlung kann je nach der zur Verfügung stehenden Energie mehr oder weniger kurzwellig sein. Die Anregung sichtbarer Strahlung ist für die Anregung von Leuchtschirmen von Bedeutung. Die Aussendung kurzwelliger Strahlung ist die Grundlage der Röntgenröhre [VII]. Wir wollen uns mit diesen wichtigen Fragen der Strahlungsanregung hier noch etwas genauer beschäftigen, wobei zunächst auf die Anregung sichtbarer Strahlung in Leuchtsubstanzen eingegangen sei.

Die Leuchtstoffe bestehen aus einem Grundstoff, in dessen Kristallgitter geringfügige Mengen eines Fremdstoffes als Aktivator eingebaut sind. Die Grundsubstanz kann z. B. ZnS, der Aktivator kann Kupfer sein. Verantwortlich für die Lumineszenz sind die *Störungen* des Grundgitters. Es ist aber nicht nötig, daß die Störstellen wie bei den Fremdstofffluminophoren durch

Fremdatome hervorgerufen werden. Auch sorgfältig gereinigtes Zinksulfid zeigt Lumineszenz, wenn z. B. durch geeignete Glühbehandlung ein teilweiser Übergang der Zinkblende in Wurtzit, eine andere Kristallform, erzielt wird (Reinstofffluminophore). Es wird angenommen, daß in diesem Falle Zinkatome an den Störstellen für die Emission verantwortlich sind [617].

Durch die hohe Lichtausbeute wird man zu der Annahme geführt, daß die auftreffenden Elektronen primär nicht die eingebetteten Störatome anregen, sondern das Grundgitter [624, 552]. Elektronen des Grundgitters werden in hohe Energiezustände gebracht. Sowohl das angeregte Elektron als auch der freigewordene Platz sind im Gitter beweglich, worauf die Steigerung der Leitfähigkeit bei Belichtung hindeutet. Wegen dieser Beweglichkeit der Freistellen ist es möglich, daß verhältnismäßig oft Elektronen der Fremdatome in die freie Stelle übergehen. Geht nun eines der von den Primärelektronen befreiten Elektronen in die leere Stelle des Fremdatoms, so tritt die für die Leuchtsubstanz charakteristische Emission auf.

Die Tatsache, daß ein Phosphor eine gewisse Anregungszeit benötigt, um eine stationäre Lichtemission zu zeigen, und nach Beendigung der Erregung nachleuchtet, läßt die Frage berechtigt erscheinen, ob bei kurzzeitigen Erregungen der Wirkungsgrad noch der gleiche ist wie bei stationärer Erregung. Es läßt sich nun experimentell zeigen, daß tatsächlich der Wirkungsgrad eines Luminophors nicht von der Anregungszeit und damit vom Erregungszustand abhängig ist [1]. In einem inneren Zusammenhang damit steht die bis zu hohen Stromdichten gefundene Unabhängigkeit des Wirkungsgrades von der Stromdichte. Dagegen ist der Wirkungsgrad abhängig von der Energie der Primärelektronen. Im allgemeinen findet man in gewissen Bereichen die Gültigkeit der LENARDschen Formel [428]

$$B = A \cdot j \, (U - U_0),$$

wonach die Leuchtdichte B proportional mit der Stromdichte j und linear mit der Spannung U ansteigt. A und U_0 sind Materialkonstanten.

Wir kommen nun zur Auslösung von Röntgenstrahlen. Die Intensität der emittierten Strahlung zeigt in Abhängigkeit von der Wellenlänge den in Abb. 61 dargestellten Verlauf. Die kürzeste emittierte Strahlung hat eine Frequenz ν_g (entsprechend λ_g), die durch die Gleichung $h\nu_g = eU$ bestimmt ist. Bei dieser Grenzfrequenz findet sich die ganze Energie des einfallenden Elektrons in dem emittierten Lichtquant wieder. Nach längeren Wellen zu schließt sich an diese Grenzfrequenz ein kontinuierliches Spektrum an, aus dem sich einige scharfe Maxima, das charakteristische Spektrum des Metalls, hervorheben. Das einfallende Elektron schlägt aus einer inneren Schale eines Metallatoms ein Elektron heraus. Beim Wiederauffüllen dieser Schale wird das charakteristische Spektrum emittiert. Das kontinuierliche Spektrum ist das Bremsspektrum, das bei der Verzögerung der Ladung auftritt. Es entspricht also etwa dem Knall beim Aufschlagen eines Geschosses auf eine feste Wand. Daß bei der

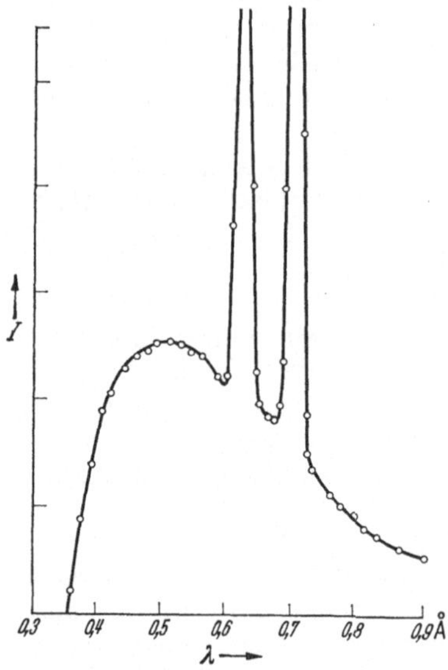

Abb. 61. Intensitätsverteilung des Röntgenspektrums von Molybdän [701].

---

[1] Unveröffentlichte Messung von J. KASPAR, dem wir auch die Überarbeitung dieses Abschnitts verdanken.

Abbremsung des Elektrons ein Wellenzug emittiert wird, kann man sich verständlich machen, wenn man diesen Vorgang mit der vertrauteren Schwingung eines harmonischen Oszillators vergleicht, bei der ja auch eine Emission stattfindet. Die Abbremsung des Elektrons von der vollen Geschwindigkeit auf den Wert Null entspricht ungefähr einer Viertelperiode des Oszillators. Natürlich wird dabei nicht nur eine einzige Frequenz emittiert, sondern ein ganzes Spektrum. Klassisch müßten in diesem Bremsspektrum auch die höchsten Frequenzen vorkommen, das Auftreten der obenerwähnten Grenzwellenlänge läßt sich nur durch quantenmechanische Überlegungen verstehen.

Für den Nutzeffekt der Bremsstrahlung gilt bei massiven Antikathoden der Kernladungszahl Z die empirische Formel

$$\frac{\mathscr{E}_{\text{Röntg.}}}{\mathscr{E}_{\text{Elektr.}}} = \text{konst.} \cdot Z \cdot U.$$

Die Ausbeute ist also um so größer, je höher das Atomgewicht der Antikathode ist. Zahlenmäßig ist der Nutzeffekt außerordentlich gering. So wurde bei 100 ekV-Elektronen und Wolfram-Antikathode eine Ausbeute von der Größenordnung 1% gefunden.

16. Abtransport überschüssiger Ladung bzw. Energie. Bewegte Elektronen bedingen einen Ladungs- und Energietransport. Natürlich sind für die Arbeit eines Elektronengerätes zunächst beide Eigenschaften erforderlich; doch interessiert letzten Endes oft nur die eine Eigenschaft. So ist z. B. bei der Elektronenröhre allein die Ladung maßgebend. Beim stationären Betrieb eines Elektronengerätes darf sich natürlich nirgends Ladung bzw. Energie anhäufen. Es taucht damit die Frage auf, wie man die überschüssige Ladung oder die überschüssige Energie beseitigen wird.

Die Frage der Energiebeseitigung ist von sehr allgemeiner Bedeutung. Sie tritt auch dann auf, wenn das Gerät dazu dient, die Energie auszunutzen, denn der Wirkungsgrad, mit dem die Energieausnutzung im Elektronengerät erfolgt, ist meist sehr gering, so bei Auslösung von Licht- und Röntgenstrahlen. Der größte Teil des Energiestromes wird als Wärme durch Wärmestrahlung, Leitung oder Konvektion abgeführt werden müssen.

Während die Strahlung bei einem schwarzen Körper mit der vierten Potenz der absoluten Temperatur wächst, erfolgt der Anstieg der Wärmeleitung bei nicht zu großen Temperaturdifferenzen linear mit der Übertemperatur, bei der Konvektion nach einem komplizierten Gesetz ungefähr mit der vierten Wurzel der Übertemperatur. Mit steigender Temperatur wird daher die Abstrahlung sehr stark überwiegen. Untersuchungen von MIE [482] hatten das überraschende Ergebnis, daß bei Elektronenröhren schon bei niedrigen gemittelten Röhrentemperaturen unter 100° C der Hauptanteil der Wärmeabfuhr durch Strahlung erfolgt.

Der Energieabwanderung durch Wärmestrahlung ist jedoch dadurch eine Grenze gesetzt, daß das Gleichgewicht der Energieströmungen, entsprechend dem stationären Zustand, bei Temperaturen erreicht werden muß, bei welchen Strukturänderungen (Schmelzpunkte, Erweichungsintervalle von Gläsern, Zerstörungstemperaturen von Luminophoren) der Elektronen auffangenden Materie noch nicht eintreten. Größte Energiemengen können daher oft nur durch Leitung und Konvektion bei Kühlung mit Wasser abgeführt werden.

Wir kommen zur Frage der Beseitigung überschüssiger Ladung. Ihr Abtransport erfolgt durch Leitung und Sekundärelektronenemission. Während bei metallischem Auffänger die Leitung weitaus überwiegt, ist bei Halbleitern (den Leuchtstoffen des Leuchtschirms) die Sekundäremission praktisch ausschlaggebend. Zur Erfüllung der Stationäritätsbedingung für die Ladungsströmung stellt sich am Schirm ein Potential ein, das stark vom Potential der letzten Beschleunigungselektrode (Anode) abweichen kann. Diese Erscheinung ist infolge ihrer Rückwirkung auf die Energie der Elektronenstrahlen von großer praktischer Wichtigkeit. Um die Verhältnisse genauer zu übersehen, erinnern wir uns daran, daß die Sekundäremission nach [III, 5] ein ausgeprägtes Maximum hat. Wir denken uns nun zunächst Elektronen großer Geschwindigkeit, z. B. 5 bis 10 kV, auf den Leuchtschirm auftreffen. Dann werden weniger Sekundärelektronen ausgelöst als Primärelektronen auffallen. Daher lädt sich die Elektrode soweit negativ auf, daß die Elektronen gerade auf die Geschwindigkeit abgebremst werden, die einem Sekundäremissionsfaktor 1 entspricht. Die Elektrode nimmt also ein festes, nur vom Plattenmaterial abhängiges Potential an, unabhängig von der Primärgeschwindigkeit. Treffen Elektronen mit kleinerer Geschwindigkeit auf als dieser Spannung entspricht, so werden mehr Sekundärelektronen emittiert als Primärelektronen auftreffen, der Schirm lädt sich positiv auf. Er kann sich aber nicht wesentlich positiv gegen die Anode aufladen, da eine solche Aufladung ein Gegenfeld bedingen würde, das die Sekundärelektronen nicht überwinden können.

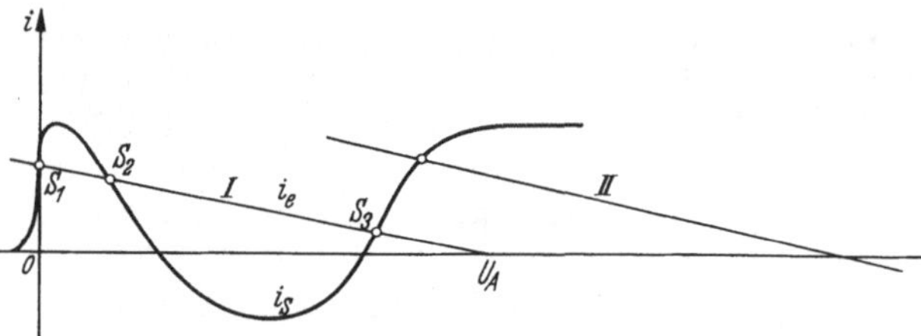

Abb. 62. Schematische Kennlinie des Schirmstromes.

Um die Verhältnisse noch genauer zu verfolgen und auch eine eventuelle Schirmleitfähigkeit zu berücksichtigen, ist die schematische Abb. 62 gezeichnet. Wir denken uns einen Elektronenstrom konstanter Stärke auf den Schirm treffen, dessen Potential auf U_S gegen Kathode irgendwie festgelegt sei. Bei kleinem Potential ist der von der Platte durch Leitung abgeführte Strom i_S praktisch gleich dem auftreffenden Primärstrom. Infolge der Sekundäremission nimmt der Strom bei weiterer Steigerung von U_S ab, erreicht bei bestimmtem Schirmpotential den Nullwert und wird nun sogar negativ, d. h. der Sekundäremissionsstrom übersteigt den Primärstrom. Bei noch höheren Spannungen nimmt der Sekundärstrom wieder ab, entweder weil die Sekundäremission das Maximum überschreitet, oder weil die Schirmspannung höher wird als die Anodenspannung. Der abgeleitete Strom steigt daher wieder an. Ist die Schirmspannung groß gegen die Anodenspannung, so ist der abgeleitete Strom gleich dem Primärstrom.

Der von der Platte abgeleitete Strom ist andererseits durch den Ableitwiderstand R zwischen Schirm und Anode bestimmt. Er muß also der Gleichung $i_e = \dfrac{U_S - U_A}{R}$ genügen, d. h. durch eine der in Abb. 62 eingezeichneten Geraden dargestellt werden.

In Wirklichkeit ist U_S natürlich nicht fest, sondern wird dadurch bestimmt, daß der Schirmstrom i_S über den Ableitwiderstand abgeführt werden muß, also gleich dem Strom i_e sein muß. Man erkennt, daß es im allgemeinen drei Schirmpotentiale S_1, S_2, S_3 gibt, bei welchen die auftreffende Ladung voll abgeführt wird. Infolge der durch die fallende Kennlinie bedingten Labilität des Schirmpotentials S_2 und der beim Strahlungseinsatz bestehenden Gleichheit von Leuchtschirm- und Anodenpotential stellt sich der Schirm für die Gerade I auf einen nur relativ wenig unterhalb des Anodenpotentials befindlichen Potentialwert S_3 ein. Anders, wenn bei höheren Spannungen die Sekundärelektronenausbeute unter den Wert Eins fällt. Die der erhöhten Anodenspannung zugehörige Stromgerade II schneidet jetzt weit unterhalb der zugehörigen Anodenspannung die Schirmstromkurve, so daß in diesem Gebiet das Schirmpotential weit hinter dem Anodenpotential zurückbleibt. Diese Folgerungen stehen mit den Messungen von MARTIN und HEADRICK [457] in Übereinstimmung, wie es Abb. 63 zeigt. Sollen am Schirm also hohe Strahlenenergien wirksam werden, so muß unbedingt für metallische Ableitung Sorge getragen werden.

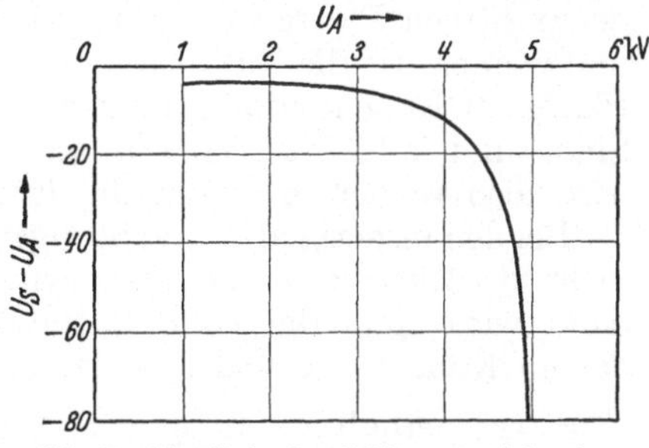

Abb. 63. Kennlinie des Schirmpotentials eines Zink-Beryllium-Silikats auf Nonexglas [457].

Erwähnt sei noch, daß die Stationäritätsbedingungen z. B. bei Registrierung einmaliger Vorgänge natürlich ihre Bedeutung verlieren. So ist dann z. B. hinsichtlich des Abtransportes der Wärme lediglich noch zu fordern, daß während des Betriebes nicht das bereits erwähnte kritische Temperaturgebiet erreicht wird, was durch genügend große Wärmekapazitäten sichergestellt werden kann. Ähnliches gilt für den Abtransport der Ladungen. Oft kann hier auch bei großen Elektronengeschwindigkeiten, hinreichend großer elektrischer Kapazität und kurzzeitigem Betrieb auf jede die Apparatur komplizierende besondere Ableitungsvorrichtung verzichtet werden.

f) Wechselwirkung mit dem äußeren Stromkreis.

Die Elektronen, die aus der Kathode befreit sind, werden beschleunigt und treten so als freie Elektronen mit dem äußeren Stromkreis in Wechselwirkung, dem sie die zur Beschleunigung erforderliche Energie entnehmen. Sie werden nun durch das Gerät bestimmten Elektroden usw. zugeführt, wobei sie eventuell einen Teil ihrer Energie in statischen Bremsfeldern oder hochfrequenten Feldern wieder abgeben. Sie treffen schließlich mit einer gewissen Energie auf Leuchtschirme oder Endelektroden auf, wobei sie nach Umsatz ihrer Bewegungsenergie in andere Energieformen wieder in den Stromkreis zurückkehren. Dieser Abfluß der Elektronen erfolgt meist nicht hemmungslos. Sei es, daß man den abfließenden Strom messen will, wozu man

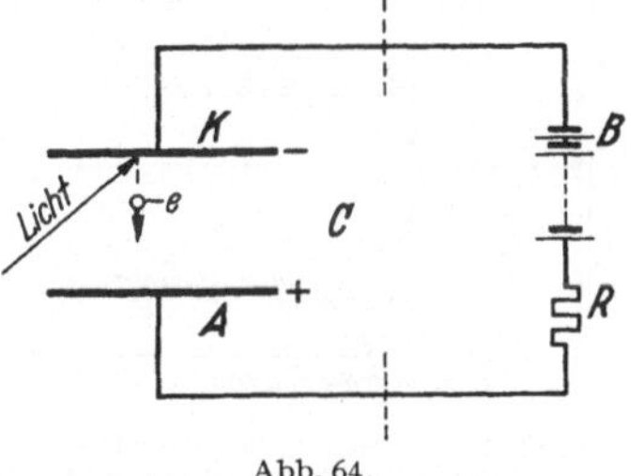

Abb. 64.
Elektronengerät und Stromkreis.

einen Widerstand in die Ableitung einschaltet oder sei es, daß der Leuchtschirm einen Widerstand darstellt, stets wird eine Rückwirkung des Stromkreises auf das Elektronengerät stattfinden, indem sich das Potential der Auffangelektrode erniedrigt. Allen diesen Fragen der Wechselwirkung zwischen Elektronengerät und Stromkreis ist der folgende Kapitelteil gewidmet, der auch von der mathematischen Behandlung der Rückwirkung unter Benutzung der Kennlinienfläche Gebrauch macht.

17. Der Vorgang der Wechselwirkung. Betrachten wir einen Stromkreis aus Batterie B und Widerstand R (Abb. 64), in den ein Elektronengerät in Gestalt eines Beschleunigungskondensators C eingeschaltet ist. Ein einzelnes, z. B. durch einen Lichtstrahl aus der Kathode K ausgelöstes Elektron werde in diesem Kondensator zur Anode A beschleunigt. Während es sich von der negativen zur positiven Platte bewegt, nimmt die positive Influenzladung auf der negativen Platte ab und dafür auf der positiven Platte zu. Es bewegt sich also gleichzeitig mit dem Elektron, das im Kondensator fliegt, eine gleich große, *positive* Ladung durch den äußeren Kreis ebenfalls von der negativen zur positiven Platte. Bei der Verschiebung der positiven Ladung wird die Arbeit geleistet, die sich als Geschwindigkeitsenergie im Elektron wiederfindet.

Leiten wir den Vorgang so, daß wir ein schnelles Elektron durch ein Loch der positiven Platte in den Kondensator senkrecht zu den Platten einschießen und wählen wir die Batteriespannung so, daß das Elektron gerade auf der linken Platte zur Ruhe kommt. Jetzt wandert die Influenzladung im entgegengesetzten Sinne und ladet die Batterie auf. Die Geschwindigkeitsenergie des Elektrons wird also wieder in chemische Energie zurückgespeichert.

Bei den bisherigen Betrachtungen hatten wir die Funktion des Widerstandes R nicht berücksichtigt. Nehmen wir zunächst an, daß der Widerstand Null sei, dann wird stets die volle Batteriespannung U am Kondensator liegen, d. h. das im Kondensatorfeld beschleunigte Elektron hat die Geschwindigkeitsenergie $\frac{m}{2} v^2 = e U$ erhalten. In dem anderen Grenzfall unendlich hohen Widerstandes ist die Batterie abgeschaltet. Die Beschleunigung geht auf Kosten der potentiellen Energie des Kondensators, d. h. das Potential der unteren, freien Platte sinkt um einen Betrag ab, der durch die Kapazität gegeben ist. Das Elektron erhält also nicht die volle aus der ursprünglichen Spannung errechenbare Geschwindigkeitsenergie. Formelmäßig stellt sich dieser Vorgang folgendermaßen dar:

Wenn auf den Platten die Ladung ε war, so war die Energie des Kondensators

$$\mathcal{E}_1 = \frac{\varepsilon^2}{2\,C} = \frac{C}{2}\,U^2,$$

wobei C die Kapazität, U das Potential zwischen den Kondensatorplatten ist. Nachdem die Ladung e von einer Platte zur andern gewandert ist, ist die Energie:

$$\mathcal{E}_2 = \frac{(\varepsilon - e)^2}{2\,C}.$$

Die Differenz

$$\varDelta\,\mathcal{E} = \frac{e\,\varepsilon}{C} - \frac{e^2}{2\,C} = e\,U - \frac{e^2}{2\,C}$$

findet sich in der Geschwindigkeit des Elektrons.

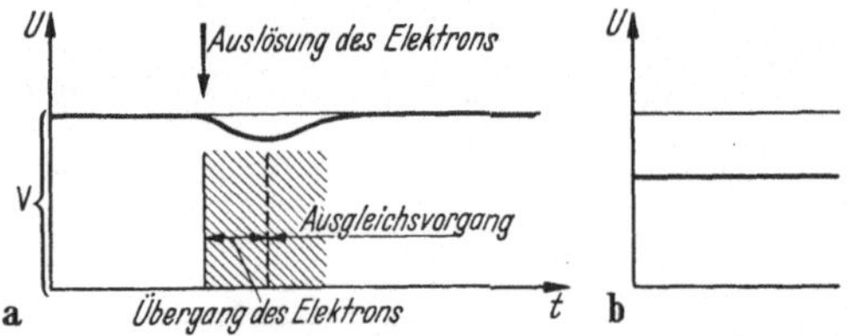

Abb. 65. Spannung am Kondensator beim Übergang a eines Elektrons, b eines Elektronenstromes.

Denken wir uns jetzt den Widerstand R eingeschaltet, so wird sich an dem Widerstand R wegen des durchfließenden Influenzstromes eine Potentialdifferenz ausbilden. Die Spannung am Kondensator wird demnach während des Elektronenübergangs absinken (Abb. 65). Das Elektron wird daher eine Energie erhalten, die zwischen den Energien bei unendlich großem und verschwindendem Widerstand liegt.

Fließt eine kontinuierliche Folge von Elektronen von einer Platte zur anderen, so superponieren sich die einzelnen Wirkungen. Am Widerstand liegt jetzt die Spannungsdifferenz $i R$, am Kondensator demnach $U = V - i R$ (Abb. 65 a), wo V die Batteriespannung ist. Schwankt der Strom i, so wird also auch die Spannung am Kondensator, d. h. am Elektronengerät schwanken. In den folgenden Abschnitten werden wir die Bedeutung dieser Erscheinung im einzelnen kennenlernen.

18. Ladungsabfluß im quasistationären Fall. Wir kommen nun zu dem in [III, 17] erwähnten Fall, daß ein quasistationärer Elektronenstrom durch das Elektronengerät, z. B. eine Photozelle, fließt. Die Änderungen des Stromes erfolgen also so langsam, daß der Vorgang während der Laufzeit des Elektrons als stationär angesehen werden kann.

Wir legen den Betrachtungen wieder die in Abb. 64 dargestellte Anordnung zugrunde. Jetzt handele es sich um die Aufgabe, den Elektronenstrom des Gerätes zu „messen" oder zur Arbeitsleistung auszunutzen. Dazu wird die an dem Widerstand R im Stromkreis entstehende Spannungsdifferenz abgegriffen. Um die an dem Widerstand entstehende Spannung iR ist natürlich die Anodenspannung U gegenüber der Batteriespannung V verringert: $U = V - iR$. Es sei untersucht, wie diese Änderung der Anodenspannung auf das Arbeiten des Gerätes zurückwirkt.

Die Kennlinie, die wir unseren Betrachtungen zugrunde legen [III, 13], gibt an, welcher Strom zur Anode bei einer bestimmten Anodenspannung und einem bestimmten Steuerparameter fließt, worunter wir uns z. B. den Lichtstrom, der auf die Photozelle fällt, oder die Gitterspannung einer Elektronenröhre vorstellen wollen (Abb. 60). Die Spannung an der Anode ist andererseits durch die Batteriespannung und den Widerstand nach obiger Gleichung $U = V - iR$ gegeben. In unserer Flächendarstellung ist durch diese Bedingung eine Ebene parallel zur p-Achse gegeben. Beim Arbeiten auf einem äußeren Widerstand R_a ändert sich der Strom derart, wie es der Schnittlinie zwischen der Charakteristik und der Ebene $i = \dfrac{V}{R_a} - \dfrac{U}{R_a}$ entspricht, d. h. bei Änderungen des Parameters p sind nur solche Änderungen von Strom und Spannung möglich, bei denen man sich auf der Schnittkurve bewegt.

Diese Änderungen der Spannung oder des Stromes bei einer Änderung des Parameters p lassen sich in einfacher Weise durch die in [III, 13] eingeführten partiellen Differentialquotienten ausdrücken. Die Stromänderung ist gegeben durch

$$ d i = \left(\frac{\partial i}{\partial p}\right)_U d p + \left(\frac{\partial i}{\partial U}\right)_p d U . \tag{1}$$

Die Bedingung besagt, daß man auf der Kennlinienfläche bleiben muß. Außerdem gilt:

$$ d i = - \frac{1}{R_a} d U , \tag{2}$$

d. h. in unserem Beispiel muß man auf der oben besprochenen Ebene bleiben.

Aus diesen beiden Gleichungen kann man nun $d i$ oder $d U$ eliminieren und findet:

$$ \frac{d i}{d p} = S_a = \frac{S}{1 + \dfrac{R_a}{R_i}} \tag{3}$$

$$ - \frac{d U}{d p} = \frac{1}{D_a} = \frac{R_a S}{1 + \dfrac{R_a}{R_i}} = \frac{1}{D} \frac{1}{1 + \dfrac{R_i}{R_a}} . \tag{4}$$

Es gilt die Relation $S_a \cdot R_a \cdot D_a = 1$, die der zweiten BARKHAUSENschen Röhrenformel [III, 13] äußerlich gleich ist[1]. Die Größe S_a gibt die einer Änderung des Parameters entsprechende Änderung des Anodenstromes beim Arbeiten auf einen äußeren Widerstand. Bei Photozellen bezeichnet man S_a als Stromempfindlichkeit. Entsprechend gibt $-1/D_a$ die Änderung der Anodenspannung bei Parameteränderung. Man bezeichnet $1/D_a$ bei Photozellen als Spannungsempfindlichkeit. Diese beiden Größen bestimmen auch den Wert $\dfrac{d(iU)}{dp}$, der bei Photozellen Leistungsempfindlichkeit genannt wird. Die Diskussion der Arbeitsweise eines Stromgerätes ist an Hand dieser Größen durchzuführen[2].

---

[1] Durch die Bezeichnungen S_a und D_a wird diese Ähnlichkeit deutlicher zum Ausdruck gebracht als bei den sonst verwendeten Bezeichnungen.

[2] Die Formeln gelten übrigens bei einfachperiodischen Wechselströmen auch, wenn der äußere Widerstand komplex ist, d. h. wenn Phasendifferenzen zwischen Strom, Spannung und Parameter auftreten. Die komplexen Formeln für S_a und D_a sind dann in Real- und Imaginärteil aufzuspalten und bestimmen Absolutbetrag und Phasen der Strom- bzw. Spannungsänderungen.

Ist $R_a \ll R_i$ (Kurzschluß), so geht $\dfrac{dU}{dp}$ gegen Null, d. h. die Anodenspannung ist konstant und $\dfrac{di}{dp} = S$. Die Steilheit ist die Stromempfindlichkeit im Kurzschlußfall. Falls dagegen $R_a \gg R_i$ ist (Leerlauf), so ergibt sich $\dfrac{di}{dp} = 0$ und $\dfrac{dU}{dp} = -\dfrac{1}{D}$; dann wird der Einfluß der Parameteränderung auf den Strom durch die entsprechende Änderung der Anodenspannung gerade wieder aufgehoben.

Erwähnt sei noch, daß man sich die Formeln auch geometrisch ableiten bzw. leicht veranschaulichen kann (Abb. 66). Es sei 1 der Arbeitspunkt, in seiner Nähe gebe die Ebene 1—3—4 die Kennlinienfläche. Die Ebene 1—5—2—A sei durch den äußeren Widerstand gegeben. Die Linie 1, 2 ist die Arbeitskurve. Es gilt nun

$$di = AB + BD = AB + EF$$
$$= \left(\frac{\partial i}{\partial p}\right) dp + \left(\frac{\partial i}{\partial U}\right) dU$$
$$= \frac{\partial i}{\partial p} dp - \frac{\partial i}{\partial U} R_a\, di,$$

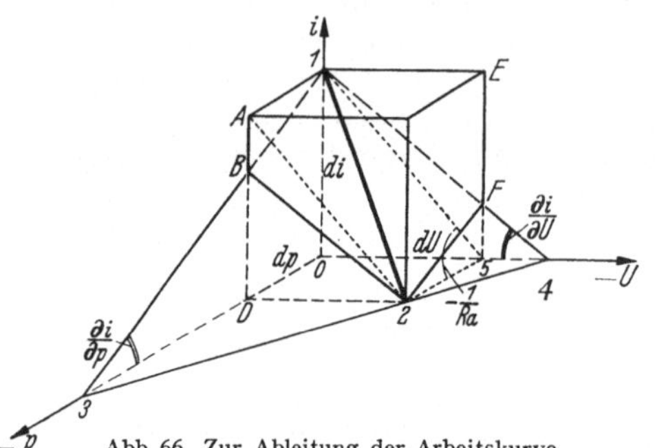

Abb. 66. Zur Ableitung der Arbeitskurve.

woraus man sofort die obigen Formeln für Strom- und Spannungsempfindlichkeit erhält.

Zu Beginn dieses Abschnittes hatten wir unsere Aufgabe sogleich auf die Rückwirkung mit dem Stromkreis und die Arbeitsleistung bei einer Photozelle bzw. einer Elektronenröhre spezialisiert. Bei diesen Intensitätsgeräten, bei denen die Beobachtung von Intensitäten der abfließenden Elektronenströme von besonderer Bedeutung ist, spielen die Hemmungen der Ladungsabflüsse eine sehr wichtige Rolle. Da wir die Ströme an den Spannungen messen, die an einem eingeschalteten Ableitwiderstand entstehen, ist eine Änderung des Anodenpotentials mit dem abfließenden Strom unvermeidbar. Bei der Röntgenröhre z. B. liegt es anders, da hier für eine sehr gute Ableitung der Antikathode gesorgt werden kann. Es darf jedoch nicht übersehen werden, daß die diskutierten Erscheinungen grundsätzlich bei jedem Gerät auftreten müssen, das mit Ladungsträgern arbeitet. Insbesondere zeigt sich die Erscheinung bei allen Geräten mit Leuchtschirmen oder photographischen Platten, also bei der Mehrzahl der Strahlgeräte, Abbildungsgeräte und Spektrographen. Ist bei diesen Geräten nicht für gute Ableitung gesorgt, so wird sich der Schirm aufladen, die ankommenden Elektronen werden abgebremst, die Lichtausbeute wird geringer usw. Wir hatten diese Rückwirkung bereits in [III, 16] kennengelernt, wo wir auch sahen, daß noch ein Vorgang der zu geringen Ableitung zur Seite tritt, die Sekundäremission. Sie schaltet sich der Ohmschen Ableitung des Schirmes parallel, so daß also die Änderung des Anodenpotentials geringer wird.

19. Einige Anwendungen der Wechselwirkungsbeziehungen. Denken wir uns zum Schluß dieses Kapitelteils einige spezielle Aufgaben, die die Anwendung von Kennlinienfläche und Arbeitskurve zeigen.

Als erste Aufgabe stellen wir die Frage: Wie hängt die Spannungsempfindlichkeit von den Absolutwerten des Emissionsstromes ab? Zur Lösung der Aufgabe betrachten wir zwei Geräte, deren Kennlinien dieselbe Abhängigkeit von U und p aufweisen, deren eine aber um den Faktor a größer ist: $i_2 = a \cdot i_1$. Wenden wir bei der zweiten Kennlinie einen a-mal so kleinen, äußeren Widerstand an, so ist die Ebene $i_2 = \dfrac{V}{R_{a_2}} - \dfrac{U}{R_{a_2}}$ nun a-mal so steil wie bei

der ersten, und man erhält daher eine Schnittkurve mit der Kennlinie, die
bei den gleichen U- und p-Werten liegt wie bei dem ersten Gerät (Abb. 67).

Projiziert man diese Schnittkurve in die U—p-Ebene (Abb. 66), so erhält
man also bei beiden Kennlinien die gleiche Kurve und demnach die gleiche
Spannungsempfindlichkeit, die ja durch die Neigung dieser Projektion gegen
die p-Achse gegeben ist. Da also eine Kennlinie i_1 und ein äußerer Widerstand R_{a_1} dieselben Arbeitspunkte mit denselben Werten der Spannungsempfindlichkeit geben wie eine Kennlinie $i_2 = a \cdot i_1$ und ein Widerstand $R_{a_2} = \dfrac{R_{a_1}}{a}$, so
sind auch die bei geeigneten Widerständen sich ergebenden Maximalwerte der
Spannungsempfindlichkeit gleich. Damit ist die oben
gestellte Frage beantwortet: Die maximale Spannungsempfindlichkeit ist nicht abhängig vom Absolutbetrag der Kennlinie, sondern nur abhängig von ihrer
Form. Der günstigste äußere Widerstand ist umgekehrt proportional dem Absolutbetrag der Kennlinie.

Die zweite Aufgabe laute: Wie muß der äußere
Widerstand R_a gewählt werden, damit ein vor-
gegebenes Elektronengerät (vorgegebene Kennlinie)
maximale Spannungsempfindlichkeit zeigt und wie
hängt dieser Maximalwert von dem Werte des Parameters p ab?

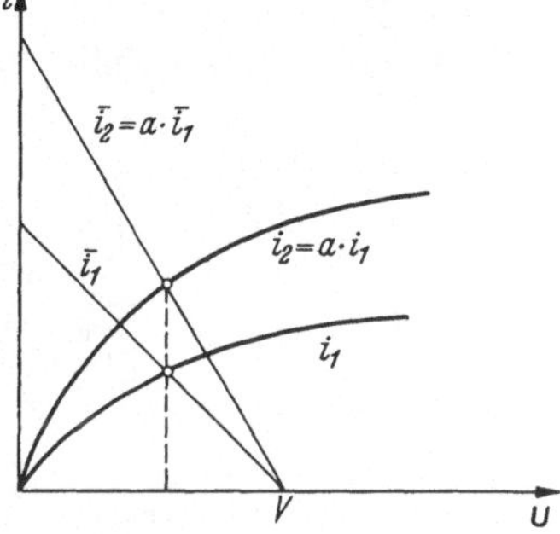

Abb. 67. Arbeitspunkte
für verschiedene Kennlinien.

Wenn $-\dfrac{dU}{dp}$ als Funktion des äußeren Widerstandes bei vorgegebenem Wert des Parameters p
ein Maximum haben soll (günstigster Arbeitspunkt), so muß der Nenner in
[III, 18, Gl. (4)] ein Minimum haben, d. h.

$$\frac{d}{dR_a} D\left(1 + \frac{R_i}{R_a}\right) = 0. \tag{1}$$

D und R_i hängen insofern von R_a ab, als sich bei einer Änderung von R_a wegen

$$U + R_a \cdot i\,(U, p) = V \tag{2}$$

auch U und damit D und R_i ändern. Wir können das Maximalproblem mit
der Nebenbedingung nach den üblichen Methoden lösen. Hier sei nur angegeben, daß man die Maximalbedingung in die Form

$$(R_i + R_a)\left(\frac{D}{R_a} + i\,\frac{\partial D}{\partial U}\right) + iD\,\frac{\partial R_i}{\partial U} = 0 \tag{3}$$

bringen kann. Aus der Nebenbedingung (2) berechnet man R_a als Funktion von
V, U und p, setzt in die Maximalbedingung (3) ein und berechnet U (d. h. den
Arbeitspunkt) als Funktion von V und p. Dann ergibt sich auch der günstigste
Wert $\dfrac{dU}{dp}$ als Funktion von V und p aus [III, 18, Gl. (4)].

Als erstes Ausführungsbeispiel sei der Fall behandelt, daß R_i ein OHMscher
Widerstand: $i = \dfrac{U}{R_i\,(p)}$ ist. Dann ist $D = -\dfrac{R_i}{R_i'\,U}$ und die Maximalbedingung
ergibt

$$R_a = R_i, \qquad U = \frac{V}{2}.$$

Damit wird
$$\left(\frac{dU}{dp}\right)_{\max} = \frac{V}{4}\,\frac{R_i'}{R_i}.$$

Als zweites Beispiel behandeln wir die Photozelle. Jetzt hat die Kennlinie
die Form
$$i = p \cdot s\,(U),$$

wobei p die Beleuchtungsstärke ist. Für diese Kennlinie gilt

$$\frac{1}{R_i} = p s' \qquad S = s \qquad D = p \cdot \frac{s'}{s}.$$

Aus der Maximalbedingung findet man

$$p \cdot R_a = \frac{1}{\sqrt{s'^2 - s s''}} = \frac{V - U}{s}$$

und somit schließlich

$$\left(\frac{dU}{dp}\right)_{\max} = \frac{1}{p}\,\frac{s}{s' + \sqrt{s'^2 - s s''}} = \frac{f(V)}{p}.$$

Diese Form hat z. B. ein von SCHRÖTER und ILBERG [632] angegebener Fall einer gasgefüllten Zelle, für die die Formel

$$\left(\frac{dU}{dp}\right)_{\max} = \text{konst.}\,\frac{V}{p}$$

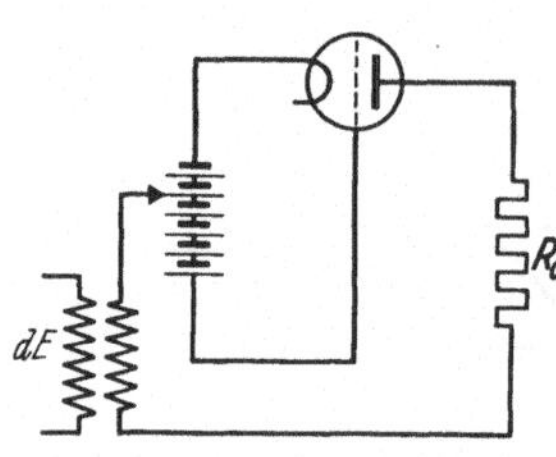

Abb. 68. Dynatronschaltung zur Spannungsverstärkung.

gilt, wo also die Funktion $f(V)$ proportional zu V ist. Die maximale Spannungsempfindlichkeit ist also am größten bei kleiner Beleuchtung und nimmt für größere p monoton ab.

20. Fallende Kennlinie und Schwingungsanregung. Zeichnen wir die Kennlinie eines OHMschen Widerstandes, d. h. den Strom $i = U/R$ in Abhängigkeit von der Spannung, so erhält man eine Gerade durch den Nullpunkt. Die Neigung $\frac{di}{dU} = \frac{1}{R}$ ist positiv; der Strom nimmt zu, wenn die Spannung wächst. Neben diesem Normaltyp gibt es unter bestimmten Bedingungen Kennlinien, die sich umgekehrt verhalten. Bei ihnen ist die Neigung

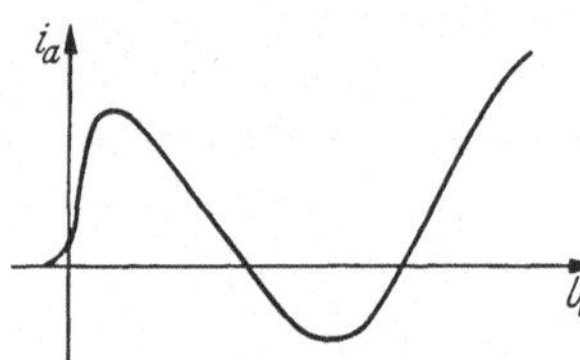

Abb. 69. Dynatronkennlinie.

$\frac{di}{dU} = \frac{1}{R_i}$, d. h. der innere Widerstand, negativ: Der Strom nimmt ab, wenn die Spannung wächst. Man bezeichnet Kennlinien dieses Typs als „fallende Kennlinien".

Als Beispiel betrachten wir eine normale Dreielektrodenröhre (Abb. 68), deren Gitter auf ein hohes positives Potential aufgeladen ist (Dynatronschaltung). Die zugehörige Kennlinie ist in Abb. 69 dargestellt. Sie ähnelt der in [III, 16] dargestellten Kurve für den Leuchtschirmstrom und ist auf Grund desselben Mechanismus zu verstehen. Der Anodenstrom steigt mit wachsender Anodenspannnug zunächst wie bei einer normalen Röhre an. Setzt mit wachsender Spannung die Emission von Sekundärelektronen ein, die zum Gitter übergehen, so sinkt der Anodenstrom ab. Er kann sogar negativ werden, wenn mehr Sekundärelektronen ausgelöst werden als primär auftreffen. Kommt die Anodenspannung in die Höhe der Gitterspannung, so daß die Sekundärelektronen nicht mehr zum Gitter kommen, so muß der Anodenstrom wieder steigen. Für einen gewissen Spannungsbereich tritt also tatsächlich ein negativer Widerstand auf.

In Abb. 68 ist eine Schaltung angegeben, die die Benutzung des negativen Widerstandes zur Spannungsverstärkung zeigt. Die Schaltung ist so gewählt, daß Röhre und äußerer Widerstand hintereinandergeschaltet sind, und daß die Signalspannung dE an die beiden Pole dieses kombinierten Widerstandes gelegt wird. Der Spannungsänderung dE entspricht die Stromänderung $di = \dfrac{dE}{R_a + R_i}$.

Am äußeren Widerstand kann die Nutzspannung $dU = R_a\,di = \dfrac{R_a}{R_a + R_i}\,dE$

abgegriffen werden. Daher erhält man einen Verstärkungsfaktor

$$\eta = \frac{R_a}{R_a + R_i}.$$

Bei einem positiven Innenwiderstand R_i ist dieser Faktor stets kleiner als 1, bei negativem R_i kann er aber größer als 1 werden, und zwar um so größer, je besser die Bedingung $R_a = -R_i$ erfüllt ist. Wird $R_a < -R_i$, so wird die Anordnung instabil.

Die Schwingungsanregung wird möglich, wenn der äußere Widerstand ein Schwingkreis ist, wie es in Abb. 70 dargestellt ist. Für die Stromverzweigung am äußeren Widerstand gilt, wenn mit i_1 und i_2 die Ströme in den beiden Zweigen und mit U_a die Spannung an den Verzweigungspunkten bezeichnet wird:

$$i_1 = C \cdot \dot{U}_a \qquad\qquad L\frac{di_2}{dt} + R\,i_2 = U_a$$

$$i_1 + i_2 = i.$$

Daraus folgt:

$$\ddot{U}_a + \frac{R}{L}\,\dot{U}_a + \frac{1}{LC}\,U_a = \frac{1}{C}\cdot\frac{di}{dt} + \frac{R}{LC}\,i.$$

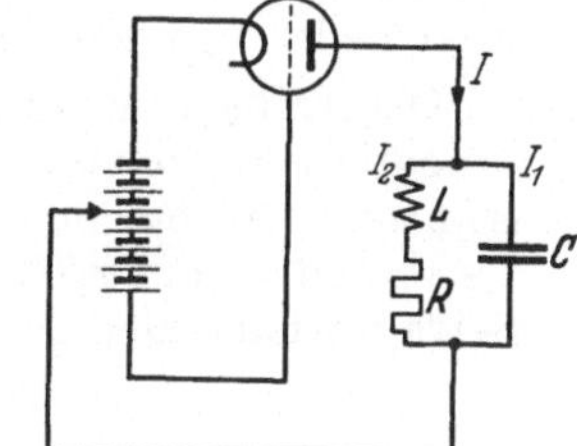

Abb. 70. Dynatronschaltung zur Schwingungsanfachung.

Der Strom i ist durch die Kennlinie als Funktion von $U = V - U_a$ gegeben, wenn die Röhrenkapazität vernachlässigt wird. Dabei ist V die Gesamtspannung an der Röhre und dem äußeren Widerstand. Nimmt man an, daß U_a nur wenig um einen Gleichgewichtswert schwankt, $U_a = U_{a_0} + u$, so gilt

$$i = i_0 - \frac{u}{R_i} + \frac{T}{2}\,u^2 + \cdots,$$

so daß die Differentialgleichung in die Form

$$\ddot{u} + \left(\frac{R}{L} + \frac{1}{R_i C}\right)\dot{u} + \frac{1}{LC}\left(1 + \frac{R}{R_i}\right)u = \frac{T}{C}\,u\dot{u} + \frac{R}{CL}\frac{T}{2}\,u^2 + \cdots$$

kommt. Berücksichtigt man nur die linearen Glieder, so erhält man eine stationäre Schwingung, wenn der Faktor von $\dot{u}$ verschwindet, d. h. für

$$R_i = -\frac{L}{RC}.$$

Der innere Widerstand muß also dem Absolutbetrag des äußeren Widerstandes $\mathfrak{R}_a$ entgegengesetzt gleich sein. Ist der Faktor von $\dot{u}$ negativ, so ergibt das lineare Glied eine Schwingung wachsender Amplitude. Die allgemeine Bedingung für die Schwingungsanfachung durch negative Widerstände lautet demnach

$$|\mathfrak{R}_a| \geq |R_i|.$$

Die Amplitude, zu der sich die Schwingung aufschaukelt, ist aus den linearen Gliedern nicht bestimmbar. Dazu wäre die genaue Form der Kennlinie zu berücksichtigen.

21. Wechselwirkung mit dem Hochfrequenzschwingkreis. Wenn Laufzeiterscheinungen im Elektronengerät eine Rolle spielen, wird die Wechselwirkung zwischen Gerät und äußerem Kreis dadurch beeinflußt, daß eine andere Kennlinie auftritt als im statischen Feld. Die Gesetze für die Stromverzweigung im äußeren Kreis dagegen bleiben ungeändert, wenigstens solange, wie die Wellenlänge der Schwingung noch groß ist gegen die Dimensionen des Schwingkreises. Um die Wechselwirkungsgesetze bei Hochfrequenz zu übersehen, genügt es daher, die Änderungen der Kennlinie gegenüber dem statischen Fall zu betrachten.

Im quasistatischen Felde einer Diode, die wir als Beispiel herausgreifen, setzt sich der Strom von der Kathode zur Anode aus zwei Anteilen zusammen:

dem von der jeweils herrschenden Spannung abhängigen Konvektionsstrom und dem kapazitiven Verschiebungsstrom. Im Hochfrequenzfeld kommen Zusatzglieder hinzu, die folgendermaßen entstehen: Während ein Elektron von der Kathode zur Anode fliegt, fließt gleichzeitig ein positiver Influenzstrom im äußeren Kreis von der Kathode zur Anode. Emittiert die Kathode einen gleichmäßigen Strom, so superponieren sich die Influenzströme der einzelnen Elektronen zu einem gleichmäßigen Gesamtstrom, der dem Elektronenkonvektionsstrom gerade gleich ist. Im Hochfrequenzfeld dagegen bilden sich Verdichtungen und Verdünnungen der Elektronenraumladung aus [II, 4]. Infolgedessen muß der Influenzstrom — wie bei einem einzelnen Elektron — zeitlich variabel und verschieden von dem jeweils auf die Anode auftreffenden Konvektionsstrom sein.

Der Influenzstrom kann folgendermaßen genähert berechnet werden: Das Potentialfeld sei vorgegeben und die Elektronenbewegung in diesem Potential ermittelt. An einem einzelnen Elektron wird von dem Felde in der Zeiteinheit die Arbeit $e \operatorname{grad} \varphi \cdot \mathfrak{v}$ geleistet, an allen zu einem bestimmten Zeitpunkt im Felde vorhandenen Elektronen also die Arbeit pro Zeiteinheit

$$\dot{A} = \sum e \operatorname{grad} \varphi \cdot \mathfrak{v}. \tag{1}$$

Einer Bewegung $\mathfrak{v}\,dt$ eines Elektrons entspreche eine Verschiebung einer Ladung de vom zur Zeit $t = 0$ negativen Pol zum positiven, wobei die Arbeit $u \cdot de$ geleistet wird (u ist die Spannungsdifferenz zwischen den beiden Polen). Summieren wir über alle Elektronen, so erhalten wir pro Zeiteinheit die Arbeit

$$\dot{A}' = u \sum \frac{de}{dt} = + u \cdot i_{\text{infl.}}. \tag{2}$$

Die Richtung des Influenzstromes weist dabei vom zur Zeit $t = 0$ negativen Pol zum positiven. Durch Gleichsetzen der beiden Arbeitsausdrücke $\dot{A}$ und $\dot{A}'$ ergibt sich

$$i_{\text{infl.}} = + \frac{\dot{A}}{u} = \frac{1}{u} \sum e \operatorname{grad} \varphi \cdot \mathfrak{v}. \tag{3}$$

Als Beispiel berechnen wir nach ROTHE [572] den Influenzstrom bei dem FARADAY-Käfig Abb. 34, der gegen die beiden Außennetze an der Hochfrequenzspannung $u = u_0 \cos \omega t$ liegt. Der eintretende Elektronenstrom sei i_0. An der Eintrittsstelle wird in der Zeiteinheit die Arbeit

$$\dot{A}_1 = i_0 u$$

an die Elektronen abgegeben. Da die Elektronen im Felde verschiedene Geschwindigkeiten haben, weist der Strom beim Austritt periodische Schwankungen auf. Wenn $u_0 \ll U$ ist, wobei U die Beschleunigungsspannung der Elektronen bedeutet, so ist der Strom i_a an der Austrittsstelle

$$i_a = i_0 \left\{ 1 - \frac{\omega \tau}{2} \cdot \frac{u_0}{U} \cos \left(\omega t - \frac{\pi}{2} - \omega \tau \right) \right\}.$$

Dabei bedeutet $\tau = \dfrac{l}{v_0}$ die Laufzeit der unbeeinflußten Elektronen im Feld. An der Austrittsstelle wird von den Elektronen pro Zeiteinheit die Arbeit

$$\dot{A}_2 = u \cdot i_a$$

abgegeben, so daß die insgesamt von den Elektronen aufgenommene Arbeit $\dot{A} = \dot{A}_1 - \dot{A}_2$ ist. Danach ist der Influenzstrom

$$i_{\text{infl.}} = + i_0 \cdot \frac{u_0}{U} \cdot \frac{\omega \tau}{2} \cos \left(\omega t - \frac{\pi}{2} - \omega \tau \right)$$

$$= - \frac{i_0}{2} \left[\frac{u}{U} \cdot \omega \tau \cdot \sin \omega \tau + \frac{1}{\omega} \frac{\dot{u}}{U} \cdot \omega \tau \cdot \cos \omega \tau \right].$$

Der FARADAY-Käfig wirkt also für die Wechselspannung wie eine Parallel-schaltung einer Kapazität und eines Widerstandes. Die Kapazität ist dabei die gewöhnliche Kapazität C, vermindert um den Betrag

$$\Delta C = \frac{i_0}{2} \frac{1}{U} \frac{1}{\omega} \, \omega\tau \cos \omega\tau .$$

Der Widerstand R ist

$$\frac{1}{R} = -\frac{i_0}{2} \frac{1}{U} \, \omega\tau \sin \omega\tau ,$$

er ist also bei $\omega\tau < \pi$ negativ. Dieses Gebiet wird nach [III, 20] zur Schwingungs-anfachung brauchbar sein, in Übereinstimmung mit den Überlegungen von [II, 7].

IV. Kunstgriffe der Strahlführung.

„Kunstgriffe" ist dieses Kapitel etwas summarisch überschrieben. In ihm soll eine Anzahl von Maßnahmen, die oft bei den Elektronengeräten Anwendung finden, zusammengefaßt werden. Schon das für die Überschrift gewählte Wort bringt zum Ausdruck, daß es sich dabei im Gegensatz zu dem Stoff des vorigen Kapitels nicht mehr um Grundsätzliches, sondern gleichsam um „Prin-zipien zweiter Klasse" handelt, die in einigen Gruppen zusammengestellt sind.

a) Wahl und Gestaltung des Feldes[1].

Es sind zwei allgemeine Fragen über das Beeinflussungsfeld, die bei der Lösung einer gestellten Frage zu entscheiden bzw. zu berücksichtigen sind. Erstens: Wähle ich ein elektrisches oder ein magnetisches Feld? Und zweitens: Wie gestalte ich zweckmäßigerweise das Beeinflussungsfeld? Nachdem auf die erste Frage kurz eingegangen sei, sollen einige allgemeine Kunstgriffe besprochen werden, die sich auf das Feld und seine Gestaltung beziehen. Dabei wollen wir auch kurz den Einfluß eines in die Röhre eingefüllten Gases betrachten, einer Maßnahme, die in das Gebiet der technisch wichtigen, aber hier nicht behandelten Gasentladungsgeräte überleitet.

1. Elektrisches oder magnetisches Feld? Es gibt Fälle, wo diese Frage gegenstandslos ist. So ist das elektrische Feld unumgänglich, wenn durch das Feld eine Beschleunigung oder Verzögerung vorgenommen werden soll, denn das magnetische Feld vermag den Ladungsträgern keine Energie zu übertragen. Weniger wichtig ist die Aufgabe, einen Strahlengang um einen bestimmten Winkel zu drehen, eine Aufgabe, die nur unter Verwendung einer magnetischen Linse in einfacher Weise lösbar ist.

Bei einer zweiten Gruppe von Aufgaben *müssen* elektrische Felder zusammen mit magnetischen Feldern benutzt werden. Ein wichtiger Fall dieser Art ist die Analyse einer Strahlung, von der weder e/m noch die Geschwindigkeit be-kannt ist [III, 7]. Als Beispiel dafür, daß die zusätzliche Anwendung des magnetischen Feldes zwar nicht unbedingt erforderlich, aber doch sehr vorteil-haft sein kann, sei die Erregung hochfrequenter Schwingungen genannt. Solche Schwingungen lassen sich mit der rein elektrisch arbeitenden BARKHAUSEN-KURZ-Röhre [X, 20] erzeugen, doch hat die Magnetfeldröhre [X, 21] einen wesentlich besseren Wirkungsgrad.

Bei einer dritten Gruppe von Aufgaben ist grundsätzlich die Verwendung eines elektrischen *oder* magnetischen Beeinflussungselements möglich. Jetzt wird man sich die Frage vorlegen, welche Feldart vorzuziehen sei. Einen Hinweis gibt uns die historische Entwicklung des Gebietes (Tabelle 4).

---

[1] Ein Gerät, das in den maßgebenden Organen nur mit elektrischen Feldern arbeitet, heiße elektrisches Gerät im Gegensatz zum magnetischen Gerät, bei dem auch magnetische Felder vorkommen. Man spricht daher nicht nur von elektrischer und magnetischer Linse, sondern auch von elektrischem und magnetischem Elektronenmikroskop usw. Weitere Be-schränkungen z. B. über die Objekte des Mikroskops [*14*, S. 233] sind damit natürlich nicht verbunden.

Tabelle 4. Zur Entwicklungsgeschichte der geometrischen Elektronenoptik.

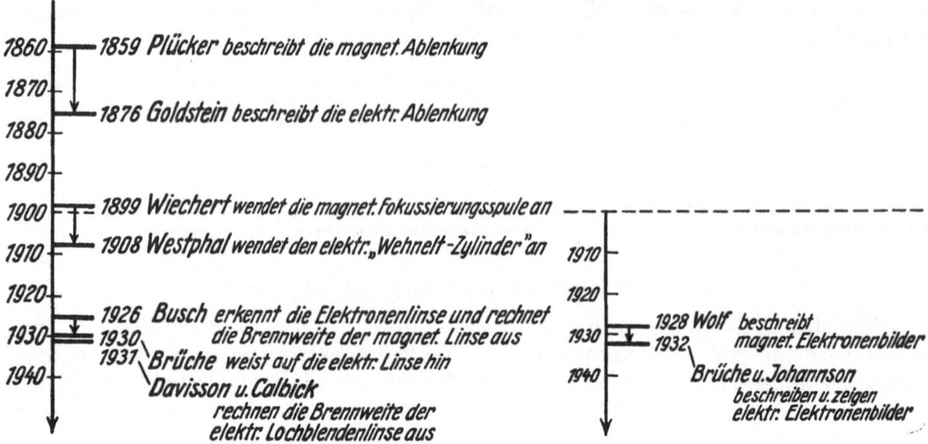

Die magnetische Ablenkung der Kathodenstrahlen wurde 1859 durch PLÜCKER, die elektrische 1876—80 durch GOLDSTEIN [269a, 271] entdeckt. Der Grund für diesen zeitlichen Vorrang bei der magnetischen Ablenkung ist darin zu sehen, daß es zur Entdeckung der magnetischen Ablenkbarkeit von Kathodenstrahlen genügte, eine abgeschmolzene GEISSLERsche Röhre an einen Magneten zu bringen, während es für die elektrostatische Ablenkung und ihre Klärung erforderlich ist, besondere Elektroden in den Entladungsraum zu bringen. Entsprechend wurde die magnetische Fokussierung vor der elektrischen gefunden[1]. Hat doch RIECKE [551] 1881 theoretisch die Fokussierung im homogenen Feld nachgewiesen und WIECHERT [727, 728] bereits 1899 die Fokussierungsspule angewandt, während der WEHNELT-Zylinder, der der magnetischen Linse entspricht, erst nach der Jahrhundertwende angegeben worden ist. Sogar bei der theoretischen Erkenntnis der Elektronenlinse liegt die magnetische Linse zeitlich vor der elektrischen. Erstere wurde 1926 von BUSCH [154, 155] gefunden. Der erste Hinweis auf die selbständige elektrische Linse wurde 1930 von BRÜCHE [111] gegeben; die Brennweitenformel für eine elektrische Linse veröffentlichten dann 1931 DAVISSON und CALBICK [194a]. Entsprechendes gilt für das erste, mit einer Linse erzielte Elektronenbild. Das erste magnetische Bild gelang 1927 WOLF [738], einem Schüler von BUSCH, das erste elektrische Bild 1932 BRÜCHE und JOHANNSON [132].

Was sich hier in der Entdeckungsgeschichte zeigt, findet sich auch in der Entwicklungsgeschichte der einzelnen Elektronengeräte wieder. So arbeitete die Röhre, die 1897 von BRAUN [106] angegeben wurde und die heute als BRAUNsche Röhre bekannt ist, mit magnetischer Ablenkung. Ein Jahr später wurde durch EBERT [220a] die elektrische Ablenkung angewendet. 1899 benutzte WIECHERT [728] erstmalig die Fokussierungsspule. 1923 tritt dieser Röhre mit magnetischer Fokussierung die Röhre mit rein elektrischer Fokussierung von LILIENFELD [435] gegenüber[2].

Interessant ist auch das Beispiel der Elektronenröhre. Als erster hat COOPER HEWITT [175] 1904 den Versuch angegeben, bei einer Gasentladung die Intensität durch Quersteuerung zu wählen. 1906 hat dann VON LIEBEN [432] eine Glüh-

---

[1] Die Fokussierung durch hohlspiegelförmige Krümmung der Kathode, jene Fokussierungsform, zu der keine neuen Elektroden erforderlich sind, war bereits 1879/80 durch CROOKES [189a, b] und GOLDSTEIN [270, 270a] gefunden worden.

[2] Auch hier nimmt die Hohlkathode eine Ausnahmestellung ein, haben doch 1899 WIECHERT [728] und 1917 LANGMUIR [414] bereits Anordnungen mit ihr benützt bzw. angegeben.

kathodenröhre mit Intensitätssteuerung beschrieben. Auch bei dieser Röhre wird die Intensität durch ein magnetisches Querfeld beeinflußt. Erst 1910 hat VON LIEBEN [433] die bekannte Röhre mit elektrischer Steuerung angegeben.

Diesen Beispielen, die sich leicht vermehren lassen, ist zweierlei zu entnehmen. Erstens wird bei Neuentwicklungen zunächst gern ein magnetisches Beeinflussungsfeld gewählt, eine Tatsache, die darauf zurückzuführen ist, daß magnetische Felder von außen durch die Glaswand des Gefäßes in den Versuchsraum wirken und daher für Vorversuche mit der erforderlichen schnellen Änderungsmöglichkeit der Versuchsbedingungen besonders geeignet sind. Für *endgültige* Konstruktionen, bei denen alle Bedingungen festgelegt sind, und die Geräte in größerer Stückzahl hergestellt werden sollen, wird man jedoch bestrebt sein, möglichst elektrische Felder anzuwenden, da sie keiner Ströme und damit keiner dauernden Energiezufuhr bedürfen[1], in ihrem Aufbau aus Blenden und Zylindern im allgemeinen einfacher herzustellen sind und schließlich in der Form der Zweipolsysteme [IV, 4] wesentliche schalttechnische Vorteile bieten.

Von diesen allgemeinen „Regeln" gibt es Ausnahmen. Gelegentlich erweist sich schon bei Vorversuchen die Anwendung elektrischer Felder als wünschenswert, oder man behält für die endgültige Konstruktion magnetische Felder bei. Der letztere Fall ist häufig dann gegeben, wenn sehr hohe Spannungen zur Anwendung kommen müssen und z. B. bei elektrischen Elektronenlinsen die Gefahr eines Durchschlags oder einer Entladung im Rohr besteht.

So verwendet man beim technischen Kaltkathoden - Oszillographen [VIII, b] mit seinen hohen Strahlgeschwindigkeiten ausschließlich magnetische Elektronenlinsen, wenn auch Bestrebungen im Gange sind, zu rein elektrischen Fokussierungssystemen überzugehen [VIII, 10]. Ebenso wird bei der Fernsehprojektionsröhre als Elektronenlinse meist keine elektrische Linse verwendet, sondern eine über das Rohr geschobene Magnetspule.

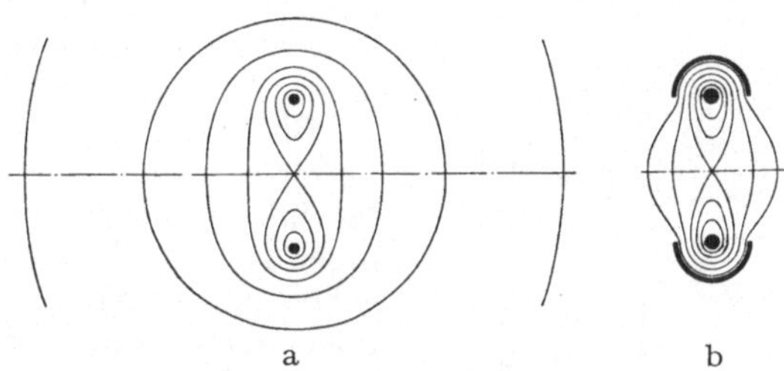

a b

Abb. 71. Feldzusammendrängung durch Abschirmung bei einer Elektronenlinse (schematisch).

Die Fernsehröhre arbeitet meist mit magnetischen Ablenkelementen [VIII, 24, 25]. Hier kann man die Nachteile des Stromverbrauches und der Unempfindlichkeit in Kauf nehmen, da die beiden erforderlichen Kippschaltungen maßgebend für den Energieverbrauch sind. Im Gegensatz dazu ist bei der Verwendung der BRAUNschen Röhre zur Oszillographie, an die hohe Anforderungen hinsichtlich Empfindlichkeit und Frequenzunabhängigkeit gestellt werden, die Anwendung magnetischer Ablenkelemente im allgemeinen nicht tragbar.

2. Feldabgrenzung. Im Gegensatz zu den Elementen der Optik mit ihren definierten Grenzflächen haben die Elemente der Elektronenoptik im allgemeinen undefinierte Grenzen.

So reicht z. B. das *elektrische* Feld eines aufgeladenen Ringes im Prinzip bis ins Unendliche (Abb. 71 a), wenn es auch mit wachsender Entfernung rasch — nämlich wie das einer Ladung, also mit dem Quadrat des Abstandes — kleiner wird. Sind in dem Raum um den Ring andere Elemente mit ihren Feldern vorhanden, so werden sich Überlagerungen ergeben, die Deformationen der elektronenoptischen Elemente bedeuten. Ein solcher typischer Fall ist bei den gekreuzten Ablenkplattenpaaren der BRAUNschen Röhre vorhanden, wo auf diese Weise zusätzliche und unangenehme Beeinflussungen auftreten können [V, 12].

<hr>

[1] Man betont das gelegentlich, indem man von elektro*statischer* Linse, elektro*statischem* Übermikroskop usw. spricht.

Ein gelegentlich brauchbares Mittel zur Vermeidung dieser Nachteile liegt auf der Hand. Man muß den Feldabfall am Rand des Beeinflussungsfeldes möglichst steil gestalten. Der Einbau einer Folie, die das elektrische Feld begrenzt, ist dabei allerdings im allgemeinen nicht tragbar. Statt dessen wird man versuchen, den schnellen Feldabfall durch besondere Elektroden zu erzielen. Diese Elektroden ersetzen die bisher als unendlich fern betrachtete zweite Elektrode (Abb. 71 b). Das Unendliche wird gleichsam an die

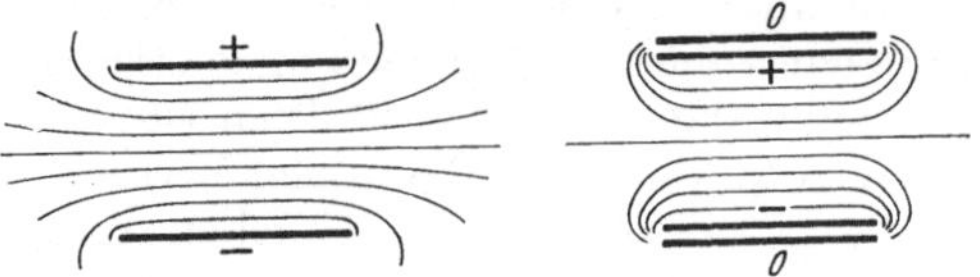

Abb. 72. Feldzusammendrängung durch Abschirmung bei einem Ablenkkondensator (schematisch).

felderzeugende Elektrode herangerückt und das Streufeld damit durch die „Abschirmelektrode" bis auf den Durchgriff an ihrer Öffnung beseitigt.

Was wir soeben für die elektrische Einzellinse besprachen, läßt sich entsprechend für andere Elemente, z. B. das Ablenkplattenpaar durchführen. Schirmen wir z. B. ein Ablenkplattenpaar nach außen durch gleich große, eng anliegende Platten ab, die sich auf dem mittleren Potential zwischen den Platten befinden (Abb. 72), so wird die Feldstärke quer zum Kondensator nach außen längs der Achse schneller als ohne sie abklingen.

Bisher hatten wir den Abfall des elektrischen Feldes durch Anwendung von Abschirmelektroden auf dem Potential des „Unendlichen" bzw. des „Raumes" zu beschleunigen gesucht. Wir können aber noch einen Schritt weitergehen und durch Einführung von Elektroden, die gegenüber dem Raum geeignet aufgeladen sind, gewünschte, scharf abgeschnittene oder besonders gestaltete Felder

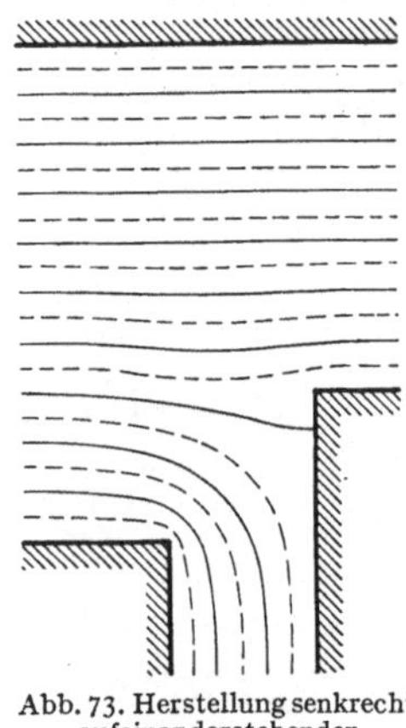

Abb. 73. Herstellung senkrecht aufeinanderstehender Potentiallinien [248].

zu erzielen suchen. So zeigt z. B. Abb. 73 eine Anordnung von GEBAUER [248], bei der senkrecht aufeinanderstehende Potentialflächen nahezu verwirklicht sind.

Bei den *magnetischen* Elementen tritt an die Stelle der Abschirmung die Kompensation des Streufeldes. Als Beispiel sei das Feld eines Stromringes erwähnt, das durch andere konzentrische Stromringe schärfer abgeschnitten zu werden vermag (Abb. 74).

Häufig wird bei magnetischen Elementen eine Feldzusammendrängung durch Anwendung von Eisenkörpern angewandt, die der (unzweckmäßigen) Anwendung dielektrischer Medien bei elektrischen Feldern entsprechen würde. Wie man ein starkes homogenes Magnetfeld mit einem schnellen Feldabfall am Rande am besten durch zwei sich nahe gegenüberstehende Polschuhe eines Elektromagneten erzeugt, so verwendet man auch in der Elektronenoptik oft die Konzentrierung eines Kraftlinienflusses im Eisen. Auf diese

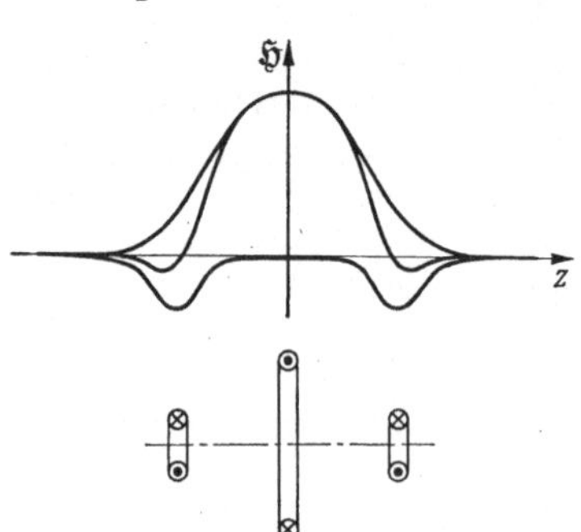

Abb. 74. Schnelleres Abklingen eines magnetischen Feldes durch Überlagerung mehrerer Felder [78a].

Weise erreicht man stärkere und schärfer abgeschnittene Beeinflussungsfelder. GABOR [245] erzielte mit der Eisenpanzerung einer Spule (Abb. 75 b) ein kräftiges Feld auf der Spulenachse. BRÜCHE und ENDE führten [129] das Entsprechende für das Außenfeld einer Spule durch (Abb. 75 c, e). Benutzt wird in der Elektronik häufig die Abwandlung der GABOR-schen Panzerung nach RUSKA und KNOLL [590] (Abb. 75 d u. 76). Linsen von

Brennweiten in der Größenordnung einiger Millimeter lassen sich mittels magnetischer Felder für die Übermikroskopie mit ihren schnellen Elektronen von z. B. 50 ekV Elektronenenergie überhaupt nur auf diese Weise erreichen.

3. Feldsymmetrie und Feldspiegelung. Einem Kunstgriff, den man in der Spektrographie von Materiestrahlen anwendet [X, 6], liegt folgende Aufgabe zugrunde: Gegeben ist ein „Gemisch" von Strahlen, und zwar Strahlen verschiedener Masse oder Geschwindigkeit oder Richtung. Aus diesem Strahlenbündel ist eine bestimmte Masse oder Geschwindigkeit auszublenden, wonach das Bündel wieder die ursprüngliche Gestalt und Richtung annehmen soll. Betrachten wir zunächst das optische Analogon zu dem Kunstgriff, den man bei der Lösung der Aufgabe anwenden kann.

Es sei ein Prisma P_1 gegeben, auf das ein Lichtstrahl L schief auftreffe (Abb. 77a). Der Strahl wird dann abgelenkt werden. Diese Ablenkung läßt sich durch ein zweites Prisma P_2, das das erste zu einer planparallelen Platte ergänzt, kompensieren. Der Strahl verläuft nun wieder in der ursprünglichen Richtung, aber parallel verschoben, wobei die Größe der Parallelverschiebung von der Wellenlänge des Lichtes abhängt. Es kann nun wünschenswert sein, auch diese Verschiebung rückgängig zu machen. Zu diesem Zweck brauchten wir den Strahl nur senkrecht auf einen Spiegel S treffen zu lassen. Der Strahl wird dann in sich zurückreflektiert werden und den Weg durch die Prismen im entgegengesetzten Sinne durchlaufen. Statt den Strahl zu spiegeln, kann man ihn natürlich auch weiterlaufen lassen und muß nun eine Anordnung von zwei Prismen P_3 und P_4 aufbauen und von ihm durchlaufen lassen, die zu der ersten spiegelbildlich ist. Als Mittelebene der symmetrischen Anordnung dient dabei die Ebene, in der zunächst der Spiegel S angebracht werden sollte.

Diese Kompensation der Ablenkwirkung, sei es durch Spiegelung des Strahls, wobei wir also Umkehrung

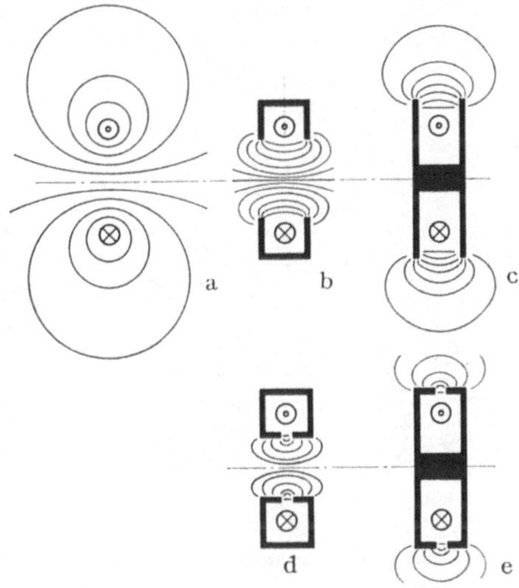

Abb. 75. Spulenkapselung (schematisch).

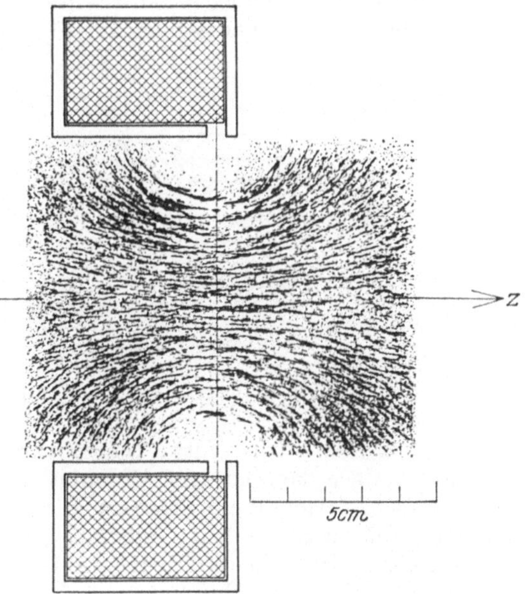

Abb. 76. Gekapselte Magnetspule mit Feldlinien.

der Strahlenrichtung in Kauf nehmen, sei es durch symmetrische Anordnung einer zweiten Gruppe von Beeinflussungselementen, geschieht — und das ist für die Anwendungen wichtig — nicht nur für Licht einer bestimmten Farbe, sondern aller Farben. Das aus Strahlungen verschiedener Wellenlänge zusammengesetzte Strahlenbündel wird dabei zunächst so auseinandergelegt, daß die Strahlen bei S parallel zueinander und geordnet nach der Wellenlänge verlaufen, so daß es möglich ist, hier z. B. die Ausblendung einer bestimmten Strahlung vorzunehmen. Die anschließende Gruppe von Prismen setzt die Reststrahlung wieder zu einem Strahl zusammen. Unsere Anordnung kann also als Monochromator benutzt werden, indem man bei S die unerwünschte Strahlung ausscheidet.

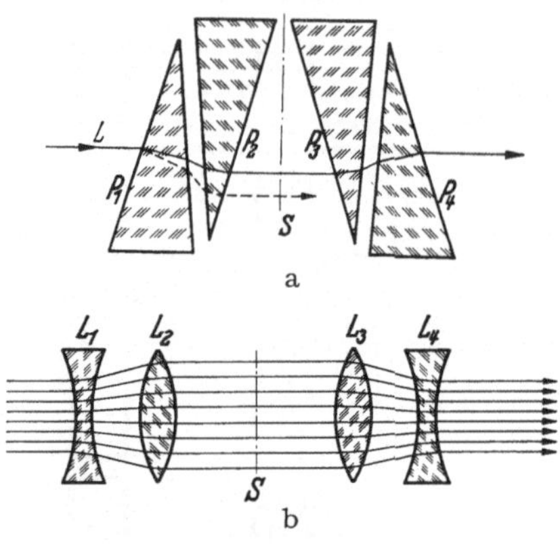

Eine ähnliche Beeinflussung des Strahlenganges kann man auch mit Sammel- und Zerstreuungslinsen erreichen (Abb. 77b). Eine Systemgruppe zweier Linsen gleichen Materials, die gleich große, aber im Vorzeichen verschiedene Brechkraft haben, erlaubt es, das Strahlenbündel in der Symmetrieebene S breiter oder enger als am Anfang zu machen. Die Größe des Bündelquerschnitts an dieser Stelle ist dabei abhängig von der Wellenlänge. Als Monochromator läßt sich diese Anordnung allerdings nicht benutzen, da wegen der Rotationssymmetrie der Linsen die Bündel hier

Abb. 77. Symmetrische Prismen- und Linsenanordnung als Monochromator (schematisch).

nicht auseinandergelegt sind, sondern bei zwar verschiedenem Querschnitt gleiche Achse haben.

Benutzen wir an Stelle der Linsen aus gleichem Material solche von verschiedener Dispersion, so wird sich die Ablenkwirkung der beiden Linsen offensichtlich nur für eine Wellenlänge erreichen lassen, d. h. der Strahlengang wird

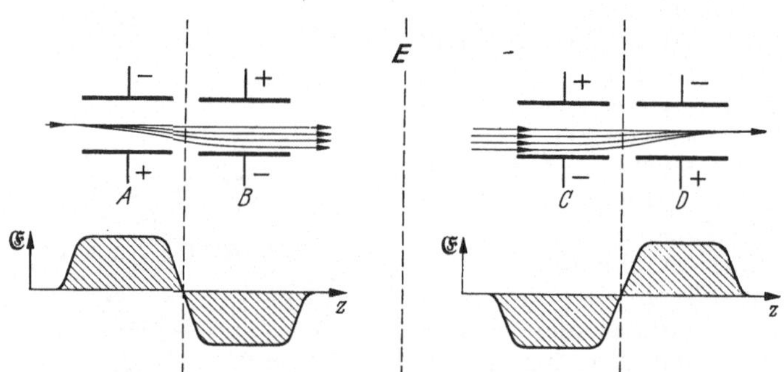

Abb. 78. Symmetrische Anordnung von Ablenkkondensatoren.

nur für eine einzige Farbe wieder parallel gerichtet. Strahlen anderer Wellenlänge zeigen dagegen nach Durchlaufen des ersten Linsenpaares eine Divergenz, die es gestattet, diese Strahlen z. B. durch eine Blende mit zentraler Öffnung zum Teil auszublenden. Vollständig ist die Monochromatorwirkung hier jedoch ebenfalls nicht, da die Mittelstrahlen wegen der Rotationssymmetrie unbeeinflußt bleiben und durch die in der Achse liegende Blendenöffnung hindurchtreten können.

Was für Licht gilt, gilt entsprechend für Elektronen. Prismen sind hier Ablenkkondensatoren bzw. Ablenkspulen. Ordnen wir also ein System von vier Ablenkkondensatoren nacheinander an, wählen wir sie geometrisch gleich, und legen wir auch Spannungen gleicher Höhe an (Abb. 78), so gilt folgendes: Der erste Kondensator A lenkt ab und spaltet dabei auf. Der zweite B macht die

Ablenkung rückgängig. Es bleibt ein Strahlenband, in dem die Elektronen verschiedener Geschwindigkeit parallel zueinander und in der ursprünglichen Richtung verlaufen. Hier kann eingegriffen und ein Strahlenbündel bestimmter Energie ausgeblendet werden. Die beiden letzten Kondensatoren C und D verwandeln das Band wieder in einen Strahl, der die Fortsetzung des einfallenden Strahls ist. Die Parallelverschiebung der Bündel in der Symmetrieebene E und damit die Geschwindigkeitsaufspaltung ist bei dieser Anordnung der einen an das ganze System zu legenden Spannung proportional. Hat man ein Bündel endlicher Dicke und einheitlicher Geschwindigkeit, so kann durch die Ausblendung des verschieden stark ausgelenkten Bündels eine Intensitätssteuerung bewirkt werden.

Das Prinzip, das wir an diesem Beispiel kennenlernten, besteht demnach darin, eine räumliche Auseinanderlegung des Strahlenganges vorzunehmen (Feld A), dann die Bündel in Parallelstrahlen überzuführen (Feld B), hier in der erwünschten Weise einzugreifen und nun durch Spiegelung (Felder C, D) alle Strahlen wieder in den ursprünglichen Verlauf zurückzuführen. Daß es dabei nicht darauf ankommt, z. B. die Felder A und B ängstlich einander gleich zu wählen, sondern nur darauf, daß $\int\limits_{A,\,B} \mathfrak{E}\,dz = 0$ ist, d. h. daß die ablenkenden Kräfte sich schließlich aufheben, bedarf nur der Erwähnung. Ebenso ist es natürlich nicht unbedingt nötig, daß das zweite Feldpaar durch Spiegelung aus dem ersten hervorgeht. Es muß nur die gleiche Parallelverschiebung wie das erste Paar in entgegengesetzter Richtung erzeugen, d. h. es ist die Bedingung $\int\limits_{(AB)} z\,\mathfrak{E}\,dz = -\int\limits_{(CD)} z\,\mathfrak{E}\,dz$ zu erfüllen. Die Felder C, D können z. B. näherungsweise durch Parallelverschiebung und Umkehrung der Spannungen aus A, B gewonnen werden, um diese Bedingung zu erfüllen.

Was wir eben besprachen, ist nicht etwa auf den linearen Fall beschränkt. Ein in der Richtung definierter, aber nach Masse und Geschwindigkeit inhomogener Strahl kann durch parallele elektrische und magnetische Querfelder räumlich aufgespalten werden, wie wir es in der Massenspektrographie [XI, a] als Parabelmethode kennenlernen werden. Das erste Ergänzungsfeld B macht aus den Kegeln Zylinderflächen. Jetzt läßt sich leicht in das verlegte Bündel eingreifen und z. B. eine Masse ausblenden. Die Feldspiegelung führt die Strahlung wieder in einen Strahl zusammen, der jetzt monochromatisiert ist bzw. in dem die eine Massenstrahlung fehlt.

Auch auf hochfrequente Wechselfelder ist unser Gedankengang übertragbar. Jetzt muß man natürlich noch auf die Phasen achten. Beschränken wir uns zunächst auf eine Phase. Im Gegensatz zum statischen Feld können wir nur für diskrete Geschwindigkeiten unser Ergänzungsfeld B (Abb. 78) richtig wählen, so daß die Ladungsträger parallel austreten.

Der einfachste denkbare Fall ist der, daß das Feldpaar AB ein Ablenkkondensator ist, bei dem der langsame Feldabfall am Rande vernachlässigt werden kann und in dem die Ladungsträger gerade eine Periode der Hochfrequenzspannung verweilen. Dann wird die in der ersten Feldhälfte erteilte Ablenkung in der zweiten gerade aufgehoben, so daß der Ladungsträger parallel austritt. Es ist nun zu beachten, daß diese Überlegung für *alle* Phasen gilt. Elektronen anderer Geschwindigkeit (Laufzeit) verlassen das Feld divergent und können ausgeblendet werden. Setzt man einen gleichen und an der gleichen Spannung liegenden Kondensator hinter den ersten in solcher Entfernung, daß die feldfreie Strecke zwischen den Kondensatoren in der halben Periode durchlaufen wird, so finden die Ladungsträger das genau entgegengesetzt gerichtete Feld vor, die im ersten Feldpaar erteilte Parallelverschiebung wird gerade kompensiert. Smythe [654] sowie Herzog und Mattauch [311] haben für diesen Fall diskutiert, welchen Einfluß die Streufelder und die Oberwellen der Wechselspannung haben. Das so erhaltene Geschwindigkeitsfilter hat bei der Massenspektrographie praktische Anwendung gefunden.

4. Elektrische Fokussierung ohne Zwischenpotential (Zweipolsystem). Ein Elektronenstrahlengang, bei dem die Elektronen einer zur Anordnung gehörigen Emissionsquelle als glüh- oder lichtelektrische Elektronen entnommen werden, bedarf außer dieser Kathode noch einer Anode, d. h. einer Elektrode höheren, positiven Potentials. Sollen die Elektronen nicht nur beschleunigt, sondern auch fokussiert werden, sollen also z. B. Abbildungen vorgenommen werden, so verwendet man im allgemeinen noch eine oder mehrere weitere Elektroden, die auf Potentiale gebracht werden, die von denen der Kathode und Anode abweichen.

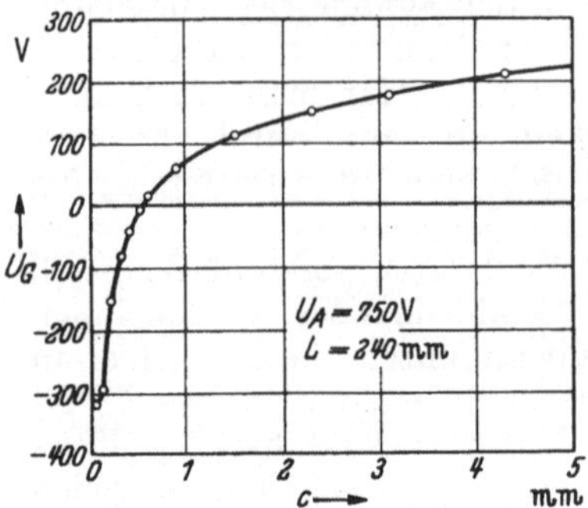

Abb. 79. Abstandsabhängigkeit von Vergrößerung V beim Immersionsobjektiv.

In manchen Fällen, so bei technischen Ausführungen von Geräten, wird es wünschenswert sein, diese Potentiale, die meist zwischen Kathoden- und Anodenpotential liegen, auf eine möglichst geringe Anzahl zu verringern. Am besten wäre es, ohne Zwischenpotential auszukommen, was auch oft durch geometrische Maßnahmen gelingt. Wir erhalten die „Zweipolsysteme", für die wir nun einige Beispiele kennenlernen wollen. Der große Vorteil dieser Geräte, die nur mit einer einzigen Spannung auskommen, besteht in der Unempfindlichkeit gegen Spannungsschwankungen. Da sich nämlich bei einer Schwankung der Spannung das gesamte Potentialfeld proportional ändert, bleiben nach den Ähnlichkeitsgesetzen [I, 5] die Bahnen ungeändert. Die Zweipolsysteme können daher auch mit Wechselspannung betrieben werden.

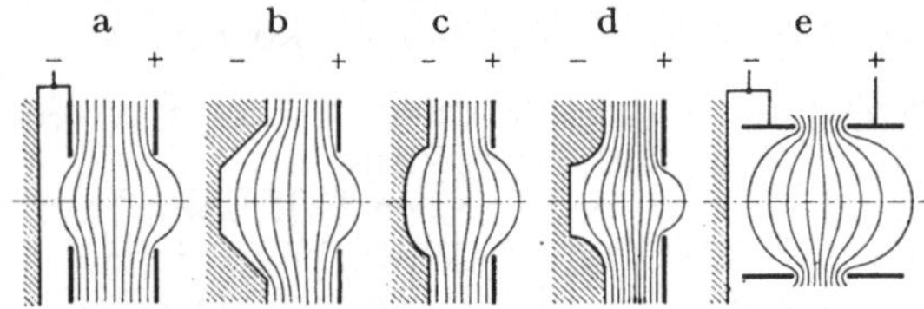

Abb. 80. Immersionssysteme ohne Zwischenpotentiale (schematisch).

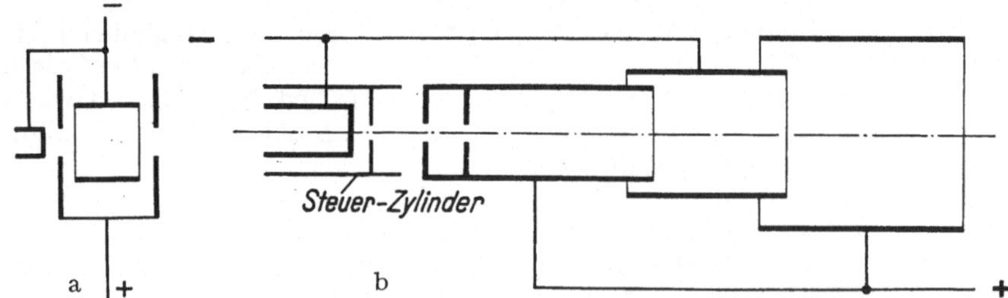

Abb. 81. Einzellinse als Zweipolsystem; a nach Dobke [208], b nach Jams [330].

Als Immersionsobjektiv pflegt man eine Anordnung zu bezeichnen, bei der das Beschleunigungsfeld vor dem Objekt, z. B. der Kathode, so gestaltet ist, daß in einer gewissen Entfernung ein Bild entsteht. Diese Abbildung wird durch geeignete Krümmung der Potentialflächen erreicht, die man meist durch Einführung einer geeignet aufgeladenen Lochblende vor der Kathode erzwingt. Eine Abbildung in gleicher Entfernung L erreicht man bei einem anderen Abstand c von Blende und Kathode mit einem anderen Zwischenpotential U_G (Abb. 79).

Es ergibt sich, daß bei bestimmter Stellung im Fall der Abb. 79 bei $c = 0{,}5$ mm das Potential von Kathode und Blende gleich sein muß, womit unsere Aufgabe gelöst ist (Abb. 80a). Eine andere Möglichkeit, das erforderliche Feld zu erzielen, ergibt sich ohne Zwischenblende bei hohlspiegelartiger Krümmung der Kathode (Abb. 80c), oder bei Ansatz eines Kegelstumpfmantels an die ebene Kathode (Abbildung 80b, d). Anordnungen dieser Art finden zur Erzielung von Fokussierung, z. B. bei der Röntgenröhre nach COOLIDGE [VII, 2], Anwendung. Sie lassen sich jedoch auch bei den wesentlich schwereren Bedingungen, die bei Abbildungsanordnungen vorliegen, anwenden, wie es das Beispiel des Bildwandlers nach SCHAFFERNICHT [IX, 19] zeigt (Abb. 82).

a   b

Abb. 82. Bildwanderbild, aufgenommen
a mit Gleichspannung, b mit Wechselspannung.

Ein anderes Beispiel gibt die Einzellinse, bei der im Gegensatz zum Immersionsobjektiv und zur Immersionslinse zu beiden Seiten in einigem Abstand von der Linse das Feld verschwindet und das Potential gleich ist. Diese Einzellinse besteht im einfachsten Falle z. B. aus drei Lochblenden, deren äußere auf Anodenpotential, deren mittlere auf positiverem oder negativerem Potential liegt. Fassen wir allein den Fall des negativen Potentials an der Mittelelektrode ins Auge. Bei vorgegebener geometrischer Anordnung und Größe der Elektroden werden wir eine bestimmte negative Spannung an die mittlere Elektrode legen müssen, um eine gewünschte Brennweite zu erhalten. Wir werden jetzt entsprechend wie bei dem Immer-

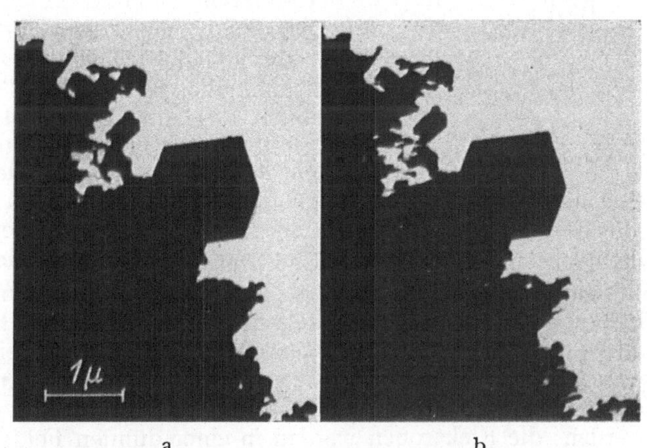

a   b

Abb. 83.
Magnesiumoxyd-Rauch mit dem elektrischen Übermikroskop aufgenommen,
a mit Gleichspannung, b mit Wechselspannungsspitze [446a].

sionsobjektiv vorgehen, indem wir z. B. die Öffnung der mittleren Blende vergrößern und mit der Spannung nachstellen. Das wiederholen wir, bis diese Spannung dem Potential der Kathode gleich geworden ist. Die Mittelelektrode wird nun einfach mit der Kathode verbunden, und die elektronenoptische Anordnung arbeitet nun allein mit Anodenspannung, wie es verlangt ist. Praktische Anwendung findet dieser Gedanke z. B. bei dem Vorkonzentrationssystem der Oszillographenröhre nach DOBKE [VIII, 12] (Abb. 81a), dem Oszillographen nach MALSCH und BECKER [VIII, 10] (Abb. 326) und bei der Hochvakuumröhre nach JAMS [330] (Abb. 81 b). Auch bei elektrischen Übermikroskopen haben BOERSCH [IX, 14] und MAHL [IX, 13] ein derartiges System benutzt. Es zeigte sich an den erhaltenen Wechselspannungsbildern (Abb. 83), daß das Zweipolsystem auch unter den sehr schweren Bedingungen der Übermikroskopie vorteilhaft anzuwenden ist.

5. Feldbeeinflussung durch Gas. Die Anwendung von Gas geschieht bei den Elektronengeräten zu sehr verschiedenen Zwecken. So ist das Gas bei der Ionisationskammer [VI, 3] als räumlich verteilte Elektrode aufzufassen, aus der durch die einfallende Röntgen- oder eine andere Strahlung wie bei der Photozelle die Elektronen ausgelöst werden, die nun zur Anode wandern. Bei der Gasphotozelle [VI, 9] wirkt das Gas demgegenüber als Ersatz für die Netze eines Vervielfachers. Ganz anders wiederum ist die Funktion der hier nur zu erwähnenden Gasentladungsgeräte wie des Quecksilberdampfgleichrichters.

Unter den Geräten, die mit wenig Gas arbeiten, ist diejenige Gruppe hier von besonderem Interesse, bei der das Feld, das sich bei Hochvakuum ausbilden würde, etwas beeinflußt und abgewandelt wird. Auch bei dieser Gruppe sind, wie es folgende Beispiele zeigen, die Ziele und die vom Gas zu lösenden Aufgaben sehr mannigfaltig.

Die Herstellung positiver Ionen durch Elektronenstoß dient bei der BRAUNschen Gaskonzentrationsröhre [IX, c] dazu, im Elektronenstrahl ein Feld aufzubauen, das die Strahlelektronen zur Strahlachse zieht und so Konzentrationswirkungen auf den Strahl ausübt. Der Vorteil dieser Konzentrationsart gegenüber der Verwendung einer einzelnen Elektronenlinse ist dabei der, daß sich das Konzentrationsorgan mit dem Strahl mitbewegt, wodurch bei Vernachlässigung sekundärer Einflüsse (Nullpunktsanomalie, Hochfrequenzanomalie) höhere Ablenkempfindlichkeit erreichbar wird [VIII, 14].

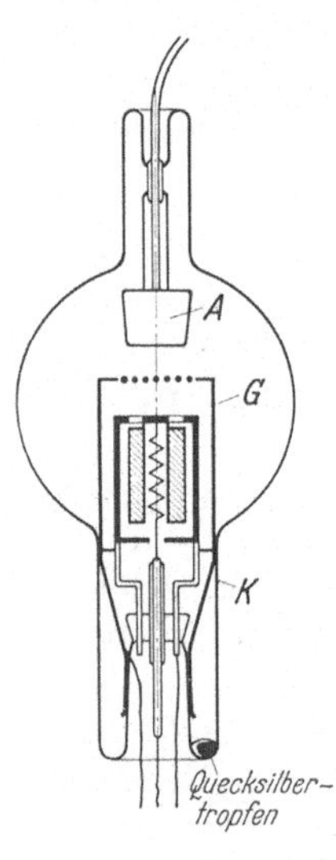

Abb. 84. Thyratron.

Wie ein sehr geringer Gasinhalt in einer BRAUNschen Röhre dazu dienen kann, die abstoßenden Kräfte zwischen den Strahlelektronen zu kompensieren, so ermöglichen es die positiven Ionen auch, die Raumladung, die sich im Hochvakuum vor der Kathode ausbildet, zu kompensieren und so den Elektronenaustritt zu erleichtern.

Handelte es sich bei den angegebenen Fällen nur um eine geringe Modifizierung des an sich vorhandenen Feldes, so ist der Einfluß des Gases bei den älteren Lenard- und Röntgenröhren, die mit Gasentladung arbeiten, schon wesentlicher. Hier wird der Weg der ausgelösten Elektronen durch die Gasionen von Grund aus bestimmt. Die Lage der Anode kann gleichgültig werden; die Elektronen werden in einer dünnen Feldschicht vor der Kathodenfläche beschleunigt, so daß die Elektronenstrahlen auf der Kathode senkrecht zu stehen scheinen.

Die soeben erwähnte Änderung des Feldes durch einen Gasentladungsprozeß ist keine geringfügige Modifikation mehr, sondern bedeutet eine Umgestaltung des Feldes von Grund aus. Dadurch, daß wir derartige Gasentladungserscheinungen in unseren Röhren zulassen, können wir die LAPLACEsche Gleichung $\Delta\varphi = 0$ nicht anwenden [I, 2]. Wir geben damit auch unser Werkzeug, die Feldwahl, aus der Hand, denn das Feld können wir nun nicht mehr einfach und trägheitsfrei ändern. Wenn wir trotzdem diesen Weg beschreiten, so nur, um durch diesen Verzicht andere Vorteile zu erreichen. Ein Beispiel für eine außerordentlich geschickte Kombination zwischen Erhaltung unseres Einflusses

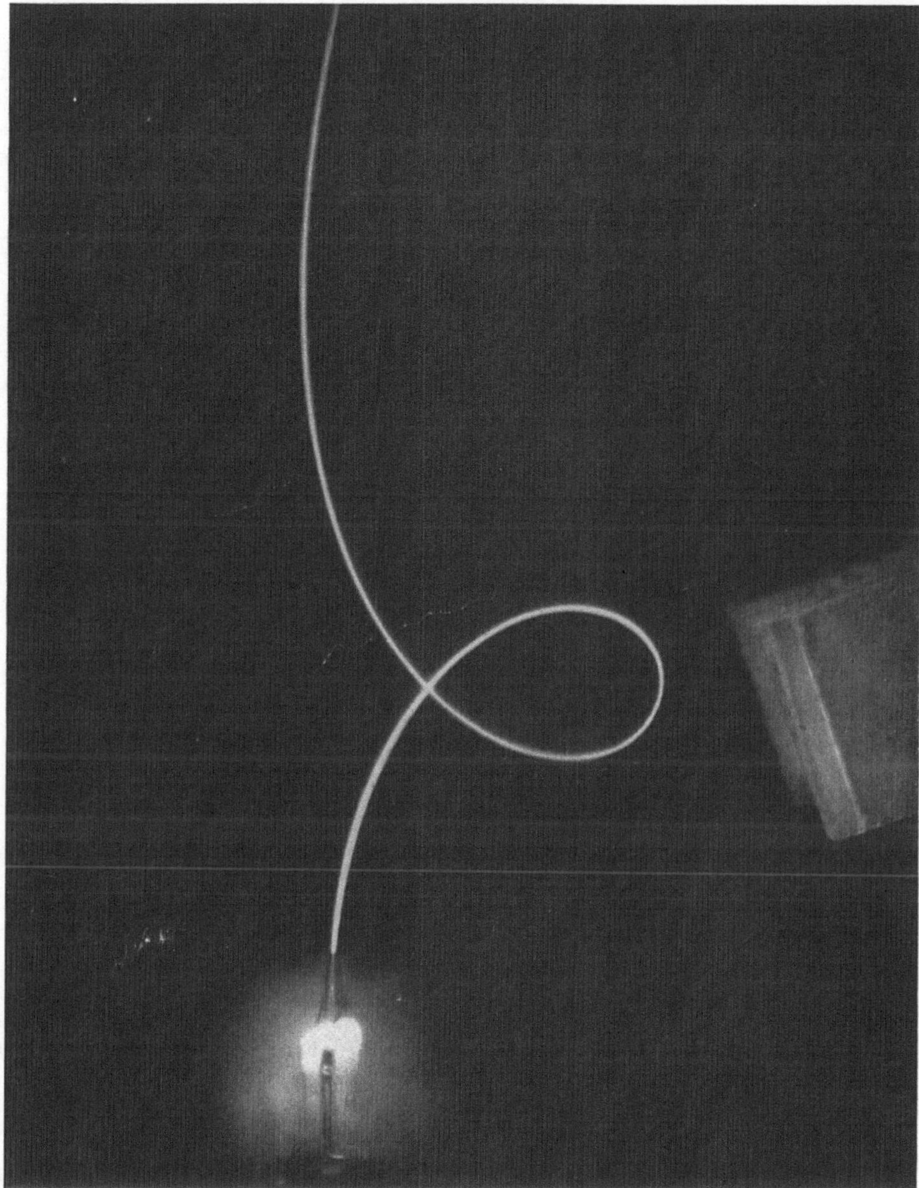

Bild III. Fadenstrahl im Felde eines Hufeisenmagneten nach Brüche [110].

Unter besonderen Bedingungen wird unter der Wirkung von ionisierten Gasresten aus dem Elektronenbündel, das von einer kräftigen Glühkathode aus zu einer durchbohrten Anode beschleunigt wird, der gaskonzentrierte leuchtende Elektronenstrahl [VIII, 11]. In der Aufnahme ist ein solcher Fadenstrahl, der in einer Länge von mehr als 1 m herstellbar ist, im Feld eines Hufeisenmagneten (rechts) so verschlungen, daß er in der Symmetrieebene des Magneten eine Schleife bildet und sich selbst kreuzt. Die Elektronen wurden mit 200 V beschleunigt; die Aufnahme ist etwas vergrößert wiedergegeben, der Strahl ist also weniger als 1 mm dick.

auf die Elektronenbahnen und Verzicht darauf gibt das Steuerungsprinzip des Thyratrons.

Das Thyratron ist ein Dreielektronenrohr, das aus Glühkathode, Netz und Anode besteht (Abb. 84) und in das etwas Gas eingefüllt ist. Wäre das Rohr auf Hochvakuum gebracht, so hätten wir bei Änderung der Gitterspannung den Intensitätssteuervorgang wie bei einer Elektronenröhre vor uns [III, 12]. Das stark negative Gitter würde ein Potentialgebirge zwischen Kathode und Anode bedeuten, das den Elektronenstrom nicht zur Anode übergehen ließe (Abb. 85a). Auch bei Gasfüllung ist ein solches Gebirge vorhanden, wenn die Spannung der Anode nur gering ist. Überschreitet die Anodenspannung beim Ansteigen der Wechselspannung an der Anode aber einen gewissen Betrag, so tritt eine Entladung auf. Damit bricht das Potentialgebirge bis auf steil abfallende Gebiete nahe der Gitterdrähte zusammen und den Elektronen ist nun ein freier Durchgang zwischen den Drähten geöffnet (Abb. 85b). Das wesentliche an diesem Vorgang ist, daß er nicht mehr rückgängig zu machen ist. Sinkt nämlich die

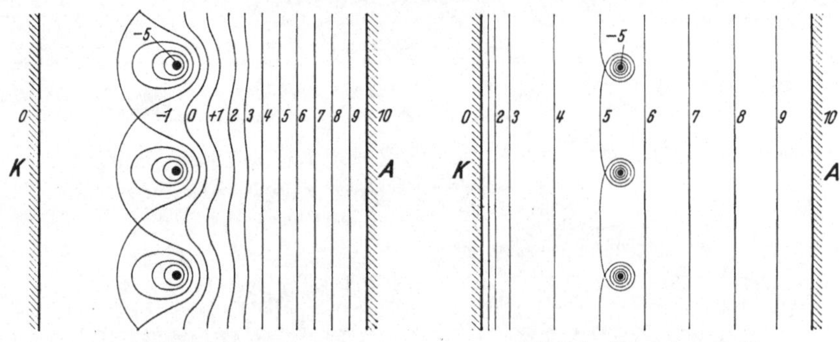

a Feld im Vakuum   b Feld im Gas (schematisch)
Abb. 85. Feldbeeinflussung durch Gas.

Spannung wieder unter den Zündwert, so bleibt trotzdem die Entladung und damit der Elektronentransport erhalten. Wir haben mit dem Zulassen des Entladungsvorganges also darauf verzichtet, auf das Feld weiter Einfluß auszuüben. Allerdings ist dieser Verzicht insofern nicht vollständig, als wir nur die Entladung wieder zu löschen brauchen, wie es beim Nulldurchgang der Anodenspannung automatisch geschieht, um den Vorgang wieder in unsere Gewalt zu bringen. Da wir durch die Höhe des Gitterpotentials die Lage des Zündpunktes bestimmen können und der transportierte Strom sehr groß ist, liegt die Bedeutung des „Thyratrons" als leicht verstellbare Stromschleuse bei Wechselstrom auf der Hand.

b) Geschwindigkeitseinfluß.

Lassen wir ein Ablenkfeld an verschiedenen Stellen eines elektronenoptischen Strahlenganges wirken, so wird das Elektron nahe der Kathode stark, nahe der Anode aber nur wenig abgelenkt werden. Die Ausnutzung dieser Grundtatsache der Elektronenbeeinflussung, die auch für die Wirkung der Elektronenlinse von größter Wichtigkeit ist, sei an einigen Beispielen erläutert.

6. Feldstörungen an der Kathodenfläche. Die hohe Empfindlichkeit der gerade aus der Kathode ausgetretenen Elektronen gegenüber Feldern muß von zwei Gesichtspunkten aus betrachtet werden, erstens von dem der Störungen durch unerwünschte Felder nahe der Kathodenoberfläche, zweitens von dem der zweckvollen Ausnutzung.

Was zunächst die Störungen betrifft, so wird man — abgesehen von allgemeinen Störfeldern, die jedoch weniger in Erscheinung treten — an Störungen zweierlei Art zu denken haben, die in ihrer Natur verschieden, in ihren Wirkungen aber ganz gleichartig sind. Es sind das erstens Unebenheiten und zweitens Potentialunterschiede auf der Kathodenoberfläche. Ist z. B. eine Rille auf der Kathodenoberfläche, so wird das Potentialfeld in ihrer Nähe eine Verzerrung erfahren, die sich als eine kleine, zusätzliche Zylinderlinse auswirkt (Abb. 86). Bildet man eine solche Kathodenfläche mit einem elektronenmikroskopisch wirkenden Felde ab, so wird man an der Stelle der Rille einen Unschärfebereich finden, dessen Ausdehnung etwa von den Dimensionen der Rille selbst ist. Durch verschiedene Einstellung kann man die Rille mehr oder minder scharf abbilden usw., wobei man aber den durch sie bedingten Fehler nie ganz beseitigen kann. Befindet sich nicht nur eine Rille auf der Kathodenfläche, sondern hat die Oberfläche ganz allgemein einen gewissen Rauhigkeitsgrad, so werden an jeder kleinen Unebenheit ähnliche Störungen auftreten. Das Bild wird wohl noch die wesentlichsten Konturen der Emissionsbereiche usw. zeigen, dagegen wird die Auflösung des Bildes nicht über das durch die Unebenheiten gegebene Maß zu steigern sein.

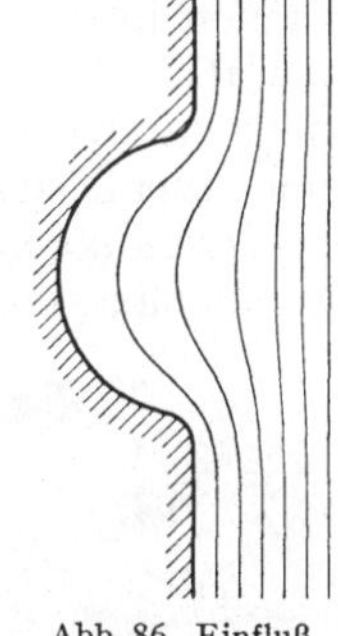

Abb. 86. Einfluß einer Rille auf das Potentialfeld vor der Kathode (schematisch).

Was für die Unebenheiten gilt, gilt sinngemäß auch für Potentialunterschiede auf der Oberfläche. Solche Potentialunterschiede treten z. B. zwischen verschieden geschnittenen Kristalliten auf. An ihren Kanten ist demnach eine Unschärfe im Elektronenbild zu erwarten, deren Nachweis bisher allerdings nicht überzeugend gelang [134].

Aus unseren Betrachtungen folgt, daß zur Erreichung scharfer Bilder von Kathoden die Kathodenfläche möglichst plan und ohne störende Potentialunterschiede sein muß. Bei manchen Untersuchungen läßt sich diese Forderung durch Polieren der Oberfläche erfüllen. Oft wird man jedoch die Störungen durch die Oberflächenrauhigkeit der Paste- oder anderen Kathoden in Kauf nehmen müssen, die der Auflösung eine Grenze setzen.

7. Feldgestaltung nahe der Kathode. Da die Elektronenstrahlung gegen Störfelder in Kathodennähe sehr empfindlich ist, werden umgekehrt schon kleine Abwandlungen des Potentialfeldes die abbildende Wirkung wesentlich verbessern können. In [IV, 4] war bereits gezeigt worden, daß man durch geeignete Krümmung der Kathodenfläche ein Immersionssystem erhält, bei dem eine Zwischenelektrode eingespart wird (Abb. 80). Mit dieser hohlspiegelartigen Krümmung der Kathodenfläche ist außerdem der Vorteil eines größeren scharf abgebildeten Bereichs verbunden. Gerade dieser Weg ist daher für technische Geräte wichtig und z. B. beim Bildwandler auch beschritten [IX, 19].

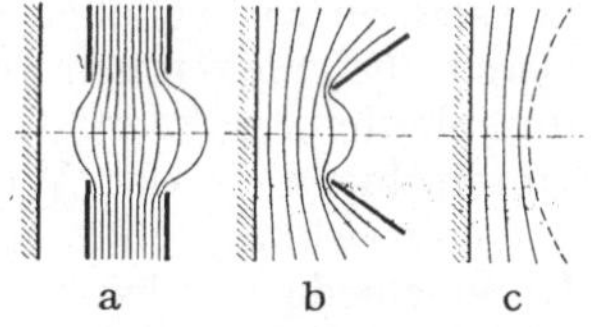

Abb. 87. Erzeugung eines Abbildungsfeldes bei planer Kathode durch Anodengestaltung (schematisch).

Als die den vorstehenden Betrachtungen zugrunde liegenden Tatsachen noch nicht klar genug erkannt waren, hat man gelegentlich versucht, durch Gestaltung der Anodenblende die erwünschte große Brechkraft zu erzielen. So hat man z. B. eine trichterförmige Anode bei Braunschen Röhren benutzt (Abb. 87b), wobei die Trichterspitze der Kathode zugekehrt wurde [563]. Man dachte sich, daß an der Trichterspitze ein starkes „Saugfeld" aufträte, das die Elektronen in die Spitze sauge. Daß ein starkes Feld an der Spitze auftritt, ist zweifellos richtig; hinsichtlich der Wirkung übersah man aber, daß die Elektronen hier bereits so hohe Geschwindigkeit haben, daß dieses Feld kaum noch eine wesentliche Wirkung ausübt.

Wenn der Trichter also auch nicht so wirkt, wie man ursprünglich dachte, so hat er doch praktische Bedeutung und legt außerdem eine allgemeinere Maßnahme nahe. Der Trichter wirkt als *Ganzes* auf die Potentialflächen dicht vor der Kathode. Es ist für dieses Gebiet so, als ob der Kathode eine Kugelschale gegenübergestellt wäre. Dadurch werden die kathodennahen Potentialflächen in dem gewünschten Sinne gekrümmt. Ist man erst in der Überlegung soweit gekommen, so liegt es nun nahe, den Trichter durch ein engmaschiges Netz zu ersetzen (Abb. 87c). Natürlich bildet sich jetzt an jeder Netzmasche eine kleine Elektronenlinse aus, die jedoch wegen der hohen Elektronengeschwindigkeit an dieser Stelle nur sehr wenig stört. Das Netz als Ganzes wirkt dagegen günstig, indem es die Potentialflächen in Kathodennähe zur Kathode konvex krümmt [127]. MAHL [442] hat Abbildungsversuche unter Verwendung von Netzen an Orten hoher Elektronengeschwindigkeit durchgeführt. So zeigt Abb. 88 die Abbildung einer MALTER-Schicht [454], deren Bild durch die Verwendung eines ebenen Netzes in einiger Entfernung vor der Kathoden wesentlich verbessert wurde. Durch das Netz wurden die Elektronen auf einem kurzen Weg beschleunigt, so daß der

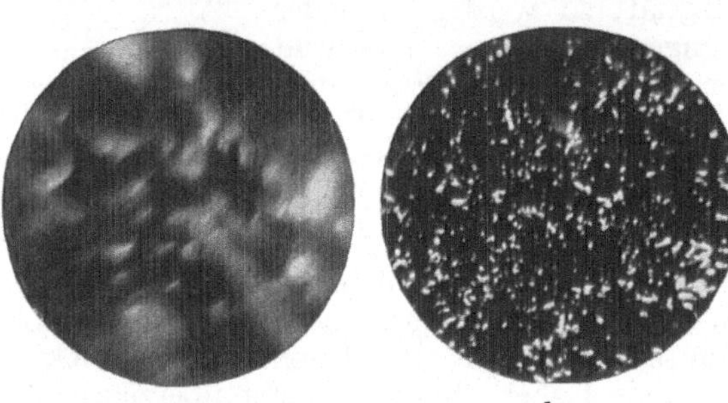

a   b

Abb. 88. Abbildung einer MALTER-Schicht;
a ohne, b mit Netz vor der Kathode [442].

chromatische Fehler herabgesetzt wurde, ohne daß eine merkliche Bildstörung durch die Elementarlinsen auftrat.

8. Strahlengang von Ladungsträgern verschiedenen Vorzeichens. Bisher setzten wir Teilchen von gleichem e/m und gleicher Geschwindigkeit voraus. Bereits bei Elektronen von verschiedener Geschwindigkeit, die das gleiche Feld durchlaufen, werden sich entsprechend der verschiedenen Geschwindigkeit Unterschiede in der Wirkung zeigen, die wir entweder als erwünschte Dispersionswirkung oder unerwünschten chromatischen Fehler ansehen. Diese Unterschiede werden noch deutlicher, wenn auch das e/m der Ladungsträger verschieden ist. Während sich alle diese Fälle in gleicher gewohnter Weise als optisches Problem verstehen und behandeln lassen, erfordert der Fall besondere Aufmerksamkeit, bei dem das Vorzeichen der Ladungsträger verschieden ist.

Denken wir etwa, um ein konkretes Beispiel vor Augen zu haben, an die Gasentladung in einer GEISSLERschen Röhre. Wenn die Gasentladung „brennt", fliegen dauernd positive Teilchen zur Kathode, wo sie Elektronen auslösen, und gleichzeitig Elektronen zur Anode durch das Gas, wobei sie ionisieren und so für neue positive Teilchen sorgen. Für die beiden sich durchdringenden Ströme von Ladungsteilchen werden die gleichen Potentialfelder, die die Teilchen in entgegengesetzter Richtung durchlaufen, an gleicher Raumstelle verschieden starke Wirkung haben; sind doch die positiven Teilchen gerade am Entstehungsort langsam, wo die negativen schnell sind, und umgekehrt.

So werden die positiven Ladungsträger, die aus der Gasentladung kommend zur Kathode fliegen, kaum von den Feldern dicht vor der Kathode beeinflußt werden, während die langsamen Elektronen, wie wir wissen, gerade dort sehr empfindlich sind. Bohren wir also in die Kathode ein Loch, von dem wir eine merkliche Störung des Potentialfeldes und damit wesentliche Änderungen der Elektronenbahnen erwarten müssen, so werden die positiven Teilchen unbeeinflußt diesen Störbereich „durchschlagen". Das Kanalstrahlbündel, das wir hinter der Kathode mit ihrem Loch beobachten, wird daher trotz der Linse, die es durchlaufen hat, in Annäherung als paralleles Bündel aufzufassen sein.

Eine praktische Konsequenz hat diese Betrachtung bei der älteren Elektronenstrahlröhre mit Gaskonzentration [VIII, c]. Der Elektronenstrahl wird hier durch die positiven Teilchen, die durch den Elektronenstrom gebildet werden, zusammengehalten. Ein Teil dieser positiven Teilchen wird dabei durch das Feld zwischen Glühkathode und naher Anodenblende beschleunigt und bombardiert die empfindliche Oxydkathode, die auf diese Weise schnell zerstört wird. So zeigt Abb. 89 den Einfluß eines solchen Ionenbombardements an einer planen Oxydkathode, bei der unter dem offenen Teil der Anodenblende auf einem entsprechenden kreisrunden Bereich die Oxydsubstanz verschwunden ist. Da man die Natur dieser Erscheinung und die verschiedene Wirksamkeit von Feldern auf die positiven und negativen Teilchen kennt, liegt es auf der Hand, wie man sich vor den Zerstörungserscheinungen an der Kathode sichern kann. Zu diesem Zweck wird man die Kathode so bauen, daß die Ionen an der empfindlichen Oxydsubstanz vorbeischießen. Auf die praktischen Ausführungsformen solcher Kathoden werden wir in [VIII, 13] genauer eingehen.

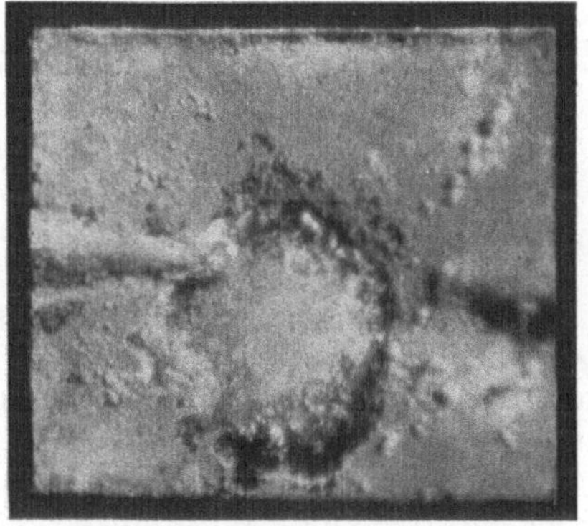

Abb. 89. Oxydkathode nach 600stündigem Bombardement mit 200 eV-Ionen.

9. Erniedrigung der Elektronengeschwindigkeit zur Beeinflussung. Führt man Elektronen mit konstanter Geschwindigkeit parallel zur Achse einer Einzel- oder Immersionslinse durch das Feld, so heben sich die zur Achse und die von der Achse fortgerichteten Kräfte im Endergebnis gerade auf. Daß die Linse trotzdem, und zwar immer als Sammellinse wirkt, beruht zum wesentlichen Teil darauf, daß das freie Elektron die sammelnden Bezirke mit geringerer Geschwindigkeit durchläuft als die zerstreuenden, also durch die sammelnden Kräfte stärker beeinflußt wird als durch die zerstreuenden.

Das, was hier bei der Elektronenlinse ohne unser Zutun geschieht, werden wir künstlich in der technischen Elektronik durchzuführen bestrebt sein. Das heißt, wir werden immer dann, wenn wir kräftige Wirkungen mit geringem Aufwand von Spannungen erzielen wollen, die Elektronen dort beeinflussen, wo sie im Strahlengang langsam sind, bzw. wir werden sie besonders verlangsamen. Einige Beispiele mögen diesen Kunstgriff erläutern.

Wollen wir einen von schnellen Elektronen durchstrahlten Gegenstand unter Anwendung elektrischer Linsen abbilden, so werden wir an die Linsenelektroden möglichst negative Spannungen legen. Die Elektronen werden dann verzögert und können wegen ihrer kleinen Geschwindigkeit leicht beeinflußt werden. Die Brechkraft der Abbildungslinse kann daher sehr groß gemacht werden. Anwendungsbeispiele dieser Art werden uns z. B. bei der BRAUNschen Röhre [VIII, 10] und beim Übermikroskop [IX, 13] begegnen.

Ein zweites Beispiel liefert uns die BRAUNsche Röhre, bei der möglichst große Ablenkempfindlichkeit erwünscht ist. Die Forderung wird hier also sein, die Elektronen bereits dort zu beeinflussen, wo sie noch geringe Geschwindigkeit haben. Allerdings ist es nicht einfach, dieser Forderung zu entsprechen, da wie wir in [VIII, a] sehen werden, mit ihrer Erfüllung Komplikationen verknüpft sind.

Als drittes Beispiel betrachten wir die Aufgabe, einen Elektronenbeugungsspektrographen mit großer Dispersion zu bauen. Es sei die schwierige Aufgabe gestellt, einen Gitterspektrographen zu bauen. Die Anordnung, die wir wählen, bilden wir dem optischen Spektrographen nach (Abb. 545). Die vom Spalt B ausgehenden Elektronen werden durch eine Linse L_1 parallelisiert, dann kommt das Prisma P und schließlich werden die Elektronen wieder zum Spaltbild auf dem Schirm S vereinigt. Würden wir als Linsen Einzellinsen wählen, so daß die Elektronen nach Durchgang durch die Linse wieder ihre ursprüngliche Geschwin-

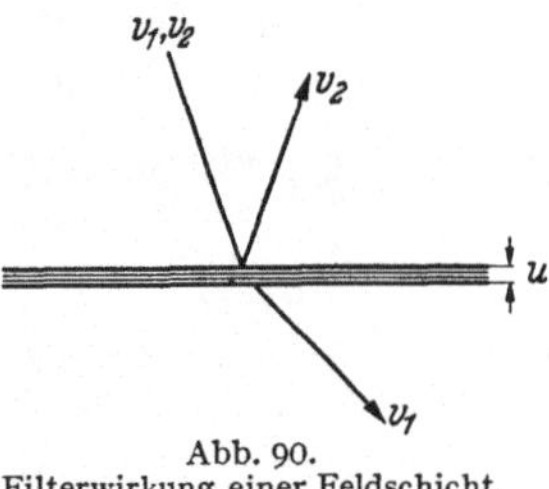

Abb. 90.
Filterwirkung einer Feldschicht.

digkeit entsprechend einigen Hundert eVolt erhalten, so wäre der Abstand der Beugungsbilder unbeobachtbar klein. Wir schalten daher vor dem Gitter eine Verzögerungslinse, nach dem Gitter eine Beschleunigungslinse ein. Nun ist die Elektronengeschwindigkeit am Gitter stark herabgesetzt, so daß die Ablenkwinkel stark vergrößert sind. Es bestehen so am ehesten Hoffnungen, daß die wiederbeschleunigten und fokussierten Elektronen nun auf dem Leuchtschirm Beugungsbilder im genügenden Abstand voneinander erkennen lassen.

10. Potentialschwellen als Filter. Laufen Elektronen verschiedener Geschwindigkeit in ein verzögerndes Feld, so werden die schnellen Elektronen durch das Feld hindurchgelangen, die langsamen aber reflektiert werden. Beim senkrechten Eintritt in das eine Potentialschwelle bildende homogene elektrische Feld werden die Elektronen in zwei Gruppen geteilt, von denen die eine Gruppe eine vollständigen Richtungswechsel durchmacht. Für die Einteilung in die beiden Gruppen ist das Verhältnis von

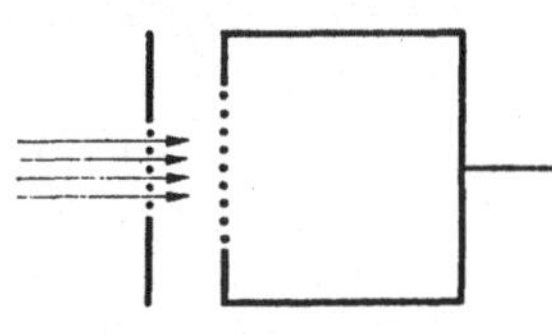

Abb. 91.   Zur Gegenfeldmethode.

Beschleunigungsspannung $U = \frac{m}{2e} v^2$ zu der Höhe u der Potentialschwelle maßgebend. Diese Einteilung ist bei senkrechtem Eintritt hinsichtlich der Geschwindigkeit absolut scharf, während bei schrägem Eintritt dafür, ob die Elektronen die Potentialschwelle zu überschreiten vermögen, die Normalkomponente der Bewegungsenergie maßgebend ist (Abb. 90).

Diese partiell spiegelnde Wirkung einer Potentialschwelle finden wir in der Natur bei jedem Metall mit seinen Elektronen verwirklicht. Aus dem Metall vermögen jeweils nur die schnellsten Elektronen auszutreten [III, 2].

In der Elektronik wird von der Filterwirkung solcher Potentialschwellen vielfach Gebrauch gemacht. Als ältestes Beispiel sei die LENARDsche Gegenfeld- oder Gegenspannungs-Methode genannt, durch die die Geschwindigkeitsverteilung eines Elektronenbündels bestimmt wird. Man stellt zu diesem Zweck dem Bündel, das aus der Öffnung eines feldfreien Raumes tritt, einen mit einem Netz überspannten Käfig oder eine die Elektronen absorbierende Platte gegenüber (Abb. 91). An diese Gegenelektrode legt man nun nacheinander verschieden Gegenpotentiale. Zunächst gelangen alle Elektronen in den Käfig, von denen dann mit wachsendem Verzögerungspotential mehr und mehr reflektiert werden. Man erhält die Gegenspannungskurve, deren Differentiation dann die Verteilungskurve der Elektronenenergien liefert (Abb. 92), d. h. den Beitrag der Elektronen einer beliebig vorgegebenen Energie zum Strom. Diese Verteilungskurve kann nur richtig sein, wenn das Feld wirklich homogen ist und wenn die Elektronen senkrecht in das Feld eintreten. Beide Bedingungen sind im allgemeinen nur annähernd erfüllt. So wird insbesondere die Homogenität des Feldes durch die Elektronenlinsen gestört sein, die sich an den Netzmaschen ausbilden, ein Effekt, der sich auch deshalb stark auswirkt, weil die Elektronen zum Teil sehr langsam sind, und der daher zu bedenklichen Meßfehlern Anlaß geben kann. Feines Netz an der Anode bzw. absorbierende ebene Platte sind in dieser Hinsicht das beste Mittel, um Fehler zu vermeiden.

In der Technik der Elektronengeräte finden wir die filternde Wirkung der Potentialschwellen vielfach ausgenutzt. Dabei sind es besonders die Sekundärelektronen, die man mit diesen Mitteln aus dem Strahlengang aussiebt. In [V, 11] werden wir einige praktische Fälle besprechen.

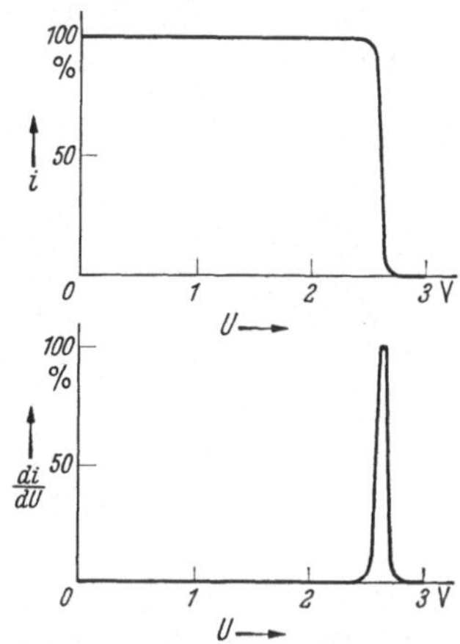

Abb. 92. Gegenspannungskurve und Energieverteilungskurve [536].

c) Fragen der Geometrie des Strahlenganges.

Betrachteten wir bisher Fragen der Felder und der Wechselwirkung zwischen ihnen und Ladungsträgern, so wollen wir nun eine andere Gruppe von Fragen streifen. Jetzt seien die Elemente des Strahlenganges vorgegeben und es handele sich um ihre Anordnung bzw. die Erzielung bestimmter Effekte besonderer Art mit ihnen.

11. Abtastung eines Spektrums. Wenn in der Lichtoptik ein Bild hinsichtlich der Intensität der einzelnen Bildpunkte abgetastet werden soll, so wird man das Abtastorgan (z. B. Photozelle) oder eine Lochblende, die dieses Organ vertritt, in der Bildebene mechanisch hin- und herführen. In der Elektronenoptik wird man dagegen von der einfachen Möglichkeit Gebrauch machen, einen Strahlengang durch Richtungssteuerung trägheitsfrei hin- und herzubewegen. Beim Ikonoskop und Superikonoskop [VIII, 24, 25] sowie dem Rastermikroskop [VIII, 26] benutzt man einen Elektronenstrahl als bewegliches Abtastorgan, bei dem Bildwandler mit Richtungssteuerung [IX, 21] steuert man das Bild an dem ruhenden Abtastorgan, einer Lochblende, vorbei.

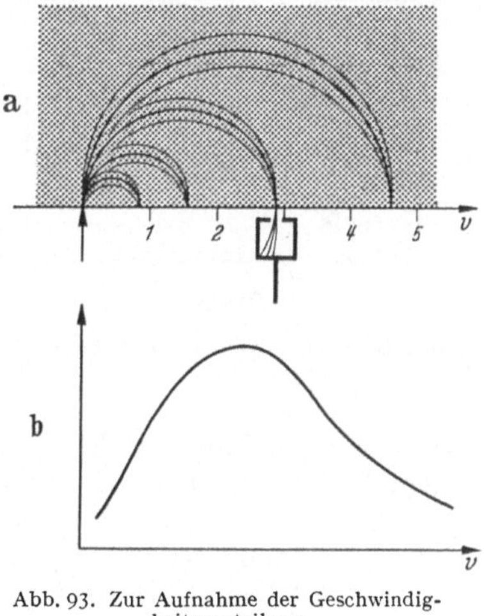

Diese Abtastung durch Bewegungen des Strahlenganges vorbei an einem ruhenden Käfig ist natürlich nicht auf die Abtastung von Elektronenbildern beschränkt, sondern ebenso auch bei der Abtastung eines Spektrums anwendbar. Dieser in der Physik bei der Aufnahme magnetischer Richtungs- oder Geschwindigkeitsverteilungskurven auftretende Fall ist besonders interessant und sei daher hier ausführlich behandelt.

Abb. 93. Zur Aufnahme der Geschwindigkeitsverteilung.

Die Anordnung, die man zur magnetischen Aufnahme von Geschwindigkeitsverteilungskurven zu benutzen pflegt, ist das magnetische Querfeld [III, 7], dessen Fokussierungseigenschaft man gleichzeitig ausnutzt [XI, 10]. Denkt man sich ein Bündel verschieden schneller Elektronen durch einen Spalt senkrecht in das magnetische Querfeld eintreten (Abb. 93a), so entsteht an der Grenzlinie des Feldes, d. h. nachdem die Ladungsträger Halbkreise durchlaufen haben, Bilder des Spaltes, die in ihrer Folge das Spektrum der eintretenden Strahlung bilden. An dieses Spektrum lassen sich leicht die Geschwindigkeitswerte anschreiben, da der Abstand vom Eintrittspunkt, d. h. der doppelte Krümmungsradius der Bahn, der Geschwindigkeit proportional ist.

Die Strahlung bestehe nun nicht mehr aus Elektronen mit wenigen definierten Geschwindigkeiten, sondern stelle ein kontinuierliches Spektrum dar. Zur Bestimmung der Geschwindigkeitsverteilungskurve werden wir einen Käfig mit Schlitz längs dieser Skala verschieben. So erhalten wir die Intensität, die die Strahlung von einem bestimmten kleinen Geschwindigkeitsbereich hat. Dieser Geschwindigkeitsbereich Δv ist durch die Breite der Käfigöffnung gegeben. Tragen wir die so gemessenen Werte über

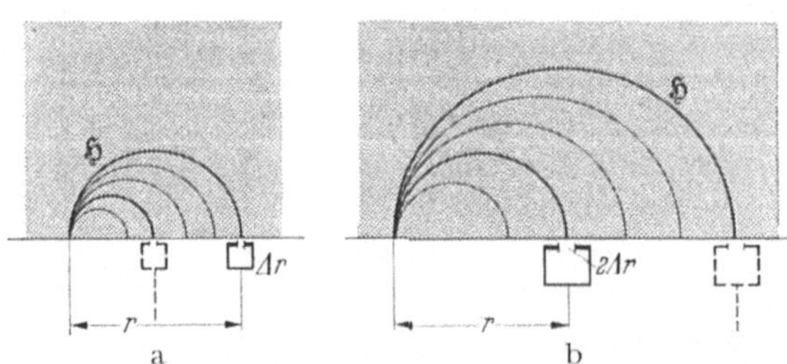

Abb. 94. Dimensionsänderung bei Aufnahmen der Geschwindigkeitsverteilung.

der Geschwindigkeit auf, so erhalten wir die gesuchte Geschwindigkeitsverteilungskurve des Elektronenstromes (Abb. 93b).

Statt der Verschiebung des Käfigs wird man nun im allgemeinen das Geschwindigkeitsspektrum über den feststehenden Käfig verschieben, indem man das magnetische Querfeld im entsprechenden Maße verstellt. Trägt man die auf diese Weise gemessenen Intensitäten über der Geschwindigkeit auf, so erhält man nicht, wie man zunächst meinen sollte, die Geschwindigkeitsverteilungskurve. Der Grund liegt darin, daß das in [I, 5] besprochene Dimensionsgesetz nicht berücksichtigt worden ist. Den Fehler sieht man leicht ein. Wir denken uns etwa den Käfig in Abb. 94a zu dem Skalenwerte halber Geschwindigkeit verschoben, wo wir die richtige Elektronenmenge messen. Nun bringen wir das Magnetfeld H auf den halben Wert, den Abstand r und die Größe des Käfigs einschließlich der Schlitzbreite Δr auf den doppelten Wert (Abb. 94b). Die in

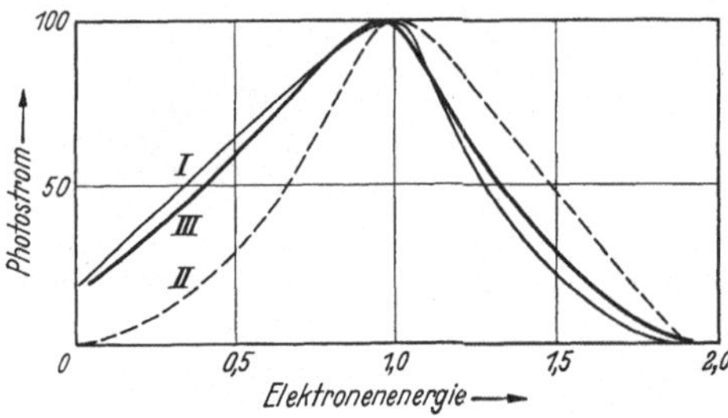

Abb. 95. Energieverteilung lichtelektrisch ausgelöster Elektronen [395].

den Käfig gelangende Elektronenmenge ist jetzt ebenso groß, wie vorher bei dem halb so großen System. Was wir also bei der Verschiebung des Spektrums über den feststehenden Käfig zuerst falsch gemacht hatten, ist, daß wir mit abnehmendem Magnetfeld nicht den Käfigspalt im gleichen Verhältnis erweitert haben. Die Werte, die wir bei konstantem Spalt messen, müssen daher noch durch eine der Feldstärke H proportionale Größe dividiert werden.

Durch KOLLATH [395] sind diese Auswertungsfragen zum Gegenstand einer gründlichen Diskussion gemacht worden. Dabei zeigte sich, daß dieser Fehler, der natürlich auch bei Aufspaltung durch ein elektrisches Querfeld gemacht werden kann, tatsächlich sehr häufig wirklich gemacht worden ist. Ein charakteristisches Beispiel gibt Abb. 95, die die Energieverteilung lichtelektrisch ausgelöster Elektronen nach verschiedenen Methoden zeigt [363]. Kurve I ist nach der Gegenspannungsmethode [IV, 10] erhalten, die unmittelbar richtige Werte ergibt, Kurve II gibt die nach der besprochenen magnetischen Methode erhaltenen

Werte. Die Unterschiede zwischen den Methoden, die die Kurven *I* und *II* ergeben, waren bisher nicht aufgeklärt. Nun hat KOLLATH gezeigt, daß man bei Reduktion der Kurve *II* zu Kurve *III* gelangt und daß damit die bisherige Diskussion der Unterschiede, von denen physikalische Realität vorausgesetzt wurde, gegenstandslos gewesen ist.

12. Objektvergrößerung zur Ausmessung. Wir kommen nun zu einer oft benutzten Maßnahme, die nicht besondere Eigenarten des elektronenoptischen Strahlenganges betrifft, sondern in der Licht- und Elektronenoptik gleichermaßen anwendbar ist.

Es sei die Aufgabe gestellt, einen sehr kleinen Gegenstand, z. B. eine senkrecht zur optischen Achse stehende Folie abzutasten, d. h. an verschiedenen, sehr eng benachbarten Stellen auf eine Eigenschaft hin zu sondieren. Der Weg, an den man bei der Lösung dieser Aufgabe zuerst denken wird, ist der, eine entsprechend feine Elektronensonde herzustellen und nun mit dieser die Abtastung vorzunehmen. In grober Form findet man dieses Verfahren bei dem Ikonoskop [VIII, 24] verwirklicht, wo eine Strahlsonde von weniger als $^1/_2$ mm Durchmesser durch ein geeignetes Elektrodensystem hergestellt und benutzt wird. Während hier das elektronenoptische System z. B. die Strahlenquelle, deren Bild dann der Sondenendpunkt ist, etwa in natürlicher Größe abbildet, muß beim Rastermikroskop von v. ARDENNE [VIII, 26] ein Abbildungssystem benutzt werden, das eine Verkleinerung um mehrere Zehnerpotenzen ergibt. Mit dieser feinen Sonde wird nun das entsprechend kleine Objekt abgetastet.

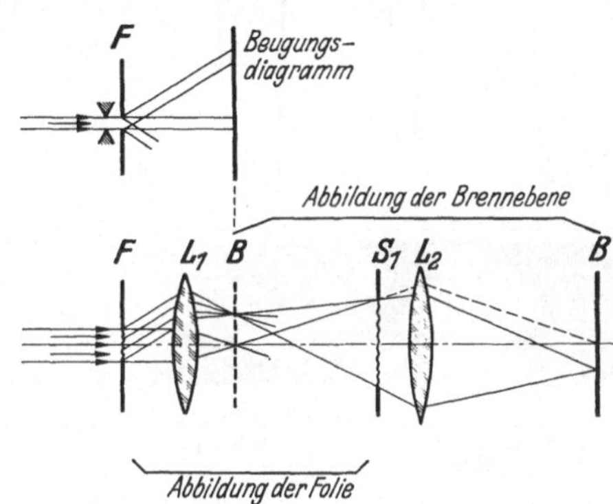

Abb. 96. Beugungsspektrograph zur Untersuchung einer beugenden Folie auf ihre Struktur [73].

Statt eine Verkleinerung des abtastenden Elektronenflecks vorzunehmen, erweist es sich vielfach als zweckmäßiger, die Sonde in ihrer leicht herstellbaren Größe zu behalten und dafür den Gegenstand entsprechend zu vergrößern. Dieses Verfahren sei an einem Beispiel erläutert.

Eine dünne Goldfolie soll punktweise auf ihre Kristallstruktur durch Elektronenbeugung untersucht werden. Den hierzu erforderlichen Elektronenstrahl von etwa 0,1 mm Durchmesser herzustellen, ist schwierig. Ebenso ist es nicht einfach, die Auftreffstelle dieses feinen Strahls auf der Folie genau festzulegen. Die Aufgabe wird man so lösen, daß man zunächst ein z. B. 10fach vergrößertes Bild der Folie *F* erzeugt und in deren Bildebene S_1 mit einer sonst als Leuchtschirm ausgebildeten Lochblende von 1 mm Öffnung alle Strahlung bis auf den zu untersuchenden Bezirk ausblendet (Abb. 96). Diese Strahlung, die also von einem 0,1 mm ausgedehnten Bezirk der Folie kommt und der unmittelbar sichtbaren Lage der Blendenöffnung im Elektronenbild entspricht, liefert uns das Beugungsbild. Durch Verschieben der Blende bzw. des Bildes bei feststehender Blende [IV, 11] kann man nun die Folie von Zehntel-Millimeter zu Zehntel-Millimeter abtasten, wie es BOERSCH [73] durchgeführt hat.

Dieselbe Aufgabe in einfacherer Form liegt bei der Untersuchung eines kristallinen Gefüges hinsichtlich seiner Emission vor. Auch hier wird zunächst ein vergrößertes Bild entworfen, das nun, wie es SCHENK [608] durchführte, abgetastet wird, indem man das Bild an der sehr kleinen Öffnung eines Auffängerkäfigs vorbeischiebt [IV, 11]. Abb. 97 zeigt ein Kristallbild und die zugehörige

Meßkurve für den Emissionsstrom. Erst durch die elektronenoptische Abbildung und ausreichende Vergrößerung hat man die Unterschiede der Emission einer Metallfläche an verschiedenen Stellen in einfacher Weise festlegen können.

13. Erreichung der Maximalwirkung. Gegeben sei ein Strahlengang, der durch Gegenstand, Linse und Bild bestimmt sei. In diesen Strahlengang werde ein ablenkendes Element von bestimmten Eigenschaften gebracht. Die Frage, die bei konstruktiven Aufgaben aus verschiedenen Gebieten der experimentellen Elektronenoptik in verschiedenen Variationen auftaucht, lautet für diesen Spezialfall: Wo muß man das ablenkende Element im Strahlengang anordnen, um die ablenkende Wirkung möglichst groß zu machen?

Zur Beantwortung der Frage betrachten wir den einfachsten Fall (Abb. 98). Der Strahlengang wird danach einem Beobachter am Schirm so erscheinen, als ob nicht der Punkt P, sondern der Punkt P_1 Gegenstand wäre. Wenn man sich das Prisma vom Punkt P zur Linse hin verschoben denkt, so sieht man sogleich, daß in der ersten Grenzlage das Prisma wirkungslos ist, in der zweiten Grenzlage die Wirkung am größten sein wird. Daß dabei die Wirkung des Prismas am Gegenstandspunkt verschwindet, liegt in der Natur der Linse begründet, die ja die unter verschiedenen Winkeln von einem Punkt ausgehenden Strahlen im Bildpunkte wieder vereinigt.

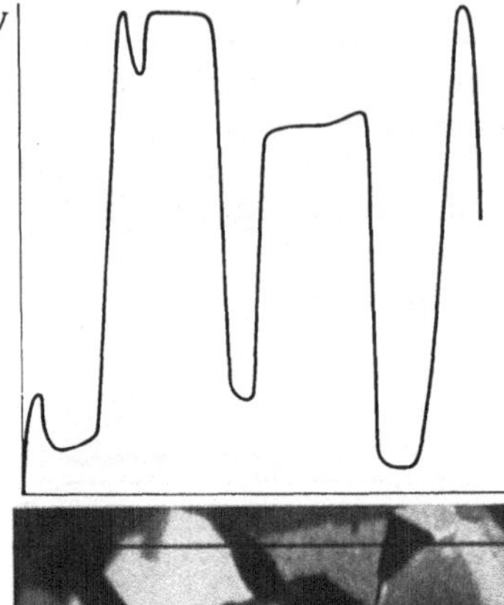

Abb. 97. Elektronenoptisches Emissionsbild einer Metalloberfläche und zugehöriger Emissionsstrom [608].

Wenn wir nun das Prisma über die Linse hinaus zum Bildschirm hinschieben, so nimmt offensichtlich die Ablenkwirkung wieder ab. Denn die Ablenkung wird ja bei der Lage des Prismas am Bildschirm wieder Null werden müssen. Wir haben also festgestellt, daß die Lage des Prismas *in* der Linse ein Maximum für die Ablenkung des Bildes bedeutet und daß dieses Ablenkung bei Verschiebung des Prismas nach beiden Seiten von der Linse aus linear abnimmt.

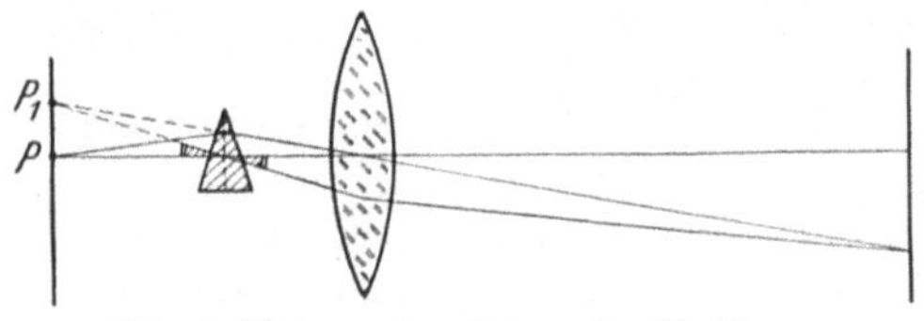

Abb. 98. Wirkung eines Prismas im Strahlengang.

Diese Feststellung gibt eine allgemeine Regel für die Konstruktion. Die Regel ist bei ausschließlicher Benutzung elektrischer oder bei ausschließlicher Benutzung magnetischer Elemente natürlich nur angenähert erfüllbar, da man zur Vermeidung von Störungen die Elemente einander im allgemeinen nur nahe rücken darf. Anders, wenn man ein elektrisches und ein magnetisches Element, also z. B. ein Ablenkplattenpaar und eine magnetische Linse verwendet.

Als erstes Beispiel für die Anwendung unserer Regel sei die BRAUNsche Röhre genannt [VIII, 2], wo man also die Ablenkplattenpaare möglichst dort anzubringen hat, wo die Linse sitzt. Ein zweites Beispiel liefern die Elektronenbeugungsapparaturen [XI, 12]. Wie das Netz der Verstärkerröhre eine Fülle von kleinen Elektronenlinsen ist, ist die Beugungsfolie bei LAUE-Aufnahmen nichts anderes als eine Fülle kleinster Ablenkelemente. Auch hier wird man die Beugungsfolie mitten in der (magnetischen) Abbildungslinse aufstellen.

Bisher haben wir von einer Linse und einem Ablenkelement gesprochen, wobei, abgesehen vom Ort der Elemente, überall gleicher Brechungsindex

herrschen sollte. Stellen wir nun eine etwas andere Frage, die jedoch zu demselben Fragenkomplex gehört. Wo muß ich im Strahlengang eine Ebene aufstellen, auf deren beiden Seiten der Brechungsindex verschieden Werte hat,
um eine möglichst große Wirkung auf die Bildgröße zu erzielen?

Zur Entscheidung dieser Frage betrachten wir Abb. 21, die für den Fall
einer Elektronenbeschleunigung an der Grenzfläche gezeichnet ist. Das Objekt P
erscheint durch die brechende Fläche nach $\bar{P}$ zurückverlegt, das Bild demnach
verkleinert. Verschieben wir die Ebene zum Gegenstand, so wird die Rückverlegung offensichtlich geringer, das Bild demnach nicht so stark verkleinert.
Die kräftigste Verkleinerungswirkung wird erzielt, wenn die brechende Ebene
in die Linse rückt. Rückt sie darüber hinaus, so wird die Wirkung wieder geringer, bis sie am Bild selbst natürlich wirkungslos wird. Also gilt auch in
diesem Fall, daß die Maximalwirkung beim räumlichen Zusammenfallen der
beiden „Elemente" erzielt wird.

Gehen wir abermals einen Schritt weiter und betrachten wieder unser erstes
Beispiel mit dem maximal wirkenden Ablenkplattenpaar, wobei jetzt außerdem
eine brechende Fläche eingeschaltet werden soll. Jetzt gilt zunächst wieder,

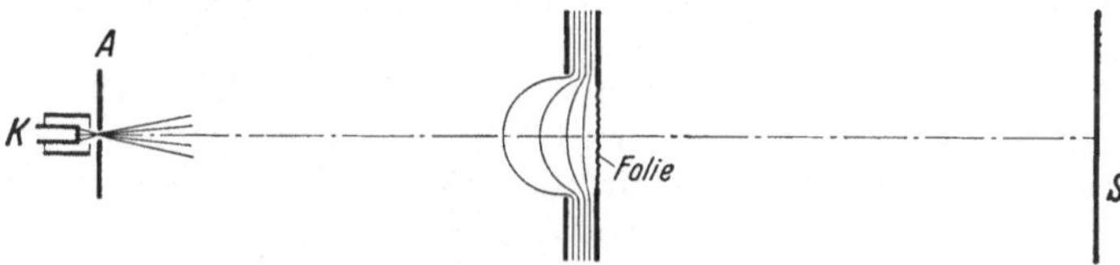

Abb. 99. Beugungsapparatur.

daß Linse und Ablenkelement an derselben Raumstelle anzuordnen sind. Bei
Verschiebung der brechenden Ebene zwischen Gegenstand und Linse sieht
man, daß das Heranrücken an die Linse, das für die Ablenkwirkung ein-
flußlos ist, die Bildverkleinerung erhöht. Entsprechendes gilt für die Lage der
Ebene zwischen Bild und Linse. Also gilt hier die Regel, daß die brechende
Fläche, die Linse und das Ablenkelement an gleicher Raumstelle anzuordnen
sind. Ob wir dabei eine günstigere Lage der brechenden Fläche bei Verschieben
vom Gegenstand oder Bild her erreichen, bleibt noch besonders zu prüfen.

Als Beispiele seien wieder die BRAUNsche Röhre und die Beugungsapparatur
mit Folie erwähnt. Bei letzterer läßt sich unsere Forderung ausgezeichnet
erfüllen, brauchen wir doch nur vor der beugenden (ablenkenden) Folie eine
Lochblende aufzustellen, zwischen der und der Folie wir das abbildende [I, 8]
und gleichzeitig beschleunigende Feld anbringen (Abb. 99).

d) Mehrfachanwendung.

Eine Wirkung wird man normalerweise vergrößern, wenn man den interessierenden betreffenden Vorgang nicht nur einmal, sondern mehrfach nacheinander
ablaufen läßt. Diesem zeitlichen Nacheinander kann ein räumliches Hintereinander entsprechen. Man pflegt dann von mehreren Stufen zu sprechen.
Solche mehrstufigen Anordnungen finden wir bei der Lösung sehr verschiedener
Aufgaben. Als Beispiel aus der allgemeinen Elektrotechnik sei die „Kaskaden-
schaltung" [VII, 5] erwähnt, die der Erzeugung hoher Spannungen dient. Ein
Beispiel aus der Hochfrequenztechnik liefert die Hintereinanderschaltung von
Verstärkerröhren. Ein Beispiel aus der Elektronengerätekunde gibt der Kalt-
kathodenstrahl-Oszillograph, der mit der ROGOWSKIschen Vorkonzentration
[VIII, 6] in zwei Verkleinerungsstufen arbeitet. War hier die durch fehlerhafte
Spulenstellung gelegentlich auftretende Vergrößerungswirkung unerwünscht,

so ermöglichte ihre spätere Anwendung beim Elektronenmikroskop erst die einfache Erreichung derjenigen Vergrößerungen, die zur Ausnutzung übermikroskopischer Auflösungen erforderlich sind [IX, c]. Bei den Elektronengeräten findet der Kunstgriff bevorzugt bei den Vervielfachern, Vielfachbeschleunigern (z. B. Zyklotron) und Vielfachverzögerern (z. B. BARKHAUSEN-KURZ-Röhre) Anwendung.

14. Anwendung mehrerer Zellen. Ist k_1 die Verstärkung einer Elektronenröhre, k_2 die Verstärkung der zweiten usw., so ist der Endeffekt beim Hintereinanderschalten mehrerer Röhren durch das Produkt $k_1 \cdot k_2 \cdot \ldots \cdot k_n$ gegeben.

Diese „Reihen-Verstärkung", wie wir sie nennen können, tritt ebenfalls bei den statischen Sekundäremissions-Vervielfachern (Reihen-Vervielfachern) auf [VI, b]: Die durch Licht aus einer Photoschicht ausgelösten Elektronen werden z. B. zu einem Netz beschleunigt, das mit der Photoschicht einen Beschleunigungskondensator bildet. Am Netz lösen die Primärelektronen wieder Elektronen aus, die durch die Netzmaschen in den anschließenden Kondensator eintreten usw. [VI, 5]. Verkörpern die primären Elektronen die Intensität I_0 und ist k der Faktor, um den die Teilchen beim Stoß vermehrt werden, so ist die Intensität nach dem Zusammenstoß $I_0 k$. Bei n-maliger Durchführung des Experiments erhalten wir so als Wert für die Intensität $I_n = I_0 k^n$. Die Bedingung dafür, daß die Intensität wächst, ist dabei natürlich, daß die von dem Sekundäremissionsfaktor der getroffenen Fläche usw. abhängige Größe $k > 1$ ist.

Ein anderes typisches Beispiel für die Reihen-Vervielfachung liefert die Photozelle mit Gasfüllung im Proportionalitätsbereich [VI, 9]. Hier sind die Sekundäremissionsnetze gleichsam in ein Sekundäremissionskontinuum (Schwamm) aufgelöst worden. Während wir bei dem Netz-Vervielfacher stillschweigend annahmen, daß die primären Teilchen bis zum Aufprall auf das Netz bereits soviel Energie gesammelt hatten, daß sie Sekundärelektronen auszulösen vermögen, wird es im Gase anders sein. Nehmen wir einen solchen Gasdruck an, daß die freie Weglänge wesentlich kleiner ist als die Feldlänge, nach deren Durchfallen das Elektron zu ionisieren vermag, so werden auch elastische Stöße stattfinden. Diese Reflexionen sind aber vollständig bedeutungslos; auch jetzt werden die Teilchen, wenn auch auf komplizierten Bahnen, schließlich das zur Auslösung von Sekundärelektronen erforderliche Potential durchfallen haben, dann nämlich, wenn sie eine gewisse Minimaltiefe im Felde auf die Anode zu vorgedrungen sind.

Alle diese Vorgänge, die wir hier in sehr vereinfachter Form kennengelernt haben, haben in der Natur ein Vorbild in der Lawine, bei der die „Stufenzahl" allerdings so groß ist, wie sie mit technischen Reihen-Vervielfachern normalerweise nicht erreicht wird. Im Gase können solche Elektronenlawinen auftreten, die jedoch dann meist in die Gasentladung überleiten. Gelingt es, die Lawine vorher aufzufangen, so kann man diese sehr hohe Vervielfachung nutzbar machen, wie es bei den Zählern geschieht [VI, 10].

Das Reihen-Vervielfachungsprinzip ist nicht nur auf Geräte, bei denen der End*strom* interessiert, beschränkt. Es gilt sinngemäß z. B. auch für die Vielfachbeschleuniger [X, 7], bei denen der Ladungsträger das beschleunigende Feld nicht nur einmal durchläuft, sondern bei dem viele solche Beschleunigungszellen hintereinandergeschaltet sind, die dem Ladungsträger so stufenweise eine hohe Endenergie übermitteln. Dabei ist das beschleunigende Feld ein geeignet geschaltetes Wechselfeld, das die Teilchen dauernd beschleunigt. Es kann aber auch ein Gleichfeld sein, in dem durch geeignete Ladungsänderung der Teilchen dafür gesorgt ist, daß dauernde Beschleunigung stattfindet [X, 7]. Für alle diese Geräte ist das Typische, daß eine *endliche* Anzahl von Zellen vorhanden ist, die räumlich *hintereinander* angeordnet sind und nacheinander durchlaufen werden.

15. Mehrfache Anwendung derselben Zelle. Der Wunsch liegt nahe, die Hintereinanderschaltung der Zellen irgendwie zu vermeiden und dieselbe hohe Verstärkungswirkung mit einer *einzigen* Zelle zu erzielen, die mehrfach zur Wirkung kommt. Stellen wir uns beispielsweise die Aufgabe, bei dem Sekundär-elektronen-Vervielfacher eine mehrfache Vervielfachungswirkung mit derselben Zelle, d. h. mit demselben Plattenkondensator, vorzunehmen. Mit einem statischen Feld ist diese Aufgabe natürlich nicht lösbar, da das die Primärelektronen beschleunigende Feld die Sekundärelektronen an der Beschleunigung hindert. Trotzdem kann man die gewünschte Maßnahme durchführen, wenn man geeignete Kunstgriffe anwendet.

Der erste Kunstgriff besteht in dem Versuch, nicht durchgehend Ladungsträger gleichen, sondern abwechselnd entgegengesetzten Vorzeichens auslösen zu lassen. Würden etwa die primären und beschleunigten Elektronen *positive* Teilchen auslösen, so würden diese nun zur Kathode zurückbeschleunigt, wo sie wieder Elektronen auslösen könnten usw. Tatsächlich treten solche *Vervielfachungen bei Anwesenheit von Gas* in Röhren auf [VI, c].

Der zweite wichtige Kunstgriff besteht darin, daß man unter Beibehaltung des gleichen Vorzeichens der Ladungsträger hochfrequente Wechselfelder als Beschleunigungsfelder benutzt. Wir brauchen uns nur zu denken, daß die Potentiale an den Elektroden im Augenblick beim Auftreffen des Elektrons umgepolt werden, so daß die Ladungsträger einmal von links nach rechts, dann von rechts nach links beschleunigt werden. Die Elektronen pendeln zwischen den beiden Platten; man erhält die *Pendel-Vervielfachung*. In praxi wird der Vorgang etwas anders als beschrieben geleitet, indem an die Elektroden des Plattenkondensators die Pole einer sinusförmigen Hochfrequenzspannung gelegt werden, so daß stets ein lineares Feld zwischen den Elektroden vorhanden ist, das aber beim Start und am Ziel des Elektrons gerade Null ist. Trotzdem kann auch jetzt das Elektron Energie aufnehmen und ist nun zur Auslösung von Sekundärelektronen bei Ankunft an jeder von beiden Platten befähigt [X, c].

Der dritte Kunstgriff, den man anwendet, wenn man mit Ladungsträgern eines Vorzeichens auskommen und auch hochfrequente Felder vermeiden muß, besteht darin, zum Rücklauf „Teilchen" ohne Ladung zu verwenden, die das Feld ohne Rücksicht auf dessen Richtung durchlaufen. Solche Teilchen sind Lichtkorpuskeln. Die beschleunigten Elektronen treffen z. B. auf einen Leuchtschirm, dessen Licht nun die Kathode zur neuerliche Elektronenemission anregt usw. Wir erhalten die *Rückwirkungs-Vervielfachung*, speziell die „optische Rückkopplung", deren Beseitigung z. B. beim Bildwandler [IX, d] besondere Maßnahmen erforderlich macht.

Bei der Reihen-Vervielfachung hatten wir eine bestimmte, wählbare Stufenzahl. Bei der „Pendel"- und „Rückwirkungs"-Vervielfachung haben wir zwar räumlich nur eine Stufe, die aber sehr oft, im Prinzip unendlich oft, zur Wirkung kommt. Ist keine Dämpfung vorhanden, so ist bei n Stufen die Endintensität bei der Pendel-Vervielfachung

$$I = I_0 k^n.$$

Bei der Rückwirkungs-Vervielfachung ergibt sich

$$I = I_0 (1 + k + k^2 + \cdots + k^n + \cdots).$$

Dabei bedeutet: I_0 die ohne Verstärkung zur Anode gelangende Intensität, k den Sekundäremissions-Faktor bzw. den Rückwirkungsfaktor.

Wir haben die Pendel- und Rückwirkungs-Vervielfachung an dem wichtigsten, aber speziellen Fall des Elektronen-Vervielfachers behandelt, bei dem die Energie zur Vervielfachung durch die Ladungsträger dem Beschleunigungsfeld entnommen wird. Andere Beispiele, auf die später eingegangen sei, liefern die Schwingungserregung durch stufenweise Abbremsung [X, d] und die Rückkopplung [IV, 19].

16. Kreisführung und Begrenzung der Stufenzahl. Bei den Betrachtungen des letzten Abschnitts stellten wir die Anwendung einer Reihe von wirkenden Zellen der vielfachen Anwendung einer und derselben Zelle gegenüber, und zwar würde die Zelle im Idealfall unendlich oft zur Wirksamkeit gelangen. Natürlich darf bei technischen Geräten die Stufenzahl nicht unbegrenzt sein, vielmehr muß z. B. beim Vervielfacher der Strom abführbar und endlich sein. Wir betrachten als instruktives Beispiel den Kreisvielfach-Beschleuniger, bei dem die pendelnde Bewegung durch die besonders günstige Kreisbewegung ersetzt ist. Zwischen den beiden Duanten der Abb. 100 liege eine Hochfrequenz-Feldschicht. Der Anordnung ist ein homogenes Magnetfeld senkrecht zur Zeichenebene überlagert. Ein Ladungsträger wird unter der Wirkung des magnetischen Feldes eine Kreisbahn beschreiben, wobei das Wechselfeld so gewählt sein möge, daß er bei jedem Durchgang durch die Beschleunigungsschicht beschleunigt wird [X, 9]. Infolge der wachsenden Geschwindigkeit setzen sich die Kreisbahnen zu einer Spirale zusammen [I, 3]. Bei ihrer Durchlaufung entfernt sich der Ladungsträger mehr und mehr von der Feldmitte und gelangt so nach einer bestimmten Anzahl von Umläufen, deren jeder zwei Stufen entspricht, aus dem Feld. Die Wahl der Feldstärke bedeutet eine Wahl der Stufenzahl.

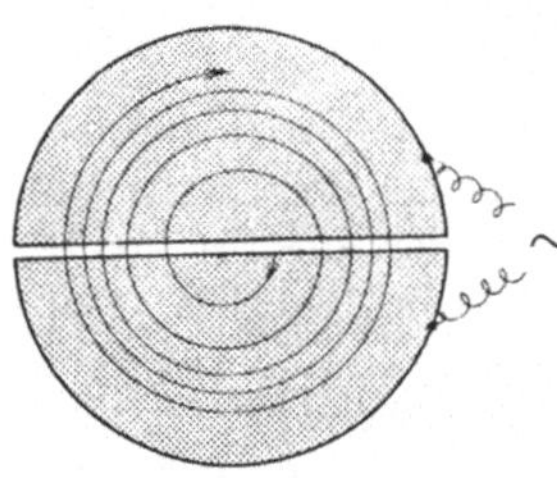

Abb. 100.
Kreisführung und Beschleunigung
eines Ladungsträgers.

Auch bei den Schwingröhren [X, d] und den Vervielfachern muß die Stufenzahl begrenzt sein. Bei ersteren muß der Pendelungsvorgang dann beendet sein, wenn das Elektron seine Energie abgegeben hat. Wir werden in [X, 16] sehen, wie diese Wahl der Stufenzahl durch die Aussortierungsvorgänge erzielt wird.

Der Vervielfacher, den wir als Pendel-Vervielfacher bereits im vorigen Abschnitt kennenlernten, würde in seiner idealisierten Arbeitsweise mit senkrecht zu den Platten schwingenden Elektronen, deren Zahl sich dauernd vermehrt, schließlich unendlich hohen Strom ergeben. In Wirklichkeit werden die Elektronen seitlich aus den Platten herauswandern infolge der Seitwärtskomponenten der Elektronen-Austrittsgeschwindigkeit und der Abstoßungskräfte der Elektronen untereinander. In der Praxis verstärkt sich das Herauswandern aus dem Hochfrequenzfeld noch dadurch, daß man eine Ringelektrode mit einer Saugspannung am Rande um den kreisförmigen Kondensator legt. Das Potentialfeld hat jetzt in der Kondensatormitte einen sogenannten „Sattelpunkt“, ist also — gleich, welche Phase wir betrachten — nach außen so gestaltet, daß es im ganzen einen Grat mit schrägem Abfall bildet. Durch Wahl der Saugspannung haben wir es jetzt in der Hand, die Anzahl der Pendelungen und damit die mittlere Stufenzahl zu wählen. Die Absauganode begrenzt die Stufenzahl jedoch so sehr, daß zweckmäßigerweise über die Anordnung eine Spule geschoben wird, die ein magnetisches Längsfeld zwischen den Platten erzeugt. Durch die Fokussierungswirkung dieses Feldes [I, 9] kann die Verstärkung wirksam geregelt werden.

17. Mehrstufige Abbildung. Vervielfacher, Vielfach-Beschleuniger und Vielfach-Verzögerer sind die drei erwähnten Geräte, die auf der Vielfachwirkung beruhen. Von Bedeutung ist die Mehrfachanwendung auch bei den Abbildungs-Strahlengängen, sei es, daß es sich um Strahlgeräte oder Abbildungsgeräte handelt.

Statt eine Elektronenmenge zu vervielfachen, hat man auch versucht, ein ganzes Elektronenbild intensitätsmäßig zu vervielfachen [IX, 21]. Zu diesem Zweck wurde das Elektronenbild, das ein Bildwandler entwarf, auf eine sekundäremittierende Prallplatte geworfen, deren Elektronen nun wieder durch eine Linse erfaßt und zu einem verstärkten Bilde vereinigt werden.

Ganz anders als bei diesem Bildverstärker und den bisher besprochenen Geräten ist die Anwendung desselben Grundgedankens zur Änderung einer Vergrößerung ohne Veränderung des für den Strahlengang zur Verfügung stehenden Raumes.

Die heutige BRAUNsche Röhre [VIII] mit elektrischen oder magnetischen Linsen arbeitet normalerweise mit einer Vorkonzentrationsstufe. Es heißt das, daß die zur Verfügung stehende Strecke L zwischen Kathode und Schirm in zwei Stufen I und II aufgeteilt ist (Abb. 101). Auf diese Weise ist eine kleinere Vergrößerung und damit ein kleinerer Leuchtfleck zu erzielen, als es bei gleicher Entfernung der Hauptlinse vom Schirm mit einer einzigen Linse möglich wäre. Man ist auch diesen Gedankengang konsequent weitergegangen und hat dreistufige Anordnungen vorgeschlagen, ohne daß bisher jedoch praktisch Ergebnisse in dieser Richtung bekannt geworden seien. Tatsächlich wird man den erhöhten technischen

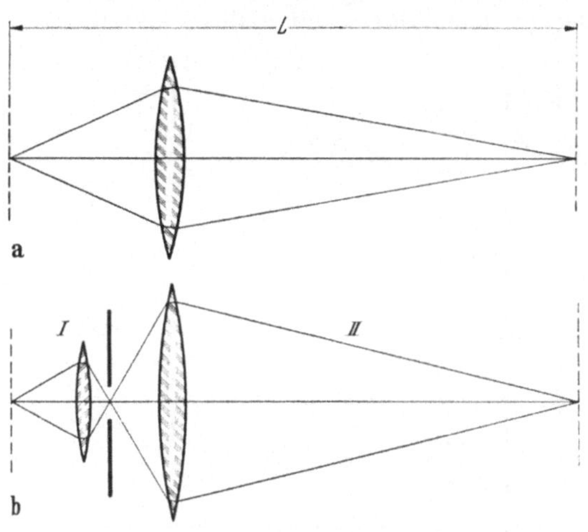

Abb. 101. Ein- und zweistufige Abbildung.

Aufwand nur in Kauf nehmen, wenn wirklich ein wesentlicher Fortschritt in anderer Hinsicht verbürgt ist. Die heutige BRAUNsche Röhre ist jedoch bereits zweistufig so gut, daß der Wert der Einführung einer dritten Stufe zur Zeit zweifelhaft erscheint.

Bei eigentlichen Abbildungs-Strahlengängen wendet man denselben Kunstgriff an. Hier jedoch nicht, um die Verkleinerung, sondern um die Vergrößerung weiter zu treiben, ohne zu unangenehm kleinen Brennweiten der Linsen zu gelangen. Wollte man etwa beim Übermikroskop [IX, c] mit einer Stufe bei 1 m Länge des Strahlenganges 10000fache Vergrößerung erzielen, so müßte man Linsen von 0,1 mm Brennweite benutzen. Solche Linsen sind jedoch zur Zeit kaum herstellbar, zumindest nicht für genügend hohe Spannungen. In jedem Fall scheinen sie in der Benutzung praktisch unmöglich zu sein. Alle diese Schwierigkeiten verschwinden, wenn man auf der gleichen Gesamtlänge zwei Stufen anbringt, deren jede nur noch eine Brennweite von 5 mm zu haben braucht.

e) Rückwirkung und Rückkopplung.

Dieselbe Aufgabe wie im letzten Kapitelteil soll uns nun in anderem Zusammenhange beschäftigen. Wir wollen die in [III, f] diskutierte Wechselwirkung zwischen dem Elektronengerät und dem äußeren Kreise zu besonderen Wirkungen ausnutzen. Durch Rückwirkung vom Kreise her können wir Effekte vergrößern, schließlich sogar aus dem Gerät ein Relais machen. Eine wichtigere Anwendung der Rückwirkung stellt die Rückkopplung dar, das in der Praxis vielbenutzte Prinzip der Schwingungsanregung.

18. Rückwirkung und Verstärkung bei Steuervorgängen. Eine Steuerung kann durch Quer- und Längsfelder vorgenommen werden. Dementsprechend werden wir zwei Grundformen der Anordnung mit Rückwirkung zu unterscheiden haben, die sich zwar nicht im schaltungstechnischen Teil, wohl aber im Röhrenteil unterscheiden. Betrachten wir zuerst die Quersteuerung durch ein Ablenkplattenpaar und dann die Längssteuerung durch das Steuernetz.

Ein Elektronenbündel gehe gerade an der Elektrode E vorbei (Abb. 102a), die über einen Widerstand R mit der Anode (Erde) verbunden sei. Wird an die Platte P_2 eine kleine negative Spannung u_G gelegt, so wird der Strahl nach oben verschoben. Jetzt fließt ein Elektronenstrom i von der Elektrode E ab, der an dem Widerstand R die Spannungsdifferenz iR erzeugt. Nun wollen wir eine Rückwirkung vornehmen, wozu wir E mit P_2 verbinden (Abb. 102b). Es fließt jetzt ein Strom, auch wenn der Elektronenstrahl nicht vorhanden ist.

Seine Stromstärke ist $\dfrac{u_G}{R_G+R}$, wenn R_G den inneren Widerstand der Spannungsquelle bedeutet. Infolge des Stromflusses ist die Spannung an der Platte P_2 jetzt von u_G auf $u_G \dfrac{R}{R_G+R}$ verringert, also, wenn beispielsweise $R_G = R$ ist, auf die Hälfte. Der Elektronenstrahl wird also nicht so stark ausgelenkt, und der Elektronenstrom i ist zunächst geringer, weil weniger Elektronen — in unserem Beispiel nur halb so viel — auf die Platte treffen. Die Spannungsdifferenz an R, die wir vergrößern wollten, ist aber auch deswegen kleiner, weil der Strom i auch durch R_G abfließt, d. h. die Batterie auflädt, so daß in unserem speziellen Beispiel mit $R = R_G$ die Spannungsdifferenz also weniger als halb so groß gegenüber früher ist. Ist diese Spannungsdifferenz aber noch groß gegenüber u_G, so wird sie jetzt, da sie ja über die Platte P_2 auf den Strahl wirkt, diesen stark nach oben ablenken, unter Umständen sprunghaft so weit, daß alle Elektronen auf den Auffänger E auftreffen. Dieser Gedankenversuch zeigt, daß durch die Herstellung einer Rückwirkung über Stromkreise zunächst eine Verringerung der Wirkung in Kauf genommen werden muß, die aber dann durch die Rückwirkung selbst wieder mehr als ausgeglichen werden kann.

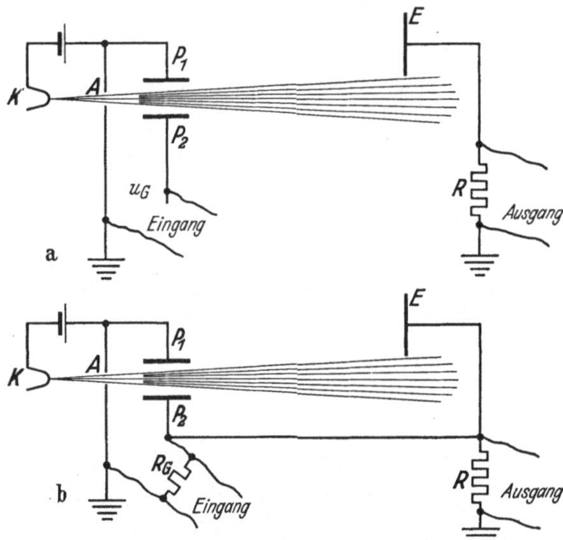

Abb. 102. Rückwirkung bei Quersteuerung.

Ganz ähnlich liegt der Fall bei der Steuerung durch ein Netz (Abb. 103a). Der Elektronenstrahl wird durch die erste Elektrode E (Raumladegitter) zunächst beschleunigt, dann durch das Steuernetz G abgebremst, wobei je nach der Spannung am Steuergitter ein Teil zur Anode durchgelassen wird, ein Teil zum Raumladegitter reflektiert wird. Je stärker negativ die Spannung am Steuergitter ist, um so größer ist der Strom zum Raumladegitter. Wird nun der Widerstand R zwischen Kathode und Raumladegitter geschaltet (Abb. 103b), so tritt an diesem Widerstand ein dem Strom nach E proportionaler Spannungsabfall auf. Die Spannung zwischen Kathode und Gitter E, d. h. die

Beschleunigungsspannung der Elektronen, ist um diesen Betrag herabgesetzt, die Steuerwirkung des auf dem ursprünglichen Potential befindlichen Gitters G ist also entsprechend verstärkt. Dieser Spannungsbetrag kann so groß sein, daß das Gitter nunmehr vollkommen sperrt. Der Steuervorgang hat sich also über den äußeren Kreis selbst verstärkt.

Wir sahen nun auch, warum wir eine ähnliche Rückwirkung nicht mit einer einzelnen Dreielektrodenröhre erreichen können. Bei einer Verringerung der Gitterspannung sinkt der Anodenstrom, d. h. die Anodenspannung steigt, hat also die entgegengesetzte Richtung wie die Gitterspannung. Würde man einen Teil der Anodenspannung auf das Gitter rückwirken lassen, so würde man gerade eine Schwächung der Steuerwirkung erhalten. Da bei der Doppelgitterröhre, die wir zuvor betrachteten, der Strom zum Raumladegitter gerade entgegengesetzt verläuft wie der Anodenstrom, wird die beschriebene Rückwirkungsschaltung möglich.

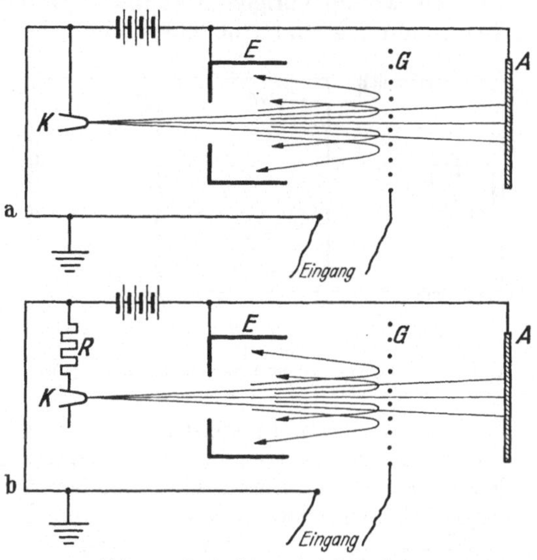

Abb. 103. Rückwirkung bei Spiegelung.

Wir wollen diesen Rückwirkungsvorgang an Hand der Kennlinie [III, 13] darstellen (Abb. 104). Ohne den äußeren Widerstand würde der Strom i_R zum Raumladegitter als Funktion der Spannung am Steuergitter die Form I haben. Bei Einschalten eines Widerstandes R wird ein Strom i schon bei einer um $R \cdot i$ positiveren Steuerspannung U_G erreicht, die Charakteristik also nach rechts um diesen Betrag verschoben. Je nach der Größe des Widerstandes entstehen Kurven vom Typ II, bei der die Steuerwirkung einfach verstärkt ist, oder vom Typ III, bei der am Punkte P eine Labilität auftritt. Kommt in diesem Falle die Gitterspannung von negativen Werten, so bleibt der Strom fast auf seinem vollen Wert bis zum Punkt P, um dann sprunghaft auf den viel kleineren Wert bei Q zu springen.

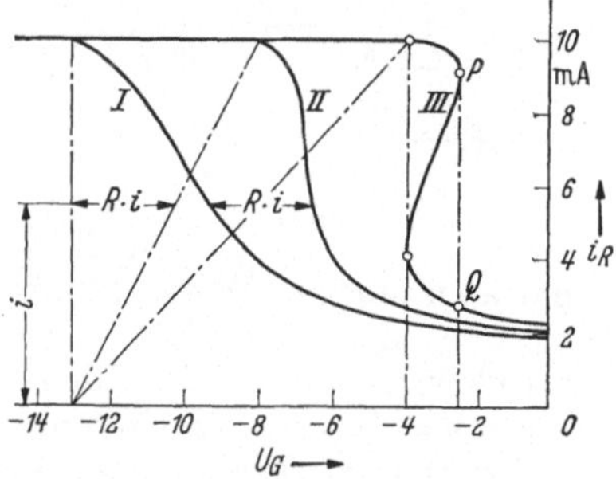

Abb. 104. Rückwirkung bei der Raumladungs-gitter-Röhre. (Nach Barkhausen [21].)

19. Rückkopplung und Schwingungsanfachung.

Die Rückwirkungsvorgänge, die im vorigen Abschnitt besprochen wurden, führten bei geeigneter Wahl des äußeren, für die Rückwirkung verantwortlichen Widerstandes zu einer Gleichstromlabilität, d. h. der Strom springt bei einer bestimmten Spannung auch bei kontinuierlicher Spannungsänderung auf einen neuen Gleichgewichtswert. Setzt man an Stelle des Ohmschen Widerstandes einen Schwingungskreis, wie es in Abb. 105 dargestellt ist, so tritt an Stelle des einmaligen Umkippens ein Schwingungsvorgang, der bei geeignetem Widerstand des Schwingkreises stationär sein kann. Es ist leicht einzusehen, daß der Schwingungsvorgang durch den Elektronenstrom dauernd „unterstützt" wird. Ist die Spannungsdifferenz am Kondensator groß, so fließt ein großer Elektronenstrom zum Raumladegitter und sucht die Spannung noch zu erhöhen und umgekehrt bei kleiner Kondensatorspannung.

Bei Wechselstromvorgängen können Rückwirkungs-Schaltungen auch bei gewöhnlichen Dreielektrodenröhren vorgenommen werden. Gleichstromrückwirkung war, wie wir im vorigen Abschnitt gesehen haben, deshalb nicht möglich, weil Gitterspannung und Anodenspannung gerade gegenläufig sind und sich daher nicht verstärken können. Bei Wechselstromvorgängen kann aber z. B. mit Hilfe von Induktivitäten ein Phasensprung von 180° eingeführt werden, so daß eine Verstärkung möglich wird. Wir kommen so zu den Rückkopplungsschaltungen nach MEISSNER [475], von denen Abb. 106 ein Beispiel gibt. Durch die Wechselinduktion wird ein Teil der Spannung des Schwingkreises auf das Gitter gebracht, verstärkt daher den Anodenstrom im Takte der Schwingung usw.

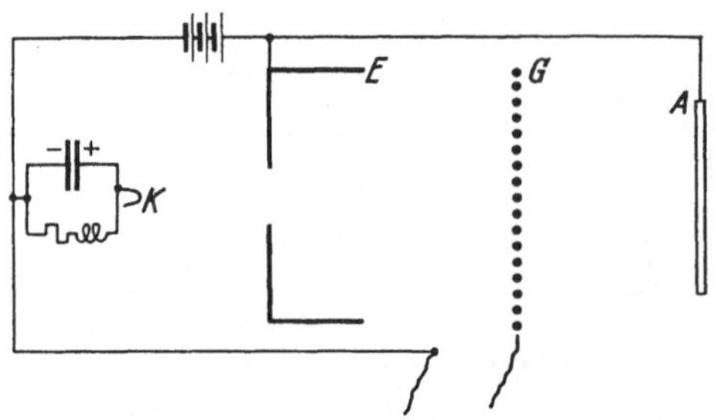

Abb. 105.
Schwingungserzeugung bei einer Raumladungsgitter-Röhre [1].

Das Gleichgewicht stellt sich dann ein, wenn der durch die Rückkopplung auf das Gitter übertragene Teil der Anodenwechselspannung gerade so groß ist, daß er seinerseits wieder eine Anodenwechselspannung erzeugt, die gleich der ursprünglichen Anodenwechselspannung ist. Verstärkt allgemein die Röhre eine kleine Schwankung der Gitterspannung um den Faktor $\mathfrak{B}$, wobei gilt $dU_A = -\mathfrak{B}\,dU_G$, so muß der Bruchteil

$$\mathfrak{K} = \frac{1}{\mathfrak{B}}$$

der negativen Anodenwechselspannung rückwärts auf das Gitter übertragen werden, damit der Schwingungsvorgang stationär ist. Nach [III, 18] gilt:

d. h.
$$dU_a = -\frac{\mathfrak{R}_a}{D\,(R_i + \mathfrak{R}_a)}\,dU_G\,,$$

$$\mathfrak{K} = D\left(1 + \frac{R_i}{\mathfrak{R}_a}\right) = D + \frac{1}{S\,\mathfrak{R}_a}\,.$$

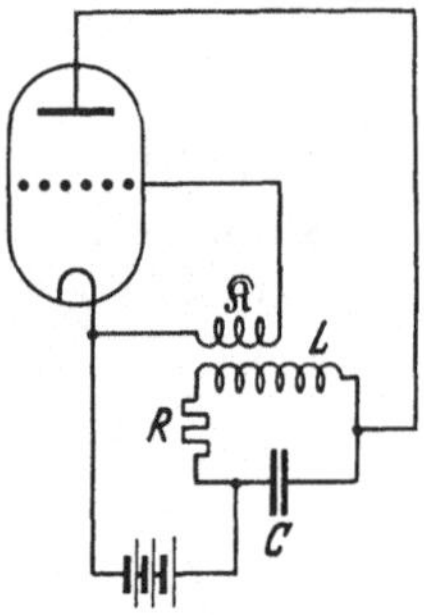

Abb. 106.
Rückkopplungsschaltung.

$\mathfrak{K}$ bezeichnet man als Rückkopplung oder Rückkopplungsfaktor. Wenn die Rückkopplung lockerer ist als dem angegebenen Wert entspricht, so kann sich keine stationäre Schwingung erregen. Besonders leicht erregen sich Schwingungen bei großer Steilheit und kleinem Durchgriff. Für großen äußeren Widerstand, also $|\mathfrak{R}_a| \gg R_i$, genügt schon $\mathfrak{K} = D$ zur Schwingungsanfachung. Je kleiner der äußere Widerstand im Verhältnis zum inneren Widerstand wird, um so fester muß die Rückkopplung gemacht werden.

Als Beispiel für die Anwendung obiger Formel betrachten wir die in Abb. 106 gezeichnete Anordnung. Der Wechselstromwiderstand des Schwingkreises ist phasenrein für $\omega^2 = \frac{1}{LC}\left(1 - R\,\frac{RC}{L}\right)$, sein Betrag ist für diese Frequenz $|\mathfrak{R}_a| = \frac{L}{RC}$. Damit diese Frequenz erregt werden kann, muß die Rückkopplung $\mathfrak{K}$ phasenrein sein, d. h. sie muß die Anodenspannung mit 180° Phasenverschiebung auf das Gitter bringen. Ihr Betrag muß den Wert $|\mathfrak{K}| = D + \frac{RC}{S \cdot L}$ haben. Der Betrag, bis zu dem sich die Schwingung aufschaukelt, kann aus diesen Gleichungen nicht bestimmt werden. Dazu müßte die Kennlinienkrümmung berücksichtigt werden.

---

[1] Das Gitter G kann direkt mit dem negativen Pol der Batterie verbunden sein.

V. Aufbauelemente.

Wir haben die Gesetze der Bewegung von Ladungsträgern in Feldern und die wichtigsten allgemeinen Gesetzmäßigkeiten und Regeln kennengelernt, die der Erzielung gewünschter Wirkungen dienen. Damit stehen wir nun dicht vor der Besprechung der einzelnen Gerätegruppen selbst, zu denen das vorliegende Kapitel überleitet. Das Kapitel soll die konkreten Bausteine der Elektronengeräte, die Aufbauelemente, behandeln. Der Tatsache, daß der Lebensweg des Ladungsträgers von Quelle und Senke eingegrenzt ist, zwischen denen sich alles für uns wichtige Geschehen abspielt, wollen wir hier ebenso wie in [III] Rechnung tragen, indem wir die beiden Hauptabschnitte des Kapitels, die Abschnitte über die Beeinflussungselemente, durch einen Abschnitt über den Austritt der Ladungsträger einleiten und durch einen Abschnitt über ihren Nachweis abschließen. Dabei sollen uns hier jedoch — im Gegensatz zu [III] — nur ganz konkrete Einzelangaben interessieren.

a) Quelle der Ladungsträger.

Ladungsträger können großes und kleines e/m haben. Sie können positiv und negativ geladen sein. Von diesen verschiedenen Teilchen interessieren besonders die Elektronen. Ihre Erzeugungsanordnungen sollen hier vorzugsweise besprochen werden. Die Erzeugungsanordnungen der sonst in diesem Buch noch vorkommenden Teilchen, der Kanalstrahlteilchen usw., finden mehr anhangsweise Erwähnung.

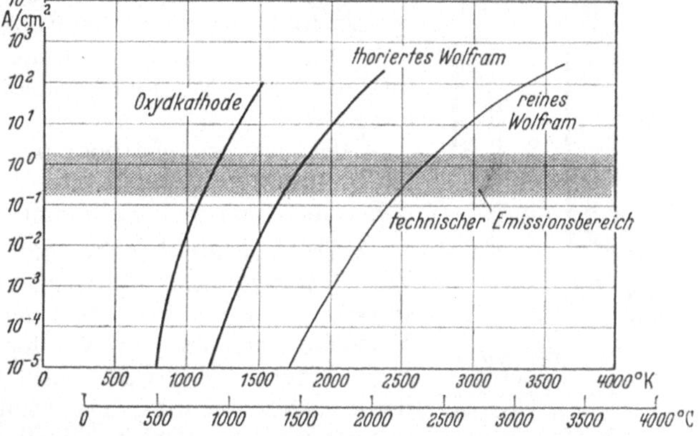

Abb. 107. Spezifische Sättigungsströme verschiedener Kathoden.

1. Die Glühkathode. Die Glühkathode, deren physikalische Grundlage wir in [III, 3] kennenlernten, ist die wichtigste technische Elektronenquelle. Sie findet bei Verstärkerröhren, Senderöhren und heute auch Röntgenröhren ausschließlich Verwendung. Man unterscheidet dabei nach der Art der Emissionsschicht Massivkathoden, d. h. Kathoden aus massiven reinen Metallen (z. B. Wolfram-Kathode), Kathoden mit dünnen „monoatomaren" Oberflächenschichten (z. B. thoriertes Wolfram) und Pastekathoden (Oxydkathode, Azidkathode). Diese Kathodentypen haben bei gleicher Temperatur eine um viele Zehnerpotenzen verschiedene spezifische Emission (Abb. 107). Um gleiche Emission zu erreichen, die bei technischen Kathoden in der Größenordnung von 0,1 bis 1 A/cm² liegt, müssen daher die Kathoden sehr verschiedene Temperatur annehmen. Diese Temperaturen liegen bei den drei Kathodentypen bei 2500, 1700 bzw. 1200° K oder rund 2200, 1400 bzw. 900° C.

Die Wolframkathode, die direkt durch die Wärme des hindurchfließenden Stromes geheizt wird, besteht im allgemeinen aus einem dünnen Draht. Sie verliert zwar infolge ihrer hohen Temperatur viel Wärme durch Strahlung, hat dafür aber den Vorteil großer Haltbarkeit. Man kann sie kurzzeitig stark überlasten, wobei sie sehr große Ströme abgibt. Ihre Aktivität wird durch Überlastung nicht verringert; sie verdampft nur entsprechend schneller. Die Wolframkathode findet wegen dieser besonderen Eigenschaften Verwendung bei Lenard-, Röntgen- und Ventilröhren, wo hohe Spannungen und starke Feldkräfte auftreten. Ebenso wird sie z. B. im Magnetron verwendet, da hier die Kathode unter Umständen durch „falschphasige" Elektronen hoch belastet wird [X, 21]. Die Wolframkathode wird ferner gelegentlich bei Fernseh-Projektionsröhren benutzt, wo es auf sehr starke Ströme ankommt, während die Lebensdauer keine so große Rolle spielt.

Die Oxydkathode unterscheidet sich schon äußerlich sehr von der Wolframkathode. Während die Wolframkathode und die ebenfalls hohe Temperaturen erfordernde Kathode aus thoriertem Wolfram stets direkt geheizt ist, herrscht bei der Oxydkathode indirekte Heizung vor. Abb. 108 zeigt in nicht maßstäblichen Skizzen links eine indirekt geheizte Kathode einer Elektronenröhre, rechts die einer BRAUNschen Röhre.

Die Kathoden bestehen aus Nickelröhrchen, die auf der Mantelfläche bzw. auf einem kleinen Deckel an der Stirnseite die Emissionssubstanz tragen. Die bifilar gewickelte Heizspirale wird mit einer Isoliermasse bespritzt und direkt in das Röhrchen eingeführt. Da das früher übliche Isolierröhrchen zwischen Heizfaden und Nickelröhrchen fortfällt, ist die Wärmeträgheit bedeutend herabgesetzt (Schnellheizkathode).

Über weitere Kathodenformen, über die Verfahren der Aufbringung des Oxyds, die Aktivierung usw. vergleiche man z. B. das Buch von ESPE und KNOLL [4].

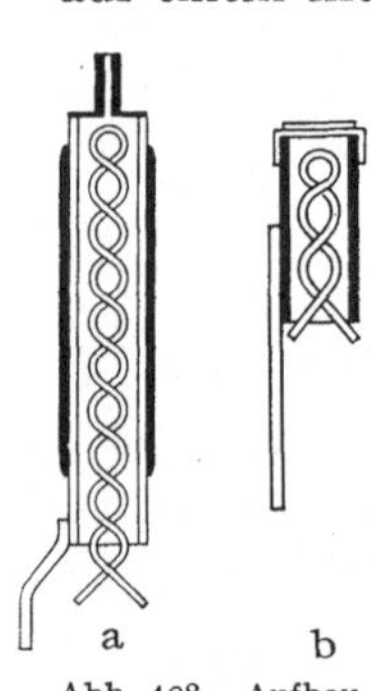

Abb. 108. Aufbau von Oxydkathoden; a einer Elektronenröhre (senkrecht zur Achse emittierend), b einer BRAUNschen Röhre (in Richtung der Achse emittierend).

2. Die lichtelektrische und sekundäremittierende Kathode.

Die *lichtelektrische Kathode*, von der bereits in [III, 4] gesprochen wurde, wird bei der Photozelle, dem Photozellen-Vervielfacher, dem Bildwandler und den verschiedenen Fernseh-Aufnahmeröhren, so der FARNSWORTH-Röhre und dem Superikonoskop verwendet. Die Photoschicht wird auf fester Metallunterlage oder auf einer Glasfläche angebracht, die zuvor durch einen Silberniederschlag leitend gemacht ist. Der Silberniederschlag, der jedoch nicht nur als Ableitung dient, sondern auch einen wesentlichen Bestandteil des Schichtaufbaues bildet, wird je nachdem, ob die Schicht von der Glas- oder der Vorderseite beleuchtet werden soll, durchscheinend dünn oder undurchsichtig gemacht. Im ersten Fall, z. B. beim Bildwandler, wird die Absorption des Lichtes und damit die Empfindlichkeit geringer sein. Experimentell findet man $1/_3$ bis $1/_4$ der Empfindlichkeit der kompakten Silberschicht.

Praktisch verwendet werden heute nur Kalium- und Caesiumkathoden in der durch BAINBRIDGE [24] und SUHRMANN [670] angegebenen Aufbauform. Diese zusammengesetzten Photokathoden bestehen aus dem Trägermetall, einer Zwischenschicht und einer „einatomaren" adsorbierten Alkalischicht. Bei der Kaliumzelle folgt auf die Silberschicht eine Oxydzwischenschicht, an der Oberfläche liegt eine adsorbierte Kaliumschicht. Bei der Caesiumzelle ist das Kalium gegen Caesium ausgetauscht. Die Kaliumschicht hat ein Empfindlichkeitsmaximum im blauen, die Caesiumschicht im ultraroten Teil des Spektrums (Abb. 109). Dementsprechend werden die Schichten für verschiedene Aufgaben eingesetzt, wobei die Caesiumschicht mit ihrer großen Allgemeinempfindlichkeit oft auch für das sichtbare Gebiet gegenüber der Kaliumschicht bevorzugt wird. Die Empfindlichkeit der Caesiumschicht, die auf kompaktem Silber aufgebaut ist, beträgt, wenn man sie auf den Lichtstrom einer Wolframlampe von 2600° K bezieht, 30 bis 50 µA/Lumen.

Es sind auch lichtelektrische Kathoden für spezielle Anforderungen entwickelt worden. So hat KLUGE [369] eine besonders präparierte Kaliumschicht zur Messung großer Lichtintensitäten angegeben. Während normale Schichten in diesem Falle Ermüdungserscheinungen zeigen, die auf der Verarmung der Oberfläche an aktiven Kaliumatomen beruhen, ist diese Kathode selbst bei Bestrahlung mit direktem Sonnenlicht noch anwendbar. Braucht man für das Sichtbare eine Schicht sehr hoher Empfindlichkeit, so erweist sich nach GÖRLICH [271b] eine Legierung von Caesium mit anderen Metallen, z. B. Antimon oder Wismut, als vorteilhaft.

Als *sekundäremittierende Kathode* verwendet man zur Zeit besonders zusammengesetzte Alkalischichten nach SUHRMANN und CZESCH [670]. Die Schichten sind in ihrem Aufbau den Alkaliphotoschichten ähnlich, ohne daß jedoch eine Schicht maximaler Photoemission auch maximale Sekundäremission zu haben braucht. Die besten Schichten ergeben für K-, Rb- und Cs-Kathoden Maximalausbeuten von 2,5 bzw. 5,5 bzw. 8,5 Sekundärelektronen pro Primärelektron [396].

Alkalischichten haben nur ein begrenztes Anwendungsgebiet, weil sie chemisch und thermisch sehr empfindlich sind. So werden Caesiumschichten durch Sauerstoffeinfluß oder durch hohe Temperaturen über 150° C zerstört. Bereits Oxydkathoden, die gleichzeitig im Rohr vorhanden sind, üben einen schädigenden Einfluß aus. Als stabilere Schichten sind z. B. thermisch behandelte Beryllium-Aufdampfschichten durch KOLLATH [396] empfohlen worden. Hinsichtlich der erreichten Ausbeute stehen diese Schichten den Caesiumschichten nach.

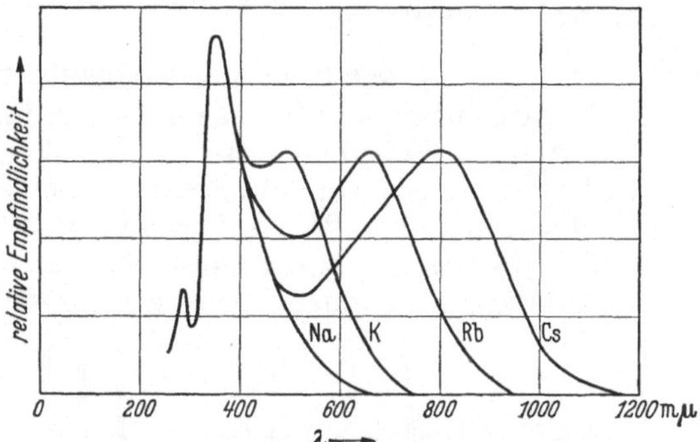

Abb. 109. Spektrale Empfindlichkeit verschiedener Photokathoden (Ordinaten der einzelnen Kurven sind nicht vergleichbar)·[368a].

3. Herstellung positiver Ionen [*21 a*]. Wie bei Elektronen kann auch die Befreiung positiver Teilchen durch Temperaturerhöhung einer Elektrode vorgenommen werden. So werden Salze oder Metalloxyde der interessierenden Stoffe, z. B. NaCl oder KCl auf metallischen Trägern erhitzt und geben dabei Ionen ab. Bei der KUNSMANN-Anode [408], einer Anode spezieller Zusammensetzung von Salzen und Oxyden der Alkali- und Erdalkalimetalle, erhält man auf diese Weise bei fester Heiztemperatur einen kräftigen, für einige Stunden konstanten Ionenstrom [409]. Ähnlich ist die ältere Methode der Anodenstrahlen, die GEHRCKE und REICHENHEIM angaben [250]. Enthält die Anode einer Gasentladung z. B. Li-Salz, so geht von ihr beim Brennen der Entladung ein Strahl von Li-Ionen aus, der als Anodenstrahl bezeichnet wird. Schließlich sei erwähnt, daß man Ionenstrahlen auch dadurch erhalten kann, daß man einen Atomstrahl, z. B. Kalium, auf glühendes Metall, z. B. Platin, auftreffen läßt. Wesentlich ist, daß die Ionisationsenergie des Atoms kleiner ist als die Elektronenaustrittsarbeit des Metalls.

Bei einer anderen großen Gruppe von Erzeugungsmethoden werden die Ionen nun mittels elektrischer Felder aus ionisierten Gasen herausgezogen. Die älteste Erzeugungsart, die sehr oft Anwendung findet, ist die Kanalstrahlmethode. In einem Gasentladungsrohr geht bei einem Druck von etwa 10^{-2} bis 10^{-3} Tor, der nach der WIENschen Durchströmungsmethode aufrechterhalten wird, eine Entladung über. Die durch die Kathodenstrahlen getroffenen Gasmolekeln werden ionisiert und die so gebildeten Ionen zu einer durchbohrten Kathode beschleunigt, aus deren Rückseite sie als Kanalstrahlen austreten (Abb. 110). Die Methode findet besonders in der Massenspektrographie [XI] und für Atomumwandlungsversuche bei höchsten Spannungen Verwendung. Der Kanalstrahlmethode ähnlich ist ein Verfahren, bei dem man einen Niederdruckbogen bei z. B. 100 V in Helium bei 10^{-2} Tor brennen läßt. Eine seitlich in die Entladung gebrachte, negative Platte (Sonde) sammelt eine Raumladungsschicht positiver Ionen um sich, die die negative Ladung der Sonde abschirmt.

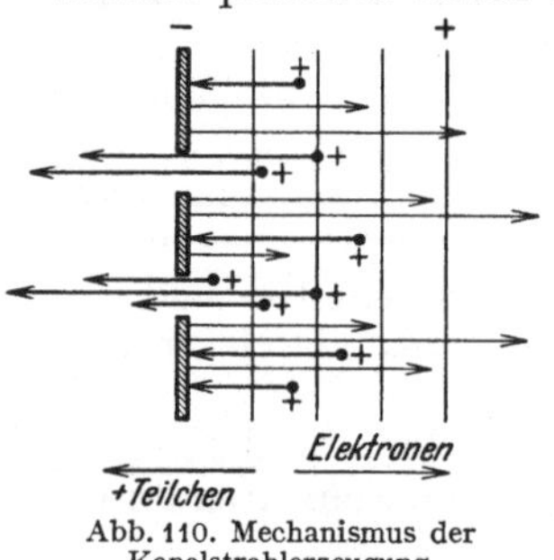

Abb. 110. Mechanismus der Kanalstrahlerzeugung.

Ein Ion, das die Grenze der Raumladungswolke durch Zufall erreicht, wird auf die Sonde gezogen und kann durch ein Loch der Platte in den Außenraum treten. Man erhält auf diese Weise Kanalstrahlen von sehr homogener Geschwindigkeit, die der Spannungsdifferenz zwischen Platte und Entladungsraum entspricht [515]. Schließlich sei noch die Erzeugung positiver Ionen durch den Stoß von Glühelektronen erwähnt, wie sie u. a. dann Anwendung findet, wenn langsame Teilchen hergestellt werden sollen. Auch beim Zyklotron werden die Ionen durch Elektronenstoß erzeugt [420].

b) Beeinflussungselemente mit statischen Feldern.

Die eigentlichen elektronenoptischen Elemente des Strahlenganges sind Elektronenlinse, Elektronenprisma (Ablenkelement) und Elektronenspiegel. Wir wollen in diesem Kapitelteil darüber hinaus auch einige andere Elemente des Strahlenganges, wie Blende, Verschluß und (LENARD-) Fenster betrachten, die man vielleicht deswegen in der Optik eher als in der Elektronenoptik den Elementen des Strahlenganges zuzurechnen geneigt ist, weil auch die Linsen selbst stofflicher Natur sind. Bei der Betrachtung aller dieser Elemente beschränken wir uns auf das Notwendigste.

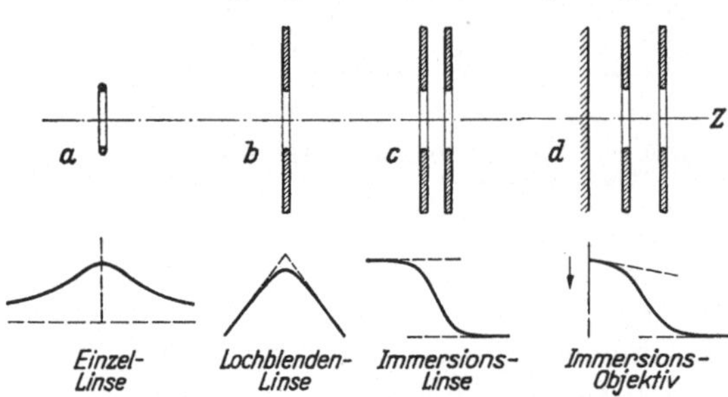

Abb. 111. Grundtypen der elektrischen Elektronenlinsen mit ihrem Achsenpotential.

4. Sphärische elektrische Elektronenlinsen. Die verschiedenen Formen der Elektronenlinse — sei sie elektrisch oder magnetisch — kann man sich aus der Kreislinie — oder besser ins Räumliche vergröbert — aus dem Ring abgeleitet denken [123]. Der Ring, der gegen den Raum negativ oder positiv aufgeladen ist, bildet eine *elektrische* Linse (Abb. 111a) und, wenn er vom Strom durchflossen ist, den Grundtyp der *magnetischen* Linse.

Der elektrisch aufgeladene Ring verhält sich gegenüber der Elektronenstrahlung wie eine *einzeln* im Raum stehende Glaslinse gegenüber Lichtstrahlen. Wie bei der Glaslinse ist auf beiden Seiten der „Brechungsindex" (Potential) in genügender Entfernung von dieser „Einzellinse" gleich groß. Denken wir uns um diesen dünnen Ring einen zweiten, etwas größeren Ring gleichen Potentials herumgelegt, so daß beide in derselben Ebene liegen, dann einen dritten ebenso hinzugenommen und verbunden usw., so kommen wir schließlich zu einer Lochscheibe, der „Lochscheibenlinse" oder „Lochblendenlinse", die einen zweiten wichtigen Typ der Elektronenlinse darstellt (Abb. 111b). Auf jeder Seite der Lochblendenlinse, deren Scheibe bis ins Unendliche reichen soll, hat man sich im Unendlichen eine Gegenelektrode zu denken. Die beiden Gegenelektroden sind gegen die Lochblende unendlich stark aufgeladen[1]. In größerer Entfernung von der Linse

---

[1] Statt mit unendlichen Entfernungen und unendlichen Ladungen zu operieren, kann man auch endliche Entfernungen und endliche Ladungen wählen.

nimmt die Feldstärke einen konstanten Wert an. Im allgemeinen Falle kann die Feldstärke auf beiden Seiten der Linse gleich oder verschieden sein und einseitig auch Null werden. Während die Einzellinse immer eine Sammellinse ist, kann die Lochblendenlinse auch eine Zerstreuungslinse sein. — Setzen wir zwei Lochblenden verschiedenen Potentials koaxial nebeneinander, so daß in großer Entfernung von den Blendenlöchern das Feld verschwindet, dann erhalten wir den dritten Haupttyp der elektrischen Elektronenlinse (Abb. 111c). Diese Linse, die „Immersionslinse", entspricht einer einzelnen brechenden Fläche in der Optik insofern, als der elektronenoptische Brechungsindex auf beiden Seiten dieser Linse konstant, aber verschieden ist. Die Immersionslinse kann eine Beschleunigungs- oder Verzögerungslinse sein, sie ist stets eine Sammellinse [I, 17]. Von besonderer Wich-

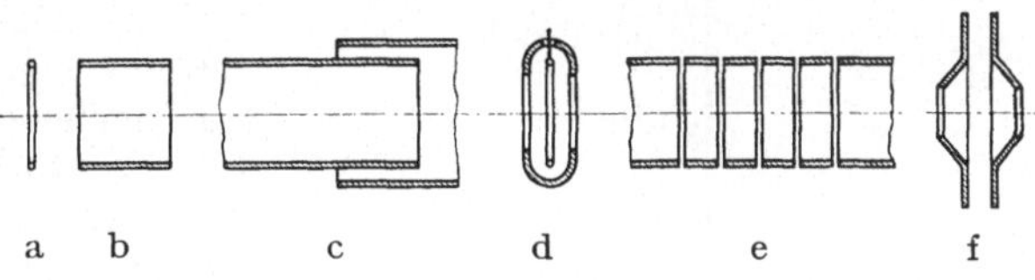

tigkeit in der Elektronenoptik ist das „Immersionsobjektiv", worunter man eine Immersionslinse versteht, die einer Platte gegenübersteht, an der das Feld mit einem von Null verschiedenen Wert ansetzt (Abb. 111d).

a   b   c   d   e   f

Abb. 112. Konstruktive Abänderungen der einfachsten Elektronenlinse.

Das Immersionsobjektiv hat für die Abbildung von Flächen, aus denen Elektronen austreten, besondere Bedeutung, also z. B. für das Elektronenmikroskop zur Kathodenforschung und den Bildwandler.

In konstruktiver Beziehung läßt sich die elektrische Elektronenlinse in ihren verschiedenen Typen abwandeln. Anstatt zu Lochblenden kann man von dem Kreisring natürlich auch zu Zylinderrohren übergehen (Abb. 112b und c), bei denen Störfelder von vornherein abgeschirmt sind, während bei Lochblenden dazu besondere Maßnahmen erforderlich sind. Diese „Röhrenlinse" wird besonders in der Technik der Braunschen und Fernsehröhre verwandt. Konstruktive Abänderungen werden ferner, wie wir in [IV, 2] sahen, vorgenommen, um das Feld, z. B. bei der Einzellinse, auf eine kürzere Raumstrecke zusammenzudrängen (Abb. 112d). Die Anwendung mehrerer Elektroden — seien es Lochblenden oder Zylinder — geschieht, um Fehler zu

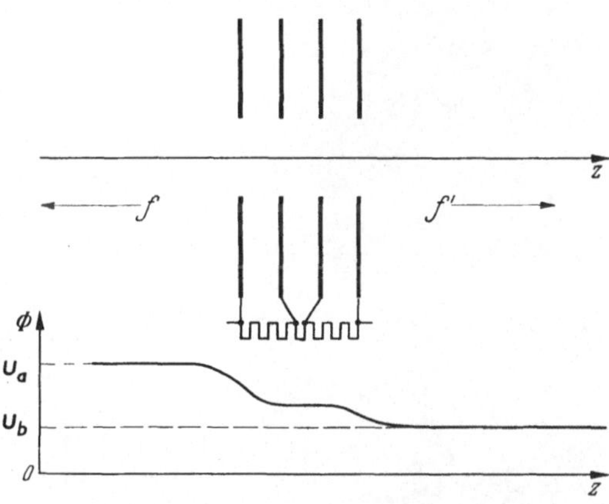

Abb. 113. Zur Brennweitenbestimmung der elektrischen Linse.

korrigieren oder um die Linse räumlich verschieben und damit die Vergrößerung des Systems wählen zu können (Abb. 112e).

Bei der Charakterisierung der optischen Eigenschaften einer Linse werden wir einerseits die Brennweite, andererseits den Korrektionszustand in Zusammenhang mit der Größe der Apertur betrachten. Für die Brennweite aller elektrischer Linsen ist der Potentialverlauf längs der Systemachse maßgebend. Aus den Bewegungsgleichungen lassen sich für die Hauptgruppen der Elektronenlinsen Brennweitenformeln ableiten, in die der Potentialverlauf $\Phi(z)$ längs der Systemachse, der entweder rechnerisch bekannt oder experimentell bestimmt ist, einzusetzen ist [I, 4].

Für die Immersionslinse gilt, wenn f' die bildseitige und f die gegenstandseitige Brennweite bedeutet und U_a und U_b die Potentiale der äußeren

Elektroden der Linse gegen Kathode gemessen, die mit dem Raumpotential in genügender Entfernung vor bzw. hinter der Linse übereinstimmen (Abb. 113):

$$\frac{1}{f'} = -\sqrt{\frac{U_a}{U_b}} \cdot \frac{1}{f} = \frac{3}{16} \sqrt[4]{\frac{U_a}{U_b}} \int\limits_{-\infty}^{+\infty} \frac{\Phi'^2(z)}{\Phi^2(z)}\, dz. \tag{1}$$

Sind die Potentiale U_a und U_b vor und hinter der Linse gleich, so wird aus der Immersionslinse die Einzellinse.

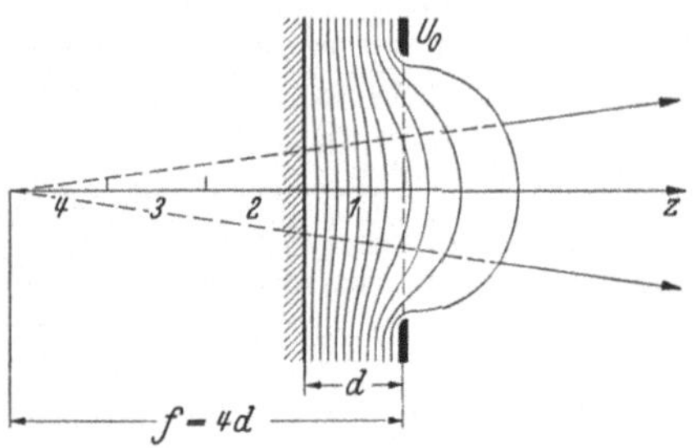

Abb. 114. Brennweite einer Lochblende.

Während bei der Immersions- und Einzellinse das Potentialfeld mindestens ein sammelndes und ein zerstreuendes Gebiet enthält, ist die Lochblendenlinse insofern einfacher, als ihr Potentialfeld durchgehend sammelnd oder zerstreuend ist. So wird es möglich, die Linsenwirkung an einer Raumstelle zu lokalisieren, wodurch sich folgende einfache Formel ergibt:

$$\frac{1}{f'} = \frac{1}{4}\frac{E_a - E_b}{U_0}. \tag{2}$$

In dieser Formel bedeuten E_a und E_b die Feldstärken in genügend großer Entfernung von der Lochblende, während U_0 das Potential der Blende selbst ist. Die Beziehung wird besonders einfach, wenn wir im Abstand d vor einer Kathode die Lochblende anbringen (Abb. 114). Wir erhalten eine Zerstreuungslinse mit der Brechkraft $\frac{1}{f'} = \frac{1}{4d}$.

Auf die Fehler und theoretischen Korrektionsmöglichkeiten hier genauer einzugehen, würde zu weit führen [3]. Hat das Elektronenbündel eine bestimmte Öffnung und wird keine Linse sehr geringer Brennweite verlangt, so wird man bestrebt sein, nur den Mittelbereich einer Linse auszunutzen, d. h. mit einer großen Linse zu arbeiten. Ist dabei der Raum nach außen — etwa durch das Versuchsrohr — beschränkt, so wird man der Röhrenlinse vor der Blendenlinse den Vorzug geben. Bei Linsen kleiner Brennweiten in der Größenordnnng eines Millimeters erweisen sich trichterförmige Ansätze (Abb. 112f) als einfachste Mittel zu einer wirkungsvollen Linsenkorrektion [336].

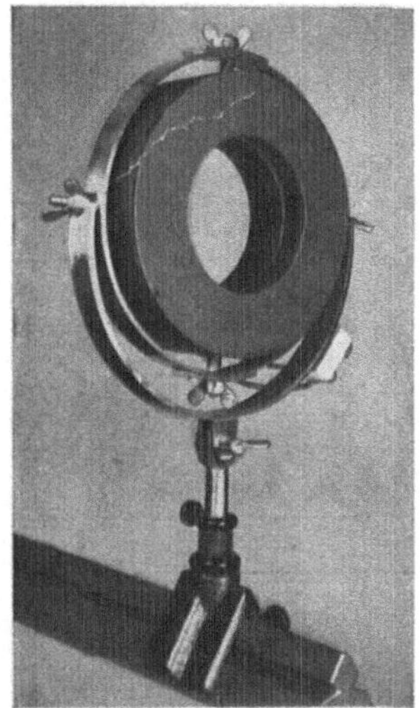

Abb. 115.
Gepanzerte magnetische Linse.

In der Ausführung zeichnen sich die elektrischen Linsen meist durch größte Einfachheit aus. Aus Lochblenden und Zylindern setzt sich das ganze elektronenoptische System zusammen.

5. Sphärische magnetische Elektronenlinsen. Noch unmittelbarer als die elektrischen Linsen lassen sich die magnetischen Linsen auf den Kreisring zurückführen. Der stromdurchflossene Kreisleiter ist die Grundform aller magnetischer Linsen, wenn man von den nur gelegentlich verwendeten Linsen mit Permanentmagneten absieht. Von dem einzelnen Drahtring kann man entweder zur „kurzen" oder zur „langen" Linse übergehen. Bei der kurzen Spule liegen Gegenstand und Bild außerhalb des Feldes, bei der langen Spule im Feld.

Kurze und lange Linse unterscheiden sich grundsätzlich in ihrer Wirkungsweise. Nur die *kurze Linse* ist einer optischen oder elektrischen Linse vergleichbar, wobei jedoch der Unterschied auftritt, daß das Bild nicht allein umgekehrt, sondern dieser Lage gegenüber um den Winkel ψ verdreht ist. Für Brennweite $f' = -f$ und Drehwinkel ψ des Bildes erhält man bei einem Drahtring aus den Bewegungsgleichungen [I, 4] die Größen[1]:

$$f' = \frac{16}{3\pi^3}\,\frac{m}{e}\,\frac{R}{i^2}\,U = 97\,\frac{R_\text{cm}}{i^2_\text{Amp.-Wind.}}\,U_\text{Volt} \qquad (1)$$

$$\psi = \sqrt{\frac{2e}{mU}}\,\pi\,i = 0{,}19\,\frac{i_\text{Amp.-Wind.}}{\sqrt{U_\text{Volt}}}\,. \qquad (2)$$

Dabei ist U die Beschleunigungsspannung, R der mittlere Wicklungsradius und i der Strom im Drahtring, d. h. die Amperewindungszahl.

Bei der *langen Linse* findet überhaupt keine Bildumkehr statt, vielmehr wird der Gegenstand durch sie punktweise auf die Bildebene projiziert,

Abb. 116. Gepanzerte magnetische Linse kleiner Brennweite [588].

ähnlich wie bei der Herstellung eines photographischen Kontaktabzuges. Die Entfernung d zwischen Gegenstand und Bild, in der das Bild scharf ist, folgt zu:

$$d = 2\pi\,\frac{mv}{eH} = 0{,}17\,\frac{\sqrt{U_\text{Volt}}}{i_\text{Amp.-Wind./cm}}\,. \qquad (3)$$

Mit den Linsenformen dieser Art lassen sich bei Beschleunigungsspannungen der Elektronen von einigen hundert Volt oder mehr keine kleinen Brennweiten in der Größenordnung von Millimetern erzielen. Verringern wir z. B. bei der kurzen Linse zu diesem Zweck von dem Spulenradius 5 cm ausgehend diesen Radius auf 0,5 cm, um ein Zehntel der bisherigen Brennweite zu erhalten, so müßten wir jetzt die gleiche Drahtmenge in einem Ring von 5 mm Radius und vielleicht 1 mm Dicke unterbringen. Da das nicht möglich ist, muß man einen Eisenschluß anwenden, durch den eine Konzentration des Kraftlinienflusses einer an sich großen Spule auf einen achsennahen Bezirk erfolgt [IV, 2]. Abb. 115 zeigt eine derartige gepanzerte Spule in der von RUSKA und KNOLL [590] gewählten Form [IV, 2]. Ihre Anwendung bei einer Linse kleiner Brennweite zeigt Abb. 116 nach RUSKA [588]. Eine etwas andere Form der kurzbrennweitigen magnetischen Linse ergibt sich

Abb. 117. Magnetische Linse kleiner Brennweite [356c].

nach einem Vorschlag von BRÜCHE [356c], wenn man von dem üblichen Elektromagneten ausgeht, dessen Polschuhe man als Linsenelektroden ausbildet (Abb. 117). Diese Jochlinse wird zur Erzielung eines besser symmetrisierten Feldes meist als Doppeljochlinse verwendet.

Ist die Feldstärke längs der optischen Achse durch $H(z)$ gegeben, so folgen aus der Theorie [I, 4] für Brennweite f' und Drehwinkel ψ die Formeln[1]:

---

[1] Die zahlenmäßig ausgerechneten Formeln in diesem Abschnitt geben Längen in cm, Winkel im Bogenmaß.

$$\frac{1}{f'} = \frac{e}{8mU} \int\limits_{-\infty}^{+\infty} H^2(z)\,dz = \frac{0{,}022}{U_{\text{Volt}}} \int H^2(z)_{\text{Oerstedt}}\,dz \tag{4}$$

$$\psi = \sqrt{\frac{e}{8mU}} \int\limits_{-\infty}^{+\infty} H\,dz = \frac{0{,}15}{\sqrt{U_{\text{Volt}}}} \int H_{\text{Oerstedt}}\,dz\,. \tag{5}$$

Experimentell ergeben sich für gekapselte Spulen, wie sie Abb. 115—117 zeigen, ebenso wie bei elektrischen Linsen Brennweiten von der gleichen Größenordnung wie die freier Öffnung. Die kürzesten Brennweiten, die für elektronenmikroskopische Zwecke bei 50 ekV-Elektronen bisher erreicht worden sind, liegen in der Größenordnung eines Millimeters.

Gelegentlich sind auch Kombinationen solcher Linsen benutzt worden. So läßt sich nach STABENOW [657] mit zwei gegeneinander geschalteten Linsen die gelegentlich störende Bilddrehung beseitigen oder auf einen bestimmten Winkel einstellen. Abb. 118 zeigt eine solche Spule, die der Doppelspule von RUSKA [587] ähnelt.

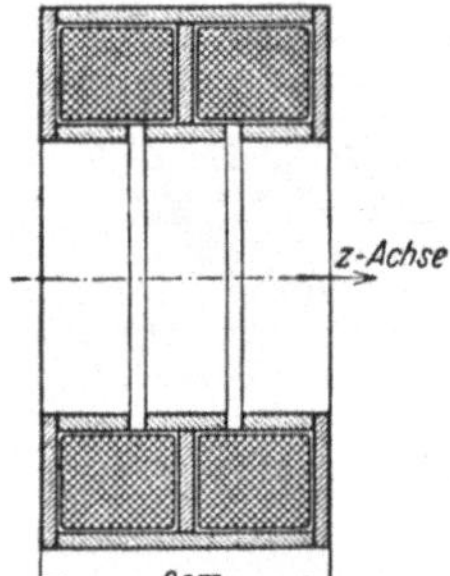

Abb. 118. Magnetische Linse ohne Bilddrehung. [657].

6. Zylinderlinsen. Ähnlich geartet wie die sphärischen elektrischen Linsen [V, 4] sind die *elektrischen* Zylinderlinsen, bei denen die Strahlung ebenfalls vorzugsweise senkrecht zu den Potentialflächen das System durchquert. Man braucht nur die Lochblende durch einen Schlitz zu ersetzen, um das dem Lochblendensystem entsprechende Schlitzblendensystem zu erhalten (Abb. 119a). Da bei diesen Zylinderlinsen die Krümmung der durchgreifenden Potentialflächen größer ist als bei den entsprechenden sphärischen Linsen, ist auch die Brechkraft größer, und zwar gerade um den Faktor 2; also

$$\frac{1}{f'} = \frac{1}{2}\,\frac{E_a - E_b}{U}\,. \tag{1}$$

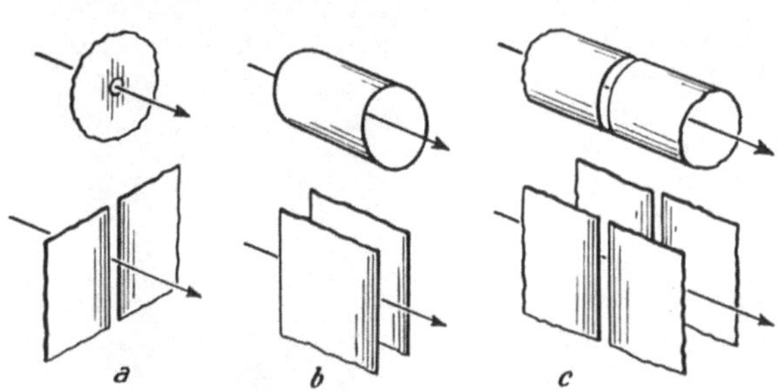

Abb. 119. Elektrische Linsen und Zylinderlinsen.

Das entsprechende gilt für den Übergang von einem zylindrischen Rohr zu dem in sich kurzgeschlossenen Plattenkondensator, dessen Plattenausdehnung nach der Seite groß ist (Abb. 119b). Bei dieser Einzellinse und ebenso bei der Immersionslinse (Abb. 119c) lautet die Formel für die Brechkraft ähnlich wie bei [V, 4, Gl. (1)] der entsprechenden sphärischen Linsen, nur ist der Faktor 3/16 durch 1/2 zu ersetzen:

$$\frac{1}{f'} = \frac{1}{2}\sqrt[4]{\frac{U_a}{U_b}} \int \frac{\Phi'^2(z)}{\Phi^2(z)}\,dz\,. \tag{2}$$

Auf dem Gebiet der *magnetischen* Linse vollzieht sich der Übergang zwischen sphärischer und Zylinderlinse in entsprechender Weise. So wird aus dem stromdurchflossenen Kreisring ein System von zwei entgegengesetzt vom gleichen Strom durchflossenen Drähten (Abb. 120). Während aber auf dem elektrischen Gebiet die Eigenschaftsänderungen leicht zu übersehen sind, ist es auf dem magnetischen Gebiet infolge der Bilddrehung schwieriger. Verfolgen wir bei

Abb. 120 einen von dem Achsenpunkt P ausgehenden Strahlenkegel. Während der Achsenstrahl längs einer Kraftlinie unbeeinflußt zwischen den Drähten hindurch verläuft, wird der lotrecht darüber verlaufende Strahl offensichtlich seitwärts ausgelenkt werden, während der lotrecht darunterliegende Strahl nach der entgegengesetzten Seite abgelenkt wird. Wir erkennen, daß sich als Bild des Punktes P ein kleiner schrägliegender Strich in der Bildebene ergibt. Ein lotrecht über P gelegener Punkt gibt ebenfalls einen Strich. Während bei einer optischen und elektrischen Zylinderlinse diese Striche in eine lotrechte Gerade fallen, d. h. aus einem lotrechten Strich wieder ein Strich wird, entsteht bei der magneti-

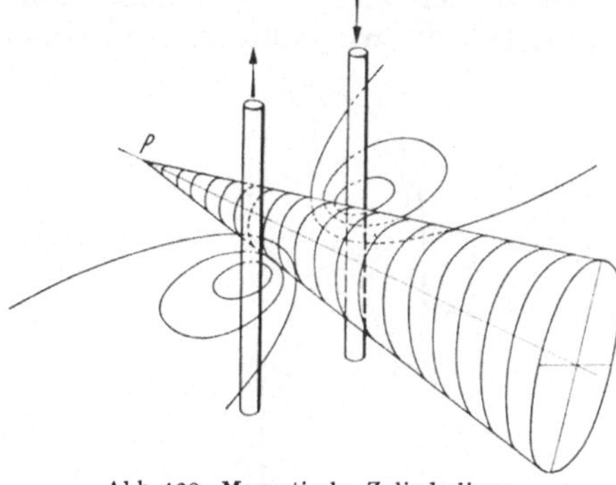

Abb. 120. Magnetische Zylinderlinse (schematisch).

schen Zylinderlinse aus einem lotrechten Strich ein lotrechter Streifen. Solche Unterschiede treten auch bei anderen Lagen des abzubildenden Striches auf. Ein waagerechter Strich, der durch die elektrische Zylinderlinse als ein waagerechter Streifen abgebildet wird, wird durch die magnetische Linse gedreht, wobei die Streifenbreite geringer wird als im elektrischen Fall. Dreht man den abzubildenden Strich von der lotrechten in die waagerechte Stellung, so wird bei einer bestimmten Neigung gegen die Achsen der Strich auch durch die magnetische Linse wieder in einen Strich abgebildet werden. Die Erscheinungen sind also bei der magnetischen Linse ähnlich wie bei der elektrischen mit dem Unterschiede, daß auch hier die Verdrehung der Strahlengänge eine Rolle spielt.

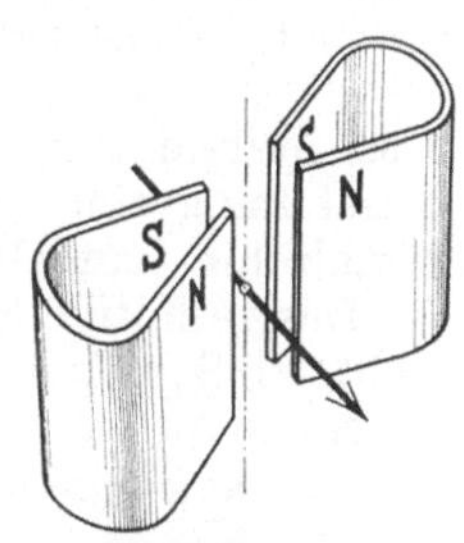

Abb. 121.
Magnetische Zylinderlinse aus Permanentmagneten.

Die gepanzerte magnetische Zylinderlinse verhält sich ebenso wie die soeben betrachtete Linse ohne Panzer. Der in die Länge gezogene Panzer, den wir uns aus magnetisiertem Stahl hergestellt denken können (Abb. 121), liefert in Achsennähe ein ähnliches Feld wie die zwei Stromleiter, so daß auch die Wirkung gleich ist.

Während diese einfachen magnetischen Zylinderlinsen schwer zu verifizieren sind und in der Bilddrehung gegenüber der Vorzugsrichtung des Magnetfeldes eine unerwünschte Eigenschaft besitzen, erweisen sich die theoretisch komplizierten Systeme zweier gekreuzter Zylinderlinsen als praktisch leicht herstellbar und übersichtlicher in der Wirkung. Ein solches „anamorphotisches System", das in Achsennähe die Eigenschaften gekreuzter Zylinderlinsen zeigt, erhalten wir, wenn wir zwei Magnetstäbe mit ihren gleichen Polen symmetrisch gegenüber dem Strahlenkegel anordnen (Abb. 122). Während die Strahlen in dem

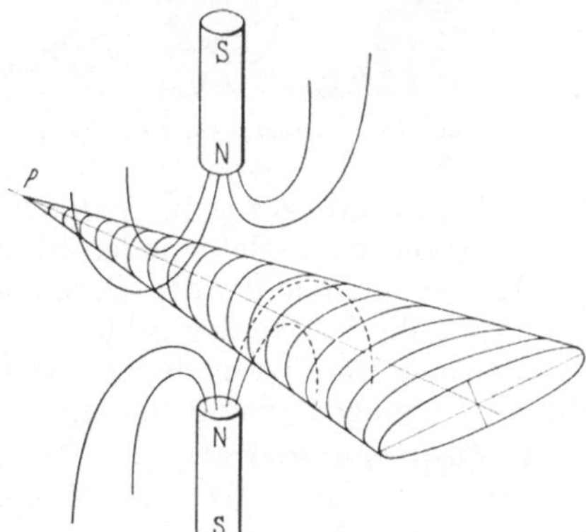

Abb. 122. „Anamorphotisches System" aus zwei Stabmagneten (schematisch).

zuerst betrachteten Felde vorzugsweise in Richtung der Kraftlinien verliefen, sind sie jetzt teilweise senkrecht dazu orientiert. Die beiden Zylinderlinsen-

Systeme verhalten sich ähnlich zueinander wie die übliche magnetische Linse zum magnetischen Ablenkfeld.

Statt der zwei Magnetstäbe können wir auch vier anordnen [162, vgl. EO V, 15], die wir dann zu zwei Hufeisenmagneten zusammenschließen werden (Abb. 123). Wie dieses Feld wirkt, sehen wir leicht, indem wir vier Strahlen verfolgen, die von einem Achsenpunkt P ausgehen. Jeder der Strahlen durchquert in erster Näherung senkrecht ein Ablenkfeld. Zeichnen wir uns die Richtungen dieses Feldes ein, so können wir sogleich auch die Ablenkrichtung angeben und die abgelenkten Strahlen einzeichnen. Sie zeigen uns, daß das System die Strahlen der Vertikalebene zusammenführt, die Strahlen der Horizontalebene aber auseinanderzieht.

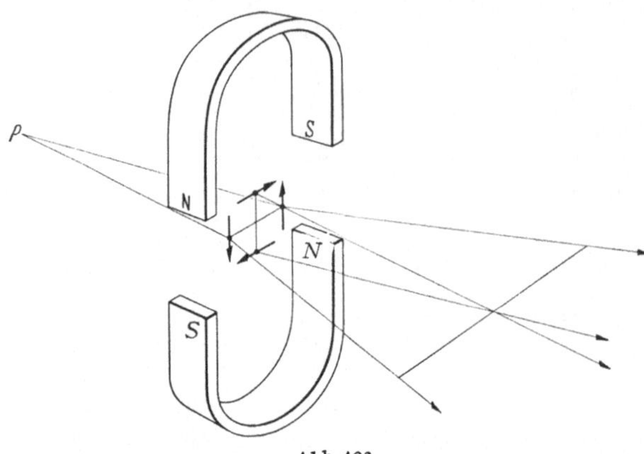

Abb. 123.
Wirkung des anamorphotischen Systems aus zwei Hufeisenmagneten.

Das System hat immer dann praktische Bedeutung, wenn es sich um die Herstellung eines feinen Leuchtstriches wie z. B. bei der Tonfilm-Elektronenstrahlröhre handelt.

Das primitive System aus zwei Hufeisenmagneten hat (bei Verwendung gerichteter Strahlungen) gute optische Qualitäten, wie es Abb. 124 beweist. Hier ist ein ursprünglich kreisrundes Elektronenbild (Mitte) mit dem System in die

Abb. 124. Umformung eines Kreises in eine Ellipse durch das System Abb. 123 [41, S. 87].

Länge bzw. Breite gezogen. Je nach der Annäherung der Hufeisenmagnete ist die Deformation mehr oder minder kräftig. Eine Drehung erfolgt dabei nicht [292].

Wendet man statt der Permanentmagnete kleine Elektromagnete an, so kann man die Stärke der Bilddeformation durch die Stromstärke wählen. Aber man vermag durch verschieden starke Betätigung der Magnetpaare nun auch Bildverdrehungen vorzunehmen.

7. Dispersionsprisma und Fokussierungslinse. Wie in der Optik ist auch in der Elektronenoptik das Ablenkelement neben der Linse das wichtigste Element des Strahlenganges. Die Ablenkung eines Strahlenganges geladener Teilchen kann dabei elektrisch oder magnetisch oder durch kombinierte Felder erfolgen. Es werden im Gegensatz zu dem Fall bei der Linse beim Ablenkelement nur solche Felder benutzt, bei denen die Elektronen vorwiegend senkrecht zu den Kraftlinien verlaufen. Ihre Gleichungen hatten wir bereits in [I, 3] und [III, 7] kennengelernt.

Bei den Ablenkelementen kann man ähnlich wie bei der Einteilung der Linsen in kurze und lange zwei Gruppen unterscheiden. Die einen, zu denen der Ablenkkondensator gehört, werden zur Ablenkung um kleine Ablenkwinkel benutzt (Abb. 7). Die anderen, bei denen der Strahlengang oft ganz im Felde liegt, werden zur Ablenkung um große Winkel verwendet (Abb. 125).

Von den Elementen der ersten Gruppe, dem schwachen magnetischen Ablenkfeld und dem Ablenkkondensator werden wir in [V, 12] noch im einzelnen sprechen. Wir wollen hier, obwohl sie auch als Dispersionsprismen grundsätzlich anwendbar sind und z. B. im ASTONschen Massenspektrographen [XI, 17] auch verwendet werden, nicht weiter auf sie eingehen.

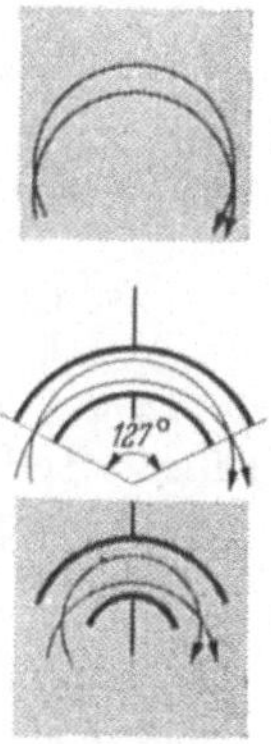

Das ausgedehnte rein magnetische Querfeld (Abb. 125 a) wurde bereits mehrfach erwähnt [I, 3; III, 7]. Elektronen gleicher Geschwindigkeit, die von einem Punkt ausgehen, werden in diesem Felde nach einem Winkel von 180° fokussiert [I, 9]. Gehen von dem Punkt Elektronen verschiedener Geschwindigkeit aus, so werden sie in verschiedenen Abständen nach dem gleichen Winkel von 180° fokussiert werden. Der Abstand des Fokussierungspunktes liegt in der Entfernung $2\,r_0 = 2\,\dfrac{m}{e}\,\dfrac{v}{H}$ vom Ausgangspunkt der Elektronen. Es findet also eine Dispersion nach der Geschwindigkeit bei gleichzeitiger Richtungsfokussierung statt. Entsprechendes gilt bei Annahme von Teilchen von verschiedenem e/m [IV, 11].

Abb. 125.
Fokussierende
Ablenkfelder.

Bei dem entsprechenden elektrischen Felde des Zylinderkondensators (Abb. 125 b), bei dem das Mittelelektron ebenfalls auf einer Kreisbahn läuft, findet Richtungsfokussierung bereits nach $\pi/\sqrt{2} \sim 127°\,17'$ statt. Ferner können das homogene Magnetfeld und das Feld eines Zylinderkondensators in beliebigem Stärkeverhältnis überlagert werden (Abb. 125 c), so daß die Teilchen auf einer Kreisbahn (Potentiallinie) umlaufen. Wie HENNEBERG [300] für diesen Fall berechnet hat, kann durch Wahl des Stärkeverhältnisses Fokussierung bei beliebigem Winkel $< \pi$ erreicht werden. In Abb. 126 ist der Fokussierungswinkel in Abhängigkeit von $y = \dfrac{eE}{mr\,\omega^2}$ dargestellt, wobei y derjenige Bruchteil der Zentrifugalkraft ist, der auf der Kreisbahn durch das elektrische Feld kompensiert wird. Aus der allgemeinen Theorie seien zwei Spezialfälle hervorgehoben. Wenn das elektrische Feld die Zentrifugalkraft unterstützt und ihr genau gleich ist [$y = -1$], findet ebenfalls Fokussierung nach $\pi/\sqrt{2} = 127°$ (BARTKY-DEMPSTER [37]) statt. Wenn der Bahnradius über alle Grenzen wächst und das elektrische Feld homogen wird, wie bei einem gewöhnlichen Plattenkondensator [$y = \infty$], findet die Fokussierung nach einer Strecke $l = \pi\,\dfrac{m}{e}\left|\dfrac{\mathfrak{E}}{\mathfrak{H}^2}\right|$ statt. In diesem Fall wird die elektrische Kraft $e\,\mathfrak{E}$ durch die magnetische Kraft $ev\,\mathfrak{H}$ bei der Teilchengeschwindigkeit $v = E/H$ gerade kompensiert[1] (WIENs ,,Methode der kompensierten Strahlen", geradsichtiges Dispersionsprisma mit Richtungsfokussierung).

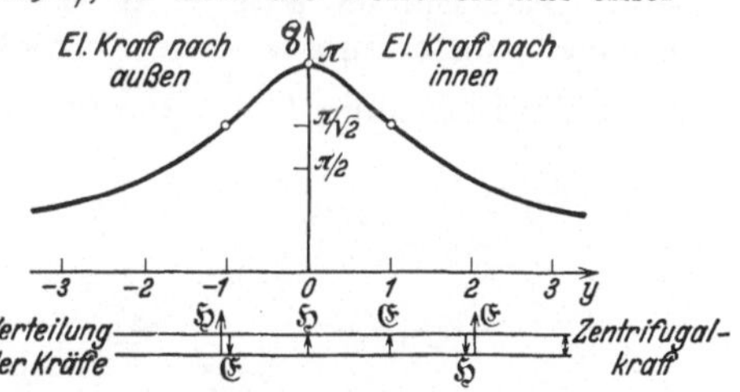

Abb. 126. Fokussierungswinkel im Zylinderkondensator bei überlagertem magnetischen Querfeld.

---

[1] Das Teilchen läuft auf einer Geraden (Abb. 127).

Das Verhalten von Teilchen anderer Geschwindigkeit, die Geschwindigkeitsdispersion, ist besonders interessant in dem erwähnten Fall $y = -1$. In diesem Feld beschreibt nämlich auch ein Teilchen etwas veränderter Geschwindigkeit in erster Näherung dieselbe Kreisbahn. Auch für diese Teilchen findet nach

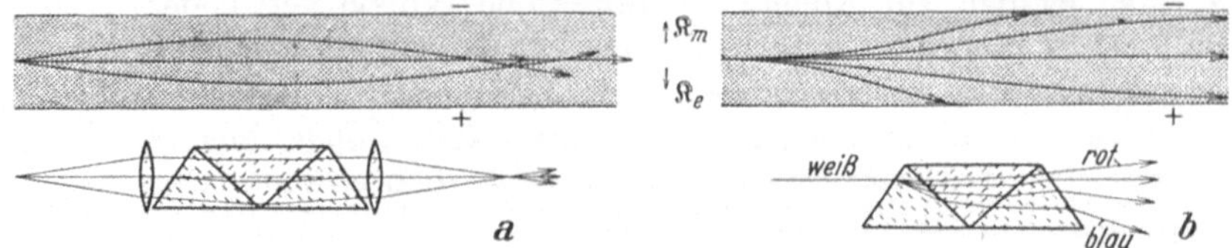

Abb. 127. Strahlengang beim WIENschen Fall. Elektronenbewegung (oben) und optisches Analogon.

$\Phi = \pi/\sqrt{2}$ Richtungsfokussierung statt, d. h. das Feld leistet Doppelfokussierung. Teilchen etwas geänderter Masse $m + dm$ werden ebenfalls doppelfokussiert, und zwar in einem Abstand $\Delta r = r\dfrac{dm}{m}$ von dem Kreisradius r.

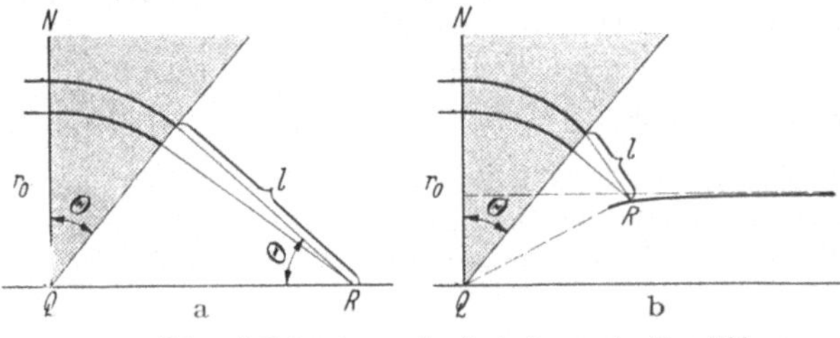

Abb. 128. Fokussierung durch ein begrenztes Querfeld.
a Magnetisches Querfeld; b elektrisches Feld des Zylinderkondensators.

Bei den bisher betrachteten Fällen lag der Strahlengang vollständig im Felde. Einen gewissen Übergang zu den eingangs erwähnten Elementen geringer Ablenkung bilden die magnetischen und elektrischen Felder, wenn Anfangs- und Endpunkt des Strahlenganges durch Abschneiden der Felder aus ihnen herausgelegt ist. Abb. 128 zeigt die beiden Fälle, wobei die Grenzen der Felder so gelegt sind, daß der Mittelstrahl die Grenzen senkrecht durchsetzt. Ein Bündel parallel in das Feld eintretender Elektronen wird dabei in einer Entfernung l vom Magnetfeld fokussiert, für die im magnetischen Felde die Beziehung $l/r_0 = \cotg\,\Theta$, im elektrischen Feld $\dfrac{l}{r_0} = \dfrac{1}{\sqrt{2}}\cotg\sqrt{2}\,\Theta$ gilt,

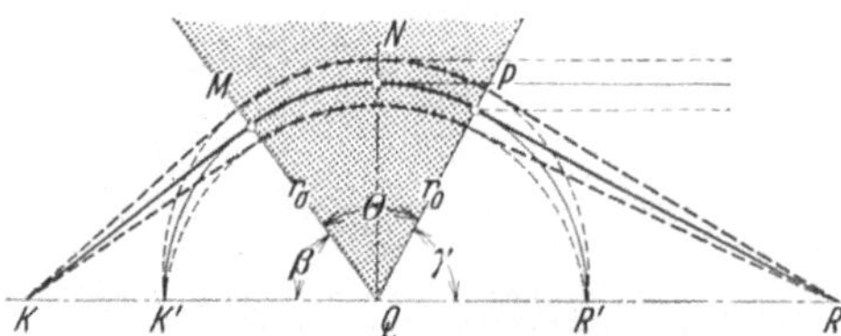

Abb. 129. Fokussierung im begrenzten magnetischen Querfeld [33].

wobei Θ Ablenkungswinkel und gleichzeitig der Öffnungswinkel des Feldes ist. Die Fokussierungspunkte liegen bei veränderlichem Winkel Θ im magnetischen Feld auf einer Geraden senkrecht zur Geraden NQ, durch die die Elektronen senkrecht hindurchgehen sollen. Kommen die Elektronen von einem Punkt K und treten ebenfalls senkrecht in das Feld ein (Abb. 129), so liegen Gegenstandspunkt K, Bildpunkt R und der Bahnkreismittelpunkt Q auf einer Geraden [17, 33]. Im elektrischen Feld liegen die Fokussierungspunkte bei veränderlichem Θ nicht auf einer Geraden, sondern auf einer komplizierten Kurve.

Auf Grund der Fokussierungseigenschaften verhalten sich die beiden Felder ähnlich wie Zylinderlinsen mit dem Unterschied, daß die Fokussierung mit einer Ablenkung des gesamten Strahlenganges verbunden ist. Außer der in Abb. 128 gegebenen Lage der Brennpunkte brauchen wir zur Beschreibung der Fokussierungswirkung noch die Hauptebenen, für deren Entfernung vom jeweiligen Feldrand sich die Formeln $\dfrac{l}{r_0} = -\tg\dfrac{\Theta}{2}$ bzw. $\dfrac{l}{r_0} = -\dfrac{1}{\sqrt{2}}\tg\dfrac{\sqrt{2}\,\Theta}{2}$

ergeben. Auch hier taucht wieder der uns bereits aus [V, 6] bekannte Faktor $\sqrt{2}$ zwischen elektrischen und magnetischen Formeln auf [308].

Neben den Fokussierungserscheinungen haben die Dispersionseigenschaften dieser Felder Interesse. Für den Winkel α, den zwei Teilchen verschiedener Masse m und Geschwindigkeit v bzw. Energie eU nach Durchlaufen des Feldes untereinander bilden, gilt im magnetischen Feld

$$\alpha = \frac{dr_0}{r_0}\sin\Theta = \left[\frac{dv}{v} + \frac{d\left(\frac{m}{e}\right)}{\frac{m}{e}}\right]\sin\Theta$$

und im elektrischen Feld

$$\alpha = \frac{1}{\sqrt{2}}\frac{dU}{U}\sin\left(\sqrt{2}\,\Theta\right).$$

8. Elektronenspiegel. Man spricht in der Optik von Refraktions- und Reflexionselementen, deren Hauptvertreter Linse und Spiegel sind. Die Linse gibt den Strahlen bei ihrem Durchgang eine andere Richtung, derart, daß sich die von den Punkten einer Ebene (Gegenstandsebene) ausgehenden Strahlen in Punkten einer anderen Ebene (Bildebene) wiedervereinigen. Der Spiegel hat dieselbe Eigenschaft, mit dem Unterschied, daß die Strahlen ihn nicht durchdringen, sondern durch ihn in ihrer Richtung umgekehrt werden. Dabei können bei Linse und Spiegel die Bilder reell oder virtuell sein. Planparallele Platte

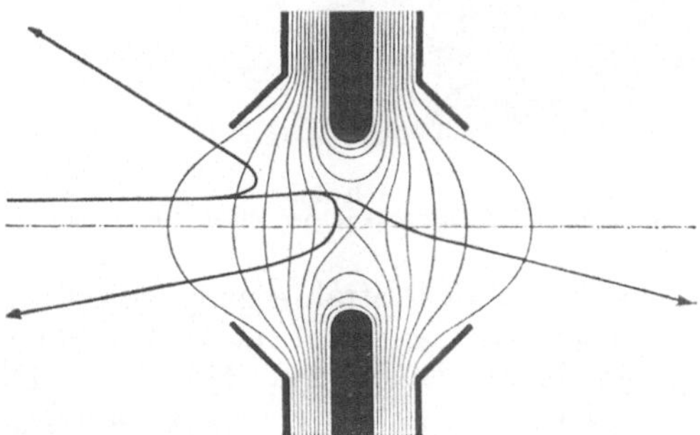

Abb. 130. Elektrische Einzellinse als Linse und Spiegel bei einfallenden Strahlen verschiedener Energie.

oder ebener Spiegel sind die Übergänge zwischen den sich durch die Krümmung der Beeinflussungsflächen unterscheidenden sammelnden und zerstreuenden Elementen.

Ebenso wie der Bau von Elektronenlinsen möglich ist, kann man auch Elektronenspiegel herstellen: Das sind elektronenoptische Abbildungssysteme, in denen sich auf Grund starker negativer Aufladung einzelner Elektroden die Hauptfortbewegungsrichtung der Elektronen umkehrt. Grundsätzlich braucht sich ein Elektronenspiegel in seinem geometrischen Aufbau nicht von einer Linse zu unterscheiden, der Unterschied liegt einfach in der Höhe der angelegten Potentiale. Im Unterschied zu den optischen Elementen erfolgt daher bei den Elektronenspiegeln die Reflexion nicht plötzlich an einer geometrisch definierten Fläche, sondern kontinuierlich in einem ausgedehnten Potentialgebiet. Das bedingt als besonders auffallenden Unterschied gegenüber den optischen Elementen einen chromatischen Fehler des Spiegels, wie es HENNEBERG und RECKNAGEL [303] verfolgten.

Diese Verhältnisse seien im einzelnen an dem Beispiel der elektrischen Einzellinse (Abb. 130) erläutert [303]. Wenn die Spannung der Mittelelektrode schwach negativ ist, wirkt das System als Sammellinse. Wird das Potential stark negativ, so müssen die Elektronen umkehren, das System wird zum Spiegel. Dabei können die Elektronen zunächst noch bis nahe zur Feldmitte vordringen, wobei sie vorwiegend Kräften zur Systemachse unterliegen. Das bedeutet, daß wir einen Sammelspiegel bekommen. Wenn das Potential aber so weit negativ geworden ist, daß die Elektronen schon weit vor der Linsenmitte umkehren, so unterliegen sie, wie die Betrachtung des Potentialfeldes zeigt, nur noch zerstreuenden Kräften. Es ergibt sich ein Zerstreuungsspiegel.

Der Übergang von der Linse zum Spiegel ist ein komplizierter Vorgang, den RECKNAGEL [543] theoretisch geklärt hat. Erhöhen wir das Potential der Mittelelektrode und damit die Höhe des Sattelpunktes der Potentialmulde, so wird die Längskomponente der Elektronengeschwindigkeit schließlich nicht mehr groß genug sein, damit das Elektron die Potentialmulde überschreitet. Es gelangt in diesem Falle gerade noch in die Höhe des Sattelpunktes, wo es nun Querschwingungen zur optischen Achse ausführt (Abb. 131). Diesen Oszillationen beim Übergang von Linse zu Spiegel entsprechen komplizierte Oszillationen der Brechkraft im Übergangsgebiet und Auftreten starker Linsenfehler.

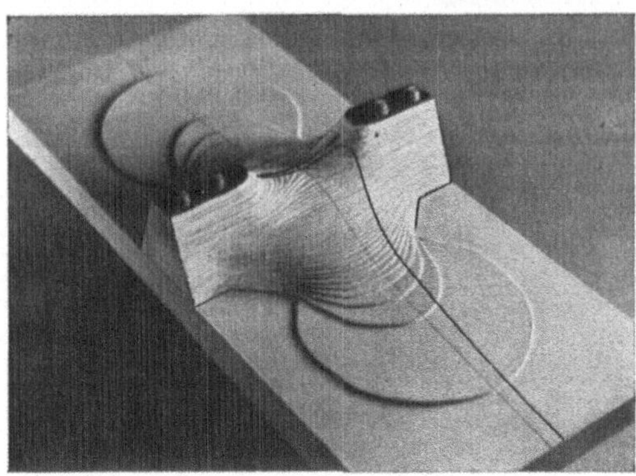

Abb. 131.
Oszillationen des Elektrons in der Mulde der Einzellinse.

Statt Elektronenlinsen als Elektronenspiegel zu verwenden, hat HOTTENROTH [322] besondere Systeme gebaut, bei denen eine geeignet gestaltete materielle Elektrode in den Strahlengang gestellt ist. Ein solcher „eigentlicher" Elektronenspiegel, der recht gute Abbildungen als Zerstreuungs- und Sammelspiegel liefert, ist in Abb. 132 dargestellt. Er besteht aus der Anode vom Potential U_A, aus einer negativ auf U_K geladenen Kugelkalotte und einem davon isolierten Zylinder auf den Potential U_z. Durch Variation der Potentiale von Kalotte und Zylinder hat man genügende Freiheit in der Anpassung an die verlangten Abbildungsbedingungen, so daß man nach Belieben Sammel- und Zerstreuungsspiegel herstellen kann.

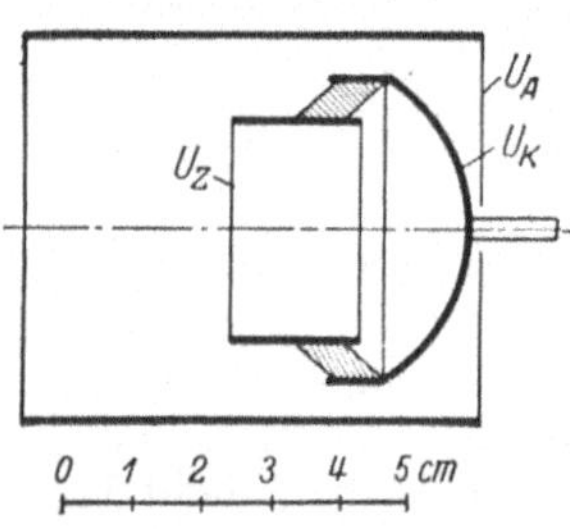

Abb. 132. Elektronenspiegel [322].

9. Die Blende und ihr Einbau. Bei dem Einbau einer mechanischen Blende — von der „elektrischen Blende" werden wir in [V, 14] sprechen — ist zunächst zu beachten, daß das Potentialfeld durch die Blende nicht deformiert werden soll, weil die Blende sonst zusätzlich als Linse wirkt. Ist also ein Potentialfeld vorgegeben, so ist es nicht mehr angängig, an beliebiger Stelle eine ebene Blende einzubauen. Will man den Einbau an bestimmter Stelle vornehmen, so muß man die Blende in ihrer Form den dort vorhandenen Potentialflächen anpassen, also in Annäherung kugelförmig mit bestimmtem Radius krümmen. Will man sie als ebene Blende verwenden, so kann die Blende nur an den Orten des Systems angeordnet werden, wo entweder das Feld Null ist oder die Kurve des Achsenpotentials einen Wendepunkt hat, denn nach der Beziehung

$$\frac{\partial^2 \varphi}{\partial r^2} = -\frac{1}{2}\frac{d^2 \Phi}{dz^2} \quad \text{wird mit} \quad \frac{d^2 \Phi}{dz^2} \quad \text{auch} \quad \frac{\partial^2 \varphi}{\partial r^2} = 0,$$

d. h. die Potentialfläche durch den Wendepunkt ist näherungsweise eine Ebene. Zum Beispiel wird man bei einem Immersionsobjektiv, wie es Abb. 133 zeigt, an den zwei Stellen W_1 und W_2 eine ebene Blende anordnen können, ohne dadurch das Potentialfeld zu deformieren. Bei dem technischen Einbau in das System wird man mit genügender Näherung einfach bei W_1 die ebene Lochblende in die Rohrelektrode einsetzen dürfen. Wählt man den wegen des stärkeren Feldes ungünstigen Ort W_2, so hat man die Blende besonders zu haltern und auf ein der Lage der ebenen Potentialfläche entsprechendes Zwischenpotential aufzuladen.

Eine andere Störung kann durch die Blende insofern verursacht sein, als an ihren Rändern Sekundärelektronen ausgelöst werden. Kann man diesen Effekt nicht vermeiden, so kann man ihn doch durch Einschalten eines Filters [V, 11] wirkungslos machen.

Wir haben uns soeben die Frage vorgelegt, wo eine ebene Blende eingebaut werden darf. Die zweite Frage ist, wo eine Blende eingebaut werden muß.

In der Optik ist diese Frage leicht beantwortbar; sieht man doch sofort ein und weiß es auch aus täglicher Erfahrung,

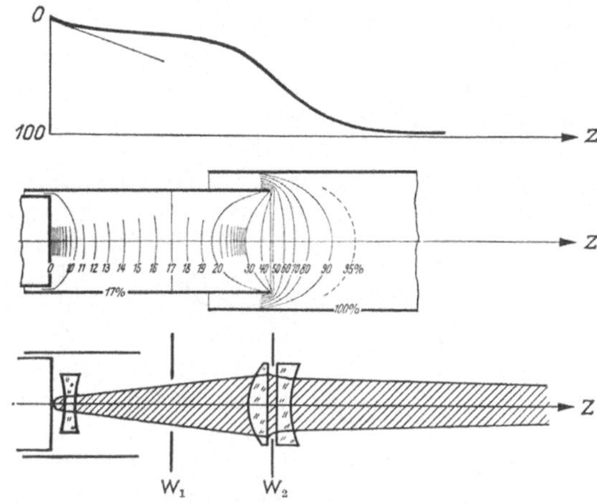

Abb. 133. Immersionsobjektiv.

daß eine Blende am Ort der Linse als Intensitätsblende wirkt und daß sie um so mehr Gesichtsfeldblende wird, je weiter sie von der Linse zum Gegenstand oder zum Bild verschoben wird.

In der Elektronenoptik liegen die Verhältnisse deswegen komplizierter, weil die Strahlengänge stark gerichtet sind. Bringen wie hier z. B. (Abb. 134 b) dicht vor oder hinter der elektrischen Elektronenlinse L die Blende I an, so wird sie nicht als Intensitätsblende für das ganze Bild wie in der Optik (Abb. 134 a) wirken. Vielmehr blendet sie die Strahlung des gezeichneten Gegenstandspunktes P zum Teil, die Strahlung des Achsenpunktes Q dagegen gar nicht ab. Die Blende wirkt also vorwiegend als Gesichtsfeldblende.

Zur reinen Intensitätsblende wird die Blende nur, wenn man sie in der

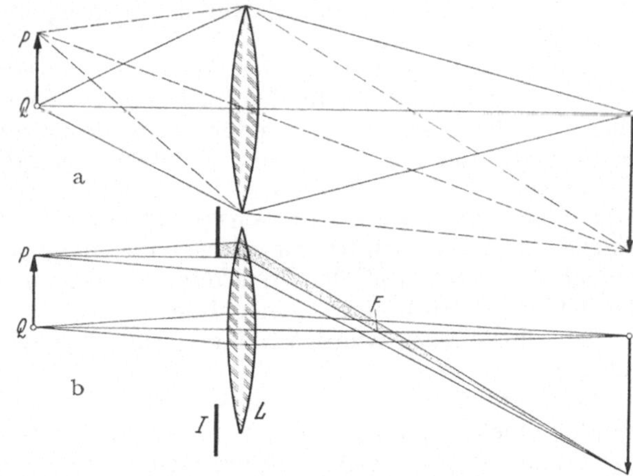

Abb. 134. Optischer und elektronenoptischer Strahlengang (schematisch).

Brennebene F anordnet, da nur dort die Bündel von allen Gegenstandspunkten durch denselben Querschnitt gehen. Der Strahlengang ist an dieser Einschnürungsstelle [I, 16] allerdings sehr eng, und es ist daher nicht einfach, die Blende hier gut einzujustieren, zumal ein geringes störendes Feld die mechanische Justierung illusorisch macht. Dagegen, ob die Blende genau in Brennpunktsentfernung angebracht ist, ist die Anordnung jedoch unempfindlich. Daher wird auch eine Verstellung der Linsenbrennweite bei feststehender Blende oft unbedenklich sein. HIESINGER hat zeigen können, daß eine in der Brennebene angebrachte Blende die erwartete Schärfeerhöhung des Bildes ohne Gesichtsfeldbeschränkung ergibt (**unveröffentlicht**).

Haben wir es mit magnetischen Linsen zu tun, so bedingt der Einbau einer unmagnetischen Blende keine Störungen [IX, 12]. Dagegen sind hinsichtlich der Frage, ob die Blende als Gesichtsfeld- oder Intensitätsblende wirkt, ähnliche Betrachtungen maßgebend wie bei der elektrischen Linse.

Es sei noch erwähnt, daß die mechanische Blende nicht nur als Intensitäts- und Gesichtsfeldblende im Elektronenstrahlengang, sondern gelegentlich auch als Monochromator dient [III, 7]. So verwendet man sie mit großer Öffnung bei BRAUNschen Röhren [VIII, 20] als Auffänger für abgestreute Elektronen bzw. Sekundärelektronen, die eine Verwaschung des Leuchtflecks bedingen würden.

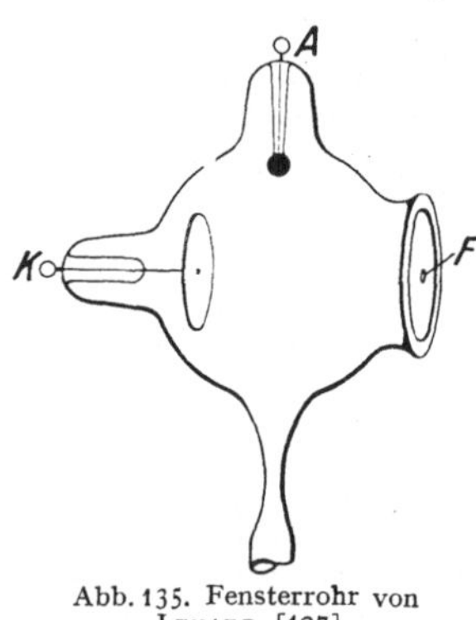

Abb. 135. Fensterrohr von LENARD [427].

Die Irisblende ist in mechanischer Form der Elektronenoptik unbekannt. Statt ihrer verwendet man die „elektrische Irisblende", von der wir in [V, 14] sprechen werden.

10. LENARD-Fenster. Ein Strahlengang von Elektronen oder anderen geladenen Teilchen ist im allgemeinen in das Innere von evakuierten Gefäßen gebannt. Dabei ist es jedoch in manchen Fällen wünschenswert, die Strahlung aus dem Herstellungsgefäß heraus in den Luftraum zu bekommen. Man denke an Untersuchungen über die Natur oder Durchdringungsfähigkeit der Strahlung oder an die photographische Fixierung eines Elektronenbildes bzw. eines Oszillogramms durch direkte Einwirkung auf die photographische Platte. Ähnlich wie man die Ultraviolettstrahlung gelegentlich durch ein besonderes Quarzfenster aus dem Erzeugungsrohr austreten läßt, läßt man auch die Elektronenstrahlung durch ein geeignetes Fenster aus dem Erzeugungsraum austreten.

LENARD [427] hat 1894 den Weg zur Befreiung der Kathodenstrahlung aus dem Versuchsrohr gefunden. Er spannte eine 2,6 µ dicke Aluminiumfolie über eine der Kathode K gegenüberliegende Öffnung F der Röhrenwand und beobachtete nun die durch das „Fenster" tretenden Strahlen (Abb. 135).

Dieses erste LENARD-Fenster hatte nur 1,7 mm Durchmesser. Heute besitzt man LENARD-Fenster von 9 × 12 cm Größe, also von rd. 4000facher Fläche. Der Fortschritt ist dabei auf zweierlei zurückzuführen. Erstens gelingt es heute, große lochfreie dünne Folien herzustellen. Zweitens hat man der fehlenden Stabilität solcher Folien, die vom Luftdruck natürlich sofort eingedrückt werden würden, durch ein untergelegtes Trägernetz Rechnung getragen.

Nachdem 1910 PAULI [518, 519] die ältesten Entwicklungen durch Verwendung mehrerer Löcher nebeneinander und unterlegter Netze erweitert hatte, hat COOLIDGE [179, 180, 181] wesentliche Fortschritte erzielt. Er verwandte ein dünnwandiges Trägergerüst, das als Honigwabengitter aus Blattmolybdän zusammengelötet war. Die Folie war aus Nickel bzw. einer Nickellegierung (Resistal mit 35% Ni) hergestellt und hatte eine Dicke von 13 µ. Der Durchmesser des Fensters betrug bereits 7,5 cm. Ebenso verwendete HOFMANN [314] ungefähr gleichzeitig eine siebartige Unterlage für das LENARD-Fenster.

Später sind noch verschiedene andere Arten von Fenstern angegeben worden, so von THALLER [676] mit galvanisch aufgebrachten Rippen, von KNIPP [372] und SLACK [649] aus Glas; doch ist man — jedenfalls für großflächige LENARD-Fenster — im wesentlichen bei der Konstruktionsform von COOLIDGE geblieben.

Nur von der Metallfolie ist man zum Teil heute abgekommen. Statt dessen verwendet man auch, wie es zuerst für Röntgenstrahlen durchgeführt war, Zellon- oder Cellophanfolien, die durch ein unterlegtes Stahldrahtnetz noch besonders versteift sind. Die Folien sind sehr elastisch und haben zudem noch den Vorteil etwas kleineren spezifischen Gewichts, d. h. kleinerer Absorption.

In Abb. 136 ist ein großflächiges Lenard-Fenster neuerer Art dargestellt, wie es von Knoll, Knoblauch und v. Borries [390, 384] für die. Außenaufnahme von Oszillogrammen beim Kathodenstrahl-Oszillographen benutzt worden ist. Das Stützgitter wurde bei einem Fenster von 9×12 cm Größe aus federhartem, hochkantgestellten Bandstahl von $0,3$ mm $\times 7$ mm Querschnitt hergestellt. An den Kreuzungsstellen wurden die Träger eingesägt und dann ineinandergeschoben. Der Trägerabstand betrug 1 cm. Am Ende waren die Träger dann

Abb. 136. Großes Lenard-Fenster [81].

mit einem Messingring verlötet worden. Auf dieses Gitter war ein Gazenetz aus Phosphorbronze oder Stahl gelegt worden, das z. B. bei einer Drahtstärke von 0,04 mm eine lichte Maschenweite von 0,06 mm hatte. Als Folie wurde teils Zellonfolie von $16\,\mu$ Dicke, teils aber auch Aluminiumfolie von $7\,\mu$ Dicke benutzt. Wurde die Zellonfolie $20\,\mu$ dick gewählt, so konnte bei einem Stütz-

gitter von 5 mm Trägerabstand das Versteifungsnetz fortgelassen werden. Über weitere Einzelheiten hinsichtlich der Konstruktion dieses Lenard-Fensters siehe die ausführliche Darstellung von v. Borries [81].

Welcher Bruchteil J/J_0 der Intensität J_0 ein Fenster durchdringt, läßt Abb. 137 erkennen. Sie zeigt die Intensitätsabnahme beim Durchgang von Elektronen durch Aluminium nach den Angaben von Lenard [9].

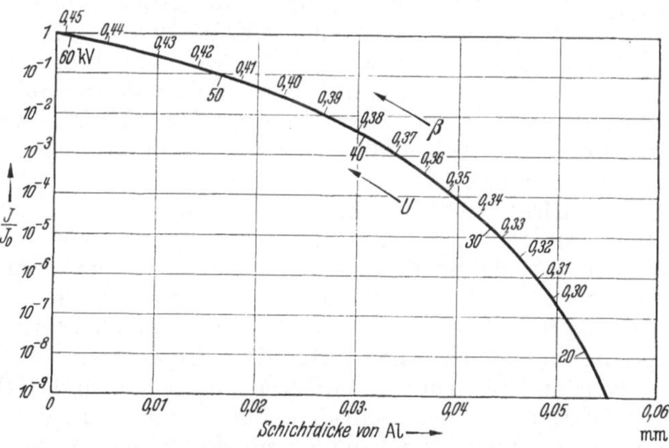

Abb. 137. Absorption und Geschwindigkeitsverminderung durch ein Aluminiumfenster.

Die eingeschossenen 60 ekV-Elektronen verlieren ihre Geschwindigkeit, wie es die an die Kurve geschriebenen Zahlen angeben. Bei 0,06 mm liegt die Grenzdicke, bei der die Intensität auf Null reduziert ist.

Die Kurve ist zu Abschätzungen auch verwendbar, wenn wir uns Elektronen kleinerer Geschwindigkeit eingeschossen denken. Wir brauchen unsere Ablesungen der Intensität und der Aluminiumdicke jetzt nur an dem entsprechenden Punkt der Kurve zu beginnen; so haben 40 ekV-Elektronen nach Abb. 137 eine Grenzdicke von 0,03 mm. Derselbe Wert folgt aus Lenards Kurve der Grenzdicke bzw. den neueren Messungen von v. Borries und Knoll [83].

Nach dem Massenproportionalitätsgesetz von Lenard läßt sich die Kurve der Abb. 137 sogleich auch für Zellon mit dem spezifischen Gewicht 1,3 g/cm³ und Cellophan von 1,4 g/cm³ benutzen. Da Aluminium das spezifische Gewicht 2,7 g/cm³ besitzt, gilt die Abszisse der Abb. 137 für 2,1- bzw. 1,9mal so dicke Zellon- bzw. Cellophanfolien.

11. Filterfragen. Wie eine Glasplatte ein Lichtfilter darstellt, das nur zwischen 0,3 und 2,5 mμ durchlässig ist oder eine Quarzplatte ein Filter, das unterhalb 0,2 mμ undurchlässig wird, so ist auch das im vorigen Abschnitt besprochene LENARD-Fenster ein Filter für Elektronen.

Denken wir uns ein Gemisch von Elektronen aller Geschwindigkeiten von jeweils gleicher Intensität hergestellt und dieser Strahlung eine LENARD-Folie in den Weg gestellt. Dann werden offensichtlich langsame Strahlen gar nicht, schnelle in ihrer Intensität fast ungeschwächt durchkommen. Wir können uns bei vorgegebener Dicke und vorgegebenem Folienmetall leicht die Absorptionscharakteristik des „Filters" zeichnen. Diese Kurve ist bei verschiedenen Filtern gegenüber Elektronen höherer Geschwindigkeit in dem Verlauf gleichartig,

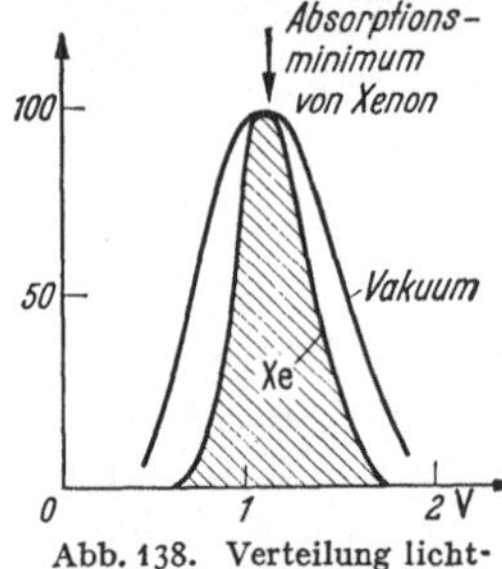

Abb. 138. Verteilung lichtelektrisch ausgelöster Elektronen im Vakuum und nach Durchgang durch Xenon [536].

wobei für die Absorption die Masse pro cm² Folienfläche maßgebend ist (LENARDs Massenproportionalitätsgesetz).

Wählen wir Gasschichten als Filter für langsame Elektronen, so zeigen sich die aus der Optik bekannten Maxima und Minima der Durchlässigkeit aus den gleichen physikalischen Gründen der Wechselwirkung zwischen Strahlung und Materie wie in der Optik (RAMSAUER-Effekt [534]). Nimmt man z. B. die Verteilungskurve lichtelektrisch ausgelöster Elektronen vor und nach Durchgang durch eine Xenonschicht auf [536], so zeigt der Kurvenvergleich, daß die Strahlung monochromatischer geworden ist, wenn man die Elektronen, die das Maximum der Verteilungskurve bilden, durch geeignete Beschleunigung auf die Energie bringt, bei der die Absorption des Xenons ihr Minimum hat (Abb. 138). Das Verfahren erinnert an die optische Methode der Reststrahlen.

Die Elektronenfilter dieser Art haben eine unbequeme Eigenschaft. Sie „fluoreszieren", d. h. sie senden Elektronen geringer Geschwindigkeit aus[1]. Analysieren wir die Strahlung, die aus einer solchen Folie tritt, die von der entgegengesetzten Seite mit Elektronen von z. B. 10 ekV beschossen werden, so erhalten wir ein Spektrum mit drei Komponenten: ursprüngliche Strahlung, verlangsamte Elektronen, sekundäre Elektronen.

Eine andere Gruppe von Filtern, die sich grundsätzlich von denen der soeben behandelten Art unterscheiden, hat diesen Mangel nicht, da sie nicht auf der Wechselwirkung der Strahlung mit der Materie beruhen. Es sind das die Feldfilter, auf die wir in [IV, 9] bereits kurz eingingen. Als ihren Prototyp kann man zwei parallel und senkrecht zum Strahlengang aufgestellte eng benachbarte, sehr feine Netze auffassen, zwischen denen ein verzögerndes Feld herrscht. Diese Feldschicht ist für Elektronen, die diese Potentialschwelle nicht zu überschreiten vermögen, ein Spiegel. Betrachten wir nun einige konkrete Beispiele für die praktische Anwendung solcher Feldfilter.

Manche Formen elektrischer Elektronenlinsen sind, ohne daß besondere Maßnahmen erforderlich wären, Filter für langsame Elektronen. Bilden wir nämlich nach BEHNE [46] eine durchstrahlte Folie od. dgl. mit einem Immersions-

---

[1] Auch „Phosphoreszenz" gibt es in der Elektronik. So emittiert die MALTER-Schicht auch nach dem Ausschalten der primären anregenden Elektronenstrahlung noch eine Zeitlang weiter; die Emission klingt dabei ähnlich wie das Phosphoreszenzleuchten allmählich ab.

objektiv ab und nähern wir uns mit dem System stark der Folie, so müssen wir, um ein Bild zu erhalten, die Gitterblende schließlich negativ aufladen (Abb. 139). Diese negative Aufladung (Kurve *II* der Abb. 139, *E* ist die Gitterspannung gegen die Folie) bewirkt, daß vor der Folie ein Potentialwall entsteht, in dem die primären Elektronen ein wenig verlangsamt, von dem aber die sekundären Elektronen zurückgehalten werden [IV, 10]. Ebenso wird eine Einzellinse mit verzögerndem Mittelgebiet oder eine Verzögerungs-Immersionslinse sekundäre Elektronen zurückhalten. Gelegentlich findet man solche Linsen besonders in dem Strahlengang eingeschaltet, ohne daß sie eine andere Aufgabe haben als die, Sekundärelektronen zurückzuhalten. Ihre Brechkraft wählt man also möglichst klein. Ein Beispiel für die Anwendung eines Feldfilters ist das Bremsgitter von Penthoden [VI, 17].

c) Beeinflussungselemente mit Wechselfeldern.

Eine der technisch wichtigsten Eigenarten, die die Elektronenoptik gegenüber der Optik besitzt, ist die trägheitsfreie Umstellbarkeit ihrer Elemente zu stärkeren und schwächeren Wirkungen. Dieser Vorteil ist bestimmend für eine große Zahl von Anwendungen, bei denen die Beeinflussungselemente während der Arbeit des Geräts dauernd eine Umstellung erfahren. Als Beispiele seien Elektronenröhre und BRAUNsche Röhre genannt, die mit Intensitäts- bzw. Richtungssteuerung von Elektronenströmen arbeiten. Beeinflussungselemente, die dabei benutzt

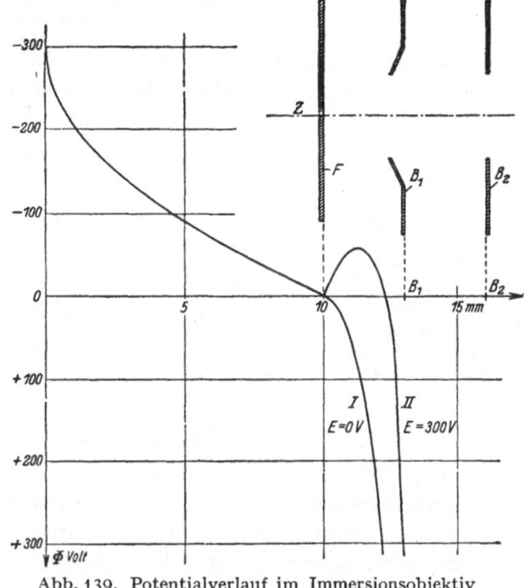

Abb. 139. Potentialverlauf im Immersionsobjektiv bei Abbildung einer Folie [64].

werden, sind bei der Richtungssteuerung der Ablenkkondensator, bei der Intensitätssteuerung das Steuernetz und der WEHNELT-Zylinder. Sowohl bei der Elektronenröhre als auch bei der BRAUNschen Röhre verläuft der Steuervorgang i. A. quasistatisch, so daß diese Elemente hinsichtlich des Charakters der Elektronenbahnen zu den Beeinflussungselementen mit statischen Feldern gerechnet werden können. Wenn die Frequenzen der Wechselfelder aber eine bestimmte Größe überschreiten, treten die als Laufzeiterscheinungen bekannten neuartigen Wirkungen auf [X]. In diesem Falle erfolgt die Umstellbarkeit der Elemente nicht mehr trägheitsfrei. Diese Elemente verhalten sich damit grundsätzlich anders als die quasistatischen Elemente. Von den Hochfrequenzelementen, die für Laufzeiteffekte wichtig werden, behandeln wir die Phasenblende.

12. Symmetrisches Ablenkelement. Im Gegensatz zu den in [V, 7] behandelten Feldern, die statisch benutzt werden und der Aufspaltung eines Strahlenbündels nach e/m und Geschwindigkeit, sowie der Richtungsfokussierung dienen, hat das Ablenkplattenpaar und das Ablenkspulenpaar der BRAUNschen Röhre eine andere Aufgabe. Hier ist ein nach Teilchenart und Geschwindigkeit monochromatischer Korpuskelstrahl vorgegeben, der zur Erzielung der Richtungssteuerung [III, 11] von der optischen Achse des ihn erzeugenden Systems aus nach beiden Seiten in gleicher Weise ablenkbar sein soll. Man wird daher zunächst die geometrische Anordnung symmetrisch zur optischen Achse wählen, dann aber auch bestrebt sein, eine Unsymmetrie hinsichtlich der Potentiale zu vermeiden, d. h. man wird beim Ablenkplattenpaar die Spannungen möglichst so anlegen, daß sie jederzeit symmetrisch zum Raumpotential sind.

Ist die Ablenkung dieser Elemente gering, so gelten für die Ablenkwinkel einfache Beziehungen, wie wir sie bereits in [I, 3] kennenlernten (Abb. 7). Sie seien hier nochmals unter Einsatz von Zahlenwerten wiedergegeben. Für die beiden durch Ebenen begrenzten Feldschichten gilt bei kleinen Ablenkwinkeln Θ:

$$\operatorname{tg} \Theta_e = \frac{l}{d}\,\frac{u}{U} \tag{1}$$

$$\operatorname{tg} \Theta_m = l\,\sqrt{\frac{e}{2m}}\,\frac{H}{\sqrt{U}} = 0{,}3\,\frac{H_{\text{Oerstedt}} \cdot l_{\text{cm}}}{\sqrt{U_{\text{Volt}}}}\,. \tag{2}$$

In diesen Gleichungen bedeutet U die Beschleunigungsspannung, $2u$ ist die Potentialdifferenz an den Platten des Kondensators und d der Plattenabstand. Die Bedeutung der übrigen Buchstaben ist aus [I, 3] zu entnehmen. Das in [I, 3] auftretende Ablenkfeld E ist durch $2u/d$ ersetzt.

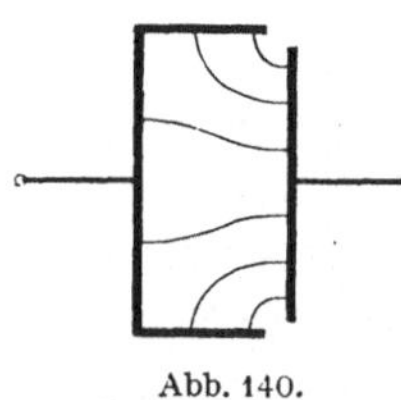
Abb. 140.
Zur Vermeidung
des Trapezfehlers.

Die Kombination von zwei senkrecht zueinander wirkenden Ablenkfeldern, die durch zwei verschiedene, unabhängige Spannungen betätigt werden, ermöglicht die Richtungssteuerung [III, 11] des Strahlenganges bei der Oszillographenröhre, des abtastenden oder schreibenden Strahls der Fernsehröhre oder die Richtungssteuerung eines Bildes beim Bildwandler [IX, 21].

Für eine solche Bewegung des Strahlzeigers oder eines Elektronenbündels, das ein Bild zeichnet, wird man die beiden senkrecht zueinander orientierten Ablenkelemente möglichst an gleicher Raumstelle wirken lassen. Während sich diese Forderung bei den ausgedehnten magnetischen Ablenkfeldern, die durch große Spulen erzeugt werden, relativ leicht erreichen läßt, ist die Aufgabe mit Ablenkplattenpaaren schwieriger durchführbar. Versucht man die Lösung dadurch zu erzwingen, daß man vier Ablenkplatten in den zur Achse parallelen Flächen eines Würfels anordnet, so ergibt sich eine zu hohe Kapazität der Anordnung und ein kompliziertes Feld, das nur nahe der Achse die gewünschte Eigenschaft besitzt. Außerdem ist die Empfindlichkeit stark herabgesetzt. Daher ordnet man seit den Anfängen der Braunschen Röhre die Ablenkkondensatoren hintereinander an, wenn man nicht magnetische oder je ein magnetisches und ein elektrisches Element benutzen will (vgl. aber auch [246a]).

Auch bei den hintereinander angeordneten gekreuzten Ablenkplattenpaaren greifen meist die Streufelder infolge geringen Abstandes der Ablenkplattenpaare noch störend stark ineinander. Dieser Feldübergriff führt zu starken als Trapezfehler bezeichneten Fehlererscheinungen, wenn das zweite Plattenpaar „unsymmetrisch" betrieben wird. Dabei versteht man unter symmetrischem Betrieb, daß das Feld gleich ist in Punkten, die symmetrisch zu der den Platten parallelen Symmetrieebene des Kondensators liegen, so wie es in Abb. 72 dargestellt ist. In diesem Fall ist die eine Platte positiv, die andere um den gleichen Betrag negativ gegen die Anode (Erde) geladen. Im anderen Falle, z. B. wenn eine Platte geerdet ist, spricht man von unsymmetrischem Betrieb. — Wird bei symmetrischem Betrieb ein Quadrat ausgezeichnet, so wird bei Erdung der einen Platte ein Trapez daraus, dessen längere Seite der geerdeten Platte zugekehrt ist. Zur Vermeidung des Trapezfehlers ist vorgeschlagen worden [541a, 734], das zweite Ablenkplattenpaar, bei dem die Erdung besonders stark stört, durch ein Kästchen zu ersetzen, wobei die rechte Platte mit der

Anode verbunden ist (Abb. 140). Mit diesem Kästchen läßt sich der Fehler in der Tat verringern, doch tritt nunmehr bei symmetrischem Betrieb der Fehler in entgegengesetzter Richtung auf. Anordnungen, die sowohl bei symmetrischem als auch bei unsymmetrischem Betrieb brauchbar sind, lassen sich erhalten, wenn die Seitenwände des Kästchens aus einem Werkstoff sehr hohen Widerstandes hergestellt werden [527].

Schließlich sei noch ein Ablenksystem erwähnt, bei dem es auf die radiale Ablenkung von der optischen Achse ankommt. Bei der Aufzeichnung periodischer Vorgänge im Oszillogramm läßt man gewöhnlich den Leuchtpunkt mit konstanter Geschwindigkeit von einer Seite zur anderen über den Schirm wandern, wozu Kippkreise erforderlich sind. Statt dessen kann man den Leuchtpunkt auch in einem Kreis auf dem Schirm führen, und die Spannungsimpulse nun radial wirken lassen. Solches Vorgehen, wie es z. B. bei Höhenmessungen der Heavisideschicht gelegentlich benutzt wird, hat den Vorteil, daß kein Punkt der Periode benachteiligt wird, wie es bei der üblichen Aufzeichnung an den Rändern und beim Rücklauf des Strahls

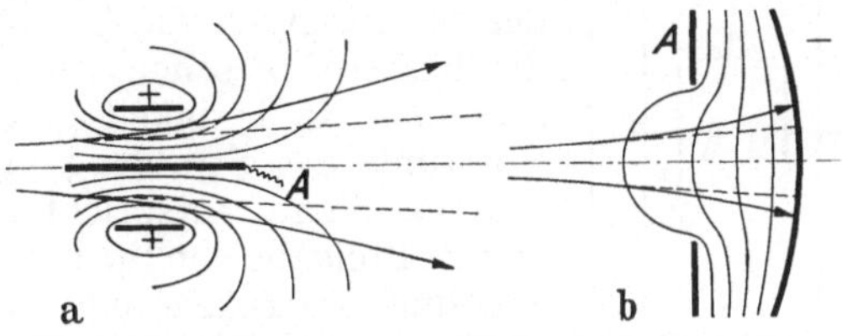

Abb. 141. Anordnungen zur radialen Auslenkung eines Elektronenstrahls. a Ablenkzylinder mit zentralem Draht; b Elektronenzerstreuungslinse.

naturgemäß sein muß. Abb. 141 zeigt zwei Vorrichtungen, mit deren Hilfe die Signalspannungen auf den im Kreis geführten Elektronenstrahl einwirken: Erstens eine Anordnung, die Wood [742] angegeben und die durch Engel [227] zur Empfindlichkeitserhöhung, durch v. Ardenne [10] zur Polarkoordinaten-Oszillographie angewandt wurde (Abb. 141a); zweitens eine Elektronenlinse, die dem Leuchtschirm so stark angenähert ist, daß von ihr auch Zerstreuungswirkungen zu erwarten sind (Abb. 141b) [227].

13. Verschluß. Wir haben die festeingebaute metallische Kreislochblende als Intensitäts- und Gesichtsfeldblende kennengelernt [V, 9] und werden in [V, 14] sehen, daß die Elektronenlinse zur „spiegelnden Irisblende"

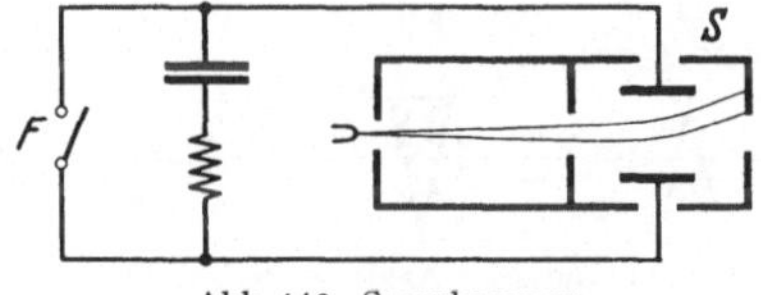

Abb. 142. Sperrkammer.

zu werden vermag. Außer der Intensitätsblende kennen wir bei optischen Geräten, insbesondere bei dem photographischen Apparat, noch den Verschluß, der als eine vollständig zugezogene Irisblende aufzufassen ist. Wie man jedoch in der Optik Irisblende und Verschluß als getrennte Apparaturteile ausbildet, so häufig auch in der Elektronenoptik, wo wir den Verschluß z. B. beim Kathodenstrahl-Oszillographen, bei den „Zahnradmethoden" [X, 4] und beim Stroboskop [IX, 22] gebrauchen.

Bei den elektronenoptischen Verschlüssen, wie sie Rogowski und Flegler [562] in die Technik der Braunschen Röhre als Strahlsperrungen einführten, lassen sich mehrere Gruppen unterscheiden, die wir im folgenden nur in ihren prinzipiellen Merkmalen behandeln wollen. Wir werden dabei sehen, daß sich ebenso wie bei der Intensitätssteuerung Prismen oder Linsen zur Lösung dieser Aufgabe verwenden lassen.

Den einfachsten Strahlsperrungen liegt die naheliegende Maßnahme zugrunde, den Strahlengang nicht direkt zu unterbrechen, sondern seitwärts von dem Schirm fortzulenken. Das geschieht durch ein Ablenkelement, also z. B. ein Ablenkplattenpaar, das man im Augenblick der Aufnahme kurzschließt. Die Ablenkung wird man in einer besonderen Kammer vornehmen, der Sperrkammer S (Abb. 142). Bei der Braunschen Röhre kann man dazu auch das eine der an sich schon vorhandenen Ablenkplattenpaare benutzen, an das man eine feste Vorspannung legt, die man im Augenblick der Aufnahme durch Schließen des Schalters F (Funkenstrecke) zusammenbrechen läßt. Solche Sprungschaltung ist von KRUG [402, 403] beschrieben worden, der mit seiner Schaltung eine sprunghafte Aufhebung der Vorablenkung in 10^{-8} s erreichte.

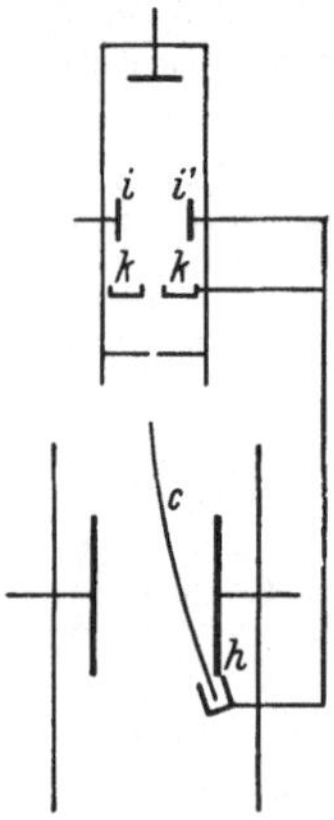

Erwähnenswert ist der Gedanke von ROGOWSKI [71], bei dem die Sperrung durch die Strahlelektronen selbst vorgenommen wird (Abb. 143): Sobald die Elektronen, nachdem das Oszillogramm geschrieben ist, in den Käfig h gelangen, der mit der einen Platte i' eines Ablenkkondensators verbunden ist, wird der Strahl durch die Aufladung der Platte i' ausgelenkt, womit die Elektronen schon bei k aufgefangen und damit die „Nachsperrung" in Tätigkeit gesetzt wird. Dieser Anordnung, die zur Sperrung des Strahlenganges *nach* dem Schreiben des Oszillogramms dient, entspricht eine „Vorsperrung", wobei die gleichzeitige Freigabe von Sperrung und Zeitablenkung durch eine Mehrfachfunkenstrecke erfolgt. Weitere Anordnungen und Schaltungen sind von ALBERTI [*16*, S. 88] diskutiert worden.

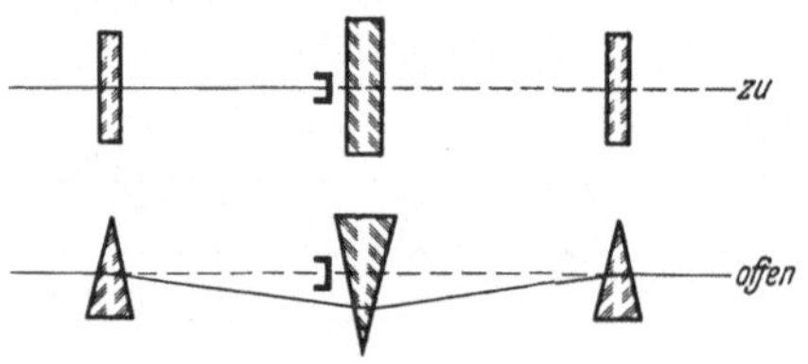

Abb. 143.
Sperrung nach
ROGOWSKI [71].

Eine andere Möglichkeit besteht bei dem Oszillographen darin, den Elektronenstrahl in der Ruhelage beim Auftreffen auf den Schirm aufzufangen, indem man diesen Punkt des Leuchtschirms durch ein Metallplättchen oder besser einen kleinen Käfig abdeckt. Eine höhere Stufe der Technik stellen mit diesem Verfahren eng verwandte Strahlsperrungen dar, die auf einer Art Schlierenverfahren beruhen. Die Strahlung gelangt dabei normalerweise in einen Käfig, der axial im Strahlengang sitzt (Abb. 144). Durch besondere Anordnungen von Ablenkkondensatoren kann die Strahlung im Augenblick der Aufnahme an dem Käfig vorbeigelenkt werden. Der Ablenkkondensator mit seiner Richtungsänderung wirkt dabei also wie eine Schliere beim Schlierenverfahren. Dieses von NORINDER [509] angegebene und von ACKERMANN [1] verbesserte Verfahren bringt den Strahl in die ursprüngliche Richtung zurück.

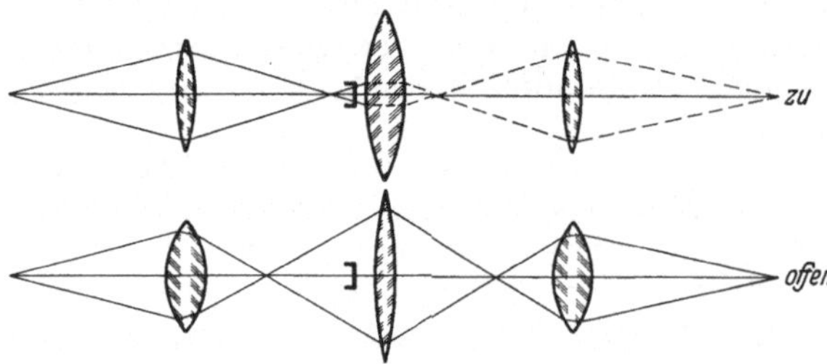

Abb. 144. Optisches Analogon der Strahlsperrung
durch Ablenkelemente.

Wir haben das in [IV, 3] beschriebene Verfahren der symmetrischen Gestaltung des Feldes vor uns. Das Verfahren ist auch mit Elektronenlinsen durchführbar (Abb. 145), wobei ebenfalls bei richtiger Gestaltung der Felder [IV, 3] wieder der gleiche Endzustand erreicht wird.

Die beschriebenen Einrichtungen entsprechen insofern nicht dem Verschluß des photographischen Apparates, als sie

Abb. 145. Optisches Analogon einer Strahlsperrung mit Linsen.

sich vor der radikalen Maßnahme scheuen, wirklich eine „Wand" zwischen Schirm und Strahlenquelle zu errichten. Das hat zur Folge, daß die angegebenen Lösungen unter dem Einfluß von Streustrahlung und Sekundärelektronen leiden, die schließlich doch mehr oder minder an den aufgebauten Hindernissen vorbei den Weg zum Schirm finden. Diese Nachteile werden bei zwei Lösungen vermieden, die von GEORGE stammen [257]. Bei der ersten schalten wir einfach die Beschleunigungsspannung am Rohr ab und vernichten damit den Strahlengang selbst. Bei der zweiten Lösung benutzen wir eine sperrende Elektronenlinse und schneiden damit den Strahlengang an der Linse ab, indem wir sie zum Spiegel verwandeln. Bei den neueren Anordnungen mit Glühkathoden wendet man praktisch ausschließlich diese Sperrungen an, die wir im folgenden Abschnitt genauer behandeln wollen. Auf die Sperrungen mit Ablenkung wird man jedoch zurückgreifen, wenn man wie bei Kaltkathoden-Oszillographen mit Elektronenauslösung durch Gasentladung arbeiten will.

Bemerkenswert ist allgemein für den elektronenoptischen Verschluß, daß er leicht durch den zu oszillographierenden Vorgang gesteuert werden kann. Das ist wichtig, wenn es sich um die photographische Aufnahme kurzzeitiger Vorgänge wie z. B. von Wanderwellen handelt. Würde etwa der Strahl auch in der Ruhestellung dauernd auf einen Punkt der Platte treffen, so wäre nicht nur dieser Auftreffpunkt geschwärzt, sondern die ganze Platte verschleiert. Mit Hilfe des Verschlusses hält man den Strahl von der Platte fort. Erst die Wanderwelle selbst öffnet den Verschluß, so daß der nun freigegebene Strahl schreiben kann. Über die Schaltanordnungen, die dazu verwendet werden, vergleiche man z. B. ALBERTI [16].

14. WEHNELT-Zylinder als Irisblende. Die im letzten Abschnitt behandelte Aufgabe bestand in dem plötzlichen, leicht steuerbaren Öffnen und Schließen eines Verschlusses. Die „Ruhestellung" des Verschlusses ist „zu"; er soll durch elektrische Vorgänge kurzzeitig geöffnet werden, so daß die Strahlung hindurchtreten kann. Mit diesem „Verschluß" kann die gesteuerte „Irisblende" verglichen werden. Bei ihr kommt es darauf an, durch elektrische Spannungen schnelle Intensitätsänderungen vorzunehmen. Im Gegensatz zum Verschluß wird man ihre „Ruhestellung" als „offen" betrachten.

Zunächst ist festzustellen, daß zwischen Verschluß und Anordnung zur Intensitätssteuerung kein grundsätzlicher Unterschied besteht. Das gilt ebenso wie in der Optik, wo Verschluß und Irisblende eng verwandt sind. In der Elektronenoptik hat man daher auch den Verschluß zur Intensitätssteuerung benutzt. So verwendeten z. B. v. ARDENNE [17, S. 369] und SCHÜTZ [636] die im vorhergehenden Abschnitt behandelte Anordnung mit Ablenkkondensatoren zur Intensitätssteuerung beim Fernsehen. Normalerweise benutzt man zur Intensitäts-Steuerung rotationssymmetrische Anordnungen, insbesondere negativ aufgeladene Zylinder oder Lochblenden [745], die man nach ihrem Erfinder als WEHNELT-Elektrode bzw. WEHNELT-Zylinder bezeichnet. Die WEHNELT-Elektrode, die wir bereits in [III, 12] erwähnten, kann in verschiedener Weise wirken:

Ist die WEHNELT-Elektrode, wie üblich, dicht vor der Kathode als Blende oder Zylinder angeordnet (Abb. 59b), so wird sie nach [III, 12] in Zusammenwirkung mit der Anode entweder die Saugwirkung dieser Elektrode auf die Raumladung vor der Kathode steuern, oder bei hoher negativer Aufladung den emittierenden Bereich mehr oder minder einschränken.

Die WEHNELT-Elektrode bildet zusammen mit der Anode ein elektronenoptisches Immersionsobjektiv. Es ist daher auch möglich, die erwähnte Einschränkung des emittierenden Kathodenbereichs unmittelbar elektronenoptisch zu beobachten, wie es JOHANNSON [127] durchgeführt hat (Abb. 146). Je negativer die WEHNELT-Elektrode ist, um so kleiner wird der Bereich, vor dem ein für die Elektronen abfallendes Potentialgebirge liegt, bis sich schließlich vor der ganzen Kathode ein sperrender Potentialwall ausbildet.

Die soeben beschriebene Anordnung findet in modifizierter Form bei den Fernsehröhren Anwendung. Dabei treten beide Formen der Intensitätssteuerung, nämlich Raumladungssteuerung und Einengung des Kathodenbereichs, auf. Abb. 147 zeigt eine schematische Zusammenstellung [125], die bei dem besonders übersichtlichen System zweier Blenden vor einer ebenen, unendlich ausgedehnten Kathode erkennen läßt, wie bei Voraussetzung geringer Raumladung sich mit allmählicher negativer Aufladung der Gitterblende der emittierende

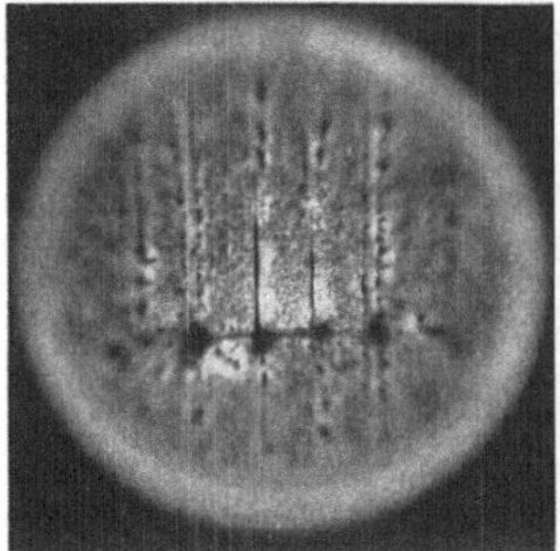
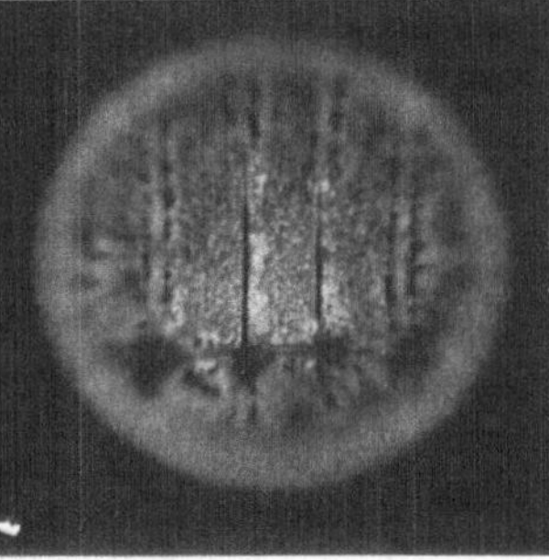

Abb. 146. Einengung des emittierenden Bereichs [127].

Bereich einengt. Von Abb. 147e ab ist die beginnende Einengung des emittierenden Kathodenbereiches deutlich; bei Abb. 147g emittiert nur noch der Mittelpunkt der Kathode, bei Abb. 147h ist die ganze Kathode gesperrt.

Von den erwähnten Anwendungen der WEHNELT-Elektrode sind diejenigen zu unterscheiden, bei denen der WEHNELT-Zylinder als Linse benutzt wird.

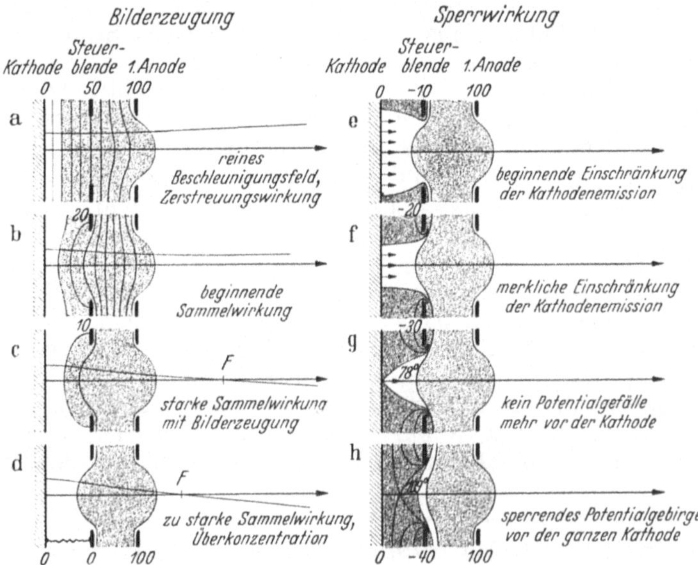

Abb. 147. Wirkungsweise der WEHNELT-Elektrode bei der Fernsehröhre (schematisch).

Während die WEHNELT-Elektrode bisher nahe der Kathode stand, ist sie in diesen Fällen meist hinter den ersten Beschleunigungselektroden im Strahlengang angeordnet. Wir finden damit folgende Anordnung (Abb. 148): Eine festaufgestellte Lochblende wird durch eine Elektronenlinse steuerbarer Brennweite beleuchtet, wodurch die Beleuchtungsdichte am Blendenloch mehr oder minder groß wird. Die Intensität würde bei dieser Anordnung niemals ganz verschwinden, wenn sich bei stark negativen Linsenspannungen nicht ein neuer Vorgang anschließen würde, nämlich die Umstellung der Elektronenlinse in einen Elektronenspiegel. Diese Anordnung mit Blende stammt von ROSING [570].

In [V, 8] war bereits auf die Eigenschaften des Elektronenspiegels eingegangen und verfolgt worden, wie aus der Einzellinse ein Elektronenspiegel wird. Wir hatten gesehen, daß die Elektronen bei dem allmählichen Übergang von der Linse zum Spiegel gerade noch in die Höhe des Sattelpunktes gelangen [V, 8, Abb. 131]. Je·größer die Entfernung von der Achse ist, mit der das Elektron in die Linse hineinläuft, um so früher tritt der Fall ein, daß die Längskomponente zur Überschreitung des Potentialsattels nicht mehr ausreicht. Betrachten

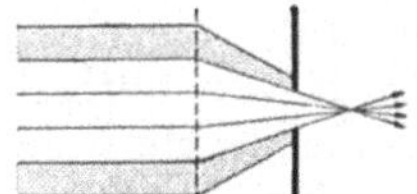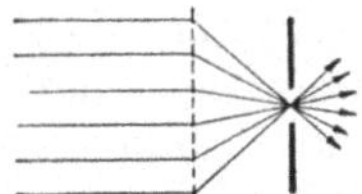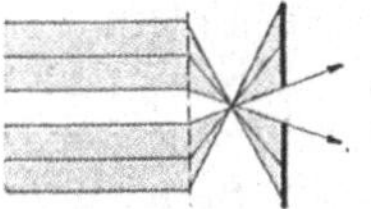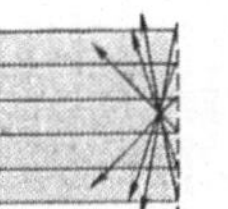

Abb. 148. Intensitätssteuerung mit Linse und Blende (schematisch).

wir demnach eine strahlende Fläche endlicher Größe, so können bei einer nicht zu stark negativen Spannung der Mittelblende die Elektronen aus den zentralen Partien das Potentialgebirge überschreiten. Betrachtet man Elektronen, die weiter außen verlaufen, so kommen wir schließlich an den erwähnten Grenzfall des Elektrons, das gerade zum Sattelpunkt gelangt. Alle noch weiter außen verlaufenden Elektronen werden reflektiert. Die Anordnung wirkt in ihren mittleren Teilen als Linse, in den äußeren als Spiegel (Abb. 149). Erniedrigt man das Potential der Mittelelektrode, so wird der äußere spiegelnde Bereich immer größer, als ziehe sich eine spiegelnde Irisblende zu. Wie dabei die Intensität des Strahlenbündels mit wachsender negativer Steuerspannung abnimmt, beschreibt die Steuerkennlinie. Nach [544] ergibt die Durchführung der Rechnung bei einer Elektronenlinse für das Verhältnis des durch die Linse

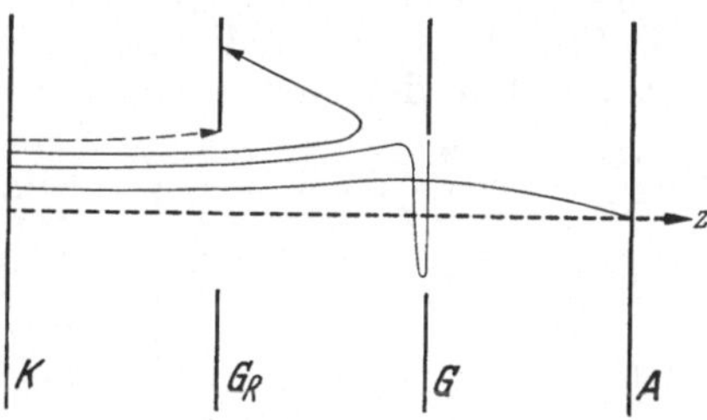

Abb. 149. Steuerung durch Spiegelung [544].

hindurchtretenden Stromes i zum Gesamtstrom i_0: bei rotationssymmetrischen Linsen $i = i_0 C_1 \dfrac{U_s}{U_b}$, bei Zylinderlinsen $i = i_0 C_2 \sqrt{\dfrac{U_s}{U_b}}$ [1]. Dabei ist U_s das Potential des Sattelpunktes, U_b die Beschleunigungsspannung der Elektronen. Es gilt demnach, daß in diesem Fall die Steuerkennlinie durch die Linsenfehler der Elektronenlinse bestimmt ist, durch die der Übergang von der Linse zum Spiegel nicht für alle Strahlen bei gleicher Linsenspannung erreicht wird. Je kleiner die Fehler der Linse, um so steiler ist die Kennlinie [V, 15].

Wir haben bei den bisherigen Betrachtungen stets nur auf die Änderung des Elektronenstroms, nicht dagegen darauf geachtet, welche sonstigen Folgen die Änderung des Strahlenganges hat. Sie wird z. B. bei BRAUNschen Röhren eine Schärfeänderung des Leuchtflecks bedingen. Die Beseitigung dieses Nachteils

---

[1] C_1 und C_2 hängen außer von den Abmessungen der Röhre auch etwas von den Spannungen ab. Eine Formel der hier angegebenen Form, aber mit zu großem Wert der Konstanten C_2 erhielten ROTHE und KLEEN [577] bei Berücksichtigung der Ablenkung in den Elektroden, die vor dem Steuergitter liegen, aber bei Vernachlässigung der Linsenstruktur des Steuergitters. (Man vergleiche auch BELOW [50].) ROTHE und KLEEN benutzen daher für ihre Diskussion experimentell ermittelte Werte von C_2. Vgl. auch das Buch [40a] von ROTHE und KLEEN.

liegt bei dem Fall der bestrahlten Blende auf der Hand: Man wird die Blende als Gegenstand einer neuen Abbildung wählen.

Bei dieser Maßnahme, die man stets in solchen Fällen anstreben wird, bleibt eine Änderung des Bündelöffnungswinkels. Bei einer idealen Abbildung spielt das keine Rolle, doch sind die praktisch verwendeten Linsen meist soweit von diesem Ideal entfernt, daß man gern mit Bündeln gleichen Öffnungswinkels arbeiten würde.

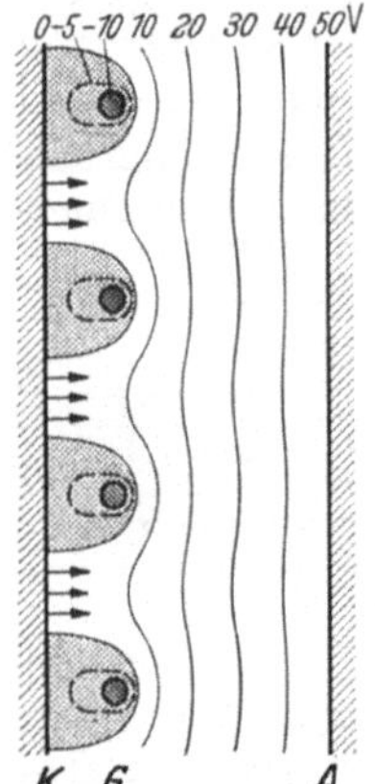

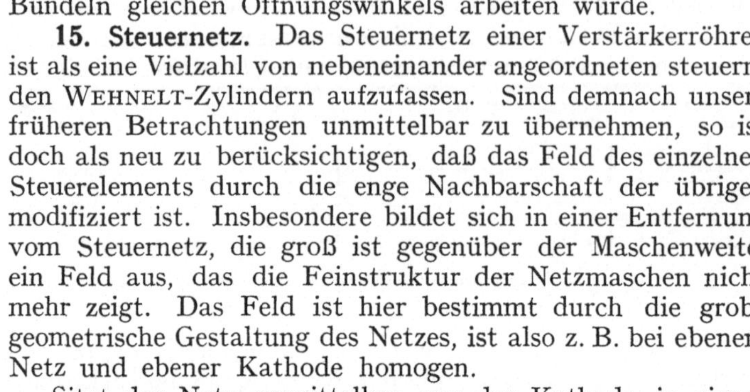

15. Steuernetz. Das Steuernetz einer Verstärkerröhre[1] ist als eine Vielzahl von nebeneinander angeordneten steuernden WEHNELT-Zylindern aufzufassen. Sind demnach unsere früheren Betrachtungen unmittelbar zu übernehmen, so ist doch als neu zu berücksichtigen, daß das Feld des einzelnen Steuerelements durch die enge Nachbarschaft der übrigen modifiziert ist. Insbesondere bildet sich in einer Entfernung vom Steuernetz, die groß ist gegenüber der Maschenweite, ein Feld aus, das die Feinstruktur der Netzmaschen nicht mehr zeigt. Das Feld ist hier bestimmt durch die grobe geometrische Gestaltung des Netzes, ist also z. B. bei ebenem Netz und ebener Kathode homogen.

Abb. 150. Inhomogenes Feld vor der Kathode.

Sitzt das Netz unmittelbar vor der Kathode in einem Abstand, der von der Größenordnung der Netzmaschen ist, so wirkt jede Netzmasche als einzelner WEHNELT-Zylinder, der bei negativer Aufladung den emittierenden Kathodenbereich einengt (Abb. 150) und die Saugwirkung der Anode reguliert [III, 12; V, 14]. Diese letzte Funktion wird ausschließlich vorhanden sein, wenn die Entfernung des Netzes von der Kathode groß ist. Schließlich wird auch die Struktur des Netzes ohne Einfluß auf das Feld sein und die Kathode emittiert nun gleichmäßig (Abb. 151).

Ist das Netz dort im Strahlengang eingebaut, wo die Elektronen bereits höhere Geschwindigkeit gewonnen haben, so wirkt es als eine Vielzahl von Elektronenlinsen. Die Brennweite richtet sich nach dem Potential des Netzes. Man könnte daran denken, durch Aufstellung eines zweiten Netzes, das zum ersten genau ausgerichtet sein müßte, Steuerungen der Intensität in der Art vorzunehmen, wie es im letzten Abschnitt als Zusammenwirkung von Elektronenlinse und Lochblende besprochen wurde (Abb. 148). Die Realisierung dieses Steuerprinzips hat mancherlei Schwierigkeiten. Statt dessen führt man daher in der Praxis die Intensitätssteuerung durch Umstellung der Elementarlinsen in Elementarspiegel

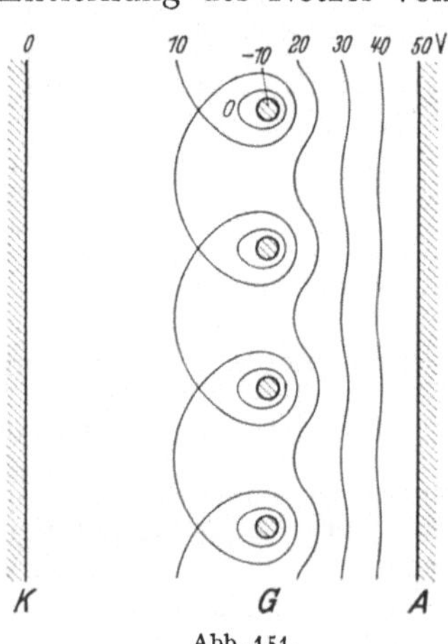

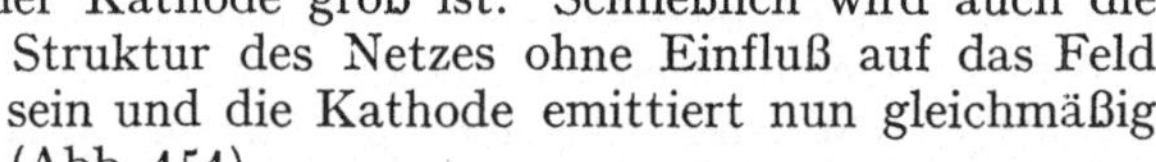

Abb. 151.
Homogenes Feld vor der Kathode.

durch. In diesem Falle bildet sich bei negativer Aufladung des Gitters ein Potentialgebirge aus, das einen Teil der Elektronen reflektiert (Abb. 152).

Von den erwähnten Funktionen des Steuernetzes ist die Umstellung von Linsen zu Spiegeln die elektronenoptisch interessanteste. Daher sei das Netz in dieser Funktion noch besonders veranschaulicht: Nach unserer Vorstellung ist das Steuernetz einer Glasscheibe mit aufgeprägten linsenförmigen Erhöhungen vergleichbar. Wenn diese Scheibe noch durchlässig ist, wird die eintreffende

---

[1] Das Steuernetz ist in der ersten Zeit auch für Strahlgeräte, so bei der Tonfilm- und Fernsehröhre vorgeschlagen worden, worüber man SKAUPY [648] vergleiche.

Strahlung durch sie zunächst in Bündel aufgeteilt werden, die sich in einer gewissen Entfernung in eine diffuse Strahlung aufgelöst haben, so daß etwa ursprünglich in der Strahlung vorhandene Inhomogenitäten oder die Inhomogenitäten, die durch die „Butzenscheibe" selbst hineingekommen sind, kaum mehr nachweisbar sein werden. Könnten wir das Experiment der Steuerung durch die Brennweiten-Verringerung unserer kleinen Linsen mit dem Auge beobachten, so würden wir bei wachsender negativer Aufladung des Steuernetzes folgendes sehen (Abb. 153): Die Ränder unserer kleinen Linsen würden sich von den Netzdrähten her mehr und mehr zu verdicken scheinen, entsprechend der Tatsache, daß zuerst die Außengebiete der Linse spiegelnd werden. So würden sich die kleinen spiegelnden Irisblenden allmählich zuziehen, bis schließlich die ganze Fläche dunkel ist. Von der anderen Seite aus betrachtet würde der Beobachter

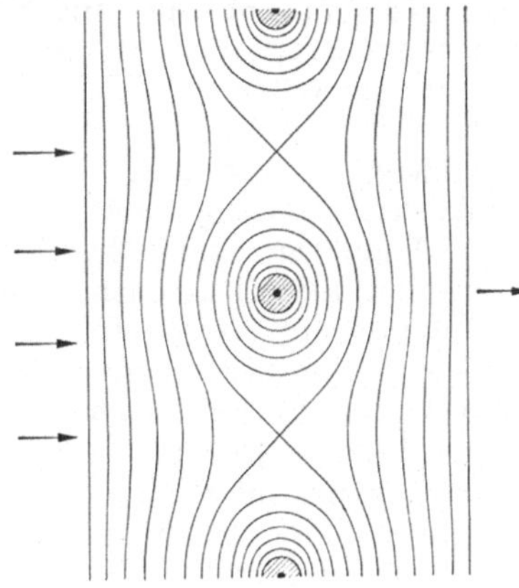

Abb. 152. Potentialfeld des Gitters.

sehen, wie allmählich an dem Orte der Butzenscheibe mit ihren schwarzen Löchern sich eine mattierte, reflektierende Fläche aufbaut, in der schließlich jede

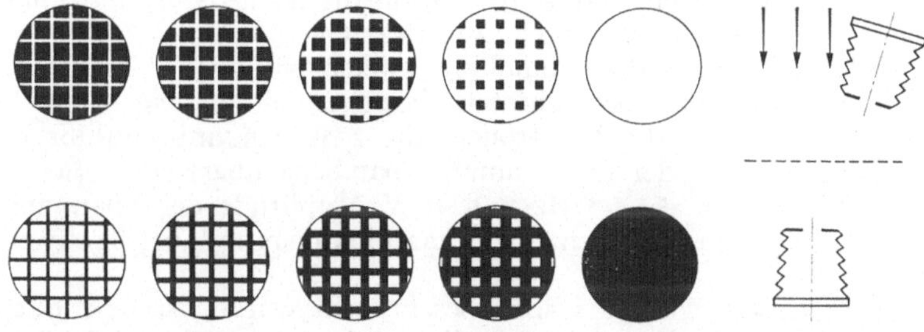

Abb. 153. Netz verschieden starker negativer Aufladung, von beiden Seiten mit dem „Elektronenauge" gesehen (schematisch).

Struktur des Einfassungsnetzes verschwunden ist. Ersetzen wir das Auge in der Elektronenröhre durch einen kleinen Elektronen-Photoapparat, z. B. durch eine Photozelle, die nur auf die Gesamtintensität anspricht, so erhalten wir den Gesamteindruck der sich ändernden mittleren Intensität der fraglichen Fläche.

Der anschaulich soeben entwickelte Übergang eines durchlässigen zu einem spiegelnden Steuernetz läßt sich auch rechnerisch verfolgen, indem man von der Umstellung einer einzelnen Linse ausgeht. Wenden wir die in [V, 14] angegebene Beziehung für den durchgehenden Strom i bei einer Zylinderlinse auf das Gitter einer Elektronenröhre an. Für eine bestimmte Röhre, bei der ein Gitter direkt vor der Kathode (Raumladegitter [VI, 17]) einen konstanten Elektronenstrom herstellt, auf den nun das Steuergitter einwirkt, zeigt Abb. 154 den Vergleich der nach dieser Formel berechneten Steuercharakteristik mit den gemessenen Stromwerten [544]. Dabei bedeutet U_A die Anodenspannung, U_R die Spannung des

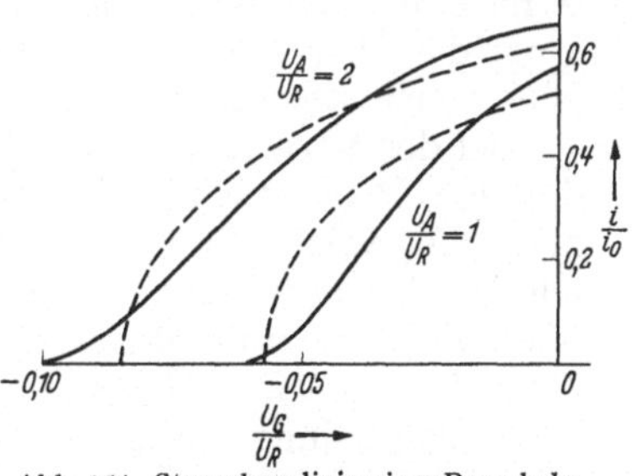

Abb. 154. Steuerkennlinie einer Raumladegitterröhre [544].
--- berechnet, —— gemessen.

Raumladegitters, U_G die Spannung des Steuergitters und i_0 den von der Kathode ausgehenden Strom [544].

16. Phasenblende und Phasenlinse. Außer von der Richtungs- und Intensitäts-Steuerung, die wir behandelten, kann man auch von einer Geschwindigkeits-Steuerung sprechen. Sind Ablenkfeld und teilweise spiegelnde Elektronenlinse die Organe der ersten beiden Steuerarten, so ist die Beschleunigungsschicht, verwirklicht als Doppelblende oder Doppelnetz mit hochfrequenter Wechselspannung zwischen den Blenden, das Organ der letzteren.

Beim Durchgang des Strahls von ursprünglich gleich schnellen Elektronen werden die Elektronen, die nacheinander das Feld zwischen den Blenden durchlaufen, verzögert, unbeeinflußt gelassen oder beschleunigt. Die aus dem Felde austretenden Elektronen werden sich daher gruppenweise in bestimmten Entfernungen hinter dem Feld einholen [II, 4]. Würden wir dabei eine niederfrequente Wechselspannung von 50 Hz an die Linse legen, so würde die Vereinigung der langsamsten und schnellsten Elektronen infolge der relativ großen Zeit, die zwischen den Extremwerten der angelegten Spannung liegt, erst in sehr großer Entfernung eintreten können. Beispielsweise würden sich bei 100 eV-Elektronen und einer Wechselspannung von 10 V Amplitude die langsamsten und schnellsten Elektronen erst in 600 km eingeholt haben. Geht man dagegen zu Hochfrequenz über, so verkürzen sich die Strecken, so daß die Einholung bereits in den Bereichen üblicher Versuchsröhren erfolgt. So haben wir bei 100 eV-Elektronen und $5 \cdot 10^8$ Hz für die schnellsten und langsamsten Elektronen „Treffweiten" von 6 cm zu erwarten.

Während wir soeben die Einholung zweier willkürlich herausgegriffener Gruppen von Elektronen betrachteten, bezieht sich die eigentliche Phasenfokussierung [II, 4] auf die Elektronen, die z. B. den unbeeinflußt hindurchgehenden Elektronen in der Phase unmittelbar benachbart sind. Bei Annahme von 100 eV-Elektronen, $5 \cdot 10^8$ Hz und 10 V Amplitude der Spannung an der Beschleunigungsschicht erhalten wir Phasenfokussierung bei Treffweiten von ~ 4 cm.

Eine Einrichtung, wie sie soeben beschrieben wurde, ist eine Phasenlinse, die dauernd ihre Treffweite ändert. Es liegt nahe, sie gleichsam stroboskopisch, d. h. nur in bestimmten, kleinen, periodisch wiederkehrenden Zeitintervallen zu benutzen, für die die Treffweite dann mit genügender Näherung als konstant betrachtet werden kann. Die Phasenblende entspricht der Blende bei der Richtungsfokussierung. Wie diese die Strahlen, die weit von der Achse entfernt eintreffen und daher größere sphärische Fehler bedingen, abfängt, so fängt die Phasenblende die zeitlich vom „Mittelelektron" entfernt eintreffenden Elektronen ab, die abweichende Treffweiten geben würden.

Bei der Verwirklichung der Phasenblende wird man darauf zu achten haben, daß die Phasenblende der zu ihrer Steuerung notwendigen Spannungsquelle möglichst wenig Energie entnimmt. Diese Bedingung führt auf die Ablenkfelder, also etwa einen üblichen Ablenkkondensator mit einer Blende davor, über die der Strahl durch eine hochfrequente Ablenkspannung hin- und hergeführt wird. Es läßt sich zwar nicht erreichen, daß *alle* Elektronen ohne Energieaufnahme durch das Feld hindurchlaufen. Man kann aber bei gegebenem Wert von Frequenz und Elektronenenergie durch geeignete Wahl der Kondensatorlänge wenigstens die im Zeitmittel aufgenommene Energie zum Verschwinden bringen. Dies ist z. B. der Fall für $\omega \cdot \dfrac{l}{v_0} \sim 9$ [X, 18], einen Wert, bei dem auch nicht zufällig die Ablenkempfindlichkeit des Kondensators verschwindet [X, 1]. In diesem Fall haben sowohl die Elektronen maximaler Ablenkung als auch die unabgelenkten Elektronen keine Energie aufgenommen.

Man kann auch die Forderung stellen, daß die Phasenblende ganz ohne fremde Energie auskommt [125]. In diesem Falle muß der Kondensator in einem Schwingungskreis liegen, dessen Energieverluste aus dem Energiereservoir der schnellen Elektronen gedeckt werden.

Abb. 155 zeigt das Schema einer solchen Phasenblendenanordnung. Die beschleunigten Elektronen gelangen in den Kondensator, dessen Wechselspannung sie anregen. Die z. B. maximal abgelenkten Elektronen werden durch eine mechanische Blende ausgesiebt und nun durch ein zweites Beschleunigungsfeld auf die gewünschte Geschwindigkeit gebracht. Die Frequenz der Impulsfolge ist bei dieser Anordnung ebenfalls durch die Strahlgeschwindigkeit und die Daten des Schwingungskreises wählbar. Daß die maximal

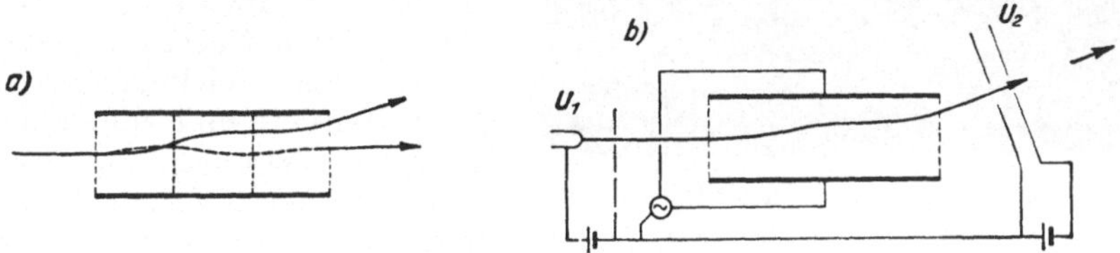

Abb. 155. Ablenkplattenpaar als Phasenblende.

abgelenkte Strahlung gerade durch die fest aufgebaute Aussiebblende geht, läßt sich ebenfalls durch die Daten des Schwingungskreises bzw. durch zusätzliche Ablenkfelder erzielen.

d) Nachweis der Ladungsträger.

Nachdem die Ladungsträger befreit und auf ihrem Wege beeinflußt sind, werden sie entweder als Strom aufgefangen oder es werden die Endpunkte ihrer Bahn auf einem Leuchtschirm bzw. einer Platte sichtbar gemacht. Die letztere Nachweismöglichkeit wird uns in den folgenden Abschnitten interessieren. Auf die Strommessung sei hier nicht weiter eingegangen. Sie ist besonders interessant, wenn die Ströme sehr gering werden. Während ein normales Galvanometer für die Messung von Strömen von 10^8 Elektronen/s geeignet ist, sind mit der WILSON-Kammer einzelne Elektronen nachweisbar. Einzelne Elektronen lassen sich heute aber auch durch besondere elektrometrische Methoden messend verfolgen.

17. Sichtbarmachung von Strahlengängen. Zur Festlegung eines Strahlenganges bestehen zwei Wege, die beide auf der Energiewirkung der Teilchen beruhen. Im ersten Fall tastet man den Strahlengang mit einem beweglichen Leuchtschirm bzw. Auffänger ab, im zweiten Fall benutzt man die Anregung oder Ionisation von Gasmolekülen durch den Elektronenstoß.

Die erste Möglichkeit, die bereits vor 1913 von BIRKELAND [67] benutzt worden ist, hat den Nachteil, daß der Strahlengang an der Stelle, an der der Schirm gerade aufgestellt wird, abgeschnitten wird. In manchen Fällen tritt dieser Mangel nicht in Erscheinung, so z. B. beim Elektronenübermikroskop [IX, c], wo das Bild der ersten Vergrößerungsstufe durch einen Leuchtschirm aufgefangen wird, aber ein kleiner, weiter zu vergrößernder Bildbezirk auf ein Blendenloch im Schirm geschoben wird, hinter dem die Linse der zweiten Abbildungsstufe sitzt. Die zweite Möglichkeit vermeidet diesen Nachteil, hat aber den anderen bedenklichen Mangel, unter Umständen den Strahlengang selbst zu beeinflussen. Trotzdem ist die Untersuchung von Strahlengängen durch Gasanregung häufig angewandt worden (vgl. auch EO, IV).

Bei dem zweiten Verfahren gibt es verschiedene Varianten. Strahlen einzelner sehr energiereicher Korpuskeln werden mit der Nebelkammer von WILSON [735] sichtbar gemacht. Das schnelle Teilchen fliegt durch Luft mit übersättigtem Wasserdampf. Die von ihm erzeugten Ionen wirken bei adiabatischer Entspannung des Gases als Kondensationskerne für den Wasserdampf. So bildet sich längs der Bahn eine Perlenschnur von Wassertröpfchen, die man durch Beleuchtung sichtbar machen kann. Abb. 156 zeigt als Beispiel die Bahnen von α-Teilchen.

Abb. 156. Nebelspur eines α-Strahls [735a].

Handelt es sich um langsame Elektronen, so muß man die Apparatur evakuieren. Läßt man etwas Gas in der Apparatur, z. B. Luft von 10^{-3} mm Quecksilbersäule, so werden die Moleküle längs der Bahn ionisiert und zum Leuchten angeregt. WEHNELT war wohl der erste, der diese Verfahren bewußt und mit großem Erfolg anwandte [VIII, c]. Er zeigte auf diese Weise die Kreisbahn eines Elektronenstrahls im homogenen Magnetfelde und die elektrische Ablenkung. Die Versuche gelangen deswegen so gut, weil ihm seine Oxydkathode als sehr ergiebige Elektronenquelle zur Verfügung stand.

Mit diesem Verfahren sind später von KATSCH [349] Elektronenstrahlungen in Hochvakuumröhren sichtbar gemacht worden. BRÜCHE [112] stellte gas-

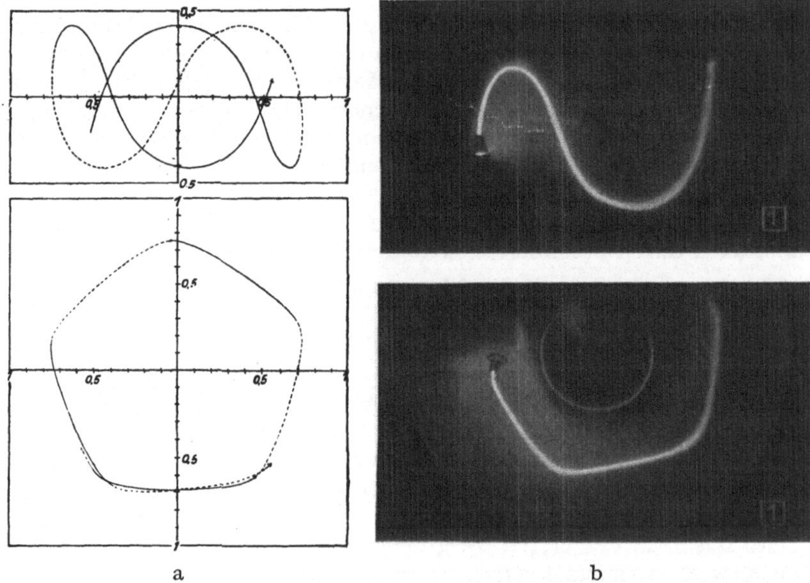

a   b

Abb. 157. Elektronenbahn im magnetischen Dipolfeld [113a]. a berechnet, b beobachtet.

konzentrierte, sehr feine Elektronenstrahlen her, die er Fadenstrahlen nannte, und benutzte sie dazu, um Elektronenbahnen im magnetischen Dipolfelde und anderen Magnetfeldern zu verfolgen (Abb. 157 und das Bild III). Bei diesen Versuchen zeigte sich dann auch, daß die Raumladungseffekte sich den primär vorhandenen Feldern so überlagern, daß quantitative Aussagen über die Felder aus den sich ergebenden Bahnen nur mit größter Vorsicht gemacht werden können. Später ist die Methode dann auch zur Demonstration elektronenoptischer Strahlengänge angewandt worden. So haben BRÜCHE und JOHANNSON [132] ein Elektronenbündel durch eine unterteilte Schlitzblende in Einzelstrahlen aufgeteilt, um mit diesen Strahlen die Elektronenbewegung in einem Doppelkondensator zu veranschaulichen. Bei einer Demonstrations-Radioröhre (Abb. 158) zeigten KNOLL und SCHLOEMILCH [387] auf diese Weise, daß sich an den aufgeladenen Gittern Elektronenlinsen ausbilden, die die Strahlung bündeln. Es ist auch — so von VOGES [704a] — unternommen worden, nach dieser Methode die Bündelung von Elektronenstrahlen im Zylinderkondensator zu zeigen (Abb. 159). Im allgemeinen ist jedoch der quantitativen Auswertung aller Fadenstrahlversuche mit großer Vorsicht zu begegnen, da, wie

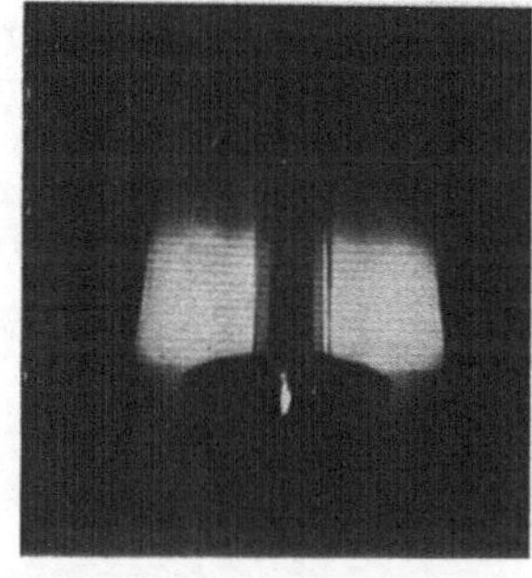

Abb. 158. Elektronenbündelung an dem Gitter einer Röhre [387].

bereits oben erwähnt wurde, erfahrungsgemäß kleine Änderungen der Strahlstromstärke usw. merkliche Änderungen im Strahlenverlauf bedingen können.

18. Der Leuchtschirm [1].

Zweifellos ist die Verwendung eines Leuchtschirmes in einer Röhre für die Festlegung des Elektronenbildes oder Oszillogramms bei weitem angenehmer als das Arbeiten mit photographischen Platten in der Apparatur. Wenn es sich um die visuelle Beobachtung von Vorgängen handelt oder wenn die Röhre einfach aufgebaut sein muß, kommt überhaupt nur der Leuchtschirm in Frage.

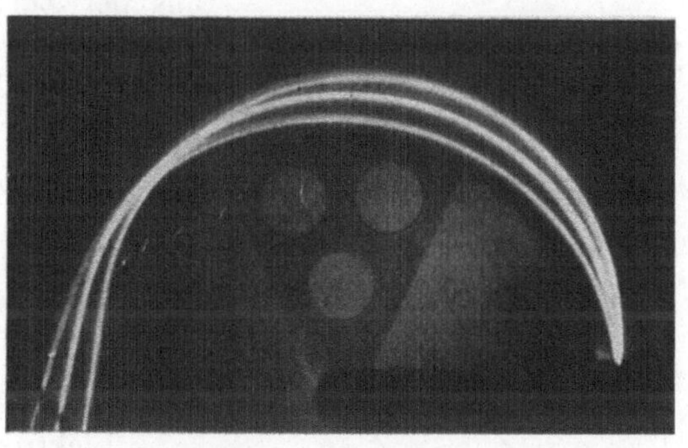

Abb. 159. Fokussierung von Fadenstrahlen im Zylinderkondensatorfeld nach 127° [704a].

Auf die Theorie der Erregung von Luminophoren mit Hilfe von Elektronenstrahlen sind wir bereits früher eingegangen [III, 15]; an dieser Stelle werden wir uns vor allem mit ihren für praktische Zwecke wichtigen Eigenschaften beschäftigen. Abb. 160 zeigt zunächst nach v. ARDENNE [9] das Spektrum zweier wichtiger Leuchtstoffe, die hier die beiden großen Gruppen der Reinstoff- und der Fremdstoffluminophore vertreten mögen: oben des blau leuchtenden Kalziumwolframats, unten eines gelbgrün leuchtenden Zinksulfids. Wie sich die (mit einer Photozelle gemessenen) Intensitäten der beiden Leuchtstoffe verhalten, läßt Abb. 161 nach Messungen von SCHNABEL [620] erkennen.

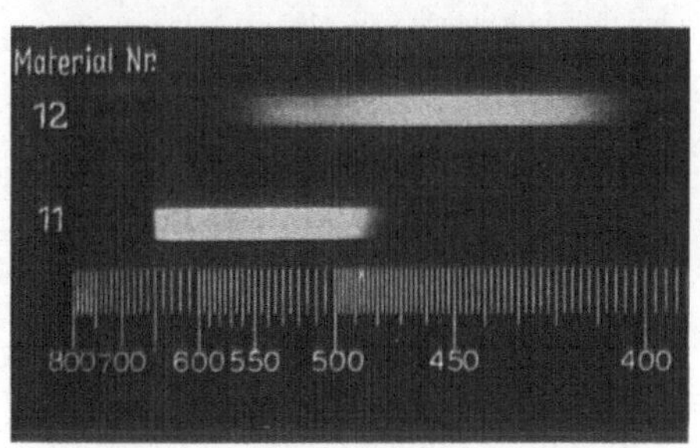

Abb. 160.
Spektren von Leuchtstoffen bei Elektronenanregung [9].

Die Kurven geben außerdem über den Charakter des Anstiegs bei Erhöhung der Anodenspannung Aufschluß. Mit der Stromdichte steigt die

---

[1] Für die Überarbeitung dieses Abschnitts danken wir Herrn Dr. KASPAR.

Leuchtdichte zunächst proportional. Überschreitet die Stromdichte einen für den jeweiligen Leuchtstoff charakteristischen kritischen Wert, so treten Abweichungen ein. Diese kritischen Werte liegen nach Messungen von MARTIN und HEADRICK [457] für Zink-Berylliumsilikat bei etwa 6 µA/cm², für Zink sulfid bei etwa 60 µA/cm² und für Kalziumwolframat bei etwa 100 µA/cm² (Abb. 162).

Für Elektronen von einigen ekV aufwärts gilt in erster Annäherung, daß die Leuchtschirmhelligkeit der Elektronenenergie und dem Strom proportional ist.

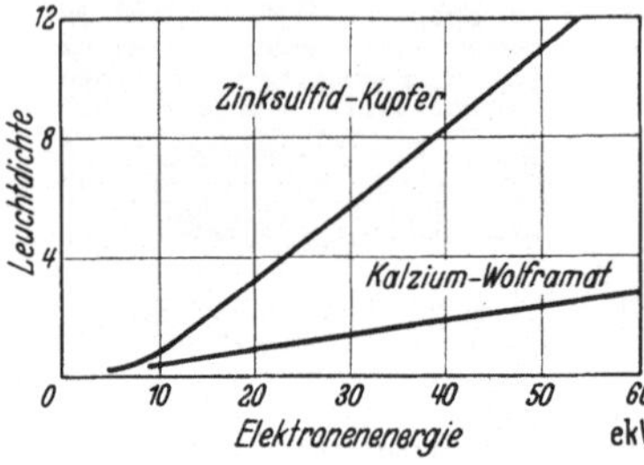

Abb. 161. Leuchtdichte in Abhängigkeit von der Elektronenenergie [620].

Wir werden grundsätzlich je nach dem Zweck unterscheiden: Leuchtschirme zur visuellen Beobachtung bzw. Projektion und Leuchtschirme zur Photographie. Abgesehen von einigen, noch zu besprechenden, zusätzlichen Eigenschaften, ist für die Güte eines Leuchtschirmes vor allem die Größe der sog. Lichtausbeute maßgebend. Dementsprechend ist zwischen der visuellen und der photographischen oder aktinischen Lichtausbeute zu unterscheiden.

Die höchstentwickelten Phosphore stammen aus der Zinksilikat- und Zinksulfidreihe bzw. Zinksulfid-Kadmiumsulfidreihe; als Aktivatoren werden hauptsächlich Mn, Be, Cu, Ag und seltene Erden verwandt. Die noch vor wenigen Jahren üblichen Rangordnungen haben sich nicht als beständig erwiesen. Als Höchstwerte für Lichtstärkeausbeute können zur Zeit etwa 4,5 HK/W bei 60 bis 80 ekV erreicht werden. Ab einigen ekV Elektronenenergie kann mit etwa 2 HK/W gerechnet werden.

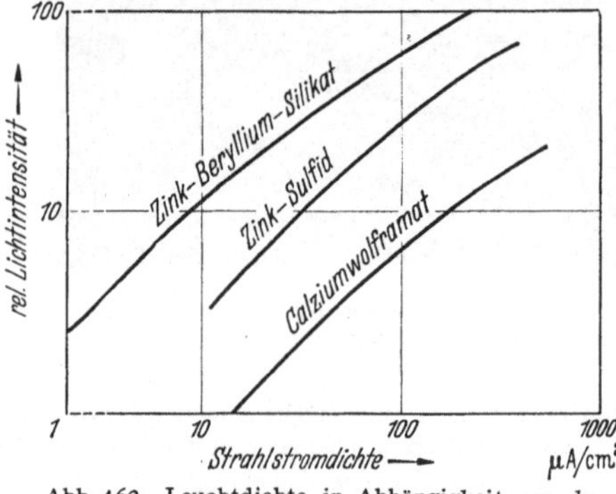

Abb. 162. Leuchtdichte in Abhängigkeit von der Elektronenstromdichte [457].

Welche Schirmhelligkeiten heute unter günstigsten Bedingungen bereits erreicht werden, zeigt eine einfache Rechnung [620]. Nehmen wir einen Strahl von 60 ekV-Elektronen bei 1 mA Stromstärke/cm², d. h. 60 W/cm² Leistung an, so ergibt dieser Strahl 120 HK/cm² (Stilb). Drängen wir den Strahlquerschnitt auf 1 mm² zusammen, so erhalten wir eine Leuchtdichte von 12000 HK/cm², d. h. nahezu die Leuchtdichte einer Normalbogenlampe mit 13000 bis 18000 KH/cm².

Außer der Empfindlichkeit spielt für die Wahl der Leuchtsubstanz die Nachleuchtdauer eine Rolle. Für visuelle Zwecke wird man, wenn es sich z. B. um Fernsehbilder handelt, kein langes Nachleuchten des Schirmes gebrauchen können, während für die Photographie und die Beobachtung elektronenmikroskopischer Bilder diese Frage im allgemeinen nicht interessiert.

Das Nachleuchten elektronenerregter Luminophore wurde oszillographisch von SCHNABEL [620], SCHLEEDE und BARTELS [618] und von v. ARDENNE mit Hilfe eines „Modulationsverfahrens" (Bestimmung des Modulationsgrades des Schirmlichtes bei vollständiger Modulation der Elektronenstrahlung [9, 17]) genauer untersucht. Es bestätigt sich, daß Kalziumwolframat eine sehr kurze Nachleuchtdauer von etwa 10^{-5} s besitzt. Doch zeigt sich auch hier, daß durch geeignete Präparationen die Nachleuchtdauer der Luminophore der ZnS-Reihe bei ungleich besserem Wirkungsgrad auf etwa den gleichen Wert gebracht werden kann.

Wir kommen nun zu der Frage der *Leuchtschirmherstellung* [702, 241a]. Der Leuchtschirm wird für das Elektronengerät stets besonders hergestellt, da man ihn meist unmittelbar auf die Wand des Versuchsgefäßes zu bringen pflegt. Hier müssen wir daher von dem Einfluß der Schichtdicke und der Aufbringungsart sprechen.

Was zunächst die Schichtdicke betrifft [83], so läßt sich bei gleichmäßiger Bestrahlung einer in der Dicke ansteigenden Schicht leicht zeigen, daß es bei Bestrahlung und Betrachtung des Schirmes von entgegengesetzten Seiten eine ausgeprägt günstigste Leuchtmassebelegung gibt, die sich mit der Strahlenergie zu höheren Schichtdicken verschiebt. Bei Übergang von 10 zu 80 ekV-Elektronen verschiebt sich bei Zinksulfid-Silber die optimale Dicke zu vierfach so großen Schichtdicken (Abb. 163).

Bei der Aufbringung sind drei Hauptverfahren zu unterscheiden: Sedimentation, Einsintern und Aufbringen mit Zwischenschicht. Bei der Sedimentation stellt man eine Suspension der Leuchtsubstanz, beispielsweise in Alkohol, her und läßt nun die Leuchtmasseteilchen sich auf dem Schirm bis zur gewünschten Dicke absetzen. Auf diese Weise kann man sehr feine, aber wenig gegen Erschütterung und Berührung widerstandsfähige Schirme erzielen, die sich besonders für elektronenmikroskopische Untersuchungen eignen. Benutzt man Wasser als Dispersionsmittel, so erfolgt im allgemeinen eine Aufladung der Partikel durch die Dissoziationsprodukte des Wassers und der Phosphore, die eine gestörte Sedimentation verursacht. Eine Entladung und damit ein Arbeiten auf dem isoelektrischen Punkt erreicht man durch Zusatz geeigneter Ionen. Als geeignet hat sich ein Zusatz von Ammoniumkarbonat erwiesen, das im Verhältnis 10:1 dem Phosphor beigemischt wird.

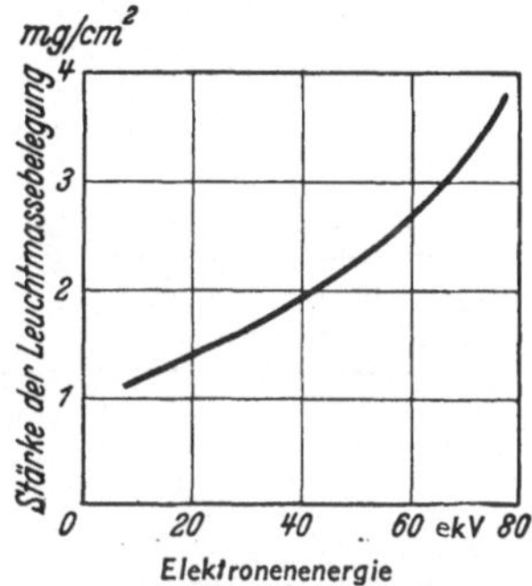

Abb. 163. Optimale Schichtdicke der Leuchtschirmsubstanz bei Zinksulfid-Silber [83].

Bei dem Einsintern, das sich gut mit Zinksilikat und Kalziumwolframat durchführen läßt, wird der Kolben mit der Leuchtmasse so hoch erhitzt, daß die Teilchen in das Glas einzusintern beginnen und so festhaften. Nach Entfernen der überschüssigen Leuchtmasse entstehen Schirme von großer Gleichmäßigkeit und einer Struktur ähnlich mattiertem Glas, doch ist die Lichthofstörung relativ groß (s. unten).

Die meist benutzte Aufbringung der Leuchtsubstanz ist die mit einem Bindemittel (alkaliarme Wassergläser, Kieselsäuresole, nach speziellen Verfahren hergestellte Lösungen von Azetat- und Nitrozellulose usw.). Man benetzt zur Schirmherstellung den Gefäßboden mit dem Bindemittel, dessen Überschuß man sorgfältig absaugt, und zerstäubt nun mittels eines geeigneten Gebläses die mehlige Leuchtsubstanz in dem Gefäß, worauf man den Lösungsmitteldampf während des Erhitzens des Kolbens abpumpt.

Unter dem Einfluß der Elektronenstrahlen wird die Schirmsubstanz teilweise zerstört. Höchstes Vakuum, insbesondere Vermeidung von Wasserdampfresten, vermindert die Zersetzungsgeschwindigkeit. Als besonders widerstandsfähig hat sich natürliches Zink-Orthosilikat (Willemit) erwiesen. SCHNABEL [620] ließ einen Strahl von 0,1 mA bei 20 kV (2 W) auf verschiedene Schirme brennen und erzielte bei Willemit nach 3 Wh/cm² noch rd. 60% der Anfangsintensität, während diejenige anderer Leuchtstoffe unter gleichen Bedingungen schon unter 10% gefallen waren.

Noch zwei Punkte sind für die Charakterisierung des Leuchtschirmes wichtig: Leitfähigkeit und Lichthofstörung. Für Betriebsspannungen bis zu etwa 3 kV spielt die Leitfähigkeit des Schirmes für seine Potentialeinstellung [III, 16] keine Rolle, da im Gebiet zwischen 200 V bis 3 kV bei praktisch allen Schirmmaterialien die Sekundärelektronenausbeute den Wert 1 übersteigt. Bei höheren Spannungen, bei denen die Sekundärelektronenausbeute wieder unter den Wert 1 sinkt, soll die Leitfähigkeit möglichst gut sein, damit der Schirm auf Anodenpotential gehalten werden kann. Wasserglasschichten geben anscheinend bereits eine so gute Ableitung, daß dünne Metallschichten usw. bei kleinen Strahlströmen im allgemeinen nicht erforderlich sind. Kommt Beobachtung von der Seite des Strahlauftreffens in Frage, so verwendet man wohl auch Metallschirme, die sich nicht nur durch gute elektrische, sondern auch gute Wärmeableitung auszeichnen.

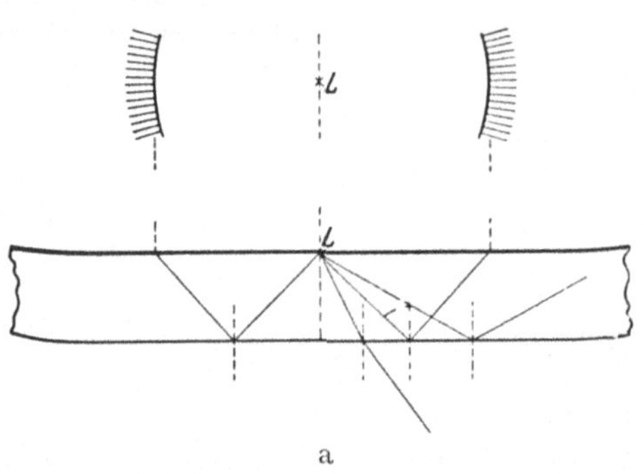
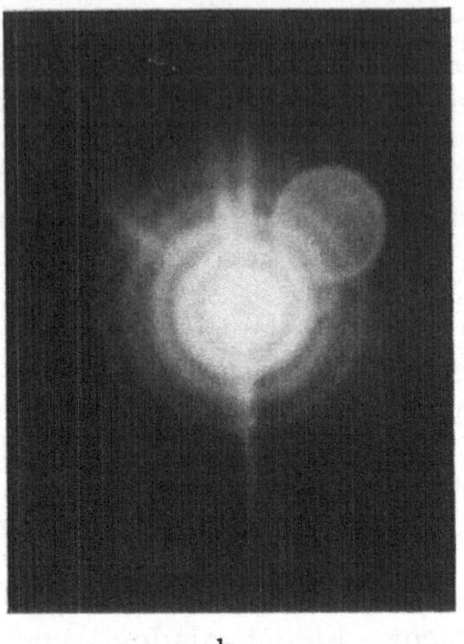

a   b

Abb. 164. a Entstehung des Lichthofes durch Totalreflexion an der äußeren Glaswand [*17*], b Lichthofstörung.

Die Lichthofstörung ist eine unangenehme Beigabe des Glasschirmes. Sie wird durch Totalreflexion in der Glasplatte des Schirmes hervorgerufen (Abb. 164). Bei Sinterschirmen hängt sie davon ab, wie weit die Kriställchen der Leuchtmasse in das Glas eingesunken sind. Sie bedingt — abgesehen von den Höfen um helle Punkte — Kontrastarmut der Elektronenbilder. Die Erscheinungen sind durch v. ARDENNE [8a] genauer untersucht worden.

Zum Schluß sei noch ein „Leuchtschirm" erwähnt, der zwar auch auf der Energiewirkung der Elektronen, jedoch nicht auf der Fluoreszenzanregung, sondern auf der Temperaturerhöhung beruht. Mehrfach hat man dünne Metallfolien oder eng gespannte Drähte als Schirme benutzt, die durch die Elektronenbestrahlung ins Glühen gerieten [414, 378]. Eleganter ist das Verfahren, ein mit Nitraten präpariertes Gewebe, also gleichsam einen Auer-Gasglühstrumpf, zu diesem Zweck zu benutzen [235].

19. Die photographische Aufnahme des Leuchtschirmbildes[1]. Es gibt zwei Methoden der Leuchtschirmphotographie: Die Kontaktphotographie und die Photographie mit Kamera und Linse. Für beide gilt natürlich, daß Leuchtschirm und Platten hinsichtlich ihrer spektralen Emission und photographischen Empfindlichkeit einander angepaßt sein müssen. Infolge der abweichenden spektralen Empfindlichkeit der photographischen Platte von der des menschlichen Auges kann die photographische Bewertung des Leuchtschirmes nicht ohne weiteres über die visuelle Lichtausbeute erfolgen. An Stelle der visuellen Lichtstärkeausbeute tritt die sog. photographische oder aktinische Lichtstärkeausbeute [623]: $\eta_a = a\,\eta$, wobei a den in der photographischen Technik zur

---

[1] Für die Überarbeitung dieses Abschnitts danken wir Herrn Dr. KASPAR.

Kennzeichnung der photographischen Wirksamkeit einer Lichtquelle eingeführten Begriff der Aktinität [DIN 4519] und η die visuelle Lichtstärkeausbeute darstellt.

Durch v. BORRIES [81], sowie v. BORRIES und KNOLL [83] sind ausgedehnte Untersuchungen der hierher gehörigen Fragen veröffentlicht worden. Vergleicht man zunächst die verschiedenen Leuchtsubstanzen miteinander, wobei man das Oszillox-Papier oder die ihm gleichwertigen Platten Agfa-Isochrom bzw. Ortho-Isodux als Vergleichsmaßstab benutzt, so findet man die Rangordnung: ZnS-Ag von Schleede (blau), ZnS-Cu von Schleede (grün), CaWO$_4$ (blau), CdWO$_4$ (blaugrün), ZnS (grün). Die Überlegenheit des ZnS-Ag erweist sich dabei nicht nur hinsichtlich der Empfindlichkeit, sondern ebenso auch hinsichtlich Schleierfreiheit und geringer Nachleuchtzeit gegenüber anderen Luminophoren. Wir legen nun diesen Leuchtstoff als Vergleichsmaßstab zugrunde und prüfen die verschiedenen, photographischen Materialien auf ihre Eignung zur Leuchtschirmphotographie. Es ergibt sich die Rangordnung: Agfa-Isochrom-Platte oder Herzog-Ortho-Isodux-Platte oder Oszillox-Papier, Agfa-Astro-Platte, Voigtländer-Illustra-Platte, Perutz-Persenso-Platte, Agfa-Isochrom-Film.

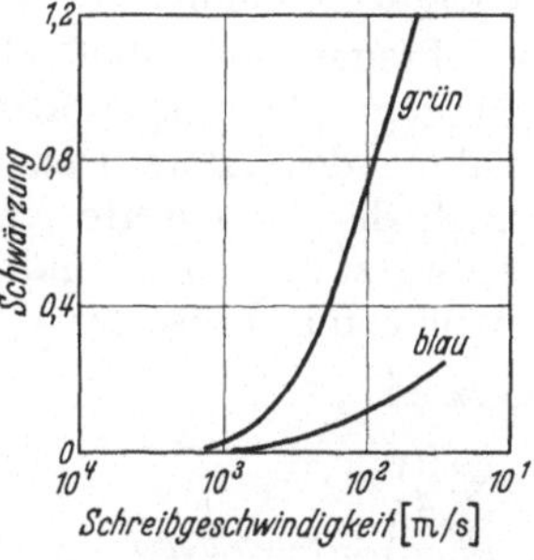

Abb. 165.
Schwärzung einer Agfa-Isochromplatte bei 2 ekV-Elektronen und 100 µA Strahlstromstärke [190].

Im Gegensatz zu v. BORRIES und KNOLL kommt CUSTERS [190] auf Grund seiner Messungen an einem grün und einem blau leuchtenden Schirm zu dem Ergebnis, daß der grün fluoreszierende Schirm in Verbindung mit einer Emulsion ausreichender Grünempfindlichkeit wesentlich besser als der blau fluoreszierende Schirm in Verbindung mit dem blau empfindlichen photographischen Material ist (Abb. 165), und zwar verhalten sich die aktinischen Ausbeuten des grün leuchtenden zum blau leuchtenden Schirm etwa wie 5:1. Als günstigstes Material für grün leuchtende Schirme wird gefunden: Gevaert-Ultra-Panchro, Agfa-Isopan ISS, Agfa-Isochrom, Kodak supersensitiver Pan-Film, Perutz-Braunsiegel. Desgleichen für blau leuchtendes Material: Gevaert-Superchrom, Agfa-Ultra-Spezial, Perutz-Braunsiegel. Die Diskrepanz der Ergebnisse von v. BORRIES und KNOLL einerseits und CUSTERS andererseits spiegelt die Tatsache wieder, daß die Größe der Ausbeuten stark von den Präparationsbedingungen des Phosphors abhängt.

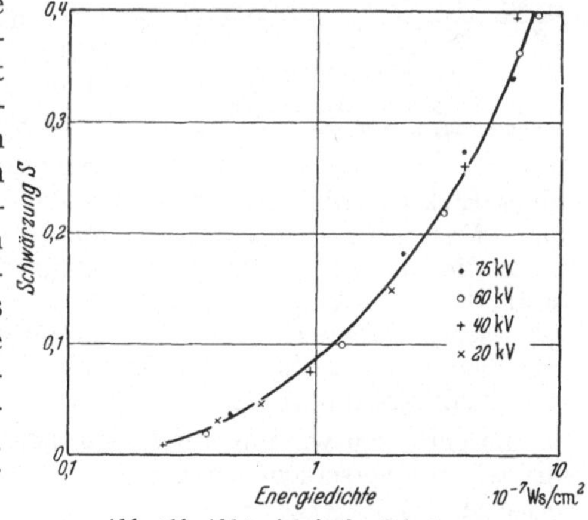

Abb. 166. Abhängigkeit der Schwärzung von der Energiedichte.

Darüber, wie groß die erreichbare Schwärzung bei großen Elektronengeschwindigkeiten unter günstigen Bedingungen (ZnS-Ag, Agfa-Isochrom-Film, Kontaktaufnahme) ist und wie die Schwärzung von der Elektronenenergie und Ladungsdichte abhängt, gibt die obenerwähnte Arbeit von v. BORRIES [81] Aufschluß. Abb. 166 zeigt die Schwärzung S[1] des Films bei Kontaktaufnahme an einem Schirm von günstigster Leuchtstoffdichte. Als Abszisse ist die Energie-

---

[1] $S = 1$ bzw. $S = 2$ bedeutet, daß 10% bzw. 1% des auffallenden Lichtes bei Betrachtung der Platte durch die Platte hindurchgehen. Allgemein bedeutet $-S$ den BRIGGschen Logarithmus des Verhältnisses (durchgelassenes Licht) : (auffallendes Licht).

dichte als Produkt von Ladungsdichte in Coulomb/cm² und Anodenspannung in Volt aufgetragen. Die Darstellung enthält nur eine Kurve, die in Annäherung zwischen 10 und 80 kV gilt, d. h. die vom Leuchtstoff ausgestrahlte Lichtmenge ist in diesem Bereich in erster Näherung nur von der eingestrahlten Elektronenenergie (Ladung × Anodenspannung) abhängig.

Fragen wir schließlich noch nach dem quantitativen Vorteil, den die Kontakt-Photographie gegenüber der Leuchtschirm-Photographie bringt. Unter Annahme des LAMBERTschen Gesetzes für die Abstrahlung des Leuchtschirmes nach der Außenseite erhält man für das Verhältnis $\varkappa$ der für gleiche Plattenschwärzung aufzuwendenden Energiedichte der Elektronenstrahlung bei Aufnahme mit Linse zu Kontakt-Aufnahme [81]:

$$\varkappa = 4\,F^2\left(1 + \frac{b}{a}\right)^2,$$

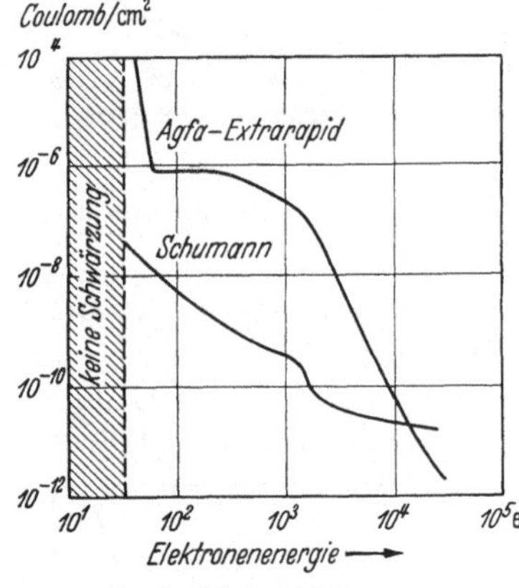

Abb. 167. Mindestelektronenmenge zur Erzeugung der Schwärzung $S = 0{,}05$.

wobei $1:F$ die Lichtstärke des Objektivs und b/a den Abbildungsmaßstab (Bildweite zu Gegenstandsweite) bedeutet. Setzt man Zahlenwerte z. B. für ein Objektiv von 1:1,8 ein, so erhält man bei Annahme der Photographie in natürlicher Größe: $\varkappa = 50$, während der experimentell durchgeführte Vergleich $\varkappa = 180$ ergibt, wobei die Diskrepanz der beiden Zahlen vor allen Dingen auf die nicht berücksichtigte Reflexion und die Absorption des Ultravioletten im Objektiv zurückzuführen ist. Der Unterschied der beiden Aufnahmeverfahren liegt jedenfalls in der Größenordnung von zwei Zehnerpotenzen.

20. Die direkte photographische Aufnahme (Innenaufnahme). Wenn man an die Aufnahme eines Elektronenbildes, eines Oszillogramms, eines Beugungsdiagramms oder eines Massenspektrums höchste Anforderungen hinsichtlich der Schärfe stellt, wenn die Energie ($< 50\ \mathrm{eV}$) zur Anregung nicht ausreicht oder wenn die Intensität der Strahlung nur gering ist, ist man auf die „Innenaufnahme" angewiesen. Dabei wird die photographische Platte im Vakuum direkt in den Strahlengang gestellt. Sie akkumuliert nun (im Gegensatz zum Leuchtschirm) die Strahlungsintensität.

Beschränken wir uns auf Elektronen, und fragen wir nach der Schwärzung, die wir bei verschiedenen Geschwindigkeiten auf der photographischen Platte erzielen.

Unterhalb 22 eV werden die Platten überhaupt nicht geschwärzt. Von 22 eV beginnend sinkt dann die zur Erzeugung der sichtbaren Schwärzung $S = 0{,}05$ (d. h. 90% Durchlaß des Lichtes) erforderliche Ladungsdichte bei den verschiedenen Platten (Abb. 167), bei 35 eV sinkt die erforderliche Ladungsdichte schnell, d. h. die Empfindlichkeit wird schnell größer und erreicht bei 60 eV eine Knickstelle [710]. Gegenüber handelsüblichen Platten nimmt dabei die SCHUMANN-Platte [633] eine besondere Stellung ein. Da sie gelatinearm ist, vermögen die Elektronen gut zu den AgBr-Molekülen vorzudringen, während sich die Energie bei den sonst üblichen Platten beim Durchdringen der Gelatine erschöpft. Bei diesen Platten fällt der zweite wichtige Prozeß der Lichtanregung an der Oberfläche der Schicht (oder bei schnellen Elektronen der Röntgenstrahlanregung) stärker ins Gewicht, den man bei kleinen Geschwindigkeiten durch Bestreichen der photographischen Platte mit fluoreszierenden Flüssigkeiten, z. B. Öl, wesentlich unterstützen kann.

Oberhalb 60 eV steigt die Empfindlichkeit der Schumann-Platte linear an, während die der übrigen Platten zunächst gar nicht, dann erst von 200 eV an in steigendem Maße wächst.

Noch bei 1000 eV ist die Schumann-Platte um 3 Zehnerpotenzen empfindlicher als die Agfa-Extrarapid-Platte. Bei 25 ekV sind die Empfindlichkeitsunterschiede nicht mehr groß, da jetzt die Dicke der Gelatineschicht bedeutungslos wird, dafür aber die Röntgenstrahlanregung des Silbers Bedeutung gewinnt. Bei sehr hohen Geschwindigkeiten ändert sich die Empfindlichkeit nur noch wenig oder nimmt sogar ab, da die Elektronen der Schicht nicht mehr absorbiert werden. Hier wird man Platten mit möglichst dicker Schicht zu benutzen haben, d. h. Röntgenplatten.

Wir haben uns soeben mit der zur Erreichung der gerade eben sichtbaren Schwärzung ($S=0{,}04$ bis $0{,}05$) erforderlichen Ladungsdichte beschäftigt. Von diesen Werten ausgehend sind in Abb. 168 für die Agfa-Extrarapid-Platte die ganzen Schwärzungskurven gezeichnet. Dabei ist versucht worden, durch Ausgleich ein möglichst übersichtliches Bild zu erhalten. Eine ähnliche Darstellung findet sich bei v. Borries und Knoll [83], die Originalarbeiten sind auch bei Klemperer [7] zusammengestellt und besprochen.

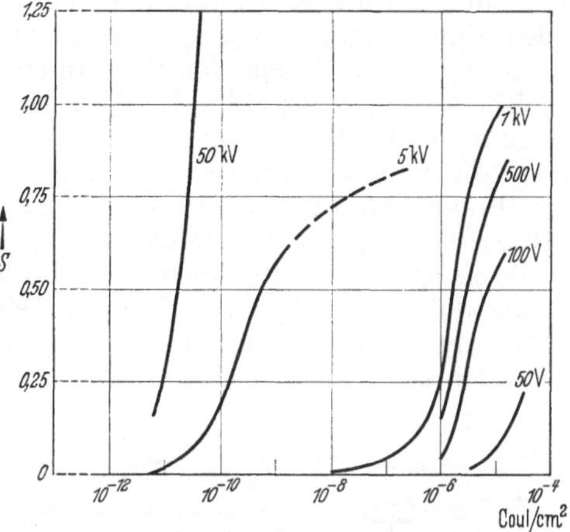

Abb. 168. Schwärzung in Abhängigkeit von der Ladungsdichte. (Agfa-Extrarapid.)

Bei den Kurven der Abb. 168 ist als Abszisse nur die Ladungsmenge angegeben, dagegen ist nichts über die Zeiten gesagt, in denen diese Schwärzungen erreicht würden. Tatsächlich kommt es auf die Zeiten auch gar nicht an; denn das Reziprozitätsgesetz ist, abgesehen von Fällen bei sehr geringen Geschwindigkeiten, praktisch erfüllt. So sind z. B. bei Elektronen von 20 bis 70 ekV durch Becker und Kipphahn [40] die Schwärzungskurven bei Expositionszeiten von 20 s, durch v. Borries und Knoll [83] bei Expositionszeiten von 10^{-2} bis 10^{-8} s festgelegt worden. Die geringen Unterschiede in den erzielten Schwärzungen bei gleicher Ladungsdichte sind zwanglos durch sekundäre Effekte erklärbar.

Über die Eigenschaften der photographischen Platte gegenüber positiven Teilchen, wie sie in der Massenspektroskopie auftreten, vergleiche man die Arbeiten von Aston [19, 20].

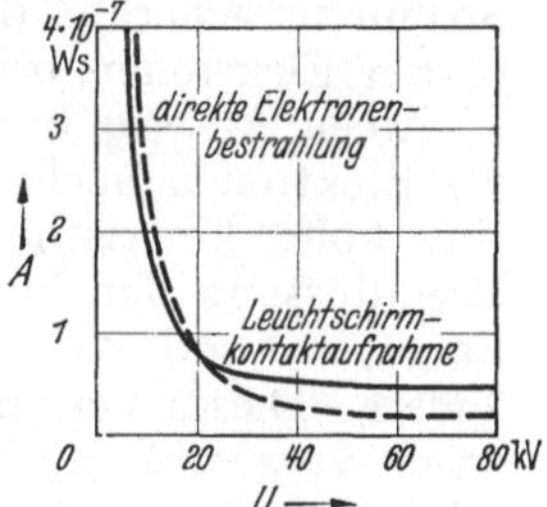

Abb. 169. Mindestenergiebedarf A für die Schwärzung $S = 0{,}04$ in Abhängigkeit von der Strahlenergie [81].

Schließen wir nun die Ergebnisse über Innenaufnahmen an die in [V, 19] behandelte Leuchtschirmkontakt- und Leuchtschirmphotographie an. Hier sind Versuche über den Energiebedarf bei Mindestschwärzung mit Elektronen zwischen 10 und 80 ekV bekannt geworden [81]. Die Mindestschwärzung $S = 0{,}04$ über der Schleierschwärzung, die zur Erzielung einer eben noch sichtbaren Schwärzung z. B. bei der Braunschen Röhre erforderlich ist, erhält man bei Agfa-Isochrom-Film, wenn man die in Abb. 169 angegebenen Arbeitsdichten anwendet. Bei rd. 20 ekV sind beide Aufnahmemethoden gleichwertig. Bei langsamen Elektronen ist es etwas günstiger, Leuchtschirmkontaktaufnahmen zu machen, bei schnelleren Elektronen die Innenphotographie zu wählen. Gegenüber der Leuchtschirmphotographie mit Kamera und Linse ist also die Innenphotographie und ebenso die Kontaktphotographie [V, 19] durchgehend rd. zwei Zehnerpotenzen günstiger.

Abschließend sei noch auf eine Aufnahmemethode hingewiesen, die die Vorteile der Innenaufnahme mit denen der Außenaufnahme zu verbinden sucht. Es sind das die Kontaktaufnahmen an dem LENARD-Fenster [V, 10], die von den Kontaktaufnahmen am Leuchtschirm [V, 19] zu unterscheiden sind. Der Intensitätsverlust gegenüber der Innenaufnahme beträgt jetzt etwa 50%. Eine solche Außenphotographie-Einrichtung, die mit Registrierkassette arbeitet, findet sich z. B. bei KNOLL und V. BORRIES [384] beschrieben. Man sollte meinen, daß die Photographie durch Folien hindurch nur für oszillographische Zwecke in Frage kommt, die keine sehr großen Ansprüche an höchste Schärfe des Bildes stellen. Demgegenüber hat GROSS gefunden, daß auch bei elektronenmikroskopischen Aufnahmen gute Bilder zu erhalten sind, wenn der Strahlengang direkt vor dem Leuchtschirm eine Folie durchdringt (unveröffentlicht). Die Anwendung dieser Erfahrungen auf die Kontaktphotographie mit LENARD-Fenster steht zwar noch aus, doch ist ihre Übertragbarkeit anzunehmen.

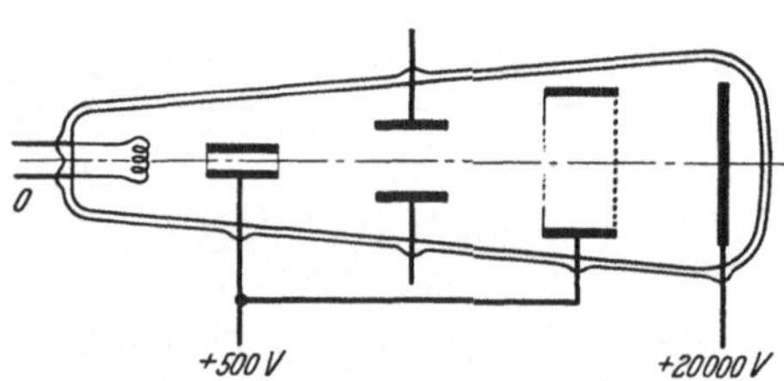

21. Nachbeschleunigung. Wenn die Intensität eines Leuchtschirmbildes nicht ausreicht oder die photographische Platte nicht genügend geschwärzt wird, wird man zunächst daran denken, Elektronen höherer Geschwindigkeit zu verwenden. Das ist aber nicht immer ohne weiteres möglich und kann auch mit Nachteilen verbunden sein. So wird z. B.

Abb. 170. BRAUNsches Rohr mit Nachbeschleunigung [323].

eine BRAUNsche Röhre, deren Anodenspannung erhöht wird, in entsprechendem Maße an Empfindlichkeit einbüßen. Auch wird es aus Gründen der Spannungssicherheit der Röhre nicht gelingen, die Spannungen an eng benachbarten Elektroden beliebig zu steigern.

Einen Ausweg bedeutet die Nachbeschleunigung. Man beschleunigt dabei die Elektronen nochmals — meist nahe dem Schirm — und erteilt ihnen so eine hohe kinetische Energie zur Anregung der Leuchtsubstanz bzw. zur Beeinflussung der Platte. Die Nachbeschleunigung ist eine rein energetische Frage; sie soll die optischen Bedingungen der Anordnung möglichst wenig ändern. Dieses Verfahren wurde für die BRAUNsche Röhre von SCHELLER [607] zuerst vorgeschlagen. HOWES [323] hat dann die in Abb. 170 dargestellte Ausführungsform angegeben. Vor dem Schirm und parallel zu ihm ist ein Netz angeordnet, das sich auf Anodenpotential befindet. Zwischen Schirm und Netz liegt ein kräftiges Beschleunigungsfeld.

Diese Anordnung mit Netz ist wenig vollendet. Man sieht sogleich, daß sie zwei Nachteile haben wird. Erstens stört das Netz den Strahlengang; es wird z. B. bei der BRAUNschen Röhre den Strahl unkontrollierbar in seinem Querschnitt beeinflussen. Zweitens werden durch die primären Elektronen Sekundärelektronen am Netz ausgelöst werden, die so zahlreich sein können, daß ihnen gegenüber die Primärelektronen vernachlässigbar sind. Diese letzte Erscheinung, die man bei dem Prallgittervervielfacher [VI, 5] sogar zu Verstärkungseffekten benutzt, würde bei BRAUNschen Röhren durch die Herabsetzung der Leuchtpunktschärfe stören, da zwischen Netz und Schirm eine Beschleunigungsspannung liegt.

Besser brauchbar werden die Anordnungen ohne Netze, d. h. mit außerhalb des Strahlenganges befindlichen Beschleunigungselektroden sein. Das sind aber

Elektronenlinsen, die den Strahlengang beeinflussen werden [EO, V, 12]. Wir sehen damit, daß die Anwendung einer Nachbeschleunigung keine ganz einfache Maßnahme ist, denn sie erfordert stets noch die Prüfung der elektronenoptischen Bedingungen. Bei einem Bildwandler [IX, d] wird das Bild als Ganzes in seiner Vergrößerung geändert sein, bei einer BRAUNschen Röhre Leuchtfleckgröße und Empfindlichkeit. Hier haben wir zwischen der Gaskonzentrationsröhre, bei der die Linse nur einen sekundären Einfluß auf die Leuchtfleckgröße hat, und der Hochvakuumröhre zu unterscheiden. Mit ersterer werden wir uns noch besonders in [VIII, 15] beschäftigen; für letztere gilt, daß Leuchtfleckgröße und Empfindlichkeit geändert werden; die reduzierte Empfindlichkeit, als Quotient von beiden, bleibt nach den vorliegenden experimentellen Ergebnissen nahezu konstant. Beim Einschalten des Nachbeschleunigungsfeldes ist es natürlich stets erforderlich, die durch die Zusatzlinse bedingte Änderung der Brennweite des ganzen Systems durch die Hauptsammellinse zu kompensieren.

Abb. 171. BRAUNsches Rohr der AEG mit Nachbeschleunigung [61].

Nachdem SCHWARZ [639] die Nachbeschleunigung bei der Niederspannungsröhre diskutiert hatte, hat BIGALKE [61] abgeschmolzene Hochvakuumröhren zur Oszillographie angegeben. Abb. 171 zeigt die Schirmseite einer solchen Röhre. Das Nachbeschleunigungsfeld wurde dadurch hergestellt, daß der Graphitbelag der Innenwandung des Rohres in eine Reihe von Ringen aufgeteilt wurde, wie man es nach [VII, 4] immer zu tun pflegt, wenn man die Spannungsfestigkeit des Rohres erhöhen will. An den schirmnahen Ring wurde nun die Nachbeschleunigungsspannung gelegt, während der Hauptbelag des Rohres mit der Anode verbunden war. An solche Rohre können Nachbeschleunigungsspannungen bis 6 kV gelegt werden, die gegenüber dem ursprünglichen 1,5 ekV-Strahl eine erhebliche Helligkeitssteigerung brachten.

Zweiter Teil

Aufbau der Geräte.

Einführung: Terminologie und Systematik der Geräte.

Die Geräte und Anordnungen, bei denen sich freie Ladungsträger unter dem Einfluß von elektrischen und magnetischen Feldern bewegen, sind sehr zahlreich und mannigfaltig. Wenn wir sie jetzt behandeln, so wollen wir nicht in üblicher Weise kleine oder größere Gruppen bilden, die wir unzusammenhängend nacheinander besprechen. Wir wollen vielmehr entsprechend der Hauptaufgabe dieses Buches versuchen, die Geräte in einer zusammenhängenden Ordnung zu sehen.

Die Einteilung der Geräte, die wir zu diesem Zweck zunächst festlegen müssen, ist nach verschiedenen Gesichtspunkten möglich. Man könnte z. B. versuchen, ein Einteilungsschema nach den wichtigen Grundeigenschaften des Elektrons zu entwerfen, Ladungs- und Energieträger zu sein, oder man könnte nach dem Zweck des Geräts einzuteilen versuchen. Es erweist sich jedoch, daß diese und andere Versuche nach ganz gleichartig definierten und sich gegenseitig ausschließenden Gruppen — soweit sie überhaupt durchführbar sind — zu gezwungenen, „akademischen" Einteilungen führen, die uns fremd anmuten. Dagegen lassen sich leicht dem natürlichen Gefühl entsprechend große Gruppen angeben, wenn man die Abgrenzungen nach den wesentlichen Merkmalen, die allerdings nun verschiedener Art sind, vornimmt [1]. Als solche Charakteristika erweisen sich z. B. die spektrale Aufspaltung von Strahlungen oder das Hochfrequenzfeld im Gerät; ferner die Bewegung eines definierten, schreibenden Strahls auf einer Anzeigefläche oder ein optisches Bild auf dem Leuchtschirm. Für diese Gruppen lassen sich auch leicht Bezeichnungen angeben, die ohne längere Erläuterung verständlich sind, so Spektral- und Laufzeitgeräte, Strahl- und Abbildungsgeräte.

Spalten wir von dieser Vielzahl von Gerätegruppen zunächst einmal die ersten beiden ab, so bleiben Geräte, die nach Gleichartigkeit der Felder und Gleichartigkeit der Strahlung zusammengehören. Es sind das die Geräte, bei denen die Felder statisch oder quasistatisch und die Strahlung hinsichtlich e/m einheitlich ist. Diese Elektronengeräte lassen sich nun auch, wie es erwünscht ist, logisch auseinander entwickeln, indem man von den einfachsten Formen ausgehend ein „Prinzip" nach dem andern [III] zur Anwendung bringt.

Die einfachsten Elektronengeräte sind die, bei denen es nur auf die *Menge* der Elektronen ankommt, die zu einer Elektrode gelangen und von hier als Strom abfließen. Wir wollen sie als *Intensitätsgeräte* im Hinblick auf die interessierende Stromintensität bezeichnen. Andere passende Bezeichnungen wären Mengengeräte oder Stromgeräte. Zu dieser Gruppe gehört die Photozelle, der Vervielfacher, die Elektronenröhre und verwandte Geräte.

Bei einer anderen Gruppe einfacher Geräte, insbesondere der *Lenard- und Röntgenröhre*, wird darauf Wert gelegt, daß die Strahlung in einer bestimmten

---

[1] In [126] wurden bereits das hier benutzte Einteilungsschema und die Bezeichnungen der Gerätegruppen zusammengestellt.

Tabelle 5. Einteilung der Geräte.

Gerätegruppe	Charakteristik	Gerät		Aufgabe
Intensitätsgeräte (Mengengeräte)	Es interessiert nur die Intensität des aus dem Gerät fließenden Stromes	*Photozelle*		Umsatz von Strahlung in Strom
		Vervielfacher	statisch und dynamisch	Verstärkung von Strömen durch Sekundäremission
		Elektronenröhre:	Ventil	Diode zur Gleichrichtung
			Verstärkerröhre Senderöhre	Drei- und Mehrelektrodenröhre zur Verstärkung von Spannungen bzw. Erzeugung von Schwingungen durch Benutzung des Steuerprinzips
		Vielfachverzögerer: z. B. Magnetron- oder BARKHAUSEN-KURZ-Röhre		Zur Erzeugung von Schwingungen durch Ausnutzung des Laufzeiteffektes
Lenard- und Röntgenröhre	Herstellung eines energiereichen Teilchenstromes zu Stoßprozessen	*Lenardröhre*		Herstellung eines Elektronenbündels zu Stoßprozessen verschiedener Art außerhalb des Rohres
		Röntgenröhre		Herstellung eines Elektronenbündels zur Erzeugung von Röntgenstrahlen
		Vielfachbeschleuniger: z. B. Zyklotron		Herstellung eines Ionenbündels zu Stoßprozessen
Strahlgeräte (Zeigergeräte)	Charakteristisch ist der feine schreibende Elektronenstrahl	BRAUNsche *Röhre:* Kaltkathoden-Oszillograph Glühkathoden-Oszillographenröhre		Aufzeichnung des Verlaufs eines Vorganges als Oszillogramm
		Bildfeldzerleger: Bildschreibröhre Ikonoskop Raster-Elektronenmikroskop		Fernsehen wie Elektronenmikroskop
Abbildungsgeräte	Charakteristisch ist das Elektronenbild als Mittel oder Zweck des Gerätes	*Elektronenmikroskop*		Abbildung in vergrößertem Maßstab
		Bildwandler		Übertragung eines Lichtbildes in einen anderen Spektralbereich, Verstärkung und Zerlegung eines Lichtbildes
Spektralgeräte	Charakteristisch ist die Aufspaltung des Teilchenstrahls zur Monochromatisierung oder zur Analyse	*Geschwindigkeitsspektrograph*		Analyse eines Teilchenstrahls hinsichtlich der Geschwindigkeit
		Massenspektrograph		Analyse eines Teilchenstrahls hinsichtlich der Masse

Richtung als Bündel von im allgemeinen großer Intensität bzw. Energie zusammengefaßt wird. Das elektronenoptische Grundelement hat im Scheinwerfer bzw. Kondensor, die zur Beleuchtung bzw. Bestrahlung dienen, sein Analogon. Die konzentrierte Strahlung wird nun zu Zwecken verschiedener Art benutzt. Trifft sie auf die metallische „Antikathode", so werden Röntgenstrahlen ausgelöst; wir sprechen von der Röntgenröhre. Trifft die Strahlung auf einen Leuchtschirm, so werden Lichtstrahlen erzeugt. Wir kennen solche Röhren, insbesondere mit Intensitätssteuerung als Tonfilmröhre zur Intensitätsschrift auf einem vorbeigeführten Film.

Einen wesentlichen Schritt weiter geht man, wenn man den erzeugten Elektronenstrahl durch Querfelder richtungssteuert. Hier ist der pendelnde Strahl, der im allgemeinsten Falle durch gekreuzte Felder über alle Punkte einer senkrecht ihm entgegengestellten Fläche geführt wird, das Neue und Charakteristische. Diese Geräte, zu denen außer den BRAUNschen Röhren verschiedener Art auch das Ikonoskop gehört, wollen wir schlechthin als *Strahlgeräte* bezeichnen. Da der Strahl als Zeiger dient, könnte man sie auch als Zeigergeräte bezeichnen. Auch auf sie können wir neben der Richtungssteuerung die Intensitätssteuerung zur Anwendung bringen und erhalten so z. B. die Fernsehwiedergaberöhre.

Wir gehen abermals einen großen Schritt weiter, indem wir nicht nur *einen* Strahl erzeugen bzw. einen Elektronenfleck auf den Schirm projizieren, sondern gleichzeitig viele Strahlen und damit viele solcher „Flecke". Wir erhalten die elektronenoptische Abbildung und werden die entsprechenden Geräte als *Abbildungsgeräte* bezeichnen. Auch bei ihnen können wir das, was wir schon bei den einfacheren Gerätegruppen besprachen, durchführen. Wir können das Bild durch Richtungssteuerung hin- und herbewegen und erhalten so z. B. die Fernseh-Aufnahmeanordnung nach DIECKMANN und HELL (FARNSWORTH), oder wir steuern die Bildintensität und erhalten z. B. das Elektronen-Stroboskop.

In Tabelle 5 sind die soeben erwähnten Gruppen nochmals zusammengestellt, wobei nach der Art der Elektronenauslösung unterschieden ist. Wir haben danach drei große Gruppen von Geräten, bei deren einfachster es nur auf die Stromintensität ankommt. Die zweite Gruppe bilden die Geräte, bei denen die Strahlung zu einem Bündel oder Strahl zusammengefaßt ist, während für die dritte Gruppe die Vielheit der Strahlen, die das Bild zeichnet, charakteristisch ist.

Eingangs waren zwei Gerätegruppen ausgeschieden worden, die Spektral- und Laufzeitgeräte. Gegen ein solches Vorgehen können durchaus Bedenken erhoben werden. Die Spektralgeräte, bei denen die Anforderungen hinsichtlich der Strahlbildung, des feinen Leuchtflecks usw. ähnlich wie bei den Strahlgeräten sind, wird man der besprochenen Reihe mit einem gewissen Recht anfügen. Ob man dagegen die Laufzeitgeräte, d. h. die Geräte, bei denen Laufzeiteffekte eine maßgebliche Rolle spielen, für sich zusammenfaßt oder in die entsprechenden Gruppen der Haupteinteilung aufteilen soll, ist Ansichtssache. Während in Tabelle 5 die Aufteilung vorgenommen ist, wollen wir im Rahmen dieses Buches die einheitliche Familie der Laufzeitgeräte nicht auseinanderreißen. Unsere Kapiteleinteilung sei: Intensitätsgeräte [VI], Lenard- und Röntgenröhre [VII], Strahlgeräte [VIII], Abbildungsgeräte [IX], Laufzeitgeräte [X] und Spektralgeräte [XI].

A. Elektronengeräte
mit (quasi-) statischen Feldern.

Der folgende, erste Hauptteil beschäftigt sich mit jenen Gruppen von Geräten, deren Aufbau eine zwanglose Einordnung in eine Reihe bei wachsenden Anforderungen an die elektronenoptischen Eigenschaften zuläßt. Bei den einfachsten Geräten dieser Reihe interessiert nur die Stromintensität. Die Geräte mit einem Bündel leiten zu denen mit einem feinen schreibenden Strahl über. Am Ende der Reihe steht das Abbildungsgerät.

VI. Intensitätsgeräte.

Es sei nochmals definiert: Intensitätsgerät (oder Mengengerät) als Gattungsbegriff soll ein Elektronengerät bezeichnen, bei dem es im Endeffekt nur auf die abgeführte Stromintensität bzw. Elektronenmenge ankommt.

Es sind zu unterscheiden: Erstens Einrichtungen zur Umformung einer gegebenen Strahlung (sichtbares oder unsichtbares Licht, Röntgenstrahlung, aber auch schwache Elektronenstrahlung) in eine (möglichst große) der Strahlungsintensität proportionale Stromintensität und zweitens Einrichtungen, bei denen mit Hilfe einer geringen Spannung der Elektronenstrom in seiner Stärke gesteuert und so eine möglichst große, mit dieser Steuerspannung in linearem Zusammenhang stehende Stromintensität erhalten wird. Bei den zuerst genannten Geräten wird die Strahlung selbst zur Befreiung der Elektronen benutzt (Photozelle, Sekundärverstärker, Spitzenzähler); die Geräte der zweiten Art bedürfen einer besonderen Energiequelle (Heizbatterie) zur Erzeugung des zu steuernden Elektronenstromes (Elektronenröhre). Diese beiden Gruppen sollen die Haupteinteilung der Intensitätsgeräte bilden. In der ersten Gruppe werden wir die Photozellen und die Sekundärverstärker zu unterscheiden haben.

Wir wollen die Geräte nur ohne Belastung betrachten. Einige Fragen des Anschlusses an einen Stromkreis waren bereits in [III, 8 bis 20; IV, 19] behandelt.

a) Einfachste Intensitätsgeräte zum Umsatz von Strahlung in Strom (Photozelle).

Für den Umsatz von Lichtstrahlung in Ströme gibt es Lösungen, die mit der Elektronik, wie wir sie hier behandeln, nichts zu tun haben. So tauchen bei der Widerstands- und der Sperrschichtzelle (Photoelement) freie Elektronen überhaupt nicht auf. Diesen Zellen stehen die mit äußerem Photoeffekt gegenüber, bei denen die Elektronen durch das Licht vollständig befreit werden und sich nun als Elektronenstrom durch den Vakuumraum eines Gefäßes zur Anode bewegen [III, 4 und V, 2]. Allein von solchen Zellen wird hier gesprochen.

Die Vakuum-Photozelle als physikalisches Gerät wird durch die Abhängigkeit des Stromes von drei Parametern beschrieben, und zwar durch die Abhängigkeit des Stromes von der Wellenlänge des auslösenden Lichtes (bei gleicher Strahlungsenergie), von der Lichtintensität (bei gewählter Wellenlänge) und von der Anodenspannung. Da bei der Vakuumzelle strenge Proportionalität zwischen Strom und Strahlungsintensität gilt, ist es unter Zugrundelegung des schwarzen Körpers bestimmter Temperatur als Strahlungsquelle möglich, die Empfindlichkeit der Photozelle durch eine Angabe zu charakterisieren. Diese Angabe ist die Neigung der Strom-Lichtintensitäts-Kennlinie [III, 13] und wird in μA/Lumen gemessen. Zahlenmäßig kann dieser Wert für gute Zellen die Größe 30 bis 50 μA/Lumen, bezogen auf die Strahlung des schwarzen Körpers bei 2700° K, erreichen.

Außer der Abhängigkeit des Photostromes von der Lichtintensität, die wir des weiteren nicht mehr zu betrachten brauchen, bleiben noch spektrale Empfindlichkeit und besonders Anodenspannungseinfluß zu behandeln, welch letzterer wesentlich durch die Form der Photozelle und ihres Feldes bestimmt wird.

In gleichem Zusammenhang sei auch die Ionisationskammer behandelt, die ebenfalls der Strahlungsumwandlung in Strom dient.

1. Feldformen und Kennlinien der Vakuumzelle. Die Photozelle ist das einfachste Elektronengerät. Trotz ihres einfachen Aufbaues zeigen sich bereits charakteristische Unterschiede je nach dem Aufbau der Felder. Diese Unterschiede werden deutlich, wenn man die Strom-Spannungs-Kennlinie der verschiedenen Vakuumzellen aufnimmt.

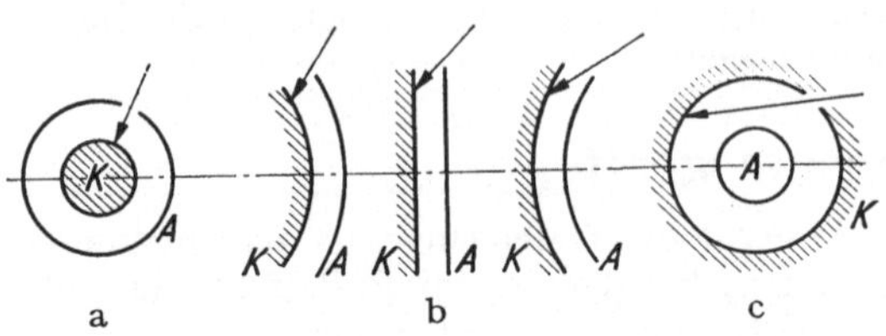

Abb. 172. Grundformen der Photozelle. a Zentralkathodenzelle, b Zelle mit ebenen Elektroden, c Zentralanodenzelle.

Gehen wir von dem Aufbau mit ebener Kathode K und ebener, zur Kathode äquidistanter Anode A aus (Abb. 172b). Krümmen wir die Platten in der einen oder anderen Richtung, so kommen wir zu zwei kugelsymmetrischen Systemen. Einmal ist die Photokathode die innere Kugel (Abb. 172a), das andere Mal die Anode (Abb. 172c). Die drei Systeme werden als Zelle mit Zentralkathode, Zelle mit ebenen Elektroden und Zelle mit Zentralanode bezeichnet.

Nehmen wir die Strom-Spannungs-Kennlinien der beiden Zellen auf, in deren Zentrum das eine Mal die Kathode, das andere Mal die Anode sitzt, so erhalten wir sehr verschiedene Charakteristiken (Abb. 173). Diese Kurventypen, bei denen wegen der Kleinheit der Ströme Raumladungserscheinungen normalerweise keine Rolle spielen, lassen sich relativ leicht verstehen. Betrachten wir zunächst eine Zentralkathodenzelle idealisierter Form mit punktförmiger Kathode, so werden die Elektronen stets senkrecht auf die Anode auftreffen. Liegt keine Spannung zwischen Kathode und Anode, so werden

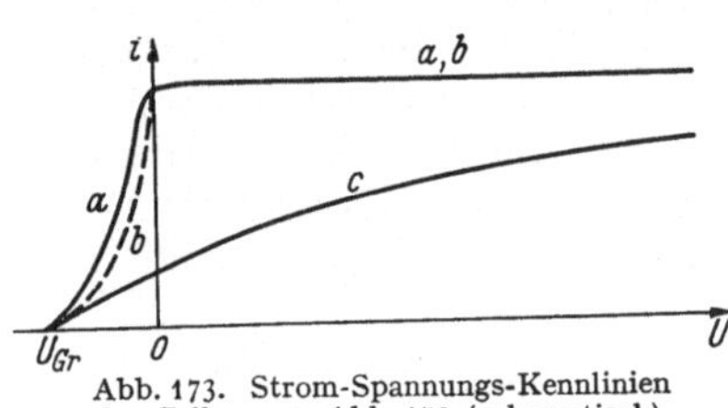

Abb. 173. Strom-Spannungs-Kennlinien der Zellen von Abb. 172 (schematisch).

sie einfach entsprechend ihrer verschiedenen Austrittsgeschwindigkeit längs Radien zur Anode fliegen. Eine positive Spannung an der Anode, die ein starkes Feld unmittelbar um die zentrale Kathode bedingt, wird den Vorgang nur beschleunigen, nicht aber die Intensität ändern. Beim Anlegen einer negativen Spannung wird die Intensität sinken, denn die langsamen Elektronen werden den Potentialberg zwischen Kathode und Anode nun nicht mehr zu überwinden vermögen und umkehren. Wir erhalten eine Gegenspannungskurve [IV, 10], die uns fehlerfrei die Energieverteilung des austretenden Elektronenstromes gibt, wenn man die Kontaktpotentiale berücksichtigt. Bei der Aufgabe, die Energieverteilung austretender Elektronen festzulegen, werden wir demnach diese Anordnung anstreben.

Würden bei einer Zelle mit ebenen Platten die Elektronen nur senkrecht aus der Kathode austreten, so würden wir natürlich die gleiche Kurve wie bei der Zentralkathodenzelle erhalten. Die schräg austretenden Elektronen werden jedoch schon von einem Potentialwall zurückgehalten werden, wenn ihre Normalkomponente der Geschwindigkeit $v_n = v \cdot \cos \alpha$ kleiner ist, als dem angelegten Gegenpotential entspricht. Die wirklich gemessene Kurve liegt demzufolge unter der Energieverteilungskurve (Abb. 173), während die Intensitäten bei den Spannungen 0 und U_G, im Idealfall, ohne Kontaktpotential und bei gleichartiger Photokathode übereinstimmen müßten.

Bei einer Zelle mit kleiner Zentralanode würde ebenfalls bei senkrechtem Elektronenaustritt die wahre Energieverteilungskurve erhalten werden. Bei schiefem Elektronenaustritt tritt hier jedoch ein ganz neuer Effekt hinzu, indem die schräg austretenden Elektronen auf ihrer wenig gekrümmten Bahn an der zentralen Anode vorbeifliegen, da die kleine Anode das Hauptbeschleunigungsfeld in der unmittelbaren Umgebung konzentriert hat. Erst wenn man der Anode eine gewisse Größe gibt, wird man Elektronen in ausreichendem Maße einfangen können, wie es IVES und FRY theoretisch verfolgt haben [334]. Der Erwartung

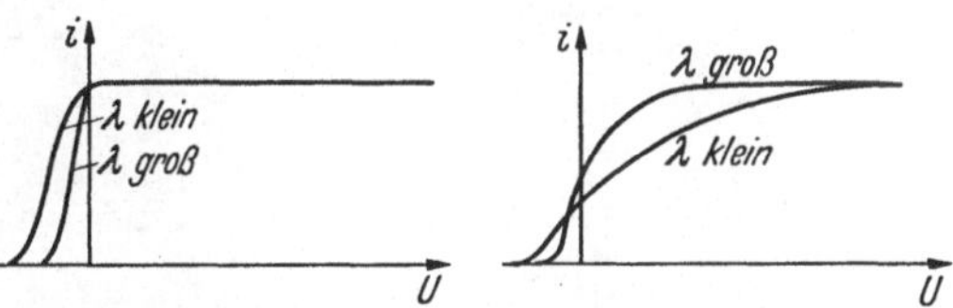

Abb. 174. Strom-Spannungs-Kennlinien für Photozellen.
a Zentralkathodenzelle; b Zentralanodenzelle.

entsprechend zeigt die Stromspannungskurve einer Zelle mit kleiner Zentralanode erst bei hohen Beschleunigungsspannungen Sättigung (Abb. 173).

Der Unterschied zwischen Zentralanodenzelle und Zentralkathodenzelle zeigt sich auch, wenn man die Kennlinien für verschiedene Wellenlänge des einfallenden Lichtes miteinander vergleicht (Abb. 174). Da bei der idealen Zentralkathode die Kennlinien die wahre Energieverteilung geben, beginnen sie bei Übergang zu Licht kleinerer Wellenlänge wegen der größeren Austrittsgeschwindigkeiten einfach bei höheren Gegenspannungen. Bei der Zentralanodenzelle ist die Kurve für energiereichere Strahlung ebenfalls nach größeren Gegenpotentialen verschoben. Sie verläuft dann aber flacher, da sich die mit höherer Geschwindigkeit aus der Kathode ausgelösten Elektronen nicht so leicht von der Anode einfangen lassen und erreicht später als bei energieärmerer Strahlung ihre Sättigung. Infolge dieser Unterschiede schneiden sich die beiden Kurven trotz gleichen Sättigungsstromes.

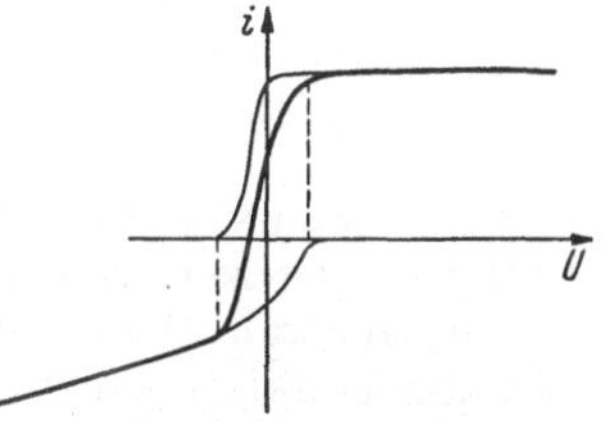

Abb. 175. Strom-Spannungs-Kennlinie bei lichtempfindlicher „Kathode" und „Anode".

Bei praktisch ausgeführten Zellen [VI, 2] sind diese Idealformen natürlich nur in Annäherung zu finden. So können bei dem Typ mit parallelen Platten die Platten natürlich nicht unendlich groß sein, wie wir es stillschweigend voraussetzten. Die „Randfehler" treten aber auch bei anderen Zellen auf, denn stets muß die Elektrodenzuleitung aus dem Zentrum isoliert ausgeführt werden. Handelt es sich um eine Zentralanodenzelle, so kann die Kathodenschicht leicht durchscheinend ausgebildet und so von der Rückseite der Schicht her mit Licht beschickt werden, worüber man KLUGE [367] vergleiche. Bei der Zentralkathodenzelle muß eine Öffnung in der Anodenkugel für den Lichtdurchtritt ausgespart werden. Man überzieht dieses Fenster, um definierte Potentialverhältnisse zu erhalten, mit einer sehr dünnen, wenig lichtelektrischen Metallschicht. Es wird leicht bei einer sehr kleinen Zentralkathode Licht auf Teile der Anode treffen. Dann hat man aber, da die Anode ebenfalls etwas lichtempfindlich ist, gleichzeitig eine Zentralkathoden- und eine Zentralanodenzelle und die Stromspannungskurve der Zelle wird die Charakteristika beider Typen in einer durch die Verhältnisse bedingten Mischung zeigen (Abb. 175).

2. Ausführungsformen üblicher Vakuumzellen. Die technischen Zellen, wie sie für Relais-, Lichttelephonie-, Tonfilm- und sonstige Zwecke benutzt werden, stellen Übergänge zwischen den in [VI, 1] betrachteten Grundtypen dar. So zeigt Abb. 176 je ein Beispiel für ältere Zellen mit zentraler Anode, planen Elektroden und zentraler Kathode.

Die zentrale Kathode der Zelle von SUHRMANN [43] ist als ein kleines Metallblech k in der Mitte der Anodenkugel ausgebildet (Abb. 176a). Das Fenster o für die Einstrahlung des Lichtes ist aus der metallischen Innenbelegung a, die die Anode darstellt, ausgespart. Derartige Zellen werden heute

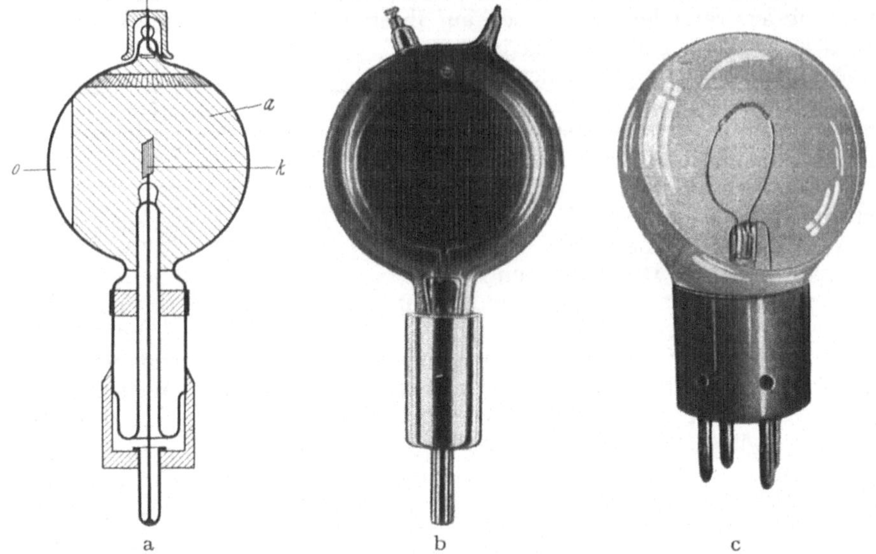

Abb. 176. Technische Photozellen [43].

in der Technik trotz ihres Vorteils, schon bei sehr geringen Saugspannungen Sättigung zu zeigen, kaum verwendet.

Die zentrale Anode der Zelle der General Electric Comp. (Abb. 176c) ist hier als Draht in einer Kugel ausgebildet und nähert sich damit weitgehend der Grundform. Ihre Stromspannungskurve zeigt bereits Abb. 174b.

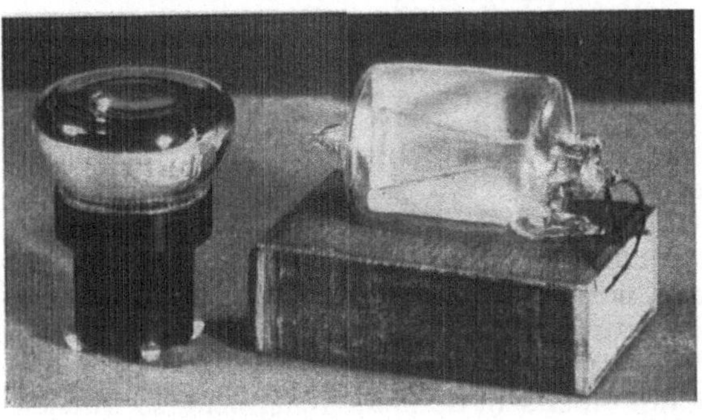

Abb. 177. Neuzeitliche Photozellen.

Bei der Zelle mit ebenen Elektroden kommt man in die Schwierigkeit, wie das Licht der Kathode zuzuführen ist, da die Anodenplatte die Kathode verdecken wird. Man könnte sich so helfen, eine durchscheinende Photoschicht zu verwenden, wobei natürlich viel Licht auch auf die Anode gelangen würde. Statt dessen ersetzt man oft die Anodenplatte durch ein ebenes Netz und projiziert das Licht durch dieses Netz auf die Kathode. Man geht also, wie es auch die in Abb. 176b dargestellte AEG-Zelle zeigt, ebenso vor wie bei der Zelle mit Zentralanode. Natürlich ist nun die Kennlinie nicht mehr so günstig wie es Abb. 173b zeigte, sondern die Sättigung wird, ähnlich wie bei der Zentralanodenzelle, erst bei einer erheblichen Saugspannung erreicht.

Zwei neuzeitliche Zellen der AEG, die von KLUGE entwickelt wurden, zeigt Abb. 177. Bei beiden handelt es sich um Zentralanodenzellen. Auf der

Abbildung ist links eine „Frontphotozelle" zu erkennen, bei der das Licht frontal auf die im Bild dunkel erscheinende Fläche des Glaskörpers fällt. Die Anode besteht bei dieser Zelle aus zwei axialen Drähten mit einem Hütchen. Auf der Abbildung ist rechts eine von der Seite aus zu beleuchtende Photozelle wiedergegeben, deren Aufbau aus dem Bild leicht zu ersehen ist. Bei beiden Zellen ist die geringe Größe bemerkenswert. Dem Extrem an Kleinheit bei diesen modernen Zellen stehen die Riesenzellen, die 50 cm lang sind, als anderes Extrem der Größe gegenüber.

Außer den beschriebenen Hauptformen gibt es noch Spezialzellen. So zeigt Abb.178a eine Zelle für Fernsehzwecke, bei der die Kathode als Draht in der Mitte eines Zylinders sitzt und Abb. 178b eine Ringzelle nach SCHRIEVER [629] für Bildabtastung nach der Reflexionsmethode, bei der die Anode als Ringdraht in einem Toroid ausgebildet ist. Die Belichtung erfolgt durch die Öffnung des Toroids, so daß die Zelle dem reflektierenden Objekt stark genähert werden kann. Als Spezialzelle sei schließlich noch die Zelle Abb. 179 erwähnt, die aus Hartglas hergestellt ist und ein aufgeschmolzenes Quarzfenster trägt. Sie dient zu Photometrierzwecken zwischen 180 und 1200 mμ.

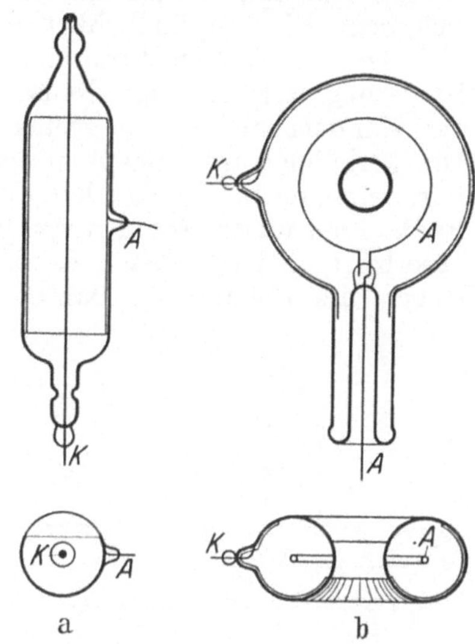

Abb. 178. Spezialformen von Photozellen [43].

3. Ionisationskammer. Ebenso wie die Photozelle dient die Ionisationskammer zum Umsatz einer Strahlung (z. B. Röntgenstrahlung) in einen Strom von Ladungsträgern. Die Strahlungsintensität soll dabei möglichst quantitativ in Ladungsträger übergeführt werden, d. h. der erzielte Strom soll der Strahlungsintensität proportional sein. Der wichtige Unterschied zwischen Vakuumphotozelle und Ionisationskammer besteht allein darin, daß bei der Photozelle die Elektronen aus dem Metall der Kathode, bei der Ionisationskammer aber aus einem Gasraum, durch den die Strahlung ionisierend hindurchgeht, ausgelöst werden[1]. Die Kathode ist gleichsam in ein Kontinuum aufgelöst. Von dieser Pseudoelektrode, aus der negative *und* positive Ladungsträger befreit werden, müssen jetzt die Ladungsträger zu einer positiven *und* einer negativen Elektrode beschleunigt werden. So entsteht der Aufbau einer Ionisationskammer als eines Beschleunigungskondensators, der mit Gas gefüllt ist und zwischen dessen Elektroden die ionisierende Strahlung hindurchgeht.

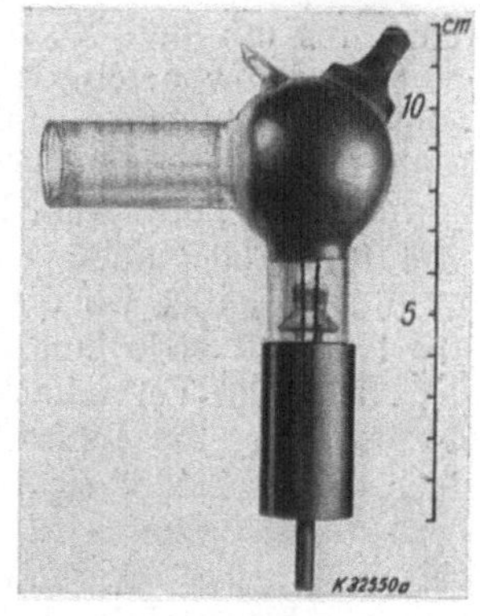

Abb. 179.
Photozelle mit Quarzglasfenster [367].

Abb. 180 zeigt eine Ionisationskammer wie sie z. B. DUANE und BLAKE [211] für Intensitätsmessungen an Röntgenspektren benutzt haben. Die Kammer besteht aus einem Messingrohr, in das isoliert eine stabförmige Elektrode eingeführt

---

[1] Außer im Gasraum werden auch an den Gefäßwänden Ionen in größerer Anzahl gebildet.

ist, die an einigen Hundert Volt Spannung liegt. Diese Sammelelektrode wird mit einem Elektrometer verbunden. Die Kammer ist mit Luft von Atmosphärendruck gefüllt.

Bei dem Bau von Ionisationskammern sind verschiedene Punkte zu berücksichtigen. Die Empfindlichkeit soll möglichst groß sein, d. h. es soll möglichst viel der einfallenden Strahlung in der Kammer absorbiert werden. Dieser Forderung werden lange Ionisationsstrecken, hohe Ionisation durch Füllung der Kammer mit Gasen großer Ordnungszahl (z. B. Argon) eventuell unter Druckerhöhung auf einige Atmosphären entsprechen. Soll — das ist die schärfste Forderung, die man stellen kann — aus dem gemessenen Strom ein quantitativer Rückschluß auf die Röntgenstrahlung möglich sein, so muß die gesamte Strahlung absorbiert, und es müssen sämtliche gebildeten Ionen zur Strombildung beitragen. Es bedeutet das, daß die Gasstrecke die zur Absorption aller Strahlen

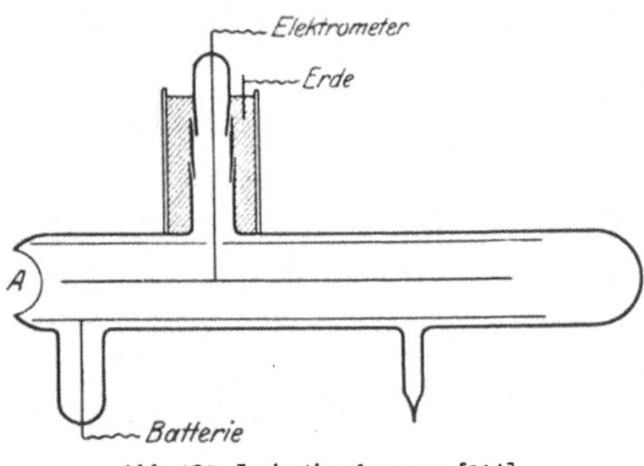

Abb. 180. Ionisationskammer [214].

genügende Länge haben muß, daß die Saugspannung an den Elektroden eine ausreichende Höhe haben muß, damit auch bei den stärksten Strömen Sättigung vorhanden ist, und daß schließlich keine Strahlung auf die Elektroden selbst treffen darf, damit keine Störstrahlung auftritt. Dieser Fehler, dessen Vermeidung infolge des Fensters nicht restlos gelingt, läßt sich doch weitgehend eliminieren. Sind alle Bedingungen erfüllt, so läßt sich die Energie der Röntgenstrahlung leicht ermitteln, denn die Ionisationswirkung ist der absorbierten Energie proportional, und es gilt unabhängig von der Wellenlänge, daß die für die Bildung eines Ionenpaares verbrauchte Energie im Mittel etwa 30 eV beträgt.

Wir sprachen bisher nur von der Umsetzung von Röntgenstrahlung in Strom, ohne uns um den Mechanismus im einzelnen zu kümmern. Die Umsetzung geht dabei so vor sich, daß durch die Röntgenstrahlung Ionisation unter Bildung schneller Elektronen erfolgt und daß diese schnellen Elektronen weiter durch Ionisation langsame Elektronen befreien. Man kann die Ionisationskammer natürlich auch direkt zur Intensitätsmessung einer gegebenen Strahlung schneller Elektronen oder anderer Korpuskularstrahlen wie z. B. α-Strahlung benutzen. In diesem Falle, wo die schnellen Elektronen ihre Energie durch Ionisation abgeben und viele langsame Elektronen erzeugt werden, werden wir sehr an den Sekundär-Vervielfacher und an die Photozelle mit Gasfüllung erinnert. Zweifellos ist die Ionisationskammer eine Übergangsstufe zu diesen Geräten, doch unterscheidet sie sich von ihnen in folgendem grundsätzlich: Bei der Ionisationskammer wird nur die Energie, die die Elektronen selbst mitbringen, zur Erzeugung langsamer Elektronen benutzt, bei der Gasphotozelle, dem Spitzenzähler und den Sekundär-Vervielfachern, liegt dagegen ein Verstärkungsprinzip vor, indem den ausgelösten Elektronen neue Energie durch Hilfsfelder zugeführt wird, wodurch sie zu weiterer Sekundärauslösung befähigt werden. Insofern ist die Ionisationskammer ein näherer Verwandter zu der ebenfalls ohne Verstärkung arbeitenden Vakuumphotozelle als die Gasphotozelle. Selbstverständlich kann man aber z. B. zum bloßen Nachweis schwacher Strahlung bei der Ionisationskammer ebenfalls mit Verstärkung durch Stoßionisation arbeiten.

b) Intensitätsgeräte mit Sekundärelektronenverstärkung (Vervielfacher).

Das Verstärkungsprinzip, von dessen Anwendung hier gesprochen werden soll, besteht darin, daß man die Energie von Elektronen zur Auslösung neuer Elektronen beim Stoß auf Molekeln benutzt und so den Elektronenstrom erhöht [IV, d]. Die Auslösung der Sekundärelektronen kann dabei aus Molekeln eines Metallgitters oder aus freien Gasmolekeln erfolgen. Beide Vorgänge werden vorzugsweise zur Verstärkung von Photoströmen benutzt (Vervielfacher bzw. Gasphotozelle). Entsprechend unserer Haupteinteilung sprechen wir in diesem Kapitel nur von statischen Vervielfachern, während die dynamischen Vervielfacher später in [X, c] behandelt werden sollen.

4. Arten der Vervielfacher.
Als Grundform der Sekundärelektronenröhre (Vervielfacher) müßte man in Analogie zur Photoelektronenröhre (Photozelle) eine aus Kathode und Anode bestehende Anordnung ansehen, wobei aus der Kathode durch Elektronenstoß sekundäre Elektronen ausgelöst werden. Hat die Kathode einen Sekundäremissionsfaktor über Eins [III, 5 und V, 2], so gelangen nun mehr Elektronen zur Anode als primär auf die Kathode aufgetroffen sind (Abb. 181). Während bei der „Photoelektronenröhre", der Photozelle, die entsprechende Grundform ohne Abänderung praktisch benutzt wird, ist die „Sekundärelektronenröhre", der „Vervielfacher", in dieser Form ungewöhnlich. Das hat seinen Grund letzten Endes darin, daß hier die primäre *und* sekundäre Strahlung gleicher Natur, nämlich Elektronenstrahlung ist. Es kommt also nicht auf den Umsatz einer *Wellen*strahlung in *Elektronen*strahlung, sondern auf den Umsatz einer *schwachen* Elektronenstrahlung in eine *stärkere*, d. h. auf eine Verstärkung an. Daher liegt es

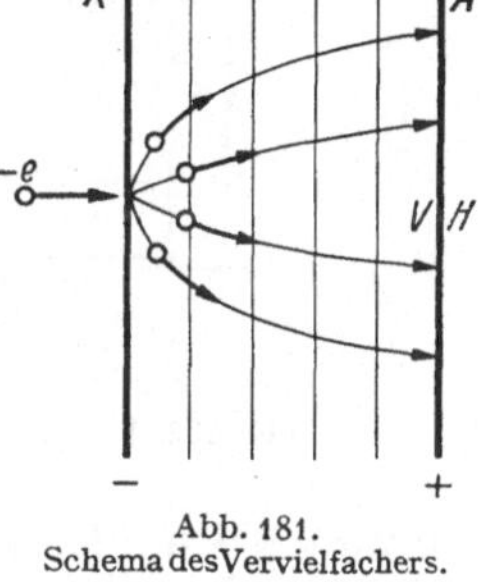

Abb. 181.
Schema des Vervielfachers.

nahe, die Vervielfachung sogleich mehrfach nacheinander durchzuführen [IV, d], wie es praktisch auch bei fast allen Vervielfachern geschieht.

Die Wiederholung der Vervielfachung kann im Prinzip auf zweierlei Weise durchgeführt werden (Abb. 181). Nehmen wir an, daß auch unsere Anode einen hohen Sekundäremissionsfaktor hat und daß sie so dünn sei, daß nach beiden Seiten von ihr Sekundärelektronen ausgehen. Dann kann man entweder die aus der Hinterseite H der Prallelektrode A[1] ausgelösten neuen Sekundärelektronen benutzen, die man nun nach rechts weiter beschleunigt. Man kann aber auch die auf der Vorderseite V ausgelösten Elektronen benutzen, die man entweder durch stark positive Sauganoden von der Elektrode A fortführt oder nach geeigneter Umpolung der Plattenspannung wieder zur Platte K zurückbeschleunigt. Diese beiden Möglichkeiten entsprechen den auch bei der Photokathode vorhandenen Verfahren [VI, 2], entweder mit auffallendem oder mit durchtretendem Licht zu arbeiten. Über die Anordnungen mit dünnen Folien, bei denen die auf der Rückseite ausgelösten Elektronen benutzt werden, liegen zwar Patente vor [437]; Erfolge sind aber anscheinend damit nicht erreicht worden. Alle praktisch verwendeten Vervielfacher arbeiten mit den auf der Einfallseite ausgelösten Sekundärelektronen. Die erste Möglichkeit, die Elektronen auf weitere, stärker positive Elektroden zu lenken, führt auf die statische oder Reihenvervielfachung, die, wie der Gedanke der Vervielfachung selbst, auf SLEPIAN [650] zurückgeht. Man braucht dabei, um die Vervielfachung mehrfach vornehmen zu können, eine hohe Beschleunigungsspannung, die man in kleinere Spannungsbeträge von solcher Höhe unterteilt, daß die Gesamtausbeute optimal wird. Das bedeutet nicht, daß die Elektronen jeweils gerade

---

[1] Über Bezeichnungen usw. vgl. HEROLD [305].

auf die Geschwindigkeit der maximalen Sekundärauslösung kommen [VI, 8]. Grundsätzlich sind die einzelnen Stufen, die nacheinander zur Wirksamkeit gelangen, auch in der Apparatur räumlich nebeneinander angeordnet.

Der zweite Fall ist die dynamische oder Pendelvervielfachung, die von FARNSWORTH [232] angegeben wurde. In der Apparatur ist nur eine Vervielfachungsstufe aus zwei parallelen sekundäremittierenden Platten vorhanden. Die an einer Platte ausgelösten Elektronen werden durch ein hochfrequentes Wechselfeld zur Gegenplatte beschleunigt. Die Frequenz wird z. B. so eingeregelt, daß für einen möglichst großen Phasenbereich die Sekundärelektronen zur ersten Platte zurückgeführt werden usw. [X, c]. Aus dem räumlichen Nebeneinander ist also ein zeitliches Nacheinander geworden [IV, 15]. Ein solcher Vervielfacher entspricht im Prinzip einem statischen Vervielfacher von beliebig vielen Stufen. Praktisch wird natürlich die Vervielfachung bei einem endlichen Wert begrenzt, zu welchem Zweck eine „Absaugelektrode" vorgesehen wird [IV, 16]. Diesen Vervielfacher werden wir in [X] zusammen mit anderen Laufzeitgeräten genauer besprechen, während uns hier nur der statische Vervielfacher mit den prinzipiellen Fragen des Aufbaues, der Feldformen, der Fokussierung usw. interessieren soll.

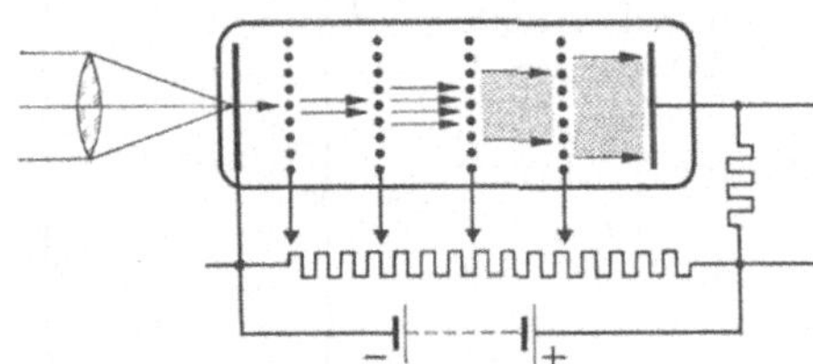

Abb. 182. Prallnetz-Vervielfacher.

Der Vervielfacher mit einer oder mehreren Stufen vervielfacht einen vorgegebenen Elektronenstrom. Wie dieser primäre Elektronenstrom zustande gekommen ist, ist für die Vervielfachung unwesentlich. Es kann z. B., wie bei dem Bildfänger von FARNSWORTH, der Intensitätsanteil sein, der einem bestimmten Punkt eines Elektronenbildes zukommt.

Meist entstammt der zu verstärkende Elektronenstrom einer dem Vervielfacher vorgeschalteten Photozelle. Die Photozelle ist dabei dann mit dem Vervielfacher zu einem Gerät verschmolzen, und man spricht nun von einem Photoelektronen-Vervielfacher. In diesem Sinne wird man — und es geschieht häufig — den Vervielfacher als eine Weiterentwicklung der Photozelle auffassen. Auch wir werden im folgenden nicht von dem Vervielfacher an sich, sondern fast ausschließlich von dem Photoelektronen-Vervielfacher sprechen.

5. Prallnetz-Vervielfacher. Das Prinzip des statischen Vervielfachers, das wir im letzten Abschnitt besprachen, kann in einfachster Weise durch eine Folge paralleler dünner Folien verwirklicht gedacht werden, zwischen denen die Beschleunigungsfelder liegen. Die Elektronen sollen jeweils nach der Beschleunigung in die Folie eindringen und Sekundärelektronen befreien, die auf der Rückseite austreten. Diese Elektronenbefreiung tritt tatsächlich ein, allerdings bei den heute herstellbaren Folien, die eine gewisse Dicke aus Stabilitätsgründen nicht unterschreiten, nicht in genügendem Maße. Man erhält weniger Sekundärelektronen als primär auftreffen, wodurch die Anordnung illusorisch wird.

Trotzdem lassen sich Anordnungen nach diesem Aufbauschema angeben, indem man sozusagen eine Folie mit kleinen Löchern, nämlich ein feinmaschiges Netz verwendet. Dieses wohl zuerst von ZWORYKIN diskutierte Verfahren [744] ist besonders von WEISS [712, 713] in Zusammenarbeit mit KLUGE [369] ausgebildet worden. Abb. 182 zeigt das Prinzip der Anordnung in der Form des Photozellen-Vervielfachers [711]. Das Gerät besteht aus einer Photokathode mit mehreren im Abstand von ungefähr 5 mm hintereinander angeordneten, sekundär emittierenden Netzen mit ungefähr 40000 Maschen je cm². Zwischen den einzelnen Netzen liegt eine Spannung der Größenordnung 50 bis 100 V. Die aus der Photokathode ausgelösten Elektronen schlagen aus den Drähten des ersten Netzes Sekundärelektronen heraus. Diese werden durch die Netzmaschen hindurchgesaugt und zum nächsten Netz beschleunigt, wo sie neue Sekundärelektronen auslösen usw. Die Anordnung ist insofern ungünstig, als die Netzlöcher für die Verstärkung ausfallen. Außerdem laufen die aus den Drähten

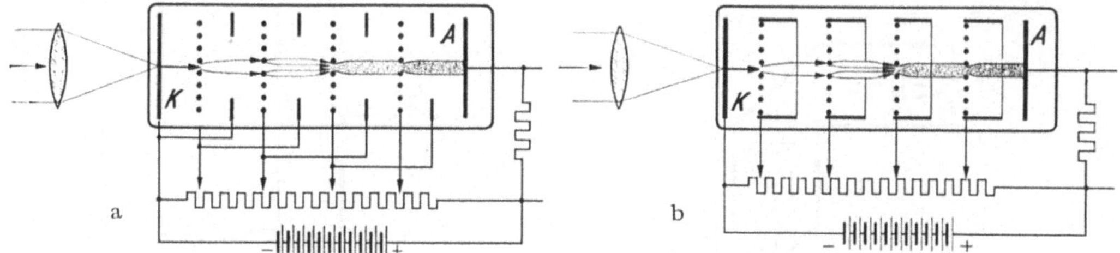

Abb. 183. Netzvervielfacher mit elektrostatischer Konzentration.

herausgeschlagenen Elektronen im Prinzip erst ein Stückchen gegen das Verzögerungsfeld an, ehe sie umkehren und durch die Netzlöcher hindurchgesaugt werden, wobei sie von den Metalldrähten wieder abgefangen werden können. Man erreicht mit derartigen Prallgitter-Vervielfachern Verstärkungen, die je Netz bis zum Faktor 3 bis 5 und insgesamt bis zu 10^{10} gehen [714].

Wir haben bisher angenommen, daß die Elektronenlawine, die sich, von einem bestrahlten Punkte des ersten Netzes beginnend, durch das Rohr hindurchbewegt, sich nicht so stark verbreitet, daß sie aus den Bereichen der Netze seitwärts heraustritt und auf die Umrandungen trifft. Das wird für die ersten Stufen auch erfüllt sein, später aber nicht mehr, zumal dann nicht, wenn es sich um relativ große Ströme handelt. Es müssen also Konzentrierungsmittel angewandt werden, entweder elektrische oder magnetische Felder. Wir brauchen dabei an das

Abb. 184. Prallnetz-Vervielfacher als Photostromverstärker
(Photoschicht noch nicht aufgedampft) [711].

Konzentrierungsfeld, die Elektronenlinse, keine hohen Anforderungen zu stellen, denn es handelt sich nicht um Abbildungen im optischen Sinne. Wir brauchen auch nicht zu verlangen, daß die Linse jedes Netz wirklich einigermaßen auf das nächste abbildet. Zu diesen Maßnahmen gehört es, eine lange Magnetspule über das Verstärkerrohr zu schieben [744]. Ebenso erfüllen eingeschobene negativ geladene Blenden (Abb. 183a) oder ringförmige Ansätze an den Netzen diese Aufgabe ausreichend (Abb. 183b). Eine noch einfachere Konzentrationsoptik bilden Distanzringe aus Glas zwischen den Gittern, die sich beim Betrieb negativ aufladen und für die nötige Bündelung sorgen [369, 370]. Es genügt und ist vielleicht sogar zweckmäßig, um Überkonzentrationen zu vermeiden, an Stellen geringer Stromdichte, d. h. am Anfang des Verstärkers, derartige Konzentrationselemente nur jede zweite bis dritte Stufe einzubauen. Am Verstärkerausgang dagegen muß man zum Ausgleich der dort vorhandenen starken Raumladung in jeder Stufe ein Sammelelement verwenden. Abb. 184 zeigt einen ausgeführten Prallnetz-Vervielfacher mit Photozelle und eingebautem Spannungsteiler, wie er als Filmgeber und Lichtstrahlabtaster im Fernsehen Verwendung findet [711].

6. Prallplatten-Vervielfacher mit Elektronenlinsen. Der Photozellen-Vervielfacher mit Folien und Netzen, den wir soeben kennenlernten, war so

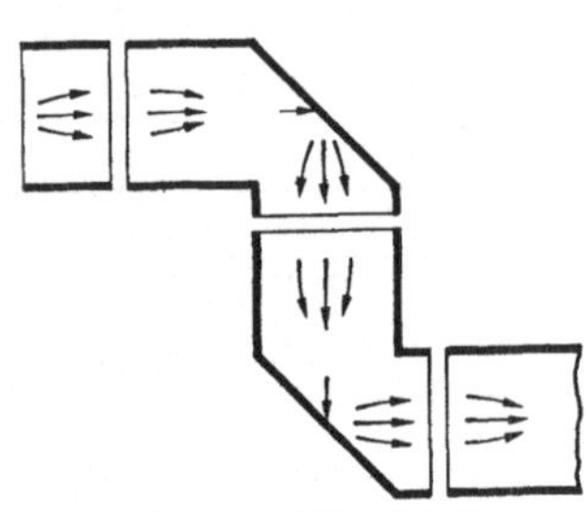

Abb. 185. L-Vervielfacher.

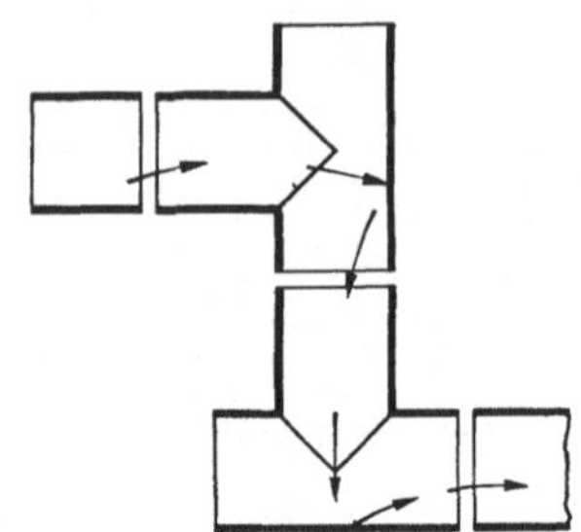

Abb. 186. T-Vervielfacher.

einfach in seinem Aufbau, weil wir die einzelnen Vervielfacherstufen hintereinander anordnen konnten. Prallplatten, Beschleunigungsfeld, Linse usw. saßen hintereinander längs der Achse. Die Schwäche der Anordnung lag in der Folie bzw. dem Netz mit seiner gegen eine massive Platte verringerten Ausbeute. Stellen wir uns nun die Frage, ob wir nicht die Vorteile der vorderseitigen Auslösung von Sekundärelektronen mit den Vorteilen einer guten Fokussierung durch eine Elektronenlinse vereinigen können.

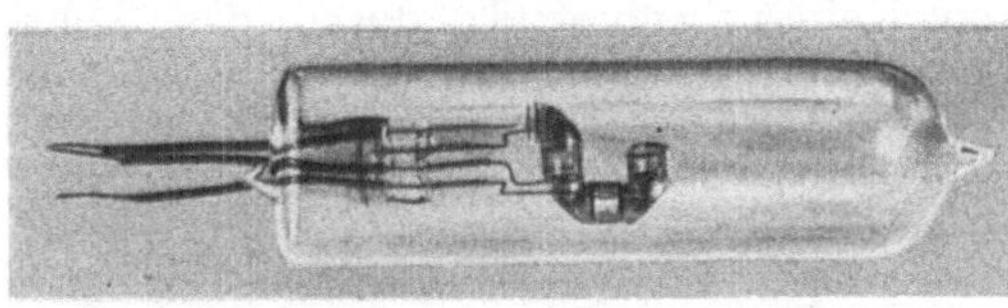

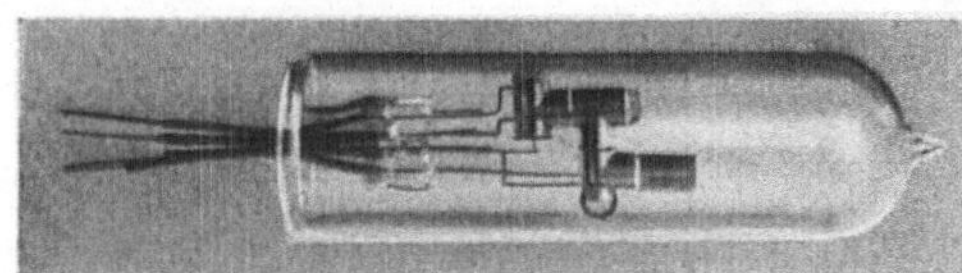

Abb. 187. Vervielfacher nach Zworykin [749].

Bei der Lösung der Aufgabe werden wir eine Knickung des Strahlenganges in Kauf nehmen müssen. Diese Knickung können wir entweder am Ort der Prallplatte vornehmen, wie es Zworykin [749] durchgeführt hat, oder nach Slepian [650] in die Mitte des Strahlenganges verlegen, indem wir die Eigenschaft des magnetischen Feldes benutzen, den vom Bild zurückkehrenden Strahl vom auftreffenden Strahl zu trennen.

Zwei Lösungen der ersten Art, die Zworykin nach ihrer äußeren Form als L-Typ und T-Typ bezeichnet hat, sind in Abb. 185 und 186 schematisch dargestellt. Die ankommenden Elektronen werden durch eine elektrische Beschleunigungslinse auf die Prallplatte fokussiert. Die von dort ausgehenden Sekundärelektronen werden durch eine zweite Linse in die neue, um 90° gegenüber der Einfallsrichtung geknickte Richtung des zweiten Systems gezogen. Bei der L-Type ist die sekundär strahlende Platte gegen die Achse beider Systeme um den gleichen Winkel von 45° geneigt. Im Falle der T-Type treffen die Primärelektronen senkrecht auf die Platte, von wo die Sekundärelektronen nun unter sehr flachem Winkel abgesaugt werden. Abb. 187 zeigt die beiden Systeme in praktischer Ausführung.

Beiden Anordnungen liegt in konstruktiver Hinsicht ein Immersionsobjektiv zugrunde, das aus nur zwei Röhren besteht (Abb. 460). Für dieses System gilt [749], daß $u = \frac{2}{3}D$ und damit $v = \frac{4}{3}D$ gewählt werden muß, um eine Abbildung in natürlicher Größe zu erhalten. Natürlich wird das Potentialfeld und damit die Wirkung bei der Verwendung im Vervielfacher durch den Ansatz mehrere Systeme aneinander nicht ungestört bleiben. Wir haben insbesondere bei dem T-Typ, bei dem zudem ein achsenferner Punkt abgebildet werden soll, kaum eine sehr gute Fokussierung zu erwarten. Nach ZWORYKINs Versuchen ist zwar die Fokussierung bei dem L-Typ besser, doch ist hier das Feld, das die Sekundärelektronen von den einzelnen Auf-

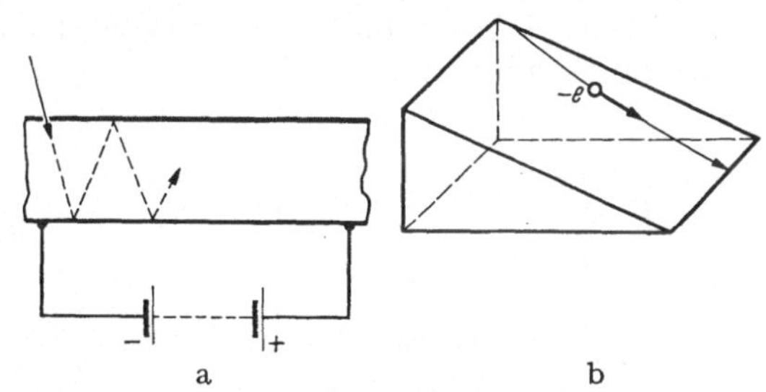

Abb. 188. Schema eines Vervielfachers mit undurchlässigen Platten.

fangplatten aus beschleunigt, nur schwach und der Vervielfacher ist bereits bei kleinen Stromwerten raumladungsbegrenzt.

Die T-Type ist nach ZWORYKIN nicht sehr davon abhängig, daß der emittierende Fleck auf der Ausgangskathode scharf ist. Die zylindrischen Ausgangsöffnungen der Prallelektroden sind jedoch so kurz wie möglich zu wählen, um starke Absaugfelder zu erzielen. Sie müssen andererseits so lang sein, daß die am Schaft des „T" eintretenden Elektronen nicht so weit vom Feld der folgenden Elektrode abgelenkt werden, daß sie den Auffänger verfehlen und nun ohne Vervielfachung in die nächste Stufe gelangen. Die Auffängerplatten werden so hergestellt, daß die ganze Innenseite des zylindrischen Kreuzbalkens des „T" sensibilisiert wird. Sollen Ströme in der Größenordnung von

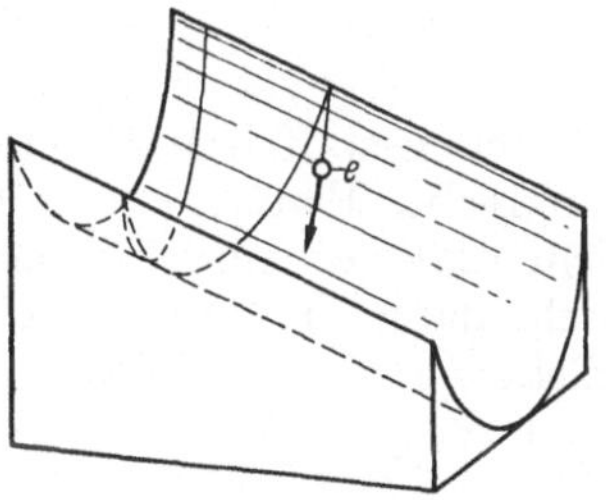

Abb. 189. Potentialmulde.

1 mA verarbeitet werden, muß man auch bei dieser Anordnung den Vervielfacher mit ziemlich hohen Spannungen je Stufe, etwa 200 bis 400 V, betreiben, wenn Raumladungseffekte vermieden werden sollen.

7. Prallplatten-Vervielfacher mit einfachen Fokussierungsfeldern. Das Prinzip eines zweiten Vervielfachertyps mit massiven Prallplatten zeigt Abb. 188a. Zwei Platten sind einander gegenübergestellt, längs denen ein Potentialgefälle erzeugt ist. Die Elektronen sollen im Zickzack von einer

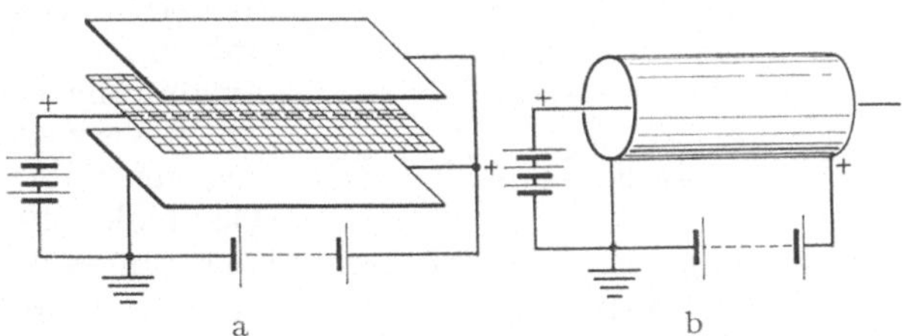

Abb. 190. Verwirklichung der Potentialmulde von Abb. 189.

Platte zur anderen beschleunigt wandern, wobei sie sich längs der Systemachse fortbewegen und so die zur Auslösung von Sekundärelektronen erforderliche Energie aufnehmen. Man erkennt jedoch an dem entsprechenden Potentialgebirge (Abb. 188b) ohne weiteres, daß die Elektronen nicht die gewünschten Bewegungen durchführen werden, sondern die schiefe Ebene einfach herabrollen. Um die Zickzackbewegung herzustellen, gibt es zwei Wege: Entweder setzt man an Stelle der schiefen Ebene eine Potentialmulde (Abb. 189), indem man zwischen den Platten ein Gitter anordnet (Abb. 190a) bzw. nach FARNSWORTH

[230] die Anordnung rotationssymmetrisch wählt und in die Achse einen positiv geladenen Draht setzt (Abb. 190b). Oder man führt die Elektronen durch besondere Fokussierungsmittel von einer Prallelektrode zur anderen, wobei man im allgemeinen eine oder zwei Reihen einzelner Prallplatten benutzt.

Die einfache Anordnung Abb. 188 wird nach JARVIS und BLAIR [331] dadurch brauchbar, daß an Stelle der beiden stromdurchflossenen Wände einzelne

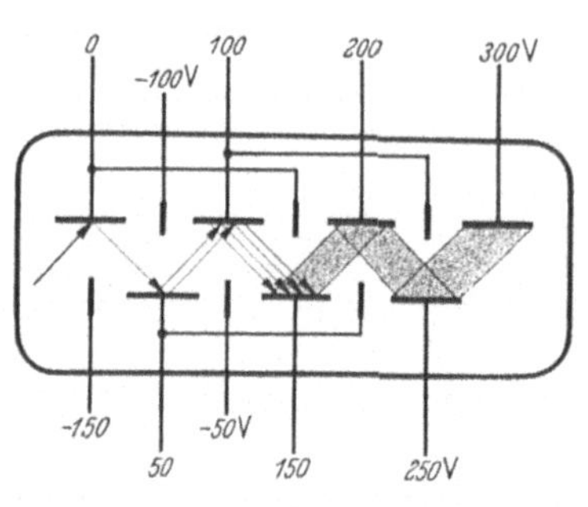

Abb. 191. Vervielfacher mit elektrischer Fokussierung.

Platten gestaffelten Potentials gesetzt und zwischen benachbarte Prallplatten senkrechte Platten eingeführt werden, die auf Kathodenpotential bzw. auf dem Potential der zurückliegenden (vorletzten) Platte liegen (Abb. 191a). Es entsteht dann ein Potentialfeld mit „Rinnen", in denen die Elektronen von einer Elektrode zur anderen laufen (Abb. 191b). Ähnliche Fokussierungswirkung kann man durch geeignete Krümmung der Prallplatten erreichen [753].

Will man an Stelle von elektrischen Fokussierungsmitteln magnetische Felder benutzen, so muß man entsprechend der Eigenart des fokussierenden magnetischen Querfeldes die Prallelektroden nicht einander gegenüber, sondern nebeneinander in einer Ebene anordnen. SLEPIAN [650] hat bereits in dem Ausführungsvorschlag zum ersten Photozellen-Vervielfacher eine Vorrichtung dieser Art mit Überlagerung eines magnetischen Querfeldes diskutiert. Eine vervollständigte Anordnung, wie sie ZWORYKIN [747] angegeben hat, zeigt Abb. 192. Die sekundär emittierende Wand ist hier in gestaffelt aufgeladene Platten unterteilt. Die Gegenplatten sind gegen die Sekundärkathode positiv aufgeladen, daß sie die ausgelösten Elektronen zunächst anziehen. Das magnetische Querfeld führt die beschleunigten Elektronen auf die nächste Prallplatte zurück. Die Fokussierung ist natürlich auch bei dieser Anordnung nicht ideal, trotzdem findet man, daß der Bündelquerschnitt infolge der Richtwirkung des Beschleunigungsfeldes am Auftreffpunkt recht klein ist.

Von den erwähnten Systemen hat nur das System von SLEPIAN-ZWORYKIN praktische Durchbildung und Erprobung erfahren. Abb. 193 zeigt eine technische Röhre ZWORYKINs mit 12 Stufen [750]. Die Platten sind möglichst eng einander gegenüber eingebaut, um die Feldstärke groß zu machen und so den Strom zu steigern, der von einer Platte gezogen werden kann, bevor Raumladungs-

Abb. 192. Vervielfacher mit magnetischer Querfeldfokussierung.

begrenzung eintritt. Bei der Konstruktion ZWORYKINS ist der Röhrenstrom allein durch die Verlustleistung begrenzt, die von den Endstufen abgeführt werden kann, wenn sie sich unter dem Elektronenaufprall erwärmen. Die Konzentrierung durch das magnetische Feld, das durch Permanentmagnete erzeugt wurde, wurde durch die selbständige Aufladung der Glimmerstreifen unterstützt, auf denen die Elektroden aufgebaut waren. Die Schwingungsneigung dieses Vervielfachers wurde durch ein „Schirmgitter" [VI, 17] vor der Sammelelektrode beseitigt.

8. Anwendung und Leistung des Vervielfachers. Vier Vervielfacherformen sind es, bei denen wir über praktische Erfahrungen verfügen: Der Prallplatten-Vervielfacher mit magnetischem Querfeld [VI, 7], der Vervielfacher mit elektrischer Linse [VI, 6], der Prallnetz-Vervielfacher [VI, 5] und der Pendel-Vervielfacher, auf den wir in [X, c] noch zurückkommen werden.

Gute sekundär emittierende Schichten sind für jeden Vervielfacher neben den ausführlich behandelten Feldfragen die Voraussetzung für zufriedenstellendes Arbeiten. Die Caesium-Oxyd-Silber-Schichten, die für Photozellen entwickelt wurden, geben, wie wir es in [V, 2] sahen, auch hohe Sekundäremission, im

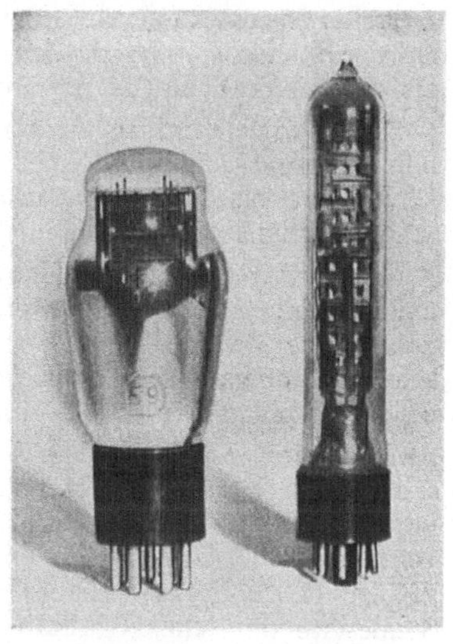

Abb. 193. Vervielfacher nach Abb. 192 (rechts) und Verstärkerröhre (links) [750].

Maximum den Faktor 8 bis 11, und erreichen damit den Wirkungsgrad einer Glühkathode. Das Maximum des Wirkungsgrades wird für 30 eV-Elektronen mit einer Ausbeute von etwa 60 mA/W erreicht [749].

Zur Frage nach der Abhängigkeit der Gesamtvervielfachung von der Stufenzahl n trägt man bei dem statischen Vervielfacher die gemessene Vervielfachung

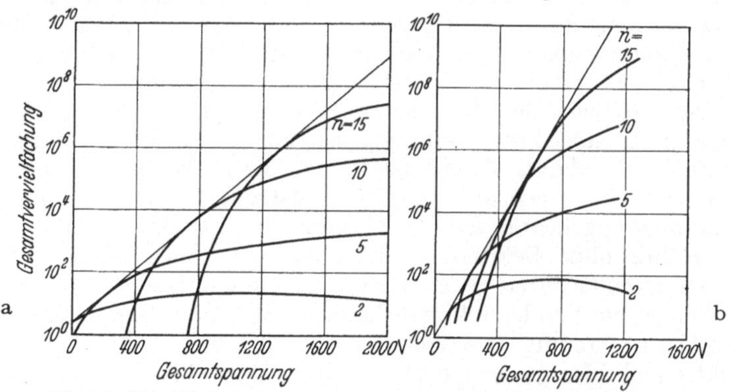

Abb. 194. Vervielfachung bei vorgegebener Gesamtspannung und Stufenzahl.
a Prallnetz-Vervielfacher [711]; b Prallplatten-Vervielfacher [750].

über der Gesamtspannung auf. Zwei so erhaltene Kurvenscharen für den Prallnetz- und den Prallplatten-Vervielfacher gibt Abb. 194. Das Optimum der Vervielfachung für eine gegebene Spannung erhalten wir auf der die Kurven tangierenden Geraden. Bei 10 Stufen können wir nach ZWORYKIN [750] optimal mit 500 V eine Vervielfachung von 30000, bei 15 Stufen mit 800 V 10 Millionen erreichen. Die optimale Spannung je Stufe beträgt daher 40 bis 50 V.

Der Hauptvorteil des Vervielfachers, der auch seine Anwendungen bestimmt, liegt in dem günstigen Störspiegel [753] und in der Frequenzunabhängigkeit über die große Frequenzbreite bis zu 5 MHz. Bei der üblichen Röhrenverstärkung von Photoströmen ist der Störspiegel durch den Röhrenstrom gegeben und damit unabhängig von der Größe des Signals, tritt also bei kleinen Signalen besonders hervor. Bei der Verstärkung durch Sekundär-Vervielfachung ist der Rauschstrom proportional der Wurzel aus dem Signalstrom, nimmt also mit sinkendem Signal ab.

Der Vergleich mit gewöhnlichen Röhrenverstärkern zeigt, daß unter den beim Fernsehbetrieb üblichen Bedingungen das gleiche Verhältnis Signal zu Störspiegel beim Röhrenverstärker schon bei etwa 200mal größeren Signalstärken erreicht wird als beim Vervielfacher.

Neuere Arbeiten zeigen, daß bei einer Verstärkung durch Sekundärvervielfachung eine neue Rauschquelle in Erscheinung tritt, deren Ursache das Schwanken der Zahl der Sekundärelektronen je Primärelektron ist. Dieses Vervielfachungsrauschen bewirkt, daß das Verhältnis Signal zu Störspiegel nach der Verstärkung bis zu 35% ungünstiger ist als im ursprünglichen Strom [226].

Besonders wichtig ist der Vervielfacher als Photostrom-Verstärker im Fernsehbetrieb. Es sei in diesem Zusammenhang erwähnt, daß Prallnetz-Vervielfacher [VI, 5] von WEISS in Zusammenarbeit mit KLUGE für Zwecke des deutschen Fernsehdienstes entwickelt und im Fernseh-Sprechdienst Berlin-Leipzig erstmalig mit Erfolg eingesetzt wurden [714]. Man arbeitet auf der Sendeseite mit einer Glühlampe als Lichtquelle, die auf diese Weise an die Stelle der bisher gebräuchlichen Hochleistungsbogenlampe gesetzt wird. Mit Vervielfachern vom Verstärkungsgrad 10^6 konnten Fernsehübertragungen ohne jede Glühelektronen-Verstärkerröhre und die damit verbundenen frequenzabhängigen Kopplungselemente durchgeführt werden. Ebenso kann der Photostrom-Vervielfacher bei der Tonfilmwiedergabe nützlich sein.

Weitere Anwendungen des Vervielfacherprinzips sind in der Verstärkung geringer Glühelektronenmengen zu sehen, wofür SLEPIAN [650] die Sekundärverstärkung zu benutzen gedachte. Auch als Ersatz der Glühkathode z. B. bei der BRAUNschen Röhre dürfte die Sekundäremissionskathode brauchbar sein. Durch Zusammenbau einer üblichen Verstärkerröhre [VI, 15] mit einem Vervielfacher ist es möglich, Verstärkeranordnungen großer Steilheit herzustellen. Die Steilheit des Röhrenverstärkers, d. h. die einer Spannungsänderung entsprechende Stromänderung ist um den Verstärkungsfaktor des Sekundärverstärkers erhöht. Allerdings ist der Gesamtstrom entsprechend mitverstärkt. Bezieht man sich auf gleichen Endstrom, so erhält man wegen der Form der Raumladungskennlinie [VI, 13] trotzdem noch eine Steilheitserhöhung gegen eine Röhre ohne Sekundärverstärkung [344]. Die Steilheitserhöhung gegenüber normalen Röhren wird nach [715] besonders groß, wenn die mit dem Vervielfacher verbundene Verstärkerröhre im Anlaufstromgebiet [VI, 13] arbeitet. Ebenso kommt die Sekundärverstärkung für die Verstärkung ganzer Elektronenbilder in Frage [169], wenn auch hier die zu überwindenden Schwierigkeiten weitaus größer sind als bei der Verstärkung eines einzigen Stromes.

c) Weitere Intensitätsgeräte mit Verstärkung.

Eng verwandt mit der besprochenen Vervielfachungsmethode ist die Ausnutzung der Stoßionisierung im Gas, die in der Gasphotozelle und den Zählrohren sowie Spitzenzählern Verwendung findet. Die Proportionalität des Elektronenstroms mit der einfallenden Strahlung geht bei Anwendung von

Gas zur Verstärkung in demselben Maße verloren, wie die Verstärkung wächst. Ist die Verstärkung sehr hoch, so neigen die Geräte zur Labilität. Die gleichfalls gebildeten positiven Ionen wandern zur Kathode zurück und leiten eine Gasentladung ein. Aus der proportionalen Anzeige ist eine Relaiswirkung geworden, die jedoch unter Umständen ebenfalls zu quantitativen Aussagen führt. Wenn auch die Gasentladungsgeräte von der Besprechung in diesem Buch ausdrücklich ausgeschlossen wurden [Einleitung], so werden wir trotzdem anschließend die Gasphotozelle und ähnliche Geräte behandeln, weil bei ihnen das Gas vorzugsweise die gleiche Funktion hat wie die Prallelektroden in den früher beschriebenen Vervielfachern.

9. Photozelle mit Gasfüllung. Bei der „gasgefüllten" Photozelle, in der der Druck z. B. 0,05 Tor beträgt, vermag das beschleunigte Photoelektron zu ionisieren, sobald es einen wählbaren, der Ionisierungsspannung entsprechenden Teil der Entfernung zwischen Kathode und Anode durchfallen hat. Jetzt fliegen zwei Elektronen weiter, bis sie abermals die Ionisierungsenergie erreicht haben, usw. Das Bedenkliche an dieser Vervielfachung ist nur, daß außerdem das positive

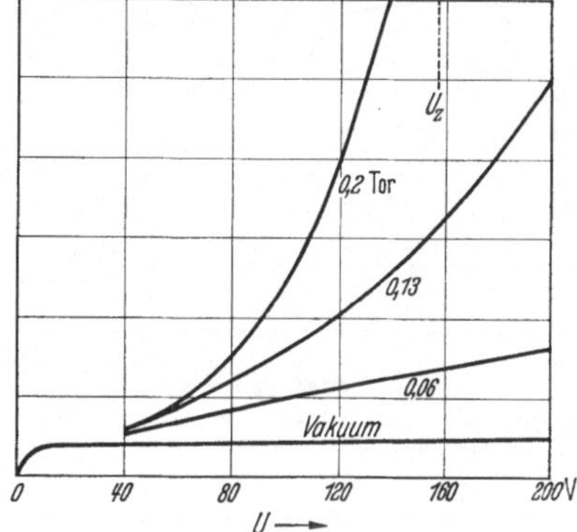

Abb. 195. Kennlinie einer Photozelle mit und ohne Argonfüllung [366].

Restatom nun auch — und zwar zur Kathode hin — beschleunigt wird. Dort kann es Sekundärelektronen auslösen, so daß es auch auf diese Weise zu einer Stromverstärkung kommt. Abgesehen von der Zerstörung der empfindlichen lichtelektrischen Schicht [286, 397, 569] kann die Zelle auf diese Weise leicht instabil werden, d. h. es kann eine selbständige Entladung einsetzen.

Nehmen wir die Strom-Spannungs-Kennlinie einer Vakuumzelle auf, in die wir dann etwas Argon, das als Edelgas die Photokathode nicht angreift, füllen. Messen wir die Zelle nun abermals durch, so erhalten wir eine andere Kurve (Abb. 195). Bei sehr geringen Anodenspannungen, bei denen noch keine Ionisation stattfindet, müssen die Empfindlichkeiten beider Zellen praktisch übereinstimmen. Bei höherer Spannung beginnt dann die Ionisation wirksam zu werden, so daß der Strom stärker als bei der Vakuumzelle anwächst. Bei der betrachteten Zelle — einer Zentralanodenzelle mit Netzanode —

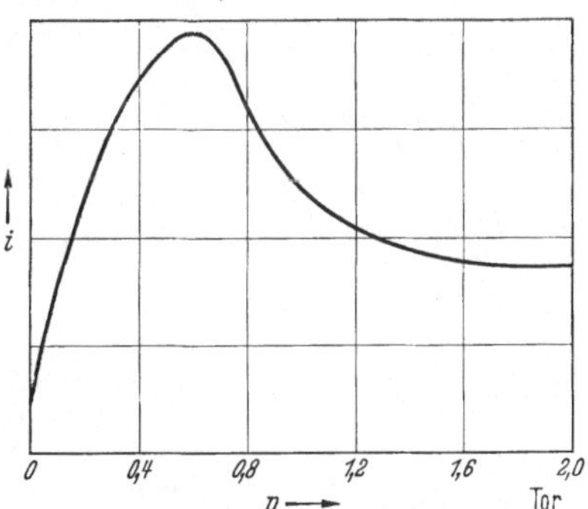

Abb. 196. Abhängigkeit der Ausbeute vom Gasdruck [366].

findet z. B. bei 0,06 Tor Argondruck ein langsamer Stromanstieg bis zur Meßgrenze von 220 V Anodenspannung statt. — Benutzt man die Zelle bei 60 V, d. h. unterhalb der Glimmspannung, so zeigt die Empfindlichkeit für ungefähr 0,6 Tor ein Maximum (Abb. 196). Es rührt daher, daß mit wachsendem Druck die freie Weglänge schließlich so klein wird, daß die Mehrzahl der Elektronen die zur Stoßionisation nötige Energie nicht mehr gewinnen können. Bei kleinem Druck steigt der Anodenstrom, da mit wachsendem Druck die Zahl der Stöße von Elektronen auf Atome, also auch die Ionisation, wächst. Beim Überschreiten eines gewissen Druckes nimmt der Strom wieder ab, weil wegen der zu kleinen mittleren freien Weglänge die Ionisation abnimmt.

Der Vorteil, den man durch die Gasfüllung erreicht, ist eine Erhöhung der Stromempfindlichkeit, die bei Abb. 196 für Kurzschluß achtfach sein würde. Praktisch arbeitet man mit 100 μA/Lumen gegenüber 30 bis 50 μA/Lumen bei Vakuumzellen. Diesem relativ geringen Vorteil steht der Nachteil gegenüber, daß die Gaszelle aus zwei Gründen nur einen beschränkten Anwendungsbereich hat. Erstens ist sie für hohe Frequenzen ($v > 10^4$ Hz) nicht mehr geeignet, denn infolge der Gasfüllung fällt die Empfindlichkeit der Gaszelle gegenüber der Vakuumzelle bei Erhöhung der Frequenz stark ab (Abb. 197) [429]. Zweitens ist die Zelle nicht für hohe Anodenspannungen und starke Lichtströme brauchbar. Gehen wir bei der eingangs betrachteten Zelle und 0,2 Tor zu höheren Spannungen über, so setzt bei 160 V bereits eine Glimmentladung ein. Entsprechendes zeigt sich bei der Strom-Lichtintensitäts-Kennlinie. Bei kleinen Lichtströmen und wenn man vom Zündpunkt genügend weit entfernt ist, kann man noch

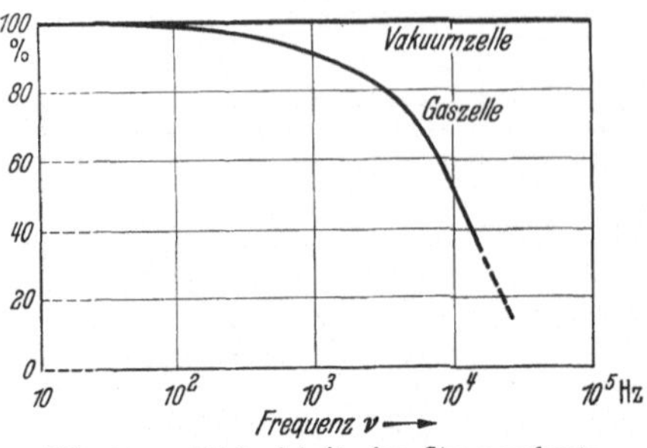

Abb. 197. Abhängigkeit der Stromausbeute einer Gasphotozelle von der Frequenz [429].

mit intensitätsproportionaler Anzeige rechnen. Benutzt man die Zelle bei hoher Empfindlichkeit, so wird das nicht mehr der Fall sein. In Abb. 198 ist der Strom als Funktion der Lichtintensität L (gemessen durch den in einer Vakuumzelle erzeugten Strom) bei verschiedenen Spannungen dargestellt. Das Aufhören der Kurven auf der gestrichelten Linie deutet an, daß sich der Strom wegen der einsetzenden selbständigen Entladung durch Licht nicht mehr steuern läßt. Hier bleibt immer noch die im nächsten Abschnitt beschriebene Anwendungsmöglichkeit, die bei allen höchstempfindlich eingestellten Geräten vorhanden ist.

10. Auslösezähler. Aus der Photozelle mit Gasfüllung wird, wenn wir durch Erhöhung der Anodenspannung die Empfindlichkeit immer mehr und mehr steigern, schließlich das „Lichtrelais", d. h. eine Einrichtung, die bei (zusätzlicher) Belichtung relaisartig einen starken Strom zur Erzielung eines gewünschten Vorganges ergibt.

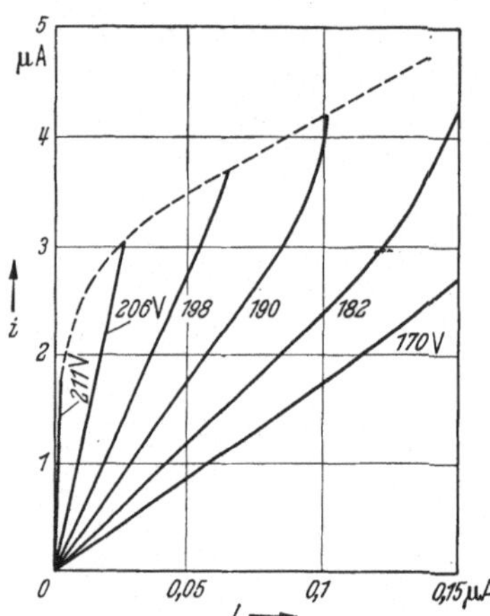

Abb. 198. Strom-Lichtstärke-Kennlinien einer Gasphotozelle bei verschiedenen Spannungen [23].

Es erheben sich sogleich zwei Fragen. Erstens: Wie wird man die Zelle abändern, um bei Benützung als Relais eine möglichst hohe Empfindlichkeit zu erhalten? Zweitens: Kann man es nicht erreichen, daß nach Rückgang der zusätzlichen Belichtung auch die Zelle wieder in ihren ursprünglichen Bereitschaftszustand zurückkehrt? Die erste Frage ist die nach der Anpassung der Zelle an ihre geänderte Aufgabe, die zweite die nach der Fortentwicklung zum Ansprechen auf *Änderungen* der Lichtintensität, also z. B. die Frage nach dem Lichtzähler.

Beide Aufgaben sind beim Zählrohr und Spitzenzähler gelöst. Abb. 199 zeigt ein Zählrohr. Die Kathode K ist als Zylinder ausgebildet. In seiner Achse ist die Anode A als Draht von ungefähr 0,2 mm Dicke angebracht. Der Draht ist meist mit einer schlecht leitenden Haut überzogen, die z. B. durch schwaches Glühen in einer Flamme oder durch Behandlung mit stark verdünnter Salpetersäure erhalten wird. Fällt ein Lichtquant auf die (durchsichtige) Kathode

und löst das Lichtquant ein Elektron aus, so wird dieses auf den Draht zu
beschleunigt. In dem hohen Spannungsabfall in der Umgebung des Drahtes
vermag das Elektron zu ionisieren. So wächst der Strom zwischen Kathode
und Anode lawinenartig an. Es entsteht eine Entladung, die an einem Widerstand eine z. B. am Elektrometer beobachtbare Spannung hervorruft. Durch
einen besonderen Vorgang, der noch nicht vollkommen geklärt ist [312, 600,
710, 717, 718], reißt nach Aufhören der Belichtung die Entladung selbständig
wieder ab; das Rohr ist Bruchteile
von Sekunden später für den nächsten
Zählprozeß bereit.

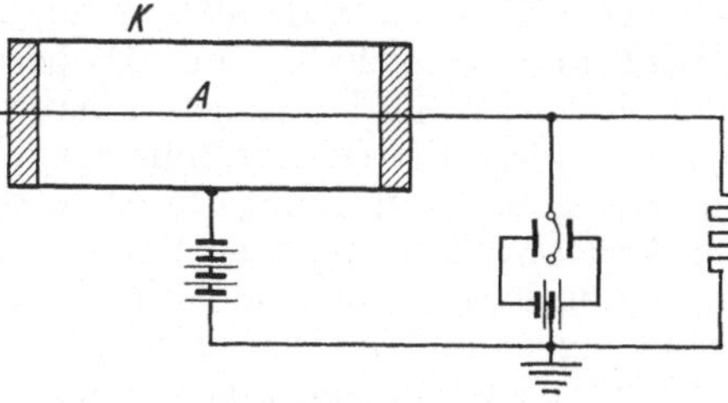

Abb. 199. Zählrohr [253a].

Das Auslösezählrohr ist natürlich
nicht an die Auslösung durch einen
Lichtimpuls gebunden. Ebenso kann
auch auf irgendeine andere Weise eine
Bildung von Ionen in dem gasgefüllten
Raum zwischen Kathode und Anode
zur Auslösung des Entladungsstoßes
führen. Entsprechend wie die Ioni-
sationskammer wird man auch den Auslösezähler zur Zählung von α- und
β-Strahlen verwenden können. Historisch ist es sogar so gewesen, daß man
erst den Zähler für die Korpuskularstrahlen entwickelt und dann erst daran
gedacht hatte, ihn zur Zählung von Lichtimpulsen zu verwenden. Auch heute
benutzt man die Zähler vorwiegend auf atomphysikalischem Gebiet zur Zählung
von α- und β-Strahlen [255].

Die zweite Form des Auslösezählers ist der Spitzenzähler von GEIGER [253]
(Abb. 200), bei dem eine „Spitze" S einer Platte P gegenübersteht. Als Spitze
verwendet man z. B. die kleinen Kügelchen, die sich am
Ende von Platindrähten von $^1/_{10}$ mm Durchmesser in der
Gebläseflamme bilden. Die Platte hat ein Fenster B, durch
das die Strahlung gerade in den Bereich vor der Spitze
gelangt, wo die gebildeten Ionen von einem besonders
kräftigen Feld erfaßt werden. Beim Spitzenzähler muß die
Ionisation in dem schraffierten Bereich vor der Spitze erfolgen (Abb. 200), damit eine Zählung stattfindet; beim

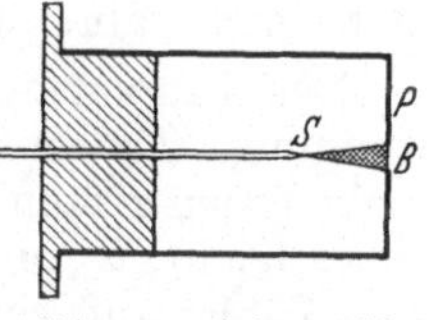

Abb. 200. Spitzenzähler
[253a].

Zählrohr ist die Ionisation nicht an eine bestimmte Stelle im Gerät gebunden.
Daher verwendet man das Zählrohr mit Vorteil zur Messung von kleinen
Strahlungsintensitäten, die über große Flächen verteilt sind.

Hinsichtlich der Betriebsdaten beider Geräte sei noch folgendes erwähnt.
Das Zählrohr wird im allgemeinen bis auf einen Druck von einigen Zentimetern
Quecksilbersäule ausgepumpt. Am Gehäuse liegt eine negative Spannung von
etwa 1000 V. Beim Spitzenzähler kann eine positive oder negative Spannung
an der Spitze Verwendung finden. Bei dem in diesem Abschnitt beschriebenen
Auslösespitzenzähler ist sie meist negativ. Die Spannungshöhe richtet sich
ganz nach dem im Zähler herrschenden Gasdruck, der Gasart und der Be-
schaffenheit der Spitze. Bei Luftfüllung von Atmosphärendruck sind etwa
1500 V erforderlich, wobei eine Spannungsänderung ohne Änderung der Zähl-
eigenschaften in einem gewissen Bereich erfolgen kann.

11. Proportionalitätszähler. Der Auslösezähler mit seiner hohen Verstärkung um viele Zehnerpotenzen, die durch Gasionisation erzielt wird, läßt
keine Proportionalität der Anzeige erwarten, denn die Größe der Stromstöße
wird nicht der primär gebildeten Ionenzahl proportional sein. Trotzdem ist
eine quantitative Verwendung möglich, wenn man an die Häufigkeit des An-
sprechens denkt. Dabei ist nur vorausgesetzt, daß die Teilchen in genügendem,

zeitlichen Abstand eintreffen und daß sie befähigt sind, die zur Betätigung des Zählers ausreichende primäre Ionenzahl auszulösen. Ein sehr schwacher — aus einzelnen Teilchen bestehender — Strom wird demnach durch die Zählung quantitativ erfaßt.

Spricht man beim Auslösezähler nur von „quantitativer Zählung", so lassen sich doch auch Zähler bauen, bei denen darüber hinaus der jedem Teilchen entsprechende Stromstoß durch seine Größe Aussagen über die Zahl der primär gebildeten Ionen und damit auf die auslösenden Teilchen selbst zuläßt. Man spricht in diesem Falle vom Proportionalitätszähler, den RUTHERFORD und GEIGER [255 a, 591] angegeben haben. Als Proportionalitätszähler kann ein Spitzenzähler oder ein Zählrohr bei relativ geringer Verstärkung dienen, wobei die geringere Verstärkung durch Verkleinerung der Spannung gegenüber der bei Auslösezählern üblichen Spannung erreicht wird. Dabei ist die Spannung am Gehäuse des Proportionalitätszählers stets negativ. Bei kleinen negativen Spannungen am Gehäuse wird nach [254] jedes primär erzeugte Ion durch Stoßionisation um einen bestimmten, von der Spannung abhängigen Faktor vervielfacht. Die Stromstöße sind in diesem Bereich der primär gebildeten Ionenzahl proportional, also bei α-Teilchen ungefähr 500mal größer als bei Elektronen (Proportionalitätsbereich). Der Verstärkungsfaktor kann bis zu 10^4 ansteigen (ist also viel größer als bei der Gasphotozelle). Bei Spannungserhöhung erreicht man einen kritischen Wert, von dem ab durch jeden eintretenden Strahl ein Stromstoß ausgelöst wird, dessen Größe von der Zahl der primär gebildeten Ionen, also von der Teilchenart nicht mehr abhängt (Auslösebereich). Man kann in diesem Bereich bis 10^8-fache Verstärkung erreichen. Bei weiterer Spannungssteigerung kommt man an eine Grenze, wo Entladungen spontan ohne äußere Ursache einsetzen bzw. wo die gezündete Entladung nicht mehr abreißt.

Der Proportionalitätszähler findet in der Atomphysik eine wichtige Anwendung. Da ein den Zähler durchsetzendes α-Teilchen in ihm etwa 500mal mehr Ionen als ein β-Teilchen bei den interessierenden Geschwindigkeiten bildet, ist es leicht, α- und β-Teilchen getrennt zu zählen. Man stellt am einfachsten zwei Zähler auf, von denen der erste nur auf α-Teilchen (Proportionalitätszähler), der zweite auf α- und β-Teilchen anspricht (Auslösezähler). Es lassen sich auf diese Weise α- und β-Teilchen trennen.

12. Photozelle mit Lichtrückwirkung. Zum Schluß dieses Kapitelteils mögen noch einige aus der Patentliteratur bekannten Möglichkeiten zur Verstärkung von Photozellenströmen Erwähnung finden, die in grundsätzlicher Beziehung bemerkenswert sind. Bei ihnen wird die überschüssige Elektronenenergie in Lichtstrahlung umgesetzt, die nun auf der ursprünglichen Kathode neue Elektronen auslöst usw. Man bezeichnet diese Form der Rückwirkung zur Stromverstärkung, die wir bereits in [IV, 15] erwähnten, auch als optische Rückkopplung.

Eine Ausführungsform der Photozelle mit Lichtrückwirkung erhält man z. B. [72] bei der Zentralanodenzelle, wenn man die Anode als einen mit Leuchtsubstanz versehenen Ring ausbildet. Sämtliches von der Anode ausgestrahlte Licht wird auf diese Weise der Kathode zu neuerlicher Elektronenauslösung zugeführt werden.

Eine andere Anordnung mit optischer Rückkopplung ist die Photozelle, neben deren Schicht eine Lampe steht, die durch die Photozelle gesteuert wird und nun von sich aus wieder die Photozelle erregt [3].

d) Intensitätsgeräte mit Steuerung (Elektronenröhre).

Bei den bisher vorwiegend behandelten Geräten waren Intensitätsschwankungen einer Strahlung von Licht oder geladenen Teilchen vorgegeben, die in eine möglichst große, der Intensität proportionale Spannungsdifferenz umgesetzt werden sollten. Die Umsetzung dieser primären Strahlung erfolgte in drei Schritten. Zunächst wurde die Energie der Strahlung zur lichtelektrischen oder Sekundär-Elektronenauslösung benutzt. Die Elektronen wurden dann beschleunigt und gegebenenfalls in ihrer Anzahl durch Sekundäreffekte mit Hilfe der Beschleunigungsspannung vermehrt. Der so erzeugte Strom floß schließlich über einen Widerstand ab, an dem die dem Strom proportionale Spannung abgegriffen wurde.

Es liegt nahe, zu fragen, welche Rolle außer der Photo- und Sekundär-Elektronenauslösung die glühelektrische Elektronenauslösung in diesem Zusammenhang spielt oder spielen könnte. Wäre es nicht auch denkbar, die glühelektrische Elektronenauslösung in entsprechender Weise zu benutzen? Zweifellos würde eine Kathode von geringer Wärmekapazität langsamen Schwankungen einer intensiven Wärmestrahlung oder einem heizenden Strom in gewissem Maße folgen. Aber die wichtige Eigenschaft der behandelten Geräte, die Trägheitsfreiheit, würde verlorengehen.

Die Domäne der glühelektrischen Elektronenauslösung bei den Intensitätsgeräten ist eine andere Aufgabe, nämlich die, kleine Spannungsschwankungen in große umzusetzen. Diese Aufgabe wird so gelöst, daß zuerst ein kräftiger

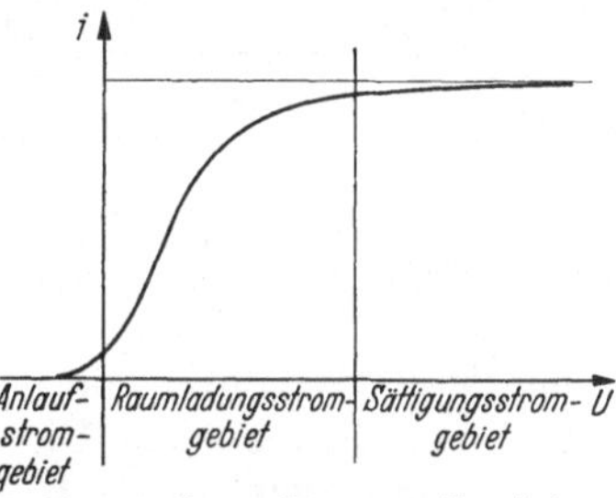

Abb. 201. Strom-Spannungs-Kennlinie der Diode.

konstanter Elektronenstrom hergestellt wird, auf den nun die geringen Spannungsschwankungen durch Steuerorgane [III, 12] zur Wirkung gebracht werden.

Der Unterschied zur Photozelle besteht also darin, daß bei dieser der schwankende Energiestrom selbst den Elektronenstrom erzeugen muß, wodurch dessen Größe bestimmt ist. Bei der üblichen Elektronenröhre ist demgegenüber ein beliebig groß wählbarer Elektronenstrom vorgegeben, der nun fast leistungslos gesteuert wird [III, d]. Natürlich darf nicht vergessen werden, daß man an sich auch einen Photo- oder Sekundär-Elektronenstrom in gleicher Weise steuern kann.

13. Die Diode und ihre Charakteristik. Die einfachste Elektronenröhre ist die Zweipolröhre oder Diode, die nur aus Kathode und Anode besteht. Sie hat zwar keine Einrichtung zur Intensitätssteuerung des Elektronenstromes. Da es jedoch die Voraussetzung für das Verständnis der komplizierteren Elektronenröhren ist, ihre Arbeitsweise zu kennen, sei sie zunächst behandelt.

Der allgemeine Typ der Diodenkennlinien $i = f(U)$ ist in Abb. 201 dargestellt. Man pflegt bei der Diodenkennlinie drei Spannungsgebiete zu unterscheiden, die in ihren Eigenschaften deutlich voneinander abgegrenzt sind: Das Anlaufstromgebiet, das Raumladungsgebiet und das Sättigungsgebiet.

Das *Sättigungsstromgebiet*, das bei hohen Anodenspannungen liegt, ist dadurch gekennzeichnet, daß alle Elektronen, die die Kathode verlassen, zur Anode gesaugt werden. In diesem Gebiet ist der Strom praktisch unabhängig von der Spannung und nur von der Kathodentemperatur abhängig. Für reine Metalle ist er durch das RICHARDSONsche Gesetz gegeben, das in [III, 3] bereits behandelt wurde. In Abb. 202 ist eine Anzahl der Diodenkennlinien für verschiedene Kathodentemperaturen T zusammen gezeichnet, wobei der spezifische Emissionsstrom j aufgetragen ist. Die sich ergebenden Sättigungsströme waren in [III, 3, Abb. 43] in Abhängigkeit von der Kathodentemperatur aufgetragen.

Das *Anlaufstromgebiet*, das wir nun betrachten wollen, liegt bei negativen Anodenspannungen. Der Strom wird hier nur von solchen Elektronen gebildet, deren thermische Eigengeschwindigkeit so groß ist, daß sie gegen das Verzögerungspotential der Anode anlaufen können. Da die Elektronen beim Austritt aus der Kathode eine der Kathodentemperatur entsprechende MAXWELLsche Geschwindigkeitsverteilung haben, ist für eine ebene Anordnung der spezifische Elektronenstrom zur Anode in Abhängigkeit von Temperatur T und Spannung U gegeben durch:

$$j = j_s \cdot e^{\frac{e}{kT} U}. \tag{1}$$

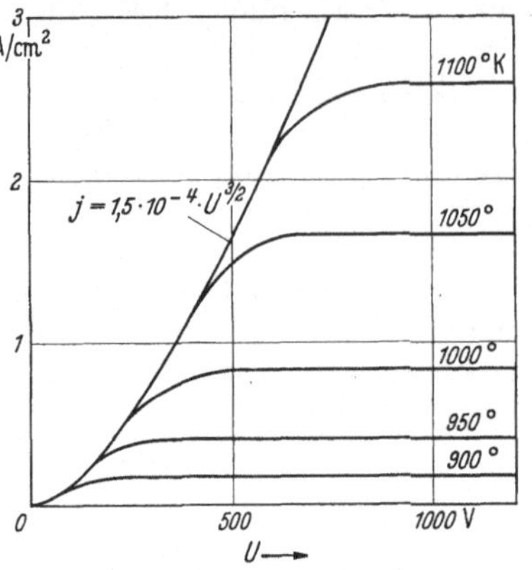

Abb. 202. Diodenkennlinien bei verschiedenen Temperaturen.

Zwischen dem Anlaufstromgebiet und dem Sättigungsgebiet liegt das *Raumladungsgebiet*, in dem der Strom abhängig von der Anodenspannung, aber nicht abhängig von der Kathodentemperatur ist, wie es auch Abb. 202 erkennen läßt, wo die Ströme beim Übergang vom Sättigungsgebiet zu kleineren Anodenspannungen in dieselbe Kurve einmünden. Das Raumladungsgebiet ist das Gebiet, in dem die Verstärkerröhren normalerweise arbeiten. Es sei daher auf die Verhältnisse bei einer ebenen Diode rechnerisch noch etwas genauer eingegangen.

Nehmen wir an, daß zwischen Kathode und Anode nur eine schwache Spannung liegt und daß die Kathode stark geheizt wird, so daß sich ein großer Emissionsstrom ergibt. Dann werden die bereits aus der Kathode ausgetretenen Elektronen die nachfolgenden am Austritt hindern. Daher wird nicht der volle Sättigungsstrom abgesaugt werden, der sich bei sehr hohen Spannungen ergeben würde. Die Raumladung wird so auf das Potential wirken, daß es durchwegs negativer ist, als es dem linearen Verlauf entspricht (Abb. 203). Berücksichtigt man, daß die Elektronen mit endlicher, wenn auch kleiner Anfangsgeschwindigkeit aus der Kathode austreten, so wird bei kleinen Spannungen der Fall eintreten können, daß sich dicht vor der Kathode ein Potentialminimum — im Sinne unserer Veranschaulichung von Potentialfeldern [I, 6] ein Berg — ausbildet. Elektronen mit kleinerer Energie, als sie dem Potentialminimum entspricht, werden reflektiert. Diese Reflexion verursacht die Begrenzung des Stromes. Mit stärker positiv werdender Spannung rückt das Minimum immer dichter an die Kathode und wird in seiner Höhe immer kleiner.

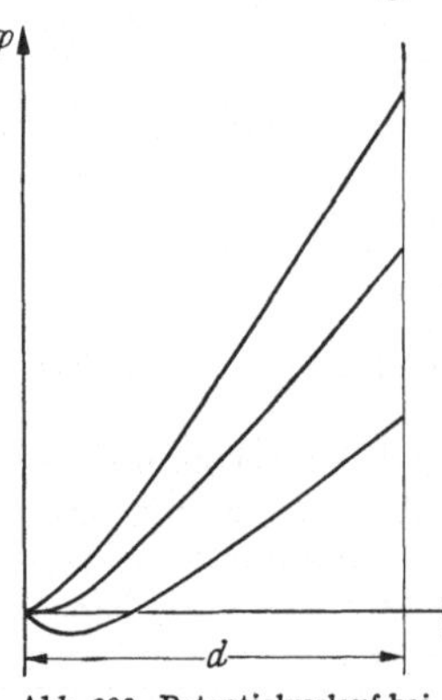

Abb. 203. Potentialverlauf bei Berücksichtigung der Raumladung (schematisch).

Dementsprechend können immer mehr Elektronen über den Potentialberg hinwegkommen. Im Grenzfall rückt das Minimum bis in die Kathode und wird Null. Bei einer Erhöhung der Kathodentemperatur wird zwar der Sättigungsstrom größer, das Potentialminimum wird aber etwas negativer, es wird also ein größerer Teil der Elektronen reflektiert. So kommt praktisch Unabhängigkeit von der Temperatur zustande.

Zur Vereinfachung der Rechnung nimmt man an, daß die Austrittsgeschwindigkeit der Elektronen verschwindend klein ist. Dann kann kein wirkliches Minimum mit negativem Potential eintreten. Es kann nur der Grenzfall eintreten, daß die Feldstärke an der Kathode verschwindet. Dem wirklichen Vorgang, daß mit der Spannungserhöhung das Potentialminimum immer kleiner wird und immer dichter an die Kathode heranrückt, muß man nun den Vorgang zuordnen, daß das Feld an der Kathode dauernd Null bleibt, daß aber das Minimum immer schärfer wird. Aus der POISSON-Gleichung $\frac{d^2\varphi}{dx^2} = -4\pi c^2 \varrho$ folgt mit $\varrho = -j/v$, wobei j wieder den spezifischen Elektronenstrom bedeutet,

$$\frac{d^2\varphi}{dx^2} = 4\pi c^2 \sqrt{\frac{m}{2e}} \frac{j}{\sqrt{\varphi}}.$$

Die Lösung dieser Gleichung lautet in dem Spezialfall des an der Kathode verschwindenden Feldes:

$$\varphi = (9\pi c^2 j)^{2/3} \left(\frac{m}{2e}\right)^{1/3} x^{4/3}. \tag{2}$$

Ist der Plattenabstand d und die Spannung zwischen den Platten U, so ergibt sich

$$j = \frac{1}{9\pi c^2} \sqrt{\frac{2e}{m}} \frac{1}{d^2} U^{3/2}, \tag{3}$$

die LANGMUIR-SCHOTTKYsche Formel für den durch die Raumladung begrenzten Strom.

Die Abhängigkeit von $U^{3/2}$ ist nicht auf ebene Anordnungen beschränkt. So ergibt sich für die zylindrische Anordnung

$$j = \frac{2}{9c^2} \sqrt{\frac{2e}{m}} \cdot \frac{1}{r_A \beta_{KA}^2} U^{3/2}. \tag{4}$$

Dabei ist β_{KA}^2 eine von BLODGETT [69] und LANGMUIR [411] tabellierte Funktion, die vom Verhältnis r_A/r_K abhängt, wobei r_A den Anodenradius, r_K den Kathodenradius bedeutet. Die Größe β_{KA}^2 liegt sehr nahe bei dem Wert 1, wenn der Anodenradius groß gegen den Kathodenradius ist.

Ergänzend sei noch erwähnt, daß nach LANGMUIR [412] die Proportionalität des Stromes mit der 3/2-ten Potenz der Spannung allgemein für beliebige Elektrodenformen gilt.

14. Die Diode als Ventil. Bei der Anwendung der Diode werden die aus der Glühkathode austretenden Elektronen entweder durch ein positives Potential stark zur Anode beschleunigt oder durch ein negatives vollständig zurückgehalten. Im ersten Falle fließt ein Strom, im zweiten Falle sperrt die Röhre. Die Röhre dient also in dieser einfachen Form nicht zur Erzeugung eines Elektronenstromes, der sich mit einer Steuerspannung ändert, sondern z. B. zur Stromsperrung in der einen Halbperiode einer Wechselspannung. Die Röhre ist ein Gleichrichter für die angelegte

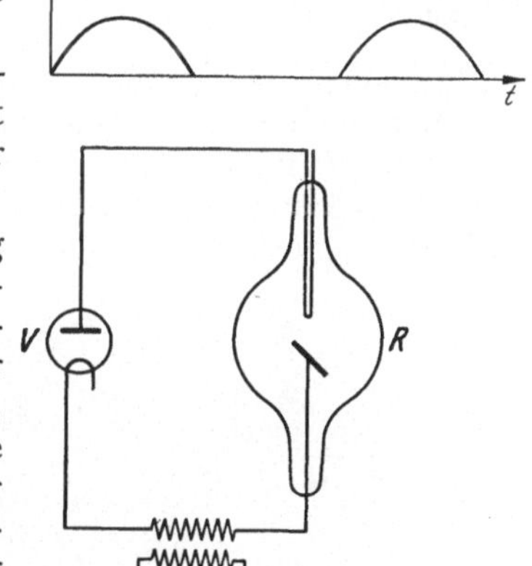

Abb. 204. Prinzipschaltung der Diode als Ventil.

Spannung, ein Ventil, das den Strom nur in einer Richtung durchläßt. Die Röhre ist vergleichbar einem Schalter, der periodisch den Strom ein- und ausschaltet. Abb. 204 zeigt die Schaltung der Diode V als Ventil zur Erzeugung von gleichgerichtetem Strom für eine Röntgenröhre R.

Zum Absaugen der Elektronen, d. h. zur Überwindung der Raumladungen vor der Kathode, ist eine Saugspannung zwischen Kathode und Anode erforderlich. Sie geht der am äußeren Widerstand liegenden Spannung verloren und äußert sich schließlich als Wärme im Gleichrichtergefäß (Anodenerhitzung).

Soll beispielsweise der Gleichrichter Gleichstrom für eine Röntgenröhre erzeugen, so hat der Betrag des zu liefernden Stromes einen festen Wert, den Sättigungsstrom der Kathode der Röntgenröhre. Zur Erzielung dieses Stromes braucht man eine Spannung am Gleichrichter, die sich aus der Kennlinie Abb. 201 ergibt. Diese Verlustspannung wächst mit dem gleichzurichtenden Strom, und zwar infolge der Gestalt der Kennlinie um so stärker, je mehr man sich dem Sättigungsstrom nähert. Es ist also unzweckmäßig, den Gleichrichter bis zu seiner Stromgrenze ausnutzen zu wollen. Bei einem beliebigen dem Gleichrichter zu entnehmenden Strom ist die Verlustspannung allein von der Form der Kennlinie abhängig, von der gleichzurichtenden Spannung aber unabhängig. Die Verlustspannung wird demnach um so weniger bemerkbar sein, je höher die gleichzurichtende Spannung ist. Man wird daher, wenn es sich um die Gleichrichtung stärkerer Ströme handelt, Hochvakuumröhren nur bei Spannungen über etwa 10 kV benutzen. Für manche Zwecke, so z. B. in der Radiotechnik, wo die Verluste im

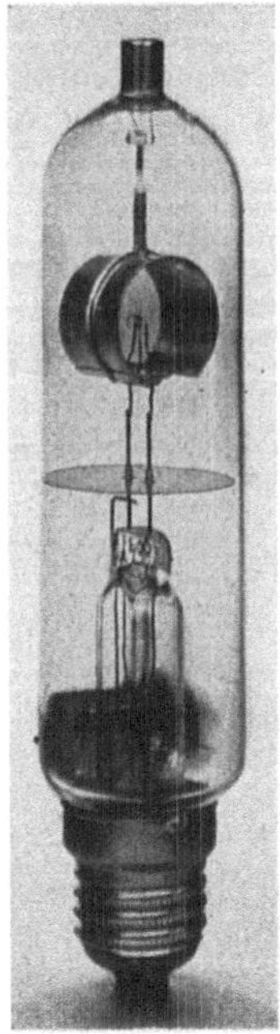

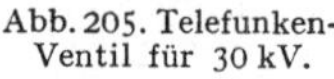

Abb. 205. Telefunken-Ventil für 30 kV.

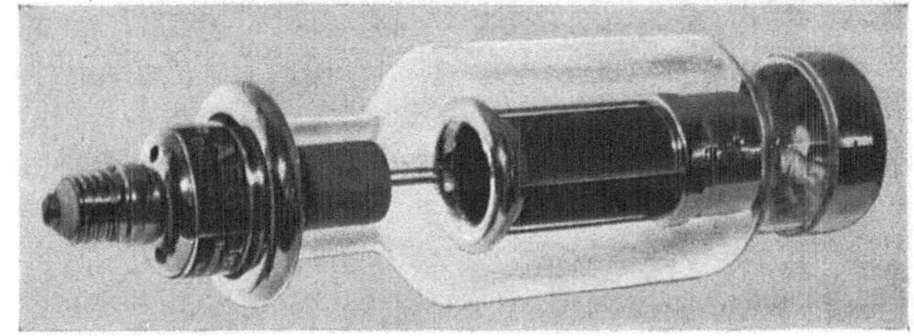

Abb. 206. AEG-Ventil für 150 kV in Öl.

allgemeinen keine große Rolle spielen, benutzt man den Hochvakuumgleichrichter auch für geringere Spannungen.

Der Aufbau eines Rohres für nicht zu große Spannungen ist eine der einfachsten röhrentechnischen Aufgaben; es genügt, einen Wolframglühdraht in dem Anodenzylinder axial auszuspannen. So zeigt Abb. 205 eine

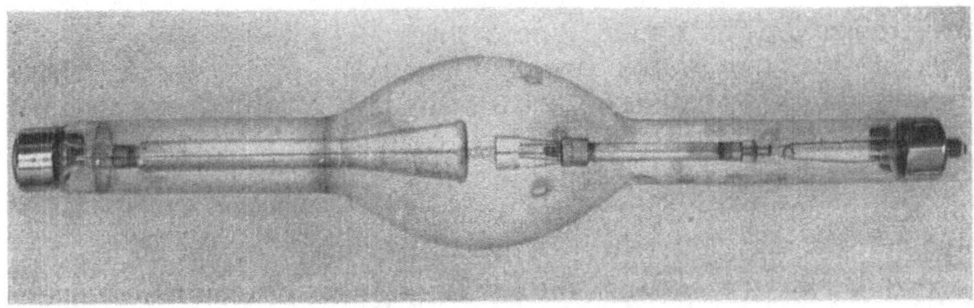

Abb. 207. Siemens-Ventil für 400 kV.

Telefunken-Gleichrichterröhre für 30 kV Spannung, wie sie im Fernsehgerät benutzt wird. Abb. 206 zeigt ein AEG-Ventil zur Gleichrichtung für Röntgenröhren für 150 kV, 500 mA Emission. Dieses „Topf-Ventil" arbeitet in Öl.

Für sehr hohe Spannungen ist die Konstruktion der Ventilröhren schwieriger. Hier besteht zunächst die Gefahr des äußeren Überschlags, weswegen die Röhren große Länge haben müssen. So ist z. B. das Glühventil der Siemens-Reiniger-Werke (Abb. 207), das für 400 kV gebaut ist, $1^1/_4$ m lang. Ferner werden bei den hohen Spannungen die elektrischen Zugkräfte auf die empfindlichen glühenden Wolframfäden so groß, daß es zur Zerstörung der Fäden kommen kann. Um diese hohe Beanspruchung zu beseitigen oder doch weitgehend unschädlich zu machen, werden die Glühdrähte entweder in ein Schutzkästchen eingebaut, das die Feldstärke am Draht wesentlich herabsetzt, oder die Anordnung wird so getroffen, daß die Kräfte nach allen Seiten gleich stark angreifen, oder die Glühdrähte werden von vornherein möglichst so gebogen, wie sie sich im Feld durchhängen würden (Abb. 208). Die beiden zuletzt genannten Anordnungen haben gegenüber der Verwendung eines Schutzkästchens den großen Vorteil, daß die Saugwirkung des Feldes groß bleibt und der Spannungsabfall daher nicht unnötig heraufgesetzt wird. Moderne Röhren, bei denen die erwähnten Vorsichtsmaßregeln angewandt sind, haben Lebensdauern von mehreren tausend Stunden.

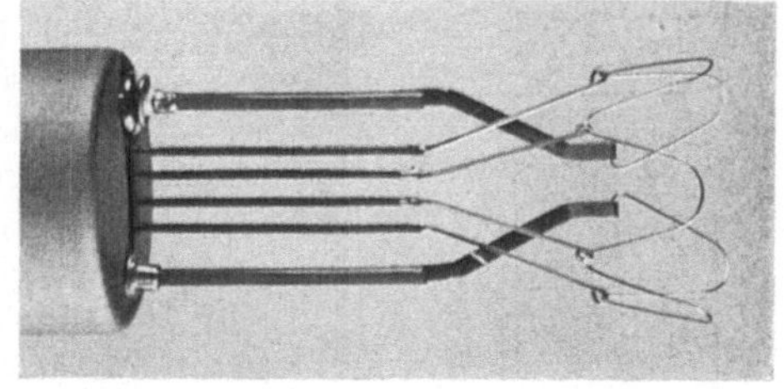

Abb. 208. Kathode für sehr hohe Spannungen.

Es sei noch erwähnt, daß man bei Spannungen in der Größenordnung von 1 Million Volt Spannungsunterteilung anwenden wird, d. h. denselben Kunstgriff, von dem wir in [VII, 4] noch besonders sprechen werden [182a].

Von der einfachsten Schaltung zur Gleichrichtung einer Wechselspannung ausgehend, bei der das Ventil mit dem Verbraucher, z. B. einer Röntgenröhre, einfach in den Sekundärkreis eines Transformators eingeschaltet ist, hat sich eine Schalttechnik entwickelt, die mit diesen Geräten bzw. den mit ihnen verwandten, mit Gasentladung arbeitenden Stromrichtgefäßen heute komplizierte Umformungen von Wechselströmen vorzunehmen vermag. Bei den Hochvakuumglühventilen

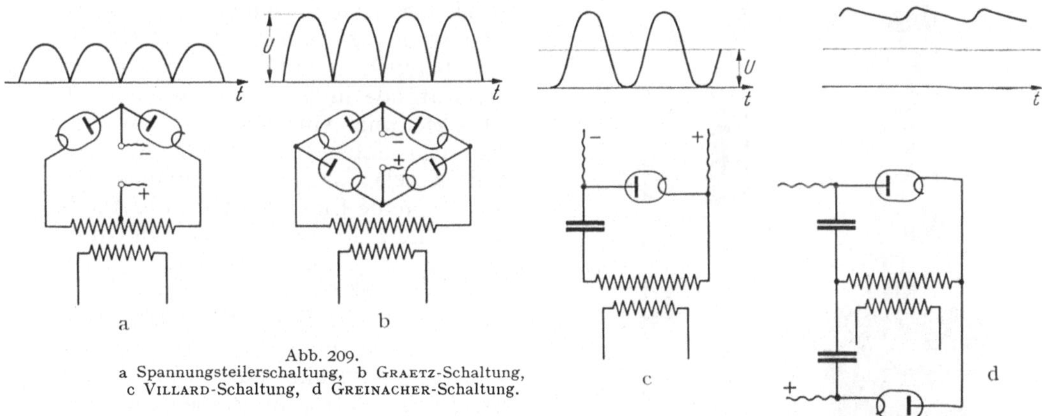

Abb. 209.
a Spannungsteilerschaltung, b GRAETZ-Schaltung,
c VILLARD-Schaltung, d GREINACHER-Schaltung.

sind es zwei Aufgaben, die der Schalttechnik gestellt sind: Erstens Glättung der Spannung, zweitens Erzielung möglichst großer Spannungsamplituden.

Der Glättung der Spannung, die bei der einfachsten Gleichrichterschaltung Abb. 204 aus Halbwellen mit Lücken dazwischen besteht, dienen zwei Gruppen von Schaltungen. Am einfachsten ist es, für jede Phase einen besonderen Weg zu schaffen (Zweiweg-Gleichrichter). Dafür zeigt Abb. 209a den einfachsten Fall einer Schaltung, die ohne Last halbe Amplitude der Transformatorspannung gibt, während Abb. 209b die GRAETZ-Schaltung für volle Amplitude darstellt. Der Spannungsglättung und Spannungserhöhung dient die Hinzunahme von Kondensatoren, die durch den Gleichrichterstrom aufgeladen werden und nun in den stromlosen Phasen durch Abgabe eines Teiles der Ladung als Gleichstromquelle wirken. Das Grundelement einer Schaltung mit Kondensatoren nach VILLARD stellt Abb. 209c dar. Abb. 209d gibt die GREINACHER-Schaltung mit zwei Ventilen und zwei Kondensatoren. Beide Schaltungen geben die doppelte Amplitude der Transformatorspannung, wobei bei letzterer auch eine weitgehende Glättung erfolgt. Die VILLARD-Schaltung gibt keine Spannungsglättung. Sie dient vielmehr allein der zweiten erwähnten Aufgabe, nämlich der Spannungserhöhung. Die erhöhte Spannung ist wiederum eine Sinusspannung.

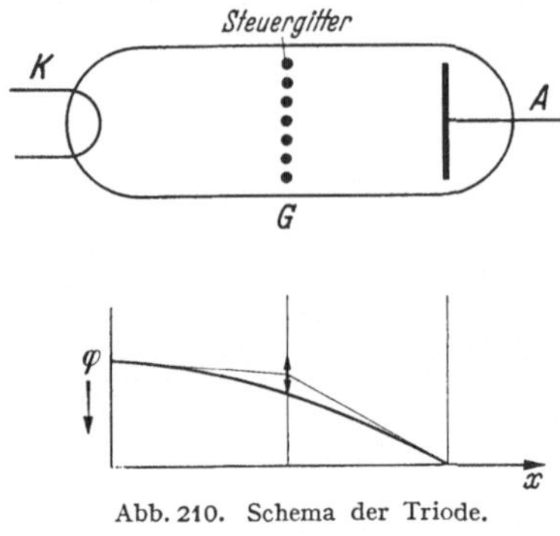

Abb. 210. Schema der Triode.

Durch mehrfache Anwendung dieser Schaltung kann die Spannung kaskadenartig erhöht werden, worauf wir in [VII, 5] eingehen werden.

15. Die Triode und ihre Anwendung. Führen wir in unsere Diode noch eine dritte Elektrode, z. B. ein Gitter, ein, so können wir nun durch Spannungsänderungen an diesem Gitter auf den Fluß der Elektronen zwischen Kathode und Anode Einfluß gewinnen. Diese Röhre, die Dreipolröhre oder Triode, die 1910 von LIEBEN [432, 433] erfunden wurde, ist das wichtigste Elektronengerät geworden. Ihre Entwicklung war die Voraussetzung für den heutigen Rundfunk.

Die Funktion der Triode besteht in der Anwendung des Intensitätssteuerprinzips [III, 12] auf die Elektronenstrahlung einer Glühkathode. Zu diesem Zweck ist als dritte Elektrode ein Netz G (Gitter) zwischen Kathode K und Anode A senkrecht in den Strahlengang gestellt (Abb. 210). Im Gegensatz zu der hier und in den folgenden Abschnitten in den schematischen Bildern gezeichneten Anordnungen mit parallelen ebenen Netzen sind die Röhren in Wirklichkeit zylindersymmetrisch mit der Kathode in der Achse ausgebildet. Abb. 211 zeigt eine solche Triode ohne den Glaskolben. Zwischen Kathode und Anode ist durch Aufladen der Anode ein die Elektronen auf die Anode saugendes Feld erzeugt, das vom Gitter je nach der Maschenweite (Durchgriff [III, 13]) und der Gitterspannung mehr oder minder abgeschirmt wird. Vor der Kathode bildet sich wieder eine Raumladungswolke aus. Je stärker negativ das Gitter aufgeladen wird, um so geringer wird das absaugende Feld, um so größer wird die Raumladung und um so weniger Elektronen können durch die Raumladung hindurchdringen und zur Anode gelangen. Erst bei

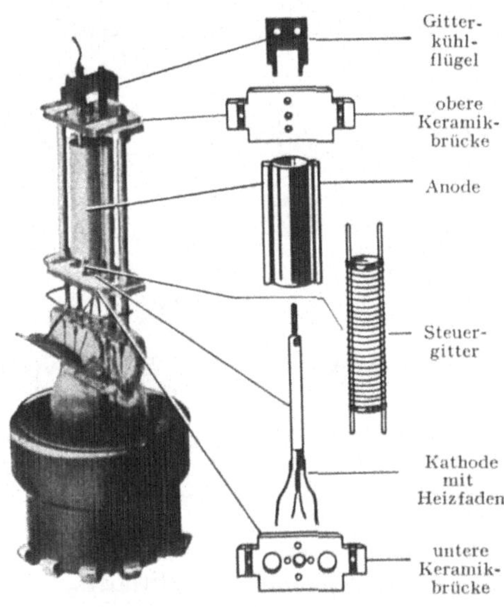

Abb. 211. Systemaufbau der Triode [39].

hohen positiven Gitter- oder Anodenspannungen wird der Sättigungsstrom der Kathode erreicht. Wir erhalten als Kennlinien entsprechende Kurven wie bei der Diode. Abb. 212 zeigt den Strom bei verschiedenen festen Anodenspannungen U_A in Abhängigkeit von der Gitterspannung U_G.

Legen wir die Vorspannung U_G an das Gitter unserer Röhre und lassen wir außerdem eine Wechselspannung $d U_G$ auf das Gitter wirken, so wird der Elektronenstrom i, der von der Anode über einen Widerstand zur Kathode zurückgeführt wird, in entsprechender Weise schwanken. Wenn wir uns auf einem linearen Teil der Kennlinie bewegen, werden die Amplituden der steuernden Gitterspannung, des Elektronenstroms und damit der Spannung $d\,U_A$ an dem Ableitungswiderstand stets zueinander proportional sein. Werden die Amplituden von $d\,U_G$ immer größer, so werden wir den ausgenutzten Bereich der Kennlinie nicht mehr als linear betrachten können. Jetzt besteht keine Proportionalität mehr zwischen Wechselspannung und Anodenwechselstrom, insbesondere wird die Amplitude des Wechselstroms für entgegengesetzte Phasen verschiedene Werte haben.

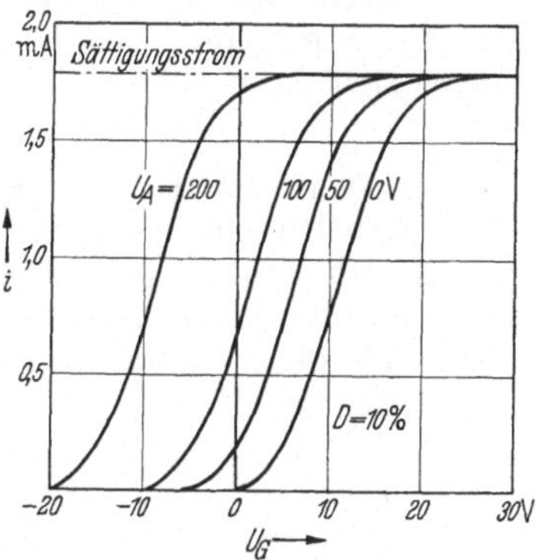

Abb. 212. Anodenstrom-Gitterspannungs-Kennlinie einer Triode [21].

Die Triode und ihre Abkömmlinge mit mehreren Gittern, die wir im folgenden kennenlernen werden, erlauben eine zweifache Anwendung. Sie dienen erstens als Gleichrichter, zweitens als Verstärker- und Senderöhren. Diese beiden Anwendungsgebiete verfolgen entgegengesetzte Ziele. Die Gleichrichterröhre soll, wie wir schon in [VI, 14] gesehen haben, einen Wechselstrom in einen Gleichstrom überführen. Diese Aufgabe wird durch die Wahl des Arbeitspunktes in einem Gebiet starker Krümmung (insbesondere bei den negativen Spannungen, bei denen ein Strom zuerst einsetzt) und die so hervorgerufene Unsymmetrie des resultierenden Anodenstromes bei entgegengesetzten Phasen der gleichzurichtenden Wechselspannung gelöst. Die Verstärker- und Senderöhre dagegen soll eine Gleichstromleistung in eine Wechselstromleistung überführen, entweder um eine ursprünglich vorhandene kleine Wechselstromleistung proportional zu verstärken oder um eine starke Wechselstromleistung überhaupt erst zu erzeugen. Insofern sind also Verstärker- und Senderöhre grundsätzlich gleichartig. Ihre Unterschiede liegen darin, daß bei der Verstärkerröhre auf möglichst hohen Verstärkungsgrad bzw. möglichst hohe *verzerrungsfrei* abgegebene Leistung zu achten ist, während es bei der Senderöhre auf möglichst hohe abgegebene Leistung ankommt, die Verzerrungsfreiheit aber weniger wichtig ist [659].

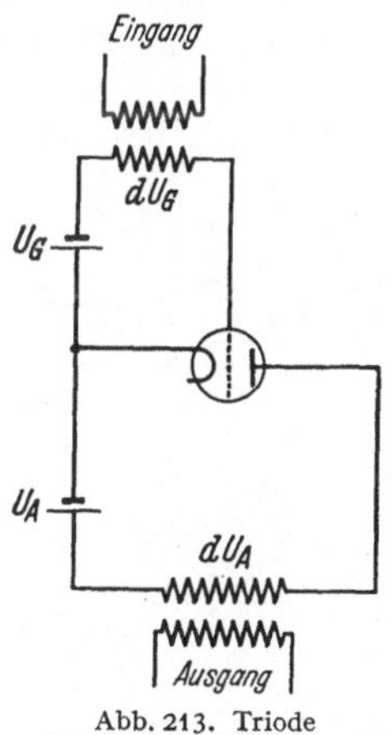

Abb. 213. Triode in Verstärkerschaltung.

16. Das Gitter als Steuerfläche. Wir hatten die Strom-Spannungs-Kennlinie und ihre Anwendung zur Darstellung der Intensitätssteuerung in [III, 13] kennengelernt und dabei die durch Differentiation gebildeten Größen, den Durchgriff D, die Steilheit S und den inneren Widerstand R_i, abgeleitet, die allgemein zur Beschreibung der Röhreneigenschaften benutzt werden. Speziell für die Triode wollen wir nun eine etwas eingehendere Betrachtung der Kennlinie durchführen, wobei wir noch eine zweite Definition des Durchgriffs kennenlernen werden.

Die bei einer kleinen Änderung der Gitterspannung U_G und der Anodenspannung U_A auftretende Änderung des Anodenstroms lautet nach [III, 13]

$$di = S\,(d\,U_G + D \cdot d\,U_A)\,.$$

Diese Beziehung läßt sich in der Form

$$di = S \cdot d\,U_{St}$$

schreiben, wobei also

$$d\,U_{St} = d\,U_G + D \cdot d\,U_A$$

gesetzt ist. Statt dieser Formel findet man oft die Beziehung

$$U_{St} = U_G + D\,U_A \quad \text{oder} \quad d\,U_{St} = d\,(U_G + D\,U_A)$$

angegeben, die mit der ersten natürlich nur dann identisch sein kann, wenn D unabhängig von den Spannungen ist. U_{St} heißt Steuerspannung.

Ist diese Bedingung erfüllt, dann folgt aus den angegebenen Beziehungen, daß der Strom nur von der Kombination $U_G + D\,U_A$ abhängt. Nach [VI, 13] ergibt sich dann sofort

$$i = a\,(U_G + D\,U_A)^{3/2}. \tag{1}$$

Der Wert der Konstanten a läßt sich nach Fremlin [240] für spezielle Feldtypen berechnen. Hierzu gehört die Triode mit ebenen Elektroden. Man denke sich das Gitter so aufgeladen, daß es den Potentialverlauf der aus Kathode und Anode gebildeten Diode nicht stört. Dann müssen die Potentiale nach [VI, 13] folgende Werte haben:

$$U_A = \left(9\,\pi\,i\,c^2\,\sqrt{\frac{m}{2e}}\right)^{2/3} d_A^{4/3}$$

$$U_G = \left(9\,\pi\,i\,c^2\,\sqrt{\frac{m}{2e}}\right)^{2/3} d_G^{4/3}.$$

Dabei ist d_A bzw. d_G die Entfernung der Anode bzw. des Gitters von der Kathode. Setzt man diese speziellen Potentiale in (1) ein, so erhält man eine Bestimmungsgleichung für a:

$$a = \frac{1}{9\,\pi\,c^2}\,\sqrt{\frac{2e}{m}}\,\frac{1}{(d_G^{4/3} + D\,d_A^{4/3})^{3/2}}. \tag{2}$$

Die Voraussetzung spannungsunabhängigen Durchgriffs und damit die Gültigkeit des Zusammenhangs (1) zwischen Strom und Spannung kann experimentell nachgeprüft werden, indem die Gitterspannung als Funktion der Anodenspannung für verschiedene Stromstärken aufgetragen wird. Es müssen sich gerade Linien ergeben, die einander parallel laufen. Abb. 214, die einer Arbeit von van der Pol [531] entnommen ist, zeigt diesen Charakter in der Tat[1]. Um auch den Fall positiver Gitterspannung einzuschließen, wurde in Abb. 214 die Summe aus Gitter- und Anodenstrom als Parameter gewählt. Die Formel (1) gilt also bei negativer Gitterspannung für den Anodenstrom, bei positiver, wo ein Gitterstrom fließt, immer noch für den gesamten, von der Kathode emittierten Strom.

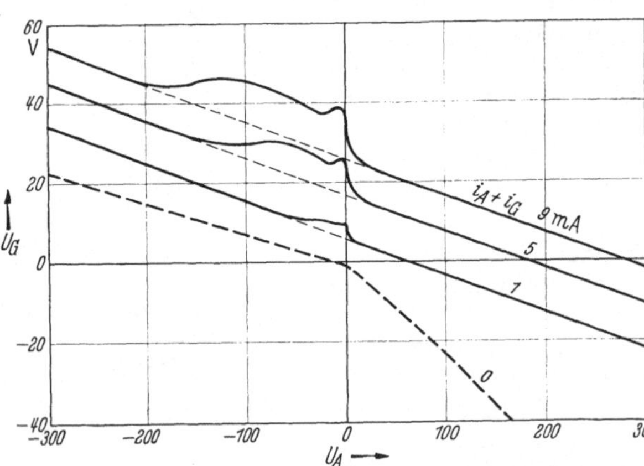

Abb. 214. Zur Prüfung der Durchgriffskonstanz [531].

Durch Gl. (1) wird folgende Interpretation nahegelegt: Die Triode liefert denselben Emissionsstrom wie eine Diode, deren Spannung dem Wert $U_{St} = U_G + D\,U_A$ proportional ist. Wir werden sehen, daß bei kleinem Durchgriff

---

[1] Auszunehmen sind dabei die Fälle schwachen Stromes, wo das $U^{3/2}$-Gesetz ungültig wird, und schwach negativer Anode, wo durch rückkehrende Elektronen eine Störung verursacht wird.

die Anode dieser Ersatzdiode näherungsweise an der Stelle des Gitters sitzt und daß ihre Spannung den Wert U_{St} hat.

Man könnte von vornherein die Anode der Ersatzdiode willkürlich anordnen und hätte dann die Möglichkeit, durch Wahl der Spannung den gleichen Emissionsstrom wie bei der Triode zu erhalten. Um zu einer eindeutigen Festlegung der Ersatzdiode zu kommen, müssen daher noch weitere Eigenschaften der Kennlinie herangezogen werden, wie es nun beschrieben werde.

Im raumladungsfreien Fall wird durch das Potential von Gitter und Anode eine Ladung Q_K auf der Kathode influenziert, die linear von den Potentialen abhängt. Es gilt

$$Q_K = C_{GK}\, U_G + C_{AK}\, U_A = C_{GK}\left(U_G + \frac{C_{AK}}{C_{GK}}\, U_A\right).$$

Dabei bezeichnet man die nur von der geometrischen Konfiguration der Röhre abhängigen Größen C_{GK} und C_{AK} als Teilkapazitäten. An sich sind die Teilkapazitäten noch davon abhängig, an welchem Punkt der Kathode die Ladung bestimmt werden soll. Wenn aber der Abstand zwischen Gitter und Kathode groß ist gegen die Maschenweite des Gitters, dann haben sich die am Gitter vorhandenen Feldinhomogenitäten an der Kathode bereits weitgehend ausgeglichen. Die Ladungsdichte auf der Kathode, d. h. die Teilkapazitäten sind ortsunabhängig. Da das Feld an der Kathode der Kathodenladung proportional ist, ist auch das Feld ortsunabhängig. Speziell für eine ebene Triode ergibt sich

$$E_K = \frac{U_G + \dfrac{C_{AK}}{C_{GK}}\, U_A}{d_G + \dfrac{C_{AK}}{C_{GK}}\, d_A},$$

wie man durch Einsetzen des speziellen Gitterpotentials $U_G = \dfrac{d_G}{d_A}\, U_A$ bestätigt, bei dem das Feld überall in der Röhre konstant ist.

Bei raumladungsbegrenztem Stromübergang verschwindet das Feld an der Kathode (bei Vernachlässigung der Elektronenaustrittsgeschwindigkeit), alle im raumladungsfreien Fall auf der Kathode mündenden Kraftlinien werden nun durch die freien Elektronen im Entladungsraum abgefangen. Die Raumladung wird also der im raumladungsfreien Fall influenzierten Ladung proportional sein. Um diese Raumladung aufrechtzuerhalten, muß der Emissionsstrom der 3/2-ten Potenz der Kathodenladung proportional sein. Setzen wir Gleichmäßigkeit des Feldes an der Kathode, also auch gleichmäßige Emission voraus, so ergibt sich demnach für den Emissionsstrom

$$i = \bar{a}\left(U_G + \frac{C_{AK}}{C_{GK}}\, U_A\right)^{3/2}.$$

Wir haben im Vorhergehenden zwar nicht streng begründet[1], daß der Proportionalitätsfaktor $\bar{a}$ dieser Gleichung wirklich unabhängig von den Spannungen ist. Nehmen wir das aber zunächst einmal an, dann ergibt der Vergleich mit (1) eine neue Definition des Durchgriffs. Es gilt

$$D = \frac{C_{AK}}{C_{GK}}. \tag{3}$$

Der Durchgriff ist gleich der Teilkapazität von Anode und Kathode, dividiert durch die Teilkapazität von Gitter und Kathode. Er kann also aus der elektrostatischen Potentialverteilung ohne Berücksichtigung der Raumladung bestimmt werden. Diese Beziehung gilt in der Tat in guter Genauigkeit, wie es

---

[1] Eingehendere Überlegungen findet man bei BARKHAUSEN [34], RUKOP [583] oder SCHOTTKY [627].

die Tabelle 6 zeigt, in der nach [III, 13] gemessener und nach (3) berechneter Durchgriff für mehrere Röhrentypen miteinander verglichen sind. Damit ist auch nachträglich die Richtigkeit von (3) bestätigt.

Tabelle 6. Vergleich von berechnetem und gemessenem Durchgriff [21].

Röhrentype	$D_{berechnet}$	$D_{gemessen}$
RE 064	0,105	0,10
RE 144	0,09	0,10
RE 034	0,034	0,038
RE 604	0,325	0,27

Mit Hilfe dieser Überlegungen können wir nun die Ersatzdiode festlegen. Dazu stellen wir folgende Forderungen: Berechnet man den Strom der Ersatzdiode [VI, 13, Gl. (3)], so soll sich derselbe Wert ergeben wie in Gl. (1). Bei Vernachlässigung der Raumladung soll die Ersatzdiode dasselbe Feld an der Kathode ergeben wie die Triode, da ja nach den obigen Überlegungen das Feld bzw. die Kathodenladung des raumladungsfreien Falles bestimmend für die Emission ist. Für das Beispiel der ebenen Triode findet man nach [240] als Anodenabstand d_D und Anodenspannung U_D der Ersatzdiode

$$d_D = \frac{[d_G^{4/3} + D\,d_A^{4/3}]^3}{[d_G + D\,d_A]^3}$$

$$U_D = \frac{[d_G^{4/3} + D\,d_A^{4/3}]^3}{[d_G + D\,d_A]^4}\,(U_G + D\,U_A)\,,$$

wie man am einfachsten durch nachträgliches Einsetzen findet. Bei kleinem Durchgriff liegt die Ersatzanode tatsächlich am Ort des Gitters.

Der Hauptwert der Betrachtungen liegt in dem Nachweis, daß zur Beschreibung des Steuervorganges oft komplizierte Anordnungen auf einfachere zurückgeführt werden können, insbesondere daß man die Röhre mit Gitter wie eine Röhre ohne Gitter behandeln kann. Man hat sich nur das Gitter mit seiner Maschenstruktur durch eine massive Hilfsanode ersetzt zu denken, die auf die Spannung U_D aufzuladen ist.

17. Einführung weiterer Gitter. Der Gedanke, weitere Gitter zur Verbesserung der Röhreneigenschaften zu verwenden, führt zunächst zu der Einführung eines Gitters vor der Anode, das die Spannungsschwankungen der Anode gegen das Steuergitter abschirmt [625]. Dieses Gitter, das *Schirmgitter*, vereinfacht die Funktion der Röhre, die nun als Tetrode oder Vierpolröhre bezeichnet wird, in elektrotechnischer Beziehung. Nun bewegen wir uns beim Betrieb nicht mehr längs einer komplizierten Kurve auf der Kennlinienfläche. Die Arbeitskurve ist vielmehr identisch mit der Kurve $i = f(U_G)$ für $U_A = $ konst. (Abb. 212). Die besonderen Vorzüge des Schirmgitters erkennt man aus einer Verstärkerschaltung der üblichen Art [VI, 15, Abb. 213]. Die von dem Eingangskreis gelieferte Spannung liegt am Steuergitter, die verstärkte Anodenspannung dient zum Anstoßen des Ausgangskreises. Nun besitzt das System Anode—Steuergitter eine bestimmte Kapazität C_{AG}, durch die der Eingangskreis kapazitiv an den Ausgangskreis gekoppelt ist. Die Ausgangswechselspannung erzeugt über diese Kopplung im Eingangskreis eine Wechselspannung, die verstärkt auf den Ausgangskreis zurückkommt, so daß die Röhre unter Umständen zum Selbstschwingen kommt und zur Verstärkung untauglich wird. Durch das an konstante Spannung gelegte Schirmgitter wird das Steuergitter wie von einem FARADAY-Käfig abgeschirmt, die schädliche Kapazität Anode—Steuergitter kann auf $1^0/_{00}$ des vorherigen Wertes herabgesetzt werden. Die Abschirmung der beiden Elektroden ist auch außerhalb der Röhre sorgfältig durchzuführen; man führte daher eine der beiden Elektroden am Kopf der Röhre heraus, die andere am Sockel und metallisiert den Glaskolben.

Die Einführung des positiv geladenen Schirmgitters hat jedoch auch Nachteile, die besonders in der Emission von Sekundärelektronen zu sehen sind. In Abb. 215 ist der Anodenstrom i_A und der Schirmgitterstrom i_S einer Schirmgitterröhre bei fester Schirmgitterspannung als Funktion der Anodenspannung U_A bei einer Röhre mit axialer Kathode und zylindersymmetrischer Anordnung der Gitter um die Kathode dargestellt. Gestrichelt ist der Kurvenverlauf eingetragen, der ohne Sekundäremission zu erwarten wäre. Bei kleinen Anodenspannungen fallen die gemessene und die gestrichelte Kurve zusammen. Von einer bestimmten Anodenspannung ab beginnt die Emission von Sekundärelektronen aus der Anode, die alle auf dem Schirmgitter gesammelt werden: der Anodenstrom sinkt, der Schirmgitterstrom steigt. Wenn die Anodenspannung die Schirmgitter-

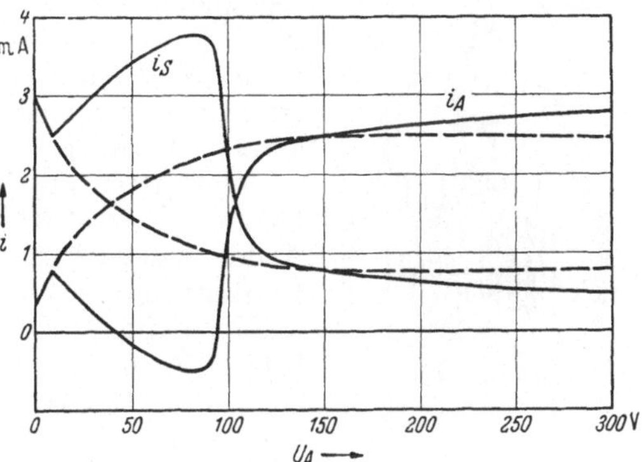

Abb. 215. Anodenstrom und Schirmgitterstrom einer Schirmgitterröhre [44]. (Schirmgitterspannung 100 V.)

spannung übersteigt, fließen die Sekundärelektronen umgekehrt vom Schirmgitter zur Anode; der Anodenstrom steigt erst schnell, dann langsam an, während der Gitterstrom entsprechend absinkt. Der Einfluß der Sekundärelektronen und damit alle diese Unregelmäßigkeiten lassen sich durch Einschaltung einer bremsenden Potentialschwelle [IV, 10] zwischen Schirmgitter

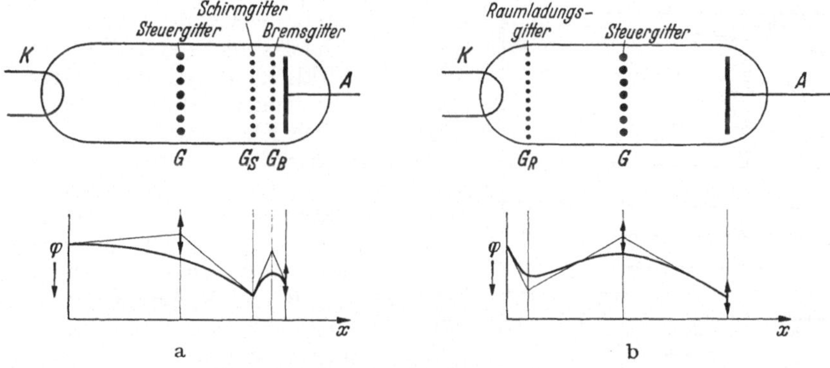

Abb. 216. Stellung der Hilfsgitter zum Steuergitter.
a Röhre mit Schirm- und Bremsgitter, b Röhre mit Raumladungsgitter.

und Anode beseitigen. Man führt zu diesem Zweck ein weiteres Gitter, das *Bremsgitter* G_B [335[1], 675] ein, das einen genügend hohen negativen Potentialwall zwischen Schirmgitter und Anode aufbaut (Abb. 216a und 217). Verbindet man z. B. das Bremsgitter mit der Kathode, so wird der Austausch der Sekundärelektronen vollkommen unterbunden, während die Primärelektronen ungehindert die Anode erreichen. Abb. 218 zeigt die Kennlinien einer solchen Penthode. Die Unregelmäßigkeiten, wie sie in Abb. 215 auftraten, sind hier verschwunden.

Charakteristisch ist der Unterschied zwischen dem Kennlinienfeld einer Penthode und einer Triode. Bei der Triode steigt der Strom — abgesehen von

---

[1] In der Darstellung von JOBST [335] ist das Bremsgitter ganz allgemein, also ohne spezielle Bezugnahme auf die Penthode eingeführt.

dem unbrauchbaren Sättigungsgebiet — dauernd an. Bei der Pentode steigt der Strom nur bei kleinen Spannungen schnell an, weil die Elektronen bei kleineren Spannungen sämtlich vom Schirmgitter abgefangen werden. Bei größeren Anodenspannungen wird nur der direkt auftreffende, fast spannungsunabhängige Bruchteil des Stromes vom Schirmgitter abgeführt, der Anodenstrom bleibt daher bald fast konstant. Daher ist der innere Widerstand sehr groß; die Penthode ermöglicht also nach den in [III, 13 bzw. III, 18] abgeleiteten Formeln eine sehr hohe Verstärkung.

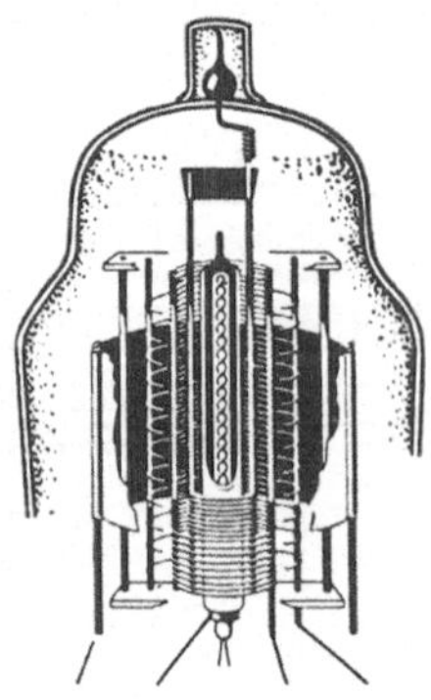

Wir hatten uns bisher nur mit der Einschiebung eines Gitters (bzw. Gitterpaares) zwischen Steuergitter und Anode beschäftigt. Auch auf der Kathodenseite ist die Einführung eines neuen Gitters unter Umständen zweckmäßig (Abb. 216b). Dieses Gitter, das *Raumladegitter* [413, 626, 628], macht die Emission der Kathode von den Spannungsschwankungen des Steuergitters unabhängig. Es saugt zunächst die Elektronen von der Kathode fort und bildet aus ihnen einen konstanten Strom. Das in diesen Strom gestellte Steuergitter hat nun eine neue Funktion bekommen, indem es nicht mehr in Zusammenwirkung mit der Anode die Elektronen entsprechend der schwankenden Steuerspannung ansaugt, sondern einen von der Steuerspannung abhängigen Teil reflektiert. Man erreicht durch diese Umstellung von der Raumladungssteuerung zur Spiegelung am Netz, daß die Kennlinie steiler wird. Wären nämlich die Gitter Potentialflächen, durch die sich die Elektronen senkrecht hindurchbewegen, so wäre die Kennlinie unendlich steil, weil alle Elektronen entweder durchgelassen oder reflektiert werden. In Wirklichkeit hat das Gitter aber eine Maschenstruktur, durch die sich entsprechend viele Elementarlinsen ausbilden. Diese Elementarlinsen gehen nun, wie es in [V, 15] erläutert wurde, beim Steuervorgang allmählich in Elektronenspiegel über. Man kann diesen Übergang rechnerisch erfassen und erhält unter Berücksichtigung, daß das Raumladegitter ebenfalls aus kleinen Elektronenlinsen besteht und so Vorablenkungen der Elektronen bedingt, die in Abb. 154 [V, 15] dargestellte Kennlinie.

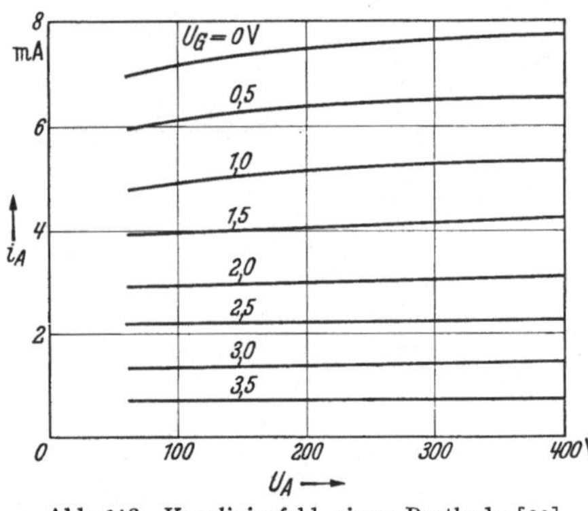

Abb. 217.
Aufbau der Penthode [39].

Abb. 218. Kennlinienfeld einer Penthode [39].

Die durch Gitter erreichten Vorteile lassen sich in einzelnen Fällen auch durch andere Maßnahmen erzielen. So kann man das Bremsgitter durch die Wirkung der Elektronenraumladung überflüssig machen. Das Potential zwischen Schirmgitter und Anode steigt nicht linear, selbst bei Voraussetzung ebener Elektroden. Wegen der Elektronenraumladung ist es vielmehr negativer als dem linearen Verlauf entspricht. Wird bei vorgegebenem Elektronenstrom und festen Elektrodenpotentialen der Abstand zwischen Schirmgitter und Anode immer weiter vergrößert, so wird der Unterschied gegen das lineare Potential immer stärker, so daß schließlich ein Potentialminimum entstehen kann. Dieses Minimum kann so stark negativ werden, daß es den Austausch von Sekundärelektronen zwischen Schirmgitter und Anode unterbindet. Es entsteht also eine Kennlinie wie bei einer Penthode, obwohl nur zwei Gitter vorhanden sind.

Der Abstand Schirmgitter—Anode soll möglichst auf einen kritischen Wert eingestellt werden, der einerseits so groß ist, daß der Übergang von Sekundärelektronen unmöglich ist, der andererseits aber möglichst klein ist, damit die Sättigung des Anodenstromes bei kleinen Anodenspannungen eintritt.

Die Unterdrückung der Sekundäremission durch die Raumladung wurde von GILL [261] vorgeschlagen. Ausführliche Messungen und Rechnungen über den Einfluß der Raumladung stammen z. B. von HARRIES [289], PLATO, KLEEN und ROTHE [524, 362] und SALZBERG und HAEFF [597].

18. Elektronenoptischer Einfluß der Gitterstruktur. Bei der Definition von Steuerspannung und Durchgriff und bei den anschließenden Betrachtungen sahen wir das Gitter als eine einheitliche, ebene Wand ohne Struktur an. Wäre das Gitter eine *feste* Wand, so würde sich der Feldverlauf von Abb. 219a ausbilden, wenn Gitter und Kathode auf gleiches Potential, die Anode auf positives Potential gebracht sind. Tatsächlich ist das Gitter für uns eine *unwirkliche* Wand, gleichsam eine Raumladungsschicht, die die Eigenschaft haben sollte, nicht alle Kraftlinien der Anode abzufangen, sondern einen Bruchteil D der gesamten Kraftlinien hindurchzulassen (Abb. 219b). So wurde die Anode noch mit dem Anteil $D \cdot U_A$ an dem Feld zwischen Gitter und Kathode beteiligt. Um dieses Feld an der Kathode zu erzielen, dachten wir uns auch das Gitter durch eine *feste* Wand ersetzt, die auf das Steuerpotential aufgeladen sein sollte (Abb. 219c).

Für die Betrachtung des aus der Raumladung vor der Glühkathode aufzubauenden Elektronenstroms sind diese Bilder zweckmäßig und meist auch ausreichend. Ihre Unvollständigkeit muß sich jedoch zeigen, wenn das Gitter nahe der Kathode steht oder wenn, wie bei Mehrgitterröhren [VI, 17], mehrere Gitter hintereinander angeordnet sind. Berücksichtigt man die den formalen Darstellungen gesetzten Grenzen nicht, so erlebt man ähnliche Überraschungen, wie wenn man optische Probleme nur mit geometrischer Optik ohne Wissen von der Wellennatur des Lichtes behandeln wollte.

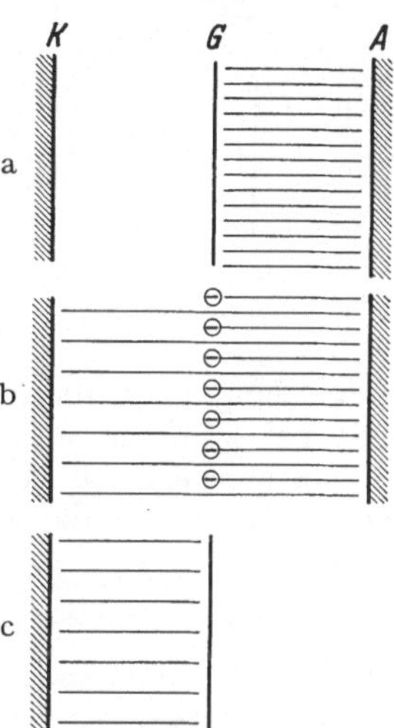

Abb. 219. Zur Deutung der Wirkung des Steuergitters.

Rücken wir das Gitter nahe an die Kathode heran, oder verkleinern wir anderweitig das Verhältnis des Abstandes Gitter—Kathode zur Maschenweite, so wird das Beschleunigungsfeld vor der Kathode nicht mehr als nahezu homogen angesehen werden können. Es kann sogar der Fall eintreten, daß sich infolge der Einwirkung der negativ geladenen Gitterdrähte Feldgebiete ausbilden, die die Elektronen auf die Kathode zurückdrängen (Abb. 150). Man spricht dann von Inselbildung auf der Kathode [V, 15]. Die wachsende Welligkeit der Feldstärke vor der Kathode bedingt, daß der Durchgriff sich auch nicht mehr als annähernd konstant erweist. Man kann die Verhältnisse mit denen vergleichen, die sich bei der Parallelschaltung zweier sonst gleicher Röhren mit Gittern verschiedener Maschenweite ergeben [32]. Die engmaschige Röhre mit kleinem Durchgriff bestimmt den oberen, die weitmaschige Röhre mit großem Durchgriff den unteren Teil der Kennlinie. Der Strom der letzteren ist auch dann noch vorhanden, wenn er in der ersten infolge einer negativen Gitterspannung bereits Null geworden ist. Umgekehrt sehen wir hier ein Mittel, um durch Wahl eines geeigneten Gitters verschieden großer Maschen — wodurch der gleiche Effekt in wählbarer Form auftritt — die Kennlinie zu beeinflussen [32]. Praktisch geht man so vor, daß das Steuergitter an den Enden enger gewickelt wird als in der Mitte (Regelgitter). Während bei schwach negativer Spannung des Steuergitters der ganze Faden emittiert, wird bei stärker negativer Spannung die Emission immer mehr auf die Mitte eingeschränkt. Der Strom nimmt also als Funktion der Steuerspannung erst schnell, dann

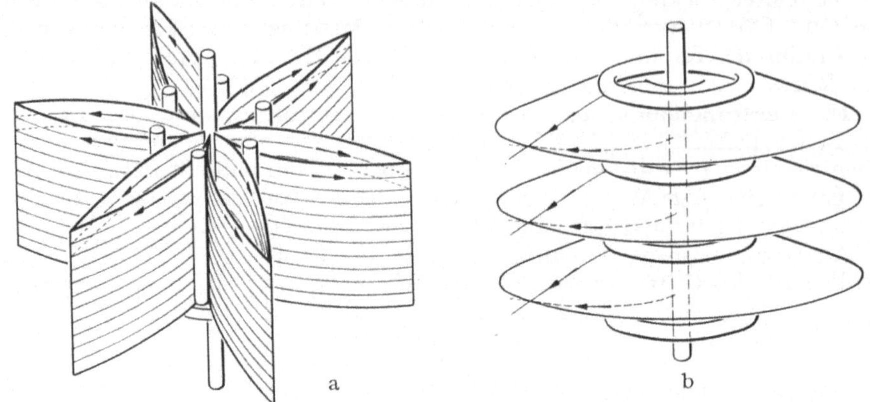

Abb. 220. Bündelung der Elektronen durch die Gitterstäbe (schematisch).

immer langsamer ab, die Röhre hat eine viel größere Steilheitsabnahme (1000:1) und bei stark negativen Gitterspannungen einen größeren Aussteuerbereich als normale Röhren. Die Röhren dieses Typs werden zur Verstärkungsregelung bzw. zum Schwundausgleich beim Rundfunkempfang benutzt. Die Höhe der

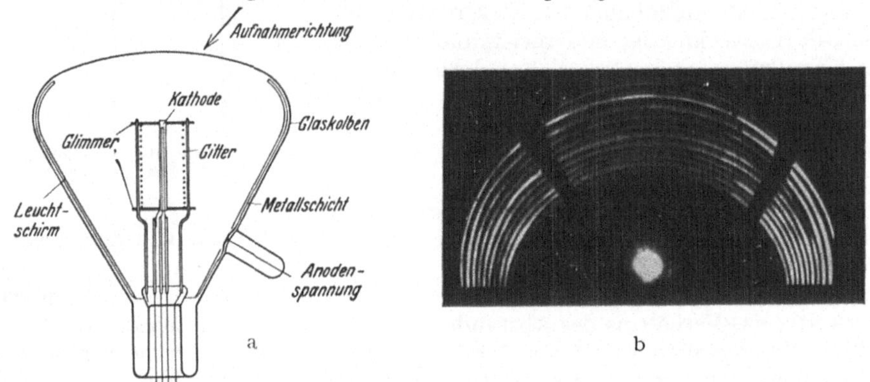

Abb. 221. Zum Nachweis der Bündelungswirkung des Gitters.

negativen Gittervorspannung wird nach der Stärke des einfallenden Senders gewählt, so daß große Eingangsfeldstärken weniger verstärkt werden als schwache.

Das Steuergitter der Röhre ist, wie wir es in [V, 15] besprachen, eine Wand mehr oder minder guter Elektronenlinsen. Diese Elektronenlinsen werden Fokussierungserscheinungen in dem Raum zwischen Gitter und Anode bedingen. Der Elektronenstrom wird auf diese Weise in Bündel aufgeteilt, die je nach der Art des Gitters verschiedene Struktur haben. Laufen die Gitterdrähte parallel zur stabförmigen Kathode, so treten Längsscheiben auf (Radialbündelung), laufen sie als Kreisringe um den Kathodenstab, so haben wir es mit Querscheiben (Transversalbündelung) zu tun (Abb. 220). Bei Ersatz der Ringfolge durch einen als Schraubenlinie ausgebildeten Draht werden sich die Scheiben der Abb. 220b entsprechend zu Schraubenflächen umbilden. Knoll und Schloemilch [387] haben diese Bündelungswirkung mit der Versuchsröhre Abb. 221a nachgewiesen. Die Anordnung bestand aus einer üblichen indirekt geheizten Kathode in Stabform, um die konzentrisch ein Wendelgitter angeordnet war. Der trichterförmige Glaskolben war nach Metallisierung als Leuchtschirm ausgebildet, auf dem sich bei geeigneter Spannung Striche als Spur der Schraubenwindungen entsprechend den einzelnen Elektronen-Zylinderlinsen ausbildeten (Abb. 221 b). Bei $U_G/U_A = 0{,}34$ bildeten sich bei dieser Röhre von $D = 4{,}5\%$ Brennlinien gerade auf dem Schirm aus, während kleinere oder größere Spannungsverhältnisse nur zu verwaschenen Leuchterscheinungen auf dem Leuchtschirm führen.

In einer späteren Arbeit hat Knoll [378] für die spezielle Verstärkerröhre REN 904 unter Vernachlässigung der Raumladung die Bahnen nach Potentialfeldmessungen im elektrolytischen Trog zeichnerisch verfolgt (Abb. 222). Bemerkenswert ist, daß im Experiment außer dem ersten ausgeprägten Schärfemaximum der Striche bei negativeren Gitterspannungen noch zwei weitere, weniger kontrastreiche Schärfemaxima auftraten. Dabei tauchten die Streifen des ersten und dritten Schärfemaximums räumlich an denselben Stellen auf, während die des zweiten um eine halbe Streifenbreite versetzt waren. Auch diese Erscheinungen sind leicht verständlich, wenn man annimmt, daß das erste die wirkliche Brennlinie (Abb. 222f), das zweite die Überlagerung der breiten Bündel ist (Abb. 222c) und wenn das dritte einer Fokussierung zweiter Ordnung zugeschrieben wird (Abb. 222a).

Aus der Tatsache der Bündelung des Elektronenstroms in der Verstärkerröhre ist eine wichtige Folgerung für den Bau von Mehrgitterröhren zu ziehen.

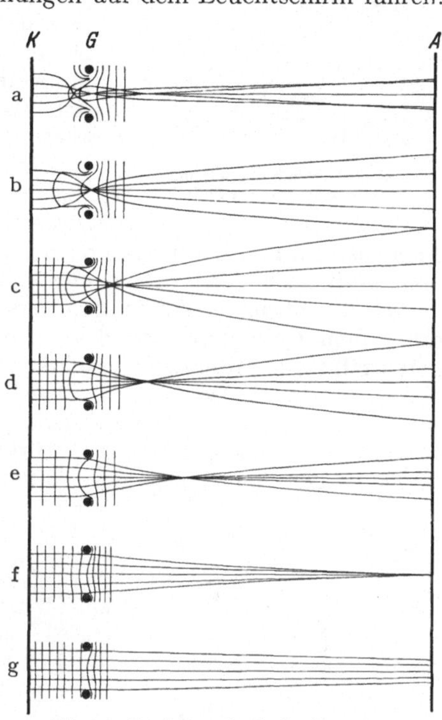

Abb. 222. Bündelung durch ein Gitter [378].

Will man nicht, daß der Elektronenstrom einer Mehrgitterröhre, deren erstes Gitter die Bündelungswirkung hervorgebracht hat, mindestens zum Teil auf das zweite Gitter trifft, so muß man beim Einbau des zweiten Gitters entsprechend darauf Rücksicht nehmen. Man muß, wie es schon Tellegen [674] unter alleiniger Beachtung der Schattenwirkung des ersten Gitters ausgesprochen hat, die Gitter mit ihren Drähten entsprechend hintereinanderstellen. Bei dieser Anordnung werden nach geeigneter Wahl der benutzten Spannungen die Drähte des zweiten Gitters nicht von Elektronen getroffen werden. Kleiner Gitterstrom und Fehlen von Sekundärelektronen sind die erreichten Vorteile. Daß diese Überlegung richtig ist, hat Knoll [378] an einer Röhre gezeigt, deren zweites, geometrisch ähnliches Gittersystem verschiebbar angeordnet war. Über Ausnutzung dieses Effektes bei technischen Röhren vergleiche man [601, 688].

Auch beim ersten Gitter lassen sich die Gitterströme auf Grund dieser Erkenntnis im Prinzip verringern. Um auch hier, bereits im Raum zwischen Kathode und Gitter, Bündelungswirkung zu erzielen, kann man die Kathode mit geeigneten Mulden versehen. Solche Mulden deformieren das Potentialfeld im Sinne einer Zylinderlinsenwirkung (Abb. 223), wie es KNOLL [378] an einer Demonstrationsröhre gezeigt hat. Statt der Muldenanordnung könnte man auch Streifen mit verschiedenem Kontaktpotential anwenden.

19. Das Gitter als Elektronenfänger. Wir haben den Einfluß der Maschenstruktur des Gitters auf den Elektronenstrahlengang zwischen Kathode und Gitter (Inselbildung) und zwischen Gitter und Anode (Bündelbildung) kennengelernt [VI, 18]. Wir haben weiterhin gesehen, daß das Gitter ein mechanisches Hindernis ist und daher Elektronen aus dem Strahlengang aufnehmen kann. Dieser Gitterstrom ist nicht konstant. Das Gitter sammelt unter Umständen mehr Elektronen auf sich als seiner geometrischen Größe entspricht, aber es vermag auch weniger Elektronen aufzunehmen, oder gar von sich aus Elektronen (Sekundärelektronen) in den Strahlengang hineinzuschicken. Es genügt daher nicht, nur den

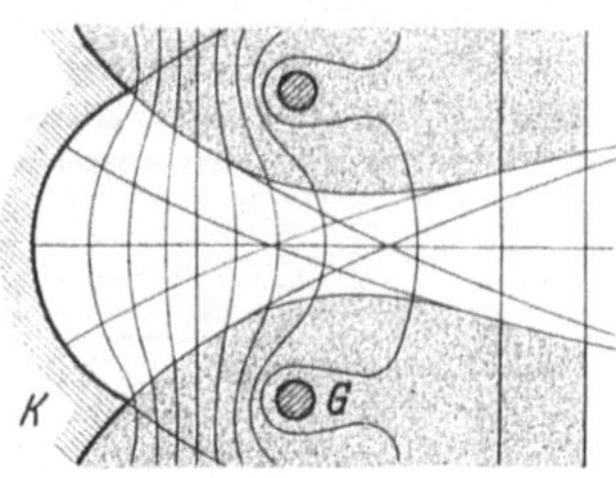

Abb. 223. Bündelungswirkung bei gekrümmter Kathode.

Anodenstrom i_A zur Charakterisierung von Röhreneigenschaften zu betrachten; man muß auch den Gitterstrom i_G verfolgen [VI, 17].

Bei der Stromverteilung sind verschiedene Fälle zu unterscheiden, die man unter dem Gesichtspunkte des Gitterpotentials (im Verhältnis zum Anodenpotential) sowie unter dem Gesichtspunkte des Feldes vor und hinter dem Gitter betrachten kann. Wir wollen diese Überlegungen für eine Triode durchführen.

a) Gitter negativ gegen Kathode (Abb. 224a). Die Elektronen können jetzt das Gitter — das gleiche gilt natürlich für jede Elektrode, also auch für die Anode — bei höherer negativer Aufladung als ihrer Austrittsenergie entspricht, nicht erreichen. Der Gitterstrom i_G ist also Null.

b) Gitter wenig positiv (Abb. 224b, c). Ein Teil der Elektronen trifft das Gitter. Wenn Gitter und Anode positiv sind derart, daß die Anode stärker positiv ist als das Gitter, so gilt bei Vernachlässigung der Raumladungen die TANKsche Stromverteilungsformel:

$$i_G/i_A = \mu \sqrt{U_G/U_A},$$

wobei μ ein von der Anordnung der Elektroden abhängige Größe ist.

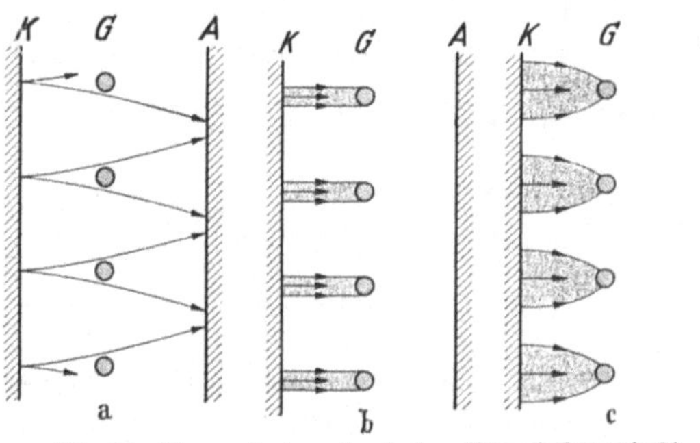

Abb. 224. Stromaufnahme durch das Gitter (schematisch).

c) Gitter stark positiv. Die auf das Gitter treffenden Elektronen lösen Sekundärelektronen aus, die zur Anode fließen, wenn die Anode stärker positiv ist als das Gitter. Dadurch wird der Elektronenstrom zum Gitter geringer und kann schließlich mit wachsender Gitterspannung sein Vorzeichen wechseln. Es entsteht die fallende Kennlinie des Gitterstromes.

Betrachten wir nun die Verhältnisse unter dem Gesichtspunkt des *Feldes* vor und hinter dem Gitter:

a) Beschleunigendes Feld hinter dem Gitter stärker als davor (ähnlich Abb. 224a). Die Elektronen finden Sammellinsen vor. Das Gitter nimmt etwas weniger Strom auf, als seiner geometrischen Projektionsfläche entspricht. Bei Sekundärelektronen-Auslösung ist die Brennweite für beide Strahlengruppen verschieden.

b) Gitter positiv, derart, daß der Feldgradient davor und dahinter gleich groß ist (Abb. 224b). Das Gitter zeigt jetzt keine Einwirkung auf die vorbeifliegenden Elektronen. Es nimmt soviel Elektronen auf, wie seiner geometrischen Projektionsfläche entspricht. Werden Sekundärelektronen ausgelöst, so haben wir dieselbe Anordnung vor uns wie bei dem Netz-Vervielfacher [VI, 5].

c) Feld hinter dem Gitter kleiner als vor dem Gitter, Null oder verzögernd (Abb. 224c). Die Elektronen finden Zerstreuungslinsen vor. Der Gitterstrom ist daher in allen Fällen größer als es den geometrischen Verhältnissen entspricht. Ist die Anode negativ, so pendeln die Elektronen ebenso wie eventuell ausgelöste Sekundärelektronen um das Gitter, auf dem sie sich sammeln.

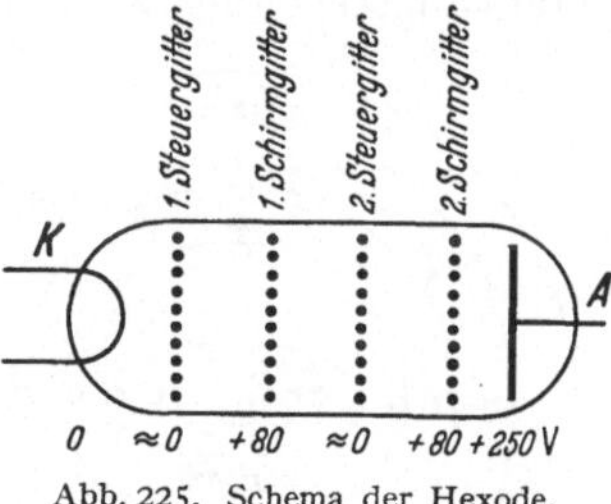

Abb. 225. Schema der Hexode.

20. Komplizierte Mehrgitterröhren. Komplizierter wird die Funktion der Röhren, wenn man nicht nur eine einfache Verstärkung, sondern daneben auch noch weitere Aufgaben lösen will. So dienen z. B. in den „Mischröhren" zwei Gitter zur Steuerung. Der prinzipielle Aufbau einer solchen Mischröhre, der Sechspol-Röhre (Hexode), ist aus Abb. 225 zu ersehen. Die beiden Steuergitter können unabhängig voneinander an verschiedene Spannungen gelegt werden, so daß der im ersten Steuergitter gesteuerte Strom durch das zweite Steuergitter nochmals gesteuert wird. Vor dem zweiten Steuergitter bildet sich eine Raumladung aus, deren Dichte von der Spannung

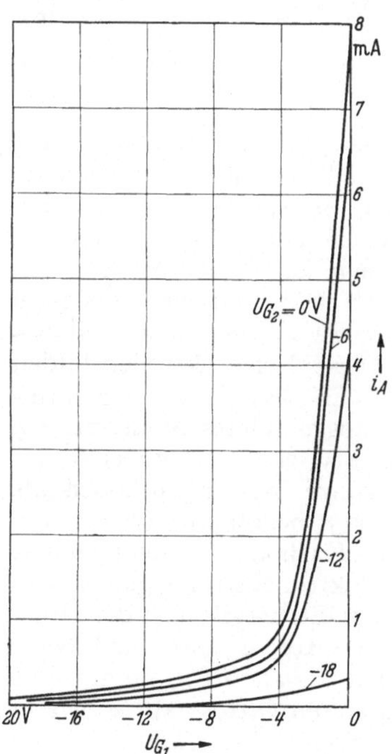

Abb. 226. Kennlinie der Hexode [39].

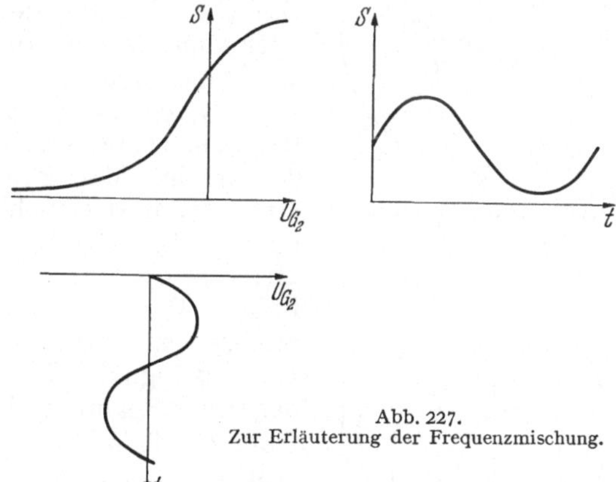

Abb. 227.
Zur Erläuterung der Frequenzmischung.

des ersten Steuergitters abhängt. Aus dieser Raumladung wird je nach der Spannung des zweiten Steuergitters ein mehr oder weniger großer Bruchteil zur Anode abgesaugt. Abb. 226 zeigt den Anodenstrom als Funktion der Spannung U_{G_1} des ersten Steuergitters mit der Spannung U_{G_2} des zweiten Steuergitters als Parameter. Konstruiert man aus diesen Kurven die Steilheit $S = \partial i / \partial U_{G_1}$ als Funktion von U_{G_2}, so ergibt sich die Kurve Abb. 227. Die Steilheit sinkt mit wachsender negativer Spannung des zweiten Steuergitters.

Die Hexode läßt sich zur Verstärkungsregelung verwenden. Zu diesem Zweck wird das erste Steuergitter als Regelgitter ausgebildet. Die Regelspannung wird aber auch an das zweite Steuergitter gelegt, da durch negative Vorspannung dieses Gitters die Steilheit herabgesetzt wird. Man kommt so mit geringerer Regelspannung aus als bei der Penthode. Gleichzeitig mit der Verstärkungsregelung wird bei Rundfunkempfängern in der Hexode die Frequenzmischung vorgenommen. An das zweite Steuergitter wird eine im Empfänger erzeugte Hilfsschwingung ω_H gelegt. Daher schwankt die Steilheit $S = \partial i/\partial U_{G_1}$ periodisch im Takte dieser Hilfsschwingung, wie es in Abb. 227 erläutert wird. Die Steilheit hat also die Form

$$S = S_0 + S_1 \sin \omega_H t + \cdots .$$

Wird auf das erste Steuergitter die mit der Tonfrequenz modulierte Hochfrequenzeingangsspannung $V \cdot \sin \omega t$ gegeben (V schwankt mit der Tonfrequenz), so lautet der Anodenstrom $i = S \cdot V \cdot \sin \omega t$. Der Strom i enthält eine Komponente $i_1 = \dfrac{S_1}{2} V \cos (\omega - \omega_H) t$, die mit der Eingangsamplitude V schwankende Zwischenfrequenzschwingung, die im Apparat weiter verwertet wird.

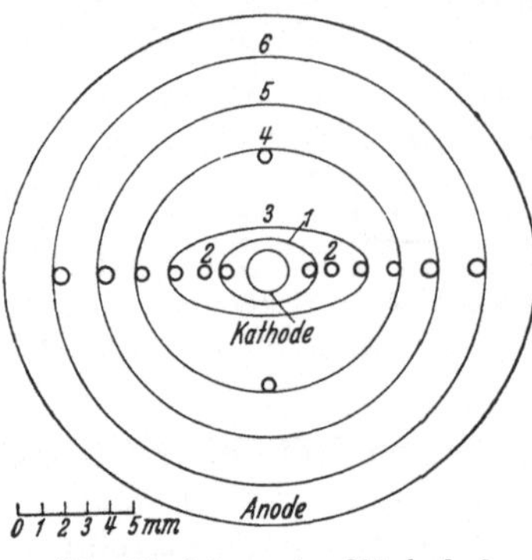

Abb. 228. Schema der Oktode [44].

Es ist möglich, außer der Regelverstärkung und der Frequenzmischung auch noch die Erzeugung der Hilfsfrequenz in der gleichen Röhre vorzunehmen. Man kommt dann zu einer Achtpol-Röhre (Oktode), deren Aufbau in der üblichen zylindersymmetrischen Form aus Abb. 228 zu ersehen ist. Auf die Kathode folgt ein erstes Steuergitter 1 (G_1) und eine aus zwei Stäbchen bestehende Hilfsanode 2, die einen Teil des Elektronenstroms abfängt. Diese drei Elektroden bilden zusammen den Oszillatorteil. Es folgt dann ein Schirmgitter 3, ein als Regelgitter ausgebildetes Steuergitter 4 (G_2), ein weiteres Schirmgitter 5, ein Bremsgitter 6 und die Anode. Man kann das ganze System auffassen als eine durch das Schirmgitter 3 begrenzte Triode und eine Penthode (mit virtueller Kathode vor dem Steuergitter 4), die einen Teil des Elektronenstroms gemeinsam haben. Beim Betrieb liegt am Steuergitter 1 die Hilfswechselspannung, am Steuergitter 4 das modulierte Eingangssignal. Die Steilheit $S = \partial i/\partial U_{G_2}$ nimmt mit negativer Spannung U_{G_1} des ersten Gitters ab, so wie in Abb. 227 $\partial i/\partial U_{G_1}$ mit U_{G_2} abnimmt. Der Mischvorgang läßt sich also bei der Oktode durch eine der Abb. 227 genau analoge Figur darstellen.

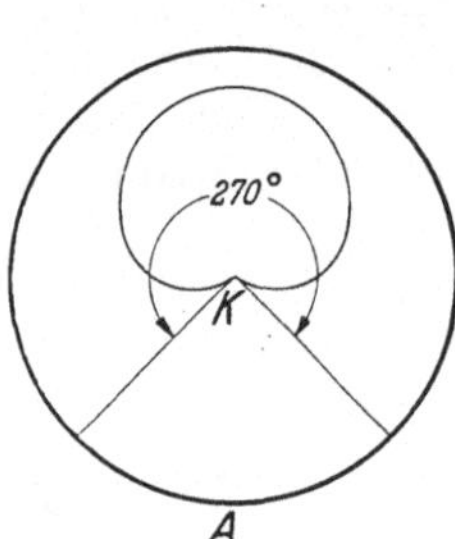

Abb. 229. Elektronenbahn im Magnetron.

Abb. 230. Rosettenbahn im Magnetron.

Auf weitere Einzelheiten [34, 39, 44] gehen wir nicht ein. Erwähnt sei nur noch der Kunstgriff, mehrere Systeme über einer Kathode im gleichen Kolben unterzubringen (Verbundröhren). So wird für die Zweiweggleichrichtung [VI, 14] die Duodiode (Doppelzweipol-Röhre) verwendet. So dient das System Triode—Hexode dem gleichen Zweck wie die Oktode.

21. Steuerung durch ein Magnetfeld (Magnetron). In [III, 12] war darauf hingewiesen worden, daß man die Intensität eines Elektronenstroms auch durch Einwirkung magnetischer Felder steuern könne. Hier sei das

Magnetron, das uns später in [X, 21] nochmals bei den Laufzeitgeräten beschäftigen wird, als Beispiel für diese Steuerungsform behandelt.

Die einfachste Form des von GREINACHER [276] angegebenen Magnetrons ist eine aus zylindrischer Anode und axialem Glühdraht bestehende Zweipol-Röhre (Diode), bei der ein homogenes, magnetisches Feld in Achsenrichtung wirkt. Die Elektronenbahnen in dieser Anordnung wurden unter Berücksichtigung der Raumladung von HULL [327, 327a, 328] angenähert berechnet. Es ergab sich eine herzförmige Kurve, deren Anfangs- und Endrichtung an der Kathode einen Winkel von 270° bilden (Abb. 229). Verfehlt das Elektron etwa wegen einer geringen Unsymmetrie die Kathode, so ergibt sich eine Rosettenbahn (Abb. 230). Nach den Rechnungen von HULL erreicht das Elektron bei seiner größten Entfernung von der Kathode gerade die Anode

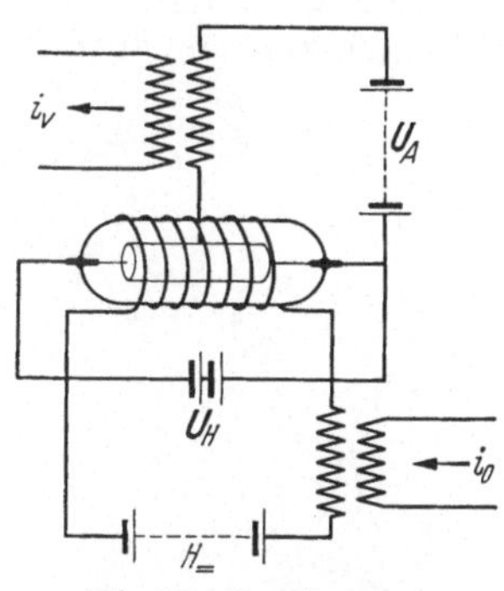

Abb. 231. Das Magnetron als Verstärker [33].

vom Radius r, wenn das Magnetfeld den kritischen Wert $H_{\text{Oerst}} = 6{,}7\,\dfrac{\sqrt{U_{\text{Volt}}}}{r_{\text{cm}}}$ hat. Bei größerem Magnetfeld kehren die Elektronen bereits vor der Anode um, bei kleinerem treffen sie auf. Es ergibt sich demnach für den Anodenstrom eine Kurve, wie sie in Abb. 233a dargestellt ist.

Die Anordnung kann zur Verstärkung schwacher Ströme benutzt werden, indem durch ein Hilfsmagnetfeld ungefähr der kritische Zustand eingestellt wird. Der zu verstärkende Strom i_0 wird durch eine um die Anode gelegte Spule geschickt,

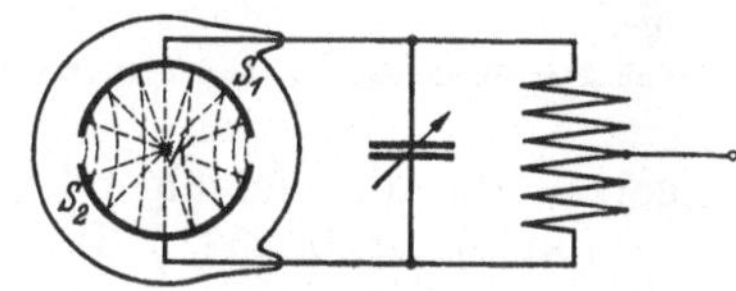

Abb. 232. Schema des geschlitzten Magnetrons [33].

so daß sein Magnetfeld das konstante Hilfsfeld $H_=$ schwächt oder verstärkt und so die Steuerwirkung hervorruft. Der verstärkte Strom i_v wird an der Anode abgenommen (Abb. 231). Die Anordnung erlaubt natürlich durch eine Rückkopplungsschaltung auch die Anfachung von Schwingungen. Ein Nachteil der Anordnung gegenüber der Dreipol-Röhre ist der Leistungsaufwand, der stets mit der Anwendung magnetischer Felder verbunden ist [IV, 1] und der bei einer Verstärkeranordnung in besonderem Maße unerwünscht ist.

Eine kompliziertere Form des Magnetrons, bei der das Magnetfeld nur noch konstantes Hilfsfeld, d. h. kein Steuerfeld ist, entsteht durch Schlitzung

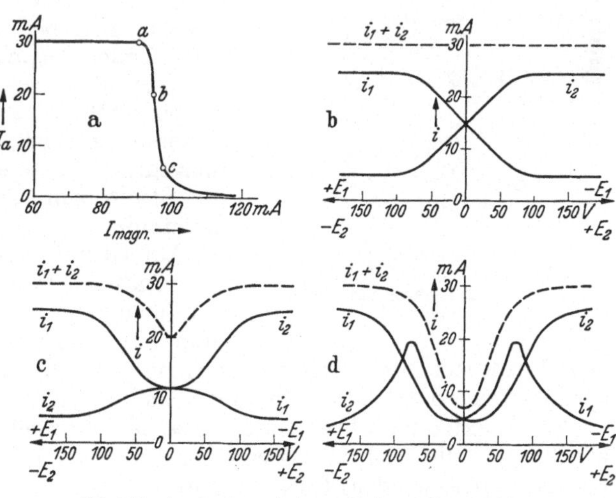

Abb. 233. Anodenstrom bei verschiedenen Magnetfeldern. (Nach HOLLMANN [33].)

der Anode [283]. Abb. 232 zeigt die Schaltung, die beim zweigeschlitzten Magnetron angewendet wird. Die beiden Anodenhälften S_1, S_2 sind symmetrisch an den Schwingkreis angeschlossen und führen gegenphasige Spannungen. Das Potentialfeld ist in Abb. 14 [I, 7] angegeben, wo zugleich die Elektronenbahnen dargestellt sind. Wenn das Magnetfeld groß genug ist, so daß sich die Herzkurven ausbilden können, daß also kein direkter Stromübergang zum positiven Anodensegment erfolgt, treffen bei bestimmten Spannungen die Elektronen bevorzugt auf das negativere Anodensegment auf[1]. Die Auftreffstelle liegt in der Nähe der Schlitze, wie sich aus der besonders starken Erhitzung der Anodensegmente in der Nähe der Schlitze ergibt. Es entsteht eine fallende Kennlinie, d. h. der Elektronenstrom zu einer Platte wird größer, je stärker negativ ihr Potential wird [III, 20]. Die in Abb. 233 dargestellten Messungen zeigen das Auftreten der fallenden Kennlinie im einzelnen. Abb. 233a zeigt den Strom beim ungeschlitzten Magnetron in Abhängigkeit vom Magnetfeld. Auf der Kurve sind die drei Magnetfelder (Punkte a, b, c) angegeben, für die die folgenden Abbildungen gelten. Bei schwachem Magnetfeld (Punkt a) (Abb. 233b) findet direkter Stromübergang statt, der Strom zu einem Anodensegment nimmt ab, wenn seine Spannung E_1 bzw. E_2 gegen Anode negativer wird (normale, steigende Kennlinie). Erreicht das Magnetfeld den kritischen Wert von Punkt b, so treten Unregelmäßigkeiten auf (Abb. 233c), die bei weiterer Steigerung des Magnetfeldes (Punkt c) zu einem ausgesprochenen Maximum des Stromes bei negativen Spannungen des betreffenden Segmentes und zum Überwiegen des auf das negative Segment fließenden Stromes führen (Abb. 233d). Es existiert ein Spannungsbereich, wo mit wachsender Spannungsdifferenz zwischen Kathode und Segment der Strom zum Segment abnimmt (fallende Kennlinie).

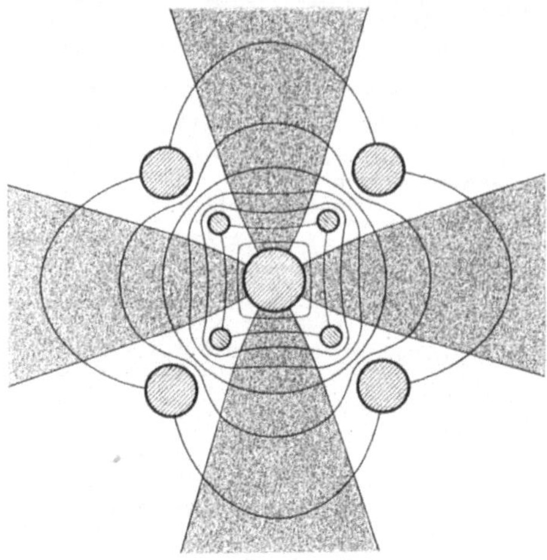

Abb. 234. Bündelbildung durch Gitterstäbe (schematisch).

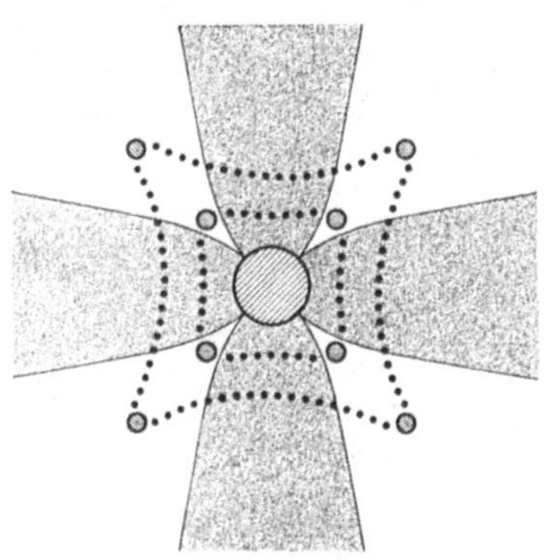

Abb. 235. Bündelbildung durch Netze (schematisch).

Auf Grund der fallenden Kennlinie, d. h. des negativen Widerstandes ist das Magnetron zur Erzeugung von Schwingungen fähig [III, 20]. Man bezeichnet diesen Schwingungstyp nach dem Entdecker als HABANN-Schwingungen, die von den in [X, 21, 22] zu behandelnden Laufzeitschwingungen zu unterscheiden sind.

22. Elektronenröhren mit einzelnen Bündeln. In der neueren Entwicklung macht sich das Bestreben geltend, den kontinuierlichen von der Kathode ausgehenden Elektronenstrom in einige grobe Bündel aufzuteilen. Eine solche Aufteilung gibt insbesondere die Möglichkeit, die Intensitäts-Steuerung mit Hilfe der Richtungs-Steuerung durch Querfelder durchzuführen.

Wir gehen von der üblichen stabförmigen Kathode aus. Wollen wir z. B. vier Bündel herstellen, so bestehen hierzu bei der geringen Anforderung, die

[1] In Abb. 14 treffen Elektronen entgegengesetzter Startrichtung auf das weniger positive Segment auf.

an die optische Güte des Systems gestellt wird, mehrere Wege. Entweder versucht man durch geeignete Anordnung von Gitterstäben elektronenoptische Zylinderlinsen zu bilden (Abb. 234), oder man ordnet um die Stabkathode feine Netze so an, daß sie eine Netz-Zylinderlinse [576, 673] bilden (Abb. 235). In beiden Fällen kann man natürlich auch der Kathode einen Teil der Sammelwirkung übertragen, indem man die konvexe Krümmung beseitigt oder sogar in eine konkave Krümmung umbildet (Abb. 236). Schließlich kann man eine Bündelung erreichen, indem man nur einzelne Teile der Kathode aktiviert [688].

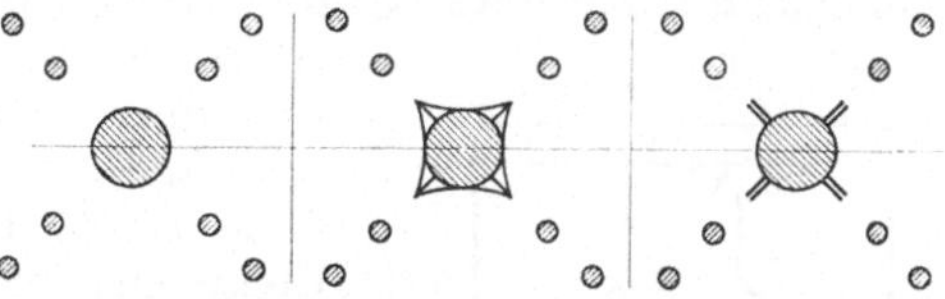

Abb. 236. Bündelbildung durch Kathodengestaltung.

ROTHE und KLEEN [576] haben gezeigt, daß bereits bei handelsüblichen Elektronenröhren durch die Haltestäbe der Gitter solche Bündelungswirkungen auftreten. Abb. 237 zeigt einige Ergebnisse ihrer Messungen, wo im Polardiagramm die Werte der in der jeweiligen Richtung emittierten Ströme aufgetragen sind. Besonders hingewiesen sei noch auf die Anordnung Abb. 237c, bei der hinter dem Schirmgitter S ein mit einem Schlitz versehener, mit der Kathode verbundener Zylinder Z liegt, der wie eine sammelnde Schlitzblende wirkt.

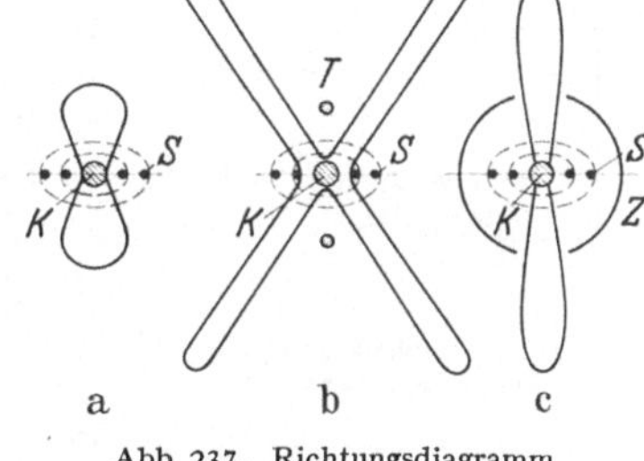

Abb. 237. Richtungsdiagramm von Elektronenröhren [576].

Als Beispiel für die Anwendung der Aufteilung der Strahlung in einzelne Bündel sei die Philips-Oktode Abb. 238 betrachtet, bei der die beiden Bündelpaare verschiedene Funktion haben. Dementsprechend enthält die Röhre zwei Systeme, die die Kathode und das erste Gitter gemeinsam haben. Das erste System für die horizontalen Bündel besteht außer aus dem horizontalen Quadranten der Kathode K und dem Steuernetz *1* nur noch aus der Anode *2*. Es stellt eine Triode dar, die als Schwingröhre in einer Rückkopplungsschaltung liegt. Das zweite System für die vertikalen Bündel besteht außer aus dem vertikalen Quadranten der Kathode und dem Steuernetz noch aus dem zweiten Steuergitter *4*, dem Schirm- und Bremsgitter *5* und *6* sowie der Anode A. Da beide Systeme das kathodennahe Steuernetz gemeinsam haben, prägt der Oszillator also auch den vertikalen Bündeln seine Frequenz als Intensitätsschwankung auf. Das zweite Steuergitter *4* steuert nun den bereits hochfrequent modulierten Elektronenstrom.

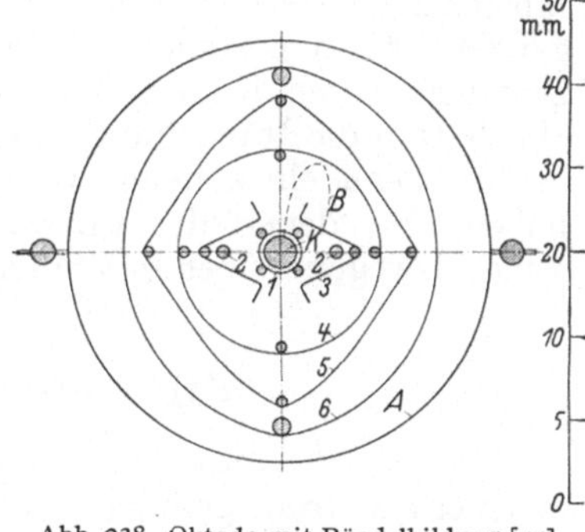

Abb. 238. Oktode mit Bündelbildung [44].

Gegenüber der in [VI, 20] beschriebenen Oktode kann das Schirmgitter *3* als Vollblechelektrode ausgeführt werden, so daß die von dem Steuergitter *4* reflektierten Elektronen abgefangen werden und damit den Oszillator nicht stören können.

Die Aufteilung der Strahlung in einzelne Bündel gibt die Möglichkeit, statt der direkten Intensitäts-Steuerung die Intensitäts-Steuerung über die Richtungs-Steuerung [III, 12] mit Querfeldern durchzuführen, ein Gedanke, der von verschiedenen Seiten [497a, 204, 249, 63a, 4] bereits vor langem erwogen war, ohne daß er praktische Durchführung fand. Die einfachste Form einer solchen Steuerung läßt sich mit einer BRAUNschen Röhre demonstrieren,

deren Schirm durch eine in der Mitte quer durchschnittene und mit zwei
Ableitungen versehene Metallscheibe ersetzt ist. Das Ablenkplattenpaar würde
als Steuerelement dienen, das sich für Sendezwecke auch leicht mit den beiden
Ableitelektroden durch Rückkopplung verbinden ließe. Abb. 239 zeigt eine
nach diesem Prinzip angegebene Anordnung von Rothe und Kleen [576].

Die Steuerung der Elektronenintensität in dieser Form, die grundsätzlich
den Nachteil hat, daß sie große Ablenkspannungen erfordert, kann aus folgendem
Grunde Vorteile haben [576]: Bei der normalen Gitter-
steuerung werden die Elektronen in einem Zustande
beeinflußt, in dem sie sehr geringe Geschwindigkeiten,
d. h. große Laufzeiten haben. Daher nehmen die
Elektronen bei hohen Frequenzen des Steuerpotentials
(> 3 MHz) aus dem Wechselfeld Energie auf. Dieser
Effekt, der sich als Dämpfung der angeschlossenen
Stromkreise äußert, vermindert die Leistungsfähigkeit der Verstärkerröhren bei hohen Frequenzen bzw.
begrenzt ihre Verwendungsmöglichkeit. Bei der
Steuerung durch Querfelder werden die Elektronen
im Zustand hoher Geschwindigkeit beeinflußt, so
daß diese Effekte erst bei höheren Frequenzen auftreten.

Die Querfeldsteuerung gibt ferner die Möglichkeit,
die für die Praxis wichtige Frage nach der Erzielung
bestimmter i, U_G- bzw. i, U_A-Linien zu lösen. Die
einfachste Aufgabe dieser Art ist die, eine Anordnung mit fallender Kennlinie anzugeben [III, 20].

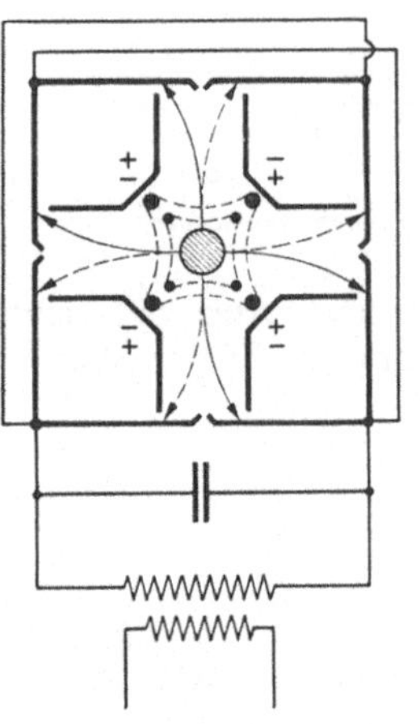

Abb. 239. Ablenksteuerung
in Verstärkerröhren [576].

Solche Anordnungen lassen sich bei Röhren mit einzelnen Bündeln leicht
angeben [576].

Bereits die Aufteilung des kontinuierlichen Elektronenstroms in einzelne
Bündel, insbesondere aber die Einführung von Ablenkfeldern zur Steuerung,
führte zu Geräten, die den Strahlgeräten [VIII] in der Gestaltung ihres Strahlenganges sehr nahestehen. Es ist eine Geschmacksfrage, wo man die Grenze
zwischen diesen beiden sich nicht ausschließenden Gerätegruppen ziehen will.
Wir hätten die Intensitätsgeräte mit Ablenkfeldern ebenfalls im Kapitel Strahlgeräte behandeln können, wo wir uns jedoch auf diejenigen Formen beschränkt
haben, bei denen das Charakteristikum, der scharf gebündelte Strahl und
seine Bewegung über eine Fläche, stärker ausgeprägt ist.

VII. Lenard- und Röntgenröhre [1].

Bei den Intensitätsgeräten des vorigen Kapitels wurde ein Elektronen-*Strom*
zu einer Elektrode geführt. Es kam dabei auf die Messung dieser Stromintensität
an bzw. auf die durch den abfließenden Strom erzeugte Spannungsdifferenz
an einem Widerstand. Bei den Geräten dieses Kapitels wird aus dem Strom
ein Bündel energiereicher Teilchen geformt, deren energetische Wirksamkeit
ausgenutzt werden soll. Lenard- und Röntgenröhre sind die beherrschenden
Vertreter dieser Gruppe. Die bei den Intensitätsgeräten wichtige Intensitätssteuerung spielt hier ebenso wie die Richtungssteuerung nur bei Spezialformen
eine Rolle.

---

[1] Dieses Kapitel wurde im ersten Entwurf von Herrn Oberregierungsrat Dr. Behnken
und Herrn Patentanwalt Dr. Klose sowie in der Korrektur von Herrn Braband durch-
gesehen. Die Verfasser danken den Herren für wertvolle Ratschläge, die sie gegeben haben.

a) Lenard- und Röntgenrohr unter einheitlichen Gesichtspunkten.

Die Aufgabe der Lenardröhre ist es, ein Elektronenbündel herzustellen, ähnlich wie der Scheinwerfer ein Lichtbündel erzeugt. Dabei betrachtet man im allgemeinen das LENARDsche Fenster, durch das die Strahlung aus dem Erzeugungsraum austritt, als einen notwendigen Bestandteil der Röhre. Die Lenardröhre wurde ursprünglich zu Untersuchungen über die Natur der Kathodenstrahlen und die Wechselwirkung mit der Materie benutzt. Sie dient heute zur Bestrahlung und zur Durchstrahlung.

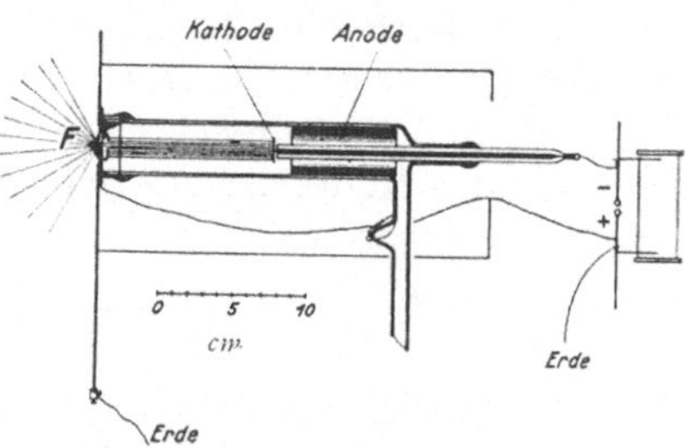

Abb 240. Röhre von LENARD [10].

Bei der Röntgenröhre erzeugt man mit einer nahe verwandten Anordnung ebenfalls ein Elektronenbündel, doch ist über die Verwertung der Elektronenstrahlen bereits fest verfügt, indem man sie meist im Rohr selbst auf einen Metallkörper treffen und auf diese Weise eine durchdringende Wellenstrahlung erzeugen läßt. Die Röntgenröhre ist bei der Anpassung an ihre Aufgabe im Laufe der Entwicklung immer mehr ein selbständiges Gerät geworden. Trotzdem wollen wir der grundsätzlichen Verwandtschaft zwischen Lenard- und Röntgenröhre durch die gemeinsame Behandlung beider Geräte und die Unterstreichung einheitlicher Gesichtspunkte Rechnung tragen, ohne uns damit in den Streit einmischen zu wollen, der leider kürzlich über RÖNTGENs große Entdeckung geführt wurde.

1. Verwandtschaft zwischen Lenard- und Röntgenröhre. Die Lenardröhre in einer der älteren, von LENARD benutzten Formen [425] besteht aus einem Gasentladungsrohr (Abb. 240), in dem die Kathodenstrahlen erzeugt werden und aus dem sie durch das LENARD-Fenster F [V, 10] austreten. Außerhalb des Fensters können die Kathodenstrahlen nun in dem angeschlossenen Raum, dessen Druck wählbar ist, der Untersuchung unterzogen werden, oder man stellt ihnen feste Materie in den Weg, um ihre Wirkungen studieren zu können oder zu benutzen.

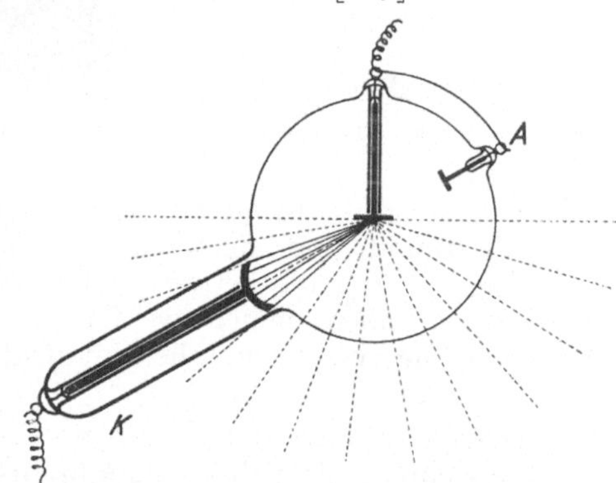

Abb. 241. Ältere technische Röntgenröhre.

Die Röntgenröhre, ebenfalls in einer älteren Form dargestellt (Abb. 241), besteht wie die Lenardröhre aus einem Gasentladungsgefäß, in dem zunächst wie bei dieser Kathodenstrahlen erzeugt werden. Man läßt die von der Kathode K ausgehenden Strahlen im allgemeinen nun aber nicht durch ein Fenster in einen zweiten Raum übertreten, sondern stellt ihnen bereits im Erzeugungsraum einen Metallkörper, die mit der Anode A verbundene Antikathode, entgegen. Aus ihm lösen die aufprallenden Elektronen die Röntgenstrahlung aus, die als Wellenstrahlung durch die Gefäßwände in den Außenraum zu gelangen vermag. Nur bei Erzeugung sehr „weicher" Röntgenstrahlung, die von den Glaswandungen absorbiert werden würde, muß man ein besonderes Fenster verwenden [644a, 435a].

In der Röntgenröhre ist bei ähnlichem Aufbau des Strahlerzeugungssystems hinsichtlich des Verwendungszweckes des Elektronenbündels eine Bestimmung getroffen. In dieser Hinsicht könnte man die Röntgenröhre als Spezialfall der Lenardröhre auffassen. Dem entspricht, daß Laboratoriumsgeräte, so z. B. die Anordnungen von SEEMANN [641], zur wechselweisen Benutzung als Lenard- und Röntgenröhre gebaut werden, wobei man nur Anode (Antikathode) und Fenster auszuwechseln braucht (Abb. 242). Man kann sogar Lenardröhren als Röntgenröhren verwenden, indem man die Elektronen nach ihrem Austritt aus dem Fenster auf eine Antikathode treffen läßt [182a, 323a]. Hierher kann man auch eine Röntgenröhre mit Quecksilberantikathode rechnen, bei der das Quecksilber durch ein Fenster vom Vakuum getrennt ist [675a].

Auch in der Entwicklung zeigt sich die enge Verwandtschaft zwischen Lenard- und Röntgenröhre, wobei besonders interessant zu verfolgen ist, wie

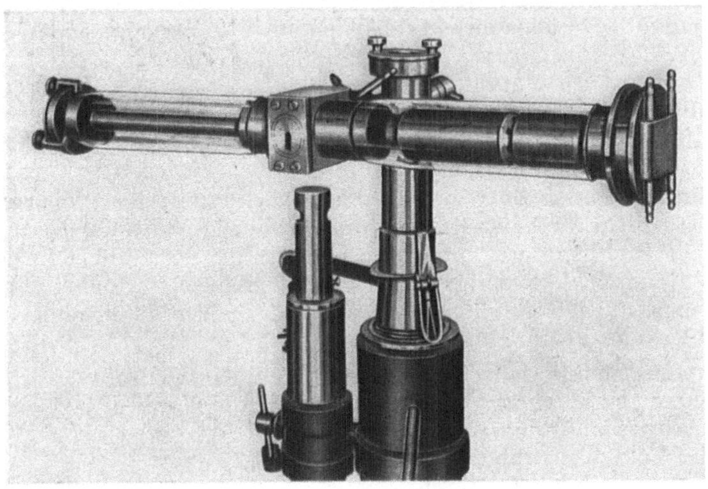

Abb. 242. Lenardröhre mit Glühkathode auf der Pumpe. (Nach SEEMANN [641].)

die jüngere, aber technisch wichtigere Röntgenröhre bald die Entwicklung allein bestimmt, und wie für die Lenardröhre, als einem physikalischen Gerät, nun Zug um Zug die bei der technischen Röntgenröhrenentwicklung erzielten Fortschritte übernommen werden, ein gutes Beispiel für die befruchtende Wirkung, die eine technische Entwicklung auf ein physikalisches Gebiet auszuüben vermag.

Die erste Röntgenröhre war wahrscheinlich [567a, 258] eine der Demonstrationsröhren mit kalter Aluminiumkathode, wie sie vor der Jahrhundertwende zu Kathodenstrahlversuchen benutzt wurden. Mit der Fensterröhre, die LENARD 1 Jahr vor RÖNTGENs Entdeckung angegeben hatte, hat die Röhre die Art der Elektronenerzeugung durch Ionenstoß gemeinsam. Die Röntgenröhre erreicht bald einen höheren Entwicklungszustand; sie wird abgeschmolzen und mit besonderen Vorrichtungen zur Regulierung des Gasdruckes und Wasserkühlung der Antikathode versehen (Abb. 243)[1].

---

[1] Da der geringe Gasrest bei der Benutzung der Röhre infolge Getterwirkung abnimmt, dienen Zusatzvorrichtungen, von denen das Palladiumröhrchen und das BAUER-Ventil genannt seien, dem Einlaß geringer Gasmengen zur Regulierung des Gasdruckes. Das Palladiumröhrchen läßt bekanntlich etwas Wasserstoff hindurch, wenn man es (mit einer Bunsenflamme) zum Glühen bringt; bei dem BAUER-Ventil wird ein unter Quecksilber befindliches Tonplättchen zwischen Außen- und Innenraum durch die Betätigung eines Gummiballs zeitweise freigelegt (s. Abb. 243).

Gegenüber diesen Ionenröhren bedeutet der Übergang zur Hochvakuumröhre mit Glühkathode einen gewaltigen Fortschritt. Dieser .Fortschritt bei
der Röntgenröhre wurde von WEHNELT und TRENKLE [709a] vorbereitet, die
die WEHNELTsche Entdeckung der Oxydkathode zur Konstruktion einer Glühkathodenröhre benutzten. LILIENFELD [434] hat bald darauf eine Hochvakuumröhre, die mit Sekundärelektronen arbeitete, angegeben. Die von COOLIDGE
[176] entwickelte Röntgenröhre brachte den Hauptfortschritt.

Die Kathode der COO-
LIDGE - Röhre besteht aus
einer Wolframdrahtspirale,
die an Stelle des zentralen
Bodenstücks einer Halb-
kugel eingesetzt ist, wobei
offensichtlich die Halbkugel-
kalotte, wie sie die Kathode
der älteren Ionenröhren
zeigte, als Vorbild gedient
hat. Gleichzeitig wählte
COOLIDGE für seine Röhre

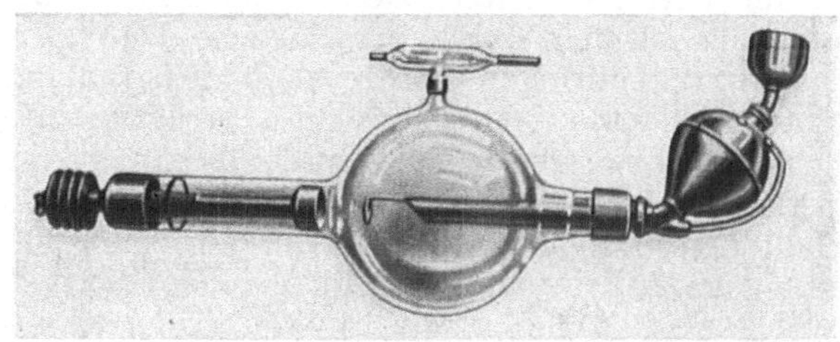

Abb. 243. Ältere Röntgenröhre mit BAUER-Ventil [239].

nach den Vorschlägen von VILLARD und CHABAUD [704] und anderen durch
Vereinigung der Antikathode mit der Anode die heutige rotationssymmetrische
Form, wie sie hochspannungstechnisch günstig ist. Die Röntgenröhre kam damit
in der äußeren Form der Lenardröhre wieder näher. Inzwischen hatte sich
auch die Lenardröhre in demselben Sinne wie die Röntgenröhre weiterentwickelt.

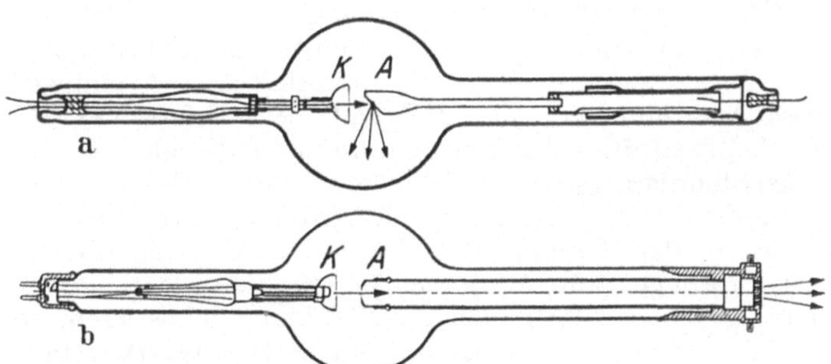

Abb. 244. Gleichartiger Aufbau von Röntgenröhre (a) und Lenardröhre (b).

KRÜGER [405] benutzte die COOLIDGE-Kathode auch für die Lenardröhre, und
COOLIDGE [180] bei der General Electric Comp., USA, sowie HOFMANN [314]
bei der Phönix-Gesellschaft entwickelten unabhängig voneinander ein ab-
geschmolzenes technisches Lenardrohr [VII, 2]. Bei diesen beiden technischen
Lenardröhren mit Glühkathode ist der gleichartige lange Anodenzylinder,
der sich ebenso auch bei einer späteren Konstruktion der C. H. F. Müller AG.
wiederfindet, bemerkenswert (Abb. 244). Dieser Anodenzylinder hat besonders
den Zweck, das Fenster mit der Kühlung ans Ende der Röhre verlegen zu
können und trotzdem die bei der Röntgenröhre bewährte Beschleunigungs-
einrichtung mit einer der Kathode nahe gegenüberstehenden Anode beizu-
behalten. Bei der ursprünglichen Phönix-Röhre war der Anodenzylinder nach
der Kathode zu mit einem Netz abgeschlossen, das bei späteren Konstruktionen fortgelassen wurde. Die so entstandenen Lenard- und Röntgen-Glüh-
kathodenröhren sind einander in Aufbau und Gestaltung noch wesentlich ähnlicher als die ursprünglichen Ionenröhren. Man vergleiche z. B. auch [182a, b].

Noch in ganz anderer Hinsicht ist eine Parallele zwischen den beiden Röhren vorhanden. Beide Röhren dienen zur Erzeugung einer durchdringungsfähigen Strahlung mit gewissen Ähnlichkeiten im Verhalten. Zwar wird man die Kathodenstrahlen nicht zu medizinischen *Durch*strahlungsuntersuchungen benutzen, und wir kennen daher auch nur eine technische *Röntgen*kunde und eine *Röntgen*diagnostik. Dagegen sind Feinstrukturuntersuchungen an Kristallen mit Kathoden- *und* Röntgenstrahlen durchführbar, ebenso wie die Kathodenstrahlung Aussichten für die Therapie besitzt. Der Unterschied der beiden Strahlungen in ihrer Verwendung ist hier durch verschiedene Durchdringungsfähigkeit gegeben. Die weniger durchdringungsfähige Kathodenstrahlung hat ihre Vorzüge bei dünnen Materieschichten. Mit ihr sind Strukturanalysen an dünnen kristallinen Schichten bzw. Oberflächen durchführbar und mit ihr ist eine stark wirksame Bestrahlung von Geweben in eng begrenzter Schichtdicke (unter Schonung der Hautoberfläche) möglich. Die durchdringungsfähige Röntgenstrahlung hat dagegen in Medizin und Technik gerade ihre Bedeutung bei dicken Schichten,

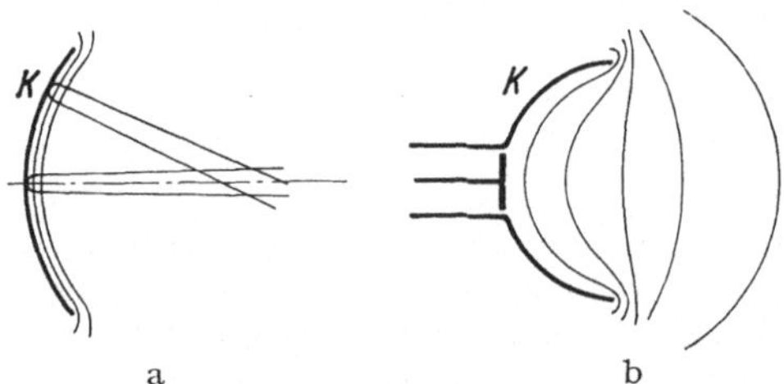

Abb. 245. Hohlspiegelartig gekrümmte Kathoden.
a Kalte Hohlkathode (Kathodenfall), b COOLIDGE - Glühkathode (Hochvakuum).

sei es, daß es sich um die Aufnahme des Röntgenbildes des menschlichen Körpers, die Bestrahlung ausgedehnter Gewebe oder um das Aufsuchen von Fehlern in Werkstücken handelt.

Die neuere Entwicklung der Röntgen- und Kathodenstrahlröhren hat zu durchdringungsfähigerer Strahlung geführt. Zu ihrer Erzeugung mußten Einrichtungen zur Erzeugung höchster Spannungen geschaffen werden. Diese Anordnungen, die 1 MV und mehr liefern [VII, 5], sind bei Röntgen-, Kathodenstrahl- oder Ionenstrahlröhren die gleichen.

2. Das Beschleunigungsfeld als Elektronenlinse. Bei den älteren Lenard- und Röntgen-Ionenröhren werden die Elektronen durch den Kathodenfall im Gebiet nahe vor der Kathode beschleunigt, so daß die Kathodenstrahlen, abgesehen von Störungen am Rande der kreisförmigen Kathode, auf ihr senkrecht zu stehen scheinen. Will man die Strahlung fokussieren, so wird man die Kathode daher, wie es schon CROOKES und GOLDSTEIN getan haben, geeignet krümmen. Die Elektronenstrahlen vereinigen sich dann in erster Näherung im Krümmungsmittelpunkt der Hohlkathode (Abb. 245 a). Bei genauerer Betrachtung zeigt sich, daß die Vereinigungsstelle etwas weiter von der Kathode entfernt liegt als der Krümmungsmittelpunkt, und daß die Strahlung hier auch nicht zu einem Punkt zusammenläuft, sondern grundsätzlich auf der hier aufgestellten Antikathode einen Emissionskreis bilden muß [EO IV, 11 und V, 3]. In den Untersuchungen GOLDSTEINs [270] besitzen wir ausgedehntes Material über die Einflüsse der Kugelkrümmung, des Gasdrucks usw. auf die „Brennweite" solcher Hohlspiegelkathoden.

Wir wollen uns sogleich der wichtigeren Glühkathode zuwenden, bei deren Konstruktion für die Röntgenröhre COOLIDGE [178] über ihre Wirkungsweise und Fokussierungseigenschaften in Abhängigkeit von dem Einbau der Glühspirale usw. ausgedehnte Untersuchungen durchführte. Das Ergebnis seiner Untersuchungen ist eine aus einer Halbkugel bestehende Kathodenschale, in deren Boden die Glühspirale liegt (Abb. 245 b). Daß die Schale bei der Hochvakuumröhre stärker gekrümmt sein muß, falls man gleiche Brennweite erzielen will, erscheint selbstverständlich, wenn man sich die Unterschiede im Potentialfeld bei Gas und im Hochvakuum vergegenwärtigt. Wie gesagt, sitzt bei der Gasentladungsröhre das ganze Beschleunigungsfeld dicht vor der Kathode, so daß sich die Elektronen ungefähr im Krümmungsmittelpunkt sammeln. Im Hochvakuum erstrecken sich die Potentialflächen dagegen weit in den Raum (Abb. 245 b). Ihre für die Stärke der Fokussierungswirkung maßgebende Krümmung ist im Hochvakuum bei gleicher Krümmung der Kathodenschale durchgehend viel geringer als bei Vorhandensein eines Kathodenfalls. Die dadurch bedingte schwächere Fokussierung ist durch stärkere Krümmung der Kathodenschale zu kompensieren.

Die Untersuchungen der Kathodenkonstruktion von COOLIDGE sind wegen der Beobachtungsmethodik, die er benutzte, und weil es sich um die ersten Untersuchungen dieser Art an einem wichtigen technischen Problem handelt, bemerkenswert. Da sie außerdem vorbildlich sind und ihr Wert dadurch bewiesen ist, daß die 20 Jahre alte COOLIDGE-Kathode heute noch benutzt wird, wollen wir etwas genauer darauf eingehen.

COOLIDGE — vor ihm war dieses Verfahren von DESSAUER und CERMAK [201] beschrieben worden — benutzte die Anode, auf die er die Elektronen punktförmig konzentrieren wollte, in gewisser Beziehung . als Leuchtschirm. Allerdings war es nicht Strahlung des sichtbaren Spektralgebietes, die dieser „Leuchtschirm" aussandte, sondern eben die Röntgenstrahlung. Das entstehende Röntgenbild konnte deswegen auch nicht unmittelbar mit dem Auge beobachtet werden, sondern wurde mit einem photographischen Apparat für Röntgenstrahlen photographiert. Als Apparat diente dabei, da es Linsen für Röntgenstrahlen ja nicht gibt, eine Lochkamera (Abb. 246). Aus einer neueren Arbeit von SEEMANN und SCHOTZKY [643] sei ein Bild gezeigt, das die Art solcher Aufnahmen erläutert (Abb. 247). Es handelt sich um den Brennfleck der Glühdrahtspirale, die über eine Schutzscheibe ein wenig hervorsteht. Das Bild zeigt, daß das Elektronenbündel mit einer scharfen Grenze auf die Anode auftrifft.

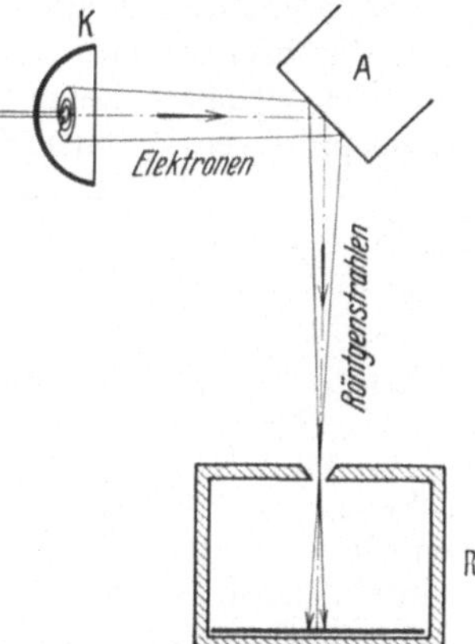

Abb. 246. Photographie eines Elektronenbildes mittels Röntgenstrahlen (Röntgenstrahlen-Lochkamera).

Abb. 247. Röntgenstrahlabbildung einer Antikathode mit der Röntgenstrahlen-Lochkamera aufgenommen.

Bei solchen Untersuchungen wählte COOLIDGE verschiedene Formen der Fokussierungsanordnung. Er benutzte eine Platte, in deren Mitte die Wolframspirale eingebaut war, ein zylindrisches Kästchen, in dessen Vorderfläche sich die Spirale befand, oder die bereits erwähnte Halbkugel, an die ein Zylinder angesetzt war (Abb. 248). Die Spirale konnte in dem Zylinder verschoben werden. Den kleinsten und schärfsten Brennfleck erhielt er, wenn die Spirale gerade einen Teil der Bodenfläche bildete, wie es bei Abb. 248 gezeichnet ist. Dann wurde untersucht, wie sich ein verschiedener Abstand der Anode auswirkt. Nach den von COOLIDGE angegebenen Bildern ist der Fleck bei einer bestimmten Stellung der Anode zur Kathode am kleinsten,

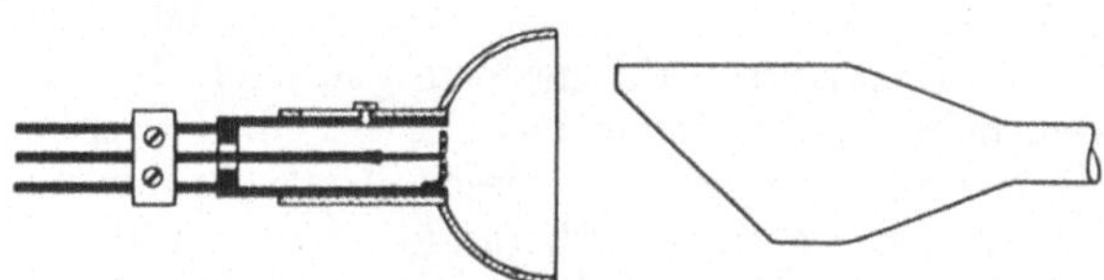
Abb. 248. COOLIDGE-Kathode in günstiger Lage zur Antikathode [178].

und zwar, was man auch erwarten sollte, wenn die Anode etwas außerhalb des Mittelpunktes der Hohlkathode liegt (Abb. 248).

Auch diese Untersuchungen von COOLIDGE haben bei der Lenardröhre ihr Gegenstück. Als bei den Phönix-Werken eine technische Lenardröhre mit Glühkathode entwickelt wurde [314], ging man ganz ähnlich wie COOLIDGE vor. Um die Elektronenlinse, die das Beschleunigungsfeld bildet, in ihren Eigenschaften genauer kennenzulernen und zu verändern, wurde in der Mitte der Glühspirale ein kleiner Stift S auf Kathodenpotential[1] angebracht (Abb. 249),

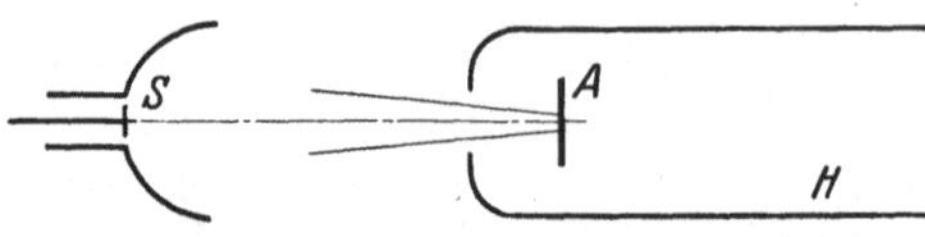

Abb. 249. Zur Untersuchung der Fokussierungseigenschaft der COOLIDGE-Kathode.

dessen Lage in der Achse von Zehntel zu Zehntel Millimeter verändert werden konnte. In jeder Lage wurde mit der oben beschriebenen Röntgenstrahl-Lochkamera der Querschnitt des Strahlenbündels bei verschiedenen Tiefen in der Hülse H festgelegt, indem Wolframscheibchen A der Strahlung in den Weg gestellt wurden. Auf diese Weise wurde die Stellung des Stiftes und damit die zweckmäßige Gestaltung der Glühkathode festgelegt, bei der eine gleichmäßige Bestrahlung des Fensters ohne Verluste an den Rändern erzielt wird.

Bei den bisher besprochenen Untersuchungen wurde stets versucht, die günstige Fokussierung durch geometrische Variationen der beiden Elektroden und ihrer gegenseitigen Lage zu erreichen. Zunächst bemühte man sich, überhaupt erst Fokussierung zu erzielen, was durch die hohlspiegelartige Krümmung der Kathode erreicht wurde. Dann brachte man die Antikathode in die richtige Entfernung zum Kathodensystem oder versuchte, bei vorgegebenem Abstand durch geometrische Veränderungen an der Kathode Anpassung zu erzielen.

Man kann jedoch noch einen anderen Weg gehen. Durch Einführen einer weiteren Elektrode mit wählbarem Potential erhalten wir das normale Drei-Elektroden-Immersionsobjektiv, mit dem wir nun durch Wahl des Zwischenpotentials die (unscharfe) Abbildung der Glühspirale in der gewünschten Entfernung vornehmen können. Diesen uns aus der Elektronenoptik so geläufigen

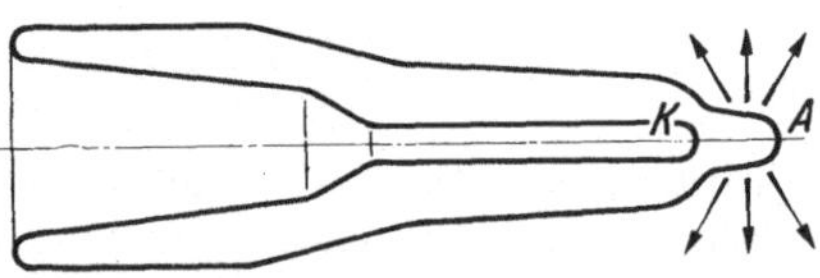

Abb. 250. Schema einer Körperhöhlenröhre [54].

Gedanken finden wir längst in der Patentliteratur. Es ist der „WEHNELT-Zylinder" bei der Röntgenröhre [415, 416]. Auch durch Magnetspulen unmittelbar an der Kathode ist die fokussierende Wirkung des Beschleunigungsfeldes beeinflußt worden [415].

3. Besondere Fokussierungsmittel bei langem Strahlweg. Ein sehr deutlicher Unterschied besteht bei der älteren Röntgen- und Lenardröhre in der Strahlführung. Bei dieser Röntgenröhre wird die Elektronenstrahlung in einem sehr geringen Abstande, der von der Größenordnung des Kathodendurchmessers ist, auf die Antikathode konzentriert, während die Strahlen bei der Lenardröhre das Vielfache dieser Entfernung bis zum Fenster zurückzulegen haben.

Doch auch bei der Röntgenröhre können ähnliche Anordnungen erforderlich werden. Sowohl bei medizinischen wie bei Werkstoffuntersuchungen handelt es sich gelegentlich darum, die Strahlung in „Höhlen" zu leiten und dort Bestrahlungen vorzunehmen, wie es bereits SEITZ [644] diskutiert und versucht hat. Derartige medizinische Fragen löst man z. B., indem man an der Röhre

---

[1] Diesen Stift auf einstellbarem negativen Potential benutzte THALLER [677] bei der Röntgenröhre [VII, 10].

einen Fortsatz gegenüber der Antikathode anbringt und die Röntgenstrahlung auf diesen Fortsatz richtet, den man nun in die Körperhöhle einführt [454a, 548]. Oder man bildet — wie bei der Röhre von BERTHOLD [54] — die Kathode K als einen Stab aus, den man in einem Rohr zentral anordnet und mit dessen Ende man sich dem Röhrenabschluß stark annähert (Abb. 250). Bringt man nun noch an dem Mantelrohr eine geeignete Ausstülpung A an, so ist eine Röhre entstanden, von deren äußerster Spitze die Röntgenstrahlung ausgeht. Wir finden in der Patentliteratur viele ähnliche Anordnungen, z. B. [497], doch wollen wir uns sogleich dem zweiten, bei Werkstoffuntersuchungen vorzugsweise beschrittenen Weg zuwenden. Hier wird wie

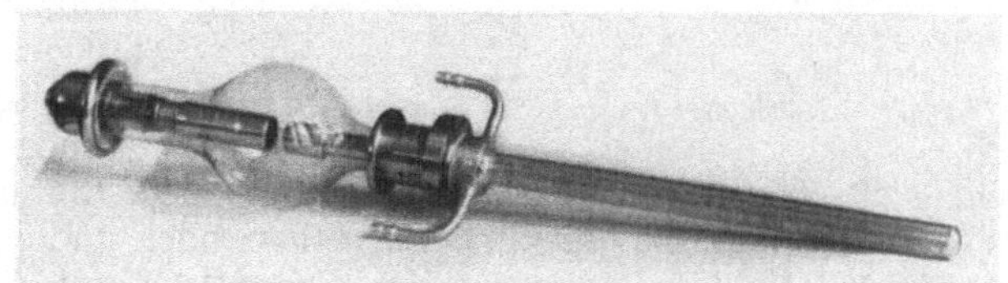

Abb. 251. AEG-Hohlanoden-Röntgenröhre.

bei der Lenardröhre angestrebt, die Elektronenstrahlung, die an einer bequemen Stelle erzeugt wird, durch eine lange Anodenröhre bis zum Ende dieser Röhre zu leiten, wo nun die Röntgenstrahlung erzeugt wird. Damit ist die Aufgabe zu einer Frage der Elektronenoptik geworden.

Wir besprachen bereits in [VII, 2], wie es bei der Lenardröhre durch geeignete Gestaltung des Beschleunigungsfeldes gelingt, die Elektronen zum Fenster zu führen. Das Problem ist letzten Endes ähnlich wie bei der BRAUNschen Röhre, nur daß hier eine gewisse Breite des Strahlenganges am Fenster zugelassen, ja sogar erwünscht ist, um Zerstörungen des Fensters zu vermeiden. Die Aufgabe ist also einfacher als bei der BRAUNschen Röhre — ganz abgesehen von dem Fehlen der Ablenkorgane —, erschwert aber dadurch, daß die Strahlungsquelle als Glühspirale wenig definiert ist, so daß die Herstellung des gewünschten Brennfleckes schwer erreichbar ist.

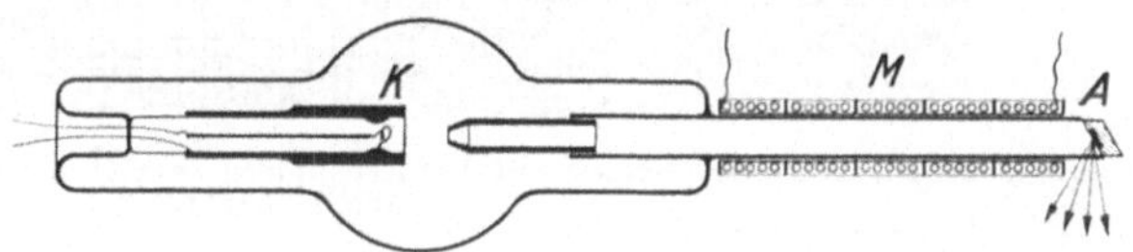

Abb. 252. Siemens-Hohlanoden-Röntgenröhre nach MÜLLER [503].

Außer dem Weg, durch die Gestaltung der Kathode und des Beschleunigungsfeldes ein enges Bündel herzustellen, hat man auch weitere Fokussierungselemente in größerer Entfernung von der Kathode angeordnet. Den Übergang zu diesen Röhren bilden Vorschläge in der Patentliteratur. So will THALLER [677a, b] einen Ring zwischen der Kathode und der Antikathode anordnen, um auf diese Weise die Brennfleckgröße zu regeln. Den Ring verbindet er mit dem positiven Pol der Hochspannung, während die Antikathode die Spannung über einen Widerstand erhält. Mit wachsender Größe des Elektronenstroms wird das Potential der Antikathode sinken, so daß die Zerstreuungswirkung des Ringes wächst, was zur Vermeidung von Überlastung der Antikathode wünschenswert ist. Nach einem späteren Vorschlag [647] soll ein geeignet aufgeladener Ring, der in diesem Falle über das Rohr geschoben ist, die Fokussierung der Kathodenstrahlen beeinflussen. Ganz abgesehen von der störenden Wirkung der Glaswand läßt sich eine stark verkleinernde Einwirkung auf den Brennfleck schwer erreichen, weil der außerhalb der Röhre angebrachte Ring einen zu großen Durchmesser haben muß.

Abb. 251 und 252 zeigen Hohlanodenröhren zur Untersuchung der Rohrwandungen von Metallgefäßen, wobei die Durchstrahlung von innen her vorgenommen werden soll. Das Anodenrohr ist wie das Rohr einer Lenardröhre

ein langes, relativ enges Rohr, das leicht in das zu untersuchende Gefäß eingeführt werden kann. Statt des Fensters ist ein schräg sitzendes Metallstück
angebracht, von dem die Röntgenstrahlung nach der Seite abgestrahlt wird.
Abb. 251 zeigt ein Hohlanodenrohr, bei dem die Fokussierung durch eine *kurze*

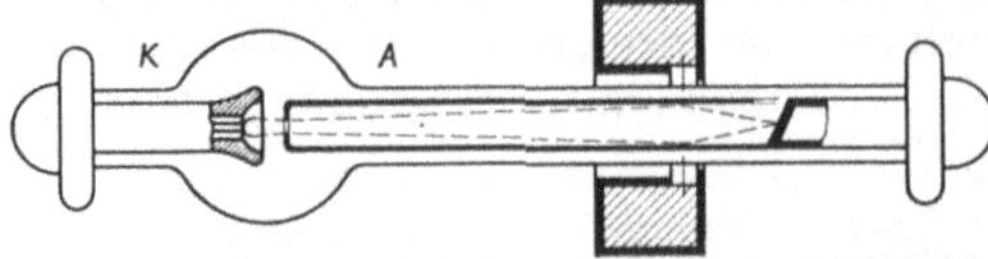

Abb. 253. AEG-Feinfokus-Röntgenröhre nach Malsch [451].

magnetische Linse, eine eisenge-
schlossene Spule, erreicht wird.
Um das Rohr Abb. 252 sind
mehrere Spulen M gelegt, so daß
auf der zweiten Hälfte des Strahlenganges ein in erster Näherung
homogenes magnetisches Längs-
feld sich vorfindet, das zur Regelung der Brennfleckgröße dient. Durch
bevorzugte Strombeschickung der einen oder anderen der nebeneinander angeordneten Spulen kann man den Brennfleck auf der Antikathode mehr oder

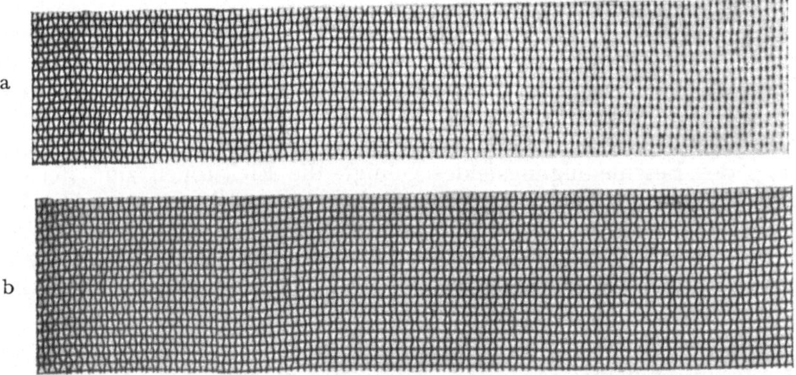

Abb. 254. Schattenbild eines Netzes, mit Röntgenstrahlen erzielt; a mit üblicher Röhre, b mit Feinfokusröhre
(Abb. 253) [Seifert].

minder groß machen. Eine magnetische Linse findet z. B. auch in den neueren
Untersuchungen von Kossel und seinen Mitarbeitern (398a) Anwendung, die
die Erregung von Röntgenstrahlen in Einkristallen untersuchen.

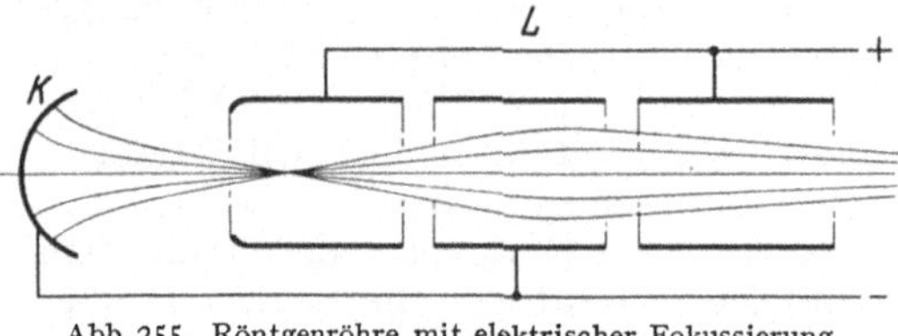

Abb. 255. Röntgenröhre mit elektrischer Fokussierung
(Zweipolsystem).

Bringt man die Fokussierungsspule in der Nähe der Antikathode an, so ist der Brennfleck
ein stark verkleinertes Bild der
Kathode. Man spricht von Feinfokusröhre. Abb. 253 zeigt die
Schnittzeichnung einer Feinfokusröhre nach Malsch [451], die
im Prinzip der Hohlanodenröhre

ähnelt. Die mit der Feinfokusröhre erzielbare Strichschärfe im Vergleich mit
der einer normalen Röhre zeigt Abb. 254. Ein Drahtnetz wurde unter 45° gegen
die Strahlrichtung geneigt durchstrahlt. Am linken Ende, wo Netz und photographische Platte dicht beieinander sind, sind beide Schattenbilder gleich
scharf. Am rechten Rand, wo die Entfernung Netz—Platte groß ist, zeigt die
normale Röhre ein verwaschenes Bild, während die Feinfokusröhre hier auch
noch ein scharfes Bild liefert. Eine mit der Feinfokusröhre erzielte Aufnahme
einer Schweißnaht zeigt Abb. 289.
  Die entsprechende rein elektrische Fokussierung ist bisher noch nicht angewandt worden. Man hätte dabei z. B. die Strahlung hinter einem kathoden-

nahen Brennfleck abermals mit einer elektrischen Einzellinse zu fokussieren. Eine Zwischenspannung wäre dabei nicht erforderlich (Abb. 255). Die Einrichtung wäre in gleicher Weise für Lenard- und Röntgenröhre verwendbar [451a].

Obwohl durch die verschiedenen Fokussierungseinrichtungen nach Möglichkeit dafür gesorgt ist, daß bei der Lenardröhre der vorwiegende Teil der Kathodenstrahlung durch das Fenster austritt, erweist sich das austretende Strahlenbündel doch als breit und diffus. GENTNER [256] hat daher, wie ähnlich schon vorher COOLIDGE [182] bei seinem Kaskadenrohr, unmittelbar hinter dem Fenster eine magnetische Linse angewandt, die auf dem Umfang und der Fensterseite

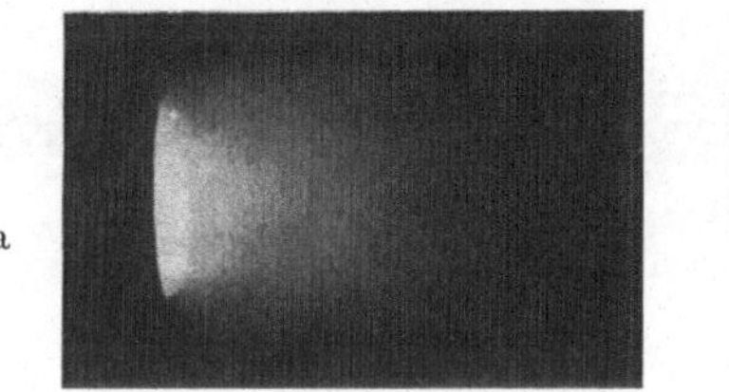 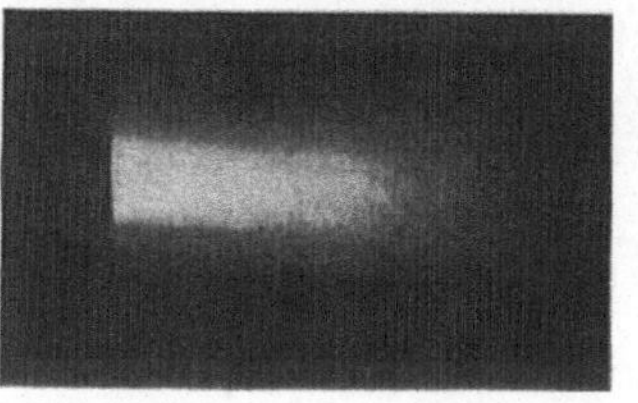

Abb. 256. Einschnürung des Kathodenstrahles durch eine magnetische Linse. a ohne, b mit magnetischer Linse [256].

gepanzert war. Das Kathodenstrahlbündel, das an der Luftfluoreszenz [V, 17] beobachtet wurde, schnürte sich stark zusammen, wobei die Intensität im Zentralbereich um das Vierfache zunahm (Abb. 256).

b) Höchstspannungsröhre.

Der Übergang zu sehr hohen Spannungen von 1 Million Volt (1 Megavolt = 1 MV) und mehr wurde in den letzten Jahren besonders gefördert. Auch in dieser Entwicklungsphase zeigte sich die Verwandtschaft zwischen Lenard- und Röntgenröhre an der Ähnlichkeit der Konstruktionen. Wie bei den Röhren geringer Spannung werden die physikalischen Anordnungen zunächst allgemein entwickelt und wohl gelegentlich auch zur Erzeugung von Röntgenstrahlen benutzt. Den allgemeineren Bedürfnissen entsprechend haben die Röntgenröhren von 1 MV heute bereits als Röhren technische Formen angenommen. Die Röhren für höchste erreichbare Spannungen von mehr als 1 MV sind dagegen noch unspezialisierte physikalische Anordnungen.

4. Problem der Spannungsfestigkeit. Offensichtlich sind vier Einzelschwierigkeiten bei dem Aufbau von Höchstspannungsröhren zu überwinden. Erstens der äußere Überschlag, zweitens die äußere Entladung längs der Rohrwand, drittens der Durchschlag durch die Rohrwand und viertens die innere Entladung, die es nicht gestatten, zu hohen Spannungen zu gelangen. Der äußere Überschlag zwischen den Elektroden ist kein sehr schwieriges Problem, wird doch das Rohr schon aus anderen Gründen keine so geringe Länge haben, daß die Durchschlagsfeldstärke in Luft von etwa 30 kV/cm überschritten wird. Bringt man das Rohr in einen Luftdruckkessel oder stellt es in Öl, so erhält man wesentlich höhere Spannungsfestigkeit, bei kurzen Spannungsstößen über 500 kV/cm. — Die Gefahr einer Entladung längs der äußeren Röhrenwand läßt sich durch die im Isolatorbau üblichen Wegverlängerungen herabsetzen. — Der Durchschlag durch die Rohrwand ist ebenfalls vermeidbar, wenn man ein geeignet kräftiges Rohr z. B. aus Porzellan wählt oder, wie wir es im einzelnen noch kennenlernen werden, wenn man dafür sorgt, daß die innere Rohrwand vor unkontrollierbaren Aufladungen geschützt ist.

Die abgeschmolzenen technischen Röhren erreichen heute mehr als 0,5 MV Betriebsspannung. So baute Osram [693] die in Abb. 257 dargestellte Röhre für

600 kV. Die $1^1/_2$ m lange Röhre hat einen massiven Wolframkörper als Anode, der beim Betrieb zur hellen Weißglut kommt. Alle negativen Teile sind sorgfältig abgerundet. Die Röhre hält bei 300 kV dauernd 4 mA Stromstärke, bei 600 kV dauernd 1 mA aus. Sie diente zu technischen Grobstrukturuntersuchungen und medizinischen Zwecken.

COOLIDGE [182a, b] schaltete mehrere Lenardröhren hintereinander und beschleunigte so die Elektronen in Stufen, wobei er durch Magnetspulen für den

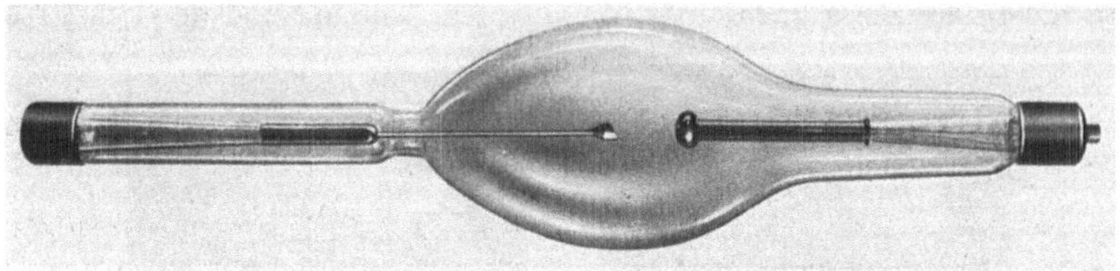

Abb. 257. Osram-Hochspannungs-Röntgenröhre für 600 kV (1,5 m Länge).

störungsfreien Durchgang an den Rohreinschnürungen bei den Fenstern sorgte (Abb. 258). Er erreichte mit seiner Anlage bereits 0,9 MV.

Von diesem ersten grundsätzlich wichtigen Versuch führen zwei Entwicklungen weiter, das Verfahren von TUVE, HAFSTAD und Mitarbeitern und das Verfahren von BRASCH und LANGE. Beiden Verfahren liegt letzten Endes die Erkenntnis zugrunde, daß ein möglichst lineares Potentialgefälle im Versuchsrohr erzeugt werden müsse, um sehr hohe Feldstärken zu vermeiden.

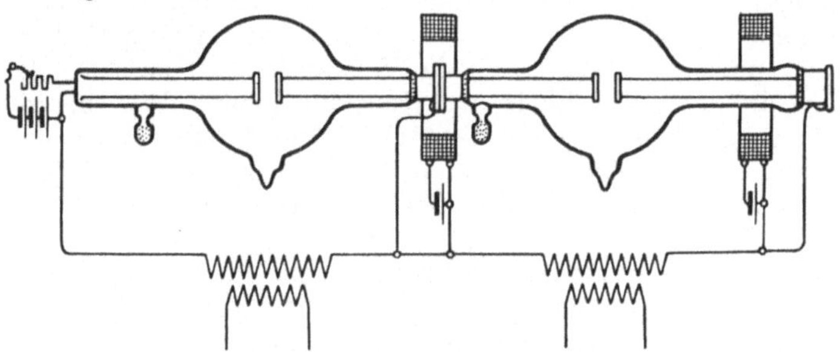

Abb. 258. COOLIDGE-Rohr [182a].

Das Potentialgefälle kann z. B. dadurch nichtlinear werden, daß Elektronen die Glaswand treffen, wodurch die Wände sich aufladen und Sekundärelektronen ausgelöst werden [98]. Denken wir uns mit BOUWERS an die Elektroden eines zylindrischen Glasrohres Spannung angelegt, so wird ein Potentialverlauf ähnlich wie in einem Gasentladungsrohr auftreten können (Abb. 259a), und es werden an den Elektroden hohe Feldstärken entstehen, die eine Spitzenentladung begünstigen. Mit der Einführung von Zwischenelektroden, die wohl zuerst TOWNSEND [690] bei wissenschaftlichen Untersuchungen zur Herstellung eines möglichst konstanten Potentialgefälles benutzte, kann das Potentialgefälle leicht ausgeglichen werden in dem Sinne, daß besonders große Feldstärken vermieden werden (Abb. 259b).

TUVE, HAFSTAD und Mitarbeiter [699, 700] gingen bei ihren Entwicklungen unmittelbar auf dem von COOLIDGE eingeschlagenen Wege weiter. Sie ließen wie COOLIDGE [182b] die Zwischenfolien der Anordnung Abb. 258 fort und erhielten auf diese Weise eine unterteilte Versuchsröhre mit einzelnen Gliedern, die sie durch ein Potentiometer auf den ihnen zukommenden Spannungen hielten, so daß ein in erster Näherung linearer Potentialabfall längs der ganzen Röhre auftrat. Bei einer solchen Röhre älterer Bauart [699] waren z. B. 15 Glaskugeln vorhanden, zwischen denen ein enges Glasrohr, in dem ein Metallzylinder steckte, die Verbindung bildete (Abb. 260). Das Fortlassen der LENARD-Fenster erwies sich als zulässig; die mit Teslaspulen bei 1 MV betriebene Anlage arbeitete zufriedenstellend.

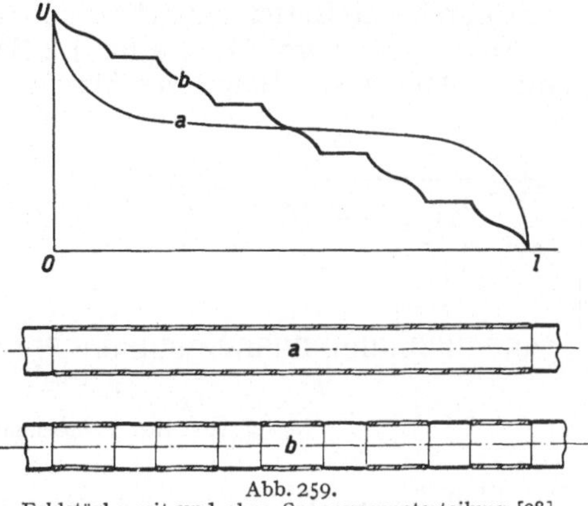

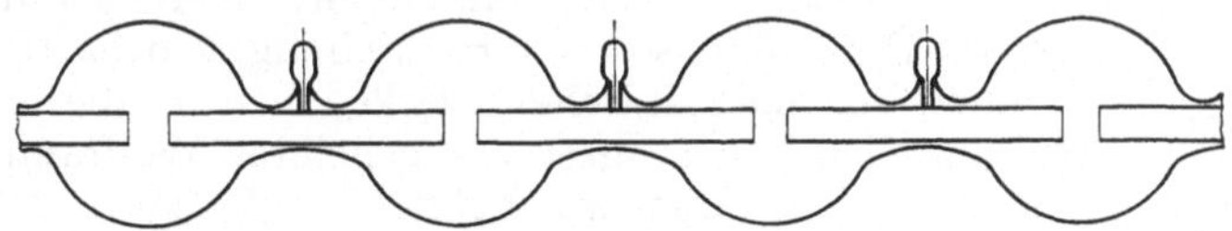

Abb. 259.
Feldstärke mit und ohne Spannungsunterteilung [98].

Bei einer neueren Konstruktion derselben Autoren [700], in der die Erfahrungen 7jähriger Arbeiten verwertet sind, findet man die Unterteilung des Rohrs in streng voneinander abgegrenzte Stufen noch weiter verwischt, dagegen das Unterteilungsprinzip der Gesamtspannung als das eigentlich wichtige beibehalten. Die Entladungsstrecke ist aus 24 cm langen und 12 cm weiten

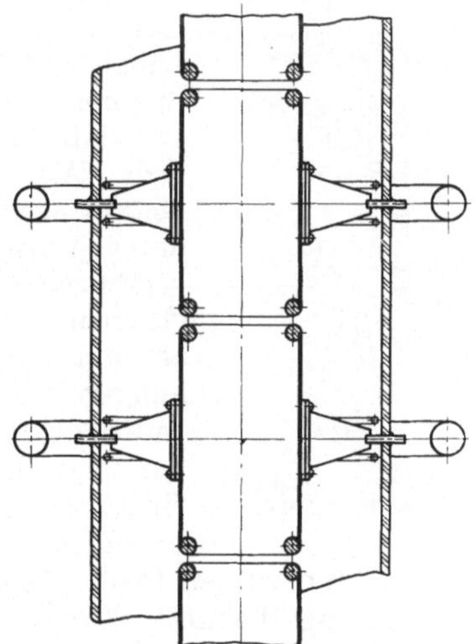

Abb. 260. Ausschnitt aus einer mehrstufigen Röhre nach TUVE, BREIT und HAFSTAD [699].

Metallzylindern mit gut abgerundeten Kanten aufgebaut (Abb. 261). Die Spannungsverteilung längs des Rohres wurde durch einen Koronastrom von etwa 150 mA aufrechterhalten, der von Teil zu Teil zwischen den in Abb. 260 sichtbaren Koronaringen überging, die gleichzeitig als Funkenstrecken bei Überspannung dienten. Die Einzelteile des Rohres mußten sehr sorgfältig justiert, alle Halteschrauben usw. abgeschirmt werden. — Ganz ähnlich ist auch eine Röhre von LAURITSEN und Mitarbeitern [417, 418] aufgebaut, bei der jedoch die Zylinder übereinandergreifen. Sie erreichten bei Anwendung der Röhre Spannungen bis 750 kV. Bei einer neueren Röntgenröhre der General Electric Comp. [164] mit 10 Zwischenelektroden sind Spannungen von über 1 MV anwendbar.

Eine abgeschmolzene Röntgenröhre für 1 MV, die der ursprünglichen Form aus mehreren Einzelröhren am nächsten steht, zeigt Abb. 262 [697]. Sie besteht aus 6 Einheiten, in 3 Gruppen zu je zwei zusammengefaßt, die gesondert fertiggestellt, evakuiert und dann zusammengefügt werden. Die einzelnen Röhren werden

Abb. 261. Röntgenröhre nach TUVE
und Mitarbeitern [700].

provisorisch durch Folien F abgeschlossen. Nach dem Zusammenbau werden die Folien einfach durch Bombardement der Primärelektronen zum Schmelzen gebracht. K ist die Kathode, T die Antikathode, M eine magnetische Linse,

P ein abschirmender Bleimantel. Die einzelnen Einheiten haben doppelte Ausstülpungen zur Verlängerung der Glasisolation. Das Vakuum $< 10^{-5}$ Tor wird durch ein Getter aufrechterhalten. Über eine weitere Röhre vgl. [739a].

Eine neuere Osram-Röhre für 1,2 MV [221a] enthält sechs Beschleunigungsstufen (Abb. 263). Besondere Sorgfalt wurde auf die genaue Justierung der

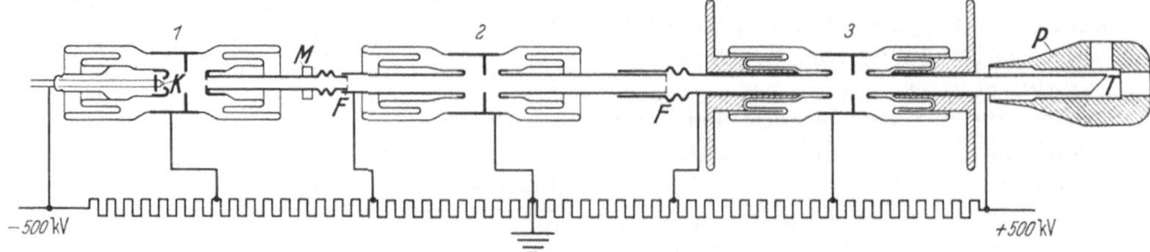

Abb. 262. Röntgenröhre für 1 MV nach [697].

Beschleunigungszylinder verwandt, die auch im zusammengebauten Zustand einstellbar sind. Auf besondere Magnetspulen zur Konzentrierung kann verzichtet werden, da die Felder zwischen den Zylindern bereits ausreichend fokussieren[1]. Als Kathode dient einer von acht Wolframfäden, die sich während des Betriebes auswechseln lassen. Die Röhre soll zur Herstellung sehr harter Röntgenstrahlen für medizinische Zwecke dienen, die im unteren Röhrenteil in einer unter 45° geneigten Wolframplatte ausgelöst werden. Das im Prüffeld aufgebaute Rohr ist in Abb. 264 wiedergegeben. Es hat eine Höhe von 7 m. Am unteren Ende ist der birnenförmige Bleipanzer um die Antikathode erkennbar.

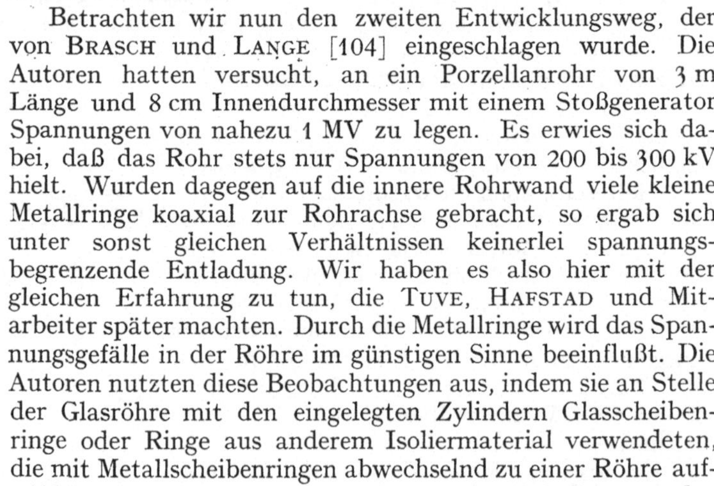

Abb. 263. Röntgenröhre für 1,2 MV.

Betrachten wir nun den zweiten Entwicklungsweg, der von BRASCH und LANGE [104] eingeschlagen wurde. Die Autoren hatten versucht, an ein Porzellanrohr von 3 m Länge und 8 cm Innendurchmesser mit einem Stoßgenerator Spannungen von nahezu 1 MV zu legen. Es erwies sich dabei, daß das Rohr stets nur Spannungen von 200 bis 300 kV hielt. Wurden dagegen auf die innere Rohrwand viele kleine Metallringe koaxial zur Rohrachse gebracht, so ergab sich unter sonst gleichen Verhältnissen keinerlei spannungsbegrenzende Entladung. Wir haben es also hier mit der gleichen Erfahrung zu tun, die TUVE, HAFSTAD und Mitarbeiter später machten. Durch die Metallringe wird das Spannungsgefälle in der Röhre im günstigen Sinne beeinflußt. Die Autoren nutzten diese Beobachtungen aus, indem sie an Stelle der Glasröhre mit den eingelegten Zylindern Glasscheibenringe oder Ringe aus anderem Isoliermaterial verwendeten, die mit Metallscheibenringen abwechselnd zu einer Röhre aufgeschichtet wurden (Abb. 265). Zur Dichtung zwischen den Scheiben wurden Gummiringe benutzt. Das Rohr war aus 200 Lamellengruppen aufgeschichtet. Jede Lage bestand aus einer Aluminiumscheibe von 0,75 mm, einer Hartpapierscheibe gleicher Stärke und zwei Gummiringen von etwa 1 mm, der direkte Abstand von Lage zu Lage war 3,5 mm, der Gleitweg über die Isolierflächen dagegen zwischen zwei Al-Scheiben 6 cm. So entsprach dem Rohr von 70 cm Länge hinsichtlich des Gleitweges ein glattes Rohr von 12 m. Ein Querdurch-

---

[1] Wir werden auf die Frage der Fokussierung noch bei einer anderen Röhre [VII, 6] eingehen.

schlag durch die Röhrenwand ist nun natürlich auch nicht möglich, da durch
die Metallscheiben von selbst Verbindungen zwischen dem Innen- und Außenraum der Röhre hergestellt sind. Wird an das Rohr plötzlich Spannung angelegt, so werden wir kurzzeitig von einer kapazitiven Spannungsteilung durch
die verschiedenen Metallscheiben sprechen können. Abgesehen von der Mitwirkung von Metallkörpern in der Um-
gebung des Rohres, insbesondere der
Grundplatte, wird sich bei gleicher
Kapazität der einzelnen Metallscheiben-
ringe ein lineares Potentialgefälle längs
der Röhre einstellen, wie es erwünscht ist.
Wir werden noch besonders in [VII, 6]
auf dieses „Lamellenrohr" eingehen.

Es sei noch erwähnt, daß das Prinzip der Spannungsunterteilung, das wir

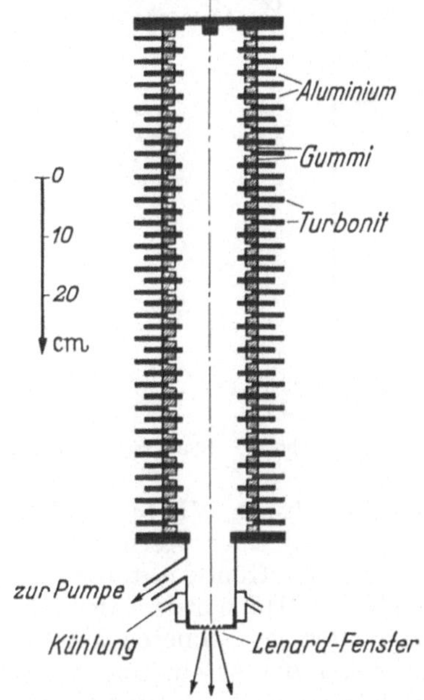

Abb. 264. Prüffeldaufbau der Osram-Röntgenröhre für 1,2 MV.

Abb. 265. Aufbau des Lamellenrohrs
nach BRASCH und LANGE.

soeben bei Lenard- und Röntgenröhre kennenlernten, auch bei anderen Röhren
benutzt wird. Man wird es immer dort zur Anwendung bringen, wo an ein
Rohr im Verhältnis zur Rohrlänge hohe Spannungen angelegt werden sollen,
also z. B. auch bei der Ventilröhre für sehr hohe Spannungen. Letzten Endes
ist die Nachbeschleunigung [V, 21], wie sie bei der BRAUNschen Röhre und dem
Bildwandler Verwendung findet, auch ein Kunstgriff, der neben anderem der
Erhöhung der Spannungsfestigkeit dient.

5. Erzeugung höchster Spannungen. Die Einrichtungen, die zur Erzeugung höchster Spannungen von 1 MV und mehr dienen, gehören natürlich
nicht zu den Elektronengeräten. Da sie aber im Zusammenhang mit den
entsprechenden Elektronenröhren entwickelt und die Voraussetzung für ihre
Verwendung sind, seien sie hier wenigstens zusammengestellt.

Die Einrichtungen zur Erzielung sehr hoher Spannungen kann man in zwei
große Gruppen einteilen. Entweder benutzt man eine vorgegebene kleine

Ausgangspotentialdifferenz, um viele Kondensatoren zu laden, die man durch besondere Mittel hintereinanderschaltet, so daß sich die Potentialdifferenzen addieren oder man führt einen Strom von Ladungen gegen das abstoßende Feld eines Konduktors zwangsmäßig auf den Konduktor hinauf, bis die gewünschte hohe Spannung erreicht ist.

Die erste Methode ist in vielerlei Ausführungsformen bekannt. Der Spannungserhöher von Rosing [571] oder von Bronk und Pieper [109a] ist diejenige Anordnung, die das Prinzip am reinsten zeigt, indem wirklich Kondensatoren durch eine Gleichspannung aufgeladen und nun mechanisch hintereinandergeschaltet werden. Zur Erzielung sehr hoher Spannungen dient dieselbe Methode, wobei aber die Hintereinanderschaltung nicht mechanisch „von Hand", sondern elektrisch vorgenommen wird, indem durch automatisch ansprechende Funken die erforderlichen neuen Verbindungen hergestellt werden.

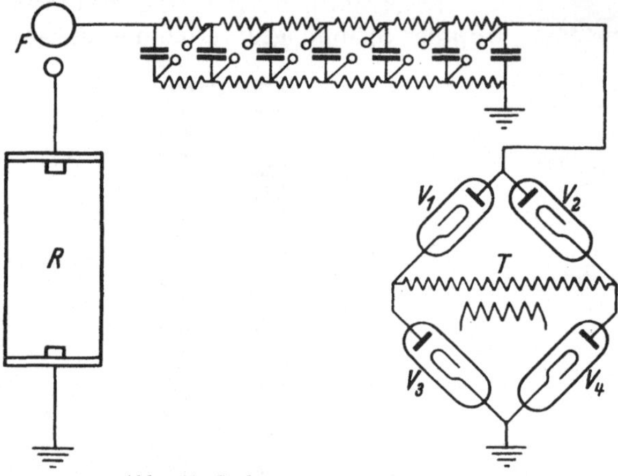

Abb. 266. Stoßgenerator nach Marx [468].

Diese „Stoßanlagen", die in der „Braunschen Energieschaltung" [107] ihren Vorgänger haben, sind besonders von Marx [468] und Töpler [689] ausgebaut worden. Die Schaltungen liefern zwar keine kontinuierliche Spannung, sondern nur Spannungsstöße; dafür ist aber die kurzzeitig zur Verfügung stehende Stromstärke sehr groß.

Der Stoßgenerator [468] (Abb. 266) hat als Spannungsquelle einen Transformator T mit vier Ventilen V in der Graetzschen Ausgleichsschaltung [VI, 14]. Während der eine Pol geerdet ist, liegt der Spannungspol an einer Kette von Kondensatoren und Widerständen. Die parallel geschalteten Kondensatoren werden über die hohen Widerstände allmählich zu gleicher Höhe aufgeladen. Schließen wir nun gleichzeitig die jeweils in den Diagonalen gezeichneten Funkenstrecken, so sind damit alle Kondensatoren hintereinander geschaltet, und wir haben an F eine hohe Spannung, die natürlich infolge der Widerstandsverbindungen allmählich abklingt. Die Schließung der Funkenstrecken erfolgt durch Überschlag von Funken, die eine wesentlich bessere Leitfähigkeit als die eingebauten Widerstände besitzen, und zwar erfolgt der Funkenüberschlag, sobald die Spannung an den Kondensatoren die Ansprechspannung der Funkenstrecken erreicht hat.

Eine kleine derartige Anlage aus 20 Glasplattenkondensatoren zeigt Abb. 267. Diese von Brasch und Lange [104] gebaute Anlage hat 1500 cm Endkapazität und liefert 0,9 MV. — Auf eine größere Anlage werden wir in [VII, 6] eingehen. Über die technische Ausführung eines Stoßgenerators bis 1 MV vgl. man z. B. Crämer [187, 188].

Die behandelten Vorrichtungen arbeiten mit Gleichspannung als Eingangsspannung des eigentlichen Generators. Auch mit Wechselspannung lassen sich unter Verwendung von Gleichrichterröhren Kaskadenschaltungen angeben, bei denen die besonderen mechanischen oder elektrischen Umschaltungen durch das Pulsieren der Eingangsspannung ersetzt sind. Solche Schaltungen wurden zuerst von Schenkel [610] und Greinacher [275] angegeben. Dem heute meist

benutzten „Kaskadengenerator" liegt die in [VI, 14] behandelte Schaltung von
VILLARD zugrunde. Diese Schaltung zur Spannungsverdoppelung wird mehrfach
hintereinander angewandt, wie es Abb. 268 zeigt. Stufe I ist eine VILLARD-
Schaltung, die am ersten Ventil eine zwischen Null und der doppelten Transformatorspannung $2\,U$ schwankende Spannung erzeugt. Die beiden Pole des
ersten Ventils sind als neue Spannungsquelle für die Stufe II aufzufassen. Der
Kondensator C_2 wird auf die Spannung $2\,U$ aufgeladen, auf der er dauernd
verbleibt. Die Spannung am Ventil 2 schwankt demnach ebenfalls zwischen O
und $2\,U$. Entsprechend sieht man, wenn man die Betrachtung sinngemäß weiter-
führt, daß auch die übrigen Kondensatoren die Spannung $2\,U$ erhalten (C_1 erhält die Spannung U). Die

Abb. 267. Stoßgenerator nach BRASCH und LANGE.

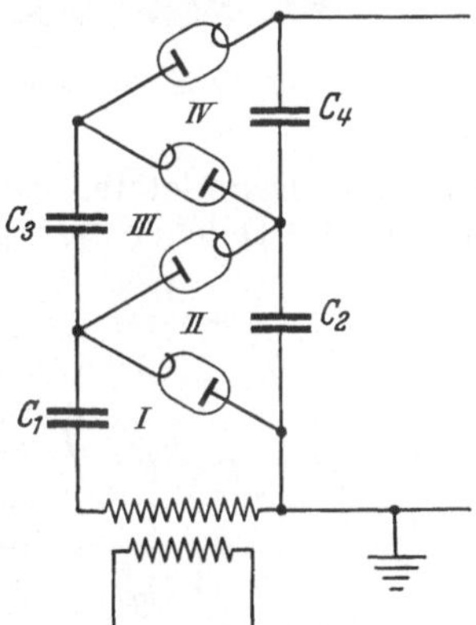

Abb. 268. Kaskaden-Generator-
Schaltung [22].

Gesamtspannung ist gleich der Summe der an den Kondensatoren C_2, C_4 . . .
liegenden Spannungen. Auf diese Weise werden die Ladungen gleichsam
stufenweise gehoben. Ein Kaskadengenerator für 2,5 MV ist z. B. von den
Siemenswerken im Max-Planck-Institut in Berlin aufgebaut worden (Abb. 269).
Über weitere Schaltungen siehe z. B. BEHNKEN [47] und BOUWERS [22].

Den bisher besprochenen Höchstspannungserzeugern stehen als zweite
Gruppe diejenigen gegenüber, bei denen Ladungen in kontinuierlicher Folge
auf einen Konduktor transportiert werden. Der Transport kann so erfolgen
wie bei dem VAN DE GRAAFF-Generator [274], einer großen Influenzmaschine,
bei der die Ladungen auf einem Isolator festgelegt und nun mit dem Isolator
mechanisch auf den Konduktor geführt werden oder indem man die Ladungen
auf so hohe Geschwindigkeit bringt, daß sie nun als freie Ladungen auf
den Konduktor geschossen werden können. Der Weg dazu ist die Vielfach-
beschleunigung [X, b].

Nur die erste Möglichkeit hat zur Erzeugung höchster Spannungen in unserem Zusammenhang Interesse, denn bei der zweiten benutzt man die schnellen Teilchen nun direkt zu den Experimenten und erzeugt die hohe Spannung gar

Abb. 269. Siemens-Hochspannungsanlage im Max-Planck-Institut [22].

nicht erst. Denn letzten Endes sollen ja mit der hohen Spannung im allgemeinen nur schnelle Teilchen erzeugt werden, die man jetzt bereits primär erhalten hat.

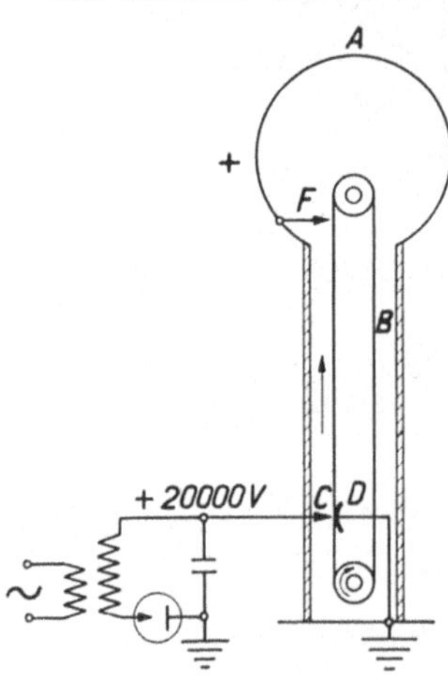

Abb. 270. Schema des van de Graaff - Generators.

Der statische Generator von van de Graaff [23, 273, 274], besteht in einer speziellen Ausführung [23] aus zwei Metallkugeln von 4,5 m Durchmesser als Kollektoren, die auf 6 m hohen und 1,8 m dicken, isolierenden Zylindern ruhen. Im Innern der Zylinder läuft ein 1,2 m breites Transportband B aus isolierendem Papier mit einer Geschwindigkeit von 23 bzw. 29 m/s (Abb. 270[1]). Über einen Transformator und Gleichrichter, der Spannungen bis zu 20 kV liefert, werden Ladungen mit Hilfe feiner Drähte oder Kämme C auf die Bänder aufgesprüht, durch die Bewegung der Bänder in die Kollektoren A gebracht und dort mit Hilfe von Spitzen F abgenommen. Die maximalen gemessenen Spannungen, die bei einem Ladestrom von 1,5 mA erhalten wurden, waren 2,7 MV positiv und 3,1 MV negativ. Die höchste Spannung, die dauernd ohne Sprühen aufrechterhalten werden konnte, war 2,4 MV positiv und 2,7 MV negativ, also insgesamt über 5 MV zwischen den beiden Kollektoren.

Bei dieser Spannung ist noch ein Strom von 1 mA zum Betrieb einer Entladungsröhre verfügbar. Die verfügbare Energie hat ein Maximum von 6,3 kW bei einer Gesamtspannung von 4,4 MV. Der Generator, der vom Massachusetts Institute of Technology gebaut wurde, ist die größte Anordnung dieser Art, der nur in einem von den Laboratorien der Westinghouse Electric and

---

[1] Nur einer der Kollektoren ist in Abb. 270 gezeichnet.

Manufacturing Comp. zu Pittsburgh eine Konkurrenz hat, der ebenfalls für 5 MV gebaut ist.

Bei den kleineren Generatoren ist an erster Stelle die technische Anordnung von Bouwers und Kuntke [101] zu nennen, die 3 MV liefert (Philips). Noch kleinere Generatoren bis 1,5 MV gibt es in größerer Anzahl. So wurde von Tuve, Hafstad und Dahl [700] im Carnegie-Institute, Washington, ein Generator mit 2-m-Kugeln aufgebaut und zum Betrieb eines Hochspannungsrohres für kernphysikalische Untersuchungen benutzt (Abb. 271). Die Anordnung liefert Spannungen bis 1,2 MV bei einer Konstanz von $\pm 1,5\%$. Der maximale Ladestrom betrug 1,5 mA. Die im Auffänger der Untersuchungsröhre gemessenen Ionenströme betrugen 25 µA. Von den Generatoren sonstiger Stellen [103, 171] seien noch die kürzlich in Deutschland aufgebauten erwähnt. Der erste von Bothe und Gentner [93] dient zur Herstellung schneller Protonen (Abb. 274, 275). Mit der Hochspannungselektrode von 58 cm Durchmesser werden über 0,5 MV erreicht. Bemerkenswert ist die Feststellung der Autoren, daß bei ihrer Anordnung 30 bis 40% der Leistungsaufnahme des Antriebsmotors in elektrostatische Arbeit umgesetzt werden. Der zweite Generator wurde von Kossel und seinen Mitarbeitern aufgestellt [14].

Allgemein ist noch zu sagen, daß auch die Spannungsmessung in diesem Gebiet nicht einfach ist und daher besondere Verfahren erfordert. Man verwendet dazu meist die folgende Anordnung [640a, 360]: Ein zweiteiliger Aluminiumzylinder rotiert in dem elektri-

Abb. 271. Van de Graaff-Generator nach Tuve, Hafstad und Dahl [700].

schen Feld, das sich zwischen Zimmerwand und Hochspannungselektrode ausbildet. Die auf den Halbzylindern influenzierten Ladungen werden über einen Kollektor abgenommen und der pulsierende Gleichstrom wird gemessen.

6. Ausführungsformen. Es sei nun auf zwei Anordnungen als Vertreter der wichtigsten Entwicklungsrichtungen genauer eingegangen. Wir wählen zwei Anordnungen aus, bei denen sehr unterschiedliche Spannungserzeugungseinrichtungen mit der Lenardröhre bzw. einer Ionenröhre zu einem einheitlichen Gerät vereinigt sind. Die erste Anordnung ist ein Lamellenrohr zur Erzeugung schneller Elektronen durch Stoßfunken, die zweite ein Rohr mit wenigen Elektroden zur Erzeugung schneller Ionen, wobei ein van de Graaff-Generator benutzt wird. Bei beiden Röhren sei auch auf die Frage der Fokussierung geachtet.

Die erste der beiden Anordnungen wurde von der AEG für die Berliner Charité gebaut. Der Stoßgenerator ist für 2,4 MV berechnet. Er hat eine Endkapazität von 1000 cm. Die bei einem Stoß frei werdende Energie ist also 3,2 kWs ~ 300 mkg. Die Funkendauer beträgt 10^{-2} bis 10^{-4} s. Normalerweise wird die Anlage nur mit 2 MV betrieben, wobei die maximale Elektronenenergie durch Ablenkung zu 1,9 eMV bestimmt wurde. Die mit diesen Elektronen erzeugten Röntgenstrahlen haben den Charakter harter γ-Strahlen. Das Entladungsrohr, ein Lamellenrohr nach BRASCH und LANGE, ist in Abb. 272 dargestellt. Als Elektronenquelle dient bei solchen Röhren entweder eine hohlspiegelartige kalte Kathode, aus der die Elektronen durch auftreffende Gasionen ausgelöst werden oder eine „Gleitkathode", wenn durch hohes Evakuieren die Gasentladung unterbunden ist. Diese Kathode besteht z. B. aus einem Bündel von Glasröhrchen, das in der Rohrachse auf der Kathodenplatte angebracht ist. Beim Anlegen von Spannung sollen hier Gleitentladungen auftreten, deren Elektronen nun beschleunigt werden. Über die wirklichen Vorgänge beim Stoß und die Einzelheiten der Elektronenerzeugung und Beschleunigung, sowie über das Verhalten des Rohres im einzelnen ist kaum etwas bekannt, so daß man auch die entwickelten Vorstellungen als problematisch ansehen wird. Bei dem Rohr Abb. 272 findet ausschließlich die Gasentladungskathode Anwendung.

Abb. 272. Lamellenrohr für 2,4 MV nach BRASCH und LANGE [104].

Abb. 273 zeigt die vollständige Anlage. Der Stoßgenerator hat hier eine besondere Form erhalten, indem die Kapazitäten um das in der Achse der ganzen Anordnung liegende Entladungsrohr herumgebaut sind. Generator und Entladungsröhre sind in einem ölgefüllten Kessel auf das engste zusammengebaut. Dadurch werden Durchführungen und Leitungen vom Generator zur Röhre vermieden, die andernfalls wegen der hohen Spannungen große Abmessungen haben müßten.

Wie bei dem LENARD-Rohr für mittlere Spannungen hat man auch beim Höchstspannungsrohr versucht, die Fokussierungseigenschaften des Rohres durch eine vor dem LENARD-Fenster angebrachte magnetische Linse zu verbessern [182a, b]. Günstiger wäre es, das Rohr selbst elektrisch fokussierend zu gestalten. Die Durchführung der Fokussierung scheint dabei nicht sehr schwierig, wenn wir voraussetzen, daß die Elektronenbeschleunigung im Rohr durch das elektrostatische Feld sämtlicher Metallelektroden und nicht durch eine Gasentladung zwischen Anoden- und Kathoden-Platte erfolgt. In [VII, 4] wurde bereits die kapazitive Spannungsteilung erwähnt, die, abgesehen von Störungen durch

Metallkörper in der Nähe des Rohres, kurzzeitig einen linearen Spannungsabfall im Rohr bedingen wird. Damit das Rohr selbstfokussierend wird, muß ein vom linearen Spannungsabfall abweichendes Potentialgefälle erzeugt werden. Das gelingt durch Wahl verschieden großer Kapazität der Metallscheiben, d. h. durch einen Aufbau aus Scheiben verschieden großer Fläche bzw. durch Anbringung von isolierten Influenzringen an geeigneten Stellen um das Rohr herum, die die Kapazität der Scheiben beeinflussen. Bei dem Rohr Abb. 272 wird nach Angaben der Erbauer dieser Effekt ausgenutzt. Dazu kommt, daß

die hohlspiegelartige Krümmung der Kathode eine zusätzliche Fokussierung bedingt, so daß der Kathodenstrahl am LENARD-Fenster nur eine Breite von etwa 2 cm hat.

Als zweites Beispiel sei die schon [VII, 5] erwähnte Anordnung von BOTHE und GENTNER [93] für die relativ geringe Spannung von 0,5 MV betrachtet, die sich ebenfalls durch Einfachheit und Einheitlichkeit des Aufbaues auszeichnet. Sie ist durch die Verwendung des VAN DE GRAAFF-Generators und die einfache Durchführung der Fokussierung bemerkenswert. Die Anlage (Abb. 274) besteht aus dem elektrostatischen Generator [VII, 5], dessen endloses Band B durch den Motor M

Abb. 273. AEG-Stoßgenerator für 2,4 MV.

angetrieben wird, aus dem Hochspannungskollektor Z und dem Kanalstrahlrohr. Am unteren Ende des Bandes aus Isolierleinen befindet sich die Aufsprühvorrichtung A, die zur Einleitung mit einem 10 kV-Transformator betätigt wird. Bei 19 m/s Bandgeschwindigkeit wurde bei S ein Ladestrom von 0,5 mA bei der Spannung von $+0,5$ MV an der Hochspannungselektrode von 60 cm Durchmesser erreicht. Als Rohr diente ein Porzellanisolator von 1,70 m Höhe, in den drei zylindrische Elektroden E eingesetzt waren. Der mittlere Zylinder E_2 stellt sich selbständig auf ein Zwischenpotential ein, dessen Höhe durch eine Sprühfunkenstrecke geregelt werden kann. Die Hilfsspannung für die Ionenquelle I wird oberhalb der Entladungsröhre erzeugt. Die vollständige Anlage zeigt Abb. 275.

Durch die Wahl von drei Zylindern ist aus dem ursprünglich angestrebten homogenen Felde in der Röhre ein Feld entstanden, dessen Potential längs der Rohrachse zwar dauernd, wenn auch nur in allererster Näherung linear, zunimmt. Dadurch, daß das Potential des Zwischenzylinders wählbar ist, kann man

das Feld nun so beeinflussen, daß es fokussierend wirkt; denn das Drei-
Zylinder-System ist ein Immersionsobjektiv. So gelang es denn auch, einen
Strahl positiver Ionen von nur 2 mm Durchmesser zu erzielen. Meist wurde
mit einem größeren Strahlquerschnitt gearbeitet. In Übereinstimmung mit den
sonstigen elektronenoptischen Erfahrungen erwies sich sorgfältige Justierung
der Elektrode als erforderlich [1].

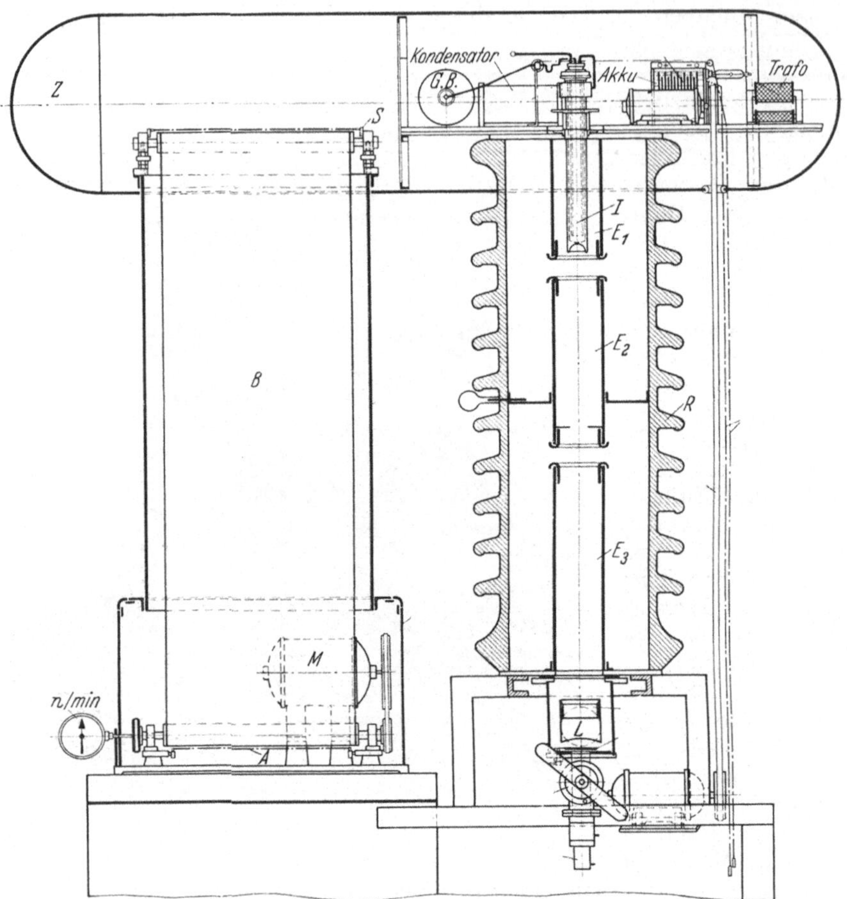

Abb. 274. Van de Graaff-Generator nach Bothe und Gentner [93].

Wie hoch die Spannung am Zwischenzylinder war, wenn sich der kleinste
Brennfleck ergab, ist nicht bekannt. Vermutlich gibt es mehrere Einstellungen
auf den minimalen Strahlenquerschnitt am Beobachtungsort. Scheiden wir die
zwei Fälle aus, bei denen das Potential am Zwischenzylinder einen höheren
bzw. tieferen Wert hat als die Potentiale der beiden anderen Zylinder, so bleibt
die Möglichkeit, das Potential des Mittelzylinders nahe an das des einen oder
des anderen zu legen.

Es sei noch erwähnt, daß man bei der Anordnung von Tuve, Hafstad und
Dahl [700] mit mehreren Zwischenzylindern durch Einstellung der Sprüh-

---

[1] Die Erfahrungen, die man hier erzielte, sind also die gleichen wie bei der schon in
[VII, 4] betrachteten Osram-Röntgenröhre für 1,2 MV.

funkenstrecke ebenfalls leicht die Größe des Brennflecks wählen kann. Die Autoren geben an, daß sie mit ihrer „fokussierenden Kaskadenröhre" bei 1,2 MV den Brennfleck auf 1 cm² einstellten.

Abb. 275. VAN DE GRAAFF-Generator nach Abb. 274.

c) Einzelheiten über die Röntgenröhre.

Den großen Fortschritt in der Technik der Röntgenröhre brachte, wie wir es bereits in [VII, 1] besprachen, die Einführung der Glühkathode. Strahlungshärte und Strahlenintensität sind nun unabhängig wählbar. Die Schwierigkeit des „Hartwerdens" der Röhre, d. h. der Gasdruckerniedrigung im Röhreninnern, ist beseitigt. Die Regenerierungsvorrichtungen fallen deshalb fort. Die Glühkathodenröhre kann ferner zugleich als Ventilrohr wirken. In diesem Falle wird sie unmittelbar an die Wechselspannung des Transformators gelegt, wodurch auch der Induktor entbehrlich wird.

Von dem COOLIDGE-Rohr beginnend hat sich die technische Röntgenröhre in verschiedenen Richtungen entwickelt. Die mannigfachen Anwendungsrichtungen wie medizinische Anwendung zur Diagnostik bzw. Therapie, technische Anwendung zu Grobstrukturuntersuchung sowie physikalische Anwendung zur Spektralanalyse, Kristalluntersuchung usw. haben zu verschiedenen Rohrtypen geführt, die sich insbesondere nach Härte und Intensität der angewandten

Strahlung unterscheiden. Einige allgemeine Probleme, deren Lösung den Entwicklungsweg markiert, wie Strahlenschutz und Hochleistung der Anode, wollen wir hier neben Einzelheiten über die moderne Röntgenröhre betrachten.

7. Feinstruktur des Brennflecks. Für viele Probleme der Röntgenröhre ist die genaue Kenntnis, wo und in welcher Verteilung die Kathodenstrahlen die Antikathode treffen, von großer Wichtigkeit. Will man das Bedienungspersonal der Röhre vor der vagabundierenden Röntgenstrahlung sichern und einen wirksamen Schutz anbringen, so muß man zuerst wissen, von wo die vagabundierende Strahlung ausgeht. Ebenso muß man die Verteilung der Elektronen auf die Auftrefffläche der Antikathode kennen, um bei Hochleistungsröhren für die zweckmäßige Ableitung der Wärme sorgen zu können. Wir müssen daher unser Augenmerk besonders auf die Frage richten, von wo und in welcher Stärke die Röntgenstrahlung ausgeht. Es ist das zunächst die Frage nach der Art des Elektronenbildes, das das Immersionssystem von der Glühspirale entwirft. Dabei ist jedoch von vornherein zu bedenken, daß dieses Bild wegen der undefinierten Potentialverhältnisse unmittelbar vor den Glühdrähten nicht optisch einwandfrei sein kann und auch nicht sein soll, verlangen wir doch auf der Antikathode einen kreisrunden bzw. strichförmigen, scharfbegrenzten Fleck von bestimmter Intensitätsverteilung im Innern [VII, 8].

Betrachten wir mit COOLIDGE den Brennfleck einer Glühkathodenröhre mit der Röntgen-Lochkamera, so erscheint er uns scharf begrenzt zu sein [VII, 2]. Vergrößern wir jedoch die Belichtungszeit, so erkennen wir,

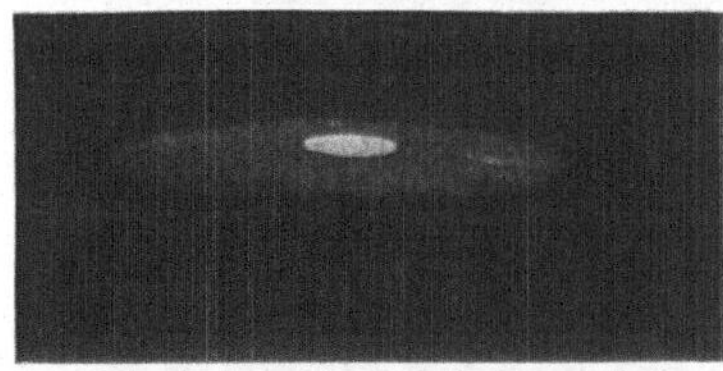

Abb. 276. Antikathode mit der Röntgenstrahlen-Lochkamera aufgenommen [643].

daß auch von den übrigen Teilen der Anode noch Röntgenstrahlen in merklichem Maße ausgesandt werden. Diese Feststellung, die sich bei allen Röhren dieser Art machen läßt, bedeutet, daß der Hauptteil der Elektronenintensität in dem Brennfleck fokussiert wird, daß aber ein beträchtlicher Teil um diesen Brennfleck verteilt ist. Dieser Teil der Elektronen besteht in der Hauptsache aus solchen, die beim ersten Auftreffen im Brennfleck reflektiert werden und erneut auf die Antikathode bis weit auf ihren Stiel hinauf (daher „Stielstrahlung") aufschlagen. Teilweise ist er auch durch die Form der Kathode als Glühspirale bedingt bzw. dadurch, daß das elektronenoptische System, bestehend aus Glühspirale und halbkugelförmigem Schutzring auf Kathodenpotential nicht vollständig ausreichend ist. Die Beseitigung der Streustrahlung könnte teilweise mit elektronenoptischen Mitteln geschehen, wird aber einfacher und sicherer durch Blenden usw. erreicht werden, wovon wir im folgenden Abschnitt über Strahlenschutz sprechen werden.

Wenn das übliche elektronenoptische System auch nicht ideal ist, so ist es doch zweifellos bereits recht gut. Das sieht man sehr deutlich, wenn man etwa die Kugelschale um die Glühspirale entfernt und nun das Röntgenbild betrachtet. SEEMANN und SCHOTZKY [643] haben entsprechende Beobachtungen mit der Lochkamera an einem einfachen Glühdraht ohne Schutzschale oder an Drähten, die aus der Schale hervorragen, durchgeführt. Die Autoren wiesen nach, daß der Brennfleck in diesem Fall eine unerwünschte Struktur und Randunregelmäßigkeiten haben kann (Abb. 276). DOSSE und KNOLL [211, 212] haben eine neuere Diagnostikröhre bei Vorhandensein der Kathodenschutzschale elektronenoptisch untersucht. Die Anode mit dem Brennfleck von 4 mm Durchmesser wurde zu diesem Zweck durch eine Kreuzlochblende bzw. ein Netz ersetzt. Dann wurde mit einer axial dahinter sitzenden Elektronen-

linse ein vergrößertes Bild der Kreuzlochblende entworfen und durch Vor-
beischieben des Bildes an einen zentral aufgestellten FARADAY-Käfig aus-
gemessen (Abb. 277). Wir haben also das in [IV, 12] behandelte Verfahren vor
uns. Die Messungen ergaben, daß die Elektronendichte bei der untersuchten
Diagnostikröhre im Inneren des Flecks eine Zehnerpotenz geringer ist als am
Rande. Der Brennfleck vergrößerte sich außerdem merklich bei Erniedrigung
der Anodenspannung unter den Normalwert von 30 kV, was auf das zusätzliche Feld der Glühdrahtspirale zurückgeführt wurde. Diese so gemessene
Intensitätsverteilung ist erwünscht, da sie zur Vermeidung von Wärmeüber-
lastung des Mittelbereiches der Antikathode günstig ist [VII, 9]. Man hat
sogar besondere Maßnahmen, wie ringförmige Bestrahlung der Antikathode
durch geeignet konstruierte Kathoden zu erreichen versucht [522].

Erwähnt sei noch, daß auch die Ionenröhre von SEEMANN [642] durch
Lochkamera-Aufnahmen mit verschieden langer Belichtung untersucht wurde.
Es zeigte sich, daß die Elektronenverteilung im Brennfleck gerade umgekehrt

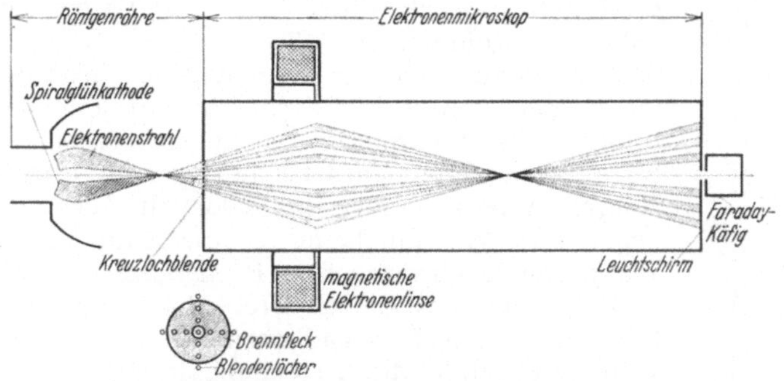

Abb. 277. Zur Untersuchung der Wirkung einer COOLIDGE-Kathode [212].

ist: Hier sitzt bei der normalen Hohlkathode die Hauptintensität im Zentrum,
ein Mangel, den man durch geeignete asphärische Gestaltung der Kathodenschale zum größten Teil beseitigen könnte.

8. Strahlenschutz und Spannungsfestigkeit. Betreibt man eine Röntgenröhre mit hohen Spannungen über 100 kV, so treten unerwünschte Erscheinungen
auf, die bereits in [VII, 4] erwähnt wurden: Äußerer Überschlag und innerer
Durchschlag. Der äußere Überschlag kann durch Vergrößerung der Isolations-
länge verhindert werden. Im Inneren entstehen besondere Schwierigkeiten
durch vagabundierende Elektronen, die durch den Elektronenbeschuß der Antikathode ausgelöst werden können (Reflexion der Primärelektronen). Diese vagabundierenden Elektronen verursachen Aufladungen der Glaswände, dadurch
Feldverzerrungen in der Röhre und die Gefahr von Gleitfunken. Außerdem
werden die getroffenen Teile heiß, sie geben Gas ab, so daß die Durchschlagsfestigkeit sinkt. Metallteile senden unerwünschte Röntgenstrahlen aus, die
den Beobachter gefährden können. Durch Unterdrücken der Streuelektronen
erreicht man also zwei Vorteile: Man erhöht die Spannungsfestigkeit und man
schützt sich vor der schädlichen Röntgenstrahlung[1]. Ist der Strahlenschutz
gut durchgeführt, so spricht man von einer Strahlenschutzröhre. Solche Röhren
lassen nur ein eng begrenztes Röntgenstrahlbündel durch ein Fenster austreten,
während alle übrigen Raumgebiete vor der Strahlung geschützt sind [268].

---

[1] Bei den Röntgenröhren, bei denen die Kathodenstrahlung im vollen Strom auf die
Anode aufprallt und vollständig absorbiert wird, werden die Streuelektronen und die
Röntgenstreustrahlung natürlich weit gefährlicher sein als bei der Lenardröhre, wo das
Problem des Strahlenschutzes keine so große Rolle spielt.

Will man den Strahlenschutz durchführen, so wird man zuerst daran denken, zur Abschirmung der Glaswand und zur Erzielung eines eng begrenzten Strahlenbündels eine entsprechende Blende anzubringen, indem man die Glaswand bis auf einen kleinen, der Antikathode unmittelbar gegenüberliegenden Bereich außen mit Blei belegt. In dieser einfachen Form ist die Belegung der Glaswand jedoch bedenklich, denn die Glaswand kann sich durch Streuelektronen aufladen, so daß es schließlich zu einem Durchschlag kommt. Um das zu vermeiden, müssen wir entweder dafür sorgen, daß die Wand unempfindlich wird, oder dafür, daß die Elektronen die Wand garnicht erreichen. Der erste Fall ist natürlich am einfachsten durch Schaffung von ausgleichender metallischer Verbindung zwischen Innen- und Außenraum erzielbar, wie es BOUWERS [94] bei der Röntgenröhre einführte. Hier wird einfach die Glaswand auf dem gefährdeten Stück durch eine Metallwand ersetzt (z. B. „Metalix"-Röhre, Abb. 278).

Man kann auch zur Erhöhung der Spannungssicherheit innen- und außenseitig der Glaswand leitende Beläge anbringen, die miteinander verbunden werden, so daß keine Spannungsdifferenz am Glas auftreten kann (z. B. „Multix"-Röhre). Auch kann man durch doppelte Glaswände, zwischen denen sich Vakuum befindet, die Aufladung der äußeren Wand unmöglich machen (z. B. „DOGLAS"-Röhre) [506]. Die beste Lösung des ganzen Problems ist es aber offensichtlich, wenn man die schädlichen Elektronen von vornherein vermeidet, d. h. die Erzeugungsanordnung der Röntgenstrahlung entsprechend ausbildet.

Nachdem COOLIDGE und MOORE [183] nach der Lochkamera-Methode gezeigt hatten, daß der ganze Vorderteil der Anodenkeule Röntgenstrahlung abgibt (Abb. 279a), brachten sie eine Haube über der Anode an (Abb. 280). Die nun erhaltene Lochkamera-Aufnahme zeigte eindeutig den Erfolg dieser Maßnahme (Abb. 279b). HAUSSER, BARDEHLE und HEISEN [291] bauten diese Anordnung weiter aus (Abb. 281). Die Strahlenschutzhaube enthält die zwei Öffnungen B_1 und B_2, deren erste zum Eintritt des Elektronenbündels der Kathode K dient, deren zweite, die eventuell noch durch eine dünne Folie den Austritt der Streuelektronen unmöglich macht, die Röntgenstrahlen herausläßt.

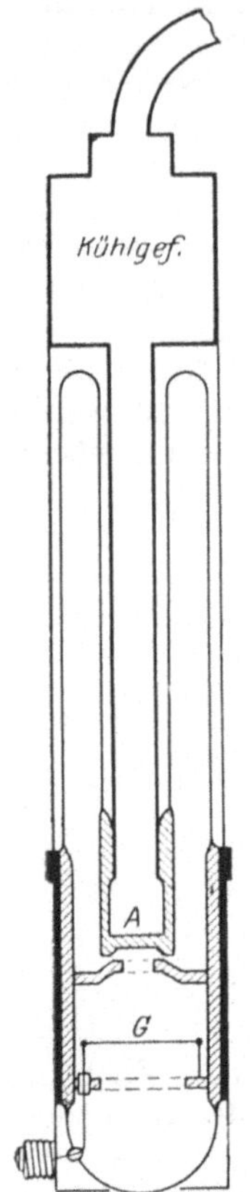

Abb. 278. Metallröntgenröhre nach BOUWERS [94].

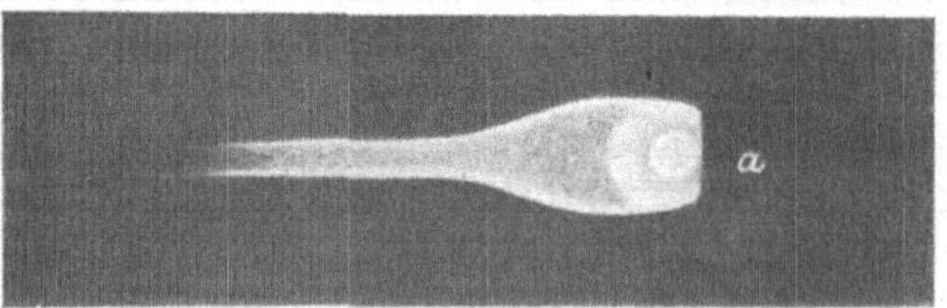
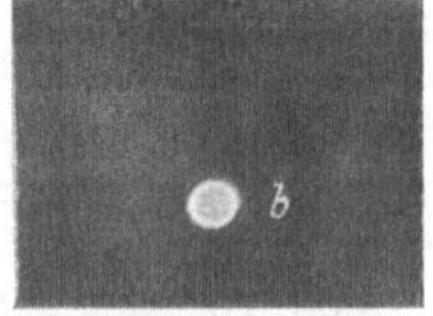

Abb. 279. Einfluß des Strahlenschutzes. a Ohne Strahlenschutz, b mit Strahlenschutz [183].

Während bei den bisher behandelten Lösungen die Abschirmung durch mechanische Hindernisse durchgeführt wurde, gelingt es natürlich auch, die Elektronen durch Felder zurückzuhalten [IV, 10], wie es besonders BOUWERS [98] durchgeführt hat. SEEMANN und SCHOTZKY [643] haben den Einfluß der Elektronenreflexion und deren Beseitigung durch Aufladungen nach der

Lochkamera-Methode verfolgt. Abb. 282a zeigt, wie bei einem Metallröntgenrohr
die Metallwand Röntgenstrahlen infolge des Aufpralls von Streuelektronen aussendet. Wird aber die Wand
des Rohres mit der Kathode
verbunden, so können die
Elektronen die Wand nicht
erreichen und fallen auf die
Anode zurück, deren Stiel nun
stärker emittiert (Abb. 282b).
Auf beiden Bildern ist auch

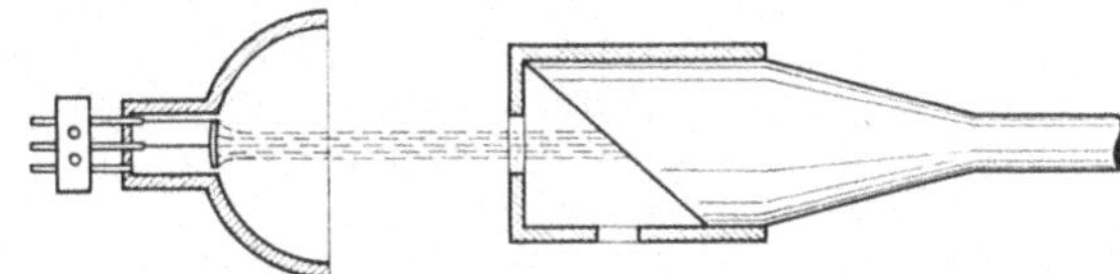

Abb. 280. Antikathode mit Strahlenschutzblende [183].

die Öffnung der Kathodenhülse zu erkennen, die durch die unmittelbar
gegenüberliegende Anode zur sekundären Röntgenstrahlung angeregt wird.

Bei dem Bau einer von vornherein günstigen Anordnung ging
BOUWERS [98, 102] von einem ausgedehnten Plattenkondensator
aus, dessen Elektroden Kathode und Anode der Röntgenröhre sind
(Abb. 283). Gehen nun sekundäre oder reflektierte Elektronen vom
Brennfleck auf der ebenen Anode aus, so werden sie doch sämtlich innerhalb der Entfernung L wieder auf die Anode zurückfallen,
wobei L dem doppelten Plattenabstand gleich ist. Eine nach diesen
Erwägungen gebaute Anordnung von BOUWERS [98], bei der die
gekrümmte Anode und Kathode einen entsprechend großen Ausschnitt aus einem Kugelkondensator bilden, in der außerdem Röntgenstrahlung nur in engem Bündel von der Anode fortgelangen
kann, zeigt Abb. 284.

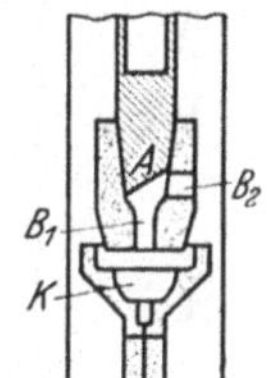

Abb. 281.
Technische
Strahlen-
schutzhaube
[291].

Im Laufe der Zeit haben sich die technischen Röhren zu einer gewissen
Einheitlichkeit entwickelt. Die moderne Röhre ist — abgesehen von einigen

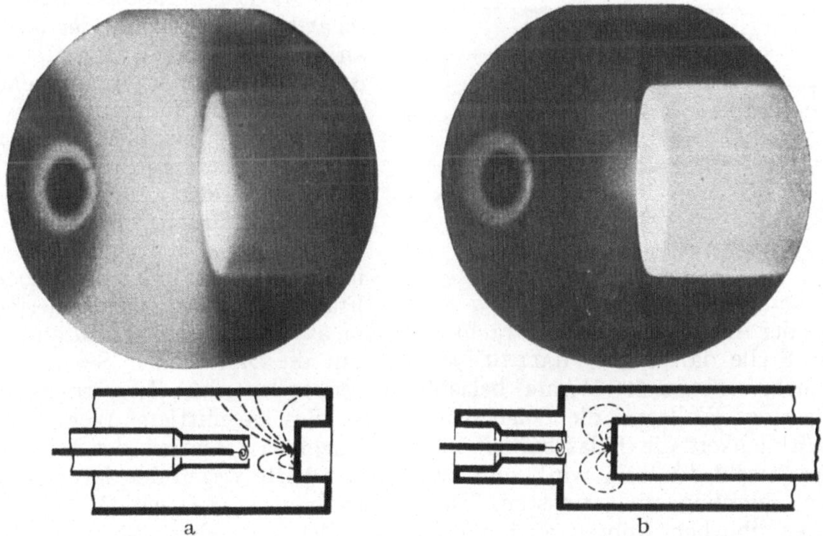

Abb. 282. Einfluß der Wandaufladung. a Rohrwand auf Anodenpotential, b Rohrwand auf Kathodenpotential [643].

Ausnahmen, insbesondere bei den Drehanodenröhren [VII, 9] — durch den
Aufbau von Kathode und Anode längs einer Achse charakterisiert. Die Strahlung
erfolgt nicht mehr gleichmäßig nach allen Seiten, sondern die Röhren sind
meist mit Strahlen- oder Hochspannungsschutz versehen. Dabei sind die Röhren
meist als „Selbstschutzröhren" ausgebildet, bei denen die schädliche Strahlung

bereits innerhalb der Röhre abgeschirmt wird. So werden auch Röhren des in Abb. 256 dargestellten Typs in dieser Weise geschützt [691]. Über die Anode ist eine starke Strahlenschutzhaube aus Wolfram gezogen. Ebenso ist in der Kathode eine Wolframplatte angeordnet, die die in Kathodenrichtung austretenden Röntgenstrahlen abschirmt. Röhren dieses Typs arbeiteten im Dauerbetrieb bei 600 kV viele hundert Stunden.

9. Hochleistungsröhre. Da die Kathodenstrahlen ihre ganze Energie an die Anode (Antikathode) abgeben, von der jedoch nur etwa 1% als Röntgenenergie abgestrahlt wird [III, 15], besteht eines der wichtigsten röhrentechnischen Probleme in der Abfuhr der erheblichen Wärmemenge. Da die Wärmeabstrahlung im allgemeinen zu gering ist, muß für besondere Ableitung gesorgt werden [III, 16]. Zu diesem Zweck ist das Wolframplättchen, auf dem die Kathodenstrahlung fokussiert wird, mit möglichst einwandfreiem Wärmekontakt in die Anode, die aus dem gut wärmeleitenden Kupfer besteht, eingelagert (eingegossen oder eingeschweißt). Bei geringer Belastung der Röhre verwendet man Rippenkühlung an der Anode, bei starker Belastung wird die Anode hohl ausgebildet und mit einer Umlaufkühlung (Wasser oder Öl) ausgestattet bzw. bei den sogenannten Einpolröhren mit geerdeter Anode direkt an die Wasserleitung angeschlossen[1].

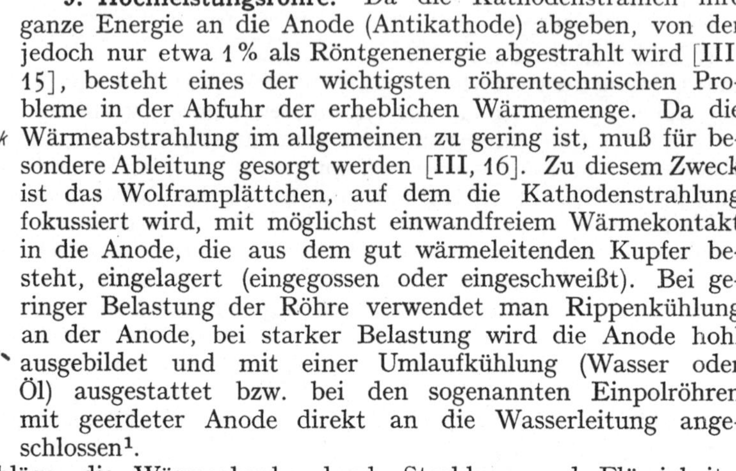

Abb. 283. Ausbreitung der Sekundärelektronen.

Zwei Vorschläge, die Wärmeabgabe durch Strahlung und Flüssigkeitskühlung wirkungsvoller zu machen, stammen von VIERKÖTTER [703] und PABST [517a]. Ersterer läßt einen scharfen Wasserstrahl, der bis dicht an die Siedetemperatur vorgewärmt ist, auftreffen und verdampfen, wodurch die hohe Verdampfungswärme des Wassers zur Kühlung nutzbar wird. Letzterer versucht durch Schwärzen der Antikathode die Wärmeabstrahlung zu erhöhen.

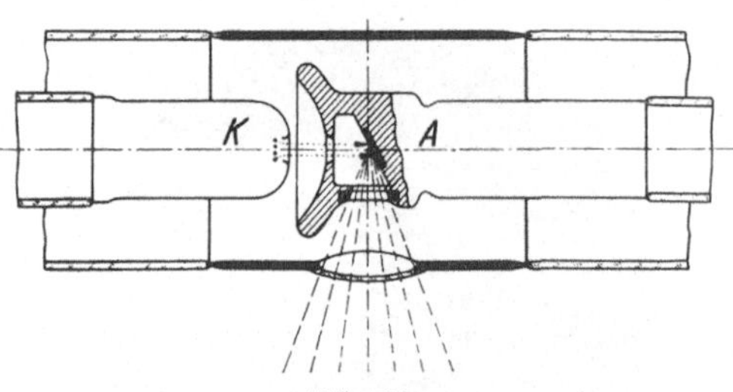

Abb. 284.
Neuere Strahlenschutzröhre [98].

Außer dieser Frage nach allgemeiner Wärmeabfuhr muß noch die Frage der Belastbarkeit derjenigen Stelle der Anode besonders betrachtet werden, auf die die Elektronen auftreffen. Diese Stelle darf nach THALLER [98, 677] auf die Dauer einer Sekunde nicht mit mehr als etwa 200 W/mm^2 belastet werden, sollen nicht Zerstörungserscheinungen des Wolframs die Folge sein. Es ist dies ein mittlerer Wert, während in Wirklichkeit die Belastbarkeit an den einzelnen Bezirken des Elektronenflecks verschieden sein wird, und zwar in der Mitte wegen der dort geringsten Wärmeableitung am geringsten. Diese Verteilung ist, wie wir [VII, 7] sahen, bei den üblichen Röhren auch vorhanden. Der angegebene Wert für die zu-

---

[1] Die Wasserkühlung wird auch bei Lenardröhren angewandt. Bei der technischen Röhre der Phönix-Gesellschaft [314], die zunächst für 150 kV, später für 200 kV gebaut wurde, war als LENARD-Fenster eine Nickelfolie von 0,03 mm bzw. geringerer Dicke benutzt worden. Die Folie war über eine durchbohrte Kupferplatte gespannt und am Rande vakuumdicht hartverlötet worden. Am Kopf der Röhre war in Analogie zur Anodenkühlung der Röntgenröhre eine Wasserkühlung vorgesehen, um das Fenster vor übermäßiger Temperaturerhöhung zu bewahren. Der Betriebsstrom betrug 5 mA.

lässige Belastung hängt noch von der Brennfleckgröße ab. Für äußerst kleine Flecke kann er viel größer werden.

Es gibt drei Möglichkeiten, die Strahlungsdichte im Röntgenstrahlbündel zu erhöhen, ohne die Anode stärker zu beanspruchen: Die erste Möglichkeit für die Hochleistungsröhre ist die Gesichts- winkelverkleinerung einer schief betrachteten Fläche, die zweite der Ortswechsel des Brenn- flecks auf der Anode, die dritte die Verkleine- rung des Brennflecks.

Die Kathode der Röntgenröhre möge ein Elektronenbündel liefern, das auf der Anode einen kreisrunden Brennfleck vom Durchmesser d bildet. Betrachten wir nun die Anode schräg, so wird der Kreis in der Blickrichtung zur Ellipse verkürzt erscheinen, und zwar um so mehr, je größer der Winkel γ zwischen Blick- richtung und Anodennormalen ist. Wir können demnach, wenn wir den Eindruck eines kreis- förmigen Brennflecks bei schiefem Betrachten behalten wollen, den Bündelquerschnitt ent- sprechend in der Blickrichtung vergrößern, so

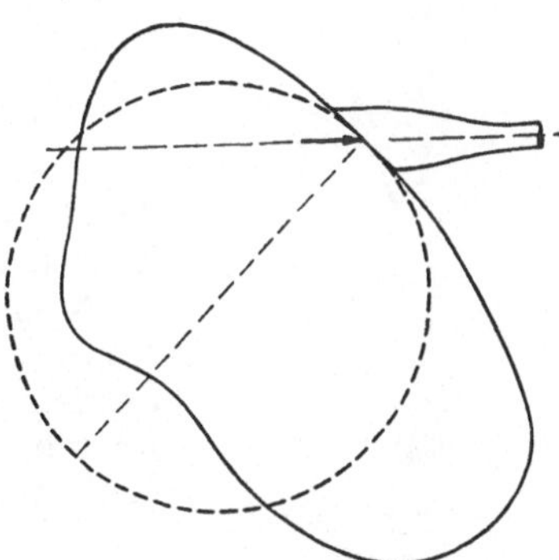

Abb. 285. Richtungsverteilung der Röntgen- strahlenemission. —— Röntgenstrahlen (nach COOLIDGE und KERSALEY), - - - Licht.

daß die beiden Achsen des elliptischen Bündels d und $d/\cos\gamma$ sind. Wir sind damit zu dem Vorschlag von GÖTZE [272] gelangt, ein bandförmiges Elektronen- bündel durch entsprechende Modifizierung der COOLIDGE-Kathode auf die Anode zu projizieren und die in geeignetem Winkel zur Anodennormalen ausgehenden Röntgenstrahlen zu benutzen. Das hat natürlich nur Sinn, wenn die Röntgenstrahlen im Gegen- satz zu den Lichtstrahlen nicht nach dem LAMBERTschen cos- Gesetz unter den verschiedenen Winkeln zur Anode abgestrahlt werden (Abb. 285, gestrichelte Kurve). Dies ist in der Tat der Fall (Abb. 285, ausgezogene Kurve). Der GÖTZE-Fokus wird bei den modernen Röhren mit Erfolg benutzt. Die Inten- sität der Röntgenstrahlung läßt sich auf diese Weise leicht auf das Mehrfache steigern.

Die zweite Möglichkeit der Intensitätssteigerung ohne zusätz- liche spezifische Flächenbelastung ist am einfachsten durch die Rotation der Anode zu verwirklichen. Jetzt werden nachein- ander verschiedene Stellen der Anode mit Elektronen bestrahlt werden, während der Brennfleck und damit die Strahlungsquelle im Raume ruhen. Nachdem BRETON, COOLIDGE, WOOD [108] und POHL [528a] sich mit diesen Gedankengängen beschäftigt hatten und nachdem von COSTER und DRUYVESTEYN [184] bereits eine Drehanodenröhre benutzt worden war, hat BOUWERS [95] die Eigenschaften der Drehanode studiert und die erste technische Röhre konstruiert (Abb. 286), bei der die Anode A im Rohre durch das Drehfeld S angetrieben wird. Die Kathode K mit Strichfokussie- rung ist exzentrisch gegenüber der kegelförmig abgeschrägten

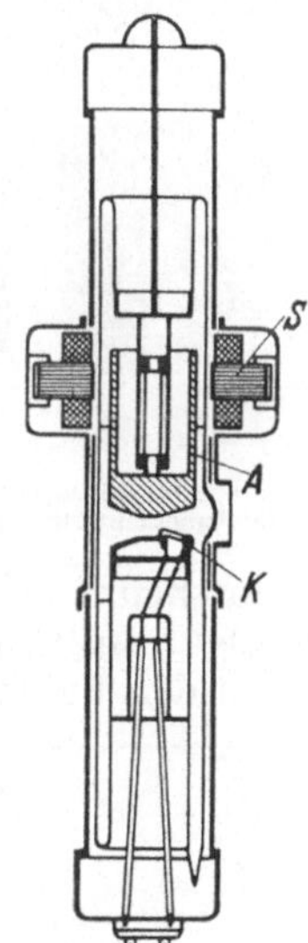

Abb. 286. Philips- Drehanodenröhre (,,Rotalix'').

Anode angebracht. Die Belastbarkeit dieser ,,Rotalix''-Röhre von Philips oder der ,,Pantix''-Röhre von Siemens-Reiniger (Abb. 287) ist gegenüber einer ent- sprechenden Röhre mit ruhender Anode auf das Mehrfache gesteigert. Eine andere interessante Lösung des Antriebsproblems stammt von POHL [528].

Unter den Drehanoden-Röhren an der Pumpe [496, 663] ist wohl die An- ordnung von STINTZING [663] am weitesten entwickelt. Der Röhre liegt als wesentlichster neuer Konstruktionsteil ein auf Kugellagern laufender, entlasteter Drehschliff mit Fettdichtung zugrunde, über den der Antrieb der Anode bewerkstelligt wird. Bei Drehzahlen von mehr als 2000 U/min bewährte sich diese Anordnung sehr gut [665]. Die Anode ist als Zylinder ausgebildet, auf dessen Mantel das Elektronenbündel auftrifft. Stromstärken von 200 mA sind leicht erreichbar. Der Brennfleck ist kreisförmig, die Bildschärfe entspricht der der Rotalix-Röhre [664]. Eine offene Drehanodenröhre mit Wasserkühlung der Anode wird von BECK [38] beschrieben. Sie ist im Dauerbetrieb mit 10 kW bei 40 kV belastbar.

Nach STINTZING [665] wird die Entwicklung über die Röhre mit GOETZE-Fokus und die abgeschmolzene Drehanoden-Röhre zur Drehanoden-Röhre an der Pumpe fortschreiten. Es mag sein, daß das die augenblickliche Richtung ist; wir werden aber nicht vergessen dürfen, daß die abgeschmolzene Röhre stets das Ziel jeder technischen Entwicklung sein muß.

BOUWERS [98] hat die Belastbarkeit einer Anode je Quadratmillimeter des effektiven Brennflecks bei den verschiedenen besprochenen Röhrentypen theoretisch untersucht. Wir wollen auf diese Frage hier nicht im einzelnen eingehen. Es genüge, nach [696] den experimentell ermittelten Verbesserungsfaktor der spezifischen Belastung einer Drehanodenröhre gegenüber der Röhre mit ruhender Anode als Funktion der Belastungsdauer t anzugeben (Abb. 288). Die Brennfleckbreite der benutzten Röhre war 1,3 mm, der Anodenhalbmesser 2 cm, die Umdrehungszahl 2900 U/min. Bei $t < 0,0002$ wird keine Verbesserung erreicht, weil sich die Anode in dieser kurzen Zeit nicht wesentlich weiter dreht. Bis $t = 0,02$ steigt p ungefähr quadratisch, wie es theoretisch zu erwarten ist, später nimmt der Verbesserungsfaktor wieder ab, weil bei den großen Belastungszeiten der gleiche Fleck mehrmals unter dem Elektronenstrahl

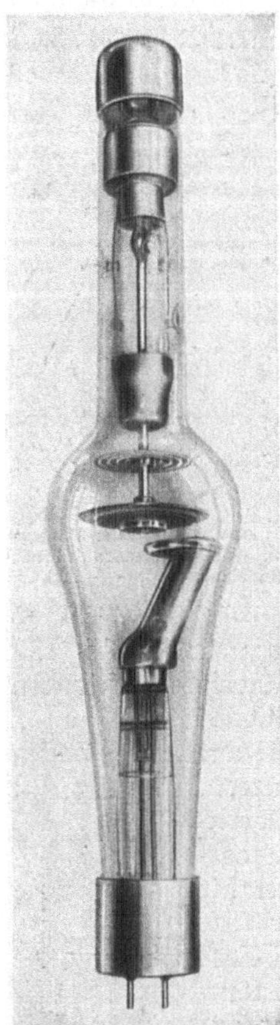

Abb. 287. Siemens-Drehanodenröhre („Pantix").

durchläuft und weil die Temperaturerhöhung schließlich sehr langsam erfolgt. Im Optimum ergibt sich eine Steigerung der spezifischen Belastbarkeit um den Faktor 9. Die große Belastbarkeit gestattet die Benutzung sehr kleiner

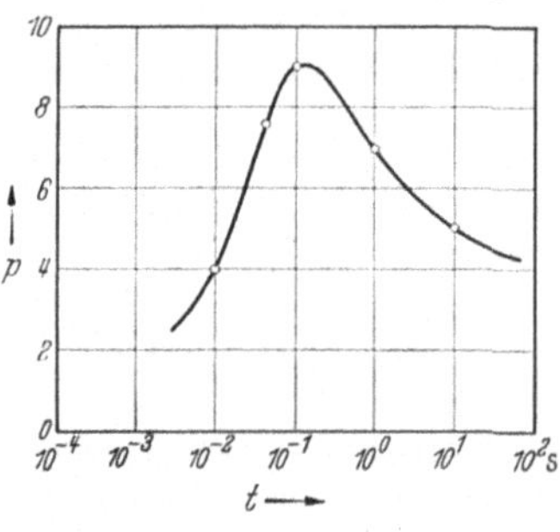

Abb. 288. Verbesserungsfaktor der spezifischen Belastbarkeit [696].

Brennflecke, wodurch die Zeichenschärfe verbessert wird. Bild IV zeigt die mit der Pantix-Röhre erreichbare Zeichenschärfe.

Wenn die heutigen Drehanoden-Röhren auch einen hohen technischen Stand erreicht haben, so wird man doch die Drehung eines Teils im Hochvakuum nach Möglichkeit vermeiden. Bereits COOLIDGE [177] hat sich bei seinen grundlegenden Untersuchungen — ebenso wie WOOD — einen Weg hierzu überlegt. Wir denken uns nicht nur die Anode, sondern die Röhre als Ganzes gedreht (Abb. 290). Durch eine Spule oder einen Permanentmagneten wird der Elektronenstrahl aus der Achse auf einen exzentrischen Punkt der symmetrisch zur Achse angeordneten Anode gelenkt. Die Anode rotiert unter dem Brennfleck fort, der jedoch im Raume stillsteht.

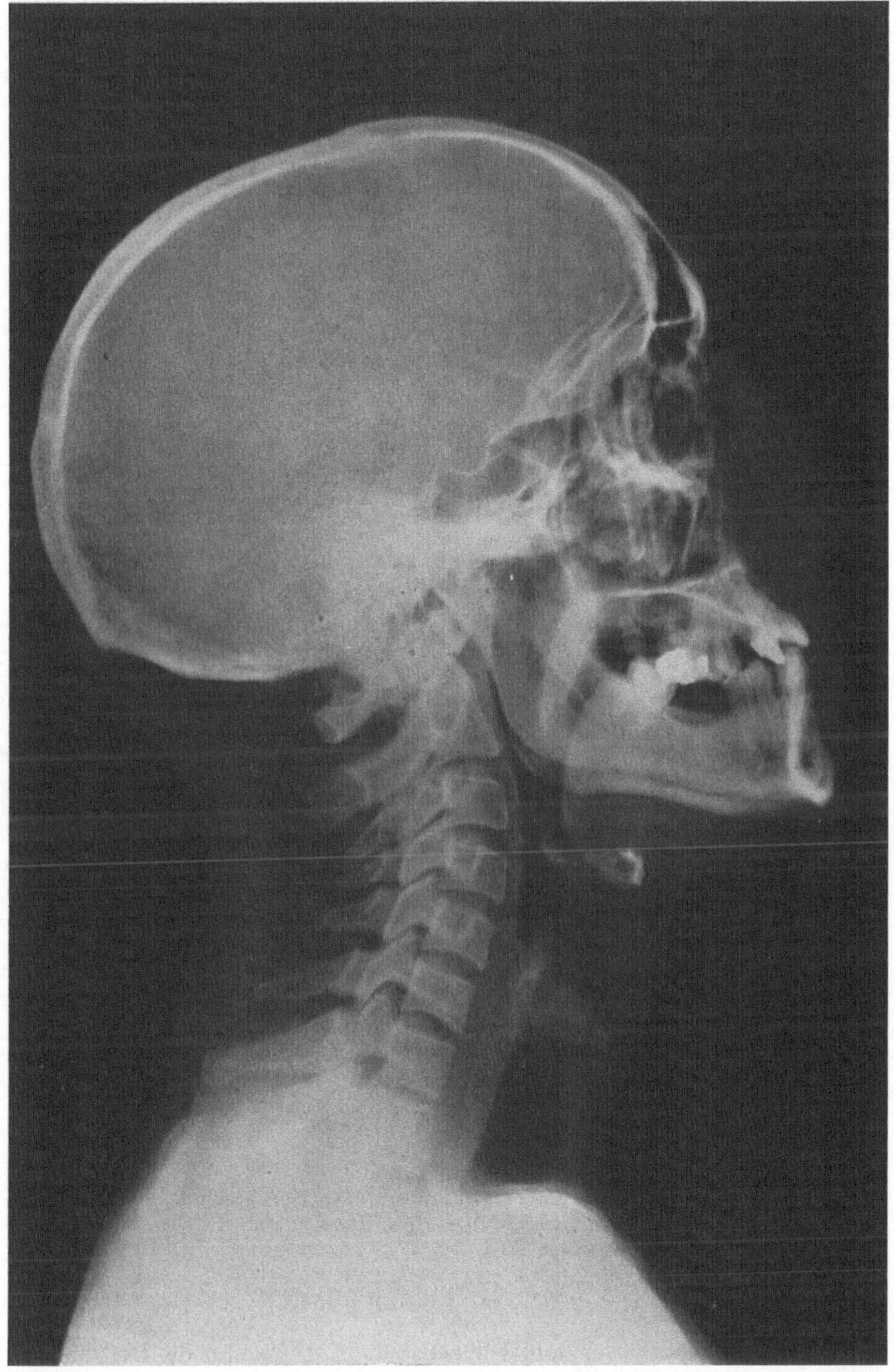

Bild IV. Röntgenaufnahme eines Kopfes.

Die Röntgenaufnahme, die die Halswirbel besonders deutlich zeigt, wurde mit der Siemens-Drehanodenröhre
Abb. 287 aufgenommen. Die Beschleunigungsspannung der Elektronen betrug 65 kV bei 0,15 A Strahlstrom.
Belichtungszeit mit Verstärkerschirm 1 s. (Siemens-Werkaufnahme.)

Die dritte erwähnte Möglichkeit, die spezifische Belastung des Brennflecks zu erhöhen, ist die starke Verkleinerung des Brennflecks, wie sie bei der Feinfokusröhre [VII, 3] vorgenommen wird (Abb. 289). Bei vorgeschriebener Temperaturerhöhung im Brennfleck ist die abgeleitete Wärmemenge bei sehr kleinem Brennfleck näherungsweise dem Umfang des Brennflecks proportional, wie es bereits LILIENFELD [434a] feststellte. Bei kleiner werdendem Brennfleck muß also die

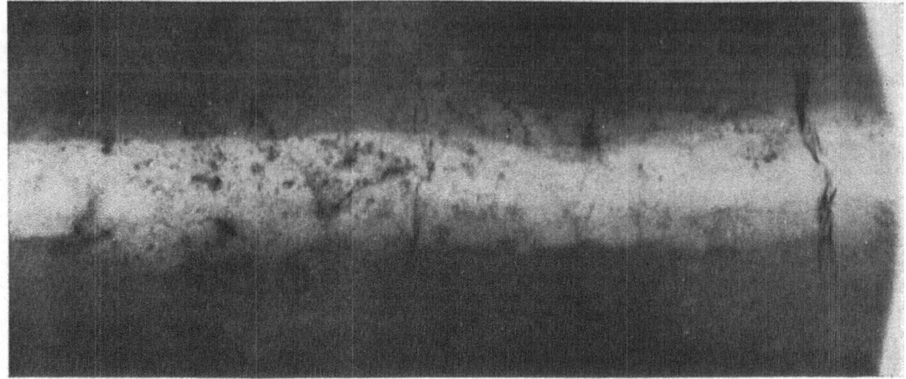

Abb. 289. Röntgenaufnahme einer Schweißnaht mit AEG-Feinfokusröhre Abb. 253. (Seifert-Werkaufnahme.)

auftreffende Elektronenenergie proportional dem Brennfleckradius abnehmen, soll die Übertemperatur im Fleck konstant sein. Dann nimmt aber die *spezifische* Belastung immer noch zu, da ja die Fläche mit dem Quadrat des Radius abnimmt. Diese Erhöhung der spezifischen Belastung gegenüber einer Röhre mit größerem Brennfleck ergibt bei gleicher Schärfe des Bildes eine Erhöhung der Röntgenstrahldichte im Objekt, da man die kleinere Absolutausbeute an Röntgenstrahlen dadurch ausgleichen kann, daß man das Untersuchungsobjekt näher

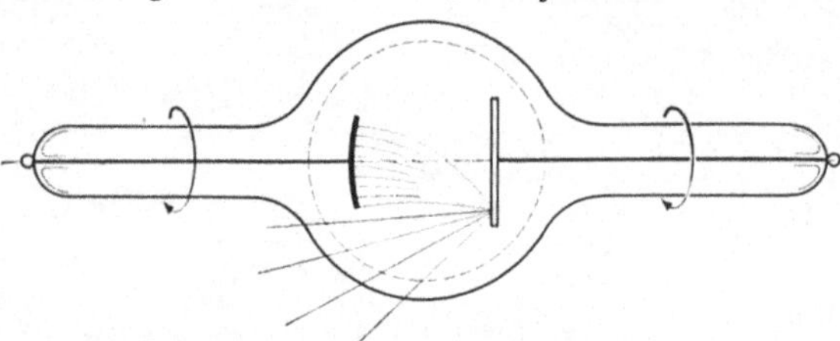

Abb. 290. Rotierende Röntgenröhre (schematisch; in dem gestrichelten Kreis ist das magnetische Querfeld zu denken).

an den Brennfleck heranrückt. Das kann man folgendermaßen einsehen. Das kleinste im Röntgenbild noch erkennbare Detail δ ist dem Brennfleckradius r_0 proportional und umgekehrt proportional der Entfernung R zwischen Brennfleck und durchstrahltem Objekt, falls der Abstand Objekt—Film klein ist gegen den Abstand Objekt—Brennfleck:

$$\delta \sim \frac{r_0}{R}.$$

Andererseits ist die Röntgenstrahldichte I am durchstrahlten Objekt proportional der Emissionsdichte σ, der Brennfleckfläche πr_0^2 und umgekehrt proportional dem Quadrat des Abstandes R:

$$I \sim \sigma \cdot \frac{r_0^2}{R^2} \sim \sigma \delta^2.$$

Bei konstanter Schärfe, d. h. bei konstantem δ, ist also die Bestrahlungsdichte I der Emissionsdichte σ proportional, die, wie oben gezeigt wurde, mit kleiner werdendem Brennfleck wachsen darf.

10. Einige besondere Röhrenkonstruktionen. Wir wollen das Gebiet der Röntgenröhren nicht verlassen, ohne nicht wenigstens noch einige bemerkenswerte Einzelheiten erörtert zu haben.

Die LILIENFELD-Röhre arbeitete über Sekundärelektronen (Abb. 291). Die Elektronen der Glühkathode G werden nach K beschleunigt, wo sie Sekundärelektronen auslösen. Während diese Vorstufe nur mit einigen wenigen hundert Volt arbeitet, liegt zwischen K und A die übliche Spannung der Röntgenröhre.

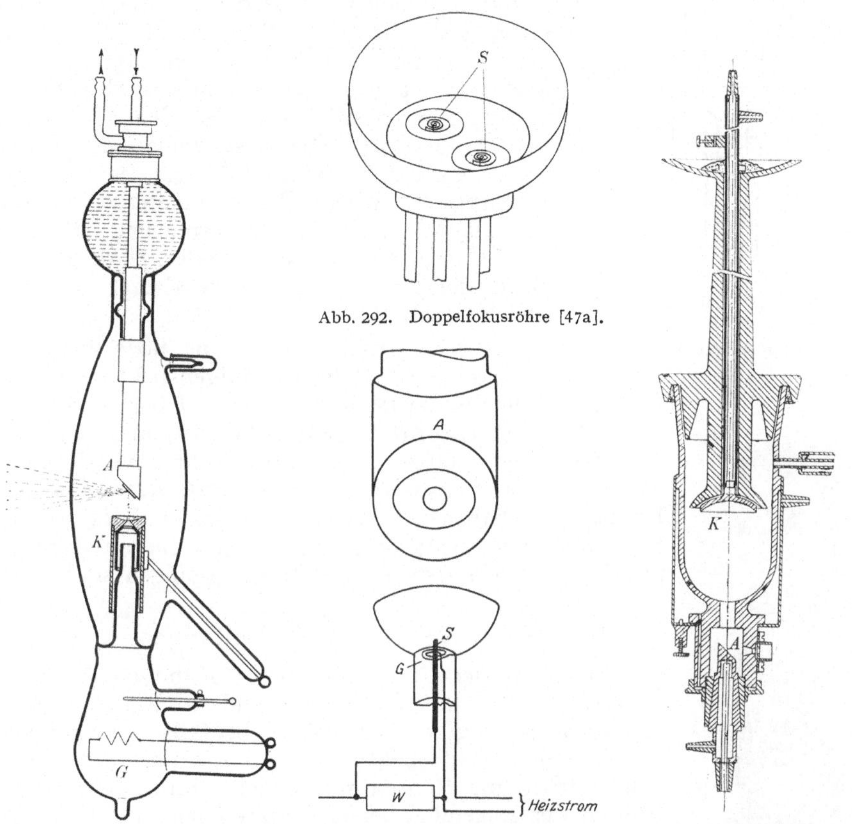

Abb. 292. Doppelfokusröhre [47a].

Abb. 291. Sekundärelektronen-Röntgenröhre nach LILIENFELD [47a].

Abb. 293. Röhre mit veränderlichem Brennfleck [677].

Abb. 294. Porzellan-Metall-Röntgenröhre nach HADDING.

Das hohe Feld vor der Kathode saugt die Elektronen aus der Kathodenöffnung heraus und beschleunigt sie nun in üblicher Weise.

Die COOLIDGE-Kathode hat unter Erhaltung ihrer Grundform der Rotationssymmetrie mancherlei Abwandlungen erfahren. Es sei die Doppelfokus-Röhre [2, 523] erwähnt, bei der zwei Glühspiralen nebeneinander zur wahlweisen Benutzung eingebaut sind (Abb. 292). Die erste Spirale liefert einen wenig scharfen Brennfleck und erlaubt Belastungen bis 100 mA. Die zweite Spirale S erlaubt nur die Anwendung ein Fünftel so hoher Ströme, gibt dafür aber einen sehr kleinen Brennfleck. Dieses Prinzip zweier Einstellungen finden wir heute auch bei BRAUNschen Röhren durchgeführt. Der dort übliche kontinuierliche Übergang vom großen hellen zu einem feinen Leuchtfleck ließe sich bei der Röntgenkathode ebenso durch Einführung eines veränderlichen Zwischenpotentials, das über eine besondere Elektrode die Eigenschaften des Fokus zu ändern gestattet, durchführen. Die Lösung, die z. B. THALLER [677] für diese Aufgaben angegeben hat, verzichtet auf einwandfreie elektronenoptische Verhältnisse, die bei Verwendung der Glühspirale doch nicht vorhanden sind und bei

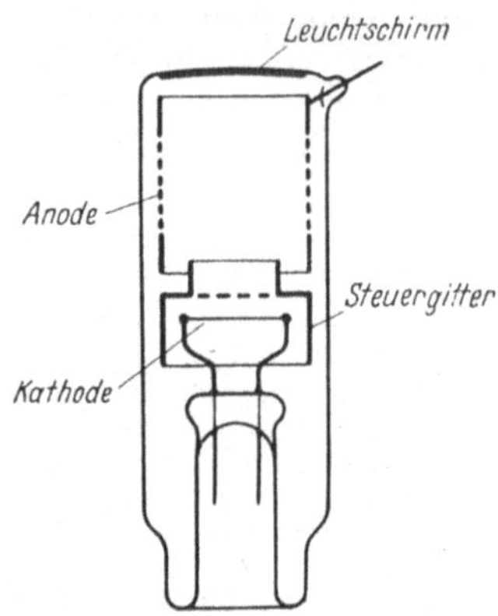

Abb. 295. Leuchtzelle [348].

der Röntgenröhre auch nicht vorhanden zu sein brauchen. THALLER benutzt als Einstell-„Linse" einen Stift S in der Kathodenachse (Abb. 293), der unmittelbar mit dem negativen Pol der Hochspannungsquelle verbunden ist, während der Röhrenstrom erst über einen Widerstand W von einigen tausend Ohm zur Glühspirale gelangt. Auf diese Weise bildet sich zwischen Stift und Glühspirale ein Spannungsabfall aus, der dem Röhrenstrom proportional ist. Die zusätzliche „Zerstreuungslinse" wird also um so kräftiger, je stärker der Röhrenstrom wird. Bei geeigneter Dimensionierung läßt es sich offenbar erreichen, daß der mit der Belastung *automatisch* größer werdende Brennfleck die Anode niemals überlastet. Man vergleiche auch [677a, b].

Von den Röhren für physikalische Spezialzwecke, die noch vielfach als Ionenröhren ausgebildet sind, sei besonders auf die des röntgenspektrographischen Instituts von SIEGBAHN hingewiesen. Über diese Röhren, die Röhre von HADDING [284] (Abb. 294) und weitere den jeweiligen Bedingungen angepaßten Röhren vergleiche man das Buch von SIEGBAHN [42] oder BEHNKEN [47a]. — In Deutschland haben wir insbesondere das Laboratorium von SEEMANN [641, 642], aus dem ausgezeichnete Röhren für physikalische Untersuchungen hervorgegangen sind.

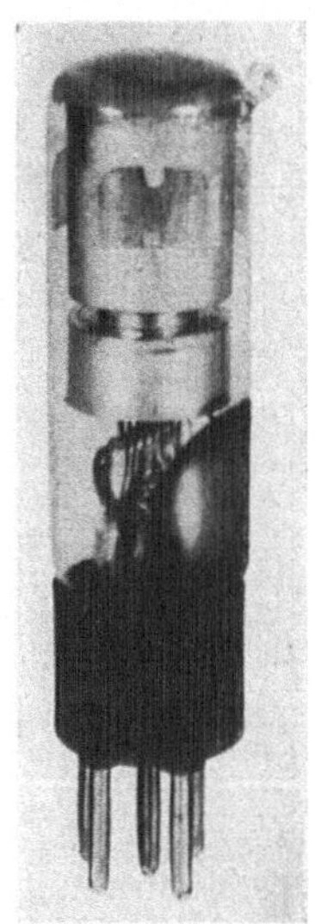

Abb. 296. Telefunken-Leuchtzelle [348].

d) Verwandte Röhrenformen.

Bereits in der Einleitung dieses Kapitels wurde angedeutet, daß es außer Lenard- und Röntgenröhren noch andere Röhren gibt, bei denen ebenfalls die energetische Wirkung der Elektronenstrahlung ausgenutzt wird. An sich könnte man alle Röhren mit Leuchtschirm, also auch die Röhren der folgenden beiden Kapitel hierher rechnen. Andererseits scheint die Abtrennung dieser Röhren unter dem Gesichtspunkt angebracht, daß es sich bei dem schreibenden Strahl und der Bilderzeugung doch um höhere Geräteformen handelt, bei denen die Benutzung der energetischen Wirksamkeit der Strahlung nur als Anzeigemittel dient, während eine andere Aufgabe im Vordergrund steht. Wir beschränken uns daher darauf, hier anhangsweise einige Röhren zu behandeln, die mit der Röntgenröhre die Erzeugung eines Elektronenbündels und die Umsetzung der Elektronenenergie in Strahlung, mit den Intensitätsgeräten die bei Lenard- und Röntgenröhre nicht gebräuchliche Intensitätssteuerung gemeinsam haben, Röhren, bei denen jedoch weder die Richtungssteuerung noch die Bilderzeugung eine Rolle spielt.

11. Leuchtzellen. Unter Leuchtzellen wollen wir eine Einrichtung verstehen, bei der die von einer Kathode ausgehenden Elektronen zu einem Bündel zusammengefaßt einen Leuchtschirm anregen und bei der die Menge der Elektronen und damit die vom Leuchtschirm ausgehende Lichtintensität intensitätsgesteuert werden kann. Leuchtzellen, die man [348] auch als LENARD-Lampen bezeichnet, sind für Fernseh- und Tonfilmzwecke angewendet worden.

Im Fernsehen handelt es sich bei der Großprojektion darum, jedem der z. B. 10000 gewählten Bildpunkte des Großbildes eine bestimmte Helligkeit zuzuordnen. Man kann dazu Leucht-
zellen verwenden, die man in entsprechender Zahl flächen-haft anordnet und deren Hel-ligkeit man durch den Fern-sehsender steuern läßt. Eine einfache Leuchtzelle, wie sie KAROLUS [348] für die Groß-projektion benutzte, zeigt Abb. 295. Die von der Ka-thode ausgehenden Elektro-nen werden durch einen WEH-NELT-Zylinder konzentriert und geführt, der durch ein eingesetztes Steuergitter [V, 15] die Intensität zu wählen gestattet. Die beschleunigten Elektronen gelangen schließ-lich auf den Leuchtschirm, den sie vollständig erleuchten,

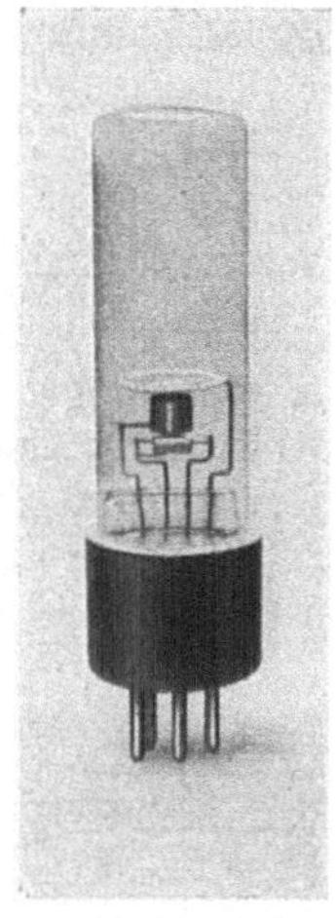

Abb. 297. Tonfilm-röhre [292].

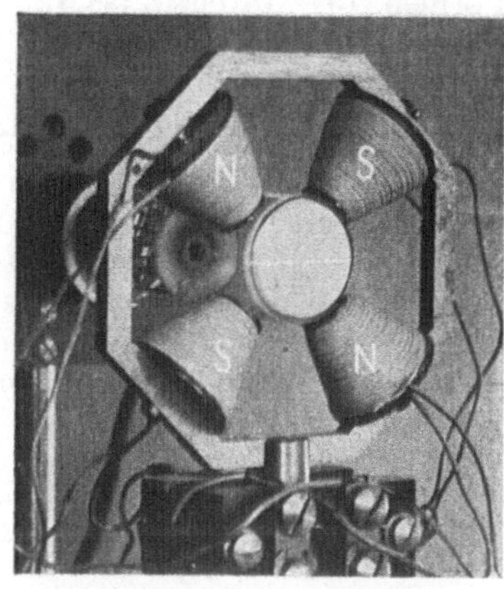

Abb. 298. Tonfilmröhre mit elektronen-optischem System von Zylinderlinsen.

und nach dessen Anregung zurück zur Anode, von der sie abfließen. Abb. 296 zeigt eine solche von Telefunken technisch durchgebildete Röhre.

Bei dem Tonfilmverfahren von BREUSING ist ein feiner Elektronen*strich* erforderlich, der auf den laufenden Film projiziert wird. Seine Intensität wird hier durch die Sprache bzw. durch den Ton gesteuert. Es entsteht so ein Schwärzungsband auf dem Film, das in der üblichen Weise dann wieder in den Ton umgesetzt werden kann.

HEHLGANS [292] hat eine derartige Tonfilmröhre beschrieben (Abb. 297). Die Röhre enthält eine indirekt geheizte Kathode, einen WEHNELT-Zylinder zur Intensitätssteuerung und die Anodenblende. Das System erzeugt auf dem in 5 cm Abstand gegenübergestellten Leuchtschirm einen Leuchtfleck von rd. 1 cm Durchmesser. Der Leuchtstrich wird durch zwei magnetische Zylinder-linsen, die aus zwei Hufeisenmagneten oder vier geeignet gepolten Elektro-magneten bestehen [V, 6], gebildet (Abb. 298). An Einzelheiten sei noch er-wähnt, daß die Anodenspannung 600 bis 1000 V, die Steuerspannung 2 bis 5 V beträgt.

VIII. Strahlgeräte [1].

Die BRAUNsche Röhre hat als wesentlichen Bestandteil den Elektronen-strahl, der meist durch zwei gekreuzte Ablenkfelder richtungsgesteuert wird [III, 11]. Das Gerät entspricht damit einem Zeigergerät mit dem Vorzug, daß dieser Zeiger nicht wie üblich auf einer eindimensionalen Anzeigeskala, sondern auf einer zweidimensionalen Anzeigefläche spielt. Der feingebündelte Elek-tronenstrahl wird jedoch nicht nur als „Elektronenzeiger" benutzt. Er kann

---

[1] Erweiterte Neuauflage des Kapitels V „Die BRAUNsche Röhre" des Buches EO. Der in der ersten Auflage einen relativ breiten Raum einnehmende historische Teil ist stark gekürzt. Dagegen sind die ersten Abschnitte zum Teil übernommen worden, obwohl es dem heutigen Stand der Technik wohl mehr entsprechen würde, vorwiegend auf die Immer-sionslinse einzugehen.

vielmehr auch als „Elektronenpinsel" oder als „Elektronengriffel" zur Abtastung und Zeichnung von Fernsehbildern dienen. Alle diese Geräte seien im Hinblick auf ihren wesentlichsten Bestandteil, den feinen Elektronenstrahl, unter der Bezeichnung „Strahlgeräte" (Strahlröhren) zusammengefaßt. Zu dieser Gruppe gehören: BRAUNsche Röhren mit kalter oder Glühkathode (einschließlich Fernsehröhren), Bildfängerröhren, Elektronen-Rastermikroskope, manche Formen der Intensitätsgeräte, der Elektronenschalter, sowie der Röntgenröhre usw.

a) Zur Theorie der BRAUNschen Röhre ohne Gaskonzentration.

Die BRAUNsche Röhre diente ursprünglich allein zur Analyse eines elektrischen Vorganges, während ihr Anwendungsgebiet heute auf Meß-, Regel-, Steuerzwecke und das Fernsehen erweitert ist. Die BRAUNsche Röhre als Oszillograph ist der wichtigste Vertreter der Strahlgeräte, weswegen man unter BRAUNscher Röhre schlechthin auch die Röhre als Oszillograph versteht. An ihr seien daher die allgemeinen Probleme dieser Gerätegruppe erläutert.

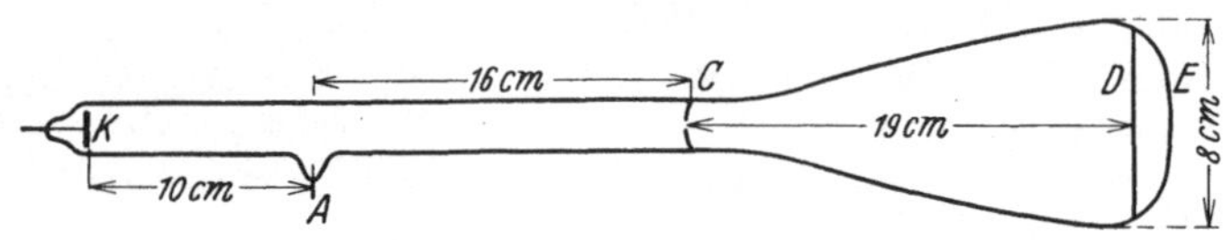

Abb. 299. Die Röhre BRAUNS [106].

Von einer eigentlichen Theorie der BRAUNschen Röhre können wir erst seit 1933/34 sprechen, nachdem ihre Probleme als Probleme der Elektronenoptik erkannt waren. In [EO, V] wurde der Versuch gemacht, eine zusammenhängende Darstellung unter den neuen Gesichtspunkten zu geben. In der Zwischenzeit ist die elektronenoptische Auffassung der BRAUNschen Röhre, die die älteren Konstruktionen des Kaltkathoden-Oszillographen auch ohne Kenntnis der Elektronenoptik bereits berücksichtigt hatten [VIII, b], zur Selbstverständlichkeit geworden. Dabei hat sich auch geklärt, welche Fragen von einer allgemeinen Theorie der BRAUNschen Röhre zu behandeln sind. Es sind das die Fragen des elektronenoptischen Konzentrationssystems, seines Zusammenwirkens mit den Ablenkelementen und die Intensitätsfragen.

1. Entwicklung und Probleme [EO, V, 1 und 6]. Die erste[1] BRAUNsche Röhre zeigt Abb. 299. Die Elektronen werden durch Ionenstoß aus der Kathode ausgelöst. Aus den Kathodenstrahlen, die von der Kathode K ausgehen, wird nun ein Bündel durch die Blende C ausgeblendet, das, durch magnetische Querfelder beeinflußt, eine Kurve auf dem Leuchtschirm D schreibt. Aus der Kurve schloß BRAUN auf den zeitlichen Verlauf des ablenkenden Spulenstroms.

Von dieser ersten Röhre haben sich verschiedene Entwicklungen abgezweigt. Der Kaltkathoden-Oszillograph [VIII, b] ist der Ausgangsform schon infolge der gleichen Art der Elektronenauslösung am ähnlichsten geblieben. Nach Entdeckung der Glühkathode hat sich eine andere Form der BRAUNschen Röhre entwickelt, bei der die Betriebsspannung auf einen Bruchteil der früher üblichen Größe reduziert werden konnte, wodurch eine handliche Form entstand, die große Anwendung gefunden hat. Die lebhafte Entwicklung der letzten Jahre hat die Unterschiede zwischen diesen beiden Typen wieder zum Teil verwischt. Einerseits hat man sich bemüht, von der Seite des Kaltkathoden-Oszillographen zu niedrigen Betriebsspannungen überzugehen, andererseits ist

---

[1] Hinsichtlich der davorliegenden Entwicklung vgl. man [16].

man durch den Zwang, Projektions-Fernsehröhren[1] mit genügender Intensität zu bauen, bei den Glühkathodenröhren zu hohen Betriebsspannungen gelangt. Wenn damit auch die Einteilung der BRAUNschen Röhren in Hoch- und Niederspannungsröhren nicht mehr möglich ist, so kann man doch auch weiterhin zwei Hauptgruppen unterscheiden. Diese beiden Gruppen sind der Kaltkathoden-Oszillograph mit magnetischen Linsen und die Glühkathoden-Röhre, die speziell als Oszillographen-Röhre vorzugsweise elektrische Linsen verwendet. Ersterer arbeitet im allgemeinen an der Pumpe, letztere ist eine abgeschmolzene Röhre. Während es noch vor wenigen Jahren [EO, V 6] berechtigt war, die beiden Typen einander als praktisch gleich bedeutungsvoll gegenüberzustellen, hat die Entwicklung der letzten Jahre zu einer eindeutigen Vorherrschaft der Glühkathodenröhre geführt. Auch in das Gebiet höchster Schreibgeschwindigkeiten — die ureigenste Domäne des Kaltkathoden-Oszillographen — beginnt die abgeschmolzene Glühkathodenröhre vorzudringen. Mit der modernen Hochleistungsröhre werden heute bereits Schreibgeschwindigkeiten von einem Sechstel Lichtgeschwindigkeit bei Leuchtschirmaufnahme erreicht.

Alle BRAUNschen Oszillographen-Röhren, so verschiedenartig sie im einzelnen auch sein mögen, haben doch in den Grundzügen den gleichen Aufbau, entsprechend dem gleichen elektronenoptischen Problem, das ihnen zugrunde liegt: Es soll ein kleiner Fleck auf große Entfernung projiziert werden. Die relativ große Entfernung zum Schirm ist dabei erforderlich, um einen möglichst langen Strahlzeiger, d. h. hohe Ablenkempfindlichkeit zu erhalten.

Man wird die drei Forderungen an die Röhre stellen: Erstens kleiner heller Leuchtfleck, zweitens große Empfindlichkeit und drittens große ausgeschriebene Fläche. Ferner wird man noch verlangen, daß der Leuchtfleck seine Größe nicht bei der Ablenkung ändert und daß die Empfindlichkeit über den ganzen Schirm konstant ist. Diese praktischen Forderungen wird man unter dem Gesichtspunkt der Intensitätsfrage und der Frage einwandfreier Geometrie der Strahlengänge betrachten müssen. So gehört die Aufgabe, einen *kleinen* Leuchtfleck herzustellen, zu dem zweiten Fragenkomplex; die Aufgabe, den Leuchtfleck *hell* zu machen, zu dem ersten. Die Aufgabe der Theorie ist es, die Lösungsmöglichkeiten, die durch verschiedenartige Ausbildung der Projektionsoptik gegeben sind, aufzuzeigen und miteinander zu vergleichen.

Bei der Frage nach hoher Intensität und Helligkeit des Leuchtflecks ist der naheliegende Weg offensichtlich der, die Kathode mehr Elektronen abgeben zu lassen und die Strahlenenergie durch Erhöhung der Beschleunigungsspannung zu vergrößern. Derartige Fragen seien hier nicht diskutiert, sondern nur solche, die die Geometrie des Strahlenganges betreffen. Dabei werden wir zweckmäßigerweise zwei Gesichtspunkte unterscheiden: die Frage des Abbildungsgegenstandes und des Abbildungsmittels.

Als Gegenstand der Abbildung kann die Kathode, aber auch irgendein anderer Strahlquerschnitt dienen. Dabei wird die letztere Möglichkeit bevorzugt, wobei man diesen Querschnitt, der nicht etwa durch eine Blende begrenzt zu sein braucht, besonders klein zu wählen und besonders kräftig zu durchstrahlen sucht. Zur Erreichung dieses Ziels dient die Vorkonzentration, d. h. ein zweites, dem eigentlichen Abbildungssystem vorgeschaltetes Kondensorsystem [VIII, 6]. Man kann auch jetzt noch zwischen verschiedenen Möglichkeiten wählen, der Brennpunkts-Einstellung [VIII, 5, 7] und der Zwischenbild-Einstellung [VIII, 6].

---

[1] Die der BRAUNschen Oszillographen-Röhre eng verwandte Fernseh-Röhre [VIII, 23] läßt sich von ersterer heute nur durch den Verwendungszweck und die dadurch bedingten quantitativen Unterschiede abgrenzen.

Als Abbildungsmittel kann für die Hauptlinse entweder eine Elektronenlinse im Hochvakuum oder die Gaskonzentration dienen. Im ersten Falle ruht
die Linse im Raume, so daß wir die üblichen elektronenoptischen Gesetze
anwenden können, im anderen Falle bewegt sich die Konzentrationsoptik mit
dem Strahl mit. Dementsprechend kann man von Röhren mit ruhender und
bewegter Optik sprechen [EO, V]. Statt dessen sagt man heute meist Hoch-
vakuum- und Gaskonzentrations-Röhre.

Nach der Wahl von Abbildungsgegenstand und Abbildungsmittel, d. h.
nach dem Aufbau des optischen Systems, richtet sich dann das Weitere, so

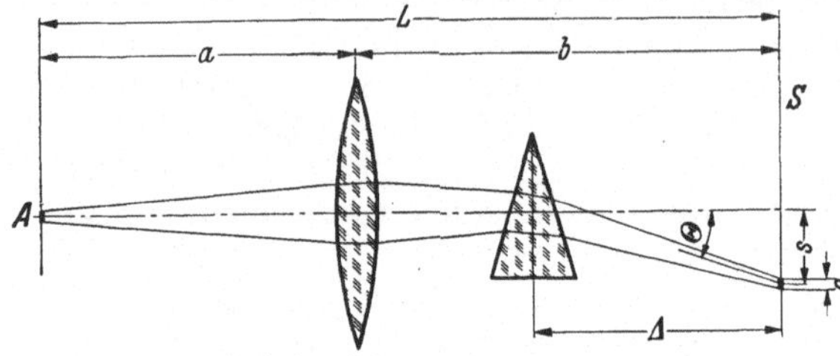

Abb. 300. Optisches Schema der Braunschen Röhre.

der Einbau der Ablenkplatten
zur Erzielung großer Empfindlichkeit usw.

Im folgenden Abschnitt seien
die Hauptprobleme der *Hochvakuum*-Röhre, soweit sie grundsätzlicher Natur sind und
gleichzeitig für den Kaltkathoden-Oszillographen und die neuzeitliche Glühkathoden-Röhre

gelten, behandelt. Die einfachere Gaskonzentrations-Röhre sei für später
zurückgestellt [VIII, c].

2. Aufbau der Braunschen Röhre [EO, V, 4, 7 u. 9]. Bei jeder neuzeit-
lichen Braunschen Röhre — diene sie zur Oszillographie oder zum Fernsehen —,
deren einfachstes optisches Schema Abb. 300 zeigt, wird der Leuchtfleck als
Bild eines kleinen selbststrahlenden oder durchstrahlten Querschnittes erzeugt.
Die Anordnung besteht aus einem kreisförmigen Abbildungsgegenstand A,
der Elektronenlinse, dem Ablenkelement (Prisma) und dem Schirm S. Wir
wollen dieses in manchen Punkten später zu modifizierende Bild den folgenden
Überlegungen zugrunde legen, wobei wir jedoch bedenken müssen, daß sich
unser elektronenoptischer Strahlengang von dem einer üblichen, optischen
Abbildungsanordnung in zwei Punkten unterscheidet: Erstens ist der Abstand L
zwischen Objekt und Bild vorgegeben, dafür aber die Linsenbrennweite anpaßbar.
Wir können daher, was wir in der Optik überhaupt nicht können, bei Verschiebung der Linse durch Ändern der Brennweite scharf einstellen. Zweitens
ist die vom Objekt kommende Strahlung gerichtet [I, 15], so daß wir die Linse
dem Schirm oft weitgehend annähern können, ohne daß die Linse als Blende
wirkt, die die spezifische Intensität des Leuchtfleckes begrenzt.

Was wir von der Braunschen Röhre zur Oszillographie zunächst wünschen,
ist ein kleiner Leuchtfleck und eine große Ablenkempfindlichkeit. Beide Größen
sind von der Stellung der Elemente im Strahlengang abhängig. Die Größe des
Leuchtflecks ist bei Annahme dünner Linsen, zu deren beiden Seiten gleicher
Brechungsindex herrscht, gegeben durch: $B = A\,\dfrac{b}{a} = A\,\dfrac{b}{L-b}$. Bei entsprechender Voraussetzung gilt für die Empfindlichkeit, d. h. die Auslenkung s des
Leuchtflecks bei der Ablenkspannung 1 des Plattenpaares: $s = \mathrm{tg}\,\Theta \cdot \varDelta$.

Unsere Forderungen eines kleinen Leuchtflecks und einer großen Ablenkempfindlichkeit widersprechen sich. Zur Erzielung eines kleinen Bildes muß
die Bildweite b klein gemacht werden, zur Erzielung hoher Empfindlichkeit ist
umgekehrt ein möglichst großer Strahlzeiger erforderlich.

In [IV, 13] erkannten wir, daß das Optimum bei einer dünnen Linse, wie
wir sie hier voraussetzen, erreicht wird, wenn wir Ablenkelement und Linse
räumlich zusammenlegen, d. h. wenn $\varDelta = b$ wird. Stellen wir uns daher nun

die Frage, wie die Kombination von Linse und Ablenkelement im Strahl einzubauen ist, um möglichst günstige Bedingungen zu erhalten. Dazu müssen wir zunächst versuchen, unsere beiden Forderungen zu einer zusammenzufassen. Offensichtlich kommt es aber auch gar nicht auf den Absolutbetrag der Empfindlichkeit an, sondern darauf, daß die Empfindlichkeit bei bestimmter Strichstärke möglichst groß ist. Wir werden daher zweckmäßigerweise den Quotienten von Empfindlichkeit s zu Leuchtfleckdurchmesser B bei der Beurteilung der BRAUNschen Röhre benutzen. Diese Größe $\varepsilon = s/B$ wird als reduzierte [EO, V, 4] oder relative Empfindlichkeit bezeichnet.

Unsere Frage lautet demnach, wie die Kombination von Linse und Ablenkplattenpaar einzubauen ist, um möglichst große reduzierte Empfindlichkeit zu erhalten. Für ε ergibt sich allgemein nach Abb. 300: $\dfrac{s}{B} \sim b \cdot \dfrac{1}{A} \cdot \dfrac{a}{b} = \dfrac{a}{A}$.
Es ist also die abzubildende Fläche A möglichst klein und der Abstand a der Linse und des Prismas vom Gegenstand möglichst groß zu machen. Dieses Ergebnis wird nicht geändert, wenn man an Stelle der Einzellinse eine Immersionslinse benutzt. Als Zusatzbedingung tritt dann noch hinzu, daß das Potential vor der Linse möglichst klein gewählt werden soll.

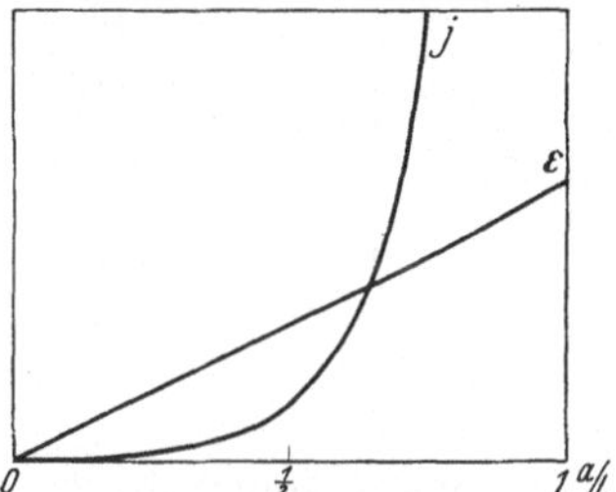

Abb. 301. Reduzierte Empfindlichkeit und spezifische Leuchtfleckintensität in Abhängigkeit von der Linsenstellung.

Bei der soeben durchgeführten Betrachtung haben wir auf die Intensität des Leuchtflecks keine Rücksicht genommen, die natürlich um so kleiner wird, je kleiner wir die Gegenstandsgröße A wählen. Scheiden wir daher diese Möglichkeit, die Leuchtfleckgröße zu verringern, aus, und fragen wir dafür, wie sich die Leuchtdichte im Leuchtfleck ändert, wenn wir ausschließlich eine Verschiebung von Linse und Prisma vornehmen. Jetzt gilt unter der Annahme, daß die Linse nicht als Intensitätsblende wirkt, für die spezifische Fleckintensität j:

$$ j = \frac{4}{\pi} \cdot \frac{I}{B^2} = \frac{4}{\pi} \cdot \frac{I}{A^2} \left(\frac{a}{b} \right)^2 = \frac{4}{\pi} \cdot \frac{I}{A^2} \left(\frac{L}{b} - 1 \right)^2, $$

wobei I der Gesamtstrom ist. Die Formel besagt, daß die spezifische Fleckintensität außerordentlich rasch bei Annäherung der Linse an den Schirm wächst (Abb. 301). Das gleiche gilt, wenn an Stelle der Einzellinse eine Immersionslinse tritt. Verschiebt man z. B. die Linse von der Mitte zwischen Anode und Schirm bis auf $L/4$ an den Schirm heran, so steigt die Intensität auf den neunfachen Betrag. Beide hier untersuchten Fragen führen demnach auf die gleiche Forderung, die Linse dem Schirm möglichst anzunähern.

Es ist ohne weiteres klar, daß diese Regel einen erstrebenswerten Grenzfall angibt, der in Wirklichkeit nicht erreicht werden kann. Praktisch ist es auch heute noch so, daß die Abbildungsoptik näher an der Kathode angebracht wird als am Schirm. Hierfür sind eine Reihe von Gründen maßgebend. Erstens lassen sich die zur Erfüllung unserer Regel erforderlichen Linsen sehr großer Brechkräfte bei großer Öffnung gar nicht herstellen. Zweitens erzeugen die Linsen fehlerhafte Abbildungen, was wir ebenfalls nicht berücksichtigt haben. Drittens würden zwar reduzierte Empfindlichkeit und spezifische Leuchtfleckintensität maximal werden, das Diagramm aber gleichzeitig unendlich klein, so daß eine Beobachtung überhaupt nicht mehr möglich wäre. Unsere Regel kann daher nur einen Gesichtspunkt für die Anordnung liefern, die dann — abgesehen von den Herstellungsschwierigkeiten kräftiger, fehlerfreier Linsen — durch die gewünschte Diagrammgröße bestimmt wird. Die Regel besagt nur, daß Linse und Prisma soweit vom Schirm abzurücken sind, bis die erforderliche Diagrammgröße gerade erreicht ist, d. h. bis der Schirm ausgeleuchtet ist. Man kann dabei als neue Forderung die stellen, daß die Leistungsfähigkeit des Prismas voll ausgenutzt werden soll. Es soll der mit dem Prisma maximal erreichbare Ablenkwinkel Θ_{max}, bei dem die Ablenkung noch linear von dem Ablenkfeld abhängt, gerade die geforderte Diagrammgröße D ergeben. Dann findet man als Abstand L zwischen Prisma und Schirm $L = D/\Theta_{max}$.

Wir müssen unsere Überlegungen über die Empfindlichkeit noch in einem Punkte ergänzen. Wir setzten ein Prisma voraus, dessen Brechkraft von der Stellung im Strahlengang unabhängig ist. Es bedeutet das ein Ablenkplattenpaar fester Größe. Andererseits wird man das Plattenpaar, um es nicht unnötig groß zu machen, der Breite des Strahlenganges anpassen. Man kann so unter Konstanthaltung von Empfindlichkeit und Kapazität das Plattenpaar um so kleiner wählen, je enger der Strahlengang ist (Abb. 302). Es folgt aus dieser

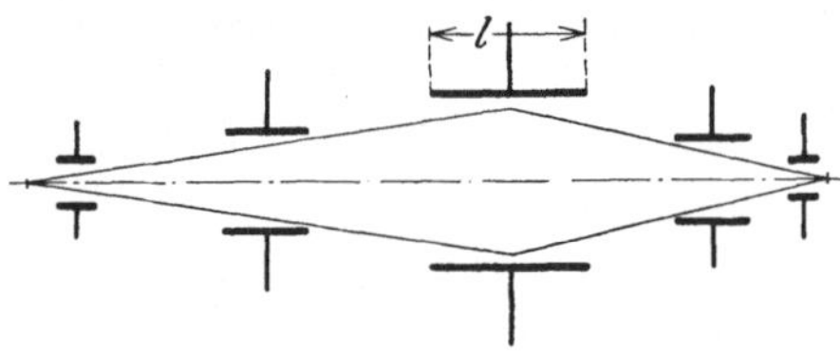

Abb. 302. Einbau des Ablenkplattenpaares.

Überlegung, daß das Plattenpaar, falls man keine Intensitätsreduktion zulassen will, um so größer sein muß, je mehr man sich der theoretischen Forderung entsprechend mit Linse und Prisma dem Schirm annähert, weil bei Annäherung der Linse an den Schirm der Strahlquerschnitt in der Linse wächst. Auch aus diesem Grunde ist die Einhaltung eines gewissen Abstandes vom Schirm erforderlich. Praktisch ermittelt man aus allen diesen Gründen heute die günstigste Linsenstellung immer noch durch Probieren.

3. Beschleunigungsschicht und Kathodenabbildung [EO, V, 2, 8 u. 19]. Der einfachste und nächstliegende Lösungsgedanke der Aufgabe, die das Abbildungsproblem der BRAUNschen Röhre stellt, ist der, die Kathode K selbst als Gegenstand der Abbildung, die auf dem Schirm S entworfen wird, zu benutzen. Denken wir uns zunächst die Beschleunigung der Elektronen in eine dünne Feldschicht direkt an die Kathode gelegt, so lassen sich die Betrachtungen des letzten Abschnittes unmittelbar auch auf diesen Fall anwenden. Um optimale Empfindlichkeit zu erhalten, muß also wieder das Ablenkelement am Orte der Linse angebracht sein und die Kombination der beiden Elemente dem Schirm soweit genähert werden, wie es andere praktische Bedingungen zulassen.

Lassen wir die Einschränkung fallen, daß die Beschleunigung unmittelbar an der Kathode erfolgt, und denken wir sie uns wenigstens zum Teil in eine dünne, verschiebbare Feldschicht verlegt, so gilt wieder nach [IV, 13], daß die Beschleunigung hinsichtlich der Bildgröße und Empfindlichkeit optimal ausgenutzt wird, wenn sie ebenfalls am Ort der Linse liegt.

Ist eine Beschleunigungsschicht eingeschaltet, wie es bei wirklichen Systemen natürlich stets der Fall ist, und kann man sich diese Beschleunigungsschicht am Ort der Linse zusammengefaßt denken, so soll auch das Ablenkelement an dieser Stelle sitzen. Diese Aussage ist jedoch insofern noch nicht eindeutig, als man das Ablenkelement von der Seite höheren oder von der Seite niedrigeren Potentials der Linse angenähert denken kann. Natürlich wird man, um hohe Empfindlichkeit zu erreichen, das Ablenkelement auf der Seite zu belassen suchen, wo die Elektronengeschwindigkeit gering ist. Bei elektrischen Ablenkfeldern ist das schwieriger zu verwirklichen, weshalb man auch heute noch die Ablenkplatten auf der Schirmseite der Linse anzuordnen pflegt.

Da es praktisch nicht möglich ist, die gesamte Elektronenbeschleunigung erst in der kathodenfernen Linse vorzunehmen, so wird man danach streben, wenigstens den wesentlichen Teil der Beschleunigung in die Linse zu verlegen und das restliche Beschleunigungsfeld möglichst bis zur Linse auszudehnen, um große scheinbare Rückverlegung der Kathode zu erzielen [I, 15].

Noch eine weitere Frage sei hier angeschnitten, die analog dem Übergang von der dünnen Beschleunigungsschicht zum ausgedehnten Beschleunigungsfeld den Übergang von der bisher betrachteten dünnen Linse zum Linsensystem betrifft. Bei diesem Übergang, durch den wir uns abermals den wirklichen Verhältnissen besser anpassen, werden wir versuchen, wie wir es in [VIII, 6] noch vom allgemeineren Standpunkt aus besprechen werden, zu elektronen-optischen Systemen zu gelangen, die mit ihren Elektroden möglichst weit von dem Schirm fortliegen und so dem Ablenkelement Raum für einen langen Strahlzeiger geben. Es bedeutet das den Übergang zu Systemen mit zum Schirm herausgerückter Hauptebene. Solche Systeme sind die Telesysteme der Optik, die sich aus Sammel- und Zerstreuungslinse zusammensetzen.

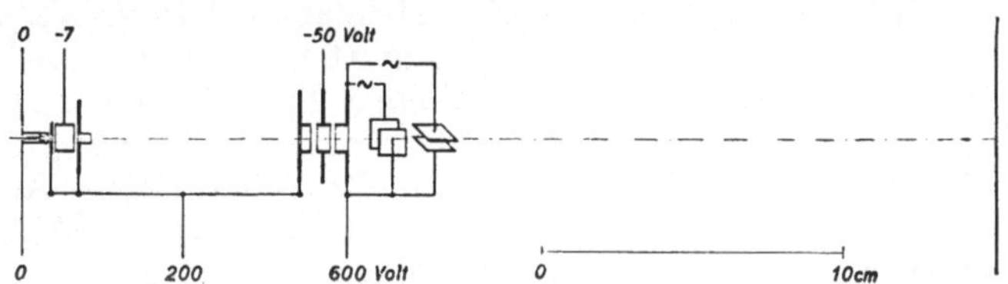

Abb. 303. Röhre mit Telesystem [145].

In der Röhre Abb. 303 ist von BRÜCHE und SCHERZER [145] versucht, diesen Gedankengängen Rechnung zu tragen. Die von der Kathode ausgehenden Strahlen treten nach einer Vorbeschleunigung in das Hauptsammelsystem, das relativ weit von der Kathode entfernt liegt, aber trotzdem infolge der stark gebündelten Strahlung die gesamte Intensität der Strahlung erfaßt. Dieses Hauptsammelsystem, in dessen unmittelbarer Nähe die Ablenkplattenpaare — in dieser Ausführung wie üblich auf der Schirmseite der Linse — angeordnet sind, besteht aus zwei getrennten Immersionslinsen. Es beginnt mit einer Ver-zögerungslinse, an die sich dann eine Beschleunigungslinse anschließt. So durchläuft der Strahl nacheinander eine relativ kräftige Zerstreuungslinse, dann eine kräftige Sammellinse und schließlich eine schwache (unvermeidbare) Zerstreuungslinse. Das System aus der Frühzeit der Elektronenoptik, das eine zum Schirm verschobene Ersatzlinse hat, wurde in einigen erfolgreichen Versuchen zur Oszillographie hoher Frequenzen benutzt. Bei einer Weiter-entwicklung wäre der Abstand zwischen Zerstreuungs- und Sammellinse wesentlich zu vergrößern (GALILEI-Fernrohr, BRÜCKEsche Lupe!).

4. Die Funktion der Anodenblende bei Kathodenabbildung [EO, V, 8]. Wenn auch bei den neueren Hochvakuumröhren die Anode, die die zweite Elektrode des ersten unmittelbar an die Kathode anschließenden Beschleu-nigungsfeldes bildet, meist eine so große Öffnung hat, daß sie von Elektronen kaum getroffen wird, so gibt es doch auch BRAUNsche Röhren, insbesondere den Kaltkathoden-Oszillographen, wo die Anode als Blende wirkt. Man wird in diesem Fall nicht nur die Abbildung der Kathode, sondern auch die Abbildung der Anode in Betracht ziehen. Tatsächlich findet man in veröffentlichten An-ordnungen beide Möglichkeiten benutzt. Meist wird sogar die Anodenabbildung verwendet. Doch benutzten z. B. BUSCH [155] und RANKIN [539] auch Stellungen der magnetischen Linse, die darauf hinweisen, daß sich bei ihnen Anordnungen die Kathodenabbildung als günstiger erwies.

Wir wollen daher jetzt die Kathoden- und Anodenabbildung unter der Voraussetzung, daß die in [VIII, 6] behandelte Vorkonzentration nicht an-gewandt wird, vergleichen. Der Vergleich wird uns die Anodenblende in der Rolle als Intensitäts- und Gesichtsfeldblende zeigen.

Denken wir uns wieder die Rückverlegung der Kathode [I, 15] durch das Beschleunigungsfeld bereits berücksichtigt und vernachlässigen wir zunächst seine Richtwirkung, dann können wir den allgemeinen Strahlengang leicht an Hand der Abb. 304 untersuchen, die uns die Anordnung des betrachteten Falles ersetzt. K ist die zurückverlegte plane Kathodenfläche, B die Anodenblende, L die Linse und S der Schirm. Für die Entfernungen zwischen den einzelnen Teilen des optischen Systems gilt als Bildweite der Buchstabe b, als Gegenstandsweite der Buchstabe $\bar{a}_K$, wobei also in $\bar{a}_K$ und $\varDelta\,\bar{a} = \bar{a}_K - a_B$

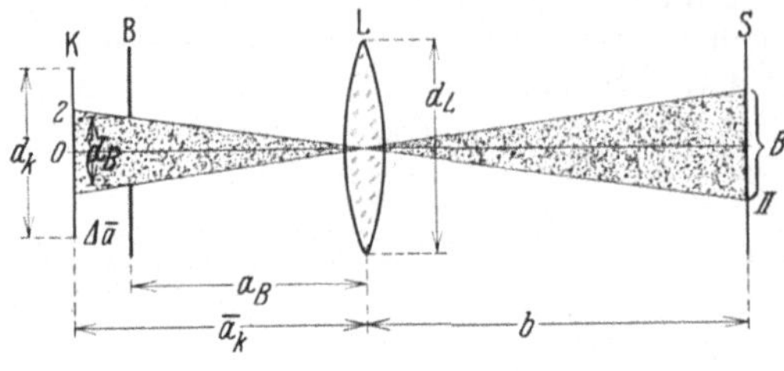

Abb. 304. Zur Abbildung der Kathode.

bereits die scheinbare Rückverlegung der Kathode durch das Beschleunigungsfeld berücksichtigt sei.

Aus der Zeichnung entnehmen wir, daß bei Scharfstellung auf eine beliebige Entfernung $a > a_B$ der Querschnitt des markierten Kegels auf dem Schirm stets ein Bild von der Größe B liefert. Das gilt damit auch für die Abbildung der Anodenblende und ferner für die Abbildung der Kathode, wenn sie gerade so groß ist, daß sie den Querschnitt des schraffierten Kegels ausfüllt. Dieser Fall tritt offensichtlich ein, wenn $d_K : d_B = \bar{a}_K : a_B$. Fragen wir also danach, ob man einen kleineren Leuchtpunkt auf dem Schirm

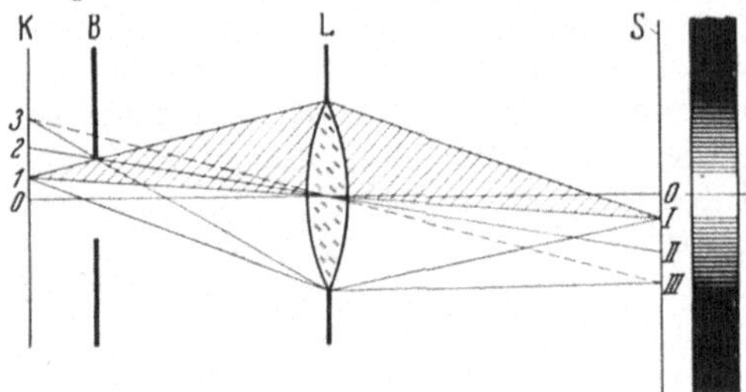

Abb. 305. Strahlengang bei Abbildung der Kathode.

erhält, wenn man die Kathode oder wenn man die Anodenblende abbildet, so ist die Antwort auf diese Frage einfach dadurch gegeben, ob die Kathode kleiner oder größer als die soeben errechnete Kathodengröße ist, bei der Kathoden- und Anodenbild gerade gleich groß werden.

Wenn man den Strahlengang genauer untersucht, findet man, daß auch noch andere Gesichtspunkte für die Beantwortung der gestellten Frage zu berücksichtigen sind. Betrachten wir den Fall, daß wir die Kathode als unendlich ausgedehnt und diffus strahlend ansehen können. Wir vernachlässigen also, um es nochmals zu betonen, die *Richtwirkung* des Beschleunigungsfeldes, während die *Rückverlegung* insofern berücksichtigt ist, als wir K in Abb. 305 als rückverlegte Kathode aufgefaßt haben. Bei Abbildung der Anodenblende werden wir also ein scharf umrandetes, gleichmäßig helles Feld zu erwarten haben, während sich bei Abbildung der Kathodenfläche gleichzeitig ein unscharfes Bild der Anodenblende zeigen muß. Wie dieses Bild aussehen wird, und wie es von den geometrischen Dimensionen abhängen wird, läßt sich an Hand der Abb. 303 sofort übersehen. Gehen wir von dem Durchstoßpunkt O der optischen Achse auf der Kathode aus, so wird die Intensität des abbildenden Strahlenbündels zunächst allein durch die Öffnung der Linse L begrenzt, bis bei 1 die Blende B mehr und mehr von diesem Bündel abzuschneiden beginnt. Auf dem Schirm zeigt sich dementsprechend ein Halbschattengebiet, das an Dunkelheit zunimmt und bei dem Bildpunkt III des Kathodenpunktes 3 in den Schlagschatten übergeht. In welchem Abstand vom Schirmmittelpunkt der Halb- und der Schlagschatten beginnt bzw. wie die entsprechenden Kathodenpunkte liegen, läßt sich sogleich unter Benutzung der Buchstaben von Abb. 302 und 303 hinschreiben, wobei wir unter $A_{o,1}$, B_{OI} die Entfernungen der Punkte $o,1$ bzw. O,I verstehen:

$$A_{o,1} = d_B \left[\frac{\overline{a_K}}{a_B}\left(1 - \frac{d_L}{d_B}\right) + \frac{d_L}{d_B} \right]; \qquad B_{0,I} = \frac{b}{\overline{a_K}} A_{o,1}.$$

$$A_{o,3} = d_B \left[\frac{\overline{a_K}}{a_B}\left(1 + \frac{d_L}{d_B}\right) - \frac{d_L}{d_B} \right]; \qquad B_{0,III} = \frac{b}{\overline{a_K}} A_{o,3}.$$

Lassen wir nun die Kathode langsam zusammenschrumpfen, so daß ihr Rand schließlich über den Punkt 3 zur Achse hinrückt. Das wird so wirken, als ob wir eine Irisblende mehr und mehr über der Kathode zusammenzögen. Das Bild dieser Irisblende wird sich dem unscharfen Bild der Blende B auf dem Schirm überlagern. In demselben Maße, wie wir die Irisblende verkleinern, wird sich nach Überschreitung des Punktes 3 das Bild der Irisblende aus dem Schlagschattengebiet in das Halbschattengebiet vorschieben, bis bei Punkt 1 nur noch die gleichmäßig voll beleuchtete Fläche in der Schirmmitte sichtbar ist. In diesem Augenblick hat die Blende B ihren Einfluß auf das durch die Öffnung der Linse L bestimmte Bündel verloren.

In unseren Betrachtungen hatten wir bisher ausgedehnte Bündel vorausgesetzt. Wegen der Richtwirkung des Beschleunigungsfeldes haben die Bündel, die von den einzelnen Kathodenpunkten ausgehen, jedoch nur kleine Öffnung. Diese Eigenart des elektronenoptischen Strahlenganges wird die Erscheinungen in dem Sinne abändern, als ob von jedem Punkt der rückverlegten Kathode nur ein einziger Elektronenstrahl ausginge. Die Anode wird daher weniger, als wir es bisher angenommen hatten, als Intensitätsblende wirken [V, 9]. Ihre Wirkung wird sich der einer Gesichtsfeldblende annähern, d. h. das Halbschattengebiet wird sehr schmal sein.

5. Einstellung des Brennflecks auf dem Schirm [EO, V, 3 u. 21]. Die Strahlung der Sonne läßt sich nicht in einem Brenn*punkt* sammeln; vielmehr entsteht ein Brenn*fleck* als Bild der Sonne. Entsprechendes gilt von jeder im Endlichen liegenden Lichtquelle, die uns stets unter einem endlichen Winkel erscheint.

Ebenso ist es in der Elektronenoptik prinzipiell unmöglich, die Strahlung einer Kathode durch irgendwelche elektronenoptische Mittel in einem *Punkt* zu vereinigen. Man hat gelegentlich von einem ,,Parallelstrahl-Verfahren'' gesprochen und hat darunter ein Verfahren verstanden, bei dem durch besondere Maßnahmen die Elektronenstrahlung parallelisiert und dann zu einem *Punkt* vereinigt wird. Ein solches Verfahren gibt es also prinzipiell nicht. Es wäre nur dann möglich, wenn die Elektronen ohne Eigengeschwindigkeit die Kathode verlassen würden, d. h. wenn die Kathodenstrahlen auf der Kathodenfläche absolut senkrecht stehen würden.

Wenn eine ebene Kathode also auch kein Bündel parallelisierter Strahlen liefert, so bilden die Strahlen doch wegen der Richtwirkung des Beschleunigungsfeldes nur Bündel kleiner Öffnung [I, 15, 16]. Beispielsweise wird der gleiche Öffnungswinkel von $^1/_2{}^\circ$ wie bei der Sonnenstrahlung bereits bei Beschleunigung von Glühelektronen einer mittleren Austrittsenergie von 0,1 eV im Felde paralleler Potentialflächen nach Durchfallen von 5300 V erzielt.

Wir wollen uns nun die Frage stellen, ob wir nicht durch Ausnutzung dieser Bündelungswirkung gegebenenfalls kleinere Leuchtflecke erzielen können, als sie bei der im vorigen Abschnitt behandelten Abbildung der Kathode auftreten. Wir stellen dabei also unsere Elektronenlinse, ähnlich wie wenn wir den Brennfleck der Sonne beobachten, auf unendlich ein. Unsere Frage lautet explizit: Ist es zweckmäßiger, wenn man bei der BRAUNschen Röhre einen kleinen Leuchtfleck zu erhalten wünscht, auf das Bild der Kathode einzustellen oder die sich infolge der Bündelung ausbildende Einschnürungsstelle [I, 16] auf den Leuchtschirm zu bringen? Die wegen der starken Bündelungswirkung naheliegende

Vermutung, es müsse zweckmäßiger sein, das letztere zu tun, ist mit Vorsicht zu behandeln. Durch die notwendige Verschiebung der Einschnürstelle zum Schirm, d. h. durch die Vergrößerung der Linsenbrennweite, die ja dem Abstand von Linse zum Schirm gleich werden muß, wird nämlich der Einschnürdurchmesser vergrößert.

Wird eine Abbildung der Kathode vom Radius r_k vorgenommen, so ist die Bildgröße $r_k \cdot \dfrac{s}{a_k}$ (Abb. 306). Wird dagegen bei Beibehaltung der Linsenstellung der Brennfleck auf den Schirm gelegt, so ist nach [I, 15] der Radius des Leuchtflecks $s\sqrt{\dfrac{\varepsilon}{U}}$, wobei $s = f$ die neue Brennweite der Linse und ε/U das Verhältnis von Austrittsenergie zur Endenergie der Elektronen ist. Ob wir jetzt noch einen Vorteil gegenüber der Kathodenabbildung erzielen, kommt darauf an, ob $\sqrt{\dfrac{\varepsilon}{U}}$ oder $\dfrac{r_k}{a_k}$ kleiner ist. In Abb. 306 ist gerade der Fall dargestellt, wo die Einstellung des Kathodenbildes und des Brennpunktes auf dem Schirm S gleiche Leuchtfleckgröße ergeben. Dieser Fall ist also durch

$$\sqrt{\frac{\varepsilon}{U}} = \frac{r_k}{a_k}$$

gegeben.

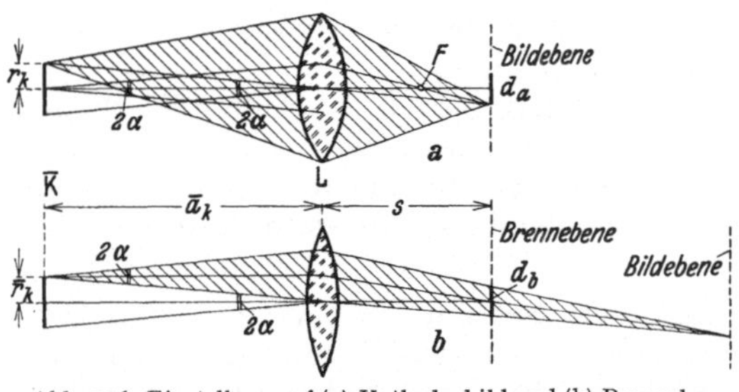

Abb. 306. Einstellung auf (a) Kathodenbild und (b) Brennebene.

Um eine Vorstellung davon zu erhalten, wie sich die beiden Möglichkeiten zueinander verhalten, sei folgendes idealisierte Beispiel zahlenmäßig durchgerechnet: Plankathode von 2 mm Durchmesser, Elektronen - Beschleunigung auf 2000 eV in einem 3 cm tiefen Feld paralleler Äquipotentialebenen, elektrische oder magnetische Einzellinse in 10 cm Abstand von der Kathode, Schirmabstand von der Kathode 30 cm. Wir erhalten für die Abbildung der Kathode

$$\bar{d}_k \cdot \frac{s}{\bar{a}_k} = 0{,}2 \cdot \frac{20}{13} = 0{,}3 \text{ cm,}$$

während die Verlegung des Brennpunktes auf den Schirm

$$2\sqrt{\frac{\varepsilon}{U}} \cdot s = 2\sqrt{\frac{0{,}2}{2000}} \cdot 20 = 0{,}4 \text{ cm}$$

ergibt. In diesem Falle erweisen sich also beide Möglichkeiten als praktisch gleichwertig.

6. HELMHOLTZscher Satz und Vorkonzentration [EO, V, 2]. Die im ersten Abschnitt am besonders einfachen Beispiel der Kathodenabbildung anschaulich abgeleiteten Ergebnisse geben allgemeine Richtlinien, die im HELMHOLTZschen Satz [I, 10] zusammengefaßt sind. Dieser Satz kann durch folgende Formel ausgedrückt werden:

$$A\gamma_1\sqrt{U_1} = B\gamma_2\sqrt{U_2},$$

wobei A die Gegenstandsgröße, B die Bildgröße, γ_1 und γ_2 die Bündelöffnungen am Gegenstands- und Bildort bedeuten, während eU_1 und eU_2 die entsprechenden Elektronenenergien sind.

Um die Bildgröße $B = \dfrac{A\gamma_1}{\gamma_2}\sqrt{\dfrac{U_1}{U_2}}$ möglichst klein zu machen, ist erforderlich: Möglichst hohe Endgeschwindigkeit $\sqrt{U_2}$ der Elektronen bei möglichst geringer Anfangsgeschwindigkeit $\sqrt{U_1}$ und möglichst großer Winkel γ_2 am Schirm bei möglichst kleinem Ausgangswinkel γ_1 am Gegenstand. Da die beiden Forderungen über die Geschwindigkeit der Elektronen sich zum Teil unserer Beeinflussung entziehen, zum Teil durch andere Gesichtspunkte bestimmt werden, müssen wir den *geometrischen* Forderungen das Hauptinteresse zuwenden.

In Abb. 307 sind unter Zugrundelegung optischer Verhältnisse die beiden Möglichkeiten gegenübergestellt, die unter Anwendung von zwei Linsen L_1 und L_2 zur Erfüllung der Forderung nach möglichst großen Winkeln am Schirm dienen. Die Einschaltung einer Zerstreuungslinse zwischen Kathode und Sammellinse führt auf das bereits in [VIII, 8] erwähnte Teleobjektiv (Abb. 307a). Die Ein-

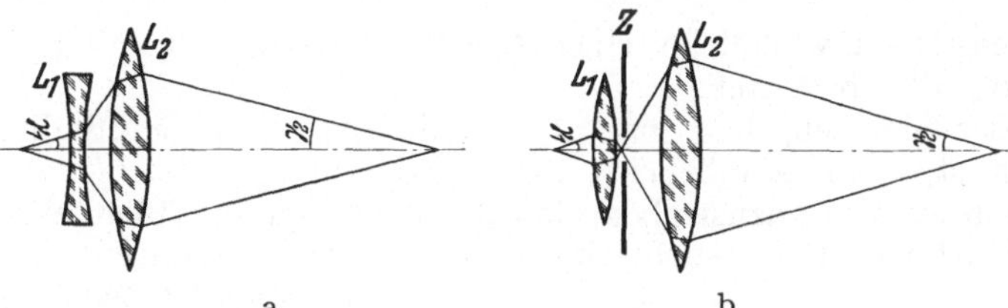

a   b

Abb. 307[1]. Die beiden Wege zur Erzielung eines großen Verhältnisses γ_2/γ_1.

schaltung einer zweiten kräftigen Sammellinse an Stelle der Zerstreuungslinse (Abb. 307b) erreicht die gleichen Winkel am Anfang und Ende des Strahlenganges unter Erzeugung eines Zwischenbildes. Die insgesamt zur Verfügung stehende Länge des Strahlenganges ist gleichsam in zwei Stücke aufgeteilt, auf deren jedem ein gleichartiges Abbildungs-, und zwar möglichst ein Verkleinerungssystem angebracht ist. Wir haben es bei diesem ,,zweistufigen System'' mit dem in [IV, 17] besprochenen Kunstgriff der mehrfachen Anwendung des gleichen Vorganges zu tun. Diese zweite Lösung, die schon früh ROGOWSKI und seine Mitarbeiter [563, 567] fanden und die von ihnen als ,,Vorkonzentration'' bezeichnet

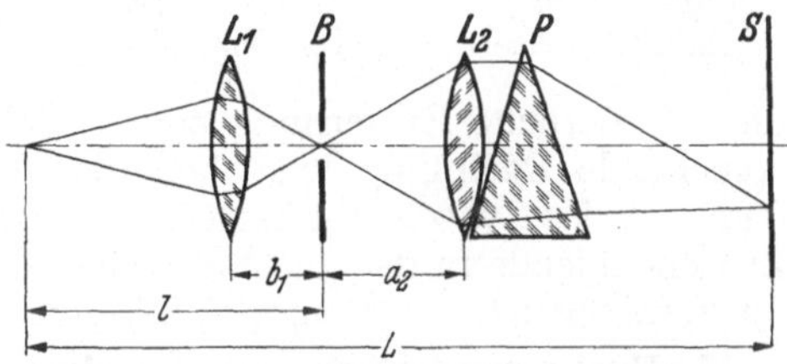

Abb. 308. Optisches Schema der BRAUNschen Röhre mit Zwischenabbildung.

wurde, hat große praktische Bedeutung erlangt. Sie wird heute nicht nur bei den magnetischen Systemen der Kaltkathoden-Oszillographen, sondern auch bei elektrischen Systemen angewandt [VIII, 19].

Die zweistufige Anordnung mit Zwischenbild hat Vor- und Nachteile. Nachteilig in elektronenoptischer Hinsicht ist es, daß sich infolge der kräftigeren Linsen die Linsenfehler stärker auswirken können. Ein Vorteil ist es, daß an dem Ort des wenig vergrößerten Zwischenbildes Z eine sehr kleine Blende gesetzt werden kann. Diese Blende wird durch die erste Linse L_1, die als Kondensor wirkt, bestrahlt und durch die zweite Linse L_2 abgebildet. Die Anordnung kann damit die Vorteile der intensitätsreichen Kathodenbildung mit denen der randscharfen Abbildung einer engen Blende verbinden.

Wie wir uns in [VIII, 2] die Frage stellten, wo bei einer einstufigen Anordnung Linse L_2 und Ablenkelement P aufzustellen sind, um maximale reduzierte Empfindlichkeit zu erhalten, so werden wir nun auch nach dem zweckmäßigsten Aufstellungsort von Vorkonzentrationslinse L_1 und Blende Z fragen. Bei einstufiger Abbildung ergab sich, daß Linse und Ablenksystem möglichst zusammenzulegen sind, und beide waren, wenn man die Anforderung einer

---

[1] Bei dieser und einigen weiteren schematischen Abbildungen ist auf die genaue Zeichnung des Strahlenganges der besseren Übersichtlichkeit wegen kein Wert gelegt.

gewissen Diagrammgröße außer Acht läßt, dem Leuchtschirm so weit wie möglich anzunähern. Bei den Röhren mit Doppelkonzentration findet man ähnliche Regeln. Mit den Bezeichnungen der Abb. 308 ergibt sich für die Vergrößerung

$$V = \frac{b_1}{l - b_1} \frac{L - l - a_2}{a_2}$$

und für die reduzierte Empfindlichkeit

$$\varepsilon = \frac{\operatorname{tg} \Theta}{A} \frac{L - l - a_2}{V} = \operatorname{tg} \Theta \frac{a_2}{b_1} (l - b_1) \cdot \frac{1}{A},$$

wobei Θ den Ablenkwinkel bei einer Ablenkspannung vom Wert 1 und A die Gegenstandsgröße bedeutet.

Aus dieser Gleichung liest man ab, daß die reduzierte Empfindlichkeit dann am größten ist, wenn b_1 möglichst klein wird und $a_2 = l = L/2$ wird. Bei der Konstruktion ist also anzustreben, daß das Zwischenbild (Blende) in der Mitte zwischen Kathode und Leuchtschirm liegt. Die Vorkonzentrationslinse ist dem Ort des Zwischenbildes, die Hauptkonzentrationslinse und das Ablenksystem dem Leuchtschirm so weit wie möglich anzunähern.

Praktische Forderungen z. B. gewisser Diagrammgröße werden diese grundsätzliche Feststellung modifizieren. Linse und Ablenkelement wird man zusammen in

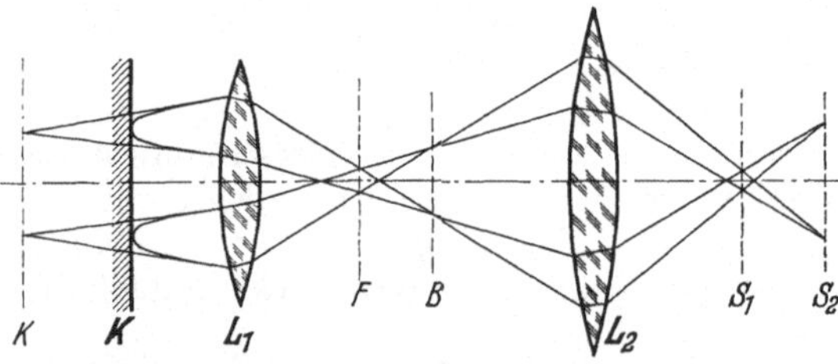

Abb. 309. Optisches Schema zur Brennfleckabbildung.

die erforderliche Entfernung zum Leuchtschirm bringen. Jetzt ergibt die entsprechende Rechnung wie oben, daß zwar wieder die Vorkonzentrationslinse dem Ort des Zwischenbildes (Blende) möglichst anzunähern ist, daß aber diese Zwischenblende in der Mitte zwischen Objekt (Kathode) und Hauptsammellinse anzubringen ist. Man vergleiche auch [VIII, 2].

7. Vorkonzentration bei der Brennfleckeinstellung. In [VIII, 5] sahen wir, daß sich infolge der kräftigen Richtwirkung des Beschleunigungsfeldes in der BRAUNschen Röhre zwischen Linse und Bild eine Einschnürungsstelle des Strahlenganges ausbildet, deren Verlegung auf den Schirm wir dort zur Erzielung eines kleinen Leuchtflecks diskutierten. Im vorhergehenden Abschnitt haben wir jedoch diese Eigenart des elektronenoptischen Strahlenganges gänzlich außer Acht gelassen, indem wir lichtoptische Verhältnisse zugrunde legten.

Abb. 309 zeigt schematisch den wirklichen Strahlengang einer BRAUNschen Röhre bei Anwendung der Vorkonzentration. Das Vorkonzentrationssystem L_1 entwirft nach B ein Kathodenbild, vor dem sich die Einschnürungsstelle bei F ausbildet. Die Hauptabbildungslinse L_2 projiziert das Kathodenbild nach S_2, den Brennfleck nach S_1. Durch eine kleine Änderung der Brennweite von L_1 oder L_2 kann man das eine oder andere Bild auf den Schirm bringen. Offensichtlich kann unter Umständen der Fall günstiger sein, daß man den Brennfleck auf den Schirm projiziert. Entscheidet man sich für den Brennfleck, so läßt sich trotzdem der Vorteil des Blendeneinbaues übernehmen. Die Blende wird jetzt in den Ort des Brennflecks F gebracht, so daß nun auf dem Schirm ein randscharfer Fleck entsteht. Die Anbringung der Blende am Brennfleck hat den Vorteil, daß der Gegenstand kleiner, die Gegenstandsweite für die Linse L_2 größer und der Fleck strukturlos ist.

Die Brennfleckeinstellung läßt sich mit jedem System vornehmen, das zweistufig arbeitet. Es eignet sich also dazu z. B. das bisher implizit meist zugrunde gelegte System des Kaltkathoden-Oszillographen mit zwei magnetischen Linsen. Doch auch bei elektrischen Linsen mit ihren oft ineinanderfließenden Feldern sind Systeme mit Vorkonzentration in der Brennfleckeinstellung benutzbar. Als Beispiel sei hier das von ZWORYKIN [746] entwickelte System erwähnt (Abb. 310). Der eingezeichnete Strahlengang läßt deutlich erkennen, daß hier die Einschnürungsstelle als der Gegenstand für die zweite Abbildungsstufe dient.

Welche der beiden Möglichkeiten im Einzelfall zu bevorzugen ist, läßt sich nicht allgemein entscheiden. Auch bei einer vorliegenden Röhre wird man selten mit Gewißheit sagen können, auf welchen Querschnitt man eigentlich einstellt. Der Praktiker wird immer so vorgehen, daß er die Linsen so lange verstellt, bis ihm der Punkt hell, klein und randscharf erscheint. Dabei wird er kaum auf einen der behandelten Grenzfälle kommen, sondern auf einen mittleren Querschnitt einstellen, der bei den vorliegenden Umständen optimal ist.

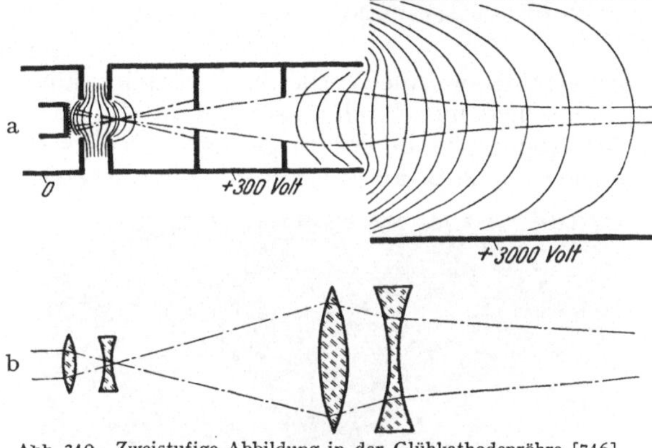

Abb. 310. Zweistufige Abbildung in der Glühkathodenröhre [746]. a Potentialfeld; b optisches Analogon.

b) Kaltkathoden-Oszillograph.

Der Kaltkathoden-Oszillograph[1], der meist mit hoher Anodenspannung von einigen 10 kV arbeitet, ist durch die „kalte Kathode" gekennzeichnet[2]. Charakteristischer ist die Gasentladung, die zwischen Kathode und Anode brennt, und die die positiven Ionen liefert, die aus der kalten Kathode dann die Elektronen für den Strahlengang herausschlagen.

Der Kaltkathoden-Oszillograph hat sich aus der Röhre BRAUNs durch Übergang zu hohen Anodenspannungen und Trennung von Strahlerzeugungs- und Strahlablenkraum entwickelt. Die magnetischen Linsen sind bis auf Ausnahmen beibehalten worden. Durch ROGOWSKI und Mitarbeiter wurde durch Einführung der Vorkonzentration [VIII, 6] jener Fortschritt erzielt, der nicht nur für den Kaltkathoden-Oszillographen höchst bedeutungsvoll war, sondern darüber hinaus einen großen Fortschritt zu der heutigen elektronenoptischen Auffassung der BRAUNschen Röhre bedeutet.

An der Entwicklung der technischen Geräte haben viele Einzelforscher wie DUFOUR [215], BINDER [64], NORINDER [510], besonders aber die Aachener Schule von ROGOWSKI und die Berliner Schule von MATTHIAS gearbeitet.

8. Aufbau des Oszillographen. Das Rohr des Kaltkathoden-Oszillographen besteht aus zwei Hauptteilen, die durch die Anodenblende getrennt sind (Abb. 311). Es sind das die Strahlerzeugungskammer und die Ablenkkammer.

Die Strahlerzeugungskammer ist ein Gasentladungsrohr, dessen Elektroden Kathode und Anodenblende sind. Die Elektronen werden hier durch Stoß

---

[1] Wir wollen uns mit dieser Bezeichnung dem Gebrauch der ROGOWSKIschen Schule anschließen.

[2] „Kalte Kathode" ist an sich nicht eindeutig, denn kalt ist die Kathode nicht nur bei der Elektronenauslösung durch den Stoß positiver Ionen, wie sie hier verwandt wird, sondern ebenso bei Elektronenauslösung durch Licht und Elektronenstoß.

positiver Ionen aus der Kathode ausgelöst und dann durch das Vorkonzentrationssystem auf die Anodenblende konzentriert.

Die Ablenkkammer ist stärker ausgepumpt als die Strahlerzeugungskammer. Die aus der Anodenblende austretenden Elektronen erfahren normalerweise keine weitere Beschleunigung mehr. Sie werden in diesem Raum gleichzeitig mit der Ablenkung durch die im allgemeinen magnetische Hauptsammellinse abermals fokussiert, so daß auf dem das Rohr abschließenden Leuchtschirm bzw. der photographischen Platte ein feiner Elektronenfleck entsteht.

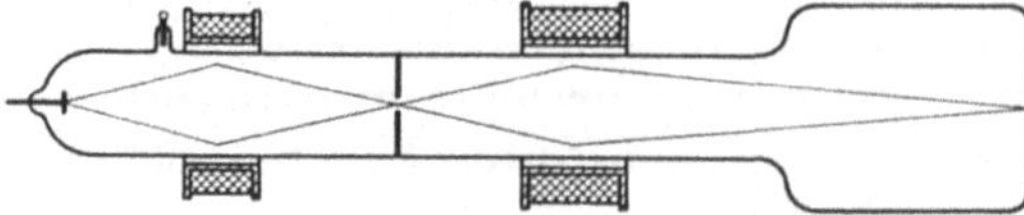

Abb. 311. Aufbau des Kaltkathoden-Oszillographen.

Der Druck soll in dem Gasentladungsrohr etwa 0,01 Tor groß sein, während er in dem Ablenkraum möglichst gering sein soll. Da zwischen den beiden Räumen durch die Anodenblende eine Verbindung besteht, kann man den erforderlichen Druckunterschied nur durch Gaseinlaß im Raum hohen Drucks und durch dauerndes Abpumpen im Raum geringen Drucks erzielen. Dabei wirkt die Anodenblende, die z. B. als enges Röhrchen ausgebildet ist, als Strömungsdrossel [245, 560]. Wird an Kathode und Anode eine Spannung von einigen 10 kV angelegt, so bildet sich im Strahlerzeugungsraum die erforderliche Gasentladung aus. Die positiven Ionen ziehen sich dicht vor der Kathode zu einem schmalen Bündel zusammen, so daß auch die Kathodenstrahlen von einem Fleck von sehr geringem Durchmesser ($\sim 1/2$ mm) ausgehen. Durch die aufprallenden Ionen wird aus der Kathode ein kleiner Krater herausgeschlagen, der mit der Zeit immer tiefer wird und die Ergiebigkeit der Kathode herabsetzt (Abb. 312). Man hat daher versucht, immer neue Teile der Kathode in die Strahlachse zu bringen. Zum Beispiel schlagen ROGOWSKI und SZEGHÖ [565] zu diesem Zweck vor, die Kathode aus einer Kugel aus Aluminium herzustellen, die nach dem Ausbrennen einer Stelle in eine neue Stellung gedreht wird.

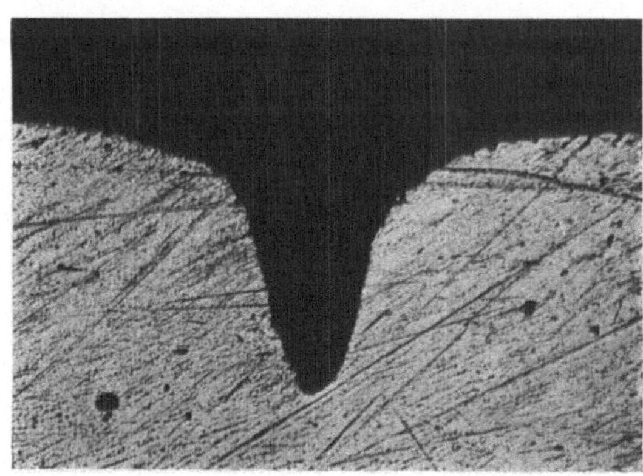

Abb. 312. Krater einer Aluminiumkathode [585].

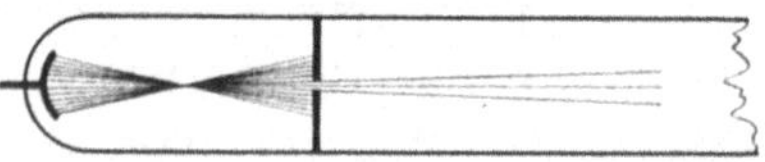

Abb. 313. Röhre mit Hohlkathode [728].

Die erzeugten Elektronen werden unter der Richtwirkung des kräftigen Beschleunigungsfeldes ein gerichtetes Bündel bilden, das auch bereits ohne besondere Vorkonzentrationslinse auf einen kleinen Bereich der Anode fällt. Ist bei einer ebenen Kathode dieser Bereich bereits nur wenig breiter als der emittierende Kathodenbereich, so läßt sich durch hohlspiegelförmige Krümmung der Kathode der auf der Anode ausgeleuchtete Bereich weiter verkleinern bzw. der Größe der Anodenblende anpassen. Bereits eine Röhre von WIECHERT [728] aus dem Jahre 1899 zeigt eine solche Anordnung mit dem Hohlspiegel von CROOKES bzw. GOLDSTEIN (Abb. 313). Bei dieser sehr einfachen Anordnung kommt es darauf an, die Krümmung der Kathode so zu wählen, daß die Anodenblende von der Kathodenstrahlung gerade ausgefüllt wird. Kompliziertere elektrische Vorkonzentrationssysteme sind später mehrfach angewandt und verbessert worden. So zeigt Abb. 314 ein

Metallentladungsrohr von BINDER, FOERSTER und FRÜHAUF [65]. Über die
Kathode K ist isoliert ein Metallzylinder W geschoben, der sich beim Betriebe
von selbst auf ein negatives Zwischenpotential aufladet. Der Zylinder wirkt
also als WEHNELT-Zylinder [V, 14], wobei man allerdings
sein Potential nicht beliebig wählen[1] und daher auch
nicht so einstellen kann, daß das Bündel an der Anode
wirklich genau die gewünschte Größe
hat. Eine Wirkung in günstigem
Sinne wird aber zweifellos erreicht
werden. Eine andere Einrichtung
dieser Art benutzten MILLER und
ROBINSON [484], die die Kathode K
in einen parabolspiegelartigen Schirm
W geeigneten Potentials einbauten
(Abb. 315) und damit eine Anordnung wählten, die derjenigen bei
der COOLIDGE-Röntgenröhre eng verwandt ist.

Größere Bedeutung als die elektrischen haben die magnetischen Linsen als Vorkonzentrationsorgane erlangt[2]. Die in grundsätzlicher Beziehung entscheidende Erkenntnis
erzielten dabei ROGOWSKI und Mitarbeiter [567, 561] durch die klare
Einsicht in die Wirkung der Spulen,
wie sie in der Darstellung des

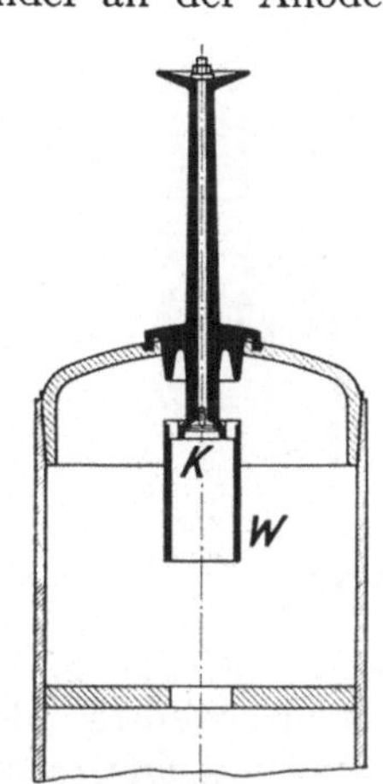

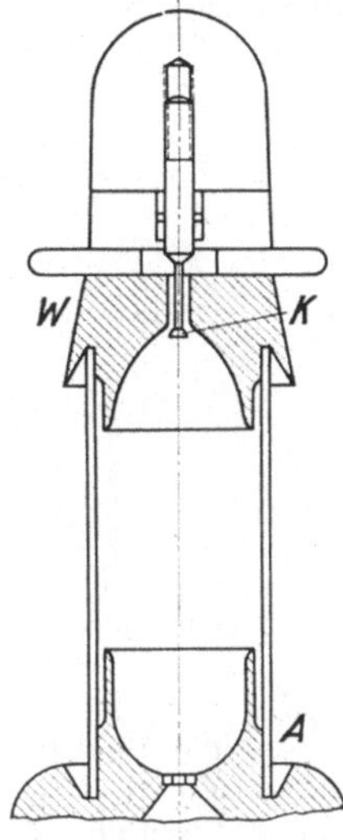

Abb. 314.
Beschleunigungssystem des
Metallentladungsrohres von
BINDER, FOERSTER und
FRÜHAUF [65].

Abb. 315.
Beschleunigungssystem
von MILLER und
ROBINSON [484].

Strahlenganges Abb. 311 zum Ausdruck kommt. Es gelang damals, die Vorkonzentration so vorzunehmen, daß das Bild des emittierenden Kathodenbereichs praktisch der Anodenöffnung gleich wurde, wodurch gegenüber dem
Strahlengang ohne Vor-
konzentration eine Inten-
sitätssteigerung um 2 Zehnerpotenzen erzielt wurde
[556, 449].

Die durch das Vorkon-
zentrationssystem auf der
Anodenblende gebündelten

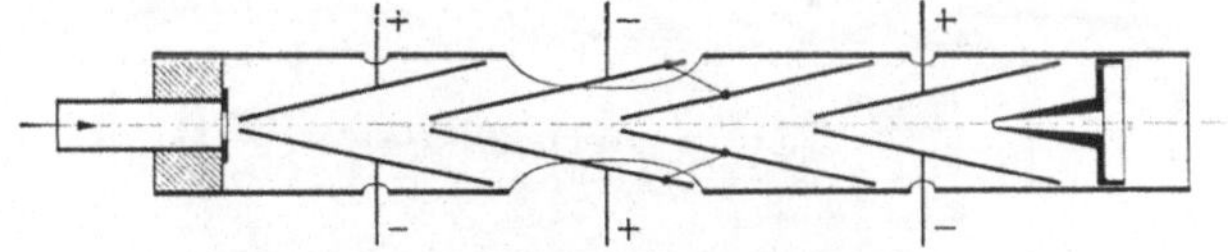

Abb. 316.   Strahlsperrkammer nach BERGER [53].

Elektronen kommen nun in die von ROGOWSKI [567] stammende Strahlsperrkammer [V, 13], in der durch Ablenkplatten und Blenden wie bei einem Verschluß dafür gesorgt wird, daß nur während der Messung Elektronen auf den
Leuchtschirm gelangen. In Abb. 316 ist eine Sperrkammer mit mehrfacher
Strahlsperrung nach BERGER [53] angegeben. Die im ersten Plattenpaar abgelenkten Elektronen werden durch Löcher in der Rohrwand ganz aus der
Kammer herausgelenkt. Etwa noch vorhandene Streu- oder Sekundärelektronen werden durch die nächsten Ablenkstufen ausgeschaltet.

Zur Oszillographie sehr großer Spannungen wird unter Benutzung eines
kapazitiven Spannungsteilers nur ein Teilbetrag der Spannungen an die Platten
gelegt. Da sich aber ein Spannungsteiler für schnelle und langsame Wechselspannungen oder gar für Gleichspannungen nicht gleich gut eignet, hat man

---

[1] Die Autoren diskutieren übrigens auch die Möglichkeit, das Potential der Hilfselektrode
von außen festzulegen.

[2] Über historische Fragen bei der Anwendung der magnetischen Vorkonzentrationslinse
vgl. [390] und [556].

auch versucht, unter Benutzung von Abschirmungen Ablenksysteme sehr geringer Empfindlichkeit zu bauen, an die die Hochspannung direkt gelegt werden kann. Bei einem solchen System, wie es von MESSNER [479] angegeben wurde, sind die Ablenkplatten c_1 und c_2 durch Blenden d_1 und d_2 von dem Strahl getrennt, so daß nur ein geringfügiger Bruchteil der Kraftlinien durch das Blendenloch hindurch auf den in Richtung e_1—e_2 laufenden Strahl einwirkt (Abb. 317). Das Ablenksystem hielt das dauernde Anlegen von 100 kV Gleichspannung aus, ohne daß Durchschläge eintraten. Wenn auch, wie wir es noch in [VIII, 9 und 21] sehen werden, die abgeschmolzene Glühkathoden-Röhre den Kaltkathoden-Oszillographen in seiner Schreibleistung [VIII, 9] fast eingeholt hat, so bleibt doch bei letzterem die Möglichkeit, hohe Ablenkspannungen an die Platten anzulegen, als Vorzug erhalten. Würde man auch bei der Glühkathoden-Hochleistungsröhre hohe Ablenkspannungen anlegen wollen, so würde das eine Konstruktion erforderlich machen, bei der die einfache, handliche Gestalt verlorengehen würde.

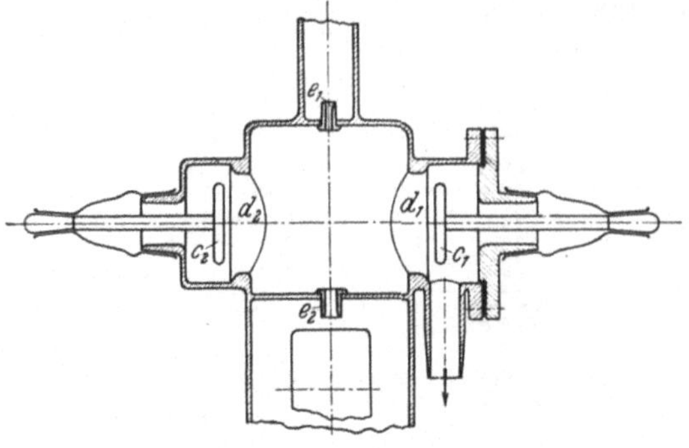

Abb. 317. Ablenksystem für Hochspannung von MESSNER [479].

Die Aufnahme der Oszillogramme erfolgt entweder durch Außenphotographie des Leuchtschirms [V, 19] oder durch Innenphotographie [V, 20]. In letzterem Falle sind Schleusen für die photographische Platten vorgesehen, die wir in ähnlicher Form beim Elektronenmikroskop auch zum Auswechseln der Objekte angewendet finden.

9. Ausführung und Leistung des Oszillographen. Wir haben bisher nur grundsätzliche Fragen des Kaltkathoden-Oszillographen behandelt und wollen uns nun noch kurz der gebrauchsfertigen Konstruktion zuwenden.

Abb. 318. Fahrbarer Oszillograph der Hochspannungsgesellschaft Köln (Modell 1936).

Einen Oszillographen für hohe Schreibgeschwindigkeiten [147] der Hochspannungsgesellschaft Köln nach ROGOWSKI zeigt Abb. 318. Er besteht aus dem metallischen Oszillographenrohr von etwa 1 m Länge, das liegend über der Pumpenanlage aufgebaut ist, die aus einer Vorpumpe und drei Diffusionspumpen gebildet wird. So ergibt sich ein geschlossener Aufbau, der die Vorteile hat, daß die hohe Beschleunigungs- und Ablenkspannung gefahrlos zugeführt werden kann und daß eine einfache Beobachtung des vertikalen Leuchtschirmes in Augenhöhe möglich ist. Die Strahlen werden durch eine Vorkonzentrationsspule auf die Anodenblende konzentriert, die durch die Hauptsammelspule auf dem Leuchtschirm abgebildet wird. Der Oszillograph ist für 60 kV Betriebsspannung gebaut, die von einer ebenfalls fahrbaren Hochspannungsanlage zugeführt wird. Die Ablenkspannung kann bis 100 kV betragen. Die Schreibgeschwindigkeit beträgt bei Innenaufnahmen 30000 km/s.

Bei dem von v. BORRIES [82] entwickelten Oszillographen, der vom Hochspannungsinstitut Neubabelsberg gebaut wurde, ist das Oszillographenrohr stehend angeordnet (Abb. 319). Der Elektronenstrahl wird in einem im unteren Teil des Oszillographen angeordneten Entladungsrohr erzeugt und ohne Vorkonzentration durch die Röhrchenanode nach oben in die Sperrkammer geführt. Die Anodenöffnung ist Abbildungsgegenstand für die magnetische Linse, die dicht hinter der Sperrkammer sitzt. Die beiden unmittelbar dahinter angeordneten Ablenkplattenpaare sind durch Federkörper von außen verstellbar. Die Aufzeichnung kann durch verschiedene Aufsätze subjektiv beobachtet oder objektiv durch Innen- oder Außenaufnahme (auch LENARD-Aufnahme) festgelegt werden. Der Oszillograph, der rd. 1,5 m hoch ist, arbeitet bis 90 kV Beschleunigungsspannung.

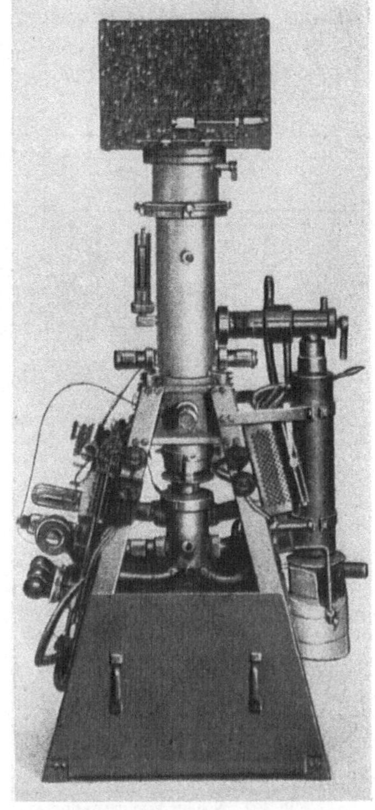

Abb. 319. Oszillograph des Hochspannungsinstituts der Technischen Hochschule Berlin (Modell 1936).

Entsprechend der Aufgabe des Kaltkathoden-Oszillographen, rasche, einmalige Vorgänge zu verfolgen, wird ihre Leistungsfähigkeit hauptsächlich durch ihre Schreibgeschwindigkeit bei Innenaufnahme [V, 20] charakterisiert. Unter Schreibgeschwindigkeit versteht man dabei diejenige Geschwindigkeit, bei der der Elektronenstrahl noch eine nachweisbare Spur erzeugt.

Bereits 1925 gelang es ROGOWSKI und FLEGLER [559], eine Wanderwelle mit hoher Schreibgeschwindigkeit aufzunehmen (Abb. 320), obwohl ihre Rohre noch keine Vorkonzentration hatten, so daß unter Umständen 99% der Elektronenintensität an der Anodenblende verlorengingen. Aus dem gerade noch erkennbaren Anstiege, der in 10^{-8} s niedergeschrieben wurde, konnten die Autoren auf eine Schreibgeschwindigkeit von über 1000 km/s schließen. Die Anordnung zu derartigen Untersuchungen besteht aus einer Doppelleitung, deren Abschluß ein Kondensator bzw. eine Funkenstrecke mit parallel geschalteten Oszillographenplatten bildet (Abb. 321). Das kurze Leitungsstück, bestehend aus Funkenstrecke und Ablenkplatten, schwingt mit sehr hoher Frequenz, wenn die Funkenstrecke

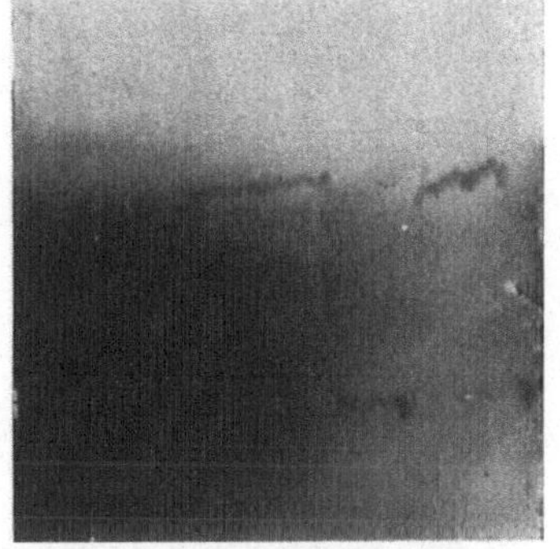

Abb. 320. Erste Wanderwellenaufnahme nach ROGOWSKI und FLEGLER [559].

zum Ansprechen gebracht wird. — Nach Einführung der Vorkonzentrierung wurden leicht Wanderwellen-Aufnahmen mit hoher Schreibgeschwindigkeit erreicht, wie es Buss [156] zeigte (Abb. 322). Von Rogowski, Flegler und Buss [566] wurden Schreibgeschwindigkeiten von 60 000 km/s erzielt.

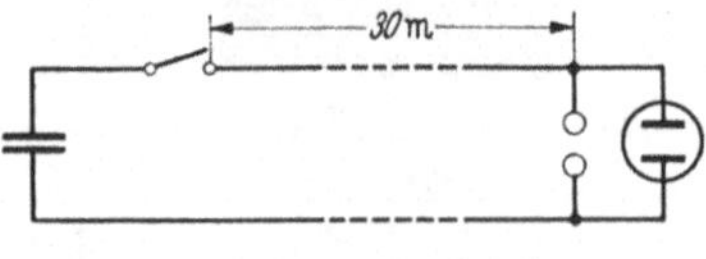

Abb. 321. Wanderwellen-Schaltung.

Rogowski [556] und Mitarbeiter [566] haben die Grenzleistung genauer diskutiert und besonders auch auf die Bedeutung der Strahlsperrung [V, 13] für die Aufnahme von Wanderwellen und anderen sehr schnellen Vorgängen hingewiesen. Sie konnten zeigen, daß 100 000 km/s Schreibgeschwindigkeit erreicht ist und daß dies keineswegs als absolute Grenze angesehen zu werden braucht. Höhere Schreibgeschwindigkeiten als $\frac{1}{3}$ Lichtgeschwindigkeit zu benutzen, hat jedoch keinen rechten Sinn, da sich hier die Laufzeiterscheinungen [X] bemerkbar zu machen beginnen. Nehmen wir an, daß der Oszillograph mit 50 kV Beschleunigungsspannung arbeitet, so haben die Elektronen eine Geschwindigkeit von 10^5 km/s und brauchen zum Durchlaufen der normalerweise 10 cm langen Platten 10^{-9} s. Vorgänge, die in 10^{-9} s verlaufen, werden also bereits verzerrt.

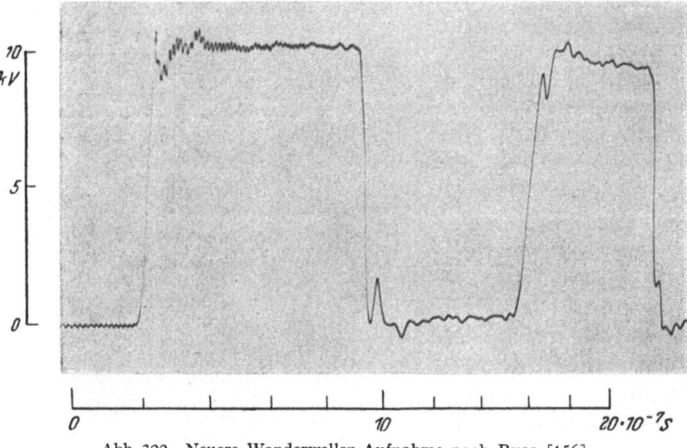

Abb. 322. Neuere Wanderwellen-Aufnahme nach Buss [156].

Der Kaltkathoden-Oszillograph ist zur Erzielung höchster Schreibgeschwindigkeiten besonders geeignet. Gegenüber der Glühkathode liefert die kalte Kathode eine mehrfach so große spezifische Emission. Die Innenaufnahme bringt gegenüber der bei Glühkathodenröhren praktisch allein in Frage kommenden Außenaufnahme ein bis zwei Zehnerpotenzen. Da die hohe mit dem Kaltkathoden-Oszillographen erreichbare Schreibgeschwindigkeit, wie wir sahen, nicht voll ausnutzbar ist, erlaubt die neuzeitliche Glühkathoden-Röhre mit Außenaufnahme die höchsten praktisch verlangten Schreibgeschwindigkeiten nahezu zu erreichen. Abb. 323 gibt eine Zusammenstellung, die diese Tatsachen noch besonders verdeutlicht. Während die normale Glühkathodenröhre mit 1,5 kV Betriebsspannung natürlich nur geringe Schreibgeschwindigkeiten zu erreichen erlaubt, ist die

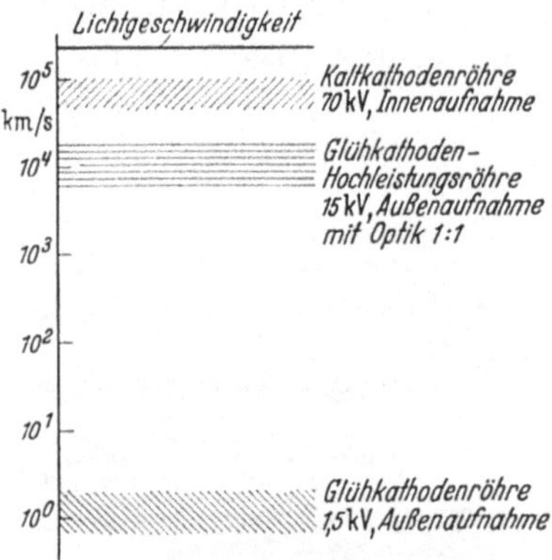

Abb. 323.
Vergleich der Schreibgeschwindigkeiten.

neuzeitliche Hochleistungsröhre [VIII, 21] selbst bei Außenaufnahmen in das Gebiet des Kaltkathoden-Oszillographen gerückt.

10. Übergang zu niedrigen Spannungen. Die Kaltkathode bietet den Vorteil großer Robustheit und liefert außerdem große Ströme. Sie hat dafür

den Nachteil, daß hohe Beschleunigungsspannungen erforderlich sind und daß
der Oszillograph an der Pumpe betrieben wird. Beide Nachteile suchte man
zu beseitigen, wobei insbesondere das Bestreben, den Kaltkathoden-Oszillographen für Fernsehzwecke einzusetzen, fördernd wirkte. Wie schon in [VIII, 8]
erwähnt wurde, arbeiten die üblichen Entladungsrohre mit einem Druck von
ungefähr 10^{-2} Tor und Spannungen von mindestens 10 kV. Sucht man zu
kleineren Spannungen überzugehen, so erlischt die Entladung. Sie brennt zwar
wieder, wenn man den Druck vergrößert, nun ist aber der Ansatzpunkt des
Kathodenstrahls auf der Kathode nicht mehr
fein genug und infolgedessen die Stromdichte
stark herabgesetzt. Es sind verschiedene
Mittel angegeben worden, um trotzdem einen
genügend feinen Strahlansatz zu bekommen.
Eines dieser Mittel besteht nach ROGOWSKI
und MALSCH [564] darin, das Entladungsrohr genügend eng zu machen. Nach den
Angaben von ROGOWSKI und MALSCH bleibt
der feine, punktförmige Fleck bei Verwendung
einer Kapillare von 1 mm Dmr. bei einem
Druck von 0,5 Tor noch bis zu 500 V erhalten.
In gleicher Weise wirkt sich ein Vorschlag
von ROGOWSKI und DICKS [558] aus, bei
dem in einem an sich weiten Entladungsrohr durch eine Hilfsblende auf Anoden-

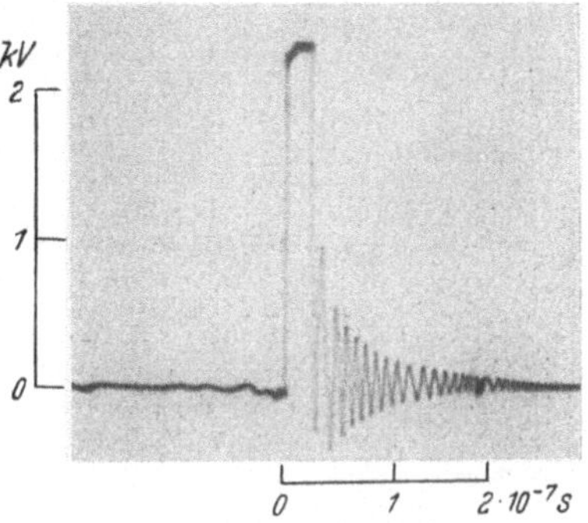

Abb. 324. Aufnahmen mit Kaltkathoden-Oszillographen bei 10 kV nach WESTERMANN [720].

potential dicht vor der Kathode eine günstige Strahlform und Wirkungsgrad-
steigerung und im Zusammenhang damit eine Herabsetzung der Erregerspannung
bewirkt wird [203, 621]. Die Entwicklungen sind später von WESTERMANN [720]
weitergeführt worden. Es gelang, durch Verwendung eines engen Metall-
entladungsgefäßes einen feinen Elektronenstrahl so großer Dichte zu erzeugen,
daß bei ungefähr 10 kV Elektronenenergie noch gute Aufnahmen bei 10000 km/s
Schreibgeschwindigkeit erreicht wurden. Abb. 324 zeigt eine Innenaufnahme
des Durchbruchs einer Funkenstrecke bei Stoßspannung.

KRUG benutzte [404] eine neue Glimmentladungsform, die er an Hohl-
kathoden bei Drucken von ungefähr 10^{-1} Tor und Spannungen von einigen kV
beobachtete. Er fand bei bestimmten Betriebsverhältnissen einen sehr dünnen
Elektronenstrahl, wobei die Emissionsfläche sehr groß sein konnte. Allerdings
zeigte die Elektronengeschwindigkeit starke Streuung bis zu 30%, die zu Fleck-
verzerrung bei der Ablenkung führte.

Will man den Oszillographen abschmelzen, so muß man die Entladung trotz
niedriger Spannung bei niedrigem Druck zum Brennen bringen. Nach einem
Vorschlag von ROGOWSKI und MALSCH [41] kann die Entladung durch eine Hilfsentladung mit Ionen gespeist werden, die bei größem Durchmesser des Entladungs-
rohres schon bei niedrigem Druck brennt. Man kann dazu zwei gegenüberstehende Kathoden verwenden, wobei an beiden Elektroden Entladungen entstehen, die sich gegenseitig die Ionen zuschießen. Diese Anordnung brennt
unter sonst gleichen Verhältnissen bei einem halb so großem Druck wie eine
Anordnung mit nur einer Kathode. Schließlich ermöglicht nach STARK [658]
ein über den Entladungsraum geschobenes Magnetfeld eine weitere Herabsetzung des Drucks, weil durch diesen Kunstgriff die Stoßzahl und damit die
Ionenbildung stark erhöht wird. Diese Wirkung wird in geringem Maße bereits
durch das Feld der Vorkonzentrationsspule auch bei normalen Entladungsröhren
bedingt. Sie wird durch die Hilfsentladung stark begünstigt. Einen nach

diesen Gesichtspunkten gebauten abgeschmolzenen Oszillographen beschreibt BECKER [41].

Bei dem Übergang zu niedrigen Spannungen findet insofern eine Angleichung an den Glühkathoden-Oszillographen statt, als die magnetischen Linsen oft durch elektrische ersetzt werden. KNOLL [376] hat die elektrische Einzellinse mit einem Netz zwischen zwei Lochblenden hierzu vorgeschlagen (Abb. 325a). ROGOWSKI [557] hat die übliche elektrische Einzellinse mit drei Lochblenden diskutiert und ging auf die Frage ein, ob man magnetisch oder elektrisch bündeln solle. Er weist darauf hin, daß die bündelnde Wirkung einer netzfreien elektrischen Linse relativ gering ist. Infolgedessen werden die Spannungen zwischen den Mittel- und Außen-

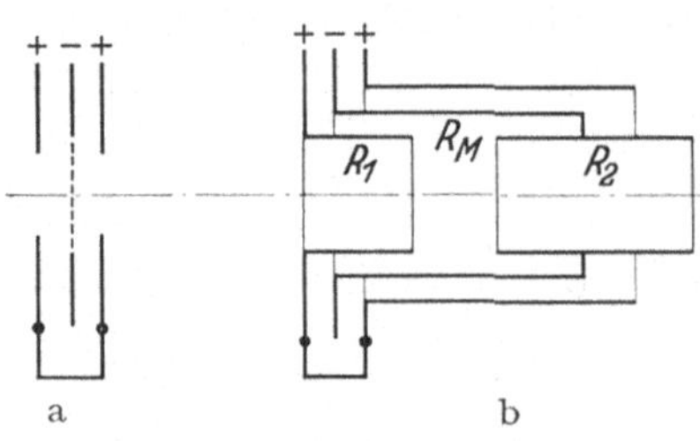

Abb. 325. Einzellinsen als Hauptlinsen für den Oszillographen.

elektroden der Linse von derselben Größenordnung sein müssen wie die Beschleunigungsspannung. Für den Hochspannungs-Oszillographen ergeben sich daher schon unangenehm hohe Spannungen. ROGOWSKI kommt aus diesen Erwägungen zu dem Schluß, daß die elektrische Einzellinse in dieser Form mit der magnetischen Linse nicht ernstlich in Konkurrenz treten könne. Nach den Ergebnissen MAHLs [IX, 13] über den Einsatz elektrischer Einzellinsen beim Übermikroskop scheint diese Frage jedoch noch nicht endgültig geklärt zu sein.

MALSCH und BECKER [452] haben ROGOWSKIs Untersuchungen über elektrische Linsen für den Kaltkathoden-Oszillographen weitergeführt, indem sie — ebenso wie es schon früher bei der Niederspannungsröhre geschehen war — von den Lochscheiben zu Rohren übergingen und sich auf kleine Spannungen beschränkten. Bei ihrer Konstruktion (Abb. 325) greift das Feld der Mittelelektrode R_M durch den Schlitz zwischen den zwei auf Anodenpotential liegenden Röhren R_1 und R_2 bis zur Achse durch. Durch richtige Wahl der Abmessungen kann, wie es schon von der Niederspannungsröhre bekannt war [VIII, 12], die gewünschte Linsenwirkung gerade durch Anlegen des Kathodenpoten-

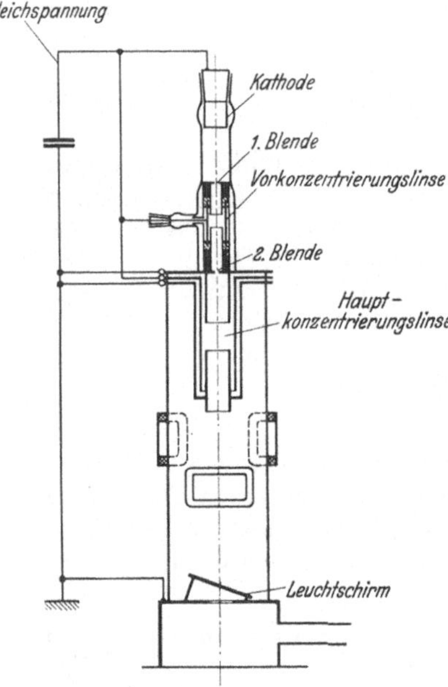

Abb. 326. Oszillograph mit elektrostatischer Vor- und Hauptkonzentrierung für 10 kV nach MALSCH und BECKER [452].

tials erzielt werden. Man erhält das bereits in [IV, 4] besprochene Zweipolsystem. Die angewendeten Linsen haben noch den weiteren Vorteil, daß trotz des verhältnismäßig hohen Drucks, wie er bei Kaltkathoden-Oszillographen mit einheitlichem Vakuum auftritt, erst bei relativ hohen Spannungen störende Gasentladungen auftreten. Abb. 326 zeigt einen mit zwei solchen Linsen ausgestatteten Oszillographen für 10 kV. Die Autoren glauben, daß mit ihrer Konstruktion die gleichen Schreibleistungen wie mit magnetischer Konzentrierung zu erreichen seien.

Bezogen sich diese Betrachtungen allein auf die Einzellinse mit ihrem gleichen Potential auf beiden Seiten der Linse, so wird man andere günstige Perspektiven zu erwarten haben, wenn man die Besonderheiten der elektrischen Elektronenoptik durch Benutzung der Immersionslinse berücksichtigt. Interessant ist eine auf ROGOWSKI zurückgehende Konstruktion, die den elektronenoptischen Kunstgriff benutzt, eine Verzögerungslinse zur Fokussierung zu benutzen [I, 17]. So können die Elektronen zunächst mit hohen Spannungen aus der kalten Kathode befreit und dann nach Verzögerung und Fokussierung leicht abgelenkt werden. MALSCH und WESTERMANN [453] sowie MALSCH und BECKER [452] untersuchten verschiedene Formen der Verzögerungslinsen auf Konzentrationsfähigkeit und Durchschlagsfestigkeit. Der in Abb. 327 dargestellte Oszillograph hat bei E den Gasentladungsraum, B ist die Blende des Anodenzylinders A, bei G ist die Verzögerungslinse eingebaut. Die mit Hilfe der Ablenkspulen F bei einmaliger Überschreibung und 1600 eV Elektronenendenergie aufgenommenen Kurven zeigen große Feinheit der Schrift, die der eines Oszillographen mit magnetischer Konzentrierung gleichwertig ist.

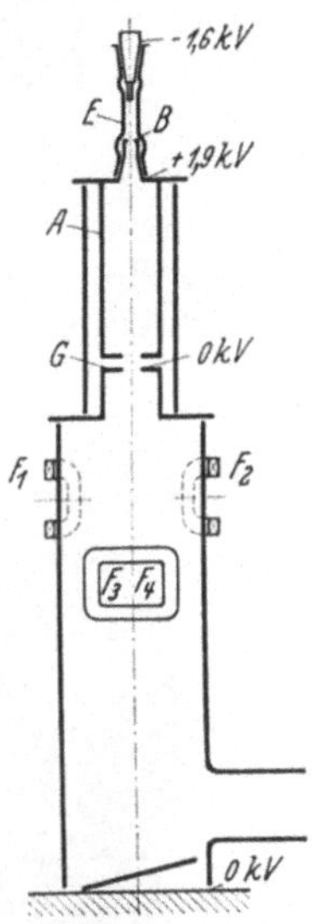

Abb. 327.
Oszillograph mit Immersionslinse nach MALSCH und WESTERMANN [453].

c) Glühkathoden-Gaskonzentrationsröhre.

Die Gaskonzentrationsröhre ist die historische Zwischenstufe zwischen der ursprünglichen BRAUNschen Röhre und der heutigen Glühkathoden-Hochvakuumröhre. Sie bringt den Übergang zur Glühkathode und zum elektrischen Konzentrationssystem. Da man aber die elektronenoptischen Verhältnisse der mit elektrischen Systemen arbeitenden BRAUNschen Hochvakuumröhre noch nicht beherrschte, machte man von der Konzentration durch Gas Gebrauch. Unter ihrer Verwendung gelangte man zu den ersten technisch brauchbaren Röhren. Heute ist man praktisch ganz zu Hochvakuumröhren übergegangen, obwohl die Röhre mit Gaskonzentration wegen ihrer niedrigen Betriebsspannung und hohen Empfindlichkeit für manche Zwecke besonders geeignet ist.

11. Gaskonzentration [EO, IV]. Die Gaskonzentration ist von VAN DER BIJL [63] vorausgesagt und von JOHNSON [339] und anderen nachgewiesen und benutzt worden. Der Grundvorgang ist folgender: Ein Elektronenbündel durchdringt einen Raum, in dem sich Gasreste befinden [IV, 5]. Die Elektronen stoßen mit den Gasmolekeln zusammen und ionisieren sie. Die abgelenkten und sekundären Elektronen laufen aus dem Strahl heraus, während die trägen positiven Ionen zurückbleiben. Diese Ionen bilden wegen ihrer großen Anzahl und geringen Geschwindigkeit eine starke positive Raumladung im Strahl. Ähnlich wie bei der Elektronenlinse — doch bei ihr verursacht durch die Krümmung der Potentialflächen — werden radiale Kräfte zur Strahlachse auf die Elektronen ausgeübt, die die Wiedervereinigung der von einem Punkte ausgehenden Elektronen an einem zweiten Punkt zur Folge haben. Man spricht daher von einem „Knotenstrahl" (Abb. 328). Schneiden die einzelnen Elektronenbahnen die Achse des Strahls an verschiedenen Stellen, d. h. befindet sich an der Stelle des bisherigen Knotens eine kleine Fläche, die abgebildet wird, so nähert sich der Knotenstrahl in seiner Form mehr dem „Fadenstrahl" an (Abb. 329 und Bild III). Ersteren wird man bevorzugt in der BRAUNschen Röhre benutzen, indem man den Knoten auf den Leuchtschirm legt, letzteren verwendet man z. B. zu Demonstrationsversuchen über die Elektronenbahnen in elektrischen oder magnetischen Feldern [I, 7 und V, 17].

SCHERZER [612] hat theoretische Untersuchungen über gaskonzentrierte Strahlen angestellt. Er setzt die Raumladung im Strahlinnern aus den Anteilen

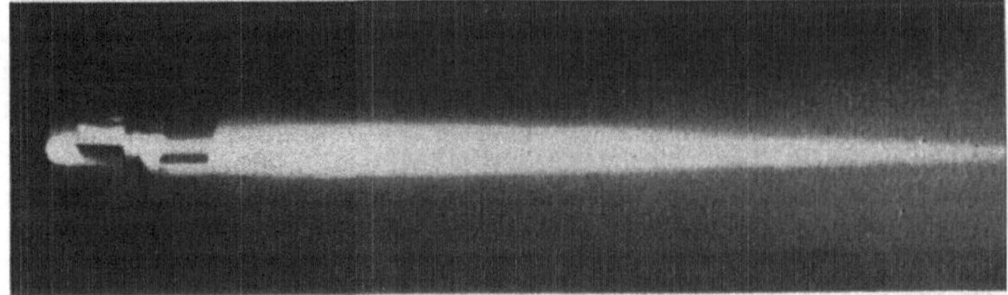

Abb. 328. Knotenstrahl [115].

der positiven Ionen und Elektronen zusammen und errechnet aus der POISSON-Gleichung $\Delta \varphi = -4\pi c^2 \varrho$, indem er für ϱ die Differenz der Raumladungsdichten einsetzt, die Abhängigkeit des positiven Anteils der Raumladung vom

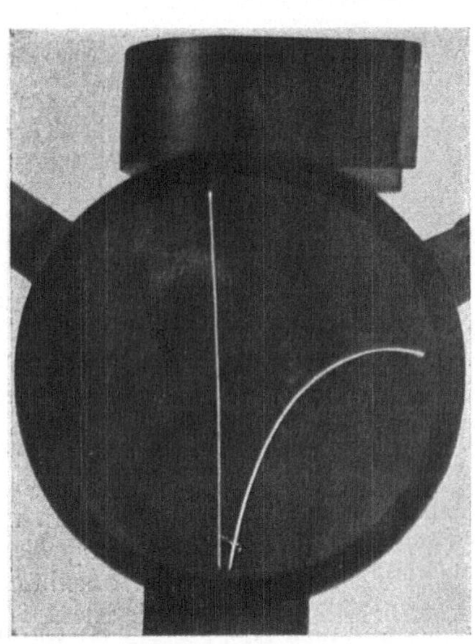

Abb. 329. Fadenstrahl (Aufnahmen mit und ohne Magnet auf einer Platte!) [111].

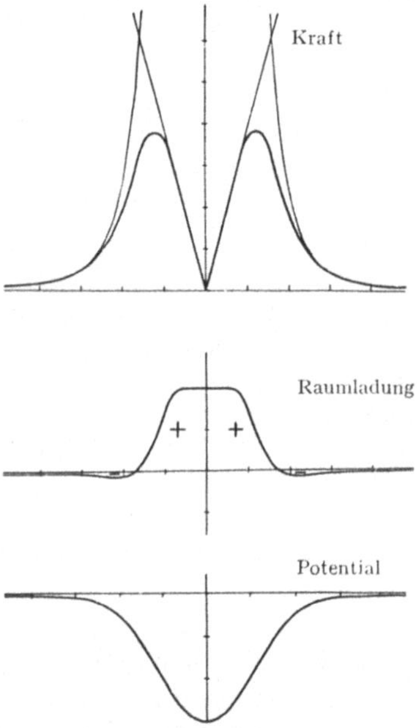

Abb. 330. Kraft, Raumladungsdichte und Potential im Strahlquerschnitt [117a].

Achsenabstand. Es folgt, daß im stationären Fall die positive Raumladung im Strahlquerschnitt konstant ist. Bei großem Strahlstrom ergibt sich für die Begrenzung des Knotenstrahls eine reine Sinuskurve, während bei kleinen

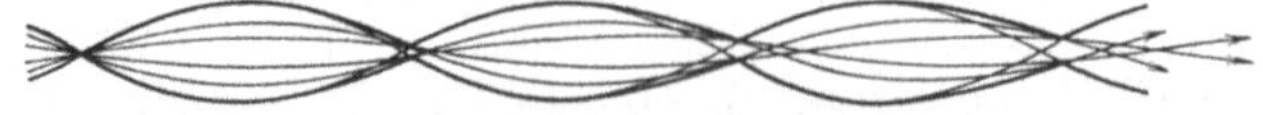

Abb. 331. Übergang vom Knoten- zum Fadenstrahl [117a].

Strömen geringe Abweichungen von dieser Form zu erwarten sind. Aus diesen Überlegungen folgt auch für den Fadenstrahl, daß er nicht als Knotenstrahl mit unendlich großem Knotenabstand, sondern als entarteter Knotenstrahl mit völlig verwaschenen Knoten aufgefaßt werden muß, in dem die einzelnen Elektronen jedoch ihre Sinusbahnen wie beim Knotenstrahl beschreiben.

Das SCHERZERsche Ergebnis konstanter Raumladung im Strahl kann natürlich nur eine Näherung sein, da die Raumladung schließlich nach außen stetig abnehmen muß.

Eine Abschätzung der wirklichen Verhältnisse ist in Abb. 330 versucht worden [EO, IV, 4]. Man erkennt, daß bei den angesetzten Raumladungsverhältnissen die Kraft auf die Strahlelektronen im Innern abstandsproportional ist, nahe dem Rande aber schnell abklingt. Nehmen wir ein solches Feld an, in dem die sich verschieden weit von der Achse entfernenden Elektronen etwas verschiedene Bahnen mit verschiedenen Knotenabständen beschreiben

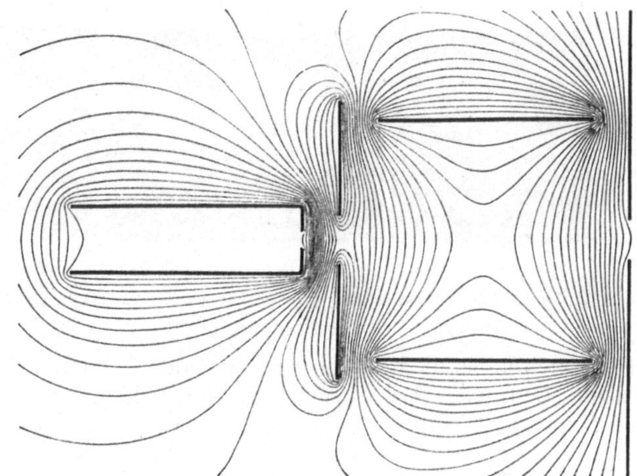

Abb. 332. Beschleunigungssystem einer BRAUNschen Röhre mit Potentialfeld als Zweipolsystem [114].

(Abb. 331), so ist auch verständlich, wie sich aus einem Knotenstrahl unter Umständen ein Fadenstrahl zu entwickeln vermag [EO, IV, 6].

12. Die Röhre als Elektronenmikroskop [EO, V, 10]. Wenn man eine der älteren Gaskonzentrationsröhren mit ebener Oxydkathode in Betrieb setzt, findet man gelegentlich mehr als einen Leuchtfleck auf dem Schirm. Diese einzelnen Leuchtflecke rühren von einzelnen kräftig emittierenden Bezirken der Plankathode her. Was wir auf dem Leuchtschirm sehen, ist ein durch die Gaskonzentration deformiertes Elektronenbild der Kathode. Das System einer solchen Röhre ist also letzten Endes als elektronenmikroskopisches System aufzufassen. Auf diese heute selbstverständliche Tatsache wurde zuerst von BRÜCHE [116] hingewiesen, der den Beweis dafür an der DOBKEschen Röhre [208] führte. Die Röhre wurde zu diesem Zweck vollständig evakuiert, wodurch der Einfluß der Gaskonzentration zunächst ausgeschaltet war. Wir wollen auf diese Versuche wegen ihrer grundsätzlichen Bedeutung etwas näher eingehen.

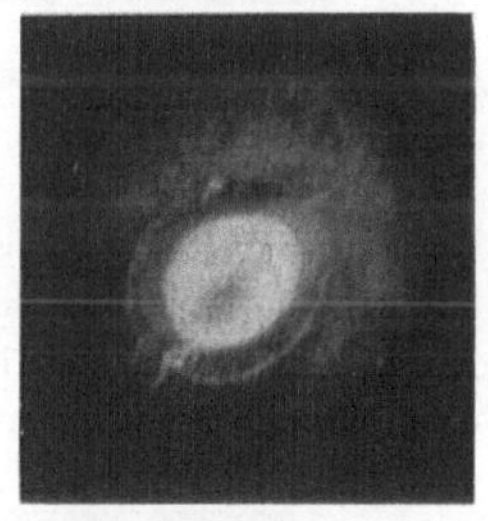

Abb. 333. Abbildung des Kathodendeckels durch das System Abb. 332 (Hochvakuum, natürl. Größe) [116].

Die Niederspannungsröhre DOBKEs [208] arbeitet mit dem in Abb. 332 mit seinem Potentialfeld dargestellten Elektrodensystem bei Elektronenenergien von einigen 100 eV. Vor einer indirekt geheizten Kathode, die als Hohlraumstrahler ausgebildet ist, ist zwischen zwei auf Anodenpotential befindlichen Blenden ein negativer Zylinder (WEHNELT-Zylinder) angeordnet. Das Potentialfeld ist (im hohen Vakuum) ein aus Beschleunigungsfeld und Einzellinse bestehendes Abbildungssystem. Schaltet man die vollständig evakuierte Röhre ein, so ergibt sich auf dem Leuchtschirm das Bild der Kathodenöffnung in rd. 30facher Vergrößerung. Man sieht dabei — ähnlich wie bei Kaltkathoden-Oszillographen mit Vorkonzentration und Blendenabbildung — eine mehr oder minder gleichmäßig erleuchtete Fläche mit einem scharfen Rand. Abb. 333 zeigt ein solches Kathodenbild, bei dem die Kathodenbohrung als zentrale helle Fläche, außerdem der Rand der Kathodenbohrung (in natura 0,5 mm Dmr.) als Ring um den

16*

hellen Leuchtfleck und schließlich die schwache Emission der unsauberen Kathodendeckelfläche zu erkennen ist. Der scharfe Absatz des gesamten

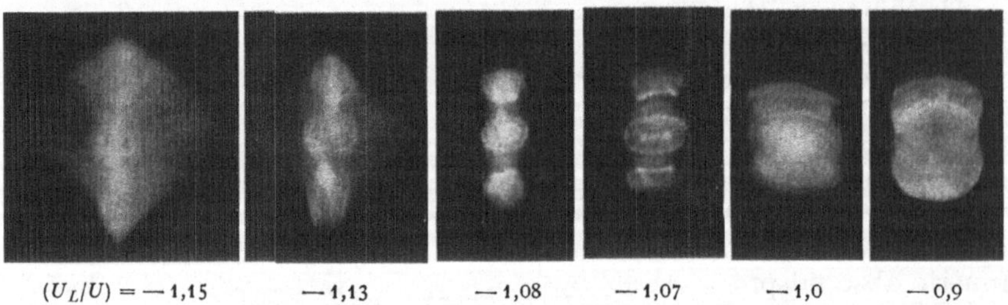

Abb. 334. Abbildung verschiedener Blenden mit dem System Abb. 332 (Verkleinerung auf die Hälfte) [116].

Kathodenbildes nach außen ist durch den Schatten der kathodennahen Anodenblende bedingt. Daß es sich hier wirklich um ein Bild der Kathode handelt, läßt sich z. B. durch Anordnung mehrerer Bohrungen leicht nachweisen. So zeigt Abb. 334 eine Reihe von Schirmbildern, die bei verschiedenen Zylinder-Spannungen von einer Dreilochkathode erhalten wurden. Unter den Bildern ist nicht die gegen Anode gemessene Zylinder-Spannung U_L, sondern das maßgebende Verhältnis von Zylinderspannung U_L zur Anodenspannung U aufgetragen. Wir erkennen bei $U_L/U = -1{,}08$ das Bild der Kathode und bei $U_L/U = -1{,}15$ das Bild der quadratischen Anodenblende. Nehmen wir dazu noch die Erfahrung, daß auch bei $U_L/U = +4{,}7$ das Kathodenbild auftritt und daß die Linse bei $U_L/U = -1{,}40$ sperrt, so läßt sich Abb. 335 zeichnen, die die Gegenstandsweite a des abbildenden Systems, von der Mitte des WEHNELT-Zylinders gemessen, in Abhängigkeit von U_L/U angibt. Wir erhalten eine Kurve, die durchaus der Brennweitenkurve einer Einzellinse entspricht [EO, V, 10].

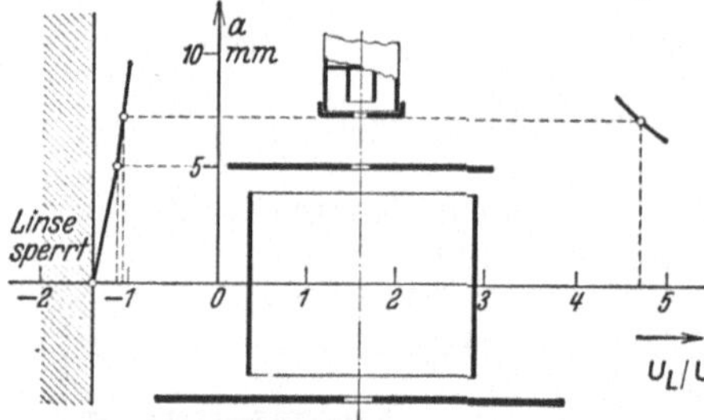

Abb. 335. Abhängigkeit der Gegenstandsweite a vom Verhältnis von WEHNELT-Zylinder-Spannung U_L zu Elektronenenergie U [116].

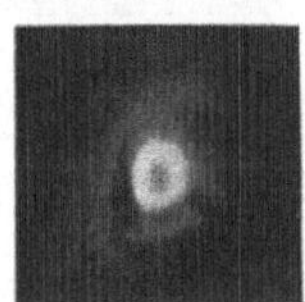 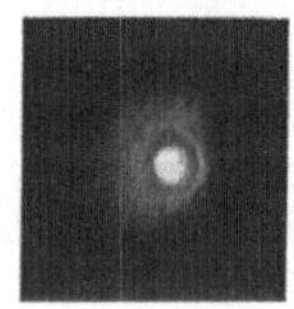  

Abb. 336. Verkleinerung des Kathodenbildes auf dem Leuchtschirm durch Erhöhung des Gasdrucks in der Röhre (natürliche Größe) [116].

Aus der elektronenoptischen Auffassung des Elektrodensystems ergeben sich, abgesehen von der allgemeinen Forderung höchster Präzision im Aufbau, wie sie für ein Lichtmikroskop Selbstverständlichkeit ist, folgende Aussagen: Die Größe des Leuchtflecks ist der Größe der Bohrung im Kathodendeckel proportional; es ist daher möglich, durch Einsetzen von Deckeln verschiedener Bohrung verschieden große Leuchtpunkte zu erhalten. Die kathodennahe Anodenblende ist Gesichtsfeldblende; die eventuell störende Mitabbildung der Kathodenfläche um die Deckelbohrung kann daher im Prinzip durch Verengen dieser Blende abgedeckt werden.

Wir haben bisher nur von dem Elektrodensystem und seinen Eigenschaften als Vergrößerungslinse zur Abbildung der Kathodenöffnung gesprochen. Um die Röhre als BRAUNsche Röhre benutzen zu können, müssen wir noch eine weitere, dem Schirm möglichst nahe gelegene Linse anwenden, durch die eine Verkleinerung dieses Bildes erzielt wird. Wir bedienen uns hierzu der vom Elektronenstrahl gebildeten positiven Ionen. Wenn wir vom Vakuum ausgehend den Gasdruck in unserer Röhre allmählich erhöhen, wächst die Zahl der gebildeten Ionen und es verkleinert sich entsprechend das Bild auf dem Leuchtschirm (Abb. 336).

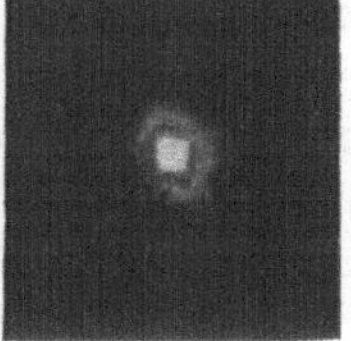

Abb. 337. Abbildung einer runden und einer quadratischen Blende durch eine Raumladungsoptik [116].

Es muß auch möglich sein, mit der Raumladungsoptik allein abzubilden. Tatsächlich läßt sich bei günstigen Bedingungen ein Bild der beispielsweise quadratisch geformten, kathodenfernen Anodenblende erzielen (Abb. 337). In diesem Falle wirkt also das Elektrodensystem nur noch als Kondensor zur „Beleuchtung" der letzten Blende.

In Abb. 338 ist der gesamte Strahlenverlauf in einer solchen Röhre unter Berücksichtigung der Gaskonzentration nochmals schematisch gezeichnet [114]. Unter dem Strahlengang sind Objekte und Leuchtschirmbilder für verschiedene

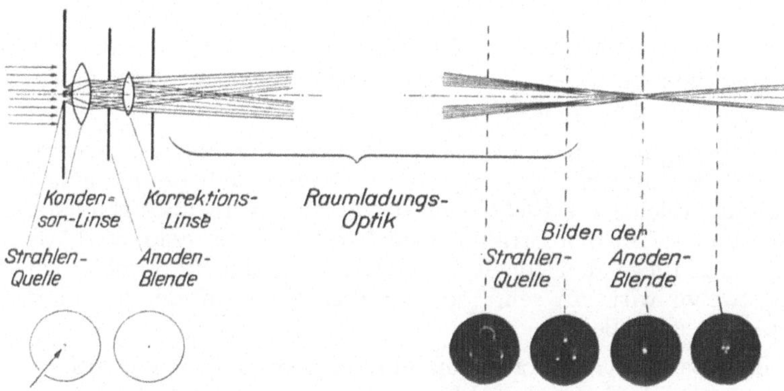

Abb. 338. Strahlengang in einer Gaskonzentrationsröhre (schematisch) [114].

Stellungen des Leuchtschirmes im Strahlengang wiedergegeben. Dazu ist zu bemerken, daß die Bilder in Wirklichkeit durch Verstellen der Elektronenlinse nacheinander auf den Schirm gebracht werden. Ob der sich auf dem zweitletzten Bild zeigende Leuchtfleck wirklich ein Bild der Anodenblende oder die Einschnürungsstelle des Strahlenganges [I, 16] ist, kann bei diesem Versuch wegen der Kreisform der Anodenblende nicht einwandfrei entschieden werden.

13. Kathodenfragen und Lebensdauerproblem [EO, V, 13]. Bei der Gaskonzentrationsröhre ist die Kathodenfrage von größter Wichtigkeit. Für die Lebensdauer der Röhre ist im allgemeinen die Lebensdauer der Kathode maßgebend, deren emittierende Substanz der zerstörenden Wirkung ausgesetzt ist, welche die auf die Kathode prasselnden positiven Gasionen ausüben (Trommeleffekt). Wie katastrophal sich der Trommeleffekt auf die Oxydschicht der Kathodenschicht auswirkt, zeigte bereits Abb. 89 für eine plane, zur Strahlachse senkrecht stehende Kathode. Der Gedanke, das Übel bei der Wurzel zu packen, indem man die positiven Ionen durch weitgehendes Evakuieren der Röhre überhaupt vermeidet, ist einer der Antriebe zur Entwicklung der heutigen Hochvakuumröhre gewesen. Will man aber die Ionen zur Strahlkonzentration oder auch nur zur Kompensation der Abstoßungskräfte zwischen den Elektronen im Strahl verwenden, so muß man zu erreichen suchen, daß sie die empfindlichen Kathodenteile nicht treffen.

Zur Lösung dieser elektronen- bzw. ionenoptischen Frage erinnern wir uns daran, daß eine Elektronenlinse eine sehr verschieden starke Wirkung hat, je nachdem, an welcher Stelle sie in einen Strahlengang eingeschaltet wird [IV, b]. Der Grund dafür ist der, daß eine vorgegebene Potentialstufe auf langsame Elektronen stärker wirkt als auf schnelle. So hat ein Feld dicht vor der Kathode auf die dort noch langsamen Elektronen eine sehr kräftige Wirkung, während dasselbe Feld kaum einen Einfluß hat, wenn die Elektronen breits nahezu ihre volle Geschwindigkeit haben. Oder: Das Beschleunigungsfeld vor der Kathode wird im allgemeinen ganz verschiedene Wirkungen

Abb. 339. Stiftkathoden [290].

haben, je nachdem, ob es von Elektronen in Richtung von der Kathode zum Schirm oder von positiven Gaskonzentrations-Ionen in der entgegengesetzten Richtung durchlaufen wird [IV, 8].

Diese Überlegung enthält die Lösung unseres Problems. Wir müssen versuchen, das Beschleunigungssystem so zu bauen, daß es mit einem kräftigen Feld beginnt, welches die Elektronen der geschützt anzubringenden Oxydmasse entnimmt und sie in den Strahlengang leitet. Dieses Feld wird, wenn es von den rückwärts fliegenden Ionen hoher Geschwindigkeit durchlaufen wird, für diese nur wenig wirksam sein, so daß die Ionen an der geschützten Oxydsubstanz vorbeischießen.

Für den Bau solcher Kathoden gibt es zwei Lösungen, auf die sich alle praktischen Ausführungen zurückführen lassen. Entweder wird die Elektronenquelle in der Achse des Ionenbündels („Stiftkathode") oder ringförmig („Ringkathode") um das Ionenbündel anzuordnen sein (Abb. 337), so daß die Elektronen also entweder von der Achse oder von außen dem Strahlengang zuzuführen sind.

Die Ausführungen, die die erste Lösung benutzen, können natürlich kaum verschiedene Formen haben. HARTEL und REIBEDANZ [290] haben einige Ausführungsformen zusammengestellt (Abb. 339). Eine kleine Schleife oder Spirale in der Systemachse ist von einem WEHNELT-Zylinder umgeben, wodurch für die Elektronen, die aus geschützten Stellen hervorquellen, ein kräftig zur Anode konzentrierendes Feld geschaffen wird, während die Ionen dieses Feld praktisch unbeeinflußt durchschlagen und so an der empfindlichen Oxydkathode vorbeifliegen. Kathodenanordnungen dieser oder ähnlicher Art wurden zur Zeit, als man im Fernsehen noch mit Gaskonzentration arbeitete, nach dem Vorgang von v. ARDENNE [17] durchgehend benutzt. Eine interessante Abart der Stift-Kathode, die von der Fernseh-G.m.b.H. angegeben wurde, sieht unmittelbar vor dem Stift ein positives Scheibchen vor, das die Oxydsubstanz vor Ionen und den Leuchtschirm vor dem Licht der Kathode schützen soll.

Für die zweite Lösung, die Ringkathode, sind verschiedene Möglichkeiten vorhanden. Schon die ausgebrannte Kathode der Abb. 89 selbst weist auf eine geeignete Anordnung hin. Von den Randbezirken der ausgebrannten Kreisfläche, zu denen die Ionen nicht mehr zu gelangen vermögen, werden die Elektronen in die Strahlbahn wandern, allerdings mit unzureichender Intensität.

Eine zweckmäßige Ausführungsform zeigt die von JOHNSON [339] gewählte Kathode (Abb. 340), bei der um das Ionenbündel ein direkt geheiztes Metallband als Ring gelegt ist. Auch bei dieser Röhre kann die Anordnung leicht so getroffen werden, daß das Kathodenlicht abgeschirmt wird, so daß die Beobachtung des Leuchtschirms nicht gestört wird.

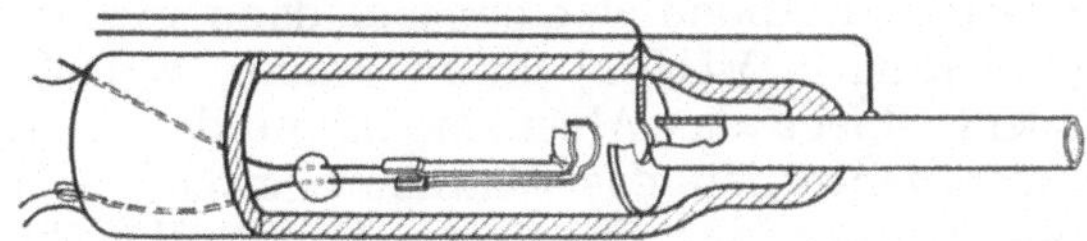

Abb. 340. Ringkathode nach JOHNSON [339].

Im Prinzip läßt sich statt eines emittierenden Zylinders auch ein Kegelabschnitt verwenden oder gar eine Scheibe, die dann als Folie ausgebildet und direkt geheizt werden könnte (Abb. 341) [EO, V, 13].

Nahe kommen der zuletzt erwähnten Kathodenform die LILIENFELDsche Sekundärstrahlenröhre [434b] und die Hohlraumkathode der DOBKEschen Röhre [208]. Bei ersterer wird zwar keine Oxydkathode benutzt, aber die Elektronen, die später den Strahl bilden sollen, werden durch schnelle Kathodenstrahlen aus einem Konus, wie bei Abb. 341b, befreit und mittels Felddurchgriffes in die Strahlbahn gesogen.

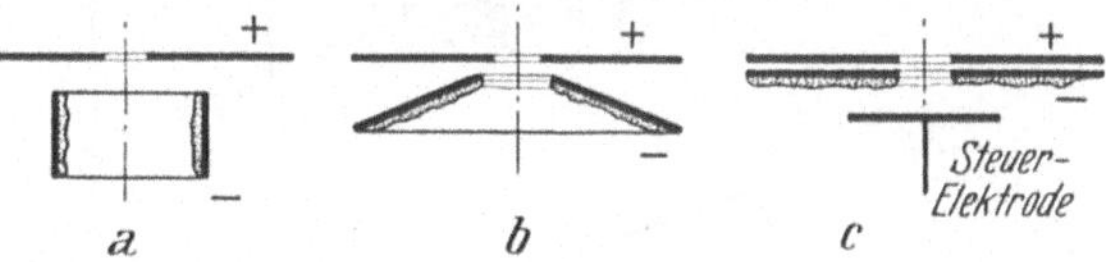

Abb. 341. Formen der Ringkathode.

Bei der DOBKEschen Kathode, die der von SCHRÖTER [631] ähnlich ist, wird ein indirekt geheizter Hohlraum, dessen Seiten- und Zwischenwände mit Oxydmasse bestrichen sind, als Emissionskörper benutzt. Dabei zeigt sich, wenn man eine gebrauchte Röhre auseinandernimmt, daß sich auch das ganze Innere des Hohlraumes mit Oxydsubstanz beschlagen hat und damit im erwähnten Sinne mitgewirkt haben wird (Abb. 342).

Die Erfahrung beweist, daß mit der richtig gebauten Ringkathode wirklich die erwarteten höheren Lebensdauern von vielen tausend Stunden erzielt werden. Wenn man die Sterbestatistik solcher BRAUNscher Röhren durchsieht, so findet man äußerst selten das Versagen dieses ihres eigentlichen Lebenszentrums, der Kathode, als Todesursache angegeben.

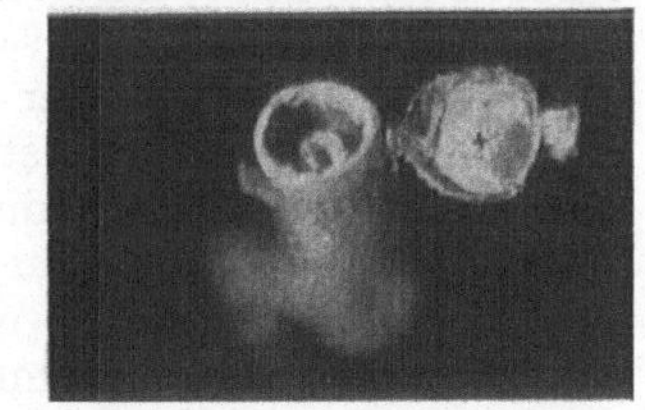

Abb. 342.
Indirekt geheizte Kathode nach längerem Gebrauch (geöffnet) [116].

14. Empfindlichkeitsfragen grundsätzlicher Art.

Die Empfindlichkeitsfragen bei der Gaskonzentrationsröhre sind einfacher und günstiger als bei Röhren mit ruhender Konzentrationsoptik, soweit es die geometrisch-optischen Fragen betrifft. Die Empfindlichkeitsfragen sind komplizierter und ungünstiger, soweit die Besonderheiten der Gaskonzentration (Nullpunkts- und Hochfrequenz-Anomalie) eine Rolle spielen.

Die Verhältnisse sind hinsichtlich der geometrisch-optischen Bedingungen des Strahlverlaufs insofern sehr einfach, als das Konzentrationssystem und das Ablenksystem voneinander unabhängig sind. Im Gegensatz zur BRAUNschen Hochvakuumröhre bewegen sich die konzentrierenden Organe bei einer Ablenkung mit dem Strahl mit. Die konzentrierenden Organe werden in erster Näherung durch eine Linse in der Mitte zwischen Schirm und Anodenblende gegeben, die bei genauerer Betrachtung in eine Vielzahl von Linsen aufgelöst zu denken ist, die zum Strahl stets gleiche Lage behalten. Um diese Linse bzw. Linsen brauchen wir uns bei der Prüfung der Empfindlichkeitsfrage überhaupt nicht zu kümmern. Die Empfindlichkeit ist einfach dem Abstand zwischen Leuchtschirm und Ablenkorgan proportional, während sie bei einer feststehenden Konzentrationslinse in der Mitte zwischen Schirm und abzubildendem Gegenstand (z. B. Anodenblende) mit der Verschiebung des Ablenkorgans vom Schirm zur Anode erst zu- und dann wieder abnehmen würde (Abb. 343). Sie erreicht nach [VIII, 2] ihr Maximum, wenn Linse und Ablenkorgan zusammenfallen. Liegt das Ablenkorgan an der Anodenblende, so wird im Fall der Gaskonzentration das Maximum erreicht, während die Empfindlichkeit bei feststehender Linse in diesem Fall Null wird. Auch die reduzierte Empfindlichkeit ist bei der Gaskonzentrationsröhre maximal, wenn das Ablenkorgan an der Anodenblende liegt, da die Leuchtfleckgröße konstant ist. Die Eigenart des Strahlenganges mit mitbewegter Optik bedingt noch den weiteren Vorteil, daß bei der günstigsten Stellung des Ablenkkondensators dort der Strahl den

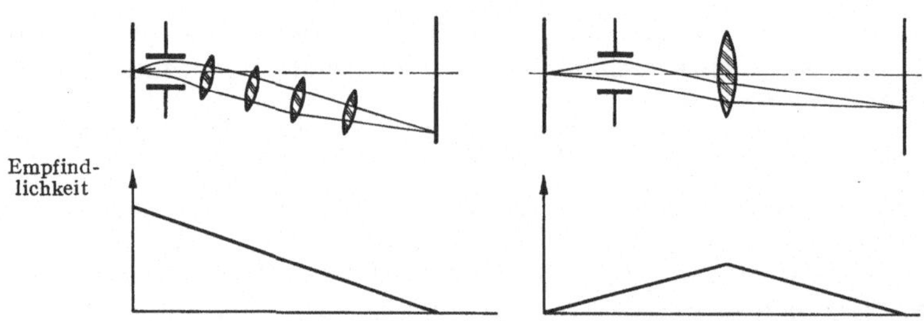

Abb. 343. Einfluß der Lage des Ablenkelements auf die Empfindlichkeit bei bewegter und ruhender Optik.

geringsten Querschnitt hat, während die beste Lage bei der ruhenden Linse dort erreicht ist, wo der Strahlengang maximale Breite besitzt. Aus diesem Grunde kann man bei der Gaskonzentrationsröhre relativ enge Ablenkkondensatoren verwenden. Außerdem kann das Strahlenerzeugungssystem grundsätzlich kürzer gehalten werden, so daß der Strahlzeiger gegenüber einer gleich langen Hochvakuumröhre länger gewählt werden kann. Ein weiterer Vorteil der Gaskonzentrationsröhre ist in der Kompensation der negativen Raumladung vor der Kathode durch die Ionen zu sehen, so daß bei gleichen Bedingungen stärkere Ströme oder bei kleineren Beschleunigungsspannungen gleich hohe Leuchtschirmintensitäten wie bei der Hochvakuumröhre erzielt werden können, was ebenfalls eine Erhöhung der Empfindlichkeit bedeutet. Die Gaskonzentrationsröhre hat daher im Prinzip aus vier Gründen höhere Empfindlichkeit als eine Hochvakuumröhre gleicher Länge und Leuchtfleckhelligkeit: längerer Strahlzeiger (aus zwei Gründen), geringerer Abstand der Ablenkplatten und geringere Strahlsteifigkeit.

Den Vorteilen, die die Gaskonzentration hinsichtlich der Empfindlichkeit bedingt, stehen Nachteile in den gleichen Fragen gegenüber. Es sind das die Nullpunkts- und die Hochfrequenzanomalie.

Die Nullpunktsanomalie wurde zuerst von BEDELL und KUHN [44] beschrieben. Steigern wir die Spannung am Ablenkkondensator von Null beginnend, so erfolgt die Ablenkung nicht sogleich proportional der Ablenkspannung, vielmehr zeigt sich bei kleinen Spannungen eine zu geringe Ablenkung, die „Nullpunktsanomalie" (Abb. 55). Diese Erscheinung hängt mit dem Mechanismus der Gaskonzentration aufs engste zusammen. Von einer Platte zur anderen findet eine Wanderung der durch den Strahl gebildeten Ionen statt, die ihre Richtung mit dem Umpolen der Plattenpotentiale umkehrt. Vor den Platten lagern sich Ionen als Raumladung an und bedingen, daß der Potentialgradient zwischen den Platten geringer ist, als es dem angelegten Potential entspricht. Bei der Spannungserniedrigung an den Platten verringern sich diese Raumladungsschichten nicht in gleichem Maße wie das angelegte Potential; vielmehr sind sie bei sehr geringer Aufladung der Platten noch in relativ erheblichem Maße vorhanden, wodurch die Erscheinung der Nullpunktsanomalie zustande kommt, wie es besonders HUDEC [324] diskutiert hat.

Die Hochfrequenzanomalie, die besonders von HEIMANN [293] untersucht wurde, zeigt sich bei sehr schnellen Bewegungen des gaskonzentrierten Elektronenstrahls. Der Strahl erzeugt sich an jedem Ort sein Konzentrierungsfeld durch Ionisierung selbst. Das erfolgt zwar sehr schnell, doch kann bei Hochfrequenzablenkung der Fall eintreten, daß der Strahl sich gleichsam schneller seitwärts fortbewegt, als der Aufbau der konzentrierenden Raumladung erfolgt. Dann kann natürlich auch keine Konzentration mehr stattfinden.

15. Empfindlichkeitserhöhung durch Zusatzfelder [EO, V, 11]. Bringt man einen gaskonzentrierten Elektronenstrahl, insbesondere einen Fadenstrahl, in ein Feld, so zeigt sich, daß er abgelenkt, jedoch in seiner Fokussierung wenig, unter Umständen gar nicht beeinflußt wird (Abb. 329). Diese Beobachtung legt den Gedanken nahe, eine

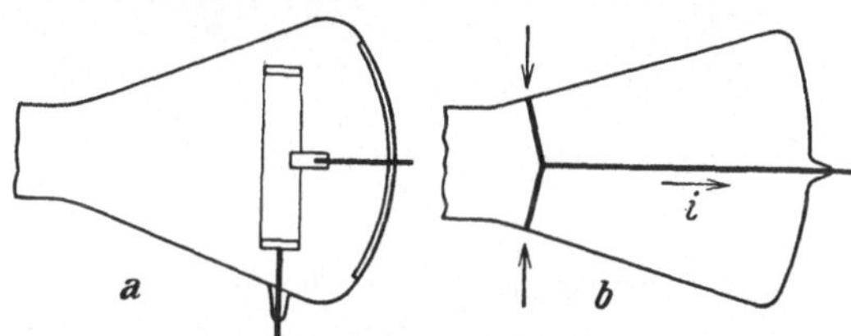

Abb. 344.
Einbau von Elektroden zur Empfindlichkeitserhöhung [227].

Empfindlichkeitserhöhung bei einer BRAUNschen Röhre durch Einschalten einer geeigneten Linse zwischen Ablenkplattenpaar und Schirm vorzunehmen, eine Maßnahme, die bei einiger Vorsicht auch bei Hochvakuumröhren anwendbar ist.

Hätten wir es mit einem optischen Strahlengang zu tun, so würden wir eine Zerstreuungs-Einzellinse einschieben. Da es Zerstreuungs-Einzellinsen in der Elektronenoptik jedoch nicht gibt, kommt nur einer der folgenden drei Wege in Frage: 1. Ersatz der Zerstreuungslinse durch kräftige Sammellinse. 2. Verzicht auf die abstandsproportionale Ablenkung des Bündels. 3. Wahl der speziellen Zerstreuungslinse mit anschließendem Verzögerungsfeld zwischen Linse und Schirm.

Bereits bei der Besprechung des HELMHOLTZschen Satzes wurde in [I, 10] darauf hingewiesen, daß an Stelle des Teleobjektivs auch die Überkreuzung des Strahlenganges zur Erzielung gleicher Endvergrößerung gewählt werden könne (Abb. 307). Die Durchführung dieser Lösung setzt eine entsprechend weite, gut korrigierte Elektronenlinse voraus. —

Der Verzicht auf die abstandsproportionale Ablenkung des Bündels ist derjenige Weg, der uns hier vorwiegend interessieren soll. Zwei Anordnungen, die ENGEL [227] neben dem obenerwähnten dritten Fall angegeben hat, zeigt Abb. 344. Dem Elektronenbündel ist, nicht sehr weit vom Schirm entfernt, ein Zylinderkondensator bzw. ein stromdurchflossener Draht entgegengestellt, mit dessen Hilfe sich der Strahl von der Mittelachse fortbiegen läßt. Da bei derartigen Systemen die Brechkraft jedoch nicht dem Achsenabstand proportional ist, wird das Diagramm auf dem Schirm entsprechend verzerrt, ganz abgesehen davon, daß der Mittelbereich des Schirmes ausfällt. Diese Eigenart läßt die Anordnung nur für Spezialfälle brauchbar erscheinen. Zwei solche Spezialfälle sind der Elektronenstrahlkompaß [111, 225, 373], für den diese Anordnung ursprünglich erdacht wurde, und der Polarkoordinaten-Oszillograph [EO, V, 11; 156] zur Aufnahme periodischer Impulse auf einem Zeitkreis, der möglichst

groß sein soll. Bei einer vertikal stehenden Röhre des Elektronenstrahlkompasses wird der Elektronenstrahl durch die Horizontalkomponente des Erdfeldes nach Osten abgelenkt werden und in einem vom Schirmmittelpunkt
verschiedenen Punkte auf den Schirm treffen. Ist die Röhre in vertikaler
Stellung fest in ein Flugzeug eingebaut, und wird nun ein Kreis geflogen, so
wird der Leuchtfleck einen Kreis, den Kurskreis, auf dem Leuchtschirm beschreiben, der vorher mit Richtungsangaben versehen, als Kompaßrose dienen kann. Bei der Vergrößerung dieses Kurs-Kreises durch eins der angeführten Systeme der Abb. 344 wird sich die erwähnte Eigenart derartiger Systeme nicht auszuwirken vermögen, da zu dieser Vergrößerung keine dem Abstand von der Achse proportionale Ablenkung erforderlich ist. — Ähnlich liegt es bei dem zweiten Beispiel. Auch hier wird ein möglichst großer

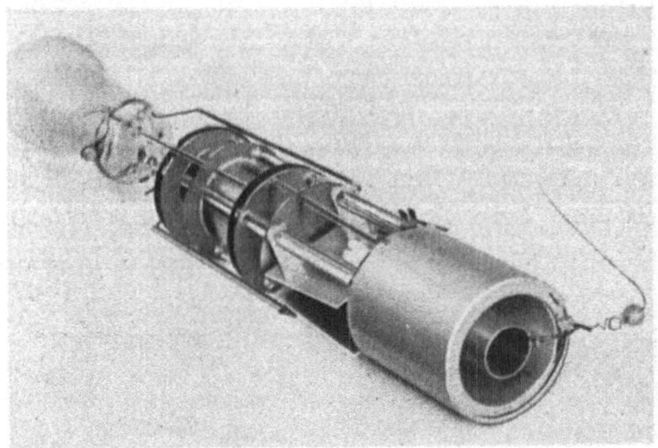

Abb. 345. System des Polarkoordinationoszillographen nach v. ARDENNE [10].

Kreis gezeichnet. Dieser Kreis dient als Zeitlinie. Kleine periodisch wiederkehrende Impulse bedingen kleine Ausbuchtungen, aus deren Abstand Schlüsse
über die zeitlichen Abstände z. B. eines elektromagnetischen Signals und seines
Echos an der HEAVISIDE-Schicht gezogen werden können. Auch hier stört die nichtlineare Ablenkung durch den Zylinderkondensator im allgemeinen nicht. Abb. 345 zeigt den von ARDENNE [156] benutzten Zylinderkondensator, hinter dem Fokussierungsfeld eingebaut.

16. Entwicklungsgang der technischen Gaskonzentrationsröhre. Während die Niederspannungsröhren von 1932 sämtlich Gaskonzentrationsröhren waren, finden wir heute in der Oszillographie und im Fernsehen kaum noch Röhren, die mit Gaskonzentration arbeiten. Dabei steht es außer Zweifel, daß die Gaskonzen

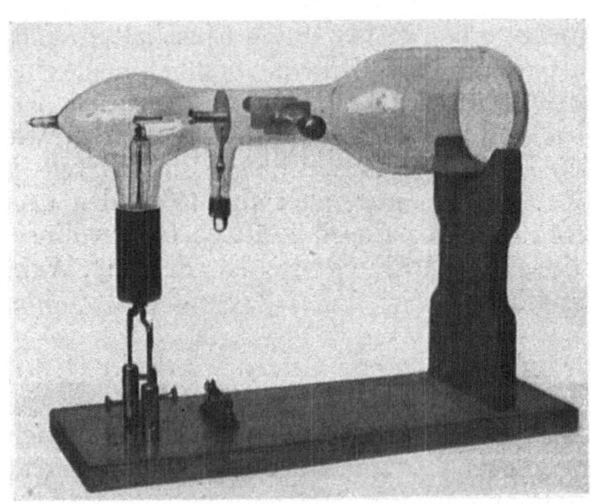

Abb. 346. BRAUNsche Niederspannungsröhre nach WEHNELT [708].

trationsröhre mit ihrem geringen Spannungsbedarf und ihrer hohen Ablenkempfindlichkeit für manche Anwendungen (z. B. Elektronenstrahlkompaß) Vorteile verspricht.

Die Niederspannungsröhre mit Glühkathode geht, wie es bereits erwähnt
wurde, auf WEHNELT [708, 708a] zurück, der nach seiner Entdeckung, daß die
Elektronenemission durch Auftragen von Erdalkalioxyden auf die Metallkathode
erhöht wird, die ersten derartigen Röhren baute (Abb. 346). Da die Elektronenstrahlen in seinen Röhren leuchteten, werden auch Gaskonzentrationswirkungen
wesentlich dazu beigetragen haben, daß er die bisher zur Konzentration übliche
Magnetspule fortlassen konnte und daß ihm seine Demonstrationsversuche [709]

so gut gelangen. Die Röhre wurde vielfach benutzt und verbessert, so insbesondere von WESTPHAL [723].

Mit der klaren Erkenntnis der konzentrierenden Wirkung der positiven Raumladungen und der Einführung der „Ringkathode" [VIII, 13] erzielte JOHNSON [339] den nächsten großen Fortschritt, der zur Western-Röhre führte (Abb. 347). Diese Röhre war im Gegensatz zu mancher späteren Röhre ein Musterbeispiel wissenschaftlich-konstruktiver Entwicklungsarbeit. Bei dieser Röhre, die in der ersten Zeit eine besondere Gitterblende besaß, wird der Elektronenstrom in ein Röhrchen gesaugt, das die Anode bildet. In diesem relativ langen Röhrchen bewegen sich die Elektronen nun vorwärts, wobei die von BRÜCHE [115] untersuchten „Reflexionserscheinungen"

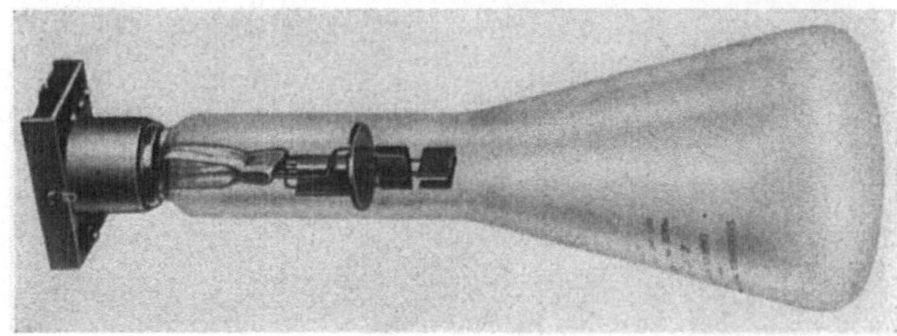

Abb. 347. Gaskonzentrationsröhre der Western Electric nach JOHNSON [339].

in starkem Maße mitspielen werden. Die aus der Anodenöffnung unter kleinen Winkeln austretenden Elektronen werden nun unter der Wirkung der Edelgasionen, die der Strahl selbst bildet, konzentriert. Daß der erste Knoten des Strahlenbündels genau in die Leuchtschirmentfernung fällt, wird durch geeignete Wahl der Heizung und damit des Elektronenstroms erreicht, dessen Konzentration von der Stoßzahl, d. h. der Menge der Elektronen abhängig ist. Die Abbildung der Anodenöffnung erfolgt in natürlicher Größe, so daß ein ‘Leuchtfleck erhalten wird, der kleiner als 1 mm ist. Die mit einer Anodenspannung zwischen 200 bis 500 V betriebene Röhre ergibt wegen der Verluste durch das enge Röhrchen eine für heutige Verhältnisse nur sehr geringe Leuchthelligkeit.

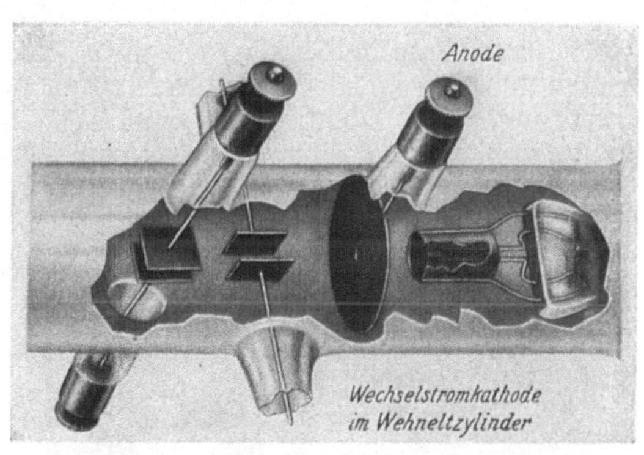

Abb. 348. System einer Gaskonzentrationsröhre nach ARDENNE [17].

Die Entwicklung ging in zwei Linien weiter. Einerseits wurde versucht, die Röhre als Wiedergaberöhre für das Fernsehen auszubauen, andererseits bemühte man sich, eine hochempfindliche Röhre insbesondere für oszillographische Zwecke zu züchten.

Auf dem ersten Wege, den in Deutschland v. ARDENNE [6] und SCHRÖTER [630], in Amerika ZWORYKIN [745] einschlugen, mußte der WEHNELT-Zylinder als Intensitätssteuerorgan benutzt und es mußte zur Erreichung hoher Intensität zu höheren Beschleunigungsspannungen übergegangen werden. Das System einer solchen Röhre nach v. ARDENNE [17] zeigt Abb. 348. Die Kathode ist im Gegensatz zur Ringkathode als Stiftkathode ausgebildet [VIII, 13]. Die Anode ist kein Röhrchen mehr, sondern eine Lochblende. Um die Kathode liegt der WEHNELT-Zylinder, der zur Konzentration des Strahlenbündels und zur Steuerung der Intensität dient. Diese Entwicklung, deren Ergebnisse auch der Oszillographie zugute kamen, trifft sich um 1932 wieder mit dem zweiten Entwicklungszweig in dem Bestreben, zur Hochvakuumröhre zu gelangen.

Diese zweite Entwicklungsrichtung stellte die Aufgabe der Oszillographie in den Vordergrund und versuchte, durch Beibehaltung sehr niedriger Anodenspannungen einfache Bedienung und hohe Ablenkempfindlichkeit sicherzustellen. Im Zusammenhang mit den Untersuchungen von BRÜCHE [112] und ENDE [224] an Faden- und Knoten-Strahlen [VIII, 11] wurden sehr einfache Röhren gebaut, die jedoch nur zu Demonstrations- und Sonderzwecken Bedeutung gewonnen haben [V, 17]. Die plane Kathode dieser Röhre entspricht nicht den in [VIII, 13] aufgestellten Bedingungen; die sehr hohe Strahlstromstärke, die gerade diese Kathode zu Demonstrationsversuchen besonders geeignet erscheinen läßt, ist durch geringe Lebensdauer erkauft. Als Anode dient ein Hütchen vor der Kathode, das eine ähnliche Leiteigenschaft wie das Röhrchen der Western-Röhre ausübt, nur daß beim Hütchen eine sehr große Elektronenmenge erfaßt und der Hütchenspitze zugeleitet wird.

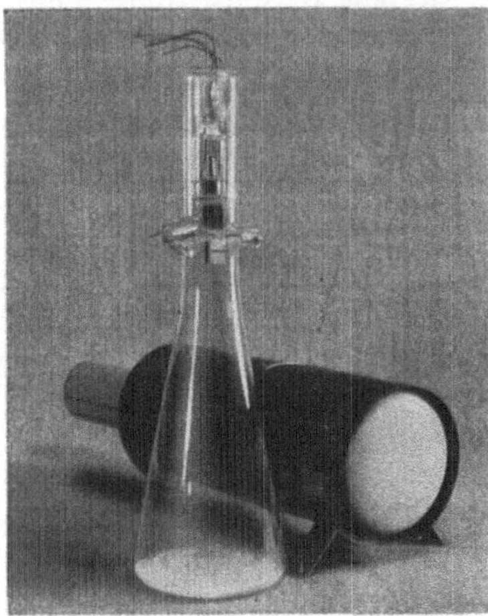

Abb. 349. AEG-Gaskonzentrationsröhre nach DOBKE [208].

Solche Röhren sind für Spannungen bis unter 200 V (hohe Empfindlichkeit) mit guter Konzentration und sehr hellen Leuchtflecken gebaut worden. Unter Benutzung der an solchen Röhren gesammelten Erfahrungen hat DOBKE [208] eine *technische* Oszillographenröhre für 200 bis 500 V (Abb. 349) mit einem System (Abb. 332) entwickelt, wie es v. ARDENNE [6] in ähnlicher Form bereits früher diskutiert hatte. Neu ist die indirekt geheizte Hohlraumkathode [V, 1] und die Einzellinse, die die Abbildung der Kathodenfläche übernimmt, wie es in [VIII, 12] bereits behandelt war. Die indirekt geheizte Kathode, die die verbesserte Ausführung eines Vorschlags von SCHRÖTER [631] darstellt, ist heute bei fast allen BRAUNschen Röhren, seien es Oszillographen- oder Fernseh-Röhren üblich. Dagegen ist das

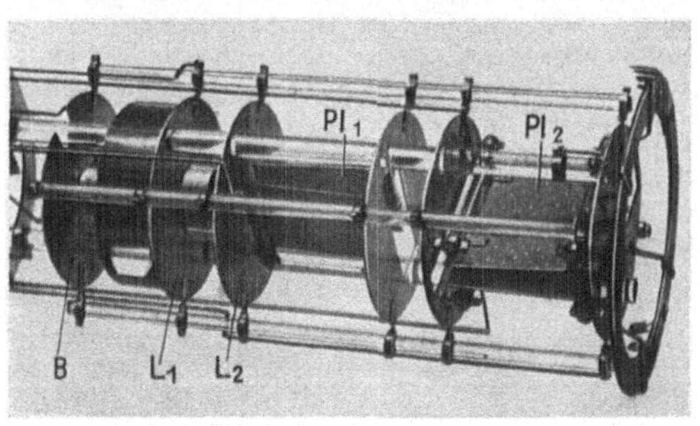

Abb. 350. System der Loewe-Röhre.

System der Einzellinse zugunsten eines Immersionsobjektivs kleiner Vergrößerung bis auf Sonderfälle verlassen worden.

1933 war durch die elektronenoptische Behandlung der Vorgänge in der BRAUNschen Röhre und mit der Angabe von Mitteln zur Verringerung der Fehler, die für die BRAUNsche Gaskonzentrationsröhre spezifisch sind (Hochfrequenzfehler, Nullpunktsanomalie), die physikalische Entwicklung abgeschlossen. Es handelte sich nun darum, aus dem mehr physikalischen Instrument, das stückweise unter der liebevollen Betreuung des Physikers im Laboratorium hergestellt wurde, eine wirklich technische Röhre zu entwickeln, die fabrikatorisch herzustellen ist.

Nachdem amerikanische und englische Firmen bereits technisch gut durchgebildete Röhren hergestellt hatten, hat die Loewe-AG als erste deutsche

Firma diesen Schritt getan. Abb. 350 zeigt das System der Röhre, die unter weitgehender Berücksichtigung moderner Gesichtspunkte und Ausnutzung bewährter Regeln über den Bau BRAUNscher Röhren konstruiert wurde. Als Kathode wird eine Abart der SCHRÖTER-DOBKEschen indirekt geheizten Kathode benutzt. Die Bohrung ist sehr eng, so daß der Leuchtfleck relativ klein wird. Die Abbildungsoptik besteht, abgesehen von der Raumladungslinse unmittelbar vor der Kathode, aus den zwei Lochblenden L_1 und L_2, die ein Immersionsobjektiv bilden. Die Ablenkplatten der Plattenpaare Pl_1 und Pl_2 bilden nach dem GABORschen Vorschlag die Flächen eines Keiles. Sie sind durch Blenden voneinander getrennt, welche Störungen durch gegenseitige Beeinflussung der Felder auf ein Mindestmaß verringern sollen. Die Systemteile einschließlich der Ablenkplattenpaare sind zwischen mehreren zur optischen Achse parallel gestellten Glasstäben in der Aufbautechnik der Radioröhren zusammengebaut; die Beschleunigungsspannung ist 1000 bis 3000 V.

Die Gaskonzentrationsröhre ist im Laufe der Entwicklung für viele Anwendungen der Hochvakuumröhre [VIII, d] gewichen. Der scheinbar grundsätzliche Unterschied, daß die eine Röhre Gas enthält, die andere nicht, ist nicht ganz treffend; gerade die wirklich ideal nach den einfachen elektronenoptischen Gesetzen arbeitende Röhre wird eine sehr geringe Gasfüllung haben müssen, um die Abstoßungseffekte zwischen den Strahlelektronen, die der Einschaltung von verschmierten Zerstreuungslinsen entsprechen, zu kompensieren, d. h. um die in den Betrachtungen der Hochvakuumröhre nicht berücksichtige Raumladung zu neutralisieren. Tatsächlich findet man gelegentlich auch geringe Gasmengen empfohlen bzw. verwendet. Man erhält Röhren, die zwischen eigentlicher Gas- und Hochvakuumröhre stehen.

d) Glühkathoden-Hochvakuumröhre.

Die BRAUNsche Hochvakuumröhre für niedrige Spannungen von wenigen hundert Volt war seit jeher das Ideal des Konstrukteurs handlicher, kleiner BRAUNscher Röhren. Die Glühkathode und die Gaskonzentration waren zweifellos ein Fortschritt gegenüber den älteren Röhren mit kalter Kathode und Ausblendung eines feinen Bündels bzw. magnetischer Konzentrationsspule; aber die Dosierung der Gasmenge machte Schwierigkeit und die durch das Gas bedingte starke Abnutzung der Kathode, die die Lebensdauer der Röhre stark beschränkte, waren ebenso wie die Nullpunkts- und Hochfrequenzanomalie höchst unerfreuliche Beigaben. Der Einsatz der magnetischen Konzentrationsspule wie beim Kaltkathoden-Oszillographen schien für einfache, kleine Röhren nicht tragbar. So blieb die Frage nach einem einfachen, empfindlichen BRAUNschen Rohr lange Jahre ohne voll befriedigende Lösung. Erst die teils noch unbewußte, teils bewußte Berücksichtigung elektronenoptischer Gesichtspunkte, die in einem gewissen Stadium der Entwicklung kommen mußte, brachte den grundsätzlichen Fortschritt, der die Erreichung des gesteckten Zieles erlaubte[1].

---

[1] Kritiker der Erstauflage haben in Rücksprachen darauf hingewiesen, daß die Bedeutung und die Verdienste der geometrischen Elektronenoptik für die Entwicklung der BRAUNschen Röhre übertrieben dargestellt seien und daß man ferner den Eindruck gewinnen müßte, die in der Erstauflage niedergelegten theoretischen Betrachtungen seien geradezu die Voraussetzungen der neueren Entwicklung. Diesem Eindruck sei besonders auch im Hinblick auf die Neuauflage entgegengetreten: Die Verdienste der geometrischen Elektronenoptik für die BRAUNsche Röhre, aus deren Gebiet sie herausgewachsen ist, bestehen auch heute noch vorwiegend in der Lieferung des klaren Überblicks über das Problem und in einigen grundsätzlichen Regeln, wie z. B. der, daß zur Erzielung eines kleinen Leuchtflecks das Hauptbeschleunigungsfeld in größere Entfernung von der Kathode gelegt werden muß. — Die meisten weiteren Betrachtungen, die in der Erstauflage und in diesem Buche über die geometrischen Fragen der BRAUNschen Röhre enthalten sind, sind Detaildiskussionen,

Heute behauptet die Glühkathoden-Hochvakuumröhre das Feld. Auf dem Oszillographengebiet, von dem wir im folgenden bevorzugt sprechen werden, benutzt man heute fast ausschließlich elektrische Konzentration. Auf dem Fernsehgebiet, besonders wenn es sich um die Verwendung hoher Spannungen handelt, zeigt sich das Bestreben, die magnetische Elektronenlinse zu verwenden.

17. Das Entstehen der Hochvakuumröhre. Die Erkenntnis, daß eine BRAUNsche Röhre ein elektronenoptisches Instrument zur Herstellung eines feinen, intensiven Elektronenflecks darstellt, ist als eigentlicher Beginn der neueren Entwicklung der Niederspannungs-Hochvakuumsröhre anzusehen. Das Problem war damit klargestellt: Es mußte ein System gebaut werden, das im Gegensatz zum Elektronenmikroskop nur eine kleine Vergrößerung ergibt. Auch der Lösungsweg war in grundsätzlicher Beziehung vorgezeichnet: Die Elektronenlinse mußte von der Kathode zum Schirm verschoben werden. Mit diesen Erkenntnissen war zwar noch keine brauchbare Lösung gefunden, denn es war zur Erzielung eines langen Strahlzeigers zwischen Ablenkplatten und Schirm wieder zu berücksichtigen, daß der Linsenabstand von der Kathode aus diesem Grunde nicht zu groß sein dürfte. Aber es war ein großes Hindernis aus dem Wege geräumt, nämlich die suggestive Kraft der bisherigen Konstruktionen und Entwicklungen. Bisher hatte man sich stets bemüht, das Beschleunigungsfeld unmittelbar vor der Kathode so zu gestalten, daß ein kleiner Leuchtfleck auf dem Schirm entstand; nun wußte man, daß das grundsätzlich nicht zum Ziele führen konnte oder doch nur auf Kosten der Intensität einigermaßen erreichbar war.

Die wirkliche Lösung des Problems bahnte sich gleichzeitig von zwei verschiedenen Seiten und auf zwei verschiedenen Wegen an. In Deutschland war man bemüht, das Problem physikalisch zu verstehen, um sich dann der Lösung zuzuwenden, während man in dem praktischeren Amerika empirisch die heute meist benutzte Lösung damals schon gefunden hatte.

In Deutschland[1] entstand zunächst die geometrische Elektronenoptik. Mit den Erkenntnissen von BUSCH, die 1927 gewonnen worden waren, war das Verständnis für den einfachen Strahlengang des Kaltkathodenstrahl-Oszillographen gewonnen [16, 155]. Da man zu elektrischen Linsen übergehen mußte, diskutierte man den Ersatz der magnetischen Linse durch eine elektrische Einzellinse [376]. Im Jahre 1934 wurden von KNOLL [377] eine Röhre mit elektrischer Einzellinse, von MALSCH und WESTERMANN [453] ein Niederspannungs-Oszillograph mit Verzögerungslinse [VIII, 10] veröffentlicht. Inzwischen hatte ein anderer Weg, der von der DOBKEschen Gaskonzentrationsröhre ausging [VIII, 12], zu der Erkenntnis geführt, daß eine solche Röhre bei vollständigem Auspumpen ein Elektronenmikroskop relativ hoher Vergrößerung ist. BRÜCHE und SCHERZER [145] ordneten nun eine Beschleunigungslinse, die der DOBKEschen Einzellinse ähnlich war, probeweise ein größeres Stück von der Kathode entfernt an. Sie schalteten die Linse so, daß sie zunächst verzögerte und dann beschleunigte. Auf diese Weise wurde grundsätzlich das

---

von deren Unvollständigkeit, ja sogar Fehlerhaftigkeit, das erstgenannte wirkliche Verdienst der geometrischen Elektronenoptik nicht beeinflußt werden würde. Wir sind heute noch lange nicht in dem Stadium der Optik, bei der die Linsen eines Mikroskops nach festen Regeln berechnet werden, sondern in jenem früheren Stadium, in dem man die Linsen durch Probieren zusammensetzte und zum Mikroskop anordnete. Ist es nicht aber schon viel wert, von diesen Glaskörpern zu wissen, daß sie bei sorgfältigem Schleifen das Bild eines Gegenstandes zu erzeugen vermögen, daß dieses Bild sich in seiner Größe, seinem Abstand und seiner räumlichen Lage nach der einfachen Formel $-1/a + 1/b = 1/f'$ und dem Strahlensatz berechnen läßt?

[1] Man vergleiche die über erste Entwicklung der Hochvakuumröhre im Frühjahr 1934 niedergeschriebene Darstellung [EO V, 18, 19], aus der hier referiert wird.

durch den HELMHOLTZschen Satz [I, 10] geforderte Konstruktionsprinzip erfüllt. Die drei Röhren ergaben kleine Leuchtflecke im Hochvakuum und bestätigten damit die elektronenoptischen Folgerungen. Der in dieser Richtung eingeschlagene Weg wurde jedoch zunächst nicht weiter verfolgt, da die großen praktischen Erfolge, die die Amerikaner inzwischen erzielt hatten, auf die deutsche Entwicklung zurückwirkten.

In Amerika hatte ZWORYKIN [745] schon vor 1930 an einer Fernseh-Wiedergaberöhre gearbeitet (Abb. 351). Das Charakteristische seines Rohres war, abgesehen von der Intensitätssteuereinrichtung [V, 14], die Nachbeschleunigung, die zwischen einem langgestreckten Ansatz einer ersten Beschleunigungselektrode und dem metallischen Wandbelag der Röhre erfolgte [VIII, 21]. Das nicht eingezeichnete Ablenksystem bestand aus Magnetspulen zwischen

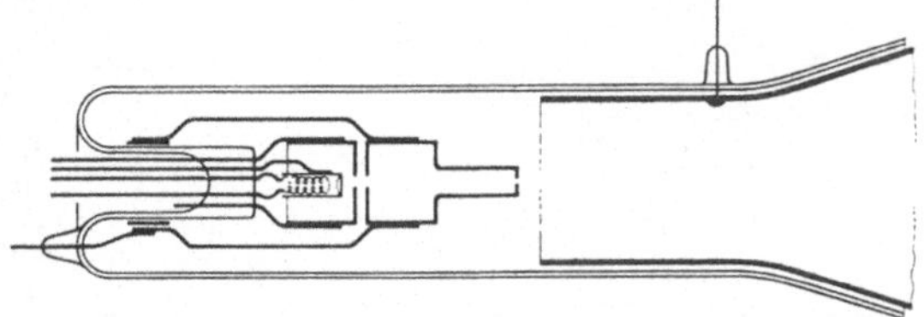

Abb. 351. BRAUNsches Rohr mit Nachbeschleunigung nach ZWORYKIN [745].

erster Anode und Schirm. Bei diesem System finden wir eine brauchbare Lösung unbewußt schon weitgehend vorbereitet, denn zwischen Ansatzrohr und Wandbelag bildet sich eine Elektronenlinse aus, die relativ weit von der Kathode fortliegt, wie es für eine Abbildung kathodennaher Bezirke in kleinem Maßstabe erforderlich ist.

Nachdem die elektronenoptische Betrachtungsweise elektrischer Felder bekanntgeworden war, paßte ZWORYKIN sein System den neuen Erkenntnissen an [746, 747] (Abb. 310). So entstand eine weit geöffnete Beschleunigungslinse, die bei Anwendung von Blenden zur Beschränkung des Bündelquerschnittes nur so weit ausgeleuchtet wird, daß eine einwandfreie Abbildung durch die Linse erfolgt. Das System ist heute als Prototyp der modernen BRAUNschen Röhre anzusehen.

Das System der Abb. 310 kann als Immersionsobjektiv mit langgezogenem mittleren Abfallbereich des Potentials betrachtet werden. Zweckmäßiger ist es, die Anordnung als aus zwei Teilen bestehend

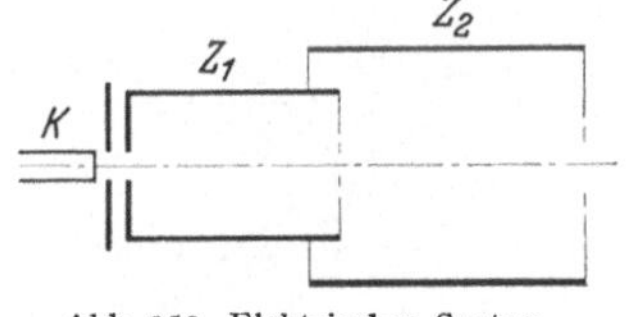

Abb. 352. Elektrisches System für BRAUNsche Röhren.

aufzufassen, die nach Abb. 310 deutlich voneinander getrennt sind: aus einem kathodennahen Immersionsobjektiv und aus einer dahinter geschalteten Beschleunigungslinse. Die beiden Linsen pflegt man als Vorkonzentrationslinse und Hauptsammellinse zu bezeichnen. Ihre Funktion ist die gleiche wie die der Vorkonzentrationsspule und der Hauptsammelspule beim Kaltkathoden-Oszillographen [VIII, 8].

18. Die Hauptsammellinse. Die Hauptlinse des heute üblichen Aufbaues einer Glühkathoden-Hochvakuumröhre ist eine Beschleunigungslinse, an die sich zur Kathode hin mehr oder minder deutlich abgesetzt das Beschleunigungs- bzw. Vorkonzentrationssystem anschließt. Sie wird meist aus einem System zweier gegeneinander aufgeladener Zylinder Z_1, Z_2 gebildet, die gleichen, aber auch verschieden großen Durchmesser haben können (Abb. 352).

In Abb. 353 sind einige solcher Hauptsammellinsen bei verschiedenen Zylinderdurchmessern mit ihrem Potentialfeld nach KNOLL [379] gezeichnet. Der miteingetragene Strahlengang zeigt, wie die Ersatzlinse in den verschiedenen Fällen liegt.

Die Abbildungs- und Vergrößerungseigenschaften solcher Systeme sind von BRÜCHE [121] für den Spezialfall experimentell untersucht, daß kein eigentliches

Vorkonzentrationssystem vorhanden ist, sondern die Immersionslinse in ein Beschleunigungsfeld vor der Kathode übergeht. Zur Untersuchung dieses Immersionsobjektivs wurde die plane Kathode abgebildet, wodurch einwandfreie Angaben über die Bildschärfe und. den abgebildeten Bereich erhalten wurden. In diesen Angaben ist nun natürlich die Wirkung des Beschleunigungsfeldes vor der Kathode mitenthalten. Einige von den Meßergebnissen BRÜCHEs sind mit denen von JOHANNSON [336, 337] am Lochblenden-Immersionsobjektiv sehr kleiner Brennweite in Abb. 354 zusammengestellt [124]. Dabei ist für verschiedene Systeme die Vergrößerung in Abhängigkeit von dem Abstand c zwischen Kathode und Zwischenelektrode bei dem konstanten Abstand von 365 mm zwischen Kathode und Schirm angegeben. Die Kurven, die nur so weit gezeichnet sind, wie das betreffende Objektiv einwandfrei abbildet, zeigen, daß die angegebenen für BRAUNsche Röhren verwendbaren Lochblendensysteme noch etwa eine zehnfache Vergrößerung ergeben, während man mit anderen Systemen in die Größenordnung der Abbildung im natürlichen Maßstab kommt.

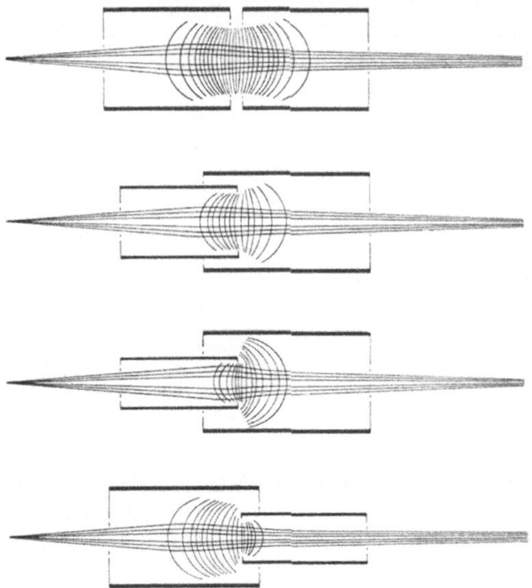

Abb. 353. Strahlengang in Rohrlinsen [379].

— Es sei noch auf die Faustregel für die Systeme hingewiesen; danach lassen sich die Vergrößerungskurven der untersuchten Systeme für die angegebenen Bedingungen durch eine Hyperbel der Form $V = 100/c$ darstellen, wobei c in mm zu messen ist.

Theoretisch und experimentell sind die Systeme aus Zylindern verschiedenen Durchmessers von EPSTEIN [228], sowie MALOFF und EPSTEIN [37] einer eingehenden Diskussion unterworfen worden.' Die Autoren geben

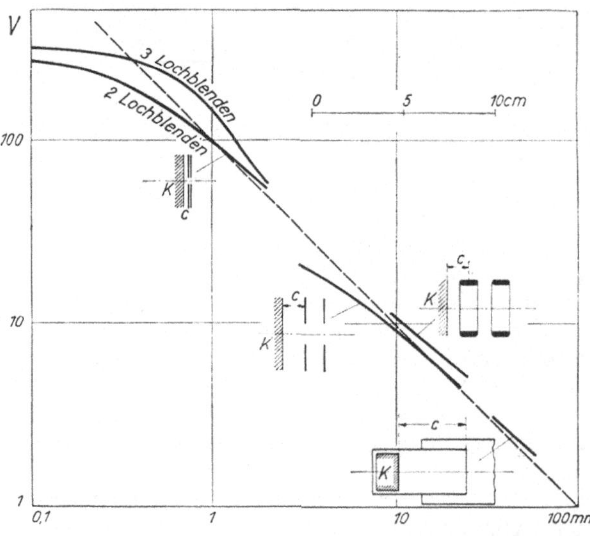

Abb. 354. Brennweiten verschiedener Systeme [124].

für verschiedene Werte des Spannungsverhältnisses an beiden Zylindern (Spannungen gegen Kathode gemessen) und des Verhältnisses der Zylinderdurchmesser die optischen Konstanten und die Fehler der Systeme an. Einige typische Ergebnisse sind in Abb. 355 und 356 dargestellt. Für den Fall, daß der Durchmesser des zweiten Zylinders 1,5mal so groß ist wie der des ersten, gibt Abb. 355 die gegenstands- und bildseitigen Brennweiten f und f' und die Entfernung der Brennpunkte F und F' von der Ebene, in der die Zylinder sich überschneiden, wobei der Durchmesser des ersten Zylinders $d_1 = 1$ gesetzt ist. Die Abszisse ist

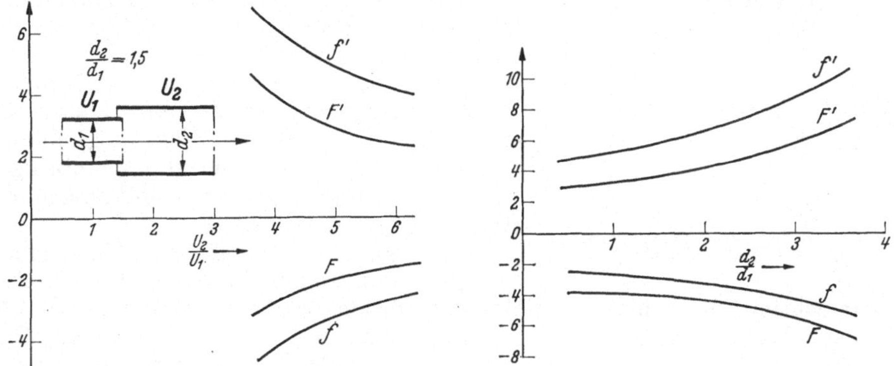

Abb. 355. Optische Konstanten einer Rohrlinse [228]. Abb. 356. Optische Konstanten von Rohrlinsen [228].

das Verhältnis der Spannung U_2 des zweiten Zylinders zu der Spannung U_1 des ersten Zylinders. Mit steigendem Spannungsverhältnis zeigt sich das Wachsen der Brechkraft in dem Hereinrücken der Brennpunkte in die Linse. Die gleichen Größen wie in Abb. 355 sind in Abb. 356 für das Spannungsverhältnis $U_2/U_1 = 4$ nochmals in Abhängigkeit vom Verhältnis der Zylinderdurchmesser dargestellt. Nach dieser Abbildung erhält man kleine Brechkräfte für einen großen Durchmesser des zweiten Zylinders.

Der Öffnungsfehler von Rohrlinsen wurde durch GUNDERT [278] untersucht, der die Schnittpunkte von Strahlen, die verschieden große Winkel mit der optischen Achse bilden, mit der GAUSSschen Bildebene experimentell

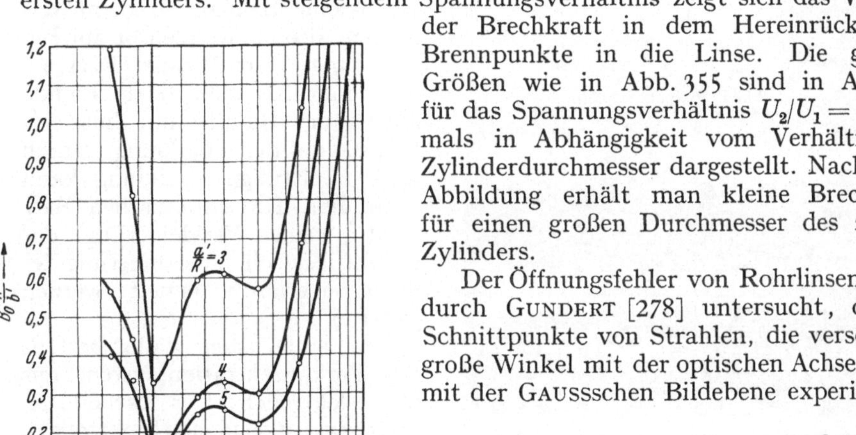

Abb. 357. Öffnungsfehler von Rohrlinsen [278].

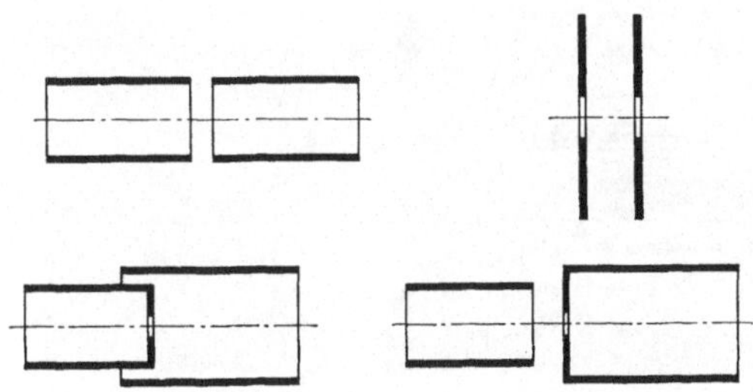

Abb. 358. Hauptsammellinsen verschiedener Gestaltung.

festlegte und die Abweichungen vom GAUSSschen Bildpunkt bestimmte. Für den Strahl, der in der Linse die Entfernung R von der optischen Achse hat, ist diese Abweichung $B_0 R^3$, dividiert durch die Bildweite b', für verschiedene Gegenstandsweiten a' und für verschiedenes Verhältnis der Rohrradien in Abb. 357 angegeben. Bei vorgeschriebenem größten Zylinderhalbmesser R ist der Öffnungsfehler dann am kleinsten, wenn beide Zylinder gleich groß sind. Eine

Verkleinerung des ersten Zylinders bedingt eine stärkere Erhöhung des Öffnungsfehlers als eine Verkleinerung des zweiten Zylinders.

Neben den Anordnungen mit zwei Zylindern sind noch diejenigen Typen praktisch von Bedeutung, bei denen Lochblenden, eventuell in Kombination mit Zylindern, benutzt werden. Einige solcher Systeme sind in Abb. 358 zusammengestellt. Die Abbildungseigenschaften der Zweiblenden-Beschleunigungslinse wurde von BEHNE [45] experimentell untersucht, der Vergrößerung und Bildfehler festlegte und durch Anbringen von Trichtern an den Blendenöffnungen die Abbildungsgüte verbesserte.

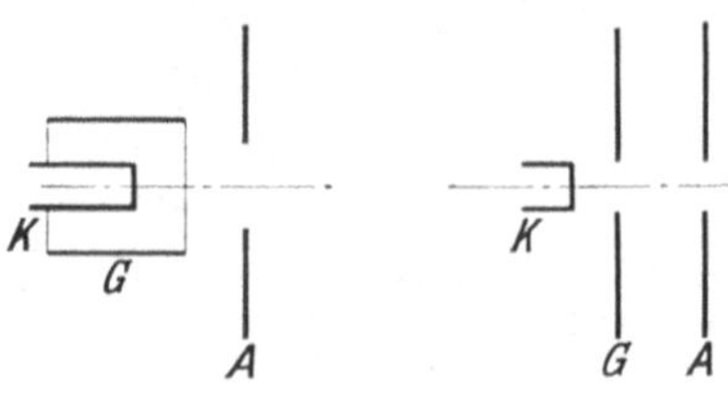
Abb. 359. Vorkonzentrationssysteme verschiedener Gestaltung.

19. Vorkonzentrationslinse und Steuerung.

Vor die Hauptsammellinse der BRAUNschen Röhre ist im allgemeinen ein Vorkonzentrationssystem geschaltet [VIII, 17]. Es dient dazu, einen stark durchstrahlten kleinen Strahlquerschnitt, die Einschnürungsstelle [I, 16] zu erzeugen, die einen wesentlich kleineren Durchmesser als die Kathode haben kann. Bringt man an diese Stelle eine kleine Blende, so dient das System also als Kondensor zur Beleuchtung dieser Blende [VIII, 7]. Einschnürungsstelle oder Blende dienen der Hauptsammellinse als Gegenstand der Abbildung. Durch diese zweistufige Abbildung kann nach dem HELMHOLTZschen Satz [I, 10] eine Verkleinerung des Leuchtflecks ohne Verringerung der Strahlzeigerlänge erzielt werden [VIII, 6].

Im einfachsten Falle besteht das Vorkonzentrationssystem aus drei Elektroden: Der Kathode K, einer negativ geladenen Elektrode G, die das sammelnde Feld erzeugt, und der positiven „ersten" Anode A. In Abb. 359 sind die beiden Hauptanordnungen einander gegenübergestellt, die sich ähnlich wie bei der Hauptsammellinse durch die Verwendung von Zylinder oder Blende unterscheiden. Die sammelnde erste Elektrode ist entweder der WEHNELT-Zylinder oder eine Lochblende [343]. Die Lochblende hat gegenüber dem WEHNELT-Zylinder den Vorteil, daß man mit geringerem negativen Vorspannungen gegenüber der Kathode für die Fokussierung auskommt. Ähnlich wie bei der Hauptsammellinse hat man bei der Vorkonzentrationslinse durch besondere Gestaltung der Anode Vorteile zu erreichen versucht. So haben ROGOWSKI und GRÖSSER [563], ebenso FARNSWORTH [232] die Anode als Trichter ausgebildet, wobei die Spitze auf die

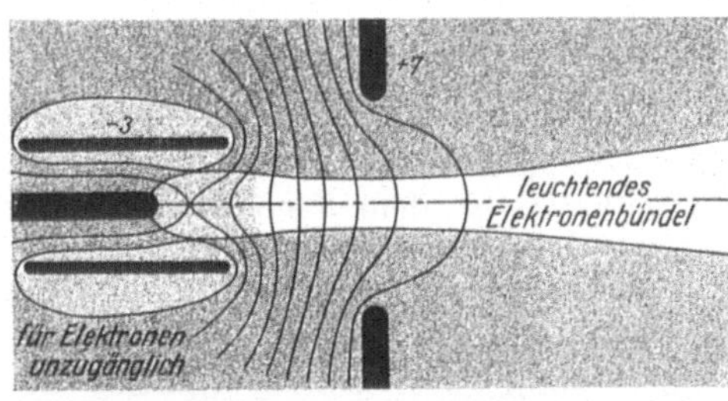

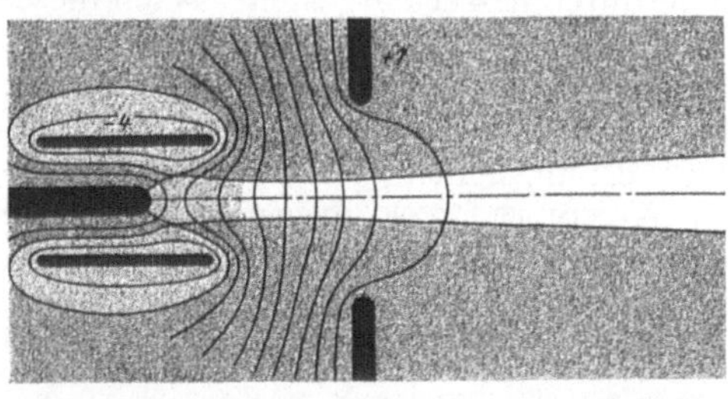

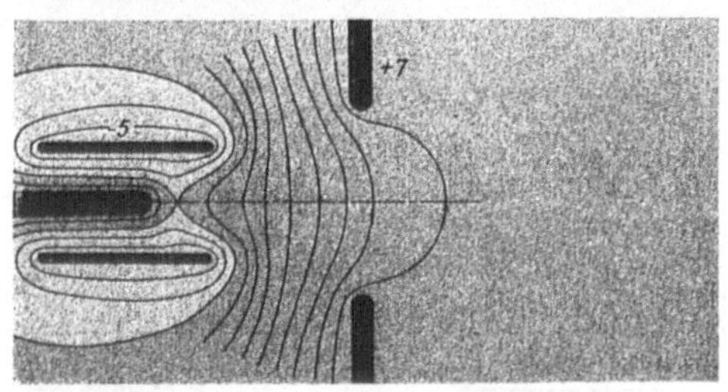

Abb. 360. Potentialfeld und Strahlenverlauf bei verschiedener Steuerspannung (schematisch).

Kathode zugeht. Die Autoren wollen auf diese Weise eine bessere Konzentration erreichen.

Die Vorkonzentrationslinse hat noch eine weitere wichtige Funktion, nämlich die der Wahl des Strahlstromes. Durch Ändern der Spannung an der WEHNELT-Elektrode kann die Intensität des Strahls nach den verschiedenen Mechanismen, die bereits in [V, 14] besprochen wurden, geändert werden. Die Wirkung der Steuerelektrode besteht darin, daß sie einmal den emittierenden Kathodenbereich einengt und zum anderen die Raumladung vor der Kathode mehr oder weniger verdünnt. Außerdem kann mit diesen beiden Steuerungsverfahren auch noch das dritte verbunden sein, bei dem die Anodenblende, die dann von der Hauptsammellinse abgebildet wird, einen veränderlichen Bruchteil des Elektronenstromes abfängt [257]. Eine Darstellung des Strahlenganges beim Steuervorgang ist in Abb. 360 gegeben, wobei angenommen wurde, daß die Elektronen

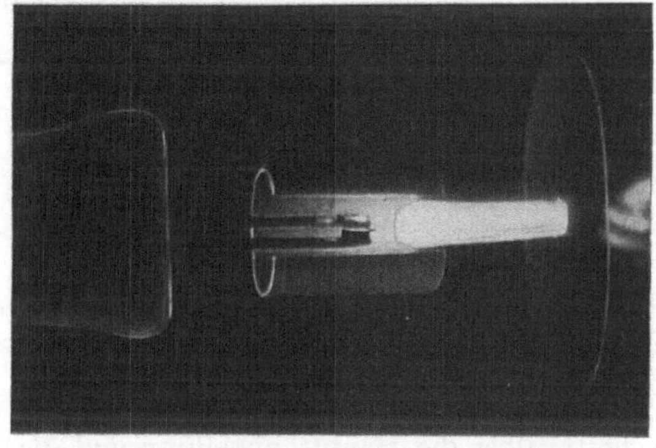

Abb. 361. Ausbildung des Elektronenbündels im WEHNELT-Zylinder nach v. ARDENNE [17].

mit einer maximalen Eigengeschwindigkeit von 2 V die Kathode verlassen [86]. Je nach der Aufladung des WEHNELT-Zylinders vermag sich ein mehr oder minder breites Elektronenbündel auszubilden, dessen Elektronen, sobald sie ausreichende Geschwindigkeit erreicht haben, Gasreste zum Leuchten bringen [V, 17]. Die Aufnahme Abb. 361 eines aufgeschnittenen WEHNELT-Zylinders, die v. ARDENNE [17] durchführte, zeigt das keulenförmig gestaltete Bündel von Elektronen, die anzuregen vermögen.

Wird eine Vorkonzentrationslinse aus drei Elektroden zur Intensitätssteuerung be-

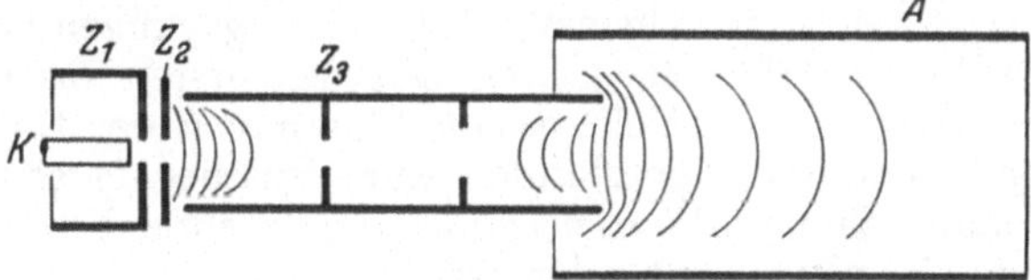

Abb. 362. System mit Schirmgitterelektrode von ORTH, RICHARDS und HEADRICK [516].

nutzt, so ändert sich durch die Spannungsänderung an der Steuerelektrode die Brennweite der Vorkonzentrationslinse und damit die Größe des Leuchtflecks.

Ein interessanter Kunstgriff zur Vermeidung dieser Brennweitenänderung wurde von DIELS [379] angegeben. Die Blendenöffnung der Steuerelektrode sitzt im Brennpunkt der konkav gekrümmten Kathode. Dieses Sammelsystem kann im wesentlichen als aus zwei Elektroden (Kathode und Steuerelektrode) bestehend aufgefaßt werden und zeigt also keine wesentliche Brennweitenänderung. Eine Verringerung der Brennweitenänderung erzielt man auch, wenn man ein Schirmgitter [VI, 17] zwischen erster Anode und Vorkonzentrationssystem anbringt, um Stromänderung bei der Einstellung der Fleckschärfe (Änderung des Potentials der ersten Anode) zu vermeiden. Man kommt so zur Anordnung von ORTH, RICHARDS und HEADRICK [516], die in Abb. 362 dargestellt ist. Durch die Einführung des „Schirmgitters" Z_2 auf ungefähr 100 V werden die Vorsammellinse und die Hauptlinse, die zwischen Z_3 ($\sim$ 1000 V) und A ($\approx$ 4000 V) liegt, noch weitergehend voneinander unabhängig. Das Feld wird so deformiert, daß die Brechkraft der Vorsammellinse schwächer wird, die Einschnürungsstelle weiter von der Linse wegrückt und größer wird. Dafür wird ihre Größe durch die Stromsteuerung nicht mehr so stark beeinflußt [379].

Bei der besprochenen Vorsammellinse wurde die Intensitätssteuerung direkt an der Kathode vorgenommen. Daneben werden auch die anderen in [III, 12] und [V, 14] besprochenen Steuerverfahren angewandt. So wurde z. B. von BROADWAY und TEDHAM [109] eine Anordnung angegeben, bei der die Steuerung durch Spiegelung erfolgt (Abb. 363). Dieses System besteht aus einer

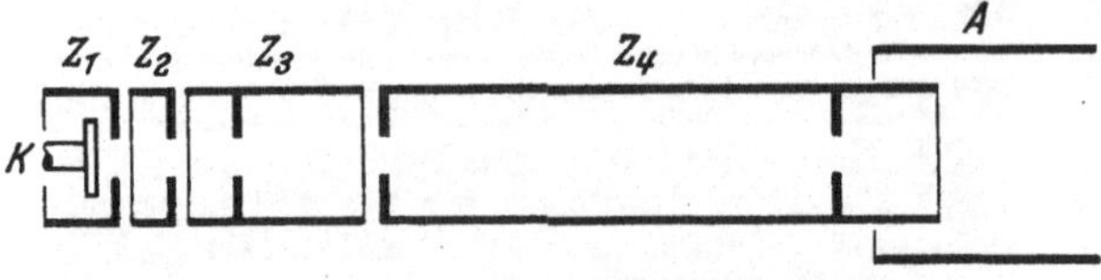

Abb. 363. System mit Raumladegitterelektrode von BROADWAY und TEDHAM [109].

ersten Sammelelektrode Z_1, dem „Raumladegitter" Z_2 ($\approx +250$ V), dem „Steuergitter" Z_3 (≈ -20 V) und zwei weiteren Elektroden Z_4 (≈ 1000 V) und A (≈ 4000 V). Auch die Steuerung durch die Verstellung der Brennweite einer Linse L und die dadurch bedingte, wechselnde Bestrahlung einer Blende B, die als Objekt für die Hauptsammellinse dient, wurde vorgeschlagen [672] (Abb. 364).

20. Technische Oszillographenröhre. Die beiden vorhergehenden Abschnitte über die Hauptsammellinse und die Vorsammellinse (sowie die Intensitätssteuerung) liefern uns die Grundlage sowohl zur Betrachtung der Oszillographenröhre als auch des Fernseh-Bildfeldzerlegers [VIII, 23]. Wir wollen uns in diesem und dem folgenden Abschnitt nur mit der Oszillographenröhre befassen, die in ihrer Entwicklung zweifellos auch durch die Fernsehentwicklung beeinflußt ist (wie umgekehrt), die aber doch als Mutter der Fernsehröhre in langsamerem Tempo ihren eigenen Weg weiter gegangen ist. Dieser Weg führte in den 10 Jahren seit den ersten orientierenden Experimenten mit elektrischen Linsen von der Röhre mit Gaskonzentration, die

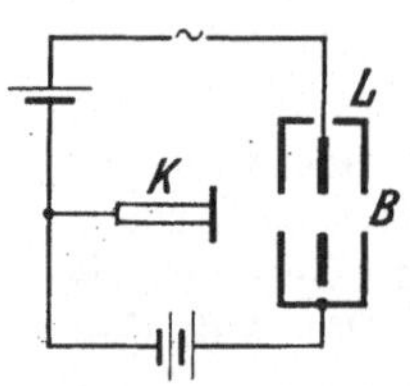

Abb. 364. Steuerung mit Linse und Blende.

ganz empirisch entstanden war, zu der Hochvakuumröhre mit elektrischer Haupt- und Vorkonzentration, die in ihrer Funktion vom elektronenoptischen Standpunkte verstanden ist.

Heute besitzen wir eine größere Anzahl vorzüglicher Oszillographenröhren. Nach der Zusammenstellung von KLEIN [362a] sind Juni 1940 allein in Deutschland über 50 Typen von Hochvakuumröhren auf dem Markt, die von 5 Firmen hergestellt werden.

Alle diese Röhren verwenden die indirekt geheizte Oxydkathode. Die Vorkonzentrierungseinrichtung ist bei den auf dem Markt befindlichen Röhren sehr ähnlich und hat außer der Kondensorwirkung noch die Aufgabe der Helligkeitssteuerung zu übernehmen. Nach den Ausführungen in [VIII, 19] ist mit dieser Helligkeitsregelung meist auch eine Einstellung der Punktgröße verbunden. Die Hauptsammellinse ist im allgemeinen eine Beschleunigungslinse und hat die Aufgabe, entweder einen Durchkreuzungspunkt oder eine Blende auf dem Schirm der Röhre abzubilden. Es werden dazu sowohl Rohrlinsen als auch Lochblendenlinsen praktisch verwendet. Die Länge der Röhren schwankt zwischen 10 und 40 cm. Die Betriebsspannung liegt zwischen 0,3 und 5 kV. Die Empfindlichkeit ist abhängig von Röhrenlänge und Betriebsspannung und liegt zwischen etwa 0,1 bis 1 mm/V.

Es ist nicht die Aufgabe dieses Buches, auf alle diese Röhren und ihre besonderen Merkmale einzugehen, zumal meist über die Einzelheiten des Aufbaues nur wenig veröffentlicht ist. Es seien daher einige typische Beispiele

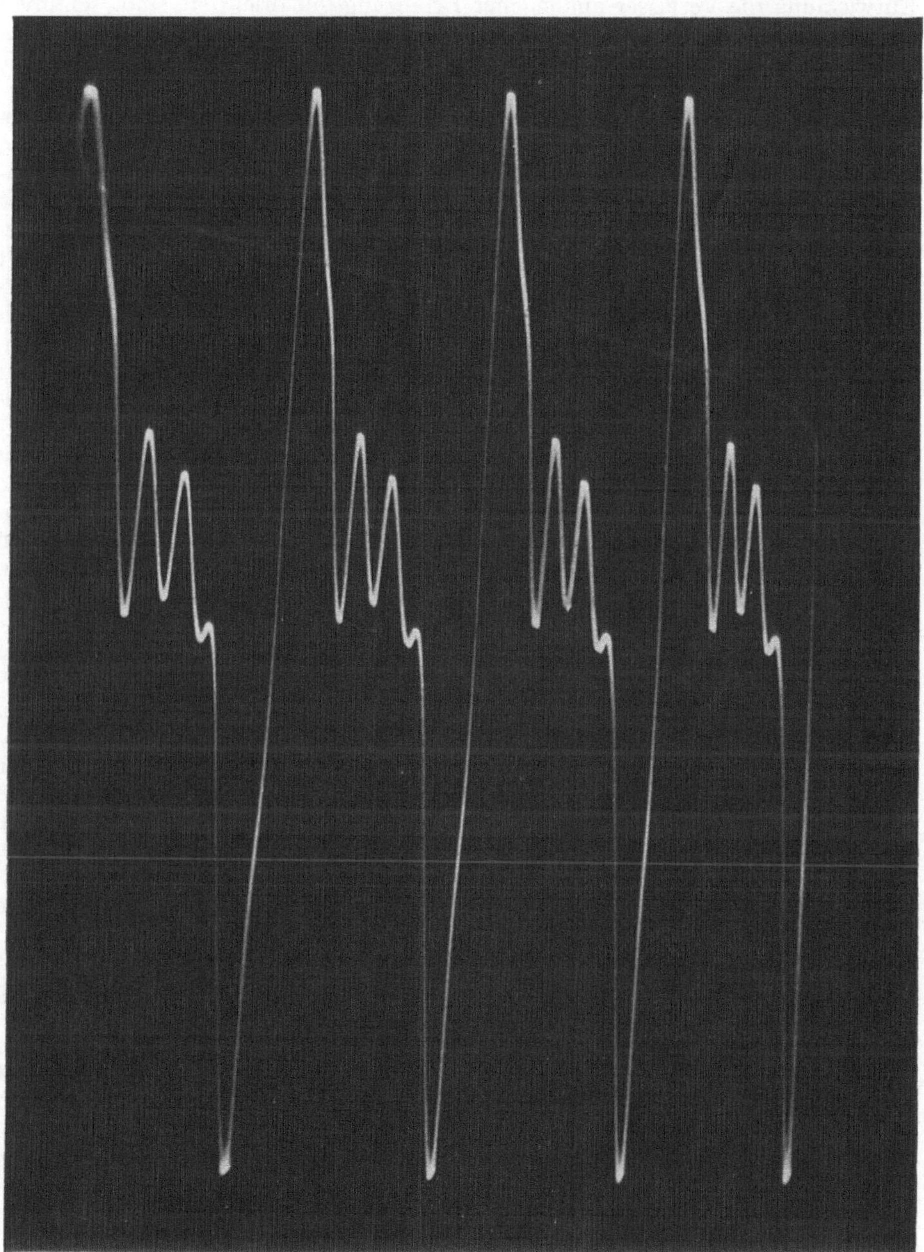

Bild V. Oszillogramm einer älteren Hochvakuumröhre nach BRÜCHE und TRESCHAU [124].

Das System, mit dem die synchronisierte 30 kHz-Schwingung aufgenommen wurde, bestand aus einem langgestreckten Immersionsobjektiv, das eine stark bestrahlte Blendenöffnung von 0,2 mm Durchmesser abbildet (Abb. 365). Die Anodenspannung bei der Aufnahme betrug 2,5 kV. Die Leuchtschirmkurve ist 1,8fach vergrößert wiedergegeben. Bemerkenswert ist die Feinheit der Schrift dieser Hochvakuumröhre aus dem Jahre 1935.

herausgegriffen. Nur eine Röhre, die AEG-Röhre, über deren Aufbau und
Entwicklung die Verfasser aus eigener Erfahrung gut orientiert sind, sei zuvor
als lehrreiches Beispiel dafür etwas ausführlicher behandelt, wie die technische Entwicklung von physikalischer Erkenntnis zu fabrikatorischer Reife
fortschreitet.

Wie bereits mehrfach erwähnt wurde, bildete DOBKEs Röhre mit Gaskonzentration [VIII, 12] den Ausgangspunkt. Nachdem sie als Mikroskop erkannt war,
wurde eine Hochvakuumröhre gebaut, bei der die
Forderung des HELMHOLTZschen Satzes berücksichtigt
wurde [VIII, 17]. Die Entwicklung führte dann, durch
ZWORYKINs Nachbeschleunigungsrohr beeinflußt, zu der

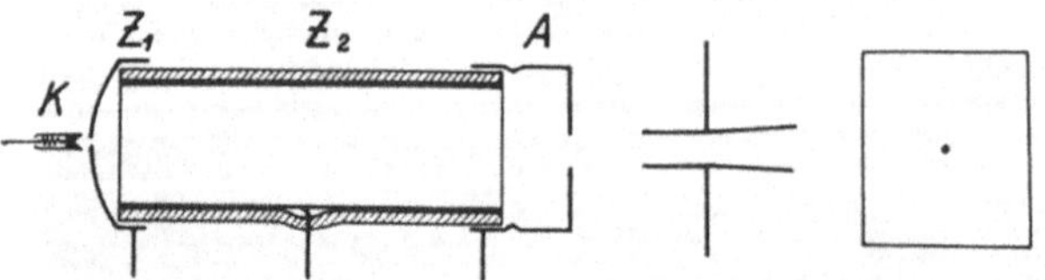

Abb. 365. System nach BRÜCHE und TRESCHAU.

in Abb. 365 dargestellten Anordnung. Dieses System besteht aus zwei Blechkappen Z_1 und A, die auf einen innen versilberten Zwischenzylinder Z_2 aufgesteckt sind. Als Gegenstand der Abbildung dient eine Blende von 0,2 mm
Durchmesser in Z_1, die von einer Hohlspiegelkathode K beleuchtet wird. Die
Hauptlinse ist eine Beschleunigungslinse zwischen Z_2 und A. Wenn diese Anordnung auch sehr feine Oszillogramme (Bild V) gab, so genügte sie doch
nicht allen Anforderungen,
erlaubte die Vorkonzentrierung durch die Kathodenkrümmung doch nur relativ
geringe Schreibgeschwindigkeiten von 0,4 km/s bei
2500 V und einem Objektiv
1:1 zu erreichen. Bei der
Weiterentwicklung dieses
Systems durch STEUDEL

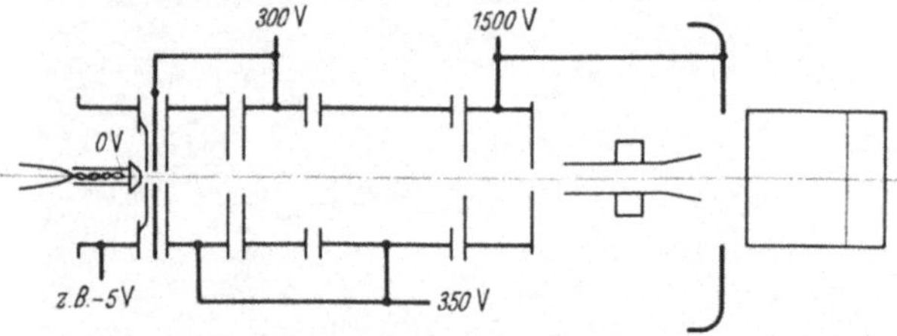

Abb. 366. System der AEG-Röhre nach STEUDEL.

wurde eine einstellbare Vorkonzentration durch eine zusätzliche Elektrode
eingeführt. Dadurch wird das System ähnlich dem von ZWORYKIN mit
einer Einschnürungsstelle, die auf den Schirm durch die Hauptsammellinse
abgebildet wird. Jetzt war auch die 0,2 mm-Blende nicht mehr notwendig,
sondern konnte durch eine von 0,5 mm Durchmesser ersetzt werden, die nur
noch zum Zurückhalten von Streuelektronen dient. Nach dieser Abänderung
wandte STEUDEL seine Aufmerksamkeit der Forderung einfachen und zweckmäßigen technologischen Aufbaues zu. Dabei löste er das ganze System in
einzelne zylindrische, zum Teil mit Blenden abgeschlossene Hohlkörper auf
(Abb. 366). Die so entstehenden Hohlkörper lassen sich leicht zu einem größeren
Raum gleichen Potentials zusammenschalten oder auf abweichende Spannungen bringen. Der technologische Aufbau dieser Röhre ist einfach und sehr
exakt durchzuführen. Das System wird in einer Lehre aufgebaut, wobei die
einzelnen Blenden und die Zwischenzylinder noch Einzelstücke sind. Nach
genauem Justieren werden dann zunächst die Zylinder, die jeweils aus zwei
Schalen bestehen, an je zwei äußeren Glasstäben durch Schellen festgelegt.
Dann werden die justierten Blenden mit den umgebördelten Rändern der
Zwischenzylinder verschweißt. Nach diesem Verfahren, das sehr leicht Änderungen des Systems zuläßt und sich daher bei einer großen Zahl von Röhren,
auch bei Versuchsröhren anderer Art, bewährt hat, entsteht ein sehr genau
justierter und äußerst stabiler Aufbau. Einen so hergestellten Aufbau zeigt
Abb. 372.

Die normale AEG-Röhre, die mit dem beschriebenen System und in der erläuterten Technik aufgebaut ist, ist 27 cm lang bei 10 cm Schirmdurchmesser. Trotz dieser Kürze ist die Empfindlichkeit noch recht gut, sie beträgt 0,8 bis

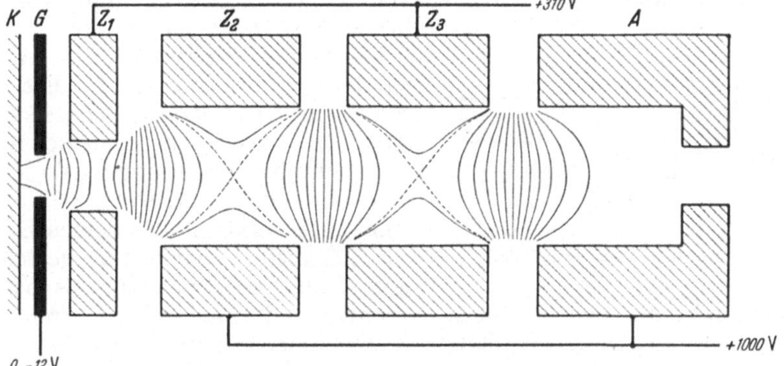

Abb. 367. System einer Philips-Röhre.

etwa 0,2 mm/V bei Betriebsspannungen von 500 bis 2000 V. Die Helligkeit, die sich durch den WEHNELT-Zylinder steuern läßt, reicht aus, um Schreibgeschwindigkeiten über 1 km/s zu erreichen [VIII, 9].

Die normale RCA-Röhre [540] schließt sich eng an das von ZWORYKIN [747] entwickelte Fernsehsystem an (Abb. 310) [VIII, 18]. Die von der indirekt geheizten Glühkathode ausgehenden Elektronen werden durch das Vorkonzentrierungssystem zu einem Bündel vereinigt, das einen feinen Durchkreuzungspunkt noch innerhalb des ersten Sammelsystems aufweist. Dieser wird dann durch einfache Rohrlinsen auf den Schirm abgebildet. Der WEHNELT-Zylinder dient zur Regelung der Helligkeit. Innerhalb des ersten Anodenzylinders befinden sich Blenden, die einerseits die Aufgabe haben, die Streuelektronen zurückzuhalten und andererseits als Aperturblenden für die Hauptsammellinse dienen.

Die in Abb. 367 dargestellte Philips-Röhre zeigt einen von den heutigen Formen stark abweichenden Systemaufbau, welcher der Gaskonzentrationsröhre

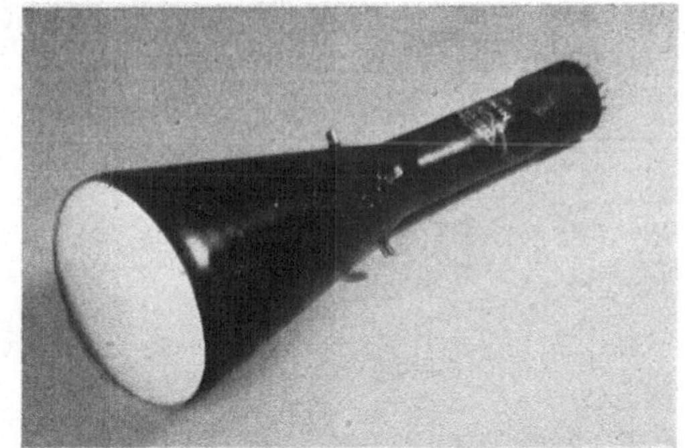

Abb. 368. Äußeres einer modernen BRAUNschen Röhre.

DOBKEs [VIII, 12] ähnelt. In beiden Fällen wird eine ähnliche Linse verwendet, die bei der Philips-Röhre durch drei Zylinder gebildet wird, deren mittlerer mit der Blende vor dem Beschleunigungssystem verbunden ist. Man könnte fast von zwei ineinander verschränkten Einzellinsen sprechen. Die Röhre hat 35 cm Länge und 10 cm Schirmdurchmesser. Ihre Empfindlichkeit beträgt bei 1,2 kV Betriebsspannung 0,5 mm/V. Die äußere Gestalt einer modernen Röhre — und zwar einer Röhre der Loewe AG. — zeigt Abb. 368.

Besonders kleine Röhren von 10 bis 15 cm Länge sind für qualitative Messungen und spezielle Anwendungen von großem Wert. Die RCA hat ihrem kleinen Rohr einen Metallkolben gegeben, der durch einen Glasschirm abgeschlossen ist. Das 12 cm lange Rohr ist zylindrisch und hat einen Schirm von 3 cm Durchmesser. Das Rohr, das vielfach für Kontroll- oder Indikatorzwecke angewandt wird, wird mit einer Anodenspannung von 500 V

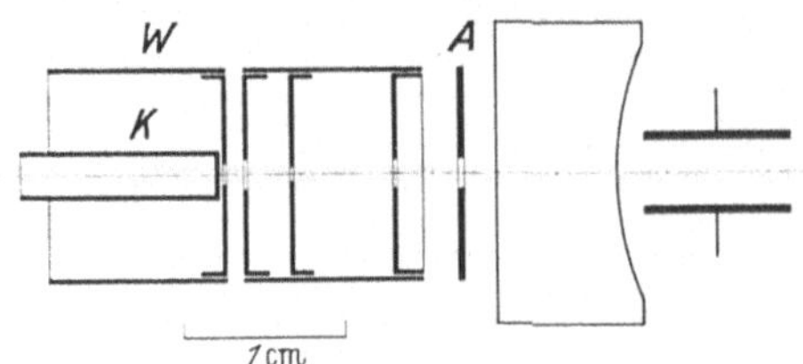

Abb. 369. System des kleinen RCA-Rohrs.

betrieben. Dabei hat es eine Empfindlichkeit von 0,1 mm/V. In Abb. 369 ist das System dargestellt. Ein Kleinrohr von LEYBOLD - V. ARDENNE zeigt Abb. 370, das in den Siemens - Kleinoszillographen eingebaut wird.

Abb. 371 zeigt das AEG-Zweistrahlrohr. Man erkennt die beiden Systeme, die gänzlich voneinander getrennt so aufgebaut sind, daß ihre Achsen auf denselben Punkt des Leuchtschirms gerichtet sind. Dadurch ist erreicht, daß beide Strahlen vollständig unabhängig voneinander arbeiten[1] und somit an das eine System ohne weiteres eine Hochfrequenzspannung gelegt werden kann,

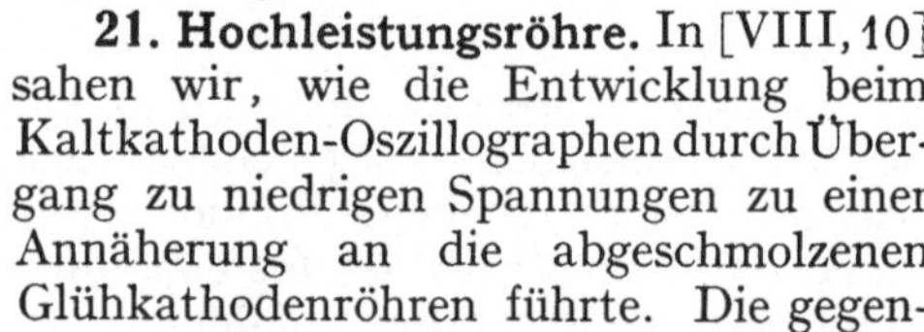

Abb. 370. Kleinrohr von LEYBOLD-V. ARDENNE.

ohne daß das andere System dadurch beeinflußt wird. Die Western Electric hat auch ein Dreistrahlrohr herausgebracht, das in besonderen Oszillographen Anwendung findet.

21. Hochleistungsröhre. In [VIII, 10] sahen wir, wie die Entwicklung beim Kaltkathoden-Oszillographen durch Übergang zu niedrigen Spannungen zu einer Annäherung an die abgeschmolzenen Glühkathodenröhren führte. Die gegenläufige Entwicklung finden wir bei der Glühkathodenröhre, wo man durch Übergang zu hohen Strahlströmen und Strahlgeschwindigkeiten Leistungen zu erreichen sucht, die denen des Kaltkathoden-Oszillographen gleichkommen.

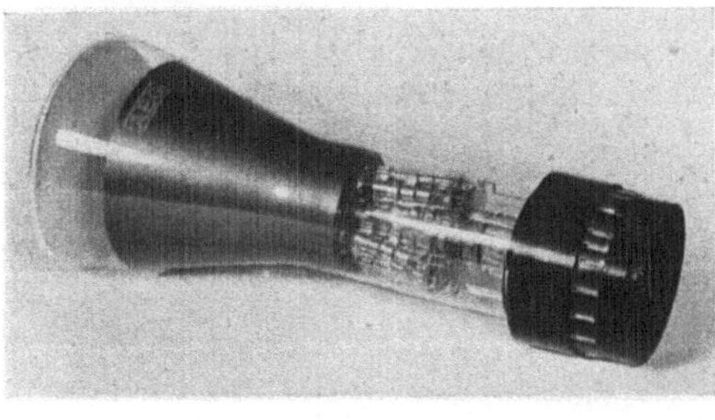

Abb. 371. AEG-Zweistrahlrohr.

Meist benutzt man die Glühkathodenröhren zur Darstellung periodischer Vorgänge, indem man unter Verwendung synchroner Kippspannungen ein stehendes Bild des Vorganges auf dem Leuchtschirm erzeugt. Für die Beobachtung einmaliger Vorgänge und die Projektion des Leuchtschirmbildes ist die Leistung normaler Röhren im allgemeinen zu gering. Man hat daher Hochleistungsröhren entwickelt, wie sie ähnlich auch bei der Projektion eines Fernsehbildes [VIII, 24] erforderlich sind. Für die Einzelheiten der Ausführung liegt die Aufgabe bei der Oszillographie schwieriger als bei der Fernsehröhre. Bei letzterer verwendet man die bei den hohen Betriebsspannungen einfacher zu handhabenden magnetischen Ablenkungs- und Fokussierungsfelder, die von außen in das Rohr wirken. Bei der Oszillographenröhre muß man wegen der

---

[1] Erwähnt sei noch ein Vierstrahlrohr von BIGALKE [62], bei dem die von vier Kathoden ausgehenden Elektronenstrahlen durch ein gemeinsames elektronenoptisches System gesammelt werden. — Man hat auch versucht, mit einer einzigen Kathode auszukommen und die Strahlen durch Ausblendung herzustellen [60, 382].

Leistungslosigkeit das Ablenkplattenpaar beibehalten [IV, 1]. Daraus resultiert die Forderung eines möglichst schlanken Elektronenbündels, das auch bei Ablenkung nicht auf die Ablenkplatten trifft. Dieses Bündels erzielt man durch geeignete Beschleunigungslinsen, wie wir es später an einem Beispiel kennenlernen werden.

Eine einfache Maßnahme zur Erzielung hoher Betriebsspannungen und damit hoher Leuchtintensitäten ist die Nachbeschleunigung [V, 21]. Man benutzt hierzu eine übliche Röhre, bei der man dann die Elektronen nach der

Tabelle 7. Vergleich verschiedener Röhrentypen.

	Normale Röhre Abb. 366, 367		Nachbeschleu-nigungsröhre	Hochleistungsröhre Abb. 372		
Betriebsspannung in kV	1,5	7,5	7,5	7,5	15	20 [1]
Schreibgeschwindigkeit in km/s	1	—	50	2000	14 000	50 000
Ablenkempfindlichkeit in mm/V	0,25	0,05	0,16	0,14	0,07	0,05

Ablenkung nochmals beschleunigt. Abb. 171 zeigt ein solches von BIGALKE [61] angegebenes Rohr. Der Elektronenstrahl wird in dem in [VIII, 20] beschriebenen System Abb. 366 gebildet. Die 1,5 ekV-Elektronen durchlaufen die Ablenkplattenpaare und werden dann durch ein System von Ringelektroden vor dem Schirm auf 7,5 ekV gebracht (Abb. 171). Bei dieser Nachbeschleunigung um 6 kV steigt die Helligkeit um den Faktor 25; man erreicht Schreibgeschwindigkeiten von etwa 50 km/s. Die Helligkeit reicht für Projektion auf eine kleine Leinwand

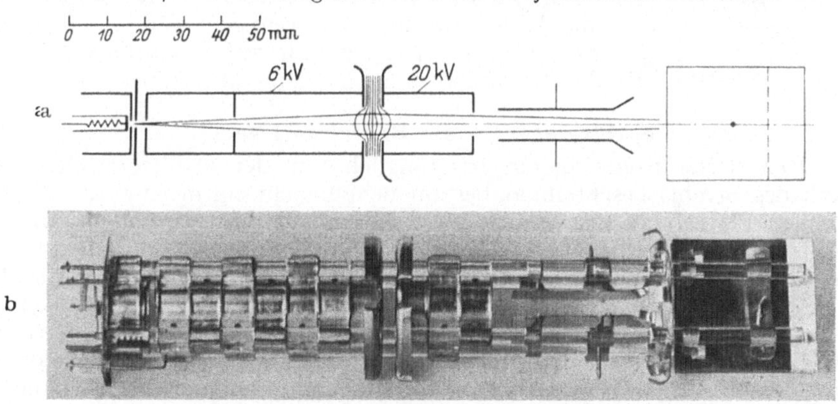

Abb. 372. Hochleistungsröhre von KATZ und WESTENDORF [350].

aus. Die Ablenkempfindlichkeit sinkt um ungefähr 30%. Da auch der Fleck kleiner wird, bleibt die reduzierte Empfindlichkeit erhalten. Die Röhre kann also in einem Oszillographen für niedrige Spannung verwendet werden, ohne daß eine Vergrößerung des Kippgerätes oder des Verstärkers nötig wird. In der Tabelle 7 ist in den ersten Spalten eine Gegenüberstellung der Werte einer mit 1,5 kV betriebenen Röhre, einer gleichen mit 7,5 kV betriebenen und einer Nachbeschleunigungröhre mit 7,5 kV Endspannung gegeben.

Eine von vornherein als Hochleistungsröhre gebaute Oszillographenröhre zeigt Abb. 372. Dieses von KATZ und WESTENDORF entwickelte Rohr [350],

---

[1] *Anmerkung bei der Korrektur.* Inzwischen haben KATZ und WESTENDORF zusammen mit EGERER [350a] ihre elektrostatische Röhre weiter verbessert, so daß jetzt bei 20 kV Betriebsspannung unter den angegebenen Aufnahmebedingungen 50 000 km/s als Schreibgeschwindigkeit sichergestellt gelten kann.

das etwa 50 cm lang ist, arbeitet mit Betriebsspannungen bis 20 kV. Das Vorkonzentrationssystem ist aus drei Lochblenden gebildet. Die Hauptsammellinse, an der fast die volle Betriebsspannung liegt, ist durch Abrunden der
Blenden nach außen hochspannungssicher gestaltet. Abb. 373 zeigt die mit
der Röhre erreichten Schreibgeschwindigkeiten. Bei 15 kV hat die Röhre
einen Strahlstrom der Größenordnung 0,5 mA und eine Schreibgeschwindigkeit
von 14000 km/s bei $^1/_{15}$ mm/V Empfindlichkeit. Die Schreibgeschwindigkeit
ist dabei die maximal zulässige Geschwindigkeit des Elektronenflecks auf dem
Schirm, die bei verkleinerter Außenaufnahme (1:6) und Umrechnung auf ein
Objektiv 1:1 gerade noch deutlich Schwärzung ergibt. Über eine andere Hochleistungsröhre mit *magnetischer* Konzentration berichteten v. BORRIES und
RUSKA [90b]. Diese Röhre, die mit Spannungen bis 25 kV betrieben wird,
erreichte bei Außenaufnahme in natürlicher Größe und einem Objektiv 1:1,4

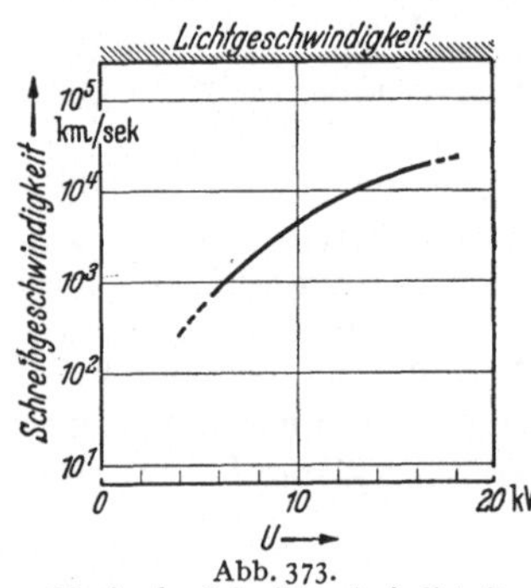

Abb. 373.
Maximale Schreibgeschwindigkeit
des Hochleistungsrohrs Abb. 372.

die Schreibgeschwindigkeit von 8000 km/s. Damit
ist die Glühkathodenröhre in ihrer Leistung dem
Kaltkathoden-Oszillographen sehr nahe gekommen,
wie es Abb. 323 bereits verdeutlichte. Für sehr viele
Zwecke kann heute die einfache Glühkathodenröhre
an die Stelle des schwerfälligen Kaltkathoden-Oszillographen gesetzt werden.

Durch die Höhe der Anodenspannung läßt sich
heute keine Grenze mehr zwischen den beiden Hauptgruppen der BRAUNschen Röhren ziehen [VIII, 1].
Beide Entwicklungen, die von der Röhre BRAUNs
mit kalter Kathode ausgegangen sind, sind heute
so erweitert, daß sie sich auf wesentlichen Teilen
des Gesamtspannungsgebietes überlappen.

e) Strahlgeräte als Bildfeldzerleger.

Die BRAUNsche Röhre diente ursprünglich nur der Oszillographie. Der
Endfleck des Strahls beschreibt dabei auf dem Leuchtschirm bzw. der photographischen Platte eine Kurve, aus der Schlüsse auf die Spannungen an den
Ablenkelementen gezogen werden können. Dieser Aufgabe sind die in den
ersten vier Kapitelteilen behandelten Röhren angepaßt. Außer der Oszillographie gibt es jedoch noch andere Aufgabestellungen für den schreibenden
bzw. abtastenden Elektronenstrahl, so das Fernsehen, die Rastermikroskopie
und die „Schaltung" mittels Elektronen. Wir könnten die beschriebenen Röhren
für einige dieser Aufgaben unmittelbar übernehmen. In anderen Fällen kommen
jedoch neue Anforderungen hinzu, z. B. die Erzeugung eines extrem kleinen
Flecks beim Mikroskop. Solche Zusatzforderungen haben zu Sonderformen
und Abarten der BRAUNschen Röhre geführt, mit denen wir uns nun beschäftigen werden.

22. Fernsehen mit dem Elektronenstrahl. Will man, wie beim Fernsehen, ein Bild auf elektrischem Wege übertragen, weil die an sich einfachere
optische Übertragung nicht mehr ausreicht, so wird man das räumliche Nebeneinander der Bildpunkte zunächst in ein zeitliches Nacheinander von Strom-
impulsen verwandeln. Nach der elektrischen Übertragung der Impulse muß
aus ihnen wieder ein Bild zusammengesetzt werden. Auf der Sendeseite wird
die Intensität eines Bildpunktes vom „Bildabtaster" oder „Bildfänger" aufgenommen, gleichzeitig wird auf der Empfangsseite der entsprechende Punkt
in seiner richtigen Intensität vom „Bildschreiber" aufgezeichnet. Zu diesem
Zweck tasten auf der Sende- und der Empfangsseite je ein „Bildfeldzerleger",
die synchron arbeiten, das „Bildfeld" zeilenweise ab [*40, 41*].

Als Bildfeldzerleger werden heute vorzugsweise elektronische Geräte benutzt, die gegenüber den früher meist benutzten mechanischen Geräten eine organisch und prinzipiell einfachere Lösung der gestellten Aufgabe ermöglichen [380]. Die bewegten mechanischen Teile sind dabei durch den richtungsgesteuerten Elektronenstrahl ersetzt, d. h. hier tastet der Elektronenstrahl das Bildfeld ab. Gleichzeitig mit der Vermeidung der Trägheit wird damit eine einfache elektrische Synchronisierbarkeit der beiden Bildfeldzerleger erreicht.

Auf der Sendeseite kommen heute vorzugsweise zwei elektronenoptische Systeme zur Anwendung: Die Bildwandleranordnung nach DIECKMANN-HELL-FARNSWORTH und der Elektronenstrahlabtaster mit Ladungsspeicherung nach ZWORYKIN. Dazu kommt neuerdings das „Superikonoskop". Auf der Empfangsseite dient als Bildschreiberöhre die intensitätsgesteuerte BRAUNsche Röhre.

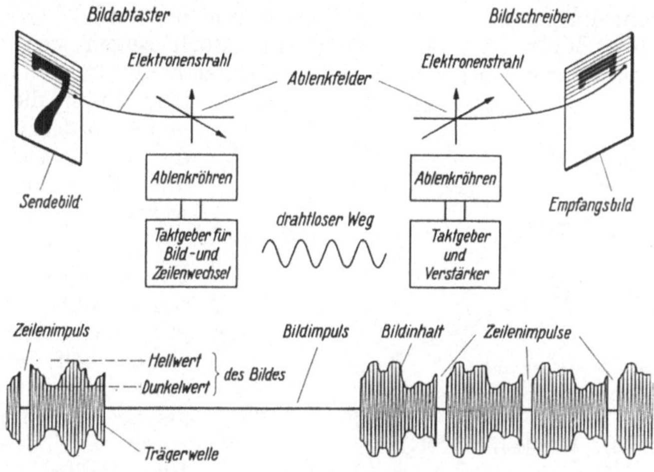

Abb. 374. Schema der Bildfeldzerlegung [380].

Bei der Verwendung von Elektronenstrahl-Abtaster und Elektronenstrahl-Schreiber, den beiden gleichartigen Strahlgeräten, entsteht eine sehr übersichtliche, symmetrische Anordnung (Abb. 374), von der wir hier allein sprechen wollen, während die Bildwandler-Anordnung erst in [IX, 21] behandelt werden wird. ROSING [570] führte die BRAUNsche Röhre auf der Empfangsseite ein, CAMPBELL-SWINTON [158] wies als erster darauf hin, daß in der Verwendung von Elektronengeräten auf beiden Seiten die organische Lösung der Aufgabe zu sehen sei. SCHRÖDER [631a] hat dieser Erkenntnis zur Durchsetzung verholfen.

Bildfänger und Bildschreiber sind letzten Endes BRAUNsche Röhren. Ihr Grundbestandteil ist wie bei den Röhren zur Oszillographie das elektronenoptische System zur Erzeugung eines feinen Elektronenleuchtflecks von etwa 0,2 mm Durchmesser. Bei der Bildschreibröhre ist die Verwandtschaft mit der BRAUNschen Röhre insofern besonders eng, als beide einen Leuchtschirm besitzen. Unterschiedlich ist, daß bei ihr eine Intensitätssteuervorrichtung vorhanden sein muß, eine Einrichtung, die man auch bei den neueren Oszillographenröhren zur Einstellung der Punkthelligkeit anbringt, an die dort jedoch keine Anforderungen hinsichtlich Steilheit usw. gestellt werden [VIII, 20]. Bei der Bildfängerröhre, dem „Ikonoskop", tritt an die Stelle des Leuchtschirms als neuer Bestandteil die „Mosaik"- oder „Raster"-Platte auf, mit der wir uns in [VIII, 24] eingehender beschäftigen werden.

Es sei noch auf eine insofern interessante Anordnung hingewiesen, als bei ihr auch als Bildfänger eine übliche BRAUNsche Röhre benutzt wird, den

Leuchtschirm-Abtaster. Er wird zur Übertragung von Diapositivbildern benutzt. Dabei wird das vom Leuchtschirm ausgehende Licht auf das Diapositiv projiziert. Schreibt der Elektronenstrahl nun den Strichraster, so werden die vom Leuchtschirm ausgehenden Lichtimpulse der Durchlässigkeit des Diapositivs entsprechend geschwächt in eine hinter dem Diapositiv stehende Photozelle gelangen und entsprechende Stromimpulse erzeugen. Dieses Verfahren, das besonders durch v. ARDENNE [7] eingehend beschrieben worden ist, kann nach KNOLL [379] auch zur Bildübertragung von Personen dienen. Eine Variante dieses Verfahrens besteht darin, daß man das zu übertragende Diapositiv direkt auf den Leuchtschirm legt. Man hat dabei die entsprechenden Vor- und Nachteile wie beim Übergang von der Leuchtschirmphotographie zur Kontaktaufnahme [V, 19].

23. Bildschreibröhren. Zwar sind Fernseh- und neuzeitliche Oszillographenröhre in großen Zügen gleichartig aufgebaut, doch zeigen sich bei näherer Betrachtung merkliche Unterschiede in den Einzelheiten. Diese Unterschiede sind durch die verschiedenen Anforderungen bedingt, die an die Oszillographen- und Fernsehröhre gestellt werden.

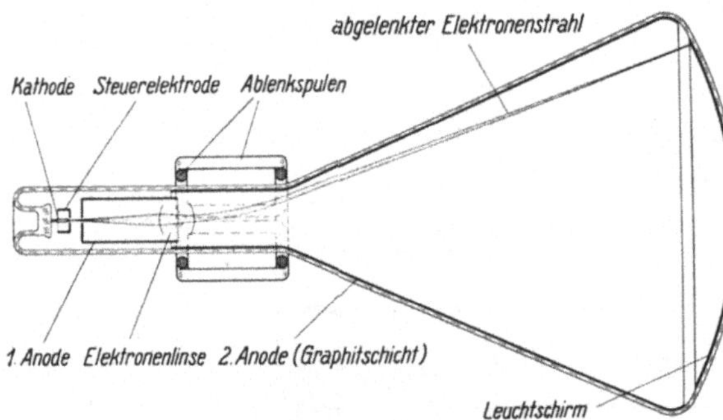

Abb. 375. Bildschreibröhre [380].

Stets werden wir bei der Fernsehröhre, die das gesamte Bildfeld gleichmäßig mit Leuchtstrichen überziehen soll, eine vielfach größere leuchtende Fläche als bei der Oszillographenröhre vorfinden. An die Bildschreibröhre sind also hinsichtlich der Intensität wesentlich höhere Anforderungen als an eine entsprechende Oszillographenröhre zur Darstellung eines periodischen Vorgangs zu stellen. Die Bildschreibröhren arbeiten daher im allgemeinen auch mit relativ hohen Beschleunigungsspannungen. Diese Spannungen erreichen bei der Projektionsröhre, an die besonders hohe Anforderungen hinsichtlich der Helligkeit gestellt werden, 50 kV und mehr [206]. Die hohe Beschleunigungsspannung und das Bestreben, den Elektronenstrom der Kathode möglichst vollständig auszunutzen, haben zu Systemen großer Öffnung, insbesondere zur Anwendung magnetischer Linsen geführt.

Hinsichtlich der Ablenkung sind ebenfalls Unterschiede vorhanden. Die Oszillographie erstreckt sich auf Schwingungen von einigen Hz bis zu einigen MHz. Das Fernsehraster wird demgegenüber durch zwei feste niedrige Frequenzen, die durch die Zahl der Zeilen im Bild und die Zahl der sekundlich geschriebenen Bilder bestimmte Zeilen- und Bildkippfrequenz, geschrieben. Bei der Oszillographie ist es wichtig, daß der zu oszillographierende Vorgang ohne Energieverbrauch auf den Strahl einwirkt. Daher zieht man hier elektrische Ablenkung vor. Beim Fernsehen fällt der Energieverbrauch in den Spulen gegen die zur Herstellung der Bild- und Zeilenkippfrequenz benötigte Leistung nicht ins Gewicht. Daher hat man hier kein zwingendes Interesse, die elektrische Ablenkung zu benutzen. Da außerdem bei den Bildschreibröhren wegen der relativ hohen Elektronengeschwindigkeit bei Verwendung elektrischer Organe sehr hohe Ablenkspannungen erforderlich wären, zieht man hier im allgemeinen die magnetische Ablenkung vor.

Der dritte Unterschied besteht in der Intensitätssteuervorrichtung. Bei der modernen Oszillographenröhre ist wie bei der Bildschreibröhre eine Elektrode (WEHNELT-Elektrode) vorhanden, mit deren Hilfe die Intensität des Strahls geändert werden kann [VIII, 20]. Bei der Oszillographenröhre dient die WEHNELT-Elektrode der Einstellung der spezifischen Intensität des Leuchtflecks, der Wahl seiner Größe bzw. der Unterbrechung des Strahlengangs, bei der Bildschreibröhre dient sie der Intensitätssteuerung durch die eintreffenden Bildsignale. Dabei soll die Größe des Bildflecks, d. h. die Breite der Zeile, bei Änderung der Steuerspannung möglichst konstant sein. Weiter ist hier ein steiler, geeigneter Anstieg der Steuerkennlinie [206] erwünscht, denn diese Forderungen sind die Voraussetzung für das Arbeiten mit kleiner Steuerspannung und für richtige Halbtonwiedergabe.

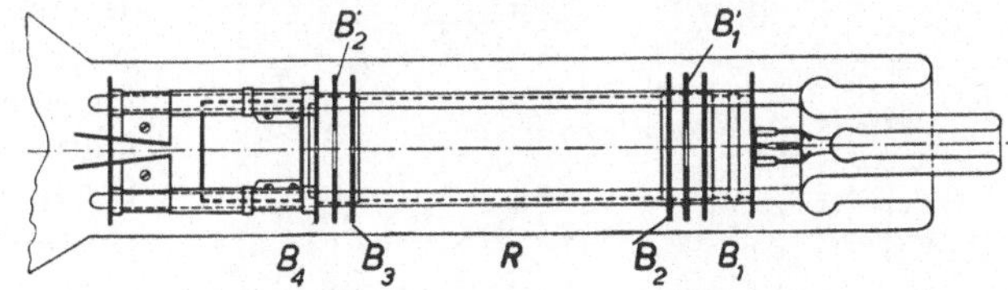

Abb. 376. Bildschreibröhre der Fernseh Ges. [639a].

Bildschreibröhren sind unter den vorstehenden Gesichtspunkten von verschiedenen Stellen entwickelt worden. Während man die Röhren früher als Gaskonzentrationsröhren baute, ist man, seit 1929 ZWORYKIN [745] seine Hochvakuum-Fernsehröhre veröffentlichte, mehr und mehr zur Hochvakuumröhre übergegangen, so daß Gasröhren heute keine Rolle mehr spielen. Eine der ersten deutschen Röhren, die bekannt wurden, ist die von KNOLL, KNOBLAUCH und DIELS [EO, V, 19]. Abb. 375 zeigt den Schnitt durch eine solche Röhre für direkte Beobachtung. Sie arbeitet mit einer Beschleunigungslinse als Hauptlinse und magnetischer Ablenkung. Die Anodenspannung einer solchen Telefunken-Röhre [380] für direkte Beobachtung beträgt 3000 bis 7000 V, der Strahlstrom je nach

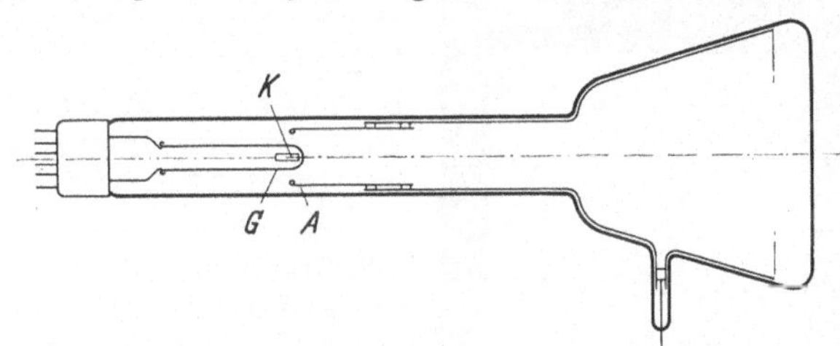

Abb. 377. Telefunken-Projektionsröhre [206].

der Einstellung der Intensitätssteuerung 0,05 bis 0,2 mA. Die scheinbare Schirmbeleuchtung ist 10 bis 100 Lux. Die Bildgröße läßt sich von 10 cm × 10 cm bis 30 cm × 30 cm einstellen.

Das System einer Bildschreibröhre der Fernseh Ges., das SCHWARTZ [639a] beschrieb, zeigt Abb. 376. Die Konzentration wird durch zwei Einzellinsen erzielt, die durch die Blenden B_1' und B_2' gebildet werden, die negativ über allen anderen auf Anodenpotential befindlichen Blenden und dem Zy aufgeladen sind.

Diese Röhren für direkte Beobachtung des Leuchtschirmbildes er den normalen Oszillographenröhren. Ihnen stehen die Hochleist gegenüber, die beim Fernsehen der Bildprojektion vom Leuchtschir Wandschirm dienen. Eine derartige Projektionsröhre von Telefun DIELS [206] beschrieben wurde, stellt Abb. 377 dar. Die Katho der Steuerelektrode fast ganz umhüllt. Diese Elektrode und die wand liegende Beschleunigungselektrode sind aus Hochspannungs abgerundet. Die Röhre wird mit Spannungen bis 50 kV und einen von 2 mA betrieben. Die Abbildung der Kathode im Verhältni

Ablenkung erfolgen magnetisch. Bei einer Strahllänge von 23 cm wird ein Bild von der Größe 8 cm × 10 cm ausgeschrieben. Die Lichtstärke reicht aus, um einen Projektionsschirm von der Größe 2 m × 2,5 m etwa mit der Helligkeit eines Schmalfilmprojektors auszuleuchten.

Das praktische Problem bei der Entwicklung dieser Röhren bestand erstens in der Wahl eines geeigneten Systems, zweitens in der Erforschung und Beseitigung der Linsen- und sonstigen Fehler [206a, 380]. Die Fehler, die die elektronenoptischen Systeme haben können, und die sich störender auswirken als bei einer Oszillographenröhre, sind sehr zahlreich. Es sind daher besondere Verfahren entwickelt worden, um die Schärfe des Bildpunktes und die einwandfreie Form des Rasters über den ganzen Schirm zu prüfen. Zu diesem Zweck schreibt man das Bildfeld (in diesem Falle den Leuchtschirm) in üblicher Weise aus, wobei man die Strahlinten-

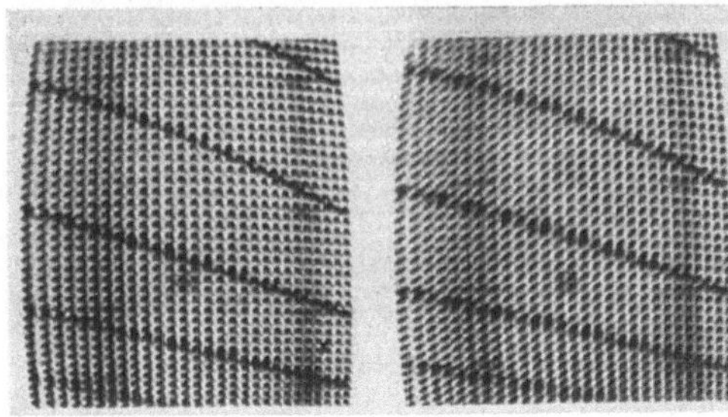

Abb. 378. Komafehler bei einem Fernsehraster [379].

sität mit einer hohen, zur Zeilen- und Bildfrequenz synchronen Frequenz von z. B. 150 kHz moduliert. Es entsteht dann eine Punktstruktur, aus der man Schlüsse auf die Güte bzw. die Fehler des Systems ziehen kann. Öffnungsfehler, Einstellfehler, Koma usw. zeigen sich so (Abb. 378) und lassen unter anderem erkennen, wie wichtig eine einwandfreie Justierung des Systems ist. Ebenso zeigen sich die Fehler, die durch die Ablenkspulen bedingt sind, bzw. bei elektrischer Ablenkung der „Trapezfehler", den eine unsymmetrische Ablenkspannung zur Folge hat (Abb. 379).

Abb. 379. Trapezfehler bei einer BRAUNschen Röhre [527].

Die Methode, ein System nachträglich in der beschriebenen Weise zu prüfen und auf Grund des Prüfungsergebnisses weiter zu verbessern, ist der sicherste Weg, zu guten Röhren zu gelangen, wie es auch der Vergleich guter Bilder von 1936 (Abb. 380) und 1940 (Bild VI) bestätigt.

24. Ikonoskop. Als Ikonoskop hat ZWORYKIN [743, 746, 748] seinen Bildfänger im Gegensatz zur Bildschreibröhre — dem Kineskop — bezeichnet. Das Ikonoskop oder die Speicherröhre ist, worauf schon in [VIII, 23] hingewiesen wurde, eine BRAUNsche Röhre, bei der an der Stelle des Leuchtschirms eine Mosaikplatte sitzt. Während bei den früher üblichen Abtastverfahren der einzelne Punkt des Gegenstandes bei z. B. 10000 Bildpunkten nur den 10⁻⁴. Teil einer Sekunde zur Wirkung kommt, der übrige Hauptteil der Lichtmenge dagegen nutzlos verlorengeht, soll jetzt während der gesamten Zeit gespeichert werden, wie wir es im einzelnen sogleich besprechen. Erwähnt sei noch, daß das Prinzip der Ladungsspeicherung mittels Elektrodenanordnungen von ROUND [579] stammt und daß die Abtastung solcher Speicher mit dem beweglichen Elektronenstrahl zuerst TIHANY [687] angegeben hat.

Das stromtragende Lichtbild wird auf die Rasterplatte geworfen (Abb. 381), die ein Mosaik von vielen, sehr kleinen Caesiumoxyd-Photokathoden bedeckt. Diese sind als Flecken von 1 bis 4 μ Größe auf einer dünnen Glimmerplatte isoliert aufgebracht, deren Rückseite von einer Metallschicht (Signalplatte) gebildet wird. Ein Rasterpunkt von $^1/_4$ mm Durchmesser überdeckt 1000 bis 10000 dieser Mikrozellen. Durch das auf das Photokathodensystem entworfene Lichtbild werden je nach der auf die Einzelelemente entfallenden Lichtmenge Photoelektronen ausgelöst, die nach der Anode A_2 beschleunigt werden. Infolge des Verlustes von Elektronen laden sich die Photokathoden, die mit der rückseitigen Belegung der Glimmerplatte Kondensatoren bilden, positiv auf, wobei die Aufladung von der Stärke der Belichtung abhängt. Durch diesen Vorgang entsteht auf der Mosaikkathode ein dem Lichtbild äquivalentes Ladungsbild, das durch den in Zeilen darüber bewegten Elektronenstrahl „abgetastet" wird, wobei das Ladungsbild unter Mitwirkung der Sekundärelektronen bis zu einem Gleichgewichtspotential entladen wird. Um die Wirkungsweise der Anordnung im einzelnen zu verstehen, wollen wir ein Element der zunächst unbelichteten Mosaikplatte betrachten, deren rückseitige Belegung über eine Batterie und einen Widerstand mit der Anode des Rohres verbunden

Abb. 380. 375-Zeilenbild auf einer Bildschreibröhre mit Vorsammellinse [379].

ist, die von einer Metallschicht auf der Innenwand des Rohres gebildet wird. Bei Versuchsbeginn möge der Elektronenstrahl auf dieses Element gerichtet sein. Durch den Verlust von Sekundärelektronen lädt sich das Element nach ZWORYKIN, MORTON und FLORY [752] positiv gegen die Anode. Die Höhe dieser Aufladung beträgt wegen der geringen Austrittsgeschwindigkeit der Elektronen nur einige Volt. Wandert der Elektronenstrahl weiter, so sinkt das Potential langsam wieder auf ein Gleichgewichtspotential ab, das nach HEIMANN und WEMHEUER [298] positiv oder negativ gegen die Anode sein kann. Da nämlich im Mittel nur soviel

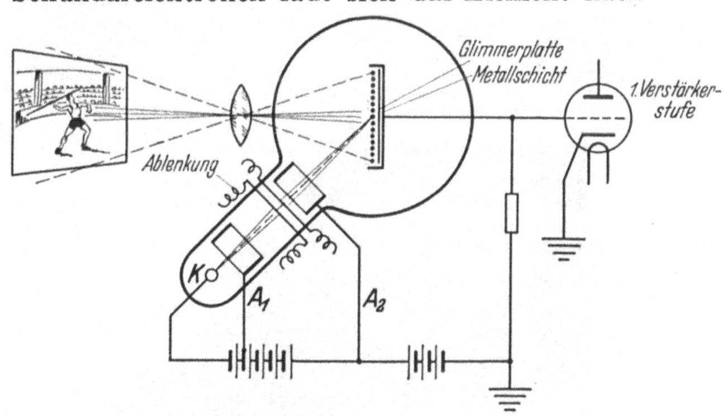

Abb. 381. Aufbau des Ikonoskops [233].

Sekundärelektronen zur Anode fließen, wie Primärelektronen auf die Mosaikkathode auftreffen, bildet sich aus den überschüssigen Sekundärelektronen eine Raumladung vor der Kathode aus, aus der ein dauernder Regen von „Streuelektronen" auf die positiven Elemente niedergeht, wie es KNOLL [381] im einzelnen untersucht hat. Durch diesen Regen kommen die vom Elektronenstrahl nicht getroffenen Elemente auf ein Gleichgewichtspotential, das bei schwachen Abtastströmen (wenig Streuelektronen) positiv gegen die Anode ist, bei starken aber negativ werden kann. Bei der speziellen Anordnung von ZWORYKIN [752] war es 2 V negativ gegen Anode. Wird die Kathode belichtet, so wird dieses Gleichgewichtspotential durch den Verlust von Photoelektronen

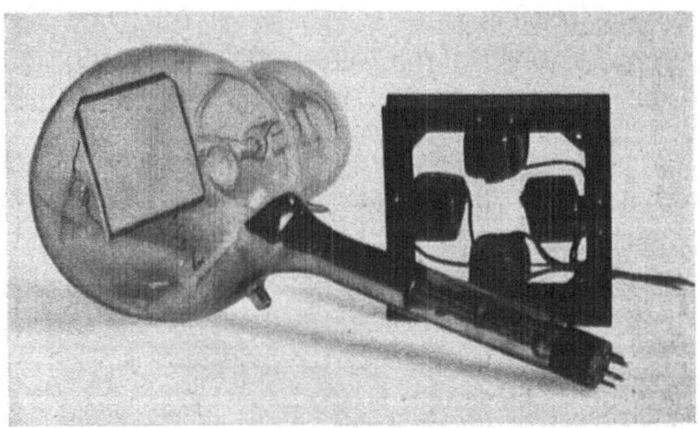

Abb. 382. RCA-Kathodenstrahlabtaster
mit magnetischer Ablenkung [380].

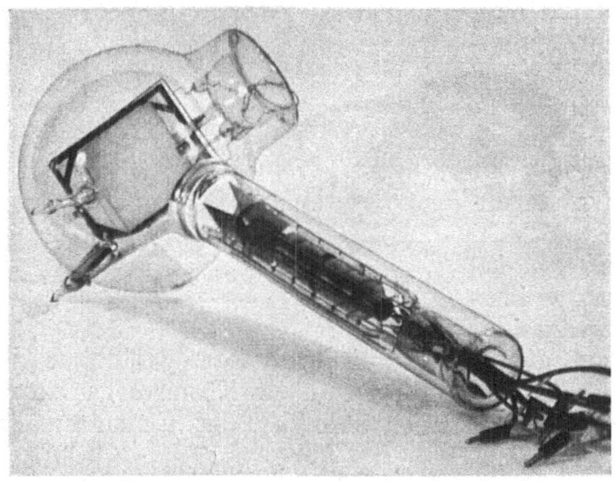

Abb. 383. Kathodenstrahlabtaster der Forschungsanstalt der Reichspost
mit elektrostatischer Ablenkung [296].

Abb. 384. Telefunken-Bildfänger-Kamera
mit Kathodenstrahlabtaster [380].

je nach der Belichtung mehr oder weniger stark nach positiven Werten verschoben. Allerdings tritt dabei eine Sättigung ein, da schließlich trotz weiterer Erhöhung des einfallenden Lichtstromes keine Potentialerhöhung mehr erfolgt [298]. Es bildet sich auf dem Mosaik ein Potentialrelief aus, das dem aufprojizierten Bild entspricht. Trifft nun der Abtaststrahl auf das belichtete Element, so stellt sich wieder das durch die Sekundäremission bestimmte, aber durch die Belichtung — insbesondere bei schwachen Abtastströmen — modifizierte, positive Potential von einigen Volt ein. Die Aufladungsströme, die dabei fließen, sind verschieden groß, je nach der Höhe des Potentialreliefs. Diese Unterschiede in den Strömen ergeben das Bildsignal. Über den Nutzeffekt der Speicherung und Vorschläge zur besseren Ausnutzung der Photoemission vgl. [752, 401a, 297].

Zwei technische Ikonoskopröhren zeigen Abb. 382 und 383, und zwar eine ZworyKINsche Röhre mit der üblichen magnetischen Ablenkung und eine bei der Reichspost gebaute Röhre mit elektrischer Ablenkung. HEIMANN [296], der diese Röhre veröffentlicht hat, weist auf den Vorteil hin, daß sich mit elektrischer Ablenkung die Trapezform des Zeilenrasters besonders leicht kompensieren läßt, die durch die Schrägstellung der Mosaikplatte zum Abtaststrahl bedingt ist. Auf beiden Bildern ist die Rasterplatte von etwa 9×12 cm Größe und das im seitlichen Ansatzrohr untergebrachte, übliche System zur Strahlerzeugung zu erkennen. Schließlich zeigt Abb. 384 eine eingebaute Röhre.

Bild VI. Dürerzeichnung mit einer neuen Fernseh-Bildschreibröhre erhalten [Telefunken].

Mit dem Leuchtschirmabtaster [VIII, 22] wurde die Zeichnung mit 1000 Zeilen abgetastet und auf die Bildschreib-röhre übertragen. Die Elektronenenergie bei der Aufnahme und Wiedergabe betrug 20 ekV. Das Leuchtschirmbild ist ungefähr in natürlicher Größe wiedergegeben.

25. Weitere Bildabtaströhren. Beim Ikonoskop erhält die als Mosaik kleiner Photoelemente ausgebildete Signalplatte durch die verschieden starke Lichtbestrahlung der einzelnen Teile ein Potentialrelief, das vom Elektronenstrahl abgetastet wird. Zur Erzeugung des Potentialreliefs durch das zu übertragende Lichtbild stehen aber noch andere Wege zur Verfügung als derjenige, den lichtelektrischen Effekt zu benutzen. Zu diesen Möglichkeiten gehören: Aufladung des Mosaiks durch entsprechende Elektronenzufuhr, durch Ausnutzung des Bildschirmwiderstands und durch Ausnutzung einer belichtungsabhängigen Kapazität.

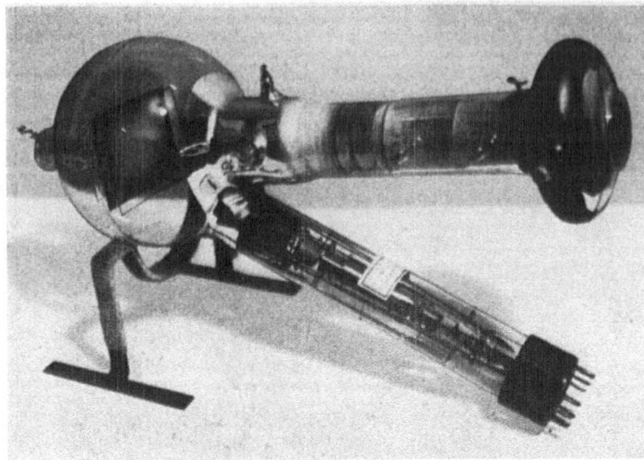

Abb. 385. Bildwandler-Elektronenstrahl-Bildzerleger der Forschungsanstalt der Reichspost [297].

Der erste Weg wurde beim „Superikonoskop" eingeschlagen, bei dem der in [IX, d] näher behandelte Bildwandler nach einem Vorschlag von LUBSZYNSKI und RODDA [438] dazu benutzt wird, auf dem Mosaikschirm das *Elektronenbild* des Gegenstandes zu erzeugen. Der Mosaikschirm wird in der üblichen Weise abgetastet. Eine Ausführungsform dieser Anordnung nach HEIMANN [297] ist in Abb. 385 dargestellt. Rechts oben erkennt man den Bildwandler, rechts unten das System zur Erzeugung des Abtaststrahls. Die Kugel links enthält das Mosaik. Ein prinzipieller Vorteil des Superikonoskops ist die höhere Ergiebigkeit der zusammenhängenden Bildwandlerkathode gegenüber der Mosaikkathode des gewöhnlichen Ikonoskops.

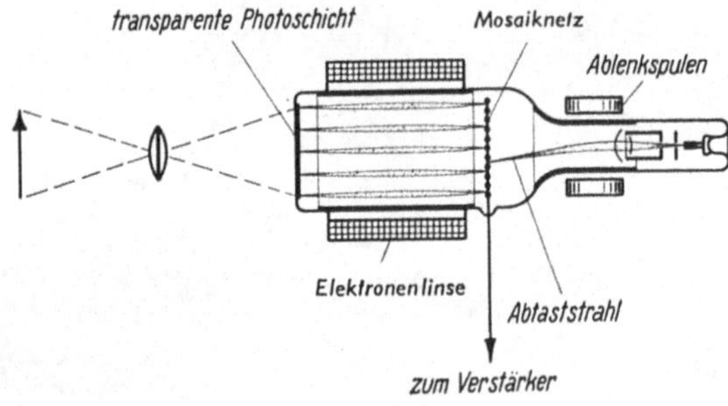

Abb. 386. Doppelseitige Speicherröhre mit Bildwandler [455].

Haben sowohl die Abtastelektronen als auch die Bildelektronen eine Geschwindigkeit, die einem Sekundäremissionsfaktor über 1 entspricht, so entsteht nach KNOLL [381] das Ladungsbild in ähnlicher Weise wie beim Ikonoskop. Im Sinne einer Verbesserung der Signale gegenüber dem Ikonoskop wirkt die Tatsache, daß die von den Bildelektronen aus dem Mosaik ausgelösten Sekundärelektronen höhere Austrittsgeschwindigkeiten haben als die Photoelektronen des Ikonoskops. Ist der Sekundäremissionsfaktor für die Bildelektronen kleiner als 1, so entspricht den hellen Objektpunkten ein negativeres Potential der Mosaikplatte als den dunkleren. Das Potentialrelief hat also den umgekehrten Sinn wie im vorhergehenden Fall und wie beim Ikonoskop.

Bei einer Anordnung der Marconi Comp. (LUBSZYNSKI) und von ZWORYKIN [455] liegen Bildwandler und Bildfeldzerleger auf verschiedenen Seiten der Mosaikplatte (Abb. 386). Der Mosaikschirm besteht in diesem Fall aus einem sehr feinen Drahtnetz oder einer gelochten Folie, die mit Isolierstoff überzogen ist, und in deren Maschen jeweils ein isoliertes Rasterkorn sitzen soll. Als

Vorteile dieser Anordnung werden angegeben: Symmetrische Lage des Abtaststrahls zum Rasterschirm, d. h. Vermeidung der spitzwinkligen Lage beider Systeme zueinander, und geringere Raumladung (bessere Speicherwirkung) durch Anbringung einer besonderen Absaugelektrode für die aus dem Mosaik herausgeschlagenen Elektronen. Ein mit dem Bildwandler der Anordnung Abb. 385 aufgenommenes Elektronenbild zeigt Abb. 387a, das abgetastete und mit einer Bildschreibröhre aufgezeichnete Bild Abb. 387b.

Die Möglichkeit einer Bildsendung mit Hilfe einer Widerstandssteuerung hat THEILE [678] untersucht. Die Anordnung ist dem Ikonoskop ähnlich, anstelle des Photozellenmosaiks sitzt aber eine sekundäremittierende Halbleiterschicht, deren innerer lichtelektrischer Effekt benutzt werden soll. Bei

a   b

Abb. 387. Bildwandlerbild (a) und Fernsehbild (b) mit Anordnung Abb. 385 nach HEIMANN [297].

Belichtung entsteht ein der Lichtverteilung entsprechendes Widerstandsbild. Je nach der Größe des Bildpunktwiderstandes werden mehr oder weniger Sekundärelektronen abgesaugt.

Schließlich haben KNOLL und THEILE [388] die Bildsignalerzeugung durch Aufladung einer belichtungsabhängigen Kapazität in einigen Versuchen studiert. Dabei gingen sie von einem Versuch aus, bei dem außen an den Leuchtschirm eines BRAUNschen Rohres ein Stück einer Metallfolie geklebt wurde. Die zwischen der Folie und der Anode fließenden Impulse wurden verstärkt auf das Steuergitter einer Bildschreibröhre gegeben. Wurde nun in der ersten BRAUNschen Röhre der Leuchtschirm abgerastet, so erschien auf der zweiten Röhre ein Bild der Folie. Als wahrscheinlichste Deutung dieser Beobachtung nehmen die Autoren folgendes an: Der Schirm wird durch langsame Streuelektronen negativ aufgeladen. Am jeweiligen Auftreffort des Abtaststrahles wird nun die dort angesammelte, negative Ladung plötzlich kompensiert, da der Sekundäremissionsfaktor der Leuchtsubstanz für die schnellen Abtastelektronen größer als 1 ist. Ein Bildsignal, also ein Stromfluß im Arbeitskreis, entsteht dann an den Stellen, wo eine kapazitive Verbindung zwischen der aufgelegten Folie und dem jeweiligen Auftreffort des Elektronenstrahls besteht. Diese Erklärung prüften die Autoren dadurch, daß sie einen zusätzlichen diffusen Elektronenstrahler auf den Schirm wirken ließen, also die negative Aufladung erhöhten. Es ergab sich, daß die Signale wesentlich ausgeprägter werden, solange die Zusatzelektronen Energien unter 50 eV hatten (Sekundäremissionsfaktor < 1). Die für die Ausnutzung dieser Erscheinung nötige belichtungsabhängige

Kapazität könnte hergestellt werden, indem auf der Signalplatte eine homogene Schicht eines genügend sekundäremissionsfähigen Materials aufgebracht wird, deren Dielektrizitätskonstante sich mit der Belichtung ändert.

Zu Prüfzwecken für Wiedergaberöhren pflegt man heute eine Röhre zu verwenden, die als Vorstufe bzw. als Vereinfachung einer Fernsehaufnahmeröhre aufgefaßt werden kann, den Sekundäremissions-Bildabtaster (Abb. 388). Bei dieser Röhre, die auch Monoskop genannt wird [152], ist die Mosaikplatte mit ihrer „steuerbaren" Schicht durch eine Platte ersetzt, auf die ein Bild fest aufgezeichnet ist. Ist die Zeichnung z. B. aus Kohle, deren Sekundäremission von der des Metalls der Platte abweicht, so wird auch die Sekundäremission an den verschieden geschwärzten Stellen ver-

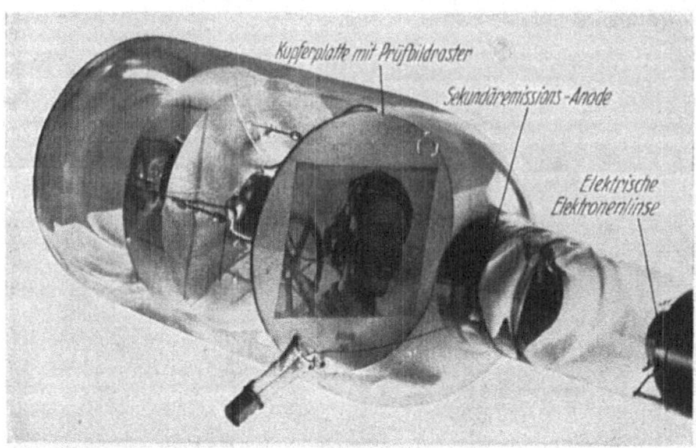

Abb. 388. Sekundäremissionsbild-Abtaströhre mit Kohle-Bildraster auf Kupferplatte von KNOLL [380].

schieden sein. Wie gut die Bilder sind, die sich mit dieser von KNOLL [380] angegebenen und entwickelten Röhre erhalten lassen, zeigt Abb. 389.

Abb. 389. Fernsehbild mit Anordnung Abb. 388 aufgenommen [380].

26. Elektronenrastermikroskop. Im Gegensatz zu den eigentlichen Elektronenmikroskopen, die erst im folgenden Kapitel behandelt werden, wendet das Elektronen-Rastermikroskop von v. ARDENNE [14] die für das Fernsehen entwickelte Methodik der Bildabtastung auch für mikroskopische Zwecke an. Der Gedanke einer solchen Abtastung sehr kleiner Teilchen durch Korpuskelstrahlen und die Registrierung der Schwächung oder Ablenkung des Strahls geht auf STINTZING [665a] zurück. Beim Rastermikroskop wird ein sehr feiner Elektronenstrahl hergestellt, mit dem punktweise bzw. zeilenweise das sehr kleine Objekt abgetastet wird. Synchron mit dem Auftreffpunkt könnte z. B. ein stark vergrößertes Raster von einem Bildschreiber geschrieben werden. Dabei wird die Intensität des gerade geschriebenen Bildpunktes durch die Elektronenmenge bestimmt, die je nach der Dicke des Objekts an dem entsprechenden Objektpunkt durchgelassen bzw. reflektiert wird.

Abb. 390 zeigt den Schnitt durch das ARDENNESche Rastermikroskop [12], das in seinem optischen Aufbau als Umkehrung des gewöhnlichen Übermikroskops [IX, c] aufgefaßt werden kann. Die Elektronen einer Glühkathode K werden mit rd. 20 kV zu der Öffnung der sehr engen Anodenblende A konzentriert. Der Querschnitt des Strahlenbündels, der hier je nach der angewandten

WEHNELT-Spannung 0,1 bis 0,5 mm beträgt, dient als Gegenstand der Abbildung. Die Linse L_1, die als eine gepanzerte Spule von etwa 1 mm Brennweite ausgebildet ist, entwirft kurz hinter der Spule ein bereits stark verkleinertes Bild des abgebildeten Querschnitts. Bei der Abbildung durch die zweite Linse L_2 von ebenfalls etwa 1 mm Brennweite wird das Bündel auf den Durchmesser von etwa 10^{-5} mm gebracht. Sehr feine Blenden in den Linsen sorgen für die zur Erzielung einer scharfen Abbildung erforderliche Aperturverringerung. Weitere enge Zentrierungsblenden, die nahe den Linsen in den Strahlengang eingesetzt sind, fangen die sekundären und Streuelektronen ab. Dicht über der zweiten Elektronenlinse sitzen magnetische Ablenkelemente, mit denen die erforderliche sehr geringe Verschiebung der Elektronensonde zur Abtastung des Gegenstandes O vorgenommen wird. Die elektronenoptische Anordnung als Ganzes stellt damit einen Bildfeldzerleger dar, wie er auch beim Fernsehen benutzt wird. Der Unterschied besteht nur darin, daß beim Rastermikroskop das Bildfeld sehr klein ist, nämlich nur 0,1 bis 0,01 mm Durchmesser hat. Dieser Unterschied bestimmt weitere Unterschiede, nämlich die geringe Größe des Elektronenflecks von etwa 10^{-5} mm, den geringen Strahlstrom, die äußerst geringe erforderliche Ablenkkraft bei der Punktverschiebung.

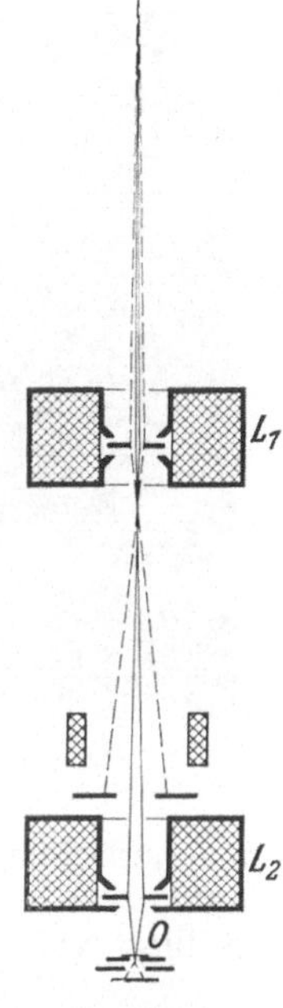

Abb. 390. Aufbau des Rastermikroskops.

Zur Sichtbarmachung des Bildes wird man zunächst daran denken, die durchgelassenen Elektronen in einem Käfig aufzufangen und dazu zu benutzen, die Intensitätssteuerung einer Fernsehröhre zu betätigen. v. ARDENNE hat demgegenüber eine Registriermethode angewandt, die sich im Prinzip ebenfalls bei STINTZING [665 a] bereits vorgeschlagen findet und die durch Abb. 391 erläutert sei. Die Elektronensonde E treffe den Gegenstand O auf der Zeile a in dem Punkt 1. Die durchgehenden Elektronen gelangen auf einen photographischen Film, den sie entsprechend ihrer Intensität schwärzen. Nun verschiebt das Ablenkfeld die Sonde längs der Zeile zum Punkt 2 des Objektes O. So wird also ein zweiter Punkt auf dem ruhenden Film gezeichnet usw., d. h. es entsteht schließlich ein Projektionsbild des Objektes. Dieses Bild ist natürlich gänzlich unbrauchbar, denn erstens ist es ebenso klein wie das Objekt selbst, zweitens wegen der Divergenz des Bündels unscharf. Man wendet nun folgenden Trick an: Während der Fleck auf dem Objekt 1 nach 2 wandert, bewegt man die Trommel entgegen dieser Bewegung um ein z. B. 1000mal so großes Stück. Aus der Objektzeile 1 bis 4 wird jetzt also die Trommelzeile 1 bis 4. Ist die entsprechende Kopplung zwischen dem zweiten Ablenkfeld und der Querverschiebung der Trommel

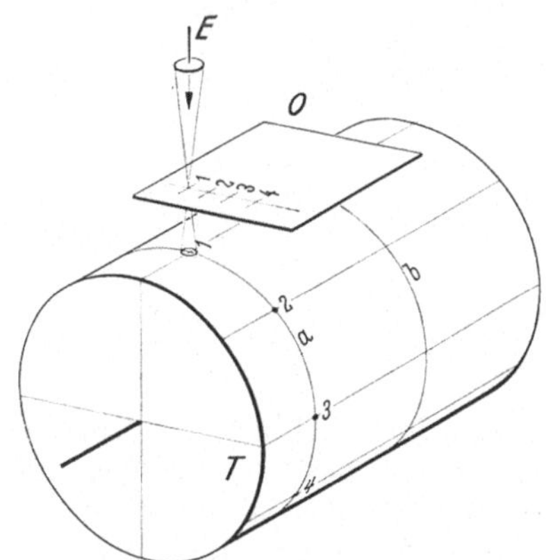

Abb. 391. Schema der photographischen Registrierung.

getroffen, so daß also die Zeilenabstände entsprechend vergrößert werden, so ergibt sich schließlich ein dem Gegenstand ähnliches Bild auf dem Film.

Ein auf diese Weise erhaltenes Bild zeigt Abb. 392. Es handelt sich um Zinkoxyd-Kriställchen, die bei einer Strahlenenergie von 23 ekV aufgenommen wurden. Die Kriställchen waren zur Abtastung auf die bei der Elektronenmikroskopie übliche Kollodiumfolie aufgebracht worden [IX, c]. Man erkennt auf der wiedergegebenen Aufnahme Einzelheiten von 0,2 µ. Der Autor selbst gibt an, daß er bei seinen besten Aufnahmen in der Zeilenrichtung ein Auflösungsvermögen von 0,01 µ erreicht habe.

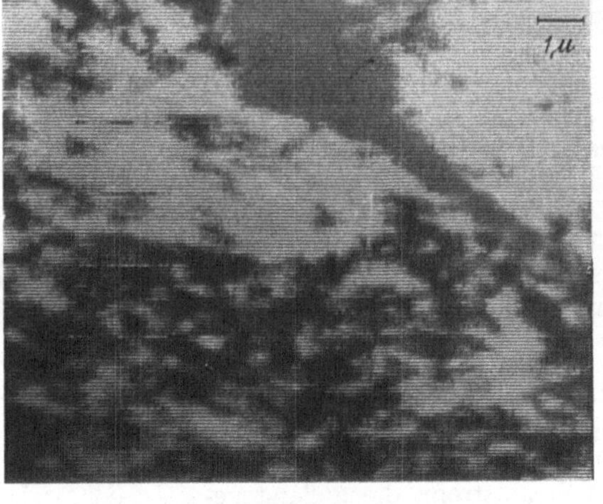

Abb. 392. Rasterbild von Zink-Oxyd-Kristallen
nach v. ARDENNE [14].

Ob das Rastermikroskop Aussichten hat, mit den üblichen direkten Elektronenmikroskopen [IX, c] in ernstlichen Wettbewerb zu treten, wird auch davon abhängen, ob es möglich ist, die Zeit für eine Aufnahme wesentlich herabzusetzen. Bei den bisher angewendeten sehr kleinen Sondenströmen beträgt die Aufnahmezeit noch mehr als eine Viertelstunde. Das bedeutet natürlich außerordentlich hohe Anforderungen für die Spannungsquelle, die — falls magnetische Linsen angewandt werden — wie beim magnetischen Übermikroskop bis auf wenige Volt konstant gehalten werden muß, was bei der langen Aufnahmezeit durch besondere Vorrichtungen kontrolliert wird. Die Kleinheit des Sondenstroms ist dadurch bedingt, daß zur Verringerung der Linsenfehler sehr starke Ausblendungen vorgenommen werden müssen. Als Vorteil des Rastermikroskops ist anzusehen, daß mit ihm auch die Abbildung von Oberflächen grundsätzlich möglich ist, die für Elektronen undurchlässig sind.

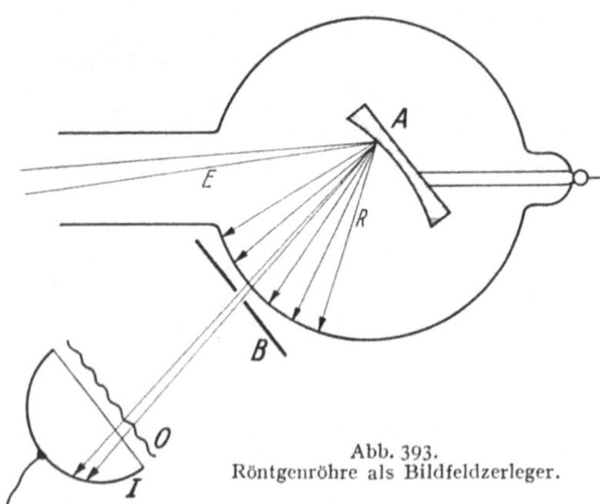

Abb. 393.
Röntgenröhre als Bildfeldzerleger.

27. Weitere Strahlgeräte. Das Ikonoskop, die Bildschreibröhre und das Rastermikroskop sind spezielle BRAUNsche Röhren, bei denen der Strahl als Sonde ein quadratisches Bildfeld abtastet. Diesen „Bildfeldzerlegern" ist auch noch folgender Vorschlag für eine Röntgenröhre zuzuordnen (Abb. 393). Ein Elektronenstrahl E soll die Antikathode A abtasten, so daß also nacheinander von den einzelnen Punkten dieser Fläche Röntgenstrahlen R ausgehen. Aus der Röntgenstrahlung wird nun ein feines Bündel durch eine Blende B ausgeblendet, das den zu untersuchenden Gegenstand O durchdringt und dann in eine Ionisationskammer I trifft. Der Strom wird nun einer Bildschreibröhre [VIII, 23] zugeleitet, die ein „Fernseh-Röntgenbild" des durchstrahlten Gegenstandes zeichnet.

Den Bildfeldzerlegern stehen die Oszillographenröhren gegenüber, bei denen der Strahl eine durch die Ablenkspannungen bestimmte Kurve beschreibt, die — durch den Leuchtschirm sichtbar gemacht — Schlüsse auf die Ablenkspannungen und ihren zeitlichen Verlauf zuläßt.

Zwischen diesen beiden Gruppen der Strahlgeräte steht noch eine dritte Gruppe. Bei ihr wird der Strahl ähnlich wie bei den Bildfeldzerlegern in bestimmter und bekannter Weise über das Bildfeld geführt. Er tastet jedoch nicht wie beim Bildfeldzerleger das ganze Bildfeld ab, sondern läuft wie bei der Oszillographenröhre längs einer Kurve. Zu dieser Zwischengruppe gehören als wichtigste Vertreter die Elektronenschalter. Der Elektronenschalter ist eine Röhre mit scharfgebündeltem Strahl, der durch Ablenkelemente zu einem von mehreren vorhandenen Kontakten geführt wird, wodurch ein Stromschluß zur Kathode hergestellt ist.

Da beim Elektronenschalter der abfließende Strom interessiert, kann er nach unseren früheren Definitionen [VI] auch zu den Intensitätsgeräten gerechnet werden [VI, 22].

Abb. 394 zeigt einen von Telefunken gebauten Schalter, wie er bei der Großbildprojektion nach Karolus [348]

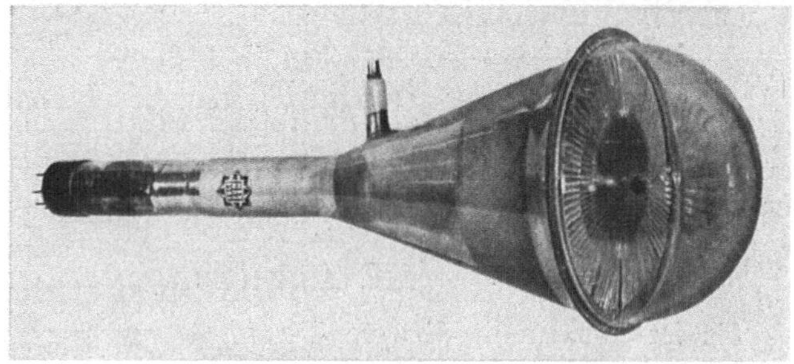

Abb. 394. Telefunken-Elektronenschalter [348].

Verwendung findet. Man erkennt eine große Zahl von Lamellen, die dort angebracht sind, wo sonst der Schirm sitzt. Der Strahl wird bei dieser Röhre durch ein magnetisches Drehfeld im Kreis über die Kontakte bewegt. Bei der Großbildprojektion von Karolus, wo die Wiedergabe des Fernsehbildes durch eine Bildwand (z. B. aus Lenard-Lampen [VII, 11]) mit 10000 Zellen erfolgt, dienen die Elektronenstrahlschalter zur Verteilung der Bildsteuerimpulse auf die parallel betriebenen Einzellichtquellen. Die Schwiergkeit dieser ideal trägheitsfreien Vorrichtungen ist in ihrem hohen Innenwiderstand und in ihrer kleinen Schaltleistung zu sehen.

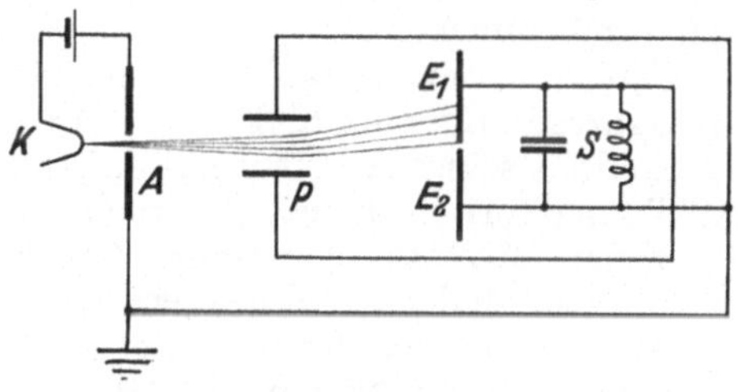

Abb. 395. Elektronenschalter zum Anregen eines Schwingkreises.

Eine andere Anwendung des Elektronenschalters zeigt Abb. 395. Der Elektronenstrahl pendelt, durch die Platten P abgelenkt, zwischen zwei Elektroden E_1 und E_2 hin und her und führt einmal der einen, dann der anderen Strom zu. Auf diese Weise kann ein Schwingkreis S angeregt werden.

Schließlich sei noch folgende Möglichkeit erwähnt. Wir denken uns bei der Röhre Abb. 394 nur zwei Duanten angebracht, über die der kreisende Elektronenstrahl läuft, so daß die Duanten wechselnd Stromimpulse erhalten. Würden wir die Trennlinie der Duanten auf dem Schirm in einem Winkel drehen, so würde die Phase des abfließenden Wechselstroms geändert sein. Shelby [646a] erreicht das gleiche, indem er die gerade Trennlinie durch eine archimedische Spirale ersetzte und den Radius des geschriebenen Kreises veränderte.

Die zuletzt behandelten Geräte, die wir als Strahlgeräte bezeichnet haben, könnten — wie gesagt — als Intensitätsgeräte aufgefaßt werden. Ihre Einordnung ist in gewissem Maße willkürlich. Dasselbe gilt für die Feldstärkeanzeigeröhre in Rundfunkempfängern, das „magische Auge" [481]. Diese Anordnung verwendet wie die Braunsche Röhre die Veränderung eines Elektronenleuchtflecks zur Anzeige. Ein definierter Elektronenstrahl wird aber

dabei nicht gebildet, die Röhre ist vielmehr in ihrem Aufbau einer Verstärkerröhre sehr ähnlich. Die zentrale Kathode wird von einem Gitter umgeben.
Im Entladungsraum befinden sich außerdem zwei Steuerstege, die z. B. mit
der Anode eines in der gleichen Röhre befindlichen Triodensystems verbunden
sind. Ganz außen liegt ein positiv geladener metallischer Kegelstumpf, der
auf der Innenseite die Leuchtsubstanz trägt. Blickt man von oben in die
Anordnung hinein, so sieht man den Leuchtschirm als Ring. Die in der Mitte
stehende Kathode und das Gitter sind nach oben durch eine Schutzkappe
abgedeckt. Durch die beiden, in bezug auf die Kathode einander diametral
gegenüberstehenden Haltestege des Gitters wird die gesamte von der Kathode
ausgehende Elektronenströmung in zwei Bündel aufgeteilt, wie wir es bereits in
[VI, 22] gesehen haben. Durch Änderung des Potentials der Steuerstege oder
des Anzeigegitters kann die Breite der Elektronenbündel und damit der auf
dem Leuchtschirm ausgeleuchtete Sektor, der die Einstellung des Rundfunk-
empfängers anzeigt, verändert werden.

IX. Abbildungsgeräte.

Es ist das unmittelbarste Verdienst der geometrischen Elektronenoptik,
darauf aufmerksam gemacht und es bewiesen zu haben, daß sich mit Elektronenstrahlen Abbildungen in entsprechender Weise wie mit Lichtstrahlen erzielen
lassen. Während man BRAUNsche Röhren, Verstärkerröhren auch schon vor
der Entwicklung der Elektronenoptik besaß, sind die eigentlichen Abbildungsgeräte wie das Elektronenmikroskop erst durch die Elektronenoptik entstanden
oder wie der Bildwandler erst durch sie in einen technisch brauchbaren Zustand gekommen.

Von Abbildungsgeräten wollen wir sprechen, wenn das Elektronenbild —
als Ganzes durch eine Elektronenlinse entworfen — bei dem Gerät als wichtiger
Bestandteil seiner Arbeitsweise auftritt. Der Zweck solcher elektronenoptischer
Abbildungsvorrichtungen entspricht dem der optischen Abbildungsvorrichtungen
(z. B. dem Mikroskop), nämlich Objekte in ihrer geometrischen Struktur usw.
festzulegen. Jedoch sind insofern Unterschiede zum Lichtmikroskop vorhanden,
als es sich bei der Anwendung elektronenoptischer Abbildungsvorrichtungen
meist um Fragestellungen handelt, die der Lichtoptik nicht zugänglich sind. Da
nämlich die elektronenoptischen Abbildungsvorrichtungen im allgemeinen komplizierter sein werden als die optischen, wird man z. B. das Elektronenmikroskop
nur da anwenden, wo man besondere Vorteile vor dem Lichtmikroskop erwarten
kann. Licht- und Elektronenmikroskop sind also nicht Konkurrenten, sondern
das Elektronenmikroskop ist eine Ergänzung des Lichtmikroskops. Bei den
Anwendungen der elektronenoptischen Abbildungsvorrichtungen wird man heute
drei Hauptaufgaben unterscheiden, deren Bearbeitung bereits zu gewissen
Erfolgen geführt hat, wenn auch die Entwicklungen durchaus noch nicht abgeschlossen sind:

1. Abbildung von Selbststrahlern. Es sollen die Emissionsverhältnisse von
Kathoden festgelegt werden, es soll also z. B. festgestellt werden, welche Gebiete
einer Kathode und in welcher Weise diese Gebiete emittieren und welche Veränderungen auf ihnen vorgehen. Diese Aufgabe ist dem Lichtmikroskop nicht
zugänglich, so daß die Anwendung des Elektronenmikroskops auf diesem Gebiet
bereits bei kleinen Vergrößerungen Interesse hat. Hierzu wird man auch die
Untersuchung von Metallgefügen (ohne Anätzen) bei wählbarer Temperatur,
also auch Glühtemperatur, rechnen, bei denen verfolgt werden soll, wie Umstellungen des Gefüges vor sich gehen usw. Das Verfahren beruht darauf,
daß die verschieden geschnittenen Kristallite verschieden stark emittieren.

2. Abbildung durchstrahlter Objekte. Es sollen die Formen und Strukturen durchstrahlter Objekte abgebildet werden. Das Elektronenmikroskop kommt hier im allgemeinen[1] — als Ergänzung des Lichtmikroskops — erst in Frage, wenn die Größe der Einzelheiten unterhalb der Auflösungsgrenze des Lichtmikroskops liegt. Die Möglichkeit eines solchen Übermikroskops, das bei Emissionsuntersuchungen ebenfalls zu verwirklichen ist, beruht darauf, daß die Elektronenwellenlänge der Elektronenstrahlung aller praktisch vorkommenden Geschwindigkeiten wesentlich kleiner als die Lichtwellenlänge ist.

3. Abbildung von Lichtbildern. Es sollen Gegenstände, die Lichtstrahlung von geringer Intensität und Energie abstrahlen, deutlich sichtbar gemacht werden. Es geschieht das mittels Photoschichten, auf die das lichtschwache bzw. unsichtbare ultrarote Bild projiziert wird und die nun elektronenoptisch abgebildet werden, wobei durch hohe Beschleunigungsspannung den Elektronen Energie von außen zugeführt wird (Spezialfall von Aufgabe 1).

Die Geräte für diese drei Anwendungsgruppen sind das Emissions-Elektronenmikroskop, das Durchstrahlungs-Elektronenmikroskop, insbesondere Durchstrahlungs-Übermikroskop, und der Bildwandler. Es ist durchaus denkbar, daß sich in einem späteren Entwicklungsstadium die heute noch klar zu ziehenden Grenzen zwischen den drei Geräten verwischen, wozu auch die Ausbildung weiterer bisher vernachlässigter Mikroskoptypen (Reflexionsmikroskop, Emissions-Übermikroskope) beitragen wird.

a) Abbildung mit Elektronen.

Der theoretische Nachweis der Möglichkeit, mit Elektronen Abbildungen durchzuführen, wurde bereits in [I, 4] gegeben. Hier soll — nach einer Zusammenstellung der Typen von „Abbildungsmikroskopen"[2] — zunächst über den experimentellen Beweis der weitgehenden Ähnlichkeit von Licht- und Elektronenbild berichtet werden. Im Anschluß daran werden die besonderen Anwendungsmöglichkeiten diskutiert, die sich aus den Unterschieden des Elektronenmikroskops zum Lichtmikroskop ergeben. Insbesondere wird die Überschreitung der lichtmikroskopischen Auflösungsgrenze durch das Elektronenmikroskop diskutiert.

1. Abbildungsanordnung und Abbildungssystem. Das Auge ist eine Abbildungsanordnung, die uns die Wahrnehmung der uns umgebenden Gegenstände erlaubt. Für die Abbildung mit Elektronen haben wir kein entsprechendes Organ. Daraus ergeben sich Unterschiede im Aufbau von licht- und elektronenoptischen Abbildungsanordnungen. In der Optik haben wir die Möglichkeit, ein irgendwie erzeugtes reelles Bild direkt zu betrachten, ohne daß wir vorher das reelle Bild auf einem Schirm auffangen müßten. Bei elektronenoptischen Anordnungen fällt diese Möglichkeit fort, wir müssen das Elektronenbild stets erst auf einem Leuchtschirm oder einer photographischen Platte realisieren. Die elektronenmikroskopischen Anordnungen entsprechen also den Projektionsmikroskopen der Optik. Reicht die Vergrößerung des Objektivs nicht aus, so ist es zwar beim Elektronenmikroskop nicht möglich, eine stark vergrößernde Lupe (Okular) einzuschalten, mit der man das Bild betrachten kann. Statt dessen kann man aber wie bei den Projektionsmikroskopen das Bild als Gegenstand einer zweiten Elektronenlinse ansehen [IV, 17]. Das endgültige, nun auf

---

[1] Es ist möglich, daß das Elektronenmikroskop auch bei kleineren Vergrößerungen wegen der vom Licht abweichenden Absorptionseigenschaften der Elektronenstrahlung nützlich wird.

[2] Über das Rastermikroskop vgl. [VIII, 26].

dem Schirm sichtbare Bild hat eine Vergrößerung, die sich wie beim Lichtmikroskop als Produkt der Einzelvergrößerungen beider Linsen ergibt. Es ist
das sogenannte zweistufige Elektronenmikroskop entstanden, wie es z. B. zur
Übermikroskopie benutzt wird.

Noch in anderer Beziehung kann ein allgemeiner Unterschied im Aufbau
von Licht- und Elektronenmikroskop vorhanden sein.

Bei der Abbildung von fremdbestrahlten Objekten kann die Abbildung wie
in der Optik mit solchen Linsensystemen erfolgen, bei denen die Elektronengeschwindigkeit am Objekt und Bild nicht verschieden zu sein braucht. Bei
der Abbildung von Eigenstrahlern muß eine Beschleunigung der Elektronen
erfolgen. Diese Beschleunigung ist nicht nur erforderlich, um die Elektronen
vom Objekt fortzusaugen und in die Linsenfelder zu führen, sondern auch
um sie zur Leuchtschirmanregung bzw. Schwärzung der photographischen
Platte zu befähigen.

Bei den Abbildungssystemen für Eigenstrahler sind elektrische und magnetische Systeme zu unterscheiden. Als (rein) elektrische Systeme werden die
geeignet gestalteten Beschleunigungsfelder benutzt, die als Immersionsobjektiv
bezeichnet werden, ein Name, der auf die Ähnlichkeit dieses Feldes (wachsender
Brechungsindex am Objekt und damit Richtwirkung) mit dem Immersionsobjektiv des Lichtmikroskops erinnern soll [V, 4]. Das Immersionsobjektiv
besteht aus mindestens den beiden Elektroden Kathode und Anode. Bei der
Beschränkung auf diese zwei Elektroden kann man erst durch besondere
Formgebung der Kathode die erforderliche fokussierende Wirkung erreichen.
Ein Beispiel dafür zeigt Abb. 80b, in der ein für elektronenmikroskopische
Zwecke entwickeltes System dargestellt ist, das aus einer Kombination einer
planen Kathode mit einem aufgesetzten trichterartigen Gebilde und einer
ebenen Elektrode als Anode besteht [336]. Statt dieser Vorrichtung läßt sich das
erforderliche Feld auch durch gleichmäßige hohlspiegelartige Krümmung der
Kathodenfläche herstellen (Abb. 81c). Diese einfachsten Systeme haben die
Eigenschaft, daß sie, nachdem die geometrischen Einzelheiten festgelegt sind, eine
bestimmte, nicht mehr zu ändernde Brennweite haben. Sie eignen sich daher
weniger für Versuchsapparaturen. Bei Einführung einer Zwischenelektrode erhält
man die meist als elektrisches Emissions-Elektronenmikroskop benutzte Form
des Immersionsobjektivs, bei dem nun die Brennweite wählbar ist und das Bild
leicht auf den Bildschirm durch Verändern des Zwischenpotentials eingestellt
werden kann [V, 4]. Die Einführung einer weiteren Elektrode gibt uns abermals
einen Freiheitsgrad, d. h. wir können mit solchen Vier-Elektroden-Systemen
auch die Vergrößerung in gewissem Bereich frei wählen [337]. Weitere Elektroden
einzuführen hat nur dann einen Sinn, wenn man versuchen will, auf diese Weise
die Linsenfehler zu verringern, d. h. man sucht jetzt nach dem Bild größter
Güte. Der wachsende Aufwand ist jedoch so groß, daß man für elektronenmikroskopische Zwecke im allgemeinen beim Drei-Elektroden-Objektiv ver-
bleiben wird, während man für technische Zwecke sogar versuchen wird, mit
einem sorgfältig gebauten Zwei-Elektroden-Objektiv auszukommen.

Neben den rein elektrischen Systemen spielen die magnetischen Systeme
für Eigenstrahler eine große Rolle. Sie bestehen, abgesehen von einem Beschleunigungsfeld, das im allgemeinen eine Zerstreuungswirkung hat, aus einer,
in ihrer Brechkraft wählbaren magnetischen Linse, die meist anschließend, teilweise aber auch in das Beschleunigungsfeld eingreifend, angeordnet ist.

Bei der Abbildung durchstrahlter Objekte brauchen wir im allgemeinen
kein Beschleunigungsfeld mehr. Als Abbildungslinse kann wieder die elektrische
oder die magnetische Linse dienen, die je nach der benutzten Elektronenenergie
dimensioniert ist. Wir werden in [IX, c] auf diese Fragen genauer eingehen.

2. Nachweis der geometrischen Bildtreue. Die Bildtreue ist die Grundforderung jeder Abbildung. Wenn wir von den Fehlern der Linsen und den Einflüssen der Wellennatur des Lichtes absehen, so ist diese Bedingung beim optischen Bild erfüllt. Beim Elektronenbild wird man nach Kenntnis der Linseneigenschaft rotationssymmetrischer Felder die Bildtreue zwar auch

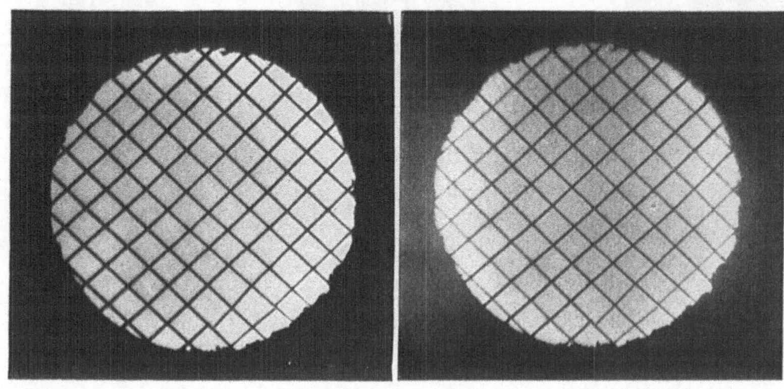

a   b

Abb. 396. Vergleich von Bildern eines durchstrahlten Netzes [386]. V 12:1 [1]. a Elektronenbild, b Lichtbild.

erwarten, doch bedarf es hier noch insofern eines besonderen Beweises, als der vorausgesetzte Strahlengang durch vielerlei Einflüsse, wie Raumladung, Objektrauhigkeit bei Anwendung elektrischer Systeme usw. gestört sein kann. Auch werden sich elektrische Systeme eventuell anders als magnetische Systeme verhalten.

Den Vergleich eines lichtoptisch und elektronenoptisch mit magnetischer Linse von KNOLL und RUSKA [386] aufgenommenen Netzbildes zeigt Abb. 396[1]. Die Bilder, die nur die geometrische Struktur der Drähte des Netzes zeigen, sind identisch.

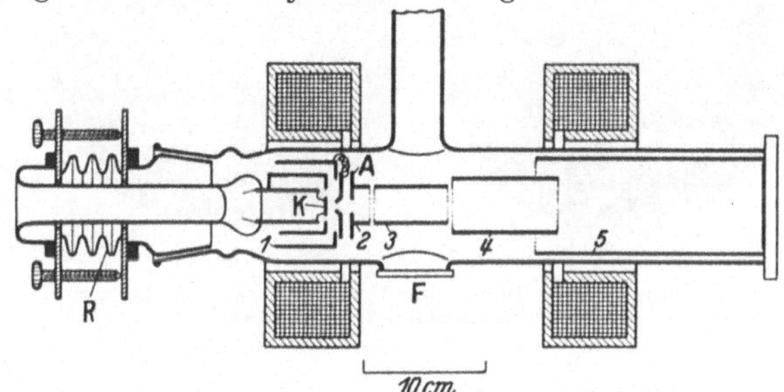

Abb. 397. Kombiniertes Licht-Elektronen-Mikroskop
nach KNECHT [371].

Interessanter ist der Vergleich von Licht- und Elektronenbild bei Kathodenaufnahmen. KNECHT [371] hat diesem Vergleich eine besondere Untersuchung gewidmet, wobei er das Elektronenbild elektrisch und magnetisch aufnahm. Seine Anordnung, bei der wahlweise eine elektrische, eine magnetische und eine Abbildungsoptik für Licht benutzt werden konnte, ist in Abb. 397 dargestellt. Vor der Kathode K, die mit einem Schutzring bzw. Schutzzylinder _1_ umgeben ist, liegt das elektrische Immersionsobjektiv, aus zwei Blenden bestehend. Der vor die Anodenblende gesetzte Zylinder _2_ ist bei elektronenoptischer Abbildung durch die ebenfalls auf Anodenpotential gehaltenen Zylinder _3_, _4_, _5_ fortgesetzt. Eine magnetische Linse, die um das Rohr herumgreift, gestattet, im Bereich des Immersionsobjektivs ein starkes magnetisches

---

[1] Wie in [EO] beziehen sich die angegebenen Vergrößerungsangaben, wenn nichts anders bemerkt wird, auf die Wiedergabe. V 12:1 bedeutet also: In der vorliegenden Wiedergabe ist der Abbildungsmaßstab 12:1. Hinsichtlich der Aufteilung in Aufnahmevergrößerung und lichtoptische Nachvergrößerung vergleiche der Leser die Originalarbeiten.

Abbildungsfeld zu erzeugen. Eine zweite magnetische Linse kann als Projektionslinse für das elektrische oder magnetische System dienen. Wird magnetisch abgebildet, so sind die Gitterblende und der Schutzzylinder *1* auf Anoden-

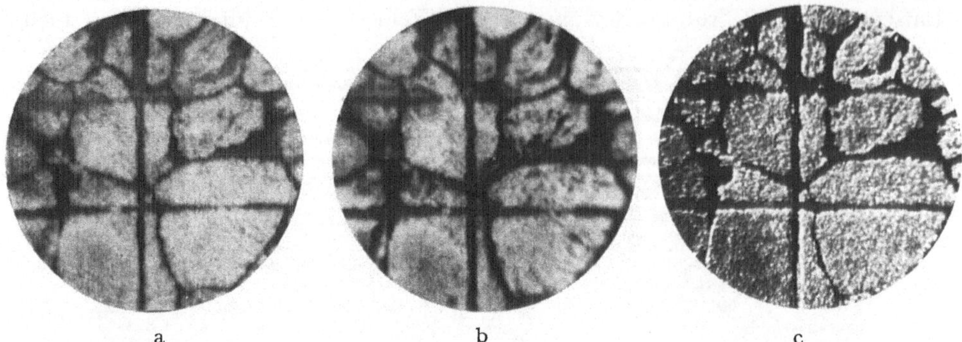

Abb. 398. Vergleich von Bildern einer Oxydkathode [371]. V 40:1.
a Elektrisches Bild, b magnetisches Bild, c Lichtbild.

potential gebracht. Für lichtmikroskopische Beobachtungen können Immersionsobjektiv und Zylinder *3* aus dem Strahlengang seitwärts herausgeschwenkt werden, wobei dann an deren Stelle ein Lichtobjektiv tritt, dessen Strahlengang mit Hilfe eines total reflektierenden Prismas durch das Fenster *F* herausgeführt wird. Die Schwenkung geschieht mittels Drahtzügen durch Drehung von Schliffen, die Einstellung der Kathode mittels der Schraubeneinrichtung *R*.

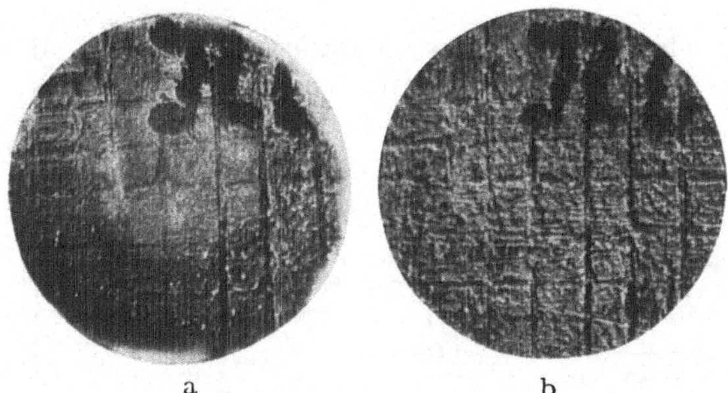

Abb. 399. Vergleich der Bilder einer lichtelektrischen Platte [529].
V 5:1. a Elektronenbild, b Lichtbild.

Ein Beispiel für die Anwendung dieses kombinierten Mikroskops zeigt Abb. 398. Wir erkennen auf allen drei Bildern die gleiche geometrische Struktur, wenn auch merkliche Unterschiede zwischen dem Charakter des Lichtbildes und der Elektronenbilder vorhanden sind. Bezogen sich diese Bilder auf den Vergleich zwischen dem Glühelektronenbild der Kathode und dem Lichtbild der kalten Kathode, so gilt Gleiches auch für den Vergleich bei lichtelektrischer Elektronenauslösung, wie es Abbildung 399 zeigt. Auch bei Kristallstrukturen, seien sie licht- oder glühelektrisch abgebildet, läßt sich die geometrische Treue des Elektronenbildes zeigen (Abb. 400).

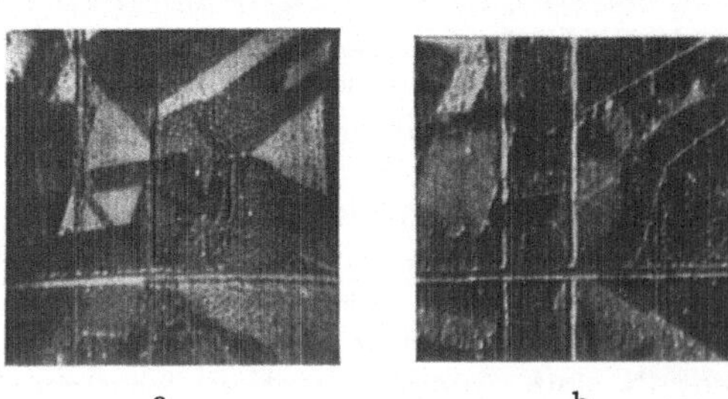

Abb. 400. Vergleich von Strukturbildern.
a Elektronenbild; b Lichtbild.

Knecht [371] hat mit seinem Elektronenmikroskop Abb. 397 auch „gemischte" Systeme angewendet. Bringt man die zunächst in verschiedener Vergrößerung erhaltenen Bilder derselben Glühkathode auf gleiche Größe, so erhält man tatsächlich Bilder, die sich kaum unterscheiden (Abb. 401). Die wirklich noch vorhandenen Unterschiede sind durch Bildfehler bedingt, die

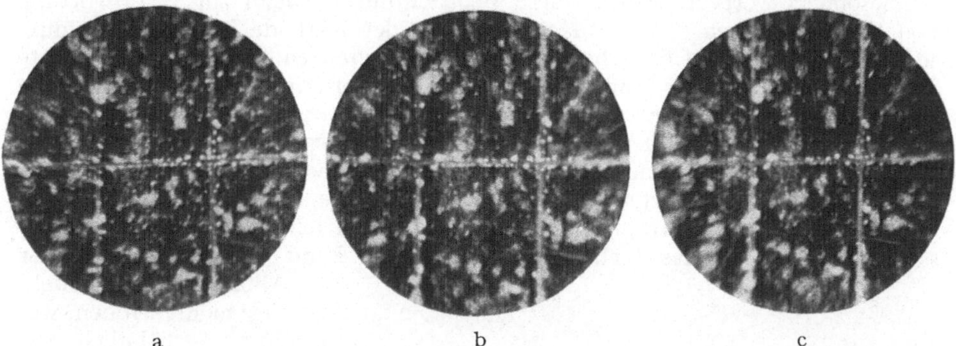

a   b   c

Abb. 401. Vergleich von Elektronenbildern [371]. V 40:1. a Elektrisch, b kombiniert, c rein magnetisch.

sich bei den verschieden großen Linsen verschieden stark auswirken und auch von Natur aus zum Teil verschieden sind, kommen doch bei der magnetischen Linse noch die Zerdrehungsfehler dazu.

3. Unterschiede zwischen Licht- und Elektronenbild. In [IX, 1] hatten wir bereits von den Fällen gesprochen, bei denen das Elektronenbild in seinen Aussagen über das Lichtbild hinausgeht. Nachdem wir uns von der Bildtreue der Abbildung überzeugt haben und daher nun auch den Aussagen des Elektronenmikroskops Glauben schenken können, wollen wir diese Fälle an Beispielen erläutern.

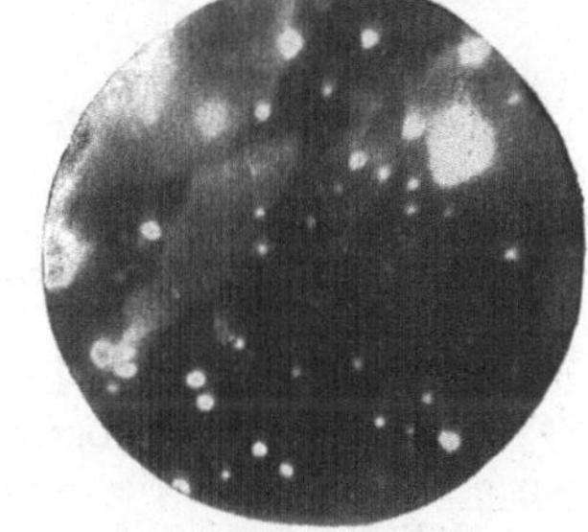

Abb. 402. Emissionsbild eines Wolframbandes [135]. V 25:1.

Zunächst zeigt Abb. 402 als Beispiel einer Emissionsuntersuchung die Aufnahme eines glühenden Wolframbandes in 25facher Vergrößerung [135 bis 137]. Die hellen Flecken von einigen Hundertstel mm Durchmesser sind Thorium, das dem Wolfram bei der Herstellung beigemischt war, bei der hohen Temperatur reduziert worden ist und nun durch Poren und Kanäle im Kristallgefüge an die Oberfläche des Wolframs gelangt ist. Von diesen Zentren aus verbreitet es sich nun, so daß nach einiger Zeit die ganze Wolframfläche mit einer hochaktiven Schicht überzogen ist. Daß im Lichtbild von allen diesen

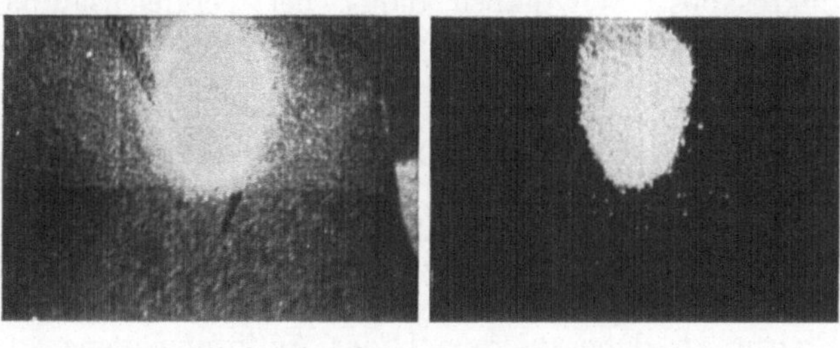

a   b

Abb. 403. Vergleich von Kathodenbildern [371]. V 30:1. a Elektronenbild, b Lichtbild.

Vorgängen nichts beobachtbar ist, bedarf nicht des besonderen Beleges.

Ein Beispiel für eine elektronenoptische Strukturbeobachtung mit Glühelektronen gibt Abb. 403 [371]. Hier ist eine Nickelfläche abgebildet, auf deren Mitte etwas Bariumoxyd aufgebracht ist. Während Licht- und Elektronenbild dieses Barium gleichermaßen zeigten, läßt das Elektronenbild auch noch Einzelheiten der Struktur des Nickelplättchens erkennen. Ähnliche Verhältnisse erhält man auch bei lichtelektrischer Elektronenauslösung.

Besonders wertvoll werden diese Beobachtungen, wenn zur Beantwortung von Emissionsfragen die Oberflächenstruktur der Kathode bekannt sein muß, so bei der Frage: Tritt das Thorium an den Korngrenzen der Wolframkristallite an die Oberfläche oder durch Poren inmitten der ‚Kristallite? Diese Frage wurde eindeutig im Sinne der zweiten Möglichkeit beantwortet [135].

Handelt es sich bei den bisher angegebenen Beispielen um die Abbildung von Elektronen-Selbstleuchtern, deren Sichtbarmachung dem Elektronenmikroskop vorbehalten ist, so gibt es doch auch Fälle, bei denen die Abbildung bestrahlter oder durchstrahlter Objekte zu anderen bzw. weitergehenden Aussagen führt als sie das Lichtmikroskop machen kann. Abgesehen von der Abbildung mit reflektierten Elektronen, wodurch — ähnlich wie auch bei Wechsel der Lichtart — manche Einzelheiten anders erscheinen, hat besonders die Abbildung von durchstrahlten Objekten Bedeutung. Hier werden schnelle Elektronen zur Durchstrahlung verwendet, für deren Intensitätsverluste im Objekt, wie

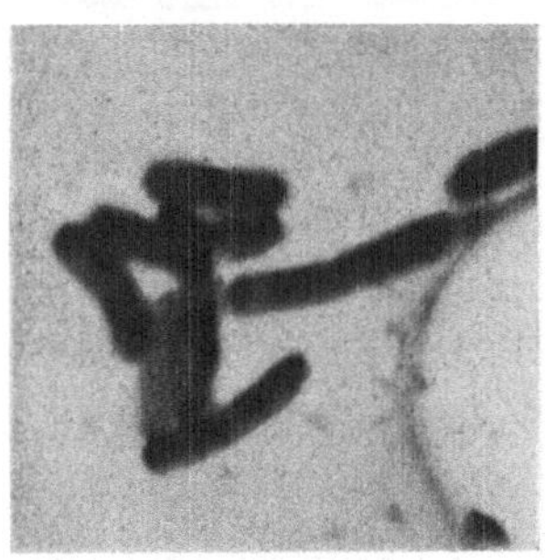 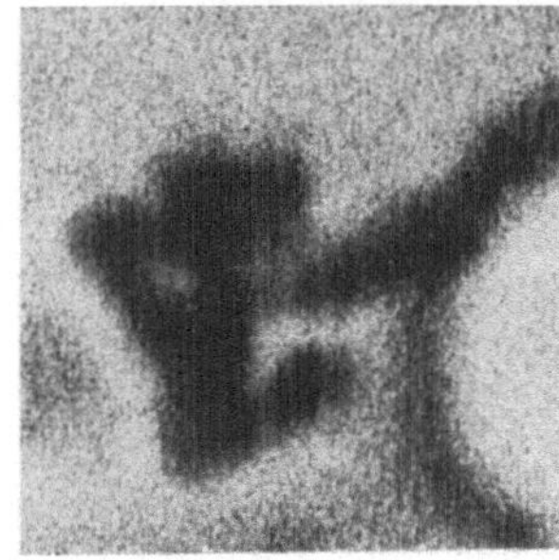

a   b

Abb. 404. Bacterium coli. V 10000:1. a Elektronenbild, b Lichtbild [91].

man es bereits aus LENARDs Versuchen weiß, die jeweils durchstrahlte Materiemasse maßgebend ist. Das Durchstrahlungsmikroskop zeichnet also ein „Massenbild" des Objekts, das von dem Bild des Lichtmikroskops in der Helligkeitsverteilung merklich verschieden sein kann[1]. Beim Elektronenmikroskop kann ferner die förderliche Vergrößerung [IX, 4] gegenüber dem Lichtmikroskop gesteigert werden, weil, wie wir es in den folgenden Abschnitten noch genauer besprechen werden, die Auflösung des Elektronenmikroskops wegen der Kleinheit der Elektronenwellenlänge größer ist als die des Lichtmikroskops. Wir haben daher bei Vergleichsaufnahmen im Elektronenbild mehr Einzelheiten als im Lichtbild zu erwarten. Ein Beispiel dafür gibt Abb. 404, die im Maßstab 10000:1 ein optisch und ein elektronenoptisches Bild desselben Bakteriums zeigt [91].

4. Die Auflösungsgrenze nach der ABBEschen Theorie. Wenn man vom Elektronenmikroskop hört, so meist weniger wegen der neuartigen Resultate, die bei kleinen Vergrößerungen heute bereits reichhaltig vorliegen, als vielmehr hinsichtlich der Hoffnung, durch Überschreitung der Auflösungsgrenze des Lichtmikroskops neue tiefe Einblicke in die kleinsten Dimensionen zu erhalten. Fragen wir daher hier nach der Auflösungsgrenze des Mikroskops[2].

---

[1] Auch der Mechanismus der Bildentstehung ist beim Elektronenmikroskop anders als beim Lichtmikroskop. Beim Lichtmikroskop entstehen die Bildkontraste durch unterschiedliche Absorption bzw. Phasenverzögerung der Lichtwellen in den verschiedenen Teilen des Objekts. Beim Elektronen-Durchstrahlungsmikroskop — speziell beim Übermikroskop [IX, c] — wirken nach BOERSCH [73, 77] neben Absorption vor allen Dingen Streuvorgänge mit in der Form, daß je nach der Massendicke verschiedener Objektstellen verschieden viel Elektronen abgestreut und durch eine Blende abgefangen werden.

[2] Was hier vom Durchstrahlungsmikroskop gesagt wird, gilt in entsprechender Weise auch für das Emissionsmikroskop und das Elektronenfernrohr [132].

Versucht man, die Vergrößerung eines Lichtmikroskops weiter und weiter zu steigern, so wird das von einer gewissen Grenze ab illusorisch. So zeigt z. B. Abb. 405 die mit einem guten Mikroskop erhaltene Aufnahme einer Surirella gemma, die mit dem Vergrößerungsapparat auf 7800fache Vergrößerung gebracht wurde. Wir erkennen, daß die einzelnen diskreten Punkte verwaschene Flecken ohne scharfe Kontur bilden, so daß also die Wiedergabe in dieser Vergrößerung bereits übertrieben ist. Über 1000fache Vergrößerung zur Darstellung zu wählen, ist im allgemeinen unangebracht, denn die Vergrößerung soll nur so groß sein, daß die vom Mikroskop noch auflösbaren Strukturen unter genügend großem Gesichtswinkel — nach ABBE 2 bis 4′ — erscheinen. Etwa 1000fache Vergrößerung ist in diesem Sinne bei sehr guten mikroskopischen Aufnahmen noch „nutzbar" und „förderlich" zu bezeichnen. Eine stärkere Vergrößerung läßt keine neuen Einzelheiten des Objektes erkennen, man spricht von „leerer" Vergrößerung, die sogar schädlich sein kann, da man unter Umständen Einzelheiten im Bild sieht, die dem Objekt nicht zugehören.

Aus Abb. 405 entnehmen wir, daß Punkte in rd. 3 mm Abstand noch einwandfrei getrennt werden, was bei 7800facher Vergrößerung einem Abstand von 400 mμ (Wellenlänge des blauen Lichtes) entspricht. Tatsächlich haben wir in diesem Bild die

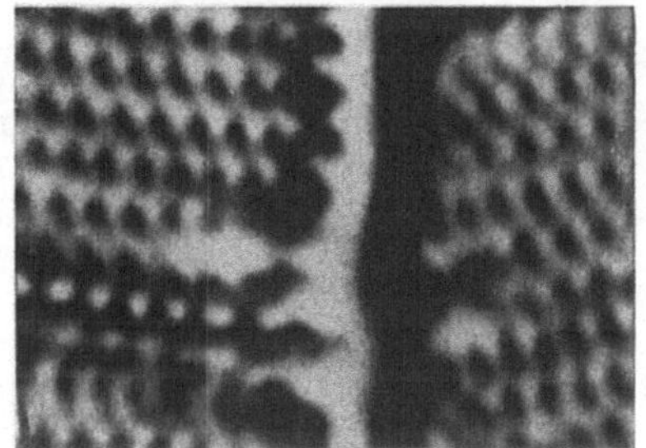

Abb. 405. Stark nachvergrößertes Lichtbild einer Surirella gemma. V 7800:1.

„Auflösungsgrenze"[1] des Mikroskops fast erreicht, die man für gelbgrünes Licht ($\lambda = 550$ mμ) zu rd. 200 mμ, d. h. zu einer halben Wellenlänge, anzugeben pflegt.

Der Grund für das Versagen des Mikroskops bei hohen Vergrößerungen ist die Beugung des Lichtes, das zur Durch- oder Beleuchtung dient, am Objekt und die Ausblendung eines Teiles des Beugungsspektrums durch die Aperturblende des Mikroskops, so daß das Bild des Objekts durch Interferenz von nur einem Teil des abgebeugten Lichtes entsteht. Denken wir uns mit ABBE ein Gitter als Objekt, so gelangen bei grober Gitterstruktur der unabgebeugte Hauptstrahl *und* die den einzelnen Ordnungen entsprechenden abgebeugten Strahlen in das Objektiv des Mikroskops. ABBE hat gezeigt, wie aus diesen Strahlen schließlich das Bild des Objekts (Gitters) entsteht, und hat nachgewiesen, daß zur Erzeugung eines *naturgetreuen* Bildes diese abgebeugten Strahlen erforderlich sind. Während nun bei den üblichen Aperturen die abgebeugten Strahlen der groben Objekte bis zu hohen Ordnungen durch die Objektlinse ins Mikroskop gelangen, wird bei feinsten Objekten (Gittern) der Winkel zwischen optischer Achse und den abgebeugten Strahlen bereits so groß, daß nur noch der abgebeugte Strahl erster Ordnung durch die Objektivöffnung zu treten vermag. Gelangt auch er nicht mehr ins Objektiv, so ist das Bild „leer". Dieser Grenzfall tritt bei gleichem Brechungsindex auf beiden Seiten des Gitters und im ganzen Strahlengang ein, wenn der Winkel α zwischen

---

[1] Die Auflösungsgrenze gibt zahlenmäßig die Fähigkeit des Mikroskops an, die Punkte eines Gitters getrennt zu zeigen. Damit ist sie auch ein Maß für die Abbildungsfähigkeit. Aussagen über die Form von Teilchen unter der Auflösungsgrenze sind nicht mehr möglich, aber auch die Größe von Teilchen unterhalb der Auflösungsgrenze wird man im allgemeinen nicht angeben können [14b, Abb. 1]. Auch oberhalb der Auflösungsgrenze sind Angaben über die Form der Teilchen nicht einfach. So kann man nach v. BORRIES und KAUSCHE [82b] ein Sechseck von einem Kreis erst unterscheiden, wenn der Teilchendurchmesser 7mal so groß wie die Auflösung ist.

Hauptstrahl und der Richtung des abgebeugten Strahls gerade dem Winkel β, unter dem die Linse erscheint, gleich geworden ist. Für diese beiden Winkel gilt: $\sin \alpha = \lambda/d$, $\sin \beta \approx R/a$, wobei d den Abstand der Gitterstriche [1], R den Radius der Aperturblende und a die Entfernung dieser Blende vom Objekt bedeutet (Abb. 406). Wendet man eine Immersion an, d. h. bettet man das Objekt in ein Medium vom Brechungsindex n ein, so ist die Wellenlänge λ' am Objekt n-mal so klein wie die Wellenlänge λ im Vakuum. Entsprechend ist auch der Beugungswinkel kleiner, es gilt jetzt[2] $\sin \alpha = \dfrac{\lambda'}{d} = \dfrac{\lambda}{n\,d}$.

Damit Abbildung eintritt, muß $\sin \alpha \leqq \sin \beta$ sein, d. h. $\dfrac{\lambda}{d} \leqq n \cdot \sin \beta \approx n \cdot \dfrac{R}{a}$. Die Größe $A = n \cdot \sin \beta$ bezeichnet man als numerische Apertur des Objektivs. Der aufgelöste Abstand ist $d \geqq \lambda/A$; er ist um so kleiner, je kleiner die Wellenlänge und je größer die Apertur ist. Beleuchtet man schief, so daß der unabgebeugte Strahl gerade am Rande der Aperturblende ins Mikroskop gelangt, so kann das erste Beugungsmaximum bei einem doppelt so großen Winkel entstehen. Die gerade noch auflösbare Strecke ist dann

$$d = \frac{\lambda}{2A}.$$

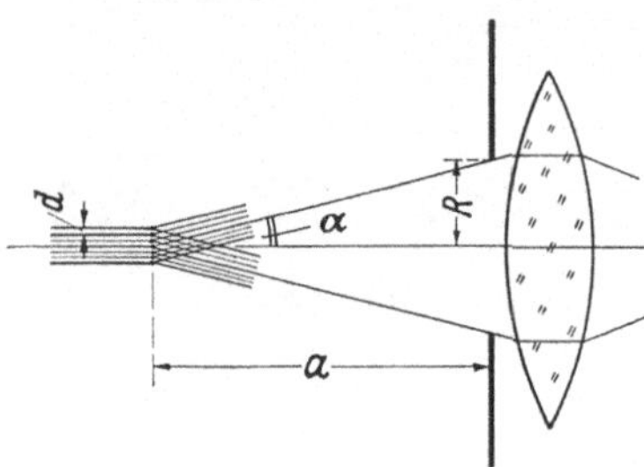

Abb. 406. Zur Auflösung eines Gitters.

Bei der genaueren Diskussion der Frage nach der Auflösungsgrenze eines Mikroskops ist noch zu unterscheiden zwischen Objekten im durchscheinenden Licht und solchen Objekten, die im eigenen oder im reflektierten Licht leuchten. Obwohl letztere im Gegensatz zu ersteren inkohärentes Licht aussenden, so daß man nicht die Beugung am Objekt, sondern vielmehr an der Eintrittsblende des Mikroskops zu betrachten hat, liefert die Rechnung dennoch ein ähnliches Ergebnis, so daß sich allgemein sagen läßt, daß die „Auflösung" zweier einzelner Punkte oder Striche unter Voraussetzung des günstigstenfalls erreichbaren und heute erreichten Wertes A von der Größenordnung 1 dann unmöglich wird, wenn ihr Abstand d unter eine halbe Wellenlänge der abbildenden Strahlung sinkt.

ABBEs Überlegungen zeigen, daß die Leistungsfähigkeit des Mikroskops gesteigert wird, wenn man erstens am Objekt ein Medium von großem Brechungsindex wählt oder zweitens den Durchmesser der abbildenden Linse möglichst groß macht oder drittens die Wellenlänge der abbildenden Strahlung verkleinert. Zur Erfüllung der ersten Forderung diente die Ölimmersion, die zweite Forderung war eine Korrektionsfrage der Linse. Der dritten Forderung wird durch Übergang zu ultraviolettem Licht bzw. Röntgenstrahlung Rechnung getragen. Wählen wir ein mit Monochromator ausgerüstetes Mikroskop für ultraviolettes Licht von $\lambda = 275$ mμ, so erhalten wir bei einer Apertur von 1,25 als Grenze des Auflösungsvermögens $d = 110$ mμ, also etwa doppelt so viel wie bei gelbgrünem Licht. Das „Röntgenstrahlmikroskop" wäre ein wesentlicher Fortschritt, da die Röntgenstrahlen eine um Zehnerpotenzen geringere Wellenlänge als sichtbares Licht haben, doch sind keine Wege zur Verwirklichung erkennbar, wenn man von der Möglichkeit der Schattenprojektion und dem Rastermikroskop absieht.

---

[1] Für andere Objekte, z. B. kleine Kreise, tritt noch eine Konstante von der Größenordnung 1 in die Gleichung.

[2] Man kann auch so rechnen, als ob das Objekt im Vakuum sitze, daß aber direkt am Objekt der Übergang in die Immersionsflüssigkeit erfolgt und daß beim Übergang eine Strahlknickung nach dem Brechungsgesetz erfolgt.

Eine andere Möglichkeit zum Sichtbarmachen ultramikroskopischer Größen eröffnet das Elektronenmikroskop. Nach DE BROGLIEs Formel [I, 1]

$$\lambda = \frac{h}{m \cdot v} = \frac{1{,}23}{\sqrt{U_{\text{Volt}}}}\ \text{m}\mu = \frac{12{,}3}{\sqrt{U_{\text{Volt}}}}\ \text{Å}$$

hat ein Elektron, das mit $U = 150$ V beschleunigt ist, gerade die Wellenlänge $\lambda = 1$ Å. Gehen wir zu Elektronen von 15 kV oder gar 1,5 MV über, so erhalten wir Wellenlängen von $\lambda = 0{,}1$ bzw. 0,006 Å (mit Relativitätskorrektion). Die letzten Wellenlängen liegen also über 3 bis 5 Zehnerpotenzen unter denen des sichtbaren Lichtes (Abb. 407). Wählen wir den Wert der Apertur zu 1^1, so erhalten wir bei 15-kV-Elektronen für die Auflösung $d = 0{,}1$ Å. Aus dieser Zahl erkennen wir die prinzipiellen Möglichkeiten des Elektronenmikroskops, mit dem wir nicht nur in die Dimensionen großer organischer Moleküle, sondern, wie es zunächst scheint, in die eigentlichen Molekül- und Atom-Dimensionen (Durchmesser des Argonatoms etwa 3 Å; Abstand der Gitterpunkte im Na-Gitter 4,3 Å) kommen könnten.

5. Weitere Begrenzungen der Auflösung. Die ABBEsche Ableitung der Auflösungsgrenze aus der Beugung am Gitter beruht auf zwei Voraussetzungen: Einmal wird angenommen, daß bei der Wechselwirkung zwischen dem Licht und dem Objekt weder das Objekt beeinflußt noch die Eigenschaften des Lichtes (Wellenlänge) verändert werden.

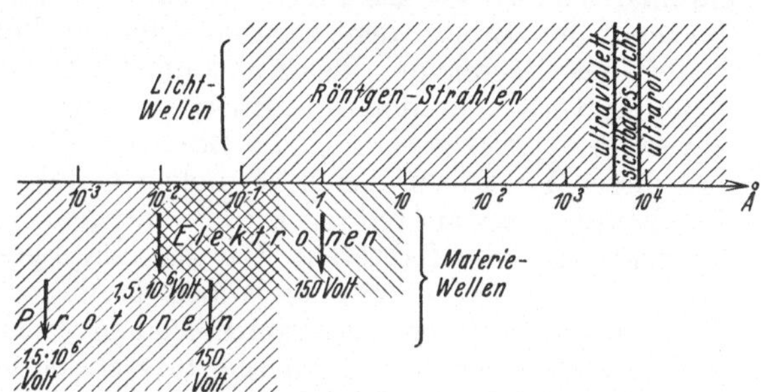

Abb. 407. Wellenlängenskala von Licht- und Materiewellen.

Zum anderen wird vorausgesetzt, daß das benutzte Abbildungssystem ideal korrigiert ist. Diese beiden Forderungen sind in der Elektronenoptik nicht erfüllt. Daher ergeben sich neue Beschränkungen des Auflösungsvermögens zum Teil grundsätzlicher, zum Teil praktischer Natur.

Benutzt man Elektronen an Stelle von Licht zur Abbildung, so findet eine viel intensivere Wechselwirkung zwischen dem abzubildenden Objekt und der abbildenden Strahlung statt. Die sehr kleinen Objekte, z. B. einzelne Atome, werden angeregt, ionisiert oder sonstwie beeinflußt. Selbst wenn wir annehmen, daß die Stöße zwischen den Elektronen und Molekülen rein elastisch seien, so würde ein vorher ruhend angenommenes Molekül mit sehr großer Geschwindigkeit fortgeschleudert werden.

Es sei die Aufgabe gestellt, den Ort eines freien Argonatoms bis auf die Größe seines Durchmessers, d. h. auf $\Delta x = 3$ Å genau festzulegen. Wir wollen von der thermischen Bewegung des Atoms absehen, es also als ruhend betrachten. Zur Beobachtung benutzen wir Elektronen von 10 ekV, was einer Wellenlänge von 0,12 Å entspricht. Nach dem Impulssatz erteilen diese Elektronen dem Argonatom eine Geschwindigkeit von maximal $1^1/_2$ km/s. Da wir alle in eine bestimmte endliche Apertur gestreuten Elektronen zur Abbildung brauchen, d. h. Elektronen, die unterschiedliche Impulse abgegeben haben, so ist der an das Atom beim Abbildungsvorgang übertragene Impuls nicht eindeutig festgelegt. Er schwankt vielmehr um einen Betrag, den man mit Hilfe der Stoßgesetze aus der zur Abbildung benutzten Apertur berechnen kann. Es ergibt

---

^{1} Wir übernehmen für diese grundsätzliche Abschätzung diesen Wert [301], während praktisch heute nur $^1/_{1000}$ ausnutzbar ist [588, 90].

sich als Schwankung der Atomgeschwindigkeit (HEISENBERGsche Ungenauigkeitsrelation)

$$\Delta v = \frac{h}{M\Delta x} = 10 \text{ m/s} .$$

Etwas anders liegt es, wenn das Atom im Gitter gebunden ist. Die Bindungskräfte des Gitters verhindern jetzt, daß der Elektronenstoß eine so große Verschiebung des Atoms aus seiner Ruhelage hervorruft.

Wichtiger ist der Einfluß, den die Wechselwirkung zwischen abbildender Strahlung und Objekt auf die Elektronenstrahlung selbst ausübt. Durch Ionisation und Anregung der Atome erfahren die Elektronen Geschwindigkeitsverluste, die nicht für alle Elektronen gleich sind. Bei dicken Schichten [$> 1\,\mu$] erfährt die *Mehrzahl* der Elektronen Geschwindigkeitsverluste, so daß eine vor dem Durchgang durch die Schicht monochromatische Strahlung nach dem Durchgang Elektronen verschiedener Energie enthält, also nicht mehr monochromatisch ist. Ist das Linsensystem chromatisch nicht korrigiert, so bewirkt die endliche Breite der Energieverteilungskurve durch den chromatischen Fehler eine Begrenzung der Auflösung[1]. Durch v. ARDENNE [13] wurde die Meinung vertreten, daß die Energieverluste maßgebend für die Begrenzung des Auflösungsvermögens sind. BOERSCH [73, 77] zeigte jedoch schon früher, daß dieser Effekt nur bei sehr dicken Objekten in Frage kommen kann, bei den heute angewandten Elektronenenergien z. B. bei der Untersuchung der Innenstruktur von Bakterien. Bei den heute besonders interessierenden dünnen Objekten [$< 0{,}1\,\mu$] kann man jedoch damit rechnen, daß die Mehrzahl der zur Abbildung benutzten Elektronen keinen Energieverlust erfahren hat. Diejenigen Elektronen, deren Energie tatsächlich herabgesetzt worden ist, werden zum großen Teil abgeblendet, da mit dem Energieverlust meist auch eine große Ablenkung verbunden ist.

Wir kommen damit zu dem zweiten der oben angeführten Gründe, warum beim Elektronenmikroskop die einfache ABBEsche Theorie noch weiter begrenzt werden muß, nämlich zu der Tatsache, daß die Elektronenlinsen starke Abbildungsfehler zeigen.

Von den verschiedenen Linsenfehlern sind es zwei, die neue Grenzen für das Auflösungsvermögen bedingen: die schon erwähnte chromatische und die sphärische Aberration. Beide Fehler sind nämlich, wie SCHERZER [613] gezeigt hat, praktisch bei keinem Feld zu vermeiden. Wir betrachten zuerst den chromatischen Fehler. Das Objekt werde mit Elektronen der Energie $e\,U$ abgebildet. Die Schwankung der Energie sei $e\,\Delta\,U$. Die entsprechende Schwankung Δf der Brennweite f ist für nicht zu starke magnetische Linsen $\dfrac{\Delta f}{f} = \dfrac{\Delta U}{U}$ $\Big($für elektrische Einzellinsen lautet die Formel $\dfrac{\Delta f}{f} = 2\dfrac{\Delta U}{U}\Big)$. Für den Fall, daß die Brennweite nicht mehr groß gegen die Feldausdehnung ist, geben v. BORRIES und RUSKA [90] die Formel $\Delta f = s \cdot \dfrac{\Delta U}{U}$ an, wobei s den Abstand des Objekts von dem Achsenpunkt bedeutet, in dem die Feldstärke im Bildraum zu Null geworden ist. Das abbildende Strahlbündel habe eine Öffnung α. Die an den Rändern des Bündels durch die Linse tretenden Elektronen der verschiedenen Energien werden in den verschiedenen Bildpunkten Q und Q' (Abb. 408) vereinigt. Dabei findet man aus der Linsenformel

$$\frac{QQ'}{(LQ)^2} = \frac{\Delta b}{b^2} = \frac{\Delta f}{f^2} .$$

---

[1] In [EO VI, 23] war die Bedeutung des chromatischen Fehlers in den Vordergrund gerückt, gleichzeitig aber festgestellt worden, daß nach RUSKAS ersten Ergebnissen selbst bei hohen Vergrößerungen chromatisch unkorrigierte Linsen ausreichen, um durchstrahlte Folien abzubilden.

Alle von dem Objektpunkt P ausgehenden Strahlen werden in der Ebene von Q über den kleinen Kreis QR zerstreut, für den gilt

$$QR \approx \alpha \cdot f \frac{QQ'}{LQ} = \alpha f \frac{LQ}{f} \frac{\Delta f}{f}.$$

Eine Trennung zweier Gegenstandspunkte (Gitterstriche) kann nur erfolgen, wenn die Bildpunkte eine größere Entfernung als QR haben, oder die Gegenstandspunkte eine größere als $\frac{QR}{V} = d$, wobei V die Vergrößerung ist. Daher ist die Auflösungsgrenze

$$d = \alpha \cdot \Delta f.$$

Damit die auflösbare Strecke d möglichst klein wird, muß der Öffnungswinkel α möglichst klein gemacht werden. Diese Forderung widerspricht aber der aus der ABBESCHEN Theorie abgeleiteten Folgerung, daß die Beugung die Auflösung um so weniger begrenzt, je größer die Apertur ist. Das Zusammenwirken von Beugung und chromatischem Fehler bedingt als Kompromiß der beiden Forderungen einen günstigsten Öffnungswinkel, bei dem die Auflösung am besten ist. Größenordnungsmäßig wird dieses beste Auflösungsvermögen dann erreicht sein, wenn das erste Maximum der abgebeugten Strahlen über einen chromatischen Zerstreuungskreis von der Größe des geo-

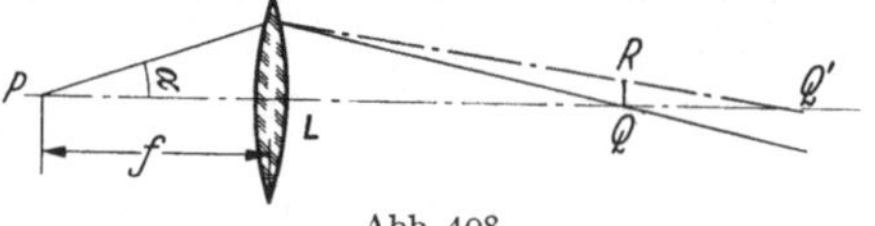

Abb. 408.
Zur Berechnung des chromatischen Fehlers.

metrisch-optischen Bildes zerstreut wird. Man hat also in der obigen Formel $\alpha = \lambda/d$ zu setzen und findet als optimales Auflösungsvermögen $d = \sqrt{\lambda \cdot \Delta f}$.

BOERSCH [77] maß bei einer elektrostatischen Linse von 5,6 mm Brennweite

$$\Delta f = 2 \frac{\Delta U}{U} \ [\text{cm}].$$

Setzt man als Breite der Energieverteilung die glühelektrische Emissionsbreite ein, und zwar $\Delta U = 0,5$ V, so ergibt sich bei 50-kV-Elektronen eine Auflösungsgrenze $d = 10^{-7}$ cm $= 1$ mμ, ein Wert, der wesentlich ungünstiger ist als die aus der ABBESCHEN Theorie bestimmte Größe.

Die sphärische Aberration oder der Öffnungsfehler bleibt ebenso wie der chromatische Fehler auch in der Bildmitte wirksam. Die Abweichung ϱ, die der Durchstoßpunkt eines unter dem Winkel α zur Achse am Objekt ausgehenden Strahls vom GAUSSSchen Bildpunkt, d. h. von der Stelle idealer Strahlenvereinigung, hat, ist gegeben [267a] durch:

$$\varrho = V \cdot \alpha^3 \int_{z_a}^{z_b} G \, dz = V \alpha^3 \cdot C,$$

wobei V die Vergrößerung, z_a die z-Koordinate des Gegenstandspunktes, z_b die des Bildpunktes und G eine von der elektrischen und magnetischen Feldstärke auf der optischen Achse kompliziert abhängige Funktion ist. Durch Zusammenwirken von Beugung und Öffnungsfehler ergibt sich die Auflösungsgrenze analog wie beim chromatischen Fehler: Die Beugungsmaxima werden wegen des Öffnungsfehlers nicht genau im GAUSSSchen Bildpunkt vereinigt. Die Auflösungsgrenze wird größenordnungsmäßig dann erreicht sein, wenn das erste Maximum um den Abstand der GAUSSSchen Bildpunkte der Gitterstriche gegen den unabgebeugten Strahl verschoben ist [615]. Da der Winkel des ersten Maximums $\alpha = \lambda/d$ ist, ist der Öffnungsfehler $\varrho = V (\lambda/d)^3 \cdot C$, der gleich dem Abstand $V d$ der GAUSSSchen Bildpunkte sein soll. Daraus folgt

$$d = \lambda \sqrt[4]{\frac{C}{\lambda}}.$$

Experimentell bestimmten v. BORRIES und RUSKA [90] bei einer magnetischen Linse $C = 1500$ mm, so daß sich bei 50 kV ein Auflösungsvermögen von $d = 4$ mμ ergibt (v. BORRIES und RUSKA erhalten nach einer etwas anderen Abschätzung 7 mμ). Einen Wert ähnlicher Größe erhält BOERSCH [77] für eine elektrostatische Linse. Bei den heute verwendeten Linsentypen ist also der Öffnungsfehler bestimmend für das Auflösungsvermögen, während der chromatische Fehler keine Rolle spielt. Das heute experimentell ermittelte Auflösungsvermögen liegt in der Größenordnung dieser abgeschätzten Werte.

Unabhängig von der Frage, wie weit der Öffnungsfehler bei den heute gebräuchlichen Linsen das Auflösungsvermögen begrenzt, ist zu überlegen, wie weit man mit den theoretisch besten Linsen das Auflösungsvermögen erhöhen kann. Diese Frage haben REBSCH [542] und SCHERZER [615] untersucht. REBSCH hat sich die Frage vorgelegt, wie weit man das erwähnte Integral $\int G\, dz$ und damit den Öffnungsfehler verkleinern könne. Unter Zugrundelegung verschiedener günstig gewählter Funktionen magnetischer und elektrischer Felder fand er, daß für die sphärisch bestkorrigierte Linse angenähert geschrieben werden könne:

$$d = \frac{\lambda}{\sqrt{2}} \sqrt[4]{\frac{f}{\lambda}}.$$

Setzen wir Zahlen ein, und zwar $f = 1$ mm und wie in [VIIIa] $\lambda = 0{,}1$ Å für 15 ekV-Elektronen, so erhalten wir für die Auflösung $d = 7$ Å, also einen Wert, der etwa zwei Zehnerpotenzen größer ist als der aus der ABBESCHEN Theorie. Wenn dieser rohen Abschätzung auch kein absoluter Wert zukommt [267b], so ist es doch zweifellos, daß die Auflösungsgrenze des Elektronenmikroskops gegenüber den heute erreichten Werten noch wesentlich gesteigert werden kann. Dabei ist eine Verminderung des Öffnungsfehlers nur soweit sinnvoll, als er nicht wesentlich kleiner wird als der chromatische Fehler.

Wenn dünne Objekte durchstrahlt werden, so ist die Zahl der in die Öffnung der Aperturblende gestreuten Elektronen gering, verglichen mit der im Primärstrahl. Der Winkel, unter dem die Linse *wirksam* beaufschlagt wird und der für die Größe des Öffnungsfehlers und damit für die Auflösung maßgebend ist, wird dann nur durch den durch Beugung am Objekt verbreiterten Primärstrahl gegeben. Die Linsenapertur selbst ist in den heutigen Übermikroskopen um etwa eine Zehnerpotenz größer als sie der tatsächlich erreichten Auflösung nach der ABBESCHEN Theorie entspricht [90]. Von verschiedenen Seiten wurde gezeigt, daß es für die weitere Erhöhung der Auflösung von Nutzen sein kann, die Linsenapertur weiter zu verkleinern, als es heute üblich ist [90, 89a, 73, 77].

b) Elektronenmikroskop geringer Vergrößerung.

Das Mikroskop, mit dem wir uns hier beschäftigen wollen, ist hinsichtlich Vergrößerung und Gesichtsfeld die Zwischenstufe zwischen Bildwandler und Übermikroskop. Ist der Bildwandler eine elektronenoptische Einrichtung, die etwa im Verhältnis $1:1$ abbildet, so erreicht das normale Mikroskop in seinen verschiedenen Formen eine mehrhundertfache Vergrößerung, während das Übermikroskop zu solchen Vergrößerungen strebt, deren Anwendung beim Lichtmikroskop deswegen unsinnig wäre, weil die Auflösungsgrenze infolge der Wellenstruktur der Strahlung bereits erreicht ist. Die beiden hauptsächlich bisher im Bereich relativ geringer Vergrößerungen benutzten Mikroskope, die in den Anfängen der Elektronenoptik entwickelt wurden, sind das elektrische Immersionsobjektiv mit ebener Kathode und ebenen Blenden und das magnetische Mikroskop mit rotationssymmetrischem Beschleunigungsfeld und ein oder zwei magnetischen, meist gekapselten Linsen[1].

6. Das elektrische Mikroskop. Das elektrische Immersionsobjektiv (Abb. 409) von BRÜCHE und JOHANNSON [132], mit dem die ersten Kathodenuntersuchungen (Abb. 425) durchgeführt wurden, besteht aus einem System von zwei auf geeignetem Potential befindlichen, ebenen Lochblenden G und A (etwa 1 mm Öffnung), deren Abstand (Größenordnung 1 mm) veränderlich ist. Dieser Kondensator wird je nach der gewünschten Vergrößerung 0,3 bis 1 mm an die plane Kathodenfläche K herangebracht.

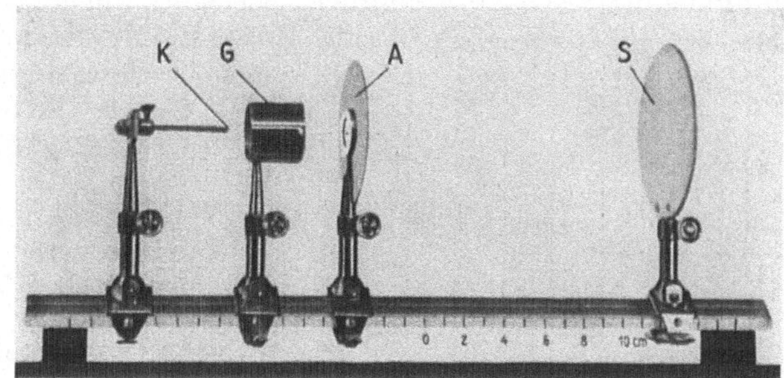

Abb. 409. Immersionsobjektiv auf optischer Bank nach BRÜCHE und JOHANNSON [132].

Es entstehen dann Potentialfelder, die bei richtiger Wahl der einzelnen Potentiale die von einem Punkt der Kathode ausgehenden Elektronen wieder in einem Punkt des Schirmes S zusammenführen. Das Mikroskop, das also ein Emissionsmikroskop darstellt, wird im allgemeinen mit Spannungen von 500 bis 1500 V betrieben.

Zur Erreichung einwandfreier Bilder ist äußerste Präzision des Aufbaues von System und Kathode erste Voraussetzung. Aus diesem Grunde und um die Entfernungen der einzelnen Blenden leicht verstellen zu können, ist der in der Lichtoptik bewährte Aufbau von Einzelteilen auf einer optischen Bank gewählt: Die Bank ist aus Glas mit einem Dachwinkel von 90°. Die Reiter ruhen auf ihr mit angeschliffenen Kanten oder auf kleinen Messingstiftchen. Die Anwendung dieser Stiftchen, die durch die Enden von Stellschrauben gebildet werden, hat sich zur genauen Justierung gut bewährt. Für die Bewegung des einzelnen Reiters ist an seinem Fuß ein Eisenstab angebracht, der unter der optischen Bank hängt. Durch einen Wechselstrommagneten, der durch die Wand der die ganze Apparatur umhüllenden metallisch ausgekleideten Glasglocke hindurchwirkt, sind die Reiter leicht und stetig verschiebbar. Einzelne

Abb. 410. Immersionsobjektiv auf Reiter [336].

Reiter (z. B. die Kathode), die nicht bewegt werden sollen, haben statt des Eisenstabs eine Feststellschraube. Die jeweilige Reiterstellung wird an der Bank selbst, an deren Seitenflächen eine Millimeterskala eingeätzt ist, abgelesen.

Da es schwierig ist, die beiden eng benachbarten Blenden vor der Kathode unabhängig voneinander durch den Führungsmagneten zu verstellen, und da die Änderung des Abstandes zwischen diesen Blenden nicht von großer Bedeutung

---

[1] Wenn das Immersionsobjektiv als „elektrisches Elektronenmikroskop schlechthin" bezeichnet wurde [EO, S. 217, Abs. 4], so ist damit — entgegen anderen Darstellungen [*14*, S. 233; 90 d, S. 243] der Name „elektrisches Elektronenmikroskop" nicht auf das Emissionsmikroskop beschränkt worden, wie man aus [EO, S. 217, Abs. 3] entnehmen kann und wie die Verwendung des Immersionsobjektivs zur Durchstrahlungsuntersuchung [IX, 6] zeigt.

für das Bild ist, wurde bei späteren Konstruktionen ein fest zusammengebautes Blendenpaar benutzt [336]. Abb. 410 zeigt den Aufbau eines solchen Systems. Die Anodenblende ist als große Scheibe oder Topf, die kathodennahe Blende als kleinerer Topf ausgebildet, um störendes Nebenlicht der Kathode, wandernde Raumladung usw. abzuschirmen. Geeignet angebrachte Bohrungen im Mantel des Topfes um die Kathode erlauben auch während des Versuches die direkte Beobachtung der Kathode. Die Blenden selbst sind aus Molybdänblech von 0,2 mm Dicke hergestellt, das die sehr hohen Temperaturen in der Nähe der Kathode einwandfrei vertragen kann. Das Blech ist auf die entsprechend größeren starkwandigen Messingblenden von mehreren Millimetern Lochweite aufgeschweißt.

Ein System (Abb. 410), das sich gut bewährte, hat folgende Daten: Abstand der Blenden 0,95 mm, Durchmesser der Gitterblende $D_G = 1,2$ mm, Durchmesser der Anodenblende $D_A = 1$ mm. Die Eichkurven des mit diesem System ausgerüsteten Mikroskops bei 24 cm Abstand zwischen Kathode und Schirm gibt Abb. 411 nach Untersuchungen von JOHANNSON [336]. Hier ist wie üblich [I, 5] über dem Quotienten von Gitterpotential U_G und Anodenpotential U_A aufgetragen: Vergrößerung V, Durchmesser des scharfen Schirmbereichs B_0, Durchmesser des scharf abgebildeten Kathodenbereichs $A_0 = B_0/V$ und der zu diesen Daten gehörige Abstand c der Gitterblende von der Kathode. Dabei ist unter scharfem Schirm- bzw. Kathodenbereich der Durchmesser desjenigen Kreisbezirkes auf dem Schirm bzw. der Kathode verstanden, in dem die Bildfehler die Erkennung von Einzelheiten auf dem Leuchtschirm noch nicht unmöglich machen. Natürlich handelt es sich dabei um eine in gewissem Grade subjektive Festlegung.

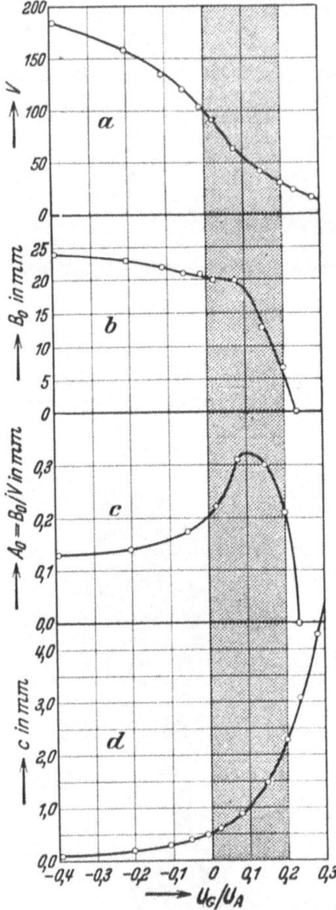

Abb. 411. Eichkurven des Immersionsobjektivs von Abb. 410 [336].

Wünschen wir beispielsweise das System für 130fache Vergrößerung zu benutzen, so finden wir aus Kurve a und d, daß wir $U_G/U_A = -0,1$ und $c = 0,35$ mm zu wählen haben. In diesem Falle erhält der scharfe Bildbereich B_0 rd. 20 mm Durchmesser und der entsprechende Kathodenbereich wird 0,15 mm.

Eine wesentliche Verbesserung der optischen Eigenschaften des Immersionsobjektivs erzielte JOHANNSON [336] dadurch, daß er die ebene Gitterblende durch eine Profilblende ersetzte, die in ihrer Form dem erwünschten Potentialfeld angepaßt ist. Aus Modellmessungen wurde das System Abb. 412 abgeleitet. Schon bei diesem an sich noch verbesserungsfähigem System ist das Gesichtsfeld gegenüber dem einfachen System mit ebener Blende um 70% im Durchmesser geweitet, d. h. die abgebildete Fläche A_0 ist das auf Dreifache gewachsen.

Eine Abart der soeben beschriebenen Anordnung hat ZWORYKIN [747] benutzt, indem er an die Gitterblende einen Zylinder ansetzte (Abb. 413), so daß jetzt das Potentialfeld bis nahe an die Anodenblende heran sammelnd wirkt.

Auch zu Durchstrahlungsuntersuchungen ist das elektrische Elektronenmikroskop in der Form des Immersionsobjektivs benutzt worden. So hat BEHNE [46] die Eigenschaften des Systems für diesen Fall untersucht und geklärt. Zu Durchstrahlungsabbildungen sind ferner Einzellinsen von JOHANNSON und SCHERZER [338] angewandt worden.

7. Das magnetische Mikroskop. Das magnetische Elektronenmikroskop ist auf dem Wege über

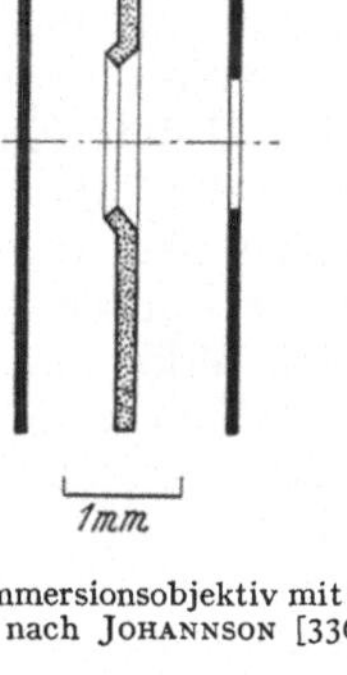

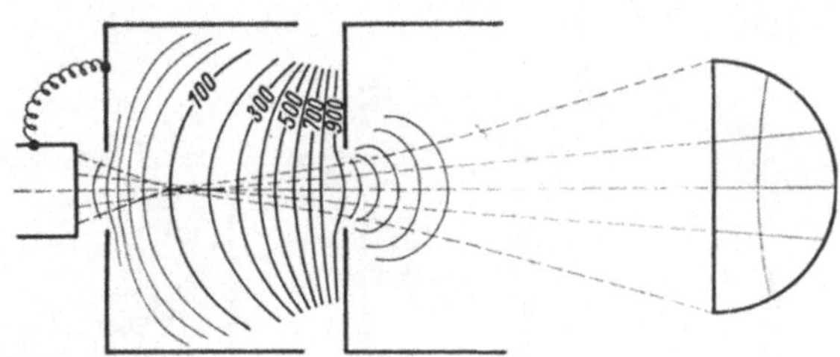

Abb. 412. Immersionsobjektiv mit Profilblende nach JOHANNSON [336].

Abb. 413. Immersionsobjektiv mit Zylindern an den Blenden nach ZWORYKIN [747].

den Kaltkathoden-Oszillographen [VIII, b] entstanden. Nach dem experimentellen Beweis, daß das Magnetfeld einer Spule die von BUSCH gefolgerte Abbildungseigenschaft besitzt [738], konnte ein Kathodenstrahl-Oszillograph unmittelbar als Elektronenmikroskop benutzt werden. Im Gegensatz zum elektrischen Mikroskop wurde das magnetische Mikroskop daher auch wie der Kathodenstrahl-Oszillograph von vornherein zweistufig benutzt.

Das erste magnetische Mikroskop, das KNOLL und RUSKA [385] benutzt haben, ist daher auch aus Teilen von Kaltkathoden-Oszillographen ähnlich wie diese Instrumente aufgebaut. Abb. 414 zeigt die Apparatur. Die Elektronen werden in einer Gasentladungsröhre mit kalter Kathode erzeugt und auf 50 bis 80 kV zu einer Blende beschleunigt, die gleichzeitig Anode der Gasentladung, Strömungswiderstand für das Gas und gelegentlich Objekt für die Abbildung ist. Das gesamte Metallgefäß unterhalb dieser Blende hat das gleiche Potential. Der Druck im Gasentladungsrohr wurde durch Zustrom von Luft auf etwa 0,01 mm Hg gehalten, während er durch Benutzung einer kräftigen Pumpe am Hauptgefäß auf 0,001 mm Hg gesenkt wurde. Die ganze Apparatur war rd. $1\frac{1}{4}$ m lang.

Als magnetische Linsen, deren Lage auf der Zeichnung zu erkennen ist, wurden bei dieser

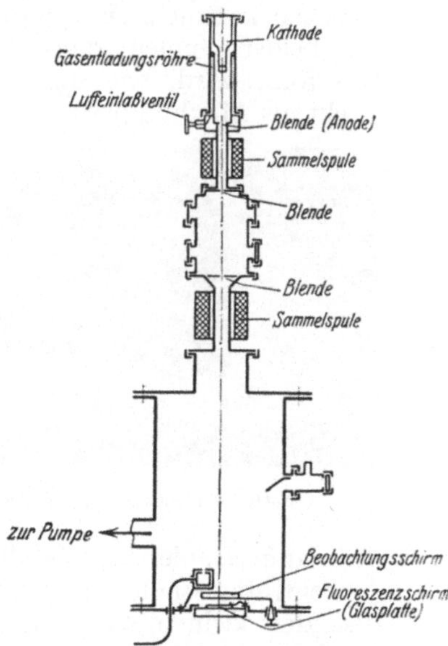

Abb. 414. Hochspannungsoszillagraph als magnetisches Elektronenmikroskop nach KNOLL und RUSKA [385].

ersten Anordnung ungepanzerte Spulen verwendet, die durch Kardangelenke leicht in die gewünschte Lage einstellbar waren. Als Leuchtschirm konnte bei den hohen Energien von 50 bis 80 ekV eine durch Kathodenzerstäubung metallisierte Glasplatte Verwendung finden. In der Untersuchung wurde bis zu 16fache Vergrößerung erzielt. Es wurden die kalte Kathode, vorzugsweise aber Blenden und Netze abgebildet.

Eine spätere von KNOLL, HOUTERMANS und SCHULZE [389] beschriebene Apparatur bringt den Übergang zu kleineren Elektronenenergien von der Größenordnung 1 ekV zwecks Untersuchung von Glühkathoden.

Die Apparatur, die in ähnlichem Aufbau auch heute benutzt wird, ist in Abb. 415 dargestellt. Sie unterscheidet sich äußerlich von der ersten Anordnung durch die Einfachheit des Aufbaues, die Umlegung des Strahlengangs in die Horizontale und die damit in Verbindung stehende Anordnung aller Teile (einschließlich des photographischen Apparates) auf einer optischen Bank. Man erkennt auf der Abbildung die beiden eisengekapselten Spulen [V, 5] und das etwa 6 cm weite Versuchsrohr, das im Innern metallisch ausgekleidet ist.

Abb. 415. Magnetisches Emissionsmikroskop zur Untersuchung von Oxydkathoden nach KNOLL, HOUTERMANS und SCHULZE [389].

Es enthält außer der Kathode, auf die wir noch besonders zu sprechen kommen, ein senkrecht zur Rohrachse gespanntes Netz, das zwischen den beiden Spulen angeordnet ist und als Okularmikrometer dienen kann. Das Rohr wird, wie üblich, durch einen Leuchtschirm vervollständigt, der direkt als Abschlußplatte des Rohres dient. Für die beiden Magnetspulen, die den wichtigsten Bestandteil des magnetischen Mikroskops darstellen, hat sich die in [V, 5] beschriebene Ausführung bewährt. Das Arbeiten mit diesen Spulen wird durch ihren kardanischen Aufbau sehr bequem gemacht.

Abb. 416. „Objekttisch" des Emissionsmikroskops.

Kehren wir zum Anfang dieses Abschnitts zurück. Die beiden magnetischen Linsen des zuletzt beschriebenen Elektronenmikroskops sind die Nachfolger der Sammelspulen der Oszillographen. Dort hatten sie, als Vor- und Hauptkonzentrationsspulen, ihre bestimmte Aufgabe [VIII, 8]. Diese Aufgabe, einen besonders kleinen, scharf umrandeten Leuchtfleck zu erhalten, fällt bei der Anwendung der Anordnung als Elektronenmikroskop fort, und man wird daher zunächst geneigt sein, die Zwei-Stufen-Anordnung zu einer Ein-Stufen-Anordnung zu vereinfachen bzw. zu fragen, welche Vorteile die Anwendung von zwei Spulen bei der neuen Aufgabestellung besitzt. Tatsächlich ist es so, daß beim normalen Emissionsmikroskop eine Spule genügen könnte, um ein ausreichend vergrößertes Bild des abzubildenden Gegenstandes auf dem Leuchtschirm zu erhalten. Der Grund, weswegen man im Gegensatz zum elektrischen Mikroskop [IX, 6] beim magnetischen Mikroskop kleiner Vergrößerung zwei Linsen verwendet, ist praktischer Natur. Man will den Vorteil der außerhalb des Rohres aufgestellten Spulen behalten. Daher muß man die Spulenöffnung groß machen, was eine relativ große Brennweite zur Folge hat, die nur bis zur lichten Öffnung der Spulen verringert werden kann. Will man Einzelheiten des Objekts in 100facher oder höherer Vergrößerung sehen, so bleibt nichts übrig, als die Vergrößerung in zwei oder mehr Stufen vorzunehmen, wie wir es beim Übermikroskop in [IX, c] noch besprechen werden. Als ein Vorteil der zweistufigen Vergrößerung ist auch die leichte Einstellbarkeit der Vergrößerung ohne Verschiebung der Linsen anzusehen. Die leichte Handhabung läßt das zuletzt beschriebene magnetische Mikroskop gegenüber dem elektrischen, das ohne Schwierigkeiten in einer Stufe 100fache Vergrößerung erreicht, zu orientierenden Untersuchungen vorteilhaft erscheinen.

8. Zusatzteile zum Elektronenmikroskop. Wie beim Lichtmikroskop gibt es auch beim Elektronenmikroskop Zusatzteile, die teils für die Benutzung des Gerätes erforderlich sind, teils wertvolle Ergänzungen darstellen.

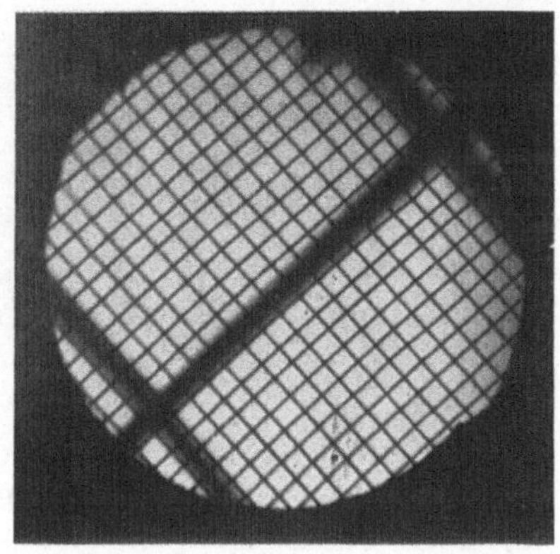

Abb. 417. Netz als Meßmikrometer bei zweistufiger Vergrößerung [386].

Bei den Untersuchungen von Selbststrahlern mit dem elektrischen Emissionsmikroskop kommt es sehr genau auf die Entfernung zwischen ebener Kathode und den Blenden, die mit der Kathode das abbildende Potentialfeld erzeugen, an. Die Einstellung dieser Entfernung durch Verschieben von Reitern auf einer optischen Bank ist bei einiger Übung gut durchführbar. Will man die optische Bank aus Glas vermeiden weil sie nicht ausheizbar ist, so wird man das Abbildungssystem fest in ein Glasrohr einschmelzen. Für diesen Fall muß man eine besondere Vorrichtung zur Justierung der Kathode vorsehen. Ein derartiger „Objekttisch" läßt sich unter Verwendung eines beweglichen Rohres (Federungskörper) und einer entsprechenden Schraubvorrichtung leicht herstellen (Abb. 416)

Zur Bestimmung von Vergrößerungen usw. wird beim Lichtmikroskop ein Okularmikrometer angewandt. Wie KNOLL und RUSKA [386] gezeigt haben, läßt sich eine entsprechende Anordnung auch beim Elektronenmikroskop verwenden, wenn man in zwei Stufen abbildet. Das Mikrometer — ein feines Drahtnetz — wird an den Ort des Zwischenbildes gebracht und erscheint nun zusammen mit dem Objekt, z. B. einem anderen

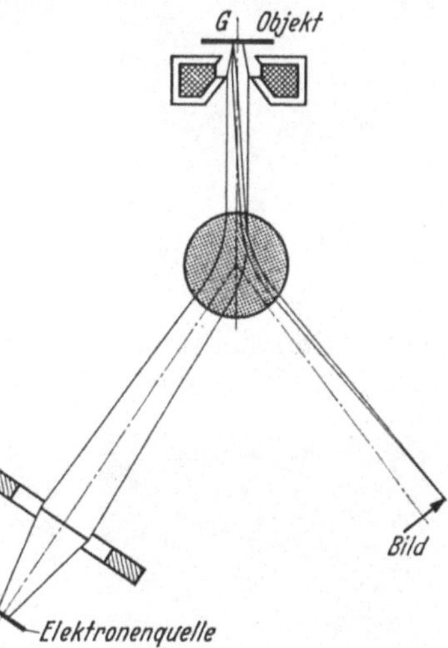

Abb. 418. Auseinanderlegen des Bestrahlungs- und Abbildungsstrahlenganges [84].

durchstrahlten Netz, auf dem Leuchtschirm (Abb. 417). Durch Vergleich der beiden Bilder kann dann leicht die Vergrößerungsleistung der zweiten Stufe ermittelt werden.

Sollen Gegenstände abgebildet werden, die zur Abbildung mit Elektronen bestrahlt werden, so erweist sich ein durch v. BORRIES und RUSKA [84] angegebener „Vertikalilluminator" als nützlich (Abb. 418). Die das Objekt G bestrahlenden und die zurückgestrahlten Elektronen werden durch das gleiche magnetische Ablenkfeld M geführt. Im Gegensatz zu der halbdurchlässigen

Platte des lichtoptischen Vertikalilluminators haben wir hier weder im Bestrahlungs- noch im Abbildungsstrahlengang einen Intensitätsverlust.

Für die Abbildung von Drähten brachte MAHL [440] hinter dem Draht eine Elektrode eines solchen Potentials an, daß die sonst vom Draht verursachte

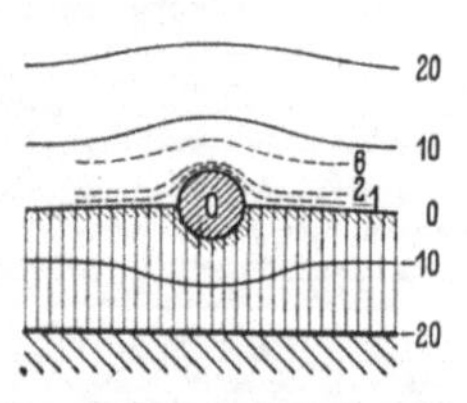
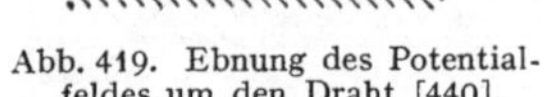

Abb. 419. Ebnung des Potentialfeldes um den Draht [440].

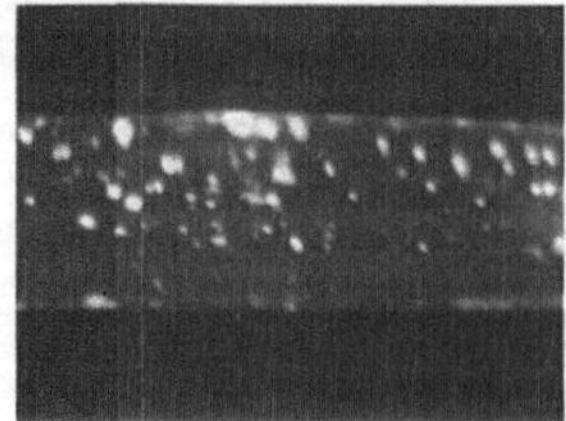
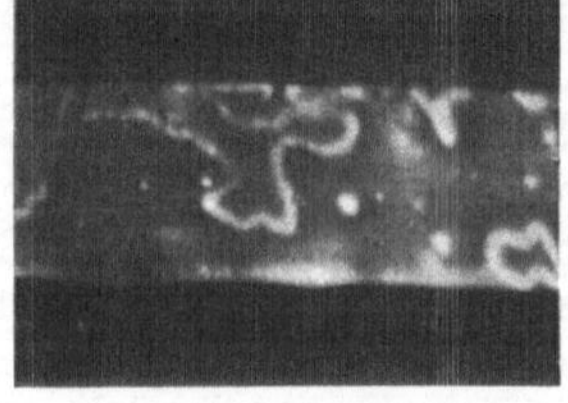

Abb. 420. Elektronenbilder eines thorierten Wolframdrahtes [440]. V 25:1.

Zylinderlinsenwirkung weitgehend aufgehoben wurde. Der Draht liegt im Falle der Abbildung in einer nahezu ebenen Potentialfläche und bedingt nur noch durch seine Krümmung gewisse Verzerrungen des Potentialfeldes (Abb. 419). Der Draht mit dieser Zusatzanordnung kann nun mit den üblichen elektronenoptischen Einrichtungen ebenso abgebildet werden, wie eine ebene Kathode. Die auf diese Weise erzielten Abbildungen scheinen sogar randschärfer zu sein als entsprechende lichtoptische Aufnahmen von Drähten (Abb. 420).

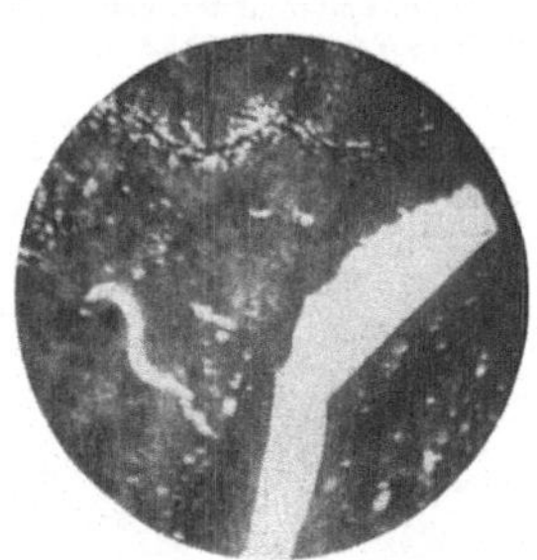
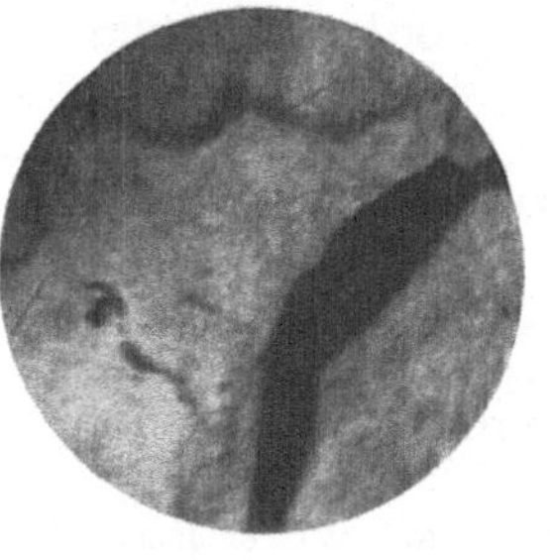

a b

Abb. 421. Abbildung einer Goldfolie [73]. V 15:1.
a Hell- und b Dunkelfeldbild.

Innenphotographie und Objektwechsel durch besondere Schleusen sind bisher bei der Emissionsmikroskopie nicht angewendet worden, obwohl diese Verfahren natürlich nicht mehr auf das Durchstrahlungs-Übermikroskop beschränkt sind.

9. Besondere elektronenoptische Methoden. Die Abbildung durchstrahlter Objekte wird man zunächst entsprechend der Hellfeldabbildung beim Lichtmikroskop vornehmen. Gelegentlich wird die Anwendung der Dunkelfeldmethode, bei der der Hauptstrahl abgeblendet wird [IX, 4], von Vorteil sein. BOERSCH [73] führte die Dunkelfeldmethode auch beim Elektronenmikroskop ein und benutzte sie zur Untersuchung des kristallinen Aufbaues von Goldfolien und zur Untersuchung von Dampfstrahlen. Zu diesem Zweck wird die Folie mit schnellen Elektronen durch-

Abb. 422. Dunkelfeldabbildung
eines Dampfstrahls [74]. V 12:1.

leuchtet. Es entsteht nun zwischen Gegenstand und Bild ein Beugungsdiagramm, in das eingegriffen wird. So kann nicht nur das direkte Bündel ausgeblendet werden, sondern auch leicht erreicht werden, daß nur Elektronen eines bestimmten Interferenzpunktes zur Abbildung beitragen. Es erscheinen dann nur diejenigen Bezirke der Folie hell abgebildet, die merkliche Beiträge zu dem gewählten Interferenzpunkt liefern (Abb. 421). Solche Bezirke sind aber Kristalle bestimmter Orientierung, so daß man in dieser Methode eine einfache Möglichkeit zur Untersuchung des kristallinen Aufbaues der Folie hat. Abb. 422 zeigt ein anderes Dunkelfeldbild, und zwar einen Strahl von Tetrachlorkohlenstoff-Dampf, der bei Hellfeldbeleuchtung kaum erkennbar war [74]. Der Grund für diese Überlegenheit der Dunkelfeldmethode liegt darin, daß bei sehr dünnen Objekten die Kontraste der Zahl der gestreuten Elektronen, also direkt der Dicke des Objekts proportional sind, während im Hellfeld die Kontraste nur der durch Streuung verursachten *Schwächung* des Primärstrahls proportional sind [77].

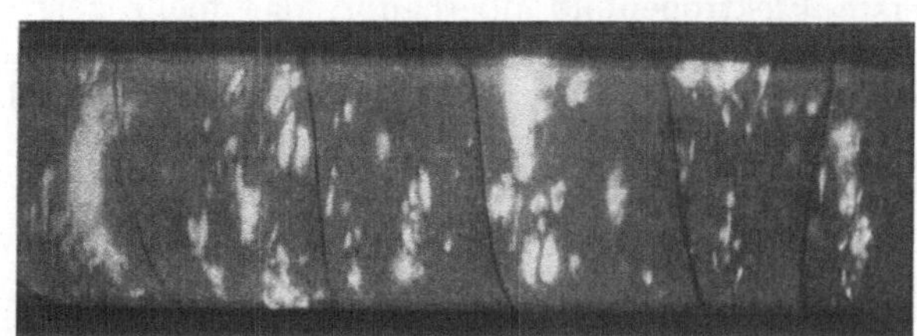

Abb. 423. Projektionsbild eines Glühdrahtes [341].

Über die Aufnahme stereoskopischer Bilder vgl. man [IX, 17].

Eine einfache Anordnung zur Untersuchung einer Drahtobeı fläche benutzten JOHNSON und SHOCKLEY [340, 341], die sich die Richtwirkung des elektrischen Beschleunigungsfeldes zunutze machten. Sie brachten den zu untersuchenden Draht in die Achse eines Zylinders, der gleichzeitig als Anode und Leuchtschirm diente und erhielten auf diese Weise eine vergrößerte Projektion des ganzen Drahtes. Abb. 423 zeigt ein solches Bild, aus dem Angaben über die Emission des Drahtes gemacht werden können, die mit denen der üblichen Abbildungsmethoden übereinstimmen, MÜLLER [498] hat später die gleiche Methode für kugelförmige Objekte zur Untersuchung der Feldemission angewandt [IX, 14]. Abb. 424 zeigt ein von ihm erhaltenes Bild, das die Emissionsunterschiede der verschiedenen Kristallflächen zeigt.

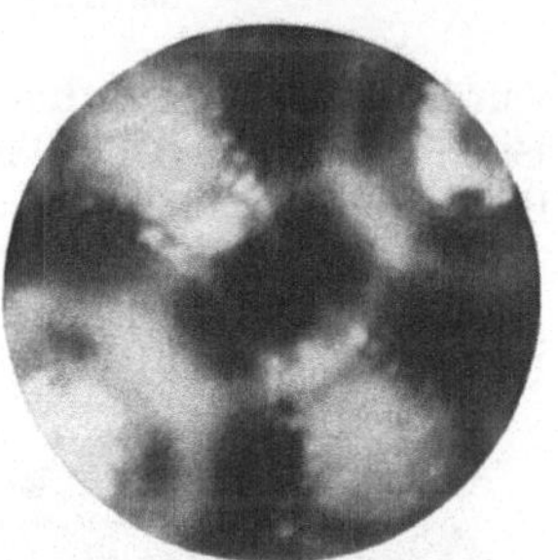

Abb. 424. Projektionsbild einer feldemittierenden Spitze [498].

Während die Abbildung mit Elektronen eigentlich stets über Erwarten gut gelingt, zeigen sich positive Teilchen zur Abbildung wenig geeignet. MAHL [443] ist es trotzdem gelungen, durch eine besondere Methode einigermaßen brauchbare Bilder zu erhalten, indem er das Ionenprojektionsbild eines Drahtes in geringer Entfernung auf einer Metallfläche erzeugte und nun dieses Bild durch die ausgelösten Sekundärelektronen und unter Ausnutzung desselben Potentialfeldes auf dem Leuchtschirm sichtbar machte.

10. Einige Anwendungen. Es würde den Rahmen dieses Buches übersteigen, wenn wir hier eine

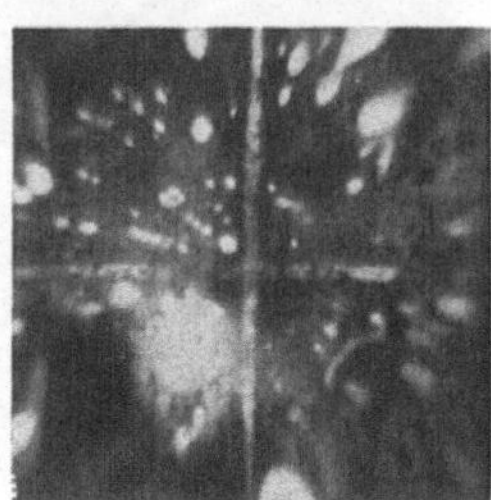

Abb. 425. Erste Abbildung einer Oxydkathode [132].
V 60:1.   V 80:1.

einigermaßen erschöpfende Behandlung der vielen Untersuchungen und der Resultate geben wollten, die mit dem Elektronenmikroskop bereits erzielt worden sind. Da diese Untersuchungen andererseits aber enger zu dem Gerät gehören als z. B. die Anwendungen der Elektronenröhre zu dieser, mag hier wenigstens durch Beispiele auf die wichtigsten Untersuchungszweige hingewiesen werden.

Bei den Untersuchungen über die Emissionseigenschaften von Kathoden wird man zuerst die Untersuchungen über die Glühemission von Oxyd- und Azid-Kathoden usw. zu erwähnen haben. An diesen Kathoden wurden die ersten Ergebnisse der Elektronenmikroskope erzielt. Abb. 425 zeigt die erste veröffentlichte Aufnahme einer Oxydkathode, also eines Selbstleuchters. Es ist das erste Elektronenbild überhaupt, das mehr zeigte, als mit optischen Mitteln genügend abbildbare Objekte wie Blenden, Netze usw. Die Aufnahme, die von Brüche und Johannson [132] mit dem elektrischen Mikroskop aufgenommen

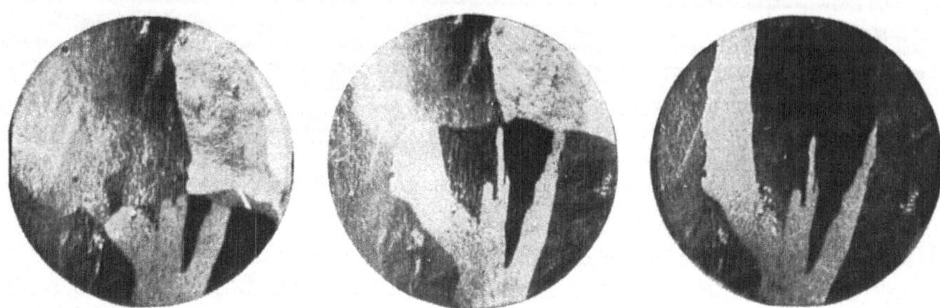

Abb. 426. Umkristallisation von Eisen beim Umwandlungspunkt [151]. V 30:1.

wurde, läßt die Klarheit der Zeichnung erkennen, die der eines lichtoptischen Bildes nicht nachsteht und illustriert bereits eindringlich die besonderen Möglichkeiten der elektronenoptischen Abbildung.

Bei den Untersuchungen von Wolframkathoden wurde durch Brüche und Johannson [132a] beobachtet, daß sich die kristalline Struktur des Metalls im Elektronenbild zu zeigen vermag (Bild II). Diese Strukturbilder sind durch die verschieden starke Emission der verschieden geschnittenen Kristallite bedingt. Bald wurde festgestellt, daß sich solche Strukturbilder nicht nur bei reinen Metallen, sondern sogar noch kontrastreicher bei Metallen mit dünner (einatomarer) Schicht eines Barium- oder Caesiumbelags ergeben [133]. Dieses Ergebnis gab erstens einen neuen Impuls zur Diskussion von Emissionsfragen [668], brachte zweitens Beiträge zu der Kenntnis dünner aktiver Schichten und ihrer Wanderung auf Metallen [441] und ermöglichte drittens die genaue Beobachtung der Umkristallisation an Umwandlungspunkten, eine Untersuchung, wie sie zuerst Brüche und Knecht [134a] bei Eisen durchführten. Für

Abb. 427. Photoelektronenbild einer Nickelfolie [277]. V 20:1.

den Fall der Eisenumwandlung, die bei etwa 900° C erfolgt, gibt Abb. 426 Einzelbilder aus Filmaufnahmen von Burgers und Ploos van Amstel [151] wieder. Wertvoll ist diese metallographische Anwendung auch, wenn es sich um eine Emissionsfrage im Zusammenhang mit der Struktur des Metalls handelt. Die Frage, ob das Thorium beim thorierten Wolfram aus den Korngrenzen austritt und ihre Beantwortung durch Brüche und Mahl [135] wurden bereits in [IX, 3] erwähnt.

Neben der glühelektrischen Auslösung hat die lichtelektrische eine große Bedeutung. Sie erlaubt es in einfacher Form, Elektronen auch bei geringer Temperatur (z. B. Zimmertemperatur) zu erhalten. Da auch hier gute Abbildungen möglich sind und da sich auch Strukturbilder erhalten lassen, ergänzt sie die glühelektrische Methode in wichtigen Bereichen. Als Beispiel sei die

Aufnahme einer Nickelfläche bei Zimmertemperatur erwähnt, die von GROSS und SEITZ [277] erhalten wurde (Abb. 427).

Bei der Sekundärelektronen- und Feldelektronen-Auslösung lassen sich natürlich auch Emissionsfragen behandeln, so z. B. die Frage, welches einer Anzahl zu einer Kathodenfläche zusammengeschmolzener Metallstücke unter bestimmten Bedingungen die größte Feldemission oder Sekundäremission ergibt. Von den relativ wenigen Arbeiten in dieser Richtung sei die von MESCHTER [478] hervorgehoben, der nach Beschreibung eines Elektronenmikroskops für Glüh- und Sekundär-Elektronen-Abbildung einige Vergleichsbilder zeigt.

c) Elektronen-Übermikroskop.

Unter „Übermikroskop" wollen wir nach BRÜCHE [117a, S. 118] und entsprechend dem bisherigen[1] Gebrauch [EO VI, 22/23] ein Mikroskop verstehen, das eine höhere Auflösung erreicht, als sie dem Lichtmikroskop infolge der relativ großen Wellenlänge des Lichtes möglich ist. Wir werden wie beim Elektronenmikroskop geringer Vergrößerung grundsätzlich Emissions- und Durchstrahlungs-, elektrische und magnetische Elektronenübermikroskope unterscheiden. In der bisherigen Entwicklung hat man sich vorwiegend mit dem *Durchstrahlungs*-Übermikroskop beschäftigt. Wenn wir im folgenden von Übermikroskop schlechthin sprechen, ist also, wenn es nicht anders gesagt ist, das Durchstrahlungs-Übermikroskop gemeint.

Die Auflösungsgrenze eines guten Lichtmikroskops liegt bei rd. einer halben Wellenlänge Abstand der zu trennenden Punkte, d. h. für blaues Licht bei etwa $0,2\,\mu$. Nachdem die Überschreitung dieser Grenze behauptet worden war[2], kann man beim Durchstrahlungsmikroskop heute von mehr als zehnfach so großer Auflösung wie beim Lichtmikroskop sprechen. Damit ist aber dem Elektronenmikroskop ein neues weites Feld der Anwendung eröffnet, das zu grundsätzlich wichtigen Fragen auf verschiedenen Gebieten führt.

11. Der Aufbau des mehrstufigen Elektronenmikroskops. Die Aufgabe des Übermikroskops, mikroskopisch nicht mehr abbildbare Teilchen beobachtbar zu machen, setzt zunächst die Anwendung starker Vergrößerung voraus. Die Vergrößerung muß dabei mindestens so weit getrieben sein, daß das Auge im Bild Objektpunkte noch trennen kann, deren Abstand gleich der kleinsten gerade noch auflösbaren Strecke ist. Andererseits hat es keinen Sinn, die Vergrößerung wesentlich weiter zu treiben, weil sie dann „leer" ist, d. h. es werden keine neuen Einzelheiten des Gegenstandes mehr sichtbar. Die so bestimmte „förderliche Vergrößerung" berechnet man in der Optik als das 500- bis 1000fache

---

[1] Es ist kürzlich von v. BORRIES und RUSKA [89] der Vorschlag gemacht worden, diese Definition dahingehend abzuändern, daß nur das magnetische Übermikroskop als Übermikroskop bezeichnet werden soll. Wir wollen diesem Abänderungsvorschlag nicht folgen. zumal dieselbe Entwicklungsstelle, wie es danach in einer Arbeit von WOLPERS und H. RUSKA [739 b] ausdrücklich festgestellt ist, „übermikroskopisch" nach wie vor im allgemeinen Sinne benutzen will. *Anmerkung bei der Revision:* Auch dem neueren Vorschlag, nur ein Übermikroskop von Siemens als „Übermikroskop" zu bezeichnen, werden wir — wie der Leser sieht — nicht folgen.

[2] Schon 1934 war in [EO VI, 23] darauf hingewiesen worden, daß man mit der Behauptung, die Auflösungsgrenze sei überschritten, vorsichtig sein müsse; es sei insbesondere nicht angängig, aus einer Kontur solche Schlüsse zu ziehen [IX, 15, 16].

Ebenso haben natürlich die insbesondere bei populären Schriften beliebten Angaben über Vergrößerungen ohne Angabe der Auflösung keinen Sinn. Den historisch Eingestellten wird es interessieren, daß auch bei der Entwicklung der Lichtmikroskops ähnliche Wirrungen aufgetreten sind, wie folgender boshafter Satz von PETZVAL erkennen läßt: „Deshalb informiert uns auch derjenige, welcher von einem neu erfundenen Mikroskop Nachricht gibt und weiter gar nichts sagt, als wieviel millionenmal es vergrößere, weniger von den Eigenschaften des Instruments als von dem Umfang seiner Sachkenntnis" (vgl. M. v. ROHR: „Die optischen Instrumente" 3. Aufl. 1918, Aus Natur und Geisteswelt 88).

des Produktes $\frac{0{,}55}{\lambda}\,A$, wobei λ die Wellenlänge in μ und A die Apertur ist [IX, 4].
Wendet man diese Formel auch auf das Elektronenmikroskop an, so kommt
man mit $A = 0{,}001$ und $0{,}55/\lambda = 100\,000$ entsprechend einer Elektronenenergie
von ungefähr 50 ekV bis zu Werten von 50000 bis 100000.

Die Wahl so hoher Vergrößerungen setzt nach der Formel $V = \dfrac{b}{a} \sim \dfrac{b}{f}$ die
Herstellung von Feldern sehr kleiner Brennweite f voraus. Das ist technisch
nicht einfach, denn die noch einigermaßen einfach zu erreichende Brennweite
ist nach einer Faustregel von derselben Größenordnung wie die lichte Blenden-
oder Polschuhöffnung. Da $f = 1$ mm die kleinste Brennweite ist, die man bei
hohen Spannungen bisher erreicht hat, kommt man also bei einer Gesamtlänge
des Strahlenganges von 1 m auf etwa 1000fache Vergrößerung, d. h. einen
geringeren Wert als er erforderlich ist.

Den Weg, auf dem man über die Begrenzung hinausgelangen kann, lernten
wir in [IV, 17] bzw. [IX, 7] bereits kennen. Es ist die zweistufige bzw. dreistufige Abbildung, bei der man die vorgegebene Länge des Strahlenganges auf-
teilt und nun z. B. zwei mikroskopische Systeme nacheinander benutzt, wobei
also das zweite das vom ersten System entworfene Bild als Gegenstand betrachtet.
Offensichtlich erhalten wir die stärkste Endvergrößerung, wenn die beiden
Systeme sich die zur Verfügung stehende Länge gerade teilen. Jedes System
ergibt bei $f = 2$ mm jetzt $V = 250$, d. h. beide Systeme nacheinander angewandt
$V = 60\,000$. Wir können also bereits mit zwei Stufen die förderliche Grenz-
vergrößerung erhalten. Trotzdem wird man unter Umständen besonders bei
Anwendung längerbrennweitiger Linsen auch drei Stufen verwenden. Zwar
steigen dabei die Justierungsschwierigkeiten, doch können bei gleicher Vergrößerung die Brennweiten merklich größer gemacht werden, was für hohe
Strahlspannungen leichter zu verwirklichen ist. Betrachten wir daher noch
kurz die Aufteilung in n Stufen.

Es sei l die Gesamtlänge des Strahlenganges, l_1, l_2, ..., l_n die für die
einzelnen Abbildungsstufen angesetzten Längen und f_1, f_2, ..., f_n die Brennweiten der einzelnen Linsen. Dann ist die Vergrößerung der r-ten Stufe
$V_r = l_r/f_r$, solange $f_r \ll l_r$ ist, und die Gesamtvergrößerung

$$V = \frac{l_1}{f_1} \cdot \frac{l_2}{f_2} \cdots \frac{l_n}{f_n}.$$

Die maximale Gesamtvergrößerung erhält man, wenn alle Längen l_1, l_2, ..., l_n
einander gleich sind. Sind auch die Brennweiten gleich, so ist die Gesamtvergrößerung

$$V = \left(\frac{l}{nf}\right)^n.$$

Die Formel gilt für $f \ll l/n$. Ist diese Bedingung erfüllt, so steigt die Gesamtvergrößerung schwächer als eine Exponentialfunktion mit der Stufenzahl.

Bei drei Stufen haben wir, wieder 1 m Länge des Strahlenganges vorausgesetzt, bei $f = 2$ mm eine Vergrößerung von $5 \cdot 10^6$, also weit über die förderliche Vergrößerung zu erwarten. Legen wir umgekehrt die Vergrößerung der
zweistufigen Abbildung mit $V = 60\,000$ zugrunde, so folgt $f = 8$ mm, d. h. die
Brennweite kann viermal so groß wie bei zwei Stufen gemacht werden.

Der Übergang zu Linsen großer Brennweite durch Verwendung mehrerer
Abbildungsstufen bringt zwar Vorteile hinsichtlich des Aufbaues, bedeutet aber
andererseits eine Herabsetzung des Auflösungsvermögens. Der Grund dafür
liegt darin, daß wir eben mit einer festen Apertur (der Größe 0,001) gerechnet
haben, daß in Wirklichkeit aber die ausnutzbare Apertur wegen der Bildfehler

von der Größe der Brennweite abhängt[1]. Um das einzusehen, gehen wir von
einer Linse mit 1 mm Brennweite durch verhältnisgleiche Vergrößerung aller
Abmessungen zu einer Linse mit 1 cm Brennweite über. Nach den Ähnlichkeitsgesetzen [I, 5] wird dadurch für gleichbleibende Apertur und für entsprechende Lage von Objekt und Bild, also bei gleichbleibender Vergrößerung,
der Zerstreuungskreis (etwa der sphärischen Abberation) um den Faktor 10
größer. Man muß also bei dem größeren System kleinere Aperturen benutzen,
wenn der Fehler nur so stark ins Gewicht fallen soll wie bei dem kleineren System,
d. h. man hat ein kleineres Auflösungsvermögen [IX, 5]. Maßgebend ist dabei
allein die Brennweite des Objektivs, die nächsten Stufen erhöhen das Auflösungsvermögen nicht, da sie Bild und Zerstreuungskreis in gleichem Verhältnis
vergrößern.

Als praktische Folgerung ergibt sich
aus dieser Betrachtung, daß man stets
eine möglichst kurzbrennweitige Elektronenlinse in der ersten Stufe benutzen soll. Die weitere Vergrößerung
wird man dann nach Bedarf entweder
im Elektronenmikroskop selbst oder
nach der Aufnahme mit optischen
Mitteln vornehmen, wobei man den
Vorteil kürzerer Belichtungszeiten und
großen Gesichtsfeldes gewinnt. Natürlich ist die Anwendbarkeit der optischen
„Nachvergrößerung" begrenzt, würde
doch bei zu starker Nachvergrößerung
das Plattenkorn Störungen bedingen.

Vergleichen wir abschließend noch
besonders den allgemeinen Aufbau des
Licht- und Übermikroskops (Abb. 428).
Das zweistufige Übermikroskop, sei es
mit magnetischen oder elektrischen
Linsen ausgestattet, werden wir dabei

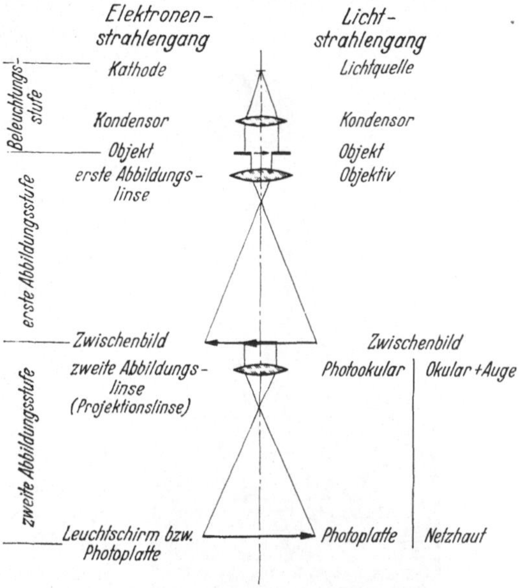

Abb. 428. Vergleich des Aufbaus des Durchstrahlungsmikroskops mit Elektronen- und Lichtstrahlen.

mit dem Lichtmikroskop in Parallele setzen, das außer dem Objektiv noch eine
photographische Aufnahmeeinrichtung als zweite Stufe besitzt oder bei dem wir
Okular + Augenlinse als zweite Stufe betrachten.

12. Das magnetische Übermikroskop. Das magnetische Mikroskop, das
der Ausgangspunkt der Entwicklung des magnetischen Übermikroskops gewesen ist, war, wie wir es in [IX, 7] sahen, ein Kaltkathoden-Oszillograph. Die
in einer Gasentladung erzeugten Elektronen wurden auf 50 bis 80 kV beschleunigt und durchstrahlten nun das Objekt. Die Abbildung von durchstrahlten
Netzen usw. wurde wie bei ROGOWSKIs Oszillograph mit Vorkonzentration [VIII, 8]
in zwei Stufen mittels Spulen vorgenommen [385]. Diese Arbeiten wurden
von KNOLL und RUSKA [386] mit dem Ziele fortgesetzt, hohe Vergrößerungen
zu erreichen, wozu es erforderlich war, die Brennweiten der Linsen zu verringern. Hierzu trägt bei konstanter lichter Weite der Spulenöffnung die
Eisenkapselung bei [IV, 2]. Will man über die so erhaltenen Brennweiten von
einigen Zentimetern zu Brennweiten von der Größenordnung eines Millimeters
gelangen, so müssen die Polschuhe der Hauptabbildungsspule bis in das Rohrinnere vorgeschoben werden [V, 5].

---

[1] Hierüber vergleiche man die Untersuchungen ABBES für das Lichtmikroskop: Gesammelte Abhandlungen, herausgegeben von S. CZAPSKI (Gustav Fischer, Jena).

1934 konnte RUSKA [588], der sich bis in die jüngste Zeit um die Entwicklung des Übermikroskops sehr verdient gemacht hat, das erste unter diesen Gesichtspunkten konstruierte magnetische Elektronenmikroskop hoher Vergrößerung zeigen (Abb. 429). Das Gerät, bei dem die reichen Erfahrungen des Berliner Hochspannungsinstituts über Kaltkathoden-Oszillographen von Nutzen waren, arbeitete mit einer Kondensor- und zwei festeingebauten Abbildungsspulen. Die schnellen Elektronen (40 bis 70 ekV), die durch ein Gasentladungsrohr erzeugt wurden, werden durch die wassergekühlte Kondensorspule auf das Objekt (Metallfolie von rd. 1 μ Dicke) gerichtet, bei dem für Wärmeableitung durch eine besondere Einspannung in Blenden von 0,2 mm aus Goldplatin gesorgt ist. Das ganze System ist in die Objektspule (Abb. 116) mit eingeschraubt, so daß eine sehr genaue Zentrierung möglich ist. Die in der Abbildungsspule entstehende JOULEsche Wärme und die vom Elektronenaufprall herrührende Wärme wird durch eine Wasserkühlung abgeführt. In etwa 40 cm Abstand entsteht das Bild, das durch eine zweite gleichartige magnetische Linse abermals vergrößert wird. Da jede dieser Linsen etwa 60fache Vergrößerung erlaubt, ist es möglich, das durchstrahlte Objekt in 4000facher Vergrößerung abzubilden [401].

Mit diesem Gerät sind von 1934 bis 1938 eine Reihe von Untersuchungen durchgeführt worden, so von RUSKA selbst [588], ferner von DRIEST und MÜLLER [213], KRAUSE [399], sowie BEISCHER und KRAUSE [48]. Dabei wurde das Gerät weiter verbessert. So führten DRIEST und MÜLLER die vom Kathodenstrahl-Oszillographen her bekannte Innenphotographie [V, 20] ein, während KRAUSE neben anderen Verbesserungen die ausreichende Beruhigung der Anodenspannung durchführte und damit einen wesentlichen Fortschritt erreichte.

Abb. 429.
Magnetisches Durchstrahlungsmikroskop für hohe Vergrößerungen [588].

MARTON [458, 459] hatte sich schon 1934, d. h. nach den ersten Veröffentlichungen über diesen Gegenstand, ein magnetisches Mikroskop gebaut, das er dazu benutzte, biologische Objekte mit hoher Vergrößerung abzubilden. MARTON hat auch die erste bekanntgewordene Einschleusvorrichtung für Objekte beschrieben.

Durch diese Arbeiten mit ihren schrittweisen Verbesserungen hat die Entwicklung des magnetischen Übermikroskops in grundsätzlicher Beziehung ihren Abschluß erzielt. Das Ziel der Abbildung feinster, insbesondere biologischer Objekte bei Erreichung übermikroskopischer Auflösungen war, wie wir es in [IX, 15] sehen werden, erreicht. Das Gerät war reif geworden, um in eine technische Form gebracht zu werden. Die Metropolitan-Vickers Electrical Co. entwickelte 1937 ein zu den heutigen technischen Übermikroskopen überleitendes Gerät, das von MARTIN, WHELPTON und PARNUM [456] beschrieben wurde[1].

Das Elektronenmikroskop der Metropolitan-Vickers zeigt in grundsätzlicher Beziehung denselben Aufbau wie das Gerät von RUSKA und MARTON. Die drei

---

[1] Über weitere, später im Ausland gebaute Übermikroskope vgl. [531a, 467a].

magnetischen Linsen sind jedoch nicht fest eingebaut, sondern ganz ins Vakuum gebracht, wo sie von außen justiert werden können. Eine interessante technische Neuerung ist auch der schwenkbare Objekthalter, der es erlaubt, durch eine Drehung das Objekt in den Strahlengang eines Lichtmikroskops zu bringen Über die Ergebnisse, die mit diesem Gerät erzielt worden sind, ist kaum etwas bekannt geworden.

Ein Jahr nach der Veröffentlichung des soeben beschriebenen Gerätes nahm sich die Siemens & Halske AG der Frage des Übermikroskops an. Unter Leitung von Ruska wurde unter unmittelbarer Verwertung der im Berliner Hochspannungsinstitut von Ruska, Krause u. a. gewonnenen Erfolge das Siemens-Übermikroskop gebaut, über das v. Borries und Ruska [89] in einer Anzahl von Veröffentlichungen berichteten. Dieses Übermikroskop, das etwa 1 m Länge des Strahlenganges hat, arbeitet mit Glühkathode und Spannungen bis 80 kV. Das Objektiv hat eine Brennweite, die bis 2,8 mm verkleinert werden kann, die Projektionsspule (Linse der zweiten Stufe) eine Brennweite von 1 mm. Die erste Stufe erreicht 75fache, die zweite 400fache Vergrößerung, so daß insgesamt 30000fache Vergrößerung erreicht wird. Das Mikroskop ist mit Objekt- und Photoschleuse ausgerüstet. Das Objekt ist während der Beobachtung sowohl in Richtung der Strahlachse als auch in der dazu senkrechten Ebene bewegbar.

Abb. 430.
Siemens-Übermikroskop für Forschungsinstitute [90a].

Die Erfahrungen, die an diesem Gerät gemacht wurden, führten 1939 zu einer Neukonstruktion [90a], die als Übermikroskop für Forschungsinstitute bezeichnet wurde. Das Gerät ist in der äußeren Anordnung eleganter und gedrängter. Abb. 430 zeigt dieses Übermikroskop, das vor einem Schrank aufgebaut ist, der die Pumpen usw. vereinigt und gleichzeitig als Stativ dient. Die Spannungsanlage, die in einem besonderen Zimmer untergebracht ist, besteht aus Synchronumformersatz, Transformator, Gleichrichter und Glättungskondensatoren. Der Synchronumformersatz ist — ebenso wie ein Röhrenregler — erforderlich, um die sehr konstante Hochspannung für die Elektronenbeschleunigung aus der schwankenden Netzspannung herzustellen. Die Linsenströme die ebenfalls sehr konstant sein müssen, werden von einer Akkumulatorenbatterie geliefert. Die Brennweite des Objektivs kann bei 70 ekV Elektronenenergie bis 2,5 mm verkleinert werden; die Projektionslinse hat 1 mm Brennweite. Die mit dem Gerät erzielbare Vergrößerung ist zwischen 4000- bis 30000fach bei einer maximalen Auflösung von etwa 5 mµ [90] wählbar.

Anfang 1940 beschrieb v. Ardenne [14a] ein „Universal"-Übermikroskop[1], das hinsichtlich Möglichkeiten der Beobachtung, aber auch hinsichtlich der Auf-

---

[1] Die Bezeichnung Universalmikroskop taucht übrigens in der Geschichte des Mikroskops häufig auf. So wurde 1761 ein Universalmikroskop von Freiherrn v. Gleichen, gen. Russwurm, angegeben. Weitere Universalmikroskope stammen z. B. von Martin (1776), Jones (1798) und Chevalier (1835).

lösung, den derzeit höchsten Stand darstellt. Dieses Präzisionsmikroskop (Abb. 431) arbeitet mit magnetischen Linsen[1]. Bei dem Gerät ist die Möglichkeit eines schnellen Übergangs vom Hellfeld- zum Dunkelfeldbetrieb und die Herstellung übermikroskopischer Stereobilder [IX, 17] vorgesehen. Alle wesentlichen Bestandteile sind einzeln schnell aus dem fertig montierten Mikroskop herauszunehmen bzw. umzuwechseln. An besonderen Hilfseinrichtungen seien erwähnt eine Kontrolle der Schärfeeinstellung, mit der sich selbst bei Zeiten von Stunden die Bedingungen bester Schärfe aufrechterhalten lassen, Einkristall-Leuchtschirme in der Zwischenbildebene und hinter der Projektionslinse und zugehörige Beobachtungsmikroskope zur Scharfstellung bei kleinen Intensitäten. Bei Betriebsspannungen von 60 kV kann die Brennweite des verwendeten magnetischen Objektivs bis 1,6 mm, die Brennweite der Projektionslinse bis 1 mm verkleinert werden. Die Strahllänge jeder einzelnen Stufe ist 650 mm. Praktisch wird nicht mit der aus diesen Daten errechenbaren höchsten Vergrößerung von 260000 gearbeitet, sondern mit 8000- bis 15000facher Vergrößerung. Die entstehenden Bilder im Format 30×45 mm werden dann bedarfsweise lichtoptisch weiter vergrößert. Als sichergestelltes Auflösungsvermögen wird bei Hellfeldbetrieb 3 mμ angegeben [IX, 15].

Alle die bisher erwähnten magnetischen Übermikroskope arbeiten mit gekapselten Spulen. Kürzlich ist auch ein magnetisches Übermikroskop von KINDER, PENDZICH und STEUDEL [356b] bekanntgeworden, das mit den bereits in

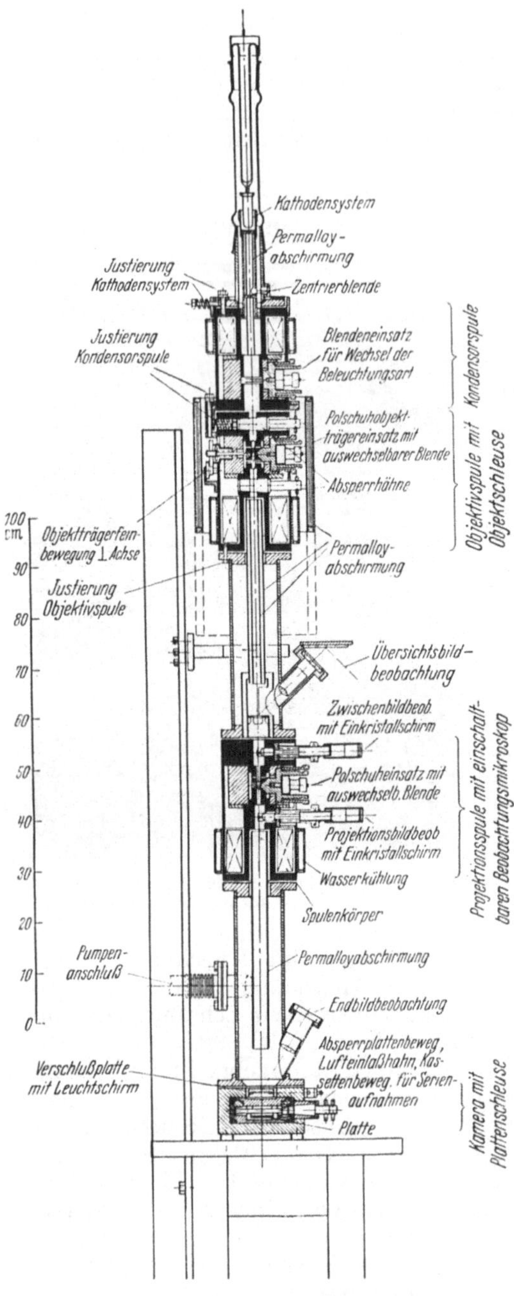

Abb. 431. Schnitt durch das Übermikroskop
nach v. ARDENNE [14a].

[V, 5] beschriebenen Jochlinsen arbeitet. Das Mikroskop, das für Spannungen über 100 kV dimensioniert ist, hat Auflösungen unter 10 mμ erzielt.

---

[1] Bei dem Gerät sind die magnetischen Linsen besonders einfach gegen elektrostatische Linsen auswechselbar. Bilder mit elektrischen Linsen sind jedoch bisher (August 1940) noch nicht bekannt geworden.

Es erlaubt, interessante Vergleiche bei Abbildung mit verschieden schnellen Elektronen durchzuführen [356a].

13. Das elektrische Übermikroskop. Der Übergang vom magnetischen zum elektrischen System ist nicht immer einfach und auch nicht immer mit den Fortschritten verbunden, die man erhofft, so daß man gelegentlich — wie bei der Fernsehröhre — zum magnetischen System zurückkehrt. Wenn man beim Übermikroskop heute auch noch kein abschließendes Urteil abgeben kann, so ist doch bereits deutlich, daß für den heute üblichen Geschwindigkeitsbereich um etwa 50 kV der Übergang durchführbar und von Vorteilen begleitet ist. Diese Vorteile bestehen in einer erheblichen Vereinfachung der Spannungsanlage, der tragbare Eingeständnisse in anderer Hinsicht gegenüberstehen.

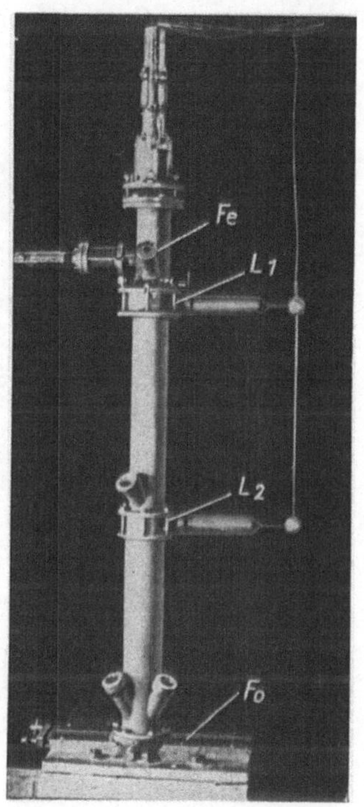

Abb. 432. Elektrostatisches Übermikroskop nach MAHL [446].

Das elektrische Übermikroskop entspricht in seinem Aufbau wie das magnetische einem zweistufigen Lichtmikroskop. Abb. 432 stellt das erste Laboratoriumsgerät MAHLs [446] dar. Im oberen Teil sitzt die Kathode, die aus einer von einem WEHNELT-Zylinder umgebenen Glühdrahtspitze besteht. Die Elektronen werden durch eine feine Blende von 0,1 mm Öffnung ausgeblendet und durchstrahlen dann das Objekt, das unmittelbar vor der ersten Linse L_1 sitzt und horizontal und vertikal verschoben werden kann. Die erste Linse erzeugt ein Bild in ungefähr 60facher Vergrößerung. Ein Teil des Bildes wird durch ein Blendenloch durchgelassen und durch die zweite Linse L_2 auf 5000fache Vergrößerung gebracht. Das Bild wird auf einem Leuchtschirm beobachtet, der weggeklappt und durch eine photographische Platte ersetzt werden kann. Die im Objekt gestreuten Elektronen werden durch eine Blende von 0,1 mm Öffnung ausgeblendet, die zugleich als Elektrode der ersten Linse dient.

Als Linsen wählten BOERSCH und MAHL Einzellinsen [V, 4]. Bei ihrer Verwendung haben die Elektronen bis auf den Linsenbereich die hohe durch das Anodenpotential gegebene Geschwindigkeit. Die Mittelelektrode wird an eine gegenüber der Außenelektrode negative Spannung gelegt. Durch diese beiden Maßnahmen wird zweierlei erreicht: Erstens braucht keine höhere Spannung als die Anodenspannung von der Hochspannungsanlage geliefert zu werden. Zweitens ist der Einfluß von Störfeldern auf das minimal mögliche Maß beschränkt, da die Elektronen nur in der Linse langsam sind.

Bei der weiteren Entwicklung wurde die Einzellinse so gestaltet, daß als Mittelpotential gerade Kathodenpotential erforderlich ist. Die Ausbildung der Linse als „Zweipolsystem" hat zwei Vorteile, die bereits in [IV, 4] erläutert wurden. Erstens arbeitet die Anordnung nun ohne Verwendung von Potentiometern, d. h. wirklich leistungslos. Zweitens wird durch diesen Kurzschluß von Kathode und Mittelelektrode der Linsen erreicht, daß das Verhältnis der Linsenspannung zur Anodenspannung absolut konstant, nämlich Eins, ist und diesen Wert auch behält, wenn die Spannungsglättung nur gering ist. Da die Elektronenbahnen nur vom Spannungsverhältnis abhängig sind, bleiben die Bilder scharf, selbst wenn Wechselspannung angelegt wird. Als Beweis sind

in Abb. 83 zwei übermikroskopische Aufnahmen wiedergegeben, die mit Gleich-
spannung und den Spitzen von Wechselspannung erzielt wurden und die
Möglichkeit zeigen, auch mit Wechselspannung scharfe übermikroskopische
Aufnahmen zu erhalten.

In Abb. 433 ist die verwendete Einzellinse dargestellt, bei deren Konstruktion
besonderer Wert auf die hochspannungstechnische Gestaltung der Elektroden
gelegt werden mußte. Die Linse besteht aus einem Metallrohr, in das die drei
Elektroden in Gestalt von genau eingepaßten Platten eingelegt sind. Eine
solche Linse von 5 mm lichter Öffnung der Mittelelektrode hat ungefähr eine
Brennweite von 6 mm. An die Elektroden, die aus Chromnickelstahl hergestellt

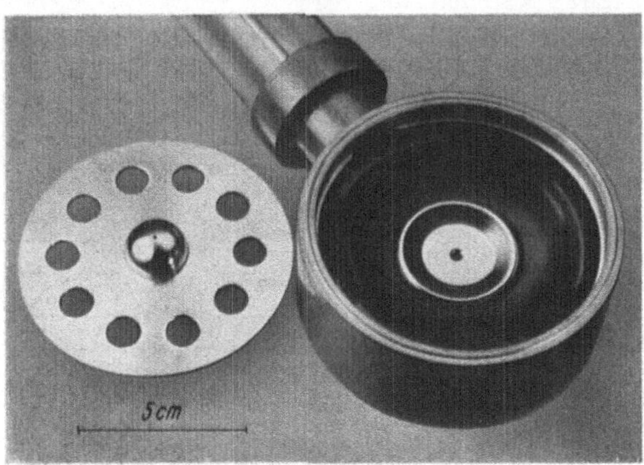

Abb. 433. Elektrostatische Übermikroskoplinse [446a].

sind, kann man ohne Be-
denken 50 kV anlegen. Oberhalb 60 kV zeigt sich nach
Untersuchungen von Gölz
[271a] die Gefahr von merklichen Feldemissionsströmen
und Überschlägen zwischen
den Elektroden.

Das elektrische Über-
mikroskop ist ebenfalls bereits in eine technische Form
gebracht worden. Abb. 434
zeigt ein Modell des AEG-
Übermikroskops von Anfang
1940. Es arbeitet bei etwa
1 m Strahlenganglänge mit
Glühkathode und Anoden-

spannungen von 50 kV. Das Gerät erlaubt es, mehrere Vergrößerungen bis
maximal 9000 oder 10000fach zu benutzen. Wir werden in [IX, 17] nochmals
hierauf zurückkommen. Diese Vergrößerung ist kleiner, als sie beim magnetischen Mikroskop mit seinen verstellbaren Linsen erreicht werden kann. Trotzdem wird man die kleinere Vergrößerung, wie es übrigens auch v. Ardenne
bei seinem magnetischen Mikroskop tut [IX, 12], häufig bevorzugen, da die sehr
scharfen Aufnahmen sich lichtoptisch bis an die Auflösungsgrenze des Elektronenmikroskops weiter vergrößern lassen, wobei der Vorteil eines großen Gesichtsfeldes gewonnen wird. Bei dem Verzicht auf die Einstellbarkeit der
Brennweiten ist eine Scharfstellung des Bildes mit elektronenoptischen Mitteln
nicht mehr möglich. Statt dessen erfolgt die Scharfstellung ähnlich wie beim
Lichtmikroskop mechanisch durch Änderung des Abstandes von Objekt und
Linse. Das Objekt ist während der Beobachtung auch in der zum Strahlengang senkrechten Ebene bewegbar (Kreuztisch). Das Mikroskop ist mit Objekt-
und Photoschleuse ausgerüstet, bei deren Konstruktion ebenfalls größter Wert
auf Einfachheit und Bequemlichkeit für die Bedienung gelegt wurde. Alle
Spannungen und Ströme werden einem Netzanschlußgerät entnommen, das
dem einer kleinen Röntgenanlage entspricht.

14. Weitere Mikroskope hoher Auflösung. Außer dem in [IX, 13, 14]
betrachteten Weg einer zweistufigen Vergrößerung mit kurzbrennweitigen
Linsen (eigentliche Abbildungsmikroskope) sind noch andere Wege zur hochvergrößerten Abbildung eines durchstrahlten Gegenstandes angewendet worden.

Das Elektronen-Rastermikroskop von v. Ardenne wurde bereits in [VIII, 26]
behandelt. Durch das „umgekehrte" magnetische — es würde natürlich ebenso
auf rein elektrischem Wege gelingen — Übermikroskop wird ein sehr feiner
Elektronenfleck (submikroskopische Sonde) erzeugt, mit dem der Gegenstand

abgetastet wird. Kennt man aus den angelegten Ablenkspannungen genau die Lage des abtastenden Flecks auf dem Objekt und mißt man die durchgehende Elektronenintensität, so kann man ein „Bild" des Gegenstandes entwerfen.

Bei dem Schattenmikroskop von BOERSCH [75, 76, 77a], dessen grundsätzlichen Aufbau Abb. 435a zeigt, wird durch verkleinerte Abbildung einer Kathode K mit Hilfe der Elektronenlinsen L_1 und L_2 — BOERSCH benutzte *elektrische* Linsen und bildete das Mikroskop als Zweipolsystem [IV, 4] aus — eine sehr kleine „Elektronenquelle" P erzeugt. Der abzubildende Gegenstand G wird unmittelbar hinter (oder auch vor) diese Elektronenquelle gebracht. Es entsteht so auf dem Schirm S ein Schattenbild des Gegenstandes, das ebenso wie sonstige Elektronenbilder Halbschattengebiete usw. je nach der Durchlässigkeit der verschiedenen Gegenstandsbezirke zeigen wird.

Sieht man zunächst von den Beugungserscheinungen ab, so kommt es darauf an, das Bild der Kathode möglichst klein zu machen, um möglichst hohe Auflösung zu erhalten. Man muß aber beachten, daß keine submikroskopische Sonde zu entstehen braucht, wie es beim Rastermikroskop der Fall sein muß, und daß in Wirklichkeit auch keine entsteht. Infolge des Öffnungsfehlers werden nämlich an der Einschnürungsstelle [I, 16] die vom Punkte K ausgehenden Elektronen in einer Kaustik mit der Spitze P vereinigt (Abb. 435b). Beim Rastermikro-

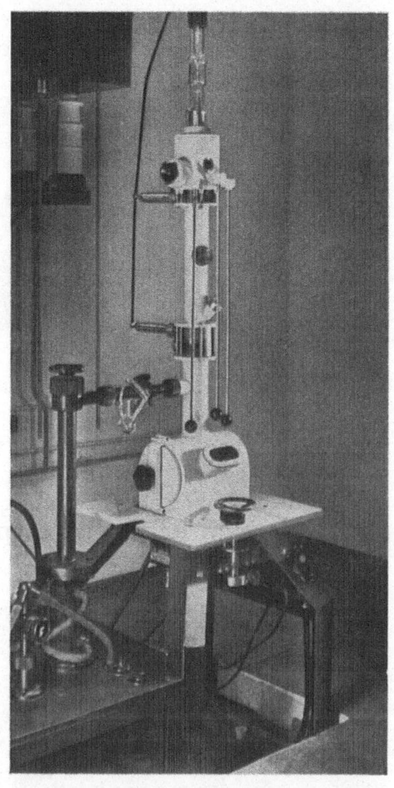

Abb. 434. Elektrostatisches Übermikroskop, aufgestellt im Robert-Koch-Institut.

skop wäre der Querschnitt des Strahlbündels für die erreichbare Auflösung maßgebend. Beim Schattenmikroskop dagegen gibt die Größe dieses Quer-

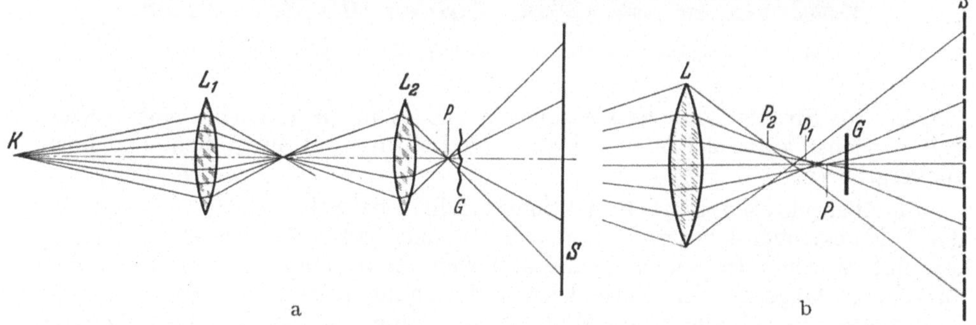

Abb. 435. Schema des Schattenmikroskops von BOERSCH [76]. a Prinzipschema, b Einfluß des Öffnungsfehlers.

schnittes nur den Raum an, über den die Projektionszentren für die einzelnen Objektpunkte verstreut liegen. Die verschiedenen Punkte des Objekts werden einfach von verschiedenen Punkten P, P_1, P_2 der Kaustik aus projiziert, d. h.

der Abbildungsmaßstab ist für achsennahe Objektpunkte anders als für achsenferne. Es entstehen verzeichnete Bilder (Abb. 436b), die Bildschärfe selbst leidet aber nicht. Bei den Versuchen von BOERSCH ist der engste Querschnitt ungefähr 1 μ groß, die erreichte Auflösung dagegen 25 mμ. Abb. 437 zeigt eine mit diesem Elektronenmikroskop aufgenommene Diatomee bei zwei verschiedenen Entfernungen des Objektes G von der Spitze P der Kaustik (Abb. 435b), d. h. bei zwei Vergrößerungen.

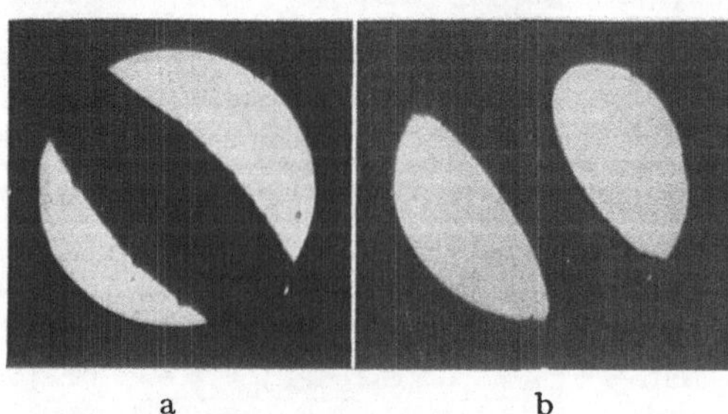

Abb. 436. Verzeichnete Bilder beim Schattenmikroskop [76].

Gegenüber dem Rastermikroskop hat die Anordnung folgende Vorteile: Das Bild wird als Ganzes und direkt beobachtet, so daß die Schwierigkeiten der Einstellung fortfallen. Der Öffnungsfehler der Elektronenlinse zeigt sich, wie erwähnt, nicht als Bildunschärfe, sondern wirkt sich nur als Bildverzerrung aus. Infolgedessen kann beim Schattenmikroskop mit weiten Bestrahlungswinkeln gearbeitet werden, die verwendete Elektronenintensität ist groß und die Belichtungszeit auf gleiches Gesichtsfeld bezogen um den Faktor 10 kleiner als beim Rastermikroskop. Schließlich ist ganz allgemein die schnelle und stetige Umstellbarkeit der Vergrößerung durch axiale Verschiebung des

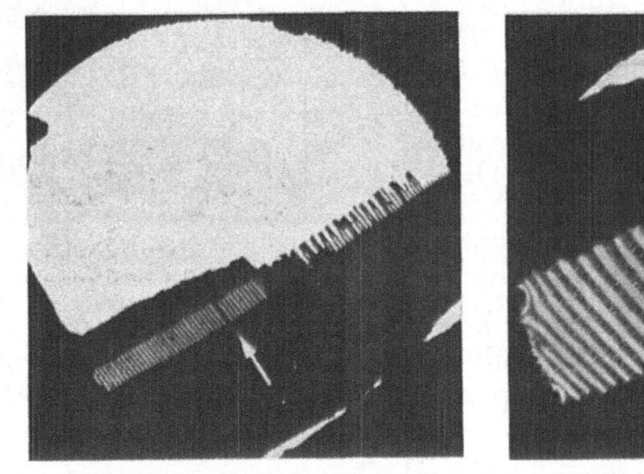
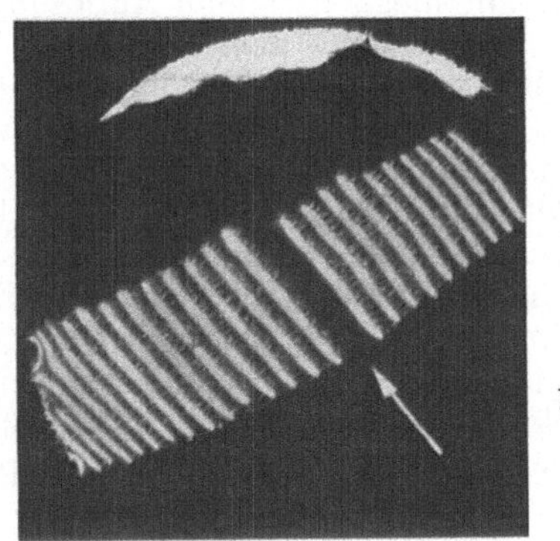

Abb. 437. Diatomee im Schattenübermikroskop [77a]. a V 1100:1, b V 5300:1.

Objekts im Strahlengang hervorzuheben, die es möglich macht, eine Einzelheit zunächst aufzusuchen und dann unter Beibehaltung im Gesichtsfeld hoch zu vergrößern.

Ein übermikroskopisches Projektionsverfahren bei Selbstleuchtern verwendet das Feldelektronen-Übermikroskop von MÜLLER [498], das bereits in [IX, 9] erwähnt wurde. In seiner grundsätzlichen Anordnung entspricht es den aus der Anfangszeit der Kathodenstrahlforschung bekannten Versuchen von GOLDSTEIN zur Abbildung von Münzen usw. Eine sehr kleine Metallspitze von etwa 100 mμ Durchmesser dient als selbstemittierender Gegenstand. Die Spitze emittierte durch Feldemission, da bei der Kleinheit des Krümmungsradius das Beschleunigungsfeld, das zwischen Spitze und Schirm als Anode gelegt ist, praktisch an der Kathode liegt, wo eine Feldstärke von der Größenordnung 10^7 V/cm herrscht. Die aus der Kathode austretenden Elektronen werden durch das Feld sofort radial gerichtet und entwerfen daher auf dem Leuchtschirm ein Emissionsbild der Kathode. Man erhält auf diese Weise ein sehr anschauliches Bild der durch die Schnittrichtung des Kristalls bedingten Emissionsverteilung (Abb. 424). Als Auflösung wird 1 mμ angegeben. Vgl. auch [52a, b].

Es liegt nahe, die üblichen Abbildungsmethoden mit Linsen mit den beiden zuletzt beschriebenen Mikroskopen zu kombinieren. Dazu hätte man etwa beim Schattenmikroskop bei Anwendung einer Linse den in Abb. 438 dargestellten Aufbau vorzunehmen. Die Linse L zwischen Objekt G und Schirm S dient gleichsam nur dazu, den unter Umständen langen Abstand zwischen beiden zu verkürzen.

15. Auflösungsgrenze. Die Überschreitung der Auflösungsgrenze des Lichtmikroskops war das erste äußere Ziel, nach dem die Entwicklung des Elektronenübermikroskops, seit 1931 die Elektronenoptik greifbare Form

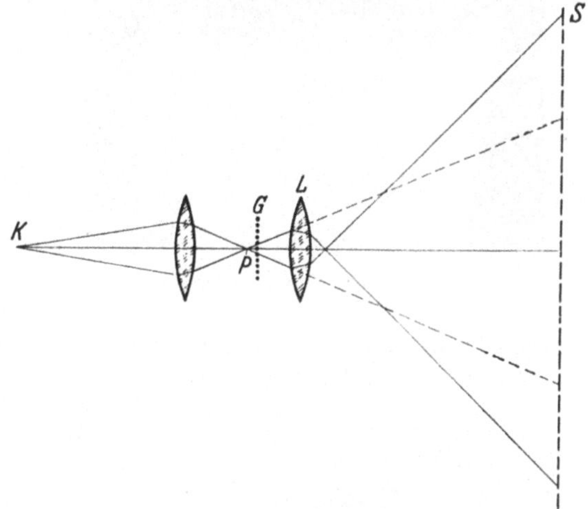

Abb. 438. Anwendung einer Vergrößerungsstufe beim Schattenmikroskop.

gewann, gestrebt hat. Optisch kann man, wie wir [VIII, 4] sahen, mit den äußersten Mitteln (ultraviolettes Licht mit $\lambda = 0,2$ bis $0,3$ μ, Schrägbeleuchtung) als Auflösungsgrenze rd. 100 mμ ansetzen. Unterhalb dieser Grenze beginnt das Gebiet der Submikronen. Man suchte nun nachzuweisen, daß auch mit dem Elektronenmikroskop eine Auflösung von mindestens 100 mμ erreichbar ist.

In den ersten Jahren der Entwicklung war man sich nicht recht klar darüber, wie man die Auflösung zu bestimmen hatte. Es wurde versucht [588], aus der Schärfe von Konturen Rückschlüsse auf die erreichte Auflösung zu ziehen, wodurch man sich sehr zu optimistischen Auffassungen verleiten ließ. Erst 1934 begann man [EO VI, 22, 23] allgemein [401], wie in der Optik den Abstand zweier gerade getrennter Punkte[1] des Gegenstandes als Auflösungsgrenze anzugeben und mußte so feststellen, daß die Auflösung zwar schon sehr groß, daß aber das Lichtmikroskop noch nicht geschlagen war. Dieses

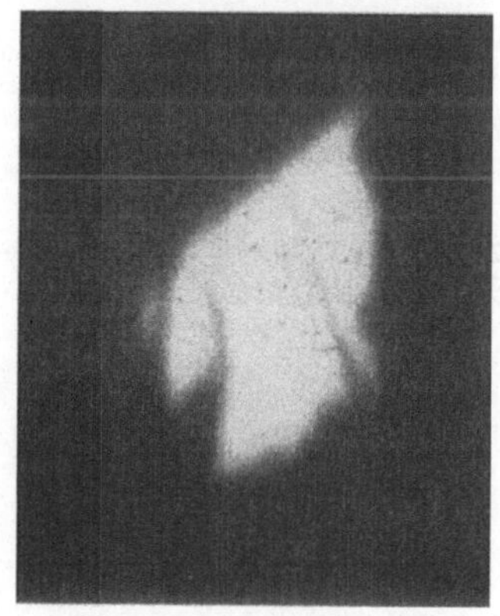

Abb. 439. Behaarung eines Beins von Musca domestica [213]. V 25 000:1.

Ziel wurde erst 1935/36 von verschiedenen Entwicklungsstellen erreicht, nachdem geeignete Objekte gefunden und die Untersuchungstechnik weiter verbessert war. DRIEST und MÜLLER [213] untersuchten den Chitinpanzer von Fliegenflügeln und Fliegenbeinen, wobei sie Einzelheiten in der Größenordnung von 50 mμ gerade noch nachweisen konnten (Abb. 439). Bald darauf gab MARTON [460] an, bei der Untersuchung der nach seinen

---

[1] Natürlich sind auch Schlüsse auf die Auflösung aus dem scheinbaren Durchmesser kleiner Teilchen nicht exakt und daher zu vermeiden.

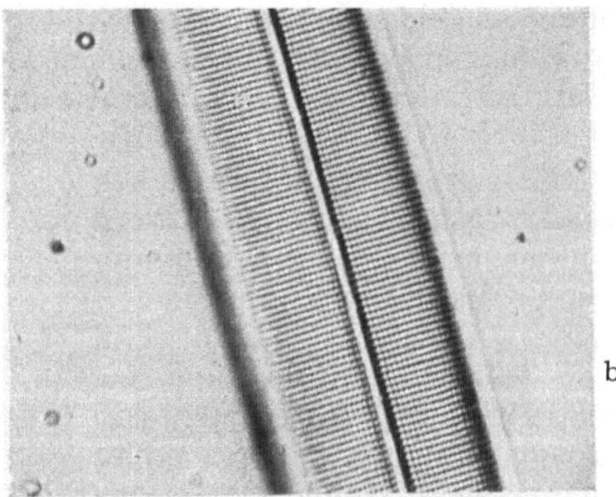

Abb. 440. Diatomee Amphipleura pellucida [339]. a Elektronenbild V 3500:1, b Lichtbild V 1800:1.

Präparierungsverfahren vorbereiteten biologischen Objekte (neottia nidus avis) ebenfalls die Auflösungsgrenze des Lichtmikroskops erreicht zu haben.

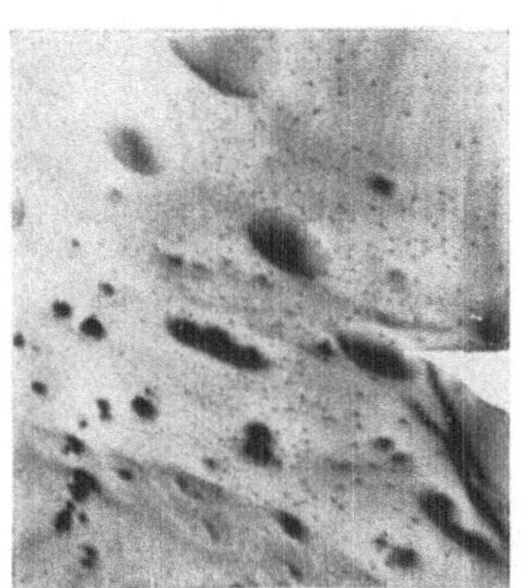

Abb. 441. Kolloidales Gold auf Gelatinefilm [48]. V 2900:1.

Überzeugend sind die Untersuchungen von KRAUSE [399] aus dem Jahre 1936, der nicht mehr optisch unbekannte Objekte, sondern bekannte Testobjekte der Optik benutzte und Elektronen- und Lichtbild verglich. Er wählte die Kieselpanzer von Diatomeen, deren Feinstrukturen gerade an der Auflösungsgrenze des Lichtmikroskops liegen (Abb. 440) und zeigte, daß die Auflösung beider Aufnahmen etwa gleich ist.

Die nächste Entwicklungsaufgabe mußte in der Feststellung gesehen werden, wie weit sich die Leistungsgrenze des Elektronenmikroskops ins Gebiet kleinster Dimensionen verschieben ließ. Der Lösung dieser Aufgabe, an der noch heute gearbeitet wird, stand als erste Schwierigkeit der Mangel an bekannten Untersuchungsobjekten gegenüber; so war nicht bekannt, ob Diatomeen überhaupt genügend feine Strukturen aufweisen. Als Objekte mit feinsten Strukturen wählten BEISCHER

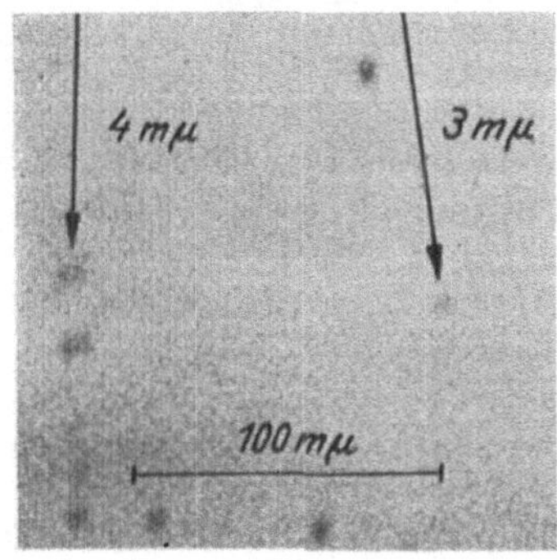

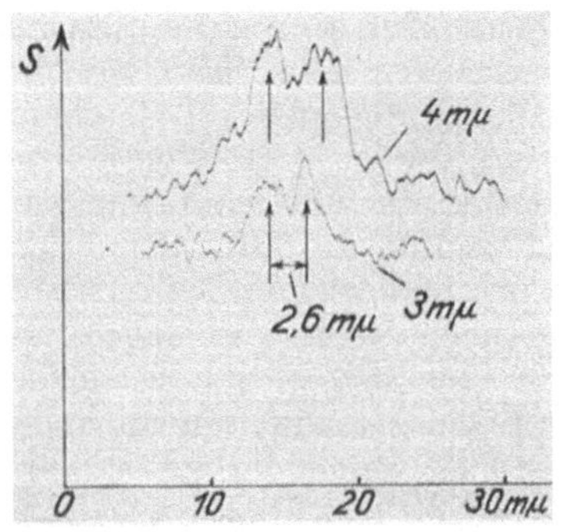

Abb. 442. Bestimmung der Auflösung des Übermikroskops.
a Aufnahme [14b], b Registerkurve längs der Horizontalen durch die beiden Punktpaare.

und KRAUSE [48] Kolloide, bei denen die Größe und oft auch die Form aus indirekten Verfahren erschlossen werden kann, so daß auch hier eine

Kontrolle der elektronenoptischen Aufnahmen möglich ist. Abb. 441 zeigt eine Aufnahme von kolloidem Gold, auf der Teilchen von 50 bis 100 mμ deutlich sichtbar sind, während die Angaben der Autoren, an Eisenkolloiden 5 mμ große Teilchen festgestellt zu haben, nicht unwidersprochen blieben [88, 83a]. Nach V. BORRIES und RUSKA [89] wurden Mitte 1939 als Auflösung 10 mμ für das magnetische Mikroskop erreicht. Ende 1939 wurden 5 mμ angegeben [90], April 1940 nach V. ARDENNE [14a] sogar 3 mμ. Diese letzte Zahl ist die kleinste, die bisher angegeben wurde. Sie ist nach dem Punkttrennungsverfahren bei einer Aufnahme von dispersem Gold

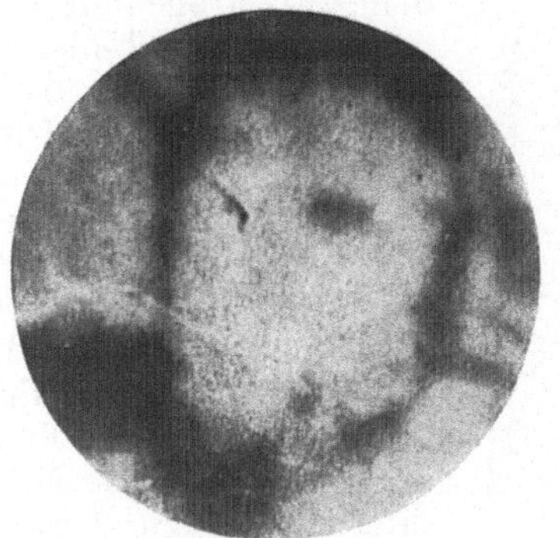

Abb. 443. Abbildung eines biologischen Objektes auf Trägerfolie [461]. V 500:1.

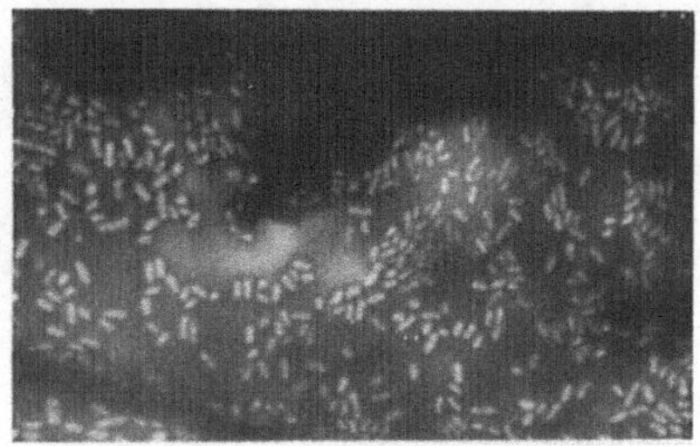

Abb. 444. Bakterien (Heuaufguß) in ein „gefärbtes" Trägerhäutchen eingebettet [400]. V 2000:1.

erzielt worden. Abb. 442a zeigt die betreffende Aufnahme nach starker optischer Nachvergrößerung im Maßstab 350000:1. Während die Teilchen bei 4 mμ noch gut getrennt erscheinen, könnte man bei 3 mμ Zweifel hegen. Die Photometrierung[1] der beiden Aufnahmen zeigt jedoch[2], daß in beiden Fällen getrennte Punkte vorliegen (Abb. 442b), wenn auch die Schwärzungsunterschiede zwischen den Maximalwerten und dem eingeschlossenen Minimum bei 3 mμ nur die doppelte Höhe der durch das Plattenkorn hervorgerufenen Schwankung betragen.

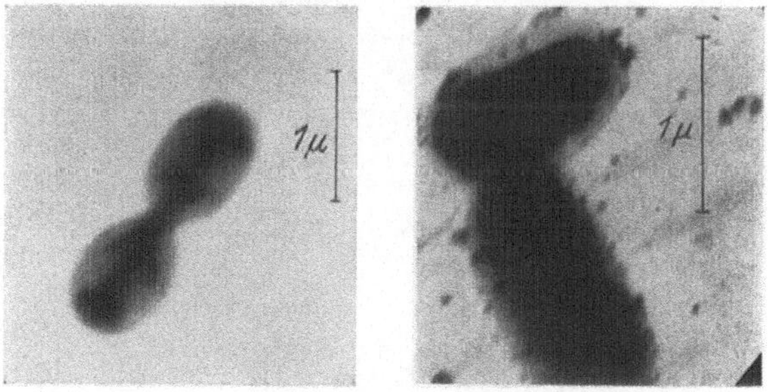

Die Entwicklung der Übermikroskopie in dieser Hinsicht ist damit jedoch noch nicht abgeschlossen. Mit 4 mμ ist die Grenze der Teilchen

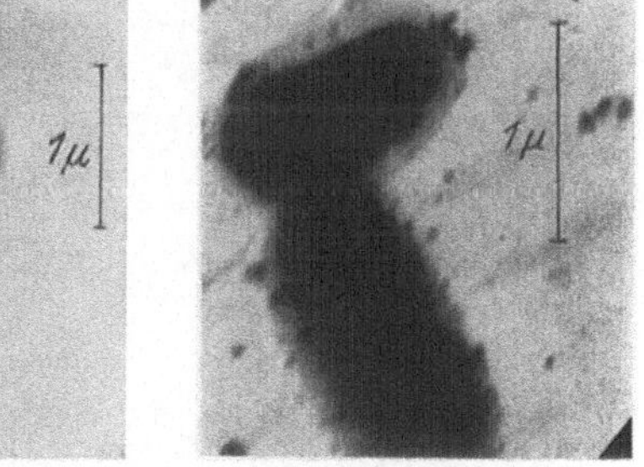

Abb. 445. Bakterienaufnahmen [92]. a V 13000:1; b V 17000:1.

erreicht, die im optischen Ultramikroskop noch nachweisbar sind. Diese Grenze, unterhalb der die Welt des Lichtmikroskops absolut leer geworden ist, ist heute mit dem Elektronenmikroskop erreicht.

16. Einige Anwendungen. Das Elektronenmikroskop zur Untersuchung durchstrahlter Objekte eröffnet besonders nach Überschreitung der licht-

---

[1] Wir danken Herrn V. ARDENNE, daß er uns die Photometrierung durch Überlassung eines Originalabzuges möglich machte.

[2] Die Photometrierung und die Beurteilung der Ergebnisse wurde im Strahlungs-Laboratorium der PTR durchgeführt. Die Photometrierung erfolgte mit einem Spalt von 0,1 mm Breite und 1,5 mm Höhe, der seine Höhe jeweils senkrecht zur Verbindungslinie des Punktpaares hatte und der auf diese Weise bei der Registrierung längs der Verbindungslinie über die Kornschwankungen in gewissem Grade mittelte. Wir danken den Mitarbeitern der PTR für die Durchführung der Photometrierung.

optischen Auflösungsgrenze der Erforschung verschiedener Gebiete neue Wege. Eine Übersicht über die bestehenden Möglichkeiten und über das bereits Erreichte ginge weit über den Rahmen dieses Buches. Wir wollen uns daher ebenso wie beim Emissionsmikroskop [VIII, 11] damit begnügen, aus jedem der Hauptanwendungsgebiete Beispiele herauszugreifen.

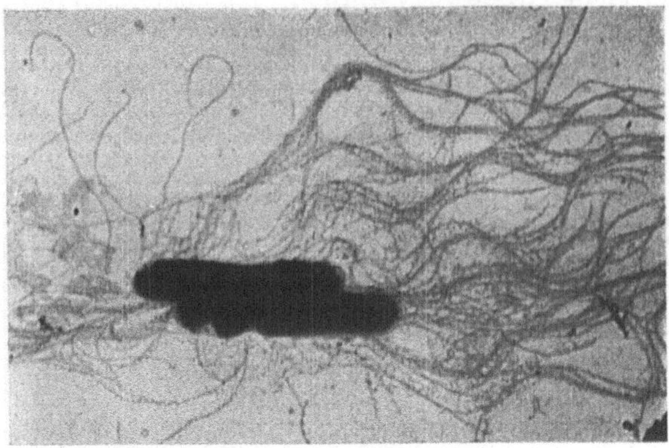

Abb. 446. Bakterien mit Geißeln [523a]. V 6000:1.

Sehr bedeutungsvoll erscheint der Vorstoß mit dem Elektronenmikroskop in das biologisch-medizinische Gebiet. MARTON hat in einer Reihe von Untersuchungen [458 bis 467] sich diesen Fragen zuerst gewidmet. Ihm ist die erste Abbildung biologischer Objekte und die Ausbildung der Präparierungsverfahren, bei denen er seine Objekte durch anorganische Metallsalze tränkte, zu verdanken (Abb. 443). Die ersten Bakterienaufnahmen wurden von MARTON [467] und nach Fixierung mit *organischen* Substanzen von KRAUSE [400] erhalten, ohne daß sie jedoch mehr als die bekannten Einzelheiten erkennen ließen (Abb. 444).

Wesentliche Fortschritte brachten die Arbeiten nach 1938, die einerseits mit dem magnetischen Übermikroskop durch B. v. BORRIES und E. RUSKA

Abb. 447. Bakterien mit Kapseln [446f]. V 10000:1.

[87, 91, 92] sowie Mitarbeitern, andererseits mit dem elektrostatischen Übermikroskop durch H. MAHL zusammen mit A. JAKOB [446f] durchgeführt wurden. Als besonders bemerkenswerte Ergebnisse dieser Arbeiten ist zu nennen: Erstens die Aufnahme von Innenstrukturen der Bakterien, die auch die morphologische Unterscheidung von Bakterien ermöglicht (Abb. 445). Zweitens die Aufnahme der Bakteriengeißeln, die sich in ungewohnter Länge zeigten (Abb. 446). Drittens die Aufnahme von Bakterienkapseln (Membranen), die bei einer

Anzahl von Bakterien erstmalig nachgewiesen wurden (Abb. 447). — Besonders wertvolle Beiträge läßt die übermikroskopische Untersuchung für die Virusforschung erhoffen (Abb. 448). Doch auch hier gehen die Fortschritte, die das Übermikroskop gebracht hat, noch nicht wesentlich über die bisherige durch das Lichtmikroskop vermittelte Kenntnis hinaus.

Als zweites großes Anwendungsgebiet sei die Chemie und die Stoffphysik genannt. Auch hier sind beide Mikroskope benutzt worden. In der Kolloidchemie beschäftigt man sich mit Teilchen, deren Durchmesser zwischen 1 und 100 mμ liegt, mit den Submikronen. Bei der Untersuchung der chemischen Systeme solcher Teilchen, der sogenannten kolloidalen Systeme, möchte man

Angaben über Form und Verteilung der Submikronen haben. BEISCHER und
KRAUSE [48] haben zuerst solche Objekte untersucht, später auch V. BOR-
RIES und RUSKA [87]. MAHL legte die Größe von Eisenoxydteilchen fest.
Schließlich ist durch V. BORRIES und KAUSCHE [82b] mit verbesserten Bildern

und einem größeren Versuchs-
material die Verteilung von Gold-
teilchengrößen abgeschätzt worden.
— Welche Wichtigkeit das Übermikroskop in der Farbenchemie,
in der Staubtechnik, in der Technik
der Steine usw. haben kann, zeigten
V. BORRIES und RUSKA [87]. So
gibt Abb. 449 zwei handelsübliche
Sorten Zinkweiß (ZnO) wieder, die
chemisch gleich sind, sich in der
Teilchenform jedoch ganz erheblich unterscheiden. Es ist klar,
daß entsprechende Unterschiede in
der Deckkraft und Haftfähigkeit
auftreten werden, die sich im Elektronenmikroskop an den morpho-
logischen Unterschieden erkennen
lassen. — Eine andere Frage, die

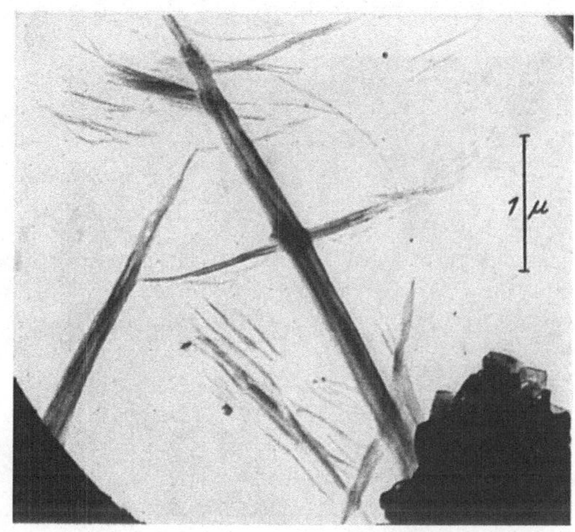

Abb. 448. Tabakmosaikvirus, ausgefällt [352a]. V 16000:1.

für die Korrosionsforschung wichtig ist, behandelte MAHL [446b, c] durch
übermikroskopische Untersuchungen von Eisenrost. Es zeigte sich eine große
Mannigfaltigkeit von Form und Teilchengröße. Abb. 450 läßt erkennen, wie
sich mit der Zeit mehr und mehr regelmäßige Kristalle in den in Wasser suspen-
dierten Rostprodukten ausbilden. Von sonstigen Untersuchungen, an denen

a

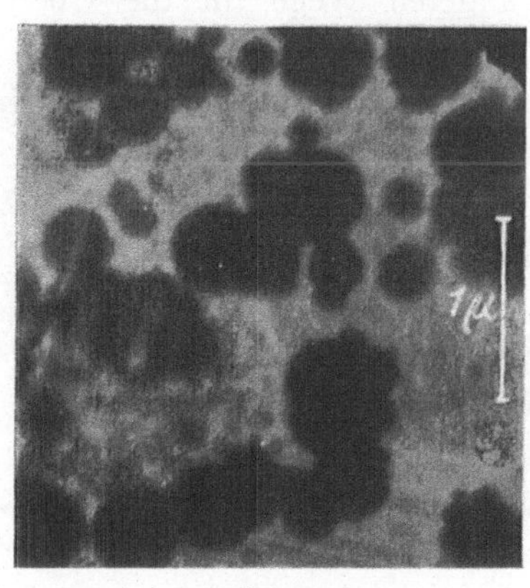

b

Abb. 449. Zwei handelsübliche Sorten Zinkweiß [87]. a V 14000:1, b V 17000:1.

in letzter Zeit auch V. ARDENNE [18] und BEISCHER beteiligt sind, seien die
Arbeiten über Silikate [14c, 531b], Katalysatoren [18], hochpolymere Verbindungen wie Kautschuk [14d], Zellulose [446e] erwähnt. Aus der Gruppe
der letztgenannten Untersuchungen stammt Abb. 451, welche die Zellstoff-
fibrillen von Papier zeigt, das in der Kugelmühle aufgeschlagen worden war.
    Die bisher erwähnten Anwendungen des Übermikroskops bezogen sich
durchgehend auf die Abbildung durchstrahlter Objekte. Die Versuche, das

Übermikroskop entsprechend dem Metallmikroskop auch zur Beobachtung von Oberflächen zu verwenden, sind bisher über die ersten Versuche nicht hinausgekommen. Abbildungen mit reflektierten und sekundären Elektronen ergaben bereits bei kleinen Vergrößerungen unscharfe Bilder. Aber auch vom ARDENNEschen Rastermikroskop, bei dem die Abbildung von Oberflächen prinzipiell

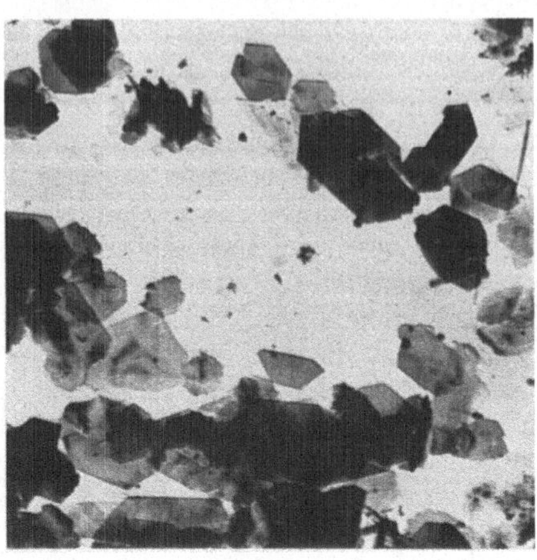

a   b

Abb. 450. Rostprodukte von Eisen in Wasser suspendiert. V 18000:1.
a Einige Stunden alt [446a], b 5 Monate alt.

möglich ist, sind bisher keine befriedigenden Ergebnisse bekannt geworden. Neuerdings hat nun MAHL [446d] das Gebiet der Oberflächenuntersuchung auf einem anderen Wege für die Übermikroskopie erschlossen. MAHL erzeugte mit Hilfe eines dünnen Oberflächenfilms, der z. B. bei Aluminium aus elektrolytisch erzeugtem Aluminiumoxyd besteht, einen plastischen Abdruck der zu untersuchenden Metalloberfläche und betrachtete nun den von der Unterlage abgelösten Abdruckfilm im Übermikroskop. Welch plastische Oberflächenbilder sich so erhalten lassen, zeigt Bild VII als Aufnahme einer solchen Aluminiumoxyd-Abdruckfolie. Man erkennt die Würfelstruktur des vor der elektrolytischen Oxydation angeätzten Aluminiums. Es bleibt

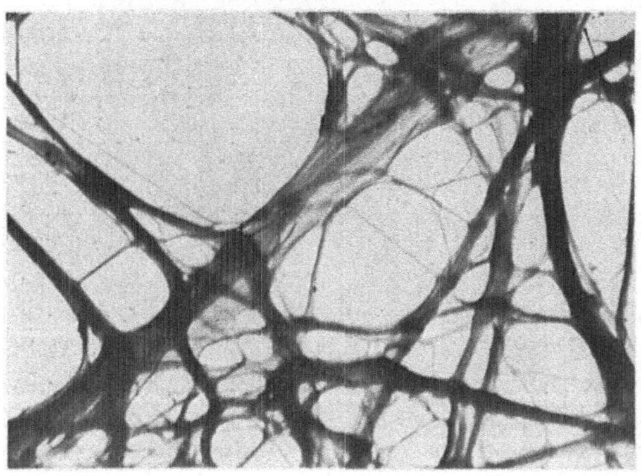

Abb. 451. Zellstoffibrillen von Papier nach MAHL. V 18000:1.

abzuwarten, ob sich dieses plastische Abdruckverfahren etwa unter Anwendung künstlich aufgebrachter Filme (z. B. Lackfilme) allgemein zu Oberflächenuntersuchungen an beliebigen Metallen und Nichtmetallen ausbilden läßt.

17. Besondere apparative Verfahren. Das heutige Lichtmikroskop besteht nicht mehr allein aus zwei Linsen, sondern es sind eine Anzahl von Zusatzvorrichtungen ausgebildet worden, die die Anwendung erleichtern und erweitern sollen. Hier sind als Wichtigstes zu nennen: die Wahlmöglichkeit verschiedener Objektive und ihre einfache Auswechselbarkeit, die stereoskopische

Bild VII. Übermikroskopisches Oberflächenbild von Aluminium mit Eisen verunreinigt, nach MAHL.

Auf dem mit einem Gemisch von Fluß- und Salzsäure angeätzten Aluminium wurde elektrolytisch ein Oxydfilm erzeugt. Dieser Oberflächenfilm läßt sich ablösen. Er gibt ein Abbild der Oberfläche, deren kubischer Abbau nun im Durchstrahlungs-Übermikroskop untersuchbar wird. V 5000:1.

Beobachtung, die Anwendung der Hell- und Dunkelfeldbeleuchtung und schließlich als Ergänzung unterhalb der Auflösungsgrenze die ultramikroskopische Beobachtung. Auch beim Übermikroskop wird man diese besonderen Verfahren anwenden wollen.

Die Wahl verschiedener Objektive erfolgt beim Lichtmikroskop, um eine bestimmte Vergrößerung zu erhalten. Meist beobachtet man zunächst mit einem schwachen Objektiv und geht dann zur Untersuchung einer bestimmten ausgewählten Stelle des Objekts über, wobei man nun ein stark vergrößerndes Objektiv anwendet. Beim Übermikroskop hat man für die Wahl eines Übersichts- und eines hochvergrößerten Bildes verschiedene Möglichkeiten. Da sich

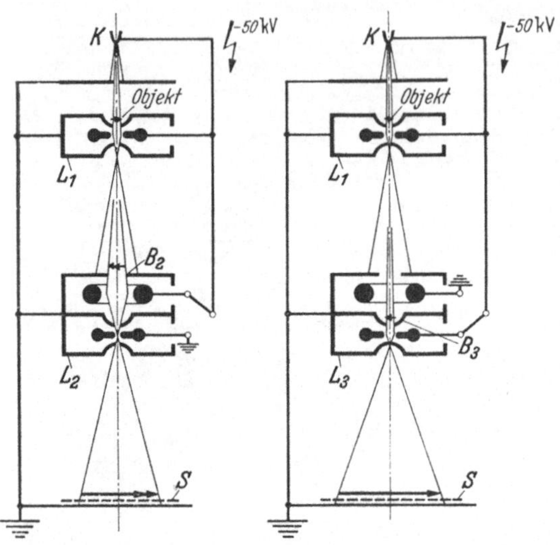

Abb. 452.
Elektrisches Übermikroskop mit doppelter Projektionslinse.

vor der Projektionslinse das Zwischenbild ausbildet, wird man auf einem dort angebrachten Leuchtschirm dieses Bild in schwacher Vergrößerung beobachten können, wobei ein kleiner Bildausschnitt auf ein zentrales Loch im Schirm fällt, das die Öffnung der zweiten Linse bildet. So entsteht vor der Projektionslinse das Übersichtsbild, auf dem Schirm am Ende des Strahlenganges das hochvergrößerte Bild. So einfach und praktisch diese Methode gleichzeitiger Beobachtung beider Bilder auch zu sein scheint, so hat sie doch zwei Mängel. Erstens ist das Übersichtsbild nur sehr schwach, z. B. 100fach, vergrößert, zweitens ist die Absolutgröße des Bildes nur sehr gering. Die zweite Lösung der Aufgabe geht von der leichten Umstellbarkeit der Elektronenlinsen aus. Die Brennweite einer Elektronenlinse und damit die Vergrößerung läßt sich in gewissem Umfang ändern, ohne daß das Bild in seiner Schärfe bedenklich leidet. Eine dritte Lösung, die Mahl für das elektrostatische Mikroskop angegeben hat, die sich jedoch ebenso auch beim magnetischen Mikroskop anwenden ließe, besteht in der Anordnung zweier Linsen unmittelbar übereinander (Abb. 452). Die obere Linse hat eine lange, die untere eine kurze Brennweite. Die Anordnung ist so getroffen, daß bei Betrieb der oberen Linse die Einschnürungsstelle [I, 16] des Strahlenganges gerade in der engen Mittelelektrode der unteren Linse liegt. Mahl hat seine Doppellinse so gebaut, daß das Mikroskop 1000-, 9000- und bei Einschaltung *beider Linsen* 3000fache Vergrößerung hat. Die Umschaltung geschieht dabei in der Weise, daß mit einem Schalter die Mittelelektrode der einen oder anderen bzw. beider Linsen mit der Kathode verbunden wird. Das Übersichtsbild wird hierbei also wie das hochvergrößerte Bild auf dem Leuchtschirm beobachtet und kann photographiert werden. Es zeigt außer dem großen Gesichtsfeld eine große Schärfe, so daß es erheblich weiter vergrößert werden kann (Bild VII).

Zur Aufnahme stereoskopischer Bilder, die wegen der großen Tiefenschärfe des Übermikroskops sehr erwünscht sind, werden nach einem bekannten Verfahren zwei Aufnahmen gemacht, wobei das Objekt in beiden Fällen eine etwas verschiedene Neigung gegenüber dem Strahl hat. Durch v. Ardenne wurden derartige Aufnahmen mit dem magnetischen, durch Mahl mit dem elektrostatischen Übermikroskop durchgeführt. Die Aufnahmen vermitteln (wenn es sich um rasterfreie Bilder handelt!) bei Betrachtung mit dem Stereoskop einen sehr plastischen Eindruck der Objekte (Abb. 453).

Auch die Dunkelfeldmethode, die bereits in [IX, 9] Erwähnung gefunden hat, ist beim Übermikroskop, und zwar zuerst von v. ARDENNE benutzt worden. Abb. 454 zeigt das erste Dunkelfeldbild, das über die Auflösungsgrenze des Lichtmikroskops hinausgeht.

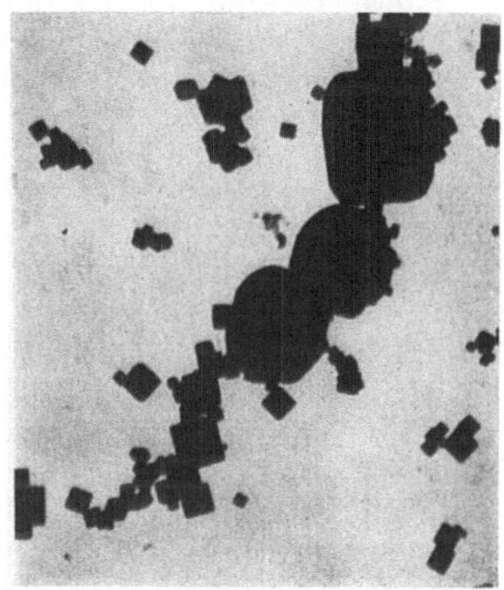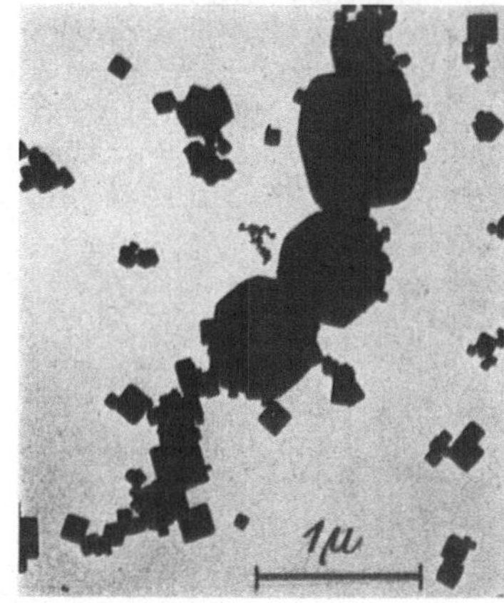

Abb. 453. Stereoskopbild von Magnesiumoxyd-Kristallen [446c]. V 15000:1.

Das Verfahren, das der optischen Ultramikroskopie entspricht, ist grundsätzlich auch beim Elektronenmikroskop anwendbar. Jedoch sind hierüber noch keine Untersuchungen bekannt geworden.

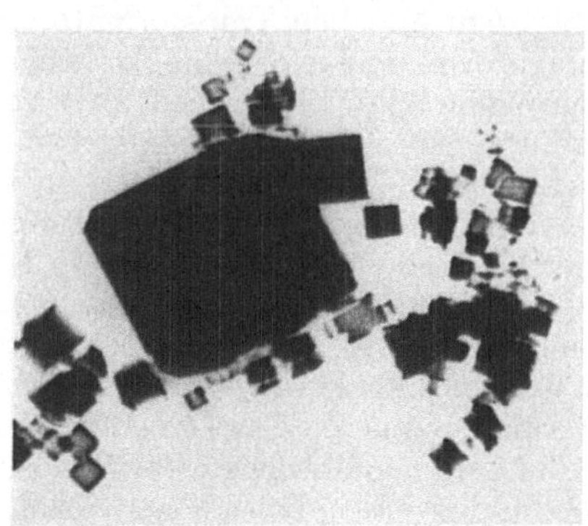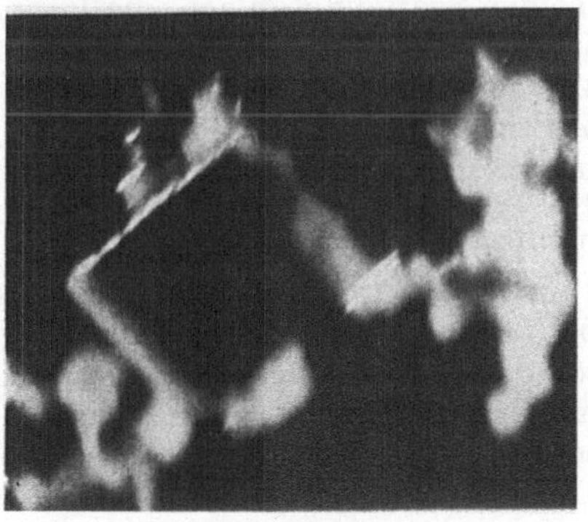

a b

Abb. 454. Magnesiumoxydkristalle [*17*]. V 50000:1. a Hellfeld, b Dunkelfeld.

Weitere Fortschritte[1]. In der Zeit, die seit der Niederschrift der vorhergehenden Abschnitte vergangen ist, sind mancherlei bemerkenswerte Ergebnisse und Fortschritte erzielt worden, die hier in Auswahl neben einigen anderen Bemerkungen ergänzend nachgetragen seien.

Nachdem bereits KINDER [356b] für sein magnetisches Übermikroskop [IX, 12] eine Doppeljochlinse mit 6 Permanentmagneten angegeben hatte, ver-

---

[1] Nachtrag bei der Revision.

wendeten v. BORRIES und Mitarbeiter [90e] bei ihrem magnetischen Gerät [IX, 12] probeweise Permanentmagnetstäbe, die sie nun aber nicht nur an zwei Stellen, den Enden des Doppeljochs, konzentrierten, sondern gleichmäßig auf den Umfang verteilten. Letztgenannte Autoren erzielten mit diesem magnetostatischen Übermikroskop bei 50 kV 7 mm bzw. etwa 3 mm Linsenbrennweiten und erreichten eine Auflösung von etwa 15 mμ. KINDER [356a] sowie v. BORRIES und RUSKA [90c] führten ebenfalls gleichzeitig den Übergang zu Betriebsspannungen über 100 kV durch. Erstere erzielten 102 ekV, letzterer erreichte 110 ekV [1]. Durch beide Arbeiten wird bestätigt, daß bei einer gegebenen Dicke der Objekte eine bestimmte Elektronenenergie insofern für die Abbildung optimal ist, als dann die Dickenunterschiede besonders deutlich zur Darstellung kommen. Ein Beispiel zeigt Abb. 455a. Bei dieser Aufnahme, die KINDER hergestellt hat, wurden Magnesiumoxydwürfelchen mit 80 ekV-Elektronen durchstrahlt, wobei sich neben schwer deutbaren Erscheinungen gerade eine solche Durchstrahlung der Kriställchen ergab, daß nicht nur die Umrißbilder, sondern auch die räumliche Struktur zu erkennen ist. Es steht außer Zweifel, daß dieser Weg, nämlich für dickere Objekte höhere Spannungen anzuwenden, weiter verfolgt werden muß. Umgekehrt wird man bei feinsten Objekten, wie sie bei weiterer Steigerung der Auflösung untersuchbar werden, vielleicht zu geringeren Spannungen übergehen, als sie heute üblich sind.

Abb. 455a.
Durchscheinende Magnesiumoxydkristalle nach KINDER.

Eine technische Vereinfachung bei der Stromversorgungsanlage teilte RUSKA [589b] für das Siemens-Übermikroskop mit. Danach gelang der Ersatz eines Teiles der Spannungsanlage, die bisher außer dem üblichen Transformator und Gleichrichter noch ein Synchronumformeraggregat mit Röhrenregler für die Erregerspannung des Dynamo besaß, durch einen Spannungsgleichhalter nach dem Prinzip der gesättigten Drossel. Dadurch ist die Stromversorgeranlage zwar vereinfacht, gegenüber der des elektrischen Mikroskops jedoch immer noch komplizierter. Das liegt an den grundsätzlich schwierigeren Bedingungen, die beim magnetischen Übermikroskop in der Herstellung einer auf den 10^{-4}-ten Teil ihres Wertes konstanten Hochspannung und einer ebenso konstanten Stromquelle für die Linsen gegenüber einer nur auf den 10^{-2}-ten (oder bei höherer Abschirmung des magnetischen Erdfeldes weniger) konstanten Hochspannung beim elektrostatischen Übermikroskop zu erfüllen sind. Zu erwähnen sind noch Arbeiten [467a, 531a], nach denen in Amerika ein magnetisches Übermikroskop auf der Basis des RUSKAschen Gerätes entstanden ist. Abweichend von allen deutschen Konstruktionen magnetischer Übermikroskope ist dabei, daß MARTON [467a] ähnlich wie beim elektrostatischen Gerät die Linsen vollständig ins Vakuum gebracht hat. Das Vakuumgefäß ist als großer Rezipient über das Mikroskop gestülpt; die Pumpe sitzt unmittelbar darunter. Das Auflösungsvermögen liegt in der gleichen Größenordnung wie bei den übrigen Abbildungs-Übermikroskopen.

Beim elektrostatischen Übermikroskop ist eine neue Konstruktion entstanden [127a], die, wie es der Vergleich der Abb. 434 und 455b zeigt, einen Schritt in der technischen Gestaltung vorwärts bedeutet. Auf dem Bild ist auch die

---

[1] Neuerdings sind 135 kV erreicht.

einfache elektrotechnische Anlage zu sehen, die zur Zeit aus dem Netzanschlußgerät (ganz rechts) und zwei Schalttischen besteht. Über die Unterschiede des elektrostatischen und magnetischen Übermikroskops wurden Diskussionen angestellt. Dabei spielt die Frage eine besondere Rolle, ob das elektrostatische Übermikroskop als Zweipolsystem, wie es in [IX, 13] ebenfalls behauptet wurde, denn wirklich „leistungslos" arbeite. Das sei nicht der Fall, wurde von RUSKA [589b] angegeben, denn insbesondere die Diffusions- und Vorpumpen des Gerätes verbrauchten ja Energie, und zwar mehr als die Systeme selbst. Die Tatsache des Stromverbrauches der Pumpen sowie des schlechten Wirkungsgrades der Hochspannungsanlage kann nicht bezweifelt werden. Allerdings war und ist auch in diesem Buch „leistungslos" nicht in diesem Sinne, sondern hinsichtlich der hochwertigen Energie gebraucht, die das elektronenoptische System benötigt. — Bei beiden Typen von Abbildungsmikroskopen ist die Rückkehr zur elektrostatischen Maschine, die man in den Anfängen der Elektronenmikroskopie viel benutzte, heute noch nicht versucht. Besonders bei hohen Beschleunigungsspannungen dürfte der Einsatz kräftiger elektrostatischer Maschinen wünschenswert sein, um insbesondere beim elektrostatischen Übermikroskop weitere Vereinfachungen zu ermöglichen. — Von der Entwicklung eines Übermikroskops für selbstemittierende Objekte, einem Selbststrahlungs-Übermikroskop, ist bisher noch

Abb. 455 b.
AEG-Übermikroskop mit der gesamten Spannungsanlage.

nichts bekanntgeworden. Es ist aber kein Grund erkennbar, warum sich nicht auch dieses Gerät verwirklichen ließe. Auch in dieser Hinsicht wären wesentliche Erkenntnisse zu erwarten.

Erfreuliche Fortschritte sind hinsichtlich der Oberflächenabbildung erzielt worden. Einerseits hat MAHL sein in [IX, 16] angedeutetes Abdruckverfahren weiter verbessert und auch auf andere Metalle außer Aluminium angewandt, andererseits haben v. BORRIES und Mitarbeiter [82a, 92a] die direkte Abbildung von Oberflächen gefördert. Bei dem Abdruckverfahren wird die natürliche Oxydhaut von Aluminium abgelöst, so daß sich bei Durchstrahlung der Folie ein Bild der Oberfläche ergibt. Solche Bilder (Bild VII) zeigten einen sehr plastischen Eindruck des Oberflächengebirges. MAHL [446e] hat inzwischen gezeigt, daß sich das Abdruckverfahren nicht nur bei Aluminium und anderen Aluminiumlegierungen, sondern auch bei Nickel und Kupfer benutzen läßt. Zur Durchführung der direkten Beobachtung einer Oberfläche durch das „Rückstrahlungsverfahren" neigten v. BORRIES und Mitarbeiter [82a, 92a] bei einem

Übermikroskop die Kondensorachse gegen die Objektivachse[1] und brachten das Objekt in den Schnittpunkt der beiden Achsen. Der Bestrahlungswinkel und der Beobachtungswinkel zwischen Elektronenstrahlung und beobachteter Oberfläche war sehr klein, etwa 4°. Bei dieser geringen Richtungsänderung des Elektronenstrahls tritt nur ein geringer mittlerer Energieverlust auf. Der Nachteil dieser sehr schrägen Betrachtung des Objekts liegt darin, daß der Abbildungsmaßstab sich in beiden Richtungen des Bildes stark unterscheidet. Dagegen gilt für die Ausmessung der Erhöhungen über der Objektoberfläche die Vergrößerung senkrecht zur Beobachtungsrichtung, und zwar ist bei Gleichheit von Bestrahlungs- und Beobachtungswinkel für die benutzten kleinen Winkel die Höhe der Objekte ungefähr gleich der halben Schattenbreite. Die Anordnung, mit der eine größere Reihe von Untersuchungen durchgeführt

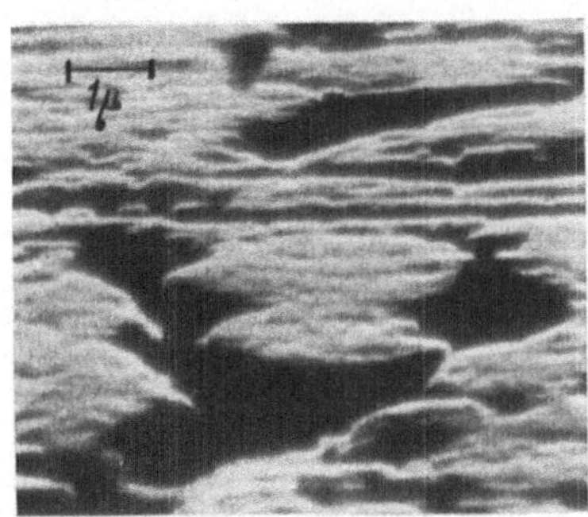

Abb. 455c. Messing, geätzt, mit dem Rückstrahlungs-Übermikroskop aufgenommen [92a]. V 7000 : 1.

wurde, liefert sehr plastische Bilder, die an Mondgebirge erinnern (Abb. 455c). Als Auflösungsvermögen wird in der günstigeren Richtung 25 mµ angegeben.

Wiederum sind in der Entwicklung erfreuliche Fortschritte und manche gute Ergebnisse erzielt. Schon beginnt sich mancher künftige Fortschritt abzuzeichnen. Trotzdem werden wir den Zukunftsaussichten gegenüber eine vorsichtige Einstellung einnehmen müssen. Es liegt noch eine gewaltige Arbeit vor uns, bis das Elektronenmikroskop eine ähnliche Vollendung erreicht hat wie das Lichtmikroskop. Eine vorsichtige Beurteilung besagt aber nicht, daß die Bearbeiter nicht auf Fortschritte hoffen. Es ist daher auch nicht richtig, wenn man, wie es kürzlich unter Hinweis auf Stellen der Erstauflage [EO VI, 23] und Arbeiten von BRÜCHE geschehen ist, darauf hinweist, daß BRÜCHE und SCHERZER noch 1934 die Entwicklung der Übermikroskopie unterschätzt, ja, der Übermikroskopie keine Chance gegeben hätten. Auch an den ältesten als Beweis angegebenen Stellen stehen nur Hinweise auf Schwierigkeiten, die damals noch nicht überwunden waren und Warnungen vor übertriebenem Optimismus. Für wie bedeutungsvoll BRÜCHE und SCHERZER in Wirklichkeit die Übermikroskopie gehalten haben, dafür kann eine Anzahl von Literaturstellen genannt werden. Hier genüge der Hinweis auf das Vorwort zur Erstauflage, das eingangs abgedruckt ist und in dem explizit auf die Wichtigkeit der Übermikroskopie mit den Worten hingewiesen ist: ,,Doch auch dieses engere Analogon hätte kaum zum weiteren Ausbau der geometrischen Elektronenoptik veranlassen können, wenn nicht erstens .... und wenn nicht zweitens die ferne[2] Hoffnung auf Überschreitung der Auflösungsgrenze des Mikroskops bestanden hätte.''

d) Der Bildwandler.

Der Bildwandler ist ein elektronenoptisches Abbildungsgerät zur Umwandlung eines Lichtbildes in ein Elektronenbild [302]. Er besteht aus einer Photokathode, einem Beschleunigungsfeld, das meist zu einer abbildungsfähigen Linse ausgebildet ist, wozu im allgemeinen noch der Leuchtschirm kommt. Vom

---

[1] Diese Neigung könnte man dadurch zu vermeiden versuchen, daß man den Gegenstand in einem magnetischen Querfeld anordnet, das gerade die erforderliche kleine Richtungsänderung des eintreffenden gegen den rückgestrahlten Elektronenstrahl bedingt.

[2] Das wurde für die Situation von 1931/32 gesagt!

Bild VIII. Elektronenbild eines Diapositivs nach Schaffernicht [126].

Das Bild zeigt Otto von Guericke nach einem Stich, der nach einem Gemälde von van Hulle hergestellt worden war. Das Lichtbild des Stiches wurde auf eine strukturlose Photokathode projiziert. Die entsprechend der verschiedenen Lichtbestrahlung an den einzelnen Kathodenpunkten in verschiedener Menge ausgelösten Elektronen wurden durch ein abbildendes Feld beschleunigt und auf dem Leuchtschirm zum Elektronenbild vereinigt. Das Elektronenobjektiv, ein rein elektrisches Zweipolsystem hat die einzelnen Striche des Stichs verwischt, so daß das Bild wieder dem weicheren Charakter des Gemäldes näher kommt. (Dieses Elektronenbild hängt seit 1937 im Deutschen Museum.)

Gegenstand wird über die Glaslinse ein Lichtbild auf die Kathode des Bildwandlers projiziert, der das Lichtbild mittels einer Elektronenlinse in ein Elektronenbild auf dem Leuchtschirm umwandelt. Die wertvollste Eigenart des Bildwandlers ist darin zu sehen, daß seinem Strahlengang von außen durch die Beschleunigung der Elektronen Energie zugeführt werden kann. Dadurch ist es grundsätzlich möglich, schwache Lichtbilder heller auf dem Leuchtschirm sichtbar zu machen und langwellige Strahlung in kurzwellige Strahlung umzuwandeln. Außerdem kann der Strahlengang des Bildwandlers in Querrichtung hin- und herbewegt werden, was Anwendungen insbesondere beim Fernsehen ermöglicht.

B. Laufzeit- und Spektralgeräte.

X. Laufzeitgeräte.

Es ist zweifelhaft, ob es im Sinne dieses Buches richtig ist, die Geräte, bei denen die Laufzeit der Ladungsträger eine Rolle spielt, in einem besonderen Kapitel zusammenzufassen, denn eigentlich gehören die Laufzeitgeräte verteilt in die verschiedenen übrigen Kapitel, sind unter ihnen doch Intensitätsgeräte, Spektrographen usw. Wenn trotzdem diese Geräte hier zusammengestellt sind, so geschah es in der Anschauung, daß es zu diesem Zeitpunkt wichtiger ist, das Gemeinsame der Laufzeitausnutzung zu betonen, als ganz konsequent im Aufbau des Buches vorzugehen.

Das Gemeinsame und Charakteristische, das die Laufzeitgeräte von den bisher beschriebenen Geräten deutlich unterscheidet, ist das Vorhandensein von Wechselfeldern, deren Änderung so schnell erfolgt, daß sie während der Laufzeit des Ladungsträgers andere Werte und Formen annehmen. Durch diese Besonderheit sind verschiedene Erscheinungen bedingt, die wir im statischen und quasistatischen Feld nicht kennen [II]. Diese Erscheinungen wollen wir nun besprechen und in ihren technischen Anwendungen kennenlernen. Dabei werden wir uns insofern beschränken, als wir im allgemeinen nur Laufzeiterscheinungen in *elektrischen* Feldern behandeln werden, denn die hochfrequenten magnetischen Felder spielen wegen der Herstellungsschwierigkeiten kaum eine Rolle. An sich ist natürlich durch die MAXWELLschen Gleichungen mit dem elektrischen Wechselfeld auch ein magnetisches verknüpft. Wir können jedoch von dem Einfluß dieses Magnetfeldes auf die Elektronenbewegung im allgemeinen absehen, solange die Wellenlänge der elektromagnetischen Schwingung groß ist gegen die Abmessungen des Elektronengerätes.

a) Richtungsänderungen im Hochfrequenzfeld.

Die Bewegungen von Ladungsträgern im Hochfrequenzfeld lassen Besonderheiten einerseits in energetischer Beziehung, andererseits bei den Richtungsänderungen erwarten. Die besonderen Erscheinungen bei der Richtungsänderung, von denen wir hier sprechen wollen, zeigen sich in unerwünschten Störungen, so bei der Oszillographie, wo die Ablenkwirkung und — bei der Verwendung von Gaskonzentration — auch der Fokussierungseffekt verringert ist. Andererseits erschließen sie neue Möglichkeiten zur Führung der Ladungsträger, wofür die Elektronen-Zerstreuungslinse als Beispiel genannt sei [X, 3].

* **Anmerkung bei der Revision.** Infolge eines nicht vorauszusehenden Umstandes mußte der Druck der Seiten 324—333 unterbleiben. Auch die Abbildungsnummern springen dementsprechend von 455 auf 476.

1. Ablenkwirkung des Kondensators. Wenn wir an ein Ablenkplattenpaar der BRAUNschen Röhre eine niederfrequente Wechselspannung legen, so erhalten wir auf dem Leuchtschirm einen Strich von bestimmter Länge. Erhöhen wir bei konstant gehaltener Amplitude die Frequenz, so beobachten wir, daß die Amplitude bei Elektronen von z. B. 1000 eV von 10^8 Hz ab kleiner wird, dann den Nullwert erreicht, wieder anwächst, durch ein neues Maximum geht usw. Abb. 476 veranschaulicht nach HOLLMANN den Strahlausschlag [*33*].

Die Erscheinung ist leicht zu deuten [*315*]. Bis 10^8 Hz kann das Feld als quasistatisch angesehen werden, d. h. die Elektronen durcheilen es so schnell, daß es sich während der Laufzeit nicht merklich ändert. Da die Geschwindigkeit der 1000 eV-Elektronen $19 \cdot 10^8$ cm/s beträgt, ist die Verweilzeit des Elektrons im Kondensator von 1 cm Länge $^1/_{19}$ Periode. Rechnet man sich die während dieser Zeit erfolgte Verringerung der Spannung gegen ihren Maximalwert aus, so erhält man 5,5%, also tatsächlich nur einen kleinen Betrag. Bei Steigerung der Frequenz wird der Maximalausschlag abnehmen müssen, bis bei $1,9 \cdot 10^9$ Hz Periodendauer

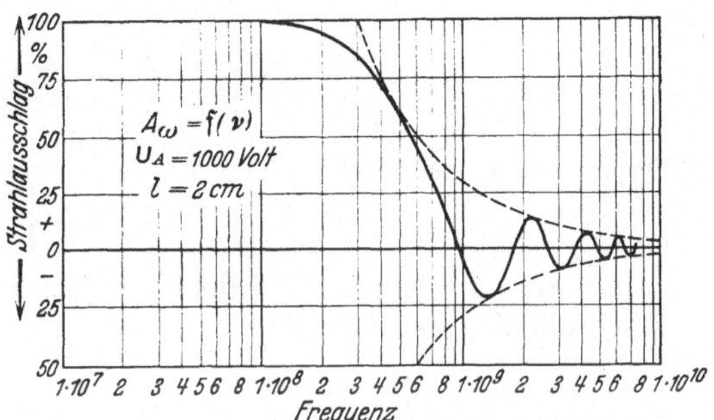

Abb. 476. Ablenkwirkung eines Ablenkplattenpaares bei Hochfrequenz [*33*].

und Verweilzeit gleich groß geworden sind. Jetzt ist der in Abb. 477 gezeichnete Fall eingetreten, daß für Elektronen, die bei beginnendem Spannungsanstieg in den Kondensator getreten sind, in der ersten Hälfte des Kondensators eine Ablenkung α' nach oben, in der zweiten eine entsprechende nach unten stattfindet, so daß sich die Ablenkungen aufheben und nur eine Parallelverschiebung x des Strahls zurückbleibt. Wird die Frequenz abermals größer, so wird das Elektron außer der sich kompensierenden Ablenkung einer Halbwelle nach oben und einer Halbwelle nach unten nun noch in einem Reststück des Kondensatorfeldes abgelenkt werden. Diese „effektive" Plattenlänge kann aber offensichtlich höchstens $^1/_3$ der Gesamtlänge des Kondensators ausmachen,

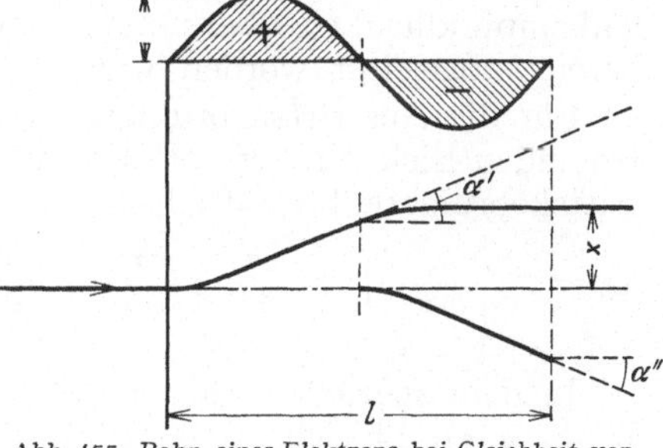

Abb. 477. Bahn eines Elektrons bei Gleichheit von Periodendauer und Verweilzeit [*33*].

wobei der zugehörige Strahlausschlag jedoch geringer als $^1/_3$ des Ausschlages bei Gleichspannung sein muß, da die Amplitude sich während des Teilchendurchlaufs ändert.

Aus [I, 4] wissen wir, daß die Ablenkung durch den übertragenen Querimpuls gegeben wird, der eine zur Hauptbewegungsrichtung senkrechte Geschwindigkeit v_x zur Folge hat. Aus dieser Geschwindigkeit und der Hauptfortschreitungsgeschwindigkeit v_z längs des Feldes errechnet sich dann die Ablenkung tg $\Theta = v_x/v_z$. Setzt man nach [I, 4] den Wert für den übertragenen Querimpuls ein, so wird:

$$\text{tg}\,\Theta = \frac{m v_x}{m v_z} = -\frac{1}{m v_z} \int e\,\mathfrak{E}_x\,dt,$$

wobei $\mathfrak{E}_x\,(z, t)$ je nach der Eintrittsphase für jedes Elektron anders ist. Ist die an den Kondensator angelegte Spannung eine Wechselspannung $2\,u \cos \omega t$, bedeutet d den Plattenabstand, l die Plattenlänge (Abb. 478) und nehmen wir zur Vereinfachung der Rechnung an, daß das Feld im Kondensator konstant, außerhalb aber Null ist, so geht die allgemeine Gleichung über in:

$$\operatorname{tg}\Theta = \frac{e}{m v_z}\,\frac{2u}{d}\int\limits_{t-\tau}^{t}\cos\omega t\,dt = \frac{e}{m v_z}\,\frac{2u}{\omega d}\,[\sin\omega t - \sin\omega(t-\tau)]\,,$$

wobei die Laufzeit im Felde $\tau = l/v$ ist. Nach Umformung der Klammer und Einführung der Energie erhält man für die Ablenkung des zur Zeit t aus dem Kondensator austretenden Elektrons:

$$\operatorname{tg}\Theta = \frac{u}{U}\,\frac{l}{d}\,\frac{\sin\dfrac{\omega\tau}{2}}{\dfrac{\omega\tau}{2}}\,\cos\omega\left(t-\frac{\tau}{2}\right).$$

Da im statischen Felde

$$\operatorname{tg}\Theta = \frac{u}{U}\,\frac{l}{d}$$

ist, ist also die Ablenkempfindlichkeit (Maximalablenkung) A_ω im hochfrequenten Wechselfeld gegenüber der Empfindlichkeit A im statischen Feld

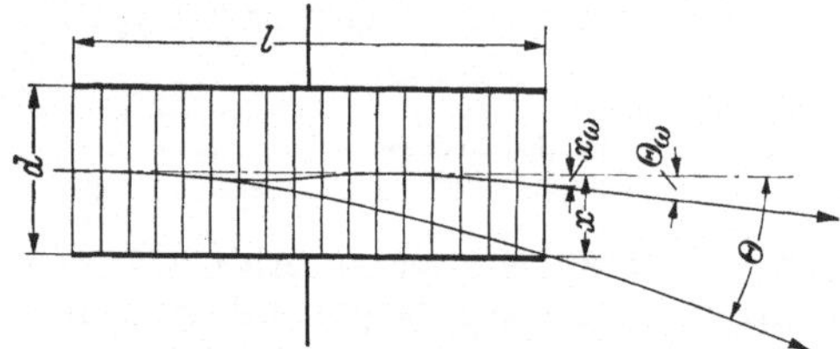

Abb. 478. Wirkung eines Ablenkkondensators, statisch und mit Hochfrequenz betrieben.

$$A_\omega = A\,\frac{\sin\dfrac{\omega\tau}{2}}{\dfrac{\omega\tau}{2}}$$

Je größer die Frequenz wird, um so kleiner wird die Empfindlichkeit. Für $\omega\tau = 2\pi$ oder wenn die Schwingungsdauer ein ganzes Vielfaches der Laufzeit wird, verschwindet die Ablenkempfindlichkeit überhaupt, so wie es oben aus anschaulichen Überlegungen bereits abgeleitet worden war.

Für die Austrittskoordinate x_ω des zur Zeit t aus dem Ablenkplattenpaar tretenden Elektrons ergibt sich bei zweimaliger Integration, wenn x die Austrittskoordinate bei Gleichspannung bedeutet:

$$x_\omega = x\cdot\frac{1}{\left(\dfrac{\omega\tau}{2}\right)^2}\left\{\left(\sin\frac{\omega\tau}{2}-\frac{\omega\tau}{2}\cos\frac{\omega\tau}{2}\right)\sin\omega\left(t-\frac{\tau}{2}\right)+\frac{\omega\tau}{2}\sin\frac{\omega\tau}{2}\cos\omega\left(t-\frac{\tau}{2}\right)\right\}.$$

In dem speziellen Fall $A_\omega = 0$, d. h. bei $\omega\tau = k\cdot 2\pi$, wobei k eine ganze Zahl ist, ergibt sich

$$x_\omega = \frac{(-1)^{k+1}}{k\pi}\,x\sin\omega\left(t-\frac{\tau}{2}\right).$$

Diese Größe gibt die Parallelverschiebung der austretenden Strahlen. Sie hängt noch von der Phase ab, was bedeutet, daß der Strahl in ein Bündel paralleler Strahlen aufgespalten wird.

2. Wirkungen bei gekreuzten Ablenkkondensatoren. Bei der BRAUNschen Röhre [VIII] benutzt man meist zwei gekreuzte Plattenpaare. Jetzt werden bei beiden Kondensatoren die im vorigen Abschnitt behandelten Ausschlagsverringerungen auftreten. Darüber hinaus zeigt sich ein neuer Effekt, der von HOLLMANN behandelt wurde [33].

Es seien zwei sehr kurze Kondensatoren gegeben, die so schnell von den Elektronen durcheilt werden, daß Laufzeiterscheinungen keine Rolle spielen. Dann erhalten wir in jedem Kondensator eine Ablenkung, die der jeweiligen

Amplitude der angelegten Spannung entspricht. Sind beide Kondensatoren mit *paralleler* Plattenstellung (also zunächst noch nicht gekreuzt) unmittelbar hintereinander angeordnet, so wirken sie zusammen doppelt so stark wie jeder einzelne. Werden sie jetzt aber voneinander getrennt und um das Stück d auseinandergeschoben, so wird die Zeit d/v vergangen sein, bis das Elektron den Weg zwischen beiden zurückgelegt hat, und es wird daher im zweiten Kondensator eine andere Spannung vorfinden, so daß der Gesamtausschlag also anders werden wird.

An Stelle dieser Ablenkplattenpaare betrachten wir nun gekreuzte Kondensatoren. Jetzt muß sich die Laufzeit zwischen den beiden Ablenkelementen so auswirken, als ob die zu oszillographierenden Spannungen einen entsprechend größeren Phasenunterschied hätten, dessen Größe bei gleichfrequenten Wechselspannungen durch das Produkt von Laufzeit d/v und Kreisfrequenz ω der Spannungen gegeben ist. Legt man also gleichphasige und gleich große Wechselspannungen an die Plattenpaare, so zeigt sich auf dem Schirm nicht die erwartete Gerade unter 45° Neigung, sondern eine Ellipse. Ändert man die Frequenz, so ändert sich die Ellipse, ebenso auch bei Änderung der Elektronengeschwindigkeit. Erst, wenn die Laufzeit gerade der Periodendauer gleich wird, ist wieder Phasenreinheit erreicht. Das gilt offenbar auch, wenn die Laufzeit das Vielfache der Periodendauer ist, d. h. wenn

$$\omega\,\frac{d}{v} = n \cdot 2\,\pi\,,$$

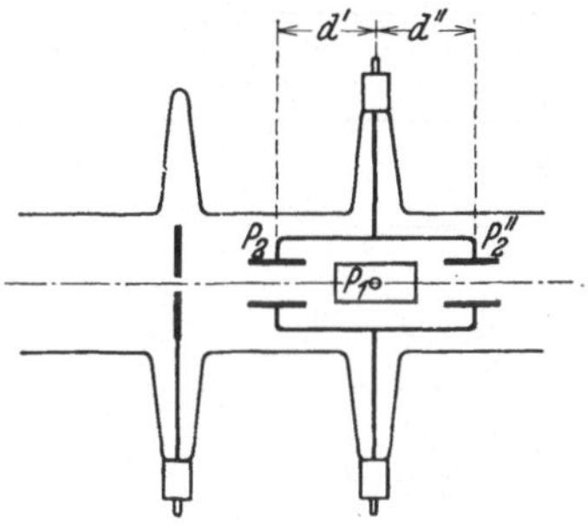

wobei wieder n eine gerade Zahl bedeutet.

Abb. 479. Hochfrequenz-Ablenkkondensator nach HOLLMANN [316].

Für kleine Werte von $\omega\,\dfrac{d}{v}$ hat HOLLMANN [316] einen Weg zur Beseitigung dieser bei Anwendung der BRAUNschen Röhre sehr störenden Phasenverschiebung angegeben (Abb. 479). Der eine Ablenkkondensator wird in zwei Kondensatoren P_2 und P_2'' zerlegt, die symmetrisch vor und hinter dem mittleren, dazu gekreuzten Kondensator P_1 angeordnet werden. Sind die ersten beiden oder die letzten beiden Kondensatoren dieser Reihe allein eingeschaltet, so wird eine Ellipse auftreten, die jedoch in verschiedenem Sinne durchlaufen wird. Sind alle drei Kondensatoren eingeschaltet, so wird der Phasenunterschied der beiden äußeren gegenüber dem mittleren gerade kompensiert, wie wir sofort ausrechnen werden. Das Bemerkenswerte dabei ist, daß diese Kompensation (näherungsweise) unabhängig von der Geschwindigkeit und von der Frequenz der zu oszillographierenden Schwingungen erfolgt.

Überlegt man sich die Wirkungsweise dieser Anordnung genauer, so findet man, daß man von einer wirklichen Kompensation nur bei kleinen Werten von $\omega\,\dfrac{d}{v}$ sprechen kann, daß aber bei großen Werten Fehler zu erwarten sind.

Es mögen die beiden zu oszillographierenden Spannungen einen Phasenunterschied φ haben, die Ablenkspannung am mittleren Kondensator sei beim Durchgang des Elektrons $2\,u \cdot \cos\,(\omega t + \varphi)$. Bezeichnet man ferner mit $\tau = d/v$ die Laufzeit zwischen dem ersten und zweiten bzw. dem zweiten und dritten Kondensator, so ist die Ablenkspannung am ersten Kondensator beim Durchgang des Elektrons $2\,u \cos \omega\,(t - \tau)$, am dritten Kondensator $2\,u \cos \omega\,(t + \tau)$. Die Ablenkung in der einen Richtung (mittlerer Kondensator) ist also proportional $2\,u \cos\,(\omega t + \varphi)$, in der anderen Richtung (äußere Kondensatoren) ist sie proportional $u \cos \omega\,(t - \tau) + u \cos \omega\,(t + \tau) = 2\,u \cos \omega t \cos \omega \tau$. Die

Phasendifferenz, die in der Laufzeit ihre Ursache hatte, ist also in der Tat beseitigt; dagegen ist ein von der Laufzeit abhängiger Empfindlichkeitsunterschied übrig geblieben, der durch den Faktor $\cos \omega\tau$ ausgedrückt ist. Bei verschwindender Phasendifferenz φ der beiden an die Platten gelegten Spannungen wird bei gleichen Ablenkspannungen und Frequenzen eine Gerade unter 45° gezeichnet, falls die Frequenz sehr klein ist. Steigt die Frequenz an, ohne daß die Größe der Ablenkspannung geändert wird, so bleibt die aufgezeichnete Kurve zwar eine Gerade, aber sie ändert ihre Neigung gegen die Achse. Führt man den gleichen Versuch bei einer Phasendifferenz $\varphi = 90°$ der Spannungen aus, so wird mit steigender Frequenz aus dem Kreis eine Ellipse. Bei geeigneten Elektronengeschwindigkeiten wird aus dem Kreis sogar eine Gerade, wenn nämlich $\cos \omega\tau$ und damit die Empfindlichkeit in der einen Richtung verschwindet. Das ist der Fall bei $\omega\tau = (2\,k + 1)\,\pi/2$, d. h. wenn 2τ, die Laufzeit zwischen dem ersten und dritten Kondensator, ein ungerades Vielfaches der halben Schwingungsdauer ist. Dann müssen sich die Ablenkwirkungen in dieser Richtung aufheben, so daß in der Tat bei Vernachlässigung der kleinen Parallelverschiebung im Kondensatorraum eine Gerade statt des erwarteten Kreises entsteht.

Es möge noch abgeschätzt werden, von welchen Wellenlängen ab die besprochene Kompensation des Laufzeiteffektes versagen wird. Dazu werde gefordert, daß sich die beiden Empfindlichkeiten höchstens um 1 % unterscheiden sollen. Diese Forderung besagt, daß $\omega\tau < 1/7$ sein soll. Bei einem Plattenabstand von 4 cm und einer Elektronenenergie von 2000 eV gibt das als untere Grenze für die Wellenlänge $\lambda = 20$ m. Es sei nochmals betont, daß bei dieser Abschätzung noch eine Reihe praktisch wichtiger Einflüsse vernachlässigt sind.

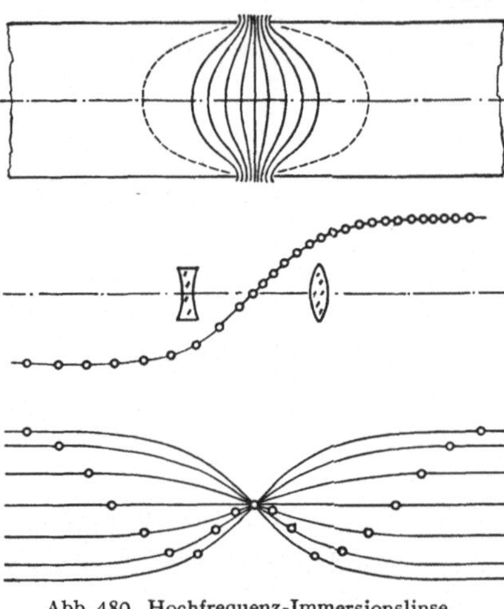

Abb. 480. Hochfrequenz-Immersionslinse.

3. Sammel- und Zerstreuungslinse. Durchläuft das Elektron den Ablenkkondensator, wenn Hochfrequenzspannung an ihm liegt, so wird, falls die Laufzeit größer als die halbe Schwingungsdauer ist, das Elektron nicht durchgehend nach der gewünschten Seite abgelenkt werden, sondern auch Gebiete durchlaufen, in denen die Ablenkung nach der entgegengesetzten Seite erfolgt. Beim Ablenkkondensator wirkt sich dieser Umstand als eine Verringerung der erwünschten Ablenkung aus, der unter Umständen zu einer Wirkungslosigkeit führen kann [X, 1].

Ähnliche Laufzeiterscheinungen wie beim Ablenkkondensator treten bei der Elektronenlinse auf. Hier wird jedoch die Ablenkwirkung im statischen Feld nicht durch stets gleichgerichtete Kräfte bewirkt, sondern setzt sich außer bei der Lochblendenlinse mit anschließendem Feld bereits aus zwei Anteilen zusammen. Es sind mindestens ein Sammel- und ein Zerstreuungsbereich, die *nacheinander* durchlaufen werden und die sich summiert stets als eine Sammelwirkung, d. h. eine Ablenkung zur Rotationsachse hin auswirken. Wenn wir Hochfrequenzspannung an die Linse anlegen, so kommt wie beim Ablenkkondensator hinzu, daß die Wirkung der nacheinander durchlaufenen Gebiete gegenüber dem statischen Fall geändert ist. So kann aus dem Zerstreuungsgebiet sogar ein Sammelgebiet werden oder umgekehrt. Die Gesamtwirkung der Linse ist damit stark geändert. Die statische Sammelwirkung ist entweder verstärkt oder abgeschwächt. Es kann auch der Fall eintreten, daß aus der Sammellinse eine Zerstreuungslinse geworden ist, worauf BRÜCHE [127] aufmerksam gemacht hat.

In Abb. 480 ist der Vorgang bei einer Immersionslinse noch besonders veranschaulicht [127]. Beim Anlegen einer verzögernden Gleichspannung an die Elektrode rechts wird das Elektron erst ein Zerstreuungs-, dann ein Sammelgebiet zu durchlaufen haben. Legt man aber eine Hochfrequenzspannung an, so daß die Felder in demjenigen Augenblick ihr Vorzeichen wechseln, in dem das Elektron die Feldmitte durchschreitet, so wird es auch in der zweiten Linsenhälfte eine Zerstreuungslinse vorfinden. Für andere Elektronen, die nicht zu dieser Zeit durch die Linsenmitte hindurchgehen, wird das Feld nicht durchgehend Zerstreuungswirkung haben. Das Elektron, das um π phasenverschoben durch die Linsenmitte hindurchgeht, wird sogar nur sammelnde Felder vorfinden. Ist die Linse sehr ausgedehnt, so werden sich die Wirkungen einzelner Feldbereiche teilweise kompensieren, d. h. die

Brechkraft hängt auch von $\omega \dfrac{l}{v}$ ab, wobei l

die die Feldlänge charakterisierende Größe ist.

RECKNAGEL [547] hat diese Verhältnisse mit Hilfe der in [II, 3] angeführten Formeln für die Hochfrequenzlinsen durchgerechnet, wobei er einige spezielle Felder von Immersionslinsen zugrunde legte. In dem Achsenpotential $\Phi(z) = u\,Z(z)\,\cos\omega\tau$ wurde für die Funktion $Z(z)$ erstens das statische Achsenpotential der Linse

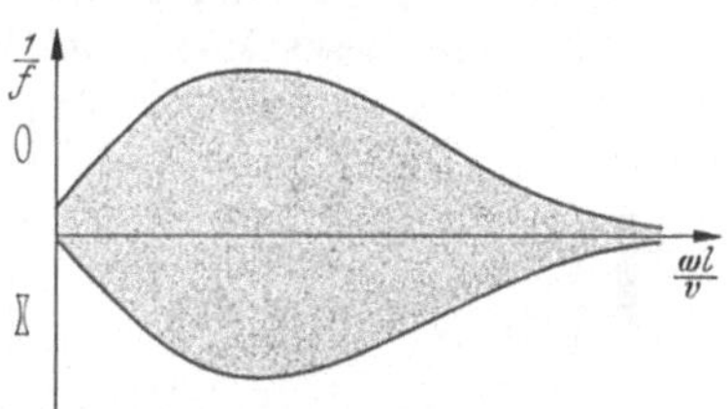

Abb. 481. Brechkraft einer Hochfrequenz-Immersionslinse.

mit dem kleinstmöglichen Öffnungsfehler [614], zweitens als Annäherung des Potentialfeldes der Linse Abb. 480 ein durch zwei Parabelbögen dargestellter Verlauf zugrunde gelegt.

Im Falle der Linse mit dem kleinstmöglichen Öffnungsfehler lautet die Ableitung des Achsenpotentials

$$\Phi' = \frac{u}{\sqrt{\pi}}\,\frac{1}{l}\,e^{-\left(\frac{z}{l}\right)^2} \cdot \cos\omega t,$$

wo l die ungefähre Linsengröße angibt. Wir erhalten daraus unter Vernachlässigung höherer Potenzen von u/U für die Brechkraft:

$$\frac{1}{f'} \approx -\frac{1}{f} = \frac{u}{4U} \cdot \frac{1}{l}\,\frac{\omega l}{v}\,e^{-\frac{1}{4}\left(\frac{\omega l}{v}\right)^2} \cdot \sin\omega t_0, \tag{1}$$

wobei u die Amplitude der Sinusspannung und U das Beschleunigungspotential der eintretenden Elektronen bedeutet. Die Zeit, zu der das Elektron durch die Linsenmitte hindurchgeht, ist mit t_0 bezeichnet. Berücksichtigt man qualitativ noch den Einfluß der nächsten Näherung, um den richtigen Anschluß an das

statische Feld zu gewinnen, so erhält man den Verlauf Abb. 481. Bei $\dfrac{\omega l}{v} = \sqrt{2}$

ergibt sich je nach der Eintrittsphase eine kräftige Zerstreuungslinse bzw. eine noch kräftigere Sammellinse. Nach Überschreitung dieser Maximalwerte klingt die Wirkung asymptotisch ab, indem sich mehr und mehr Feldgebiete in ihrer Wirkung kompensieren. Betrachtet man statt dieser Potentialfunktion das durch Parabelbögen angenäherte Achsenpotential, so ergeben sich neben dem entsprechenden ersten Extremwert der Brechkraft weitere Maxima bei höheren

Werten von $\dfrac{\omega l}{v}$.

Wie schon erwähnt, treten bei Hochfrequenzlinsen im Gegensatz zu statischen Feldern bei einem Teil der Eintrittsphasen Zerstreuungslinsen auf. Es liegt nahe, in Analogie zur Optik mit Hilfe dieser Zerstreuungslinsen chromatisch korrigierte Elektronenlinsen zu bauen, die mit statischen Feldern nicht hergestellt werden können. NESSLINGER, der diesen Vorschlag BRÜCHEs verfolgte, bewies die Möglichkeit dieser Korrektion an einer symmetrischen Einzellinse, ohne daß er nach dem üblichen optischen Verfahren Sammel- und Zerstreuungslinsen kombinieren mußte [505]. Sein Beweis, der unter Zugrundelegung schwacher Linsen (Vernachlässigung höherer Potenzen von u/U) geführt wurde, beruht auf dem Auftreten des Maximums (Abb. 481). Für Elektronengeschwindigkeiten in unmittelbarer Umgebung dieses Maximums ist die Brechkraft in der Tat unabhängig von der Geschwindigkeit. Auch die Eintrittsphase kann so gewählt werden, daß ein größerer Phasenbereich ausgenutzt werden kann. Dazu muß die Brechkraft auch als Funktion der Eintrittsphase ein Maximum besitzen, d. h. man muß beim absoluten Maximum der Brechkraft arbeiten. Bei dem Beispiel der Immersionslinse Gl. (1) mit Phasenblende in der Linsenmitte liegt dieses Maximum bei $\omega t_0 = \pi/2$. Für diese Eintrittsphase fallen die Hauptebenen zusammen, und zwar liegen sie unabhängig von der Elektronengeschwindigkeit in der Linsenmitte. Damit ist in der Tat zum wenigsten in der benutzten Näherung die Möglichkeit von Elektronenachromaten nachgewiesen.

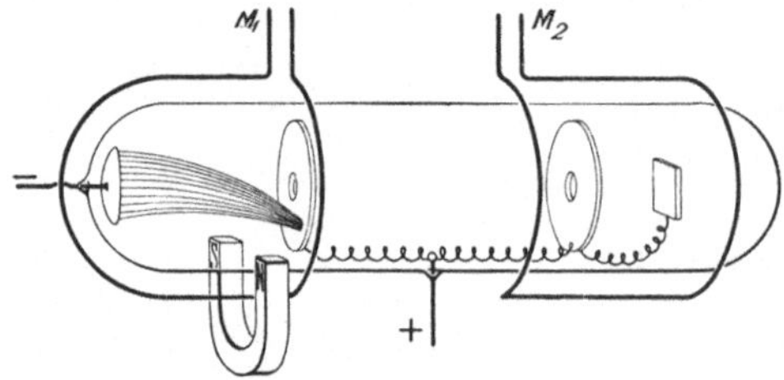

Abb. 482. Geschwindigkeitsbestimmung von Kathodenstrahlen nach WIECHERT.

PraktischeVersuche, Abbildungen mit Hochfrequenzlinsen vorzunehmen, sind nicht durchgeführt worden. Zylinderlinsen, die mit Hochfrequenz betrieben werden, bilden sich zwischen den Duanten des Zyklotrons aus. Ihre Fokussierungseigenschaften sind für die Ausbeute an beschleunigten Ionen maßgebend [X, 10].

4. Das Hochfrequenzfeld zur Geschwindigkeitsmessung. Eine sehr einfache Methode zur Geschwindigkeitsmessung von Ladungsträgern besteht in folgendem: Man läßt das Hochfrequenzfeld zusammen mit einer feststehenden Blende einen „Verschluß" [V, 13] bilden und ordnet in einem geeignet großen Abstand d einen zweiten solchen Verschluß an. Aus der Verzögerung $\tau = \dfrac{d}{v}$, mit der der zweite Verschluß gegenüber dem ersten betätigt werden muß, damit die Teilchen beide passieren können, ergibt sich die Geschwindigkeit $v = \dfrac{d}{\tau}$.

Dieses Verfahren, das DES COUDRES [186] für Elektronen vorgeschlagen und WIECHERT [728] zuerst durchgeführt hat, entspricht der Zahnradmethode FIZEAUs zur Messung der Lichtgeschwindigkeit. Wie bei dem sich drehenden Zahnrad wird auch hier der Durchlaß periodisch gewährt. WIECHERT benutzte bei seiner Anordnung (Abb. 482) die magnetische Ablenkung von Stromschleifen M_1 und M_2, an die eine Hochfrequenzspannung gelegt war und die den Strahl periodisch über Blenden führten. An der Eintrittsblende sorgte ein überlagertes konstantes magnetisches Querfeld dafür, daß der Strahl nur beim Maximum der positiven Halbwelle eintreten konnte, während die negativen Maxima unterdrückt wurden. Beim Versuch wurde die Phasendifferenz zwischen den gleichfrequenten Schwingungen so gewählt, daß die zweite Stromschleife M_2 gerade stromfrei ist, wenn der bei M_1 durchgelassene Kathodenstrahl durch M_2 hindurchkommt. Da dieser Fall gerade eintritt, wenn die Phasendifferenz $\pi/2$ ist, wozu die Zeitdifferenz $T/4$ gehören möge (T ist die Schwingungsdauer der Wechselfelder), so gilt $v = 4s/T$, wenn s den Abstand der beiden magnetischen „Zahnräder" bedeutet, der in WIECHERTs Anordnung bis zu 1 m betragen konnte.

Später hat KIRCHNER [357, 358, 359] dieselbe Methode in verbesserter Form unter Verwendung zweier Ablenkkondensatoren von 3 cm Plattenlänge in einem Versuchsrohr von 125 cm Gesamtlänge mit 1600 eV-Elektronen benutzt. Er bestimmte die Elektronengeschwindigkeit auf diese Weise mit hoher Genauigkeit und konnte nun auch, da er die Beschleunigungsspannung U der Elektronen genau kannte, ihr (e/m) nach dem Energiesatz $\dfrac{m\,v^2}{2} = e\,U$ ermitteln. Er fand den Wert $(1{,}7585 \pm 0{,}0012) \cdot 10^7$ el.-magn. CGS. Die gleiche Methode zur v und (e/m)-Bestimmung benutzten auch PERRY und CHAFFEE [520], ohne indessen eine größere Genauigkeit zu erreichen. Auch GNAN [269] wandte dieses Prinzip an, um die Elektronengeschwindigkeit zu messen. Bei ihm handelte es sich im weiteren Verlauf der Arbeit jedoch nicht um eine (e/m)-Bestimmung, vielmehr benutzte er den gewonnenen Geschwindigkeitswert, um aus Beugungserscheinungen, für die $\dfrac{m\,v}{h}$ maßgebend ist, nun (h/m) zu ermitteln. FIZEAUs Methode ist nicht nur für Elektronenstrahlen angewandt worden. Auf die gleiche Weise wurde auch die Geschwindigkeit von Kanalstrahlen durch HAMMER [287, 288] gemessen.

In einer Variante hat sich DUNNINGTON [217, 218, 219] der gleichen Methodik zur (e/m)-Bestimmung bedient. Er benutzte im Gegensatz zu den bisher genannten Autoren nicht Quer-, sondern elektrische Längsfelder. Der Taktgeber war das Beschleunigungsfeld, der Analysator das gleichphasige Gegenfeld vor einem Auffangekäfig.

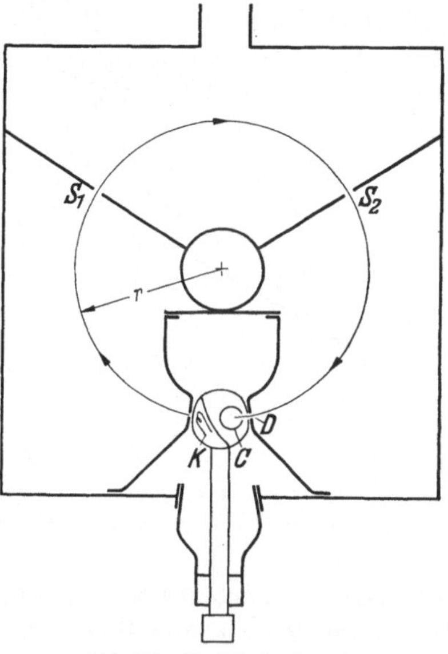

Abb. 483. Zur e/m-Bestimmung nach DUNNINGTON [218].

Die Anordnung wurde dadurch sehr leistungsfähig, daß nicht ein gerader Strahlweg, sondern eine Kreisführung durch ein magnetisches Querfeld benutzt wurde, das als Monochromator wirkte. Die Anordnung ist in Abb. 483 dargestellt. Sie besteht im wesentlichen aus der Kathode K, dem Laufraum mit den Spalten S_1, S_2 und dem Auffänger C. Senkrecht zur Zeichenebene steht ein homogenes Magnetfeld. Zwischen dem Laufraum einerseits und Heizfaden und Auffänger andererseits liegt eine hochfrequente Wechselspannung. Die aus dem Glühdraht emittierten Elektronen werden durch die gegenüberliegende Blende gezogen und treten in den Laufraum mit Geschwindigkeiten, die zwischen Null und dem durch den Maximalwert der Wechselspannung festgelegten Wert schwanken. Durch die Blenden wird eine Geschwindigkeit ausgesondert, deren Wert $v = \dfrac{e}{m}\,H \cdot r$ beträgt, wo r der Radius der Kreisbahn ist. Die Laufzeit der Elektronen auf dem Kreisbogen mit dem Öffnungswinkel Θ wird gleich der Schwingungsdauer $1/\nu$ des Wechselfeldes gewählt, d. h. es wird $\dfrac{r\Theta}{v} = \dfrac{1}{\nu}$ gewählt. Daraus ergibt sich

$$\frac{e}{m} = \frac{\Theta\,\nu}{H}.$$

Die zusammengehörigen Werte von v und H ergeben sich aus den Messungen des Kollektorstromes. Bei der Resonanzstelle muß der Strom ein ausgeprägtes Minimum zeigen. Wenn nämlich die Laufzeit gleich der Schwingungsdauer wird, finden die Elektronen am Kollektor zwischen D und C ein Gegenfeld vor, das ihrem Beschleunigungsfeld gleich ist. Sie können den Kollektor also in der Tat nicht erreichen. Als Vorteil der Methode wird neben der großen Beobachtungsschärfe und der Unabhängigkeit von Kontaktpotentialen angegeben, daß keine Spannungsmessung, sondern eine Frequenzmessung erforderlich ist. Aus den Messungen ergab sich $e/m = (1{,}7597 \pm 0{,}0004) \cdot 10^7$ el.-magn. CGS.

5. Massen- und Geschwindigkeitsanalyse durch das Hochfrequenzfeld.

Bei der Massenspektrographie kommt es im allgemeinen auf die Massenanalyse eines Kanalstrahlbündels an, das aus Teilchen verschiedener Masse und Geschwindigkeit besteht. Die Lösung dieser Aufgabe besteht, wie wir es aus dem nächsten Kapitel, in dem alle diese Fragen genauer behandelt werden, vorwegnehmen, in der Anwendung zweier meist nacheinander wirkender Dispersionsfelder. Das erste Feld wirkt dabei als Monochromator, das zweite als eigentliches Dispersionsprisma, das das Spektrum entwirft. In Wirklichkeit sind die Verhältnisse durch die hinzukommenden Fokussierungserscheinungen sehr kompliziert, worauf es hier jedoch nicht ankommt.

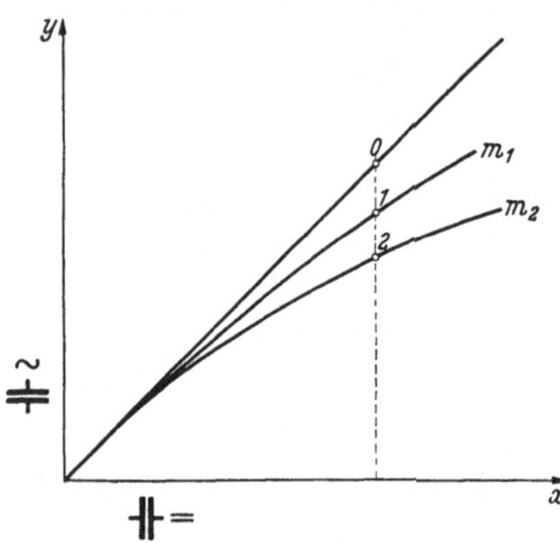

Abb. 484.
Zur Massenanalyse mit dem Hochfrequenzfeld.

Wir wollen uns nur die Frage vorlegen, wie weit Hochfrequenzfelder zum Entwerfen eines Massenspektrums geeignet sind, wobei wir als Beispiel zwei gekreuzte Kondensatoren (wie bei der BRAUNschen Röhre) zugrunde legen, deren einer mit Gleichspannung, deren anderer mit Hochfrequenz betrieben wird. Die beiden Ablenkplattenpaare seien gleich und die Maximalamplitude der Wechselspannung habe denselben Wert wie die Gleichspannung. Um die Komplikationen infolge der verschiedenen Eintrittsphasen zu vermeiden, beschränken wir uns auf die Betrachtung der Teilchen, die im Zeitpunkt der größten Spannungsdifferenz den Hochfrequenzkondensator zur Hälfte durchlaufen haben.

Wenn das Teilchen sehr schnell ist, ändert sich das Feld während der Teilchenlaufzeit sehr wenig. Wir erhalten demnach wie in statischen Feldern gleich große zueinander senkrechte Ablenkungen, d. h. der Leuchtpunkt liegt auf dem senkrecht den Teilchen entgegengestellten Schirm auf einer 45°-Geraden (Abb. 484). Nimmt die Geschwindigkeit soweit ab, daß die Laufzeit mit der Schwingungsdauer des Wechselfeldes vergleichbar wird, so wird die Amplitude des Wechselfeldes während des Durchlaufes abnehmen und die Auslenkung des Teilchens entsprechend kleiner. Das Teilchen gelangt daher nicht in den Punkt 0 wie im Gleichfeld, sondern nach 1. Die Teilchen gleicher Masse m_1, aber verschiedener Geschwindigkeit werden nach dem Durchlaufen der Felder auf der Massenkurve m_1 liegen. Betrachten wir nun Teilchen größerer Masse m_2, die bei gleichem $m v^2$ in statischen Feldern an den gleichen Punkt 0 der 45°-Geraden gelangt wären. Diese Teilchen werden länger im Wechselfeld verweilen, und daher weniger abgelenkt werden (bei nicht zu starkem Laufzeiteinfluß). Sie gelangen daher nach 2 auf die ihnen zugehörige Massenkurve. Das Wechselfeld spaltet nach Masse *und* Geschwindigkeit auf,

vermag also in gleicher Weise das nach $\frac{e}{m}\,v$ aufspaltende magnetische Ablenkfeld, das sonst mit dem elektrischen Feld zu Massenanalyse kombiniert wird,
zu ersetzen.

Rechnet man dieses Beispiel unter Zugrundelegung eines Sinusfeldes genauer durch, indem man von den in [X, 1] angegebenen Formeln Gebrauch
macht, so findet man bei größerem Laufzeiteinfluß den in Abb. 485 dargestellten
Verlauf der Massenkurven. Diesen Kurven sind die Massenparabeln gegenübergestellt, die sich bei dem
Ersatz des Wechselfeldes
durch ein statisches Magnetfeld (THOMSONs Parabel-
methode [XI, 3]) ergeben.

Will man diese Erkennt-
nis praktisch verwerten, so
ist noch zu bedenken, daß
wir uns auf eine Eintrittsphase der Strahlung be-
schränkt haben. Um den
dadurch bedingten großen
Intensitätsverlust zu be-

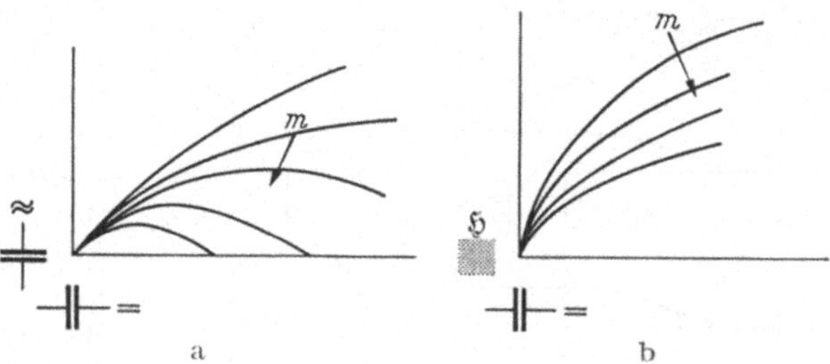

Abb. 485. Zur Massenanalyse; a mit dem Hochfrequenzfeld,
b nach der Parabelmethode.

heben, muß der Versuch gemacht werden, den Einfluß der Eintrittsphase zu
eliminieren, wie es in dem im folgenden Abschnitt behandelten Beispiel geschehen ist.

6. Ablenkfeld als Monochromator. Da man, wie es im letzten Abschnitt
gezeigt wurde, mit Hochfrequenz-Ablenkfeldern Korpuskularstrahlen analysieren
kann, so kann man natürlich auch
Monochromatoren herstellen, sei es,
daß man eine Auswahl von Teilchen
bestimmter Masse, sei es bestimmter
Geschwindigkeit treffen will. Diese
Anordnungen verlangen normalerweise noch eine Vorauswahl der Eintrittsphase. Betrachten wir den einfachsten Fall eines Monochromators,
den Ablenkkondensator, so erkennen

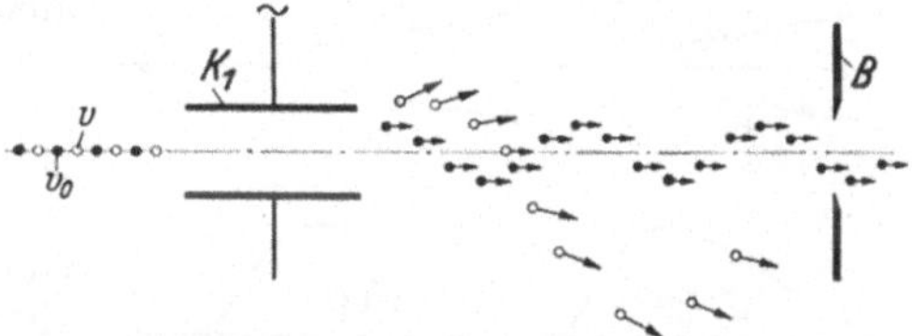

Abb. 486. Aufspaltung eines Teilchendrahts mit zwei
Geschwindigkeiten im Hochfrequenz-Ablenkplattenpaar.

wir, daß wir uns von dieser die Intensität des Monochromators stark be-
schränkenden Bedingung unter Umständen frei machen können.

Nach [X, 1] verlassen die Teilchen den Kondensator unabgelenkt, gleich-
gültig, welche Eintrittsphase sie haben, wenn nur ihre Laufzeit gerade der
Schwingungsdauer T der an den Kondensator gelegten Wechselspannung
gleich ist. Die verschiedene Phase bedingt nur eine mehr oder minder große
Parallelverschiebung gegenüber der Achse (Abb. 486, Teilchengeschwindigkeit v_0).
Teilchen anderer Geschwindigkeit v (Abb. 486) werden abgelenkt, so daß die
Stromdichte dieser Teilchen mit der Entfernung vom Kondensator stark abnimmt. Durch die Blende B der Abb. 486 treten also praktisch nur Teilchen
der Geschwindigkeit v_0, die jedoch noch der Phase nach auseinandergelegt
sind. Um die Ausblendung verschärfen zu können und wieder einen feinen
Strahl zu erhalten, wird man diese Parallelverschiebung der Teilchen verschiedener Phase zu beseitigen suchen. Dazu wird man die durch die Blende B
getretene Strahlung durch einen zweiten Kondensator K_2 genau entgegengesetzt beeinflussen. Es liegt nahe, das in [IV, 3] behandelte Spiegelprinzip
zur Anwendung zu bringen, indem man das Teilchen die Bahn sozusagen

rückwärts durchlaufen läßt. Dazu setzt man ein zweites Kondensatorfeld spiegelsymmetrisch an das erste (Abb. 487). Diese Lösung ist zwar für jede einzelne Eintrittsphase exakt richtig, ermöglicht es aber nicht, die parallel fliegenden Teilchen verschiedener Eintrittsphase wieder in eine Bahn zu bringen, da der Abstand der beiden Kondensatoren von der Phase abhängig sein müßte.

SMYTHE [654] hat eine elegante Näherungslösung der gestellten Aufgabe angegeben, bei der dasselbe Feld noch einmal mit entgegengesetztem Vorzeichen hinter dem ersten Feld zur Wirkung gebracht wird (Abb. 487b). Zu diesem Zweck wird ein gleicher Kondensator hinter den ersten gestellt und an die gleiche Hochfrequenzspannung gelegt. Der Abstand zwischen Ende des ersten und Anfang des zweiten Kondensators wird so gewählt, daß die entsprechende Laufzeit $T/2$ oder ein ungerades Vielfaches davon ist. Da sich die Laufzeiten wie die entsprechenden Längen verhalten und

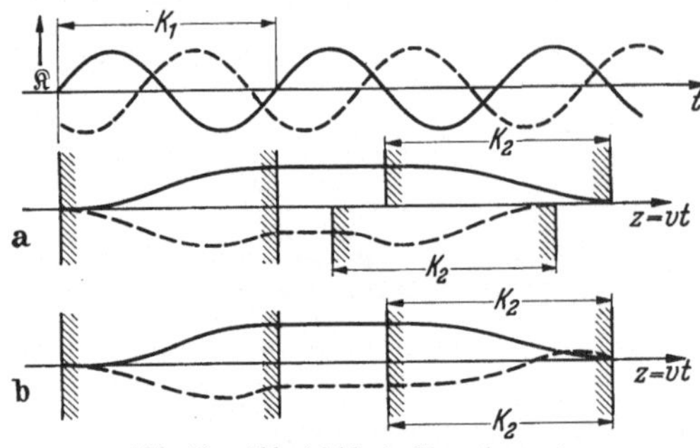

Abb. 487. Ablenkfeld als Monochromator.

die Laufzeit im Kondensator eine Periodendauer sein soll, muß der Abstand der Kondensatoren ein ungerades Vielfaches der halben Plattenlänge sein. Die Ladungsträger erfahren bei dieser Wahl in der Tat wegen der Feldumstellung in den Punkten des zweiten Kondensators die entgegengesetzte Ablenkung wie in den gleichen Punkten des ersten Kondensators, treten also in der Kondensatorachse aus. Das gilt für jede auszusondernde Geschwindigkeit, wobei nur die Frequenz richtig zu wählen ist.

SMYTHE [654], sowie HERZOG und MATTAUCH [311] haben die Einflüsse der Randfelder, die soeben vernachlässigt wurden, genauer untersucht. Der Feldabfall erfolgt in Wirklichkeit nicht sprunghaft, wie es bei den den obigen Überlegungen zugrunde liegenden Rechnungen [X, 1] vorausgesetzt wurde. Eine weitere Komplikation ist im Auftreten von Oberwellen zu sehen. Das Feld möge ganz auf einen Bereich der Länge $2a$ beschränkt sein. Ferner genüge es der Bedingung $f(z-a) = f(z)$ (Abb. 488) [1].

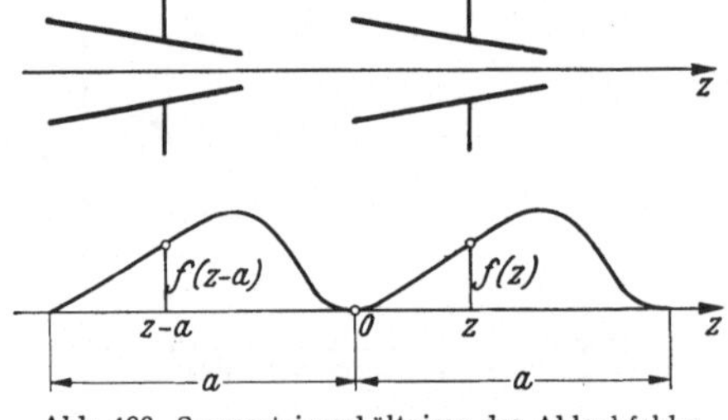

Abb. 488. Symmetrieverhältnisse des Ablenkfeldes.

Die Spannung enthalte nur ungerade Oberwellen. Dann haben die unabgelenkten Teilchen Geschwindigkeiten, die durch $v = \dfrac{2a\omega}{2\pi s}$ gegeben sind, wobei s eine ungerade ganze Zahl ist. Für den Abstand D zwischen entsprechenden Punkten der beiden Kondensatorsysteme muß gelten $D = a \cdot \dfrac{r}{s}$, worin r ebenfalls eine ungerade ganze Zahl ist. Diese Bedingung bedeutet eine Einschränkung gegen das, was oben für die reine Sinusschwingung abgeleitet wurde. Über praktische Versuche mit einer derartigen Apparatur berichten SMYTHE und MATTAUCH [469, 656].

Bisher wurde das Ablenkfeld nur als Geschwindigkeitsmonochromator diskutiert. Was dabei die Teilchen verschiedener Massen tun, wurde nicht

---

[1] Im Gegensatz zu Abb. 486 wird das Ablenkfeld in Wirklichkeit durch zwei Plattenpaare gebildet.

beachtet. Das war auch berechtigt, denn die Masse spielt bei unserem Monochromator keine Rolle. Da nämlich in der Ablenkformel (e/m) nur als Faktor steht, verschwindet die Ablenkung für alle Massen gleichzeitig, da einfach ein nur von der Geschwindigkeit abhängender Laufzeiteffekt benutzt wird. Nach dem ersten Kondensator sind die Massen zwar auseinandergelegt, da die Parallelverschiebung gleichzeitig in den Kondensator eingetretener Teilchen der Masse umgekehrt proportional ist (Abb. 489). Nach dem zweiten Kondensator bewegen sich aber alle Teilchen gleicher Geschwindigkeit wieder in der Kondensatorachse.

b) Geräte zur Erzeugung schneller Teilchen (Vielfachbeschleuniger).

Mehr noch als die besprochenen Besonderheiten bei den Richtungsänderungen sind die energetischen Besonderheiten der Bewegung von Ladungsträgern im Wechselfeld von Interesse. Sie eröffnen verschiedene praktische Möglichkeiten, von denen die einfachste, der Vielfachbeschleuniger, in diesem Kapitelteil behandelt sei. Dabei wollen wir unter Vielfachbeschleuniger eine Anordnung verstehen, in der Ladungsträger durch ein Feld nicht nur einmal, sondern unter Ausnutzung der Laufzeiterscheinungen vielfach beschleunigt werden. So werden mit kleinen Spannungen kinetische Energien im Ladungsträger angehäuft, die ein Vielfaches derjenigen Energie sind, die das

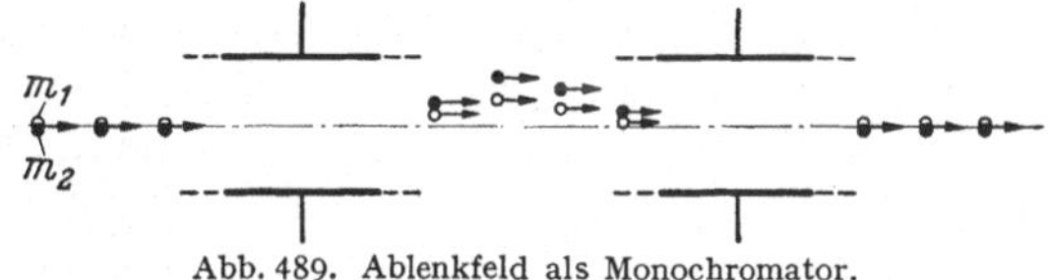

Abb. 489. Ablenkfeld als Monochromator.

Teilchen beim Durchfallen der vorgegebenen Spannung als Gleichspannung erhalten würde. Die Bedeutung solcher Anordnungen, wie des Zyklotrons, für die Kernphysik ist allgemein bekannt.

7. Linearer Vielfachbeschleuniger. Die prinzipiell einfachste Methode, Teilchen großer Geschwindigkeit zu erhalten, ist die Beschleunigung durch eine entsprechend hohe Spannung. In praktischer Beziehung ist, wie wir in [VII, 5] sahen, die Erzielung von Spannungen von 1 MV und mehr sowie die Beschleunigung von Ladungsträgern durch solche Spannungen nicht ganz einfach. Man hat daher schon früh versucht, diese Schwierigkeiten zu umgehen, indem man die Ladungsträger stufenweise durch dieselbe kleine Spannung, die vielfach zur Anwendung kommt, auf die erwünschte hohe Geschwindigkeit bringt.

Die einfachste solche Vielfach-Beschleunigung wurde von GERTHSEN [260] beschrieben. Nachdem der Ladungsträger das Beschleunigungsfeld durchfallen hat, kommt er in ein direkt anschließendes Gegenfeld, das ihn nun wieder verzögern würde. Wenn er aber im Augenblick des Übertritts entladen wird, wirkt dieses Feld nicht, oder wenn er umgeladen wird, beschleunigt es ihn weiter. Das könnte man beliebig oft fortsetzen, wobei dann die Abstände zwischen Punkten, wo die Umladungen stattfinden, entsprechend der wachsenden Geschwindigkeit wachsende Abstände haben müßten. Die Schwierigkeit dabei ist natürlich, die Träger im richtigen Augenblick zur Ent- oder Umladung zu veranlassen.

Statt die Ladungen im Gegenfeld zu kompensieren, so daß dieses keine Kraft ausübt oder gar Umladungen vorzunehmen und auf diese Weise auch das „Gegenfeld" auszunutzen, zeigt die Anwendung von Hochfrequenzfeldern bei Ausnutzung der Laufzeit der Teilchen einen Weg, der Umladungen vermeidet.

Eine konkrete, wohl die einfachste Ausführungsform des Vielfachbeschleunigers mit Hochfrequenz, dessen Gedanke auf WIDERÖE [726] zurückgeht, haben wir in [III, 10] bereits kennengelernt. Die Anordnung besteht aus einer Reihe hintereinander angeordneter Röhrchen, die abwechselnd mit dem einen oder dem anderen Pol eines Hochfrequenzgenerators verbunden werden. Die Längsausdehnung der Beschleunigungsfelder kann in erster Näherung vernachlässigt werden. Der Ladungsträger starte ohne Anfangsgeschwindigkeit und werde in der ersten Beschleunigungsstufe auf die Energie U beschleunigt. Die Länge d_1 des ersten Röhrchens sei so gewählt, daß es in einer Halbperiode der Wechselspannung von dem Ladungsträger durchlaufen wird, d. h. es muß

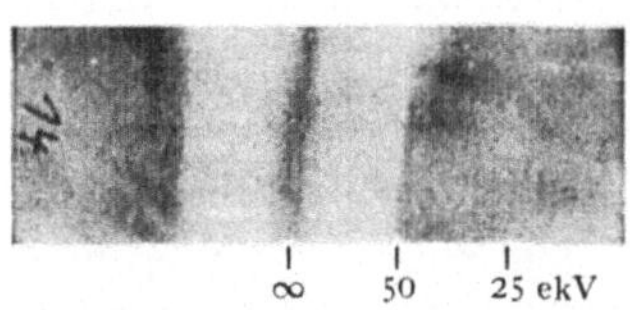

Abb. 490. Nachweis der Vielfachbeschleunigung durch WIDERÖE [726].

$$\frac{\omega\, d_1}{\sqrt{\dfrac{2e}{m}U}} = \pi$$ sein. Dann wird das Teilchen beim Übertritt in das zweite Röhrchen wieder um den Betrag U beschleunigt usw. Die Rohrlängen müssen der wachsenden Energie entsprechend immer größer gewählt werden, und zwar gilt für die Länge d_n des n-ten Röhrchens $d_n = \sqrt{n}\, d_1$.

Startet ein Ladungsträger in einer anderen Phase des Wechselfeldes, so erhält er eine falsche Geschwindigkeit und wird daher bald außer Tritt geraten. Man muß daher mit großem Intensitätsverlust rechnen.

WIDERÖE [726] hat einen konstanten Strom von Kalium- und Natriumionen, die aus einer KUNSMANN-Anode [408] austraten, in eine zweistufige derartige Anordnung gesandt. An dem Zylinder zwischen Kathode und Anode lag Hochfrequenz von 300 m Wellenlänge und $\sim$25 kV. WIDERÖE konnte durch elektrostatische Ablenkungsmessungen nachweisen, daß Teilchen doppelter Energie aus der Anordnung austraten. Dies zeigt Abb. 490, bei der die Schwärzung bis zu der aus Eichung der Ablenkanordnung bekannten 50 kV-Marke reicht. Gleichzeitig zeigte sich aber auch, daß außer diesen sehr schnellen Teilchen auch noch weitere Teilchen aus dem Hochfrequenzfeld austraten, die teilweise sogar eine kleinere Energie hatten, als sie der Amplitude der Wechselspannung entspricht. Das sind die Teilchen, die nicht in derjenigen Phase eingetreten sind, für die die Dimensionen der Anordnung gewählt waren.

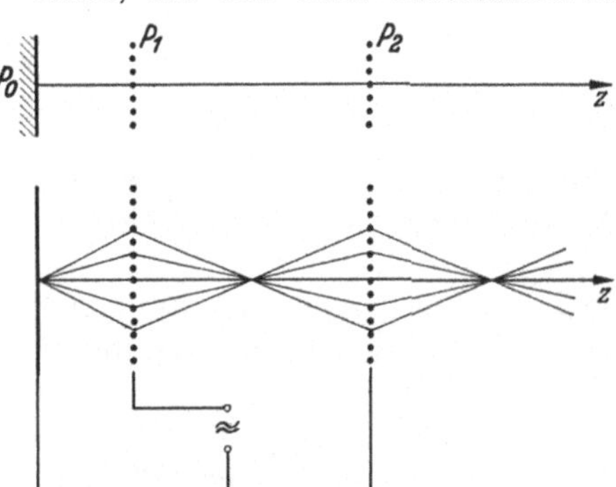

Abb. 491. Vielfachbeschleuniger mit Netzen.

Von dieser Grundform ausgehend lassen sich Varianten angeben, wie es BRÜCHE und RECKNAGEL [139] diskutiert haben. Zunächst kann man die Voraussetzung über die Kürze des Feldes fallen lassen und ein ausgedehntes Feld zur Beschleunigung benutzen. Bleiben wir zunächst bei den Abgrenzungen der Felder durch idealisierte Netze, so würde der andere Grenzfall die gleichmäßige Verteilung des Feldes, d. h. das homogene Feld sein. Wir erhalten einen Feldverlauf, dessen Potentialgebirge durch Wippen dargestellt wird. In Abb. 491 gehen die Elektronen von der Platte P_0 aus. P_1, P_2 sind Netze, die die einzelnen Beschleunigungsstufen trennen. Für die Länge d_1 der ersten Stufe gilt dabei, wenn E die Amplitude des Wechselfeldes und ω die Frequenz bedeutet: $d_1 = \dfrac{e}{m}\dfrac{E\pi}{\omega^2}$. Die Länge der n-ten Stufe ist $d_n = \left(\sqrt{n-1} + \sqrt{n}\right)\cdot d_1$. Gehen wir von den Netzen ab, und verwenden zur Feldabgrenzung Lochblenden oder Zylinder, so werden die Feldübergänge stetig, wobei sich gleichzeitig Elektronenlinsen an den Übergangsstellen ausbilden.

Bei den Ausführungsformen, wie sie zur Erzeugung schneller Ionen angewandt wurden, werden stets viele Stufen mit längeren Beschleunigungsstrecken
verwendet. LAWRENCE und SLOAN [423] haben eine Anordnung mit 8 Beschleunigungsstufen benutzt (ähnlich der Anordnung Abb. 492). Als Beschleunigungselektroden dienten Röhrchen. Die zu beschleunigenden Quecksilberionen wurden

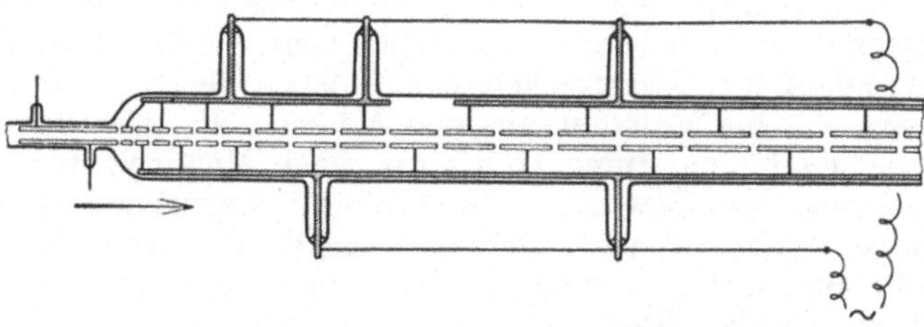

Abb. 492. Linearer Vielfachbeschleuniger [423].

einer Gasentladung entnommen. Mit 11 kV Hochfrequenzspannung bei $\sim$100 m
Wellenlänge wurden 90 ekV-Ionen bei einer Endstromstärke von 10^{-8} A erzeugt. Die Anordnung ist später von SLOAN und LAWRENCE [652] und SLOAN
und COATES [651] verbessert worden. Sie erreichten mit 36 Stufen (1,85 m
Gesamtlänge) bei 80 kV und 30 m Wellen-
länge $2,4 \cdot 10^6$ eV. Weitere Arbeiten nach
demselben Prinzip wurden von THOMSON
und KINSEY [686] sowie SCHLOSSER [619]
durchgeführt. SCHLOSSER erreichte mit seiner
Anordnung von 25 Stufen 200 ekV- Quecksilberionen. Er gibt an, daß nur der 10^7-te
Teil der eintretenden Intensität als beschleunigte Ionen wieder austritt.

Bei allen diesen Anordnungen waren
die beiden Pole der Hochfrequenz an die
beiden Elektrodengruppen des Vielfach-Be-
schleunigers so gelegt, daß das Potentialgebirge als eine Art „stehende Welle" zu
deuten wäre [II, 1]. Wenn wir jedoch eine
Wanderwelle in geeigneter Weise der Anordnung zuleiten, wie es bereits ISNIG
plante [333], oder eine Wechselspannung mit
drei oder mehr Polen versehen, d. h. eine
Drehspannung, so können wir auch „fortschreitende Wellen" im Potentialfeld herstellen [139]. Als Beispiel ist in Abb. 493

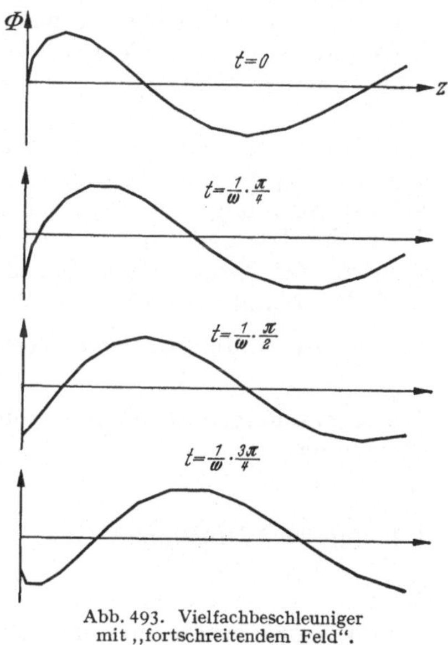

Abb. 493. Vielfachbeschleuniger
mit „fortschreitendem Feld".

ein Potentialfeld gezeichnet, das bei sechs Phasen, die an Netzen liegen, erzielt
werden kann. Die Knickstellen der in Abb. 493 gezeichneten Potentialkurven
zeigen dabei die Lage der Netze. Die Schaltung ist so gedacht, daß die Teilchen-
quelle die Spannung $- U \cdot \sin \omega t$ gegen den Außenraum habe, das erste Netz
die Spannung $- U \cdot \sin\left(\omega t - \dfrac{\pi}{6}\right)$, das zweite die Spannung $- U \cdot \sin \omega\left(t - \dfrac{2\pi}{6}\right)$
usw. Die Längen sind so gewählt, daß ein zur Zeit $t = 0$ startendes Teilchen
zwischen zwei Netzen die Laufzeit $\tau = \dfrac{\pi}{6} \cdot \dfrac{1}{\omega}$ braucht und dauernd beschleunigt
wird. Man erkennt deutlich, wie die gedehnte Welle des Potentialgebirges
sich mit der Zeit in Richtung der z-Achse fortschiebt. Dabei trägt sie den

Ladungsträger vor sich her. Eine praktische Ausführung derartiger Anordnungen ist bisher nicht erfolgt.

8. Vielfachbeschleuniger mit Kreisführung der Ladungsträger. Bisher ließen wir die Bewegung der Ladungsträger längs der geraden optischen Achse erfolgen. Dabei werden mit wachsender Stufenzahl sehr erhebliche Längen des Vielfachbeschleunigers erreicht, insbesondere wenn es sich um Beschleunigung leichter Teilchen, etwa von Protonen handelt, denn die Geschwindigkeiten und damit die durchlaufenen Wegstrecken von Teilchen gleicher Energie verhalten sich umgekehrt wie die Wurzeln aus den Massen. Es liegt daher nahe, wie man es in solchen Fällen immer tun wird, nach Möglichkeiten Ausschau zu halten, die geradlinige Bewegung durch eine schwingende oder rotierende Bewegung zu ersetzen [IV, 16]. Die schwingende Bewegung kann man hier natürlich nicht ausnutzen, da man zu ihrer Durchführung eines elektrischen Feldes bedürfen würde, dessen Potentialhöhe der Höhe der erzielten Elektronenenergie entsprechen würde. Dagegen ist das magnetische Feld sehr gut geeignet.

Im homogenen magnetischen Felde, in dem keine elektrischen Kräfte wirken, beschreiben die Elektronen Kreise. Diese Kreise werden unabhängig von der Geschwindigkeit in gleicher Zeit durchlaufen [I, 9]. Der Radius des großen Kreises der schnellen Elektronen ist gerade ebensoviel größer gegenüber dem eines langsamen Teilchens, wie die Geschwindigkeit größer ist. Auf diesem Umstand, dem auch die fokussierende Wirkung des homogenen magnetischen Längsfeldes zu verdanken ist, beruht der Vielfachbeschleuniger von LAWRENCE und LIVINGSTON [421]. Er besteht aus zwei Duanten, die die Zylinder gerader bzw. ungerader Nummer der linearen Anordnung vertreten und einem überlagerten Magnetfeld H (Abb. 496). An diesen Duanten liegt eine hochfrequente Wechselspannung mit einer solchen Frequenz, daß die halbe Schwingungsdauer der Laufzeit auf einem Halbkreis gleich ist. Dann tritt jedes Teilchen stets in der gleichen Phase von einem Duanten in den anderen über, und wird daher stets beschleunigt. Nach [I, 9] brauchen die Teilchen zum Durchlaufen des Halbkreises die Zeit $\dfrac{\pi}{\dfrac{e}{m} \cdot H}$, die der halben Schwingungsdauer des Wechselfeldes gleich sein soll. Also ergibt sich für die Kreisfrequenz der Schwingung

$$\omega = \frac{e}{m} H \, ,$$

d. h. für die Wellenlänge

$$\lambda = 2\pi \cdot \frac{m}{eH} c \, .$$

Zum Beispiel erhält man für Protonen bei einem Magnetfeld von 10^4 Gauß aus dieser Formel für die Beschleunigung eine erforderliche Wellenlänge von rd. 20 m.

Statt die Elektronenbeschleunigung sprunghaft zwischen den beiden Duanten vorzunehmen, kann man sie auch in einem homogenen elektrischen Feld erfolgen lassen. Man hat die Duanten durch die Platten eines Kondensators zu ersetzen (Abb. 494). Auch diese Anordnung aus gekreuztem homogenen elektrischen und magnetischen Feld liefert eine dauernde Beschleunigung eines Teiles der Elektronen, wenn zwischen der Frequenz ω des elektrischen Feldes und der Stärke H des Magnetfeldes wieder die Beziehung $\omega = \dfrac{e}{m} H$ besteht.

Einfach zu übersehen ist auch die Bewegung in einem homogenen Drehfeld, dem das Magnetfeld überlagert ist [139]. Modellmäßig erhalten wir für das elektrische Feld eine Ebene, die sich in gleicher Stellung um eine vertikale Achse dreht (Abb. 495). Man kann sich dieses Drehfeld durch das zentrale Feld von mehreren im Kreise aufgestellten und an Mehrphasenwechselspannung gelegten Elektroden erzeugt denken. Wenn der Drehsinn des elektrischen Feldes zusammen mit der Richtung des Magnetfeldes eine Rechtsschraube bildet, die auf ein Elektron ausgeübte drehende Wirkung der beiden Felder sich also unterstützt, dann beschreibt das Elektron in diesem Falle eine Kreis-evolvente, wenn wieder die Beziehung $\omega = \dfrac{e}{m} H$ besteht. Die Energie nimmt quadratisch mit der Zeit zu. Wenn der Drehsinn des elektrischen Feldes um-gekehrt wird, während die Richtung des Magnetfeldes erhalten bleibt, kann die Anordnung nicht mehr als Vielfachbeschleu-niger benutzt werden.

Außer den hier behandelten Methoden ist noch ein ande-res Prinzip diskutiert worden. Wideröe [726] hat in seinem „Strahlentransformator'' ein elektrisches Wirbelfeld, das durch ein magnetisches Feld erzeugt

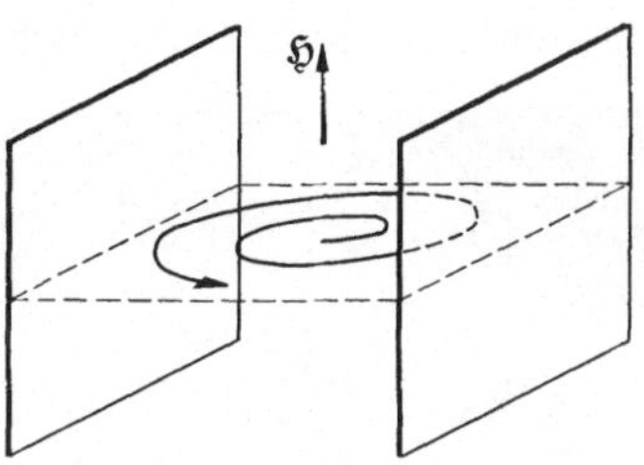
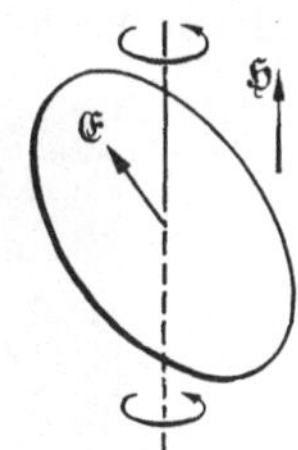

Abb. 494. Kreis-Vielfachbeschleuniger mit linearem Wechselfeld [139].

Abb. 495. Kreis-Vielfachbeschleuniger mit Drehfeld [139].

wurde, zur Beschleunigung von Ladungsträgern benutzen wollen, ohne daß er bei seinen Versuchen zu erfolgversprechenden Ergebnissen gelangte. Be-währt haben sich bisher allein zwei Anordnungen, der geradlinige und der Kreis-Vielfachbeschleuniger, den Lawrence und seine Mitarbeiter ausbildeten und zur Ionenbeschleunigung benutzten.

9. Das Zyklotron. Der Kreis-Vielfachbeschleuniger nach Lawrence und Livingston [421] ist als Zyklotron bekannt (Abb. 496). Die Beschreibung der grundsätz-lich wichtigen Eigenschaften wurde bereits in [X, 8] ge-geben.

Während beim linearen Vielfachbeschleuniger die End-energie durch die Anzahl der nacheinander zu durch-laufenden Stufen gegeben ist, ist die Stufenzahl beim Zyklotron unbestimmt. Wenn ein beschleunigtes Teilchen

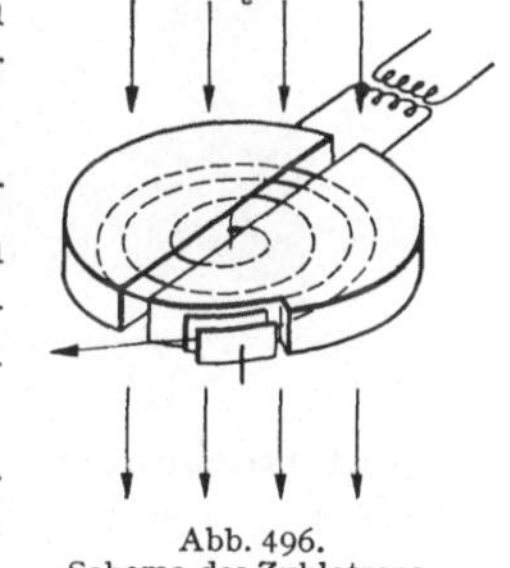

Abb. 496. Schema des Zyklotrons.

aus dem Magnetfeld austritt, vorher also die äußerste Kreisbahn von Radius R durchlaufen hat, entspricht seine Energie der Beschleunigungsspannung

$$U = \frac{1}{2} \cdot \frac{e}{m} \cdot H^2 \cdot R^2.$$

Wie groß die „Stufenzahl'' ist, ist dabei vollständig gleichgültig. Gegenüber dem linearen Vielfachbeschleuniger mit seinen geometrisch vorgegebenen Be-schleunigungsstufen, die von allen Teilchen durchlaufen werden müssen, ist beim Zyklotron keine bestimmte Anzahl mehr angebbar. Jedes Teilchen macht ebensoviel Umläufe und damit Beschleunigungen durch, bis es die zum Austritt aus dem Feld erforderliche Geschwindigkeit hat. Dadurch ist ein grundsätzlicher Vorteil gegenüber der linearen Anordnung bedingt, bei der nur Teilchen einer bestimmten Eintrittsphase durch die Anordnung wirklich beschleunigt werden. Beim Zyklotron werden die Teilchen *aller* Eintrittsphasen erfaßt und auf die volle Endenergie gebracht, wenn nicht durch sekundäre Effekte [X, 10] ihre vorzeitige Ausscheidung erfolgt. Diesem Unterschied entspricht, daß bei

gleicher Anfangsintensität die Endintensität beim Zyklotron um eine Zehnerpotenz höher gefunden wird als bei der linearen Anordnung. Dieser Vorteil
wird durch die Notwendigkeit eines starken ausgedehnten magnetischen Feldes
erkauft, das einen sehr erheblichen apparativen Aufwand darstellt.

Die erste Apparatur von LAWRENCE und LIVINGSTON [421] hatte einen
Polschuhdurchmesser von 28 cm und arbeitete mit ungefähr 14000 Gauß.
Für Protonen ergibt sich danach theoretisch eine Endenergie von 1,8 eMV.
Sie erreichten mit einer Hochfrequenzspannung von 4000 V bei dem angegebenen
Magnetfeld 1,2 eMV und 10^{-9} Amp.

Die Apparaturen nach diesem Prinzip sind im Laufe der Zeit verbessert
und zur Erzielung sehr energiereicher Teilchen verschiedener Masse, wie sie zu

Abb. 497. Beschleunigungskammer des Zyklotrons nach LAWRENCE und LIVINGSTON [422].

Kernuntersuchungen erforderlich sind, ausgebaut worden. LAWRENCE und seine
Mitarbeiter, deren Arbeiten bis in die jüngste Zeit reichen [422, 420], haben
mit ihren neuen Apparaten Deutonen von 5 bis 6 eMV und α-Teilchen von
etwa 11 eMV erreicht. Weitere Apparaturen sind von LIVINGSTON [436],
KRÜGER und GREEN [406] und HENDERSON und Mitarbeitern [299] beschrieben
worden. Sie stehen in der erreichten Geschwindigkeit und Intensität hinter
denen von LAWRENCE und Mitarbeitern zurück.

Das Zyklotron von LAWRENCE und Mitarbeitern, das 1934 zum erstenmal
beschrieben [422], verbessert [420] und bis heute benutzt wird, ist in Abb. 497
dargestellt. Der Magnet ist ein kräftiger Elektromagnet von 66 Tonnen Gewicht. Er hat einen Polschuhdurchmesser von 70 cm bei einem Polschuh-
abstand von etwa 5 cm. Das Magnetfeld kann bis zu 20000 Gauß gewählt
werden. Als Hochfrequenzquelle wird ein Sender von 50 bis 100 kV und einigen
kW Leistung benutzt. Die zu beschleunigenden Teilchen werden durch Elektronenstoß im Zentrum des Magnetfeldes aus Gas erzeugt, das sich bei einem
Druck von 10^{-4} bis 10^{-5} Tor in der Beschleunigungskammer befindet. Die
beschleunigten Teilchen gelangen am Rande des Magnetfeldes in ein ablenkendes
elektrisches Feld, das ihnen eine kräftige Richtungsänderung gibt und sie damit
schnell dem Einfluß des magnetischen Streufeldes entzieht. Die erreichte Endintensität liegt in der Größenordnung von einigen μA.

Zur Zeit wird ein Zyklotron mit $1^1/_2$ m Polschuhdurchmesser ausprobiert [423 a] und Pläne für ein Riesenzyklotron werden diskutiert [423 b]. Abb. 498 zeigt einen Deutonenstrahl, der das Zyklotron verläßt.

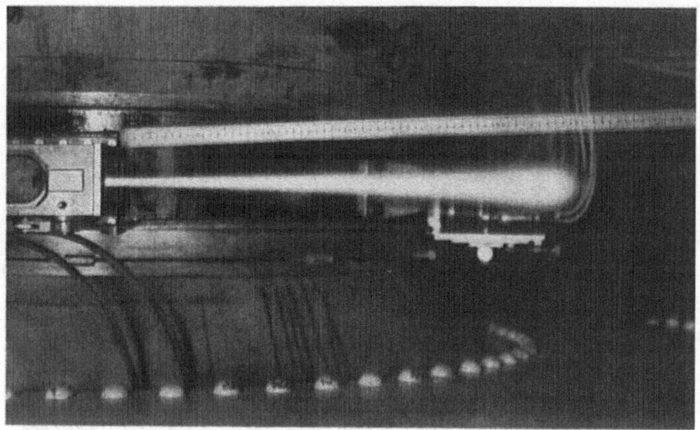

Abb. 498. Zyklotron mit Deutonenstrahl.

10. Elektronenoptik beim Zyklotron. Bei der Besprechung des Zyklotrons im letzten Abschnitt wurden hinsichtlich der Teilchenbewegung nur grundsätzliche Fragen berührt, wobei besonders auf den großen Vorteil des Kreis-Vielfachbeschleunigers gegenüber dem linearen Vielfachbeschleuniger hingewiesen wurde, der in der Erfassung aller Eintrittsphasen bestand. Außer diesem Phaseneinfluß wird auch die Richtungsfokussierung für den Wirkungsgrad der beiden Anordnungen von praktischer Bedeutung sein.

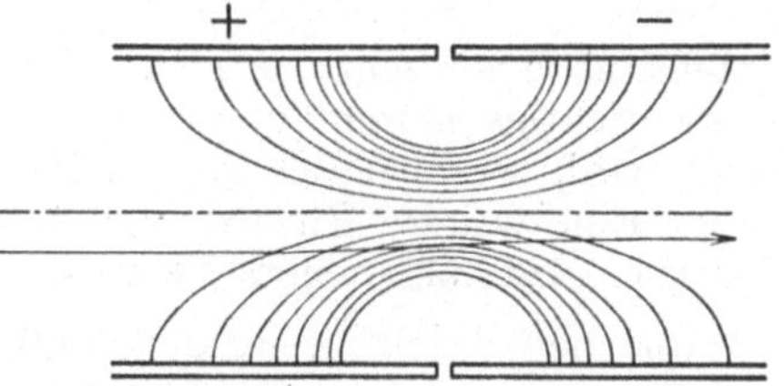

Abb. 499. Sammelwirkung zweier gegeneinander aufgeladener Zylinderelektronen [421].

Für das wichtigere Zyklotron haben ROSE [568] und WILSON [736] die Richtungsfokussierung theoretisch untersucht. Ihre Betrachtungen gelten sinngemäß auch für andere Formen, insbesondere für den linearen Vielfachbeschleuniger. Beim Zyklotron sind zwei Fokussierungseinflüsse zu unterscheiden, denen Teilchen unterliegen werden, die nicht genau in der Mittelebene verlaufen. Erstens wird zwischen den Duanten des Zyklotrons eine elektrische Hochfrequenzlinse (Abb. 499) auftreten, die je nach der Eintrittsphase eine Sammel- oder Zerstreuungswirkung bedingen wird [X, 3].

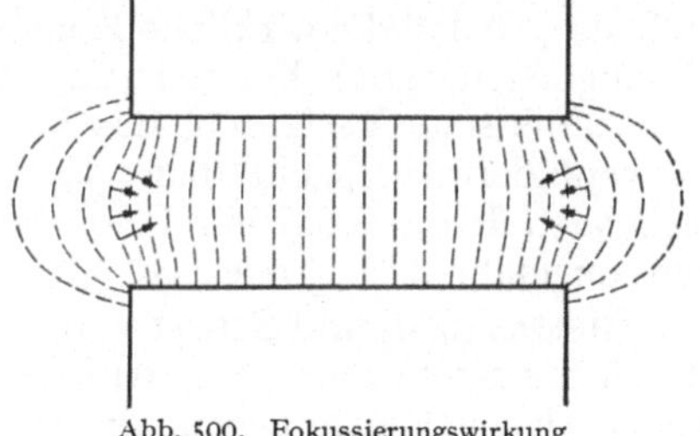

Abb. 500. Fokussierungswirkung des Magnetfeldes [568].

Zweitens wird das magnetische Streufeld stets sammelnd wirken (Abb. 500). Die Pfeile geben die Richtung der Kraft an, die auf das Teilchen wirkt, das in Halbkreisen senkrecht zur Zeichenebene und senkrecht zu den in Abb. 500 gestrichelt gezeichneten magnetischen Feldlinien läuft. Die beiden Fokussierungseinflüsse sind vorwiegend in verschiedenen Bezirken der Beschleunigungskammer wirksam: Das magnetische Streufeld wirkt natürlich merklich nur am Rande der Kammer, also dort, wo die Teilchen bereits große Energien haben. Die elektrische Linse, deren Wirkung der Energie umgekehrt proportional ist, wird demgegenüber gerade im Zentrum der Kammer wirken, wo die Teilchen kleine Energien haben. Die zunächst allein wirksamen elektrischen Linsen sind nach Abb. 481 etwa für die Hälfte der Eintrittsphasen Zerstreuungslinsen. Das wird bedingen, daß die ursprünglich vorhandenen kleinen Neigungen der Bahn gegen die Mittelebene vergrößert werden, so daß diese Teilchen nach einigen Umläufen die Begrenzung der Kammer gegen die Polschuhe erreichen und damit ausgeschieden werden. Die Teilchen der günstigen Phasen werden unter Einwirkung der elektrischen Sammellinsen Schwingungen um die Mittelebene mit wachsender Amplitude vollführen [568, 736] (Abb. 501). Dadurch, daß mit wachsendem Bahnradius das magnetische Streufeld mehr und mehr wirksam wird, wird das dauernde Wachsen der Amplituden unterbunden, bis schließlich sogar eine Verringerung der Amplitude eintritt (Abb. 501).

Das nach außen abnehmende magnetische Streufeld ist also für die Erzielung der notwendigen Fokussierungseffekte, d. h. für die Erreichung merklicher

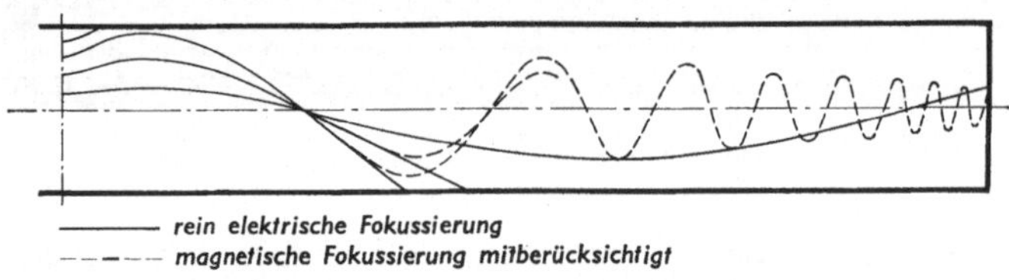

Abb. 501. Fokussierung im Zyklotron [736].

Intensität erwünscht. Andererseits bedingt aber ein solches Feld, daß der phasenrichtige Durchlauf der Teilchen durch die Beschleunigungsstrecken gestört wird, was bei der großen Zahl der Beschleunigungen sehr ins Gewicht fällt. Eine weitere Erschwerung tritt nach BETHE und ROSE [59] bei großen Energien auf, bei denen die relativistische Abhängigkeit der Masse von der Energie berücksichtigt werden muß. In diesem Falle ist $m = m_0 \left(1 + \dfrac{E}{m_0 c^2}\right)$, wobei m_0 die Ruhemasse und E die Energie ist. Nach der Resonanzbedingung $\omega = \dfrac{e}{m} H$ ist also ein mit wachsendem Radius (wachsender Energie) zunehmendes Feld erforderlich. Das wachsende Magnetfeld würde sogar Zerstreuungswirkungen statt Sammelwirkungen bedingen. Beide Forderungen widersprechen sich also, so daß die wirkliche Konstruktion ein Kompromiß zwischen den beiden Bedingungen: gute Fokussierung und gute Resonanz sein muß. Durch das rein empirische Verfahren, das Magnetfeld durch Zufügung von Eisenstücken zu verändern, versucht man, das Optimum zu erreichen. Als günstig erweist sich nach ROSE [568] ein Feld, das in der Mitte der Beschleunigungskammer um ungefähr 1% größer ist als das Resonanzfeld und außen kleiner wird.

THOMAS [679] und SCHIFF [616] haben untersucht, ob die beiden Bedingungen durch nichtrotationssymmetrische Felder besser erfüllt werden können. Es lassen sich Felder angeben, die in Abhängigkeit vom Drehwinkel eine Periode $\dfrac{2\pi}{3}$ bzw. $\dfrac{\pi}{2}$ haben, bei denen die Bahnen auch bei relativistischen Geschwindigkeiten stabil sind.

c) Laufzeitgeräte zur Stromverstärkung (Vervielfacher).

Der Vervielfacher, den wir bereits in [VI, b] kennenlernten, ist als Laufzeitgerät eine Abart des Vielfachbeschleunigers. Bei beiden handelt es sich darum, dem Hochfrequenzfeld viel Energie zu entziehen. Wurde beim Vielfachbeschleuniger nun aber diese Energie als Geschwindigkeitsenergie im Teilchen angehäuft, so wird sie beim Vervielfacher dem Teilchen nach jedem Aufnahmevorgang sofort wieder entzogen und wie beim statischen Vervielfacher dazu benutzt, um die Elektronenzahl zu vergrößern. So entstehen mehrere langsame Teilchen, die nun wieder dem einstufigen Beschleunigungsvorgang unterworfen werden, um abermals sogleich wieder zur Erzeugung weiterer Teilchen benutzt zu werden. Da jeder dieser nacheinander erfolgenden Vorgänge ganz gleichartig verläuft, lassen sich die einzelnen Stufen zusammenlegen. Der Aufbau kann daher gegenüber dem Vielfachbeschleuniger mit seiner dauernd wachsenden Teilchenenergie einfacher werden.

11. Übergang vom Vielfachbeschleuniger zum Vervielfacher. Bei dem einfachen Vielfachbeschleuniger Abb. 491 [X, 7] wurde das Teilchen nach seiner Auslösung aus der Platte P_0 im homogenen Felde zu dem Netz P_1 beschleunigt. Die Frequenz der Wechselspannung war dabei so gewählt, daß das Feld beim Eintreffen des Teilchens in P_1 gerade wieder Null geworden war. Das ergab für den Zusammenhang zwischen dem Abstand des Netzes von der Kathode d, der Frequenz ω und der Feldamplitude E die Beziehung $d = \dfrac{e\,E\,\pi}{m\,\omega^2}$. Wir nahmen an, daß das beschleunigte Teilchen das Netz P_1 frei durchdringt und nun in der zweiten Zelle in entsprechender Weise nach P_2 beschleunigt wird.

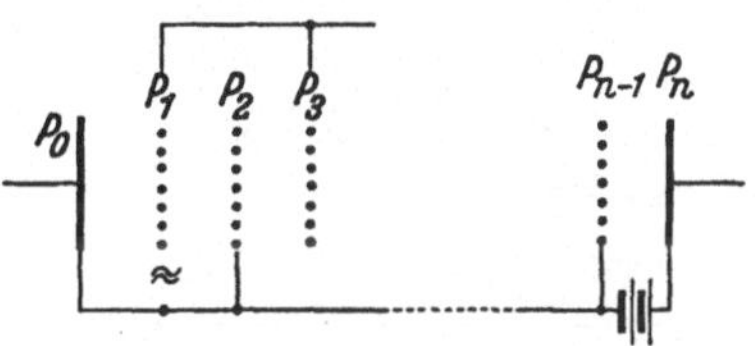

Abb. 502. Schema des Vervielfachers.

Im Gegensatz zu diesem Teilchen betrachten wir nun ein Teilchen, das auf das Gitter P_1 auftrifft und dort mehrere Sekundärelektronen auslöst. Die Sekundärelektronen, die in die zweite Zelle eintreten, werden wieder auf denselben Energiebetrag beschleunigt werden, wenn das Netz P_2 nun natürlich in den gleichen Abstand von P_1 wie P_1 von P_0 gerückt ist (Abb. 502). So wird die aus dem Wechselfeld aufgenommene Energie allmählich in einen immer stärker werdenden Teilchenstrom umgesetzt, der schließlich von der Endelektrode P_n des so entstandenen dynamischen Vervielfachers aufgenommen wird.

Soeben verfolgten wir nur die von P_1 nach P_2 fortschreitenden Teilchen. Die nach P_0 zurückkehrenden Teilchen finden ebenfalls das gleiche Beschleunigungsfeld vor und werden daher neue Sekundärelektronen von der Platte P_0 auslösen und daher ebenfalls ihren Beitrag zum Gesamtstrom liefern. Da die vorwärts- und rückwärtslaufenden Sekundärelektronen gleichberechtigt sind, kann man auch allein mit den rückwärtslaufenden Teilchen arbeiten, indem man an Stelle des Netzes P_1 eine massive Platte setzt. Die Teilchen — und zwar sind es praktisch ausschließlich Elektronen — pendeln nun nach einer ersten Auslösung bei P_0 z. B. durch Licht zwischen P_0 und P_1 in immer wachsender Zahl hin und her. Aus dem linearen Vervielfacher ist der praktisch wichtigere Pendel-Vervielfacher geworden, dessen Strom durch eine seitwärts angebrachte Sauganode, z. B. einen positiv aufgeladenen Ring, abgenommen wird.

Bei der Entwicklung des dynamischen Vervielfachers aus dem Vielfachbeschleuniger hatten wir nur das eine Ausgangselektron betrachtet, das zu derjenigen Phase startet, bei der das Feld gerade Null ist. Wir wollen nun mit HENNEBERG, ORTHUBER und STEUDEL [304] untersuchen, was die Elektronen anderer Eintrittsphase tun. Die Kurve $\Delta = 0$ der Abb. 503 zeigt das Ergebnis der Rechnung, das unter der Annahme eines homogenen Feldes, der Elektronen-Austrittsgeschwindigkeit Null und bei Erfüllung der eingangs erwähnten Beziehung $d = \dfrac{e\,E\,\pi}{m\,\omega^2}$ erhalten wurde. Geht beispielsweise ein Elektron mit einer Startphase $\varphi = 40°$ später als das „phasenreine" Elektron aus, so trifft es mit der Ankunftsphase $\psi = 20°$ auf der Gegenplatte ein. Die von ihm ausgelösten Sekundärelektronen werden wiederum etwas von der ursprünglichen Phasendifferenz einholen. Die Phasendifferenz wird auf diese Weise immer kleiner. Unsere Betrachtung gilt nach der Abbildung bis zu $\varphi = 65°$. Ist die Startphase größer, so wird der Phasenverlust bei jedem Hin- und Herlauf vergrößert. Es werden also nur die Elektronen von $\varphi = 0$ bis $65°$ in richtiger Weise zusammengeführt, von $\varphi = 65$ bis $180°$ dagegen nicht, während die Elektronen von $\varphi = 180$ bis $360°$ wegen des nun herrschenden Gegenfeldes sogar die Kathode überhaupt nicht verlassen können.

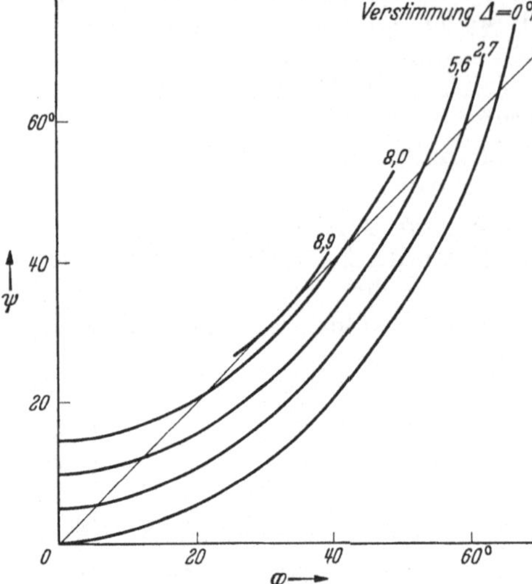

Abb. 503. Zur Erläuterung der stabilen Phasen [304].

In der genannten Arbeit ist auch der Einfluß untersucht worden, den die Wahl einer etwas anderen Frequenz $\overline{\omega}$ hat. In Abb. 503 ist für verschiedene Verstimmung $\Delta = \dfrac{\overline{\omega} - \omega}{\omega}$ die Ankunftphase als Funktion der Startphase aufgetragen. Es zeigte sich, daß bei Übergang zu höheren Frequenzen der Phasenbereich der dauernd an der Vervielfachung teilnehmenden Elektronen (in Abb. 503 ist dies der Phasenbereich zwischen $\varphi = 0$ einerseits und dem bei größerem φ liegenden Schnittpunkt der ψ-Kurven mit der Geraden $\psi = \varphi$ andererseits) mehr und mehr zusammengedrängt wird. Beispielsweise ist er bei einer Frequenzerhöhung von 9% auf die Hälfte zurückgegangen. Dieselbe Wirkung hat eine Amplitudenverminderung der an der Vervielfachung angelegten Spannung um 15%.

12. Pendel-Vervielfacher. Bei dem im letzten Abschnitt in seinem grundsätzlichen Aufbau beschriebenen Pendel-Vervielfacher war auf den Abtransport der vervielfachten Elektronenmenge, die eine starke feldverzerrende Raumladung bildet, keine Rücksicht genommen worden. Zu ihrer Abführung bringt man eine positiv geladene Absaugelektrode an. Im einfachsten Falle wird ein in die Mitte zwischen den Platten aufgestelltes Netz diese Aufgabe erfüllen. Das Netz nimmt dauernd einen Bruchteil der hin- und hergehenden Elektronen auf.

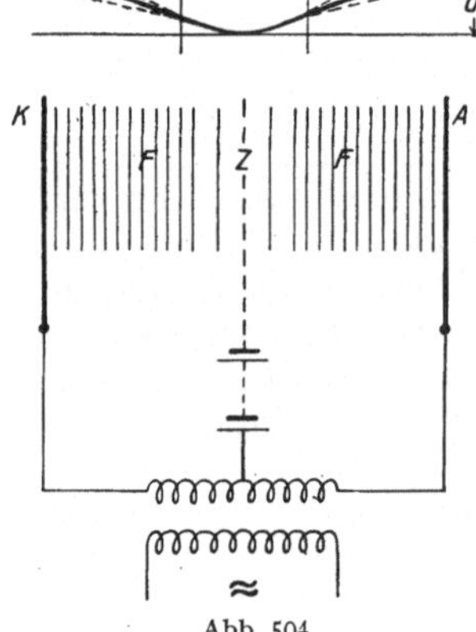

Abb. 504.
Vervielfacher mit Mittelnetz.

Durch die aus praktischen Gründen erforderliche Einführung einer positiv aufgeladenen Elektrode Z (Abb. 504) zwischen den Kathoden K und A wird gleichzeitig das Potentialfeld geändert. Es wird modellmäßig jetzt nicht mehr durch eine Wippe, sondern durch ein schwankendes V gegeben (Abb. 504). Die Elektronenbewegung hängt jetzt von den beiden Parametern u/U und $\dfrac{e}{m} \cdot \dfrac{u}{d^2 \omega^2}$ ab, wobei u die Amplitude der Wechselspannung, U die Gleichspannung, d der Plattenabstand und ω die Frequenz des Wechselfeldes ist. Je nach dem

Verhältnis u/U von Wechsel- und Gleichspannung erhält man eine andere Bedingung dafür, daß das in einer bestimmten Phase (etwa bei verschwindendem Wechselfeld) startende Elektron nach einer Halbperiode an der Gegenplatte ankommt. Durch Wahl der Gleichspannung kann man noch die günstigste Vervielfachung einstellen. MAJEWSKI [447, 448] hat diese Verhältnisse theoretisch verfolgt. Wenn z. B. die Amplitude der Wechselspannung denselben Wert hat wie die Gleichspannung und $\frac{e\,u}{m\,d^2\,\omega^2} = 0{,}8$ ist, ergibt sich ein Phasenbereich von 210°, der dauernd an der Vervielfachung teilnimmt, im Gegensatz zu den 65°, die ohne Gleichspannung vervielfacht werden.

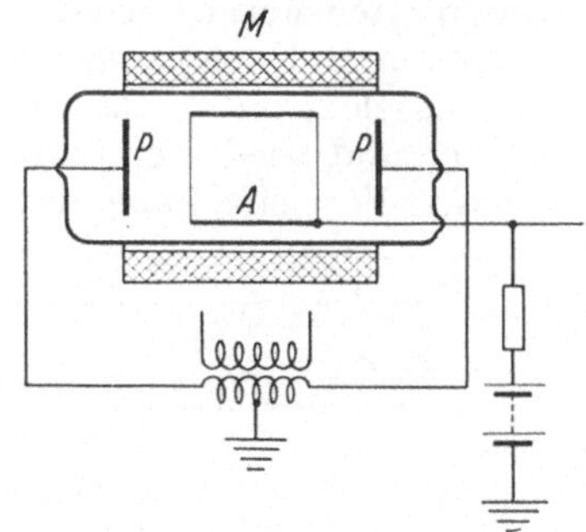

Abb. 505. Pendel-Vervielfacher von FARNSWORTH [232].

Praktisch benutzt man kein Netz als Absaugelektrode, sondern nach FARNSWORTH [232], der als erster die dynamischen Vervielfacher beschrieben hat, einen weiten positiv geladenen Zylinder A zwischen den Kathoden P (Abb. 505). Da diese Anordnung allein die Elektronen zu schnell abfangen würde, kompensiert man ihre zerstreuende Wirkung durch ein longitudinales Magnetfeld M oder elektrisch durch hohlspiegelartige Krümmung der Kathoden.

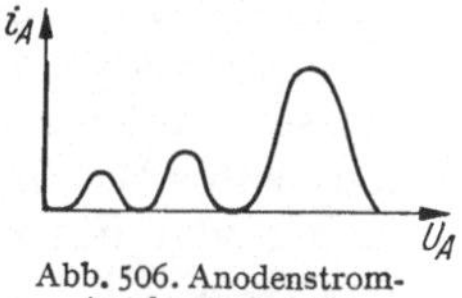

Trägt man bei einem solchen Vervielfacher den Anodenstrom i_A als Funktion der Gleichspannung U_A am Absaugzylinder auf (Abb. 506), so erhält man eine Kurve, bei der mehrere Maxima auftreten. Diese Maxima sind dadurch bedingt, daß die Laufzeit zwischen den Platten nicht nur der halben Periode gleich, sondern auch $^3/_2$, $^5/_2$, ... Perioden sein kann, wenn Vervielfachung auftritt. Zahlenmäßig gibt

Abb. 506. Anodenstrom-Anodenspannungs-Charakteristik des Vervielfachers nach FARNSWORTH [304].

FARNSWORTH an, daß er 10^6-fache Verstärkung erreicht hat. Von anderer Seite wurden diese hohen Verstärkungszahlen allerdings in Zweifel gezogen [711].

Der bisher betrachtete Vervielfacher hatte zwei Kathoden, zu denen die stoßenden Elektronen abwechselnd gelangten. Man kann auch versuchen, mit einer Platte auszukommen, wobei man sich elektrischer oder magnetischer Mittel zur Rückführung der inzwischen beschleunigten Elektronen

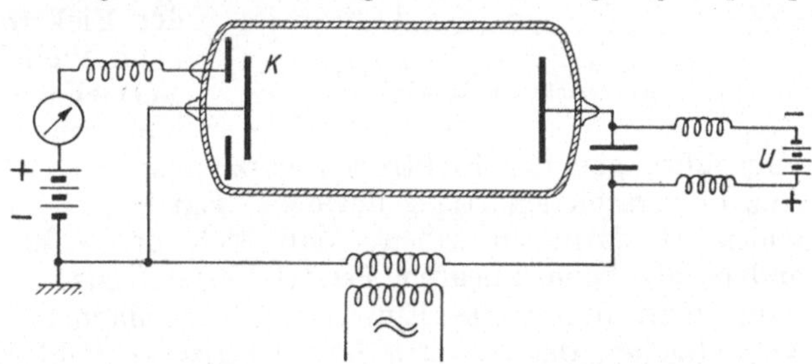

Abb. 507. Einplatten-Vervielfacher nach ORTHUBER-STEUDEL [517].

auf die Ausgangsplatte bedient. Wir wollen hier noch die elektrische Rückführung kennenlernen, während die magnetische im folgenden Abschnitt behandelt werden wird. Bei der elektrischen Rückführung auf die Ausgangsplatte, wie sie ORTHUBER [127] anwandte, ist die eine der beiden Elektroden so stark negativ vorgespannt, daß die von K ausgehenden Elektronen die Gegenplatte nicht erreichen können (Abb. 507). Diese die Elektronen von der Gegenplatte zurücktreibende Vorspannung wird zeitweise von der Hochfrequenzspannung überkompensiert. Bei richtiger Wahl des Verhältnisses von Vorspannung U zur Amplitude u des Wechselfeldes gelingt es, ein Elektron gerade bei Wiederkehr der Startphase wieder (aber mit Geschwindigkeit) zur Ausgangsplatte zurückzubringen.

Die Umkehrpunkte der Elektronen lassen sich durch Wahl von U leicht verschieben. Dadurch ist eine Entkopplung von Frequenz ω, Amplitude u und Plattenabstand d erzielt. Bei fester Wahl des Spannungsverhältnisses u/U arbeitet der Vervielfacher unabhängig von der Frequenz ω im Gegensatz zum Zweiplatten-Vervielfacher. Die Durchrechnung der Arbeitsweise durch ORT-HUBER und RECKNAGEL [517] zeigte, daß man bei diesem Vervielfacher als „Bezugselektron" nicht mehr das Elektron wählen darf, das beim Feld Null startet und wieder eintrifft. Vielmehr ergibt sich, daß der Phasenbereich der an der Vervielfachung dauernd teilnehmenden Elektronen dann am größten

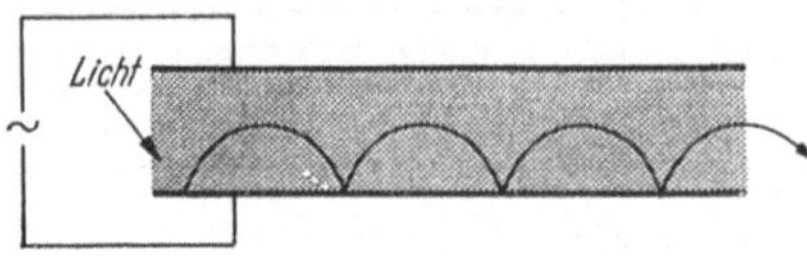

Abb. 508. Schema des ebenen Vervielfachers mit magnetischer Ablenkung.

wird, wenn man die Einstellung der Spannungen so vornimmt, daß ein Elektron der Phase 35° gerade nach einer vollen Periode wieder zu der Platte zurückkehrt. In diesem Fall gilt für das Spannungsverhältnis $U/u = 0,26$. Dabei werden die Elektronen zwischen 15 und 50° dauernd vervielfacht.

Ebenso wie beim statischen Vervielfacher [VI, b] hat man auch versucht, das Prinzip des Pendel-Vervielfachers für Bildverstärkungen [IX, 20] nutzbar zu machen. FINKE [237] schlägt zu diesem Zweck eine Anordnung (Bildwandler) vor, die aus einer Photokathode und einer Mosaikkathode wie die des Ikonoskops besteht. Photokathode und Mosaikkathode sollen elektronen-optisch aufeinander abgebildet werden. Zwischen beiden soll ein hochfrequentes Wechselfeld liegen, das eine Vervielfachung wie beim Pendel-Vervielfacher von FARNSWORTH und damit eine Verstärkung des Bildes als ganzes bewirken soll. Die Mosaikkathode soll zur Abnahme des verstärkten Bildes

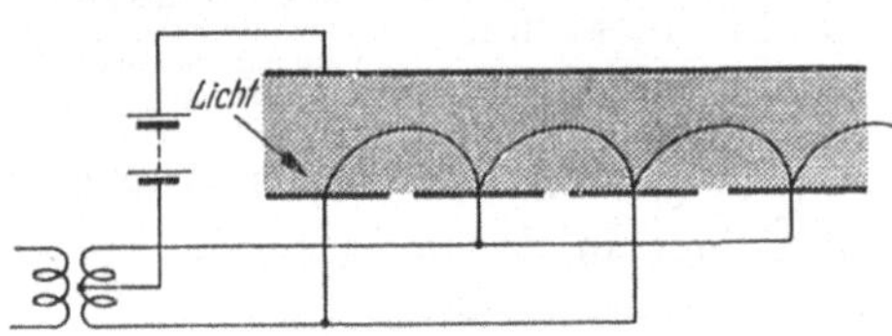

Abb. 509. Magnetischer Vervielfacher mit geschlitzter Kathode.

durch einen Strahl langsamer Elektronen von der Gegenseite abgetastet werden. Über praktische Versuche mit dieser Anordnung ist nichts bekannt.

13. Vervielfacher mit Kreisführung der Elektronen. Es ist möglich, wie beim Vielfachbeschleuniger auch beim Vervielfacher durch Überlagerung eines homogenen magnetischen Querfeldes Kreisführungen der Elektronen vorzunehmen. Dabei ergeben sich eine große Anzahl verschiedenartiger Formen. Ein Vorteil der Anwendung des Magnetfeldes ist darin zu sehen, daß sich die Zahl der Vervielfachungsstufen anders als beim linearen Pendel-Vervielfacher leicht wählen läßt. Ferner kann man durch die Einführung des Magnetfeldes wie beim Einplatten-Vervielfacher, dessen statisches elektrisches Feld in gewisser Weise durch das magnetische Feld ersetzt wird, in vielen Fällen eine ähnliche Entkopplung erreichen wie dort.

Wir denken uns mit MITO [487] und REUSSE [549] einen Plattenkondensator gegeben, zwischen dessen Elektroden die Wechselspannung liegt (Abb. 508). Da ein magnetisches Querfeld überlagert ist, bewegen sich die Elektronen in zykloidenähnlichen Bahnen vorwärts, wobei sie bei jedem Aufprall infolge der im Wechselfeld angesammelten Energie Sekundärelektronen auslösen. Die Zeit, die die Elektronen gebrauchen, um gerade wieder in der Ausgangsphase die Kathode zu treffen, ist nach den Rechnungen MITOs allein von der magnetischen Feldstärke abhängig, während die elektrische Feldstärke die Größe der Endgeschwindigkeit, zusammen mit dem Magnetfeld die Größe des Bahnbogens und damit die Zahl der Bogen bis zur Sammelelektrode bestimmt. Will man auf maximale Breite des nutzbaren Phasenbereichs einstellen, so muß $\dfrac{e}{m}\cdot\dfrac{H}{\omega}$ einen bestimmten Zahlwert erhalten, der jedoch nicht errechnet wurde. Experimentelle Untersuchungen über diese Vervielfacher sind nicht bekanntgeworden.

OKABE [511, 512] beschäftigte sich mit einer ähnlichen Anordnung, bei der die Wechselspannungselektroden nebeneinander in einer Ebene liegen (Abb. 509) und diskutiert unter Benutzung eines stark vereinfachten Ansatzes für das Potentialfeld den räumlichen und zeitlichen Ablauf der Bewegung. Auch hier erweist sich wieder das Verhältnis $\dfrac{e}{m}\cdot\dfrac{H}{\omega}$ als maßgebend. Als neuer Parameter tritt das Verhältnis von Gleichspannung zu Wechselspannungsamplitude auf.

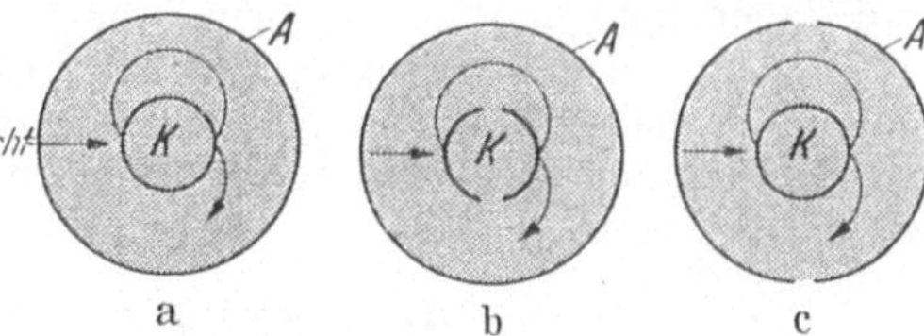

Abb. 510. Axialsymmetrische Vervielfacher mit magnetischer Ablenkung.

Von den linearen Anordnungen MITOS und OKABES kann man nun auch zu rotationssymmetrischen Formen übergehen, von denen diejenigen, bei denen die Kathode innen liegt, auch untersucht worden sind (Abb. 510). OKABE [512] hat die Formen Abb. 510b und c experimentell untersucht und gefunden, daß sie brauchbare Vervielfacher darstellen. Mit einem Rohr des Typus Abb. 510c, bei dem die Kathode 2,5 cm und die Anode 4,5 cm Durchmesser hatten, wurde bei $\lambda = 3,5$ m die Kurve Abb. 511 aufgenommen. Sie zeigt, daß, wie es vorher besprochen wurde, bei einer bestimmten magnetischen Feldstärke der Vervielfacher optimal arbeitet. OKABE erreichte mit seinen Anordnungen bis zu 15 000 fache Verstärkung.

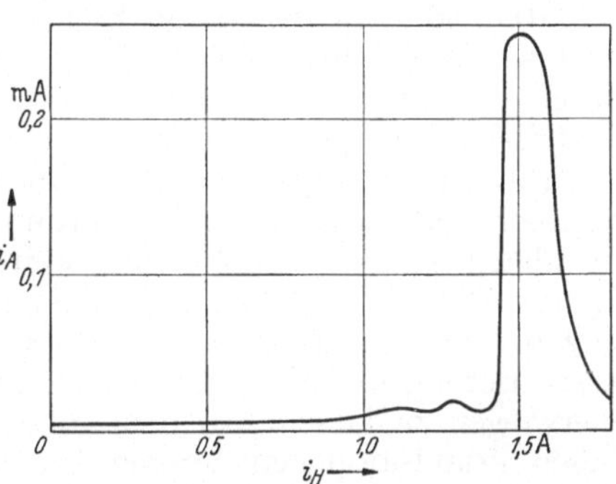

Abb. 511. Vervielfachter Strom i_A des Pendelvervielfachers nach OKABE in Abhängigkeit vom Magnetspulen-Strom i_H [512].

14. Dynamischer und statischer Vervielfacher. In diesem Abschnitt soll noch kurz die Frage gestreift werden: Wie steht es mit dem dynamischen Vervielfacher und seinem praktischen Wert im Vergleich zu dem in [VI, b] behandelten statischen Vervielfacher?

Der primäre Unterschied beider Vervielfacher besteht in der Verschiedenheit der Energieaufnahme, die auch schon in den Bezeichnungen statisch und dynamisch ihren Ausdruck findet. Beim statischen Vervielfacher ist eine hohe Gleichspannung vorgegeben, die in geeignete Spannungsbeträge unterteilt wird, welche an die einzelnen Stufen des Gerätes gelegt werden. Beim dynamischen Vervielfacher nehmen die Elektronen ihre Energie aus einem mit kleiner Amplitude pulsierenden Feld. Im ersten Falle ist eine feste Anzahl von Stufen vorgegeben, im zweiten Fall nicht. Wenn damit im zweiten Fall — man denke an den Pendel-Vervielfacher — der vervielfachte Strom wegen der beliebig großen Stufenzahl auch grundsätzlich höher sein muß als beim statischen Vervielfacher, so hat letztere doch den großen Vorteil, daß hier ohne weiteres ein dem Ausgangsstrom proportionaler Endstrom zu erwarten ist. Dagegen muß beim Pendelvervielfacher die Vervielfachung durch besondere Mittel wie die Absaugelektrode, geeignet gesteuerte Absaugfelder, periodische Unterbrechung des

Vervielfachungsvorganges u. a. begrenzt werden. Oft ist der Proportionalitätsbereich beim Pendelvervielfacher nur klein. Er neigt außerdem dazu, gleichzeitig
als Schwingungserreger zu arbeiten und durch Erregung wilder Schwingungen
und unkontrollierbare Sekundärauslösung die Verstärkung zu stören. Diese
Beigaben haben es mit sich gebracht, daß das praktische Interesse mehr beim
statischen Vervielfacher liegt. Der Pendel-Vervielfacher hat nach Wissen der
Verfasser nur im Zusammenhang mit dem Bildwandler bei der FARNSWORTHschen
Bildfänger-Anordnung Anwendung gefunden [232], während der statische Vervielfacher besonders als Photozellen-Verstärker vielerlei Anwendung besitzt
und daher auch in seinen Zahlendaten genauer bekannt ist [VI, 8].

Die im letzten Abschnitt behandelten dynamischen Vervielfacher mit
Magnetfeld haben zum Teil eine bestimmte Stufenzahl. Ob sie die Konkurrenz
mit dem statischen Vervielfacher aufnehmen können, wird die zukünftige Entwicklung zeigen.

d) Erregung von Schwingungen.

Die Geräte, von denen wir in dem folgenden Kapitelteil sprechen wollen,
sind die Umkehrungen der Vielfachbeschleuniger und können daher auch als
Vielfachverzögerer bezeichnet werden. Wie es bei ersteren die Aufgabe ist,
die elektrische Energie eines pulsierenden Feldes nach und nach in die relativ
große Geschwindigkeitsenergie eines Ladungsträgers überzuführen, so ist bei
letzteren das Umgekehrte die Aufgabe. Daß dabei primär normalerweise keine
schnellen Teilchen vorgegeben sind, sondern eine Elektronenquelle und statische
Potentialfelder, in denen die Elektronen erst ihre Energie aufnehmen, hat in
grundsätzlicher Beziehung nichts zu bedeuten. Die beiden Gerätegruppen verhalten sich demnach zueinander wie Motor und Dynamo. Ersterer setzt die
elektrische Energie in mechanische um, letzterer tut das Umgekehrte.

Trotz dieser engen Verwandtschaft des Schwingungserregers zu den bereits
besprochenen Geräten sind Anordnungen mit hochfrequenten Wechselfeldern
im allgemeinen noch nicht ohne weiteres geeignet, Schwingungen zu erzeugen,
denn es wird in ihnen meist weniger Energie von den Elektronen abgegeben als
aufgenommen. Aus diesem Grunde bedarf es besonderer Vorgänge wie der
Aussortierung und der Absorption, um die Wirkung der günstigen Elektronen
überwiegen zu lassen. In dem folgenden Kapitelteil wollen wir zunächst von
diesen grundsätzlichen Fragen sprechen, wobei wir von einfachen zu komplizierteren Anordnungen fortschreiten werden.

15. Das Auftreten von Schwingungen. Lassen wir durch die in [X, 7]
dargestellten linearen Vielfachbeschleuniger ein Elektron geeigneter Geschwindigkeit und Phase von rechts nach links laufen [541], so gibt es an jeder Feldschicht einen Teil seiner Bewegungsenergie ab, die als elektrische Energie im
Schwingungskreis gespeichert wird. Das Elektron erteilt gleichsam bei seiner
Bremsung dem Schwingungssystem einen Impuls. Folgen diese Impulse mit der
Frequenz der Eigenschwingung des Schwingkreises, so wird seine Schwingung
offensichtlich verstärkt werden. Wir haben es in Wirklichkeit nun allerdings
nicht mit einem einzelnen Elektron, sondern mit einem kontinuierlichen Strom
von Elektronen zu tun, der auch Elektronen solcher Phase enthalten wird, die
an der Potentialstufe Energie aufnehmen. Ob Schwingungsanfachung erfolgt,
wird also davon abhängen, ob im Mittel mehr Energie an den Schwingungskreis
übertragen oder von dem Elektronenstrom aufgenommen wird. Leistung bzw.
Wirkungsgrad werden durch den Differenzbetrag der Energien bestimmt, den
die günstigen Elektronen dem Schwingungskreis zuführen und die ungünstigen
ihm entnehmen. Bei der Energiezufuhr an den Schwingungskreis ist also
stets die Gesamtheit aller Elektronen maßgebend.

Aus dieser Erkenntnis folgt das Problem für die Anordnungen zur Schwingungserzeugung, bei denen wir zwei Hauptformen zu unterscheiden haben. Bei der ersten Form, für die der Ablenkkondensator [X, 18] ein Beispiel ist, verweilen alle Elektronen die gleiche Laufzeit im Felde. In diesem Fall kommt es darauf an, durch geeignete Wahl der Laufzeit (Feldlänge, Geschwindigkeit, Schwingungsdauer) im Mittel eine Energieabgabe an den Schwingungskreis zu erzielen oder durch Anwendung einer Phasenblende die ungünstigen Elektronen vor dem Eintritt in das Feld auszuscheiden. Bei der zweiten Form, für die die BARKHAUSEN-KURZ-Röhre als Beispiel genannt sei, erfolgt der Vorgang der Energieaufnahme bzw. -abgabe vielfach, indem das Elektron lange im Felde schwingt. Auch in diesem Fall hat man wieder Geschwindigkeit und Schwingungsdauer geeignet zu wählen. Dazu kommt jetzt die neue Aufgabe, die Energieaufnahme der falschphasigen Elektronen zu verhindern. Diese Aufgabe hat zwei Teile: Erstens muß man es zu erreichen suchen, daß die falschphasig startenden Elektronen nicht dazu kommen, erheblich Energie aufzunehmen. Die Teilchen dieses Phasenbereichs sind von vornherein oder doch in den Anfängen der unerwünschten Energieaufnahme auszuscheiden. Die Wege dazu sind wieder die Phasenblende [V, 16], die die Teilchen falscher Phase von vornherein ausblendet, bzw. die Aussortierungsvorgänge, bei denen die Teilchen, nachdem sie ein wenig Energie aus dem Schwingungskreis aufgenommen haben, auf die Kathode oder Anode aufprallen und so aussortiert werden [X, 16]. Zweitens müssen die richtigphasigen Elektronen dann ausgeschieden werden, wenn sie ihre Energie so weit wie möglich abgegeben haben. Von diesem Augenblick ab würden diese Elektronen nämlich beginnen, Energie aufzunehmen. Man erreicht diese Ausscheidung z. B. bei der BARKHAUSEN-KURZ-Röhre [X, 20] durch Absorption am Gitter. Über die Bedeutung der Aussortierungsvorgänge vergleiche man z. B. KAPZOV [347], PFETSCHER [520a] und insbesondere MÖLLER [488, 489], der die Bezeichnungen „Aussortierung", insbesondere „Anodenaussortierung", benutzt.

Es sei wiederholt: Bei allen bisher in diesem Kapitel beschriebenen Erscheinungen und Geräten interessierten wir uns für das Schicksal des einzelnen Teilchens, das abgelenkt, vielfach beschleunigt wurde usw. Jetzt interessiert die Energie, die von den sämtlichen Teilchen im Mittel abgegeben bzw. von ihnen aufgenommen wird. Bei der mathematischen Behandlung genügt es jetzt im allgemeinen nicht, von den nacheinander aus einer Anordnung, z. B. einem Ablenkkondensator, austretenden Elektronen die Richtung und Geschwindigkeit zu kennen, sondern wir müssen gleichsam eine Momentaufnahme vom Felde mit den gerade in ihm befindlichen Elektronen machen und über die Energieänderung $d\mathfrak{E}/dt$ summieren, die alle diese Elektronen in diesem Augenblick erfahren und fragen, welcher Teil davon aus der Wechselwirkung mit dem Hochfrequenzfeld stammt. Außer dieser räumlichen müssen wir nun auch eine zeitliche Summation über eine Periode vornehmen, um die im Mittel übertragene Energie kennenzulernen.

16. Anordnungen zur Schwingungserregung und ihre Arbeitsweise. Die Einteilung der sehr mannigfaltigen Anordnungen zur Schwingungserregung durch Laufzeiterscheinungen wird man zweckmäßigerweise danach vornehmen, ob die Elektronenbewegung in der betreffenden Anordnung auch im statischen Feld schon eine periodische Schwingung sein kann oder nicht.

Die einfachste Anordnung ohne Elektronenschwingung im statischen Feld ist ein Plattenpaar. Man kann es entweder als Ablenkkondensator benutzen (Abb. 512a) und Elektronen *quer* zu den Kraftlinien durch dieses Wechselfeld hindurchschießen [X, 18], oder man läßt die Elektronen *längs* der Kraftlinien durch das Feld hindurchlaufen. Starten die Elektronen in letzterem

Falle ohne Geschwindigkeit an einer der Platten, so legt man außer der Wechselspannung eine Gleichspannung an, die die Elektronen längs der Kraftlinien von der Kathode zur Anode zieht (Abb. 512b, Diode) [X, 17]. In beiden Fällen ist die Laufzeit für alle Elektronen praktisch gleich und durch die Dimensionen des Feldes wählbar.

Bei den Anordnungen mit Elektronenschwingung ist nach rein elektrischen Systemen mit Potentialmulde und solchen Systemen zu unterscheiden, bei denen es durch Zusammenwirken eines elektrischen und magnetischen Feldes zu einer Pendelbewegung der Elektronen kommt. Das rein elektrische System mit Potentialmulde besteht im einfachsten Falle aus zwei parallelen Elek-

Abb. 512. Ablenkplattenpaar und Diode.

troden P_1, P_2, zwischen denen ein positiv geladenes Gitter G angeordnet ist. Werden die Elektronen senkrecht zu den Kraftlinien nahe dem Gitter in das Feld eingeschossen (Abb. 513a), so laufen sie quer zu den Kraftlinien um das Gitter pendelnd durch das Feld [X, 19]. Lassen wir die Elektronen von einer der Platten starten (Abb. 513b), so werden sie längs der Kraftlinien um das Gitter pendeln (BARKHAUSEN-KURZ-Röhre) [X, 20].

Durch ein Magnetfeld kann eine Pendelbewegung der Elektronen erzeugt werden, ohne daß eine elektrische Potentialmulde vorhanden zu sein braucht. Die Anordnung besteht wieder aus einem Plattenpaar P_1, P_2, an das eine Gleich-

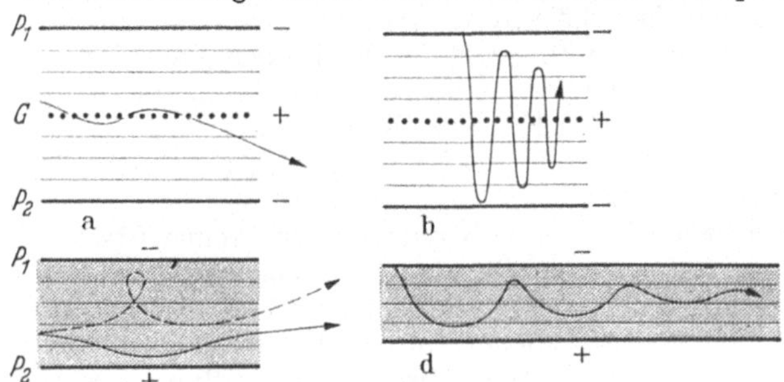

Abb. 513. BARKHAUSEN-KURZ-Röhre und Magnetfeldröhre.

und eine Wechselspannung gelegt ist, und einem senkrecht zum elektrischen Felde gestellten Magnetfeld. Entweder schießt man die Elektronen parallel zu den Platten durch das Feld hindurch (Abb. 513c) oder man läßt (Abb. 513d) die Elektronen von der negativen Platte in das Feld eintreten (ebene Magnetfeldröhre). Dabei gibt es im ersten Fall (Abb. 513c) noch zwei verschiedene Bewegungstypen, je nachdem die magnetischen Kraftlinien in die Zeichenebene hinein- oder aus ihr herauszeigen.

Die Anordnungen Abb. 513a und c sind nicht nur insofern einfach, als die Laufzeit der Elektronen durch die Durchschußgeschwindigkeit und Kondensatorlänge gegeben ist. Sie sind auch insofern sehr übersichtlich, als zu dem Verständnis der Schwingungsanfachung keine weiteren Vorgänge als die Pendelung im Wechselfeld herangezogen zu werden braucht. Insbesondere kann angenommen werden, daß in Abb. 513a keine Elektronen durch das Gitter absorbiert werden und daß in Abb. 513c keine Elektronen auf die Elektroden treffen.

Ganz anders liegen die Verhältnisse bei den Anordnungen der Abb. 513b und 513d. Zunächst wird automatisch eine Absorption solcher Elektronen an der Kathode oder Anode eintreten, die Energie aus dem Feld aufgenommen haben (Abb. 514). Diese Vorgänge sind die bereits erwähnte Kathoden- und Anodenaussortierung. Ferner ist es erforderlich, die Elektronen aus dem Feld auszuscheiden, sobald sie ihre Energie abgegeben haben. Würde man das nämlich nicht tun, so würde wieder Energieaufnahme erfolgen, wie es Abb. 514 andeutet. Die Ausscheidung der langsamen Elektronen wird in der BARKHAUSEN-KURZ-Röhre (Abb. 514a) durch das sowieso vorhandene Gitter besorgt, wobei die Absorption weder zu früh noch zu spät erfolgen sollte. Bei der Magnetfeldröhre Abb. 514b muß die fehlende Gitterabsorption durch andere Maßnahmen ersetzt werden. Entweder stellt man das Magnetfeld etwas schief, so daß die Elektronen auf die Anode zu getrieben werden oder man legt ein zusätzliches elektrisches Feld, z. B. parallel zum Magnetfeld, an, das die Elektronen aus dem Kondensator herauszieht. Ein Vorteil der Anordnung mit Magnetfeld besteht dabei in der Wahlmöglichkeit der „Absorption", die im elektrischen Muldenfeld durch die Gitterstruktur vorgegeben ist.

Bisher haben wir nur die einfachsten ebenen Anordnungen zusammengestellt. Bei den beiden wichtigen Röhren, der BARKHAUSEN-KURZ-Röhre und der

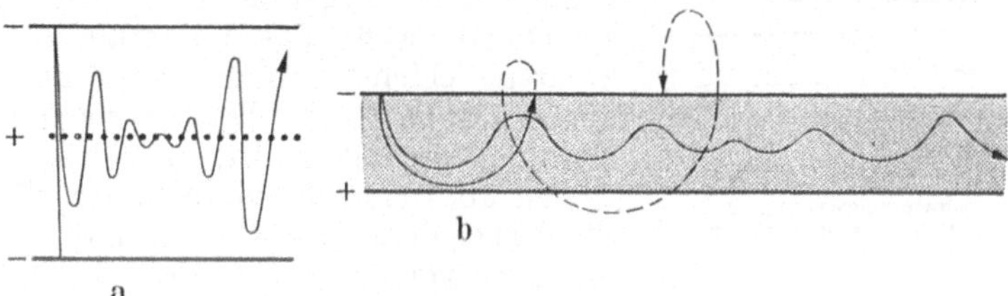

Abb. 514. Zur Erläuterung der Aussortierung.

Magnetfeldröhre, sind die technischen Ausführungsformen im allgemeinen rotationssymmetrisch mit axialer Kathode. Die Magnetfeldröhre wird außerdem im allgemeinen mit „geschlitzter" Anode benutzt [X, 22].

17. Mechanismus der Schwingungsanregung durch das Längsfeld. Beginnen wir die ins Einzelne gehende Betrachtung über die Schwingungsanregung mit dem in [II, 7] und [III, 21] bereits durchgerechneten Fall eines an Hochfrequenz gelegten FARADAY-Käfigs der Länge l, durch den Elektronen hindurchlaufen. Am Eingang und Ausgang des Käfigs dachten wir uns das Feld in einer als dünn angenommenen Schicht wirksam. Die Elektronen kommen in einer äquisequenten Reihe in diese Schicht, in der sie nun entsprechend der schwankenden Spannung beschleunigt oder verzögert werden, ohne daß sie im Mittel Energie gewinnen. Zum Durchlaufen des Käfigs brauchten diese Elektronen, die also zu einer Hälfte erhöhte, zur anderen verringerte Geschwindigkeit haben, verschiedene Laufzeiten. Auf dem Wege bilden sich Verdichtungen und Verdünnungen aus (Phasenfokussierung [II, 4]). Es mögen z. B. die Verdichtungen zu solchen Zeiten in das Austrittsfeld kommen, zu denen dort ein verzögerndes Potential herrscht, die Verdünnungen aber zu Zeiten der Beschleunigung. Im Zeitmittel wird dann Energie an das Feld abgegeben.

Bezeichnet $eU = \frac{1}{2} m v_0^2$ die Bewegungsenergie der Elektronen vor dem Eintritt in die erste Schicht, $u = u_0 \cos \omega t$ die Schwankung des Potentials in den Schichten und ist i_0 die konstante Stärke des eintretenden Elektronenstromes, so ist die Stromstärke in der zweiten Schicht für $u_0/U \ll 1$

$$i = i_0 - \frac{i_0}{2}\, \omega\tau\, \frac{u_0}{U} \cos\left(\omega t - \frac{\pi}{2} - \omega\tau\right).$$

Dabei ist τ wie überall in diesem Abschnitt die Laufzeit: $\tau = \dfrac{l}{v_0}$. Die Dichte der austretenden Elektronen zeigt also eine periodische Schwankung, die jedoch um $\dfrac{\pi}{2} + \omega\tau$ gegen die Spannung verschoben ist. Bei $\omega\tau = \pi/2$ fällt die maximale Stromdichte gerade mit dem Moment der stärksten Verzögerung zusammen, und es ergibt sich daher eine Energieübertragung an das Wechselfeld. Die im Mittel in der Zeiteinheit an die Elektronen übertragene Energie $\overline{\Delta\mathscr{E}/}_{\mathrm{s}}$ ist näherungsweise $\overline{\Delta\mathscr{E}/}_{\mathrm{s}} = -\overline{u\,i} = -\dfrac{i_0}{4}\,u_0\,\dfrac{u_0}{U}\,\omega\tau\sin\omega\tau$. In Abb. 37 ist diese Funktion über der allein maßgebenden Größe $\omega\tau = \omega\,\dfrac{l}{v_0}$ aufgetragen. Man erkennt, daß von 0 bis π Energieaufnahme des Wechselfeldes, von π bis 2π Abgabe erfolgt.

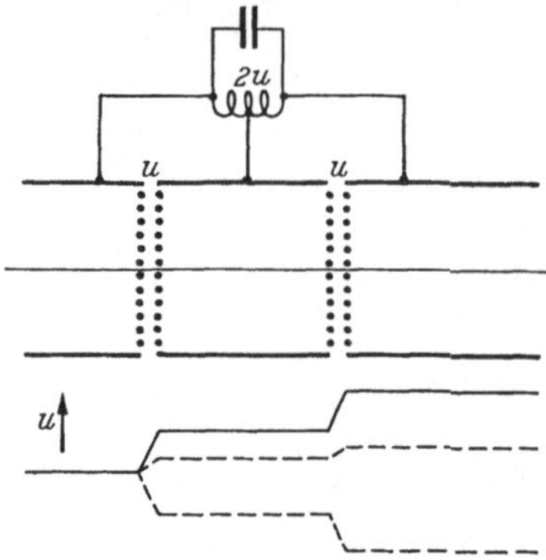

Abb. 515. Schwingungserzeugung mit mehreren Beschleunigungsstufen.

Die Betrachtung, die soeben für den Fall durchgeführt wurde, daß die Elektronen in der zweiten Schicht wieder auf das ursprüngliche Potential gebracht werden, gilt entsprechend, wenn das Potential auch in der zweiten Schicht statt um u zu fallen, um u ansteigt (Abb. 515). Bis zur zweiten Schicht sind die Vorgänge vollständig identisch. Jetzt finden aber z. B. die verdichteten Elektronen, die vorher Verzögerungen vorfanden, Beschleunigungen vor und umgekehrt. Es ist also nur das Vorzeichen der mittleren Energieänderung umgekehrt, d. h. es gilt wieder die oben angegebene Formel, mit umgekehrten Vorzeichen. Im Gegensatz zu dem zuerst behandelten Fall wird jetzt also für $\omega\tau$ zwischen 0 und π Energieabgabe des Wechselfeldes erfolgen.

Bei den besprochenen Beispielen waren zwei sprunghafte Potentialänderungen in dünnen Feldschichten vorausgesetzt. Demgegenüber sind bei den technischen Geräten zur Schwingungserzeugung stets ausgedehnte Felder vorhanden.

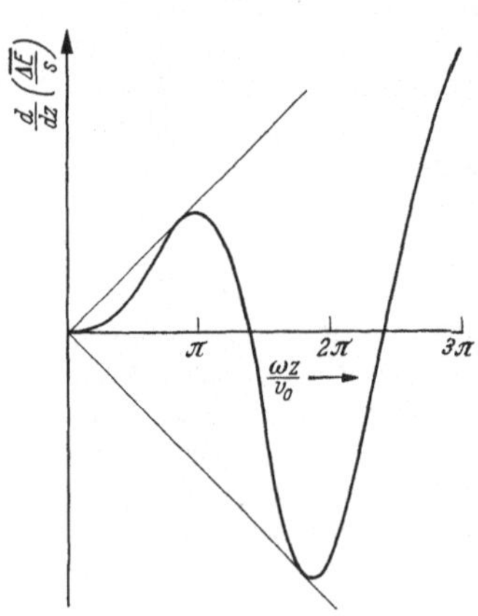

Um die Verhältnisse im linearen, durch die Spannung $u = u_0\cos\omega t$ erzeugten Hochfrequenzfeld zu übersehen, schließen wir an den soeben behandelten Fall an, wobei wir uns das linear ansteigende Feld in viele Stufen unterteilt denken. Auf Grund der bei zwei Stufen gewonnenen Ergebnisse können wir uns leicht ein Bild der nun eintretenden Vorgänge machen. Die erste Sprungstelle bringt Geschwindigkeitsunterschiede in die ankommende Reihe äquidistanter Elektronen, ohne daß im Mittel eine Energieabgabe erfolgt. Bei der nächsten Sprungstelle werden die beginnenden Verdichtungen und Verdünnungen im Sinne unseres vorigen Beispiels im Mittel eine Energieübertragung bedingen. Dabei werden die Geschwindigkeitsunterschiede vergrößert, so daß an der dritten Schicht die Verdichtungen und Verdünnungen

Abb. 516. Energieaufnahme in verschiedener Feldtiefe.

verstärkt und damit die Energieübertragung beim Durchgang vergrößert ist. Setzt man diese Behandlung fort und geht zur Grenze unendlich vieler Schichten über, so kommt man zum linearen Feld. Bei diesem Feld werden wir erstens überhaupt Energieübertragungen ähnlich wie bei der zuerst behandelten Anordnung zweier Sprungstellen erwarten und zweitens, daß nahe der Eintrittsfläche wenig, in späteren Schichten mehr Energie übertragen wird.

Die Durchrechnung dieses Falles bestätigt diese Erwartungen: Die Elektronen sollen das Längsfeld $|\mathfrak{E}| = \dfrac{u_0}{l}\cos\omega t$ durchlaufen. Der Einfluß der

Elektronenraumladung auf das Feld soll vernachlässigt werden. Es werden Elektronen betrachtet, die in einem Raumstückchen der Länge dz liegen, das von der Eintrittsstelle der Elektronen in das Feld die Entfernung z hat. Die von diesen Elektronen in der Zeiteinheit aus dem Schwingkreis aufgenommene mittlere Energie $d\,\overline{\varDelta\,\mathcal{E}}/_{\mathrm{s}}$ ist

$$d\,\overline{\varDelta\,\mathcal{E}}/_{\mathrm{s}} = \frac{1}{4}\,i_0\,\frac{u_0^2}{U}\,\frac{1}{\omega^2\tau^2}\left[\sin\omega\,\frac{z}{v_0} - \omega\,\frac{z}{v_0}\cos\frac{z}{v_0}\right]\frac{\omega}{v_0}\,dz.$$

Die Kurve ist in Abb. 516 für ein bestimmtes $\omega\tau$ dargestellt und zeigt den vermuteten wachsenden Einfluß der tiefer liegenden Schichten. Die von dem Feld der Tiefe $z = l$ insgesamt an die Elektronen übertragene Energie erhält man aus dieser Kurve durch Integration. Das Resultat ist in Abb. 517 dargestellt und formelmäßig gegeben durch:

$$\overline{\varDelta\,\mathcal{E}}/_{\mathrm{s}} = \int\limits_0^{z=l} d\,\overline{\varDelta\,\mathcal{E}}/_{\mathrm{s}} = i_0\,\frac{u_0^2}{U}\,\frac{1}{\omega^2\tau^2}\sin\omega\,\frac{\tau}{2}\left[\sin\omega\,\frac{\tau}{2} - \omega\,\frac{\tau}{2}\cos\frac{\omega\tau}{2}\right].$$

Bei kurzem Feld bzw. kleinem $\dfrac{\omega\,l}{v_0}$ wird zunächst vom Schwingkreis im Mittel Energie an die Elektronen geliefert. Zwischen $\omega\tau = 2\pi$ und ungefähr 3π findet dagegen Energieübertragung von den Elektronen an das Wechselfeld statt. Es folgen dann abwechselnd Gebiete mit negativer und positiver Energieabgabe, wobei aber der Betrag der abgegebenen Energie mit wachsendem $\omega\tau$ immer kleiner wird, eine Erscheinung, die uns in ähnlicher Weise bei der Besprechung der Ablenkung im Kondensator in [X, 1] begegnet ist.

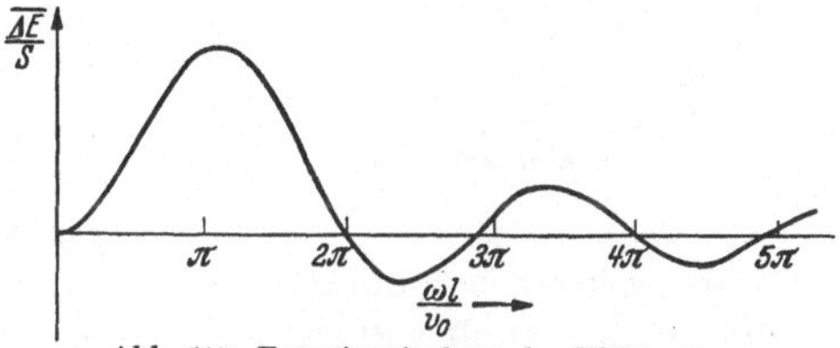

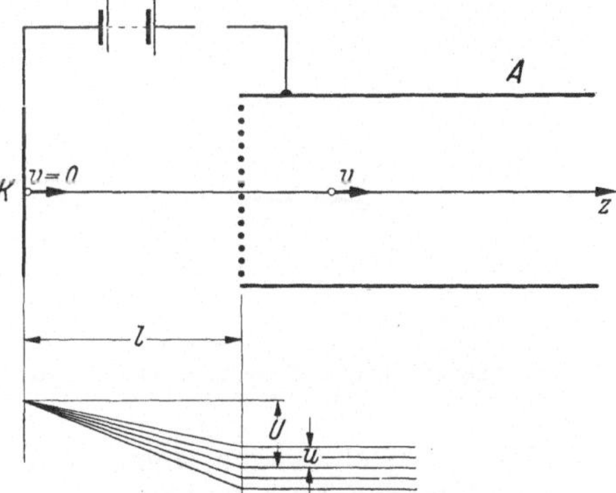

Abb. 517. Energieaufnahme der Elektronen im Längsfeld.

BAKKER und DE VRIES [31] haben die Elektronenbewegung im linearen Wechselfeld, dem noch ein lineares Gleichfeld überlagert war, untersucht. Sie fanden formal die gleiche Formel wie für den obigen Fall ohne überlagertes Gleichfeld. Für τ ist dabei aber jetzt die durch das Gleichfeld veränderte Laufzeit einzusetzen. Abb. 517 gilt also auch für diesen Fall.

BENHAM [51, 52], der sich als erster der Behandlung dieser Fragen zuwandte, hat dieselbe Aufgabe unter der Annahme

Abb. 518. Schema der Diode.

verfolgt, daß die Elektronen ohne Geschwindigkeit in das vom Wechselfeld überlagerte Gleichfeld starten (Abb. 518). Er berücksichtigt außerdem ebenso wie MÜLLER [500] die durch die Elektronen gebildete Raumladung. Auch hier ergibt sich für die übertragene mittlere Energie dieselbe Beziehung wie oben, doch gibt diese strengere Rechnung z. B. hinsichtlich des Stromüberganges im einzelnen Abweichungen. Über experimentelle Ergebnisse vgl. [502].

Auch in neuerer Zeit wird an diesen Fragen gearbeitet [317, 318, 319].

18. Schwingungsanregung durch den Ablenkkondensator. Jetzt sei ein Elektron im homogenen Hochfrequenzfeld gegeben, das *senkrecht* zur Hauptfortschreitungsrichtung des Elektrons orientiert ist (Abb. 519). Denken wir uns die Bewegung nach z und x in ihre bei diesen Voraussetzungen vollständig unabhängigen Komponenten zerlegt. In der z-Richtung wird sich das Elektron mit gleichförmiger Geschwindigkeit v_0 vorwärts bewegen. In der x-Richtung wird es von der Geschwindigkeit Null aus mehr oder weniger (auf v_x) beschleunigt werden. Daher kann es jetzt auch keine Energie dem Wechselfeld zuführen. Vielmehr müssen alle in der angenommenen Weise das Feld durchfliegenden Elektronen Energie aus dem Wechselfeld aufnehmen, so daß also niemals Schwingungserregung auf diese Weise erfolgen kann.

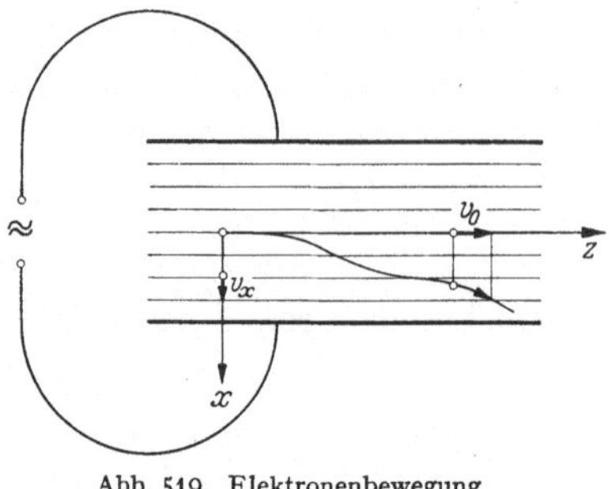

Abb. 519. Elektronenbewegung im Ablenkplattenpaar.

Gehen wir nun zu dem wirklichen Ablenkkondensator mit seiner bestimmten Länge über. Im homogenen Feld des Inneren nehmen die Elektronen also nur Energie auf. Das Randfeld beim Eintritt ist bedeutungslos, wenn das Elektron in der seiner Anfangsgeschwindigkeit entsprechenden Potentialfläche läuft. Es bleibt das Streufeld beim Austritt aus dem Kondensator, das eventuell etwas Neues bringen kann (Abb. 520). Der Einfluß des Kondensatorstreufeldes ist auch beim statischen Feld ein doppelter. Erstens ist das Elektron Querkräften ausgesetzt, die vom vollen Wert des homogenen Innenfeldes nach außen abklingen; zweitens ist es Längskräften ausgesetzt, wie es das Potentialfeld zeigt. Im Falle eines statischen Feldes wird so das Elektron, das im Ablenkfeld eine erhöhte Geschwindigkeit gewonnen hatte, wieder auf das ursprüngliche, das Anodenpotential, gebracht. Im Hochfrequenzfeld ist es ebenso. Für die Ablenkwirkung [X, 1] kann man beide Einflüsse vernachlässigen, wenn der Plattenabstand klein gegen die Plattenlänge ist und wenn die Ablenkspannung klein gegen die Beschleunigungsspannung ist.

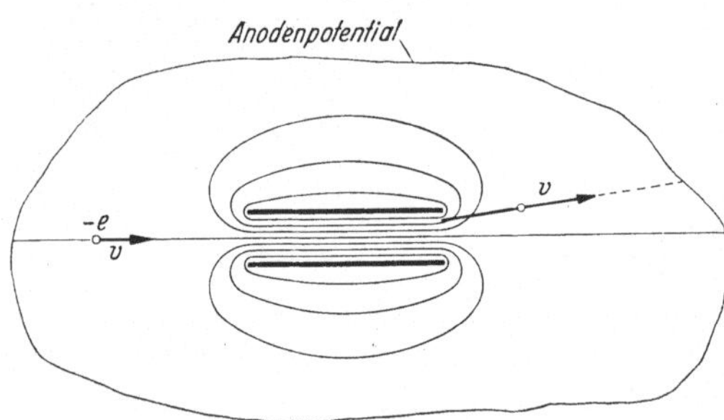

Abb. 520. Potential des Ablenkplattenpaares.

Wollen wir dagegen die Energieübertragung berechnen, so können wir bei kleinem d/l wohl das Streufeld in seiner räumlichen Tiefe, d. h. die Querkomponenten, vernachlässigen, niemals aber die Längskomponenten. Die Wirkung dieser Komponenten bedeutet Energieänderungen, die in der Größenordnung der im Kondensator aufgetretenen Änderungen selbst liegen.

Zur Berechnung der gesamten Energieänderung eines Elektrons beim Durchgang durch den Kondensator wird man entsprechend den beiden Gebieten der Wirksamkeit folgendermaßen vorgehen. Zunächst berechnet man, welchen Energiebetrag das Elektron gewonnen hat, das zu bestimmter Phase eingetreten ist und die Laufzeit $\tau = l/v_0$ im Kondensator geweilt hat. Dieser Betrag ist

$$\Delta \mathcal{E}_1 = \frac{m}{2}\, v^2\, \mathrm{tg}^2\, \Theta,$$

wobei v die Anfangsgeschwindigkeit des Elektrons und Θ der Ablenkwinkel nach Durchlaufen des Kondensators ist. Der Wert von $\mathrm{tg}\,\Theta$ wurde in [X, 1] angegeben. Tritt das Elektron zur Zeit t am Kondensatorrand von dem

Potentialniveau, das es gerade inne hat, sprunghaft auf das Anodenpotential, so nimmt es die Energie

$$\Delta\, \mathscr{E}_2 = -\,\frac{2\,e\,u}{d}\,x_\omega \cos \omega t$$

auf, wobei $\dfrac{2\,u \cos \omega t}{d}$ die Feldstärke im Kondensator ist. Der Wert von x_ω ist wieder aus [X, 1] zu entnehmen. Die gesamte vom Elektron aufgenommene Energie ist $\Delta\, \mathscr{E} = \Delta\, \mathscr{E}_1 + \Delta\, \mathscr{E}_2$. Führt man die angedeutete Rechnung durch, so lassen sich Elektronen bestimmter Eintrittsphasen angeben, für die die Geschwindigkeit beim Durchgang durch den Kondensator verringert ist. Darüber hinaus lassen sich Betriebsbedingungen, d. h. Werte von $\omega\tau$, angeben, bei denen sich auch bei Mittelung über alle Phasen eine Energieabgabe der Elektronen ergibt. Man findet nämlich bei der Mittelwertbildung für die in der Zeiteinheit abgegebene Energie $\overline{\Delta\, \mathscr{E}}/_\mathrm{s}$

$$\overline{\Delta\, \mathscr{E}}/_\mathrm{s} = i_0\,\frac{(2\,u)^2}{U}\,\frac{1}{\omega^2\tau^2}\,\sin\frac{\omega\tau}{2}\left[\sin\frac{\omega\tau}{2} - \frac{\omega\tau}{2}\cos\frac{\omega\tau}{2}\right].$$

Das ist die gleiche Formel, die sich auch bei der Diode ergab. Abb. 517 gibt die übertragene Energie als Funktion von $\omega\tau$ und zeigt die Möglichkeit der Entdämpfung zwischen $2\pi < \omega\tau < \approx 3\pi$.

Für das Verhalten des Kondensators in einem Schwingkreis braucht man nach [III, 21] diejenige Energie, die an im Kondensator befindliche Elektronen *gleichzeitig* übertragen wird. Aus dieser Energie ist der Influenzstrom zu berechnen, der zwischen den Platten fließt. Die Durchführung dieser Rechnung durch Recknagel [545] ergab unter Vernachlässigung des Einflusses der Elektronenraumladung auf das elektrische Feld für den Influenzstrom, der positiv ist, wenn eine positive Ladung im äußeren Stromkreis von der zur Zeit $t = 0$ negativen zur positiven Platte fließt:

$$i_\mathrm{infl.} = +\,\frac{i_0}{2}\cdot\frac{2\,u}{U}\cdot\frac{l^2}{d^2}\,\frac{\sin\dfrac{\omega\tau}{2} - \dfrac{\omega\tau}{2}\cos\dfrac{\omega\tau}{2}}{\dfrac{\omega\tau}{2}}\,\cos\left(\omega t + \frac{\pi}{2} - \frac{\omega\tau}{2}\right).$$

Bei $\omega\tau = \pi + 2\,\varkappa\,\pi$ ($\varkappa$ eine ganze Zahl) sind Strom und Spannung in Phase. Trotzdem ist die an Elektronen übertragene mittlere Energie, abgesehen von $\omega\tau = \pi$ nur klein, da der Absolutbetrag des Influenzstromes klein ist. Bei $\omega\tau = 2\,\varkappa\,\pi$ ist der Phasenwinkel 90°, die Ablenkung erfolgt leistungslos. Bei $\omega\tau = 7{,}6$ erfolgt die größte Energieabgabe an den Kondensator. Sie beträgt $\Delta\, \mathscr{E}/_\mathrm{s} = 0{,}025\, i_0\,\dfrac{(2\,u)^2}{U}\cdot\dfrac{l^2}{d^2}$. Bei $\dfrac{2\,u}{U} = \dfrac{1}{2}$, $\dfrac{l}{d} = 2$ sind das 2,5 % der Gleichstromenergie des Strahles.

Über die Schwingungsanfachung im Plattenkonsator vergleiche man auch die Arbeiten von Hollmann und Thoma [317 bis 319b] sowie [142, 170, 279, 546].

Ein experimenteller Nachweis der beim Durchgang eines Elektronenstrahles durch einen Kondensator möglichen Schwingungsanfachung bzw. der Entdämpfung des angeschlossenen Schwingkreises ist bisher nicht erfolgt. Dagegen konnte Döring [209] die Energieänderungen der einzelnen Elektronen zeigen (Abb. 521). Die Elektronen treten durch den Kondensator, an dem die Hochfrequenzspannung $U_\approx$ liegt. Sie durchlaufen dann einen gegen den ersten gekreuzten Kondensator mit statischem Ablenkfeld. Parallel zu den Platten des zweiten Kondensators liegt ein Magnetfeld H, dessen Stärke so gewählt wird, daß die Elektronen der Geschwindigkeit v_0 unabgelenkt durch den zweiten Kondensator hindurchtreten können (Wiens Methode der kompensierten

Strahlen). Bei größeren Geschwindigkeiten überwiegt die magnetische Ablenkung, bei kleineren die elektrische. Liegt an dem ersten Kondensator eine quasistatische Wechselspannung, so wird ein Strich gezeichnet. Wird eine Hochfrequenzspannung angelegt, so ist wegen der Geschwindigkeitsänderung der Elektronen die Kompensation von elektrischer und magnetischer Feldstärke im zweiten Kondensator nicht mehr vorhanden. Wie man ausrechnen kann, spaltet die Gerade in eine ∞ auf, wobei sich auch der Schwerpunkt der Figur verschiebt (Abb. 521 b). Döring konnte diese Erwartungen bestätigen.

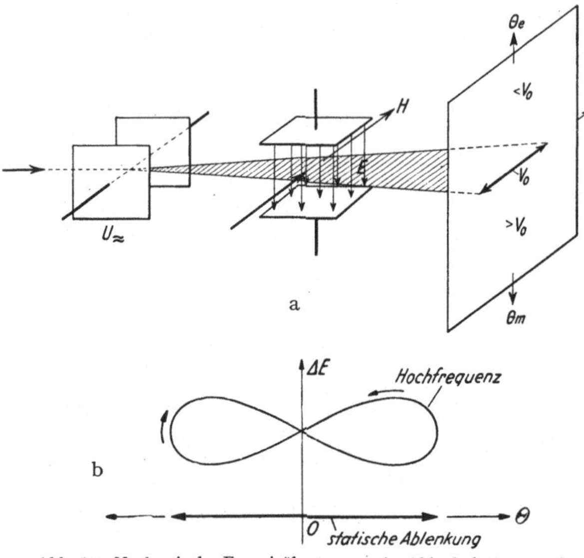

Abb. 521. Nachweis der Energieübertragung im Ablenkplattenpaar [209].

19. Übergang zur Potentialmulde. In [X, 16] waren den in den letzten Abschnitten behandelten Anordnungen die Anordnungen mit Elektronenschwingung im statischen Feld gegenübergestellt, zu denen die technisch wichtigen Röhren gehören.

Denken wir uns als einfachste derartige Anordnung zwei parallele Platten auf gleichem Potential mit einem positiv geladenen Netz dazwischen. Es wird auf diese Weise eine Potentialrinne entstehen, in der das Elektron mit konstanter Amplitude hin- und herschwingen kann. Die Schwingungsdauer T hängt dabei in diesem Potentialfeld unter anderem stark von der Amplitude der Schwingung ab. Da das Feld zwischen den Platten und dem Netz jeweils konstant ist, gilt: $T = 4\sqrt{\dfrac{m}{e}\dfrac{2\,l}{E}}$, wenn l die Entfernung des Umkehrpunktes vom Gitter und E die Feldstärke bedeutet. Soll die Schwingungsdauer unabhängig von der Amplitude sein, so ist ein parabolisches Potential zugrunde zu legen, ein Fall, den man sich durch konstante positive Raumladung verwirklicht denken kann.

Die Vorgänge bei der Schwingungsanregung werden bei einer Anordnung mit einer Potentialmulde dadurch sehr kompliziert, daß die Elektronen vielfach mit sich ändernder Amplitude und Schwingungsdauer pendeln können und daß zu ihrer Wiederentfernung aus dem Felde die in [X, 16] erwähnten Aussortierungsvorgänge berücksichtigt werden müssen. Diese Komplikationen fallen fort, wenn man die Elektronen mit hoher Geschwindigkeit nahe am Gitter und parallel zu ihm in das Feld einschießt (Abb. 513 a). Dann werden sämtliche Elektronen nach der gleichen Laufzeit das Feld wieder verlassen. Aussortierungsvorgänge sind nicht nötig.

Mrowka, der diese Anordnung angegeben hat, berechnete die Elektronenbewegung und den Energieaustausch zwischen Elektronen und Wechselfeld [495]. Der Rechnung wurde ein spezielles Potential zugrunde gelegt, das ursprünglich von Möller [489] angegeben wurde. Das statische Muldenpotential soll quadratisch mit dem Abstand von der Mitte der Platten ansteigen. Man könnte es sich durch eine konstante Raumladung aus positiven Ionen erzeugt denken, die so schwer sind, daß sie dem Wechselfeld nicht folgen. Das Wechselfeld soll örtlich konstant sein, das zugehörige Potential soll also wie beim Ablenkplattenpaar linear mit der Entfernung von der Mitte der Platten ansteigen. Die Elektronenbewegung in diesem Potential soll im einzelnen in [X, 20] besprochen werden. Im statischen Potential können die Elektronen eine reine Sinusschwingung mit der Frequenz ω_0 ausführen. Treten sie in der Mitte zwischen den Platten auf der Achse ein und sieht man von der Absorption durch das Gitter ab, so laufen sie auf der Achse durch das Feld. Kommt nun das Wechselfeld mit der Frequenz ω dazu, so bleibt die Längsgeschwindigkeit erhalten, dagegen treten Quergeschwindigkeiten auf, das Elektron beginnt zu schwingen. Da der Absolutbetrag der Geschwindigkeit gewachsen ist, kann das Teilchen nur Energie aufgenommen haben. Eine Energieabgabe kommt dadurch zustande, daß das Elektron beim Austritt aus dem Kondensator verzögert wird. Dieses Verhalten entspricht genau dem im gewöhnlichen Ablenkkondensator, der übrigens als Spezialfall verschwindender statischer Pendelfrequenz in dem allgemeinen Fall enthalten ist.

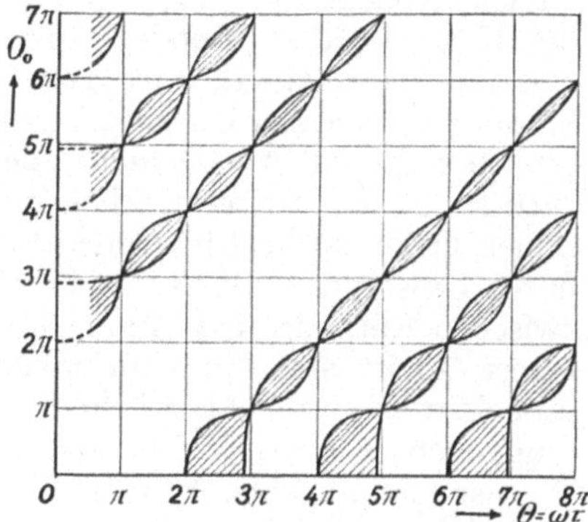

Abb. 522. Schwinggebiete bei Vorhandensein einer Eigenfrequenz [495].

Das Ergebnis der Rechnung ist in Abb. 522 dargestellt. Schraffiert sind diejenigen Gebiete von $\Theta = \omega\tau$ und $\Theta_0 = \omega_0\tau$, bei denen Energieabgabe an den Schwingkreis erfolgt. Dabei ist ω die Frequenz des Wechselfeldes, ω_0 die Frequenz der Elektronenschwingung im statischen Feld, τ die Laufzeit. Die Gebiete, in denen Schwingungsanfachung erfolgt, liegen um die Geraden

$$\omega\tau = \omega_0\tau \pm \varkappa\, 2\pi, \qquad \varkappa = 1, 2, 3 \ldots$$

Das Optimum der Energieabgabe liegt auf der Abszissenachse $\omega_0 = 0$, d. h. bei dem gewöhnlichen Ablenkplattenpaar. Bei der Eigenfrequenz $\omega = \omega_0$ selbst tritt Dämpfung auf. Dieses Ergebnis besagt also, daß die bevorzugte Anregung von Schwingungen der Elektronenpendelfrequenz bzw. von Vielfachen davon, die wir bei der BARKHAUSEN-KURZ-Röhre kennenlernen werden, durch das Vorhandensein der statischen Elektronenschwingung an sich nicht ver-

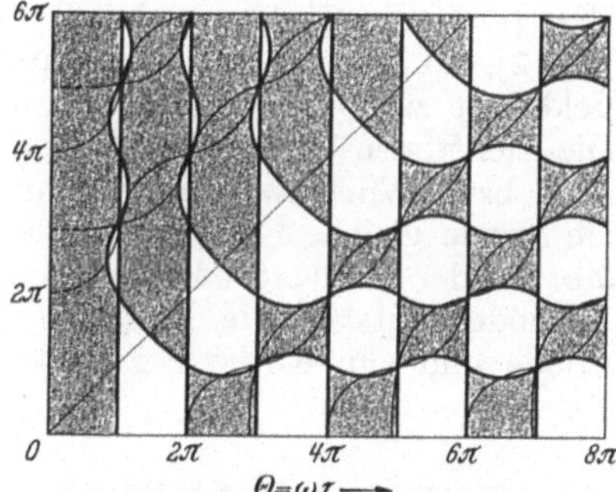

Abb. 523. Gebiete zusätzlicher Entdämpfung in der Potentialmulde bei Modulation des Elektronenstromes. (Unveröffentlichte Rechnung von B. MROWKA.)

ursacht wird. Dazu muß noch ein neuer Mechanismus treten: die obenerwähnten Aussortierungsvorgänge. MROWKA hat die Wirkung der Aussortierungsvorgänge in seiner Anordnung dadurch berechnet, daß er eine Phasenblende einschaltete. Es wurde angenommen, daß die Dichte des Elektronenstrahles von vornherein periodisch schwankt. Dadurch kommen Zusatzglieder zu der übertragenen Energie hinzu, die eine Schwächung oder Stärkung der von den Elektronen abgegebenen Energie bedeuten können und die Entdämpfung in Gebieten bewirken können, die ohne Phasenblende gedämpft waren. In Abb. 523 ist dieses Zusatzglied für den Fall aufgetragen, daß die Dichtemodulation des eintretenden Elektronenstrahles die doppelte Frequenz der Wechselfrequenz hat. Schraffiert sind die Gebiete, bei denen zusätzliche

Entdämpfung eintritt. Erhalten diese Zusatzglieder etwa durch Wahl des Modulationsgrades die geeignete Größe, so kann z. B. jetzt auch Schwingungsanfachung auftreten, wenn die Frequenz des Wechselfeldes der statischen Pendelfrequenz gleich ist.

20. Pendelung im Längsfeld (BARKHAUSEN - KURZ - Röhre). Die als Schwingungserzeuger früher technisch wichtige BARKHAUSEN-KURZ-Röhre ist eine Dreielektrodenröhre [VI, 15], bei der das Gitter auf positives Potential gegen die Kathode, die „Anode" auf schwach negatives Potential aufgeladen ist. Die von der Kathode startenden Elektronen laufen zunächst durch das Gitter hindurch gegen das Bremsfeld zwischen Gitter und Anode. Im statischen Feld erreichen sie die Anode nicht, sie kehren vorher um und laufen zur Kathode zurück. In den Gittermaschen, wo das elektrische Feld kleine Elementarlinsen bildet, erfahren die Elektronen kleine Querkräfte, so daß sie bei der Rückkehr unter Umständen die Kathode nicht erreichen. Sie können daher mehrmals zwischen Kathode und Anode hin- und herpendeln. Ist ein Wechselfeld überlagert, so ist also ein mehrmaliger Energieaustausch zwischen den Elektronen und dem Wechselfeld möglich, wobei die Elektronen unter günstigen Bedingungen mehrmalig Energie aus dem Gleichfeld übernehmen und an das Wechselfeld abgeben können.

Bei der zylindrischen Anordnung lassen sich die Einzelheiten des Anfachungsmechanismus nur schwer übersehen. Die Elektronenbahnen können nur durch numerische oder graphische Integration gewonnen werden [347, 490]. Man legt daher für die Betrachtung besser ein einfacheres Modell zugrunde: Kathode, Gitter und Anode sollen alle eben sein. Man kann sich die ebene Kathode etwa durch eine Reihe nebeneinander angeordneter Glühdrähte verwirklicht denken. In Abb. 504 ist die Anordnung und der zugehörige Potentialverlauf dargestellt. Hier ist K die Glühkathode, A die Anode im Gegensatz zu der Bedeutung in [X, 12], wo K und A sekundäremittierende Kathoden sein sollten. Im statischen Feld läßt sich die Elektronenbewegung in dieser Anordnung leicht angeben: Die Elektronen beschreiben in den beiden durch das Gitter getrennten Räumen Fall- bzw. Wurfbewegungen. Für den in Abb. 504 gezeichneten Fall, in dem die Anode gleiche Entfernung l vom Gitter hat wie die Kathode und in dem die Anode auf Kathodenpotential, das Gitter auf dem Potential U gegen Kathode liegt, ist die Dauer der Pendelschwingungen von der Kathode zur Anode und zur Kathode zurück:

$$T = 4\,l\,\sqrt{\frac{2m}{eU}}$$

entsprechend einer Wellenlänge

$$\lambda_{\mathrm{cm}} = c_{\mathrm{cm/s}}\,T_s = 4000\,\frac{l_{\mathrm{cm}}}{\sqrt{U_{\mathrm{Volt}}}}\,.$$

Diese Gleichung wird als BARKHAUSEN-Relation bezeichnet [35]. Wir werden sehen, daß Schwingungen dieser Wellenlänge bevorzugt angefacht werden können. Dazu müssen wir auch noch die Wirkung des Wechselfeldes hinzunehmen. Das läßt sich zwar an dem ebenen Modell durchführen, wie es KOCKEL [391] getan hat. Diese Rechnung ist aber etwas umständlich, weil die Bewegungsgleichungen aus einzelnen Teilformeln in der Gitterebene zusammengesetzt werden müssen. Daher soll zur Erläuterung der Bewegungsvorgänge das bereits in [X, 19] angegebene Potential nach MÖLLER benutzt werden. Dieses Potential hat die Form

$$-\varphi = \frac{\pi^2}{16}\,\frac{U}{l^2}\,x^2 + \frac{u}{l}\,x \cos \omega t\,.$$

Der Faktor $\pi^2/16$ wurde so gewählt, daß die statische Pendelfrequenz mit der oben bestimmten Schwingungsdauer für das lineare Potential übereinstimmt.

Die Lösung der Bewegungsgleichungen in diesem Potential lautet:

$$x = \frac{u}{l}\,\frac{1}{\omega_0^2 - \omega^2}\cos \omega t + A \cdot \cos (\omega_0 t + \psi).$$

Dabei ist $\omega_0^2 = \dfrac{\pi^2}{8}\cdot\dfrac{U}{l^2}\cdot\dfrac{e}{m}$. Die Größen A und ψ sind Integrationskonstanten.

Der erste Summand der Bewegungsgleichung bedeutet eine „erzwungene" Schwingung mit der Frequenz des elektrischen Wechselfeldes. Dazu kommt eine „freie" Schwingung mit der Frequenz der Elektronenpendelung. Die Elektronenbewegung ist also eine Schwebung; wenn sich etwa die Frequenz ω des Wechselfeldes nur wenig von der Pendelfrequenz ω_0 unterscheidet, haben wir eine Schwingung mit der Frequenz $\omega \approx \omega_0$, deren Amplitude langsam mit der Frequenz $\dfrac{\omega - \omega_0}{2}$ schwankt. Ob ein Elektron vom Start aus zunächst eine Schwingung wachsender oder abnehmender Amplitude ausführt, hängt von der Startphase ab. In Abb. 524 sind für verschiedene Startphasen die

Abb. 524. Weg-Zeitkurven bei der Barkhausen-Kurz-Röhre (schematisch).

Weg-Zeitkurven aufgezeichnet. Ist die Wechselspannung klein gegen die Gleichspannung, dann hat nach der ersten Schwingung die Hälfte der Elektronen eine kleinere Schwingungsamplitude, die andere Hälfte eine größere. Wenn die Amplitude abnimmt, so gibt das Elektron Energie an das Wechselfeld ab; nimmt die Amplitude zu, so nimmt das Elektron Energie auf. Elektronen, deren Amplitude wächst, treffen auf die Anode bzw. auf die Kathode und werden aus dem Feld entfernt, ehe sie erhebliche Energie aufnehmen können (Anoden- bzw. Kathodenaussortierung). Elektronen, deren Amplitude abnimmt, können dagegen mehrmals hin- und herpendeln. Von einem bestimmten Zeitpunkt ab wird ihre Amplitude wieder zunehmen, d. h. die Elektronen nehmen von diesem Moment ab Energie auf. In diesem Moment müssen sie aus dem Feld entfernt werden. Diese Ausscheidung der „abgearbeiteten" Elektronen wird durch die Absorption am Gitter besorgt. Selbstverständlich wird es nicht gelingen, alle Elektronen gerade im günstigsten Augenblick abzufangen. Das Gitter wird vielmehr blindlings günstige und ungünstige Elektronen ausscheiden. Dieser schlechte Aussortierungsmechanismus ist mitbestimmend für den schlechten Wirkungsgrad.

Es ist nun möglich, die bevorzugte Schwingungsanfachung bei der Elektronenpendelfrequenz zu verstehen [392]. Nach der ersten Pendelung hat bei kleiner Wechselspannung die Hälfte der Elektronen ihre Amplitude vergrößert. Diese wird nach einer Halbperiode an der Anode oder, wenn diese negatives Potential hat, nach einer vollen Periode an der Kathode aussortiert. Der andere für die Schwingungsanfachung günstige Teil der Elektronen schwingt zurück. Wenn die Elektronenpendelfrequenz mit der Eigenfrequenz des Wechselfeldes übereinstimmt, beginnen diese Elektronen ihre zweite Schwingung fast genau in der gleichen Phase wie die erste. Sie geben also auch bei der zweiten Schwingung wieder Energie ab usw. [1]. Wenn dagegen die Pendelfrequenz nicht mit der Frequenz des Wechselfeldes übereinstimmt, beginnen die Elektronen ihre zweite Schwingung in einer gänzlich anderen Phase des Wechselfeldes.

---

[1] Wenn nicht eine zu große Gitterabsorption oder ungünstiger Bahnverlauf durch die Zylinderlinsenwirkung im Gitter mehrfache Schwingung unmöglich macht.

Es wird daher ein Teil der zuerst günstigen Elektronen bei der zweiten Schwingung Energie aufnehmen und ausgeschieden werden usw. Die Anfachung wird daher ungünstiger sein als bei Übereinstimmung der Frequenz ω des Wechselfeldes mit der Pendelfrequenz ω_0.

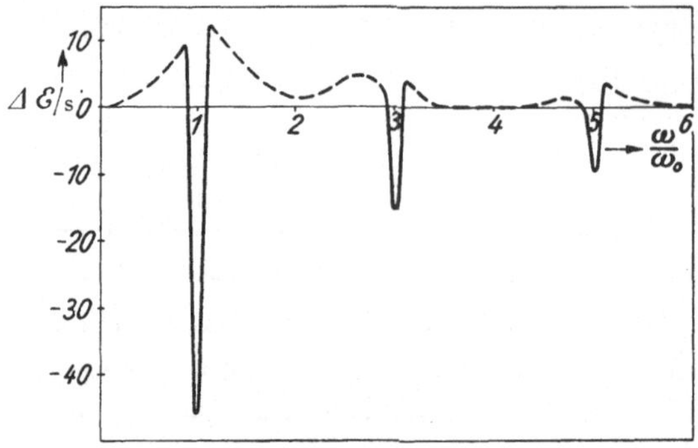

Abb. 525. Anfachungsgebiete bei der ebenen BARKHAUSEN-KURZ-Röhre [392].

Um auf Grund dieser Überlegungen die Energieabgabe zu berechnen, müssen noch Annahmen über die Gitterabsorption gemacht werden. Am natürlichsten wäre es, anzunehmen, daß bei jedem Durchgang durch das Gitter ein bestimmter Bruchteil der Elektronen absorbiert wird. KOCKEL hat diese Rechnung dadurch vereinfacht, daß er alle Elektronen auf einmal bei einem bestimmten Durchgang absorbiert dachte.

Er bekam in der Tat große an den Schwingkreis im Zeitmittel abgegebene Energien $\Delta\mathcal{E}/s$ bei der Pendelfrequenz ω_0 und den Vielfachen davon, also eine Bestätigung der BARKHAUSEN-Relation (Abb. 525)[1]. Die Vielfachen der Pendelfrequenz entsprechen den Zwergwellen von POTAPENKO [530]. Wurde die Absorption erhöht, d. h. wurden die Elektronen bereits bei einem früheren Gitterdurchgang entfernt, so verflachen die Minima und verschieben sich nach höheren Werten von ω/ω_0 in Übereinstimmung mit den Ergebnissen von GILL und MORELL [262].

Es seien noch kurz zwei weitere Methoden erwähnt, die Schwingungsanfachung der BARKHAUSEN-KURZ-Röhre zu erklären. Das eine Verfahren wurde von MÖLLER [488, 489, 490] und sehr ausführlich von DICK [202] durchgeführt. Während die Elektronen zu ihrer ersten Pendelung gleichmäßig über alle Phasen verteilt starten, tritt durch den Einfluß des Wechselfeldes beim Beginn der zweiten Schwingung in einigen Phasen Verdichtung, in den anderen Verdünnung ein. Diese von

Abb. 526. Modell der BARKHAUSEN-KURZ-Röhre [128].

MÖLLER als Phasenaussortierung bezeichnete Erscheinung zusammen mit der Anoden- bzw. Kathodenaussortierung und der Gitterabsorption bewirkt eine Zusammenballung der Raumladung zu einer Wolke, die zwischen Anode und

---

[1] Die Bevorzugung der ungeraden Vielfachen der Pendelfrequenz nach KOCKEL liegt an der Symmetrie des Feldes und tritt im allgemeinen nicht auf.

Kathode hin- und herschwingt. Die Influenzwirkung dieser Raumladungswolke kann bei günstiger Phasenlage zu der antreibenden Spannung eine Schwingungsanfachung bewirken.

Ein Modellverfahren wenden BRÜCHE und DÖRING [128] an. Eine V-förmig gebogene Glasröhre R wird durch einen starken Elektromotor in erzwungene Schwingung versetzt (Abb. 526). Die Pendelbewegung von Kugeln in diesem Rohr ist ein Modell für die Elektronenbewegung in dem Feld der ebenen BARKHAUSEN-KURZ-Röhre.

BARKHAUSEN-KURZ-Röhren spielen für die Schwingungserzeugung heute in der Praxis keine große Rolle mehr. Als Beispiel für eine der früher benutzten Röhren ist in Abb. 527 die Telefunkenröhre RS 296 dargestellt. Bei einer Gittergleichspannung von 400 V und einem Gittergleichstrom von 200 mA leistet die Röhre 4 bis 5 W ($\sim$ 6 % Wirkungsgrad) bei einer Wellenlänge von etwa 50 cm.

21. Ersatz der Potentialmulde durch ein Magnetfeld (Magnetfeldröhre)[1]. In [X, 16] sahen wir bereits, daß Elektronenpendelungen ähnlich denen, die in einer Potentialmulde auftreten, auch durch die Zusammenwirkung eines elektrischen und eines magnetischen Feldes erzielt werden können. Dem im vorigen Abschnitt zugrunde gelegten Muldenfeld entspricht die

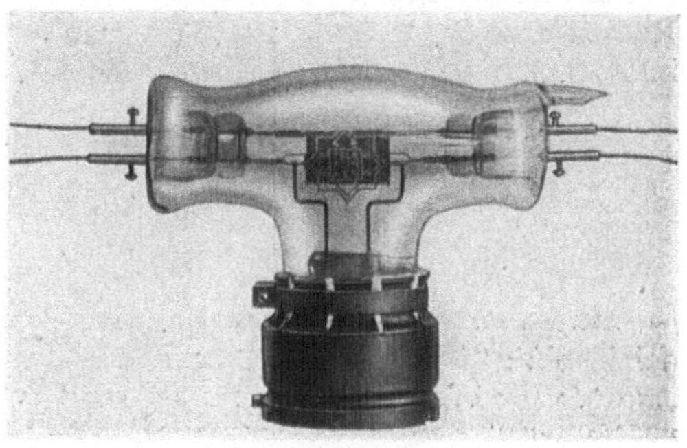

Abb. 527. Telefunken-Bremsfeldröhre RS 296.

in Abb. 513 d dargestellte Anordnung, die aus einem homogenen Beschleunigungsfeld der Feldstärke E und einem überlagerten homogenen Magnetfeld H gebildet wird. Sind die Felder statisch, so läuft das Elektron auf der in [I, 7] behandelten Zykloidenbahn.

Die Elektronenbewegung kann demnach in zwei Komponenten zerlegt werden: Der eine Anteil ist die Rollkreisbewegung, d. h. der Umlauf des Elektrons auf dem Rollkreis vom Durchmesser $D = 2 \dfrac{m}{e} \dfrac{E}{H^2}$ mit der Frequenz $\omega_H = \dfrac{e}{m} H$, entsprechend einer Wellenlänge $\lambda_{cm} = 10\,700/H_{\text{Oerstedt}}$. Der zweite Anteil ist die Leitbahnbewegung, d. h. das Fortschreiten des Rollkreismittelpunktes mit der konstanten Geschwindigkeit $v = E/H$.

Ist ein Wechselfeld der Amplitude $\tilde{E}$ überlagert, so lauten jetzt die Bewegungsgleichungen (für die Bezeichnungen vgl. [I, 7]):

$$\ddot{x} = \frac{e}{m} E + \frac{e}{m} \tilde{E} \cos \omega t - \frac{e}{m} \dot{y} H$$

$$\ddot{y} = \frac{e}{m} \dot{x} H$$

mit den Lösungen:

$$x = \frac{m}{e} \frac{E}{H^2} + \frac{\frac{e}{m} \tilde{E}}{\omega_H^2 - \omega^2} \cos \omega t + A \sin \omega_H t + B \cos \omega_H t \,,$$

$$y = \frac{E}{H} t + \frac{\frac{e}{m} \tilde{E}}{\omega_H^2 - \omega^2} \cdot \frac{\omega_H}{\omega} \sin \omega t + C \sin \omega_H t + D \cos \omega_H t \,.$$

---

[1] Vgl. auch [VI, 21].

Einige dieser Bahnen sind in Abb. 514b dargestellt, bei denen je nach den den Anfangsbedingungen Energieaufnahme oder Energieabgabe stattfindet. Vergleichen wir die x-Komponente der Bewegung (Bewegung längs des elektrischen Feldes) mit der Bewegung des Elektrons in dem rein elektrischen Muldenfeld [X, 20], so erkennen wir, daß beide Bewegungstypen gleichartig sind. Unterschiedlich ist dagegen, daß beim ebenen Magnetron eine zusätzliche Querbewegung in y-Richtung (quer zum elektrischen Feld) auftritt. Die Gesamtbewegung setzt sich nach unserer Gleichung zusammen aus einem Schwebungsvorgang und einer linear fortschreitenden Bewegung, wobei die Fortschreitungsgeschwindigkeit dieselbe ist wie im statischen Feld, nämlich $v = E/H$. Abb. 528 versucht, den Vorgang zu illustrieren: Unter der Voraussetzung, daß das Wechselfeld gegen das Gleichfeld klein ist, kann die Bewegung roh aus der Fortschreitungsbewegung und einer Bewegung des Elektrons auf einem Kreise, dessen Radius eine Schwebung macht, zusammengesetzt werden. Bei der speziellen, in Abb. 528 dargestellten Startphase $\omega t_0 = 90°$ wird der Radius beim Punkt P Null. Würde in diesem Augenblick das Wechselfeld abgeschaltet werden, so würde das Elektron mit der Geschwindigkeit $v = E/H$ auf der Potentialfläche weiterlaufen, weil dann gerade der WIENsche Fall [I, 7] eintritt. Aus dieser Bahnbeschreibung kann man sogleich auf die an das Wechselfeld übertragene Energie schließen. Das Elektron kann günstigenfalls die in der Rollkreisbewegung steckende Energie $\dfrac{m}{2}\left(\dfrac{E}{H}\right)^2$ an das Wechselfeld übertragen haben. In der Leitbahnbewegung verbleibt die gleiche Energie, die wir grundsätzlich nicht entnehmen können. Für Elektronen anderer Startphase ωt_0 wird die Amplitude des Rollkreises nicht Null. Die Rechnung ergibt für die von den günstigen Elektronen bestenfalls abgebbare Energie $\dfrac{m}{2}\left(\dfrac{E}{H}\right)^2 \sin^2 \omega t_0$.

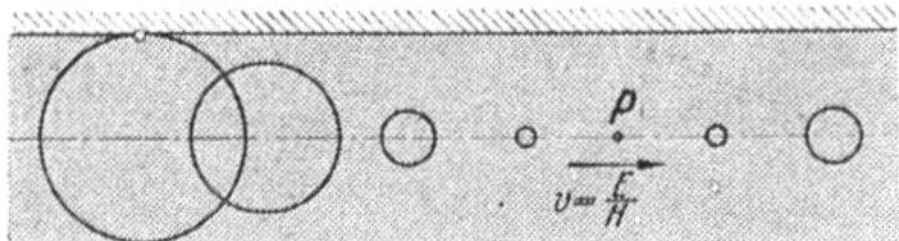

Abb. 528. Zur Erläuterung der Energieabgabe in der Magnetfeldröhre.

Die Aussortierungsvorgänge sind denen der BARKHAUSEN-KURZ-Röhre ähnlich, da ja die Bahngleichungen ähnlich sind. Es werden also die Hälfte der Elektronen ihre Amplitude vergrößert, die andere Hälfte die Amplitude zunächst verkleinert haben. Die Elektronen mit vergrößerter Amplitude werden praktisch ohne Energieverlust an der Kathode aussortiert werden. Soll Anodenaussortierung vorgenommen werden, was den Nachteil des Verlustes von Gleichfeldenergie hat, so muß das Elektron schon im schwingungslosen Zustand dicht an der Anode vorbeigehen, damit es bereits nach einer Halbschwingung ausgeschieden wird. Es muß also der Rollkreisdurchmesser D ungefähr dem Plattenabstand d gleich sein, d. h. zwischen dem Magnetfeld H, Anodengleichspannung U_A und Plattenabstand muß die Beziehung

$$H = \frac{\sqrt{2\,\dfrac{m}{e}\,U_A}}{d} = 3{,}4\,\frac{\sqrt{U_A}}{d}$$

bestehen. Dabei gilt die zweite Form dieser Gleichung, wenn H in Oerstedt, U_A in Volt und d in cm gemessen wird.

Im elektrischen Muldenfeld sorgte das Gitter dafür, daß die günstigen Elektronen ausgeschieden werden, bevor sie wieder Energie aufnahmen; in unserer Magnetfeldröhre ist kein Gitter vorhanden. Die verlangsamten Elektronen werden also wieder Energie aufnehmen, so daß keine Schwingungsanfachung zustande kommen kann. Wir müssen einen neuen Mechanismus als Ersatz der Gitterabsorption einführen. Dazu dient ein zusätzliches elektrisches oder magnetisches Feld, das die Elektronen möglichst in demjenigen Augenblick auf die Anode treffen läßt, wenn ihre Amplitude am geringsten ist (Abb. 529). Das elektrische Zusatzfeld wählt man durch Anbringen von „Endplatten" meist in Richtung der magnetischen Kraftlinien. Zur Erzielung des magnetischen Zusatzfeldes genügt es, die Richtung des homogenen Feldes etwas gegen die Anode zu neigen. Das Elektron beschreibt dann die in Abb. 529 dargestellte Bahn, die sich aus der Zeichenebene herausbewegt. Auch auf die Energieumsetzungen mit dem Schwingkreis wird die Schiefstellung des Magnetfeldes einen gewissen Einfluß haben.

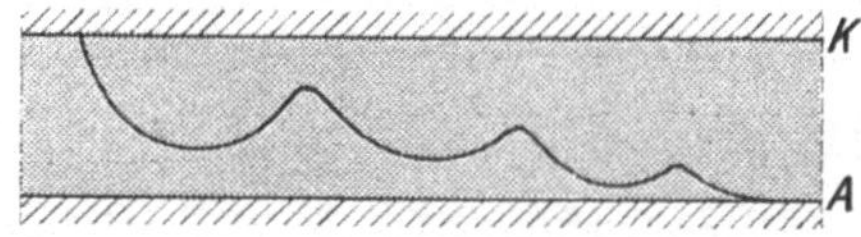

Abb. 529. Elektronenbahn bei schiefem Magnetfeld.

Eine Durchrechnung zeigt, daß die maximal übertragbare Energie bei den praktisch vorkommenden Neigungswinkeln nur um wenige Prozent geändert wird. Wir können daher auch die Größenordnung des zu erwartenden Wirkungsgrades abschätzen. Die ungünstigen Elektronen mögen an der Kathode aussortiert werden, ihre geringfügige Energieaufnahme aus dem Wechselfeld werde vernachlässigt. Würden die günstigen Elektronen gerade dann ausgeschieden, wenn sie am meisten Energie abgegeben haben, so ergibt sich pro Elektron eine mittlere Energieabgabe von $\frac{1}{4} m \left(\frac{E}{H}\right)^2$. Da das Magnetfeld so gewählt wird, daß das Elektron im Gleichfeld dicht an der Anode vorbeiläuft und E/H halb so groß ist wie die Maximalgeschwindigkeit, ist dieser Betrag $^1/_8$ der

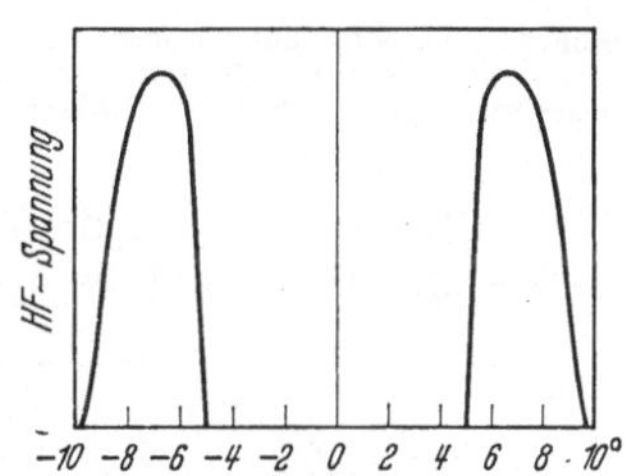

Abb. 530.
Schwingungsanfachung bei Schiefstellung des Magnetfeldes [501].

Energie, die das Elektron beim Durchfallen des Gleichfeldes bekommen würde. Man hat also bestenfalls einen Wirkungsgrad von 12% zu erwarten. Bei der zylindrischen Magnetfeldröhre werden solche Wirkungsgrade beobachtet.

Während beim Muldenfeld mit Gitter die Absorption geometrisch vorgegeben ist, haben wir also bei der Magnetfeldröhre die Möglichkeit, z. B. durch mehr oder minder starkes Schiefstellen des Magnetfeldes die „Absorption" zu wählen. Die erzielte Hochfrequenzspannung wird also bei einem bestimmten Neigungswinkel α des Magnetfeldes ein Maximum zeigen, wie es die in Abb. 530 gezeigten Messungen an einer zylindrischen Magnetfeldröhre zeigen.

Der Mechanismus der Schwingungsanfachung ist nach dem oben Gesagten für BARKHAUSEN - KURZ - Röhre und

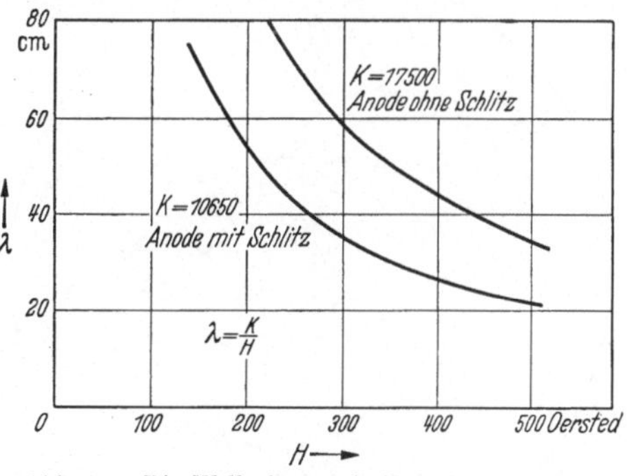

Abb. 531. Die Wellenlänge als Funktion des Magnetfeldes bei der Magnetfeldröhre [501].

ebene Magnetfeldröhre gleich. Wir werden daher erwarten können, daß auch bei der Magnetfeldröhre bei Übereinstimmung der Wechselspannungsfrequenz mit der Eigenfrequenz $\omega_H = \frac{e}{m} H$ der statischen Elektronenpendelung bevorzugt Schwingungsanfachung erfolgt. In diesem Falle werden die Elektronen richtiger Phase in verhältnismäßig vielen Pendelungen schrittweise ihre Energie abgeben können, ehe sie wieder Energie aufnehmen. Das Experiment zeigt, daß diese Vermutung richtig ist und daß die erregte Schwingung die erwartete Abhängigkeit $\lambda = \dfrac{\text{konst.}}{H}$ zeigt (Abb. 531).

Es sei noch erwähnt, daß dieselben Vorgänge natürlich auch auftreten, wenn die beiden Elektroden, zwischen denen die Bewegung sich vollzieht, nicht eben sind, sondern einen Zylinderkondensator bilden (zylindrische Magnetfeldröhre!).

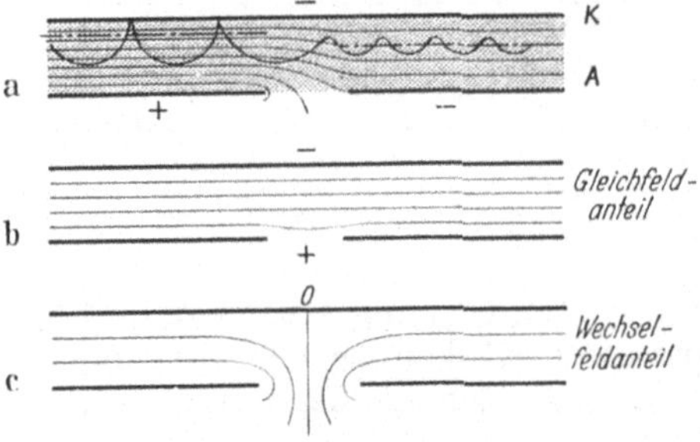

Abb. 532. Potentialfeld der ebenen Magnetfeldröhre mit geschlitzter Anode.
a Gesamtfeld, b Gleichfeldanteil, c Wechselfeldanteil.

22. Der Längsstrom und seine Ausnutzung (geschlitzte Magnetfeldröhre)[1]. Die im vorigen Abschnitt behandelten Schwingungsformen der Magnetfeldröhre beruhen auf der Ausnutzung der Rollkreisbewegung. Wir sahen, daß nur ein Teil der Gleichfeldenergie in Wechselfeldenergie umgesetzt werden kann, während ein anderer Teil als nutzlose Translationsenergie der Elektronen erhalten bleibt.

Will man die aus dem Gleichfeld stammende Energie der Elektronen noch besser in Wechselfeldenergie umsetzen, so muß man die Potentialfelder so ab-

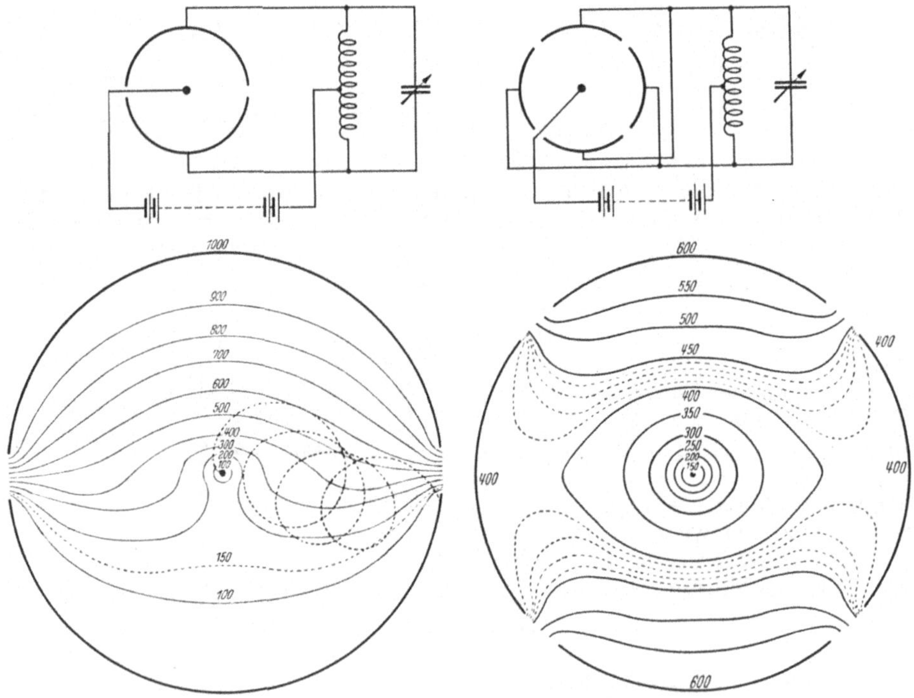

Abb. 533. Zwei- und viergeschlitzte Magnetfeldröhre [29].

ändern, daß auch der Leitbahnbewegung Energie entzogen werden kann. Abb. 532a zeigt eine derartige Feldanordnung. Die Anode ist geschlitzt, und die Wechselspannung liegt nicht mehr zwischen Kathode und Anode, sondern

---

[1] Vgl. auch [VI, 21].

zwischen den Anodenteilen, wie es die Feldzerlegung Abb. 532b u. c deutlich erkennen läßt. Das Elektron macht nun eine Anzahl von Zykloidenpendelungen der bereits behandelten Art und kommt dann in den Schlitzbereich, in dem ihm auch Energie aus der Leitbahnbewegung entzogen wird. Es pendelt nun mit kleinerer Leitbahngeschwindigkeit um eine neue, in Richtung des elektrischen Feldes verschobene Gleichgewichtslage. Es sieht so aus, als ob das Elektron der Krümmung der Potentiallinie gefolgt wäre [I, 7]. Das Elektron läuft also immer näher an die Anode heran, wobei es die an das Wechselfeld abgegebene kinetische Energie dauernd aus dem Gleichfeld wieder ersetzt. Es ist einleuchtend, daß die Energieausnutzung bei diesem Vorgang besser sein muß als bei dem in [X, 21] beobachteten Schwingungstyp. Tatsächlich hat die zylindrische geschlitzte Magnetfeldröhre (Abb. 533) den besten Wirkungsgrad aller besprochenen Anordnungen zur Schwingungserregung.

Man hat sich sehr bemüht, die pendelnde und um die Kathode kreisende Bewegung der Elektronen in dieser Magnetfeldröhre zu verfolgen und den Mechanismus der Schwingungserregung im einzelnen zu verstehen. Trotzdem ist noch viel zu klären. Es hat deswegen auch keinen Zweck, genauer auf die Theorie der Magnetfeldröhre einzugehen, sondern wir wollen nur die experimentellen Ergebnisse über die Schwingungsanfachung in den Vordergrund rücken. Festgehalten sei jedoch, daß wir nach HERRIGER und HÜLSTER [306, 307] zwei Schwingungstypen zu erwarten haben: Erstens Schwingungen mit der Rollkreisfrequenz, die von der unge-

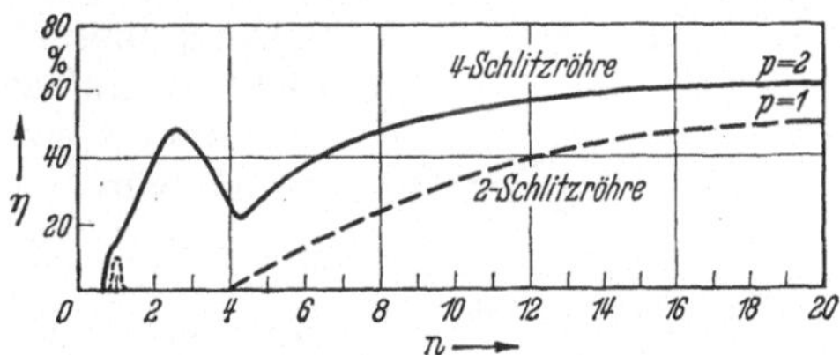
Abb. 534. Wirkungsgrad der Magnetfeldröhre [29].

schlitzten Magnetfeldröhre her bekannt sind, zweitens Schwingungen, die mit der Leitbahnbewegung in Zusammenhang stehen und die nur bei der geschlitzten Magnetfeldröhre auftreten.

In Abb. 534 ist der Wirkungsgrad η, d. h. das Verhältnis der hochfrequenten Nutzleistung zur Gleichstromleistung von Röhren mit zwei und vier Schlitzen dargestellt als Funktion des Verhältnisses n (Ordnungszahl) der Wellenlänge zur Wellenlänge der statischen Elektronenpendelung. Für die Zweischlitzröhre tritt ein Schwinggebiet bei $n = 1$ auf, d. h. wenn die Frequenz des Wechselfeldes mit der Rollkreisfrequenz übereinstimmt. Ein weiteres ausgedehntes Schwinggebiet tritt oberhalb $n = 4$ auf, also bei Frequenzen, die klein gegen die Rollkreisfrequenz sind. Für dieses Gebiet steigt der Wirkungsgrad bis zu 50% an, während er für die Schwingungen erster Ordnung nur 10 bis 15% beträgt. Auch bei der Vierschlitzröhre verläuft der Wirkungsgrad bei niedrigen Ordnungszahlen unregelmäßig, steigt aber bei höheren ähnlich wie bei der Zweischlitzröhre an. Für die Schwingungen *erster Ordnung* gilt wieder die zwischen Wellenlänge und Magnetfeld bestehende Beziehung $\lambda = \dfrac{\text{konst.}}{H}$ (Abb. 531), wobei H dicht über der kritischen Feldstärke liegen muß. Die Schwingung wird durch Schiefstellung des Magnetfeldes begünstigt. Bei den Schwingungen *höherer Ordnung* ist der Wirkungsgrad am größten bei genau symmetrischem Magnetfeld. Wählt man unter Konstanthalten aller übrigen Größen das Magnetfeld so groß, daß man optimalen Wirkungsgrad erhält, so ergibt sich experimentell [307] die Beziehung

$$\lambda = 1100 \frac{r_a^2 \, H_{\text{opt}}}{p \cdot U_A}, \tag{1}$$

wobei r_a den Anodenradius in cm, U_a die Anodenspannung in Volt, H_{opt} das optimale Magnetfeld in Oerstedt, λ die Wellenlänge der entstehenden Schwingung in cm und p die Zahl der Polpaare bedeutet.

Einigermaßen übersichtlich sind die Verhältnisse bei solchen Betriebsbedingungen, bei denen die Rollkreisbewegung zurücktritt. Das ist der Fall bei hohen Ordnungszahlen und bei so großen Magnetfeldern, bei denen der Rollkreisradius wesentlich kleiner als der Anodenradius ist. Hier nimmt man an, daß sich die Elektronenbahnen schnell von der Kathode lösen, wie es z. B. in Abb. 14 [I, 7] dargestellt ist und daß sie unter dem Einfluß der Wechselfelder auf eine zykloidenähnliche Bahn geraten, deren Leitbahn kreisförmig um die Kathode herumführt (Abb. 535). Herrscht beim Leitbahnradius r die Feldstärke E und ist r so groß, daß die Zentrifugalkraft vernachlässigt werden kann, so ergibt sich aus der Leitbahngeschwindigkeit [X, 21] $v = E/H$ die Umlaufsfrequenz $\omega_L = \dfrac{E}{H \cdot r}$. Diese Frequenz zeigt die experimentell beobachtete Abhängigkeit vom Magnetfeld, was darauf hindeutet, daß in der Tat die Leitbahnbewegung zur Schwingungserregung ausgenutzt wird. Wenn das Elektron auf seinem ganzen Weg von der Kathode zur Anode mit konstanter Leitbahnfrequenz umlaufen würde, so müßte E proportional zu r sein:

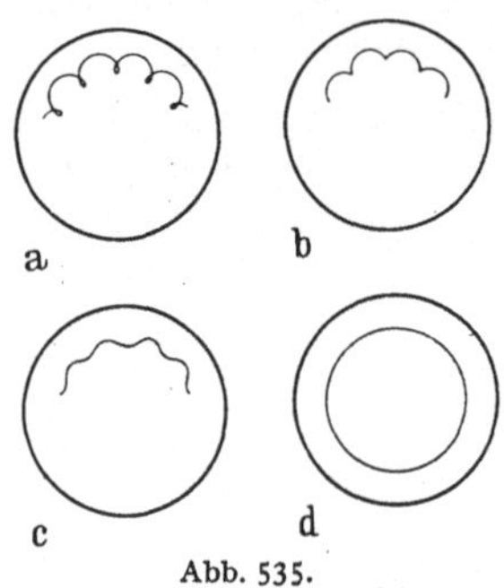

Abb. 535.
Bahntypen in der zylindrischen Magnetfeldröhre [306].

$E = 2 U_a \dfrac{r}{r_a^2}$. Dann würde sich für die Wellenlänge des Leitbahnumlaufs bei Benutzung der gleichen Einheiten wie in Formel (1) die Gleichung $\lambda = 942 \cdot \dfrac{r_a^2 H}{U_a}$ ergeben, eine Formel, die sogar im Zahlenfaktor gut mit der experimentellen Gleichung (1) übereinstimmt [306].

GUNDLACH [281] begründet die Formel (1) für die Leitbahnschwingung folgendermaßen: Wenn die Rollkreisbewegung hinter der Leitbahnbewegung zurücktritt, kann man näherungsweise oder wenigstens im Mittel über eine größere Elektronenzahl so rechnen, als ob die Elektronen direkt auf der Leitbahn liefen. Die Bewegungsgesetze für die Leitbahn sind aber bekannt: Sie folgt den Potentiallinien, die Leitbahngeschwindigkeit ist E/H, wo E die jeweils herrschende Feldstärke ist. GUNDLACH fragt nun, wie bei vorgegebenem Verhältnis von Gleich- und Wechselspannung die Bertiebsdaten geändert werden können, ohne daß eine Änderung der Leitbahnen, d. h. der Stromverteilung eintritt. Er findet genau die Bedingung $\dfrac{r_A^2 \cdot H}{\lambda \cdot U_A} = $ konst., wie in sie (1) verlangt wird.

Da somit die Bedeutung der Leitbahnbewegung für den betrachteten Schwingungstyp gesichert ist, kann man aus den Gesetzen für diese Bewegung ablesen, wie die Elektronenbahnen verlaufen werden. Günstige Elektronen geben beim Durchgang durch das Schlitzfeld Energie ab, ihre Leitbahn rückt dabei, den Potentiallinien folgend, nach außen. Die Elektronen schrauben sich also nach außen, wobei sie dauernd Energie abgeben. Ungünstige Elektronen schrauben sich nach innen, wobei sie auf die Kathode treffen können und den Rückheizeffekt verursachen. Graphische Konstruktionen bestätigen diese Auffassung.

Der Mechanismus der Schwingungsanfachung bei Schwingungen niedriger Ordnung, bei der sowohl Leitbahnbewegung als auch Rollkreisbewegung eine Rolle spielt, ist theoretisch nicht zu übersehen. So tritt z. B. bei der Vierschlitzröhre eine Schwingung der Ordnungszahl zwei auf, bei der Sechsschlitzröhre der Ordnungszahl drei. Technisch sind diese Schwingungen besonders wichtig, weil sie mit geringem Betriebsaufwand große Leistungen ergeben. Über die verschiedenen Schwingungstypen vgl. [512a, 410b].

Eine Magnetfeldröhre von Telefunken zeigt Abb. 536. Die Röhre erzeugt bei 1150 V Anodenspannung, 70 mA Anodenstrom und einem Magnetfeld von 560 Gauß eine Wellenlänge von 50 cm mit einer Nutzleistung von 25 W.

23. Geschwindigkeitsgesteuerte Laufzeitröhren. In den letzten Jahren hat eine Laufzeitröhrenentwicklung nach neuartigen Gesichtspunkten eingesetzt, die unter anderem zum Bau von außerordentlich starken Senderöhren für ultrahochfrequente Schwingungen unter 50 cm Wellenlänge führte. Im Rahmen unserer Einteilung der zur Schwingungserzeugung benutzten Felder [X, 16] müßten diese Anordnungen in [X, 17] behandelt werden, wo die Schwingungserzeugung im Längsfeld beschrieben ist. Die neuartigen Anordnungen sollen jedoch wegen ihrer grundsätzlichen Bedeutung hier gesondert betrachtet werden.

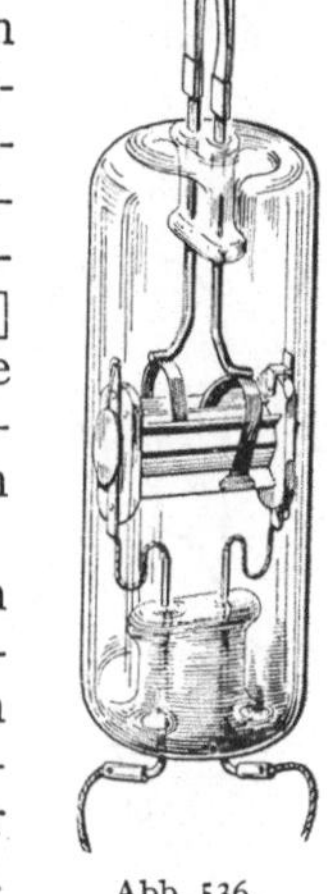

Abb. 536.
Telefunken-Magnetfeld-röhre.

Das einfachste Muster für die Röhren dieses Typs ist der schon oft erwähnte Heilsche Generator [II, 6; X, 17] mit zwei miteinander leitend verbundenen Blenden und einem dazwischen angeordneten Zylinder (Abb. 34). Die Energiequelle für die hochfrequente Schwingung zwischen den Blenden und dem Zylinder ist ein Elektronenstrom, der durch die Anordnung hindurchläuft. Aus [X, 17] läßt sich die Wirkungsweise dieser Anordnung entnehmen: Der Elektronenstrom besteht vor dem Eintritt in den Generator aus Elektronen einheitlicher Geschwindigkeit und hat konstante Stromstärke. In dem Felde zwischen der ersten Blende und dem Zylinder wird die Größe der Elektronengeschwindigkeit im Takte der Hochfrequenzspannung moduliert. Die Modulation erfolgt im Zeitmittel leistungslos. In dem Zylinder setzt sich die Geschwindigkeitsmodulation in eine Dichtemodulation um (vgl. den Abschnitt über Phasenfokussierung [II, 4]), d. h.

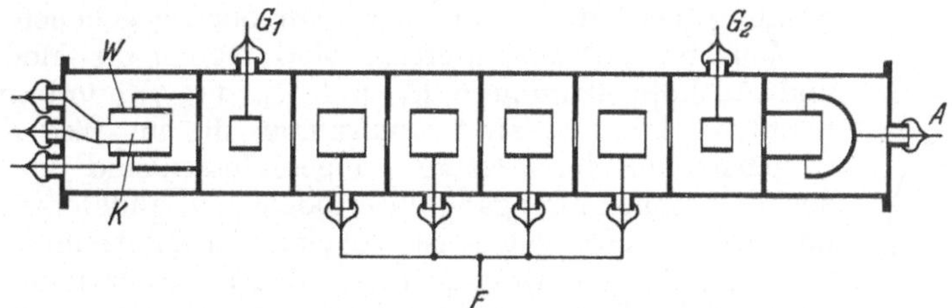

Abb. 537. Laufzeitröhre für Verstärkerzwecke [285a].

nicht nur die Geschwindigkeit, sondern auch die Dichte des austretenden Elektronenstrahles schwankt im Takt mit der Hochfrequenz. Wenn die Laufzeit im Zylinder so eingerichtet ist, daß der größte Elektronenstrom dann aus dem Zylinder austritt, wenn das Feld am Ende des Zylinders verzögernd wirkt, so geben die Elektronen im Zeitmittel Energie ab. Die Anordnung kann also als Schwingungserzeuger dienen.

In den modernen Laufzeitröhren finden sich nun diejenigen Vorgänge wieder, die eben an Hand des Heilschen Generators beschrieben wurden: In einem Modulator wird die Geschwindigkeit eines konstanten Elektronenstromes hochfrequent möglichst leistungslos moduliert. In einem Laufraum setzt sich diese Geschwindigkeitsmodulation in eine Dichtemodulation um. In einem

Auskoppelorgan wird dem dichtemodulierten Elektronenstrom Hochfrequenz-
energie abgezogen.

Eine Laufzeitröhre, die von HAHN und METCALF [285 a] stammt, zeigt
Abb. 537. Die von der Kathode K emittierten und durch den WEHNELT-
Zylinder W gebündelten Elektronen treten zunächst in die Modulatorkammer,
wo ihre Geschwindigkeit durch den Zylinder G_1 moduliert wird. Die Geschwindigkeitsmodulation in diesem Zylinder ist ein Laufzeiteffekt, d. h. man wird
zweckmäßig die Laufzeit so wählen, daß die Elektronen sowohl beim Eintritt

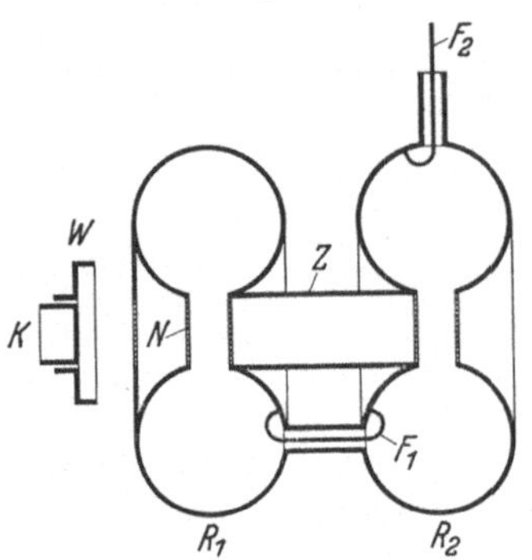

Abb. 538. „Klystron" [702 a].

in den Zylinder als auch beim Austritt
beschleunigt bzw. verzögert werden. Die
Rechnung zeigt die außerordentlich wichtige Tatsache, daß in diesem Fall die
Steuerung praktisch leistungslos erfolgt.
Die Elektronen treten dann in den aus
vier Kammern bestehenden Laufraum ein,
wo Fokussierungselektroden F angebracht
sind, die die Intensitätsverluste verringern
sollen. In der folgenden Auskoppelkammer
wird den Elektronen durch das hochfrequente Wechselfeld des Zylinders G_2 die
Energie abgenommen. Röhren dieses Typs
wurden zur Verstärkung von Frequenzen
über 1000 MHz benutzt.

Eine andere Laufzeitröhre, Abb. 538, stammt von R. und S. VARIAN [702 a]
und wird von ihnen „Klystron" genannt. In Abb. 538 ist K die Kathode,
W der Fokussierungszylinder, A die Auffangelektrode, R_1 ist
der Modulator, Z der Laufraum, R_2 der Auskoppelraum. F_1 ist
eine Rückkopplungsschleife, mit deren Hilfe ein Teil der Hoch-
frequenzenergie aus dem Auskoppler R_2 auf den Modulator R_1
zurückgebracht wird. Durch eine ähnliche Schleife F_2 wird
die Nutzenergie ausgekoppelt. Die Wirkungsweise der Anordnung verläuft genau nach dem oben gegebenen Schema.

Von besonderem Interesse sind jedoch die Modulations-
und Auskoppelkammern R_1 und R_2, die „Rhumbatron" genannt werden. Es sind Hohlräume, die im Weg des Elektronenstrahles durch Netze N abgeschlossen sind, um einerseits
den Elektronendurchgang zu ermöglichen, andererseits Innen-
und Außenraum möglichst voneinander zu trennen. Es ist
bekannt, daß im Innern eines solchen Hohlraumes elektromagnetische Schwingungen eines charakteristischen Frequenz-

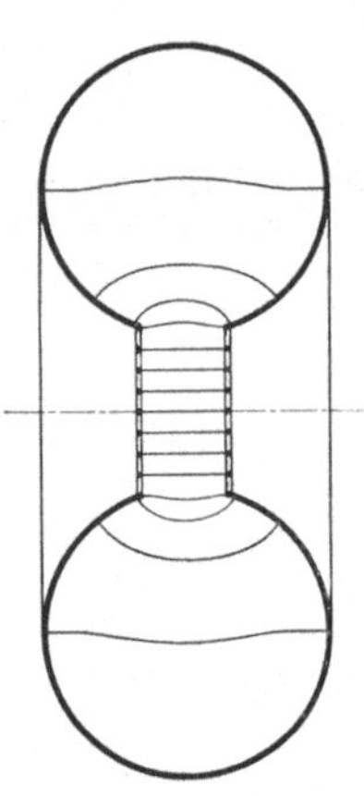

Abb. 539. Feldlinienbild
im „Rhumbatron".

spektrums möglich sind, während außen kein Feld vorhanden
ist. Diese Hohlraumschwingungen werden bei den Rhumbatrons benutzt. Für einen bestimmten Augenblick ist das
Feldlinienbild in Abb. 539 dargestellt. Man sieht, daß ein in Richtung des
Elektronenstrahles liegendes elektrisches Feld vorhanden ist, das die durch-
tretenden Elektronen beschleunigen oder verzögern kann. Der Vorteil des
Rhumbatrons sind die geringen OHMschen Verluste und Strahlungsverluste
und damit zusammenhängend scharfe Resonanz und die Möglichkeit, Schwingungen mit großer Amplitude zu erzeugen. Nach Angabe der Autoren wurden
im Wellenbereich 10 bis 50 cm bei Beschleunigungsspannungen von 300 bis
4000 V Leistungen von mehreren hundert Watt erzielt.

Will man mit den üblichen Methoden, Triode in Rückkopplungsschaltung,
BARKHAUSEN-KURZ-Röhre usw. zu kleinen Wellen übergehen, so muß man

kleine Abmessungen des Systems wählen. Dadurch beschränkt man aber die Verlustleistung, die das System abzutransportieren vermag und damit auch die hochfrequente Nutzleistung. Bei den neuen Röhren führt die Endanode keine Hochfrequenz, sie kann ohne Rücksicht auf die Wellenlänge dimensioniert werden und daher große Verlustleistung aufnehmen. Hierauf beruht neben der fast leistungslosen Modulation der Hauptvorteil des neuen Röhrentyps.

Die Laufzeitröhren lassen eine wirkungsvolle Frequenzvervielfachung zu. Die Modulation des Elektronenstromes ist im Auskoppler natürlich nicht sinusförmig, es läßt sich ja sogar erreichen, daß außerordentlich scharfe Stromspitzen eintreten, nämlich dann, wenn genaue Phasenfokussierung [II, 4] gerade im Auskoppler auftritt. Der modulierte Strom ist also sehr reich an Oberwellen, die durch Abstimmung des Auskoppelorgans ausgesiebt werden können. Zur Frequenzvervielfachung einer an den Modulator gebrachten Hochfrequenz wird man die Laufzeit so wählen, daß die größte Stromdichte der gesuchten Oberschwingung in den Auskoppler hineinläuft, wenn dessen Feld gerade verzögernd wirkt. Je höhere Frequenzvervielfachung man erreichen will, um so mehr muß man die Laufzeit dem Fall nähern, daß das verzögernde Feld des Auskopplers gerade dann auftritt, wenn der Ort genauer Phasenfokussierung im Auskoppler liegt.

Eine zusammenfassende Darstellung mit eingehender Literaturzusammenstellung über geschwindigkeitsgesteuerte Laufzeitröhren findet man bei DÖRING und MAYER [209a] sowie bei LÜBECK [437a].

XI. Spektralgeräte[1].

Wie das Elektronenmikroskop eine Übertragung des optischen Mikroskops ist, so ist entsprechend der Materie-Spektrograph eine Übertragung des optischen Spektrographen. Während aber das Elektronenmikroskop bis in viele Einzelheiten übernommen ist, liegt das Problem beim Materie-Spektrographen schwieriger. Der Materie-Spektrograph, der für die Entwicklung unserer heutigen Physik von großer Bedeutung gewesen ist, begegnet uns in sehr verschiedenen Formen. Er tritt als Apparatur zur e/m-Bestimmung von Elektronen und Ionen auf; er dient als magnetischer Spektrograph zur Geschwindigkeitsanalyse der von radioaktiven Präparaten ausgehenden Korpuskularstrahlen; als Massen-Spektrograph wird er zur Analyse und Trennung eines Bündels verschiedener Ionen, insbesondere zur Isotopenforschung, benutzt. Die Verschiedenartigkeit der Aufgaben und Fragestellungen ist durch die Mannigfaltigkeit der Korpuskularstrahlung bedingt, deren wichtigster Vertreter die Elektronenstrahlung[2] ist. Die Lichtstrahlung wird eindeutig durch die Frequenz charakterisiert; die Korpuskularstrahlung ist erschöpfend erst durch *drei* Parameter beschrieben, am einfachsten durch Ladung, Masse und Geschwindigkeit. Wir wollen in den folgenden Ausführungen diesen Verhältnissen Rechnung tragen, indem wir in den einzelnen Kapitelteilen nach Klarstellung der allgemeinen Fragen erst die Spektrographie einparametriger Strahlung (z. B. Geschwindigkeitsanalyse) und dann die Spektrographie zweiparametriger Strahlung (e/m-Bestimmung und Massenspektrographie) behandeln. Spektrographie dreiparametriger Strahlung gibt es nicht.

a) Die allgemeinen Fragen der Aufspaltung.

Aus der Tatsache, daß die Korpuskularstrahlung nicht wie die Lichtstrahlung durch nur einen Parameter beschrieben werden kann, folgt, daß die Aufspaltung

---

[1] Bei diesem Kapitel, das bereits in [EO] eine gründliche Behandlung fand, konnte ebenso wie bei den Abschnitten über die BRAUNsche Röhre wesentliche Teile fast ungeändert übernommen werden.

[2] Vgl. Einführung S. 3.

eines Strahlenbündels nicht so einfach erfolgen kann wie in der Optik. Die hiermit zusammenhängenden Fragen, die bereits in [III, 7, 8] angeschnitten wurden, sollen unter Ausschluß der Fokussierungsfragen in diesem Kapitelteil ihre Behandlung finden.

1. Direkte (mechanische) Messung der Strahldaten. Die drei interessierenden Strahldaten sind: Ladung e (nach Vorzeichen und Größe), Masse m und Geschwindigkeit v.

Dem *einen* Lichtspektrographen entsprechen hier also drei Geräte. Es wäre das Bequemste, wenn man diese drei Geräte so bauen würde, daß das erste nur auf die Masse anspricht, das zweite nur auf die Ladung, das dritte nur auf die Geschwindigkeit. Das heißt, man müßte physikalische Meßmethoden auswählen, die immer nur die gerade interessierende Größe anzeigen, während die übrigen ohne Belang sind.

Dieser Weg der direkten Bestimmung der einzelnen Strahlparameter ist zum Teil gangbar und muß auch als einzig möglicher Weg beschritten werden, wenn es sich darum handelt — was im allgemeinen nicht erforderlich ist — die Masse m und die Ladung e einzeln und nicht in der Kombination e/m zu bestimmen. Wir wollen diese „mechanischen" Methoden, von denen wir bereits in [I, 1] kurz sprachen, hier vorweg behandeln und erst im nächsten Abschnitt auf die elektrischen und magnetischen Methoden eingehen, die eine engere innere Verwandtschaft zu den optischen Methoden aufweisen.

Die *Geschwindigkeit v* von Korpuskeln läßt sich in direkter Weise bestimmen. Die einfachste Methode dazu ist die „Zahnrad-Methode", wie sie von Fizeau zur Bestimmung der Lichtgeschwindigkeit benutzt wurde. Fizeau sandte einen Lichtstrahl zwischen zwei Zähnen eines schnell rotierenden Zahnrades hindurch und ließ ihn in der Entfernung s in seine Einfallsrichtung reflektieren. Wenn das Licht wieder zum Zahnrad kam, war die Zeit $2\,s/c$ vergangen, und es versperrte jetzt unter Umständen ein Zahn den Wiederdurchtritt. Beobachtete man, bei welchen Radgeschwindigkeiten das Licht gerade durchgelassen wurde, so ließ sich daraus die Geschwindigkeit c des Lichtes bestimmen. Der entsprechende Versuch ist mit Korpuskeln durchführbar. Sind sie geladen, so können elektrische oder magnetische Felder als Verschluß dienen [V, 13]. Anordnungen dieser Art, die bereits in [X, 4] behandelt sind, werden für Geschwindigkeitsmessungen von Elektronen- und Kanalstrahlen benutzt.

Soll die *Ladung e* eines Ladungsträgers direkt bestimmt werden, so können wir das durch Messung der von einer bekannten Ladung auf die Probeladung ausgeübten Kraft tun. Das hat aber nicht durch Bewegungsbeobachtung zu geschehen, da sich dabei e/m ergibt. Durch direkte Wägung, d. h. Ausbalancierung der wirkenden Kräfte erhält man e allein. Bei Millikans Öltröpfchenmethode wird zu diesem Zweck das geladene Teilchen, insbesondere ein Elektron, in ein nach oben beschleunigendes elektrisches Feld gebracht. Das Elektron wird aber zuvor als Reiter auf ein Öltröpfchen gesetzt, das nun infolge der elektrischen Anziehung nach oben, infolge der Schwere nach unten gezogen wird. Schwebt es gerade, so ist damit die Ladung bekannt, denn die noch unbekannte Masse des Öltröpfchens läßt sich aus der langsamen Bewegung bestimmen, mit der das Teilchen nach Abschalten des Feldes sinkt. Millikan [485, 486] fand nach dieser Methode den Wert $e = 1{,}60 \cdot 10^{-20}$ el.-magn. C.G.S.

Die *Masse m* von Korpuskeln ist nicht in direkter Form zu bestimmen.

Schließlich sei noch die Bestimmung einer wichtigen zusammengesetzten Größe erwähnt, des Impulses. Direkte Bestimmung, etwa durch Ausnutzung der Stoßwirkung vieler Teilchen, führt letzten Endes immer auf eine Bestimmung von $\dfrac{mv}{e}$, da zur Bestimmung der stoßenden Teilchenzahl eine Strommessung erforderlich ist. Direkt den Impuls erhält man aus Beugungsmessungen, die die Wellenlänge $\lambda = \dfrac{h}{m\,v}$ und damit den Impuls liefern.

2. Indirekte Bestimmung der Strahldaten. In der Materie-Spektrographie liegen die Verhältnisse im allgemeinen etwas anders, als es im vorhergehenden Abschnitt geschildert wurde. Man interessiert sich gar nicht für die drei maßgebenden Größen, sondern man ist im allgemeinen mit der Bestimmung von denjenigen zwei Größen zufrieden, die durch die Bewegung der Teilchen

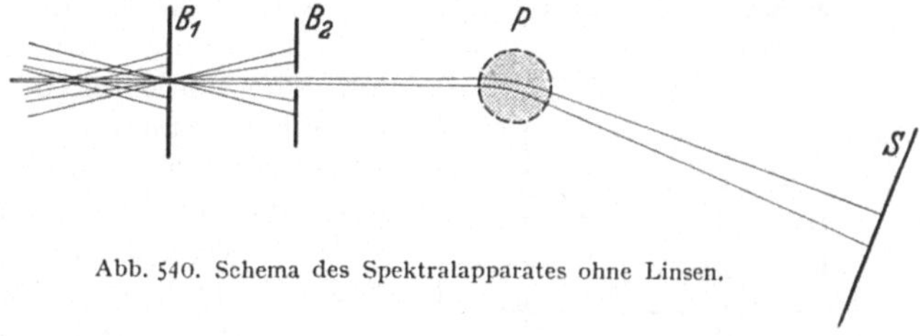

Abb. 540. Schema des Spektralapparates ohne Linsen.

im elektromagnetischen Feld bestimmbar sind. Es sind dies die spezifische Ladung e/m und die Geschwindigkeit v.

Die beiden Größen e/m und v sind bei einer vorgegebenen, in bezug auf alle Parameter einheitlichen Strahlung durch die elektrische und magnetische Ablenkung leicht bestimmbar, wie wir es bereits in [III, 7] diskutiert haben.

Wir denken uns ein Bündel paralleler Korpuskelstrahlen durch zwei Blenden B_1 und B_2 vorgegeben (Abb. 540). Die Strahlung durchsetze ein Ablenkfeld P, wobei sie aufgespalten wird. Hinter das Ablenkelement ist ein Schirm S gestellt, auf dem das Spektrum sichtbar wird. Wir erhalten je nachdem, ob das Ablenkfeld elektrisch oder magnetisch ist, ein verschieden geartetes Spektrum (Abb. 541).

Für die *elektrische* Ablenkung ist die Energie dividiert durch die Ladung, also $\dfrac{m\,v^2}{e}$ die ausschlaggebende Größe, entsprechend der für kleine Winkel gültigen schon mehrfach erwähnten Ablenkformel [I, 3]:

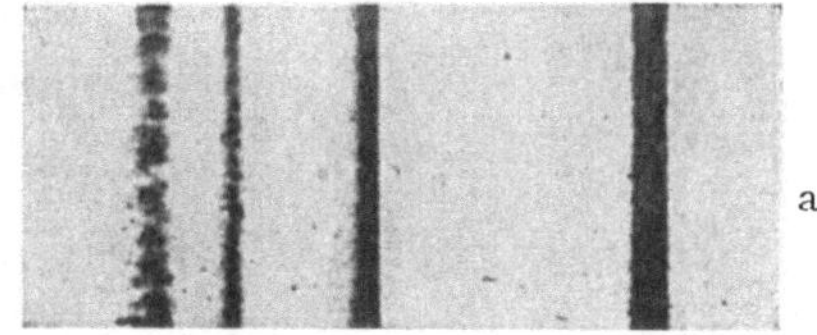

Abb. 541. Ablenkung eines aus Strahlen diskreter Geschwindigkeit zusammengesetzten α-Strahlbündels [593]. a elektrisch aufgespalten, b magnetisch aufgespalten.

$$\Theta_e = \frac{e}{m\,v^2}\, l_e\, E, \tag{1}$$

in der E die elektrische Feldstärke und l_e die wirksame Feldlänge bedeuten.

Für die *magnetische* Ablenkung ist Impuls durch Ladung, also $\dfrac{m\,v}{e}$ maßgebend, da die Ablenkung Θ_m eines Strahles bei kleinen Winkeln nach [I, 3]

$$\Theta_m = \frac{e}{m\,v}\, l_m\, H \tag{2}$$

ist, wobei E und l_m die entsprechende Bedeutung für das magnetische Feld haben.

Durch die Kombination der beiden Gleichungen folgt sogleich

$$v = \frac{\Theta_m}{\Theta_e}\, \frac{l_e}{l_m}\, \frac{E}{H}, \qquad\qquad \frac{e}{m} = \frac{\Theta_m^2}{\Theta_e}\, \frac{l_e}{l_m^2}\, \frac{E}{H^2},$$

d. h. es läßt sich aus der Ablenkung des Strahls sogleich ableiten, welches v und e/m die Strahlung hat.

Was dagegen diese Methode nicht zu leisten vermag, ist die eindeutige Analyse eines inhomogenen Strahlengemisches und die Beantwortung der

Frage: Wie ist über die ganze Skala der vorkommenden v und e/m die Intensität verteilt? Unsere Apparaturen geben uns über diese Frage nur für die Kombinationen $\dfrac{mv^2}{e}$ und $\dfrac{mv}{e}$ Aufschluß. Das elektrische Feld ist als Energiespektrograph, das magnetische Feld als Impulsspektrograph aufzufassen.

3. Der allgemeine Spektrograph. Die Beeinflussung eines Lichtbündels durch ein Prisma oder ein Gitter führt zum Spektrographen, der seine Anzeige

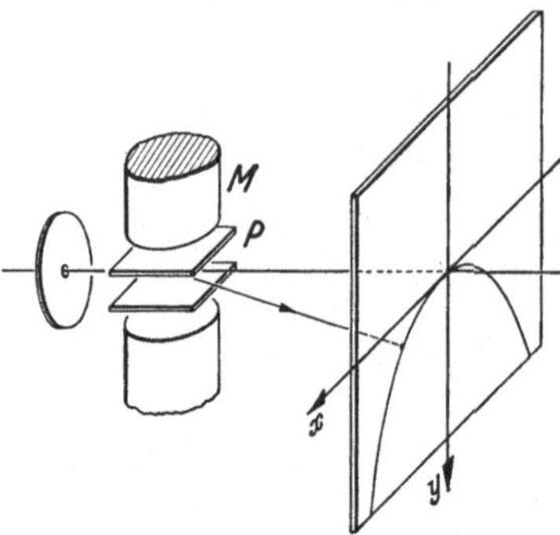

Abb. 542. Der KAUFMANN-THOMSONsche allgemeine Spektrograph.

auf einer Skala macht. An die Stelle dieses *einen* optischen Spektrographen treten entsprechend der elektrischen und magnetischen Beeinflussung bzw. entsprechend den beiden interessierenden Parametern e/m und v zwei Geräte. Es liegt nahe, danach zu fragen, ob sie sich nicht zu einem Gerät vereinigen lassen. Die Vereinigung zweier Spektrographen verlangt eine Anzeige-*fläche*, die Vereinigung von drei einen Anzeige-*raum*. Der Spektrograph für die drei Werte v, e und m, wovon wir eingangs sprachen, ist demnach nicht herstellbar, wohl aber der für die zweiparametrige Strahlung, auf die wir uns beschränken wollten.

Zur Erreichung einer kombinierten Anzeige auf einer Diagrammfläche werden wir die beiden Felder auf den zu analysierenden Strahl so wirken lassen, daß die Ablenkungen senkrecht zueinander erfolgen. In Abb. 542 lenkt das durch die Polschuhe M erzeugte Magnetfeld in die x-Richtung ab, das durch die

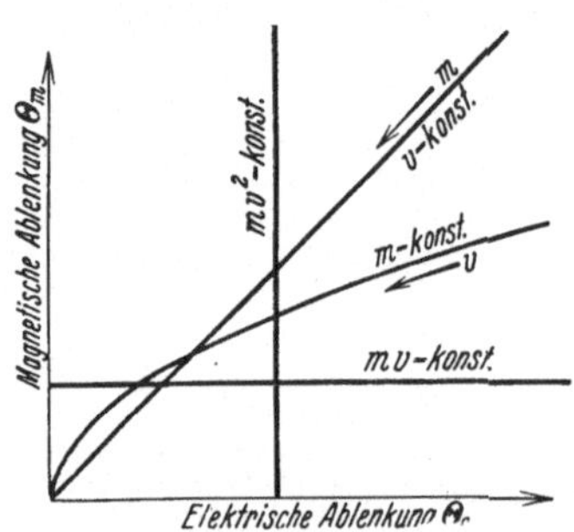

Abb. 543. Flächendiagramm des KAUF-MANN-THOMSONschen Spektralapparates.

Ablenkplatten P erzeugte elektrische Feld in die y-Richtung. Der Strahl wird dann *räumlich* aufgespalten. Stellen wir ihm (senkrecht zur ursprünglichen Richtung) einen Schirm entgegen, auf dem sich die Endpunkte der einzelnen Strahlen markieren, so ist damit unser Spektralapparat fertig, der uns in der Physik als KAUFMANNs Methode zur (e/m)-Bestimmung [352] oder als THOMSONs Parabelmethode entgegentritt. Diese Methode erlaubt grundsätzlich eine weitergehende Aussage als die beiden Skalen des vorigen Abschnitts, denn hier haben wir wirklich die Anzeigefläche vor uns, die zur eindeutigen Angabe der beiden gesuchten Parameter erforderlich ist.

Um das Anzeigediagramm besser zu verstehen, ist in Abb. 543 zusammengestellt, wie sich Teilchenstrahlen, die verschiedene Bedingungen erfüllen, verhalten:

a) Ist für die Strahlteilchen des zu analysierenden Strahlungsgemisches die Energie mv^2 konstant, so spaltet nur das magnetische Feld auf. Es entsteht eine vertikale Gerade (das gilt z. B. für alle Teilchen, die das gleiche Beschleunigungsfeld durchlaufen haben, gleichgültig, welche Masse sie besitzen).

b) Ist für ein Bündel der Impuls mv (bzw. die DE BROGLIE-Wellenlänge) konstant, so spaltet nur das elektrische Feld auf. Es entsteht eine horizontale Gerade (das gilt z. B. für Teilchen, die durch einen Beugungsversuch oder ein magnetisches Feld vorher ausgewählt sind).

c) Ist die Lineargeschwindigkeit v der Teilchen konstant, die Masse aber verschieden, so entsteht eine Ursprungsgerade.

d) Ist die Masse m konstant, die Geschwindigkeit der Teilchen aber verschieden, so entsteht eine Parabel, die „Massenparabel", die der Methode den Namen gegeben hat.

4. Vereinfachung des allgemeinen Spektrographen. Der im vorigen Abschnitt behandelte THOMSONsche Spektrograph zerlegt ein Bündel von Materiestrahlen nach $(m/e)\,v^2$ und $(m/e)\,v$ und gestattet damit, die *beiden* interessierenden Größen v und e/m zu bestimmen. Für viele Zwecke wird ein so gründliches Vorgehen gar nicht erforderlich sein. Entweder hat man von einem Bündel bereits eine Angabe und braucht daher zur vollständigen Analyse nicht die komplizierte Methode, oder man interessiert sich nur für *eine* Angabe, entweder für v oder für e/m. Dann wird man die Methode derart zu verändern suchen, daß man wieder von der Anzeigefläche zur gewohnten Anzeigeskala zurückkehrt. Aus dem allgemeinen Spektrographen wird der Geschwindigkeits- oder der Massenspektrograph. Wir kehren damit unter neuem Gesichtspunkt zu den einführenden Betrachtungen von [XI, 2] zurück.

Wenn wir z. B. von vornherein wissen, daß die Teilchen das gleiche Beschleunigungspotential U, von der Anfangsgeschwindigkeit Null beginnend,

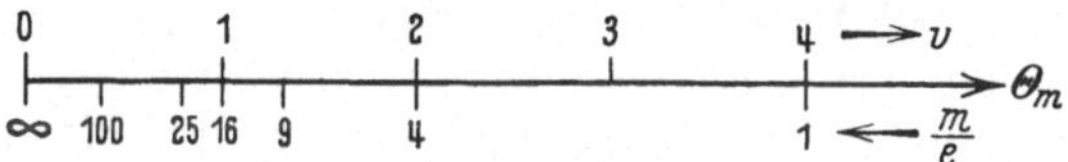

Abb. 544. Skala des Spektralapparates bei bekannter Energie.

durchlaufen haben, genügt es, nur die magnetische Aufspaltung anzuwenden. Jetzt läßt sich das gesuchte e/m bzw. das gesuchte v direkt an der Skala ablesen. Aus der Beziehung (2) in [X, 2] errechnet sich nämlich:

$$v = \frac{2\,U}{l\,H}\,\Theta_m \quad \text{und} \quad \frac{e}{m} = \frac{2\,U}{l^2\,H^2}\,\Theta_m^2 \, .$$

Wir können also an unsere Θ_m-Skala die v-Werte *und* die (e/m)-Werte heranschreiben (Abb. 544)[1].

Der soeben behandelte Fall setzte Gleichheit der Energie aller Teilchen im Strahl voraus. Diese Bedingung ist natürlich nur ausnahmsweise erfüllt, so daß der Vorteil der eindimensionalen Skala selten erreichbar erscheint. Man kann natürlich diese Voraussetzung künstlich schaffen, indem man aus einem allgemeinen Strahlungsgemisch ein Bündel von Teilchen konstanter Energie dadurch macht, daß man den Strahl zunächst durch einen elektrischen Monochromator[2] sendet. So entstehen Anordnungen, bei denen man *erst* hinsichtlich mv^2 (oder mv) monochromatisiert und *dann* hinsichtlich mv (bzw. mv^2) aufspaltet.

Ein besonders wichtiger und einfacher Fall liegt vor, wenn man von vornherein weiß, daß es sich nur um *eine* Strahlengattung, z. B. Elektronen, handelt. Der allgemeine Spektrograph zeichnet jetzt keine Fläche aus, sondern schreibt eine Kurve, die Massenparabel, deren einzelne Punkte den verschiedenen Geschwindigkeiten entsprechen. Die Form der Parabel gestattet die e/m-Bestimmung. Aus den Abweichungen von der Parabelform kann die Geschwindigkeitsabhängigkeit der Masse bestimmt werden, ein Verfahren, das durch KAUFMANN [352] zur e/m-Bestimmung ausgebildet und benutzt wurde.

---

[1] An der Skala der Abb. 544 rechnet man leicht die Voraussetzung $\dfrac{m\,v^2}{e} = \text{konst. nach.}$

[2] Unter Monochromator verstehen wir einen Spektralapparat, der nun aber nicht wie der Spektrograph eine Skala hat, sondern bei dem gleichsam an einer Stelle der Skala ein Loch gebohrt ist, so daß die dort auf die Skala auftreffende monochromatische Strahlung hindurchgelassen wird.

b) Die allgemeinen Fragen der Fokussierung.

Die verschiedenen Arten der Fokussierung in statischen Feldern, von denen uns in den vorhergehenden Kapiteln im allgemeinen nur die Richtungsfokussierung [III, 6] interessierte, finden bei den Spektralgeräten Anwendung. So macht erst die kombinierte Anwendung der Richtungs- und Geschwindigkeitsfokussierung den Massenspektrographen zu einem so leistungsfähigen Gerät, wie es heute der Massenspektrograph ist. Von den Fragen der Fokussierung beim Spektralgerät, soweit sie nicht bereits in [III, 8] behandelt wurden, soll der folgende Kapitelteil handeln.

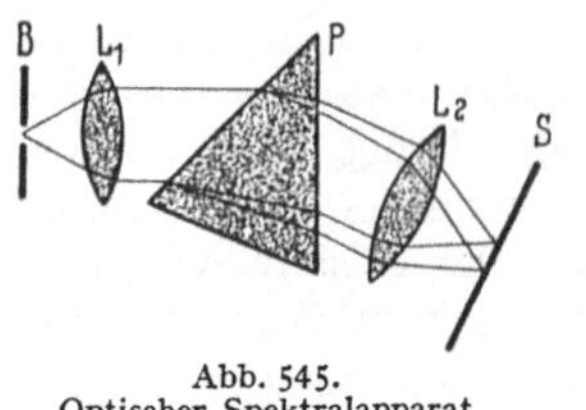

Abb. 545.
Optischer Spektralapparat.

5. Einführung der Richtungsfokussierung. Die Anordnung, mit der wir die elektrische und magnetische Ablenkung zur Anwendung bringen, besteht im einfachsten Falle aus zwei feinen Spalten, die das zu untersuchende Bündel richtungsmäßig definieren, dem Ablenkelement und dem Schirm, auf dem das Bündel einen bzw. mehrere Striche zeichnet. Man hat sich hierbei, ebenso wie auch bei den vielerlei komplizierteren Methoden der (e/m)-Bestimmung und bei der Parabelmethode von THOMSON lange Zeit mit dieser optisch sehr primitiven Anordnung zufrieden gegeben, bei der der Anzeigestrich allein durch die Länge und Größe der Blenden definiert ist. Wählte man, um feinere Striche zu erhalten, sehr feine Blenden, so bedeutete das einen großen Verlust an Strahlintensität.

Vergleichen wir mit dieser Anordnung den optischen Spektrographen (Abb. 545), bei dem die Verwendung von Linsen selbstverständlich erscheint. Der optische Spektrograph hat nur eine Blende B, die als Selbstleuchter aufzufassen ist. Die Linse L_1, in deren Brennweite diese Blende steht, parallelisiert die Strahlen, die, nach Ablenkung durch das Prisma P, durch die Linse L_2 wieder konvergent gemacht werden. Da der Schirm in der Brennweite dieser Linse aufgestellt ist, entstehen scharfe monochromatische Bilder des Spaltes. Diese Bilder bezeichnen wir als Linien des Spektrums.

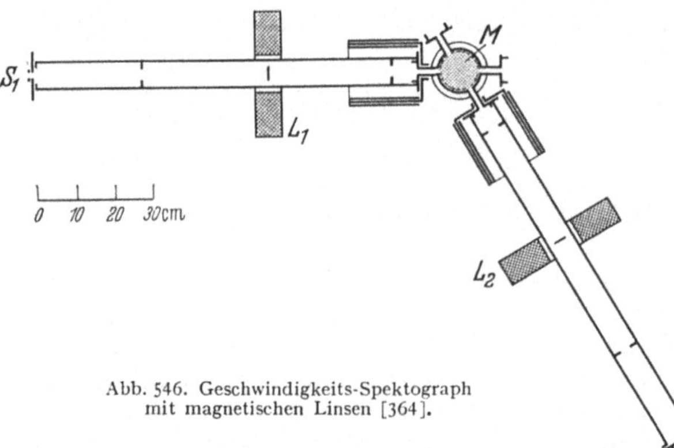

Abb. 546. Geschwindigkeits-Spektograph
mit magnetischen Linsen [364].

Es steht nichts im Wege, unsere Anordnungen ebenso zu vervollständigen, d. h. noch zwei Elektronenlinsen oder doch mindestens eine Linse zwischen „Spalt" und „Prisma" einzubauen. Nachdem diese Verbesserung beim Elektronenbeugungs-Spektrographen gelegentlich [424] geäußert und sie für den elektrischen bzw. magnetischen Dispersions-Spektrographen in [EO VII, 3] empfohlen worden war, ist sie kürzlich von KLEMPERER [364] verwirklicht worden. Dieser Spektrograph für β-Strahlen (Abb. 546) ist dem optischen Gerät weitgehend analog. Das Dispersions-„Prisma" ist ein magnetisches Querfeld. Vor und hinter dem Magnetfeld M steht je eine magnetische Linse L_1 und L_2, deren Bilddrehungen dadurch kompensiert wurden, daß die zweite Linse vom Strom in umgekehrter Richtung durchflossen wurde wie die erste. Die Einstellung der Linsen wird so vorgenommen, daß ein erstes Bild des

Spaltes S_1 im Mittelpunkt des „Prismas", ein zweites beim Austrittsspalt S_2 erzeugt wird.

Beim allgemeinen Spektrographen, der Parabelmethode, läßt sich die abbildende Elektronenlinse natürlich ebenfalls einführen. Hier ist es kein Spalt, der abzubilden ist, sondern eine kleine kreisrunde oder besser quadratische Öffnung. CARTAN [159, 161] hat diese Fokussierung mit einer elektrischen Einzellinse aus zwei Lochblenden und einem feinen Netz als mittlere Elektrode verwirklicht. Liegt diese Mittelelektrode an negativem Potential, so entstehen für positive Teilchen in den beiden äußeren Blenden Sammellinsen, während die normalerweise in der Mittelblende vorhandene Zerstreuungslinse beseitigt ist. Da die gesamte Brechkraft nun nicht mehr als kleine Differenz sammelnder und zerstreuender Teilbrechkräfte entsteht [I, 17], erhält man insbesondere bei großen Teilchengeschwindigkeiten sehr starke Linsenwirkung bei großer Ersparnis an Linsenspannung. CARTAN erhielt mit seiner Apparatur sehr intensive Massenparabeln.

Für die Güte des Spektrographen sind die Lichtstärke und die reduzierte Dispersion maßgebend. Erstere ist unter Voraussetzung einer guten Linse durch den Durchmesser der ausleuchtbaren Linsenfläche und die Brennweite, letztere durch das Verhältnis δ von Dispersion D zur Punktbreite B gegeben. Da in der Elektronenoptik die Linsenöffnung so groß, die natürliche Öffnung des zu analysierenden Bündels aber so klein sein wird, daß Verschiebungen der Linse sich in der Lichtstärke nicht auswirken, wird praktisch die Stellung der Linse allein von den Forderungen der Dispersion bestimmt werden. Es ist dasselbe Problem, das uns bereits bei der BRAUNschen Röhre begegnete (Bestimmung der optimalen reduzierten Empfindlichkeit), und wir können die Betrachtungen und Ergebnisse von dort mit entsprechenden Einschränkungen sofort übernehmen [VIII, 2]. Danach ist es vorteilhaft, die Linse möglichst am Ort des Ablenkelements selbst einzubauen. Linse und Prisma sollen dem Leuchtschirm möglichst weit angenähert werden.

6. Spektrographen mit Mehrfachfokussierung. In [XI, 2] führten wir die beiden Beeinflussungsmethoden ein, und zwar so, daß wir das gegebene Bündel vom elektrischen Feld und magnetischen Feld in je einen Fächer auseinanderziehen ließen. Wir hatten auch gesehen, daß oft die Vereinfachung der Anzeigefläche zur Skala grundsätzlich genügen muß, wenn man bei einer vorgegebenen zweiparametrigen Korpuskelstrahlung gar nicht Angaben über beide Parameter wünscht. Um die Eindeutigkeit der Skala zu erhalten, brauchen wir jetzt nur einen Monochromator vor das eigentliche Zerlegungsfeld zu schalten.

Eine solche Monochromatisierung hat den großen Nachteil des Intensitätsverlustes. Man wird daher bestrebt sein, auch hier den bewährten Weg der Fokussierung zu beschreiten. Hier handelt es sich nun aber nicht um eine Richtungs-, sondern um eine Geschwindigkeitsfokussierung, wenn nur die Masse interessiert bzw. um eine Massenfokussierung, wenn nur die Geschwindigkeit interessiert.

In der Optik kennen wir ähnliche Aufgaben. Eine Linse kann zunächst neben der Richtungsfokussierung eine Farbaufspaltung bedingen. Wir können nun zusätzlich von ihr verlangen, daß sie die verschiedenen Wellenlängen der Strahlung in genau gleicher Weise beeinflußt; wir sprechen dann von Achromaten. Das Entsprechende ist in der Elektronenoptik das Feld, das Richtungs- und Geschwindigkeits-Fokussierung ergibt. Da wir bei der Korpuskelstrahlung aber im allgemeinen mehr Parameter haben als in der Optik, erhalten wir bei diesem fokussierenden Geschwindigkeits-Spektrographen auch jetzt noch als Bild des Gegenstandspunktes nicht wieder einen Punkt bzw. bei Anwendung von Zylinderlinsen eine Linie, sondern eine Skala von Punkten entsprechend den ausgestrahlten Massen (richtiger e/m).

Da die Strahlung im allgemeinen neben variablem e/m und v auch variable Richtung hat, sind grundsätzlich drei doppelt fokussierende Spektrographen zu unterscheiden, und zwar:

Der *Geschwindigkeits-Spektrograph*. Richtung und Masse werden fokussiert. Es bleibt die Geschwindigkeitsskala, die Aufschluß über die Geschwindigkeitsverteilung der von einem Gegenstand ausgehenden Strahlung gibt.

Der *Massen-Spektrograph*. Richtung und Geschwindigkeit werden fokussiert. Es bleibt die Massenskala, die Aufschluß über die Massen (richtiger die e/m-Zusammensetzung) eines Bündels gibt. Diese praktisch wichtige Aufgabe ist erst in den letzten Jahren gelöst worden [XI, e]. Es genüge hier der Hinweis auf den besonders einfachen Fall des überlagerten elektrisch-magnetischen Querfeldes, bei dem der Mittelstrahl ein Kreisbogen ist [EO, III, 27]. Sind die elektrische und die Zentrifugalkraft gleich nach Größe und Richtung und werden beide durch die magnetische Kraft kompensiert, so tritt die gewünschte Doppelfokussierung nach einem Winkel von 127° ein.

Der *Richtungs-Spektrograph*. Geschwindigkeit und Masse werden fokussiert. Es bleibt die Richtungsskala, die darüber Aufschluß gibt, in welcher Stärke ein Gegenstand nach den verschiedenen Seiten bzw. Winkeln Elektronen abstrahlt. Für allgemeine Strahlung ist ein solches Gerät nicht bekannt. In der Optik wird es durch einen Achromaten dargestellt, der in seiner Brennebene die Richtungsverteilung der eintreffenden Strahlen zeigt.

Wir können bei der Fokussierung noch einen Schritt weitergehen und nun an die Möglichkeit denken, eine Fokussierung hinsichtlich Richtung, Geschwindigkeit *und* Masse vorzunehmen. Eine solche „Dreifachfokussierung" bzw. ein solcher „Überachromat", denn ein Spektralapparat ist die Anordnung nun ja nicht mehr, hat in der Elektronenoptik bisher kein Interesse. Es sei nur erwähnt, daß ein magnetisches Querfeld diese Eigenschaft besitzt, indem es die Strahlen von verschiedenen e/m-, v- und Richtungswerten nach 360° wieder in einem Punkte, dem Ausgangspunkte, sammelt.

c) Spektrographen für einparametrige Strahlung.

Eine Materiestrahlung soll im Sinne von [XI, 1] als einparametrig bezeichnet werden, wenn nur einer der Parameter, die zur Charakterisierung der Strahlung gehören, von Teilchen zu Teilchen veränderlich und unbekannt ist. Zur Analyse brauchen wir nur ein Ablenkfeld. Wir wollen diese Fälle der Spektrographie — im wesentlichen die der magnetischen Spektrographie zur Geschwindigkeitsanalyse — hier vorab behandeln, denn sie sind sehr leicht zu übersehen. Wenn wir die Einteilung nach der Zahl der Parameter in den Vordergrund stellen, müssen wir auch die einfachsten Massenspektrographen, bei denen die Teilchen von der Anode aus beschleunigt werden, hier behandeln. Bei diesem Fall sind e/m und $\dfrac{m v^2}{2 e}$ Parameter, von denen nur der erste veränderlich und unbekannt ist, während der zweite für alle Teilchen den gleichen und bekannten Wert U hat.

7. Übersicht über die Fragestellungen. Ein Beispiel für den Fall einer einparametrigen Strahlung ist die β-Strahlung, wenn man von relativistischen Effekten absieht. Die Strahlung ist einparametrig, denn wir wissen bereits, daß wir es nur mit Elektronen zu tun haben. Da wir das e/m der Elektronen kennen, können wir durch eine einfache Aufspaltung des Bündels die gewünschten Aussagen über das Geschwindigkeitsspektrum der β-Strahlung machen.

Dieses Beispiel zeigt uns den einen allgemeinen Fall einparametriger Strahlung und die Aufgabe, die damit der Spektrographie gestellt ist: Gegeben ist eine Strahlung von bekanntem e/m, gesucht ist die Geschwindigkeitsverteilung dieser Strahlung. Der andere Fall dieser Art ist: Gegeben ist eine Strahlung von bekanntem v oder mv oder mv^2, gesucht ist die Massenverteilung der Strahlung. Bei der inneren Verwandtschaft der beiden Fragestellungen ist zu erwarten, daß ein Spektralapparat, der eine dieser Fragen beantwortet, oft auch die zweite zu lösen vermag. Wir finden das auch bestätigt. So entspricht DEMPSTERs magnetische Methode zur Isotopenbestimmung [XI, 11] vollständig dem magnetischen Geschwindigkeitsspektrographen.

Die Methode, nach der man die Aufspaltung einer einparametrigen Strahlung vornehmen wird, kann verschiedenartig sein. Handelt es sich um eine Geschwindigkeitsanalyse einer Strahlung von bekanntem e/m, so sind anwendbar:

Die Beugung zur mv-Analyse;

die magnetische Ablenkung zur $(m/e)\,v$-Analyse;

die elektrische Ablenkung zur $(m/e)\,v^2$-Analyse;

die Wechselfeldbeeinflussung zur v-Analyse.

Bei der Analyse eines aus Teilchen verschiedener Masse zusammengesetzten Strahles könnten wir ebenso einfach verfahren, wenn statt des e/m die *Geschwindigkeit* des Strahles einheitlich wäre. Statt dessen wissen wir aber normalerweise nur, daß die Teilchenenergie oder der Impuls einheitlich ist. Gleiche Energie haben die Strahlteilchen, wenn sie wie bei DEMPSTER [XI, 11] alle von der Geschwindigkeit Null aus beschleunigt wurden oder auch, wenn der Strahl durch einen elektrischen Monochromator gegangen ist. Gleichen Impuls haben die Strahlteilchen, wenn ein magnetischer Monochromator benutzt wurde. In solchen Fällen sind wir in der Wahl der aufspaltenden Anordnung natürlich nicht mehr frei. Ein Strahl von gleichem mv^2 verlangt das magnetische Feld zur Aufspaltung, ein Strahl von gleichem mv das elektrische.

Bevor wir uns den angedeuteten Fragen im einzelnen zuwenden, sei noch die besondere Bedeutung des Monochromators in der Materiespektrographie erwähnt. Da man in der Elektronenoptik die Brechkraft einer Dispersionsanordnung in einfacher und wählbarer Weise ändern kann, wird neben dem Spektralapparat, der das ganze Spektrum gleichzeitig auf der photographischen Platte aufzeichnet, der Monochromator zu dem gleichen Zweck benutzt, indem man das Spektrum in bekannter Weise an dem Monochromatorspalt vorbeischiebt [IV, 11]. Die mit dem Elektrometer, dem Spitzenzähler usw. gemessenen Intensitäten werden dann über der Geschwindigkeit bzw. Masse aufgetragen, so daß man eine Darstellung erhält, wie sie sich auch durch Photometrieren des photographischen Spektrogramms erhalten ließe. Als Beispiel für die gleichzeitige Aufnahme des ganzen Spektrums sei die übliche Geschwindigkeitsanalyse der radioaktiven α- und β-Strahlungen, die wir in den folgenden Abschnitten kennenlernen werden, als Beispiel für die Anwendung des Monochromators die bereits erwähnte Methode DEMPSTERs zur Massenanalyse [XI, 11] genannt. Der Spektrograph im engeren Sinne und der Monochromator sind in der Elektronenoptik gleichwertige Instrumente zur Analyse einer einparametrigen Strahlung; der Monochromator kann als Spektralapparat und der Spektrograph als Monochromator benutzt werden.

8. Entwicklung des magnetischen Geschwindigkeits-Spektrographen. Der „magnetische Spektrograph" ist eines der ältesten Elektronengeräte, die mit geladenen Teilchen arbeiten. Wir wollen daher seine Entwicklung bis zur Einführung fokussierender Elemente hier kurz betrachten.

Nachdem die magnetische Ablenkbarkeit der Kathodenstrahlen durch PLÜCKER bzw. HITTORF, die elektrische durch GOLDSTEIN entdeckt war, wurden verschiedene spektrographische Methoden zur e/m-Bestimmung angegeben und benutzt, bis um die Jahrhundertwende sichergestellt war, daß es sich um negativ geladene Teilchen von $e/m \approx 2 \cdot 10^7$ el.mag. CGS handele. Inzwischen hatte bereits auf dem engbenachbarten Gebiet der Radioaktivität eine neue Entwicklung begonnen, die die gleichen Methoden zur eigentlichen Spektrographie und Geschwindigkeitsuntersuchung von Korpuskelstrahlung benutzte. Auf diesem Gebiete wurden dann auch bald fokussierende Anordnungen verwendet und dabei in Analogie zur Optik von Spektrographen gesprochen.

Diese zweite, in instrumenteller Hinsicht wichtigere Entwicklung, aus der sich dann auch die Massenspektrographie entwickelte, begann 1896 mit der Entdeckung der Radioaktivität durch BECQUEREL. Nachdem zwischen 1899 und 1900 durch die Arbeiten von ELSTER und GEITEL, von MEYER und SCHWEIDLER, von GIESEL und von BECQUEREL die magnetische Ablenkbarkeit der radioaktiven Strahlung festgestellt war, ergaben genauere Untersuchungen durch DORN [210] und BECQUEREL [43] im homogenen transversalen Magnetfelde das erste magnetische Spektrum. Allerdings war damit eine e/m-Bestimmung und eine Geschwindigkeitsbestimmung noch nicht möglich, denn in der β-Strahlung des Radiums liefert uns die Natur nicht Teilchen von der Geschwindigkeit Null, die wir auf eine dann bekannte Geschwindigkeit beschleunigen können, sondern einen fertigen Strahl unbekannter Geschwindigkeit. Es

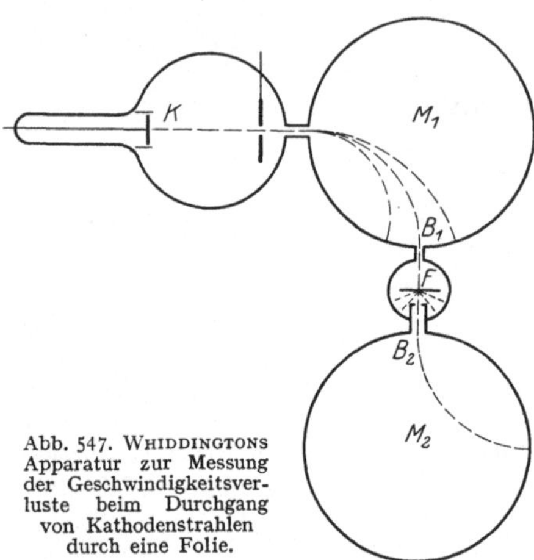

Abb. 547. WHIDDINGTONS Apparatur zur Messung der Geschwindigkeitsverluste beim Durchgang von Kathodenstrahlen durch eine Folie.

ist also noch eine besondere elektrische *Ablenkungs*messung erforderlich. Die elektrische Ablenkung, die J. J. THOMSON bereits 1897 für Kathodenstrahlung anwandte, führten für β-Strahlen ebenfalls DORN und BECQUEREL durch, die auf diese Weise nachwiesen, daß die β-Strahlen sehr schnelle Elektronen sind. Mit diesem Ergebnis war ein sehr wichtiger Schritt für die Radium- *und* Kathodenstrahlforschung getan. Auf dem Gebiet der Radioaktivität war der Weg zur Analyse der von einem Präparat ausgesandten leicht ablenkbaren Strahlungen frei geworden, denn an die Stelle der komplizierten allgemeinen Analyse konnte nun die einfach durchführbare Geschwindigkeitsanalyse treten. Auf dem Gebiet der Kathodenstrahlforschung eröffneten sich neue Möglichkeiten für die Untersuchung des Durchgangs von Elektronen durch Materie; denn so schnelle und durchdringungsfähige Elektronen, wie sie die radioaktiven Substanzen liefern, waren durch Beschleunigungsfelder vordem nicht zu erhalten. Auf beiden Gebieten drängte die Entwicklung zum einfachen Geschwindigkeitsspektrographen hin, dem fokussierenden magnetischen Querfeld.

Als erste spektrographische Apparaturen sind zu nennen diejenigen von MEYER und SCHWEIDLER [480], die erstmalig Elektronenstrahlen in Halbkreisen führten und dann auf eine photographische Platte fallen ließen, diejenige von DORN [210], der erstmalig enge Blenden zur Definierung eines Elektronenbündels anwandte, diejenige von CLASSEN [166], der die erste Halbkreisführung mit deutlicher Fokussierung anwandte, und die von WILSON [737] und WHIDDINGTON [724, 725]. Bei WHIDDINGTONs Anordnung (Abb. 547) aus dem Jahre 1911 wird die Kathodenstrahlung in zwei Viertelkreisen geführt. In die Mitte des

Strahlenganges ist senkrecht zum Strahlengang eine Folie F gebracht. Es soll untersucht werden, welches Geschwindigkeitsspektrum die ursprünglich monochromatische Elektronenstrahlung nach dem Durchgang durch die Folie aufweist. In den Anordnungen von WILSON und WHIDDINGTON werden erstmalig bewußt ein Monochromator und ein Spektrometer in Gestalt zweier magnetischer Querfelder benutzt. Durch das erste Magnetfeld M_1 vor der Folie wird die Geschwindigkeit der Versuchsstrahlung gewählt. Durch Änderung des zweiten Magnetfeldes M_2 hinter der Folie wird das Geschwindigkeitsspektrum, in das diese monochromatische Strahlung nach dem Durchgang durch die Folie verwandelt ist, analysiert.

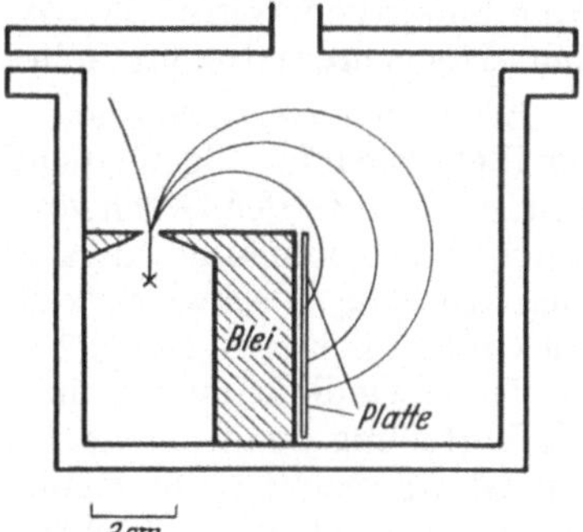

Abb. 548. Magnetischer Spektrograph von DANYSZ.

Einen wesentlichen meßtechnischen Fortschritt bringt die Anordnung von DANYSZ [191, 192, 194] (Abb. 548), der die Elektronenstrahlen nach einem $^3/_4$ - Kreis auf eine photographische Platte fallen ließ. Mit diesem ersten Spektrographen im eigentlichen Sinne der Definition konnte er bei einem Präparat von RaB + C 27 scharf begrenzte Linien feststellen. Die gleiche Anordnung wurde dann auch zur Untersuchung des Strahlungsdurchganges durch Materie mit Erfolg benutzt [193].

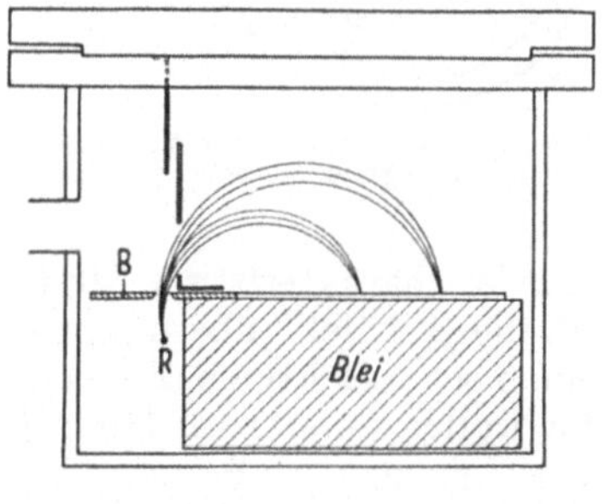

RUTHERFORD und Mitarbeiter [592, 594, 596] erzielten den in methodischer Beziehung abschließenden Gewinn. Sie erkannten die fokussierende Eigenschaft des homogenen Magnetfeldes.

Den Apparat von RUTHERFORD, den man als Normaltyp des Geschwindigkeits-Spektrographen für Untersuchungen radioaktiver Substanzen bezeichnen kann, stellt Abb. 549 dar. Bei R liegt der lineare Strahler in Gestalt eines kleinen, die radioaktive Substanz enthaltenden Röhrchens senkrecht zur Zeichenebene. B ist eine Schutzblende, die bei richtiger Lage der photographischen Platte nicht als Gesichtsfeldblende, sondern nur als Intensitätsblende wirkt. Die Größe ihrer Öffnung ist durch die wachsenden Aberrationsfehler des

Abb. 549. Magnetischer Spektrograph nach RUTHERFORD - ROBINSON - RAWLINSON.

Abb. 550. Strahlspektrum von Radium B nach ELLIS.

Ablenkfeldes bestimmt. Messungen des β Strahl- und α-Strahlspektrums radioaktiver Substanzen sind seither in großer Zahl durchgeführt worden. Es seien die Untersuchungen von ELLIS [222, 223] (Abb. 550), von MEITNER und Mitarbeiter [285, 476, 477] sowie von RUTHERFORD und Mitarbeitern [595, 431] hervorgehoben, die bis in die jüngste Zeit reichen.

9. Querfeldmonochromator als Geschwindigkeits-Spektrograph. Der Monochromator entsteht aus dem Spektrographen, wenn man am Orte einer Linie auf der Skala einen Durchgangsschlitz anbringt [XI, 4]. Er dient zunächst der Auswahl einer bestimmten Strahlung aus einem Strahlungsgemisch. In der Anordnung von WHIDDINGTON [XI, 8] lernten wir bereits einen Geschwindigkeits-Monochromator für hohe Geschwindigkeiten kennen.

Bei hohen Geschwindigkeiten spielt heute der magnetische Monochromator für Elektronen im allgemeinen keine Rolle mehr, denn es bietet keine Schwierigkeit, sich ein in der Geschwindigkeit weitgehend einheitliches Elektronenbündel durch Beschleunigung langsamer Elektronen herzustellen. Bedenken wir, daß die natürliche Geschwindigkeitsverteilung glühelektrischer oder lichtelektrischer Elektronen sich etwa bis zu 2 V erstreckt, so ergibt sich, daß bei der Verschiebung der Geschwindigkeitsverteilung als Ganzes zu höheren Energien von z. B. 1000 V die Verteilung dann nur noch 0,2% in der Energie bzw. 0,1% in der Geschwindigkeit ausmacht[1]. Je weniger wir beschleunigen, um so geringer wird die spektrale Reinheit der Elektronenstrahlung sein. Unterhalb 50 V wird die Anwendung eines besonderen Monochromators, der von der natürlichen Elektronenverteilung nur das Intensitätsmaximum hindurchläßt, zur Notwendigkeit, wenn man auf spektrale Reinheit Wert legt. Gerade dieser Geschwindigkeitsbereich interessiert aber besonders, denn hier prägen sich Erscheinungen aus, die für die Wechselwirkung zwischen Atom und Elektronenwelle so charakteristisch sind (RAMSAUER-Effekt). Es ist daher ganz natürlich, daß dieser Effekt überhaupt erst entdeckt werden konnte, nachdem RAMSAUER seinen sehr selektiven Monochromator für langsame Elektronen entwickelt hatte. Wir wollen auf diesen Monochromator und die Möglichkeiten der Fokussierung etwas genauer eingehen.

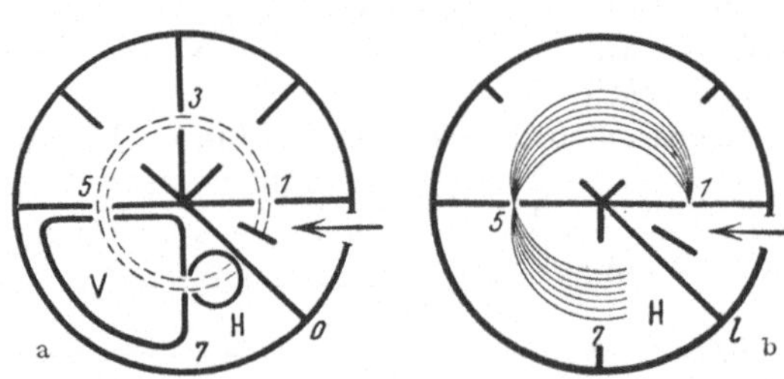

Abb. 551. Schema der Anordnung zur Wirkungsquerschnittsmessung (homogenes Magnetfeld senkrecht zur Zeichenebene).

Bei RAMSAUERs endgültigem „Meßkästchen" [533, 534] löst das von rechts durch einen Spalt auf eine Zinkplatte auffallende Lichtbündel Elektronen aus (Abb. 551), die gegen den vertikal zur Zeichenebene orientierten Spalt von etwa 1 mm Breite beschleunigt und nun auf einem durch Blenden festgelegten Kreis zu den FARADAYschen Käfigen *V* und *H* geführt werden, von denen der vordere als Durchgangskäfig ausgebildet ist. Der Halbkreis *1* bis *5* dient als Monochromator. Gemessen wird, wieviel Elektronen definierter Geschwindigkeit beim Durchlaufen des Viertelkreises *5* bis *7* verlorengehen, wenn die Apparatur mit Gas eines bekannten kleinen Druckes gefüllt ist. Die Messung erfolgt so, daß erstens beide Käfige *V* und *H* ans Elektrometer geschaltet werden, zweitens der Käfig *V* allein. In *H* sollen nur Elektronen aufgefangen werden, die weder Richtungs- noch Geschwindigkeitsverluste erlitten haben. Die Anordnung erfüllt auch diese zweite Bedingung, denn bei der Intensitätsmessung des Käfigs *H* wirkt *V* als Monochromator.

Von der fokussierenden Wirkung des homogenen Magnetfeldes kann bei dieser Anordnung leider kein Gebrauch gemacht werden. Denken wir uns die Blende *3* fort, so wird dadurch zwar der Querschnitt des Bündels bei *5* nicht

---

[1] Zum Vergleich sei erwähnt, daß der prozentuale Wellenlängenunterschied der beiden Natrium-*D*-Linien 0,1% beträgt.

vergrößert (Abb. 551b), doch werden wir jetzt bei *7* den gleich breiten Querschnitt wie bei *3* erhalten. Das ist aber nicht angängig, denn die Erweiterung des Spaltes *7* würde die monochromatisierende Wirkung des Quadranten *V* sehr beeinträchtigen. Es scheint danach nichts übrig zu bleiben, als bei *3* eine enge Intensitätsblende in den Strahlengang einzuschalten, die damit automatisch den Bündelquerschnitt bei *7* verengt.

Der Grund, weswegen wir die Fokussierungswirkung des homogenen Magnetfeldes nicht auszunutzen vermochten, war letzten Endes der, daß die magnetische Fokussierung gerade nach einem Halbkreis erfolgt. Wäre es möglich, den Ausgangspunkt der Elektronenstrahlung (Blende *1*), den Eintritt in den ersten Käfig (Blende *5*) und den Eintritt in den zweiten Käfig (Blende *7*) so gegeneinander versetzt zu legen, daß die Knoten der sich überschneidenden Elektronenbahnen an diese Stellen kommen, so könnte die Apertur dieses Monochromators wesentlich gesteigert werden.

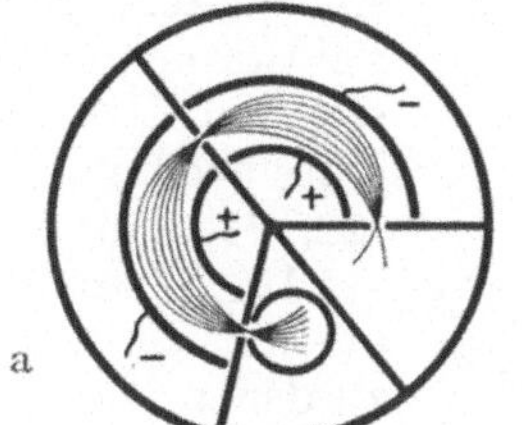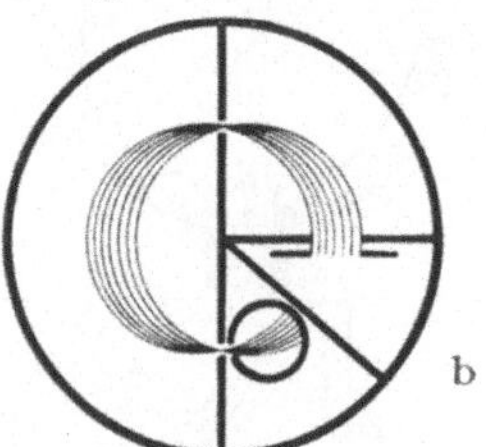

Abb. 552. a Anordnung mit elektrischer Fokussierung, b Anordnung mit magnetischer Fokussierung (homogenes Magnetfeld senkrecht zur Zeichenebene).

Wir wissen heute, daß diese Forderung zwar nicht im homogenen, rein magnetischen, jedoch im elektrischen Felde eines Zylinderkondensators oder im elektrischen Felde eines Zylinderkondensators, kombiniert mit einem magnetischen Felde erfüllt werden kann. Würden wir rein elektrische Fokussierung im Zylinderkondensator anwenden, so blieben nach [V, 7] für die Einrichtung zur Elektronenbeschleunigung und für den Auffangkäfig noch $360° - 2 \cdot 127°$, also rd. 100° übrig, so daß sich wohl eine Apparatur bauen ließe, die bei genügender Ausblendung im ersten Fokussierungspunkt große Apertur mit hoher Selektivität vereinigt (Abb. 552a).

Eine Apparatur, bei der ein Zylinderkondensator benutzt wird, ist experimentell nicht so einfach zu handhaben, wie das homogene Magnetfeld. Anstatt durch einen elektrischen Kondensor den Eintrittsspalt zu beleuchten und diesen Spalt dann — cum grano salis — abzubilden, können wir jedoch auch ein Beschleunigungssystem in Art eines Immersionsobjektivs anwenden, das uns ein bereits parallelisiertes Elektronenbündel liefert

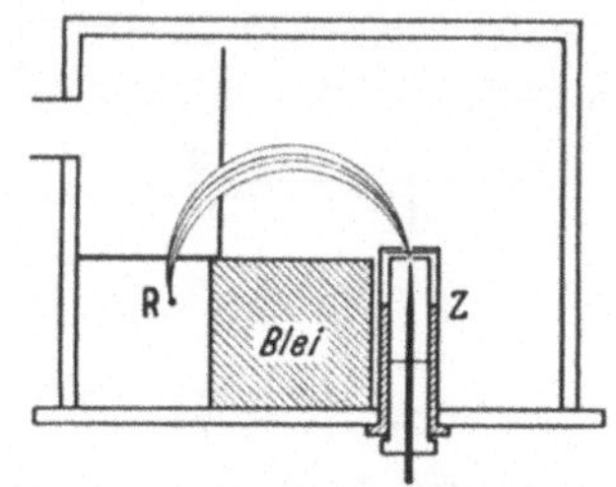

Abb. 553. Magnetischer Spektrograph von Chadwick [163].

(Abb. 552b). Dieses System läßt sich in der einen Hälfte des ersten Quadranten unterbringen, so daß uns die zweite Hälfte für den Auffangkäfig noch zur Verfügung steht. Die Dispersion der Anordnung ist nur halb so groß wie bei Ramsauers Apparatur, doch dürfte dieser Nachteil durch die Verwendbarkeit enger Spalte überkompensiert sein.

Der Monochromator kann, wie erwähnt, als Spektrograph Verwendung finden, indem man das entworfene Spektrum an dem Durchgangsschlitz vorbeischiebt. Dieses Verfahren ist bei Korpuskelstrahlen wegen der Einfachheit, mit der hier die Verschiebung vorgenommen werden kann, in viel stärkerem Maße gebräuchlich als in der Optik. Insbesondere wird der magnetische Querfeld-Spektrograph oft wie ein Monochromator gebaut, aber als Spektrograph verwendet. So wurde er z. B. zur Analyse der Geschwindigkeitsverteilung der von einem Radiumpräparat ausgehenden schnellen Elektronen

[163, 513, 514, 622] benutzt (Abb. 553), während ihn RAMSAUER [532] zur Analyse der Geschwindigkeitsverteilung langsamer lichtelektrischer Elektronen verwendet (Abb. 550a). Auch das elektrische Feld hat in dieser Weise Anwendung gefunden, wofür eine Anordnung von HUGHES und MCMILLEN zur Untersuchung der Streuverteilung von Elektronen und der Anregung von Molekeln [325, 326, 474] erwähnt sei (Abb. 554). Die vom Mittelpunkte des Versuchsgefäßes kommenden, an den Gasmolekeln gestreuten Elektronen treten durch ein Blendensystem in den Analysator, in dem durch Wahl verschiedener Feldstärken das Geschwindigkeitsspektrum der gestreuten Elektronen abgetastet wird. Über weitere Untersuchungen nach dieser Methode vgl. man [22, 474, 581, 582].

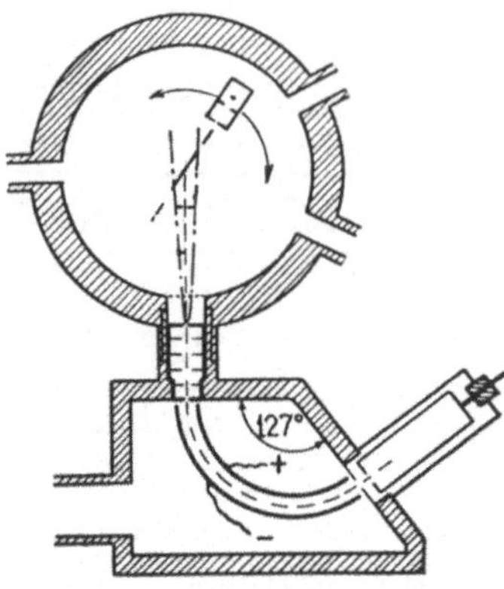

Abb. 554. Anordnung von HUGHES und MCMILLEN zur Analyse gestreuter Elektronen [326].

10. Weitere Monochromatoren. Den bereits ausführlich behandelten Querfeldmonochromatoren, zu denen auch W. WIENs „Kompensierte Strahlen" [V, 7] zu rechnen sind, stehen die Monochromatoren mit Längsfeld gegenüber. Im Jahre 1922 veröffentlichte BUSCH [153], fußend auf den Erkenntnissen, die RIECKE [551] und ROBINSON [554, 555] über die Elektronenbewegung in magnetischen Feldern gewonnen hatten, und auf den praktischen Erfolgen mit der Konzentrationsspule der BRAUNschen Röhre, eine Praktikumsmethode zur e/m-Bestimmung, die einen vorzüglichen Monochromator benutzt.

Das Prinzip dieser Methode ist in Abb. 555 dargestellt, wobei nicht die erste Ausführungsform — eine einfache BRAUNsche Röhre mit kalter Kathode —, sondern eine später von WOLF [738] benutzte verbesserte Ausführung zugrunde gelegt ist. Aus einer Kreisblende B_1 dringt ein Elektronenbündel einheitlicher Geschwindigkeit, das durch Beschleunigung von Glühelektronen auf einige Tausend Volt gewonnen ist. Das Bündel wird durch ein besonderes Wechselfeld vor der Blende diffus[1] gemacht. Durch die um das Versuchsgefäß gelegte Spule wird ein homogenes Magnetfeld erzeugt, das die Öffnung B_1 auf den Schirm S in natürlicher Größe

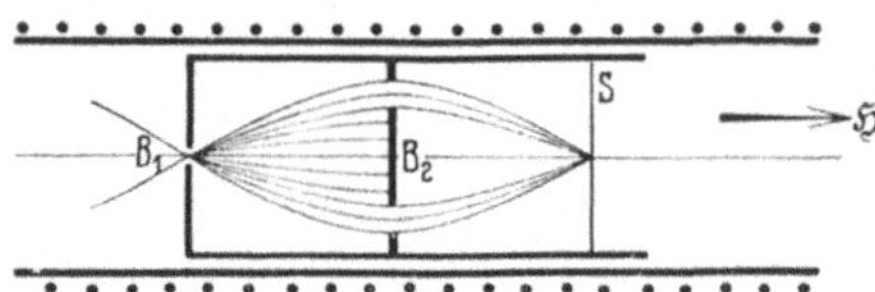

Abb. 555. Schema der Anordnung von BUSCH zur e/m-Bestimmung [153].

abzubilden vermag, wie es BUSCH [153] durch folgenden Satz erläutert, der die damals (1922) erreichte Klarheit über die quasioptischen Gesetzmäßigkeiten erkennen läßt: „Alle von einem Punkte der Diaphragmenöffnung ausgegangenen Kathodenstrahlen treffen wieder in einem Punkt zusammen; befindet sich an dieser Stelle der Fluoreszenzschirm, so muß der Fluoreszenzfleck ein scharfes Bild des Diaphragmas darstellen." Eine Blende B_2 blendet die mittleren Strahlen des „diffusen" Bündels aus, so daß nur Strahlen eines engen Randbezirkes zur Abbildung benutzt werden. Dadurch wird eine sehr genaue Einstellung ermöglicht, denn die Strahlung längs der Achse, die auch ohne Linse an den Ort des Bildes gelangen würde, ist jetzt ausgeschieden. Ist α der Winkel, unter dem die Bahn gegenüber der Kraftrichtung

---

[1] BUSCH benutzte dazu ein magnetisches Drehfeld, WOLF ein kompliziertes elektrisches Querfeld. In Wirklichkeit ist das Bündel gar nicht diffus, sondern die Beleuchtung der Blende erfolgt *nacheinander* mit verschieden geneigten Bündeln.

geneigt ist, und d der Abstand von Gegenstand und Bild (Knotenabstand), so gilt im Falle scharfer Abbildung:

$$\frac{e}{m} = \frac{2\pi}{H\,d}\, v \cos\alpha = \frac{8\,\pi^2\,U}{H^2\,d^2}\cos^2\alpha\,.$$

Eine Anordnung, die unter der Annahme bekannter Elektronengeschwindigkeit e/m zu messen gestattet, kann auch als Monochromator Verwendung finden. TRICKER [694, 695] benutzte die „Schraubenmethode" von BUSCH zur Untersuchung der Strahlen radioaktiver Stoffe und erreichte auf diese Weise große Intensität und große Dispersion. RUSCH [586] benutzte die Methode zur Monochromatisierung eines Bündels sehr langsamer Elektronen und führte, ebenso wie später GÄRTNER [247] mit einer solchen entsprechend vervollständigten Anordnung, Wirkungsquerschnittsmessungen durch. Vgl. auch [394].

Die Anordnung von RUSCH ist sehr ähnlich der oben beschriebenen. Abb. 556 läßt die Einzelheiten erkennen. Die Anwendung einer Ringblende B_2 zwischen den beiden Knoten des Elektronenbündels ist beim Monochromator unbedingt erforderlich. Ließe man diese Blende fort, so würden die Achsenstrahlen beliebiger Geschwindigkeit den Monochromator zu passieren vermögen. Bei B_3 liegt der erste, bei B_4 der zweite Knoten des monochromatisierten Strahles.

Eine Angabe über die Dispersion derartiger rotationssymmetrischer Anordnungen ist insofern nicht einwandfrei zu machen, als es sich nicht um eine *Ausscheidung* der Teilchen benachbarter Geschwindigkeit handelt, sondern gleichsam um eine Verdünnung.

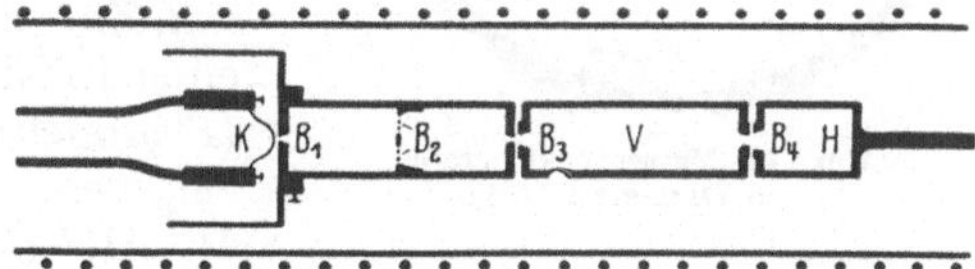

Abb. 556. Monochromator von RUSCH [586].

Das Bild der ersten Lochblende deckt sich für die interessierende Gruppe von Teilchen genau mit der Öffnung der zweiten Lochblende. Für alle anderen Gruppen ist die getroffene Fläche der Blendenebene mehr oder minder groß, so daß die Blende nur einen kleinen Teil der Intensität durchläßt, der um so geringer ist, je weiter die diesen Gruppen zugeordnete Bildebene von der Ebene der Blende entfernt ist.

Wenn wir es optisch ausdrücken, so hat RUSCH bei seiner Monochromatisierungsmethode die chromatische Aberration der langen magnetischen Linse benutzt. Damit ist aber auch gesagt, daß es noch vielerlei methodische Abarten geben muß, die zur (e/m)-Bestimmung bzw. als Strahlmonochromator dienen können. An die Stelle der langen magnetischen Linse kann die kurze Linse treten. Ferner kann die magnetische durch die elektrische Linse ausgewechselt werden. Der Vorteil aller dieser Anordnungen ist ihre große Apertur.

11. Massenspektrographie von Anodenstrahlen. Sprachen wir bisher ausschließlich von der Verwendung des Monochromators zur Analyse der Geschwindigkeiten eines Strahlengemisches, so läßt er sich natürlich auch ebenso zur Analyse der Massenzusammensetzung benutzen, wenn nur vorher für die Eindeutigkeit der Angaben gesorgt ist.

DEMPSTER [195, 196, 197, 198] hat seine Methode zur Massenanalyse von diesem Gesichtspunkte aus entwickelt. Er beschleunigte die positiven Ionen, deren Massenverteilung er analysieren wollte, von Null aus und machte sie damit einheitlich hinsichtlich der Energie. Diese einparametrige Strahlung sandte er dann in einen magnetischen Halbkreismonochromator, den er ähnlich wie z. B. CHADWICK für β-Strahlen (Abb. 552) und RUTHERFORD für α-Strahlen (Abb. 549) als Spektrometer benutzte, indem er das Spektrum durch Änderung des Magnetfeldes am Auffangespalt vorbeischob.

Über DEMPSTERs Anordnung (Abb. 557) ist im einzelnen noch folgendes zu sagen: Die Massenstrahlen werden bei G durch Erhitzen von Metallsalzen erzeugt [42], aus denen dann positive Teilchen austreten. Diese Teilchen werden durch eine Potentialdifferenz von z. B. 100 V nach P beschleunigt und treten dann durch den Schlitz S_1 in das Magnetfeld ein. Das magnetische Feld, das zur Massenspektrographie durch kräftige Elektromagneten erzeugt wird, spaltet

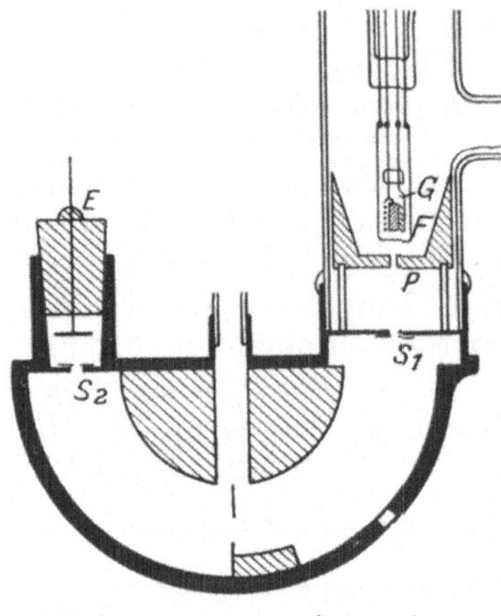

Abb. 557. Massenspektrograph von DEMPSTER [195].

nun das Strahlenbündel nach der Massenverschiedenartigkeit (in Wirklichkeit nach mv) auf. Nur der dem gewählten Magnetfeld entsprechende Massenstrahl wird durch den Spalt S_2 in den Elektrometerkäfig gelangen, wobei wie bei Elektronen von der sammelnden Eigenschaft des homogenen Magnetfeldes Gebrauch gemacht werden kann. Ändert man das Magnetfeld von kleinen zu großen Werten, so werden nacheinander die leichten und schweren Massen in den Käfig gelangen und man erhält das Massenspektrogramm[1]. DEMPSTER fand mit seiner Methode die Isotope von Li, Mg, K, Ca und Zn. Später [199] hat er durch Beschießung einer Lithiumanode mit Elektronen H^+-Strahlen (Protonen) hergestellt und untersucht. Abb. 558 zeigt ein solches Massenspektrogramm von H^+, H_2^+, He^+ (He^+ entsteht bei Anwesenheit von He).

Die Protonenherstellung wurde von RAMSAUER, KOLLATH und LILIENTHAL verbessert, und die Protonen werden für die Messung des Wirkungsquerschnittes von Gasen benutzt [537]. Bei allen diesen Arbeiten wird der magnetische Querfeldmonochromator benutzt, ebenso wie bei späteren Messungen der DEMPSTER-Schule [185, 220, 354, 681], von KALLMANN und ROSEN [346] und von WOLF [739]. Über neuere Untersuchungen mit Massenspektrographen dieses Typs vgl. [507, 508, 671].

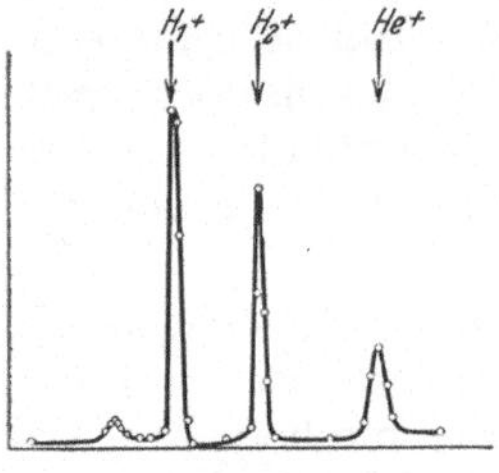

Außer der beschriebenen Einrichtung, die mit dem homogenen magnetischen Querfelde als Dispersions- und Fokussierungsfeld arbeitet, wurden auch andere Anordnungen angewandt. Bei den Spektrographen von WALCHER [706] durchlaufen die Teilchen nur einen Viertelkreis in einem homogenen Magnetfeld. Hier wird also nur ein parallel eintretendes Teilchenbündel fokussiert, nicht aber ein solches, das von einem Punkte ausgeht. Zum Ersatz der fehlenden Fokussierungswirkung wird eine elektrostatische Linse (Einzellinse) aus drei Lochblenden vorgeschaltet. Die Wirkung dieser Linse zeigt Abb. 559. Durch eine Blende mit zwei Löchern werden zwei Teilchenstrahlen ausgeblendet, die bei ausgeschalteter Linse nach Durchlaufen des Magnetfeldes zwei getrennte Bilder ergeben (Abb. 559a). Bei geeigneter Wahl der Linsenspannung fallen diese beiden Bilder zusammen (Abb. 559d). Die Apparatur wurde zur Reindarstellung der Rubidiumisotope ^{85}Rb und ^{87}Rb benutzt.

BARTELS und DIÉLS [36] benutzten eine BRAUNsche Röhre als Massenspektrographen. Man hatte bereits früher vermutet, daß außer Elektronen

Abb. 558. Massenspektrogramm nach DEMPSTER [199].

---

[1] Anstatt das Magnetfeld zu ändern, kann man natürlich auch so verfahren, daß man das Beschleunigungspotential ändert, während das Magnetfeld konstant bleibt. Die Masse der in den Käfig gelangenden Teilchen ist dann dem Beschleunigungspotential umgekehrt proportional.

auch Ionen von der Kathode emittiert werden und daß auf die Wirkung dieser Ionen das „Einbrennen" des unabgelenkten Leuchtflecks beim Aktivieren der Kathode zurückzuführen ist. BARTELS und DIELS legten die zur Fokussierung des Elektronenstrahls erforderlichen Spannungen an die Röhre und fokussierten damit auch die negativen Ionen. Ionen und Elektronen treffen nun in einem kleinen Fleck den Schirm [I, 5], der sich bei Einschalten des Ablenkkondensators natürlich nur verschieben würde, beim Einschalten eines magnetischen Ablenkfeldes aber in das Massenspektrogramm auseinandergezogen wird (Abb. 560). Da das Massenspektrogramm nur wenige Massen enthält, bilden sich einzelne Flecke aus, die zwar nicht direkt sichtbar sind, aber bei späterer Bestrahlung des Schirmes mit Elektronen wegen der von den Ionen erzeugten Veränderungen des Leuchtschirms sichtbar werden. Diese Flecke werden den Ionen von H, H_2, O und N zugeordnet.

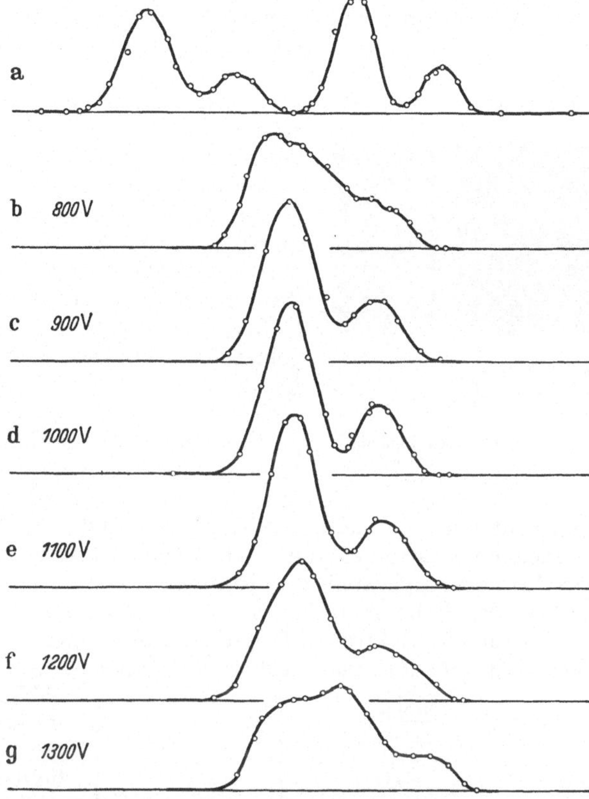

Abb. 559. Massenspektrogramm beim Spektrographen von WALCHER, erzeugt durch zwei Strahlen bei verschiedenen Linsenspannungen [706].

12. Beugungsspektrograph. In [XI, 7] wurde der Beugungsspektrograph als eine der Anordnungen hingestellt, um einen der Parameter unserer vorgegebenen Korpuskelstrahlung zu bestimmen. Grundsätzlich kann man zwar so verfahren, doch wird der Beugungsspektrograph häufig umgekehrt benutzt, nämlich zum Studium des beugenden Gitters bei Kenntnis der Strahlung. Solche beugenden Gitter sind für die kurzwelligen Elektronenstrahlen die Kristalle.

Bevor wir jedoch auf die spektrographischen Einrichtungen eingehen, die mit Kristallgittern zum Studium dieser Gitter durchgeführt werden, sei der

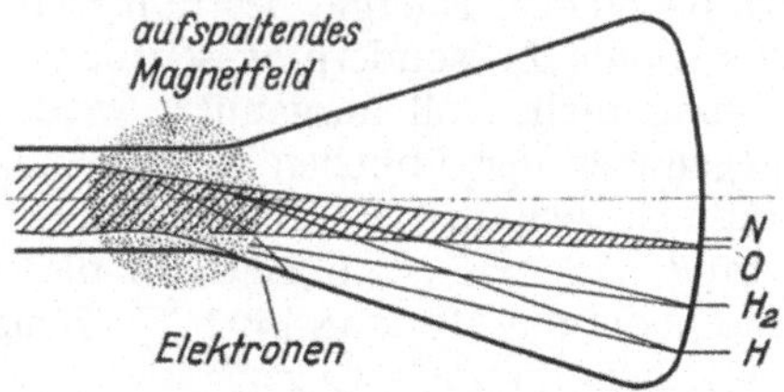

Abb. 560. BRAUNsche Röhre als Massenspektrograph.

einzige überzeugende Versuch beschrieben, der sich mit der Beugung der Elektronenstrahlen an einem geometrisch einfachen, bekannten Objekt beschäftigt. Bei diesem Versuch von BOERSCH [78b] wurde mit einer zweistufigen elektronenoptischen Linsenanordnung, die mit elektrischen Linsen als Zweipolsystem arbeitete, ein feiner Elektronenbrennfleck von 14 mµ Durchmesser als Bild eines kleinen, Elektronen aussendenden Querschnitts hergestellt. Mit diesem Brennfleck als Elektronenquelle wurde die Beugung an einer Kante untersucht. Eine so kleine Quelle mußte gewählt werden, da wegen der kleinen Elektronenwellenlänge der Abstand der Beugungsmaxima sehr klein ist und die durch die Ausdehnung der Quelle verursachte Unschärfe nicht stören darf. Abb. 561 zeigt ein Beugungsbild an einer Kante (aus amorphem Aluminiumoxyd). Der Abstand zwischen Quelle und Kante war 0,35 mm, der Abstand von Leuchtschirm und Kante rd. 30 cm. Die Beschleunigungsspannung war 34 kV. Die wiedergegebene Abbildung ist lichtoptisch über 100fach nachvergrößert. Man erkennt deutlich die Beugungsstreifen verschiedener Ordnung, die den Wellencharakter des Elektrons unmittelbar beweisen.

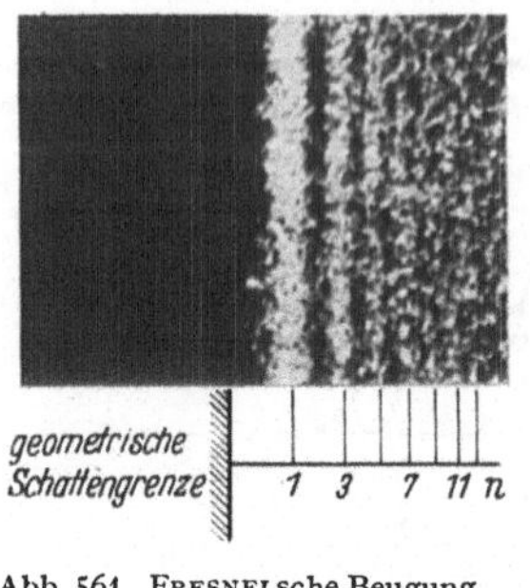

Abb. 561. FRESNELsche Beugungserscheinungen an der Kante nach BOERSCH [78 b].

In Analogie zum optischen Beugungs - Spektrographen kann das aus dem Röntgengebiet bekannte BRAGGsche Drehkristallverfahren benutzt werden, bei dem die Elektronen streifend auf den Kristall auftreffen. Wichtiger ist das ebenfalls von dem Röntgengebiet her bekannte Durchstrahlungsverfahren nach DEBYE-SCHERRER. Hierzu wird der Elektronenstrahl senkrecht auf eine sehr dünne vielkristalline Folie geschossen. Trifft er dann in größerem Abstand auf einen Schirm, so zeigt sich ein System konzentrischer Ringe, das einem gleichmäßigen Intensitätsabfall vom Zentrum aus überlagert ist. Das Beugungsbild, das um so schärfer wird, je monochromatischer die Elektronenstrahlung ist, wird wie bei den entsprechenden Apparaten der Röntgenstrahlphysik vorzugsweise zur Strukturanalyse des Folienmaterials verwandt (Bild I).

Bei diesen Elektronen-Beugungs-Aufnahmen nach dem DEBYE-SCHERRER-Verfahren arbeitete man früher ohne Linsen, indem man ein sehr scharf ausgeblendetes Bündel auf die zu untersuchende Folie auftreffen läßt. Das Ergebnis ist ein relativ lichtschwaches „Schattenbild".

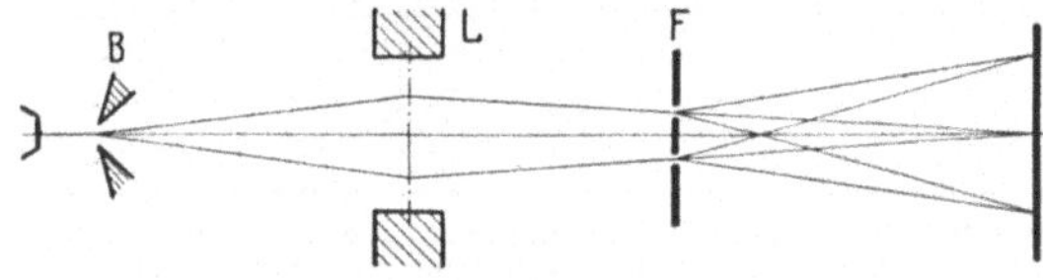

Abb. 562. Beugungsspektrograph mit Elektronenlinse. Aufnahme nach LEBEDEFF [424].

LEBEDEFF [424] hat zum erstenmal einen solchen Spektrographen mit Linsen ausgestattet (Abb. 562). Als Objekt dient eine Kreisblende B von 0,2 mm Öffnungsdurchmesser, die durch glühelektrische Elektronen von 20 bis 60 ekV Energie bestrahlt wird. Die Folie F ist nicht in der Mittelebene der Spule L, sondern wesentlich dahinter aufgestellt, so daß zwar die Auflösung nicht voll ausgenutzt wird, dafür aber die Auswertung der Aufnahme gegenüber der üblichen Schattenaufnahme nicht komplizierter wird, da die Bahnen zwischen Folie und Schirm gerade sind. Die Spule steht dem Gegenstand näher als dem Bild, so daß sie etwas vergrößernd wirkt. Die gleiche Methodik hat MONGAN [492] für Beugungsuntersuchungen an amorphem Kohlenstoff benutzt. Als Gegenstand wird eine Kreisblende von 0,1 mm benutzt, die von 20 bis 50 ekV Elektronen bestrahlt wird. Das Kohlenstoffpulver wird auf ein feinmaschiges Kupferdrahtnetz von 0,04 mm Drahtdurchmesser und 64 Maschen pro mm², ein feinmaschiges Seidennetz oder einen schneidenförmigen Stahlträger aufgebracht. Das Elektronenbündel hatte an der Stelle des Präparates 10 mm² Querschnitt.

Die Einführung der Linse bei LEBEDEFF diente der Intensitätserhöhung des DEBEYE-SCHERRER-Diagramms. Sie bedingt in diesem Falle keine weiteren Änderungen des Beugungsbildes. Anders wäre es, wie wir am Schluß dieses

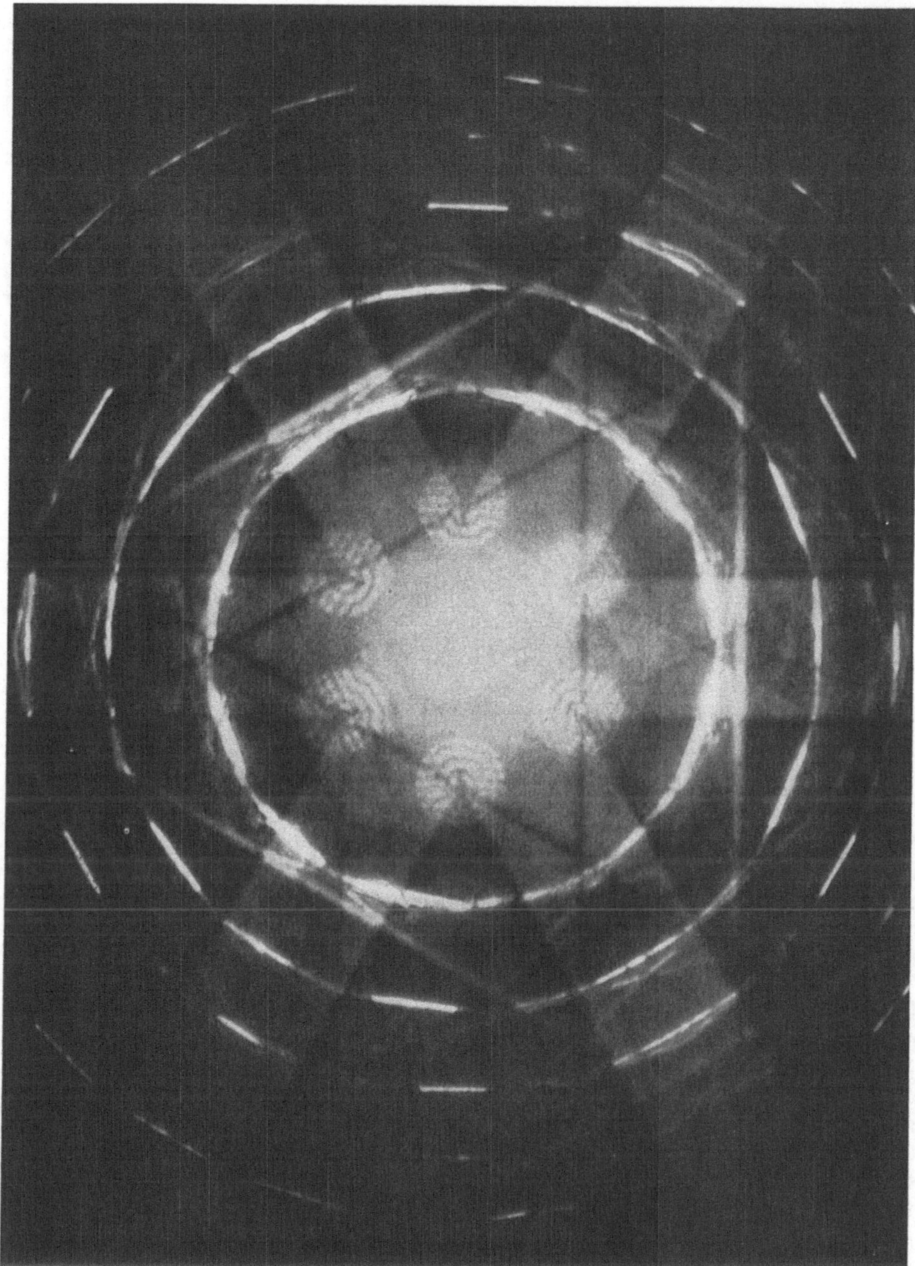

Bild IX. Elektroneninterferenz im konvergenten Bündel nach Kossel und Möllenstedt [398b].

Eine Kreislochblende von $^1/_{10}$ mm Durchmesser wurde mit 65 ekV-Elektronen durch ein zweistufiges elektronenoptisches System auf dem Schirm abgebildet. In der 120fachen Wiedergabevergrößerung zeigt sich das Bild der Blende als 1,2 cm großer Kreis in Bildmitte. Da außerdem im Brennpunkt senkrecht zur optischen Achse ein Glimmer-Einkristallblättchen aufgestellt war, bildet sich eine Beugungserscheinung mit charakteristischen Reflexen und Bändern aus, von der besonders die kreisförmigen Reflexe mit den Interferenzstreifen im Innern bemerkenswert sind.

Abschnittes bei der Besprechung der KOSSELschen Versuche genauer sehen
werden, wenn es sich um Elektronenbeugung an einem Einkristallblättchen
handelt. Bei Anwendung einer Linse wird nämlich gegenüber einer Anordnung
mit fein ausgeblendetem Strahl unter verschiedenen Winkeln bestrahlt. Wenn
das beim DEBYE-SCHERRER-Verfahren, wo ein vielkristallines Gefüge vorliegt,
auch nichts ausmacht, so doch bei Einkristallen, wo neue Reflexe zustande
kommen können.

Eine Weiterentwicklung der Anordnungen von LEDBEEFF bzw. MONGAN
stellt die Methode von BOERSCH [73] dar. Hier wurde beabsichtigt, die Stelle
der Folie, von der das Beugungsbild zu erzeugen war, nicht dem Zufall zu
überlassen, sondern statt dessen die Folie punktweise auf ihre Kristallstruktur
zu untersuchen. Die hierzu erforderliche Anordnung zeigt Abb. 96. Die Linse L_1
entwirft auf dem Schirm S_1 ein Bild der Folie F. Die Linse L_2 bildet durch

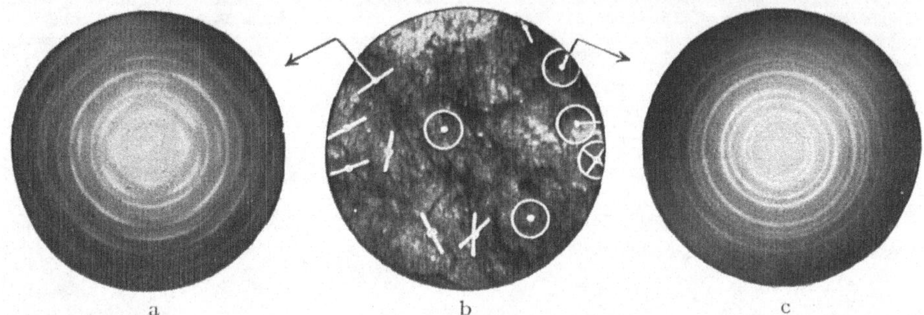

Abb. 563. Beugungsbilder einer an verschiedenen Stellen abgetasteten Goldfolie nach BOERSCH [73].
a, c Beugungsbilder, b Bild der Folie.

eine Öffnung des Schirmes S_1 die Ebene B ab, die Brennebene der ersten Elektronenlinse, in der das Beugungsbild der Folie entsteht. Da der Schirm S_1 als
Leuchtschirm ausgebildet ist, weiß man sofort, von welchem Teil der Folie das
Beugungsbild stammt. Abb. 563 zeigt das Beugungsdiagramm von verschiedenen
Stellen einer Goldfolie. Neben gleichmäßiger Intensitätsverteilung tritt auch
ungleichmäßige Verteilung (vierzählige Symmetrieachse) auf, die auf eine bevorzugte Kristallorientierung hindeutet.

In prinzipiell anderer Weise benutzte BÜHL [148, 149, 150] die magnetische
Linse. Auch hier soll eine Intensitätssteigerung erzielt werden, um Messungen
mit langsamen Elektronen von 50 bis 500 V durchführen zu können. BÜHL
wendet jedoch die Linse nicht an, um die Apertur des Eintrittsbündels zu vergrößern, sondern um die Intensität, die sich normalerweise auf einen Beugungs-
ring verteilt, zur Messung in einem Achsenpunkt zu konzentrieren. Dazu wird
die sphärische Aberration der langen Linse ausgenutzt. Die Strahlen treffen
sich dabei auf der Achse in einem Abstand d von der Folie, für den gilt:

$$d = 2\pi \frac{m\,v}{e\,H} \cos\alpha,$$

wenn α den Winkel bedeutet, unter dem die Strahlung zur Achse ausgeht[1].
Die Apparatur ist schematisch in Abb. 564 dargestellt. Ein durch Blenden
($B_2 = 0{,}1$ mm Durchmesser) in seiner Richtung definierter Strahl von Glühelektronen trifft auf die Folie[2] F. Die unter steilen Winkeln (bis zu 60°) aus
der Folie austretenden Elektronen werden zur Achse zurückgebogen. Je nach

---

[1] Vgl. auch die Methode zur e/m-Bestimmung von BUSCH [XI, 10].
[2] In Wirklichkeit benutzte BÜHL keine Folie, sondern bestäubte den Rand der Blende
B_2 mit dem zu untersuchenden Stoff (MgO, Ag, Cu).

Einstellung der Linsenbrennweite gelangen die steileren oder weniger steilen
Strahlen, die sonst einen Ring gebildet hätten, in den Käfig. Ist der Mittelstrahl
vorher ausgeschieden und ist die Käfigöffnung sehr klein (1 mm Öffnung), so
ist der Spektrograph recht brauchbar, wie es die von BÜHL aufgenommenen
Kurven zeigen. — Der Vereinigung der Aperturvergrößerung nach LEBEDEFF
mit dem Gedanken von BÜHL scheint keine wesentliche Schwierigkeit gegen-
überzustehen. Das Schema eines solchen
Zweilinsensystems mit der Beugungsfolie
zwischen den Linsen gibt Abb. 565.

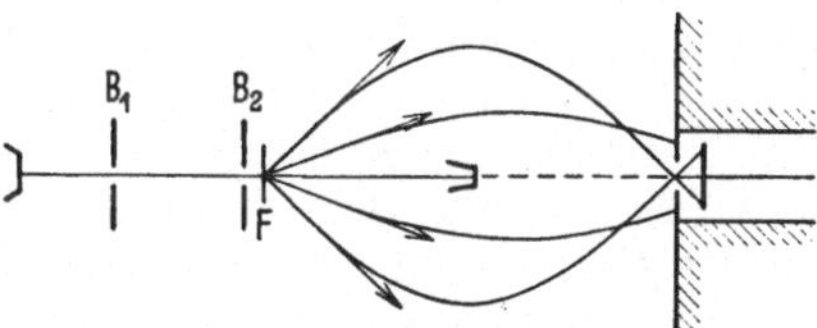

Abb. 564. Anordnung von BÜHL [149].

In abermals anderer Weise benutzten
KOSSEL und MÖLLENSTEDT [398b] die
Elektronenlinse. Sie beabsichtigten, die
Beugungsfolie im Gegensatz zu dem
üblichen Verfahren nicht mit praktisch
parallelen Strahlen, sondern mit einem
Elektronenbündel endlicher Öffnung zu bestrahlen, wie es eine Elektronenlinse
liefert. Zu diesem Zwecke wurde ähnlich wie bei LEBEDEFF bzw. MONGAN zwischen
Strahlenquelle und Folie eine — und zwar in diesem Falle zweistufige —
Abbildungsanordnung aus magnetischen
Linsen angeordnet. Während es aber
LEBEDEFF und MONGAN (Abb. 562) auf
einen feinen Leuchtfleck als verkleinertes
Bild der bestrahlten Blende B ankam,
erzeugten KOSSEL und MÖLLENSTEDT einen
großen Leuchtfleck als Spur des unabgebeugten Bündels. Sie bildeten z. B.
die Blende B stark vergrößert auf dem
Leuchtschirm ab und stellten die Folie in
den Brennpunkt hinter der zweiten Linse.
Von den in verschiedenen Richtungen durch
die Folie hindurchgegangenen Elektronen

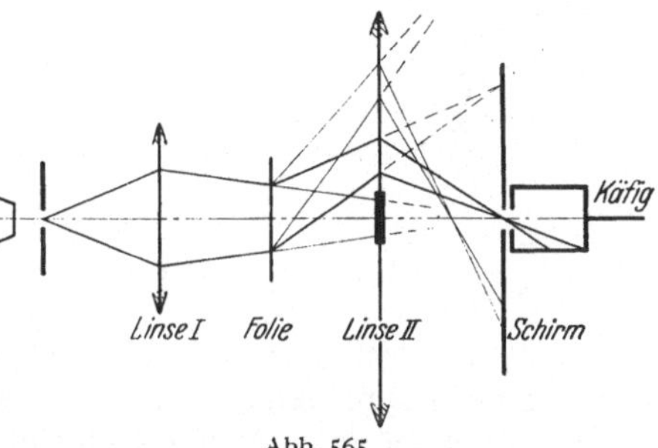

Abb. 565.
Kombination der Anordnung Abb. 561 und 564.

wurde nun ein Teil je nach der Lage der Einfallsrichtung zum Kristall heraus-
reflektiert. Das vergrößerte Bild der Blende zeigte dann dunkle Extinktions-
gebiete, während außen helle Reflexe in größerer Anzahl als bei paralleler
Durchstrahlung sichtbar wurden. Die Aufnahmen zeigen
also die Richtungsabhängigkeit der elementaren Beugungs-
vorgänge. Bild IX gibt ein solches Beugungsbild wieder.
Besonders bemerkenswert sind dabei die vor allem in den
sechs um das Mittelbild gelagerten kreisförmigen Beugungsbildern sichtbaren Interferenzstreifen (Linien gleichen Gang-
unterschiedes), die einen unmittelbaren Beweis für den
Wellencharakter der Elektronenstrahlung darstellen.

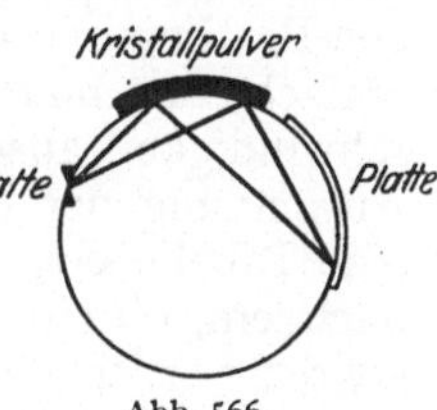

Abb. 566.
Fokussierender Kristall-
pulverspektrograph
nach v. FRIESEN [241].

Schließlich ist noch ein Weg zur Erzielung eines
scharf zeichnenden und lichtstarken Spektrographen wenigstens zu erwähnen: In der Optik benutzt man gelegent-
lich an Stelle eines ebenen Gitters und einer Abbildungsoptik ein zylindrisch gekrümmtes Gitter, das eine besondere Abbildungsoptik erspart. Für
DEBYE-SCHERRER-Aufnahmen ist dieses Prinzip in der Röntgenphysik von
SEEMANN und BOHLIN verwendet worden. Auf die Elektronenoptik wurde es
durch v. FRIESEN [241] übertragen (Abb. 566). Die von einem Spalt, der senkrecht zur Zeichenebene steht, ausgehende diffuse Elektronenstrahlung trifft
auf einen zylindrischen Metallspiegel ($r = 50$ cm), der mit der zu untersuchenden
Substanz, z. B. Zinkoxyd, bestäubt ist. Die von verschiedenen Kristallen mit

gleicher Winkeländerung gebeugten Strahlen schneiden sich auf der entsprechend gestalteten und entsprechend gelegten photographischen Platte und ergeben dort, falls die Strahlung monochromatisch ist, ein Beugungsbild.

d) Ältere Spektrographen für zweiparametrige Strahlung.

Wir wiederholen aus [XI, 1]: Zweiparametrig soll eine Materiestrahlung heißen, wenn von ihr weder die Teilchengeschwindigkeit v noch die spezifische Ladung e/m bekannt ist. Zur Spektrographie solcher Strahlungen gehört die e/m-Bestimmung von Elektronen, die mit verschieden hoher relativistischer Geschwindigkeit und dementsprechend mit verschiedener Masse von einem radioaktiven Präparat ausgehen, und die Massenanalyse von in ihrer Geschwindigkeit und Masse verschiedenen Ionen eines Kanalstrahlbündels. Zur Bestimmung dieser zwei Parameter bedarf es zweier Beeinflussungsmethoden. Die gebräuchlichsten dieser Methoden sind die elektrische und magnetische Ablenkung, deren erste den Wert von $\dfrac{m\,v^2}{e}$, deren zweite $\dfrac{m\,v}{e}$ zu bestimmen gestattet. Kennt man aber Energie und Impuls eines Teilchens, so kennt man auch seine Geschwin-

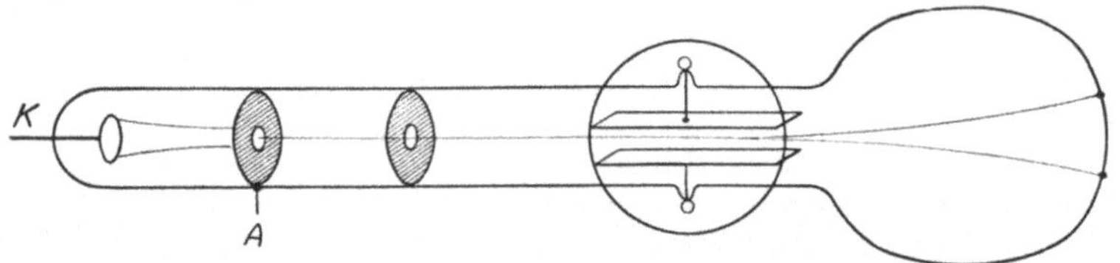

Abb. 567. Anordnung von J. J. Thomson zur e/m-Bestimmung [682, 683].

digkeit und sein e/m. Die Methoden zur Geschwindigkeits- und Massenanalyse sind dementsprechend durch elektrische *und* magnetische Felder charakterisiert. Wir wollen sie in diesem Kapitel in ihren älteren Formen behandeln, bei denen die Fokussierung noch nicht in der vollendeten Form als Doppelfokussierung durchgeführt ist. Eine solche aufbauende Behandlung scheint zweckmäßiger zu sein, als die Ableitung der einzelnen Geräte aus einer allgemeinen Theorie.

13. Einfache e/m-Bestimmungsmethoden in historischer Übersicht. Die Aufgabe, die zweiparametrige Strahlung auszumessen, tritt uns bei der normalen e/m-Bestimmung der Elektronen entgegen. Dabei ist die Aufgabe insofern vereinfacht, als man von einer Schar von Elektronen gleicher (unbekannter) Geschwindigkeit ausgeht. Um die Mannigfaltigkeit der Methoden, die sich bei der Anwendung der beiden erforderlichen Beeinflussungen ergeben, zu zeigen, ist eine Tabelle eingefügt worden, die sechs Hauptmöglichkeiten unterscheidet, je nachdem, ob ein Quer- oder Längsfeld verwandt wird und ob zwei Querfelder gekreuzt oder gleichgerichtet sind. Wie die Methoden nacheinander in der Geschichte des Elektrons benutzt worden sind, wollen wir nun kurz betrachten.

Bereits 1884 hat Schuster [634, 635], wenn auch ohne gute Ergebnisse, die einfachste Methode (VI)[1] angegeben und angewandt. Ein beschleunigendes Potential U erzeugt Kathodenstrahlen, die durch das magnetische Feld H zum Radius r gekrümmt werden, wobei dann gilt:

$$\frac{e}{m} = \frac{2\,U}{H^2 r^2} \quad \text{und} \quad v = \frac{2\,U}{H\,r},$$

Wiechert [727, 728] führte 1897 die erste brauchbare e/m-Bestimmung für Elektronen nach dieser Methode durch, wobei er $4 \cdot 10^7$ el.-magn. CGS fand.

---

[1] Die Ziffern in den runden Klammern beziehen sich auf die in der Tabelle 8 angegebenen Feldkombinationen.

KAUFMANNs [351] Messungen mit der gleichen Methode brachten im gleichen Jahre den schon wesentlich besseren Wert $1,8 \cdot 10^7$ el. magn. CGS.

Im Jahre 1897 führte J. J. THOMSON [682, 683] eine neue Methode (I) ein, indem er einen Strahl herstellte, dessen Ablenkung er erst in einem elektrischen und dann in einem magnetischen Feld maß (Abb. 567).

Tabelle 8. Feldkombinationen zur Spektrographie.

Feld-komb.	Elektr. Feld	Magnet. Feld	Stellung zueinander	Verwendet zur e/m-Bestimmung	Verwendet zur eigentlichen Massenanalyse
I	Quer	Quer	nacheinander wirksam gleichgerichtet	1897 J. J. THOMSON	1918 ASTON 1934 MATTAUCH (BAINBRIDGE u. JORDAN, DEMPSTER)
II	Quer	Quer		1901 KAUFMANN	1913 J. J. THOMSONs Parabelmethode
III	Quer	Quer	gekreuzt	1897 W. WIENs kompensierte Strahlen (BUCHERER)	1933 BAINBRIDGE 1933 BONDY u. POPPER 1938 BLEAKNEY u. HIPPLE
IV	Quer	Längs	—	—	—
V	Längs	Längs	—	1921 BUSCH	—
VI	Längs	Quer	—	1884 SCHUSTER (WIECHERT, KAUFMANN) 1899 J. J. THOMSON	1916 DEMPSTER

Ebenfalls 1897 wandte W. WIEN [729, 730, 731] erstmalig seine Methode der kompensierten Strahlen [V, 7] an, die er später auch für die e/m-Bestimmung von Kanalstrahlen benutzte [732]. Die Felder wirken gleichzeitig und entgegengesetzt. Er beobachtete, wenn der Strahl gerade unbeeinflußt blieb, d. h. wenn die Wirkungen der beiden Felder sich gerade kompensierten.

Auch eine 1899 von J. J. THOMSON [682, 683] angegebene Methode der *Überlagerung* des elektrischen Längs- und magnetischen Querfeldes, auf die wir jedoch wegen ihrer Unübersichtlichkeit nicht näher eingehen wollen, ist zu erwähnen. Im Gedanken gleichartig ist eine später entwickelte Magnetronanordnung [276], bei der Elektronen von einem axialen Glühdraht aus

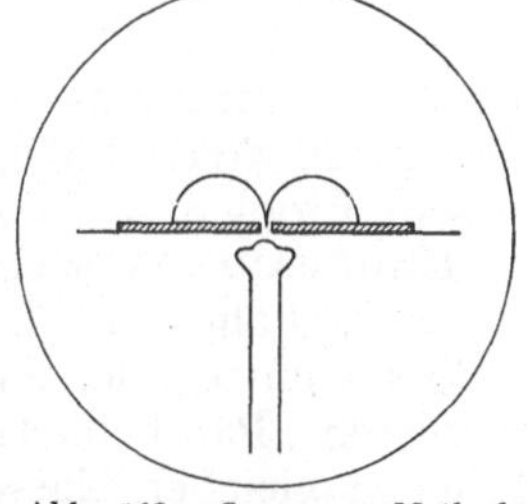

Abb. 568. CLASSENS Methode zur e/m-Bestimmung [166].

gegen eine koaxiale Zylinderfläche beschleunigt werden, wobei gleichzeitig ein homogenes magnetisches Feld in Richtung des Glühdrahtes wirkt [VI, 21].

Schließlich ist die von KAUFMANN [352] eingeführte „Parabelmethode" (II) zu nennen, die wir im folgenden Abschnitt besonders behandeln wollen.

Mit diesen ersten Arbeiten um 1900, durch die vier Feldkombinationen (I, II, III, VI) in verschiedener Weise benutzt worden waren, war eine Grundlage für die weiteren Untersuchungen geschaffen. Das wichtigste Ziel dieser Untersuchungen war es, e/m bei der betreffenden Elektronengeschwindigkeit genau festzulegen, um so den Zahlenwert dieser Naturkonstanten für das ruhende Elektron mit höchster Präzision zu erhalten. Es würde viel zu weit führen, einen vollständigen Überblick über die Präzisionsuntersuchungen zu geben, es genüge vielmehr, einige Stufen dieser Entwicklung herauszuheben.

Die erste Präzisionsuntersuchung führte CLASSEN [165, 166] durch (Abb. 568), der glühelektrische Elektronen beschleunigte und dann magnetisch zu Halbkreisen bog und damit fokussierte. An diese Untersuchung schließen, wenn wir von den Arbeiten zur Erfassung der Geschwindigkeitsabhängigkeit absehen, die Untersuchungen von Bestelmeyer [55 bis 58] und Alberti [3a] an.

In methodischer Hinsicht etwas Neues bedeutete die Untersuchung von Busch [153], der mit einem homogenen magnetischen Längsfeld (V) arbeitete. Er erhielt den schon sehr genauen Wert von $e/m = 1{,}768 \cdot 10^7$ el.-mag. CGS.

Andere Feldkombinationen als die erwähnten sind nicht zur Anwendung gekommen und zum Teil (IV) auch sinnlos. Die Entwicklung ist in neuerer Zeit andere Wege gegangen. Der Ausbau der Zahnradmethode durch Kirchner [358, 359], durch deren Anwendung v bekannt wird, ist besonders bemerkenswert.

14. Massenspektrographie von Elektronen. Der soeben behandelten Aufgabe steht eine schwierigere gegenüber. Das zu untersuchende Bündel bestehe nicht nur aus Strahlung gleicher Art, sondern setze sich aus vielen solchen Strahlungen von unbekanntem v und e/m zusammen. Hierher gehört ein Teil

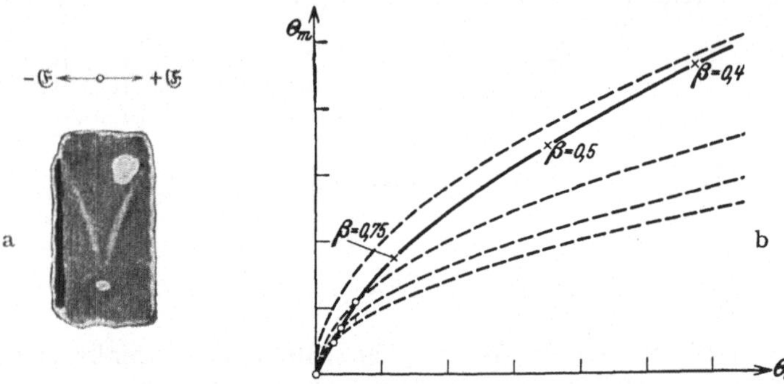

Abb. 569. Zur Geschwindigkeitsabhängigkeit von e/m.
a Originalaufnahme von Kaufmann, b Massenparabeln und Kurve mit geschwindigkeitsabhängigem e/m.

der e/m-Bestimmungen von Elektronen *hoher* Geschwindigkeit, bei denen die Geschwindigkeitsabhängigkeit der Elektronenmasse eine Rolle spielt. Mit diesem Problem wollen wir uns nun befassen.

Kaufmanns Versuche [352] brachten 1901 die Entdeckung, daß die Elektronenmasse bei hohen Geschwindigkeiten zunimmt. Kaufmann hatte sich bei seinen Untersuchungen der eingangs [XI, 3] als allgemeiner Massenspektrograph eingeführten „Parabelmethode" (II) bedient, die diesen Namen erhalten hat, weil Teilchen gleicher Masse, aber verschiedener Geschwindigkeit in dem Impuls-Energie-Diagramm Parabeln bilden. Statt einer Parabel — wie sie bei konstanter Elektronenmasse zu erwarten wäre — erhielt Kaufmann eine Kurve (Abb. 569), die verschiedene Massenparabeln im Sinne einer mit der Geschwindigkeit zunehmenden Elektronenmasse schneidet. Diese Feststellung gab den Anstoß zu den Theorien von Abraham und H. A. Lorentz. Während Abraham von einem „starren" Elektron ausgehend für die Massenveränderlichkeit die Formel

$$m_\beta = m \, \frac{3}{4\,\beta^2} \left\{ \frac{1+\beta^2}{2\,\beta} \ln \frac{1+\beta}{1-\beta} - 1 \right\}$$

aufstellte, fand Lorentz aus allgemeinen Gesetzen, die in engstem Zusammenhang mit der „Lorentz-Transformation" stehen, die bekanntlich den Kernpunkt der speziellen Relativitätstheorie bildet, die einfachere Formel:

$$m_\beta = m \, \frac{1}{\sqrt{1-\beta^2}}.$$

In beiden Gleichungen bedeutet $\beta = v/c$ das Verhältnis der Elektronengeschwindigkeit zur Lichtgeschwindigkeit, m_β die Masse für beliebiges $v = c \cdot \beta$, m die für $v = 0$ (Ruhmasse).

Die von den beiden Theorien gegebenen Formeln zeigen für kleine v geringe, dagegen für größere v beträchtliche Abweichungen. Die Aufgabe, die in diesem Falle der Elektronenspektroskopie gestellt wurde, war die, von einem inhomogenen Bündel schneller Elektronen die zu jeder Geschwindigkeit gehörige Masse *mit höchster Genauigkeit* zu ermitteln.

Zur genauen Bestimmung der Geschwindigkeitsabhängigkeit, die die Entscheidung zugunsten der Formel von LORENTZ brachte (Abb. 570), benutzte — nach BESTELMEYERs [55, 56] Vorarbeiten — BUCHERER [146] WIENs Methode der kompensierten Strahlen [I, 7], bei der auf den Elektronenstrahl eine elektrische Kraft eE und eine gleich große, entgegengesetzt gerichtete magnetische Kraft evH wirkt, die die erste für die bestimmte Geschwindigkeit $v = E/H$ gerade in ihrer Wirkung kompensiert. Die Elektronen anderer Geschwindigkeit, die in gleicher Richtung, also senkrecht zu den beiden Feldern, eintreten, werden aus dem Strahl ausgeschieden.

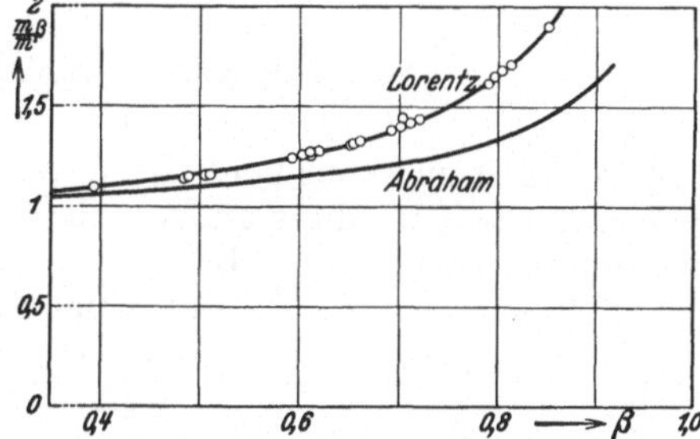
Abb. 570. Geschwindigkeitsabhängigkeit der Elektronenmasse nach ABRAHAM, LORENTZ und dem Experiment. (Nach CL. SCHAEFER: Einführung in die theoretische Physik, Bd. III/1.)

Was werden nun diejenigen Elektronen tun, die zwar senkrecht zu den elektrischen Kraftlinien, aber schräg zu den magnetischen ausgehen? Für diese Strahlen wird offenbar die Bedingung geradlinigen Verlaufs

$$eE = eHv \cdot \sin \alpha$$

sein, wenn α den Winkel zur Richtung der magnetischen Kraftlinien bedeutet. Bei vorgegebenen Feldstärken gibt es demnach in jeder Richtung zum magnetischen Feld (aber senkrecht zum elektrischen Feld) eine Strahlgeschwindigkeit, für die die Strahlenbahn eine Gerade ist [740][1].

Bei BUCHERERs Anordnung (Abb. 571) war bei M in einen Kondensator von $a = 4$ cm Plattenradius bei rd. 0,25 mm Plattenabstand ein radioaktives Präparat gebracht, das β-Strahlen eines weiten Geschwindigkeitsbereiches aussandte.

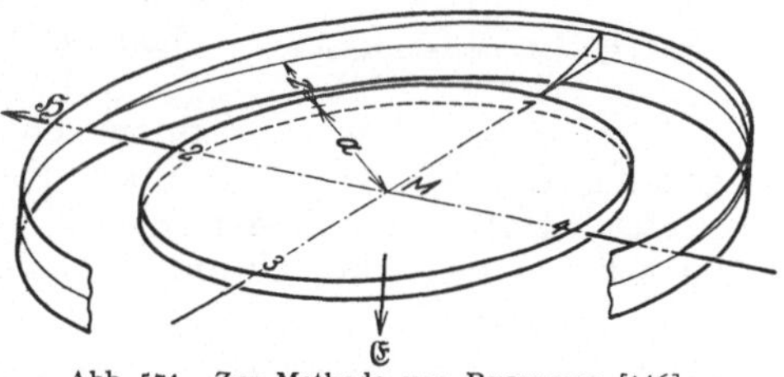
Abb. 571. Zur Methode von BUCHERER [146].

Das starke elektrische Feld im Kondensator von einigen 100 V/mm und das kompensierende homogene magnetische Feld von rd. 100 Oerstedt wirken gemäß den angegebenen Gleichungen sehr kräftig monochromatisierend. So gelangen bei 1 nur Strahlen heraus, die die Bedingung $v = E/H$ erfüllen, während in der Nähe von 2 und 4 nur Strahlen von extrem hoher Geschwindigkeit austreten können. Nach dem Austritt[2] aus dem Kondensator wirkt das magnetische Feld weiter und lenkt die Strahlen bei 1 kräftig, bei 2 und 4 gar nicht ab. So entsteht auf dem im Abstand von $a + z = 9$ cm konzentrisch um M aufgestellten Film eine Sinuskurve. Eine auf diese Weise erhaltene Aufnahme von BUCHERER zeigt Abb. 572. Bei dieser Aufnahme wurde durch Feldumkehr auch die spiegel-

---

[1] Strahlen, die nicht genau senkrecht zum elektrischen Felde verlaufen, werden über kurz oder lang auf die Kondensatorplatten auftreffen und damit ausscheiden.

[2] Hier liegt eine Fehlerquelle der sonst so präzisen Methode. Es sind sehr genaue Untersuchungen vorgenommen worden, um den Einfluß des Felddurchgriffs aus dem Kondensator zu erfassen.

bildlich nach unten liegende Sinuslinie erhalten. Ferner hat die unabgelenkte
γ-Strahlung des Präparates die Mittellinie geschrieben. Da jeder Abszisse der
Abbildung eine bestimmte Geschwindigkeit zugeordnet ist, besteht im Prinzip
die Möglichkeit, aus dieser einen Aufnahme e/m in seiner Geschwindigkeits-

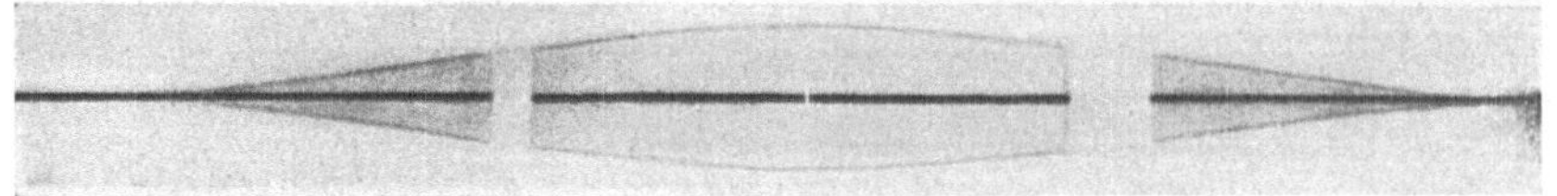

Abb. 572. Aufnahme nach der Methode von BUCHERER [146].

abhängigkeit zu errechnen. In Wirklichkeit zieht man es vor, durch Änderung
von E/H eine Strahlung anderer Geschwindigkeit an die Stelle des Auslenkungs-
maximums zu bringen, also stets nur die Maxima der erhaltenen Sinuskurven
auszumessen, und aus der maximalen Auslenkung den Wert von e/m zu bestimmen.

Abb. 573. Massenspektrograph
von BAINBRIDGE [28].

Erwähnt seien noch die neuen Messungen von
LAHAYE [410], die mit modernen experimentellen
Mitteln nach der Methode von KAUFMANN die spezifische Masse der Elektronen zwischen $\beta = 0{,}7$ und $0{,}9$
maß. Er fand ebenfalls Werte, die im Gegensatz
zu der ABRAHAMschen Formel standen und mit der
LORENTZschen gut übereinstimmten.

15. Massenspektrographie ohne Fokussierung.
Die beiden diskutierten Methoden — die Parabelmethode und die Methode der kompensierten Strahlen — wollen wir nun auch für die Spektrographie
eines Materiestrahles verwenden, der sich aus Teilchen verschiedener Ruhmasse zusammensetzt.

Während uns die Parabelmethode in ihrer Eignung zur allgemeinen Massenspektrographie bereits
geläufig ist [XI, 3], muß über die Anwendung der Methode der kompensierten Strahlen zu diesem Zweck noch einiges vorausgeschickt werden. Zunächst sind zwei Fälle zu unterscheiden, je nachdem der „kompensierte Strahl"

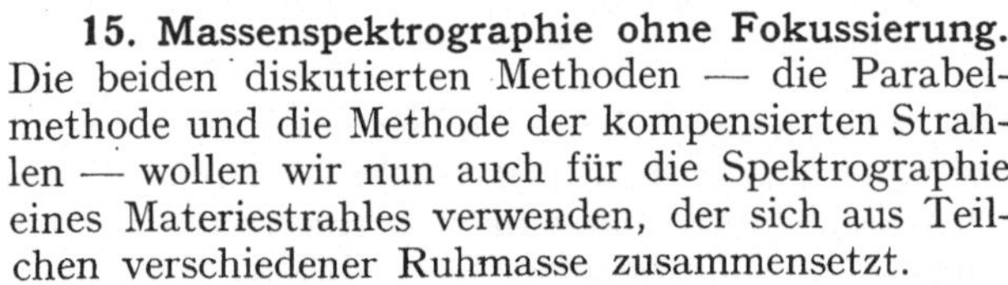

Abb. 574. Massenspektrogramm nach BAINBRIDGE (verkleinert) [28].

eine Gerade oder ein Kreis
ist. Nur von dem ersten
Fall wollen wir an dieser
Stelle sprechen, während
der zweite uns erst später
interessieren wird. Der
Kondensator mit dem über-
lagerten magnetischen Felde, wie er bei der Methode der kompensierten
Strahlen Anwendung findet, ist ein sehr selektiver Monochromator, der nur
Strahlen hindurchläßt, die der Bedingung $v = E/H$ genügen. Eine Strahlung, die den Monochromator durchlaufen hat, läßt sich also unmittelbar im
elektrischen oder magnetischen Felde nach der Masse eindeutig aufspalten.

BAINBRIDGE [28] hat einen Massenspektrographen nach diesem Prinzip benutzt. Das durch die Schlitze B_1 und B_2 in seiner Richtung ausgewählte Kanal-
strahlenbündel (Abb. 573) tritt in den Monochromator. Die bei B_3 austretende,
nur noch einparametrige Strahlung wird nun durch ein magnetisches Querfeld
in üblicher Weise aufgespalten und als Massen-Linienspektrum auf der photographischen Platte aufgezeichnet [25, 26, 27]. Ein auf diese Weise von

BAINBRIDGE [28] erhaltenes Spektrum, das die große Dispersion der Anordnung erkennen läßt, zeigt Abb. 574. Die Anordnung von BAINBRIDGE ist — um es nochmals explizit zu sagen — der alte DEMPSTERsche Spektrograph [XI, 11], der für Kanalstrahlen benutzt werden sollte und dem daher ein Monochromator vorgeschaltet wurde. Gegenüber der beschriebenen DEMPSTER-Anordnung unterscheidet er sich außerdem durch die Aufnahme eines ganzen Spektrums auf einer Platte.

Doch auch die alte Parabelmethode ist heute kaum weniger leistungsfähig. Zur Massenspektrographie wurde sie erstmalig von J. J. THOMSON [684, 685] angewandt, der mit ihr die ersten Isotope fand. Eine seiner Aufnahmen mit den Neonisotopen ^{20}Ne und ^{22}Ne zeigt Abb. 575[1]. Die Methode ist besonders durch CONRAD [172, 173, 221] zu einer Präzisionsmethode ausgestaltet worden. CONRAD verwendete zur Richtungsdefinierung des Kanalstrahles zwei Lochblenden von 0,1 mm Durchmesser bei 20 cm Abstand (Abb. 576). Eines seiner für Kohlenwasserstoffe erhaltenen Bilder ist in Abb. 577 wiedergegeben. Bei der Aufnahme, die sechs Gruppen von Kohlenwasserstoffparabeln erkennen läßt, fällt auf, daß die Parabeln erst in einem gewissen Abstand von der vertikalen Achse beginnen. Denken wir uns

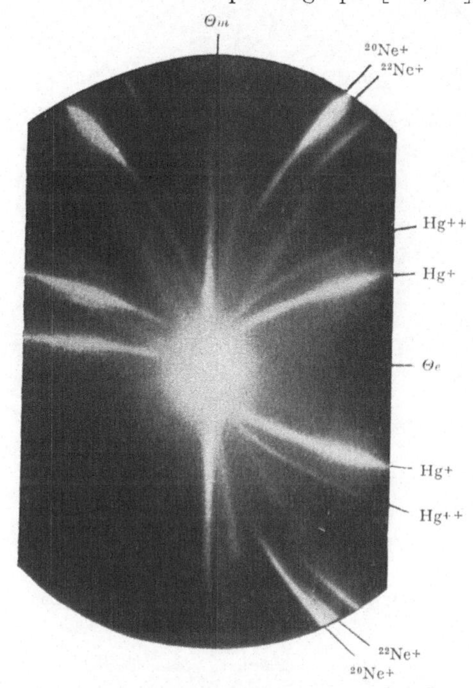

Abb. 575. Massenparabeln nach J. J. THOMSON [684, 685].

das magnetische Feld abgeschaltet, so würden die Parabeln zu einer Leuchtlinie auf der horizontalen Achse zusammenschrumpfen, die durch die Ablenkung der verschieden schnellen Strahlen im elektrischen Feld entsteht. Die schnellen Strahlen werden dabei am wenigsten abgelenkt, liegen also dem Ursprung näher. Schnellere Strahlen, als es dem durchfallenen Beschleunigungspotential entspricht, kann es natürlich nicht geben. Der Kopf der Leuchtlinie,

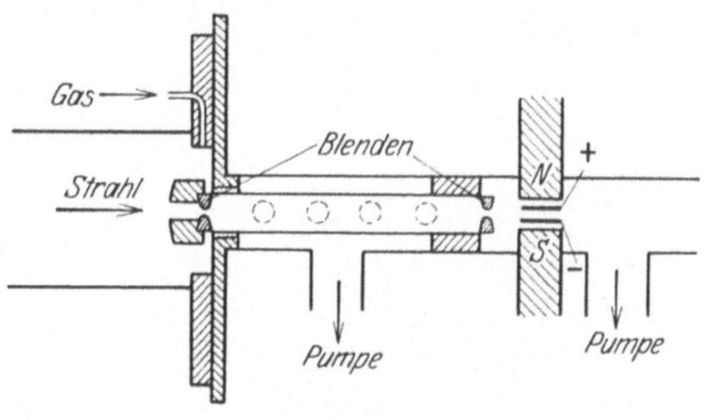

Abb. 576.
Massenspektrograph von CONRAD (Parabelmethode) [173].

oder wenn das magnetische Feld eingeschaltet ist, der Einsatzpunkt der Parabel, wird demnach von den voll beschleunigten Teilchen gebildet.

Weiter verbessert wurde die Parabelmethode durch LUKANOW und SCHÜTZE [439], sowie SCHÜTZE [637, 638], welche die dem Ablenkfeld nahe gelegene Blende auf den Bruchteil eines Zehntel Millimeters verengten. Zwei ihrer

---

[1] Daß die Parabeln im Gegensatz zu Abb. 577 beiderseitig ausgeschrieben werden, erzielt man durch Umkehr der magnetischen Feldrichtung.

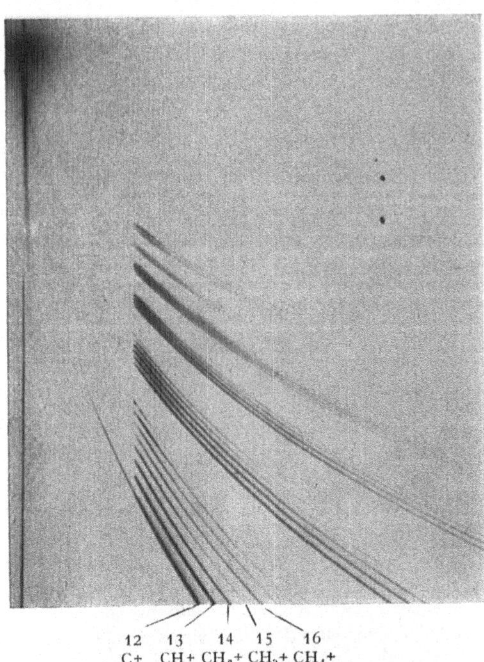

Abb. 577. Massenparabeln von Kohlenwasserstoffen nach CONRAD [173].

Aufnahmen geben Abb. 578 und 579. Aus Abb. 579 ist ein Stück der dem Wasserstoffmolekül entsprechenden Parabel herausgeschnitten und 20fach vergrößert in Abb. 580 wiedergegeben. Die feine Linie neben der Hauptlinie ist die des doppelt ionisierten Heliums. Die Aufnahme veranschaulicht sehr deutlich die große Dispersion der Anordnung. Da der Unterschied in m/e von H_2^+ und He^{++} nur $^1/_{300}$ (bezogen auf Sauerstoff 16) beträgt, trennt die Anordnung also noch einwandfrei Massen, die sich um $\Delta\,m/m = {}^1/_{600}$ unterscheiden.

16. Massenspektrographie mit Richtungsfokussierung. Die im letzten Abschnitt beschriebenen beiden Methoden zur Massenanalyse zweiparametriger Strahlung, die Parabel- und die BAINBRIDGE-Methode, arbeiten beide in der beschriebenen Form ohne Fokus-

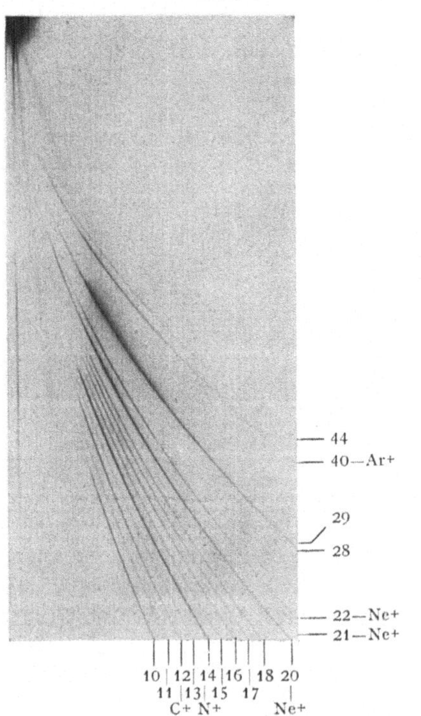

Abb. 578. Massenparabeln von Stickstoff, Neon, Argon nach LUKANOW u. SCHÜTZE [439].

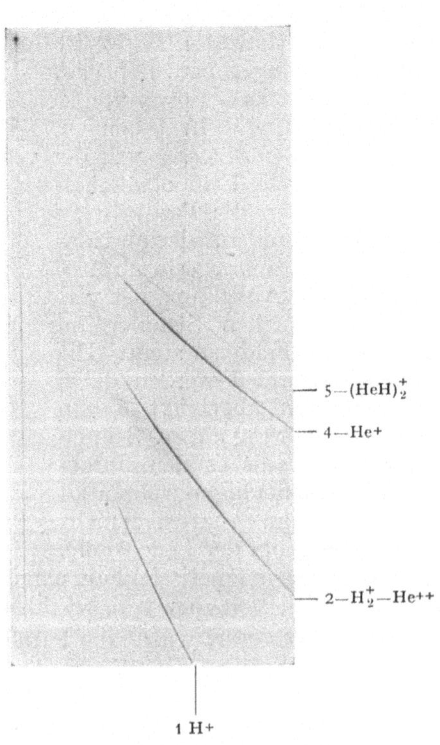

Abb. 579. Massenparabeln von Helium nach LUKANOW u. SCHÜTZE [439].

sierung. Bei beiden muß sich aber auch Richtungsfokussierung anwenden lassen.

Bei der Parabelmethode ist der Übergang zur Richtungsfokussierung leicht durchführbar. Wir brauchen nur, nachdem wir die eine der beiden die Strahlrichtung bisher definierenden Blenden entfernt haben, eine abbildende Elektronenlinse nahe dem Ablenksystem einzuschalten. Wäre die Elektronenlinse ein allgemeiner Achromat, so würde die Parabelbreite nun als Bild der übriggebliebenen Lochblende scharf begrenzt und so dünn erscheinen, wie es den optischen Gesetzen bei der Strahlung der Linse entspricht. In Wirklichkeit kennen wir aber keinen solchen Achromaten. Das Bild der Blende wird daher in verschiedenen Entfernungen von dem Ablenksystem entstehen, d. h. wir erhalten auf der photographischen Platte nur längs einer Kurve wirkliche Schärfe. Wie diese Kurve bei üblicher Lage der Platte bzw. wie die Schärfefläche im Raume liegen wird, können wir leicht übersehen. Bilden wir z. B. mit einer magnetischen Linse ab, die in unmittelbarer Nähe der Ablenkanordnung angebracht ist, und setzen

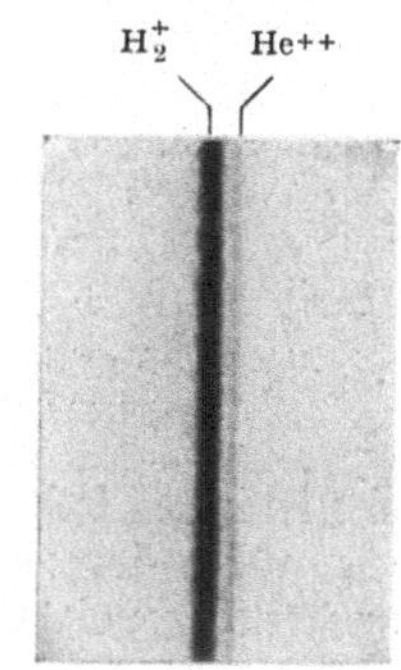

Abb. 580. Vergrößerter Ausschnitt aus Abb. 579.

wir der Einfachheit halber fest, daß die abzubildende Blende sehr weit entfernt ist, so wird jeder Punkt der Schärfefläche am Ende des abgelenkten Mittelstrahles in der Brennweitenentfernung der magnetischen Linse liegen. Da die magnetische Ablenkung mv umgekehrt proportional, die Brennweite m^2v^2 proportional ist, so gilt zwischen Brennweite f und Ablenkwinkel Θ_m die Beziehung:

$$f = \text{konst.}/\Theta_m^2 .$$

Man macht sich leicht klar, daß die Schärfefläche, die durch diese Funktion beschrieben wird, die in Abb. 581 gezeichnete Gestalt hat. Man kann sie auf einem nicht zu großen Stück durch eine Ebene annähern und hätte demzufolge die photographische Platte schief zu stellen. Daß dabei die Breite der Massenkurven wieder erhöht wird, ist unbedenklich, weil gleichzeitig auch ihre Abstände mitwachsen, so daß die Auflösung unverändert bleibt. Würde man die Platte wie bisher senkrecht zur ursprünglichen Strahlrichtung stellen, so erhielte man verwaschene Parabeln, die längs der Schnittkurve zwischen Platte und Schärfenfläche die größte Schärfe zeigen würden. Diese Schnittkurve ist bei einer magnetischen Linse eine Gerade parallel zur Θ_e-Achse (konstantem Θ_m entsprechend). Bei Anwendung einer elektrischen Linse ergibt sich die größte Schärfe längs einer Geraden parallel zur Θ_m-Achse. Die Anwendung einer kombinierten elektrisch-magnetischen Linse gibt kompliziertere Schärfekurven. Der Einbau von Linsen bei der Parabelmethode ist dann von Vorteil, wenn nur kleine Intensität zur Verfügung steht. CARTAN [161] schätzt ab, daß er durch Einschaltung seiner Netzlinse [XI, 5] bei Parabeln gleicher Strichschärfe eine Intensitätssteigerung um den Faktor 900 erreicht.

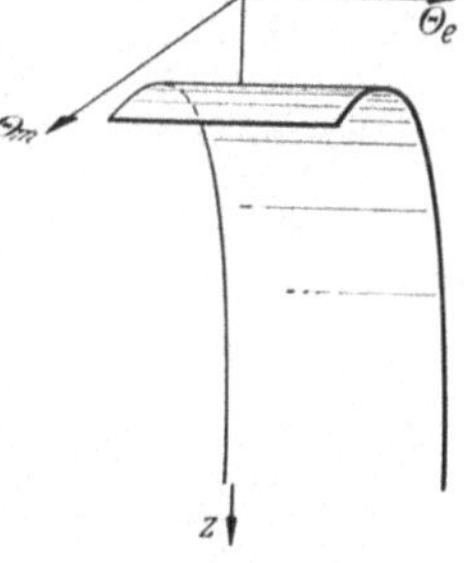

Abb. 581. Schärfefläche bei der Parabelmethode mit magnetischer Linse.

Schließlich sei noch ein Beispiel für die Anwendung der Elektronenlinse zur Durchführung einer Nullmethode behandelt (Abb. 582). Es sei A ein relativ schwacher Strahler, der eine Mischung positiver und negativer Teilchen in breiter Geschwindigkeitsverteilung aussendet. Es soll geprüft werden, ob beide Teilchengruppen das gleiche e/m besitzen. Die Strahlung wird zu dieser Prüfung durch die magnetische Linse L gesammelt, wobei positive und negative Teilchen von gleichem $\frac{m\,v}{e}$ gleichartige Bahnen von entgegengesetztem Drehsinn beschreiben. Je nach der Geschwindigkeit der Teilchen, aber unabhängig von

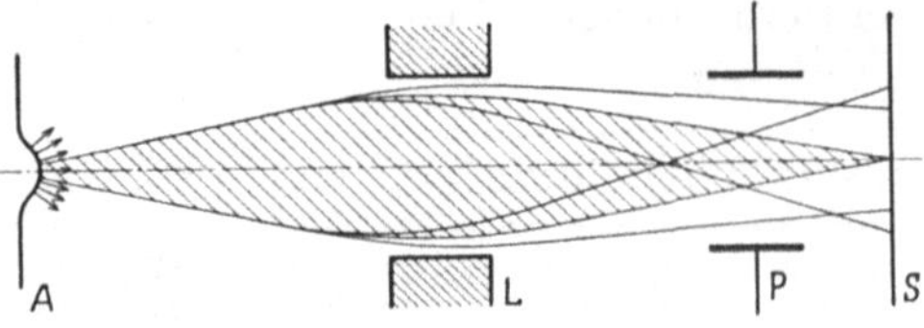

Abb. 582. Vergleich der e/m-Werte für positive und negative Teilchen.

dem Vorzeichen der Ladung, liegen die Bilder von A an verschiedenen Stellen der optischen Achse. Auf dem Schirm S wird sich also kein scharfes Bild, sondern ein verwaschener Fleck ausbilden, in dem Teilchen einer bestimmten Geschwindigkeit maximal vertreten sind, während die langsameren und die schnelleren Teilchen einen Hof um diesen Fleck bilden. Machten sich bis jetzt die positiven gegenüber den negativen Teilchen in keiner Weise bemerkbar, so muß bei einer zusätzlichen elektrischen Einwirkung der Unterschied in der Ladung sich zeigen. Legt man an das Ablenkplattenpaar P eine Spannung, so werden die negativen Teilchen nach der einen, die positiven nach der anderen Seite abgelenkt, es entstehen zwei Leuchtflecke auf dem Schirm. Sind beide Flecke gleich scharf und sind ihre Abstände vom Fleck des unabgelenkten Strahls gleich groß, so kann man schließen, daß beide Teilchenarten gleiches $\frac{m\,v}{e}$ und $\frac{m\,v^2}{e}$ haben.

17. Massenspektrographie und Geschwindigkeitsfokussierung. Von den im letzten Abschnitt vorgeschlagenen Massenspektrographen mit Richtungsfokussierung ist der von ASTON [16 bis 20; *19, 20*] eingeführte Massenspektrograph mit Geschwindigkeitsfokussierung zu unterscheiden. ASTON geht von einem Strahlenbündel aus, in dem alle Teilchen die *gleiche Richtung* haben. Dieses durch zwei enge Blenden B_1 und B_2 (Abb. 583) in der Richtung definierte Bündel tritt in den Kondensator C, der das Bündel nach $m\,v^2$ aufspaltet. Das aufgespaltete Bündel gelangt nun in ein Magnetfeld, das die Strahlen gleicher Masse (und verschiedener Geschwindigkeit) auf einer Platte S fokussiert.

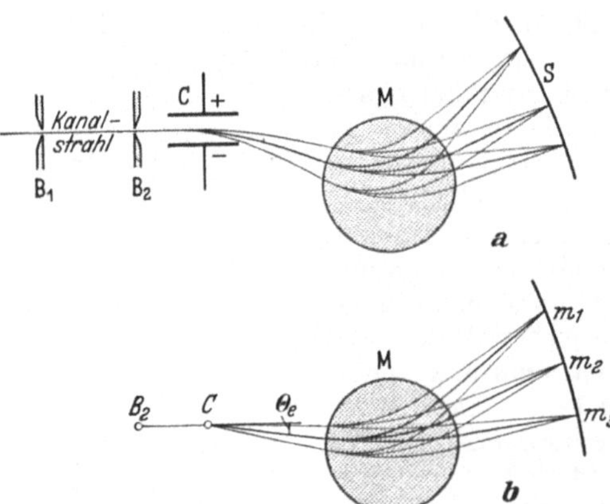

Abb. 583. Schema des Massenspektrographen von ASTON.

Es ist nicht ganz leicht, sich die „Fokussierung" dieser Art wirklich ganz klarzumachen, denn sie ist gänzlich anderer Art als die *Richtungsfokussierung*, von der bisher allein gesprochen wurde. Man kann fast sagen, daß wir durch die Benutzung des gleichen Wortes — Fokussierung — uns das Verständnis noch besonders erschweren.

Durch ein rundes Loch falle ein nahezu paralleles Bündel Sonnenstrahlen in ein verdunkeltes Zimmer (Abb. 584). Wir zerlegen dieses Bündel durch ein Prisma PR_1 so, daß wir auf einem Schirm dahinter ein Spektrum auffangen könnten. Statt dessen bringen wir ein zweites Prisma PR_2 in den Strahlengang, das eine höhere Dispersion als das erste hat. Dann werden die einzelnen Farbstrahlen wieder konvergieren und sich schließlich an der Stelle F treffen, wo wir also weißes Licht beobachten. Wählen wir eine entsprechende Ausdrucksweise

wie in der Elektronenoptik, so hätten wir den Vorgang als „Farben-Fokussierung"
zu bezeichnen [1].

Wir wollen hier nicht die exakte mathematische Theorie [21] behandeln,
sondern nur ASTON bei seiner vereinfachten Darstellung [*19*] folgen, um
erstens zu beweisen, daß wirklich Geschwindigkeitsfokussierung auftritt, und zweitens Aussagen über den Ort der Fokussierungspunkte (Bildfeld) zu erhalten.

Ein Beobachter, der mitten zwischen C und M das aus dem Ablenkkondensator

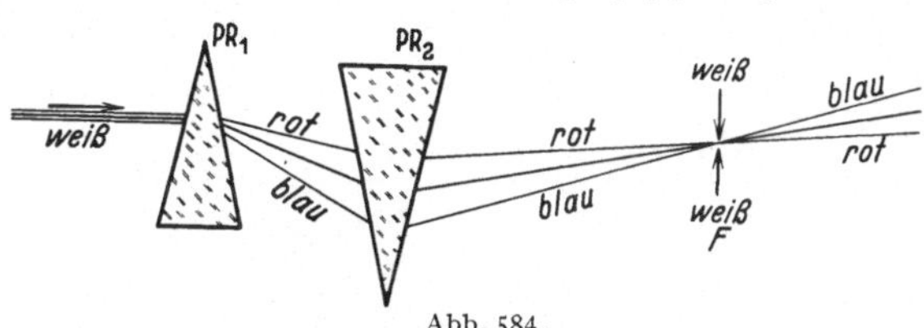

Abb. 584.
Optisches Ersatzschema des ASTONschen Massenspektrographen.

kommende Bündel analysiert, würde es so beschreiben: Von einem Punkte C,
der in der Mitte des Kondensators liegt (Abb. 583 b), kommen Strahlen verschiedener Masse und Geschwindigkeit, wobei die Beziehung erfüllt ist, daß
in einer bestimmten Richtung nur Teilchen gleicher Energie fliegen und daß
diese Energie mit dem Winkel Θ_e, den die Teilchen mit der Richtung der (unabgelenkten) Strahlen unendlicher Energie bilden, für kleine Ablenkungen nach
Gl. (1) [XI, 2] in Zusammenhang steht:

$$\Theta_e = \text{konst.} \cdot \frac{e}{m\,v^2}. \tag{1}$$

ASTONs Verdienst ist es, erkannt zu haben, daß bei Erfüllung dieser Bedingung
ein magnetisches Feld M hinsichtlich der Masse trennend, hinsichtlich der Geschwindigkeit fokussierend wirkt, wie es in Abb. 583 b angedeutet ist.

Zur Diskussion der Fokussierung fragen wir, wo ein von B_2 (Abb. 583 b)
ausgehendes Bündel von Teilchen *gleicher* Masse fokussiert wird. Aus Gl. (1)
folgt:

$$\frac{d\,\Theta_e}{d\,v} = -\,2\,\frac{\Theta_e}{v}. \tag{2}$$

Entsprechend folgt aus dem Ablenkungsgesetz im magnetischen Feld, wobei
wir wieder kleine Ablenkungen voraussetzen:

$$\frac{d\,\Theta_m}{d\,v} = -\,\frac{\Theta_m}{v}.$$

Aus den beiden Gleichungen läßt sich die im Bündel variable Geschwindigkeit
eliminieren.

$$\frac{d\,\Theta_m}{\Theta_m} = \frac{1}{2}\,\frac{d\,\Theta_e}{\Theta_e}. \tag{3}$$

Die Frage nach der Möglichkeit der Fokussierung ist also unter der Voraussetzung kleiner Winkel positiv beantwortet, denn die letzte Beziehung sagt aus,
daß bei gleicher Masse die magnetische Mehrablenkung der elektrischen Mehrablenkung proportional ist, so daß, wie wir sofort im einzelnen sehen werden,
die vom Punkte C unter verschiedenen Winkeln ausgehenden Teilchen gleicher
Masse nach Passieren der magnetischen Ablenkung M wieder in einem Punkte
zusammenlaufen.

---

[1] ASTON selbst [*19*] veranschaulicht die Wirkung seines Massenspektrographen in genauerer
Weise, indem er sagt: „Um das Prinzip des Apparates verständlich zu machen, ist es zweckmäßig, den Materiestrahl mit einem Strahl weißen Lichtes zu vergleichen. Das elektrische
und magnetische Feld seien Glasprismen, die das Licht in entgegengesetzten Richtungen
ablenken. Das Spaltsystem ist dann Kollimator. Wenn das Glas des ersten Prismas eine
doppelt so große Dispersion hat als das des zweiten, wird die Verschiedenartigkeit der Lichtstrahlen eine Zerlegung des Strahls bedingen, gleichartig der, die im Fall der Kanalstrahlen
durch die Verschiedenartigkeit (bezüglich der Geschwindigkeit) verursacht wird. Wenn
wir nun den brechenden Winkel des zweiten Prismas mehr als doppelt so groß machen als
den des ersten, so werden wir ein achromatisches Bild bei F erhalten können."

Um nun festzustellen, wo die Strahlenschnittpunkte für Bündel verschiedener Masse liegen, verfolgen wir ein Bündel konstanter Masse vom Öffnungswinkel $d\Theta_e$ bei seiner Ablenkung durch das im Punkte M (Abb. 585)[1] konzentriert gedachte Magnetfeld. Das Bündel hat nach Durchlaufen der Strecke $CM = d$ die Breite $d \cdot d\Theta_e$. Nach Durchlaufen einer anschließenden Strecke $MF = b$ ist seine Breite unter der Wirkung des Magnetfeldes geworden:

$$d\,d\Theta_e + b\,(d\Theta_e - d\Theta_m).$$

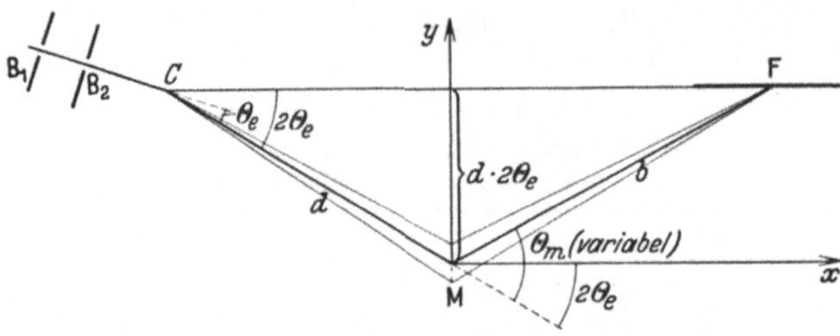

Abb. 585. Zur Wirkungsweise des Astonschen Massenspektrographen.

Unter Verwendung der Beziehung (3) wird daraus:

$$d\Theta_e\Big[d + b\Big(1 - \frac{1}{2}\frac{\Theta_m}{\Theta_e}\Big)\Big].$$

Die Bündelbreite wird Null, wenn die eckige Klammer Null wird, d. h. für

$$b_0 = \frac{2\,\Theta_e}{\Theta_m - 2\,\Theta_e}\,d\,.$$

Rechnen wir b_0 auf das in Abb. 585 eingezeichnete Koordinatensystem um, dessen Lage durch d und Θ bestimmt ist, so erhalten wir für die Koordinaten des Brennpunktes:

$$x = b_0 \cos(\Theta_m - 2\,\Theta_e) \approx b_0 = 2\,d \cdot \Theta_e/(\Theta_m - 2\,\Theta_e),$$
$$y = b_0 \sin(\Theta_m - 2\,\Theta_e) \approx b_0\,(\Theta_m - 2\,\Theta_e) = 2\,d \cdot \Theta_e.$$

Hält man also durch eine zwischen C und M eingeschaltete Blende (in Abb. 585 nicht eingezeichnet) den Winkel Θ_e praktisch konstant, so liegen, da Θ_m variabel

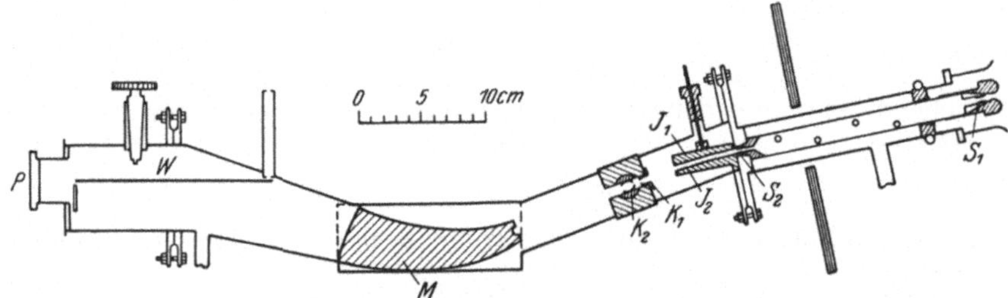

Abb. 586. Massenspektrograph von Aston [20].

bleibt, die Brennpunkte in Annäherung auf einer Geraden durch C. Gerade dieses Ergebnis aber ist sehr wichtig, würde doch die Notwendigkeit, die Platte zu krümmen, eine wesentliche Komplikation der Anordnung bedingen. Allerdings liegt diese Gerade für jedes Θ_e verschieden. Aston konnte zeigen, daß sich nach Einschieben der Blende und Aufstellung der Platte in der angegebenen Richtung scharfe Linien der Massen erhalten ließen.

Ein Astonscher Massenspektrograph [20] ist in Abb. 586 dargestellt[2]. Man erkennt die Spaltblenden S_1 und S_2, die 0,02 mm Weite haben, die Kondensatorplatten J_1 und J_2, das Blendensystem K_1, K_2, den einen sichelförmig geformten Magnetpolschuh M und die photographische Platte W. Die exakte Theorie

---

[1] Die Zeichnung ist schematisch: Θ_e und Θ_m werden für die Rechnung als klein vorausgesetzt.

[2] Bei dieser Zeichnung kommt im Gegensatz zu unseren bisherigen Bildern die Strahlung von rechts.

des Instruments ergibt, daß bei Erfüllung der Bedingung $\Theta_m = 4\,\Theta_e$ die Massenskala linear wird, welche Beziehung daher bei der Konstruktion berücksichtigt
ist (es wird dann $b_0 = d$)[1]. Einige in Abb. 587 zusammengestellte Spektrogramme
zeigen die hohe reduzierte Dispersion des Instruments. Die letzte Reihe der
Abb. 587 gibt die Spektrogramme (b und d), in denen der Massenunterschied
zwischen He und 2 H_2 gezeigt ist. Da die Intensität von He^{++} stets sehr gering
ist (Abb. 580), verglich Aston nicht He^{++} mit H_2^+, sondern H_2^+ mit He^+, wobei
er von folgender Überlegung ausging. Läßt man zuerst einen H_2^+-Strahl ein
bestimmtes elektrisches Feld durchlaufen und sodann einen H_1^+-Strahl ein halb
so großes Feld, so werden beide, da für die Ablenkung $(e/m)\cdot E$ maßgebend ist,
im selben Punkt des Spektrogramms fokussiert werden. Wählt man nun für den

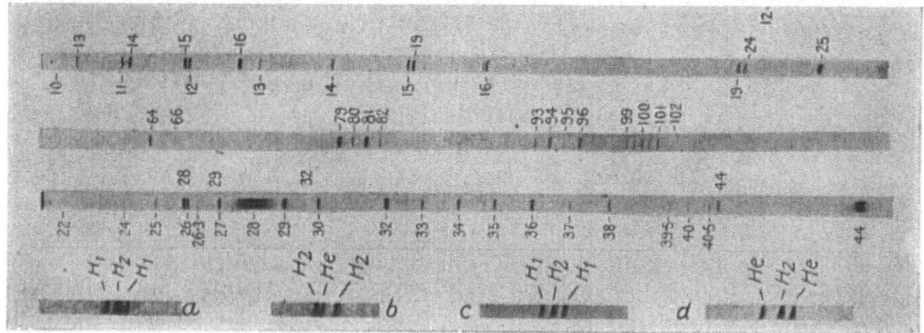

Abb. 587. Massenspektren nach Aston [20].

H_1^+-Strahl zwei Felder, die um einen geringen gleichen Betrag kleiner bzw.
größer sind als das obengenannte, so müssen die entstehenden H_1^+-Linien die
H_2^+-Linie genau symmetrisch umrahmen (Abb. 587a, c). Führt man den entsprechenden Versuch mit H_2^+ und He^+ durch, wobei man z. B. die He-Linie von
den H_2-Linien umrahmen läßt, so findet man (Abb. 587b), daß die He-Linie
nicht in der Mitte liegt, sondern ein wenig nach kleineren Massen verschoben ist.
Aus der Größe der Verschiebung läßt sich der Massendefekt des Heliums leicht
berechnen. Aston gibt an, daß sich mit seiner Apparatur Massenbestimmungen
mit einer Genauigkeit von $1:10000$ durchführen lassen[2].

e) Massenspektrographie mit doppelter Fokussierung.

Wer dem Gebiet der Elektronenoptik ferner stand, wird es kaum geglaubt
haben, daß die 1933 schon so vollendet erscheinenden massenspektrographischen
Methoden, insbesondere der Spektrograph von Aston, noch großer Verbesserungen fähig wären. Und doch sind diese Methoden nach der Klärung und Be-
fruchtung, die die elektronenoptische Betrachtung auch hier gebracht hat,
eigentlich erst in das Stadium der Vollendung getreten. Die auf Grund elektronenoptischer Erwägungen verbesserte bzw. überhaupt erst eingeführte vollständige Fokussierung brachte eine erhebliche Steigerung der Intensität und der
Zeichenschärfe der Massenspektrographen, wodurch sie in die Lage gesetzt
wurden, die schwierigen neueren Aufgaben der Isotopenforschung zu lösen.

Wir wollen uns in diesem letzten Kapitelteil mit diesen neueren, in grundsätzlicher Beziehung vollendeten Formen des Massenspektrographen beschäftigen,

---

[1] Vgl. aber [309].

[2] Der Spektrograph ist von Stetter [661, 662] auch zur e/m-Bestimmung für natürliche
H-Strahlen und Atomtrümmer benutzt worden.

wobei wir zwei Fälle unterscheiden werden. Erstens: Wie beim magnetischen Geschwindigkeitsspektrographen verlaufen die Teilchen vom Entstehungsort bis zur Platte bzw. bis zum Käfig im homogenen Feld. Zweitens: Die Teilchen durchlaufen getrennte Aufspaltungs- und Fokussierungsfelder (ASTON-Anordnung).

18. Doppelte Fokussierung im kombinierten langen Feld. Eine Korpuskel von der Geschwindigkeit v und der Masse m beschreibt im homogenen magnetischen Querfeld einen bestimmten Kreis (Abb. 588). Lassen wir von demselben Punkt P ein gleiches Teilchen mit etwas anderer Richtung ausgehen, so wird sein Bahnkreis den des ersten nach dem Winkel von 180° im Punkte Q schneiden und das Teilchen wird nach 360° wieder den gemeinsamen Ausgangspunkt treffen. Geben wir nun einem dritten Teilchen eine etwas größere Geschwindigkeit, so wird es einen etwas größeren Kreis beschreiben, der es mit dem ersten und zweiten Teilchen erst nach 360° wieder bei P zusammenführt.

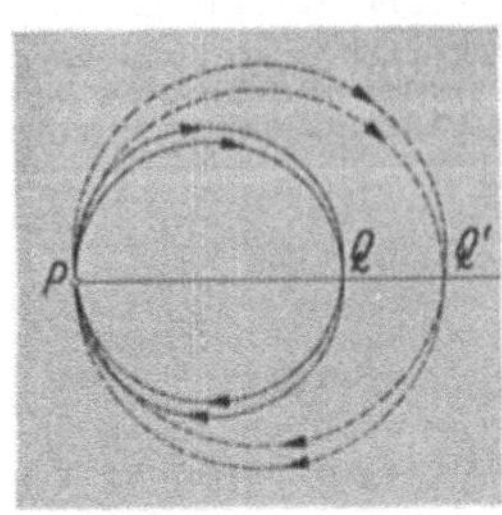

Abb. 588. Elektronenbahnen im Magnetfeld.

Man könnte daran denken, diesen Punkt P der doppelten Fokussierung zur Massenspektrographie auszunutzen. Das ist aber undurchführbar, da hier auch Teilchen fokussiert werden, die verschiedene Masse haben; wir haben es mit einem Punkt dreifacher Fokussierung zu tun. Überlagert man nun aber das magnetische Feld und das elektrische Feld eines Zylinderkondensators, so ergibt sich eine Feldkombination mit doppelter Fokussierung, wie wir es bereits in [V, 7] besprachen. Dieser Fall tritt nach BARTKY und DEMPSTER [37] ein, wenn das elektrische Feld nach außen wirkt, wobei es die Zentrifugalkraft unterstützt. Die elektrische Kraft ist so groß wie die Zentrifugalkraft. Die Doppelfokussierung tritt jetzt bei 127° ein, wo gleichzeitig die Dispersion maximal ist.

Der Wert für e/m ergibt sich in folgender Weise: In die Gleichgewichtsbedingung

$$e v H = \frac{m v^2}{r_0} + e E \tag{1}$$

für die Kreisbewegung auf dem Radius r_0 muß die Bedingung für die Gleichheit von elektrischer und Zentrifugalkraft eingeführt werden, nämlich

$$\frac{m v^2}{r_0} = e E = \frac{e}{r_0} \frac{U_z}{\ln \frac{r_2}{r_1}},$$

oder

$$\frac{m v^2}{2 e} = U_b = \frac{1}{2} \frac{U_z}{\ln \frac{r_2}{r_1}}. \tag{2}$$

Dabei ist U_b Beschleunigungsspannung, U_z die Spannung am Zylinderkondensator, r_1 und r_2 sind die beiden Radien des Zylinderkondensators. Man findet

$$\frac{e}{m} = \frac{4 U_z}{r_0^2 H^2 \ln \frac{r_2}{r_1}} \tag{3}$$

als Bestimmungsgleichung für e/m.

BONDY und POPPER [78] machten den ersten Versuch, dieses günstige Feld zur Konstruktion eines mehrfach fokussierenden Massenspektrographen zu benutzen. Ein von einer Siebanode A kommender Ionenstrahl (Abb. 589) wurde durch den Zylinderkondensator C von 4 cm mittlerem Radius geführt, dem ein magnetisches Feld so überlagert war, daß die Wirkungen sich zum Teil kompensierten. Am Ende des 127°-Kondensators wird der Strahl in den Käfig K aufgefangen. Zur Aufnahme des Massenspektrogramms wurden die Massen nacheinander am Spalt des Monochromators vorbeigeschoben. Der Apparat arbeitete schon recht gut bei Beschleunigung der Ionen mit 100 V und erreichte eine gute reduzierte Dispersion. Abb. 590 zeigt die endgültige Apparatur, wie sie von Bondy, Johannson und Bartky [80] gebaut und zur Bestimmung der relativen Häufigkeit der K- und Rb-Isotope benutzt wurde. Es bedeutet S die Anode, K den Kondensator und A den Auffänger.

Die gleiche Anordnung wurde von Shaw [645, 646] zur e/m-Bestimmung von Elektronen benutzt. Die von einem Glühdraht emittierten Elektronen werden nach Durchlaufen eines Kreisabschnittes von 127° von einem zweiten Draht aufgefangen. Der Wert von e/m wird nach der Formel (3) aus den Felddaten berechnet, bei denen Fokussierung eintritt.

Die Formel (3) für e/m enthält zwar die Elektronengeschwindigkeit nicht explizit, wohl aber implizit, weil Zentrifugalkraft und elektrische Kraft gleich sein sollen. Die Elektronengeschwindigkeit muß also richtig gewählt werden. Hierzu

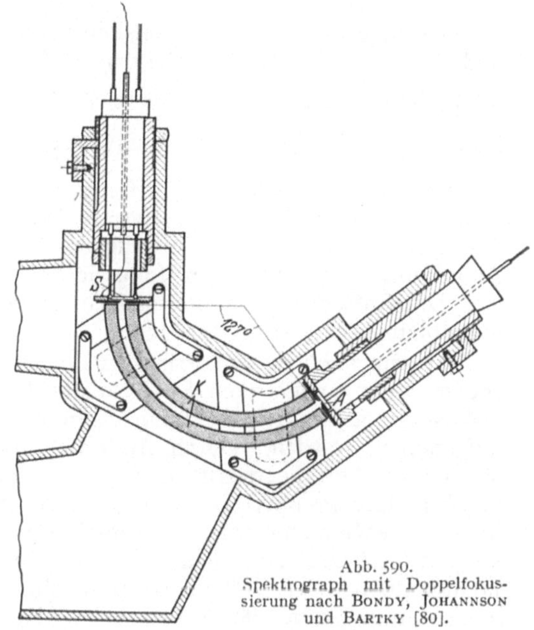
Abb. 590.
Spektrograph mit Doppelfokussierung nach Bondy, Johannson und Bartky [80].

Abb. 589. Massenspektrometer nach Bondy und Popper [78].

gibt Shaw folgendes Verfahren an: Rechnet man aus der allgemeinen Gleichgewichtsbedingung (1) bei festem H das elektrische Feld E als Funktion von v aus, so ergibt sich eine Parabel. Der Scheitelpunkt der Parabel liefert, wie man leicht verifiziert, die zusammengehörenden Werte von E und v, bei denen Geschwindigkeitsfokussierung eintritt. Diese Eigenschaft wurde zur genauen Festlegung der Elektronengeschwindigkeit benutzt. Bei fest vorgegebenem Magnetfeld (bzw. Spannung des Zylinderkondensators) wurde für jede Beschleunigungsspannung diejenige Kondensatorspannung (bzw. das Magnetfeld) ausgesucht, bei denen der Auffängerstrom sein Maximum hatte, bei dem also ein „Mittelelektron" auf der Kreisbahn umlaufen wird. Die so erhaltenen Werte von U_z (bzw. H) wurden als Funktion der Beschleunigungsspannung aufgetragen und das Extremum der entstehende Kurve bestimmt. Dieser Wert $U_{z\,\text{extr.}}$ (bzw. $H_{\text{extr.}}$) ist zusammen mit dem anfänglich vorgegebenem H (bzw. U_z) in (2) einzusetzen. Selbst wenn die Beschleunigungsspannung nicht sehr genau festliegt, kann das richtige $U_{z\,\text{extr.}}$ bzw. $H_{\text{extr.}}$ eben weil es sich um einen Extremwert handelt, sehr genau bestimmt werden.

Eine sehr interessante Anordnung mit doppelter Fokussierung eines Strahles von Ladungsträgern wurde von Bleakney und Hipple [68] angegeben. Sie überlagern gekreuzt ein homogenes elektrisches und ein magnetisches Feld. Die Ditferentialgleichungen für die Bewegung in diesem Feld wurden bereits in [I, 7] angegeben, wo auch die Lösung für den Fall angegeben wurde, daß die Teilchen ohne Geschwindigkeit starten. In diesem Fall ist die Bahn eine gewöhnliche Zykloide mit Spitzen. Haben die Elektronen beim Start eine endliche Anfangsgeschwindigkeit und irgendeine Neigung gegen die Felder, so treten verschlungene oder gestreckte Kurven als Bahnen auf. Die Bahngleichungen lauten

$$x = \varrho \cos \varphi - \varrho \cos\left(\frac{e}{m} H t + \varphi\right),$$

$$y = \varrho \sin \varphi - \varrho \sin\left(\frac{e}{m} H t + \varphi\right) + \frac{E}{H} \cdot t.$$

Dabei sind ϱ und φ Integrationskonstanten, die durch Anfangsgeschwindigkeit und Anfangsrichtung der Elektronen festgelegt sind. Zur Zeit $t = 0$ starten die Ladungsträger bei $x = y = 0$. Zur Zeit $t = 2\pi \left(\frac{e}{m} H\right)^{-1}$ gehen die Ladungsträger durch den Punkt $x = 0$, $y = 2\pi \frac{m}{e} \frac{E}{H^2}$, also durch einen Punkt, der unabhängig von ϱ und φ, den Anfangsbedingungen, ist. An diesem Punkte tritt demnach *strenge* Doppelfokussierung ein, d. h. auch bei großer Bündelöffnung und großer Streuung der Anfangsgeschwindigkeit, im Gegensatz zu anderen Anordnungen, wo die Doppelfokussierung nur in erster Näherung gewährleistet ist. Die Entfernung des Fokussierungspunktes vom Startpunkt ist linear von m/e abhängig.

Bei dem nach diesem Prinzip gebauten Spektrometer werden die Ladungsträger durch einen engen Spalt in das Feld eingeschossen. An der Stelle des Fokussierungspunktes steht ein zweiter Spalt, hinter dem die Ladungsträger aufgefangen werden. Durch Änderung der Felder können die verschiedenen Massen am Auffängerspalt vorbeigeführt werden. Die Registrierung wird automatisch durchgeführt [653]. Ein durch einen Motor kontinuierlich veränderliches Potentiometer wird mit einer beweglichen photographischen Platte gekoppelt, die zur Aufzeichnung des vom Galvanometerspiegels reflektierten Lichtes dient. Der Galvanometerausschlag wird so als Funktion der Potentiometerstellung, d. h. der Ablenkfelder (der Teilchenmasse) aufgezeichnet.

19. Grundsätzliches über die Doppelfokussierung bei ASTONs Spektrograph. Der Massenspektrograph von ASTON [XI, 17], arbeitet in seiner ursprünglichen Form mit Geschwindigkeits-, aber ohne Richtungsfokussierung. In der ersten Auflage [EO, VII, 18] wurden die Fokussierungsverhältnisse klargestellt, und es wurde diskutiert, wie man zu einer zusätzlichen Richtungsfokussierung kommen könnte. Wir wollen diesen Gedankengang hier zunächst wiederholen und abrunden.

Bei der üblichen Anordnung ASTONs mit den zwei engen Eingangsblenden B_1 und B_2 (Abb. 591) rechnen wir mit einem streng parallelen Bündel, das nach seiner Farbaufspaltung wieder in F — wir sprechen nur von Teilchen einer als Beispiel herausgegriffenen Masse — fokussiert wird, so daß wir an dieser Stelle einen scharfen *weißen* Leuchtstrich auf einem Schirm finden würden. Laufen indessen die Strahlen bei ihrem Durchtritt durch die Blende B_2 merklich auseinander, so wird bei F ein verwaschenes „Schattenbild" der Blende B_2 entstehen. Durch die Mitwirkung von Linsen im Strahlengang, wie sie infolge des magnetischen Feldes M stets vorhanden sind, wird in Wirklichkeit das Bündel nicht dauernd divergieren, sondern es wird z. B. in G ein chromatisches Bild der Blende B entstehen. Unsere Aufgabe ist es, G und F an den gleichen Raumpunkt zu bringen, denn dann wäre die doppelte Fokussierung durchgeführt.

Zur Lösung dieser Aufgabe erinnern wir uns an die Gesetzmäßigkeiten der in [I, 9] behandelten Richtungsfokussierung eines homogenen Magnetfeldes, in dem das Strahlenbündel nur auf einem Teil seines Weges verläuft, wie es in Astons Apparat der Fall ist. Fassen wir wieder nur *eine* Masse[1] und *eine* Geschwindigkeit ins Auge (Abb. 592). Vernachlässigen wir zunächst eine eventuelle Linsenwirkung des Dispersionskondensators C, dann wird ein Beobachter

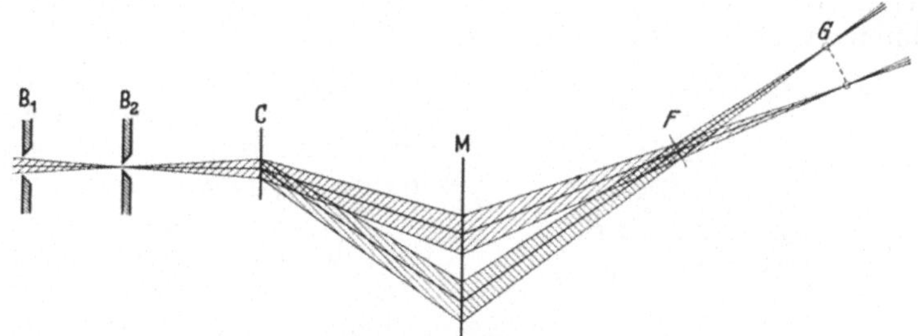

Abb. 591. Zur Richtungsfokussierung beim Aston-Spektrographen.

zwischen den beiden Ablenkfeldern glauben, daß das divergierende Bündel (eigentlich die divergierenden Bündel) von $\bar{B}_2$ käme. Das Bild dieses Spaltes $\bar{B}_2$ wird durch das Magnetfeld in G erzeugt werden, wobei nach Barbers Rechnungen [V, 7] die Punkte $\bar{B}_2$, G und Q (Mittelpunkt des Bahnkreises im Magnetfeld) auf einer Geraden liegen.

Versuchen wir nun bei der Aston-Apparatur Abb. 586 nach dieser Konstruktion den Bildort zu finden (Abb. 592a), so erkennen wir, daß es zu keinem

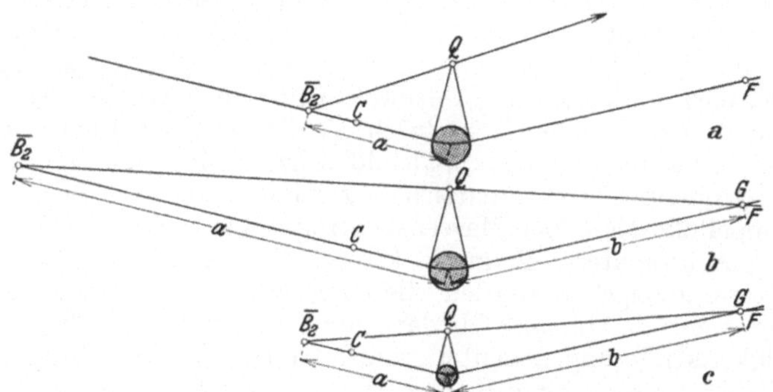

Abb. 592. Zur Spaltabbildung beim Astonschen Massenspektrographen.

reellem Schnittpunkt kommt, d. h. die Fokussierungswirkung des Magnetfeldes ist zu gering, als daß ein reelles Spaltbild zustande kommen könnte. Damit ist aber auch schon gesagt, was wir tun müssen, um unsere Konstruktionsforderung zu erfüllen. Wollen oder können wir die Brechkraft unserer magnetischen Zylinderlinse nicht erhöhen, so müssen wir nach dem Linsengesetz die Gegenstandsweite a vergrößern, d. h. den Blendenspalt fortschieben (Abb. 592b). Oder wir erhöhen die Brechkraft der Linse, indem wir den Bahnkrümmungsradius verkleinern (Abb. 592c), wobei wir aber die magnetische Gesamtablenkung Θ_m konstant halten müssen, damit sich der achromatische Punkt F nicht verschiebt. Das Ergebnis unserer Überlegung ist in jedem Falle ein Instrument mit unorganischen Dimensionen.

---

[1] Was hinsichtlich der einen Masse gilt, gilt auch hinsichtlich der benachbarten Massen.

Die Brechkrafterhöhung der magnetischen Zylinderlinse selbst ist zwar nicht ohne weiteres möglich, da dadurch auch der Ablenkwinkel Θ_m geändert würde. Es steht uns aber ein anderer natürlicher Weg zur Verfügung. Wir werden die für die Abbildung zu geringe Brechkraft dadurch erhöhen, daß wir zusätzlich Sammellinsen, die den Strahlengang als Ganzes nicht ablenken, in den Strahlengang einbauen. Dabei kommt es stets darauf an, daß durch die Einschiebung der Linsen an der Stelle $\overline{\overline{B}}_2$ ein Bild des Spaltes $\overline{B}_2$ entsteht (Abb. 593). Nach der Rechnung von BARBER muß dann in F auch das Spaltbild liegen.

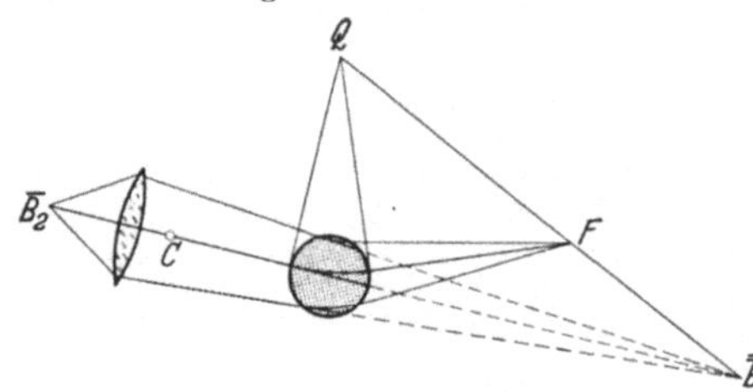

Abb. 593. Zum Linseneinbau beim ASTONschen Massenspektrographen.

Für die Einschaltung von Linsen bieten sich zwei verschiedene Möglichkeiten dar. Entweder setzt man eine einzelne Zylinderlinse zwischen Spalt und Ablenkkondensator oder man benutzt die fokussierenden Eigenschaften besonders gestalteter Ablenkkondensatoren. Es ist schwer zu sagen, welche dieser beiden Möglichkeiten günstiger ist. Im ersten Falle hat man eine vollständige Entkopplung durchgeführt, was für die Einstellung des Gerätes zweifellos von Vorteil ist. Im zweiten Falle, bei dem die fokussierende Eigenschaft eines Zylinderkondensators mit Querfeld benutzt werden würde, ist der Aufbau vielleicht etwas einfacher.

Führt man besondere Elektronenlinsen ein, so wird man versuchen, den Massenspektrographen analog zum optischen Spektralapparat aufzubauen. Man wird also vor den Ablenkkondensator eine erste Linse bringen, die die von der Blende ausgehenden Strahlen parallelisiert, und hinter das Ablenksystem eine zweite, die die Strahlen wieder zu einem Bild sammelt. Dabei hat man aber zu berücksichtigen, daß auch die Ablenkelemente eine Zylinderwirkung ausüben. Praktisch wird man also einfach durch Verstellung der Linsen bei fest eingestellten Ablenkelementen das Spaltbild scharfstellen. Dabei stört es nicht, daß die Elektronenlinsen chromatisch unkorrigiert sind, da die Anforderungen an einen doppelfokussierenden Massenspektrographen wesentlich kleiner sind als die an einen Achromaten. Beim Spektrographen sollen die Punkte F und G (Abb. 591) zusammengelegt werden, die einen *endlichen* Abstand besitzen. Man ist zufrieden, wenn das bis auf Glieder gelingt, die mit dv, wobei dv eine kleine Geschwindigkeitsänderung bedeutet, verschwinden. Beim Achromaten dagegen soll eine *kleine* Brennweitendifferenz von der Größenordnung dv zum Verschwinden gebracht werden, d. h. eine Größenordnung, die beim Spektrographen gar nicht interessiert.

20. MATTAUCHs Spektrograph mit Doppelfokussierung. MATTAUCH und HERZOG [472] verzichteten auf die Anwendung besonderer Elektronenlinsen, vielmehr dachten sie sich den Ablenkkondensator zu einem geeignet langen Zylinderkondensator ausgestaltet, der zusammen mit dem Magnetfeld die notwendige Fokussierung übernimmt. Den Aufbau dieses Spektrographen zeigt Abb. 594. In dem Zylinderkondensator vom Öffnungswinkel Θ_e läuft der „Mittelstrahl" des aus der Entfernung l kommenden Bündels auf einem Kreis vom Radius r_0. Der Öffnungswinkel der Kreisbahn im Magnetfeld ist Θ_m. Bei dem speziellen Beispiel der Abb. 599 wird der Kondensator so gewählt, daß die von einem Punkt ausgehenden Elektronen einer jeden Geschwindigkeit parallelisiert werden. In das Magnetfeld treten sie senkrecht ein, so daß sie nach einem Viertelkreis fokussiert werden.

Auch bei diesem Spektrographen, dessen Theorie hauptsächlich[1] von Herzog, Mattauch und Hauk [308 bis 310, 472] stammt, wird nicht angestrebt, eine chromatische Korrektion in dem Maße wie beim Achromaten durchzuführen. Man rechnet vielmehr wie in [XI, 19] näherungsweise so, als ob die Linsenwirkung des Ablenkkondensators bzw. des Magnetfeldes achromatisch sei. Wir erläutern die Wirkungsweise der Doppelfokussierung an dem einfachen Beispiel der Abb. 594. Zunächst betrachten wir die Richtungsfokussierung. Damit die von einem Punkt der Blende S ausgehenden Teilchen einer Geschwindigkeit nach dem elektrischen Felde parallel zum Mittelstrahl verlaufen, muß nach [V, 7] für die Entfernung l zwischen Schlitz und Kondensator die Bedingung

$$\frac{l}{r_0} = \frac{1}{\sqrt{2}}\,\mathrm{ctg}\,\sqrt{2}\,\Theta_e$$

bestehen. Dabei ist r_0 der Radius der Kreisbahn.

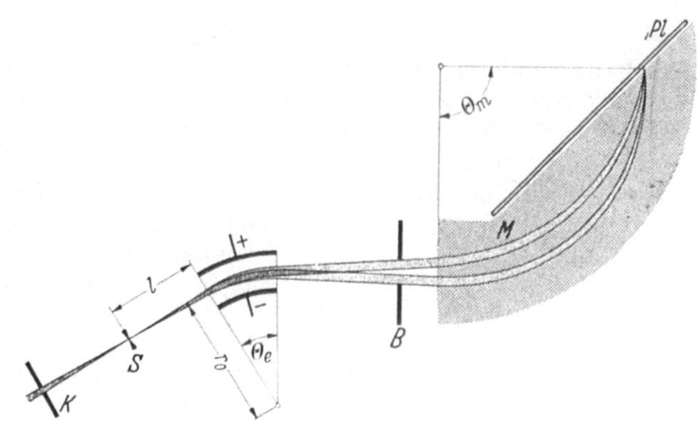

Abb. 594. Aufbau des Spektrographen von Mattauch [472].

Wir betrachten nun den Mittelstrahl weiter, der einem bestimmten $\frac{m\,v^2}{2\,e} = U$ entspricht, aber verschiedene Massen enthält. Alle Teilchen dieses Strahls sollen senkrecht auf das Magnetfeld auftreffen. Sie werden dann nach einem Viertelkreis fokussiert. Die Fokussierungspunkte für die verschiedenen Massen liegen also auf einer Geraden, die um 45° gegen die vordere Begrenzung des Magnetfeldes geneigt ist und die durch die Eintrittsstelle geht. In dieser Lage ist die photographische Platte Pl anzubringen, damit die Richtungsfokussierung gewährleistet ist. Bei fester Energie $U = \frac{m\,v^2}{2\,e}$ ist der Bahnradius im Magnetfeld proportional der Wurzel aus der Masse: $r = \frac{\sqrt{2\,U}}{H}\cdot\sqrt{\frac{m}{e}}$. Die Masse ist also dem Quadrat des auf der Platte gemessenen Abstandes von der Eintrittsstelle in das Magnetfeld proportional.

Um nun die Frage der Geschwindigkeitsfokussierung zu untersuchen, betrachten wir zwei Teilchen gleicher Masse der Geschwindigkeit v_0 und $v_0 + \Delta v$, die in der gleichen Richtung in das elektrische Feld eintreten. Die Bahnen dieser beiden Teilchen bilden hinter dem Felde nach [V, 7] einen Winkel

$$\beta = \frac{\Delta v}{v}\,\sqrt{2}\,\sin\,\sqrt{2}\,\Theta_e.$$

Im Magnetfeld beschreiben diese Teilchen Kreise mit dem Radius $\varrho_0 = \frac{m\,v_0}{e\,H}$ bzw. $\varrho_0 + \Delta\varrho = \varrho_0\left(1 + \frac{\Delta v}{v_0}\right)$. Die Mittelpunkte dieser Kreise liegen bei M und M' (Abb. 595). Sollen die beiden Kreise durch den oben festgelegten Fokussierungspunkt Q für die verschiedenen Richtungen gehen, dann muß (bis auf Größen zweiter Ordnung in Δv) gelten

$$QR = QM',$$

---

[1] L. Cartan [160] leitete die Bedingungen für die Doppelfokussierung durch rein geometrische Überlegungen ab.

oder

$$\varrho_0 + \varrho_0 \cdot \beta = \varrho_0 + \Delta \varrho \,,$$
$$\sqrt{2}\sin\sqrt{2}\,\Theta_e = 1 \,.$$

Diese Bedingung legt den Öffnungswinkel des elektrischen Feldes fest:

$$\Theta_e = \frac{\pi}{4\sqrt{2}} = 31°\,50' \,.$$

Auch die anderen Strahlen des Bündels der Geschwindigkeit $v_0 + \Delta v$ gehen ebenso wie der betrachtete Strahl durch den Punkt Q, wenn man Größen zweiter Ordnung vernachlässigt. Bisher wurde nur ein Punkt auf der Achse betrachtet, es wurde nicht berücksichtigt, daß die Blende S (Abb. 594) eine nicht verschwindende Öffnung besitzt. Da die Ablenkfelder wie Zylinderlinsen wirken, entsteht für jede Masse ein chromatisches Blendenbild, dessen Größe das Auflösungsvermögen bestimmt. Nach HERZOG und MATTAUCH ist das Verhältnis $\dfrac{\Delta m}{m}$, das reduzierte Auflösungsvermögen, auf der Platte konstant. Wir haben den Gedankengang der Rechnungen von HERZOG und MATTAUCH an einem speziellen Beispiel erläutert, das praktisch erprobt worden ist. Die Autoren haben darüber hinaus[472] die theoretischen Grundlagen der Doppelfokussierung allgemein geklärt. Zunächst bestimmten sie den Ort der Richtungsfokussierung bei beliebigem Winkel des elektrischen und magnetischen Feldes und die Differenz der Fokussierungspunkte für die verschiedenen Geschwindigkeiten. Dann forderten sie, daß die Fokussierungspunkte der verschiedenen Geschwindigkeiten zusammenfallen. Diese Bedingung ist durch geeignete Wahl

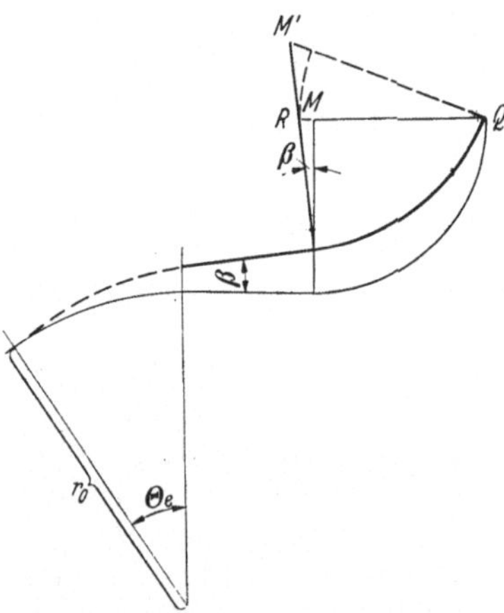

Abb. 595. Zur Erläuterung der Geschwindigkeitsfokussierung beim Spektrographen von MATTAUCH.

der Bahnlänge im Magnetfeld, d. h. des Öffnungswinkels Θ_m des Magnetfeldes bei gegebenem Bahnradius (gegebener Masse), zu erfüllen. Soll diese Bedingung aber für alle Massen erfüllt sein, so erfordert sie eine komplizierte Polschuhform, die berechnet wird. Die Polschuhbegrenzung ist eine Kurve, die sich bedeutend vereinfacht, wenn die Ladungsträger auf parallelen Bahnen in das Magnetfeld eintreten, d. h. wenn der Spalt S (Abb. 594) im Brennpunkt des elektrischen Feldes steht. Der Ablenkwinkel im Magnetfeld, bei dem Doppelfokussierung eintritt, ist dann für alle Massen gleich. Die Polschuhbegrenzung muß in diesem Fall eine Gerade sein, die durch den Eintrittspunkt geht und mit dem Mittelstrahl den Winkel $\psi = \dfrac{1}{2}\,\Theta_m$ bildet. Der Ort der Bildpunkte ist ebenfalls eine Gerade. Abb. 594 stellt eine Ausführungsform dieses Spezialfalles dar.

Bild X zeigt ein mit diesem Spektrographen hergestelltes Massenspektrogramm MATTAUCHs [471]. Es wurden Kanalstrahlen untersucht, die sich in einem Gemisch von Kohlensäure und Bromäthan ergaben. Zur Betrachtung der Tabelle sind die unteren zwei Spektrogramme rechts an die oberen anzusetzen. Die obere Reihe (a, c) zeigt dann ein Spektrogramm bei starkem, die untere (b, d) bei schwachem magnetischen Dispersionsfeld. Die verschiedenen Reihen innerhalb jener Skala sind bei verschiedener Belichtungszeit erhalten. Bemerkenswert ist die Größe des umspannten Massenbereiches, der bei der

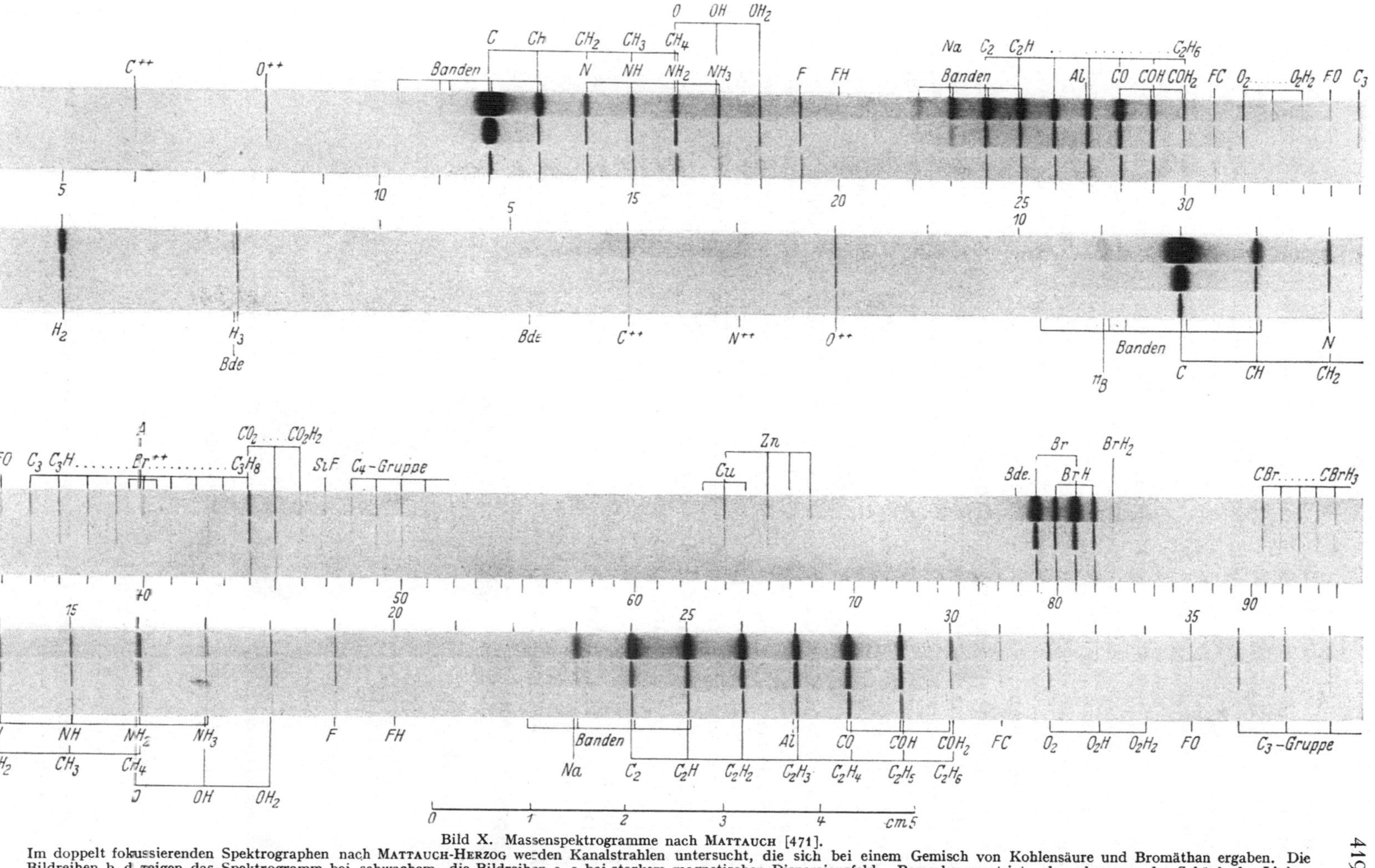

Bild X. Massenspektrogramme nach Mattauch [471].

Im doppelt fokussierenden Spektrographen nach Mattauch-Herzog werden Kanalstrahlen untersucht, die sich bei einem Gemisch von Kohlensäure und Bromäthan ergaben. Die Bildreihen b, d zeigen das Spektrogramm bei schwachem, die Bildreihen a, c bei starkem magnetischen Dispersionsfeld. Bemerkenswert ist, abgesehen von der Schärfe der Linien, die Größe der umspannten Massenbereiche und die hohe Dispersion.

unteren Skala von 2 bis fast 40, bei der oberen von 4 bis 95 reicht. Bemerkenswert ist ferner die Schärfe der Linien und die hohe Dispersion.

Später haben HERZOG und HAUK [309] diese Betrachtungen fortgesetzt und erweitert. Die Autoren bezogen nun auch den Fall in ihre Rechnung ein, in dem die beiden ablenkenden Felder nicht nur gegeneinander wirken wie bei ASTON, sondern auch in gleicher Richtung wie bei DEMPSTER und BAINBRIDGE.

Auf Grund ihrer Theorie konnten HERZOG und HAUK nun die verschiedenen Massenspektrographen auf ihre theoretische Vollkommenheit nachrechnen. Sie geben z. B. an, daß durch Vergrößerung des Abstandes Kollimatorschlitz/elektrisches Feld sich bei der Apparatur von ASTON [20, 599] die Intensität und Auflösung bis auf das 16fache des jetzigen Wertes dadurch steigern ließe, daß für einen Punkt der Platte exakte Doppelfokussierung erreicht wird, die nach ihren Rechnungen bisher nur angenähert erfüllt ist.

21. Weitere verbesserte Spektrographen. Wie man grundsätzlich vorzugehen hat, um Doppelfokussierung einzuführen, ist jetzt bekannt und es ist auch an dem wichtigsten Beispiel des ASTON-Spektrographen gezeigt, wie man zweckmäßigerweise im einzelnen vorzugehen hat. Wir wollen nur noch zwei Spektrographen mit Doppelfokussierung erwähnen.

BAINBRIDGE und JORDAN [29, 30] haben neuerdings einen Spektrographen gebaut, bei dem Richtungs- und Geschwindigkeitsfokussierung berücksichtigt ist. Allerdings geben HERZOG und HAUK [IX, d, 5] an, daß ihnen die Doppelfokussierung bei ihrer Wahl der Dimensionen nicht ganz gelungen sei, daß vielmehr nur an einer Stelle der Platte Doppelfokussierung auftrete, ein Mangel, dem wegen der geringen Apertur der Bündel und der sonstigen Fehlerquellen wohl keine allzugroße praktische Bedeutung zuzumessen sein dürfte. Die Apparatur von BAINBRIDGE besteht aus einem Zylinderkondensator vom Öffnungswinkel $\pi/\sqrt{2}$. Der Spalt liegt am Feldanfang, das Bild am Feldende. Der magnetische Ablenkwinkel ist $\pi/3$. Elektrisches und magnetisches Feld lenken nach der gleichen Richtung ab.

Die photographische Platte ist so angeordnet, daß die Massenskala möglichst linear wird. Nach HERZOG und HAUK liegt sie dann zwischen den Kurven für Richtungs- und Geschwindigkeitsfokussierung, die einen sehr kleinen Winkel miteinander bilden, so daß die Bilder trotz der nicht idealen Doppelfokussierung sehr gut werden.

Bei einer Anordnung von DEMPSTER [200a] lenken elektrisches und magnetisches Feld ebenfalls nach der gleichen Richtung ab. Der elektrische Ablenkwinkel ist hier $\pi/2$, der magnetische π. Nach den Rechnungen von HERZOG und HAUK ist die Doppelfokussierung nur an einer Stelle der photographischen Platte vorhanden. Die Kurven für Richtungs- bzw. Geschwindigkeitsfokussierung schneiden sich unter einem steilen Winkel, so daß beim Verdrehen der Platte unter Umständen schärfere Linien entstehen können.

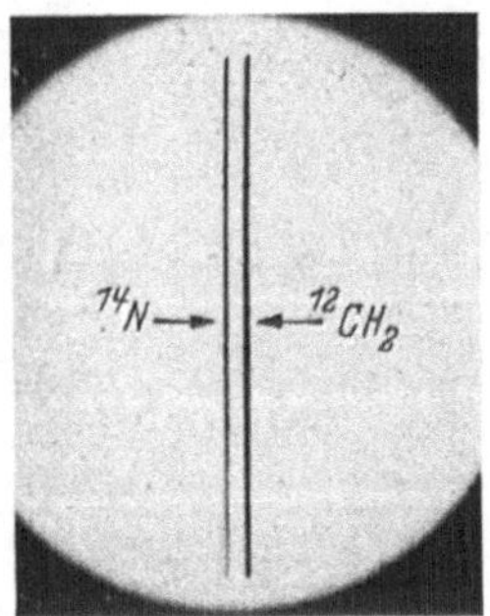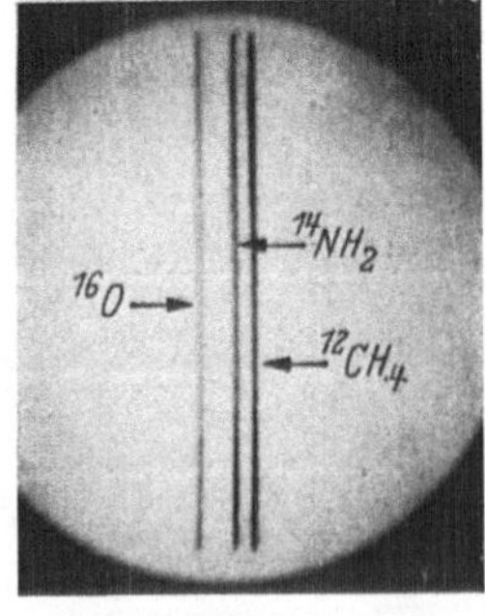

Abb. 596. Kerneinbau des ersten (a) und zweiten (b) Neutron-Proton-Paares nach MATTAUCH [471].

22. Anwendung des Präzisions-Massenspektrographen von ASTON-MATTAUCH. Die Massenspektrographie ist hinsichtlich der Methode und der Ergebnisse zu einer Wissenschaft für sich geworden, deren Darstellung ein besonderes Buch erfordern würde [471 b]. Die durch die Einführung der Doppelfokussierung und die Herausschälung der optimalen Bedingungen für den Aufbau bedingte Steigerung der Intensität und der Zeichenschärfe haben Ergebnisse gebracht, die man früher kaum für möglich gehalten hätte. Die reduzierte Dispersion ist bei den Präzisions-Massenspektrographen so groß, daß die Isotopenmassen bis auf 1:100000 bestimmbar werden. Durch diese Genauigkeit wird der Massenspektrograph in die Lage gesetzt, viele Fragen der Kerntheorie, wo die genaue Kenntnis der Massendefekte verlangt wird, zu beantworten. Die Methode, deren man sich bei so hohen Ansprüchen bedient, ist nach dem Vorschlag Astons die Messung der Massendifferenzen zu naheliegenden bekannten Massen. Man mißt natürliche Dubletts aus, d. h. Massen derselben Massenzahl wie H_2—D (Massenzahl 2), D_2—He (Massenzahl 4), CH_4—O (Massenzahl 16), N_2—CO, N_2O—CO_2 usw.

Es möge genügen, aus Arbeiten von Mattauch [469 bis 471], dem zusammen mit seinem Mitarbeiter Herzog die großen methodischen Fortschritte der Massenspektrographie vorwiegend zu verdanken sind, einige Aufnahmen wiederzugeben. So zeigt Abb. 596, ausgehend vom ^{12}C-Kern, den sukzessiven Einbau zweier Neutron-Proton-Paare, also eines α-Partikels, in einen Atomkern. Die Bilder sind Vergrößerungen der Dubletts und Tripletts bei den Massenzahlen 14 und 16. Sie sind alle an derselben Stelle der Platte aufgenommen, so daß der Abstand der Dublettlinien gleichzeitig ein

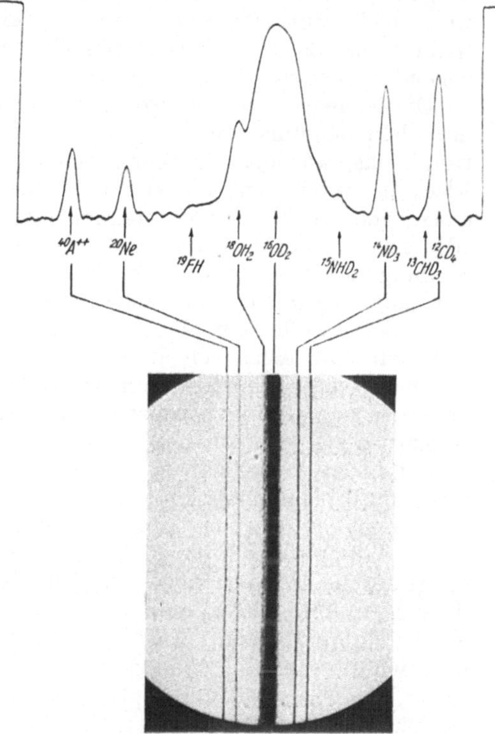

Abb. 597. Massenspektrogramm der Massenzahl 20 nach Mattauch [471 a].

Maß für die Bindungsenergie ist. Eine andere interessante Aufnahme gibt Abb. 597. Hier ist eine Strahlengruppe der Massenzahl 20 feiner analysiert, indem der Spektrograph mit hoher Dispersion auf die Masse des Gesamtspektrums eingestellt wurde. Im Versuchsrohr war etwas schweres Wasser, das die Hauptlinie OD_2 ergab. Außerdem ist aber noch eine ganze Reihe von Trabanten da, so von kleinen Beimengungen anderer Gase herrührend CD_4, d. h. Kohlenstoff der Masse 12, an den vier Deuteronen angelagert sind. Ferner ist ND_3 da, d. h. Stickstoff mit drei Deuteronen. Beide Moleküle CD_4 und ND_3 unterscheiden sich nur dadurch, daß beim zweiten von ihnen ein Deuteron dem Kohlenstoffkern angelagert, d. h. ein Neutron und ein Proton ins Innere des Kerns aufgenommen wurde. Dadurch ist ein Unterschied in der Bindungsenergie von rd. 10 Millionen eV bedingt, der einem Unterschied in der Masse entspricht, den das Massenspektrogramm deutlich erkennen läßt. Wir können an Hand der Aufnahmen verfolgen, wie die Kernprozesse weitergehen. Durch abermalige Einführung eines der Deuteronen in den Kern wird aus dem Stickstoff- ein Sauerstoff-Atom, wobei abermals Energie (Masse) frei wird usw.

Schlußwort.

Wir haben das Gebiet der angewandten Elektronenoptik durchwandert. Wenn dabei auch auf die elektronenoptischen Gesichtspunkte nicht immer hingewiesen wurde, sie vielmehr als Selbstverständlichkeit in unseren Betrachtungen enthalten waren, so ist doch deutlich geworden, daß diese Betrachtungsweise nicht nur eine geänderte Darstellung der Hochvakuum-Elektronik ist, sondern daß dieses Gebiet an mancher Stelle durch die Elektronengebiete tiefgehend verändert wurde.

Die geometrische Elektronenoptik, zu der Busch durch seine Entdeckung der Elektronenlinse den Eingang gefunden hat, ist für die Hochvakuum-Elektronik das, was man im Leben sonst eine revolutionierende Idee nennt, eine Idee, die durch neue· Blickpunkte eine neue Ordnung ermöglicht und oft mit einem Schlage verborgene Möglichkeiten aufdeckt und erschließt. Eine solche Idee scheint die Menschen, die von ihr überrascht wurden, zu einer extremen Stellungnahme zu veranlassen. Die einen sind äußerst begeistert; sie glauben nun „alles" erreichen zu können und schießen dabei oft über das Ziel hinaus. Die anderen wollen den Wert der Idee überhaupt nicht anerkennen, ja sie meinen wohl gar, daß eigentlich alles alt und bekannt sei.

Die geometrische Elektronenoptik macht hinsichtlich dieser Erscheinungen keine Ausnahme und beweist damit ihren Charakter als neuartiges Ordnungsprinzip. Es liegt auch bei ihr nahe, die zweite Einstellung einzunehmen und darauf hinzuweisen, daß schon vor der Begründung der geometrischen Elektronenoptik Magnetspulen und rotationssymmetrische elektrische Felder zur Elektronenfokussierung benutzt wurden. Man darf dabei jedoch nicht übersehen, daß erst durch die Erkenntnis der Übertragbarkeit optischer Gedankengänge auf die Elektronenbewegung die Entwicklung der Hochvakuum-Elektronik diejenigen Anregungen empfangen hat, die zu der schnellen Entwicklung der letzten Jahre führten. Nachdem die Elektronenlinse erkannt war, nachdem man wußte, daß die Bilderzeugung wie in der Optik erfolgt, daß die Linsenfehler, die Gaußschen Hauptebenen ihr Analogon haben — kurz gesagt, daß es eine geometrische Optik für Elektronen gibt —, war es selbstverständlich jedem Physiker möglich, die aus der Optik gewohnten Überlegungen und Konstruktionen, wie Mikroskop, Fernrohr und Spektralapparat, auf das Gebiet der Elektronen zu übertragen. Bevor jedoch die Gleichartigkeit der Elemente in der Optik und bei der Elektronenbewegung erkannt war, benutzte man über drei Jahrzehnte die Fokussierungsspule, ohne eine Anregung für den weiteren Fortschritt zu empfangen.

Heute ist die Ablehnung der geometrischen Elektronenoptik gegenstandslos geworden, denn die Voraussage ist längst zur Selbstverständlichkeit geworden, mit der die Erstauflage schloß: „Das Ziel der Verfasser war mit der quasioptischen Betrachtungsweise der Bewegung geladener Teilchen vertraut zu machen, denn *für die Zukunft wird diese natürliche und einfache Betrachtungsweise bei Problemen der Elektronenbewegung ebenso unumgänglich sein, wie es die optische für die Strahlengänge des Lichtes ist.*"

Literaturverzeichnis.

1. Bücher.

(Zusammenfassende Darstellungen in Handbüchern, Jahresschriften und Berichteorganen
sind im Verzeichnis der Einzelarbeiten aufgeführt.)

Zu Teil A: Die Elektronenbewegung unter technischen Gesichtspunkten.

DE BOER, J. H.:
[1] Elektronenemission und Absorptionserscheinungen. Leipzig: Johann Ambrosius Barth 1937.

BRÜCHE, E. u. O. SCHERZER:
[2] Geometrische Elektronenoptik. Berlin: Julius Springer 1934.

BUSCH, H. u. E. BRÜCHE, herausgeg. von ...:
[3] Beiträge zur Elektronenoptik. (Vorträge von der Physikertagung.) Leipzig: Johann Ambrosius Barth 1937.

ESPE, W. u. M. KNOLL:
[4] Werkstoffkunde der Hochvakuumtechnik. Berlin: Julius Springer 1936.

FRÖHLICH, H.:
[5] Elektronentheorie der Metalle. Berlin: Julius Springer 1936.

HENNEY, K.:
[6] Electron tubes in Industry. New York u. London: McGraw-Hill Book Co. 1937.

KLEMPERER, O.:
[7] Einführung in die Elektronik. Berlin: Julius Springer 1933.
[8] Electron Optics. Cambridge: Univ. Press 1939.

LENARD, P.:
[9] Quantitatives über Kathodenstrahlen aller Geschwindigkeiten (Neuherausgabe). Heidelberg: Carl Winter Univ.-Buchhandlung 1925.
[10] Nobelvortrag: Über Kathodenstrahlen, 2. Aufl. Berlin u. Leipzig: de Gruyter & Co. 1920.

MYERS, L. M.:
[11] Electron Optics. London: Chapman & Hall 1939.

OLLENDORF, F.:
[12] Potentialfelder der Elektrotechnik. Berlin: Julius Springer 1932.

PICHT, J.:
[13] Einführung in die Theorie der Elektronenoptik. Leipzig: Johann Ambrosius Barth 1939.

RAMSAUER, G., herausgeg. von ...:
[14] Das freie Elektron in Physik und Technik (Vortragsreihe). Berlin: Julius Springer 1940.

REIMANN, A. L.:
[15] Thermionic Emission. London: Chapmann & Hall 1934.

Zu Teil B: Aufbau der Geräte.

ALBERTI, E.:
[16] BRAUNSche Kathodenstrahlröhren und ihre Anwendung. Berlin: Julius Springer 1932.

ARDENNE, M. V.:
[17] Die Kathodenstrahlröhre und ihre Anwendung in der Schwachstromtechnik. Berlin: Julius Springer 1933.
[18] Elektronen-Übermikroskopie. Berlin: Julius Springer 1940.

ASTON, F. W.:
[19] Isotope. Leipzig: S. Hirzel 1923.
[20] Mass Spectra and Isotopes. London: Arnold & Co. 1933.

BARKHAUSEN, H.:
[21] Lehrbuch der Elektronenröhre. 4. Aufl. Leipzig: S. Hirzel 1937.

BOMKE, H.:
[21a] Erzeugung von Atom- und Ionenstrahlen. Braunschweig: F. Vieweg 1939.

BOUWERS, A.:
[22] Elektrische Höchstspannungen. Berlin: Julius Springer 1939.

CAMPBELL, N. R. u. D. Ritchie:
[23] Photoelectric Cells. New York: J. Pittmann & Sons.

DOW, W. G.:
[24] Fundamentals of Engineering Electronics. London: John Wiley & Sons 1937.

EASTMANN, A. V.:
[25] Fundamentals of vacuum tubes. New York a. London: McGraw-Hill Book Co. 1937.

FLEISCHER, R. u. H. TEICHMANN:
[26] Die lichtelektrische Zelle und ihre Herstellung. Dresden: Theodor Steinkopff 1932.

GLASGOW, R. S.:
[27] Principles of Radio Engineering. New York u. London: McGraw-Hill Book Co. 1936.

GLOCKER, R.:
[28] Materialprüfung mit Röntgenstrahlen, 2. Aufl. Berlin: Julius Springer 1936.

GROOS, O.:
[29] Einführung in Theorie und Technik der Dezimeterwellen. Leipzig: S. Hirzel 1937.

GÜNTHERSCHULZE, A.:
[30] Elektrische Gleichrichter und Ventile. Berlin: Julius Springer 1933.

GUDDEN, B.:
[31] Lichtelektrische Erscheinungen. Berlin: Julius Springer 1928.

HENNEY, K.:
[32] Electron tubes in industry. New York u. London: McGraw-Hill Book Co. 1937.

HOLLMANN, H. E.:
[33] Physik und Technik der ultrakurzen Wellen. Berlin: Julius Springer 1936.

KAMMERLOHER, J.:
[34] Hochfrequenztechnik. Leipzig: C. F. Winter 1938.

KOLLER, L. R.:
[35] The physics of electron tubes. New York u. London: McGraw-Hill Book Co. 1937.

LIECHTI, A.:
[35a] Röntgenphysik. Wien: Julius Springer 1939.

MACGREGOR-MORRIES, J. T. u. J. A. HENLEY:
[36] Cathode-Ray-Oszillograph. London: Chapmann & Hall.

MALOFF, J. G. u. D. W. EPSTEIN:
[37] Electronoptics in television. New York u. London: McGraw-Hill Book Co. 1938.

PARR, G.:
[38] The low-voltage Cathode Ray-Tube and its Application. London: Chapman & Hall 1937.

RATHEISER, L.:
[39] Rundfunkröhren. Berlin: Deutsche Verlagsges.

RICHTER, H. u. J. F. RIDER:
[39a] Die Kathodenstrahlröhre. Stuttgart: Franckh'sche Verlagsbuchhandlung 1938.

ROTHE, H. u. W. KLEIN:
[40a] Grundlagen und Kennlinien der Elektronenröhren. Leipzig: Akademische Verlagsgesellschaft 1940.

SCHRÖTER, F.:
[40] Handbuch der Bildtelegraphie und des Fernsehens. Berlin: Julius Springer 1932.

SCHRÖTER, F., herausgeg. von ... :
[41] Fernsehen (Vortragsreihe). Berlin: Julius Springer 1937.

SIEGBAHN, M.:
[42] Spektroskopie der Röntgenstrahlen. Berlin 1924.

SIMON, H. u. R. SUHRMANN:
[43] Lichtelektrische Zellen und ihre Anwendung. Berlin: Julius Springer 1932.

STRUTT, M. J. O.:
[44] Moderne Mehrgitter-Elektronenröhren I, II. Berlin: Julius Springer 1937.

VILBIG, F.:
[45] Lehrbuch der Hochfrequenztechnik. Leipzig: Akadem. Verlagsges. 1937.

WALKER, R. C. u. T. M. C. LANCE:
[46] Photoelectric cell application. London: Pittman & Sons 1935.

ZENNECK, J. u. H. RUKOP:
[47] Lehrbuch der drahtlosen Telegraphie, 5. Aufl. Stuttgart: Ferdinand Enke 1925.

ZWORYKIN, V. K. u. E. D. WILSON:
[48] Photocells and their application. New York: John Wiley & Sons 1930.

2. Einzelarbeiten.

ACKERMANN, O.:
[1] J. Amer. Inst. Electr. Engng. 49, 285 (1930).

AEG-Patent:
[2] DRP. 379023 (1922/1923).
[3] DRP. 615193 (1929/1935).

ALBERTI, E.:
[3a] Ann. Phys. 33, 1133 (1912).

ALFVÉN, H.:
[4] Hochfrequenztechn. u. Elektroak. 38, 27 (1931).

ALLIBONE, T. E.:
[5] Nature, Lond. 131, 129 (1933).

ARDENNE, M. v.:
[6] Fernsehen 1, 200 (1930).
[7] — 2, 65 (1931).

ARDENNE, M. v.:
[8a] Hochfrequenztechn. u. Elektroak. 42, 113 (1933); 46, 1 (1935).
[8] — 44, 166 (1934).
[9] Z. techn. Phys. 16, 61 (1935).
[10] — 17, 660 (1936).
[11] ENT 13, 230 (1936).
[12] Z. techn. Phys. 19, 407 (1937).
[13] Z. Phys. 108, 338 (1938); 112, 744 (1939); 113, 257 (1939).
[14] — 109, 553 (1938).
[14a] — 115, 339 (1940).
[14b] Z. phys. Chem. Abt. A 187, 1 (1940).
[14c] Ber. dtsch. keram. Ges. 21, 209 (1940).

ARDENNE, M. V. u. D. BEISCHER:
[14d] Kautschuk **16**, 55 (1940).
ARSENJEWA-HEIL, A. u. O. HEIL:
[15] Z. Phys. **95**, 752 (1935).
ASTON, F. W.:
[16] Proc. Cambridge Phil. Soc. **19**, 317 (1919).
[17] Phil. Mag. **38**, 707 (1919); **39**, 449, 611 (1920).
[18] — **40**, 628 (1920).
[19] — **45**, 934 (1923).
[20] Proc. Roy. Soc. London **115**, 487 (1927).
— u. R. H. FOWLER:
[21] Phil. Mag. **43**, 514 (1922).
ATTA, L. C. v.:
[22] Phys. Rev. **38**, 876 (1931).
ATTA, L. C. v., D. L. NORTHRUP, C. M. v. ATTA u. R. J. v. DE GRAAFF:
[23] Phys. Rev. **49**, 761 (1936).

BAINBRIDGE, K. T.:
[24] DRP. 646758 (1928/37).
[25] Phys. Rev. **39**, 847 (1932).
[26] — **42**, 1 (1932).
[27] — **43**, 103 (1933).
[28] J. Frankl. Inst. **215**, 509 (1933).
— u. E. B. JORDAN:
[29] Phys. Rev. **49**, 421 (1936).
[30] — **50**, 282 (1936).
BAKKER, C. J. u. G. DE VRIES:
[31] Physica **2**, 683 (1935).
BALLANTINE, S. u. H. A. SNOW:
[32] Proc. Inst. Radio Engrs., N. Y. **18**, 2102 (1930).
BARBER, N. F.:
[33] Proc. Leeds Phil. Soc. **2**, 427 (1933).
BARKHAUSEN, H.:
[34] Jahrb. drahtl. Telegr. **14**, 27 (1919).
— u. K. KURZ:
[35] Phys. Z. **21**, 1 (1920).
BARTELS u. DIELS:
[36] Vortrag auf der Phys.-Tagung 1936.
BARTKY, W. u. A. J. DEMPSTER:
[37] Phys. Rev. **33**, 1019 (1929).
BECK, J.:
[38] Phys. Z. **40**, 461 (1939).
BECKER, A.:
[39] Ann. Phys. **58**, 399 (1919).
— u. E. KIPPHAN:
[40] Ann. Phys. **10**, 15 (1931).
BECKER, F. A.:
[41] Arch. Elektrot. **30**, 791 (1936).
BECKER, J. A.:
[42a] Phys. Rev. **28**, 341 (1926).
[42] — **24**, 478 (1924).
BECQUEREL, A.:
[43] C. R. **130**, 266, 372 (1900).
BEDELL, F. u. J. KUHN:
[44] Phys. Rev. **36**, 993 (1930).
BEHNE, R.:
[45] Z. Phys. **101**, 521 (1936).
[46] Ann. Phys. **26**, 372, 385 (1936).
BEHNKEN, H.:
[47] Ergebn. techn. Röntgenkde **3**, 129 (1933).

BEHNKEN, H.:
[47a] Handbuch der Phys. Bd. 17.
BEISCHER, D. u. F. KRAUSE:
[48] Naturwiss. **25**, 825 (1936).
[49] Angew. Chem. **51**, 331 (1938).
BELOW, F.:
[50] Z. Fernmeldetechn. **9**, 113, 136 (1928).
BENHAM, W. E.:
[51] Phil. Mag. **5**, 641 (1928).
[52] — **11**, 457 (1931).
BENJAMIN, M. u. R. O. JENKINS:
[52a] Nature, Lond. **143**, 599 (1939).
[52b] J. Soc. Glass Technol. **24**, 93 (1940).
BERGER, K.:
[53] Bull. schweiz. elektrotechn. Ver. **19**, 292 (1928).
BERTHOLD, R.:
[54] DRP. 623862 (1933/35).
BESTELMEYER, A.:
[55] Ann. Phys. **22**, 429 (1907).
[56] — **35**, 909 (1911).
[57] Verh. Dtsch. Phys. Ges. **13**, 984 (1911).
[58] Phys. Z. **12**, 972 (1911).
BETHE, H. A. u. M. E. ROSE:
[59] Phys. Rev. **52**, 1254 (1937).
BIGALKE, A.:
[60] Arch. Elektrot. **31**, 43 (1937).
[61] Z. techn. Phys. **19**, 163 (1938).
[62] Arch. Elektrot. **33**, 108 (1939).
BIJL, H. J. v. D.:
[63] Amer. Patent 1565873 (1920/25).
[63a] Amer. Patent 1613626 (1918/27).
BINDER, L.:
[64] ETZ **52**, 735 (1931).
BINDER, A., A. FÖRSTER u. A. FRÜHAUF:
[65] Z. techn. Phys. **11**, 379 (1930).
BIRGE, R. T.:
[66] Phys. Rev. **54**, 972 (1938).
BIRKELAND, KR.:
[67] The Norwegian Aurora Polaris Expedition, Christiana 1913.
BLEAKNEY, W. u. J. HIPPLE:
[68] Phys. Rev. **53**, 521 (1938).
BLODGETT, K. B. u. J. LANGMUIR:
[69] Phys. Rev. **22**, 347 (1923).
BODE, H. u. H. GLOEDE:
[70] Z. techn. Phys. **20**, 117 (1939).
BOEKELS, H.:
[71] Arch. Elektrot. **25**, 497 (1931).
BOER, J. H. DE, M. TEVES u. C. DIPPEL:
[72] DRP. 579680 (1931/33).
BOERSCH, H.:
[73] Ann. Phys. **26**, 631 (1936); **27**, 75 (1936).
[74] Z. Phys. **107**, 493 (1937).
[75] Naturwiss. **27**, 418 (1939).
[76] Z. techn. Phys. **20**, 346 (1939).
[77] Jb. AEG. Forsch. **7**, 27 (1940).
[77a] — **7**, 34 (1940).
[78a] Brit. Pat. 479420 (1936/38).
[78b] Naturwiss. **28**, 709 (1940).
BONDY, H. u. K. POPPER:
[78] Ann. Phys. **17**, 425 (1933).

BONDY, H. u. V. VANICK:
[79] Z. Phys. **101**, 186 (1936).
— G. JOHANNSEN u. K. POPPER:
[80] Z. Phys. **95**, 46 (1935).
BORRIES, B. v.:
[81] Forsch.-Hefte Stud.-Ges. Höchstspan.-Anlagen **3**, 41 (1932).
[82] Z. VDI **80**, 1135 (1936).
[82a] Z. Phys. **116**, 370 (1940).
— u. G. KAUSCHE:
[82b] Kolloid-Z. **90**, 132 (1940).
— u. M. KNOLL:
[83] Phys. Z. **35**, 279 (1934).
— F. KRAUSE u. E. RUSKA:
[83a] ETZ **59**, 1170 (1938).
— u. E. RUSKA:
[84] Z. VDI **79**, 519 (1935).
[85] — **80**, 989 (1936).
[86] — **80**, 1075 (1936).
[87] — **82**, 937 (1938).
[88] Umschau **42**, 818 (1938).
[89] Wiss. Veröff. Siemens-Werke **17**, 99 (1938) Nr. 1.
[89a] Z. techn. Phys. **19**, 402 (1938).
[90] — **20**, 225 (1939).
[90a] — Naturwiss. **27**, 578 (1939).
[90b] Arch. Elektrotechn. **34**, 106 (1940).
[90c] Z. Phys. **116**, 249 (1940).
[90d] Ergebn. exakt. Naturw. **19**, 237 (1940).
— — I. KRUMM u. H. O. MÜLLER:
[90e] Naturwiss. **28**, 350 (1940).
— — u. H. RUSKA:
[91] Wiss. Veröff. Siemens-Werke **17**, 107 (1938) Nr. 1.
[92] Klin. Wschr. **17**, 921 (1938).
— u. W. RUTTMANN:
[92a] Wiss. Veröff. Siemens-Werke, Werkstoff-Sonderheft 342 (1940).
BOTHE, W. u. W. GENTNER:
[93] Z. Phys. **104**, 685 (1937).
BOUWERS, A.:
[94] Physica **4**, 173 (1924).
[95] Verh. Dtsch. Röntgenges. **20**, 103 (1929).
[96] Strahlentherapie **38** (1930) Heft 1.
[97] Fortschr. Röntgenstr. **40**, 284 (1930).
[98] Ergebn. techn. Röntgenkde. **4**, 144 (1934).
[99] DRP. 526003 (1925/31).
— u. P. DIEPENHORST:
[100] Fortschr. Röntgenstr. **38**, 241 (1928).
— u. A. KUNTKE:
[101] Z. techn. Phys. **18**, 209 (1937).
— u. J. H. v. D. TUCK:
[102] Physica **12**, 274 (1932).
BRAMHALL, E. H.:
[103] Rev. Scient. Instr. **5**, 19 (1934).
BRASCH, A. u. F. LANGE:
[104] Z. Phys. **70**, 10 (1931).
[105] Strahlentherapie **51**, 119 (1934).
BRAUN, F.:
[106] Wied. Ann. **60**, 552 (1897).
[107] Phys. Z. **5**, 193 (1904).

BRETON, J. L.:
[108] La revue scient. et industr. de l'année 1898/99.
BRODWAY, L. J. u. W. F. TEDHAN:
[109] Brit. Pat. 435623 (1934/35).
BRONK, O. v. u. A. PIEPER:
[109a] DRP. 180102 (1905/06).
BRÜCHE, E.:
[110] Naturwiss. **18**, 1085 (1930).
[111] PETERSEN, Forschung und Technik, S. 44. Berlin 1930.
[112] Z. Phys. **64**, 168 (1930).
[113] Z. Astrophys. **2**, 30 (1931).
[113a] Terr. Magn. and Atm. Electr. **36**, 41 (1936).
[114] Z. Phys. **78**, 26 (1932).
[115] — **78**, 177 (1932).
[116] Arch. Elektrot. **27**, 266 (1933).
[117] Ann. Phys. **16**, 377 (1933).
[117a] Jb. AEG-Forsch. **3**, 101 (1933).
[118] Arch. Elektrot. **28**, 384 (1934).
[119] Z. Phys. **88**, 296 (1934).
[120] Arch. Elektrot. **29**, 79 (1935).
[121] — **29**, 642 (1935).
[122] Z. Phys. **98**, 77 (1935).
[123] Z. techn. Phys. **17**, 588 (1936).
[124] Jb. AEG-Forschg. **4**, 25 (1936).
[125] In SCHRÖTER, Fernsehen [*41*] S. 87. 1937.
[126] In BUSCH-BRÜCHE, [*3*] S. 6. 1937.
[127] Jb. AEG-Forsch. **5**, 48 (1938).
[127a] AEG-Mitt. 302 (1940).
— u. H. DÖRING:
[128] Jb. AEG-Forsch. **6**, 95 (1939).
— u. E. ENDE:
[129] Phys. Z. **31**, 1015 (1930).
— u. H. HAGEN:
[130] Naturwiss. **27**, 809 (1939).
— u. W. HENNEBERG:
[131] Ergebn. exakt. Naturwiss. **15**, 365 (1936).
— u. H. JOHANNSON:
[132] Naturw. **20**, 49, 353 (1932).
[132a] Phys. Z. **33**, 898 (1932).
[133] Z. techn. Phys. **14**, 487 (1933).
— u. W. KNECHT:
[134] Z. Phys. **92**, 462 (1934).
[134a] Z. techn. Phys. **16**, 95 (1935).
— u. H. MAHL:
[135] Z. techn. Phys. **16**, 623 (1935).
[136] — **17**, 81 (1936).
[137] — **17**, 262 (1936).
— u. A. RECKNAGEL:
[138] — **17**, 126 (1936).
[139] — **17**, 184 (1936).
[140] — **17**, 241 (1936).
[141] — **18**, 139 (1937).
[142] Hochfrequenztechn. u. Elektroak. **50**, 203 (1937).
[143] Z. Phys. **108**, 459 (1938).
— u. W. SCHAFFERNICHT:
[144] ENT **12**, 381 (1935).
— u. O. SCHERZER:
[145] Z. techn. Phys. **14**, 464 (1933).
BUCHERER, A. H.:
[146] Ann. Phys. **28**, 513 (1909).

BUCHKREMER, ST.:
[147] ETZ **59**, 1035 (1938).
BÜHL, A.:
[148] Naturwiss. **20**, 317 (1932).
[149] Helv. phys. Acta **5**, 214 (1932).
[150] Phys. Z. **33**, 842 (1932).
BURGERS, W. G. u. J. J. A. PLOOS VAN
  AMSTEL:
[151] Nature, Lond. **136**, 721 (1935).
BURNETT, C. E.:
[152] RCA-Review **2**, 415 (1937/38).
BUSCH, H.:
[153] Phys. Z. **23**, 438 (1922).
[154] Ann. Phys. **81**, 974 (1926).
[155] Arch. Elektrot. **18**, 583 (1927).
BUSS, K.:
[156] Arch. Elektrot. **26**, 380 (1932).

CAMPBELL, N. R.:
[157] Phil. Mag. **3**, 945, 1041 (1927).
CAMPBELL-SWINTON, A.:
[158] Nature, Lond. **78**, 151 (1908).
CARTAN, L.:
[159] C. R. **203**, 867 (1936).
[160] J. Phys. VII, **8**, 453 (1937).
[161] Thèses, Massou et Cie., Paris 1938.
CEBLIN, C.:
[162] DRP. 663 201 (1931/38).
CHADWICK, J.:
[163] Verh. Dtsch. Phys. Ges. **16**, 384
  (1914).
CHARLTON, E. E., W. F. WESTENDORP, W. E.
  DEMPSTER u. G. HÖTALING:
[164] J. Appl. Phys. **10**, 374 (1939).
CLASSEN, J.:
[165] Verh. Dtsch. Phys. Ges. **10**, 700
  (1908).
[166] Phys. Z. **9**, 762 (1908).
CLAY, R. ST.:
[167] DRP. 476 221 (1927/29).
COCKROFT, J. D. u. E. T. S. WALTON:
[168] Proc. Roy. Soc. London **137**, 229
  (1932).
COETERIER, F. u. M. C. TEVES:
[169] Physica **4**, 33 (1937).
COLEBROOK, F. M. u. P. VIGOUREUX:
[170] Wireless Eng. **15**, 441 (1938).
COLLINS, G. B., R. SCHAGER u. A. L. VITTER:
[171] Phys. Rev. **51**, 58 (1937).
CONRAD, R.:
[172] Phys. Z. **31**, 888 (1930).
[173] Z. Phys. **75**, 504 (1932).
COOKSEY, D. u. E. O. LAWRENCE:
[174] Phys. Rev. **49**, 866 (1936).
COOPER-HEWITT, P.:
[175] USA-Pat. 749 791 (1902/04).
COOLIDGE, W. D.:
[176] Phys. Rev. **2**, 409 (1913).
[177] Amer. Pat. 1 215 116 (1916/17).
[178] X-Ray Studies. S. 55, Gen. El.
  Comp. 1919.
[179] Science **62**, 441 (1925).
[180] J. Frankl. Inst. **202**, 693 (1926).
[181] Amer. J. Röntgensc., Rad. Ther.
  19, 313 (1928).
[182] — **24**, 605 (1930).

COOLIDGE, W. D.:
[182a] DRP. 547 124 (1927/32).
[182b] DRP. 605 086 (1927/34).
— u. C. N. MOORE:
[183] X-Ray Studies, S. 95, Gen. El.
  Comp. 1919.
COSTER, D. u. M. J. DRUYVENSTEYN:
[184] Z. Phys. **40**, 768 (1927).
COX, J. W.:
[185] Phys. Rev. **34**, 1426 (1929).
COUDRES, TH. DES:
[186] Verh.Dtsch.Phys.Ges.**14**,85(1895).
CRÄMER, R.:
[187] ETZ **57**, 1227 (1936).
[188] AEG-Mitt. H. **3**, 85 (1938).
CRANE, H. R., C. C. LAURITSEN u. A. SOLTAN:
[189] Phys. Rev. **44**, 514 (1933).
CROOKES, W.:
[189a] Phil. Trans Roy. Soc., Lond. **170**
  (1879).
[189b] Strahlende Materie oder der vierte
  Aggregatzustand. Leipzig: Joh.
  Ambr. Barth. 1879.
CUSTERS, J. F.:
[190] Philips techn. Rdsch. **2**, 148 (1937).

DANYSS, J.:
[191] C. R. **153** (II) 339, 1066 (1911).
[192] Radium **9**, 1 (1911).
[193] C. R. **154**, 1502 (1912).
[194] Ann. Chim. Phys. **30**, 241 (1913).
DAVISSON, C. J. u. C. J. CALBICK:
[194a] Phys. Rev. **38**, 585 (1931); **42**, 580
  (1932).
DEMPSTER, A. J.:
[195] Phys. Rev. **11**, 316 (1918).
[196] — **18**, 415 (1921).
[197] — **20**, 631 (1922).
[198] — **21**, 209 (1923).
[199] Phil. Mag. **3**, 115 (1927).
[200] Proc. Amer. Phil. Soc. **75**, 755
  (1935).
[200a] Phys. Rev. **51**, 67 (1937).
DESSAUER, F. u. P. CERMAK:
[201] DRP. 287 287 (1914/15).
DICK, M.:
[202] ENT **13** (1936) (Sonderheft).
DICKS, H.:
[203] Arch. Elektrot. **28**, 50 (1934).
DIECKMANN, M. u. A. GEBBERT:
[204] Jb. drahtl. Telegr. **19**, 194 (1922).
— u. R. HELL:
[205] DRP. 450 187 (1925/27).
DIELS, K.:
[206] TFT **27**, 512 (1938).
[206a] Telefunkenztg. **73** (1936).
— u. G. WENDT:
[207] Telefunken Hausmitt. **19**, Heft 78,
  38 (1938).
DORKE, G.:
[208] Z. techn. Phys. **13**, 432 (1932).
DÖRING, H.:
[209] Jb. AEG-Forsch. **6**, 91 (1939).
— u. L. MAYER:
[209a] ETZ **61**, 685, 713 (1940).

DORN, F.:
[210] Phys. Z. **1**, 337 (1900).
DOSSE, J.:
[211] Arch. Elektrot. **31**, 534 (1937).
— u. M. KNOLL:
[212] — **29**, 729 (1935).
DRIEST, E. u. H. MÜLLER:
[213] Z. wiss. Mikr. u. mikr. Technik **52**, 53 (1935).
DUANE, W. u. F. C. BLAKE:
[214] Phys. Rev. **10**, 624 (1917).
DUFOUR, A.:
[215] L'onde electr. **1**, 638, 699 (1922).
[216] — **2**, 19 (1923).
DUNNINGTON, F. G.:
[217] Phys. Rev. **42**, 734 (1932).
[218] — **43**, 404 (1933).
[219] — **52**, 475 (1937).
DURBIN, F. M.:
[220] Phys. Rev. **30**, 844 (1927).

EBERT, H.:
[220a] Wied. Ann. **64**, 240 (1898).
EISENHUT, O. u. R. CONRAD:
[221] Z. Elektrochem. **36**, 654 (1930).
EISL, A.:
[221a] Strahlentherapie **68**, 373 (1940).
ELLIS, C. D.:
[222] Proc. Roy. Soc. London **99**, 261 (1921).
[223] — **101**, 1 (1922).
ENDE, W.:
[224] Phys. Z. **32**, 942 (1931).
— u. M. H. GLÖCKNER:
[225] Flugtechn. u. Motorluftschiffahrt **23**, 603 (1932).
ENGBERT, W.:
[226] Telefunkenröhre **13**, 127 (1938).
ENGEL, K.:
[227] DRP. 632134 (1931/35).
EPSTEIN, D. W.:
[228] Proc. Inst. Radio Engrs., N. Y. **24**, 1095 (1936).
ESPE, W. u. P. FRITSCH:
[229] DRP. 447043 (1926/27).

FARNSWORTH, P. T.:
[230] Amer. Pat. 1773980 (1927/30).
[231] Fernsehen **2**, 125 (1931).
[232] J. Frankl. Inst. **218**, 411 (1934).
FEDERMANN, W.:
[233] Telefunken-Hausmitt. **75**, 18 (1937).
FELDTKELLER, R. u. W. JACOBI:
[234] TFT **22**, 198 (1933).
Fernseh AG.:
[235] DRP. 667230 (1938).
FERRANT, W.:
[236] Strahlentherapie **68**, 107 (1940).
FINKE, H. A.:
[237] Proc. Inst. Radio Engrs., N. Y. **27**, 144 (1939).
FLEGLER, F. u. J. TAMM:
[238] Arch. Elektrot. **18**, 513 (1927).

FRANKE, H.:
[239] Ergebn. techn. Röntgenkde **1**, 40 (1930).
FREMLIN, J. H.:
[240] Phil. Mag. **27**, 709 (1939).
FRIESEN, S. v.:
[241] Naturwiss. **19**, 361 (1931).
FRITZ, K.:
[242] Telefunkenztg. **17**, Heft 72, 31 (1936).
FRÖHMER, C. u. H. PIEPLOW:
[243] Jb. AEG-Forsch. **5**, 498 (1938).
FÜNFER, E.:
[244] Z. techn. Phys. **15**, 582 (1934).

GABOR, D.:
[245] Forsch.-Hefte Stud.-Ges. Höchstsp.-Anlagen H. 1, S. 7, 47 u. 62 (1927).
[246] Dissertation Berlin 1927.
[246a] Brit. Pat. 479064 (1936/38).
GÄRTNER, H.:
[247] Ann. Phys. **8**, 134 (1931).
GEBAUER, R.:
[248] Z. Phys. **109**, 85 (1938).
GEBBERT:
[249] Jb. drahtl. Telegr. **22**, 107 (1923).
GEHRCKE, P. u. O. REICHENHEIM:
[250] Verh. Dtsch. Phys. Ges. **8**, 559 (1906).
[251] — **9**, 76, 200, 374 (1907).
GEIGER, M.:
[252] Telefunken-Röhre Heft **16**, 177 (1939).
GEIGER, H.:
[253] Verh. Dtsch. Phys. Ges. **15**, 534 (1913).
[253a] Handbuch der Physik Bd. 22/2 (1933).
— u. O. KLEMPERER:
[254] Z. Phys. **49**, 753 (1928).
— u. W. MÜLLER:
[255] Phys. Z. **29**, 839 (1928).
— u. E. RUTHERFORD:
[255a] Phil. Mag. **24**, 618 (1912).
GENTNER, W.:
[256] DESSAUER: 10 Jahre Forschung auf dem physikalisch-medizinischen Grenzgebiet, S. 284. Leipzig: Georg Thieme 1934.
GEORGE, R. H.:
[257] J. Amer. Inst. Electr. Engng. **48**, 534 (1929).
GERLACH, W.:
[258] Ergebn. techn. Röntgenkde **4**, 156 (1934).
GERTHS, A.:
[259] Ann. Phys. **36**, 995 (1911).
GERTHSEN, CHR.:
[260a] Ann. Phys. **85**, 888 (1928).
[260] Naturwiss. **20**, 743 (1932).
GILL, E. W. B.:
[261] Phil. Mag. **49**, 993 (1925).
— u. J. H. MORELL:
[262] Phil. Mag. **44**, 161 (1922).
GLASER, A.:
[263] Z. techn. Phys. **13**, 549 (1932).

GLASER, W.:
[264] Z. Phys. **80**, 451 (1933).
[265] — **81**, 649 (1933).
[266] — **83**, 104 (1933).
[267] Ann. Phys. **18**, 557 (1933).
[267a] Z. Phys. **97**, 177 (1935).
[276b] — **116**, 19 (1940).
GLOCKER, R.:
[268] Fortschr. Röntgenstr. **44**, 1 (1931).
GUAN, J.:
[269] Ann. Phys. **20**, 361 (1934).
GOLDSTEIN, E.:
[269a] Berl. Ber. **74**, 279, 465 (1876).
[270a] — 106 (1880); 781 (1881).
[270] Wied. Ann. **12**, 90 (1881); **15**, 254 (1882).
[271] Eine neue Form elektrischer Abstoßung. Berlin: Julius Springer 1880.
GÖLZ, E.:
[271a] Jb. AEG-Forsch. **7**, 57 (1940).
GÖRLICH, P.:
[271b] Z. Phys. **101**, 335 (1936).
GÖTZE, O.:
[272] DRP. 370022 (1918/23).
GRAAFF, R. J. VAN DE:
[273] Phys. Rev. **38**, 1919 (1931).
— K. T. COMPTON u. L. C. VAN ATTA:
[274] Phys. Rev. **43**, 149 (1933).
GREINACHER, H.:
[275] Z. Phys. **4**, 195 (1921).
[276] Verh. Dtsch. Phys. Ges. **14**, 856 (1912).
GROSS, H. u. G. SEITZ:
[277] Z. Phys. **105**, 734 (1937).
GUDDEN, B. u. R. POHL:
[278a] Z. Phys. **34**, 245 (1925).
GUNDERT, E.:
[278] Z. Phys. **112**, 689 (1939).
GUNDLACH, F. W.:
[279] Hochfrequenztechn. u. Elektroak. **50**, 65 (1937).
[280] ETZ **58**, 653 (1937).
[281] Dissertation, VDI-Verlag, 1938.
[282] ENT **15**, 183 (1938).

HABANN, E.:
[283] Z. Hochfrequenztechn. **24**, 115 (1924).
HADDING, A.:
[284] Z. Phys. **3**, 369 (1920).
HAHN, O. u. L. MEITNER:
[285] Z. Phys. **26**, 161 (1924).
HAHN, W. C. u. S. F. METCALF:
[285a] Proc. Inst. Radio Engrs. N.Y. **27**, 106 (1939).
HALBAN, H. u. L. EBERT:
[286] Z. Phys. **14**, 182 (1923).
HAMMER, W.:
[287] Phys. Z. **12**, 1077 (1911).
[288] Ann. Phys. **43**, 653 (1914).
HARRIES, J. H. O.:
[289] Wireless Engr. **13**, 190 (1936).
HARTEL, H. v. u. H. REIBEDANZ:
[290] Jb. drahtl. Telegr. **36**, 196 (1930).

HAUSSER, K. W., A. BARDEHLE u. G. HEISEN:
[291] Fortschr. Röntgenstr. **35**, 636 (1926).
HEHLGANS, F.:
[292] Z. techn. Phys. **16**, 194 (1935).
HEIMANN, W.:
[293] ENT **10**, 476 (1933).
[294] — **12**, 68 (1935).
[295] VDE-Fachber. **8**, 185 (1936).
[296] In BUSCH-BRÜCHE [3], S. 142.
[297] TFT **27**, 541 (1938).
— u. K. WEMHAUER:
[298] ENT **15**, 1 (1938).
HENDERSON, C. MALCOLM u. MILTON G. WHITE:
[299] Rev. Scient. Instr. **9**, 19 (1938).
HENNEBERG, W.:
[300] Ann. Phys. **19**, 335 (1934); **20**, 1 (1934); **21**, 390 (1934).
[301] Z. Instrumentenkde **55**, 300 (1935).
— u. A. RECKNAGEL:
[302] Z. techn. Phys. **16**, 230 (1935).
[303] — **16**, 621 (1935).
— R. ORTHUBER u. E. STEUDEL:
[304] Z. techn. Phys. **17**, 115 (1936).
HEROLD, O.:
[305] TFT **28**, 178 (1939).
HERRIGER, F. u. F. HÜLSTER:
[306] Telefunkenröhre **7**, 71; **8**, 221 (1936).
[307] Hochfrequenztechn. u. Elektroak. **49**, 123 (1937).
HERZOG, R.:
[308] Z. Phys. **89**, 447 (1934).
— u. V. HAUK:
[309] Z. Phys. **108**, 609 (1938).
[310] Ann. Phys. **33**, 89 (1938).
— u. J. MATTAUCH:
[311] Ann. Phys. **19**, 345 (1934).
HIPPEL, A. v.:
[312] Z. Phys. **97**, 455 (1935).
HITTORF, W.:
[313] Poggend. Ann. **136**, 8, 17, 197 (1869).
HOFMANN, W.:
[314] Forschg. u. Fortschr. **3**, 239 (1927).
HOLLMANN, H. E.:
[315] Z. Hochfrequenztechn. **40**, 97 (1932).
[316] DRP. 570483 (1932/33).
— u. A. THOMA:
[317] Hochfrequenztechn. u. Elektroak. **49**, 109 (1937).
[318] — **49**, 145 (1937).
[319] — **50**, 204 (1938).
[319a] ENT **15**, 145 (1938).
[319b] Z. techn. Phys. **19**, 475 (1938).
HOLST, G.:
[320] DRP. 535208 (1928/31).
— J. H. DE BOER, M. C. TEVES u. C. H. VEENEMANS:
[321] Physica **1**, 297 (1934).
HOTTENROTH, G.:
[322] Ann. Phys. **30**, 689 (1937).
HOWES, D. E.:
[323] Amer. Pat. 1810018 (1924/31).

HÜBERS, G.:
[323a] DRP. 338286 (1916/21).
HUDEC, E.:
[324] ENT 10, 215 (1933).
HUGHES, A. L. u. J. H. MCMILLEN:
[325] Phys. Rev. 34, 291 (1929).
[326] — 39, 585 (1932).
HULL, A.:
[327a] J. Amer. Inst. Electr. Engng. 40, 715 (1921).
[327] Phys. Rev. 18, 31 (1921).
[328] — 23, 112 (1924).
HULL, L. M.:
[329] Proc. Inst. Radio Engrs. N. Y. 9, 141 (1921).

JAMS, H.:
[330] Proc. Inst. Radio Engrs. N. Y. 27, 103 (1939).
JARVIS, K. W. u. R. N. BLAIR:
[331] Amer. Pat. 1903569 (1926/33).
INDUNI, G.:
[332] Arch. techn. Messen J 834—18 (1937).
ISNIG, G.:
[333] Arch. Math. Astron. Phys. 18, 45 (1925).
IVES, H. E. u. TH. C. FREY:
[334] Astrophys. J. 56, 1 (1922).
JOBST, G.:
[335] DRP. 608293 (1926/1935).
JOHANNSON, H.:
[336] Ann. Phys. 18, 385 (1933).
[337] — 21, 274 (1934).
— u. O. SCHERZER:
[338] Z. Phys. 80, 183 (1933).
JOHNSON, J. B.:
[339] Phys. Rev. 17, 420 (1920).
JOHNSON, R. P. u. W. SHOCKLEY:
[340] Phys. Rev. 48, 973 (1935).
[341] — 49, 436 (1936).
JOLIOT, F., A. LAZARD u. P. SAVEL:
[342] C. R. 201, 826 (1935).
JONES, L. T. u. H. G. TASKER:
[343] J. opt. Soc. Amer. 9, 471 (1924).
JONKER, J. L. H. u. M. C. TEVES:
[344] Philips techn. Rdschau 3, 137 (1938).
JORDAN, P.:
[345] Forsch. u. Fortschr. 14, 395 (1938).

KALLMANN, H. u. B. ROSEN:
[346] Z. Phys. 61, 61 (1930); 64, 806 (1930).
KAPZOV, N.:
[347] Z. Phys. 49, 395 (1928).
KAROLUS, A.:
[348] SCHRÖTER: Fernsehen [41] S. 235.
KATSCH, A.:
[349] Z. techn. Phys. 6, 595 (1925).
KATZ, H. u. E. WESTENDORF:
[350] Z. techn. Phys. 20, 209 (1939).
— u. K. A. EGERER:
[350a] Jb. AEG-Forsch. (im Druck).

KAUFMANN, W.:
[351] Ann. Phys. 62, 569 (1897).
[352] Phys. Z. 4, 55 (1903).
KAUSCHE, G. A. u. H. RUSKA:
[352a] Biochem. Z. 303, 221 (1939).
KAYE, G. W. C.:
[353] Proc. Roy. Soc. London 83, 189 (1909).
KENNARD, R. B.:
[354] Phys. Rev. 31, 423 (1928).
KIEPENHEUER, K. O.:
[355] Naturwiss. 22, 297 (1934).
KILGORE, G. R.:
[356] Proc. Inst. Radio Engrs. 24, 1140 (1936).
KINDER, E.:
[356a] Z. techn. Physik 21, 222 (1940).
KINDER, E. u. A. PENDZICH:
[356b] Jb. AEG-Forsch. 7, 23 (1940).
KIRCHNER, F.:
[357] Phys. Z. 25, 302 (1924).
[358] Ann. Phys. 8, 975 (1931).
[359] — 12, 503 (1932).
[359a] Handbuch der Experimentalphysik, Bd. 24/1. 1928.
[359b] Ergebn. exakt. Naturw. 18, 26 (1939).
KIRKPATRIK, P.:
[360] Rev. Scient. Instr. 3, 430 (1932).
KLEEN, W.:
[361] Telefunkenröhre 1, 118 (1935).
— u. H. ROTHE:
[362] Z. Phys. 104, 711 (1937).
KLEIN:
[362a] Der Funk Heft 12, 183 (1940).
KLEMPERER, O.:
[363] Z. Phys. 16, 280 (1923).
[364] Phil. Mag. 20, 545 (1935).
KLEYNEN, P. H. J. A.:
[365] Philips techn. Rdsch. 2, 338 (1937).
KLUGE, W.:
[366] Z. techn. Phys. 12, 656 (1931).
[367] — 16, 184 (1935).
[368] Z. Phys. 93, 789 (1935).
[368a] — 95, 734 (1935).
[369] ETZ 59, 647 (1938).
[369a] Jb. AEG-Forschung 6, 46 (1939).
— O. BEYER u. H. STEYSKAL:
[370] Z. techn. Physik 18, 219 (1937).
— u. H. BRIEBRECHER:
[370a] Z. techn. Phys. 14, 533 (1933).
KNECHT, W.:
[371] Ann. Phys. 20, 161 (1934).
KNIPP, C. F.:
[372] Phys. Rev. 33, 125 (1929).
KNIPP, L. T. u. L. A. WELO:
[373] Phil. Mag. 32, 381 (1916).
KNOLL, M.:
[374] Z. techn. Phys. 10, 28 (1929).
[375] — 12, 54 (1931).
[376] Arch. techn. Messen 1, J 834 (1932).
[377] Arch. Elektrot. 28, 1 (1934).
[378] Z. techn. Phys. 15, 584 (1934).
[379] — 17, 604 (1936).
[380] In SCHRÖTER: Fernsehen [41], S. 113.

KNOLL, M.:
[381] Z. techn. Phys. **19**, 307 (1938).
[382] Arch. Elektrot. **31**, 41 (1937).
[382a] DRP. 690809, 1929/40.
— u. B. v. BORRIES:
[383] Z. techn. Phys. **11**, 111 (1930).
[384] — **11**, 493 (1930).
— u. E. RUSKA:
[385] Ann. Phys. **12**, 607 (1932).
[386] Z. Phys. **78**, 318 (1932).
— u. J. SCHLOEMILCH:
[387] Arch. Elektrot. **28**, 507 (1934).
— u. R. THEILE:
[388] TFT **27**, 538 (1938).
— F. HOUTERMANNS u. W. SCHULZE:
[389] Z. Phys. **78**, 340 (1932).
— H. KNOBLAUCH u. B. v. BORRIES:
[390] ETZ **51**, 966 (1930).
KOCKEL, B.:
[391] Jb. AEG-Forsch. **6**, 104 (1939).
— u. L. MAYER:
[392] Jb. AEG-Forsch. **6**, 72 (1939).
KOLLHÖRSTER, W.:
[393] Z. Phys. **2**, 257 (1920).
KOLLATH, R.:
[394] Z. techn. Phys. **21**, 328 (1940).
[395] Ann. Phys. **27**, 721 (1936).
[396] Phys. Z. **38**, 202 (1937).
KORTÜM, G.:
[397] Phys. Z. **32**, 417 (1931).
KOSSEL, W.:
[398] In RAMSAUER [*14*].
[398a] Ergebn. exakt. Naturwiss. **16**, 295 (1937).
— u. G. MÖLLENSTEDT:
[398b] Naturwiss. **26**, 660 (1938); Ann. Phys. **36**, 113 (1939).
KRAUSE, F.:
[399] Z. Phys. **102**, 417 (1936).
[400] Naturwiss. **25**, 817 (1937).
[401] Radiologica **3**, 122 (1938).
KRAWINKEL, G., W. KRONJÄGER u. H. SALOW:
[401a] Z. techn. Physik **19**, 63 (1938).
KRUG, W.:
[402] ETZ **51**, 605 (1930).
[403] E. u. M. **49**, 233 (1931).
[404] Arch. Elektrot. **30**, 157 (1936).
KRÜGER, F. u. O. UTESCH:
[405] Ann. Phys. **78**, 113 (1925).
KRÜGER, P. G. u. G. K. GREEN:
[406] Phys. Rev. **51**, 659 (1937).
KULENKAMPF, H.:
[407] Ann. Phys. **87**, 597 (1928).
KUNSMANN, C. H.:
[408] Science **62**, 269 (1925).
[409] Phys. Rev. **27**, 249 (1926).

LAHAYE, H.:
[410] Ann. Phys. **34**, 60 (1939).
LALLEMAND, A.:
[410a] C. R. **208**, 1211 (1939).
LÄMMCHEN, K. u. A. LERBS:
[410b] Hochfrequenztechn. **51**, 87 (1938).
LANGMUIR, J.:
[411] Phys. Rev. **2**, 450 (1913).
[412] Phys. Z. **15**, 348 (1914).

LANGMUIR, J.:
[413] DRP. 293539 (1913/16).
[414] Amer. Pat. 1219961 (1914/17).
[415] — 1251388 (1913/17).
[416] DRP. 313957 (1914/19).
LAURITSEN, C. C. u. R. D. BENNETT:
[417] Phys. Rev. **32**, 850 (1928).
— u. B. CASSEN:
[418] Phys. Rev. **36**, 988 (1930).
LAWRENCE, E. O.:
[419] Proc. nat. Acad. Sci., Wash. **7**, 64 (1931).
— u. D. COOKSEY:
[420] Phys. Rev. **50**, 1131 (1936).
— u. M. ST. LIVINGSTON:
[421] Phys. Rev. **40**, 19 (1932).
[422] — **45**, 608 (1934).
— u. D. H. SLOAN:
[423] Proc. nat. Acad. Sci., Wash. **17**, 64 (1931).
— u. Mitarbeiter:
[423a] Phys. Rev. **56**, 124 (1939).
[423b] J. Appl. Phys. **11**, 339 (1940).
LEBEDEFF, A.:
[424] Nature, Lond. **128**, 491 (1931).
LENARD, P.:
[425] Ann. Phys. **51**, 225 (1894).
[426] — **64**, 228 (1898).
[427] — **12**, 449 (1903).
—, F. SCHMIDT u. R. TOMASCHEK:
[428] Handbuch der Experimental-physik, Bd. 23. 1928.
LEO, W. u. C. MÜLLER:
[429] Phys. Z. **36**, 113 (1935).
LEVY, R.:
[430] DRP. a. L. 78352.
LI, K. T.:
[431] Proc. Cambridge. Phil. Soc. **33**, 164 (1937).
LIEBEN, R. v.:
[432] DRP. 179807 (1906).
[433] — 249142 (1910).
LILIENFELD, J. E.:
[434] Fortschr. Röntgenkde **18**, 256 (1921).
[434a] DRP. 356163 (1917/22).
[434b] Ber. sächs. Akad. Leipzig **71**, 113 (1919).
[435] DRP. 373834 (1915/23).
LINDEMANN, A. F. u. F. A. LINDEMANN:
[435a] DRP. 223654 (1908/10).
LIVINGSTON, M. ST.:
[436] Rev. Sc. Instr. **7**, 55 (1936).
Loewe-Patent:
[437] DRP. 587113 (1925/33).
LUBSZYNSKI, H. G. u. S. RODDA:
[438] Brit. Patent 442666 (1934/36).
LUKANOW, H. u. W. SCHÜTZE:
[439] Z. Phys. **82**, 610 (1933).

MAHL, H.:
[440] Z. Phys. **98**, 321 (1936).
[441] In BUSCH-BRÜCHE [*3*], S. 73.
[442] Z. techn. Phys. **18**, 555 (1937).
[443] Z. Phys. **108**, 771 (1938).
[444] Z. techn. Phys. **19**, 313 (1938).

MAHL, H.:
[445] Naturwiss. **27**, 418 (1939).
[446] Z. techn. Phys. **20**, 316 (1939).
[446a] Jb. AEG-Forsch. **7**, 43 (1940).
[446b] — **7**, 67 (1940).
[446c] Kolloid-Z. **91**, 105 (1940).
[446d] Metallwirtsch. **19**, 488 (1940).
[446e] Z. angew. Photogr. **2**, 58 (1940).
— u. A. JAKOB:
[446f] Jb. AEG-Forsch. **7**, 77 (1930).
MAJEWSKI, W.:
[447] Wiadom. Inst. Telekom. Warschau **8**, 1 (1937).
[448] Acta phys. polon. **6**, 392 (1938).
MALSCH, F.:
[449] Arch. Elektrot. **27**, 642 (1933).
[450] — **28**, 349 (1934).
[451] DRP. a. M. 139333 (1933); Naturwiss. **27**, 854 (1939).
[451a] Franz. Pat. 851212 (1938/39); DRP. 696419 (1938/40).
— u. F. A. BECKER:
[452] Arch. Elektrot. **28**, 580 (1934).
— u. E. WESTERMANN:
[453] Arch. Elektrot. **28**, 63 (1934).
MALTER, L.:
[454] Phys. Rev. **50**, 48 (1936).
MARAGLIANO, M. V.:
[454a] DRP. 219584 (1908/10).
Marconi Comp. (LUBSZYNSKI) u. V. K. ZWORYKIN:
[455] Brit. Pat. 369832 (1930).
MARTIN, L. C., R. V. WHELPTON u. D. H. PARNUM:
[456] J. sci. Instrum. **14**, 14 (1937).
MARTIN, S. T. u. L. B. HEADRICK:
[457] J. appl. Phys. **10**, 116 (1939).
MARTON, L.:
[458] Nature Lond. **133**, 911 (1934).
[459] Bull. Belg. **20**, 92 (1934).
[460] — **20**, 439 (1934).
[461] Phys. Rev. **46**, 527 (1934).
[462] Rev. d'Opt. **14**, 129 (1935).
[463] Bull. Belg. **21**, 553 (1935).
[464] — **21**, 606 (1935).
[465] — **22**, 1336 (1936).
[466] Physica **3**, 959 (1936).
[467] Bull. Belg. **23**, 672 (1937).
[467a] Phys. Rev. **58**, 57 (1940).
MARX, E.:
[468] ETZ **45**, 652 (1924).
MATTAUCH, J.:
[469] Phys. Z. **33**, 899 (1932).
[470] Z. techn. Phys. **18**, 525 (1937).
[471] Naturwiss. **25**, 738 (1937).
[471a] Z. techn. Phys. **19**, 579 (1938).
[471b] Ergebn. exakt. Naturw. **19**, 170 (1940).
— u. R. HERZOG:
[472] Z. Phys. **89**, 786 (1934).
MATTHIAS, A., B. v. BORRIES u. E. RUSKA:
[473] Z. Phys. **85**, 336 (1933).
McMILLEN, J. H.:
[474] Phys. Rev. **36**, 1034 (1930).
MEISSNER, A.:
[475] DRP. 291604 (1913/19).

MEITNER, L.:
[476] Z. Phys. **9**, 131, 145 (1922).
[477] — **11**, 35 (1922).
MESCHTER, E.:
[478] Rev. sci. instr. **9**, 12 (1938).
MESSNER, M.:
[479] Arch. Elektrot. **27**, 335 (1933).
MEYER, S. u. E. SCHWEIDLER:
[480] Phys. Z. **1**, 90 (1899).
MIE, K.:
[481] Telefunkenröhre Heft 10, 161 (1937).
[482] — **12**, 18 (1938).
[483] — **13**, 148 (1938).
MILLER, J. L. u. J. E. L. ROBINSON:
[484] J. Inst. Electr. Eng. **74**, 511 (1934).
MILLIKAN, R. A.:
[485] Phil. Mag. **34**, 1 (1917).
[486] Ann. Phys. **32**, 34 (1938).
MITO, S.:
[487] Elektrotechn.-J. **1**, 168 (1937).
MÖLLER, G.:
[488] Z. Hochfrequenztechn. **34**, 201 (1929).
[489] ENT **7**, 293 (1930).
[490] — **7**, 411 (1930).
MOON, R. J. u. W. D. HARKINS:
[491] Phys. Rev. **49**, 273 (1936).
MONGAN, CH.:
[492] Helv. phys. Acta **5**, 341 (1932).
MORTON, G. A. u. E. G. RAMBERG:
[493] Physics **7**, 451 (1936).
MROWKA, B.:
[494] Z. techn. Phys. **18**, 572 (1937).
[495] Jb. AEG-Forsch. **6**, 111 (1939).
MÜLLER, A.:
[496] Brit. Journ. Radiol. **3**, 127 (1930).
C. H. F. Müller AG.:
[497] DRP. 539588 (1929/31).
[497a] DRP. 316011 (1916/19).
MÜLLER, E.:
[498] Z. Phys. **106**, 132, 541 (1937); **108**, 668 (1938).
MÜLLER, H. O.:
[499] Z. Phys. **104**, 475 (1937).
MÜLLER, J.:
[500] Hochfrequenztechn. u. Elektroak. **41**, 156 (1933).
[501] — **48**, 155 (1936).
[502] — **43**, 195 (1934); **51**, 121 (1938).
MÜLLER, W. (S. & H.):
[503] DRP. 643827 (1934/37).
MYLO:
[504] DRP. 371528 (1921/23).

NESSLINGER, A.:
[505] Jb. AEG-Forsch. **6**, 83 (1939).
NIEMANN, C.:
[506] Fortschr. Röntgenstr. **48**, 72 (1933).
NIER, A. O.:
[507] Phys. Rev. **50**, 1041 (1936).
[508] — **52**, 933 (1937).
NORINDER, H.:
[509] Z. Phys. **63**, 672 (1930).
[510] Tekn. T. **53**, 10 (1923); **55**, 8 (1925).

OKABE, K.:
[511] Rep. Radio Res. Japan **6**, 1 (1936).
[512] — **6**, 75 (1936).
[512a] Hochfrequenztechn. u. Elektroak.
49, 24 (1937).
OLIPHANT, M. J. E.:
[513] Proc. Roy. Soc. London **124**, 288 (1929).
[514] — **127**, 373 (1930).
— u. E. RUTHERFORD:
[515] Proc. Roy. Soc. London **141**, 259 (1933).
ORTH, R. T., P. A. RICHARDS u. L. B. HEADRICK:
[516] Proc. Inst. Radio Engrs. N. Y. **23**, 1308 (1935).
ORTHUBER, R. u. A. RECKNAGEL:
[517] Jb. AEG-Forsch. **6**, 86 (1939).

PABST, E.:
[517a] DRP. 114245 (1898/1900).
PAULI, W. E.:
[518] Z. Instrumentenkde **30**, 133 (1910).
[519] Dtsch. med. Wschr. **45**, 936 (1919).
PERRY, CH. T. u. E. C. CHAFFEE:
[520] Phys. Rev. **36**, 904 (1930).
PFETSCHER, O.:
[520a] Phys. Z. **29**, 449 (1928).
Philips:
[521] DRGM. 1448128.
Phönix:
[522] DRP. 354880 (1921/22).
[523] — 406067 (1923/24).
PICKARSKI, G. u. H. RUSKA:
[523a] Klin. Wschr. **18**, 383 (1939).
PLATO, G., W. KLEEN u. H. ROTHE:
[524] Z. Phys. **101**, 509 (1936).
PICHT, J.:
[525] Ann. Phys. **15**, 926 (1932).
[526] Z. Instrumentenkde **53**, 274 (1933).
PIEPLOW, H. u. E. STEUDEL:
[527] Arch. Elektrot. **32**, 627 (1938).
POHL, E.:
[528] DRP. 511127 (1927/30).
[528a] DRP. 376359 (1914/23).
POHL, J.:
[529] In BRÜCHE-SCHERZER: Geometrische Elektronenoptik, S. 262.
POTAPENKO, G.:
[530] Z. techn. Phys. **10**, 542 (1929).
POL, B. VAN DER:
[531] Z. Hochfrequenztechn. **25**, 121 (1925).
PREBUS, A. u. J. HILLIER:
[531a] Canadian J. of Res. **17**, 48 (1939).
RADCZEWSKI, O. E., H. O. MÜLLER u. W. EITEL:
[531b] Naturwiss. **27**, 807 (1939).

RAMSAUER, C.:
[532] Ann. Phys. **45**, 961 (1914).
[533] — **66**, 545 (1921).
[534] — **72**, 345 (1923).
[535] Jb. AEG-Forschung **7**, 1 (1940).

RAMSAUER, C. u. R. KOLLATH:
[536] Ann. Phys. **3**, 536 (1929).
— — u. D. LILIENTHAL:
[537] Ann. Phys. **8**, 702, 709 (1931).
RANKIN, R.:
[538] Electr. Club J. **2**, 620 (1905).
[539] Amer. Pat. 838273 (1905/06).
RCA:
[540] Catalogue Cathode Ray Tubes 1935.
[541] DRP. (Österreich) 155226 (1937/38).
[541a] USA-Pat. 2099994.
REBSCH, R.:
[542] Ann. Phys. **31**, 551 (1938).
RECKNAGEL, A.:
[543] Z. Phys. **104**, 381 (1937).
[544] Hochfrequenztechn. u. Elektroak. **51**, 66 (1938).
[545] Z. techn. Phys. **19**, 74 (1938).
[546] — **19**, 616 (1938).
[547] Jb. AEG-Forsch. **6**, 78 (1938).
Reiniger, Gebbert & Schall AG.:
[548] DRP. 300534 (1916/17).
REUSSE, W.:
[549] Franz. Pat. 816460 (1936).
RICHARDSON, O. W. u. K. T. COMPTON:
[550] Phil. Mag. **24**, 575 (1912).
RIECKE, E.:
[551] Wied. Ann. **13**, 192 (1881).
RIEHL, N.:
[552] Ann. Phys. **29**, 637 (1937).
ROBERTS, C. E. C.:
[553] Brit. Pat. 318331 (1928/29).
ROBINSON, J.:
[554] Ann. Phys. **31**, 792 (1910).
[555] Phys. Z. **13**, 276 (1912).
ROGOWSKI, W.:
[556] ETZ **52**, 1245 (1931).
[557] E. u. M. **51**, 249 (1933).
— u. H. DICKS:
[558] DRP. 599867 (1932/34).
— u. F. FLEGLER:
[559] Arch. Elektrot. **14**, 529 (1925).
[560] DRP. 500619 (1926/30).
[561] Brit. Pat. 295710 (1928/29).
[562] Franz. Pat. 658109 (1928/29).
— u. W. GRÖSSER:
[563] Arch. Elektrot. **15**, 377 (1925).
— u. F. MALSCH:
[564] Arch. Elektrot. **27**, 131 (1933).
— u. K. SZEGHÖ:
[565] Arch. Elektrot. **24**, 899 (1935).
— F. FLEGLER u. K. BUSS:
[566] Arch. Elektrot. **24**, 563 (1930).
— — u. J. TAMM:
[567] Arch. Elektrot. **18**, 513 (1927).
RÖNTGEN, W. C.:
[567a] Sitzgsber. phys.-med. Ges. Würzburg Heft **9**, 132 (1895).
ROSE, M. E.:
[568] Phys. Rev. **53**, 392 (1938).
ROSENBERG, H.:
[569] Z. Phys. **7**, 18 (1921).
ROSING, B.:
[570] DRP. 209320 (1907).

Rosing, B.:
[571] Trans. Leningrad Electr. Res. Lab. 77 (1926).
Rothe, H.:
[572] In Ramsauer [14].
— u. W. Kleen:
[573] Telefunkenröhre Heft 1, 1 (1935).
[574] — 2, 1 (1936).
[575] — 2, 158 (1936).
[576] Z. techn. Phys. 17, 635 (1936).
[577] Telefunkenröhre Heft 8, 158 (1936).
[578] — 9, 90 (1937).
[578a] — 17, 213 (1939).
Round, R.:
[579] Amer. Pat. 1759594 (1926).
Rudberg, E.:
[580] Proc. Roy. Soc. London 127, 111 (1930).
[581] — 129, 628 (1930).
[582] — 130, 182 (1930).
Rukop, H.:
[583] Jb. drahtl. Telegr. 14, 110 (1919).
Rupp, E.:
[584] Z. Phys. 52, 8 (1928).
Rühlemann, E.:
[585] Arch. Elektrot. 25, 505 (1931).
Rusch, M.:
[586] Ann. Phys. 80, 707 (1926).
Ruska, E.:
[587] Z. Phys. 89, 90 (1934).
[588] — 87, 580 (1934).
[589] Forschg u. Fortschr. 10, 8 (1934).
[589a] Busch-Brüche [3].
[589b] ETZ 61, 889 (1940).
— u. M. Knoll:
[590] Z. techn. Phys. 12, 389 (1931).
Rutherford, E. u. H. Geiger:
[591] Proc. Roy. Soc. London (A) 81, 141 (1908).
— u. W. F. Rawlinson:
[592] Phil. Mag. 28, 277 (1914).
[593] Wien. Ber. IIa 122, 1855 (1913).
— H. Robinson u. W. F. Rawlinson:
[594] Phil. Mag. 28, 281 (1914).
— W. B. Lewis u. V. B. Bowden:
[595] Proc. Roy. Soc. London 142, 347 (1933).
— C. E. Wynn-Williams, W. B. Lewis u. B. V. Bowden:
[596] Proc. Roy. Soc. London 139, 617 (1933).

Salzberg, B. u. A. V. Haeff:
[597] RCA Rev. 2, 336 (1937).
Sampson, B. u. W. Bleakney:
[598] Phys. Rev. 50, 456 (1936).
Sawyer, W. W.:
[599] Proc. Cambridge Phil. Soc. 32, 453 (1936).
Schade, R.:
[600] Phys. Z. 39, 908 (1939).
Schade, O. H.:
[601] Proc. Inst. Radio Engrs. N. Y. 26, 137 (1938).
Schaffernicht, W.:
[602] Z. Phys. 93, 762 (1935).

Schaffernicht, W.:
[603] Z. techn. Phys. 17, 596 (1936).
[604] Jb. AEG-Forsch. 4, 45 (1936).
— u. H. Katz:
[605] In Busch-Brüche [3], S. 102.
— u. E. Steudel:
[606] Jb. AEG-Forsch. 5, 66 (1938).
Scheller, O.:
[607] DRP. 349334 (1920).
Schenk, D.:
[608] Ann. Phys. 23, 240 (1935).
[609] Z. Phys. 98, 573 (1936).
Schenkel, M.:
[610] ETZ 40, 333 (1919).
Scherzer, O.:
[611] Z. Phys. 80, 193 (1933).
[612] — 82, 697 (1933).
[613] — 101, 593 (1936).
[614] — 101, 23 (1936).
[615] — 114, 427 (1939).
Schiff, L. J.:
[616] Phys. Rev. 54, 1114 (1938).
Schleede, A.:
[617] Z. techn. Phys. 19, 364 (1938).
— u. B. Bartels:
[618] Z. techn. Phys. 19, 365 (1938).
Schlosser, E. O.:
[619] Ann. Phys. 32, 507 (1938).
Schnabel, W.:
[620] Arch. Elektrot. 28, 789 (1934).
[621] — 30, 461 (1936).
Schneider, G.:
[622] Ann. Phys. 11, 357 (1931).
Schöbitz, E.:
[623] Phys. Z. 32, 37 (1931).
Schön, M.:
[624] Z. techn. Phys. 19, 361 (1938).
Schottky, W.:
[625] DRP. 300617 (1916/21).
[626] — 310605 (1915/20).
[627] Arch. Elektrot. 8, 1 (1919).
[628] — 8, 299 (1919).
— u. H. Rothe:
[628a] Handbuch der Experimentalphysik, Bd. 13/2.
Schriever, O.:
[629] Telefunkenztg. Heft 44, 35 (1926).
Schröter, F.:
[630] In Busch-Brüche [3], S. 121.
[631] DRP. 535163 (1929).
[631a] Fernsehen 1, 4 (1930).
— u. W. Ilberg:
[632] Phys. Z. 30, 801 (1929).
Schumann, V.:
[633] Ann. Phys. 5, 349 (1901).
Schuster, A.:
[634] Proc. Roy. Soc. London 37, 331 (1884).
[635] — 47, 545 (1890).
Schütz, W.:
[636] Arch. Elektrot. 28, 183 (1934).
Schütze, W.:
[637] Wiss. Veröff. Siemens-Werke 16, 89 (1937).
[638] — 17, 135 (1938).

SCHWARTZ, E.:
[639] Fernsehen 6, 37, 47 (1935).
[639a] Fernseh-Hausmitt. 1, 123 (1939).
SCHWENKHAGEN, H.:
[640a] Elektrizitätswirtsch. 25, 300 (1926).
SEARS, F. W.:
[640] J. Frankl. Inst. 209, 459 (1930).
SEEMANN, H.:
[641] Ergebn. techn. Röntgenkde 1, 32 (1930).
[642] — 3, 80 (1933).
— u. K. F. SCHOTZKY:
[643] Z. Phys. 71, 1 (1931).
SEITZ, W.:
[644a] Phys. Z. 6, 756 (1900).
[644] Verh. Dtsch. Phys. Ges. 11, 505 (1909).
SHAW, A. E.:
[645] Phys. Rev. 44, 1006 (1933).
[646] — 54, 193 (1938).
SHELBY, R. E.:
[646a] Electronics 13, 14 (1940).
Siemens-Reiniger-Veifa:
[647] DRP. 508913 (1928/30).
SKAUPY, F.:
[648] DRP. 349838 (1919/22).
SLACK, C. M.:
[649] Journ. opt. Soc. Amer. 18, 123 (1929).
SLEPIAN, J.:
[650] Amer. Pat. 1450265 (1919/23).
SLOAN, D. H. u. W. N. COATES:
[651] Phys. Rev. 46, 539 (1934).
— u. E. O. LAWRENCE:
[652] Phys. Rev. 38, 2021 (1931).
SMITH, P. T., W. LOZIER, L. S. SMITH u. W. BLEAKNEY:
[653] Rev. Scient. Instr. 8, 51 (1937).
SMYTHE, W. R.:
[654] Phys. Rev. 28, 1275 (1926).
[655] — 45, 299 (1934).
— u. J. MATTAUCH:
[656] Phys. Rev. 40, 429 (1932).
SOMMERFELD, A. u. H. BETHE:
[656a] Handbuch der Physik Bd. 24/2. 1933.
STABENOW, G.:
[657] Z. Phys. 96, 634 (1935).
STARK, J.:
[658] Ann. Phys. 12, 31 (1903).
STEIMEL, K.:
[659] Telefunkenröhre 14, 159 (1938).
STEPHENS, W. E.:
[660] Phys. Rev. 45, 513 (1934).
STETTER, G.:
[661] Z. Phys. 34, 158 (1925).
[662] — 42, 741 (1927).
STINTZING, H.:
[663] Ergebn. techn. Röntgenkde 1, 151 (1930).
[664] Verh. Dtsch. Röntgenges. 24, 33 (1932).
[665) Ergebn. techn. Röntgenkde 3, 98 (1933).
[665a] DRP. 485155 (1927/29).

STÖRMER, C.:
[666a] Ann. Phys. 16, 685 (1933).
[666] Ergebn. kosm. Phys. 1, 1 (1931).
STRÜBIG, H.:
[667] Phys. Z. 37, 402 (1934).
SUHRMANN, R.:
[668] In BUSCH-BRÜCHE [3], S. 61.
[669] DRP. 676127 (1929/1939).
— u. CZESCH:
[670] DRP. 656525 (1928/38).

TATE, J. T. u. P. T. SMITHE:
[671] Phys. Rev. 46, 773 (1934).
Telefunken:
[672] DRP. 585599 (1931/33).
[673] Franz. Pat. 813451 (1936/37).
TELLEGEN, B. D. H.:
[674] DRP. 584305 (1930).
[675] — 527449 (1926/31).
TELLEZ-PLASENCIA:
[675a] DRP. 616288 (1932/35).
THALLER, R.:
[676] Phys. Z. 29, 841 (1928).
[677] Fortschr. Röntgenstr. 33, 108 (1925).
[677a] DRP. 494784 (1925/30).
[677b] DRP. 497427 (1925/30).
THEILE, R.:
[678] Telefunkenröhre 13, 90 (1938).
THOMAS, L. H.:
[679] Phys. Rev. 54, 580 (1938).
[680] — 54, 588 (1938).
THOMPSON, J. S.:
[681] Phys. Rev. 35, 1196 (1930).
THOMSON, J. J.:
[682] Phil. Mag. 44, 293 (1897).
[683] — 48, 547 (1899).
[684] Nature, Lond. 90, 645, 663 (1913).
[685] — 91, 333 (1913).
THOMSON, R. L. u. B. B. KINSEY:
[686] Phys. Rev. 46, 324 (1934).
TIHANY, K.:
[687] Brit. Pat. 313456, 315362 (1928).
TILLMANN, TH.:
[688] Telefunkenröhre 10, 171 (1937).
TÖPLER, M.:
[689] ETZ 45, 1045 (1924).
TOWNSEND, M. A.:
[690] Phil. Mag. 42, 873 (1921).
TRAUB, W.:
[691] AEG-Mitt. 343 (1936).
[692] DRP. 379023 (1922).
— u. H. WOLFF:
[693] Fortschr. Röntgenstr. 48 (1933).
TRICKER, R. A. R.:
[694] Proc. Chim. Phil. Soc. 22, 454 (1924).
[695] Proc. Roy. Soc. London 109, 384 (1925).
TUUK, J. H. v. D.:
[696] Philips techn. Rundsch. 3, 296 (1938).
[697] — 4, 161 (1939).
TUVE, M. A.:
[698] Phys. Rev. 48, 315 (1935).

TUVE, M. A., G. BREIT u. L. R. HAFSTAD:
[699] Phys. Rev. **35**, 66 (1930).
— L. R. HAFSTAD u. O. DAHL:
[700] Naturwiss. **24**, 625 (1936).

ULREY, C. T.:
[701] Phys. Rev. **11**, 401 (1918).

VANINO, L.:
[702] Leuchtfarben. Stuttgart: Ferdinand
Enke 1935.
VARIAN, R. H. u. S. F. VARIAN:
[702a] J. appl. Phys. **10**, 321 (1939).
VIERKÖTTER, P.:
[703] DRP.a. R 99139 (1937).
VILLARD, P. u. V. CHABAUD:
[704] DRP. 103100 (1898/99).
VOGES, H.:
[704a] Z. Phys. **76**, 390 (1932).

WALCHER, W.:
[705] Z. techn. Phys. **18**, 535 (1937).
[706] Z. Phys. **108**, 376 (1938).
WATSON, E. E.:
[707] Phil. Mag. **3**, 849 (1927).
WEHNELT, A.:
[708a] Ann. Phys. **14**, 458 (1904).
[708] Phys. Z. **6**, 609, 732 (1905).
[709] Z. phys. chem. Unterr. **18**, 193
(1905).
— u. W. TRENKLE:
[709a] Sitzgsber. phys.-med. Soz. Erlangen
37, 312 (1905).
WEIDNER, V.:
[710] Ann. Phys. **12**, 239 (1932).
WEISS, G.:
[711] In BUSCH-BRÜCHE [*14*], S. 112.
[712] Fernsehen **6**, 53 (1935).
[713] — **7**, 41 (1936).
[714] Z. techn. Phys. **17**, 623 (1936).
— u. O. PETER:
[715] Z. techn. Phys. **19**, 444 (1938).
WENDT, G.:
[716] Ann. Phys. **17**, 445 (1933).
WERNER, S.:
[717] Z. Phys. **90**, 384 (1934).
[718] — **92**, 705 (1935).
WESTERMANN, E.:
[719] Z. techn. Phys. **16**, 262 (1935).
[720] Arch. Elektrot. **30**, 109 (1936).
WESTPHAL, W.:
[721] Ann. Phys. **27**, 571 (1908).
[722] Verh. Dtsch. Phys. Ges. **10**, 401
(1908).
[723] — **14**, 223 (1912).
WHIDDINGTON, R.:
[724] Proc. Cambridge Phil. Soc. **16**, 321
(1911).
[725] Proc. Roy. Soc. London **86**, 360
(1912).

WIDERÖE, R.:
[726] Arch. Elektrot. **21**, 387 (1928).
WIECHERT, E.:
[727] Göttinger Nachr. 269 (1898).
[728] Wied. Ann. **69**, 739 (1899).
WIEN, W.:
[729] Verh. Dtsch. Phys. Ges. 164 (1897).
[730] — 10 (1898).
[731] Ann. Phys. **65**, 440 (1898).
[732] — **8**, 260 (1902).
WIERL, R.:
[733] Ann. Phys. **8**, 536 (1931).
WIGAND, R.:
[734] Fernsehen **10**, 180 (1937).
WILSON, C. T. R.:
[735] Proc. Roy. Soc. London **104**, 1, 192
(1923).
[735a] Proc. Cambridge Phil. Soc. **21**, 405
(1923).
WILSON, R. R.:
[736] Phys. Rev. **53**, 408 (1938).
WILSON, W.:
[737] Proc. Roy. Soc. London **84**, 141 (1911).
WOLF, FRITZ:
[738] Ann. Phys. **83**, 849 (1927).
WOLF, FRANZ:
[739] Z. Phys. **72**, 42 (1931); **74**, 574 (1932).
WÖLFEL, A.:
[739a] ETZ **60**, 687 (1939).
WOLPERS, C. u. H. RUSKA:
[739b] Klin. Wschr. **18**, 1078 (1939).
WOLZ, K.:
[740] Ann. Phys. **30**, 273 (1909).
WOOD, A. B.:
[741] Proc. Phys. Soc. London **35**, 109
(1923).
[742] J. Inst. Electr. Eng. **63**, 1046 (1925).

ZWORYKIN, V. K.:
[743] Amer. Pat. 1691324 (1925/28).
[743a] Radio Engng. **38** (1929).
[744] Brit. Pat. 381306 (1930/32).
[745] Radio News **11**, 905 (1929/30).
[746] J. Inst. Electr. Eng. **73**, 437 (1933).
[747] J. Frankl. Inst. **215**, 535 (1933).
[748] Hochfrequenztechn. u. Elektroak.
43, 109 (1934).
[749] J. Inst. Electr. Eng. **79**, 1 (1936).
[750] Z. techn. Phys. **17**, 170 (1936).
— u. G. A. MORTON:
[751] J. opt. Soc. Amer. **26**, 181 (1936).
— — u. L. E. FLORY:
[752] Proc. Inst. Radio Engrs., N. Y. **25**,
1071 (1937).
— u. J. A. RAJCKMAN:
[753] Proc. Inst. Radio Engrs., N. Y.
27, 558 (1939).
— — u. L. MALTER:
[754] Proc. Inst. Radio Engrs., N. Y.
24, 351 (1936).

Abkürzungen.

C. R.	Comptes rendues hebd. Séances Acad. Sci.
ENT	Elektrische Nachrichtentechnik.
ETZ	Elektrotechnische Zeitschrift.
E. u. M.	Elektrotechnik und Maschinenbau.
TFT	Telegraphen-, Fernsprech-, Funk- und Fernsehtechnik.

Bei Patenten (DRP. bzw. Pat.) ist Anmelde- und Erteilungsjahr (Druckjahr) angegeben worden.

Anhang[1].

Hinweis auf einige Abweichungen in der Darstellung dieses Buches von der Darstellung der Herren V. BORRIES und RUSKA[2] über Mikroskopie hoher Auflösung mit schnellen Elektronen.

Unter Hinweis auf das Vorwort S. IX Anm. seien im folgenden Unterschiede besprochen, die hinsichtlich der historischen Entwicklung und ähnlicher Fragen zwischen den beiden Berichten vorhanden sind. Der Vergleich sei auf diejenigen Fragen beschränkt, die mit dem Thema „Übermikroskopie" des Berichtes der Herren v. BORRIES und RUSKA besonders eng zusammenhängen. Es mag vielleicht sein, daß diese oder jene Frage auch anders angesehen werden kann, als es in vorliegendem Buch geschehen ist. Insgesamt ist aber doch die Zahl der Widersprüche so groß, daß hier die Gesamteinstellung an Hand von Beispielen verglichen werden muß.

I. Zur Frage der Abbildungssysteme und der ersten Bilder.

1. Gepanzerte magnetische Linse. Auf S. 240 zitieren v. BORRIES und RUSKA in der Tabelle, welche die Entwicklung der Konzentrationsspule zur magnetischen Linse des Übermikroskops behandelt, für die eisengekapselte Spule E. RUSKA.

Demgegenüber ist auf S. 82 des vorliegenden Buches GABOR für die erste Durchführung der Spulenkapselung zitiert, weil seine Arbeit [245] 4 Jahre vor der RUSKAschen Arbeit liegt und er dieselbe Feldzusammendrängung durch eine Kapselung erzielte, die gelegentlich bis heutigentages in der GABORschen Form benutzt wird. Auch in ihrem Bericht haben v. BORRIES und RUSKA in einer Fußnote S. 239 GABOR, der im gleichen Institut wie v. BORRIES und RUSKA gearbeitet hatte, genannt, dann aber ausgeschieden, weil er die Brennweitenkürzung zwar erreicht, aber nach der Ansicht von v. BORRIES und RUSKA „nicht beabsichtigt und auch nicht erkannt" hatte.

2. Auffinden der elektrischen Linse. In dem Bericht S. 238—241 schreiben v. BORRIES und RUSKA, daß BUSCH 1926/27 mathematisch nachgewiesen hätte, daß in einem axialsymmetrischen elektrostatischen Feld ein von einem Achsenpunkt ausgehendes Elektronenbündel in einem anderen Achsenpunkt fokussiert wird und daß 1931 DAVISSON und CALBIK zum ersten Male Brennweiten solcher elektrischer Elektronenlinsen berechnet hätten.

In diesem Buch haben wir S. 80 für die Erkennung der elektrischen Linse als eines selbständigen Abbildungsorgans nicht BUSCH zitiert. Wir haben uns der Darstellung angeschlossen, die BUSCH *selbst* [3] in seinem Hauptreferat auf der Physikertagung 1936 über die Entwicklung gegeben hat.

3. Elektrische Einzellinse. In der Tabelle S. 241 Abb. 2 über die Entwicklung der elektrischen Linse und an anderen Stellen des Berichtes zitieren v. BORRIES und RUSKA für die elektrische Einzellinse KNOLL [382a], indem sie sagen: „Vorschlag einer Hauptlinse für die BRAUNsche Röhre von KNOLL 1929".

---

[1] Zugesetzt bei der Revision.
[2] B. v. BORRIES u. E. RUSKA: Ergebn. exakt. Naturw. **19**, 237—322 (1940).

Der Leser wird ohne weiteres annehmen, daß dieser Vorschlag von KNOLL 1929 veröffentlicht sei.

In diesem Buche ist dieser Autor bei der Darstellung der historischen Zusammenhänge für seine „Vorrichtung zur Konzentrierung des Elektronenstrahls eines Kathodenoszillographen" nicht zitiert worden, denn sein Vorschlag — eine Patentschrift — wurde erst 1933 ausgelegt und erschien erst 1940 als Druckschrift. Jedoch bereits 1 Jahr vor der Auslegung und 8 Jahre vor der Drucklegung ist dieselbe Elektrodenanordnung von anderer Seite als Linse theoretisch behandelt, experimentell untersucht und veröffentlicht worden, ganz abgesehen davon, daß in der Patentschrift überhaupt nicht von Linse und Abbildung gesprochen ist.

4. Erstes Konturenbild bei Durchstrahlung. Nach dem Bericht von v. BORRIES und RUSKA S. 239 wurde als erste Wiedergabe einer Blendenabbildung ein von RUSKA und KNOLL erzieltes Bild einer Blende genannt.

Demgegenüber ist von uns S. 80 angegeben worden, daß das erste Bild dieser Art, und zwar eines Fadenkreuzes, von WOLF [738], einem Schüler von BUSCH, 4 Jahre früher beschrieben wurde.

5. Erstes Durchstrahlungsbild einer Folie. S. 244 sagen v. BORRIES und RUSKA in ihrem Bericht: „Weiter stellten v. BORRIES und E. RUSKA sicher, daß mit Elektronen nicht nur Konturen abgebildet werden können, was bei den Netzabbildungen der Fall gewesen war, sondern daß auch Elektronenstrahlen, die durch eine Metallfolie hindurchgegangen, also in Wechselwirkung mit Materie getreten sind, noch scharfe Abbildungen liefern ..." Nach diesem Satz wird der Leser vermuten, daß v. BORRIES und RUSKA die ersten Durchstrahlungsbilder von Folien erzielten.

Wir sehen als erste derartige Bilder diejenigen von JOHANNSON an, auf deren Erzielung er in dem Abdruck [132a] seines Vortrages auf der Physikertagung 1932, d. h. im Jahre vor den Untersuchungen von v. BORRIES und RUSKA hingewiesen hatte, nachdem er die Bilder bereits in seinem Tagungsvortrag gezeigt hatte.

6. Erste Umrißbilder von Kathoden. S. 239 haben v. BORRIES und RUSKA in ihrem Bericht im Hinblick auf die Arbeit von RUSKA und KNOLL von 1931 folgendes gesagt: „Dabei ist angemerkt, daß bei hoher Blendenvergrößerung nur schwer die genaue Abbildung der Blende geprüft werden könne, da sich leicht das Bild der Kathode einstelle. Es wurden also bereits Bilder von kalten (Gasentladungs-)Kathoden in etwa 8facher Vergrößerung beobachtet."

Tatsächlich hat WOLF [738] bei seinen in Punkt 4 erwähnten Untersuchungen bereits 4 Jahre früher die gleiche Beobachtung gemacht.

7. Erste Emissionsbilder. S. 242 wird durch v. BORRIES und RUSKA in ihrem Bericht darauf hingewiesen, daß KNOLL bereits im Juni 1931 in einem Vortrag des CRANZ-Kolloquiums Bilder der Emissionsverteilung von einer kalten Gasentladungs-Kathode gezeigt habe und daß BRÜCHE, als er die ersten Emissionsbilder veröffentlichte [132], „sich dabei ausdrücklich auf die Arbeit ... von KNOLL und E. RUSKA" bezogen habe. Der Leser muß auf Grund dieser Formulierung annehmen, daß BRÜCHE durch diesen Bezug zum Ausdruck bringen wollte, seine und JOHANNSONs Untersuchungen seien in Abhängigkeit von denen von KNOLL und RUSKA entstanden.

In Wahrheit sind beide Arbeiten vollständig unabhängig entstanden. Das ist schon deswegen wahrscheinlich, weil beide Arbeiten sich in jedem Punkte, wie es die folgende Tabelle zeigt, so weit unterscheiden, wie es bei diesen beiden Arbeiten überhaupt möglich ist: Verschiedene Elektronenauslösung, grundsätzlich verschiedene Abbildungssysteme, Elektronenenergie um zwei Zehnerpotenzen verschieden, Vergrößerung um eine Zehnerpotenz verschieden. Dazu

KNOLL und RUSKA [385].	BRÜCHE und JOHANNSON [132].
Abbildung der kalten Kathode eines Kathoden-Oszillographen, und zwar gewisser Umrisse eines durch Ionenaufprall eingebrannten Kraters. Die Abbildung gibt keine Halbtöne und ist im einzelnen schwer deutbar, da der Einfluß der Fokussierung durch den Krater schwer abschätzbar ist [EO VI, S. 215]	Abbildung einer glühenden Oxydkathode, und zwar einer ebenen Kathode mit Kratzern, Oxydbrocken und überdampften Gebieten. Die Abbildung mit ihren Halbtönen ist ein getreues Bild der Oberfläche und gibt viele Einzelheiten [Abb. 425, S. 299]
Elektronenauslösung durch Ionenstoß Magnetische Linse 30 000 eVolt-Elektronen 6fache Vergrößerung	Glühelektrische Elektronenauslösung Elektrisches Immersionsobjektiv 300 eVolt-Elektronen 80fache Vergrößerung

kommt, daß die Untersuchung von BRÜCHE und JOHANNSON den Zweck hatte, Emissionsbilder zu erzielen, während die Durchstrahlungs-Untersuchungen von KNOLL und RUSKA diese Ergebnisse als Nebenresultat brachten, wobei auf die Erreichung wirklich geometrisch getreuer Kathodenbilder naturgemäß kein so großer Wert gelegt wurde. Die Bilder beider Untersuchungen waren übrigens fertig, als KNOLL und BRÜCHE sich zum erstenmal in dieser Frage sprachen. Die Arbeit von KNOLL und RUSKA war bereits eingereicht; BRÜCHE reichte sogleich nach der Rücksprache eine Notiz ein, die sogar vor der Arbeit von KNOLL und RUSKA erschien. Entsprechend diesen Tatsachen waren sich bisher auch *alle* Beteiligten über die Gleichzeitigkeit und Unabhängigkeit der beiden Arbeiten vollständig im klaren und einig. Insbesondere hat früher RUSKA selbst [587] die Arbeiten ausdrücklich als gleichzeitig und unabhängig bezeichnet, indem er sagte: „Das Gegenstück zu diesem magnetischen Mikroskop wurde davon unabhängig zu gleicher Zeit von BRÜCHE und JOHANNSON entwickelt, die das elektrische Feld zwischen ringförmigen, den Strahl koaxial umgebenden Elektroden als Linse für die Kathodenstrahlen benutzten (elektrisches Mikroskop)".

8. Immersionsobjektiv als Durchstrahlungs-Mikroskop. S. 243 Anm. bezeichnen v. BORRIES und RUSKA das Immersionsobjektiv von JOHANNSON, das wir auch als „elektrisches Elektronenmikroskop" bezeichnet haben, als eine „ausschließlich zu Emissionsuntersuchungen dienende Anordnung". Sie halten es für zweckmäßiger, „für das von JOHANNSON angegebene Gerät den eindeutigen Ausdruck ‚elektrisches Emissionsmikroskop' zu verwenden".

Wir haben dagegen S. 293/95 ausdrücklich darauf hingewiesen, daß das „Immersionsobjektiv" natürlich ein „elektrisches Elektronenmikroskop", d. h. ein Elektronenmikroskop mit elektrischen Linsen sei, daß es jedoch nicht auf die Emissionsmikroskopie beschränkt sei. Tatsächlich hat 1936 BEHNE [46] das von JOHANNSON angegebene Immersionsobjektiv zur Abbildung durchstrahlter Folien benutzt, worüber auch der von v. BORRIES und RUSKA zitierte erste Bericht in den „Ergebnissen" [131, S. 415] Aufschluß gibt.

II. Zur Entwicklung des Übermikroskops.

1. Gedanke des Übermikroskops. S. 244 des Berichtes von v. BORRIES und RUSKA beginnt der Abschnitt 2 „Die Durchstrahlungsmikroskopie" mit dem Hinweis auf eine Arbeit von KNOLL und RUSKA [386] von 1932, in der u. a. die Möglichkeit ausgesprochen sei, mit der kurzwelligen Elektronenstrahlung das Auflösungsvermögen des Lichtmikroskops zu unterschreiten. Der Leser wird aus dieser Darstellung schließen, daß KNOLL und RUSKA die Möglichkeit der Übermikroskopie mit Elektronen als erste erkannt hätten.

Wir pflegen demgegenüber für den ersten Hinweis auf die Anwendung der Korpuskelstrahlung zur Erzielung übermikroskopischer Auflösungen STINTZING [665a] zu nennen, dessen Vorschlag 1929 als gedruckte Patentschrift erschien. Diese Schrift wurde also mehr als 2 Jahre vor der oben erwähnten Arbeit von KNOLL und RUSKA veröffentlicht. Sie betrifft die heute unter dem Namen Elektronen-Rastermikroskop [VIII, 26] bekannte übermikroskopische Anordnung.

2. Die Bezeichnung Übermikroskop. S. 246 sagen v. BORRIES und RUSKA, den Namen Übermikroskop hätten 1938 sie selbst „aus den vorhandenen Möglichkeiten ausgewählt". Der Leser wird nach dieser Darstellung vermuten, daß vorher zumindest mehrere Bezeichnungen nebeneinander im Gebrauch waren.

Wir haben demgegenüber auf S. 301 einen anderen Autor [117a] für dieses Wort zitiert, weil dieser diese Bezeichnung bereits 1933, also 5 Jahre früher, in die Literatur eingeführt hatte und weil die Bezeichnung seither *als einziges Wort* und *allgemeiner Begriff* für dieses Gerät, so z. B. auch in der Erstauflage dieses Buches benutzt worden ist.

3. Einschätzung der Übermikroskopie. S. 246 sagen v. BORRIES und RUSKA in ihrem Bericht: „So äußerte E. BRÜCHE ....., daß es scheine, als ob die weitere Verfolgung dieses Weges wenig Aussichten verspräche".

In dem vorliegenden Buch haben wir S. 322 diese negative Äußerung nicht berücksichtigt, weil sie im Original nicht vorhanden ist, vielmehr erst durch Fortfall von Worten und Nachsätzen entstanden ist. Im Original [120] steht nämlich: „Es scheint *zunächst,* als ob die weitere Verfolgung ..... *Daß man die Hoffnung jedoch nicht* aufzugeben braucht, zeigen .... so ist doch *durch das Experiment ein gangbarer Weg gezeigt, mag es auch noch lange währen, bis sich das Elektronenmikroskop auch hier seinen Platz neben dem Lichtmikroskop erobert hat."* (Hervorhebungen beim Abdruck zugesetzt.)

4. Das elektrostatische Übermikroskop als Plagiat. S. 302/303 weisen v. BORRIES und RUSKA darauf hin, daß das elektrostatische Übermikroskop viele, im einzelnen angeführte Eigenschaften habe, die sich bei „dem früher veröffentlichten Siemens-Übermikroskop und seinen Vorläufern" fänden.

Tatsächlich gehen beide Mikroskoptypen auf gemeinsame „Vorläufer" zurück. Daher haben wir auch S. 307 Durchstrahlung des Objektes, Abbildung in zweistufiger Vergrößerung, senkrechte Aufstellung des Gerätes als Eigenarten des Lichtmikroskops angeführt. Für die Höhe der Strahlspannung, Bauweise als Metallapparatur, photographische Innenaufnahme und Anwendung von Schleusen zitierten wir nicht das Siemens-Mikroskop und seine Vorgänger, sondern den Kathodenstrahl-Oszillographen. Aber auch für Gummidichtungen und Plattenformat 6×9 sowie andere ähnliche Einzelheiten glauben wir mit Recht einen Hinweis auf das Siemens-Mikroskop unterlassen zu können.

5. Unmöglichkeit des Emissions-Übermikroskops. S. 249/250 kommentieren v. BORRIES und RUSKA einen Satz von MÜLLER dahingehend, daß der Autor nicht das Durchstrahlungs-Übermikroskop mit elektrischen Linsen, sondern das *Emissions*-Übermikroskop mit elektrischen Linsen für unmöglich erklären wollte.

In diesem Buch ist demgegenüber S. 321 festgestellt worden, daß keine prinzipiellen Gründe bekannt sind, die es unmöglich machen, ein Emissions-Mikroskop als Übermikroskop auszubilden.

6. Unmöglichkeit des elektrostatischen Übermikroskops. S. 249 Anm. zitieren v. BORRIES und RUSKA folgenden Satz RAMSAUERs: „Anderseits war die Verwendung elektrostatischer Linsen für das Übermikroskop von anderer, sonst sehr erfolgreicher Seite als grundsätzlich unmöglich bezeichnet worden.

Es gelang, diesen Aberglauben zu widerlegen und auf elektrostatischem Wege zu praktisch der gleichen Auflösung zu kommen, wie bei der bisherigen magnetischen Übermikroskopie."

Die Autoren nehmen an, daß diese Äußerung RAMSAUERs sich allein auf einen Satz von MÜLLER bezieht, den sie anders (siehe vorstehenden Punkt 5) kommentieren. Meiner Ansicht nach hat RAMSAUER bei seiner Äußerung — selbst wenn er einen Mitarbeiter RUSKAs zitiert hätte — in erster Linie an eine früher liegende und viel gewichtigere Äußerung von RUSKA selbst [589a] gedacht, nämlich das Hauptreferat über Elektronenmikroskop und Übermikroskop, das der heutige Entwicklungsleiter bei den Siemenswerken auf der Physikertagung 1936 gehalten hat. In diesem Referat brachte RUSKA zum Ausdruck, daß es unmöglich sei, elektrostatische Linsen für die zur Durchstrahlungs-Übermikroskopie erforderlichen schnellen Elektronen zu verwenden, indem er sagte: ,,Als Linse kleiner Brennweite kommt für diese Elektronen nur das magnetische Objektiv in Frage". Diese bestimmte, ja kategorische Ablehnung der in unserem Institut gefundenen und gepflegten elektrischen Linsen machte damals auf RAMSAUER und mich einen um so stärkeren und um so nachhaltigeren Eindruck, als wir vergeblich nach physikalischen Gründen für diese negative Einstellung suchten. So wird auch RAMSAUERs Bezeichnungsweise ,,Aberglaube" verständlich als ein Glaube, der durch keine vernünftigen Gründe gestützt wird. —

Bei der Durchsicht dieses Nachtrags wird sich der Leser vielleicht schon mehrfach gefragt haben: Wie sind so diametral verschiedene Darstellungen über Grundtatsachen eines neuen Arbeitsgebietes möglich? Eine befriedigende Antwort auf diese Frage ist nicht zu finden, denn die Notwendigkeit so ausgedehnter Meinungsverschiedenheiten über die historische Entwicklung der geometrischen Elektronenoptik und Elektronenmikroskopie ist nicht einzusehen.

Persönlich ist der Verfasser der Überzeugung, daß das Arbeitsfeld weit genug ist, um allen, die produktiv darauf arbeiten, Erfolge gewähren zu können. Insbesondere haben das elektrische und das magnetische Übermikroskop nebeneinander ihre Berechtigung. Beide werden jedes an seinem Platz zur Vertiefung unserer Kenntnis von der Welt des Kleinsten beitragen.

Es ist, als ob der Optiker BONANNI zu uns spräche, wenn er sich über den kleinlichen Streit der Mikroskopbauer um 1670 mit den Worten hinwegsetzt: ,,Weg also mit den akademischen Streitereien, wodurch die redlichen Bestrebungen so mancher Künstler, verschiedene Mikroskope zu konstruieren, als überflüssig beurteilt werden! Ich wenigstens möchte allen die gebührende Anerkennung zollen, wenn nur ihre Arbeiten exakt und vollendet sind."

ERNST BRÜCHE.